2026 NATIONAL REPAIR & REMODELING ESTIMATOR

Albert S. Paxton & Joshua K.J. Paxton

49th Edition

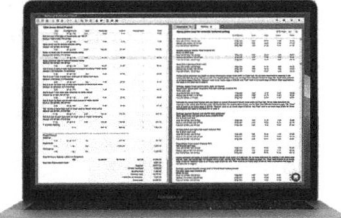

This manual is also available as a Web app, *National Estimator Cloud,* that makes it easy to compile and print estimates, bids and invoices for nearly any type of construction project.

Generate professional estimates from your internet browser. Includes 10 Craftsman cost databases. It's never been easier. No disk and no download needed!

- Turn your estimate into a bid.
- Turn your bid into a contract.
- ConstructionContractWriter.com

Craftsman Book Company
6058 Corte del Cedro, Carlsbad, CA 92011

Preface

The authors have corresponded with manufacturers and wholesalers of building material supplies and surveyed retail pricing services. From these sources, they have developed Average Material Unit Costs which should apply in most parts of the country.

Wherever possible, the authors have listed Average Labor Unit Costs which are derived from the Average Manhours per Unit, the Crew Size, and the Wage Rates used in this book. Please read How to Use This Book for a more in-depth explanation of the arithmetic.

If you prefer, you can develop your own local labor unit costs. You can do this by simply multiplying the Average Manhours per Unit by your local crew wage rates per hour. Using your actual local labor wage rates for the trades will make your estimate more accurate.

What is a realistic labor unit cost to one reader may well be low or high to another reader, because of variations in labor efficiency. The Average Manhours per Unit figures were developed by time studies at job sites around the country. To determine the daily production rate for the crew, divide the total crew manhours per day by the Average Manhours per Unit.

The subject topics in this book are arranged in alphabetical order, A to Z. To help you find specific construction items, there is a complete alphabetical index at the end of the book, and a main subject index at the beginning of the book.

This manual shows crew, manhours, material, labor and equipment cost estimates based on Large or Small Volume work, then a total cost and a total including overhead and profit. No single price fits all repair and remodeling jobs. Generally, work done on smaller jobs costs more per unit installed and work on larger jobs costs less. The estimates in this book reflect that simple fact. The two estimates you find for each work item show the authors' opinion of the likely range of costs for most contractors and for most jobs. So, which cost do you use, High Volume or Low Volume?

The only right price is the one that gets the job and earns a reasonable profit. Finding that price always requires estimating judgment. Use Small Volume cost estimates when some or most of the following conditions are likely:

- The crews won't work more than a few days on site.
- Better quality work is required.
- Productivity will probably be below average.
- Volume discounts on materials aren't available.
- Bidding is less competitive.
- Your overhead is higher than most contractors.

When few or none of those conditions apply, use Large Volume cost estimates.

About the Authors

Albert Paxton has been a California licensed General Contractor (B1-425946) and a Certified Professional Estimator with the *American Society of Professional Estimators*. He served as the National Project Director at *Unified Building Sciences, Inc. (UBS)* (www.UnifiedGroup.com) in Dallas, Texas, from 2012, to his UBS retirement in December 2022. Albert Paxton is active as an Insurance Policy Building Damage Appraiser and Umpire, and as an Arbitration Neutral.

Joshua Paxton serves as Senior Consultant at *Unified Building Sciences, Inc. (UBS)* (www.UnifiedGroup.com) since 2017 and is located in Los Angeles, California.

In addition to Daily Claims involving commercial and industrial structures, Joshua Paxton's UBS assignments have included Catastrophe Claims related to fire, hurricane, flood, etc. Joshua Paxton is active as an Insurance Policy Building Damage Appraiser.

The *UBS* staff is comprised of estimators, engineers and project managers who are also building appraisers, expert witnesses and arbitrators in residential and commercial construction, both new and repair and remodeling work. *UBS* operates nationwide, with clients including property insurance carriers, financial institutions, self-insureds, and private individuals.

©2025 Craftsman Book Company ISBN 978-1-57218-414-5 Published November 2025 for the year 2026

Main Subject Index

Abbreviations	20
Acoustical treatment	21
Adhesives	24
Air conditioning and ventilating systems	28
Bath accessories	37
Bathtubs (includes whirlpool)	44
Cabinets	52
Kitchen / Vanity	
Canopies	67
Carpet	70
Caulking	72
Ceramic tile	75
Countertop / Floors / Walls	
Closet door systems	78
Bi-folding / Mirror / Sliding	
Columns	87
Concrete, cast-in-place	89
Footings / Forms / Foundations / Reinforcing	
Countertops	98
Ceramic tile / Concrete / Engineered stone / Formica / Granite / Quartz / Wood	
Cupolas	104
Demolition	105
Concrete / Masonry / Rough carpentry	
Dishwashers	121
Door frames	122
Door hardware	124
Doors	126
Exterior / Interior	
Drywall	145
Electrical	147
Entrances	154
Excavation	155
Fences	156
Board / Chain link / Gates / Split rail	
Fiberglass panels	162
Fireplaces	163
Food centers	165
Framing (rough carpentry)	166
Beams / Joists / Rafters / Trusses	
Garage doors	214
Garage door operators	217
Garbage disposers	218
Glass and glazing	220
Glu-lam products	223
Beams / Purlins / Sub-purlins / Ledgers	
Gutters and downspouts	248
Hardwood flooring	250
Block / Parquetry / Strip	
Heating	253
Boilers / Forced air / Space heaters	
Insulation	258
Batt or roll / Loose fill / Rigid	
Lighting fixtures	268
Indoor / Outdoor	
Mantels, fireplace	271
Marlite paneling	271
Masonry	272
Brick / Concrete block / Glass block Glazed tile / Quarry tile / Veneer	
Molding and trim	287
Pine / Hardwood / MDF / Resin	
Painting and cleaning	300
Interior / Exterior	
Paneling	314
Plaster and stucco	318
Range hoods	322
Resilient flooring	324
Linoleum / Vinyl	
Roofing	329
Aluminum / Built-up / Clay tile / Composition Mineral surface / Wood shakes or shingles	
Sheet metal	345
Flashing / Gravel stop / Roof edging / Vents	
Shower and tub doors	351
Shower bases or receptors	353
Shower stalls	356
Shower tub units	358
Shutters	359
Siding	362
Aluminum / Hardboard / Vinyl / Wood	
Sinks	380
Bathroom / Kitchen / Utility	
Skylights	386
Spas	389
Stairs	390
Stair parts / Shop fabricated stairs	
Suspended ceilings	
Toilets, bidets, urinals	401
Trash compactors	403
Wallpaper	404
Water heaters	406
Electric / Gas / Solar	
Water softeners filtration system	413
Windows	414
Aluminum / Horizontal slide / Wood / Garden	
Index	431

How to Use This Book

1	2	3	4	5	6	7	8	9	10	11	12
Description	Oper	Unit	Vol	Crew Size	Man-hours per Unit	Crew Output per Day	Avg Mat'l Unit Cost	Avg Labor Unit Cost	Avg Equip Unit Cost	Avg Total Unit Cost	Avg Price Incl O&P

The descriptions and cost data in this book are arranged in a series of columns, which are described below. The cost data is divided into two categories: Costs Based On Large Volume and Costs Based On Small Volume. These two categories provide the estimator with a pricing range for each construction topic.

The Description column (1) contains the pertinent, specific information necessary to make the pricing information relevant and accurate.

The Operation column (2) contains a description of the construction repair or remodeling operation being performed. Generally the operations are Demolition, Install, and Reset.

The Unit column (3) contains the unit of measurement or quantity which applies to the item described.

The Volume column (4) breaks jobs into Large and Small categories. Based on the information given regarding volume (on page 2), select your job size.

The Crew Size column (5) contains a description of the trade that usually installs or labors on the specified item. It includes information on the labor trade that installs the material and the typical crew size. Letters and numbers are used in the abbreviations in the crew size column. Full descriptions of these abbreviations are in the Crew Compositions and Wage Rates table, beginning on page 15.

The Manhours per Unit column (6) is for the listed operation and listed crew.

The units per day in this book don't take into consideration unusually large or small quantities. But items such as travel, accessibility to work, experience of workers, and protection of undamaged property, which can favorably or adversely affect productivity, have been considered in developing Average Manhours per Unit. For further information about labor, see "Notes — Labor" in the Notes Section of some specific items.

Crew Output per Day (7) is based on how many units, on average, a crew can install or demo in one 8-hour day.

Crew Output per Day and Average Material Unit (8) Cost should assist the estimator in:

1. Checking prices quoted by others.

2. Developing local prices.

The Average Material Unit Cost column contains an average material cost for products (including, in many cases, the by-products used in installing the products) for both large and small volume. It doesn't include an allowance for sales tax, delivery charges, overhead and profit. Percentages for waste, shrinkage, or coverage have been taken into consideration unless indicated. For other information, see "Dimensions" or "Installation" in the Notes Section.

If the item described has many or very unusual by-products which are essential to determining the Average Material Unit Cost, the author has provided examples of material pricing. These examples are placed throughout the book in the Notes Section.

You should verify labor rates and material prices locally. Though the prices in this book are average material prices, prices vary from locality to locality. A local hourly wage rate should normally include taxes, benefits, and insurance. Some contractors may also include overhead and profit in the hourly rate.

The Average Labor Unit Cost column (9) contains an average labor cost based on the Average Manhours per Unit and the Crew Compositions and Wage Rates table. The average labor unit cost equals the Average Manhours per Unit multiplied by the Average Crew Rate per hour. The rates include fringe benefits, taxes, and insurance. Examples that show how to determine the average labor unit cost are provided in the Notes Section.

The Average Equipment Unit Cost column (10) contains an average equipment cost, based on both the average daily rental and the cost per day if owned and depreciated. The costs of daily maintenance and the operator are included.

The Average Total Unit Cost column (11) includes the sum of the Material, Equipment, and Labor Cost columns. It doesn't include an allowance for overhead and profit.

The Average (Total) Price Including Overhead and Profit column (12) results from adding an overhead and profit allowance to Total Cost. This allowance reflects the author's interpretation of average fixed and variable overhead expenses and the labor intensiveness of the operation vs. the costs of materials for the operation. This allowance factor varies throughout the book, depending on the operation. Each contractor interprets O&P differently. The range can be from 15 percent to 80 percent of the Average Total Unit Cost.

Estimating Techniques

Estimating Repair/Remodeling Jobs: The unforeseen, unpredictable, or unexpected can ruin you.

Each year, the residential repair and remodeling industry grows. It's currently outpacing residential new construction due to increases in land costs, labor wage rates, interest rates, material costs, and economic uncertainty. When people can't afford a new home, they tend to remodel their old one. And there are always houses that need repair, from natural disasters or accidents like fire. The professional repair and remodeling contractor is moving to the forefront of the industry.

Repair and remodeling spawns three occupations: the contractor and his workers, the insurance company property claims adjuster, and the property damage appraiser. Each of these professionals shares common functions, including estimating the cost of the repair or remodeling work.

Estimating isn't an exact science. Yet the estimate determines the profit or loss for the contractor, the fairness of the claim payout by the adjuster, and the amount of grant or loan by the appraiser. Quality estimating must be uppermost in the mind of each of these professionals. And accurate estimates are possible only when you know exactly what materials are needed and the number of manhours required for demolition, removal, and installation. Remember, profits follow the professional. To be profitable you must control costs — and cost control is directly related to accurate, professional estimates.

There are four general types of estimates, each with a different purpose and a corresponding degree of accuracy:

- The guess method: "All bathrooms cost $5,000." or "It looks like an $8,000 job to me."

- The per measure method: (I like to call it the surprise package.) "Remodeling costs $60 per SF, the job is 500 SF, so the price is $30,000."

These two methods are the least accurate and accomplish little for the adjuster or the appraiser. The contractor might use the methods for qualifying customers (e.g., "I thought a bathroom would only cost $2,000."), but never as the basis for bidding or negotiating a price.

- The piece estimate or stick-by-stick method.
- The unit cost estimate method.

These two methods yield a detailed estimate itemizing all of the material quantities and costs, the labor manhours and wage rates, the subcontract costs, and the allowance for overhead and profit.

Though time-consuming, the detailed estimate is the most accurate and predictable. It's a very satisfactory tool for negotiating either the contract price or the adjustment of a building loss. The piece estimate and the unit cost estimate rely on historical data, such as manhours per specific job operation and recent material costs. The successful repair and remodeling contractor, or insurance/appraisal company, maintains records of previous jobs detailing allocation of crew manhours per day and materials expended.

While new estimators don't have historical data records, they can rely on reference books, magazines, and newsletters to estimate manhours and material costs. It is important to remember that **the reference must pertain to repair and remodeling**. This book is designed *specifically* to meet this requirement.

The reference material must specialize in repair and remodeling work because there's a large cost difference between new construction and repair and remodeling. Material and labor construction costs vary radically with the size of the job or project. Economies of scale come into play. The larger the quantity of materials, the better the purchase price should be. The larger the number of units to be installed, the greater the labor efficiency.

Repair and remodeling work, compared to new construction, is more expensive due to a normally smaller volume of work. Typical repair work involves only two or three rooms of a house, or one roof. In new construction, the job size may be three to five complete homes or an entire development. And there's another factor: a lot of repair and remodeling is done with the house occupied, forcing the crew to work around the normal, daily activities of the occupants. In new construction, the approach is systematic and logical — work proceeds from the ground up to the roof and to the inside of the structure.

Since the jobs are small, the repair and remodeling contractor doesn't employ trade specialists. Repairers employ the "jack-of-all-trades" who is less specialized and therefore less efficient. This isn't to say the repairer is less professional than the trade specialist. On the contrary, the repairer must know about many more facets of construction: not just framing, but painting, finish carpentry, roofing, and electrical as well. But because the repairer has to spread his expertise over a greater area, he will be less efficient than the specialist who repeats the same operation all day long.

Another factor reducing worker efficiency is poor access to the work area. With new construction, where building is an orderly "from the ground up" approach, workers have easy access to the work area for any given operation. The workers can spread out as much as needed, which facilitates efficiency and minimizes the manhours required to perform a given operation.

The opposite situation exists with repair and remodeling construction. Consider an example where the work area involves fire damage on the second floor. Materials either go up through the interior stairs or through a second story window. Neither is easy when the exterior and interior walls have a finished covering such as siding and drywall. That results in greater labor costs with repair and remodeling because it takes more manhours to perform many of the same tasks.

If, as a professional estimator, you want to start collecting historical data, the place to begin is with daily worker time sheets that detail:

1. total hours worked by each worker per day
2. what specific operations each worker performed that day
3. how many hours (to the nearest tenth) each worker used in each operation performed that day.

Second, you must catalog all material invoices daily, being sure that quantities and unit costs per item are clearly indicated.

Third, maintain a record of overhead expenses attributable to the particular project. Then, after a number of jobs, you'll be able to calculate an average percentage of the job's gross amount that's attributable to overhead. Many contractors add 45% for overhead and profit to their total direct costs (direct labor, direct material, and direct subcontract costs). But that figure may not be right for your jobs.

Finally, each week you should reconcile in a job summary file the actual costs versus the estimated costs, and determine why there is any difference. This information can't immediately help you on this job since the contract has been signed, but it will be invaluable to you on your next job.

Up to now I've been talking about general estimating theory. Now let's be more specific. On page 8 is a Building Repair Estimate form. Each line is keyed to an explanation. A filled-out copy of the form is also provided, and on page 10, a blank, full-size copy that you can reproduce for your own use.

You can adapt the Building Repair Estimate form, whether you're a contractor, adjuster, or appraiser. Use of the form will yield a detailed estimate that will identify:

- The room or area involved, including sizes, dimensions and measurements.
- The kind and quality of material to be used.
- The quantities of materials to be used and verification of their prices.
- The type of work to be performed (demolish, remove, install, remove and reset) by what type of crew.
- The crew manhours per job operation and verification of the hourly wage scale.
- All arithmetical calculations that can be verified.
- Areas of difference between your estimate and others.
- Areas that will be a basis for negotiation and discussion of details.

Each job estimate begins with a visual inspection of the work site. If it's a repair job, you've got to see the damage. Without a visual inspection, you can't select a method of repair and you can't properly evaluate the opinions of others regarding repair or replacement. With either repair or remodeling work, the visual inspection is essential to uncover the "hiders" — the unpredictable, unforeseen, and unexpected problems that can turn profit into loss, or simplicity into nightmare. You're looking for the many variables and unknowns that exist behind an exterior or interior wall covering.

Along with the Building Repair Estimate form, use this checklist to make sure you're not forgetting anything.

Checklist

- Site accessibility: Will you store materials and tools in the garage? Is it secure? You can save a half hour to an hour each day by storing tools in the garage. Will the landscaping prevent trucks from reaching the work site? Are wheelbarrows or concrete pumpers going to be required?
- Soil: What type and how much water content? Will the soil change your excavation estimate?
- Utility lines: What's under the soil and where? Should you schedule the utilities to stake their lines?
- Soundness of the structure: If you're going to remodel, repair or add on, how sound is that portion of the house that you're going to have to work around? Where are the load-bearing walls? Are you going to remove and reset any walls? Do the floor joists sag?
- Roof strength: Can the roof support the weight of another layer of shingles. (Is four layers of composition shingles already too much?)
- Electrical: Is another breaker box required for the additional load?

This checklist is by no means complete, but it is a start. Take pictures! A digital camera will quickly pay for itself. When you're back at the office, the picture helps reconstruct the scene. Before and after pictures are also a sales tool representing your professional expertise.

During the visual inspection always be asking yourself "what if" this or that happened. Be looking for potential problem areas that would be extremely labor intensive or expensive in material to repair or replace.

Also spend some time getting to know your clients and their attitudes. Most of repair and remodeling work occurs while the house is occupied. If the work will be messy, let the homeowners know in advance. Their satisfaction is your ultimate goal — and their satisfaction will provide you a pleasant working atmosphere. You're there to communicate with them. At the end of an estimate and visual inspection, the homeowner should have a clear idea of what you can or can't do, how it will be done, and approximately how long it will take. Don't discuss costs now! Save the estimating for your quiet office with a print-out calculator and your cost files or reference books.

What you create on your estimate form during a visual inspection is a set of rough notes and diagrams that make the estimate speak. To avoid duplications and omissions, estimate in a *systematic sequence of inspection*. There are two questions to consider. First, where do you start the estimate? Second, in what order will you list the damaged or replaced items? It's customary to start in the room having either the most damage or requiring the most extensive remodeling. The sequence of listing is important. Start with either the floor or the ceiling. When starting with the floor, you might list items in the following sequence: Joists, subfloor, finish floor, base — listing from bottom to top. When starting with the ceiling, you reverse, and list from top to bottom. The important thing is to be consistent as you go from room to room! It's a good idea to figure the roof and foundation separately, instead of by the room.

After completing your visual inspection, go back to your office to cost out the items. Talk to your material supply houses and get unit costs for the quantity involved. Consult your job files or reference books and assign crew manhours to the different job operations.

There's one more reason for creating detailed estimates. Besides an estimate, what else have your notes given you? A material take-off sheet, a lumber list, a plan and specification sheet — the basis for writing a job summary for comparing estimated costs and profit versus actual costs and profit — and a project schedule that minimizes down time.

Here's the last step: Enter an amount for overhead and profit. No matter how small or large your work volume is, be realistic — everyone has overhead and every business entity works to make a fair and reasonable profit. An office, even in your home, costs money to operate. If family members help out, pay them. Everyone's time is valuable!

If you expect there will be a supervising general contractor on the job, and the overhead and profit is computed as a percentage of the job, then overhead and profit dollars automatically adjust to the job size and the job complexity.

Don't forget to charge for performing your estimate. A professional expects to be paid. You'll render a better product if you know you're being paid for your time. If you want to soften the blow to the owner, say the first hour is free or that the cost of the estimate will be deducted from the job price if you get the job.

In conclusion, whether you're a contractor, adjuster, or appraiser, you're selling your personal service, your ideas, and your reputation. To be successful you must:

- Know yourself and your capabilities.
- Know what the job will require by ferreting out the "hiders."
- Know your products and your work crew.
- Know your productivity and be able to deliver in a reasonable manner and within a reasonable time frame.
- Know your client and make it clear that all change orders, no matter how large or small, will cost money.

National Estimator Cloud

This manual is also available by subscription on the Web. *National Estimator Cloud* includes all ten of Craftsman's 2026 construction cost estimating references. Each of these manuals has about 400 pages of current labor and material costs for construction – all neatly organized and indexed. Use these costs to build estimates and bids for nearly any type of project. Your work is kept secure on the Web. *National Estimator Cloud*:

- Prints estimates, bids and invoices as Word, Excel or PDF documents.
- Runs as a secure app on the Web so you can write estimates anywhere you have a Web connection.
- Exports invoices to *QuickBooks*, either desktop or the online.
- Bids and invoices can show as much or as little detail as you want.
- Material costs are updated regularly as prices change.
- Costs only a few dollars a month. Cancel any time you want.

Building Repair Estimate

Date

Insured	John Q. Smith	Claim or Policy No. DP 0029	Page 1 of 2
Loss Address	123 A. Main St.	Home Ph. 555-1241	Cause of Loss Fire
City	Anywhere, Anystate 00010	Bus. Ph. 555-1438	Other Ins. Y (N)
Bldg. R.C.V. 100,000	Bldg. A.C.V. 80,000	Insurance Amount $100,000	
Insurance Required R.C.V. (80%) A.C.V.(80%)			

Description of Item	Unit	Unit Price	Total (Col. A) Unit Cost or Material Price Only	Hours	Rate	Total Col. B Labor Price Only
Install 1/2" sheetrock (standard,) on walls, including tape and finish 400 (page 146)	400	0.72	288.00	6.0	44.31	265.86
Paint walls, roller, smooth finish						
1 coat sealer 600 (page 304)	600	0.28	168.00	2.4	45.39	108.94
2 coats latex flat 600 (page 307)	600	0.32	192.00	4.8	45.39	217.87
THIS IS NOT AN ORDER TO REPAIR TOTALS			648.00			592.67

The undersigned agrees to complete and guarantee repairs at a total of $		Total Column A 648.00
Repairer ABC Construction		1240.67
Street 316 E. 2nd Street		6% Tax 74.44
City Anywhere Phone		1252.14
By Jack Williams		10% Overhead 125.21
Adjuster Stan Jones Date of A/P N/A		10% Profit 125.21
Adj. License No. (If Any) 561-84		Grand Total 1502.56
Service Office Name Phoenix		

Note: This form does not replace the need for field notes, sketches and measurements.

Building Repair Estimate

Date ③③

Insured ①	Claim or Policy No. ②	Page of ③
Loss Address ④	Home Ph.	Cause of Loss ⑤
City	Bus. Ph.	Other Ins. Y N ⑥
Bldg. R.C.V. ⑦	Bldg. A.C.V. ⑧	Insurance Amount ⑨
Insurance Required R.C.V. (⑩ %) A.C.V.(⑪)%		

Description of Item	Unit	Unit Price	Total (Col. A) Unit Cost or Material Price Only ⑫	Hours	Rate	Total Col. B Labor Price Only ⑯
⑳	⑬	⑭	⑮	⑰	⑱	⑲
THIS IS NOT AN ORDER TO REPAIR TOTALS			㉑			㉒

The undersigned agrees to complete and guarantee repairs at a total of $ ㉙		Total Column A
Repairer ㉚		㉓
Street ㉛		㉔
City Phone		㉕
By ㉜		㉖
Adjuster ㉞ Date of A/P ㉟		㉗
Adj. License No. (If Any)		㉘ Grand Total
Service Office Name ㊱		

Note: This form does not replace the need for field notes, sketches and measurements.

Keyed Explanations of the Building Repair Estimate Form

1. Insert name of insured(s).

2. Insert claim number or, if claim number is not available, insert policy number or binder number.

3. Insert the page number and the total number of pages.

4. Insert street address, city and state where loss or damage occurred.

5. Insert type of loss (wind, hail, fire, water, etc.)

6. Check YES if there is other insurance, whether collectible or not. Check NO if there's only one insurer.

7. Insert the present replacement cost of the building. What would it cost to build the structure today?

8. Insert present actual cash value of the building.

9. Insert the amount of insurance applicable. If there is more than one insurer, insert the total amount of applicable insurance provided by all insurers.

10. If the amount of insurance required is based on replacement cost value, circle RCV and insert the percent required by the policy, if any.

11. If the amount of insurance required is based on actual cash value, circle ACV and insert the percent required by the policy, if any.

    Note: (regarding 10 and 11) if there is a non-concurrency, i.e., one insurer requires insurance to 90% of value while another requires insurance to 80% of value, make a note here. Comment on the non-concurrency in the settlement report.

12. The installed price and/or material price only, as expressed in columns 13 through 15, may include any of the following (expressed in units and unit prices):

    Material only (no labor)

    Material and labor to replace

    Material and labor to remove and replace

    Unit Cost is determined by dividing dollar cost by quantity. The term cost, as used in unit cost, is not intended to include any allowance, percentage or otherwise, for overhead or profit. Usually, overhead and profit are expressed as a percentage of cost. Cost must be determined first. Insert a line or dash in a space(s) in columns 13, 14, 15, 17, 18 or 19 if the space is not to be used.

13. The *units* column includes both the quantity and the unit of measure, i.e., 100 SF, 100 BF, 200 CF, 100 CY, 20 ea., etc.

14. The *unit price* may be expressed in dollars, cents or both. If the units column has 100 SF and if the unit price column has $.10, this would indicate the price to be 100 per SF.

15. The *total* column is merely the dollar product of the quantity (in column 13) times the price per unit measure (in column 14).

16. 16-19. These columns are normally used to express labor as follows: hours times rate per hour. However, it is possible to express labor as a unit price, i.e., 100 SF in column 13, a dash in column 17, $.05 in column 18 and $5.00 in column 19.

20. Under *description of item*, the following may be included:

    Description of item to be repaired or replaced (studs 2" x 4" 8'0" #2 Fir, Sheetrock 1/2", etc.)

    Quantities or dimensions (20 pcs., 8'0" x 14'0", etc.)

    Location within a room or area (north wall, ceiling, etc.)

    Method of correcting damage (paint - 1 coat; sand, fill and finish; R&R; remove only; replace; resize; etc.)

21-22. Dollar totals of columns A and B respectively.

23-27. Spaces provided for items not included in the body of the estimate (subtotals, overhead, profit, sales tax, etc.) Be sure to follow your state and local labor sales tax laws.

28. Total cost of repair.

29. Insert the agreed amount here. The agreement may be between the claim representative and the insured or between the claim rep and the repairer. If the agreed price is different from the grand total, the reason(s) for the difference should be itemized on the estimate sheet. If there is no room, attach an additional estimate sheet.

30. PRINT the name of the insured or the repairer so that it is legible.

31. PRINT the address of the insured or repairer legibly. Include phone number.

32. The insured or a representative of the repairer should sign here indicating agreement with the claim rep's estimate.

33. Insured or representative of the repairer should insert date here.

34. Claim rep should sign here.

35. Claim rep should insert date here.

36. Insert name of service office here.

Building Repair Estimate

	Date		
Insured	Claim or Policy No.	Page of	
Loss Address	Home Ph.	Cause of Loss	
City	Bus. Ph.	Other Ins. Y N	
Building. R.C.V. Bldg. A.C.V.	Insurance Amount		
Insurance Required R.C.V.(%) A.C.V.(%)	Unit Cost or Material Price Only	Labor Price Only	

Description of Item	Unit	Unit Price	Total (Col. A)	Hours	Rate	Total Col. B
THIS IS NOT AN ORDER TO REPAIR	**TOTALS**					

The undersigned agrees to complete and guarantee repairs at a total of $ **Total Column A**

Repairer	
Street	
City Phone	
By	
Adjuster Date of A/P	
Adj. License No. (If Any)	**Grand Total**
Service Office Name	

Note: This form does not replace the need for field notes, sketches and measurements.

Wage Rates Used in This Book

Wage rates listed here and used in this book were compiled in the fall of 2025 and projected to mid-2026. Wage rates are in dollars per hour.

"Base Wage Per Hour" (Col. 1) includes items such as vacation pay and sick leave which are normally taxed as wages. Nationally, these benefits average 6.37% of the Base Wage Per Hour. This amount is paid by the Employer in addition to the Base Wage Per Hour.

"Liability Insurance and Employer Taxes" (Cols. 3 & 4) include national averages for state unemployment insurance (4.00%), federal unemployment insurance (0.60%), Social Security and Medicare tax (7.65%), liability insurance (2.29%), and Workers' Compensation Insurance which varies by trade. This total percentage (Col. 3) is applied to the sum of Base Wage Per Hour and Taxable Fringe Benefits (Col. 1 + Col. 2) and is listed in Dollars (Col. 4). This amount is paid by the Employer in addition to the Base Wage Per Hour and the Taxable Fringe Benefits.

"Non-Taxable Fringe Benefits" (Col. 5) include employer-sponsored medical insurance and other benefits, which nationally average 5.63% of the Base Wage Per Hour.

"Total Hourly Cost Used In This Book" is the sum of Columns 1, 2, 4, & 5.

	1	2	3	4	5	6
Trade	Base Wage Per Hour	Taxable Fringe Benefits (6.37% of Base Wage)	Liability Insurance & Employer Taxes %	Liability Insurance & Employer Taxes $	Non-Taxable Fringe Benefits (5.63% of Base Wage)	Total Hourly Cost Used in This Book
Bricklayer or Stone Mason	$32.19	$2.05	23.84%	$8.16	$1.81	$44.21
Bricktender	$24.61	$1.57	23.84%	$6.24	$1.38	$33.80
Carpenter	$32.08	$2.04	29.17%	$9.95	$1.81	$45.88
Cement Mason	$32.20	$2.05	22.18%	$7.60	$1.81	$43.66
Drywall Installer	$32.50	$2.07	22.29%	$7.71	$1.83	$44.11
Drywall Taper	$32.96	$2.10	22.29%	$7.81	$1.85	$44.72
Electrician, Journeyman Wireman	$36.52	$2.33	19.14%	$7.44	$2.06	$48.35
Equipment Operator	$37.21	$2.37	23.79%	$9.42	$2.09	$51.09
Fence Erector	$33.06	$2.11	24.57%	$8.64	$1.86	$45.67
Floor Layer: Carpet, Linoleum, Soft Tile	$31.00	$1.97	22.68%	$7.48	$1.74	$42.19
Floor Layer: Hardwood	$32.55	$2.07	22.68%	$7.85	$1.83	$44.30
Glazier	$31.85	$2.03	24.15%	$8.18	$1.79	$43.85
Laborer, General Construction	$25.94	$1.65	30.27%	$8.35	$1.46	$37.40
Lather	$32.89	$2.10	20.43%	$7.15	$1.85	$43.99
Marble Setter	$28.10	$1.79	20.49%	$6.12	$1.58	$37.59
Millwright / Finish Carpenter	$32.64	$2.08	20.40%	$7.08	$1.84	$43.64
Mosaic & Terrazzo Setter	$29.79	$1.90	20.49%	$6.49	$1.68	$39.86
Mosaic & Terrazzo Setter Helper	$25.16	$1.60	20.49%	$5.48	$1.42	$33.66
Painter, Brush	$33.09	$2.11	23.66%	$8.33	$1.86	$45.39
Painter, Spray-Gun	$34.08	$2.17	23.66%	$8.58	$1.92	$46.75
Paperhanger	$34.74	$2.21	23.66%	$8.74	$1.96	$47.65
Plasterer	$32.43	$2.07	26.57%	$9.17	$1.83	$45.50
Plasterer Helper	$24.52	$1.56	26.57%	$6.93	$1.38	$34.39
Plumber	$37.64	$2.40	23.29%	$9.33	$2.12	$51.49
Pneumatic Tool Operator	$38.12	$2.43	24.79%	$10.05	$2.15	$52.75
Reinforcing Ironworker	$33.65	$2.14	26.80%	$9.59	$1.89	$47.27
Roofer, Foreman	$35.16	$2.24	39.91%	$14.92	$1.98	$54.30
Roofer, Journeyman	$31.96	$2.04	39.91%	$13.57	$1.80	$49.37
Roofer, Hot Mop Pitch	$32.92	$2.10	39.91%	$13.98	$1.85	$50.85
Roofer, Wood Shingles	$33.56	$2.14	39.91%	$14.25	$1.89	$51.84
Sheet Metal Worker	$35.94	$2.29	24.57%	$9.39	$2.02	$49.64
Tile Setter	$30.10	$1.92	20.49%	$6.56	$1.69	$40.27
Tile Setter's Helper	$25.16	$1.60	20.49%	$5.48	$1.42	$33.66
Truck Driver	$28.09	$1.79	24.79%	$7.41	$1.58	$38.87

Area Modification Factors

Construction costs are higher in some areas than in other areas. Add or deduct the percentages shown on the following pages to adapt the costs in this book to your job site. Adjust your cost estimate by the appropriate percentages in this table to find the estimated cost for the site selected. Where 0% is shown, it means no modification is required.

Modification factors are listed alphabetically by state and province. Areas within each state are listed by the first three digits of the postal zip code. For convenience, one representative city is identified in each three-digit zip or range of zips. Percentages are based on the average of all data points in the table.

Factors listed for each state and province are the average of all data points in that state or province.

Figures for three-digit zips are the average of all five-digit zips in that area, and are the weighted average of factors for labor, material and equipment.

The *National Estimator Cloud* program at https://craftsman-book.com/national-estimator-cloud will apply an area modification factor for any five-digit zip you select. Click the Area Cost Modification icon on the program tool bar. Area modifications in *National Estimator Cloud* are updated regularly and may differ from figures on the following pages.

These percentages are composites of many costs and will not necessarily be accurate when estimating the cost of any particular part of a building. But when used to modify costs for an entire structure, they should improve the accuracy of your estimates

Alabama Average		-3%
Anniston	362	-3%
Auburn	368	-3%
Bellamy	369	-6%
Birmingham	350-352	6%
Dothan	363	-5%
Evergreen	364	-10%
Gadsden	359	-5%
Huntsville	358	3%
Jasper	355	-9%
Mobile	365-366	-1%
Montgomery	360-361	-1%
Scottsboro	357	0%
Selma	367	-2%
Sheffield	356	-1%
Tuscaloosa	354	-4%
Alaska Average		16%
Anchorage	995	21%
Fairbanks	997	23%
Juneau	998	12%
Ketchikan	999	8%
King Salmon	996	18%
Arizona Average		-5%
Chambers	865	-14%
Douglas	855	-10%
Flagstaff	860	-8%
Kingman	864	-9%
Mesa	852	5%
Phoenix	850	5%
Prescott	863	-4%
Show Low	859	-10%
Tucson	856-857	-5%
Yuma	853	4%
Arkansas Average		-7%
Batesville	725	-10%
Camden	717	-5%
Fayetteville	727	-4%
Fort Smith	729	-7%
Harrison	726	-15%
Hope	718	-11%
Hot Springs	719	-13%
Jonesboro	724	-3%
Little Rock	720-722	-2%
Pine Bluff	716	-12%
Russellville	728	-7%
West Memphis	723	3%
California Average		8%
Alhambra	917-918	8%
Bakersfield	932-933	-2%
El Centro	922	-1%
Eureka	955	1%
Fresno	936-938	0%
Herlong	961	2%
Inglewood	902-905	8%
Irvine	926-927	13%
Lompoc	934	3%
Long Beach	907-908	9%
Los Angeles	900-901	8%
Marysville	959	1%
Modesto	953	0%
Mojave	935	5%
Novato	949	12%
Oakland	945-947	17%
Orange	928	12%
Oxnard	930	2%
Pasadena	910-912	9%
Rancho Cordova	956-957	7%
Redding	960	0%
Richmond	948	17%
Riverside	925	3%
Sacramento	958	6%
Salinas	939	2%
San Bernardino	923-924	2%
San Diego	919-921	6%
San Francisco	941	26%
San Jose	950-951	29%
San Mateo	943-944	19%
Santa Barbara	931	3%
Santa Rosa	954	6%
Stockton	952	3%
Sunnyvale	940	26%
Van Nuys	913-916	8%
Whittier	906	8%
Colorado Average		0%
Aurora	800-801	8%
Boulder	803-804	5%
Colorado Springs	808-809	0%
Denver	802	9%
Durango	813	-7%
Fort Morgan	807	-3%
Glenwood Springs	816	3%
Grand Junction	814-815	-5%
Greeley	806	5%
Longmont	805	2%
Pagosa Springs	811	-8%
Pueblo	810	-5%
Salida	812	-4%
Connecticut Average		5%
Bridgeport	66	6%
Bristol	60	7%
Fairfield	64	7%
Hartford	61	5%
New Haven	65	4%
Norwich	63	0%
Stamford	068-069	11%
Waterbury	67	4%
West Hartford	62	0%
Delaware Average		1%
Dover	199	-3%
Newark	197	4%
Wilmington	198	3%
District of Columbia		
Washington	200-205	12%
Florida Average		-5%
Altamonte Springs	327	-2%
Bradenton	342	-5%
Brooksville	346	-7%
Daytona Beach	321	-10%
Fort Lauderdale	333	2%
Fort Myers	339	-6%
Fort Pierce	349	-10%
Gainesville	326	-7%
Jacksonville	322	0%
Lakeland	338	-7%
Melbourne	329	-6%
Miami	330-332	-2%
Naples	341	-3%
Ocala	344	-12%
Orlando	328	0%
Panama City	324	-9%
Pensacola	325	-7%
Saint Augustine	320	-2%
Saint Cloud	347	-1%
St Petersburg	337	-5%
Tallahassee	323	-7%
Tampa	335-336	0%
W. Palm Beach	334	1%
Georgia Average		0%
Albany	317	-8%
Athens	306	0%
Atlanta	303	17%
Augusta	308-309	-6%
Buford	305	0%
Calhoun	307	-1%
Columbus	318-319	-4%
Dublin/ Fort Valley	310	-7%
Hinesville	313	4%
Kings Bay	315	-9%
Macon	312	4%
Marietta	300-302	7%
Savannah	314	-1%
Statesboro	304	4%
Valdosta	316	-5%
Hawaii Average		18%
Aliamanu	968	20%
Ewa	967	17%
Halawa Heights	967	17%
Hilo	967	17%
Honolulu	968	20%
Kailua	968	20%
Lualualei	967	17%
Mililani Town	967	17%
Pearl City	967	17%
Wahiawa	967	17%
Waianae	967	17%
Wailuku (Maui)	967	17%
Idaho Average		-7%
Boise	837	1%
Coeur d'Alene	838	-7%
Idaho Falls	834	-8%
Lewiston	835	-11%
Meridian	836	-6%
Pocatello	832	-11%
Sun Valley	833	-8%
Illinois Average		6%
Arlington Heights	600	17%
Aurora	605	17%
Belleville	622	2%
Bloomington	617	1%
Carbondale	629	-8%
Carol Stream	601	18%
Centralia	628	-8%
Champaign	618	-1%
Chicago	606-608	21%
Decatur	623	-3%
Galesburg	614	-2%
Granite City	620	0%
Green River	612	0%
Joliet	604	17%
Kankakee	609	2%
Lawrenceville	624	-5%
Oak Park	603	24%
Peoria	615-616	8%
Peru	613	6%
Quincy	602	22%
Rockford	610-611	4%
Springfield	625-627	-2%
Urbana	619	-2%
Indiana Average		-2%
Aurora	470	1%
Bloomington	474	-3%
Columbus	472	-4%
Elkhart	465	-3%
Evansville	476-477	-2%

City	ZIP	%	City	ZIP	%	City	ZIP	%	City	ZIP	%
Fort Wayne	467-468	1%	**Maine Average**		**-3%**	Meridian	393	-2%	**New Mexico Average**		**-8%**
Gary	463-464	4%	Auburn	42	-3%	Tupelo	388	-4%	Alamogordo	883	-12%
Indianapolis	460-462	5%	Augusta	43	-1%	**Missouri Average**		**-3%**	Albuquerque	870-871	-1%
Jasper	475	-4%	Bangor	44	-2%	Cape Girardeau	637	-5%	Clovis	881	-15%
Jeffersonville	471	-6%	Bath	45	-5%	Caruthersville	638	-3%	Farmington	874	2%
Kokomo	469	-4%	Brunswick	039-040	1%	Chillicothe	646	-4%	Fort Sumner	882	-1%
Lafayette	479	-3%	Camden	48	-7%	Columbia	652	-4%	Gallup	873	-9%
Muncie	473	-9%	Cutler	46	-9%	East Lynne	647	-6%	Holman	877	-8%
South Bend	466	-2%	Dexter	49	-3%	Farmington	636	-9%	Las Cruces	880	-10%
Terre Haute	478	-2%	Northern Area	47	-9%	Hannibal	634	-7%	Santa Fe	875	-7%
Iowa Average		**-3%**	Portland	41	4%	Independence	640	6%	Socorro	878	-15%
Burlington	526	-5%	**Maryland Average**		**1%**	Jefferson City	650-651	-3%	Truth or Consequences	879	-7%
Carroll	514	-4%	Annapolis	214	7%	Joplin	648	-2%	Tucumcari	884	-11%
Cedar Falls	506	-3%	Baltimore	210-212	4%	Kansas City	641	7%	**New York Average**		**5%**
Cedar Rapids	522-524	0%	Bethesda	208-209	10%	Kirksville	635	-13%	Albany	120-123	8%
Cherokee	510	1%	Church Hill	216	-4%	Knob Noster	653	-7%	Amityville	117	8%
Council Bluffs	515	-1%	Cumberland	215	-9%	Lebanon	654-655	-12%	Batavia	140	1%
Creston	508	-8%	Elkton	219	-1%	Poplar Bluff	639	-9%	Binghamton	137-139	2%
Davenport	527-528	5%	Frederick	217	3%	Saint Charles	633	0%	Bronx	104	10%
Decorah	521	-5%	Laurel	206-207	7%	Saint Joseph	644-645	6%	Brooklyn	112	2%
Des Moines	500-503	2%	Salisbury	218	-7%	Springfield	656-658	-7%	Buffalo	142	1%
Dubuque	520	-1%	**Massachusetts Average**		**12%**	St Louis	630-631	7%	Elmira	149	-2%
Fort Dodge	505	-2%	Ayer	015-016	10%	**Montana Average**		**0%**	Flushing	113	10%
Mason City	504	-1%	Bedford	17	19%	Billings	590-591	1%	Garden City	115	10%
Ottumwa	525	-8%	Boston	021-022	29%	Butte	597	3%	Hicksville	118	9%
Sheldon	512	5%	Brockton	023-024	20%	Fairview	592	3%	Ithaca	148	-6%
Shenandoah	516	-16%	Cape Cod	26	6%	Great Falls	594	4%	Jamaica	114	9%
Sioux City	511	-1%	Chicopee	10	7%	Havre	595	-2%	Jamestown	147	-7%
Spencer	513	-6%	Dedham	19	15%	Helena	596	-1%	Kingston	124	-1%
Waterloo	507	-4%	Fitchburg	14	15%	Kalispell	599	-5%	Long Island	111	28%
Kansas Average		**-7%**	Hingham	20	20%	Miles City	593	-6%	Montauk	119	8%
Colby	677	-4%	Lawrence	18	16%	Missoula	598	-2%	New York (Manhattan)	100-102	29%
Concordia	669	-16%	Nantucket	25	12%	**Nebraska Average**		**-6%**	New York City	100-102	29%
Dodge City	678	-8%	New Bedford	27	8%	Alliance	693	-5%	Newcomb	128	4%
Emporia	668	-9%	Northfield	13	-5%	Columbus	686	-5%	Niagara Falls	143	-5%
Fort Scott	667	-4%	Pittsfield	12	1%	Grand Island	688	-8%	Plattsburgh	129	0%
Hays	676	-12%	Springfield	11	6%	Hastings	689	-2%	Poughkeepsie	125-126	2%
Hutchinson	675	-9%	**Michigan Average**		**2%**	Lincoln	683-685	-4%	Queens	110	12%
Independence	673	-5%	Battle Creek	490-491	0%	McCook	690	-10%	Rochester	144-146	1%
Kansas City	660-662	6%	Detroit	481-482	8%	Norfolk	687	-6%	Rockaway	116	4%
Liberal	679	-13%	Flint	484-485	0%	North Platte	691	-9%	Rome	133-134	-4%
Salina	674	-5%	Grand Rapids	493-495	5%	Omaha	680-681	0%	Staten Island	103	6%
Topeka	664-666	-4%	Grayling	497	-2%	Valentine	692	-14%	Stewart	127	10%
Wichita	670-672	-5%	Jackson	492	-1%	**Nevada Average**		**1%**	Syracuse	130-132	3%
Kentucky Average		**-6%**	Lansing	488-489	3%	Carson City	897	0%	Tonawanda	141	-1%
Ashland	411-412	-8%	Marquette	498-499	-5%	Elko	898	2%	Utica	135	-5%
Bowling Green	421	-3%	Pontiac	483	8%	Ely	893	-7%	Watertown	136	-4%
Campton	413-414	-12%	Royal Oak	480	6%	Fallon	894	4%	West Point	109	2%
Covington	410	2%	Saginaw	486-487	-1%	Las Vegas	889-891	2%	White Plains	105-108	10%
Elizabethtown	427	-6%	Traverse City	496	-3%	Reno	895	4%	**North Carolina Average**		**-1%**
Frankfort	406	-7%	**Minnesota Average**		**1%**	**New Hampshire Average**		**4%**	Asheville	287-289	-5%
Hazard	417-418	-15%	Bemidji	566	-3%	Charlestown	36	-5%	Charlotte	280-282	5%
Hopkinsville	422	-4%	Brainerd	564	-2%	Concord	34	1%	Durham	277	5%
Lexington	403-405	3%	Duluth	556-558	1%	Dover	38	9%	Elizabeth City	279	-7%
London	407-409	-6%	Fergus Falls	565	-4%	Lebanon	37	-1%	Fayetteville	283	-5%
Louisville	400-402	1%	Magnolia	561	-7%	Littleton	35	2%	Goldsboro	275	3%
Owensboro	423	-4%	Mankato	560	0%	Manchester	032-033	8%	Greensboro	274	1%
Paducah	420	-6%	Minneapolis	553-555	12%	New Boston	030-031	11%	Hickory	286	-3%
Pikeville	415-416	-14%	Rochester	559	0%	**New Jersey Average**		**9%**	Kinston	285	-7%
Somerset	425-426	-12%	St Cloud	563	4%	Atlantic City	080-084	5%	Raleigh	276	6%
White Plains	424	-4%	St Paul	550-551	13%	Brick	87	2%	Rocky Mount	278	-3%
Louisiana Average		**1%**	Thief River Falls	567	0%	Dover	78	9%	Wilmington	284	-3%
Alexandria	713-714	-7%	Willmar	562	2%	Edison	088-089	13%	Winston-Salem	270-273	0%
Baton Rouge	707-708	15%	**Mississippi Average**		**0%**	Hackensack	76	9%	**North Dakota Average**		**2%**
Houma	703	6%	Clarksdale	386	0%	Monmouth	77	12%	Bismarck	585	1%
Lafayette	705	4%	Columbus	397	5%	Newark	071-073	7%	Dickinson	586	10%
Lake Charles	706	-4%	Greenville	387	-5%	Passaic	70	9%	Fargo	580-581	2%
Mandeville	704	5%	Greenwood	389	0%	Paterson	074-075	7%	Grand Forks	582	0%
Minden	710	-8%	Gulfport	395	2%	Princeton	85	9%			
Monroe	712	-7%	Jackson	390-392	4%	Summit	79	14%			
New Orleans	700-701	9%	Laurel	394	3%	Trenton	86	6%			
Shreveport	711	-6%	McComb	396	-2%						

City	Zip	%	City	Zip	%	City	Zip	%	City	Zip	%
Jamestown	584	-2%	Philadelphia	190-191	8%	Houston	770-772	8%	Huntington	255-257	-2%
Minot	587	0%	Pittsburgh	152	2%	Huntsville	773	5%	Lewisburg	249	-19%
Nekoma	583	-11%	Pottsville	179	-6%	Longview	756	-8%	Martinsburg	254	-7%
Williston	588	14%	Punxsutawney	157	-11%	Lubbock	793-794	-4%	Morgantown	265	-4%
Ohio Average		**0%**	Reading	195-196	-1%	Lufkin	759	-9%	New Martinsville	262	-12%
Akron	442-443	1%	Scranton	184-185	-3%	McAllen	785	-12%	Parkersburg	261	-9%
Canton	446-447	0%	Somerset	155	-8%	Midland	797	5%	Romney	267	-8%
Chillicothe	456	-7%	Southeastern	193	7%	Palestine	758	-6%	Sugar Grove	268	-13%
Cincinnati	450-452	5%	Uniontown	154	-9%	Plano	750	7%	Wheeling	260	-5%
Cleveland	440-441	1%	Valley Forge	194	13%	San Angelo	769	-2%	**Wisconsin Average**		**0%**
Columbus	432	9%	Warminster	189	8%	San Antonio	780-782	1%	Amery	540	-1%
Dayton	453-455	3%	Warrendale	150-151	2%	Texarkana	755	-8%	Beloit	535	2%
Lima	458	-3%	Washington	153	0%	Tyler	757	-7%	Clam Lake	545	-7%
Marietta	457	-8%	Wilkes Barre	186-187	-4%	Victoria	779	-4%	Eau Claire	547	-1%
Marion	433	0%	Williamsport	177	-8%	Waco	765-767	-3%	Green Bay	541-543	3%
Newark	430-431	8%	York	173-174	2%	Wichita Falls	763	-5%	La Crosse	546	-4%
Sandusky	448-449	2%	**Rhode Island Average**		**3%**	Woodson	764	-3%	Ladysmith	548	-5%
Steubenville	439	-3%	Bristol	28	3%	**Utah Average**		**-4%**	Madison	537	6%
Toledo	434-436	4%	Coventry	28	3%	Clearfield	840	0%	Milwaukee	530-534	6%
Warren	444	-3%	Cranston	29	3%	Green River	845	-10%	Oshkosh	549	7%
Youngstown	445	0%	Davisville	28	3%	Ogden	843-844	-6%	Portage	539	0%
Zanesville	437-438	0%	Narragansett	28	3%	Provo	846-847	-6%	Prairie du Chien	538	-4%
Oklahoma Average		**-8%**	Newport	28	3%	Salt Lake City	841	2%	Wausau	544	-3%
Adams	739	-8%	Providence	29	3%	**Vermont Average**		**-3%**	**Wyoming Average**		**-3%**
Ardmore	734	-10%	Warwick	28	3%	Albany	58	-5%	Casper	826	0%
Clinton	736	-8%	**South Carolina Average**		**0%**	Battleboro	53	-3%	Cheyenne/		
Durant	747	-8%	Aiken	298	2%	Beecher Falls	59	-5%	Laramie	820	-2%
Enid	737	-11%	Beaufort	299	-1%	Bennington	52	-8%	Gillette	827	-1%
Lawton	735	-12%	Charleston	294	3%	Burlington	54	3%	Powell	824	-9%
McAlester	745	-7%	Columbia	290-292	-1%	Montpelier	56	-2%	Rawlins	823	-2%
Muskogee	744	-6%	Greenville	296	4%	Rutland	57	-7%	Riverton	825	-8%
Norman	730	-4%	Myrtle Beach	295	-5%	Springfield	51	-4%	Rock Springs	829-831	-1%
Oklahoma City	731	-2%	Rock Hill	297	-4%	White River			Sheridan	828	-5%
Ponca City	746	-7%	Spartanburg	293	-2%	Junction	50	1%	Wheatland	822	0%
Poteau	749	-13%	**South Dakota Average**		**-6%**	**Virginia Average**		**-2%**	**CANADIAN AREA MODIFIERS**		
Pryor	743	-6%	Aberdeen	574	-4%	Abingdon	242	-7%	These figures assume an exchange rate of $1.00 Canadian to $0.76 U.S.		
Shawnee	748	-8%	Mitchell	573	-7%	Alexandria	220-223	11%			
Tulsa	740-741	-4%	Mobridge	576	-13%	Charlottesville	229	-2%			
Woodward	738	-7%	Pierre	575	-11%	Chesapeake	233	0%	**Alberta**		**13%**
Oregon Average		**-2%**	Rapid City	577	-6%	Culpeper	227	-6%	Calgary		14%
Adrian	979	-9%	Sioux Falls	570-571	2%	Farmville	239	-8%	Edmonton		14%
Bend	977	1%	Watertown	572	-6%	Fredericksburg	224-225	-5%	Fort McMurray		12%
Eugene	974	-4%	**Tennessee Average**		**2%**	Galax	243	-10%	**British Columbia**		**7%**
Grants Pass	975	-6%	Chattanooga	374	5%	Harrisonburg	228	-6%	Fraser Valley		6%
Klamath Falls	976	-10%	Clarksville	370	7%	Lynchburg	245	-2%	Okanagan		6%
Pendleton	978	-1%	Cleveland	373	3%	Norfolk	235-237	4%	Vancouver		9%
Portland	970-972	12%	Columbia	384	-6%	Petersburg	238	-2%	**Manitoba**		**0%**
Salem	973	-2%	Cookeville	385	-7%	Radford	241	-8%	North Manitoba		0%
Pennsylvania Average		**-3%**	Jackson	383	5%	Reston	201	10%	South Manitoba		0%
Allentown	181	0%	Kingsport	376	-1%	Richmond	232	3%	Selkirk		0%
Altoona	166	-8%	Knoxville	377-379	3%	Roanoke	240	-2%	Winnipeg		0%
Beaver Springs	178	-8%	McKenzie	382	-8%	Staunton	244	-5%	**New Brunswick**		**-13%**
Bethlehem	180	4%	Memphis	380-381	9%	Tazewell	246	-13%	Moncton		-13%
Bradford	167	-9%	Nashville	371-372	9%	Virginia Beach	234	-1%	**Nova Scotia**		**-8%**
Butler	160	-1%	**Texas Average**		**-1%**	Williamsburg	230-231	-2%	Amherst		-8%
Chambersburg	172	-4%	Abilene	795-796	-7%	Winchester	226	-6%	Nova Scotia		-7%
Clearfield	168	-3%	Amarillo	790-791	-5%	**Washington Average**		**1%**	Sydney		-8%
DuBois	158	-8%	Arlington	760	7%	Clarkston	994	-2%	**Newfoundland/ Labrador**		**-3%**
East Stroudsburg	183	-8%	Austin	786-787	10%	Everett	982	4%			
Erie	164-165	-8%	Bay City	774	8%	Olympia	985	1%	**Ontario**		**7%**
Genesee	169	-8%	Beaumont	776-777	4%	Pasco	993	1%	London		7%
Greensburg	156	-3%	Brownwood	768	-6%	Seattle	980-981	13%	Thunder Bay		6%
Harrisburg	170-171	-1%	Bryan	778	-4%	Spokane	990-992	-3%	Toronto		7%
Hazleton	182	-5%	Childress	792	-8%	Tacoma	983-984	3%	**Quebec**		**-1%**
Johnstown	159	-10%	Corpus Christi	783-784	2%	Vancouver	986	1%	Montreal		-1%
Kittanning	162	-6%	Dallas	751-753	7%	Wenatchee	988	-3%	Quebec City		-1%
Lancaster	175-176	-1%	Del Rio	788	-10%	Yakima	989	-7%	**Saskatchewan**		**4%**
Meadville	163	-13%	El Paso	798-799	-12%	**West Virginia Average**		**-8%**	La Ronge		3%
Montrose	188	-5%	Fort Worth	761-762	6%	Beckley	258-259	-10%	Prince Albert		2%
New Castle	161	-4%	Galveston	775	6%	Bluefield	247-248	-12%	Saskatoon		5%
			Giddings	789	7%	Charleston	250-253	4%			
			Greenville	754	2%	Clarksburg	263-264	-4%			
						Fairmont	266	-10%			

Crew Compositions & Wage Rates

Crew Code		Manhours per day	Total costs $/Hr.	$/Day	Average Crew Rate (ACR) per Hour	Average Crew Rate (ACROP) per Hour w/O&P
AB	1 Pneumatic tool operator	8.00	$52.75	$422.00		
	1 Laborer	8.00	$37.40	$299.20		
	TOTAL	16.00		$721.20	$45.08	$67.61
AD	2 Pneumatic tool operators	16.00	$52.75	$844.00		
	1 Laborer	8.00	$37.40	$299.20		
	TOTAL	24.00		$1,143.20	$47.63	$71.45
BD	3 Bricklayers	24.00	$44.21	$1,061.04		
	2 Bricktenders	16.00	$33.80	$540.80		
	TOTAL	40.00		$1,601.84	$40.05	$60.07
BK	1 Bricklayer	8.00	$44.21	$353.68		
	1 Bricktender	8.00	$33.80	$270.40		
	TOTAL	16.00		$624.08	$39.01	$58.51
BO	2 Bricklayers	16.00	$44.21	$707.36		
	2 Bricktenders	16.00	$33.80	$540.80		
	TOTAL	32.00		$1,248.16	$39.01	$58.51
2C	2 Carpenters	16.00	$45.88	$734.08	$45.88	$68.82
CA	1 Carpenter	8.00	$45.88	$367.04	$45.88	$68.82
CH	1 Carpenter	8.00	$45.88	$367.04		
	1/2 Laborer	4.00	$37.40	$149.60		
	TOTAL	12.00		$516.64	$43.05	$64.58
CJ	1 Carpenter	8.00	$45.88	$367.04		
	1 Laborer	8.00	$37.40	$299.20		
	TOTAL	16.00		$666.24	$41.64	$62.46
CN	2 Carpenters	16.00	$45.88	$734.08		
	1/2 Laborer	4.00	$37.40	$149.60		
	TOTAL	20.00		$883.68	$44.18	$66.28
CS	2 Carpenters	16.00	$45.88	$734.08		
	1 Laborer	8.00	$37.40	$299.20		
	TOTAL	24.00		$1,033.28	$43.05	$64.58
CT	1 Mosaic & terrazzo setter	8.00	$39.86	$318.88	$39.86	$59.79
CU	4 Carpenters	32.00	$45.88	$1,468.16		
	1 Laborer	8.00	$37.40	$299.20		
	TOTAL	40.00		$1,767.36	$44.18	$66.28
CW	2 Carpenters	16.00	$45.88	$734.08		
	2 Laborers	16.00	$37.40	$598.40		
	TOTAL	32.00		$1,332.48	$41.64	$62.46
CX	4 Carpenters	32.00	$45.88	$1,468.16	$45.88	$68.82

Crew Code		Manhours per day	Total costs $/Hr.	$/Day	Average Crew Rate (ACR) per Hour	Average Crew Rate (ACROP) per Hour w/O&P
CY	3 Carpenters	24.00	$45.88	$1,101.12		
	2 Laborers	16.00	$37.40	$598.40		
	1 Equipment operator	8.00	$51.09	$408.72		
	1 Laborer	8.00	$37.40	$299.20		
	TOTAL	**56.00**		**$2,407.44**	**$42.99**	**$64.49**
CZ	4 Carpenters	32.00	$45.88	$1,468.16		
	3 Laborers	24.00	$37.40	$897.60		
	1 Equipment operator	8.00	$51.09	$408.72		
	1 Laborer	8.00	$37.40	$299.20		
	TOTAL	**72.00**		**$3,073.68**	**$42.69**	**$64.04**
DD	2 Cement masons	16.00	$43.66	$698.56		
	1 Laborer	8.00	$37.40	$299.20		
	TOTAL	**24.00**		**$997.76**	**$41.57**	**$62.36**
DF	3 Cement masons	24.00	$43.66	$1,047.84		
	5 Laborers	40.00	$37.40	$1,496.00		
	TOTAL	**64.00**		**$2,543.84**	**$39.75**	**$59.62**
DI	1 Drywall installer	8.00	$44.11	$352.88	$44.11	$66.17
DJ	1 Drywall installer	8.00	$44.11	$352.88		
	1 Laborer	8.00	$37.40	$299.20		
	TOTAL	**16.00**		**$652.08**	**$40.76**	**$61.13**
DK	1 Drywall installer	8.00	$44.11	$352.88		
	1 Drywall taper	8.00	$44.72	$357.76		
	TOTAL	**16.00**		**$710.64**	**$44.42**	**$66.62**
DL	2 Drywall installers	16.00	$44.11	$705.76		
	1 Drywall taper	8.00	$44.72	$357.76		
	TOTAL	**24.00**		**$1,063.52**	**$44.31**	**$66.47**
DM	2 Drywall installers	16.00	$44.11	$705.76	$44.11	$66.17
DT	1 Drywall taper	8.00	$44.72	$357.76	$44.72	$67.08
DU	2 Drywall tapers	16.00	$44.72	$715.52	$44.72	$67.08
EA	1 Electrician	8.00	$48.35	$386.80	$48.35	$72.53
EB	2 Electricians	16.00	$48.35	$773.60	$48.35	$72.53
ED	1 Electrician	8.00	$48.35	$386.80		
	1 Carpenter	8.00	$45.88	$367.04		
	TOTAL	**16.00**		**$753.84**	**$47.12**	**$70.67**
FA	1 Floorlayer	8.00	$42.19	$337.52	$42.19	$63.29
FB	2 Floorlayers	16.00	$42.19	$675.04		
	1/4 Laborer	2.00	$37.40	$74.80		
	TOTAL	**18.00**		**$749.84**	**$41.66**	**$62.49**
FC	1 Floorlayer (hardwood)	8.00	$44.30	$354.40	$44.30	$66.45

Crew Code		Manhours per day	Total costs $/Hr.	$/Day	Average Crew Rate (ACR) per Hour	Average Crew Rate (ACROP) per Hour w/O&P
FD	2 Floorlayers (hardwood)	16.00	$44.30	$708.80		
	1/4 Laborer	2.00	$37.40	$74.80		
	TOTAL	**18.00**		**$783.60**	**$43.53**	**$65.30**
GA	1 Glazier	8.00	$43.85	$350.80	$43.85	$65.78
GB	2 Glaziers	16.00	$43.85	$701.60	$43.85	$65.78
GC	3 Glaziers	24.00	$43.85	$1,052.40	$43.85	$65.78
HA	1 Fence erector	8.00	$45.67	$365.40	$45.67	$68.51
HB	1 Fence erector	8.00	$45.67	$365.40		
	1 Laborer	8.00	$37.40	$299.20		
	TOTAL	**16.00**		**$664.60**	**$41.54**	**$62.31**
HD	2 Fence erectors	16.00	$45.67	$730.80		
	1 Laborer	8.00	$37.40	$299.20		
	TOTAL	**24.00**		**$1,030.00**	**$42.92**	**$64.37**
1L	1 Laborer	8.00	$37.40	$299.20	$37.40	$56.10
LB	2 Laborers	16.00	$37.40	$598.40	$37.40	$56.10
LC	2 Laborers	16.00	$37.40	$598.40		
	1 Carpenter	8.00	$45.88	$367.04		
	TOTAL	**24.00**		**$965.44**	**$40.23**	**$60.34**
LD	2 Laborers	16.00	$37.40	$598.40		
	2 Carpenters	16.00	$45.88	$734.08		
	TOTAL	**32.00**		**$1,332.48**	**$41.64**	**$62.46**
LG	5 Laborers	40.00	$37.40	$1,496.00		
	1 Carpenter	8.00	$45.88	$367.04		
	TOTAL	**48.00**		**$1,863.04**	**$38.81**	**$58.22**
LH	3 Laborers	24.00	$37.40	$897.60	$37.40	$56.10
LJ	4 Laborers	32.00	$37.40	$1,196.80	$37.40	$56.10
LK	2 Laborers	16.00	$37.40	$598.40		
	2 Carpenters	16.00	$45.88	$734.08		
	1 Equipment operator	8.00	$51.09	$408.72		
	1 Laborer	8.00	$37.40	$299.20		
	TOTAL	**48.00**		**$2,040.40**	**$42.51**	**$63.76**
LL	3 Laborers	24.00	$37.40	$897.60		
	1 Carpenter	8.00	$45.88	$367.04		
	1 Equipment operator	8.00	$51.09	$408.72		
	1 Laborer	8.00	$37.40	$299.20		
	TOTAL	**48.00**		**$1,972.56**	**$41.10**	**$61.64**
LR	1 Lather	8.00	$43.99	$351.92	$43.99	$65.99
MB	1 Millwright finish carpenter	8.00	$43.64	$349.12	$43.64	$65.46
	1 Laborer	8.00	$37.40	$299.20		
	TOTAL	**16.00**		**$648.32**	**$40.52**	**$60.78**

Crew Code		Manhours per day	Total costs $/Hr.	$/Day	Average Crew Rate (ACR) per Hour	Average Crew Rate (ACROP) per Hour w/O&P
ML	2 Bricklayers	16.00	$44.21	$707.36		
	1 Bricktender	8.00	$33.80	$270.40		
	TOTAL	24.00		$977.76	$40.74	$61.11
MR	1 Millwright finish carpenter	8.00	$43.64	$349.12	$43.64	$65.46
NA	1 Painter (brush)	8.00	$45.39	$363.12	$45.39	$68.09
NC	1 Painter (spray)	8.00	$46.75	$374.02	$46.75	$70.13
PD	2 Plasterers	16.00	$45.50	$728.00		
	1 Plasterer helper	8.00	$34.39	$275.12		
	TOTAL	24.00		$1,003.12	$41.80	$62.70
PE	3 Plasterers	24.00	$45.50	$1,092.00		
	2 Plasterer helpers	16.00	$34.39	$550.24		
	TOTAL	40.00		$1,642.24	$41.06	$61.58
QA	1 Paperhanger	8.00	$47.65	$381.24	$47.65	$71.48
2R	2 Roofers (journeyman)	16.00	$49.37	$789.92	$49.37	$74.06
RG	2 Roofers (journeyman)	16.00	$49.37	$789.92		
	1 Laborer	8.00	$37.40	$299.20		
	TOTAL	24.00		$1,089.12	$45.38	$68.07
RJ	2 Roofers (wood shingles)	16.00	$51.84	$829.41	$51.84	$77.76
RL	2 Roofers (journeyman)	16.00	$49.37	$789.92		
	1/2 Laborer	4.00	$37.40	$149.60		
	TOTAL	20.00		$939.52	$46.98	$70.46
RM	2 Roofers (wood shingles)	16.00	$51.84	$829.41		
	1/2 Laborer	4.00	$37.40	$149.60		
	TOTAL	20.00		$979.01	$48.95	$73.43
RQ	2 Roofers (wood shingles)	16.00	$51.84	$829.41		
	7/8 Laborer	7.00	$37.40	$261.80		
	TOTAL	23.00		$1,091.21	$47.44	$71.17
RS	1 Roofer (foreman)	8.00	$54.30	$434.37		
	3 Roofers (pitch)	24.00	$50.85	$1,220.37		
	2 Laborers	16.00	$37.40	$598.40		
	TOTAL	48.00		$2,253.14	$46.94	$70.41
RT	2 Roofers (pitch)	16.00	$50.85	$813.58		
	1 Laborer	8.00	$37.40	$299.20		
	TOTAL	24.00		$1,112.78	$46.37	$69.55
SA	1 Plumber	8.00	$51.49	$411.92	$51.49	$77.24
SB	1 Plumber	8.00	$51.49	$411.92		
	1 Laborer	8.00	$37.40	$299.20		
	TOTAL	16.00		$711.12	$44.45	$66.67

Crew Code		Manhours per day	Total costs $/Hr.	$/Day	Average Crew Rate (ACR) per Hour	Average Crew Rate (ACROP) per Hour w/O&P
SC	1 Plumber	8.00	$51.49	$411.92		
	1 Electrician	8.00	$48.35	$386.80		
	TOTAL	**16.00**		**$798.72**	**$49.92**	**$74.88**
SD	1 Plumber	8.00	$51.49	$411.92		
	1 Laborer	8.00	$37.40	$299.20		
	1 Electrician	8.00	$48.35	$386.80		
	TOTAL	**24.00**		**$1,097.92**	**$45.75**	**$68.62**
SE	2 Plumbers	16.00	$51.49	$823.84		
	1 Laborer	8.00	$37.40	$299.20		
	1 Electrician	8.00	$48.35	$386.80		
	TOTAL	**32.00**		**$1,509.84**	**$47.18**	**$70.77**
SF	2 Plumbers	16.00	$51.49	$823.84		
	1 Laborer	8.00	$37.40	$299.20		
	TOTAL	**24.00**		**$1,123.04**	**$46.79**	**$70.19**
SG	3 Plumbers	24.00	$51.49	$1,235.76		
	1 Laborer	8.00	$37.40	$299.20		
	TOTAL	**32.00**		**$1,534.96**	**$47.97**	**$71.95**
TB	1 Tile setter (ceramic)	8.00	$40.27	$322.16		
	1 Tile setter helper (ceramic)	8.00	$33.66	$269.29		
	TOTAL	**16.00**		**$591.45**	**$36.97**	**$55.45**
UA	1 Sheet metal worker	8.00	$49.64	$397.12	$49.64	$74.46
UB	2 Sheet metal workers	16.00	$49.64	$794.24	$49.64	$74.46
UC	2 Sheet metal workers	16.00	$49.64	$794.24		
	2 Laborers	16.00	$37.40	$598.40		
	TOTAL	**32.00**		**$1,392.64**	**$43.52**	**$65.28**
UD	1 Sheet metal worker	8.00	$49.64	$397.12		
	1 Laborer	8.00	$37.40	$299.20		
	TOTAL	**16.00**		**$696.32**	**$43.52**	**$65.28**
UE	1 Sheet metal worker	8.00	$49.64	$397.12		
	1 Laborer	8.00	$37.40	$299.20		
	1/2 Electrician	4.00	$48.35	$193.40		
	TOTAL	**20.00**		**$889.72**	**$44.49**	**$66.73**
UF	2 Sheet metal workers	16.00	$49.64	$794.24		
	1 Laborer	8.00	$37.40	$299.20		
	TOTAL	**24.00**		**$1,093.44**	**$45.56**	**$68.34**
VB	1 Equipment operator	8.00	$51.09	$408.72		
	1 Laborer	8.00	$37.40	$299.20		
	TOTAL	**16.00**		**$707.92**	**$44.25**	**$66.37**

Abbreviations Used in This Book

ABS	acrylonitrile butadiene styrene
ACR	average crew rate
AGA	American Gas Association
AMP	ampere
Approx.	approximately
ASME	American Society of Mechanical Engineers
auto.	automatic
Avg.	average
Bdle.	bundle
BTU	British thermal unit
BTUH	British thermal unit per hour
C	100
cc	center to center or cubic centimeter
CF	cubic foot
CFM	cubic foot per minute
CLF	100 linear feet
Const.	construction
Corr.	corrugated
CSF	100 square feet
CSY	100 square yards
Ctn	carton
CWT	100 pounds
CY	cubic yard
Cu.	cubic
d	penny
D	deep or depth
Demo	demolish
dia.	diameter
D.S.A.	double strength, A grade
D.S.B.	double strength, B grade
Ea	each
e.g.	for example
etc.	et cetera
exp.	exposure
FAS	First and Select grade
F.H.A.	Federal Housing Administration
fl. oz.	fluid ounce
flt	flight
ft.	foot
ga.	gauge
gal	gallon
galv.	galvanized
GFI	ground fault interrupter
GPH	gallons per hour
GPM	gallons per minute
H	height or high
HP, hp	horsepower
Hr.	hour
HVAC	heating, ventilating, air conditioning
i.d.	inside diameter
i.e.	that is
Inst	install
I.P.S.	iron pipe size
KD	knocked down
KW, kw	kilowatts
L	length or long
lb, lbs.	pound(s)
LF	linear feet
LS	lump sum
M	1000
Mat'l	material
Max.	maximum
MBF	1000 board feet
MBHP	1000 boiler horsepower
Mi	miles
Min.	minimum
MSF	1000 square feet
O.B.	opposed blade
oc	on center
o.d.	outside dimension
oz.	ounce
pcs.	pieces
pkg.	package
PSI	per square inch
PVC	polyvinyl chloride
Qt.	quart
R.E.	rounded edge
R/L	random length
RS	rapid start (lamps)
R/W/L	random width and length
S4S	surfaced-four-sides
SF	square foot
SL	slimline (lamps)
Sq.	1 square or 100 square feet
S.S.B.	single strength, B quality
std.	standard
SY	square yard
T	thick
T&G	tongue and groove
U	thermal conductivity
U.I.	united inches
UL	Underwriters Laboratories
U.S.G.	United States Gypsum
VLF	vertical linear feet
W	width or wide
yr.	year

Symbols

/	per
%	percent
"	inches
'	foot or feet
x	by
o	degree
#	number or pounds
$	dollar
+/-	plus or minus

For crew abbreviations, please see Crew Compositions & Wage Rates chart, pages 15 to 19.

Acoustical and insulating tile

1. **Dimensions**
   a. Acoustical tile. $1/2$" thick x 12" x 12", 24".
   b. Insulating tile, decorative. $1/2$" thick x 12" x 12", 24"; $1/2$" thick x 16" x 16", 32".

2. **Installation.** Tile may be applied to existing plaster (if joist spacing is suitable) or to wood furring strips. Tile may have a square edge or flange. Depending on the type and shape of the tile, you can use adhesive, staples, nails or clips to attach the tile.

3. **Estimating Technique.** Determine area and add 5 percent to 10 percent for waste.

4. **Notes on Material Pricing.** A material price of $27.70 a gallon for adhesive was used to compile the Average Material Cost/Unit on the following pages. Here are the coverage rates:

12" x 12"	1.25 Gal/CSF
12" x 24"	0.95 Gal/CSF
16" x 16"	0.75 Gal/CSF
16" x 32"	0.55 Gal/CSF

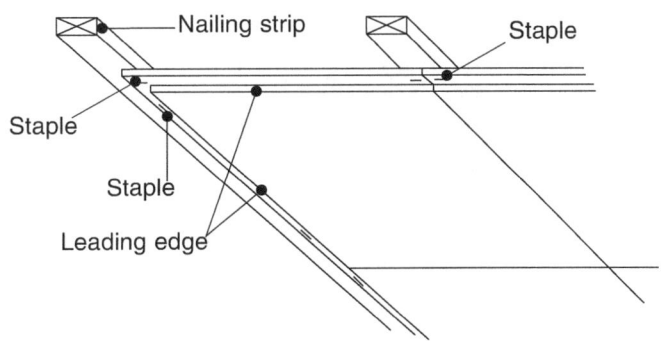

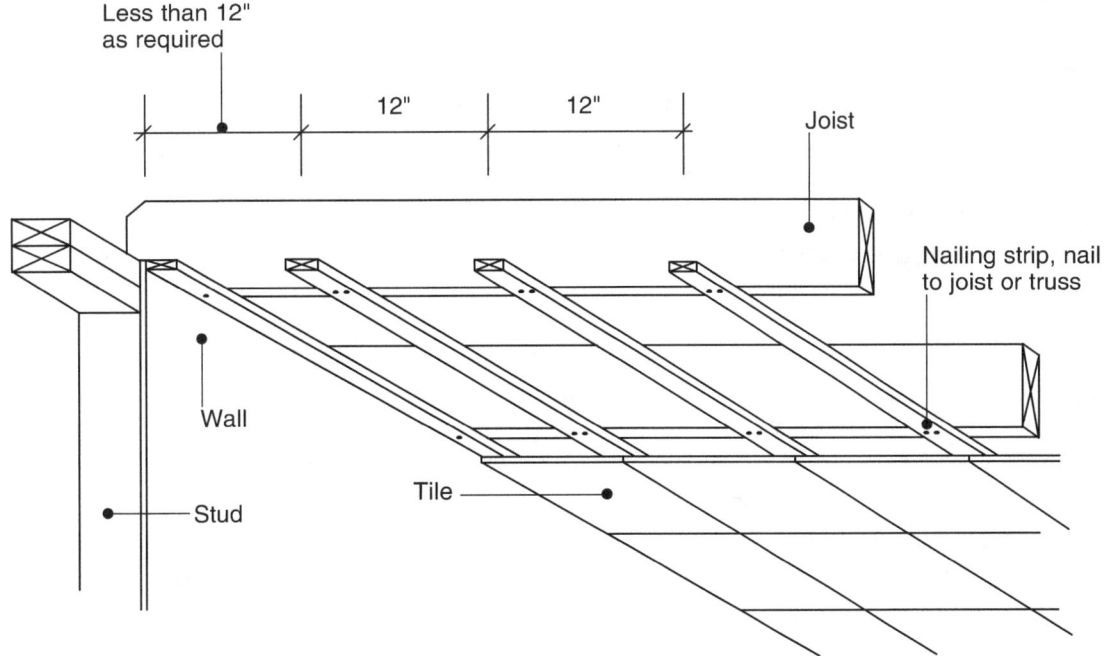

Description	Oper	Unit	Vol	Crew Size	Man-hours per Unit	Crew Output per Day	Avg Mat'l Unit Cost	Avg Labor Unit Cost	Avg Equip Unit Cost	Avg Total Unit Cost	Avg Price Incl O&P

Acoustical treatment

See also Suspended ceiling systems, page 398

Ceiling and wall tile
Adhesive set
Tile only, no grid system; includes dumpster

Description	Oper	Unit	Vol	Crew Size	Man-hours per Unit	Crew Output per Day	Avg Mat'l Unit Cost	Avg Labor Unit Cost	Avg Equip Unit Cost	Avg Total Unit Cost	Avg Price Incl O&P
	Demo	SF	Lg	LB	.012	1300	---	.45	.08	.53	.77
	Demo	SF	Sm	LB	.018	910.0	---	.67	.09	.76	1.12
Tile on furring strips; includes dumpster											
	Demo	SF	Lg	LB	.009	1710	---	.34	.10	.44	.62
	Demo	SF	Sm	LB	.013	1197	---	.49	.11	.60	.86

Mineral fiber, vinyl coated, tile only
Applied in square pattern by adhesive to solid backing; 5% tile waste

1/2" thick, 12" x 12" or 12" x 24"

Description	Oper	Unit	Vol	Crew Size	Man-hours per Unit	Crew Output per Day	Avg Mat'l Unit Cost	Avg Labor Unit Cost	Avg Equip Unit Cost	Avg Total Unit Cost	Avg Price Incl O&P
Economy, mini perforated	Inst	SF	Lg	2C	.018	880.0	2.21	.83	---	3.04	3.89
	Inst	SF	Sm	2C	.026	616.0	2.44	1.19	---	3.63	4.72
Standard, random perforated	Inst	SF	Lg	2C	.018	880.0	3.06	.83	---	3.89	4.91
	Inst	SF	Sm	2C	.026	616.0	3.37	1.19	---	4.56	5.83
Designer, swirl perforation	Inst	SF	Lg	2C	.018	880.0	3.31	.83	---	4.14	5.21
	Inst	SF	Sm	2C	.026	616.0	3.65	1.19	---	4.84	6.17
Deluxe, sculptured face	Inst	SF	Lg	2C	.018	880.0	3.56	.83	---	4.39	5.51
	Inst	SF	Sm	2C	.026	616.0	3.92	1.19	---	5.11	6.49

5/8" thick, 12" x 12" or 12" x 24"

Description	Oper	Unit	Vol	Crew Size	Man-hours per Unit	Crew Output per Day	Avg Mat'l Unit Cost	Avg Labor Unit Cost	Avg Equip Unit Cost	Avg Total Unit Cost	Avg Price Incl O&P
Economy, mini perforated	Inst	SF	Lg	2C	.018	880.0	2.65	.83	---	3.48	4.42
	Inst	SF	Sm	2C	.026	616.0	2.92	1.19	---	4.11	5.29
Standard, random perforated	Inst	SF	Lg	2C	.018	880.0	3.69	.83	---	4.52	5.67
	Inst	SF	Sm	2C	.026	616.0	4.07	1.19	---	5.26	6.67
Designer, swirl perforation	Inst	SF	Lg	2C	.018	880.0	4.02	.83	---	4.85	6.06
	Inst	SF	Sm	2C	.026	616.0	4.43	1.19	---	5.62	7.11
Deluxe, sculptured face	Inst	SF	Lg	2C	.018	880.0	4.32	.83	---	5.15	6.42
	Inst	SF	Sm	2C	.026	616.0	4.76	1.19	---	5.95	7.50

3/4" thick, 12" x 12" or 12" x 24"

Description	Oper	Unit	Vol	Crew Size	Man-hours per Unit	Crew Output per Day	Avg Mat'l Unit Cost	Avg Labor Unit Cost	Avg Equip Unit Cost	Avg Total Unit Cost	Avg Price Incl O&P
Economy, mini perforated	Inst	SF	Lg	2C	.018	880.0	2.90	.83	---	3.73	4.72
	Inst	SF	Sm	2C	.026	616.0	3.20	1.19	---	4.39	5.63
Standard, random perforated	Inst	SF	Lg	2C	.018	880.0	4.08	.83	---	4.91	6.13
	Inst	SF	Sm	2C	.026	616.0	4.49	1.19	---	5.68	7.18
Designer, swirl perforation	Inst	SF	Lg	2C	.018	880.0	4.43	.83	---	5.26	6.55
	Inst	SF	Sm	2C	.026	616.0	4.88	1.19	---	6.07	7.65
Deluxe, sculptured face	Inst	SF	Lg	2C	.018	880.0	4.77	.83	---	5.60	6.96
	Inst	SF	Sm	2C	.026	616.0	5.26	1.19	---	6.45	8.10

Applied by adhesive to furring strips ADD

Description	Oper	Unit	Vol	Crew Size	Man-hours per Unit	Crew Output per Day	Avg Mat'l Unit Cost	Avg Labor Unit Cost	Avg Equip Unit Cost	Avg Total Unit Cost	Avg Price Incl O&P
	Inst	SF	Lg	2C	.002	---	---	.09	---	.09	.14
	Inst	SF	Sm	2C	.002	---	---	.09	---	.09	.14

Acoustical treatment

Description	Oper	Unit	Vol	Crew Size	Man-hours per Unit	Crew Output per Day	Avg Mat'l Unit Cost	Avg Labor Unit Cost	Avg Equip Unit Cost	Avg Total Unit Cost	Avg Price Incl O&P
Stapled											
Tile only, no grid system	Demo	SF	Lg	LB	.014	1170	---	.52	.10	.62	**.91**
	Demo	SF	Sm	LB	.020	819	---	.75	.11	.86	**1.25**
Tile on furring strips	Demo	SF	Lg	LB	.010	1540	---	.37	.12	.49	**.71**
	Demo	SF	Sm	LB	.015	1078	---	.56	.14	.70	**1.01**
Mineral fiber, vinyl coated, tile only											
Applied in square pattern by staples, nails, or clips to solid backing; 5% tile waste											
1/2" thick, 12" x 12" or 12" x 24"											
Economy, mini perforated	Inst	SF	Lg	2C	.017	960.0	1.74	.78	---	2.52	**3.26**
	Inst	SF	Sm	2C	.024	672.0	1.92	1.10	---	3.02	**3.96**
Standard, random perforated	Inst	SF	Lg	2C	.017	960.0	2.59	.78	---	3.37	**4.28**
	Inst	SF	Sm	2C	.024	672.0	2.85	1.10	---	3.95	**5.07**
Designer, swirl perforation	Inst	SF	Lg	2C	.017	960.0	2.84	.78	---	3.62	**4.58**
	Inst	SF	Sm	2C	.024	672.0	3.13	1.10	---	4.23	**5.41**
Deluxe, sculptured face	Inst	SF	Lg	2C	.017	960.0	3.09	.78	---	3.87	**4.88**
	Inst	SF	Sm	2C	.024	672.0	3.40	1.10	---	4.50	**5.73**
5/8" thick, 12" x 12" or 12" x 24"											
Economy, mini perforated	Inst	SF	Lg	2C	.017	960.0	2.18	.78	---	2.96	**3.79**
	Inst	SF	Sm	2C	.024	672.0	2.40	1.10	---	3.50	**4.53**
Standard, random perforated	Inst	SF	Lg	2C	.017	960.0	3.22	.78	---	4.00	**5.03**
	Inst	SF	Sm	2C	.024	672.0	3.55	1.10	---	4.65	**5.91**
Designer, swirl perforation	Inst	SF	Lg	2C	.017	960.0	3.55	.78	---	4.33	**5.43**
	Inst	SF	Sm	2C	.024	672.0	3.91	1.10	---	5.01	**6.34**
Deluxe, sculptured face	Inst	SF	Lg	2C	.017	960.0	3.85	.78	---	4.63	**5.79**
	Inst	SF	Sm	2C	.024	672.0	4.24	1.10	---	5.34	**6.74**
3/4" thick, 12" x 12" or 12" x 24"											
Economy, mini perforated	Inst	SF	Lg	2C	.017	960.0	2.43	.78	---	3.21	**4.09**
	Inst	SF	Sm	2C	.024	672.0	2.68	1.10	---	3.78	**4.87**
Standard, random perforated	Inst	SF	Lg	2C	.017	960.0	3.61	.78	---	4.39	**5.50**
	Inst	SF	Sm	2C	.024	672.0	3.97	1.10	---	5.07	**6.42**
Designer, swirl perforation	Inst	SF	Lg	2C	.017	960.0	3.96	.78	---	4.74	**5.92**
	Inst	SF	Sm	2C	.024	672.0	4.36	1.10	---	5.46	**6.88**
Deluxe, sculptured face	Inst	SF	Lg	2C	.017	960.0	4.30	.78	---	5.08	**6.33**
	Inst	SF	Sm	2C	.024	672.0	4.74	1.10	---	5.84	**7.34**
Applied by staples, nails or clips to furring strips ADD											
	Inst	SF	Lg	2C	.017	960.0	---	.78	---	.78	**1.17**
	Inst	SF	Sm	2C	.024	672.0	---	1.10	---	1.10	**1.65**
Tile patterns, effect on labor											
Herringbone, Increase manhours											
	Inst	%	Lg	2C	25.0	---	---	---	---	---	---
	Inst	%	Sm	2C	25.0	---	---	---	---	---	---
Diagonal, Increase manhours	Inst	%	Lg	2C	20.0	---	---	---	---	---	---
	Inst	%	Sm	2C	20.0	---	---	---	---	---	---
Ashlar, Increase manhours	Inst	%	Lg	2C	30.0	---	---	---	---	---	---
	Inst	%	Sm	2C	30.0	---	---	---	---	---	---

Description	Oper	Unit	Vol	Crew Size	Man-hours per Unit	Crew Output per Day	Avg Mat'l Unit Cost	Avg Labor Unit Cost	Avg Equip Unit Cost	Avg Total Unit Cost	Avg Price Incl O&P

Furring strips, 8% waste included

Over wood

Description	Oper	Unit	Vol	Crew Size	Man-hours per Unit	Crew Output per Day	Avg Mat'l Unit Cost	Avg Labor Unit Cost	Avg Equip Unit Cost	Avg Total Unit Cost	Avg Price Incl O&P
1" x 3", 12" oc	Inst	SF	Lg	2C	.010	1600	.43	.46	---	.89	**1.20**
	Inst	SF	Sm	2C	.014	1120	.48	.64	---	1.12	**1.54**
1" x 3", 16" oc	Inst	SF	Lg	2C	.008	1920	.33	.37	---	.70	**.95**
	Inst	SF	Sm	2C	.012	1344	.37	.55	---	.92	**1.27**
1" x 4", 12" oc	Inst	SF	Lg	2C	.010	1600	.53	.46	---	.99	**1.32**
	Inst	SF	Sm	2C	.014	1120	.58	.64	---	1.22	**1.66**
1" x 4", 16" oc	Inst	SF	Lg	2C	.008	1920	.41	.37	---	.78	**1.04**
	Inst	SF	Sm	2C	.012	1344	.45	.55	---	1.00	**1.37**

Over plaster

Description	Oper	Unit	Vol	Crew Size	Man-hours per Unit	Crew Output per Day	Avg Mat'l Unit Cost	Avg Labor Unit Cost	Avg Equip Unit Cost	Avg Total Unit Cost	Avg Price Incl O&P
1" x 3", 12" oc	Inst	SF	Lg	2C	.013	1280	.43	.60	---	1.03	**1.41**
	Inst	SF	Sm	2C	.018	896	.48	.83	---	1.31	**1.81**
1" x 3", 16" oc	Inst	SF	Lg	2C	.010	1600	.33	.46	---	.79	**1.08**
	Inst	SF	Sm	2C	.014	1120	.37	.64	---	1.01	**1.41**
1" x 4", 12" oc	Inst	SF	Lg	2C	.013	1280	.53	.60	---	1.13	**1.53**
	Inst	SF	Sm	2C	.018	896	.58	.83	---	1.41	**1.93**
1" x 4", 16" oc	Inst	SF	Lg	2C	.010	1600	.41	.46	---	.87	**1.18**
	Inst	SF	Sm	2C	.014	1120	.45	.64	---	1.09	**1.50**

Adhesives

Better quality, gun-applied in continuous bead to wood or metal framing or furring members. Per 100 SF of surface area including 6% waste.

Panel adhesives

Subfloor adhesives, on floors

12" oc members

Description	Oper	Unit	Vol	Crew Size	Man-hours per Unit	Crew Output per Day	Avg Mat'l Unit Cost	Avg Labor Unit Cost	Avg Equip Unit Cost	Avg Total Unit Cost	Avg Price Incl O&P
1/8" diameter (11 fl.oz./CSF)	Inst	CSF	Lg	CA	.075	106.0	3.80	3.44	---	7.24	**9.72**
	Inst	CSF	Sm	CA	.101	79.50	4.19	4.63	---	8.82	**12.00**
1/4" diameter (43 fl.oz./CSF)	Inst	CSF	Lg	CA	.075	106.0	15.20	3.44	---	18.64	**23.40**
	Inst	CSF	Sm	CA	.101	79.50	16.70	4.63	---	21.33	**27.00**
3/8" diameter (97 fl.oz./CSF)	Inst	CSF	Lg	CA	.075	106.0	34.20	3.44	---	37.64	**46.20**
	Inst	CSF	Sm	CA	.101	79.50	37.70	4.63	---	42.33	**52.20**
1/2" diameter (172 fl.oz./CSF)	Inst	CSF	Lg	CA	.075	106.0	60.50	3.44	---	63.94	**77.80**
	Inst	CSF	Sm	CA	.101	79.50	66.70	4.63	---	71.33	**87.00**

16" oc members

Description	Oper	Unit	Vol	Crew Size	Man-hours per Unit	Crew Output per Day	Avg Mat'l Unit Cost	Avg Labor Unit Cost	Avg Equip Unit Cost	Avg Total Unit Cost	Avg Price Incl O&P
1/8" diameter (9 fl.oz./CSF)	Inst	CSF	Lg	CA	.056	143.0	3.04	2.57	---	5.61	**7.50**
	Inst	CSF	Sm	CA	.075	107.3	3.35	3.44	---	6.79	**9.18**
1/4" diameter (34 fl.oz./CSF)	Inst	CSF	Lg	CA	.056	143.0	12.10	2.57	---	14.67	**18.40**
	Inst	CSF	Sm	CA	.075	107.3	13.40	3.44	---	16.84	**21.20**
3/8" diameter (78 fl.oz./CSF)	Inst	CSF	Lg	CA	.056	143.0	27.40	2.57	---	29.97	**36.70**
	Inst	CSF	Sm	CA	.075	107.3	30.10	3.44	---	33.54	**41.30**
1/2" diameter (137 fl.oz./CSF)	Inst	CSF	Lg	CA	.056	143.0	48.40	2.57	---	50.97	**61.90**
	Inst	CSF	Sm	CA	.075	107.3	53.30	3.44	---	56.74	**69.20**

Adhesives

Description	Oper	Unit	Vol	Crew Size	Man-hours per Unit	Crew Output per Day	Avg Mat'l Unit Cost	Avg Labor Unit Cost	Avg Equip Unit Cost	Avg Total Unit Cost	Avg Price Incl O&P
24" oc members											
1/8" diameter (7 fl.oz./CSF)	Inst	CSF	Lg	CA	.052	154.0	2.28	2.39	---	4.67	**6.31**
	Inst	CSF	Sm	CA	.069	115.5	2.52	3.17	---	5.69	**7.77**
1/4" diameter (26 fl.oz./CSF)	Inst	CSF	Lg	CA	.052	154.0	9.09	2.39	---	11.48	**14.50**
	Inst	CSF	Sm	CA	.069	115.5	10.00	3.17	---	13.17	**16.80**
3/8" diameter (58 fl.oz./CSF)	Inst	CSF	Lg	CA	.052	154.0	20.50	2.39	---	22.89	**28.20**
	Inst	CSF	Sm	CA	.069	115.5	22.60	3.17	---	25.77	**31.90**
1/2" diameter (103 fl.oz./CSF)	Inst	CSF	Lg	CA	.052	154.0	36.30	2.39	---	38.69	**47.10**
	Inst	CSF	Sm	CA	.069	115.5	40.00	3.17	---	43.17	**52.80**

Wall sheathing or shear panel wall adhesive on walls, floors or ceilings

Description	Oper	Unit	Vol	Crew Size	Man-hours per Unit	Crew Output per Day	Avg Mat'l Unit Cost	Avg Labor Unit Cost	Avg Equip Unit Cost	Avg Total Unit Cost	Avg Price Incl O&P
12" oc members											
1/8" diameter (11 fl.oz./CSF)	Inst	CSF	Lg	CA	.100	80.00	7.71	4.59	---	12.30	**16.10**
	Inst	CSF	Sm	CA	.133	60.00	8.50	6.10	---	14.60	**19.40**
1/4" diameter (43 fl.oz./CSF)	Inst	CSF	Lg	CA	.100	80.00	30.70	4.59	---	35.29	**43.80**
	Inst	CSF	Sm	CA	.133	60.00	33.90	6.10	---	40.00	**49.80**
3/8" diameter (97 fl.oz./CSF)	Inst	CSF	Lg	CA	.100	80.00	69.30	4.59	---	73.89	**90.10**
	Inst	CSF	Sm	CA	.133	60.00	76.40	6.10	---	82.50	**101.00**
1/2" diameter (172 fl.oz./CSF)	Inst	CSF	Lg	CA	.100	80.00	123.00	4.59	---	127.59	**154.00**
	Inst	CSF	Sm	CA	.133	60.00	135.00	6.10	---	141.10	**171.00**
16" oc members											
1/8" diameter (9 fl.oz./CSF)	Inst	CSF	Lg	CA	.091	88.00	6.16	4.18	---	10.34	**13.70**
	Inst	CSF	Sm	CA	.121	66.00	6.79	5.55	---	12.34	**16.50**
1/4" diameter (34 fl.oz./CSF)	Inst	CSF	Lg	CA	.091	88.00	24.60	4.18	---	28.78	**35.80**
	Inst	CSF	Sm	CA	.121	66.00	27.10	5.55	---	32.65	**40.80**
3/8" diameter (78 fl.oz./CSF)	Inst	CSF	Lg	CA	.091	88.00	55.50	4.18	---	59.68	**72.80**
	Inst	CSF	Sm	CA	.121	66.00	61.10	5.55	---	66.65	**81.70**
1/2" diameter (137 fl.oz./CSF)	Inst	CSF	Lg	CA	.091	88.00	98.10	4.18	---	102.28	**124.00**
	Inst	CSF	Sm	CA	.121	66.00	108.00	5.55	---	113.55	**138.00**
24" oc members											
1/8" diameter (7 fl.oz./CSF)	Inst	CSF	Lg	CA	.084	95.00	4.63	3.85	---	8.48	**11.30**
	Inst	CSF	Sm	CA	.112	71.25	5.10	5.14	---	10.24	**13.80**
1/4" diameter (26 fl.oz./CSF)	Inst	CSF	Lg	CA	.084	95.00	18.40	3.85	---	22.25	**27.90**
	Inst	CSF	Sm	CA	.112	71.25	20.30	5.14	---	25.44	**32.10**
3/8" diameter (58 fl.oz./CSF)	Inst	CSF	Lg	CA	.084	95.00	41.60	3.85	---	45.45	**55.70**
	Inst	CSF	Sm	CA	.112	71.25	45.80	5.14	---	50.94	**62.70**
1/2" diameter (103 fl.oz./CSF)	Inst	CSF	Lg	CA	.084	95.00	73.60	3.85	---	77.45	**94.10**
	Inst	CSF	Sm	CA	.112	71.25	81.10	5.14	---	86.24	**105.00**

Polystyrene or polyurethane foam panel adhesive, on walls

Description	Oper	Unit	Vol	Crew Size	Man-hours per Unit	Crew Output per Day	Avg Mat'l Unit Cost	Avg Labor Unit Cost	Avg Equip Unit Cost	Avg Total Unit Cost	Avg Price Incl O&P
12" oc members											
1/8" diameter (11 fl.oz./CSF)	Inst	CSF	Lg	CA	.100	80.00	5.92	4.59	---	10.51	**14.00**
	Inst	CSF	Sm	CA	.133	60.00	6.52	6.10	---	12.62	**17.00**
1/4" diameter (43 fl.oz./CSF)	Inst	CSF	Lg	CA	.100	80.00	23.60	4.59	---	28.19	**35.20**
	Inst	CSF	Sm	CA	.133	60.00	26.00	6.10	---	32.10	**40.30**
3/8" diameter (97 fl.oz./CSF)	Inst	CSF	Lg	CA	.100	80.00	53.20	4.59	---	57.79	**70.70**
	Inst	CSF	Sm	CA	.133	60.00	58.60	6.10	---	64.70	**79.50**
1/2" diameter (172 fl.oz./CSF)	Inst	CSF	Lg	CA	.100	80.00	94.10	4.59	---	98.69	**120.00**
	Inst	CSF	Sm	CA	.133	60.00	104.00	6.10	---	110.10	**134.00**

Description	Oper	Unit	Vol	Crew Size	Man-hours per Unit	Crew Output per Day	Avg Mat'l Unit Cost	Avg Labor Unit Cost	Avg Equip Unit Cost	Avg Total Unit Cost	Avg Price Incl O&P
16" oc members											
1/8" diameter (9 fl.oz./CSF)	Inst	CSF	Lg	CA	.091	88.00	4.73	4.18	---	8.91	**11.90**
	Inst	CSF	Sm	CA	.121	66.00	5.22	5.55	---	10.77	**14.60**
1/4" diameter (34 fl.oz./CSF)	Inst	CSF	Lg	CA	.091	88.00	18.90	4.18	---	23.08	**28.90**
	Inst	CSF	Sm	CA	.121	66.00	20.80	5.55	---	26.35	**33.30**
3/8" diameter (78 fl.oz./CSF)	Inst	CSF	Lg	CA	.091	88.00	42.50	4.18	---	46.68	**57.30**
	Inst	CSF	Sm	CA	.121	66.00	46.90	5.55	---	52.45	**64.60**
1/2" diameter (137 fl.oz./CSF)	Inst	CSF	Lg	CA	.091	88.00	75.30	4.18	---	79.48	**96.60**
	Inst	CSF	Sm	CA	.121	66.00	83.00	5.55	---	88.55	**108.00**
24" oc members											
1/8" diameter (7 fl.oz./CSF)	Inst	CSF	Lg	CA	.084	95.00	3.55	3.85	---	7.40	**10.00**
	Inst	CSF	Sm	CA	.129	62.00	3.91	5.92	---	9.83	**13.60**
1/4" diameter (26 fl.oz./CSF)	Inst	CSF	Lg	CA	.084	95.00	14.10	3.85	---	17.95	**22.80**
	Inst	CSF	Sm	CA	.129	62.00	15.60	5.92	---	21.52	**27.60**
3/8" diameter (58 fl.oz./CSF)	Inst	CSF	Lg	CA	.084	95.00	31.90	3.85	---	35.75	**44.10**
	Inst	CSF	Sm	CA	.129	62.00	35.20	5.92	---	41.12	**51.10**
1/2" diameter (103 fl.oz./CSF)	Inst	CSF	Lg	CA	.084	95.00	56.50	3.85	---	60.35	**73.50**
	Inst	CSF	Sm	CA	.129	62.00	62.20	5.92	---	68.12	**83.50**
Gypsum drywall adhesive, on ceilings											
12" oc members											
1/8" diameter (11 fl.oz./CSF)	Inst	CSF	Lg	CA	.100	80.00	2.12	4.59	---	6.71	**9.43**
	Inst	CSF	Sm	CA	.133	60.00	2.33	6.10	---	8.43	**12.00**
1/4" diameter (43 fl.oz./CSF)	Inst	CSF	Lg	CA	.100	80.00	8.42	4.59	---	13.01	**17.00**
	Inst	CSF	Sm	CA	.133	60.00	9.28	6.10	---	15.38	**20.30**
3/8" diameter (97 fl.oz./CSF)	Inst	CSF	Lg	CA	.100	80.00	19.00	4.59	---	23.59	**29.70**
	Inst	CSF	Sm	CA	.133	60.00	20.90	6.10	---	27.00	**34.30**
1/2" diameter (172 fl.oz./CSF)	Inst	CSF	Lg	CA	.100	80.00	33.60	4.59	---	38.19	**47.20**
	Inst	CSF	Sm	CA	.133	60.00	37.00	6.10	---	43.10	**53.60**
16" oc members											
1/8" diameter (9 fl.oz./CSF)	Inst	CSF	Lg	CA	.091	88.00	1.69	4.18	---	5.87	**8.29**
	Inst	CSF	Sm	CA	.121	66.00	1.86	5.55	---	7.41	**10.60**
1/4" diameter (34 fl.oz./CSF)	Inst	CSF	Lg	CA	.091	88.00	6.73	4.18	---	10.91	**14.30**
	Inst	CSF	Sm	CA	.121	66.00	7.42	5.55	---	12.97	**17.20**
3/8" diameter (78 fl.oz./CSF)	Inst	CSF	Lg	CA	.091	88.00	15.20	4.18	---	19.38	**24.50**
	Inst	CSF	Sm	CA	.121	66.00	16.70	5.55	---	22.25	**28.40**
1/2" diameter (137 fl.oz./CSF)	Inst	CSF	Lg	CA	.091	88.00	26.90	4.18	---	31.08	**38.50**
	Inst	CSF	Sm	CA	.121	66.00	29.60	5.55	---	35.15	**43.90**
24" oc members											
1/8" diameter (7 fl.oz./CSF)	Inst	CSF	Lg	CA	.084	95.00	1.26	3.85	---	5.11	**7.29**
	Inst	CSF	Sm	CA	.112	71.25	1.39	5.14	---	6.53	**9.38**
1/4" diameter (26 fl.oz./CSF)	Inst	CSF	Lg	CA	.084	95.00	5.05	3.85	---	8.90	**11.80**
	Inst	CSF	Sm	CA	.112	71.25	5.56	5.14	---	10.70	**14.40**
3/8" diameter (58 fl.oz./CSF)	Inst	CSF	Lg	CA	.084	95.00	11.40	3.85	---	15.25	**19.50**
	Inst	CSF	Sm	CA	.112	71.25	12.60	5.14	---	17.74	**22.80**
1/2" diameter (103 fl.oz./CSF)	Inst	CSF	Lg	CA	.084	95.00	20.20	3.85	---	24.05	**30.00**
	Inst	CSF	Sm	CA	.112	71.25	22.20	5.14	---	27.34	**34.40**

Adhesives

Description	Oper	Unit	Vol	Crew Size	Man-hours per Unit	Crew Output per Day	Avg Mat'l Unit Cost	Avg Labor Unit Cost	Avg Equip Unit Cost	Avg Total Unit Cost	Avg Price Incl O&P
Gypsum drywall adhesive, on walls											
12" oc members											
1/8" diameter (11 fl.oz./CSF)	Inst	CSF	Lg	CA	.100	80.00	2.12	4.59	---	6.71	**9.43**
	Inst	CSF	Sm	CA	.133	60.00	2.33	6.10	---	8.43	**12.00**
1/4" diameter (43 fl.oz./CSF)	Inst	CSF	Lg	CA	.100	80.00	8.42	4.59	---	13.01	**17.00**
	Inst	CSF	Sm	CA	.133	60.00	9.28	6.10	---	15.38	**20.30**
3/8" diameter (97 fl.oz./CSF)	Inst	CSF	Lg	CA	.100	80.00	19.00	4.59	---	23.59	**29.70**
	Inst	CSF	Sm	CA	.133	60.00	20.90	6.10	---	27.00	**34.30**
1/2" diameter (172 fl.oz./CSF)	Inst	CSF	Lg	CA	.100	80.00	33.60	4.59	---	38.19	**47.20**
	Inst	CSF	Sm	CA	.133	60.00	37.00	6.10	---	43.10	**53.60**
16" oc members											
1/8" diameter (9 fl.oz./CSF)	Inst	CSF	Lg	CA	.091	88.00	1.69	4.18	---	5.87	**8.29**
	Inst	CSF	Sm	CA	.121	66.00	1.86	5.55	---	7.41	**10.60**
1/4" diameter (34 fl.oz./CSF)	Inst	CSF	Lg	CA	.091	88.00	6.73	4.18	---	10.91	**14.30**
	Inst	CSF	Sm	CA	.121	66.00	7.42	5.55	---	12.97	**17.20**
3/8" diameter (78 fl.oz./CSF)	Inst	CSF	Lg	CA	.091	88.00	15.20	4.18	---	19.38	**24.50**
	Inst	CSF	Sm	CA	.121	66.00	16.70	5.55	---	22.25	**28.40**
1/2" diameter (137 fl.oz./CSF)	Inst	CSF	Lg	CA	.091	88.00	26.90	4.18	---	31.08	**38.50**
	Inst	CSF	Sm	CA	.121	66.00	29.60	5.55	---	35.15	**43.90**
24" oc members											
1/8" diameter (7 fl.oz./CSF)	Inst	CSF	Lg	CA	.084	95.00	1.26	3.85	---	5.11	**7.29**
	Inst	CSF	Sm	CA	.112	71.25	1.39	5.14	---	6.53	**9.38**
1/4" diameter (26 fl.oz./CSF)	Inst	CSF	Lg	CA	.084	95.00	5.05	3.85	---	8.90	**11.80**
	Inst	CSF	Sm	CA	.112	71.25	5.56	5.14	---	10.70	**14.40**
3/8" diameter (58 fl.oz./CSF)	Inst	CSF	Lg	CA	.084	95.00	11.40	3.85	---	15.25	**19.50**
	Inst	CSF	Sm	CA	.112	71.25	12.60	5.14	---	17.74	**22.80**
1/2" diameter (103 fl.oz./CSF)	Inst	CSF	Lg	CA	.084	95.00	20.20	3.85	---	24.05	**30.00**
	Inst	CSF	Sm	CA	.112	71.25	22.20	5.14	---	27.34	**34.40**
Hardboard or plastic panel adhesive, on walls											
12" oc members											
1/8" diameter (11 fl.oz./CSF)	Inst	CSF	Lg	CA	.100	80.00	5.28	4.59	---	9.87	**13.20**
	Inst	CSF	Sm	CA	.133	60.00	5.82	6.10	---	11.92	**16.10**
1/4" diameter (43 fl.oz./CSF)	Inst	CSF	Lg	CA	.100	80.00	21.10	4.59	---	25.69	**32.10**
	Inst	CSF	Sm	CA	.133	60.00	23.20	6.10	---	29.30	**37.00**
3/8" diameter (97 fl.oz./CSF)	Inst	CSF	Lg	CA	.100	80.00	47.50	4.59	---	52.09	**63.90**
	Inst	CSF	Sm	CA	.133	60.00	52.30	6.10	---	58.40	**72.00**
1/2" diameter (172 fl.oz./CSF)	Inst	CSF	Lg	CA	.100	80.00	84.00	4.59	---	88.59	**108.00**
	Inst	CSF	Sm	CA	.133	60.00	92.60	6.10	---	98.70	**120.00**
16" oc members											
1/8" diameter (9 fl.oz./CSF)	Inst	CSF	Lg	CA	.091	88.00	4.22	4.18	---	8.40	**11.30**
	Inst	CSF	Sm	CA	.121	66.00	4.65	5.55	---	10.20	**13.90**
1/4" diameter (34 fl.oz./CSF)	Inst	CSF	Lg	CA	.091	88.00	16.80	4.18	---	20.98	**26.50**
	Inst	CSF	Sm	CA	.121	66.00	18.60	5.55	---	24.15	**30.60**
3/8" diameter (78 fl.oz./CSF)	Inst	CSF	Lg	CA	.091	88.00	38.00	4.18	---	42.18	**51.80**
	Inst	CSF	Sm	CA	.121	66.00	41.90	5.55	---	47.45	**58.60**
1/2" diameter (137 fl.oz./CSF)	Inst	CSF	Lg	CA	.091	88.00	67.20	4.18	---	71.38	**86.90**
	Inst	CSF	Sm	CA	.121	66.00	74.10	5.55	---	79.65	**97.20**

Description	Oper	Unit	Vol	Crew Size	Man-hours per Unit	Crew Output per Day	Avg Mat'l Unit Cost	Avg Labor Unit Cost	Avg Equip Unit Cost	Avg Total Unit Cost	Avg Price Incl O&P
24" oc members											
1/8" diameter (7 fl.oz./CSF)	Inst	CSF	Lg	CA	.084	95.00	3.18	3.85	---	7.03	**9.60**
	Inst	CSF	Sm	CA	.112	71.25	3.50	5.14	---	8.64	**11.90**
1/4" diameter (26 fl.oz./CSF)	Inst	CSF	Lg	CA	.084	95.00	12.60	3.85	---	16.45	**20.90**
	Inst	CSF	Sm	CA	.112	71.25	13.90	5.14	---	19.04	**24.40**
3/8" diameter (58 fl.oz./CSF)	Inst	CSF	Lg	CA	.084	95.00	28.50	3.85	---	32.35	**40.00**
	Inst	CSF	Sm	CA	.112	71.25	31.40	5.14	---	36.54	**45.40**
1/2" diameter (103 fl.oz./CSF)	Inst	CSF	Lg	CA	.084	95.00	50.40	3.85	---	54.25	**66.30**
	Inst	CSF	Sm	CA	.112	71.25	55.60	5.14	---	60.74	**74.40**

Air conditioning and ventilating systems

System components separate.
See page 35 for complete systems (exterior, roof, wall/window packages).

Air Handler units

Description	Oper	Unit	Vol	Crew Size	Man-hours per Unit	Crew Output per Day	Avg Mat'l Unit Cost	Avg Labor Unit Cost	Avg Equip Unit Cost	Avg Total Unit Cost	Avg Price Incl O&P
Heat element only											
2 ton	Inst	Ea	Lg	SB	21.3	0.75	1030.00	947.00	---	1977.00	**2660.00**
	Inst	Ea	Sm	SB	26.7	0.60	1140.00	1190.00	---	2330.00	**3150.00**
3 ton	Inst	Ea	Lg	SB	22.9	0.70	1280.00	1020.00	---	2300.00	**3060.00**
	Inst	Ea	Sm	SB	28.6	0.56	1410.00	1270.00	---	2680.00	**3600.00**
4 ton	Inst	Ea	Lg	SB	24.6	0.65	1530.00	1090.00	---	2620.00	**3480.00**
	Inst	Ea	Sm	SB	30.8	0.52	1690.00	1370.00	---	3060.00	**4080.00**
5 ton	Inst	Ea	Lg	SB	26.7	0.60	1910.00	1190.00	---	3100.00	**4080.00**
	Inst	Ea	Sm	SB	33.3	0.48	2110.00	1480.00	---	3590.00	**4750.00**
A/C Coil only											
2 ton	Inst	Ea	Lg	SB	21.3	0.75	1100.00	947.00	---	2047.00	**2740.00**
	Inst	Ea	Sm	SB	26.7	0.60	1210.00	1190.00	---	2400.00	**3230.00**
3 ton	Inst	Ea	Lg	SB	22.9	0.70	1320.00	1020.00	---	2340.00	**3110.00**
	Inst	Ea	Sm	SB	28.6	0.56	1460.00	1270.00	---	2730.00	**3660.00**
4 ton	Inst	Ea	Lg	SB	24.6	0.65	1690.00	1090.00	---	2780.00	**3670.00**
	Inst	Ea	Sm	SB	30.8	0.52	1860.00	1370.00	---	3230.00	**4290.00**
5 ton	Inst	Ea	Lg	SB	26.7	0.60	1900.00	1190.00	---	3090.00	**4060.00**
	Inst	Ea	Sm	SB	33.3	0.48	2090.00	1480.00	---	3570.00	**4730.00**
Heat and A/C Coil											
2 ton	Inst	Ea	Lg	SB	21.3	0.75	1260.00	947.00	---	2207.00	**2930.00**
	Inst	Ea	Sm	SB	26.7	0.60	1390.00	1190.00	---	2580.00	**3440.00**
3 ton	Inst	Ea	Lg	SB	22.9	0.70	1480.00	1020.00	---	2500.00	**3310.00**
	Inst	Ea	Sm	SB	28.6	0.56	1640.00	1270.00	---	2910.00	**3870.00**
4 ton	Inst	Ea	Lg	SB	24.6	0.65	1850.00	1090.00	---	2940.00	**3860.00**
	Inst	Ea	Sm	SB	30.8	0.52	2040.00	1370.00	---	3410.00	**4500.00**
5 ton	Inst	Ea	Lg	SB	26.7	0.60	2060.00	1190.00	---	3250.00	**4250.00**
	Inst	Ea	Sm	SB	33.3	0.48	2270.00	1480.00	---	3750.00	**4940.00**

Air conditioning, systems components

Description	Oper	Unit	Vol	Crew Size	Man-hours per Unit	Crew Output per Day	Avg Mat'l Unit Cost	Avg Labor Unit Cost	Avg Equip Unit Cost	Avg Total Unit Cost	Avg Price Incl O&P
Condensing units											
Air cooled, compressor, standard controls											
1.0 ton	Inst	Ea	Lg	SB	8.00	2.00	1530.00	356.00	---	1886.00	**2370.00**
	Inst	Ea	Sm	SB	10.0	1.60	1690.00	445.00	---	2135.00	**2690.00**
1.5 ton	Inst	Ea	Lg	SB	9.14	1.75	1720.00	406.00	---	2126.00	**2670.00**
	Inst	Ea	Sm	SB	11.4	1.40	1900.00	507.00	---	2407.00	**3040.00**
2.0 ton	Inst	Ea	Lg	SB	10.7	1.50	1910.00	476.00	---	2386.00	**3010.00**
	Inst	Ea	Sm	SB	13.3	1.20	2110.00	591.00	---	2701.00	**3410.00**
2.5 ton	Inst	Ea	Lg	SB	12.8	1.25	1950.00	569.00	---	2519.00	**3190.00**
	Inst	Ea	Sm	SB	16.0	1.00	2150.00	711.00	---	2861.00	**3650.00**
3.0 ton	Inst	Ea	Lg	SB	16.0	1.00	2440.00	711.00	---	3151.00	**3990.00**
	Inst	Ea	Sm	SB	20.0	0.80	2690.00	889.00	---	3579.00	**4560.00**
4.0 ton	Inst	Ea	Lg	SB	21.3	0.75	2530.00	947.00	---	3477.00	**4460.00**
	Inst	Ea	Sm	SB	26.7	0.60	2790.00	1190.00	---	3980.00	**5130.00**
5.0 ton	Inst	Ea	Lg	SB	32.0	0.50	3000.00	1420.00	---	4420.00	**5730.00**
	Inst	Ea	Sm	SB	40.0	0.40	3300.00	1780.00	---	5080.00	**6630.00**
Condenser pad											
24" x 24"	Inst	Ea	Lg	SB	0.8	20.00	36.10	35.60	---	71.70	**96.70**
	Inst	Ea	Sm	SB	1.0	16.00	39.80	44.50	---	84.30	**114.00**
36" x 36"	Inst	Ea	Lg	SB	0.8	20.00	53.90	35.60	---	89.50	**118.00**
	Inst	Ea	Sm	SB	1.0	16.00	59.40	44.50	---	103.90	**138.00**
Minimum Job Charge											
	Inst	Job	Lg	SB	5.33	3.00	---	237.00	---	237.00	**355.00**
	Inst	Job	Sm	SB	6.67	2.40	---	296.00	---	296.00	**445.00**
Dampers, motorized											
Motorized, variable volume modulating											
8" diameter or less	Inst	Ea	Lg	UA	0.80	10.00	133.00	39.70	---	172.70	**219.00**
	Inst	Ea	Sm	UA	1.00	8.00	146.00	49.60	---	195.60	**250.00**
9" - 14" diameter	Inst	Ea	Lg	UA	1.33	6.00	184.00	66.00	---	250.00	**320.00**
	Inst	Ea	Sm	UA	1.67	4.80	203.00	82.90	---	285.90	**368.00**
15" - 18" diameter	Inst	Ea	Lg	UA	2.00	4.00	212.00	99.30	---	311.30	**404.00**
	Inst	Ea	Sm	UA	2.50	3.20	234.00	124.00	---	358.00	**467.00**
Thermostat, ADD	Inst	Ea	Lg	UA	1.33	6.00	50.40	66.00	---	116.40	**160.00**
	Inst	Ea	Sm	UA	1.67	4.80	55.60	82.90	---	138.50	**191.00**

Diffusers / Grills

Description	Oper	Unit	Vol	Crew Size	Man-hours per Unit	Crew Output per Day	Avg Mat'l Unit Cost	Avg Labor Unit Cost	Avg Equip Unit Cost	Avg Total Unit Cost	Avg Price Incl O&P
Circular											
6" diameter	Inst	LF	Lg	UA	.267	30.00	16.00	13.30	---	29.30	**39.10**
	Inst	LF	Sm	UA	.333	24.00	17.60	16.50	---	34.10	**46.00**
8-10" diameter	Inst	LF	Lg	UA	.296	27.00	25.40	14.70	---	40.10	**52.50**
	Inst	LF	Sm	UA	.370	21.60	28.00	18.40	---	46.40	**61.10**
12-15" diameter	Inst	LF	Lg	UA	.333	24.00	42.40	16.50	---	58.90	**75.60**
	Inst	LF	Sm	UA	.417	19.20	46.70	20.70	---	67.40	**87.10**
18" diameter	Inst	LF	Lg	UA	.400	20.00	83.80	19.90	---	103.70	**130.00**
	Inst	LF	Sm	UA	.500	16.00	92.30	24.80	---	117.10	**148.00**
Perforated, 24" x 24" panel size											
6" x 6"	Inst	Ea	Lg	UA	.500	16.00	24.00	24.80	---	48.80	**66.00**
	Inst	Ea	Sm	UA	.625	12.80	26.40	31.00	---	57.40	**78.30**
8" x 8"	Inst	Ea	Lg	UA	.571	14.00	38.10	28.30	---	66.40	**88.20**
	Inst	Ea	Sm	UA	.714	11.20	42.00	35.40	---	77.40	**104.00**
10" x 10"	Inst	Ea	Lg	UA	.667	12.00	63.50	33.10	---	96.60	**126.00**
	Inst	Ea	Sm	UA	.833	9.60	70.00	41.40	---	111.40	**146.00**
12" x 12"	Inst	Ea	Lg	UA	.800	10.00	126.00	39.70	---	165.70	**210.00**
	Inst	Ea	Sm	UA	1.00	8.00	138.00	49.60	---	187.60	**241.00**
18" x 18"	Inst	Ea	Lg	UA	1.00	8.00	151.00	49.60	---	200.60	**255.00**
	Inst	Ea	Sm	UA	1.25	6.40	166.00	62.10	---	228.10	**292.00**
Rectangular, one- to four-way blow											
6" x 6"	Inst	Ea	Lg	UA	.500	16.00	20.00	24.80	---	44.80	**61.20**
	Inst	Ea	Sm	UA	.625	12.80	22.00	31.00	---	53.00	**73.00**
12" x 6"	Inst	Ea	Lg	UA	.571	14.00	31.80	28.30	---	60.10	**80.60**
	Inst	Ea	Sm	UA	.714	11.20	35.00	35.40	---	70.40	**95.20**
12" x 9"	Inst	Ea	Lg	UA	.667	12.00	53.00	33.10	---	86.10	**113.00**
	Inst	Ea	Sm	UA	.833	9.60	58.40	41.40	---	99.80	**132.00**
12" x 12"	Inst	Ea	Lg	UA	.800	10.00	105.00	39.70	---	144.70	**185.00**
	Inst	Ea	Sm	UA	1.00	8.00	115.00	49.60	---	164.60	**213.00**
24" x 12"	Inst	Ea	Lg	UA	1.00	8.00	117.00	49.60	---	166.60	**215.00**
	Inst	Ea	Sm	UA	1.25	6.40	129.00	62.10	---	191.10	**248.00**
T-bar mounting, 24" x 24" lay in frame											
6" x 6"	Inst	Ea	Lg	UA	.500	16.00	73.70	24.80	---	98.50	**126.00**
	Inst	Ea	Sm	UA	.625	12.80	81.20	31.00	---	112.20	**144.00**
9" x 9"	Inst	Ea	Lg	UA	.571	14.00	81.10	28.30	---	109.40	**140.00**
	Inst	Ea	Sm	UA	.714	11.20	89.30	35.40	---	124.70	**160.00**
12" x 12"	Inst	Ea	Lg	UA	.667	12.00	84.70	33.10	---	117.80	**151.00**
	Inst	Ea	Sm	UA	.833	9.60	93.40	41.40	---	134.80	**174.00**
15" x 15"	Inst	Ea	Lg	UA	.800	10.00	88.40	39.70	---	128.10	**166.00**
	Inst	Ea	Sm	UA	1.00	8.00	97.40	49.60	---	147.00	**191.00**
18" x 18"	Inst	Ea	Lg	UA	1.00	8.00	92.10	49.60	---	141.70	**185.00**
	Inst	Ea	Sm	UA	1.25	6.40	102.00	62.10	---	164.10	**215.00**
Minimum Job Charge											
	Inst	Job	Lg	UA	2.29	3.50	---	114.00	---	114.00	**171.00**
	Inst	Job	Sm	UA	2.86	2.80	---	142.00	---	142.00	**213.00**

Air conditioning, systems components

Description	Oper	Unit	Vol	Crew Size	Man-hours per Unit	Crew Output per Day	Avg Mat'l Unit Cost	Avg Labor Unit Cost	Avg Equip Unit Cost	Avg Total Unit Cost	Avg Price Incl O&P
Registers, air supply											
One- or two-way deflection, adjustable curved face bars, enameled metal											
10" x 6"	Inst	Ea	Lg	UA	.333	24.00	13.00	16.50	---	29.50	**40.30**
	Inst	Ea	Sm	UA	.417	19.20	14.30	20.70	---	35.00	**48.20**
12" x 5"	Inst	Ea	Lg	UA	.364	22.00	14.20	18.10	---	32.30	**44.20**
	Inst	Ea	Sm	UA	.455	17.60	15.70	22.60	---	38.30	**52.70**
12" x 6"	Inst	Ea	Lg	UA	.364	22.00	13.60	18.10	---	31.70	**43.40**
	Inst	Ea	Sm	UA	.455	17.60	15.00	22.60	---	37.60	**51.90**
12" x 8"	Inst	Ea	Lg	UA	.400	20.00	16.20	19.90	---	36.10	**49.20**
	Inst	Ea	Sm	UA	.500	16.00	17.80	24.80	---	42.60	**58.60**
14" x 6"	Inst	Ea	Lg	UA	.444	18.00	14.90	22.00	---	36.90	**50.90**
	Inst	Ea	Sm	UA	.556	14.40	16.40	27.60	---	44.00	**61.10**
Minimum Job Charge											
	Inst	Job	Lg	UA	2.29	3.50	---	114.00	---	114.00	**171.00**
	Inst	Job	Sm	UA	2.86	2.80	---	142.00	---	142.00	**213.00**
Cold Air Return, enameled metal											
14" x 6"	Inst	Ea	Lg	UA	.400	20.00	13.20	19.90	---	33.10	**45.70**
	Inst	Ea	Sm	UA	.500	16.00	14.60	24.80	---	39.40	**54.70**
16" x 8"	Inst	Ea	Lg	UA	.444	18.00	17.20	22.00	---	39.20	**53.60**
	Inst	Ea	Sm	UA	.556	14.40	18.90	27.60	---	46.50	**64.10**
24" x 8"	Inst	Ea	Lg	UA	.444	18.00	22.40	22.00	---	44.40	**60.00**
	Inst	Ea	Sm	UA	.556	14.40	24.70	27.60	---	52.30	**71.10**
24" x 14"	Inst	Ea	Lg	UA	.500	16.00	32.20	24.80	---	57.00	**75.80**
	Inst	Ea	Sm	UA	.625	12.80	35.50	31.00	---	66.50	**89.10**
Ductwork											
Fabricated rectangular, includes fittings, joints, supports											
Aluminum alloy											
Under 100 lbs	Inst	Lb	Lg	UF	.343	70.00	3.19	15.60	---	18.79	**27.30**
	Inst	Lb	Sm	UF	.429	56.00	3.51	19.60	---	23.11	**33.50**
100 to 500 lbs	Inst	Lb	Lg	UF	.267	90.00	2.55	12.20	---	14.75	**21.30**
	Inst	Lb	Sm	UF	.333	72.00	2.81	15.20	---	18.01	**26.10**
500 to 1,000 lbs	Inst	Lb	Lg	UF	.218	110.0	1.91	9.93	---	11.84	**17.20**
	Inst	Lb	Sm	UF	.273	88.00	2.11	12.40	---	14.51	**21.20**
Over 1,000 lbs	Inst	Lb	Lg	UF	.185	130.0	1.27	8.43	---	9.70	**14.20**
	Inst	Lb	Sm	UF	.231	104.0	1.40	10.50	---	11.90	**17.50**
Galvanized steel											
Under 400 lbs	Inst	Lb	Lg	UF	.120	200.0	3.49	5.47	---	8.96	**12.40**
	Inst	Lb	Sm	UF	.150	160.0	3.84	6.83	---	10.67	**14.90**
400 to 1,000 lbs	Inst	Lb	Lg	UF	.112	215.0	2.79	5.10	---	7.89	**11.00**
	Inst	Lb	Sm	UF	.140	172.0	3.08	6.38	---	9.46	**13.30**
1,000 to 2,000 lbs	Inst	Lb	Lg	UF	.104	230.0	2.10	4.74	---	6.84	**9.63**
	Inst	Lb	Sm	UF	.130	184.0	2.31	5.92	---	8.23	**11.70**
2,000 to 5,000 lbs	Inst	Lb	Lg	UF	.100	240.0	1.39	4.56	---	5.95	**8.50**
	Inst	Lb	Sm	UF	.125	192.0	1.53	5.70	---	7.23	**10.40**
Over 10,000 lbs	Inst	Lb	Lg	UF	.096	250.0	.70	4.37	---	5.07	**7.40**
	Inst	Lb	Sm	UF	.120	200.0	.77	5.47	---	6.24	**9.12**

Flexible, coated fabric on spring steel, aluminum, or corrosion-resistant metal

Description	Oper	Unit	Vol	Crew Size	Man-hours per Unit	Crew Output per Day	Avg Mat'l Unit Cost	Avg Labor Unit Cost	Avg Equip Unit Cost	Avg Total Unit Cost	Avg Price Incl O&P
Non-insulated											
3" diameter	Inst	LF	Lg	UD	.058	275.0	1.15	2.52	---	3.67	**5.17**
	Inst	LF	Sm	UD	.073	220.0	1.26	3.18	---	4.44	**6.28**
4" diameter	Inst	LF	Lg	UD	.071	225.0	1.68	3.09	---	4.77	**6.65**
	Inst	LF	Sm	UD	.089	180.0	1.85	3.87	---	5.72	**8.03**
6" diameter	Inst	LF	Lg	UD	.080	200.0	2.24	3.48	---	5.72	**7.91**
	Inst	LF	Sm	UD	.100	160.0	2.47	4.35	---	6.82	**9.49**
7" diameter	Inst	LF	Lg	UD	.091	175.0	2.35	3.96	---	6.31	**8.76**
	Inst	LF	Sm	UD	.114	140.0	2.59	4.96	---	7.55	**10.60**
8" diameter	Inst	LF	Lg	UD	.107	150.0	2.47	4.66	---	7.13	**9.95**
	Inst	LF	Sm	UD	.133	120.0	2.72	5.79	---	8.51	**12.00**
10" diameter	Inst	LF	Lg	UD	.128	125.0	2.60	5.57	---	8.17	**11.50**
	Inst	LF	Sm	UD	.160	100.0	2.86	6.96	---	9.82	**13.90**
12" diameter	Inst	LF	Lg	UD	.160	100.0	2.72	6.96	---	9.68	**13.70**
	Inst	LF	Sm	UD	.200	80.0	3.00	8.70	---	11.70	**16.70**
Insulated											
3" diameter	Inst	LF	Lg	UD	.064	250.0	3.56	2.79	---	6.35	**8.45**
	Inst	LF	Sm	UD	.080	200.0	3.92	3.48	---	7.40	**9.93**
4" diameter	Inst	LF	Lg	UD	.071	225.0	3.74	3.09	---	6.83	**9.12**
	Inst	LF	Sm	UD	.089	180.0	4.13	3.87	---	8.00	**10.80**
5" diameter	Inst	LF	Lg	UD	.080	200.0	3.93	3.48	---	7.41	**9.94**
	Inst	LF	Sm	UD	.100	160.0	4.33	4.35	---	8.68	**11.70**
6" diameter	Inst	LF	Lg	UD	.091	175.0	4.29	3.96	---	8.25	**11.10**
	Inst	LF	Sm	UD	.114	140.0	4.73	4.96	---	9.69	**13.10**
7" diameter	Inst	LF	Lg	UD	.107	150.0	5.00	4.66	---	9.66	**13.00**
	Inst	LF	Sm	UD	.133	120.0	5.51	5.79	---	11.30	**15.30**
8" diameter	Inst	LF	Lg	UD	.128	125.0	5.52	5.57	---	11.09	**15.00**
	Inst	LF	Sm	UD	.160	100.0	6.08	6.96	---	13.04	**17.70**
10" diameter	Inst	LF	Lg	UD	.160	100.0	8.11	6.96	---	15.07	**20.20**
	Inst	LF	Sm	UD	.200	80.00	8.94	8.70	---	17.64	**23.80**
12" diameter	Inst	LF	Lg	UD	.213	75.00	9.11	9.27	---	18.38	**24.80**
	Inst	LF	Sm	UD	.267	60.00	10.00	11.60	---	21.60	**29.50**
14" diameter	Inst	LF	Lg	UD	.320	50.00	9.57	13.90	---	23.47	**32.40**
	Inst	LF	Sm	UD	.400	40.00	10.60	17.40	---	28.00	**38.80**

Air conditioning, ventilation

Description	Oper	Unit	Vol	Crew Size	Man-hours per Unit	Crew Output per Day	Avg Mat'l Unit Cost	Avg Labor Unit Cost	Avg Equip Unit Cost	Avg Total Unit Cost	Avg Price Incl O&P

Fans and Ventilators

Roof-type ventilators

Aluminum, dome

Description	Oper	Unit	Vol	Crew Size	Man-hours per Unit	Crew Output per Day	Avg Mat'l Unit Cost	Avg Labor Unit Cost	Avg Equip Unit Cost	Avg Total Unit Cost	Avg Price Incl O&P
6" diameter, 300 CFM	Inst	Ea	Lg	EA	.667	12.00	151.00	32.30	---	183.30	**230.00**
	Inst	Ea	Sm	EA	.833	9.60	167.00	40.30	---	207.30	**261.00**
7" diameter, 450 CFM	Inst	Ea	Lg	EA	.727	11.00	159.00	35.20	---	194.20	**244.00**
	Inst	Ea	Sm	EA	.909	8.80	176.00	44.00	---	220.00	**277.00**
9" diameter, 900 CFM	Inst	Ea	Lg	EA	.800	10.00	168.00	38.70	---	206.70	**259.00**
	Inst	Ea	Sm	EA	1.00	8.00	185.00	48.40	---	233.40	**294.00**
12" diameter, 1,000 CFM	Inst	Ea	Lg	EA	1.00	8.00	177.00	48.40	---	225.40	**284.00**
	Inst	Ea	Sm	EA	1.25	6.40	195.00	60.40	---	255.40	**324.00**
16" diameter, 1,500 CFM	Inst	Ea	Lg	EA	1.14	7.00	231.00	55.10	---	286.10	**360.00**
	Inst	Ea	Sm	EA	1.43	5.60	255.00	69.10	---	324.10	**409.00**
20" diameter, 2,500 CFM	Inst	Ea	Lg	EA	1.33	6.00	277.00	64.30	---	341.30	**429.00**
	Inst	Ea	Sm	EA	1.67	4.80	305.00	80.70	---	385.70	**488.00**
26" diameter, 4,000 CFM	Inst	Ea	Lg	EA	1.60	5.00	333.00	77.40	---	410.40	**515.00**
	Inst	Ea	Sm	EA	2.00	4.00	367.00	96.70	---	463.70	**585.00**
32" diameter, 6,500 CFM	Inst	Ea	Lg	EA	2.00	4.00	399.00	96.70	---	495.70	**624.00**
	Inst	Ea	Sm	EA	2.50	3.20	440.00	121.00	---	561.00	**709.00**
38" diameter, 8,000 CFM	Inst	Ea	Lg	EA	2.67	3.00	479.00	129.00	---	608.00	**768.00**
	Inst	Ea	Sm	EA	3.33	2.40	528.00	161.00	---	689.00	**875.00**
50" diameter, 13,000 CFM	Inst	Ea	Lg	EA	4.00	2.00	575.00	193.00	---	768.00	**980.00**
	Inst	Ea	Sm	EA	5.00	1.60	633.00	242.00	---	875.00	**1120.00**

Plastic ABS dome

Description	Oper	Unit	Vol	Crew Size	Man-hours per Unit	Crew Output per Day	Avg Mat'l Unit Cost	Avg Labor Unit Cost	Avg Equip Unit Cost	Avg Total Unit Cost	Avg Price Incl O&P
900 CFM	Inst	Ea	Lg	EA	.667	12.00	117.00	32.30	---	149.30	**189.00**
	Inst	Ea	Sm	EA	.833	9.60	129.00	40.30	---	169.30	**216.00**
1,600 CFM	Inst	Ea	Lg	EA	.800	10.00	162.00	38.70	---	200.70	**252.00**
	Inst	Ea	Sm	EA	1.00	8.00	178.00	48.40	---	226.40	**286.00**

Wall-type ventilators, one speed, with shutter

Description	Oper	Unit	Vol	Crew Size	Man-hours per Unit	Crew Output per Day	Avg Mat'l Unit Cost	Avg Labor Unit Cost	Avg Equip Unit Cost	Avg Total Unit Cost	Avg Price Incl O&P
12" diameter, 1,000 CFM	Inst	Ea	Lg	EA	.667	12.00	177.00	32.30	---	209.30	**260.00**
	Inst	Ea	Sm	EA	.833	9.60	195.00	40.30	---	235.30	**294.00**
14" diameter, 1,500 CFM	Inst	Ea	Lg	EA	.800	10.00	231.00	38.70	---	269.70	**335.00**
	Inst	Ea	Sm	EA	1.00	8.00	255.00	48.40	---	303.40	**378.00**
16" diameter, 2,000 CFM	Inst	Ea	Lg	EA	1.00	8.00	277.00	48.40	---	325.40	**405.00**
	Inst	Ea	Sm	EA	1.25	6.40	305.00	60.40	---	365.40	**457.00**

Description	Oper	Unit	Vol	Crew Size	Man-hours per Unit	Crew Output per Day	Avg Mat'l Unit Cost	Avg Labor Unit Cost	Avg Equip Unit Cost	Avg Total Unit Cost	Avg Price Incl O&P
Entire structure, exhaust, wall-type, one speed, with shutter											
30" diameter, 10,00 CFM	Inst	Ea	Lg	EA	1.60	5.00	739.00	77.40	---	816.40	**1000.00**
	Inst	Ea	Sm	EA	2.00	4.00	815.00	96.70	---	911.70	**1120.00**
36" diameter, 12,100 CFM	Inst	Ea	Lg	EA	2.00	4.00	778.00	96.70	---	874.70	**1080.00**
	Inst	Ea	Sm	EA	2.50	3.20	858.00	121.00	---	979.00	**1210.00**
42" diameter, 15,900 CFM	Inst	Ea	Lg	EA	2.67	3.00	801.00	129.00	---	930.00	**1150.00**
	Inst	Ea	Sm	EA	3.33	2.40	883.00	161.00	---	1044.00	**1300.00**
48" diameter, 21,100 CFM	Inst	Ea	Lg	EA	4.00	2.00	1320.00	193.00	---	1513.00	**1880.00**
	Inst	Ea	Sm	EA	5.00	1.60	1460.00	242.00	---	1702.00	**2110.00**
Two speeds, ADD	Inst	Ea	Lg	EA	---	---	49.00	---	---	49.00	**58.80**
	Inst	Ea	Sm	EA	---	---	54.00	---	---	54.00	**64.80**
12-hour timer, ADD	Inst	Ea	Lg	EA	.500	16.00	24.50	24.20	---	48.70	**65.70**
	Inst	Ea	Sm	EA	.625	12.80	27.00	30.20	---	57.20	**77.70**
Entire structure, lay-down type, one speed, with shutter											
30" diameter, 5,100 CFM	Inst	Ea	Lg	EA	1.33	6.00	370.00	64.30	---	434.30	**541.00**
	Inst	Ea	Sm	EA	1.67	4.80	408.00	80.70	---	488.70	**611.00**
36" diameter, 6,500 CFM	Inst	Ea	Lg	EA	1.60	5.00	715.00	77.40	---	792.40	**974.00**
	Inst	Ea	Sm	EA	2.00	4.00	788.00	96.70	---	884.70	**1090.00**
42" diameter, 9,000 CFM	Inst	Ea	Lg	EA	2.00	4.00	736.00	96.70	---	832.70	**1030.00**
	Inst	Ea	Sm	EA	2.50	3.20	812.00	121.00	---	933.00	**1160.00**
48" diameter, 12,000 CFM	Inst	Ea	Lg	EA	2.67	3.00	758.00	129.00	---	887.00	**1100.00**
	Inst	Ea	Sm	EA	3.33	2.40	835.00	161.00	---	996.00	**1240.00**
Two speeds, ADD	Inst	Ea	Lg	EA	---	---	49.00	---	---	49.00	**58.80**
	Inst	Ea	Sm	EA	---	---	54.00	---	---	54.00	**64.80**
12-hour timer, ADD	Inst	Ea	Lg	EA	.500	16.00	24.50	24.20	---	48.70	**65.70**
	Inst	Ea	Sm	EA	.625	12.80	27.00	30.20	---	57.20	**77.70**
Minimum Job Charge											
	Inst	Job	Lg	EA	2.29	3.50	---	111.00	---	111.00	**166.00**
	Inst	Job	Sm	EA	2.86	2.80	---	138.00	---	138.00	**207.00**

Air conditioning, complete systems

Description	Oper	Unit	Vol	Crew Size	Man-hours per Unit	Crew Output per Day	Avg Mat'l Unit Cost	Avg Labor Unit Cost	Avg Equip Unit Cost	Avg Total Unit Cost	Avg Price Incl O&P

System units complete

Fan coil air conditioning

Residential / Light Commercial

Description	Oper	Unit	Vol	Crew Size	Man-hours per Unit	Crew Output per Day	Avg Mat'l Unit Cost	Avg Labor Unit Cost	Avg Equip Unit Cost	Avg Total Unit Cost	Avg Price Incl O&P
0.5 ton cooling	Inst	Ea	Lg	SB	4.00	4.00	2010.00	178.00	---	2188.00	**2680.00**
	Inst	Ea	Sm	SB	5.00	3.20	2220.00	222.00	---	2442.00	**2990.00**
1 ton cooling	Inst	Ea	Lg	SB	5.33	3.00	2230.00	237.00	---	2467.00	**3040.00**
	Inst	Ea	Sm	SB	6.67	2.40	2460.00	296.00	---	2756.00	**3400.00**
2.5 ton cooling	Inst	Ea	Lg	SB	8.00	2.00	2480.00	356.00	---	2836.00	**3510.00**
	Inst	Ea	Sm	SB	10.0	1.60	2740.00	445.00	---	3185.00	**3950.00**
3 ton cooling	Inst	Ea	Lg	SB	16.0	1.00	3050.00	711.00	---	3761.00	**4730.00**
	Inst	Ea	Sm	SB	20.0	0.80	3360.00	889.00	---	4249.00	**5370.00**
4 ton cooling	Inst	Ea	Lg	SF	12.0	2.00	3320.00	561.00	---	3881.00	**4820.00**
	Inst	Ea	Sm	SF	15.0	1.60	3660.00	702.00	---	4362.00	**5440.00**
5 ton cooling	Inst	Ea	Lg	SF	16.0	1.50	3890.00	749.00	---	4639.00	**5790.00**
	Inst	Ea	Sm	SF	20.0	1.20	4290.00	936.00	---	5226.00	**6550.00**

Commercial

Description	Oper	Unit	Vol	Crew Size	Man-hours per Unit	Crew Output per Day	Avg Mat'l Unit Cost	Avg Labor Unit Cost	Avg Equip Unit Cost	Avg Total Unit Cost	Avg Price Incl O&P
2 ton cooling	Inst	Ea	Lg	SB	12.80	1.25	2610.00	569.00	---	3179.00	**3990.00**
	Inst	Ea	Sm	SB	16.00	1.00	2880.00	711.00	---	3591.00	**4520.00**
5 ton cooling	Inst	Ea	Lg	SF	16.00	1.00	4160.00	711.00	---	4871.00	**6120.00**
	Inst	Ea	Sm	SF	20.00	0.80	4590.00	889.00	---	5479.00	**6910.00**
8 ton cooling	Inst	Ea	Lg	SF	21.33	0.75	5410.00	948.00	---	6358.00	**7990.00**
	Inst	Ea	Sm	SF	26.7	0.60	5970.00	1190.00	---	7160.00	**9030.00**
10 ton cooling	Inst	Ea	Lg	SF	32.0	0.50	5730.00	1420.00	---	7150.00	**9120.00**
	Inst	Ea	Sm	SF	40.0	0.40	6310.00	1780.00	---	8090.00	**10400.00**
15 ton cooling	Inst	Ea	Lg	SF	72.7	0.33	11900.00	3400.00	---	15300.00	**19400.00**
	Inst	Ea	Sm	SF	92.3	0.26	13100.00	4320.00	---	17420.00	**22200.00**

Minimum Job Charge

Description	Oper	Unit	Vol	Crew Size	Man-hours per Unit	Crew Output per Day	Avg Mat'l Unit Cost	Avg Labor Unit Cost	Avg Equip Unit Cost	Avg Total Unit Cost	Avg Price Incl O&P
	Inst	Job	Lg	SB	5.33	3.00	---	237.00	---	237.00	**355.00**
	Inst	Job	Sm	SB	6.67	2.40	---	296.00	---	296.00	**445.00**

Description	Oper	Unit	Vol	Crew Size	Man-hours per Unit	Crew Output per Day	Avg Mat'l Unit Cost	Avg Labor Unit Cost	Avg Equip Unit Cost	Avg Total Unit Cost	Avg Price Incl O&P
Heat Pump											
Exterior coil unit, not including curbs or pads											
2 ton cool	Inst	Ea	Lg	SB	16.0	1.00	1810.00	711.00	---	2521.00	**3240.00**
	Inst	Ea	Sm	SB	20.0	0.80	1990.00	889.00	---	2879.00	**3720.00**
3 ton cool	Inst	Ea	Lg	SB	32.0	0.50	1990.00	1420.00	---	3410.00	**4530.00**
	Inst	Ea	Sm	SB	40.0	0.40	2200.00	1780.00	---	3980.00	**5300.00**
4 ton cool	Inst	Ea	Lg	SF	48.5	0.33	2470.00	2160.00	---	4630.00	**6370.00**
	Inst	Ea	Sm	SF	61.5	0.26	2720.00	2730.00	---	5450.00	**7580.00**
5 ton cool	Inst	Ea	Lg	SF	64.0	0.25	2530.00	2840.00	---	5370.00	**7520.00**
	Inst	Ea	Sm	SF	80.0	0.20	2780.00	3560.00	---	6340.00	**8960.00**
Roof mounted with boom truck and operator, coil unit, not including curbs or pads											
8 ton cool	Inst	Ea	Lg	SF	32.0	0.50	6780.00	1420.00	416.00	8616.00	**10900.00**
	Inst	Ea	Sm	SF	40.0	0.40	7470.00	1780.00	458.00	9708.00	**12300.00**
10 ton cool	Inst	Ea	Lg	SF	48.5	0.33	8590.00	2160.00	416.00	11166.00	**14200.00**
	Inst	Ea	Sm	SF	61.5	0.26	9470.00	2730.00	458.00	12658.00	**16200.00**
15 ton cool	Inst	Ea	Lg	SF	64.0	0.25	12300.00	2840.00	416.00	15556.00	**19800.00**
	Inst	Ea	Sm	SF	80.0	0.20	13600.00	3560.00	458.00	17618.00	**22500.00**
20 ton cool	Inst	Ea	Lg	SF	80.0	0.20	16300.00	3560.00	416.00	20276.00	**25600.00**
	Inst	Ea	Sm	SF	100.0	0.16	17900.00	4450.00	458.00	22808.00	**29100.00**
Minimum Job Charge											
	Inst	Job	Lg	SB	8.00	2.00	---	356.00	---	356.00	**533.00**
	Inst	Job	Sm	SB	10.0	1.60	---	445.00	---	445.00	**667.00**
PTAC Wall / Window unit air conditioners.											
Semi-permanent installation, 3-speed fan, 125-volt GFI receptacle, energy-efficient models											
6,000 BTUH (0.5 ton cool)	Inst	Ea	Lg	EB	4.00	4.00	509.00	193.00	---	702.00	**901.00**
	Inst	Ea	Sm	EB	5.00	3.20	561.00	242.00	---	803.00	**1040.00**
9,000 BTUH (0.75 ton cool)	Inst	Ea	Lg	EB	4.00	4.00	674.00	193.00	---	867.00	**1100.00**
	Inst	Ea	Sm	EB	5.00	3.20	743.00	242.00	---	985.00	**1250.00**
12,000 BTUH (1.0 ton cool)	Inst	Ea	Lg	EB	4.00	4.00	792.00	193.00	---	985.00	**1240.00**
	Inst	Ea	Sm	EB	5.00	3.20	873.00	242.00	---	1115.00	**1410.00**
18,000 BTUH (1.5 ton cool)	Inst	Ea	Lg	EB	5.33	3.00	1090.00	258.00	---	1348.00	**1690.00**
	Inst	Ea	Sm	EB	6.67	2.40	1200.00	322.00	---	1522.00	**1920.00**
24,000 BTUH (2.0 ton cool)	Inst	Ea	Lg	EB	5.33	3.00	1580.00	258.00	---	1838.00	**2290.00**
	Inst	Ea	Sm	EB	6.67	2.40	1750.00	322.00	---	2072.00	**2580.00**
36,000 BTUH (3.0 ton cool)	Inst	Ea	Lg	EB	5.33	3.00	2180.00	258.00	---	2438.00	**3000.00**
	Inst	Ea	Sm	EB	6.67	2.40	2400.00	322.00	---	2722.00	**3360.00**
Minimum Job Charge											
	Inst	Job	Lg	EA	2.67	3.00	---	129.00	---	129.00	**194.00**
	Inst	Job	Sm	EA	3.33	2.40	---	161.00	---	161.00	**242.00**

Awnings. See Canopies, page 67

Backfill. See Excavation, page 155

Bath accessories

Description	Oper	Unit	Vol	Crew Size	Man-hours per Unit	Crew Output per Day	Avg Mat'l Unit Cost	Avg Labor Unit Cost	Avg Equip Unit Cost	Avg Total Unit Cost	Avg Price Incl O&P

Bath accessories

Individual components. See page 41 for Medicine Cabinets and Mirrors

Description	Oper	Unit	Vol	Crew Size	Man-hours per Unit	Crew Output per Day	Avg Mat'l Unit Cost	Avg Labor Unit Cost	Avg Equip Unit Cost	Avg Total Unit Cost	Avg Price Incl O&P
Cup holder, surface mounted											
Chrome	Inst	Ea	Lg	MR	.333	24.00	6.15	14.50	---	20.65	**29.20**
	Inst	Ea	Sm	MR	.444	18.00	6.78	19.40	---	26.18	**37.20**
Cup and toothbrush holder											
Brass	Inst	Ea	Lg	MR	.333	24.00	8.56	14.50	---	23.06	**32.10**
	Inst	Ea	Sm	MR	.444	18.00	9.43	19.40	---	28.83	**40.40**
Chrome	Inst	Ea	Lg	MR	.333	24.00	6.84	14.50	---	21.34	**30.00**
	Inst	Ea	Sm	MR	.444	18.00	7.54	19.40	---	26.94	**38.10**
Cup, toothbrush and soapholder, recessed											
Chrome	Inst	Ea	Lg	MR	.500	16.00	13.70	21.80	---	35.50	**49.20**
	Inst	Ea	Sm	MR	.667	12.00	15.10	29.10	---	44.20	**61.80**
Diaper change station											
Plastic	Inst	Ea	Lg	MR	4.000	2.00	295.00	175.00	---	470.00	**616.00**
	Inst	Ea	Sm	MR	5.333	1.50	325.00	233.00	---	558.00	**739.00**
Feminine napkin dispenser											
Stainless steel	Inst	Ea	Lg	MR	2.667	3.00	328.00	116.00	---	444.00	**568.00**
	Inst	Ea	Sm	MR	3.556	2.25	362.00	155.00	---	517.00	**667.00**
Feminine napkin disposal											
Stainless steel	Inst	Ea	Lg	MR	1.000	8.00	52.00	43.60	---	95.60	**128.00**
	Inst	Ea	Sm	MR	1.333	6.00	57.40	58.20	---	115.60	**156.00**
Glass or mirror shelf, chrome											
18" long	Inst	Ea	Lg	MR	.400	20.00	51.20	17.50	---	68.70	**87.60**
	Inst	Ea	Sm	MR	.533	15.00	56.40	23.30	---	79.70	**103.00**
24" long	Inst	Ea	Lg	MR	.400	20.00	53.90	17.50	---	71.40	**90.90**
	Inst	Ea	Sm	MR	.533	15.00	59.40	23.30	---	82.70	**106.00**
Grab bars, concealed mounting, stainless steel											
Straight, 1-1/2"											
12" long	Inst	Ea	Lg	MR	.400	20.00	33.00	17.50	---	50.50	**65.80**
	Inst	Ea	Sm	MR	.533	15.00	36.40	23.30	---	59.70	**78.60**
18" long	Inst	Ea	Lg	MR	.400	20.00	34.90	17.50	---	52.40	**68.00**
	Inst	Ea	Sm	MR	.533	15.00	38.40	23.30	---	61.70	**81.00**
24" long	Inst	Ea	Lg	MR	.400	20.00	36.70	17.50	---	54.20	**70.20**
	Inst	Ea	Sm	MR	.533	15.00	40.50	23.30	---	63.80	**83.40**
30" long	Inst	Ea	Lg	MR	.400	20.00	47.90	17.50	---	65.40	**83.70**
	Inst	Ea	Sm	MR	.533	15.00	52.80	23.30	---	76.10	**98.30**
36" long	Inst	Ea	Lg	MR	.400	20.00	51.50	17.50	---	69.00	**87.90**
	Inst	Ea	Sm	MR	.533	15.00	56.70	23.30	---	80.00	**103.00**
42" long	Inst	Ea	Lg	MR	.400	20.00	57.10	17.50	---	74.60	**94.70**
	Inst	Ea	Sm	MR	.533	15.00	62.90	23.30	---	86.20	**110.00**
48" long	Inst	Ea	Lg	MR	.400	20.00	62.70	17.50	---	80.20	**101.00**
	Inst	Ea	Sm	MR	.533	15.00	69.10	23.30	---	92.40	**118.00**

National Repair & Remodeling Estimator

Description	Oper	Unit	Vol	Crew Size	Man-hours per Unit	Crew Output per Day	Avg Mat'l Unit Cost	Avg Labor Unit Cost	Avg Equip Unit Cost	Avg Total Unit Cost	Avg Price Incl O&P
Angle bar, 16" L x 32" H	Inst	Ea	Lg	MR	.400	20.00	125.00	17.50	---	142.50	**177.00**
	Inst	Ea	Sm	MR	.533	15.00	138.00	23.30	---	161.30	**201.00**
Tub-shower bar, 36" L x 54" H	Inst	Ea	Lg	MR	.400	20.00	188.00	17.50	---	205.50	**252.00**
	Inst	Ea	Sm	MR	.533	15.00	207.00	23.30	---	230.30	**284.00**
Wall-to-floor angle bar with flange, bolt, washer and screws											
	Inst	Ea	Lg	MR	1.333	6.00	220.00	58.20	---	278.20	**351.00**
	Inst	Ea	Sm	MR	1.778	4.50	242.00	77.60	---	319.60	**407.00**
Hot air hand dryer											
Average	Inst	Ea	Lg	MR	6.015	1.33	303.00	262.00	---	565.00	**757.00**
	Inst	Ea	Sm	MR	8.000	1.00	334.00	349.00	---	683.00	**924.00**
Good	Inst	Ea	Lg	MR	6.015	1.33	470.00	262.00	---	732.00	**958.00**
	Inst	Ea	Sm	MR	8.000	1.00	518.00	349.00	---	867.00	**1150.00**
Paper towel dispenser	Inst	Ea	Lg	MR	.667	12.00	59.80	29.10	---	88.90	**115.00**
	Inst	Ea	Sm	MR	.889	9.00	65.90	38.80	---	104.70	**137.00**
Paper towel dispenser w/ waste											
	Inst	Ea	Lg	MR	1.000	8.00	351.00	43.60	---	394.60	**486.00**
	Inst	Ea	Sm	MR	1.333	6.00	387.00	58.20	---	445.20	**551.00**
Robe hooks, single or double	Inst	Ea	Lg	MR	.250	32.00	7.13	10.90	---	18.03	**24.90**
	Inst	Ea	Sm	MR	.333	24.00	7.86	14.50	---	22.36	**31.20**
Shower curtain rod, 1" dia x 5' 5" L with adjacent rod holder											
	Inst	Ea	Lg	MR	.250	32.00	20.00	10.90	---	30.90	**40.30**
	Inst	Ea	Sm	MR	.333	24.00	22.00	14.50	---	36.50	**48.20**
Soap dish / holder, chrome											
Surface	Inst	Ea	Lg	MR	.250	32.00	10.20	10.90	---	21.10	**28.60**
	Inst	Ea	Sm	MR	.333	24.00	11.30	14.50	---	25.80	**35.30**
Recessed	Inst	Ea	Lg	MR	.250	32.00	15.00	10.90	---	25.90	**34.40**
	Inst	Ea	Sm	MR	.333	24.00	16.60	14.50	---	31.10	**41.70**
Soap dish / holder with bar											
Surface	Inst	Ea	Lg	MR	.250	32.00	11.70	10.90	---	22.60	**30.50**
	Inst	Ea	Sm	MR	.333	24.00	12.90	14.50	---	27.40	**37.30**
Recessed	Inst	Ea	Lg	MR	.250	32.00	21.10	10.90	---	32.00	**41.60**
	Inst	Ea	Sm	MR	.333	24.00	23.20	14.50	---	37.70	**49.70**
Soap / Hand sanitizer dispenser, wall mounted											
Standard	Inst	Ea	Lg	MR	.500	16.00	19.60	21.80	---	41.40	**56.30**
	Inst	Ea	Sm	MR	.667	12.00	21.60	29.10	---	50.70	**69.60**
Average	Inst	Ea	Lg	MR	.500	16.00	39.10	21.80	---	60.90	**79.60**
	Inst	Ea	Sm	MR	.667	12.00	43.10	29.10	---	72.20	**95.30**
Good	Inst	Ea	Lg	MR	.500	16.00	76.40	21.80	---	98.20	**124.00**
	Inst	Ea	Sm	MR	.667	12.00	84.20	29.10	---	113.30	**145.00**

Bath accessories

Description	Oper	Unit	Vol	Crew Size	Man-hours per Unit	Crew Output per Day	Avg Mat'l Unit Cost	Avg Labor Unit Cost	Avg Equip Unit Cost	Avg Total Unit Cost	Avg Price Incl O&P
Toilet partition, standard size											
Plastic Laminate / Enamel Steel											
	Inst	Ea	Lg	MR	8.000	1.00	549.00	349.00	---	898.00	**1180.00**
	Inst	Ea	Sm	MR	10.667	0.75	605.00	466.00	---	1071.00	**1420.00**
Solid Plastic / Resin	Inst	Ea	Lg	MR	8.000	1.00	877.00	349.00	---	1226.00	**1580.00**
	Inst	Ea	Sm	MR	10.667	0.75	967.00	466.00	---	1433.00	**1860.00**
Cultured marble or stone	Inst	Ea	Lg	MR	8.000	1.00	1580.00	349.00	---	1929.00	**2420.00**
	Inst	Ea	Sm	MR	10.667	0.75	1740.00	466.00	---	2206.00	**2780.00**
Stainless Steel	Inst	Ea	Lg	MR	8.000	1.00	1170.00	349.00	---	1519.00	**1920.00**
	Inst	Ea	Sm	MR	10.667	0.75	1290.00	466.00	---	1756.00	**2240.00**
Toilet partition, oversized / ADA											
Plastic Laminate / Enamel Steel											
	Inst	Ea	Lg	MR	9.412	0.85	632.00	411.00	---	1043.00	**1370.00**
	Inst	Ea	Sm	MR	12.500	0.64	697.00	546.00	---	1243.00	**1650.00**
Solid Plastic / Resin	Inst	Ea	Lg	MR	9.412	0.85	1160.00	411.00	---	1571.00	**2000.00**
	Inst	Ea	Sm	MR	12.500	0.64	1270.00	546.00	---	1816.00	**2350.00**
Cultured marble or stone	Inst	Ea	Lg	MR	9.412	0.85	1800.00	411.00	---	2211.00	**2780.00**
	Inst	Ea	Sm	MR	12.500	0.64	1990.00	546.00	---	2536.00	**3200.00**
Stainless Steel	Inst	Ea	Lg	MR	9.412	0.85	1470.00	411.00	---	1881.00	**2380.00**
	Inst	Ea	Sm	MR	12.500	0.64	1620.00	546.00	---	2166.00	**2760.00**
Toilet roll holder, commercial, single roll											
Standard	Inst	Ea	Lg	MR	.889	9.00	14.90	38.80	---	53.70	**76.00**
	Inst	Ea	Sm	MR	1.185	6.75	16.40	51.70	---	68.10	**97.20**
Average	Inst	Ea	Lg	MR	.889	9.00	39.20	38.80	---	78.00	**105.00**
	Inst	Ea	Sm	MR	1.185	6.75	43.20	51.70	---	94.90	**129.00**
Good	Inst	Ea	Lg	MR	.889	9.00	60.70	38.80	---	99.50	**131.00**
	Inst	Ea	Sm	MR	1.185	6.75	66.90	51.70	---	118.60	**158.00**
Toilet roll holder, commercial, double roll											
Standard	Inst	Ea	Lg	MR	1.000	8.00	26.50	43.60	---	70.10	**97.20**
	Inst	Ea	Sm	MR	1.333	6.00	29.20	58.20	---	87.40	**122.00**
Average	Inst	Ea	Lg	MR	1.000	8.00	48.50	43.60	---	92.10	**124.00**
	Inst	Ea	Sm	MR	1.333	6.00	53.40	58.20	---	111.60	**151.00**
Good	Inst	Ea	Lg	MR	1.000	8.00	123.00	43.60	---	166.60	**212.00**
	Inst	Ea	Sm	MR	1.333	6.00	135.00	58.20	---	193.20	**249.00**
Toilet roll holder, residential											
Surface	Inst	Ea	Lg	MR	.250	32.00	12.10	10.90	---	23.00	**30.90**
	Inst	Ea	Sm	MR	.333	24.00	13.40	14.50	---	27.90	**37.80**
Recessed	Inst	Ea	Lg	MR	.250	32.00	17.00	10.90	---	27.90	**36.70**
	Inst	Ea	Sm	MR	.333	24.00	18.70	14.50	---	33.20	**44.30**

Description	Oper	Unit	Vol	Crew Size	Man-hours per Unit	Crew Output per Day	Avg Mat'l Unit Cost	Avg Labor Unit Cost	Avg Equip Unit Cost	Avg Total Unit Cost	Avg Price Incl O&P
Toilet roll holder, residential, with hood											
Surface	Inst	Ea	Lg	MR	.333	24.00	30.70	14.50	---	45.20	**58.60**
	Inst	Ea	Sm	MR	.444	18.00	33.80	19.40	---	53.20	**69.70**
Recessed	Inst	Ea	Lg	MR	.333	24.00	43.00	14.50	---	57.50	**73.40**
	Inst	Ea	Sm	MR	.444	18.00	47.40	19.40	---	66.80	**85.90**
Towel bars, square or round											
Chrome, 18" to 36" long											
Standard	Inst	Ea	Lg	MR	.250	32.00	6.44	10.90	---	17.34	**24.10**
	Inst	Ea	Sm	MR	.333	24.00	7.10	14.50	---	21.60	**30.30**
Average	Inst	Ea	Lg	MR	.250	32.00	14.80	10.90	---	25.70	**34.10**
	Inst	Ea	Sm	MR	.333	24.00	16.30	14.50	---	30.80	**41.40**
Good	Inst	Ea	Lg	MR	.250	32.00	22.10	10.90	---	33.00	**42.90**
	Inst	Ea	Sm	MR	.333	24.00	24.30	14.50	---	38.80	**51.00**
Premium	Inst	Ea	Lg	MR	.250	32.00	43.50	10.90	---	54.40	**68.60**
	Inst	Ea	Sm	MR	.333	24.00	48.00	14.50	---	62.50	**79.40**
Towel bar with extra towel shelf											
Average	Inst	Ea	Lg	MR	1.000	8.00	74.00	43.60	---	117.60	**154.00**
	Inst	Ea	Sm	MR	1.333	6.00	81.50	58.20	---	139.70	**185.00**
Good	Inst	Ea	Lg	MR	1.000	8.00	132.00	43.60	---	175.60	**224.00**
	Inst	Ea	Sm	MR	1.333	6.00	146.00	58.20	---	204.20	**262.00**
Towel ring											
Standard	Inst	Ea	Lg	MR	.222	36.00	7.72	9.69	---	17.41	**23.80**
	Inst	Ea	Sm	MR	.296	27.00	8.51	12.90	---	21.41	**29.60**
Average	Inst	Ea	Lg	MR	.222	36.00	14.80	9.69	---	24.49	**32.30**
	Inst	Ea	Sm	MR	.296	27.00	16.40	12.90	---	29.30	**39.00**
Good	Inst	Ea	Lg	MR	.222	36.00	20.00	9.69	---	29.69	**38.50**
	Inst	Ea	Sm	MR	.296	27.00	22.00	12.90	---	34.90	**45.80**
Premium	Inst	Ea	Lg	MR	.222	36.00	31.50	9.69	---	41.19	**52.40**
	Inst	Ea	Sm	MR	.296	27.00	34.80	12.90	---	47.70	**61.10**
Towel ladder, warmer, electric, 4 rungs											
Free Standing portable	Inst	Ea	Lg	MR	1.000	8.00	814.00	43.60	---	857.60	**1040.00**
	Inst	Ea	Sm	MR	1.333	6.00	897.00	58.20	---	955.20	**1160.00**
Floor / Wall mounted	Inst	Ea	Lg	MR	2.000	4.00	1640.00	87.30	---	1727.30	**2100.00**
	Inst	Ea	Sm	MR	2.667	3.00	1810.00	116.00	---	1926.00	**2340.00**
Urinal partition											
Plastic Laminate / Enamel Steel											
	Inst	Ea	Lg	MR	2.667	3.00	164.00	116.00	---	280.00	**371.00**
	Inst	Ea	Sm	MR	3.556	2.25	180.00	155.00	---	335.00	**449.00**
Solid Plastic / Resin	Inst	Ea	Lg	MR	2.667	3.00	260.00	116.00	---	376.00	**486.00**
	Inst	Ea	Sm	MR	3.556	2.25	286.00	155.00	---	441.00	**576.00**
Stainless Steel	Inst	Ea	Lg	MR	2.667	3.00	363.00	116.00	---	479.00	**610.00**
	Inst	Ea	Sm	MR	3.556	2.25	400.00	155.00	---	555.00	**712.00**

Bath accessories, medicine cabinets

Description	Oper	Unit	Vol	Crew Size	Man-hours per Unit	Crew Output per Day	Avg Mat'l Unit Cost	Avg Labor Unit Cost	Avg Equip Unit Cost	Avg Total Unit Cost	Avg Price Incl O&P
Wash cloth holder											
Standard	Inst	Ea	Lg	MR	.222	36.00	6.35	9.69	---	16.04	**22.20**
	Inst	Ea	Sm	MR	.296	27.00	7.00	12.90	---	19.90	**27.80**
Average	Inst	Ea	Lg	MR	.222	36.00	7.77	9.69	---	17.46	**23.90**
	Inst	Ea	Sm	MR	.296	27.00	8.56	12.90	---	21.46	**29.70**
Good	Inst	Ea	Lg	MR	.222	36.00	10.80	9.69	---	20.49	**27.50**
	Inst	Ea	Sm	MR	.296	27.00	11.90	12.90	---	24.80	**33.70**
Premium	Inst	Ea	Lg	MR	.222	36.00	13.60	9.69	---	23.29	**30.80**
	Inst	Ea	Sm	MR	.296	27.00	15.00	12.90	---	27.90	**37.30**
Waste receptacle, recessed	Inst	Ea	Lg	MR	1.143	7.00	299.00	49.90	---	348.90	**434.00**
	Inst	Ea	Sm	MR	1.524	5.25	329.00	66.50	---	395.50	**495.00**

Medicine cabinets

No electrical work included; for wall outlet cost, see Electrical, page 148

Surface mounting, no wall opening

Description	Oper	Unit	Vol	Crew Size	Man-hours per Unit	Crew Output per Day	Avg Mat'l Unit Cost	Avg Labor Unit Cost	Avg Equip Unit Cost	Avg Total Unit Cost	Avg Price Incl O&P
Swing door cabinets with reversible mirror door											
16" x 22"	Inst	Ea	Lg	MR	.800	10.00	60.40	34.90	---	95.30	**125.00**
	Inst	Ea	Sm	MR	1.07	7.50	66.50	46.70	---	113.20	**150.00**
16" x 26"	Inst	Ea	Lg	MR	.800	10.00	75.50	34.90	---	110.40	**143.00**
	Inst	Ea	Sm	MR	1.07	7.50	83.20	46.70	---	129.90	**170.00**
Swing door, corner cabinets with reversible mirror door											
16" x 36"	Inst	Ea	Lg	MR	.800	10.00	106.00	34.90	---	140.90	**179.00**
	Inst	Ea	Sm	MR	1.07	7.50	116.00	46.70	---	162.70	**210.00**
Sliding door cabinets, bypassing mirror doors											
Toplighted, stainless steel											
20" x 20"	Inst	Ea	Lg	MR	.800	10.00	127.00	34.90	---	161.90	**205.00**
	Inst	Ea	Sm	MR	1.07	7.50	140.00	46.70	---	186.70	**238.00**
24" x 20"	Inst	Ea	Lg	MR	.800	10.00	159.00	34.90	---	193.90	**243.00**
	Inst	Ea	Sm	MR	1.07	7.50	175.00	46.70	---	221.70	**280.00**
28" x 20"	Inst	Ea	Lg	MR	.800	10.00	175.00	34.90	---	209.90	**262.00**
	Inst	Ea	Sm	MR	1.07	7.50	193.00	46.70	---	239.70	**302.00**
Cosmetic box with framed mirror stainless steel, Builders series											
18" x 26"	Inst	Ea	Lg	MR	.800	10.00	79.20	34.90	---	114.10	**147.00**
	Inst	Ea	Sm	MR	1.07	7.50	87.30	46.70	---	134.00	**175.00**
24" x 32"	Inst	Ea	Lg	MR	.800	10.00	86.80	34.90	---	121.70	**157.00**
	Inst	Ea	Sm	MR	1.07	7.50	95.60	46.70	---	142.30	**185.00**
30" x 32"	Inst	Ea	Lg	MR	.800	10.00	94.30	34.90	---	129.20	**166.00**
	Inst	Ea	Sm	MR	1.07	7.50	104.00	46.70	---	150.70	**195.00**
36" x 32"	Inst	Ea	Lg	MR	.800	10.00	102.00	34.90	---	136.90	**175.00**
	Inst	Ea	Sm	MR	1.07	7.50	112.00	46.70	---	158.70	**205.00**
48" x 32"	Inst	Ea	Lg	MR	.800	10.00	109.00	34.90	---	143.90	**184.00**
	Inst	Ea	Sm	MR	1.07	7.50	121.00	46.70	---	167.70	**215.00**

Description	Oper	Unit	Vol	Crew Size	Man-hours per Unit	Crew Output per Day	Avg Mat'l Unit Cost	Avg Labor Unit Cost	Avg Equip Unit Cost	Avg Total Unit Cost	Avg Price Incl O&P
3-way mirror, tri-view											
30" x 30"											
Frameless, beveled mirror	Inst	Ea	Lg	MR	.889	9.00	363.00	38.80	---	401.80	**493.00**
	Inst	Ea	Sm	MR	1.19	6.75	400.00	51.90	---	451.90	**557.00**
Natural oak	Inst	Ea	Lg	MR	.889	9.00	423.00	38.80	---	461.80	**566.00**
	Inst	Ea	Sm	MR	1.19	6.75	466.00	51.90	---	517.90	**637.00**
White finish	Inst	Ea	Lg	MR	.889	9.00	383.00	38.80	---	421.80	**517.00**
	Inst	Ea	Sm	MR	1.19	6.75	422.00	51.90	---	473.90	**584.00**
36" x 30"											
Frameless, beveled mirror	Inst	Ea	Lg	MR	.889	9.00	403.00	38.80	---	441.80	**542.00**
	Inst	Ea	Sm	MR	1.19	6.75	444.00	51.90	---	495.90	**611.00**
Natural oak	Inst	Ea	Lg	MR	.889	9.00	463.00	38.80	---	501.80	**614.00**
	Inst	Ea	Sm	MR	1.19	6.75	510.00	51.90	---	561.90	**690.00**
White finish	Inst	Ea	Lg	MR	.889	9.00	443.00	38.80	---	481.80	**590.00**
	Inst	Ea	Sm	MR	1.19	6.75	488.00	51.90	---	539.90	**664.00**
48" x 30"											
Frameless, beveled mirror	Inst	Ea	Lg	MR	1.00	8.00	524.00	43.60	---	567.60	**694.00**
	Inst	Ea	Sm	MR	1.33	6.00	577.00	58.00	---	635.00	**780.00**
Natural oak	Inst	Ea	Lg	MR	1.00	8.00	564.00	43.60	---	607.60	**742.00**
	Inst	Ea	Sm	MR	1.33	6.00	621.00	58.00	---	679.00	**833.00**
White finish	Inst	Ea	Lg	MR	1.00	8.00	544.00	43.60	---	587.60	**718.00**
	Inst	Ea	Sm	MR	1.33	6.00	599.00	58.00	---	657.00	**806.00**
With matching light fixture											
with 2 lights	Inst	Ea	Lg	EA	2.00	4.00	23.40	96.70	---	120.10	**173.00**
	Inst	Ea	Sm	EA	2.67	3.00	25.80	129.00	---	154.80	**225.00**
with 3 lights	Inst	Ea	Lg	EA	2.00	4.00	26.20	96.70	---	122.90	**177.00**
	Inst	Ea	Sm	EA	2.67	3.00	28.90	129.00	---	157.90	**228.00**
with 4 lights	Inst	Ea	Lg	EA	2.00	4.00	36.80	96.70	---	133.50	**189.00**
	Inst	Ea	Sm	EA	2.67	3.00	40.50	129.00	---	169.50	**242.00**
with 6 lights	Inst	Ea	Lg	EA	2.00	4.00	49.80	96.70	---	146.50	**205.00**
	Inst	Ea	Sm	EA	2.67	3.00	54.90	129.00	---	183.90	**259.00**
With matching light fixture for beveled mirror cabinets only											
with 2 lights	Inst	Ea	Lg	EA	2.00	4.00	32.80	96.70	---	129.50	**184.00**
	Inst	Ea	Sm	EA	2.67	3.00	36.10	129.00	---	165.10	**237.00**
with 3 lights	Inst	Ea	Lg	EA	2.00	4.00	36.70	96.70	---	133.40	**189.00**
	Inst	Ea	Sm	EA	2.67	3.00	40.50	129.00	---	169.50	**242.00**
with 4 lights	Inst	Ea	Lg	EA	2.00	4.00	51.50	96.70	---	148.20	**207.00**
	Inst	Ea	Sm	EA	2.67	3.00	56.70	129.00	---	185.70	**262.00**
with 6 lights	Inst	Ea	Lg	EA	2.00	4.00	69.70	96.70	---	166.40	**229.00**
	Inst	Ea	Sm	EA	2.67	3.00	76.80	129.00	---	205.80	**286.00**
Recessed mounting, overall sizes											
Swing door with mirror											
Builders series											
14" x 18"											
Polished brass strip	Inst	Ea	Lg	MR	1.00	8.00	64.10	43.60	---	107.70	**142.00**
	Inst	Ea	Sm	MR	1.33	6.00	70.70	58.00	---	128.70	**172.00**
Polished edge strip	Inst	Ea	Lg	MR	1.00	8.00	86.80	43.60	---	130.40	**170.00**
	Inst	Ea	Sm	MR	1.33	6.00	95.60	58.00	---	153.60	**202.00**
Stainless steel strip	Inst	Ea	Lg	MR	1.00	8.00	71.70	43.60	---	115.30	**151.00**
	Inst	Ea	Sm	MR	1.33	6.00	79.00	58.00	---	137.00	**182.00**

Bath accessories, mirrors

Description	Oper	Unit	Vol	Crew Size	Man-hours per Unit	Crew Output per Day	Avg Mat'l Unit Cost	Avg Labor Unit Cost	Avg Equip Unit Cost	Avg Total Unit Cost	Avg Price Incl O&P
14" x 24"											
Polished brass strip	Inst	Ea	Lg	MR	1.00	8.00	67.90	43.60	---	111.50	**147.00**
	Inst	Ea	Sm	MR	1.33	6.00	74.80	58.00	---	132.80	**177.00**
Polished edge strip	Inst	Ea	Lg	MR	1.00	8.00	90.60	43.60	---	134.20	**174.00**
	Inst	Ea	Sm	MR	1.33	6.00	99.80	58.00	---	157.80	**207.00**
Stainless steel strip	Inst	Ea	Lg	MR	1.00	8.00	79.20	43.60	---	122.80	**161.00**
	Inst	Ea	Sm	MR	1.33	6.00	87.30	58.00	---	145.30	**192.00**
Decorator series											
14" x 18"											
Frameless bevel mirror	Inst	Ea	Lg	MR	1.00	8.00	103.00	43.60	---	146.60	**190.00**
	Inst	Ea	Sm	MR	1.33	6.00	114.00	58.00	---	172.00	**224.00**
Natural oak	Inst	Ea	Lg	MR	1.00	8.00	119.00	43.60	---	162.60	**209.00**
	Inst	Ea	Sm	MR	1.33	6.00	132.00	58.00	---	190.00	**245.00**
White birch	Inst	Ea	Lg	MR	1.00	8.00	135.00	43.60	---	178.60	**228.00**
	Inst	Ea	Sm	MR	1.33	6.00	149.00	58.00	---	207.00	**266.00**
White finish	Inst	Ea	Lg	MR	1.00	8.00	167.00	43.60	---	210.60	**266.00**
	Inst	Ea	Sm	MR	1.33	6.00	184.00	58.00	---	242.00	**308.00**
14" x 24"											
Frameless bevel mirror	Inst	Ea	Lg	MR	1.00	8.00	111.00	43.60	---	154.60	**199.00**
	Inst	Ea	Sm	MR	1.33	6.00	123.00	58.00	---	181.00	**234.00**
Natural oak	Inst	Ea	Lg	MR	1.00	8.00	127.00	43.60	---	170.60	**218.00**
	Inst	Ea	Sm	MR	1.33	6.00	140.00	58.00	---	198.00	**255.00**
White birch	Inst	Ea	Lg	MR	1.00	8.00	143.00	43.60	---	186.60	**237.00**
	Inst	Ea	Sm	MR	1.33	6.00	158.00	58.00	---	216.00	**276.00**
White finish	Inst	Ea	Lg	MR	1.00	8.00	175.00	43.60	---	218.60	**275.00**
	Inst	Ea	Sm	MR	1.33	6.00	193.00	58.00	---	251.00	**319.00**
Oak framed cabinet with oval mirror											
20" x 36"	Inst	Ea	Lg	MR	1.00	8.00	223.00	43.60	---	266.60	**333.00**
	Inst	Ea	Sm	MR	1.33	6.00	245.00	58.00	---	303.00	**382.00**

Mirrors

1/4" plate glass

Description	Oper	Unit	Vol	Crew Size	Man-hours per Unit	Crew Output per Day	Avg Mat'l Unit Cost	Avg Labor Unit Cost	Avg Equip Unit Cost	Avg Total Unit Cost	Avg Price Incl O&P
Clear, no frame	Inst	SF	Lg	MR	.222	36.00	15.70	9.69	---	25.39	**33.40**
	Inst	SF	Sm	MR	.296	27.00	17.30	12.90	---	30.20	**40.10**
Veined or Smoked, no frame	Inst	SF	Lg	MR	.222	36.00	33.20	9.69	---	42.89	**54.30**
	Inst	SF	Sm	MR	.296	27.00	36.60	12.90	---	49.50	**63.20**
Clear, framed	Inst	SF	Lg	MR	.222	36.00	23.60	9.69	---	33.29	**42.90**
	Inst	SF	Sm	MR	.296	27.00	26.00	12.90	---	38.90	**50.60**
Veined or Smoked, framed	Inst	SF	Lg	MR	.222	36.00	49.10	9.69	---	58.79	**73.40**
	Inst	SF	Sm	MR	.296	27.00	54.10	12.90	---	67.00	**84.30**

Shower equipment. See Shower stalls, page 356

Vanity cabinets. See Cabinets, page 64

Bathtubs (includes Jetted Tubs / Whirlpools)

Plumbing fixtures with faucets, supply, fittings included in material cost.
Labor cost for installation only of fixture, faucets, supply, fittings.
For Rough-In, see Adjustments in this Bathroom Section.

Description	Oper	Unit	Vol	Crew Size	Man-hours per Unit	Crew Output per Day	Avg Mat'l Unit Cost	Avg Labor Unit Cost	Avg Equip Unit Cost	Avg Total Unit Cost	Avg Price Incl O&P
Frequently encountered applications											
Detach & reset operations											
Alcove / Recessed / Apron	Reset	Ea	Lg	SB	4.00	4.00	118.00	178.00	---	296.00	408.00
	Reset	Ea	Sm	SB	5.33	3.00	130.00	237.00	---	367.00	511.00
Drop-In / Built-In / Sunken	Reset	Ea	Lg	SB	5.33	3.00	118.00	237.00	---	355.00	496.00
	Reset	Ea	Sm	SB	7.11	2.25	130.00	316.00	---	446.00	630.00
Free-Standing tub	Reset	Ea	Lg	SB	3.20	5.00	118.00	142.00	---	260.00	354.00
	Reset	Ea	Sm	SB	4.27	3.75	130.00	190.00	---	320.00	440.00
Remove operations											
Alcove / Recessed / Apron	Demo	Ea	Lg	SB	2.00	8.00	---	88.90	---	88.90	133.00
	Demo	Ea	Sm	SB	2.67	6.00	---	119.00	---	119.00	178.00
Drop-In / Built-In / Sunken	Demo	Ea	Lg	SB	2.67	6.00	---	119.00	---	119.00	178.00
	Demo	Ea	Sm	SB	3.56	4.50	---	158.00	---	158.00	237.00
Free-Standing tub	Demo	Ea	Lg	SB	1.33	12.00	---	59.10	---	59.10	88.70
	Demo	Ea	Sm	SB	1.78	9.00	---	79.10	---	79.10	119.00
Replace operations											
Alcove / Recessed / Integral Apron											
Acrylic											
66" L x 32" W x 19" H											
Bathtub only, no Whirlpool	Inst	Ea	Lg	SB	6.67	2.40	889.00	296.00	---	1185.00	1510.00
	Inst	Ea	Sm	SB	8.89	1.80	980.00	395.00	---	1375.00	1770.00
Bathtub with Jetted Whirlpool											
Plumbing installation	Inst	Ea	Lg	SB	13.3	1.20	1980.00	591.00	---	2571.00	3260.00
	Inst	Ea	Sm	SB	17.8	0.90	2210.00	791.00	---	3001.00	3840.00
Electrical installation	Inst	Ea	Lg	EA	6.15	1.30	245.00	297.00	---	542.00	740.00
	Inst	Ea	Sm	EA	8.16	0.98	270.00	395.00	---	665.00	916.00
Enameled Cast Iron											
60" L x 32" W x 17" H											
Bathtub only, no Whirlpool	Inst	Ea	Lg	SB	6.67	2.40	954.00	296.00	---	1250.00	1590.00
	Inst	Ea	Sm	SB	8.89	1.80	1050.00	395.00	---	1445.00	1850.00
72" L x 32" W x 20" H											
Bathtub only, no Whirlpool	Inst	Ea	Lg	SB	6.67	2.40	1690.00	296.00	---	1986.00	2470.00
	Inst	Ea	Sm	SB	8.89	1.80	1860.00	395.00	---	2255.00	2820.00
Enameled Steel											
60" L x 30" W x 17" H											
Bathtub only, no Whirlpool	Inst	Ea	Lg	SB	6.67	2.40	648.00	296.00	---	944.00	1220.00
	Inst	Ea	Sm	SB	8.89	1.80	714.00	395.00	---	1109.00	1450.00

Bathtubs

Description	Oper	Unit	Vol	Crew Size	Man-hours per Unit	Crew Output per Day	Avg Mat'l Unit Cost	Avg Labor Unit Cost	Avg Equip Unit Cost	Avg Total Unit Cost	Avg Price Incl O&P
Drop-In / Built-In / Sunken, not including full frame support and sidewall finish											
Acrylic											
60" L x 32" W x 20" H											
Bathtub only, no Whirlpool	Inst	Ea	Lg	SB	6.67	2.40	774.00	296.00	---	1070.00	**1370.00**
	Inst	Ea	Sm	SB	8.89	1.80	853.00	395.00	---	1248.00	**1620.00**
Bathtub with Jetted Whirlpool											
Plumbing installation	Inst	Ea	Lg	SB	13.3	1.20	1750.00	591.00	---	2341.00	**2990.00**
	Inst	Ea	Sm	SB	17.8	0.90	1930.00	791.00	---	2721.00	**3500.00**
Electrical installation	Inst	Ea	Lg	EA	6.15	1.30	245.00	297.00	---	542.00	**740.00**
	Inst	Ea	Sm	EA	8.16	0.98	270.00	395.00	---	665.00	**916.00**
72" L x 36" W x 20" H											
Bathtub only, no Whirlpool	Inst	Ea	Lg	SB	6.67	2.40	854.00	296.00	---	1150.00	**1470.00**
	Inst	Ea	Sm	SB	8.89	1.80	941.00	395.00	---	1336.00	**1720.00**
Bathtub with Jetted Whirlpool											
Plumbing installation	Inst	Ea	Lg	SB	13.3	1.20	1930.00	591.00	---	2521.00	**3200.00**
	Inst	Ea	Sm	SB	17.8	0.90	2120.00	791.00	---	2911.00	**3740.00**
Electrical installation	Inst	Ea	Lg	EA	6.15	1.30	245.00	297.00	---	542.00	**740.00**
	Inst	Ea	Sm	EA	8.16	0.98	270.00	395.00	---	665.00	**916.00**
60" L x 60" W x 20" H, corner unit											
Bathtub only, no Whirlpool	Inst	Ea	Lg	SB	6.67	2.40	1300.00	296.00	---	1596.00	**2000.00**
	Inst	Ea	Sm	SB	8.89	1.80	1430.00	395.00	---	1825.00	**2310.00**
Bathtub with Jetted Whirlpool											
Plumbing installation	Inst	Ea	Lg	SB	13.3	1.20	2910.00	591.00	---	3501.00	**4380.00**
	Inst	Ea	Sm	SB	17.8	0.90	3200.00	791.00	---	3991.00	**5030.00**
Electrical installation	Inst	Ea	Lg	EA	6.15	1.30	245.00	297.00	---	542.00	**740.00**
	Inst	Ea	Sm	EA	8.16	0.98	270.00	395.00	---	665.00	**916.00**
Enameled Cast Iron											
60" L x 32" W x 20" H	Inst	Ea	Lg	SB	6.67	2.40	683.00	296.00	---	979.00	**1260.00**
	Inst	Ea	Sm	SB	8.89	1.80	752.00	395.00	---	1147.00	**1500.00**
Enameled Steel											
60" L x 32" W x 20" H	Inst	Ea	Lg	SB	6.67	2.40	936.00	296.00	---	1232.00	**1570.00**
	Inst	Ea	Sm	SB	8.89	1.80	1470.00	395.00	---	1865.00	**2360.00**
Adjustments											
Install rough-In											
Bathtub	Inst	Ea	Lg	SB	10.0	1.60	343.00	445.00	---	788.00	**1080.00**
	Inst	Ea	Sm	SB	13.3	1.20	378.00	591.00	---	969.00	**1340.00**
Install shower head with mixer valve over tub											
Open wall, ADD	Inst	Ea	Lg	SA	2.00	4.00	228.00	103.00	---	331.00	**429.00**
	Inst	Ea	Sm	SA	2.67	3.00	207.00	137.00	---	344.00	**455.00**
Closed wall, ADD	Inst	Ea	Lg	SA	4.00	2.00	255.00	206.00	---	461.00	**616.00**
	Inst	Ea	Sm	SA	5.33	1.50	232.00	274.00	---	506.00	**690.00**

Description	Oper	Unit	Vol	Crew Size	Man-hours per Unit	Crew Output per Day	Avg Mat'l Unit Cost	Avg Labor Unit Cost	Avg Equip Unit Cost	Avg Total Unit Cost	Avg Price Incl O&P

Individual Bathtubs and Components
Alcove / Recessed / Integral Apron Bathtubs
Acrylic
60" L x 32" W x 19" H

Bathtub only, no Whirlpool

Description	Oper	Unit	Vol	Crew Size	Man-hours per Unit	Crew Output per Day	Avg Mat'l Unit Cost	Avg Labor Unit Cost	Avg Equip Unit Cost	Avg Total Unit Cost	Avg Price Incl O&P
Standard	Inst	Ea	Lg	SB	6.67	2.40	548.00	296.00	---	844.00	**1100.00**
	Inst	Ea	Sm	SB	8.89	1.80	604.00	395.00	---	999.00	**1320.00**
Average	Inst	Ea	Lg	SB	6.67	2.40	879.00	296.00	---	1175.00	**1500.00**
	Inst	Ea	Sm	SB	8.89	1.80	968.00	395.00	---	1363.00	**1750.00**
Good	Inst	Ea	Lg	SB	6.67	2.40	1520.00	296.00	---	1816.00	**2270.00**
	Inst	Ea	Sm	SB	8.89	1.80	1680.00	395.00	---	2075.00	**2600.00**
Premium	Inst	Ea	Lg	SB	6.67	2.40	1790.00	296.00	---	2086.00	**2600.00**
	Inst	Ea	Sm	SB	8.89	1.80	1980.00	395.00	---	2375.00	**2970.00**

Bathtub with Jetted Whirlpool

Plumbing installation

Description	Oper	Unit	Vol	Crew Size	Man-hours per Unit	Crew Output per Day	Avg Mat'l Unit Cost	Avg Labor Unit Cost	Avg Equip Unit Cost	Avg Total Unit Cost	Avg Price Incl O&P
Standard	Inst	Ea	Lg	SB	13.3	1.20	1250.00	591.00	---	1841.00	**2380.00**
	Inst	Ea	Sm	SB	17.8	0.90	1370.00	791.00	---	2161.00	**2840.00**
Average	Inst	Ea	Lg	SB	13.3	1.20	1980.00	591.00	---	2571.00	**3270.00**
	Inst	Ea	Sm	SB	17.8	0.90	2180.00	791.00	---	2971.00	**3810.00**
Good	Inst	Ea	Lg	SB	13.3	1.20	3060.00	591.00	---	3651.00	**4560.00**
	Inst	Ea	Sm	SB	17.8	0.90	3380.00	791.00	---	4171.00	**5240.00**
Premium	Inst	Ea	Lg	SB	13.3	1.20	3900.00	591.00	---	4491.00	**5570.00**
	Inst	Ea	Sm	SB	17.8	0.90	4300.00	791.00	---	5091.00	**6340.00**
Electrical installation, ADD	Inst	Ea	Lg	EA	6.15	1.30	245.00	297.00	---	542.00	**740.00**
	Inst	Ea	Sm	EA	8.16	0.98	270.00	395.00	---	665.00	**916.00**

66" L x 32" W x 19" H

Bathtub only, no Whirlpool

Description	Oper	Unit	Vol	Crew Size	Man-hours per Unit	Crew Output per Day	Avg Mat'l Unit Cost	Avg Labor Unit Cost	Avg Equip Unit Cost	Avg Total Unit Cost	Avg Price Incl O&P
Standard	Inst	Ea	Lg	SB	6.67	2.40	640.00	296.00	---	936.00	**1210.00**
	Inst	Ea	Sm	SB	8.89	1.80	705.00	395.00	---	1100.00	**1440.00**
Average	Inst	Ea	Lg	SB	6.67	2.40	889.00	296.00	---	1185.00	**1510.00**
	Inst	Ea	Sm	SB	8.89	1.80	980.00	395.00	---	1375.00	**1770.00**
Good	Inst	Ea	Lg	SB	6.67	2.40	1470.00	296.00	---	1766.00	**2210.00**
	Inst	Ea	Sm	SB	8.89	1.80	1620.00	395.00	---	2015.00	**2540.00**
Premium	Inst	Ea	Lg	SB	6.67	2.40	2180.00	296.00	---	2476.00	**3060.00**
	Inst	Ea	Sm	SB	8.89	1.80	2400.00	395.00	---	2795.00	**3470.00**

Bathtubs, recessed

Description	Oper	Unit	Vol	Crew Size	Man-hours per Unit	Crew Output per Day	Avg Mat'l Unit Cost	Avg Labor Unit Cost	Avg Equip Unit Cost	Avg Total Unit Cost	Avg Price Incl O&P
Bathtub with Jetted Whirlpool											
Plumbing installation											
Standard	Inst	Ea	Lg	SB	13.3	1.20	1450.00	591.00	---	2041.00	**2630.00**
	Inst	Ea	Sm	SB	17.8	0.90	1600.00	791.00	---	2391.00	**3110.00**
Average	Inst	Ea	Lg	SB	13.3	1.20	2010.00	591.00	---	2601.00	**3290.00**
	Inst	Ea	Sm	SB	17.8	0.90	2210.00	791.00	---	3001.00	**3840.00**
Good	Inst	Ea	Lg	SB	13.3	1.20	3180.00	591.00	---	3771.00	**4700.00**
	Inst	Ea	Sm	SB	17.8	0.90	3510.00	791.00	---	4301.00	**5390.00**
Premium	Inst	Ea	Lg	SB	13.3	1.20	4750.00	591.00	---	5341.00	**6590.00**
	Inst	Ea	Sm	SB	17.8	0.90	5240.00	791.00	---	6031.00	**7470.00**
Electrical installation, ADD	Inst	Ea	Lg	EA	6.15	1.30	245.00	297.00	---	542.00	**740.00**
	Inst	Ea	Sm	EA	8.16	0.98	270.00	395.00	---	665.00	**916.00**

Enameled Cast Iron

60" L x 32" W x 17" H

Description	Oper	Unit	Vol	Crew Size	Man-hours per Unit	Crew Output per Day	Avg Mat'l Unit Cost	Avg Labor Unit Cost	Avg Equip Unit Cost	Avg Total Unit Cost	Avg Price Incl O&P
Standard	Inst	Ea	Lg	SB	6.67	2.40	702.00	296.00	---	998.00	**1290.00**
	Inst	Ea	Sm	SB	8.89	1.80	774.00	395.00	---	1169.00	**1520.00**
Average	Inst	Ea	Lg	SB	6.67	2.40	772.00	296.00	---	1068.00	**1370.00**
	Inst	Ea	Sm	SB	8.89	1.80	850.00	395.00	---	1245.00	**1610.00**
Good	Inst	Ea	Lg	SB	6.67	2.40	954.00	296.00	---	1250.00	**1590.00**
	Inst	Ea	Sm	SB	8.89	1.80	1050.00	395.00	---	1445.00	**1850.00**
Premium	Inst	Ea	Lg	SB	6.67	2.40	1690.00	296.00	---	1986.00	**2470.00**
	Inst	Ea	Sm	SB	8.89	1.80	1860.00	395.00	---	2255.00	**2820.00**

Enameled Steel

60" L x 30" W x 17" H

Description	Oper	Unit	Vol	Crew Size	Man-hours per Unit	Crew Output per Day	Avg Mat'l Unit Cost	Avg Labor Unit Cost	Avg Equip Unit Cost	Avg Total Unit Cost	Avg Price Incl O&P
Standard	Inst	Ea	Lg	SB	6.67	2.40	498.00	296.00	---	794.00	**1040.00**
	Inst	Ea	Sm	SB	8.89	1.80	549.00	395.00	---	944.00	**1250.00**
Average	Inst	Ea	Lg	SB	6.67	2.40	648.00	296.00	---	944.00	**1220.00**
	Inst	Ea	Sm	SB	8.89	1.80	714.00	395.00	---	1109.00	**1450.00**
Good	Inst	Ea	Lg	SB	6.67	2.40	819.00	296.00	---	1115.00	**1430.00**
	Inst	Ea	Sm	SB	8.89	1.80	903.00	395.00	---	1298.00	**1680.00**
Premium	Inst	Ea	Lg	SB	6.67	2.40	913.00	296.00	---	1209.00	**1540.00**
	Inst	Ea	Sm	SB	8.89	1.80	1010.00	395.00	---	1405.00	**1800.00**

Drop-In / Built-In / Sunken Bathtubs

(not including full frame support and sidewall finish)

Acrylic

60" L x 32" W x 20" H

Bathtub only, no Whirlpool

Description	Oper	Unit	Vol	Crew Size	Man-hours per Unit	Crew Output per Day	Avg Mat'l Unit Cost	Avg Labor Unit Cost	Avg Equip Unit Cost	Avg Total Unit Cost	Avg Price Incl O&P
Standard	Inst	Ea	Lg	SB	6.67	2.40	492.00	296.00	---	788.00	**1040.00**
	Inst	Ea	Sm	SB	8.89	1.80	543.00	395.00	---	938.00	**1240.00**
Average	Inst	Ea	Lg	SB	6.67	2.40	774.00	296.00	---	1070.00	**1370.00**
	Inst	Ea	Sm	SB	8.89	1.80	853.00	395.00	---	1248.00	**1620.00**
Good	Inst	Ea	Lg	SB	6.67	2.40	1350.00	296.00	---	1646.00	**2060.00**
	Inst	Ea	Sm	SB	8.89	1.80	1480.00	395.00	---	1875.00	**2370.00**
Premium	Inst	Ea	Lg	SB	6.67	2.40	1560.00	296.00	---	1856.00	**2320.00**
	Inst	Ea	Sm	SB	8.89	1.80	1720.00	395.00	---	2115.00	**2660.00**

Description	Oper	Unit	Vol	Crew Size	Man-hours per Unit	Crew Output per Day	Avg Mat'l Unit Cost	Avg Labor Unit Cost	Avg Equip Unit Cost	Avg Total Unit Cost	Avg Price Incl O&P
Bathtub with Jetted Whirlpool											
Plumbing installation											
Standard	Inst	Ea	Lg	SB	13.3	1.20	1120.00	591.00	---	1711.00	**2240.00**
	Inst	Ea	Sm	SB	17.8	0.90	1240.00	791.00	---	2031.00	**2670.00**
Average	Inst	Ea	Lg	SB	13.3	1.20	1750.00	591.00	---	2341.00	**2990.00**
	Inst	Ea	Sm	SB	17.8	0.90	1930.00	791.00	---	2721.00	**3500.00**
Good	Inst	Ea	Lg	SB	13.3	1.20	2680.00	591.00	---	3271.00	**4100.00**
	Inst	Ea	Sm	SB	17.8	0.90	2950.00	791.00	---	3741.00	**4730.00**
Premium	Inst	Ea	Lg	SB	13.3	1.20	3390.00	591.00	---	3981.00	**4950.00**
	Inst	Ea	Sm	SB	17.8	0.90	3730.00	791.00	---	4521.00	**5660.00**
Electrical installation, ADD	Inst	Ea	Lg	EA	6.15	1.30	245.00	297.00	---	542.00	**740.00**
	Inst	Ea	Sm	EA	8.16	0.98	270.00	395.00	---	665.00	**916.00**
72" L x 36" W x 20" H											
Bathtub only, no Whirlpool											
Standard	Inst	Ea	Lg	SB	6.67	2.40	617.00	296.00	---	913.00	**1180.00**
	Inst	Ea	Sm	SB	8.89	1.80	680.00	395.00	---	1075.00	**1410.00**
Average	Inst	Ea	Lg	SB	6.67	2.40	854.00	296.00	---	1150.00	**1470.00**
	Inst	Ea	Sm	SB	8.89	1.80	941.00	395.00	---	1336.00	**1720.00**
Good	Inst	Ea	Lg	SB	6.67	2.40	1410.00	296.00	---	1706.00	**2140.00**
	Inst	Ea	Sm	SB	8.89	1.80	1550.00	395.00	---	1945.00	**2460.00**
Premium	Inst	Ea	Lg	SB	6.67	2.40	2080.00	296.00	---	2376.00	**2940.00**
	Inst	Ea	Sm	SB	8.89	1.80	2300.00	395.00	---	2695.00	**3350.00**
Bathtub with Jetted Whirlpool											
Plumbing installation											
Standard	Inst	Ea	Lg	SB	13.3	1.20	1400.00	591.00	---	1991.00	**2570.00**
	Inst	Ea	Sm	SB	17.8	0.90	1540.00	791.00	---	2331.00	**3040.00**
Average	Inst	Ea	Lg	SB	13.3	1.20	1930.00	591.00	---	2521.00	**3200.00**
	Inst	Ea	Sm	SB	17.8	0.90	2120.00	791.00	---	2911.00	**3740.00**
Good	Inst	Ea	Lg	SB	13.3	1.20	3050.00	591.00	---	3641.00	**4540.00**
	Inst	Ea	Sm	SB	17.8	0.90	3360.00	791.00	---	4151.00	**5220.00**
Premium	Inst	Ea	Lg	SB	13.3	1.20	4540.00	591.00	---	5131.00	**6330.00**
	Inst	Ea	Sm	SB	17.8	0.90	5000.00	791.00	---	5791.00	**7190.00**
Electrical installation, ADD	Inst	Ea	Lg	EA	6.15	1.30	245.00	297.00	---	542.00	**740.00**
	Inst	Ea	Sm	EA	8.16	0.98	270.00	395.00	---	665.00	**916.00**

Bathtubs, sunken/built-in

Description	Oper	Unit	Vol	Crew Size	Man-hours per Unit	Crew Output per Day	Avg Mat'l Unit Cost	Avg Labor Unit Cost	Avg Equip Unit Cost	Avg Total Unit Cost	Avg Price Incl O&P
60" L x 60" W x 20" H, corner unit											
Bathtub only, no Whirlpool											
Standard	Inst	Ea	Lg	SB	6.67	2.40	828.00	296.00	---	1124.00	**1440.00**
	Inst	Ea	Sm	SB	8.89	1.80	912.00	395.00	---	1307.00	**1690.00**
Average	Inst	Ea	Lg	SB	6.67	2.40	1300.00	296.00	---	1596.00	**2000.00**
	Inst	Ea	Sm	SB	8.89	1.80	1430.00	395.00	---	1825.00	**2310.00**
Good	Inst	Ea	Lg	SB	6.67	2.40	1790.00	296.00	---	2086.00	**2590.00**
	Inst	Ea	Sm	SB	8.89	1.80	1970.00	395.00	---	2365.00	**2960.00**
Premium	Inst	Ea	Lg	SB	6.67	2.40	2370.00	296.00	---	2666.00	**3280.00**
	Inst	Ea	Sm	SB	8.89	1.80	2610.00	395.00	---	3005.00	**3720.00**
Bathtub with Jetted Whirlpool											
Plumbing installation											
Standard	Inst	Ea	Lg	SB	13.3	1.20	1870.00	591.00	---	2461.00	**3130.00**
	Inst	Ea	Sm	SB	17.8	0.90	2060.00	791.00	---	2851.00	**3660.00**
Average	Inst	Ea	Lg	SB	13.3	1.20	2910.00	591.00	---	3501.00	**4380.00**
	Inst	Ea	Sm	SB	17.8	0.90	3200.00	791.00	---	3991.00	**5030.00**
Good	Inst	Ea	Lg	SB	13.3	1.20	3890.00	591.00	---	4481.00	**5560.00**
	Inst	Ea	Sm	SB	17.8	0.90	4290.00	791.00	---	5081.00	**6330.00**
Premium	Inst	Ea	Lg	SB	13.3	1.20	5170.00	591.00	---	5761.00	**7090.00**
	Inst	Ea	Sm	SB	17.8	0.90	5690.00	791.00	---	6481.00	**8020.00**
Electrical installation, ADD	Inst	Ea	Lg	EA	6.15	1.30	245.00	297.00	---	542.00	**740.00**
	Inst	Ea	Sm	EA	8.16	0.98	270.00	395.00	---	665.00	**916.00**

Cast Iron

60" L x 32" W x 20" H

Description	Oper	Unit	Vol	Crew Size	Man-hours per Unit	Crew Output per Day	Avg Mat'l Unit Cost	Avg Labor Unit Cost	Avg Equip Unit Cost	Avg Total Unit Cost	Avg Price Incl O&P
Standard	Inst	Ea	Lg	SB	6.67	2.40	624.00	296.00	---	920.00	**1190.00**
	Inst	Ea	Sm	SB	8.89	1.80	687.00	395.00	---	1082.00	**1420.00**
Average	Inst	Ea	Lg	SB	6.67	2.40	683.00	296.00	---	979.00	**1260.00**
	Inst	Ea	Sm	SB	8.89	1.80	752.00	395.00	---	1147.00	**1500.00**
Good	Inst	Ea	Lg	SB	6.67	2.40	849.00	296.00	---	1145.00	**1460.00**
	Inst	Ea	Sm	SB	8.89	1.80	936.00	395.00	---	1331.00	**1720.00**
Premium	Inst	Ea	Lg	SB	6.67	2.40	1470.00	296.00	---	1766.00	**2210.00**
	Inst	Ea	Sm	SB	8.89	1.80	1620.00	395.00	---	2015.00	**2540.00**

Enameled Steel

60" L x 32" W x 20" H

Description	Oper	Unit	Vol	Crew Size	Man-hours per Unit	Crew Output per Day	Avg Mat'l Unit Cost	Avg Labor Unit Cost	Avg Equip Unit Cost	Avg Total Unit Cost	Avg Price Incl O&P
Standard	Inst	Ea	Lg	SB	6.67	2.40	450.00	296.00	---	746.00	**985.00**
	Inst	Ea	Sm	SB	8.89	1.80	496.00	395.00	---	891.00	**1190.00**
Average	Inst	Ea	Lg	SB	6.67	2.40	578.00	296.00	---	874.00	**1140.00**
	Inst	Ea	Sm	SB	8.89	1.80	637.00	395.00	---	1032.00	**1360.00**
Good	Inst	Ea	Lg	SB	6.67	2.40	735.00	296.00	---	1031.00	**1330.00**
	Inst	Ea	Sm	SB	8.89	1.80	810.00	395.00	---	1205.00	**1560.00**
Premium	Inst	Ea	Lg	SB	6.67	2.40	814.00	296.00	---	1110.00	**1420.00**
	Inst	Ea	Sm	SB	8.89	1.80	897.00	395.00	---	1292.00	**1670.00**

Description	Oper	Unit	Vol	Crew Size	Man-hours per Unit	Crew Output per Day	Avg Mat'l Unit Cost	Avg Labor Unit Cost	Avg Equip Unit Cost	Avg Total Unit Cost	Avg Price Incl O&P

Free-Standing Bathtubs

72" L x 37-1/2" W x 21-1/2" H

Description	Oper	Unit	Vol	Crew Size	Man-hours per Unit	Crew Output per Day	Avg Mat'l Unit Cost	Avg Labor Unit Cost	Avg Equip Unit Cost	Avg Total Unit Cost	Avg Price Incl O&P
Standard	Inst	Ea	Lg	SB	8.00	2.00	1440.00	356.00	---	1796.00	**2260.00**
	Inst	Ea	Sm	SB	10.7	1.50	1590.00	476.00	---	2066.00	**2620.00**
Average	Inst	Ea	Lg	SB	8.00	2.00	2210.00	356.00	---	2566.00	**3180.00**
	Inst	Ea	Sm	SB	10.7	1.50	2430.00	476.00	---	2906.00	**3630.00**
High	Inst	Ea	Lg	SB	8.00	2.00	3670.00	356.00	---	4026.00	**4930.00**
	Inst	Ea	Sm	SB	10.7	1.50	4040.00	476.00	---	4516.00	**5560.00**

Accessories

Tub Faucet with Shower

Description	Oper	Unit	Vol	Crew Size	Man-hours per Unit	Crew Output per Day	Avg Mat'l Unit Cost	Avg Labor Unit Cost	Avg Equip Unit Cost	Avg Total Unit Cost	Avg Price Incl O&P
Standard	Inst	Ea	Lg	SB	5.33	3.00	390.00	237.00	---	627.00	**823.00**
	Inst	Ea	Sm	SB	7.1	2.25	430.00	316.00	---	746.00	**989.00**
Average	Inst	Ea	Lg	SB	5.33	3.00	583.00	237.00	---	820.00	**1060.00**
	Inst	Ea	Sm	SB	7.1	2.25	643.00	316.00	---	959.00	**1240.00**
High	Inst	Ea	Lg	SB	5.33	3.00	911.00	237.00	---	1148.00	**1450.00**
	Inst	Ea	Sm	SB	7.1	2.25	1000.00	316.00	---	1316.00	**1680.00**

Tub Faucet with Hand-Held Shower

Description	Oper	Unit	Vol	Crew Size	Man-hours per Unit	Crew Output per Day	Avg Mat'l Unit Cost	Avg Labor Unit Cost	Avg Equip Unit Cost	Avg Total Unit Cost	Avg Price Incl O&P
Standard	Inst	Ea	Lg	SB	4.00	4.00	292.00	178.00	---	470.00	**617.00**
	Inst	Ea	Sm	SB	5.3	3.00	322.00	236.00	---	558.00	**740.00**
Average	Inst	Ea	Lg	SB	4.00	4.00	458.00	178.00	---	636.00	**816.00**
	Inst	Ea	Sm	SB	5.3	3.00	504.00	236.00	---	740.00	**959.00**
High	Inst	Ea	Lg	SB	4.00	4.00	750.00	178.00	---	928.00	**1170.00**
	Inst	Ea	Sm	SB	5.3	3.00	826.00	236.00	---	1062.00	**1340.00**

Shower Curtain, full surround

Description	Oper	Unit	Vol	Crew Size	Man-hours per Unit	Crew Output per Day	Avg Mat'l Unit Cost	Avg Labor Unit Cost	Avg Equip Unit Cost	Avg Total Unit Cost	Avg Price Incl O&P
Standard	Inst	Ea	Lg	SB	3.20	5.00	102.00	142.00	---	244.00	**336.00**
	Inst	Ea	Sm	SB	4.3	3.75	112.00	191.00	---	303.00	**421.00**
Average	Inst	Ea	Lg	SB	3.20	5.00	170.00	142.00	---	312.00	**418.00**
	Inst	Ea	Sm	SB	4.3	3.75	188.00	191.00	---	379.00	**512.00**
High	Inst	Ea	Lg	SB	3.20	5.00	245.00	142.00	---	387.00	**508.00**
	Inst	Ea	Sm	SB	4.3	3.75	270.00	191.00	---	461.00	**611.00**

Bathtubs, adjustments

Description	Oper	Unit	Vol	Crew Size	Man-hours per Unit	Crew Output per Day	Avg Mat'l Unit Cost	Avg Labor Unit Cost	Avg Equip Unit Cost	Avg Total Unit Cost	Avg Price Incl O&P
Adjustments											
Detach & Reset Bathub											
Alcove / Recessed / Apron	Reset	Ea	Lg	SB	4.00	4.00	118.00	178.00	---	296.00	**408.00**
	Reset	Ea	Sm	SB	5.33	3.00	130.00	237.00	---	367.00	**511.00**
Drop-In / Built-In / Sunken	Reset	Ea	Lg	SB	5.33	3.00	118.00	237.00	---	355.00	**496.00**
	Reset	Ea	Sm	SB	7.11	2.25	130.00	316.00	---	446.00	**630.00**
Free-standing tub	Reset	Ea	Lg	SB	3.20	5.00	118.00	142.00	---	260.00	**354.00**
	Reset	Ea	Sm	SB	4.27	3.75	130.00	190.00	---	320.00	**440.00**
Remove Bathtub											
Alcove / Recessed / Apron	Demo	Ea	Lg	SB	2.00	8.00	---	88.90	---	88.90	**133.00**
	Demo	Ea	Sm	SB	2.67	6.00	---	119.00	---	119.00	**178.00**
Drop-In / Built-In / Sunken	Demo	Ea	Lg	SB	2.67	6.00	---	119.00	---	119.00	**178.00**
	Demo	Ea	Sm	SB	3.56	4.50	---	158.00	---	158.00	**237.00**
Free-standing tub	Demo	Ea	Lg	SB	1.33	12.00	---	59.10	---	59.10	**88.70**
	Demo	Ea	Sm	SB	1.78	9.00	---	79.10	---	79.10	**119.00**
Install Rough-In											
Bathtub	Inst	Ea	Lg	SB	10.0	1.60	343.00	445.00	---	788.00	**1080.00**
	Inst	Ea	Sm	SB	13.3	1.20	378.00	591.00	---	969.00	**1340.00**
Install shower head w/mixer valve over tub, ADD											
Open wall construction											
Standard	Inst	Ea	Lg	SA	2.00	4.00	157.00	103.00	---	260.00	**343.00**
	Inst	Ea	Sm	SA	2.67	3.00	173.00	137.00	---	310.00	**414.00**
Average	Inst	Ea	Lg	SA	2.00	4.00	207.00	103.00	---	310.00	**403.00**
	Inst	Ea	Sm	SA	2.67	3.00	228.00	137.00	---	365.00	**480.00**
High	Inst	Ea	Lg	SA	2.00	4.00	284.00	103.00	---	387.00	**496.00**
	Inst	Ea	Sm	SA	2.67	3.00	313.00	137.00	---	450.00	**582.00**
Premium	Inst	Ea	Lg	SA	2.00	4.00	393.00	103.00	---	496.00	**626.00**
	Inst	Ea	Sm	SA	2.67	3.00	433.00	137.00	---	570.00	**726.00**
Closed wall construction											
Standard	Inst	Ea	Lg	SA	4.00	2.00	181.00	206.00	---	387.00	**527.00**
	Inst	Ea	Sm	SA	5.33	1.50	200.00	274.00	---	474.00	**651.00**
Average	Inst	Ea	Lg	SA	4.00	2.00	232.00	206.00	---	438.00	**587.00**
	Inst	Ea	Sm	SA	5.33	1.50	255.00	274.00	---	529.00	**718.00**
High	Inst	Ea	Lg	SA	4.00	2.00	309.00	206.00	---	515.00	**679.00**
	Inst	Ea	Sm	SA	5.33	1.50	340.00	274.00	---	614.00	**820.00**
Premium	Inst	Ea	Lg	SA	4.00	2.00	417.00	206.00	---	623.00	**810.00**
	Inst	Ea	Sm	SA	5.33	1.50	460.00	274.00	---	734.00	**964.00**

Block, concrete. See Masonry, page 279

Brick. See Masonry, page 273

Cabinets

Top quality cabinets are built with the structural stability of fine furniture. Framing stock is kiln dried and a full 1" thick. Cabinets have backs, usually 5-ply $3/16$"-thick plywood, with all backs and interiors finished. Frames should be constructed of hardwood with mortise and tenon joints; corner blocks should be used on all four corners of all base cabinets. Doors are usually of select $7/16$" thick solid core construction using semi-concealed hinges. End panels are $1/2$" thick and attached to frames with mortise and tenon joints, glued and pinned under pressure. Panels should also be dadoed to receive the tops and bottoms of wall cabinets. Shelves are adjustable with veneer faces and front edges. The hardware includes magnetic catches, heavy duty die cast pulls and hinges, and ball-bearing suspension system. The finish is scratch and stain resistant, including a first coat of hand-wiped stain, a sealer coat, and a synthetic varnish with plastic laminate characteristics.

Average quality cabinets feature hardwood frame construction with plywood backs and veneered plywood end panels. Joints are glued mortise and tenon. Doors are solid core attached with exposed self-closing hinges. Shelves are adjustable, and drawers ride on a ball-bearing side suspension glide system. The finish is usually three coats including stain, sealer, and a mar-resistant top coat for easy cleaning.

Economy quality cabinets feature pine construction with joints glued under pressure. Doors, drawer fronts, and side or end panels are constructed of either $1/2$"-thick wood composition board or $1/2$"-thick veneered pine. Face frames are $3/4$"-thick wood composition board or $3/4$"-thick pine. Features include adjustable shelves, hinge straps, and a three-point suspension system on drawers (using nylon rollers). The finish consists of a filler coat, base coat, and final polyester top coat.

Kitchen Cabinet Installation Procedure

To develop a layout plan, measure and write down the following:

1. Floor space.
2. Height and width of all walls.
3. Location of electrical outlets.
4. Size and position of doors, windows, and vents.
5. Location of any posts or pillars. Walls must be prepared if chair rails or baseboards are located where cabinets will be installed.
6. Common height and depth of base cabinets (including 1" for countertops) and wall cabinets.

When you plan the cabinet placement, consider this Rule of Thumb:

Allow between $4^{1}/_{2}$' and $5^{1}/_{2}$' of counter surface between the refrigerator and sink. Allow between 3' and 4' between the sink and range.

1. What do you have to fit into the available space?
2. Is there enough counter space on both sides of all appliances and sinks? The kitchen has three work centers, each with a major appliance as its hub, and each needing adequate counter space. They are:

    a. Fresh and frozen food center — Refrigerator-freezer

    b. Clean-up center — Sink with disposal-dishwasher

    c. Cooking center — Range-oven

3. Will the sink workspace fit neatly in front of a window?
4. The kitchen triangle is the most efficient kitchen design; it means placing each major center at approximately equidistant triangle points. The ideal triangle is 22 feet total. It should never be less than 13 feet or more than 25 feet.
5. Where are the centers located? A logical working and walking pattern is from refrigerator to sink to range. The refrigerator should be at a triangle point near a door, to minimize the distance to bring in groceries and reduce traffic that could interfere with food preparation. The range should be at a triangle point near the serving and dining area. The sink is located between the two. The refrigerator should be located far enough from the range so that the heat will not affect the refrigerator's cooling efficiency.
6. Does the plan allow for lighting the range and sink work centers and for ventilating the range center?
7. Make sure that open doors (such as cabinet doors or entrance/exit doors) won't interfere with access to an appliance. To clear appliances and cabinets, a door opening should not be less than 30" from the corner, since such equipment is 24" to 28" in depth. A clearance of 48" is necessary when a range is next to a door.
8. Next locate the wall studs with a stud finder or hammer, since all cabinets attach to walls with screws, never nails. Also remove chair rails or baseboards where they conflict with cabinets.

Wall Cabinets: From the highest point on the floor, measure up approximately 84" to determine the top of wall cabinets. Using two #10 x $2^{1}/_{2}$" wood screws, drill through hanging strips built into the cabinet backs at top and bottom. Use a level to assure that cabinets and doors are aligned, then tighten the screws.

Base Cabinets: Start with a corner unit and a base unit on each side of the corner unit. Place this combination in the corner and work out from both sides. Use "C" clamps when connecting cabinets to draw adjoining units into alignment. With the front face plumb and the unit level from front to back and across the front edge, attach the unit to wall studs by screwing through the hanging strips. To attach adjoining cabinets, drill two holes in the vertical side of one cabinet, inside the door (near top and bottom), and just into the stile of the adjoining cabinet.

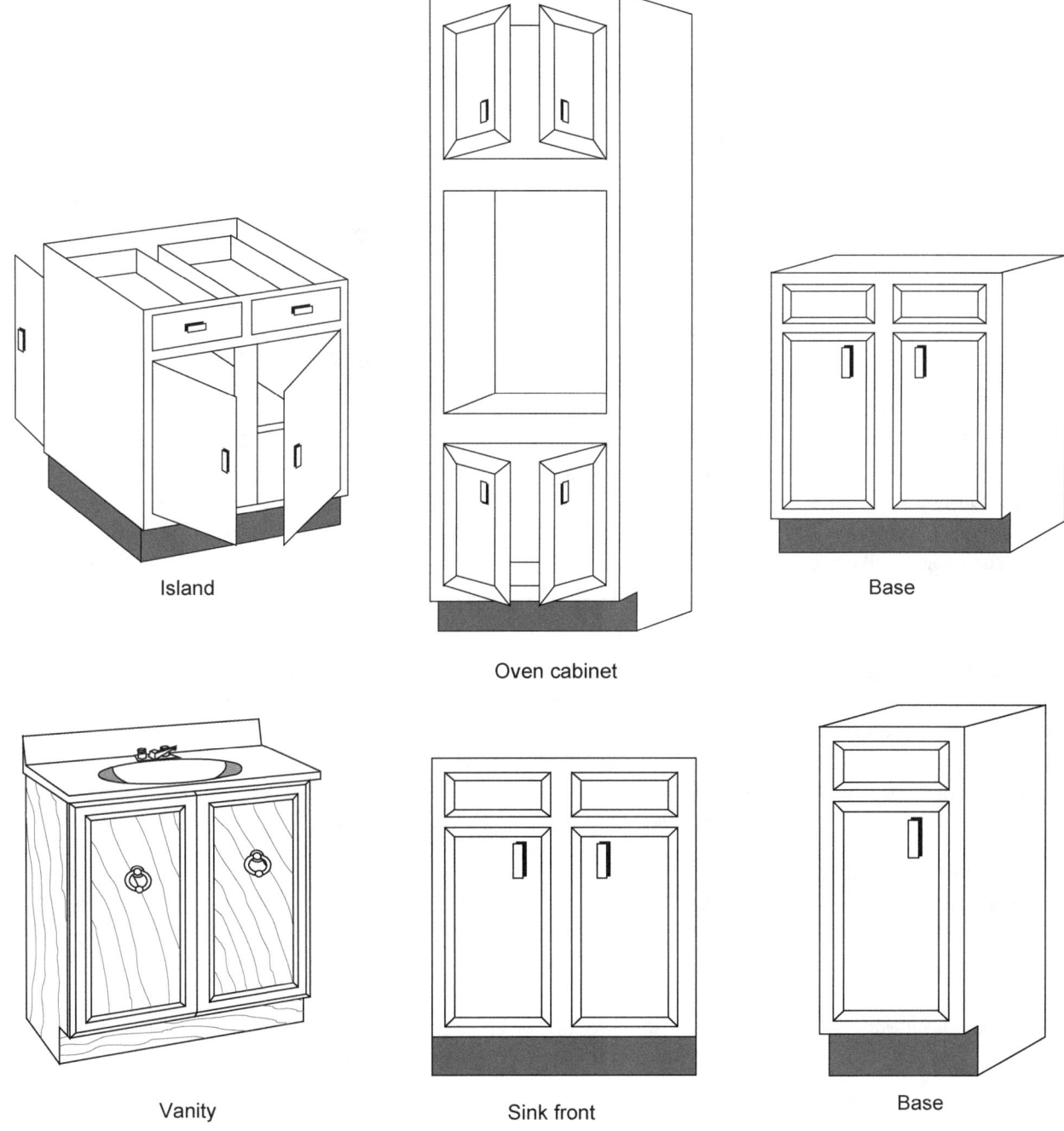

Island

Oven cabinet

Base

Vanity

Sink front

Base

Description	Oper	Unit	Vol	Crew Size	Man-hours per Unit	Crew Output per Day	Avg Mat'l Unit Cost	Avg Labor Unit Cost	Avg Equip Unit Cost	Avg Total Unit Cost	Avg Price Incl O&P

Cabinets

Labor costs include hanging and fitting of cabinets

Kitchen

Demolish per individual cabinet; includes dumpster

	Oper	Unit	Vol	Crew Size	Man-hrs	Output	Mat'l	Labor	Equip	Total	Price O&P
	Demo	Ea	Lg	LB	.640	25.00	---	23.90	10.30	34.20	**48.30**
	Demo	Ea	Sm	LB	1.07	15.00	---	40.00	11.40	51.40	**73.70**

Kitchen; all hardware included

Base cabinets, 35" H, 24" D; no tops

12" W, 1 door, 1 drawer

	Oper	Unit	Vol	Crew Size	Man-hrs	Output	Mat'l	Labor	Equip	Total	Price O&P
High quality workmanship	Inst	Ea	Lg	MB	1.00	16.00	201.00	40.50	---	241.50	**302.00**
	Inst	Ea	Sm	MB	1.67	9.60	222.00	67.70	---	289.70	**367.00**
Good quality workmanship	Inst	Ea	Lg	MB	.667	24.00	155.00	27.00	---	182.00	**226.00**
	Inst	Ea	Sm	MB	1.11	14.40	170.00	45.00	---	215.00	**272.00**
Average quality workmanship	Inst	Ea	Lg	MB	.667	24.00	116.00	27.00	---	143.00	**180.00**
	Inst	Ea	Sm	MB	1.11	14.40	128.00	45.00	---	173.00	**221.00**

15" W, 1 door, 1 drawer

	Oper	Unit	Vol	Crew Size	Man-hrs	Output	Mat'l	Labor	Equip	Total	Price O&P
High quality workmanship	Inst	Ea	Lg	MB	1.00	16.00	214.00	40.50	---	254.50	**318.00**
	Inst	Ea	Sm	MB	1.67	9.60	236.00	67.70	---	303.70	**385.00**
Good quality workmanship	Inst	Ea	Lg	MB	.667	24.00	165.00	27.00	---	192.00	**238.00**
	Inst	Ea	Sm	MB	1.11	14.40	182.00	45.00	---	227.00	**286.00**
Average quality workmanship	Inst	Ea	Lg	MB	.667	24.00	124.00	27.00	---	151.00	**189.00**
	Inst	Ea	Sm	MB	1.11	14.40	136.00	45.00	---	181.00	**231.00**

18" W, 1 door, 1 drawer

	Oper	Unit	Vol	Crew Size	Man-hrs	Output	Mat'l	Labor	Equip	Total	Price O&P
High quality workmanship	Inst	Ea	Lg	MB	1.00	16.00	220.00	40.50	---	260.50	**324.00**
	Inst	Ea	Sm	MB	1.67	9.60	242.00	67.70	---	309.70	**392.00**
Good quality workmanship	Inst	Ea	Lg	MB	.667	24.00	169.00	27.00	---	196.00	**243.00**
	Inst	Ea	Sm	MB	1.11	14.40	186.00	45.00	---	231.00	**291.00**
Average quality workmanship	Inst	Ea	Lg	MB	.667	24.00	127.00	27.00	---	154.00	**193.00**
	Inst	Ea	Sm	MB	1.11	14.40	140.00	45.00	---	185.00	**235.00**

21" W, 1 door, 1 drawer

	Oper	Unit	Vol	Crew Size	Man-hrs	Output	Mat'l	Labor	Equip	Total	Price O&P
High quality workmanship	Inst	Ea	Lg	MB	1.16	13.80	247.00	47.00	---	294.00	**366.00**
	Inst	Ea	Sm	MB	1.93	8.28	272.00	78.20	---	350.20	**443.00**
Good quality workmanship	Inst	Ea	Lg	MB	.741	21.60	190.00	30.00	---	220.00	**273.00**
	Inst	Ea	Sm	MB	1.23	12.96	209.00	49.80	---	258.80	**326.00**
Average quality workmanship	Inst	Ea	Lg	MB	.741	21.60	142.00	30.00	---	172.00	**216.00**
	Inst	Ea	Sm	MB	1.23	12.96	157.00	49.80	---	206.80	**263.00**

Cabinets, base

Description	Oper	Unit	Vol	Crew Size	Man-hours per Unit	Crew Output per Day	Avg Mat'l Unit Cost	Avg Labor Unit Cost	Avg Equip Unit Cost	Avg Total Unit Cost	Avg Price Incl O&P
24" W, 1 door, 1 drawer											
High quality workmanship	Inst	Ea	Lg	MB	1.16	13.80	349.00	47.00	---	396.00	**489.00**
	Inst	Ea	Sm	MB	1.93	8.28	384.00	78.20	---	462.20	**578.00**
Good quality workmanship	Inst	Ea	Lg	MB	.741	21.60	206.00	30.00	---	236.00	**292.00**
	Inst	Ea	Sm	MB	1.23	12.96	227.00	49.80	---	276.80	**347.00**
Average quality workmanship	Inst	Ea	Lg	MB	.741	21.60	130.00	30.00	---	160.00	**202.00**
	Inst	Ea	Sm	MB	1.23	12.96	144.00	49.80	---	193.80	**247.00**
30" W, 2 doors, 2 drawers											
High quality workmanship	Inst	Ea	Lg	MB	1.54	10.40	603.00	62.40	---	665.40	**818.00**
	Inst	Ea	Sm	MB	2.56	6.24	665.00	104.00	---	769.00	**953.00**
Good quality workmanship	Inst	Ea	Lg	MB	1.04	15.40	464.00	42.10	---	506.10	**620.00**
	Inst	Ea	Sm	MB	1.73	9.24	511.00	70.10	---	581.10	**719.00**
Average quality workmanship	Inst	Ea	Lg	MB	1.04	15.40	348.00	42.10	---	390.10	**481.00**
	Inst	Ea	Sm	MB	1.73	9.24	384.00	70.10	---	454.10	**565.00**
36" W, 2 doors, 2 drawers											
High quality workmanship	Inst	Ea	Lg	MB	1.54	10.40	637.00	62.40	---	699.40	**858.00**
	Inst	Ea	Sm	MB	2.56	6.24	702.00	104.00	---	806.00	**998.00**
Good quality workmanship	Inst	Ea	Lg	MB	1.04	15.40	504.00	42.10	---	546.10	**669.00**
	Inst	Ea	Sm	MB	1.73	9.24	556.00	70.10	---	626.10	**772.00**
Average quality workmanship	Inst	Ea	Lg	MB	1.04	15.40	378.00	42.10	---	420.10	**517.00**
	Inst	Ea	Sm	MB	1.73	9.24	417.00	70.10	---	487.10	**605.00**
42" W, 2 doors, 2 drawers											
High quality workmanship	Inst	Ea	Lg	MB	2.00	8.00	754.00	81.00	---	835.00	**1030.00**
	Inst	Ea	Sm	MB	3.33	4.80	831.00	135.00	---	966.00	**1200.00**
Good quality workmanship	Inst	Ea	Lg	MB	1.33	12.00	580.00	53.90	---	633.90	**777.00**
	Inst	Ea	Sm	MB	2.22	7.20	639.00	90.00	---	729.00	**902.00**
Average quality workmanship	Inst	Ea	Lg	MB	1.33	12.00	435.00	53.90	---	488.90	**603.00**
	Inst	Ea	Sm	MB	2.22	7.20	479.00	90.00	---	569.00	**710.00**
48" W, 4 doors, 2 drawers											
High quality workmanship	Inst	Ea	Lg	MB	2.00	8.00	820.00	81.00	---	901.00	**1110.00**
	Inst	Ea	Sm	MB	3.33	4.80	903.00	135.00	---	1038.00	**1290.00**
Good quality workmanship	Inst	Ea	Lg	MB	1.33	12.00	631.00	53.90	---	684.90	**837.00**
	Inst	Ea	Sm	MB	2.22	7.20	695.00	90.00	---	785.00	**969.00**
Average quality workmanship	Inst	Ea	Lg	MB	1.33	12.00	473.00	53.90	---	526.90	**648.00**
	Inst	Ea	Sm	MB	2.22	7.20	521.00	90.00	---	611.00	**760.00**

Base corner cabinet, blind, 35" H, 24" D, no tops

Description	Oper	Unit	Vol	Crew Size	Man-hours per Unit	Crew Output per Day	Avg Mat'l Unit Cost	Avg Labor Unit Cost	Avg Equip Unit Cost	Avg Total Unit Cost	Avg Price Incl O&P
36" W, 1 door, 1 drawer											
High quality workmanship	Inst	Ea	Lg	MB	1.43	11.20	295.00	57.90	---	352.90	**441.00**
	Inst	Ea	Sm	MB	2.38	6.72	325.00	96.40	---	421.40	**535.00**
Good quality workmanship	Inst	Ea	Lg	MB	.988	16.20	227.00	40.00	---	267.00	**332.00**
	Inst	Ea	Sm	MB	1.65	9.72	250.00	66.90	---	316.90	**400.00**
Average quality workmanship	Inst	Ea	Lg	MB	.988	16.20	170.00	40.00	---	210.00	**264.00**
	Inst	Ea	Sm	MB	1.65	9.72	188.00	66.90	---	254.90	**325.00**

Description	Oper	Unit	Vol	Crew Size	Man-hours per Unit	Crew Output per Day	Avg Mat'l Unit Cost	Avg Labor Unit Cost	Avg Equip Unit Cost	Avg Total Unit Cost	Avg Price Incl O&P
42" W, 1 door, 1 drawer											
High quality workmanship	Inst	Ea	Lg	MB	1.82	8.80	482.00	73.80	---	555.80	**689.00**
	Inst	Ea	Sm	MB	3.03	5.28	532.00	123.00	---	655.00	**822.00**
Good quality workmanship	Inst	Ea	Lg	MB	1.16	13.80	371.00	47.00	---	418.00	**516.00**
	Inst	Ea	Sm	MB	1.93	8.28	409.00	78.20	---	487.20	**608.00**
Average quality workmanship	Inst	Ea	Lg	MB	1.16	13.80	278.00	47.00	---	325.00	**404.00**
	Inst	Ea	Sm	MB	1.93	8.28	307.00	78.20	---	385.20	**485.00**
36" x 36" (Lazy Susan)											
High quality workmanship	Inst	Ea	Lg	MB	1.43	11.20	354.00	57.90	---	411.90	**512.00**
	Inst	Ea	Sm	MB	2.38	6.72	390.00	96.40	---	486.40	**613.00**
Good quality workmanship	Inst	Ea	Lg	MB	.988	16.20	272.00	40.00	---	312.00	**387.00**
	Inst	Ea	Sm	MB	1.65	9.72	300.00	66.90	---	366.90	**461.00**
Average quality workmanship	Inst	Ea	Lg	MB	.988	16.20	204.00	40.00	---	244.00	**305.00**
	Inst	Ea	Sm	MB	1.65	9.72	225.00	66.90	---	291.90	**370.00**

Base drawer cabinets, 35" H, 24" D

4 drawers, no tops

Description	Oper	Unit	Vol	Crew Size	Man-hours per Unit	Crew Output per Day	Avg Mat'l Unit Cost	Avg Labor Unit Cost	Avg Equip Unit Cost	Avg Total Unit Cost	Avg Price Incl O&P
18" W											
High quality workmanship	Inst	Ea	Lg	MB	1.00	16.00	264.00	40.50	---	304.50	**377.00**
	Inst	Ea	Sm	MB	1.67	9.60	291.00	67.70	---	358.70	**450.00**
Good quality workmanship	Inst	Ea	Lg	MB	.667	24.00	203.00	27.00	---	230.00	**284.00**
	Inst	Ea	Sm	MB	1.11	14.40	224.00	45.00	---	269.00	**336.00**
Average quality workmanship	Inst	Ea	Lg	MB	.667	24.00	152.00	27.00	---	179.00	**223.00**
	Inst	Ea	Sm	MB	1.11	14.40	168.00	45.00	---	213.00	**269.00**
24" W											
High quality workmanship	Inst	Ea	Lg	MB	1.16	13.80	322.00	47.00	---	369.00	**456.00**
	Inst	Ea	Sm	MB	1.93	8.28	354.00	78.20	---	432.20	**543.00**
Good quality workmanship	Inst	Ea	Lg	MB	.741	21.60	247.00	30.00	---	277.00	**342.00**
	Inst	Ea	Sm	MB	1.23	12.96	273.00	49.80	---	322.80	**402.00**
Average quality workmanship	Inst	Ea	Lg	MB	.741	21.60	186.00	30.00	---	216.00	**268.00**
	Inst	Ea	Sm	MB	1.23	12.96	204.00	49.80	---	253.80	**320.00**

Utility closets, 81" to 85" H, 24" W, 24" D

Description	Oper	Unit	Vol	Crew Size	Man-hours per Unit	Crew Output per Day	Avg Mat'l Unit Cost	Avg Labor Unit Cost	Avg Equip Unit Cost	Avg Total Unit Cost	Avg Price Incl O&P
High quality workmanship	Inst	Ea	Lg	MB	2.00	8.00	482.00	81.00	---	563.00	**700.00**
	Inst	Ea	Sm	MB	3.33	4.80	531.00	135.00	---	666.00	**840.00**
Good quality workmanship	Inst	Ea	Lg	MB	1.33	12.00	374.00	53.90	---	427.90	**530.00**
	Inst	Ea	Sm	MB	2.22	7.20	412.00	90.00	---	502.00	**630.00**
Average quality workmanship	Inst	Ea	Lg	MB	1.33	12.00	306.00	53.90	---	359.90	**448.00**
	Inst	Ea	Sm	MB	2.22	7.20	338.00	90.00	---	428.00	**540.00**

Cabinets, island

Description	Oper	Unit	Vol	Crew Size	Man-hours per Unit	Crew Output per Day	Avg Mat'l Unit Cost	Avg Labor Unit Cost	Avg Equip Unit Cost	Avg Total Unit Cost	Avg Price Incl O&P

Island cabinets

Island base cabinets, 35" H, 24" D

24" W, 1 door both sides

Description	Oper	Unit	Vol	Crew Size	Man-hrs	Output	Mat'l	Labor	Equip	Total	Price O&P
High quality workmanship	Inst	Ea	Lg	MB	1.23	13.00	721.00	49.80	---	770.80	**940.00**
	Inst	Ea	Sm	MB	2.05	7.80	795.00	83.10	---	878.10	**1080.00**
Good quality workmanship	Inst	Ea	Lg	MB	.821	19.50	555.00	33.30	---	588.30	**716.00**
	Inst	Ea	Sm	MB	1.37	11.70	611.00	55.50	---	666.50	**817.00**
Average quality workmanship	Inst	Ea	Lg	MB	.821	19.50	416.00	33.30	---	449.30	**549.00**
	Inst	Ea	Sm	MB	1.37	11.70	459.00	55.50	---	514.50	**634.00**

30" W, 2 doors both sides

High quality workmanship	Inst	Ea	Lg	MB	1.60	10.00	754.00	64.80	---	818.80	**1000.00**
	Inst	Ea	Sm	MB	2.67	6.00	831.00	108.00	---	939.00	**1160.00**
Good quality workmanship	Inst	Ea	Lg	MB	1.07	15.00	580.00	43.40	---	623.40	**761.00**
	Inst	Ea	Sm	MB	1.78	9.00	639.00	72.10	---	711.10	**875.00**
Average quality workmanship	Inst	Ea	Lg	MB	1.07	15.00	435.00	43.40	---	478.40	**587.00**
	Inst	Ea	Sm	MB	1.78	9.00	479.00	72.10	---	551.10	**684.00**

36" W, 2 doors both sides

High quality workmanship	Inst	Ea	Lg	MB	1.60	10.00	787.00	64.80	---	851.80	**1040.00**
	Inst	Ea	Sm	MB	2.67	6.00	867.00	108.00	---	975.00	**1200.00**
Good quality workmanship	Inst	Ea	Lg	MB	1.07	15.00	605.00	43.40	---	648.40	**791.00**
	Inst	Ea	Sm	MB	1.78	9.00	667.00	72.10	---	739.10	**909.00**
Average quality workmanship	Inst	Ea	Lg	MB	1.07	15.00	454.00	43.40	---	497.40	**610.00**
	Inst	Ea	Sm	MB	1.78	9.00	500.00	72.10	---	572.10	**709.00**

48" W, 4 doors both sides

High quality workmanship	Inst	Ea	Lg	MB	2.13	7.50	820.00	86.30	---	906.30	**1110.00**
	Inst	Ea	Sm	MB	3.56	4.50	903.00	144.00	---	1047.00	**1300.00**
Good quality workmanship	Inst	Ea	Lg	MB	1.39	11.50	631.00	56.30	---	687.30	**841.00**
	Inst	Ea	Sm	MB	2.32	6.90	695.00	94.00	---	789.00	**975.00**
Average quality workmanship	Inst	Ea	Lg	MB	1.39	11.50	473.00	56.30	---	529.30	**652.00**
	Inst	Ea	Sm	MB	2.32	6.90	521.00	94.00	---	615.00	**766.00**

Corner island base cabinets, 35" H, 24" D

42" W, 4 doors, 2 drawers

High quality workmanship	Inst	Ea	Lg	MB	2.13	7.50	885.00	86.30	---	971.30	**1190.00**
	Inst	Ea	Sm	MB	3.56	4.50	976.00	144.00	---	1120.00	**1390.00**
Good quality workmanship	Inst	Ea	Lg	MB	1.39	11.50	681.00	56.30	---	737.30	**902.00**
	Inst	Ea	Sm	MB	2.32	6.90	750.00	94.00	---	844.00	**1040.00**
Average quality workmanship	Inst	Ea	Lg	MB	1.39	11.50	511.00	56.30	---	567.30	**697.00**
	Inst	Ea	Sm	MB	2.32	6.90	563.00	94.00	---	657.00	**816.00**

48" W, 6 doors, 2 drawers

High quality workmanship	Inst	Ea	Lg	MB	2.67	6.00	984.00	108.00	---	1092.00	**1340.00**
	Inst	Ea	Sm	MB	4.44	3.60	1080.00	180.00	---	1260.00	**1570.00**
Good quality workmanship	Inst	Ea	Lg	MB	1.78	9.00	757.00	72.10	---	829.10	**1020.00**
	Inst	Ea	Sm	MB	2.96	5.40	834.00	120.00	---	954.00	**1180.00**
Average quality workmanship	Inst	Ea	Lg	MB	1.78	9.00	567.00	72.10	---	639.10	**789.00**
	Inst	Ea	Sm	MB	2.96	5.40	625.00	120.00	---	745.00	**930.00**

Description	Oper	Unit	Vol	Crew Size	Man-hours per Unit	Crew Output per Day	Avg Mat'l Unit Cost	Avg Labor Unit Cost	Avg Equip Unit Cost	Avg Total Unit Cost	Avg Price Incl O&P

Hanging corner island wall cabinets, 18" H, 24" D

18" W, 3 doors

Description	Oper	Unit	Vol	Crew Size	Man-hours	Output	Mat'l	Labor	Equip	Total	Price
High quality workmanship	Inst	Ea	Lg	MB	1.45	11.00	363.00	58.80	---	421.80	**524.00**
	Inst	Ea	Sm	MB	2.42	6.60	400.00	98.10	---	498.10	**627.00**
Good quality workmanship	Inst	Ea	Lg	MB	.970	16.50	279.00	39.30	---	318.30	**394.00**
	Inst	Ea	Sm	MB	1.62	9.90	308.00	65.60	---	373.60	**468.00**
Average quality workmanship	Inst	Ea	Lg	MB	.970	16.50	196.00	39.30	---	235.30	**294.00**
	Inst	Ea	Sm	MB	1.62	9.90	215.00	65.60	---	280.60	**357.00**

24" W, 3 doors

Description	Oper	Unit	Vol	Crew Size	Man-hours	Output	Mat'l	Labor	Equip	Total	Price
High quality workmanship	Inst	Ea	Lg	MB	1.45	11.00	377.00	58.80	---	435.80	**541.00**
	Inst	Ea	Sm	MB	2.42	6.60	416.00	98.10	---	514.10	**646.00**
Good quality workmanship	Inst	Ea	Lg	MB	.970	16.50	290.00	39.30	---	329.30	**407.00**
	Inst	Ea	Sm	MB	1.62	9.90	320.00	65.60	---	385.60	**482.00**
Average quality workmanship	Inst	Ea	Lg	MB	.970	16.50	203.00	39.30	---	242.30	**303.00**
	Inst	Ea	Sm	MB	1.62	9.90	224.00	65.60	---	289.60	**367.00**

30" W, 3 doors

Description	Oper	Unit	Vol	Crew Size	Man-hours	Output	Mat'l	Labor	Equip	Total	Price
High quality workmanship	Inst	Ea	Lg	MB	1.88	8.50	391.00	76.20	---	467.20	**584.00**
	Inst	Ea	Sm	MB	3.14	5.10	431.00	127.00	---	558.00	**708.00**
Good quality workmanship	Inst	Ea	Lg	MB	1.26	12.70	301.00	51.10	---	352.10	**438.00**
	Inst	Ea	Sm	MB	2.10	7.62	332.00	85.10	---	417.10	**525.00**
Average quality workmanship	Inst	Ea	Lg	MB	1.26	12.70	211.00	51.10	---	262.10	**329.00**
	Inst	Ea	Sm	MB	2.10	7.62	232.00	85.10	---	317.10	**406.00**

Hanging island cabinets, 18" H, 12" D

30" W, 2 doors both sides

Description	Oper	Unit	Vol	Crew Size	Man-hours	Output	Mat'l	Labor	Equip	Total	Price
High quality workmanship	Inst	Ea	Lg	MB	1.70	9.40	349.00	68.90	---	417.90	**522.00**
	Inst	Ea	Sm	MB	2.84	5.64	385.00	115.00	---	500.00	**634.00**
Good quality workmanship	Inst	Ea	Lg	MB	1.14	14.00	269.00	46.20	---	315.20	**392.00**
	Inst	Ea	Sm	MB	1.90	8.40	296.00	77.00	---	373.00	**471.00**
Average quality workmanship	Inst	Ea	Lg	MB	1.14	14.00	188.00	46.20	---	234.20	**295.00**
	Inst	Ea	Sm	MB	1.90	8.40	207.00	77.00	---	284.00	**364.00**

36" W, 2 doors both sides

Description	Oper	Unit	Vol	Crew Size	Man-hours	Output	Mat'l	Labor	Equip	Total	Price
High quality workmanship	Inst	Ea	Lg	MB	1.70	9.40	363.00	68.90	---	431.90	**539.00**
	Inst	Ea	Sm	MB	2.84	5.64	400.00	115.00	---	515.00	**653.00**
Good quality workmanship	Inst	Ea	Lg	MB	1.14	14.00	279.00	46.20	---	325.20	**404.00**
	Inst	Ea	Sm	MB	1.90	8.40	308.00	77.00	---	385.00	**485.00**
Average quality workmanship	Inst	Ea	Lg	MB	1.14	14.00	196.00	46.20	---	242.20	**304.00**
	Inst	Ea	Sm	MB	1.90	8.40	215.00	77.00	---	292.00	**374.00**

Hanging island cabinets, 24" H, 12" D

24" W, 2 doors both sides

Description	Oper	Unit	Vol	Crew Size	Man-hours	Output	Mat'l	Labor	Equip	Total	Price
High quality workmanship	Inst	Ea	Lg	MB	1.45	11.00	363.00	58.80	---	421.80	**524.00**
	Inst	Ea	Sm	MB	2.42	6.60	400.00	98.10	---	498.10	**627.00**
Good quality workmanship	Inst	Ea	Lg	MB	.970	16.50	279.00	39.30	---	318.30	**394.00**
	Inst	Ea	Sm	MB	1.62	9.90	308.00	65.60	---	373.60	**468.00**
Average quality workmanship	Inst	Ea	Lg	MB	.970	16.50	196.00	39.30	---	235.30	**294.00**
	Inst	Ea	Sm	MB	1.62	9.90	215.00	65.60	---	280.60	**357.00**

Cabinets, island

Description	Oper	Unit	Vol	Crew Size	Man-hours per Unit	Crew Output per Day	Avg Mat'l Unit Cost	Avg Labor Unit Cost	Avg Equip Unit Cost	Avg Total Unit Cost	Avg Price Incl O&P
30" W, 2 doors both sides											
High quality workmanship	Inst	Ea	Lg	MB	1.88	8.50	377.00	76.20	---	453.20	**567.00**
	Inst	Ea	Sm	MB	3.14	5.10	416.00	127.00	---	543.00	**690.00**
Good quality workmanship	Inst	Ea	Lg	MB	1.26	12.70	290.00	51.10	---	341.10	**425.00**
	Inst	Ea	Sm	MB	2.10	7.62	320.00	85.10	---	405.10	**511.00**
Average quality workmanship	Inst	Ea	Lg	MB	1.26	12.70	203.00	51.10	---	254.10	**320.00**
	Inst	Ea	Sm	MB	2.10	7.62	224.00	85.10	---	309.10	**396.00**
36" W, 2 doors both sides											
High quality workmanship	Inst	Ea	Lg	MB	1.88	8.50	391.00	76.20	---	467.20	**584.00**
	Inst	Ea	Sm	MB	3.14	5.10	431.00	127.00	---	558.00	**708.00**
Good quality workmanship	Inst	Ea	Lg	MB	1.26	12.70	301.00	51.10	---	352.10	**438.00**
	Inst	Ea	Sm	MB	2.10	7.62	332.00	85.10	---	417.10	**525.00**
Average quality workmanship	Inst	Ea	Lg	MB	1.26	12.70	211.00	51.10	---	262.10	**329.00**
	Inst	Ea	Sm	MB	2.10	7.62	232.00	85.10	---	317.10	**406.00**
42" W, 2 doors both sides											
High quality workmanship	Inst	Ea	Lg	MB	2.46	6.50	475.00	99.70	---	574.70	**719.00**
	Inst	Ea	Sm	MB	4.10	3.90	523.00	166.00	---	689.00	**877.00**
Good quality workmanship	Inst	Ea	Lg	MB	1.63	9.80	365.00	66.10	---	431.10	**537.00**
	Inst	Ea	Sm	MB	2.72	5.88	403.00	110.00	---	513.00	**648.00**
Average quality workmanship	Inst	Ea	Lg	MB	1.63	9.80	256.00	66.10	---	322.10	**406.00**
	Inst	Ea	Sm	MB	2.72	5.88	282.00	110.00	---	392.00	**503.00**
48" W, 4 doors both sides											
High quality workmanship	Inst	Ea	Lg	MB	2.46	6.50	559.00	99.70	---	658.70	**820.00**
	Inst	Ea	Sm	MB	4.10	3.90	616.00	166.00	---	782.00	**988.00**
Good quality workmanship	Inst	Ea	Lg	MB	1.63	9.80	430.00	66.10	---	496.10	**615.00**
	Inst	Ea	Sm	MB	2.72	5.88	474.00	110.00	---	584.00	**734.00**
Average quality workmanship	Inst	Ea	Lg	MB	1.63	9.80	301.00	66.10	---	367.10	**460.00**
	Inst	Ea	Sm	MB	2.72	5.88	332.00	110.00	---	442.00	**563.00**

Oven cabinets

Description	Oper	Unit	Vol	Crew Size	Man-hours per Unit	Crew Output per Day	Avg Mat'l Unit Cost	Avg Labor Unit Cost	Avg Equip Unit Cost	Avg Total Unit Cost	Avg Price Incl O&P
81" to 85" H, 24" D, 27" W											
High quality workmanship	Inst	Ea	Lg	MB	2.00	8.00	838.00	81.00	---	919.00	**1130.00**
	Inst	Ea	Sm	MB	3.33	4.80	924.00	135.00	---	1059.00	**1310.00**
Good quality workmanship	Inst	Ea	Lg	MB	1.33	12.00	550.00	53.90	---	603.90	**741.00**
	Inst	Ea	Sm	MB	2.22	7.20	606.00	90.00	---	696.00	**862.00**
Average quality workmanship	Inst	Ea	Lg	MB	1.33	12.00	343.00	53.90	---	396.90	**493.00**
	Inst	Ea	Sm	MB	2.22	7.20	378.00	90.00	---	468.00	**589.00**

Sink/range

Base cabinets, 35" H, 24" D, 2 doors, no tops included

Description	Oper	Unit	Vol	Crew Size	Man-hours per Unit	Crew Output per Day	Avg Mat'l Unit Cost	Avg Labor Unit Cost	Avg Equip Unit Cost	Avg Total Unit Cost	Avg Price Incl O&P
30" W											
High quality workmanship	Inst	Ea	Lg	MB	1.33	12.00	557.00	53.90	---	610.90	**750.00**
	Inst	Ea	Sm	MB	2.22	7.20	614.00	90.00	---	704.00	**872.00**
Good quality workmanship	Inst	Ea	Lg	MB	.889	18.00	429.00	36.00	---	465.00	**569.00**
	Inst	Ea	Sm	MB	1.48	10.80	473.00	60.00	---	533.00	**657.00**
Average quality workmanship	Inst	Ea	Lg	MB	.889	18.00	322.00	36.00	---	358.00	**440.00**
	Inst	Ea	Sm	MB	1.48	10.80	354.00	60.00	---	414.00	**515.00**

Description	Oper	Unit	Vol	Crew Size	Man-hours per Unit	Crew Output per Day	Avg Mat'l Unit Cost	Avg Labor Unit Cost	Avg Equip Unit Cost	Avg Total Unit Cost	Avg Price Incl O&P
36" W											
High quality workmanship	Inst	Ea	Lg	MB	1.33	12.00	590.00	53.90	---	643.90	**789.00**
	Inst	Ea	Sm	MB	2.22	7.20	650.00	90.00	---	740.00	**915.00**
Good quality workmanship	Inst	Ea	Lg	MB	.889	18.00	454.00	36.00	---	490.00	**599.00**
	Inst	Ea	Sm	MB	1.48	10.80	500.00	60.00	---	560.00	**690.00**
Average quality workmanship	Inst	Ea	Lg	MB	.889	18.00	340.00	36.00	---	376.00	**463.00**
	Inst	Ea	Sm	MB	1.48	10.80	375.00	60.00	---	435.00	**540.00**
42" W											
High quality workmanship	Inst	Ea	Lg	MB	1.74	9.20	656.00	70.50	---	726.50	**893.00**
	Inst	Ea	Sm	MB	2.90	5.52	723.00	118.00	---	841.00	**1040.00**
Good quality workmanship	Inst	Ea	Lg	MB	1.16	13.80	504.00	47.00	---	551.00	**676.00**
	Inst	Ea	Sm	MB	1.93	8.28	556.00	78.20	---	634.20	**784.00**
Average quality workmanship	Inst	Ea	Lg	MB	1.16	13.80	378.00	47.00	---	425.00	**524.00**
	Inst	Ea	Sm	MB	1.93	8.28	417.00	78.20	---	495.20	**618.00**
48" W											
High quality workmanship	Inst	Ea	Lg	MB	1.74	9.20	721.00	70.50	---	791.50	**971.00**
	Inst	Ea	Sm	MB	2.90	5.52	795.00	118.00	---	913.00	**1130.00**
Good quality workmanship	Inst	Ea	Lg	MB	1.16	13.80	555.00	47.00	---	602.00	**736.00**
	Inst	Ea	Sm	MB	1.93	8.28	611.00	78.20	---	689.20	**851.00**
Average quality workmanship	Inst	Ea	Lg	MB	1.16	13.80	416.00	47.00	---	463.00	**570.00**
	Inst	Ea	Sm	MB	1.93	8.28	459.00	78.20	---	537.20	**668.00**

Sink/range front cabinets, 35" H, 2 doors

Description	Oper	Unit	Vol	Crew Size	Man-hours per Unit	Crew Output per Day	Avg Mat'l Unit Cost	Avg Labor Unit Cost	Avg Equip Unit Cost	Avg Total Unit Cost	Avg Price Incl O&P
30" W											
High quality workmanship	Inst	Ea	Lg	MB	1.16	13.80	393.00	47.00	---	440.00	**543.00**
	Inst	Ea	Sm	MB	1.93	8.28	434.00	78.20	---	512.20	**638.00**
Good quality workmanship	Inst	Ea	Lg	MB	.800	20.00	303.00	32.40	---	335.40	**412.00**
	Inst	Ea	Sm	MB	1.33	12.00	334.00	53.90	---	387.90	**481.00**
Average quality workmanship	Inst	Ea	Lg	MB	.800	20.00	227.00	32.40	---	259.40	**321.00**
	Inst	Ea	Sm	MB	1.33	12.00	250.00	53.90	---	303.90	**381.00**
36" W											
High quality workmanship	Inst	Ea	Lg	MB	1.16	13.80	426.00	47.00	---	473.00	**582.00**
	Inst	Ea	Sm	MB	1.93	8.28	470.00	78.20	---	548.20	**681.00**
Good quality workmanship	Inst	Ea	Lg	MB	.800	20.00	328.00	32.40	---	360.40	**442.00**
	Inst	Ea	Sm	MB	1.33	12.00	361.00	53.90	---	414.90	**514.00**
Average quality workmanship	Inst	Ea	Lg	MB	.800	20.00	246.00	32.40	---	278.40	**344.00**
	Inst	Ea	Sm	MB	1.33	12.00	271.00	53.90	---	324.90	**406.00**
42" W											
High quality workmanship	Inst	Ea	Lg	MB	1.51	10.60	459.00	61.20	---	520.20	**643.00**
	Inst	Ea	Sm	MB	2.52	6.36	506.00	102.00	---	608.00	**760.00**
Good quality workmanship	Inst	Ea	Lg	MB	1.00	16.00	353.00	40.50	---	393.50	**484.00**
	Inst	Ea	Sm	MB	1.67	9.60	389.00	67.70	---	456.70	**568.00**
Average quality workmanship	Inst	Ea	Lg	MB	1.00	16.00	265.00	40.50	---	305.50	**379.00**
	Inst	Ea	Sm	MB	1.67	9.60	292.00	67.70	---	359.70	**452.00**
48" W											
High quality workmanship	Inst	Ea	Lg	MB	1.51	10.60	492.00	61.20	---	553.20	**682.00**
	Inst	Ea	Sm	MB	2.52	6.36	542.00	102.00	---	644.00	**804.00**
Good quality workmanship	Inst	Ea	Lg	MB	1.00	16.00	378.00	40.50	---	418.50	**515.00**
	Inst	Ea	Sm	MB	1.67	9.60	417.00	67.70	---	484.70	**602.00**
Average quality workmanship	Inst	Ea	Lg	MB	1.00	16.00	284.00	40.50	---	324.50	**401.00**
	Inst	Ea	Sm	MB	1.67	9.60	313.00	67.70	---	380.70	**477.00**

Cabinets, wall

Description	Oper	Unit	Vol	Crew Size	Man-hours per Unit	Crew Output per Day	Avg Mat'l Unit Cost	Avg Labor Unit Cost	Avg Equip Unit Cost	Avg Total Unit Cost	Avg Price Incl O&P

Wall cabinets

15" H, 12" D, 2 doors, "over refrigerator" cabinets

30" W

Description	Oper	Unit	Vol	Crew Size	Man-hours per Unit	Crew Output per Day	Avg Mat'l Unit Cost	Avg Labor Unit Cost	Avg Equip Unit Cost	Avg Total Unit Cost	Avg Price Incl O&P
High quality workmanship	Inst	Ea	Lg	MB	1.54	10.40	182.00	62.40	---	244.40	**311.00**
	Inst	Ea	Sm	MB	2.56	6.24	200.00	104.00	---	304.00	**396.00**
Good quality workmanship	Inst	Ea	Lg	MB	1.03	15.60	140.00	41.70	---	181.70	**230.00**
	Inst	Ea	Sm	MB	1.71	9.36	154.00	69.30	---	223.30	**289.00**
Average quality workmanship	Inst	Ea	Lg	MB	1.03	15.60	97.80	41.70	---	139.50	**180.00**
	Inst	Ea	Sm	MB	1.71	9.36	108.00	69.30	---	177.30	**233.00**

33" W

Description	Oper	Unit	Vol	Crew Size	Man-hours per Unit	Crew Output per Day	Avg Mat'l Unit Cost	Avg Labor Unit Cost	Avg Equip Unit Cost	Avg Total Unit Cost	Avg Price Incl O&P
High quality workmanship	Inst	Ea	Lg	MB	1.54	10.40	196.00	62.40	---	258.40	**328.00**
	Inst	Ea	Sm	MB	2.56	6.24	215.00	104.00	---	319.00	**414.00**
Good quality workmanship	Inst	Ea	Lg	MB	1.03	15.60	150.00	41.70	---	191.70	**243.00**
	Inst	Ea	Sm	MB	1.71	9.36	166.00	69.30	---	235.30	**303.00**
Average quality workmanship	Inst	Ea	Lg	MB	1.03	15.60	105.00	41.70	---	146.70	**189.00**
	Inst	Ea	Sm	MB	1.71	9.36	116.00	69.30	---	185.30	**243.00**

36" W

Description	Oper	Unit	Vol	Crew Size	Man-hours per Unit	Crew Output per Day	Avg Mat'l Unit Cost	Avg Labor Unit Cost	Avg Equip Unit Cost	Avg Total Unit Cost	Avg Price Incl O&P
High quality workmanship	Inst	Ea	Lg	MB	1.54	10.40	209.00	62.40	---	271.40	**345.00**
	Inst	Ea	Sm	MB	2.56	6.24	231.00	104.00	---	335.00	**433.00**
Good quality workmanship	Inst	Ea	Lg	MB	1.03	15.60	161.00	41.70	---	202.70	**256.00**
	Inst	Ea	Sm	MB	1.71	9.36	178.00	69.30	---	247.30	**317.00**
Average quality workmanship	Inst	Ea	Lg	MB	1.03	15.60	113.00	41.70	---	154.70	**198.00**
	Inst	Ea	Sm	MB	1.71	9.36	124.00	69.30	---	193.30	**253.00**

21" H, 12" D, "over range" cabinets

24" W, 1 door

Description	Oper	Unit	Vol	Crew Size	Man-hours per Unit	Crew Output per Day	Avg Mat'l Unit Cost	Avg Labor Unit Cost	Avg Equip Unit Cost	Avg Total Unit Cost	Avg Price Incl O&P
High quality workmanship	Inst	Ea	Lg	MB	1.51	10.60	237.00	61.20	---	298.20	**377.00**
	Inst	Ea	Sm	MB	2.52	6.36	262.00	102.00	---	364.00	**467.00**
Good quality workmanship	Inst	Ea	Lg	MB	1.01	15.80	183.00	40.90	---	223.90	**281.00**
	Inst	Ea	Sm	MB	1.69	9.48	201.00	68.50	---	269.50	**344.00**
Average quality workmanship	Inst	Ea	Lg	MB	1.01	15.80	128.00	40.90	---	168.90	**215.00**
	Inst	Ea	Sm	MB	1.69	9.48	141.00	68.50	---	209.50	**272.00**

30" W, 2 doors

Description	Oper	Unit	Vol	Crew Size	Man-hours per Unit	Crew Output per Day	Avg Mat'l Unit Cost	Avg Labor Unit Cost	Avg Equip Unit Cost	Avg Total Unit Cost	Avg Price Incl O&P
High quality workmanship	Inst	Ea	Lg	MB	1.51	10.60	251.00	61.20	---	312.20	**393.00**
	Inst	Ea	Sm	MB	2.52	6.36	277.00	102.00	---	379.00	**486.00**
Good quality workmanship	Inst	Ea	Lg	MB	1.01	15.80	193.00	40.90	---	233.90	**293.00**
	Inst	Ea	Sm	MB	1.69	9.48	213.00	68.50	---	281.50	**358.00**
Average quality workmanship	Inst	Ea	Lg	MB	1.01	15.80	135.00	40.90	---	175.90	**224.00**
	Inst	Ea	Sm	MB	1.69	9.48	149.00	68.50	---	217.50	**282.00**

33" W, 2 doors

Description	Oper	Unit	Vol	Crew Size	Man-hours per Unit	Crew Output per Day	Avg Mat'l Unit Cost	Avg Labor Unit Cost	Avg Equip Unit Cost	Avg Total Unit Cost	Avg Price Incl O&P
High quality workmanship	Inst	Ea	Lg	MB	1.60	10.00	265.00	64.80	---	329.80	**416.00**
	Inst	Ea	Sm	MB	2.67	6.00	292.00	108.00	---	400.00	**513.00**
Good quality workmanship	Inst	Ea	Lg	MB	1.07	15.00	204.00	43.40	---	247.40	**310.00**
	Inst	Ea	Sm	MB	1.78	9.00	225.00	72.10	---	297.10	**378.00**
Average quality workmanship	Inst	Ea	Lg	MB	1.07	15.00	143.00	43.40	---	186.40	**236.00**
	Inst	Ea	Sm	MB	1.78	9.00	157.00	72.10	---	229.10	**297.00**

Description	Oper	Unit	Vol	Crew Size	Man-hours per Unit	Crew Output per Day	Avg Mat'l Unit Cost	Avg Labor Unit Cost	Avg Equip Unit Cost	Avg Total Unit Cost	Avg Price Incl O&P
36" W, 2 doors											
High quality workmanship	Inst	Ea	Lg	MB	1.60	10.00	313.00	64.80	---	377.80	**473.00**
	Inst	Ea	Sm	MB	2.67	6.00	345.00	108.00	---	453.00	**576.00**
Good quality workmanship	Inst	Ea	Lg	MB	1.07	15.00	215.00	43.40	---	258.40	**323.00**
	Inst	Ea	Sm	MB	1.78	9.00	237.00	72.10	---	309.10	**392.00**
Average quality workmanship	Inst	Ea	Lg	MB	1.07	15.00	133.00	43.40	---	176.40	**225.00**
	Inst	Ea	Sm	MB	1.78	9.00	147.00	72.10	---	219.10	**285.00**
42" W, 2 doors											
High quality workmanship	Inst	Ea	Lg	MB	1.60	10.00	293.00	64.80	---	357.80	**449.00**
	Inst	Ea	Sm	MB	2.67	6.00	323.00	108.00	---	431.00	**550.00**
Good quality workmanship	Inst	Ea	Lg	MB	1.07	15.00	226.00	43.40	---	269.40	**336.00**
	Inst	Ea	Sm	MB	1.78	9.00	249.00	72.10	---	321.10	**407.00**
Average quality workmanship	Inst	Ea	Lg	MB	1.07	15.00	158.00	43.40	---	201.40	**255.00**
	Inst	Ea	Sm	MB	1.78	9.00	174.00	72.10	---	246.10	**317.00**
48" W, 2 doors											
High quality workmanship	Inst	Ea	Lg	MB	2.00	8.00	307.00	81.00	---	388.00	**490.00**
	Inst	Ea	Sm	MB	3.33	4.80	339.00	135.00	---	474.00	**609.00**
Good quality workmanship	Inst	Ea	Lg	MB	1.33	12.00	236.00	53.90	---	289.90	**364.00**
	Inst	Ea	Sm	MB	2.22	7.20	260.00	90.00	---	350.00	**447.00**
Average quality workmanship	Inst	Ea	Lg	MB	1.33	12.00	165.00	53.90	---	218.90	**279.00**
	Inst	Ea	Sm	MB	2.22	7.20	182.00	90.00	---	272.00	**354.00**

30" H, 12" D, "standard wall" cabinets

Description	Oper	Unit	Vol	Crew Size	Man-hours per Unit	Crew Output per Day	Avg Mat'l Unit Cost	Avg Labor Unit Cost	Avg Equip Unit Cost	Avg Total Unit Cost	Avg Price Incl O&P
12" W, 1 door											
High quality workmanship	Inst	Ea	Lg	MB	1.18	13.60	184.00	47.80	---	231.80	**293.00**
	Inst	Ea	Sm	MB	1.96	8.16	203.00	79.40	---	282.40	**363.00**
Good quality workmanship	Inst	Ea	Lg	MB	.780	20.50	142.00	31.60	---	173.60	**218.00**
	Inst	Ea	Sm	MB	1.30	12.30	156.00	52.70	---	208.70	**267.00**
Average quality workmanship	Inst	Ea	Lg	MB	.780	20.50	99.30	31.60	---	130.90	**167.00**
	Inst	Ea	Sm	MB	1.30	12.30	109.00	52.70	---	161.70	**210.00**
15" W, 1 door											
High quality workmanship	Inst	Ea	Lg	MB	1.18	13.60	200.00	47.80	---	247.80	**311.00**
	Inst	Ea	Sm	MB	1.96	8.16	220.00	79.40	---	299.40	**383.00**
Good quality workmanship	Inst	Ea	Lg	MB	.780	20.50	154.00	31.60	---	185.60	**232.00**
	Inst	Ea	Sm	MB	1.30	12.30	169.00	52.70	---	221.70	**282.00**
Average quality workmanship	Inst	Ea	Lg	MB	.780	20.50	108.00	31.60	---	139.60	**176.00**
	Inst	Ea	Sm	MB	1.30	12.30	119.00	52.70	---	171.70	**221.00**
18" W, 1 door											
High quality workmanship	Inst	Ea	Lg	MB	1.18	13.60	215.00	47.80	---	262.80	**330.00**
	Inst	Ea	Sm	MB	1.96	8.16	237.00	79.40	---	316.40	**404.00**
Good quality workmanship	Inst	Ea	Lg	MB	.780	20.50	165.00	31.60	---	196.60	**246.00**
	Inst	Ea	Sm	MB	1.30	12.30	182.00	52.70	---	234.70	**298.00**
Average quality workmanship	Inst	Ea	Lg	MB	.780	20.50	116.00	31.60	---	147.60	**186.00**
	Inst	Ea	Sm	MB	1.30	12.30	128.00	52.70	---	180.70	**232.00**

Cabinets, wall

Description	Oper	Unit	Vol	Crew Size	Man-hours per Unit	Crew Output per Day	Avg Mat'l Unit Cost	Avg Labor Unit Cost	Avg Equip Unit Cost	Avg Total Unit Cost	Avg Price Incl O&P
21" W, 1 door											
High quality workmanship	Inst	Ea	Lg	MB	1.33	12.00	230.00	53.90	---	283.90	**357.00**
	Inst	Ea	Sm	MB	2.22	7.20	254.00	90.00	---	344.00	**440.00**
Good quality workmanship	Inst	Ea	Lg	MB	.889	18.00	177.00	36.00	---	213.00	**267.00**
	Inst	Ea	Sm	MB	1.48	10.80	195.00	60.00	---	255.00	**324.00**
Average quality workmanship	Inst	Ea	Lg	MB	.889	18.00	124.00	36.00	---	160.00	**203.00**
	Inst	Ea	Sm	MB	1.48	10.80	137.00	60.00	---	197.00	**254.00**
24" W, 1 door											
High quality workmanship	Inst	Ea	Lg	MB	1.33	12.00	246.00	53.90	---	299.90	**376.00**
	Inst	Ea	Sm	MB	2.22	7.20	271.00	90.00	---	361.00	**460.00**
Good quality workmanship	Inst	Ea	Lg	MB	.889	18.00	189.00	36.00	---	225.00	**281.00**
	Inst	Ea	Sm	MB	1.48	10.80	208.00	60.00	---	268.00	**340.00**
Average quality workmanship	Inst	Ea	Lg	MB	.889	18.00	132.00	36.00	---	168.00	**213.00**
	Inst	Ea	Sm	MB	1.48	10.80	146.00	60.00	---	206.00	**265.00**
27" W, 2 doors											
High quality workmanship	Inst	Ea	Lg	MB	1.33	12.00	261.00	53.90	---	314.90	**394.00**
	Inst	Ea	Sm	MB	2.22	7.20	288.00	90.00	---	378.00	**480.00**
Good quality workmanship	Inst	Ea	Lg	MB	.889	18.00	201.00	36.00	---	237.00	**295.00**
	Inst	Ea	Sm	MB	1.48	10.80	221.00	60.00	---	281.00	**356.00**
Average quality workmanship	Inst	Ea	Lg	MB	.889	18.00	141.00	36.00	---	177.00	**223.00**
	Inst	Ea	Sm	MB	1.48	10.80	155.00	60.00	---	215.00	**276.00**
30" W, 2 doors											
High quality workmanship	Inst	Ea	Lg	MB	1.78	9.00	277.00	72.10	---	349.10	**440.00**
	Inst	Ea	Sm	MB	2.96	5.40	305.00	120.00	---	425.00	**546.00**
Good quality workmanship	Inst	Ea	Lg	MB	1.19	13.50	213.00	48.20	---	261.20	**328.00**
	Inst	Ea	Sm	MB	1.98	8.10	234.00	80.20	---	314.20	**402.00**
Average quality workmanship	Inst	Ea	Lg	MB	1.19	13.50	149.00	48.20	---	197.20	**251.00**
	Inst	Ea	Sm	MB	1.98	8.10	164.00	80.20	---	244.20	**317.00**
33" W, 2 doors											
High quality workmanship	Inst	Ea	Lg	MB	1.78	9.00	292.00	72.10	---	364.10	**458.00**
	Inst	Ea	Sm	MB	2.96	5.40	322.00	120.00	---	442.00	**566.00**
Good quality workmanship	Inst	Ea	Lg	MB	1.19	13.50	225.00	48.20	---	273.20	**342.00**
	Inst	Ea	Sm	MB	1.98	8.10	247.00	80.20	---	327.20	**417.00**
Average quality workmanship	Inst	Ea	Lg	MB	1.19	13.50	157.00	48.20	---	205.20	**261.00**
	Inst	Ea	Sm	MB	1.98	8.10	173.00	80.20	---	253.20	**328.00**
36" W, 2 doors											
High quality workmanship	Inst	Ea	Lg	MB	1.78	9.00	394.00	72.10	---	466.10	**581.00**
	Inst	Ea	Sm	MB	2.96	5.40	434.00	120.00	---	554.00	**701.00**
Good quality workmanship	Inst	Ea	Lg	MB	1.19	13.50	236.00	48.20	---	284.20	**356.00**
	Inst	Ea	Sm	MB	1.98	8.10	260.00	80.20	---	340.20	**433.00**
Average quality workmanship	Inst	Ea	Lg	MB	1.19	13.50	144.00	48.20	---	192.20	**245.00**
	Inst	Ea	Sm	MB	1.98	8.10	159.00	80.20	---	239.20	**311.00**

Description	Oper	Unit	Vol	Crew Size	Man-hours per Unit	Crew Output per Day	Avg Mat'l Unit Cost	Avg Labor Unit Cost	Avg Equip Unit Cost	Avg Total Unit Cost	Avg Price Incl O&P
42" W, 2 doors											
High quality workmanship	Inst	Ea	Lg	MB	2.29	7.00	369.00	92.80	---	461.80	**582.00**
	Inst	Ea	Sm	MB	3.81	4.20	406.00	154.00	---	560.00	**719.00**
Good quality workmanship	Inst	Ea	Lg	MB	1.52	10.50	284.00	61.60	---	345.60	**433.00**
	Inst	Ea	Sm	MB	2.54	6.30	313.00	103.00	---	416.00	**529.00**
Average quality workmanship	Inst	Ea	Lg	MB	1.52	10.50	199.00	61.60	---	260.60	**331.00**
	Inst	Ea	Sm	MB	2.54	6.30	219.00	103.00	---	322.00	**417.00**
48" W, 2 doors											
High quality workmanship	Inst	Ea	Lg	MB	2.29	7.00	399.00	92.80	---	491.80	**619.00**
	Inst	Ea	Sm	MB	3.81	4.20	440.00	154.00	---	594.00	**760.00**
Good quality workmanship	Inst	Ea	Lg	MB	1.52	10.50	307.00	61.60	---	368.60	**461.00**
	Inst	Ea	Sm	MB	2.54	6.30	339.00	103.00	---	442.00	**561.00**
Average quality workmanship	Inst	Ea	Lg	MB	1.52	10.50	215.00	61.60	---	276.60	**351.00**
	Inst	Ea	Sm	MB	2.54	6.30	237.00	103.00	---	340.00	**439.00**
24" W, blind corner unit, 1 door											
High quality workmanship	Inst	Ea	Lg	MB	1.68	9.50	283.00	68.10	---	351.10	**441.00**
	Inst	Ea	Sm	MB	2.81	5.70	312.00	114.00	---	426.00	**545.00**
Good quality workmanship	Inst	Ea	Lg	MB	1.14	14.00	217.00	46.20	---	263.20	**330.00**
	Inst	Ea	Sm	MB	1.90	8.40	240.00	77.00	---	317.00	**403.00**
Average quality workmanship	Inst	Ea	Lg	MB	1.14	14.00	152.00	46.20	---	198.20	**252.00**
	Inst	Ea	Sm	MB	1.90	8.40	168.00	77.00	---	245.00	**317.00**
24" x 24" angle corner unit, stationary											
High quality workmanship	Inst	Ea	Lg	MB	1.68	9.50	307.00	68.10	---	375.10	**471.00**
	Inst	Ea	Sm	MB	2.81	5.70	339.00	114.00	---	453.00	**577.00**
Good quality workmanship	Inst	Ea	Lg	MB	1.14	14.00	236.00	46.20	---	282.20	**353.00**
	Inst	Ea	Sm	MB	1.90	8.40	260.00	77.00	---	337.00	**428.00**
Average quality workmanship	Inst	Ea	Lg	MB	1.14	14.00	165.00	46.20	---	211.20	**268.00**
	Inst	Ea	Sm	MB	1.90	8.40	182.00	77.00	---	259.00	**334.00**
24" x 24" angle corner unit, Lazy Susan											
High quality workmanship	Inst	Ea	Lg	MB	1.68	9.50	344.00	68.10	---	412.10	**515.00**
	Inst	Ea	Sm	MB	2.81	5.70	379.00	114.00	---	493.00	**626.00**
Good quality workmanship	Inst	Ea	Lg	MB	1.14	14.00	265.00	46.20	---	311.20	**387.00**
	Inst	Ea	Sm	MB	1.90	8.40	292.00	77.00	---	369.00	**466.00**
Average quality workmanship	Inst	Ea	Lg	MB	1.14	14.00	185.00	46.20	---	231.20	**292.00**
	Inst	Ea	Sm	MB	1.90	8.40	204.00	77.00	---	281.00	**361.00**

Vanity cabinets and sink top

Disconnect plumbing and remove to dumpster

Description	Oper	Unit	Vol	Crew Size	Man-hours per Unit	Crew Output per Day	Avg Mat'l Unit Cost	Avg Labor Unit Cost	Avg Equip Unit Cost	Avg Total Unit Cost	Avg Price Incl O&P
	Demo	Ea	Lg	LB	1.00	16.00	---	37.40	10.30	47.70	**68.50**
	Demo	Ea	Sm	LB	1.67	9.60	---	62.50	11.40	73.90	**107.00**

Remove old unit to dumpster, replace with new unit, reconnect plumbing

Description	Oper	Unit	Vol	Crew Size	Man-hours per Unit	Crew Output per Day	Avg Mat'l Unit Cost	Avg Labor Unit Cost	Avg Equip Unit Cost	Avg Total Unit Cost	Avg Price Incl O&P
	Reset	Ea	Lg	SB	2.29	7.00	---	102.00	10.30	112.30	**165.00**
	Reset	Ea	Sm	SB	3.81	4.20	---	169.00	11.40	180.40	**268.00**

Cabinets, vanity units

Vanity units, with marble tops, good quality fittings and faucets; hardware, deluxe, finished models

Stained ash and birch primed composition construction Labor costs include fitting and hanging only of vanity units For rough-in costs, see Adjustments in this cabinets section, page 66

Description	Oper	Unit	Vol	Crew Size	Man-hours per Unit	Crew Output per Day	Avg Mat'l Unit Cost	Avg Labor Unit Cost	Avg Equip Unit Cost	Avg Total Unit Cost	Avg Price Incl O&P
2-door units											
20" x 16"											
Ash	Inst	Ea	Lg	SB	5.00	3.20	336.00	222.00	---	558.00	**737.00**
	Inst	Ea	Sm	SB	8.33	1.92	371.00	370.00	---	741.00	**1000.00**
Birch	Inst	Ea	Lg	SB	5.00	3.20	259.00	222.00	---	481.00	**644.00**
	Inst	Ea	Sm	SB	8.33	1.92	285.00	370.00	---	655.00	**898.00**
Composition construction	Inst	Ea	Lg	SB	5.00	3.20	181.00	222.00	---	403.00	**551.00**
	Inst	Ea	Sm	SB	8.33	1.92	200.00	370.00	---	570.00	**795.00**
25" x 19"											
Ash	Inst	Ea	Lg	SB	5.00	3.20	355.00	222.00	---	577.00	**760.00**
	Inst	Ea	Sm	SB	8.33	1.92	391.00	370.00	---	761.00	**1030.00**
Birch	Inst	Ea	Lg	SB	5.00	3.20	273.00	222.00	---	495.00	**661.00**
	Inst	Ea	Sm	SB	8.33	1.92	301.00	370.00	---	671.00	**917.00**
Composition construction	Inst	Ea	Lg	SB	5.00	3.20	191.00	222.00	---	413.00	**563.00**
	Inst	Ea	Sm	SB	8.33	1.92	211.00	370.00	---	581.00	**808.00**
31" x 19"											
Ash	Inst	Ea	Lg	SB	5.00	3.20	440.00	222.00	---	662.00	**861.00**
	Inst	Ea	Sm	SB	8.33	1.92	485.00	370.00	---	855.00	**1140.00**
Birch	Inst	Ea	Lg	SB	5.00	3.20	288.00	222.00	---	510.00	**678.00**
	Inst	Ea	Sm	SB	8.33	1.92	317.00	370.00	---	687.00	**936.00**
Composition construction	Inst	Ea	Lg	SB	5.00	3.20	198.00	222.00	---	420.00	**571.00**
	Inst	Ea	Sm	SB	8.33	1.92	219.00	370.00	---	589.00	**818.00**
35" x 19"											
Ash	Inst	Ea	Lg	SB	5.33	3.00	449.00	237.00	---	686.00	**894.00**
	Inst	Ea	Sm	SB	8.89	1.80	494.00	395.00	---	889.00	**1190.00**
Birch	Inst	Ea	Lg	SB	5.33	3.00	345.00	237.00	---	582.00	**769.00**
	Inst	Ea	Sm	SB	8.89	1.80	380.00	395.00	---	775.00	**1050.00**
Composition construction	Inst	Ea	Lg	SB	5.33	3.00	242.00	237.00	---	479.00	**645.00**
	Inst	Ea	Sm	SB	8.89	1.80	266.00	395.00	---	661.00	**912.00**
For drawers in any above unit, ADD per drawer											
	Inst	Ea	Lg	SB	---	---	49.00	---	---	49.00	**58.80**
	Inst	Ea	Sm	SB	---	---	54.00	---	---	54.00	**64.80**
2-door cutback units with 3 drawers											
36" x 19"											
Ash	Inst	Ea	Lg	SB	5.33	3.00	406.00	237.00	---	643.00	**842.00**
	Inst	Ea	Sm	SB	8.89	1.80	447.00	395.00	---	842.00	**1130.00**
Birch	Inst	Ea	Lg	SB	5.33	3.00	312.00	237.00	---	549.00	**730.00**
	Inst	Ea	Sm	SB	8.89	1.80	344.00	395.00	---	739.00	**1010.00**
Composition construction	Inst	Ea	Lg	SB	5.33	3.00	218.00	237.00	---	455.00	**618.00**
	Inst	Ea	Sm	SB	8.89	1.80	241.00	395.00	---	636.00	**882.00**

Description	Oper	Unit	Vol	Crew Size	Man-hours per Unit	Crew Output per Day	Avg Mat'l Unit Cost	Avg Labor Unit Cost	Avg Equip Unit Cost	Avg Total Unit Cost	Avg Price Incl O&P
49" x 19											
Ash	Inst	Ea	Lg	SB	5.33	3.00	568.00	237.00	---	805.00	**1040.00**
	Inst	Ea	Sm	SB	8.89	1.80	626.00	395.00	---	1021.00	**1340.00**
Birch	Inst	Ea	Lg	SB	5.33	3.00	329.00	237.00	---	566.00	**750.00**
	Inst	Ea	Sm	SB	8.89	1.80	362.00	395.00	---	757.00	**1030.00**
Composition construction	Inst	Ea	Lg	SB	5.33	3.00	199.00	237.00	---	436.00	**594.00**
	Inst	Ea	Sm	SB	8.89	1.80	219.00	395.00	---	614.00	**856.00**
60" x 19"											
Ash	Inst	Ea	Lg	SB	6.67	2.40	512.00	296.00	---	808.00	**1060.00**
	Inst	Ea	Sm	SB	11.1	1.44	565.00	493.00	---	1058.00	**1420.00**
Birch	Inst	Ea	Lg	SB	6.67	2.40	394.00	296.00	---	690.00	**918.00**
	Inst	Ea	Sm	SB	11.1	1.44	434.00	493.00	---	927.00	**1260.00**
Composition construction	Inst	Ea	Lg	SB	6.67	2.40	276.00	296.00	---	572.00	**776.00**
	Inst	Ea	Sm	SB	11.1	1.44	304.00	493.00	---	797.00	**1100.00**

Corner unit, 1 door

Description	Oper	Unit	Vol	Crew Size	Man-hours per Unit	Crew Output per Day	Avg Mat'l Unit Cost	Avg Labor Unit Cost	Avg Equip Unit Cost	Avg Total Unit Cost	Avg Price Incl O&P
22" x 22"											
Ash	Inst	Ea	Lg	SB	5.00	3.20	355.00	222.00	---	577.00	**760.00**
	Inst	Ea	Sm	SB	8.33	1.92	391.00	370.00	---	761.00	**1030.00**
Birch	Inst	Ea	Lg	SB	5.00	3.20	273.00	222.00	---	495.00	**661.00**
	Inst	Ea	Sm	SB	8.33	1.92	301.00	370.00	---	671.00	**917.00**
Composition construction	Inst	Ea	Lg	SB	5.00	3.20	191.00	222.00	---	413.00	**563.00**
	Inst	Ea	Sm	SB	8.33	1.92	211.00	370.00	---	581.00	**808.00**

Adjustments

Description	Oper	Unit	Vol	Crew Size	Man-hours per Unit	Crew Output per Day	Avg Mat'l Unit Cost	Avg Labor Unit Cost	Avg Equip Unit Cost	Avg Total Unit Cost	Avg Price Incl O&P
To remove and reset											
Vanity units with tops	Reset	Ea	Lg	SA	3.33	2.40	---	171.00	---	171.00	**257.00**
	Reset	Ea	Sm	SA	5.56	1.44	---	286.00	---	286.00	**429.00**
Top only	Reset	Ea	Lg	SA	2.00	4.00	---	103.00	---	103.00	**154.00**
	Reset	Ea	Sm	SA	3.33	2.40	---	171.00	---	171.00	**257.00**
To install rough-in											
	Inst	Ea	Lg	SB	4.00	4.00	---	178.00	---	178.00	**267.00**
	Inst	Ea	Sm	SB	6.67	2.40	---	296.00	---	296.00	**445.00**

Canopies

Carports, Patio Covers, Window / Door Awnings, Sunroom / Garden Room
Costs per Unit includes hardware

Carport, freestanding, metal, per SF carport footprint.

Aluminum, prefabricated kit

Description	Oper	Unit	Vol	Crew Size	Man-hours per Unit	Crew Output per Day	Avg Mat'l Unit Cost	Avg Labor Unit Cost	Avg Equip Unit Cost	Avg Total Unit Cost	Avg Price Incl O&P
7' to 8' high											
Standard	Inst	SF	Lg	UB	0.08	200.00	3.01	3.97	---	6.98	**9.57**
	Inst	SF	Sm	UB	0.11	150.00	3.32	5.46	---	8.78	**12.20**
Good	Inst	SF	Lg	UB	0.08	200.00	5.08	3.97	---	9.05	**12.10**
	Inst	SF	Sm	UB	0.11	150.00	5.59	5.46	---	11.05	**14.90**
9' to 10' high											
Standard	Inst	SF	Lg	UB	0.08	200.00	3.31	3.97	---	7.28	**9.93**
	Inst	SF	Sm	UB	0.11	150.00	3.65	5.46	---	9.11	**12.60**
Good	Inst	SF	Lg	UB	0.08	200.00	5.68	3.97	---	9.65	**12.80**
	Inst	SF	Sm	UB	0.11	150.00	6.26	5.46	---	11.72	**15.70**
11' to 14' high											
Standard	Inst	SF	Lg	UB	0.08	200.00	4.53	3.97	---	8.50	**11.40**
	Inst	SF	Sm	UB	0.11	150.00	4.99	5.46	---	10.45	**14.20**
Good	Inst	SF	Lg	UB	0.08	200.00	6.76	3.97	---	10.73	**14.10**
	Inst	SF	Sm	UB	0.11	150.00	7.45	5.46	---	12.91	**17.10**

Steel frame kit, columns, low-slope decking, trim.

Description	Oper	Unit	Vol	Crew Size	Man-hours per Unit	Crew Output per Day	Avg Mat'l Unit Cost	Avg Labor Unit Cost	Avg Equip Unit Cost	Avg Total Unit Cost	Avg Price Incl O&P
Light load, 20 psf	Inst	SF	Lg	UB	0.32	50.00	5.97	15.90	---	21.87	**31.00**
	Inst	SF	Sm	UB	0.43	37.50	6.58	21.40	---	27.98	**39.90**
Moderate load, 40 psf	Inst	SF	Lg	UB	0.32	50.00	7.65	15.90	---	23.55	**33.00**
	Inst	SF	Sm	UB	0.43	37.50	8.43	21.40	---	29.83	**42.10**
Heavy load, 60 psf	Inst	SF	Lg	UB	0.32	50.00	11.20	15.90	---	27.10	**37.20**
	Inst	SF	Sm	UB	0.43	37.50	12.30	21.40	---	33.70	**46.80**

Patio Cover. per SF covered footprint.

Aluminum, prefabricated kit

Attached, lean-to style, wall attachment, beam, posts, decking

Description	Oper	Unit	Vol	Crew Size	Man-hours per Unit	Crew Output per Day	Avg Mat'l Unit Cost	Avg Labor Unit Cost	Avg Equip Unit Cost	Avg Total Unit Cost	Avg Price Incl O&P
No load (snow)	Inst	SF	Lg	UB	0.25	65.00	10.50	12.40	---	22.90	**31.30**
	Inst	SF	Sm	UB	0.33	48.75	11.60	16.40	---	28.00	**38.50**
Light load, 20 psf	Inst	SF	Lg	UB	0.25	65.00	14.90	12.40	---	27.30	**36.50**
	Inst	SF	Sm	UB	0.33	48.75	16.40	16.40	---	32.80	**44.30**
Moderate load, 30 psf	Inst	SF	Lg	UB	0.25	65.00	17.00	12.40	---	29.40	**39.00**
	Inst	SF	Sm	UB	0.33	48.75	18.80	16.40	---	35.20	**47.10**
Heavy load, 40 psf	Inst	SF	Lg	UB	0.25	65.00	23.20	12.40	---	35.60	**46.40**
	Inst	SF	Sm	UB	0.33	48.75	25.50	16.40	---	41.90	**55.20**

Description	Oper	Unit	Vol	Crew Size	Man-hours per Unit	Crew Output per Day	Avg Mat'l Unit Cost	Avg Labor Unit Cost	Avg Equip Unit Cost	Avg Total Unit Cost	Avg Price Incl O&P

Canvas with Aluminum framework, prefabricated kit

Fixed, attached, lean-to style, wall attachment and frame

Description	Oper	Unit	Vol	Crew Size	Man-hrs	Output	Mat'l	Labor	Equip	Total	O&P
Average	Inst	SF	Lg	UB	0.12	130.00	13.20	5.96	---	19.16	**24.80**
	Inst	SF	Sm	UB	0.16	97.50	14.60	7.94	---	22.54	**29.40**
High	Inst	SF	Lg	UB	0.12	130.00	17.80	5.96	---	23.76	**30.30**
	Inst	SF	Sm	UB	0.16	97.50	19.70	7.94	---	27.64	**35.50**

Retractable, attached, lean-to style, wall attachment and frame, no electric motor

Description	Oper	Unit	Vol	Crew	Man-hrs	Output	Mat'l	Labor	Equip	Total	O&P
Average	Inst	SF	Lg	UB	0.09	180.00	11.90	4.47	---	16.37	**20.90**
	Inst	SF	Sm	UB	0.12	135.00	13.10	5.96	---	19.06	**24.60**
High	Inst	SF	Lg	UB	0.09	180.00	15.00	4.47	---	19.47	**24.70**
	Inst	SF	Sm	UB	0.12	135.00	16.60	5.96	---	22.56	**28.80**
For electric motor, ADD	Inst	Ea	Lg	UE	5.00	4.00	535.00	222.00	---	757.00	**976.00**
	Inst	Ea	Sm	UE	6.67	3.00	590.00	297.00	---	887.00	**1150.00**

Fabric replacement

Description	Oper	Unit	Vol	Crew	Man-hrs	Output	Mat'l	Labor	Equip	Total	O&P
Average	Inst	SF	Lg	UD	0.10	160.00	4.63	4.35	---	8.98	**12.10**
	Inst	SF	Sm	UD	0.13	120.00	5.10	5.66	---	10.76	**14.60**
High	Inst	SF	Lg	UD	0.10	160.00	5.27	4.35	---	9.62	**12.90**
	Inst	SF	Sm	UD	0.13	120.00	5.81	5.66	---	11.47	**15.50**

Window / Door Awning

Metal, aluminum / steel, prefabricated

Typical, up to 7' long with 2' projection

Description	Oper	Unit	Vol	Crew	Man-hrs	Output	Mat'l	Labor	Equip	Total	O&P
Average	Inst	LF	Lg	UB	1.33	12.00	58.90	66.00	---	124.90	**170.00**
	Inst	LF	Sm	UB	1.78	9.00	64.90	88.40	---	153.30	**210.00**
High	Inst	LF	Lg	UB	1.33	12.00	69.50	66.00	---	135.50	**182.00**
	Inst	LF	Sm	UB	1.78	9.00	76.60	88.40	---	165.00	**224.00**
Detach & Reset	Reset	LF	Lg	UB	2.00	8.00	---	99.30	---	99.30	**149.00**
	Reset	LF	Sm	UB	2.67	6.00	---	133.00	---	133.00	**199.00**

Oversize, greater than 7' long or 2' projection

Description	Oper	Unit	Vol	Crew	Man-hrs	Output	Mat'l	Labor	Equip	Total	O&P
Average	Inst	LF	Lg	UB	1.60	10.00	72.10	79.40	---	151.50	**206.00**
	Inst	LF	Sm	UB	2.13	7.50	79.50	106.00	---	185.50	**254.00**
High	Inst	LF	Lg	UB	1.60	10.00	118.00	79.40	---	197.40	**260.00**
	Inst	LF	Sm	UB	2.13	7.50	130.00	106.00	---	236.00	**314.00**
Detach & Reset	Reset	LF	Lg	UB	2.29	7.00	---	114.00	---	114.00	**171.00**
	Reset	LF	Sm	UB	3.05	5.25	---	151.00	---	151.00	**227.00**

Canopies

Description	Oper	Unit	Vol	Crew Size	Man-hours per Unit	Crew Output per Day	Avg Mat'l Unit Cost	Avg Labor Unit Cost	Avg Equip Unit Cost	Avg Total Unit Cost	Avg Price Incl O&P
Canvas with Aluminum framework, prefabricated											
Fixed, attached, lean-to style, wall attachment and frame											
Average	Inst	LF	Lg	UB	4.00	4.00	107.00	199.00	---	306.00	**426.00**
	Inst	LF	Sm	UB	5.33	3.00	118.00	265.00	---	383.00	**538.00**
Retractable, attached, lean-to style, wall attachment and frame, no electric motor											
Average	Inst	LF	Lg	UB	5.33	3.00	142.00	265.00	---	407.00	**567.00**
	Inst	LF	Sm	UB	7.11	2.25	157.00	353.00	---	510.00	**717.00**
For electric motor, ADD	Inst	Ea	Lg	UE	5.00	4.00	535.00	222.00	---	757.00	**976.00**
	Inst	Ea	Sm	UE	6.67	3.00	590.00	297.00	---	887.00	**1150.00**
Fabric replacement											
Average	Inst	SF	Lg	UD	0.10	160.00	4.63	4.35	---	8.98	**12.10**
	Inst	SF	Sm	UD	0.13	120.00	5.10	5.66	---	10.76	**14.60**
High	Inst	SF	Lg	UD	0.10	160.00	5.27	4.35	---	9.62	**12.90**
	Inst	SF	Sm	UD	0.13	120.00	5.81	5.66	---	11.47	**15.50**
Sunroom / Garden Room, pre-fabricated kit											
Prefabricated Kits											
Up to 180 SF	Inst	SF	Lg	UB	0.53	30.00	107.00	26.30	---	133.30	**168.00**
	Inst	SF	Sm	UB	0.71	22.50	118.00	35.20	---	153.20	**194.00**
Greater than 180 SF	Inst	SF	Lg	UB	0.53	30.00	92.10	26.30	---	118.40	**150.00**
	Inst	SF	Sm	UB	0.71	22.50	102.00	35.20	---	137.20	**175.00**
Minimum Job Charge											
	Inst	Ea	Lg	UB	10.67	1.50	---	530.00	---	530.00	**794.00**
	Inst	Ea	Sm	UB	14.16	1.13	---	703.00	---	703.00	**1050.00**

Description	Oper	Unit	Vol	Crew Size	Man-hours per Unit	Crew Output per Day	Avg Mat'l Unit Cost	Avg Labor Unit Cost	Avg Equip Unit Cost	Avg Total Unit Cost	Avg Price Incl O&P

Carpet

Detach & reset operations

Detach and re-lay

Description	Oper	Unit	Vol	Crew Size	Man-hours per Unit	Crew Output per Day	Avg Mat'l Unit Cost	Avg Labor Unit Cost	Avg Equip Unit Cost	Avg Total Unit Cost	Avg Price Incl O&P
Existing carpet only	Reset	SY	Lg	FA	.095	84.00	---	4.01	1.01	5.02	**7.22**
	Reset	SY	Sm	FA	.159	50.40	---	6.71	1.69	8.40	**12.10**
Existing carpet w/ new pad	Reset	SY	Lg	FA	.111	72.00	4.76	4.68	1.18	10.62	**14.20**
	Reset	SY	Sm	FA	.185	43.20	5.25	7.81	1.97	15.03	**20.40**

Remove operations

Description	Oper	Unit	Vol	Crew Size	Man-hours per Unit	Crew Output per Day	Avg Mat'l Unit Cost	Avg Labor Unit Cost	Avg Equip Unit Cost	Avg Total Unit Cost	Avg Price Incl O&P
Carpet only, tacked	Demo	SY	Lg	FA	.035	228.0	---	1.48	---	1.48	**2.22**
	Demo	SY	Sm	FA	.058	136.8	---	2.45	---	2.45	**3.67**
Pad, minimal glue	Demo	SY	Lg	FA	.018	456.0	---	.76	---	.76	**1.14**
	Demo	SY	Sm	FA	.029	273.6	---	1.22	---	1.22	**1.84**
Scrape up backing residue	Demo	SY	Lg	FA	.083	96.00	---	3.50	1.04	4.54	**6.50**
	Demo	SY	Sm	FA	.139	57.60	---	5.86	1.74	7.60	**10.90**

Replace operations

Price includes consultation, measurement, pad separate, carpet separate, installation with stretcher on tack strips with hot melt tape on seams. Includes 15% carpet waste.

Standard quality

Description	Oper	Unit	Vol	Crew Size	Man-hours per Unit	Crew Output per Day	Avg Mat'l Unit Cost	Avg Labor Unit Cost	Avg Equip Unit Cost	Avg Total Unit Cost	Avg Price Incl O&P
Poly, thin pile density	Inst	SY	Lg	FA	.083	96.00	19.30	3.50	.89	23.69	**29.50**
	Inst	SY	Sm	FA	.139	57.60	21.30	5.86	1.48	28.64	**36.10**
Loop pile, 20 oz.	Inst	SY	Lg	FA	.083	96.00	11.20	3.50	.89	15.59	**19.80**
	Inst	SY	Sm	FA	.139	57.60	12.30	5.86	1.48	19.64	**25.40**
Cut pile, 24 oz.	Inst	SY	Lg	FA	.083	96.00	14.60	3.50	.89	18.99	**23.90**
	Inst	SY	Sm	FA	.139	57.60	16.10	5.86	1.48	23.44	**29.90**
Pad	Inst	SY	Lg	FA	.018	456.0	3.26	.76	---	4.02	**5.05**
	Inst	SY	Sm	FA	.029	273.6	3.60	1.22	---	4.82	**6.16**

Average quality

Description	Oper	Unit	Vol	Crew Size	Man-hours per Unit	Crew Output per Day	Avg Mat'l Unit Cost	Avg Labor Unit Cost	Avg Equip Unit Cost	Avg Total Unit Cost	Avg Price Incl O&P
Poly, medium pile density	Inst	SY	Lg	FA	.083	96.00	26.30	3.50	.89	30.69	**37.90**
	Inst	SY	Sm	FA	.139	57.60	29.00	5.86	1.48	36.34	**45.30**
Loop pile, 26 oz.	Inst	SY	Lg	FA	.083	96.00	15.00	3.50	.89	19.39	**24.30**
	Inst	SY	Sm	FA	.139	57.60	16.50	5.86	1.48	23.84	**30.40**
Cut pile, 36 oz.	Inst	SY	Lg	FA	.083	96.00	22.70	3.50	.89	27.09	**33.50**
	Inst	SY	Sm	FA	.139	57.60	25.00	5.86	1.48	32.34	**40.60**
Wool	Inst	SY	Lg	FA	.083	96.00	28.10	3.50	.89	32.49	**40.10**
	Inst	SY	Sm	FA	.139	57.60	31.00	5.86	1.48	38.34	**47.80**
Pad	Inst	SY	Lg	FA	.018	456.0	4.76	.76	---	5.52	**6.85**
	Inst	SY	Sm	FA	.029	273.6	5.25	1.22	---	6.47	**8.14**

Carpet

Description	Oper	Unit	Vol	Crew Size	Man-hours per Unit	Crew Output per Day	Avg Mat'l Unit Cost	Avg Labor Unit Cost	Avg Equip Unit Cost	Avg Total Unit Cost	Avg Price Incl O&P
High quality											
Nylon, medium pile density	Inst	SY	Lg	FA	.083	96.00	45.10	3.50	.89	49.49	**60.40**
	Inst	SY	Sm	FA	.139	57.60	49.70	5.86	1.48	57.04	**70.20**
Loop pile, 36 oz.	Inst	SY	Lg	FA	.083	96.00	25.00	3.50	.89	29.39	**36.30**
	Inst	SY	Sm	FA	.139	57.60	27.50	5.86	1.48	34.84	**43.60**
Cut pile, 46 oz.	Inst	SY	Lg	FA	.083	96.00	35.50	3.50	.89	39.89	**48.90**
	Inst	SY	Sm	FA	.139	57.60	39.10	5.86	1.48	46.44	**57.50**
Wool	Inst	SY	Lg	FA	.083	96.00	56.50	3.50	.89	60.89	**74.20**
	Inst	SY	Sm	FA	.139	57.60	62.30	5.86	1.48	69.64	**85.40**
Pad	Inst	SY	Lg	FA	.018	456.0	6.53	.76	---	7.29	**8.98**
	Inst	SY	Sm	FA	.029	273.6	7.19	1.22	---	8.41	**10.50**
Premium quality											
Nylon, thick pile density	Inst	SY	Lg	FA	.083	96.00	59.40	3.50	.89	63.79	**77.60**
	Inst	SY	Sm	FA	.139	57.60	65.40	5.86	1.48	72.74	**89.10**
Cut pile, 54 oz.	Inst	SY	Lg	FA	.083	96.00	49.50	3.50	.89	53.89	**65.70**
	Inst	SY	Sm	FA	.139	57.60	54.50	5.86	1.48	61.84	**76.00**
Wool	Inst	SY	Lg	FA	.083	96.00	107.00	3.50	.89	111.39	**135.00**
	Inst	SY	Sm	FA	.139	57.60	118.00	5.86	1.48	125.34	**152.00**
Decorator, floral or design	Inst	SY	Lg	FA	.160	50.00	139.00	6.75	1.70	147.45	**179.00**
	Inst	SY	Sm	FA	.267	30.00	153.00	11.30	2.83	167.13	**204.00**
Pad	Inst	SY	Lg	FA	.018	456.0	11.80	.76	---	12.56	**15.30**
	Inst	SY	Sm	FA	.029	273.6	13.00	1.22	---	14.22	**17.50**
Steps											
Waterfall (wrap over nose)	Inst	Ea	Lg	FA	.100	80.00	12.70	4.22	---	16.92	**21.50**
	Inst	Ea	Sm	FA	.167	48.00	13.90	7.05	---	20.95	**27.30**
Tucked (under tread nose)	Inst	Ea	Lg	FA	.160	50.00	18.30	6.75	---	25.05	**32.00**
	Inst	Ea	Sm	FA	.267	30.00	20.10	11.30	---	31.40	**41.00**
Open Riser	Inst	Ea	Lg	FA	.267	30.00	31.80	11.30	---	43.10	**55.00**
	Inst	Ea	Sm	FA	.444	18.00	35.00	18.70	---	53.70	**70.10**
Cove or wall wrap											
4" high	Inst	LF	Lg	FA	.062	130.0	3.21	2.62	---	5.83	**7.78**
	Inst	LF	Sm	FA	.103	78.00	3.54	4.35	---	7.89	**10.80**
6" high	Inst	LF	Lg	FA	.067	120.0	4.10	2.83	---	6.93	**9.16**
	Inst	LF	Sm	FA	.111	72.00	4.51	4.68	---	9.19	**12.40**
8" high	Inst	LF	Lg	FA	.073	110.0	4.97	3.08	---	8.05	**10.60**
	Inst	LF	Sm	FA	.121	66.00	5.48	5.10	---	10.58	**14.20**

Description	Oper	Unit	Vol	Crew Size	Man-hours per Unit	Crew Output per Day	Avg Mat'l Unit Cost	Avg Labor Unit Cost	Avg Equip Unit Cost	Avg Total Unit Cost	Avg Price Incl O&P

Caulking

See also Adhesives, page 24

Material costs are typical costs for the listed bead diameters. Figures in parentheses, following bead diameter, indicate approximate coverage including 5% waste. Labor costs are per LF of bead length and assume good quality application on smooth to slightly irregular surfaces

Multi-purpose caulk, good quality

Description	Oper	Unit	Vol	Crew Size	MH/Unit	Output/Day	Mat'l	Labor	Equip	Total	O&P
1/8" (11.6 LF/fluid oz.)	Inst	LF	Lg	CA	.018	445.0	.02	.83	---	.85	**1.26**
	Inst	LF	Sm	CA	.024	333.8	.02	1.10	---	1.12	**1.68**
1/4" (2.91 LF/fluid oz.)	Inst	LF	Lg	CA	.025	320.0	.09	1.15	---	1.24	**1.83**
	Inst	LF	Sm	CA	.033	240.0	.10	1.51	---	1.61	**2.39**
3/8" (1.29 LF/fluid oz.)	Inst	LF	Lg	CA	.030	265.0	.20	1.38	---	1.58	**2.30**
	Inst	LF	Sm	CA	.040	198.8	.22	1.84	---	2.06	**3.02**
1/2" (.729 LF/fluid oz.)	Inst	LF	Lg	CA	.033	240.0	.35	1.51	---	1.86	**2.69**
	Inst	LF	Sm	CA	.044	180.0	.39	2.02	---	2.41	**3.50**

Butyl flex caulk, premium quality

Description	Oper	Unit	Vol	Crew Size	MH/Unit	Output/Day	Mat'l	Labor	Equip	Total	O&P
1/8" (11.6 LF/fluid oz.)	Inst	LF	Lg	CA	.018	445.0	.07	.83	---	.90	**1.32**
	Inst	LF	Sm	CA	.024	333.8	.08	1.10	---	1.18	**1.75**
1/4" (2.91 LF/fluid oz.)	Inst	LF	Lg	CA	.025	320.0	.26	1.15	---	1.41	**2.03**
	Inst	LF	Sm	CA	.033	240.0	.29	1.51	---	1.80	**2.62**
3/8" (1.29 LF/fluid oz.)	Inst	LF	Lg	CA	.030	265.0	.59	1.38	---	1.97	**2.77**
	Inst	LF	Sm	CA	.040	198.8	.65	1.84	---	2.49	**3.53**
1/2" (.729 LF/fluid oz.)	Inst	LF	Lg	CA	.033	240.0	1.05	1.51	---	2.56	**3.53**
	Inst	LF	Sm	CA	.044	180.0	1.16	2.02	---	3.18	**4.42**

Latex, premium quality

Description	Oper	Unit	Vol	Crew Size	MH/Unit	Output/Day	Mat'l	Labor	Equip	Total	O&P
1/8" (11.6 LF/fluid oz.)	Inst	LF	Lg	CA	.018	445.0	.05	.83	---	.88	**1.30**
	Inst	LF	Sm	CA	.024	333.8	.05	1.10	---	1.15	**1.71**
1/4" (2.91 LF/fluid oz.)	Inst	LF	Lg	CA	.025	320.0	.20	1.15	---	1.35	**1.96**
	Inst	LF	Sm	CA	.033	240.0	.22	1.51	---	1.73	**2.54**
3/8" (1.29 LF/fluid oz.)	Inst	LF	Lg	CA	.030	265.0	.43	1.38	---	1.81	**2.58**
	Inst	LF	Sm	CA	.040	198.8	.48	1.84	---	2.32	**3.33**
1/2" (.729 LF/fluid oz.)	Inst	LF	Lg	CA	.033	240.0	.76	1.51	---	2.27	**3.18**
	Inst	LF	Sm	CA	.044	180.0	.84	2.02	---	2.86	**4.04**

Latex caulk, good quality

Description	Oper	Unit	Vol	Crew Size	MH/Unit	Output/Day	Mat'l	Labor	Equip	Total	O&P
1/8" (11.6 LF/fluid oz.)	Inst	LF	Lg	CA	.018	445.0	.04	.83	---	.87	**1.29**
	Inst	LF	Sm	CA	.024	333.8	.04	1.10	---	1.14	**1.70**
1/4" (2.91 LF/fluid oz.)	Inst	LF	Lg	CA	.025	320.0	.14	1.15	---	1.29	**1.89**
	Inst	LF	Sm	CA	.033	240.0	.15	1.51	---	1.66	**2.45**
3/8" (1.29 LF/fluid oz.)	Inst	LF	Lg	CA	.030	265.0	.32	1.38	---	1.70	**2.45**
	Inst	LF	Sm	CA	.040	198.8	.36	1.84	---	2.20	**3.18**
1/2" (.729 LF/fluid oz.)	Inst	LF	Lg	CA	.033	240.0	.57	1.51	---	2.08	**2.96**
	Inst	LF	Sm	CA	.044	180.0	.63	2.02	---	2.65	**3.78**

Caulking

Description	Oper	Unit	Vol	Crew Size	Man-hours per Unit	Crew Output per Day	Avg Mat'l Unit Cost	Avg Labor Unit Cost	Avg Equip Unit Cost	Avg Total Unit Cost	Avg Price Incl O&P
Oil base caulk, good quality											
1/8" (11.6 LF/fluid oz.)	Inst	LF	Lg	CA	.018	445.0	.09	.83	---	.92	**1.35**
	Inst	LF	Sm	CA	.024	333.8	.10	1.10	---	1.20	**1.77**
1/4" (2.91 LF/fluid oz.)	Inst	LF	Lg	CA	.025	320.0	.36	1.15	---	1.51	**2.15**
	Inst	LF	Sm	CA	.033	240.0	.40	1.51	---	1.91	**2.75**
3/8" (1.29 LF/fluid oz.)	Inst	LF	Lg	CA	.030	265.0	.82	1.38	---	2.20	**3.05**
	Inst	LF	Sm	CA	.040	198.8	.91	1.84	---	2.75	**3.84**
1/2" (.729 LF/fluid oz.)	Inst	LF	Lg	CA	.033	240.0	1.45	1.51	---	2.96	**4.01**
	Inst	LF	Sm	CA	.044	180.0	1.60	2.02	---	3.62	**4.95**
Oil base caulk, economy quality											
1/8" (11.6 LF/fluid oz.)	Inst	LF	Lg	CA	.018	445.0	.09	.83	---	.92	**1.35**
	Inst	LF	Sm	CA	.024	333.8	.10	1.10	---	1.20	**1.77**
1/4" (2.91 LF/fluid oz.)	Inst	LF	Lg	CA	.025	320.0	.33	1.15	---	1.48	**2.12**
	Inst	LF	Sm	CA	.033	240.0	.37	1.51	---	1.88	**2.72**
3/8" (1.29 LF/fluid oz.)	Inst	LF	Lg	CA	.030	265.0	.75	1.38	---	2.13	**2.96**
	Inst	LF	Sm	CA	.040	198.8	.83	1.84	---	2.67	**3.75**
1/2" (.729 LF/fluid oz.)	Inst	LF	Lg	CA	.033	240.0	1.33	1.51	---	2.84	**3.87**
	Inst	LF	Sm	CA	.044	180.0	1.47	2.02	---	3.49	**4.79**
Silicone caulk, good quality											
1/8" (11.6 LF/fluid oz.)	Inst	LF	Lg	CA	.018	445.0	.02	.83	---	.85	**1.26**
	Inst	LF	Sm	CA	.024	333.8	.02	1.10	---	1.12	**1.68**
1/4" (2.91 LF/fluid oz.)	Inst	LF	Lg	CA	.025	320.0	.09	1.15	---	1.24	**1.83**
	Inst	LF	Sm	CA	.033	240.0	.10	1.51	---	1.61	**2.39**
3/8" (1.29 LF/fluid oz.)	Inst	LF	Lg	CA	.030	265.0	.19	1.38	---	1.57	**2.29**
	Inst	LF	Sm	CA	.040	198.8	.21	1.84	---	2.05	**3.00**
1/2" (.729 LF/fluid oz.)	Inst	LF	Lg	CA	.033	240.0	.33	1.51	---	1.84	**2.67**
	Inst	LF	Sm	CA	.044	180.0	.37	2.02	---	2.39	**3.47**
Silicone caulk, premium quality											
1/8" (11.6 LF/fluid oz.)	Inst	LF	Lg	CA	.018	445.0	.12	.83	---	.95	**1.38**
	Inst	LF	Sm	CA	.024	333.8	.13	1.10	---	1.23	**1.81**
1/4" (2.91 LF/fluid oz.)	Inst	LF	Lg	CA	.025	320.0	.46	1.15	---	1.61	**2.27**
	Inst	LF	Sm	CA	.033	240.0	.51	1.51	---	2.02	**2.88**
3/8" (1.29 LF/fluid oz.)	Inst	LF	Lg	CA	.030	265.0	1.04	1.38	---	2.42	**3.31**
	Inst	LF	Sm	CA	.040	198.8	1.14	1.84	---	2.98	**4.12**
1/2" (.729 LF/fluid oz.)	Inst	LF	Lg	CA	.033	240.0	1.84	1.51	---	3.35	**4.48**
	Inst	LF	Sm	CA	.044	180.0	2.03	2.02	---	4.05	**5.46**
Wet Area (Kitchen & Bath) caulk, white, siliconized											
1/8" (11.6 LF/fluid oz.)	Inst	LF	Lg	CA	.018	445.0	.07	.83	---	.90	**1.32**
	Inst	LF	Sm	CA	.024	333.8	.08	1.10	---	1.18	**1.75**
1/4" (2.91 LF/fluid oz.)	Inst	LF	Lg	CA	.025	320.0	.26	1.15	---	1.41	**2.03**
	Inst	LF	Sm	CA	.033	240.0	.29	1.51	---	1.80	**2.62**
3/8" (1.29 LF/fluid oz.)	Inst	LF	Lg	CA	.030	265.0	.60	1.38	---	1.98	**2.78**
	Inst	LF	Sm	CA	.040	198.8	.66	1.84	---	2.50	**3.54**
1/2" (.729 LF/fluid oz.)	Inst	LF	Lg	CA	.033	240.0	1.06	1.51	---	2.57	**3.54**
	Inst	LF	Sm	CA	.044	180.0	1.17	2.02	---	3.19	**4.43**

Description	Oper	Unit	Vol	Crew Size	Man-hours per Unit	Crew Output per Day	Avg Mat'l Unit Cost	Avg Labor Unit Cost	Avg Equip Unit Cost	Avg Total Unit Cost	Avg Price Incl O&P
Wet Area (Kitchen & Bath) anti-algae and mildew-resistant caulk, white or clear, siliconized											
1/8" (11.6 LF/fluid oz.)	Inst	LF	Lg	CA	.018	445.0	.08	.83	---	.91	**1.33**
	Inst	LF	Sm	CA	.024	333.8	.09	1.10	---	1.19	**1.76**
1/4" (2.91 LF/fluid oz.)	Inst	LF	Lg	CA	.025	320.0	.29	1.15	---	1.44	**2.07**
	Inst	LF	Sm	CA	.033	240.0	.32	1.51	---	1.83	**2.66**
3/8" (1.29 LF/fluid oz.)	Inst	LF	Lg	CA	.030	265.0	.66	1.38	---	2.04	**2.86**
	Inst	LF	Sm	CA	.040	198.8	.72	1.84	---	2.56	**3.62**
1/2" (.729 LF/fluid oz.)	Inst	LF	Lg	CA	.033	240.0	1.17	1.51	---	2.68	**3.68**
	Inst	LF	Sm	CA	.044	180.0	1.29	2.02	---	3.31	**4.58**
Elastomeric caulk, premium quality											
1/8" (11.6 LF/fluid oz.)	Inst	LF	Lg	CA	.018	445.0	.08	.83	---	.91	**1.33**
	Inst	LF	Sm	CA	.024	333.8	.09	1.10	---	1.19	**1.76**
1/4" (2.91 LF/fluid oz.)	Inst	LF	Lg	CA	.025	320.0	.31	1.15	---	1.46	**2.09**
	Inst	LF	Sm	CA	.033	240.0	.35	1.51	---	1.86	**2.69**
3/8" (1.29 LF/fluid oz.)	Inst	LF	Lg	CA	.030	265.0	.72	1.38	---	2.10	**2.93**
	Inst	LF	Sm	CA	.040	198.8	.79	1.84	---	2.63	**3.70**
1/2" (.729 LF/fluid oz.)	Inst	LF	Lg	CA	.033	240.0	1.26	1.51	---	2.77	**3.78**
	Inst	LF	Sm	CA	.044	180.0	1.39	2.02	---	3.41	**4.70**
Add for irregular surfaces such as vertical masonry or lap siding											
	Inst	%	Lg	CA	---	---	5.0	---	---	---	**---**
	Inst	%	Sm	CA	---	---	5.0	---	---	---	**---**
Caulking gun, contractor grade, heavy duty, battery operated											
	Inst	Ea	Lg	CA	---	---	77.40	---	---	77.40	**92.90**
	Inst	Ea	Sm	CA	---	---	85.30	---	---	85.30	**102.00**
Caulking gun, heavy duty											
	Inst	Ea	Lg	CA	---	---	17.60	---	---	17.60	**21.10**
	Inst	Ea	Sm	CA	---	---	19.40	---	---	19.40	**23.30**
Caulking gun, ratchet, good											
	Inst	Ea	Lg	CA	---	---	5.86	---	---	5.86	**7.03**
	Inst	Ea	Sm	CA	---	---	6.46	---	---	6.46	**7.75**

Ceramic tile

1. **Dimensions.** There are many sizes of ceramic tile. Only 4¼" x 4¼" and 1" x 1" will be discussed here.

    a. 4¼" x 4¼" tile is furnished both unmounted and back-mounted. Back-mounted tile are usually furnished in sheets of 12 tile.

    b. 1" x 1" mosaic tile is furnished face-mounted and back-mounted in sheets; normally, 2'-0" x 1'-0".

2. **Installation.** There are three methods:

    a. Conventional, which uses portland cement, sand and wet tile grout.

    b. Dry-set, which uses dry-set mix and dry tile grout mix.

    c. Organic adhesive, which uses adhesive and dry tile grout mix.

    The conventional method is the most expensive and is used less frequently than the other methods.

3. **Estimating Technique.** For tile, determine the area and add 5% to 10% for waste. For cove, base or trim, determine the length in linear feet and add 5% to 10% for waste.

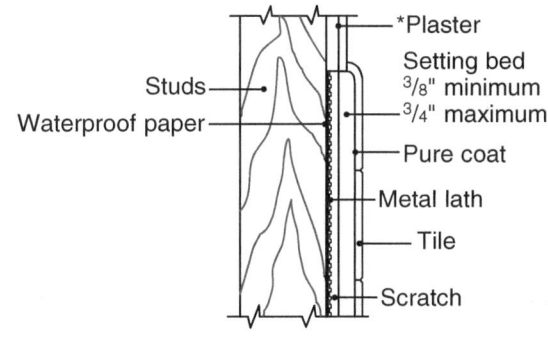

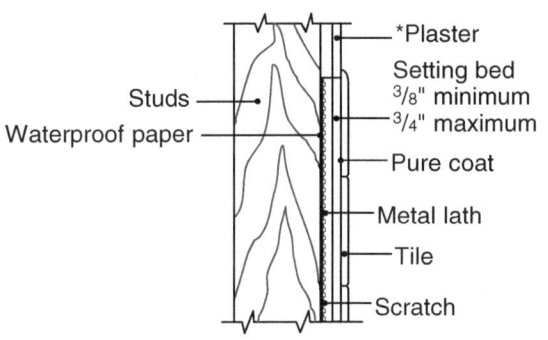

*This installation would be similar if wall finish above tile wainscot were of other material such as wallboard, plywood, etc.

Wood or steel construction with plaster above tile wainscot

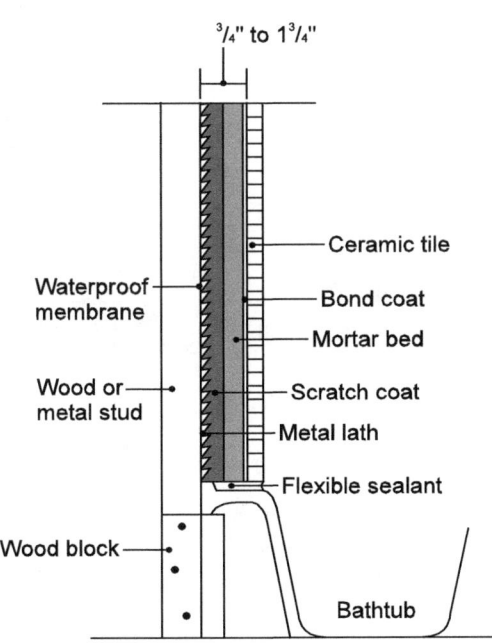

Cross section of bathtub wall using cement mortar

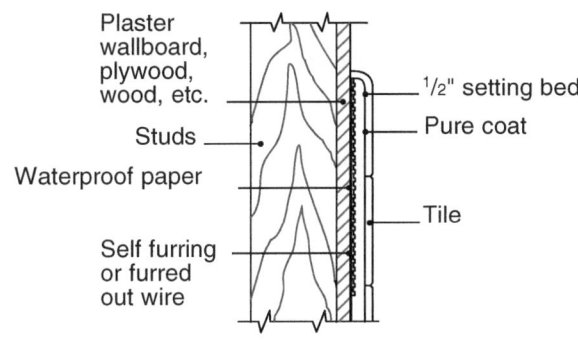

Wood or steel construction with solid covered backing

Courtesy: *Ceramic Tile Institute of America* 700 N. Virgil Ave., Ste 300, Los Angeles, CA 90029

Ceramic tile

Countertop / Backsplash

Description	Oper	Unit	Vol	Crew Size	Man-hours per Unit	Crew Output per Day	Avg Mat'l Unit Cost	Avg Labor Unit Cost	Avg Equip Unit Cost	Avg Total Unit Cost	Avg Price Incl O&P
Adhesive / Mastic											
1" x 1" or similar	Inst	SF	Lg	TB	.229	70.00	9.63	8.47	---	18.10	**24.30**
	Inst	SF	Sm	TB	.381	42.00	10.60	14.10	---	24.70	**33.90**
4-1/4" x 4-1/4" or similar	Inst	SF	Lg	TB	.200	80.00	8.06	7.39	---	15.45	**20.80**
	Inst	SF	Sm	TB	.333	48.00	8.88	12.30	---	21.18	**29.10**

Cove/base

Description	Oper	Unit	Vol	Crew Size	Man-hours per Unit	Crew Output per Day	Avg Mat'l Unit Cost	Avg Labor Unit Cost	Avg Equip Unit Cost	Avg Total Unit Cost	Avg Price Incl O&P
Adhesive / Mastic											
4-1/4" x 4-1/4" or similar	Inst	LF	Lg	TB	.200	80.00	7.71	7.39	---	15.10	**20.30**
	Inst	LF	Sm	TB	.333	48.00	8.50	12.30	---	20.80	**28.70**
6" x 4-1/4" or similar	Inst	LF	Lg	TB	.168	95.00	8.54	6.21	---	14.75	**19.60**
	Inst	LF	Sm	TB	.281	57.00	9.41	10.40	---	19.81	**26.90**
Conventional mortar											
4-1/4" x 4-1/4" or similar	Inst	LF	Lg	TB	.356	45.00	7.66	13.20	---	20.86	**28.90**
	Inst	LF	Sm	TB	.593	27.00	8.45	21.90	---	30.35	**43.00**
6" x 4-1/4" or similar	Inst	LF	Lg	TB	.320	50.00	8.47	11.80	---	20.27	**27.90**
	Inst	LF	Sm	TB	.533	30.00	9.33	19.70	---	29.03	**40.80**
Thinset / Dry-set											
4-1/4" x 4-1/4" or similar	Inst	LF	Lg	TB	.246	65.00	7.60	9.09	---	16.69	**22.80**
	Inst	LF	Sm	TB	.410	39.00	8.37	15.20	---	23.57	**32.80**
6" x 4-1/4" or similar	Inst	LF	Lg	TB	.213	75.00	8.37	7.87	---	16.24	**21.90**
	Inst	LF	Sm	TB	.356	45.00	9.22	13.20	---	22.42	**30.80**

Floors

Description	Oper	Unit	Vol	Crew Size	Man-hours per Unit	Crew Output per Day	Avg Mat'l Unit Cost	Avg Labor Unit Cost	Avg Equip Unit Cost	Avg Total Unit Cost	Avg Price Incl O&P
1-1/2" x 1-1/2" or 4-1/4" x 4-1/4"; includes dumpster											
Adhesive or Thinset / Dry-set	Demo	SF	Lg	LB	.029	550.0	---	1.08	.21	1.29	**1.88**
	Demo	SF	Sm	LB	.048	330.0	---	1.80	.23	2.03	**2.97**
Conventional mortar	Demo	SF	Lg	LB	.034	475.0	---	1.27	.21	1.48	**2.16**
	Demo	SF	Sm	LB	.056	285.0	---	2.09	.23	2.32	**3.42**
Adhesive / Mastic											
1-1/2" x 1-1/2" or similar	Inst	SF	Lg	TB	.133	120.0	9.63	4.92	---	14.55	**18.90**
	Inst	SF	Sm	TB	.222	72.00	10.60	8.21	---	18.81	**25.10**
4-1/4" x 4-1/4" or similar	Inst	SF	Lg	TB	.123	130.0	8.06	4.55	---	12.61	**16.50**
	Inst	SF	Sm	TB	.205	78.00	8.88	7.58	---	16.46	**22.00**
Conventional mortar											
1-1/2" x 1-1/2" or similar	Inst	SF	Lg	TB	.267	60.00	9.47	9.87	---	19.34	**26.20**
	Inst	SF	Sm	TB	.444	36.00	10.40	16.40	---	26.80	**37.10**
4-1/4" x 4-1/4" or similar	Inst	SF	Lg	TB	.229	70.00	7.91	8.47	---	16.38	**22.20**
	Inst	SF	Sm	TB	.381	42.00	8.72	14.10	---	22.82	**31.60**
Thinset / Dry-set											
1-1/2" x 1-1/2" or similar	Inst	SF	Lg	TB	.168	95.00	9.29	6.21	---	15.50	**20.50**
	Inst	SF	Sm	TB	.281	57.00	10.20	10.40	---	20.60	**27.90**
4-1/4" x 4-1/4" or similar	Inst	SF	Lg	TB	.152	105.0	7.71	5.62	---	13.33	**17.70**
	Inst	SF	Sm	TB	.254	63.00	8.50	9.39	---	17.89	**24.30**

Ceramic tile

Description	Oper	Unit	Vol	Crew Size	Man-hours per Unit	Crew Output per Day	Avg Mat'l Unit Cost	Avg Labor Unit Cost	Avg Equip Unit Cost	Avg Total Unit Cost	Avg Price Incl O&P

Wainscot cap

Adhesive / Mastic

Description	Oper	Unit	Vol	Crew Size	Man-hours per Unit	Crew Output per Day	Avg Mat'l Unit Cost	Avg Labor Unit Cost	Avg Equip Unit Cost	Avg Total Unit Cost	Avg Price Incl O&P
2" x 6" or similar	Inst	LF	Lg	TB	.133	120.0	9.82	4.92	---	14.74	**19.20**
	Inst	LF	Sm	TB	.222	72.00	10.80	8.21	---	19.01	**25.30**

Conventional mortar

2" x 6" or similar	Inst	LF	Lg	TB	.213	75.00	9.80	7.87	---	17.67	**23.60**
	Inst	LF	Sm	TB	.356	45.00	10.80	13.20	---	24.00	**32.70**

Thinset / Dry-set

2" x 6" or similar	Inst	LF	Lg	TB	.160	100.0	9.77	5.92	---	15.69	**20.60**
	Inst	LF	Sm	TB	.267	60.00	10.80	9.87	---	20.67	**27.70**

Walls

Adhesive or Thinset / Dry-set, includes dumpster

1-1/2" x 1-1/2" or 4-1/4" x 4-1/4"	Demo	SF	Lg	LB	.033	480.0	---	1.23	.21	1.44	**2.10**
	Demo	SF	Sm	LB	.056	288.0	---	2.09	.23	2.32	**3.42**

Conventional mortar, includes dumpster

1-1/2" x 1-1/2" or 4-1/4" x 4-1/4"	Demo	SF	Lg	LB	.040	400.0	---	1.50	.21	1.71	**2.50**
	Demo	SF	Sm	LB	.067	240.0	---	2.51	.23	2.74	**4.03**

Adhesive / Mastic

1-1/2" x 1-1/2"	Inst	SF	Lg	TB	.160	100.0	9.63	5.92	---	15.55	**20.40**
	Inst	SF	Sm	TB	.267	60.00	10.60	9.87	---	20.47	**27.60**
4-1/4" x 4-1/4"	Inst	SF	Lg	TB	.145	110.0	8.06	5.36	---	13.42	**17.70**
	Inst	SF	Sm	TB	.242	66.00	8.88	8.95	---	17.83	**24.10**

Conventional mortar

1-1/2" x 1-1/2"	Inst	SF	Lg	TB	.320	50.00	9.47	11.80	---	21.27	**29.10**
	Inst	SF	Sm	TB	.533	30.00	10.40	19.70	---	30.10	**42.10**
4-1/4" x 4-1/4"	Inst	SF	Lg	TB	.267	60.00	7.91	9.87	---	17.78	**24.30**
	Inst	SF	Sm	TB	.444	36.00	8.72	16.40	---	25.12	**35.10**

Thinset / Dry-set

1-1/2" x 1-1/2"	Inst	SF	Lg	TB	.200	80.00	9.29	7.39	---	16.68	**22.20**
	Inst	SF	Sm	TB	.333	48.00	10.20	12.30	---	22.50	**30.80**
4-1/4" x 4-1/4"	Inst	SF	Lg	TB	.178	90.00	7.71	6.58	---	14.29	**19.10**
	Inst	SF	Sm	TB	.296	54.00	8.50	10.90	---	19.40	**26.60**

Related Materials

Cement backer board

1/4" thick	Inst	SF	Lg	TB	.017	960.0	.77	.63	---	1.40	**1.87**
	Inst	SF	Sm	TB	.028	576.0	.96	1.04	---	2.00	**2.70**
1/2" thick	Inst	SF	Lg	TB	.019	864.0	.83	.70	---	1.53	**2.05**
	Inst	SF	Sm	TB	.031	518.4	1.05	1.15	---	2.20	**2.98**

Description	Oper	Unit	Vol	Crew Size	Man-hours per Unit	Crew Output per Day	Avg Mat'l Unit Cost	Avg Labor Unit Cost	Avg Equip Unit Cost	Avg Total Unit Cost	Avg Price Incl O&P

Closet door systems

Labor costs include hanging and fitting of doors and hardware

Bi-folding units

Includes hardware and pine fascia trim

Unfinished

Birch, flush face, 1-3/8" T, hollow core

Description	Oper	Unit	Vol	Crew Size	Man-hours per Unit	Crew Output per Day	Avg Mat'l Unit Cost	Avg Labor Unit Cost	Avg Equip Unit Cost	Avg Total Unit Cost	Avg Price Incl O&P
2'-0" x 6'-8", 2 doors	Inst	Set	Lg	2C	1.60	10.00	161.00	73.40	---	234.40	**303.00**
	Inst	Set	Sm	2C	2.46	6.50	177.00	113.00	---	290.00	**382.00**
2'-6" x 6'-8", 2 doors	Inst	Set	Lg	2C	1.60	10.00	179.00	73.40	---	252.40	**325.00**
	Inst	Set	Sm	2C	2.46	6.50	197.00	113.00	---	310.00	**406.00**
3'-0" x 6'-8", 2 doors	Inst	Set	Lg	2C	1.60	10.00	211.00	73.40	---	284.40	**363.00**
	Inst	Set	Sm	2C	2.46	6.50	233.00	113.00	---	346.00	**448.00**
4'-0" x 6'-8", 4 doors	Inst	Set	Lg	2C	2.00	8.00	322.00	91.80	---	413.80	**524.00**
	Inst	Set	Sm	2C	3.08	5.20	355.00	141.00	---	496.00	**638.00**
6'-0" x 6'-8", 4 doors	Inst	Set	Lg	2C	2.00	8.00	358.00	91.80	---	449.80	**567.00**
	Inst	Set	Sm	2C	3.08	5.20	394.00	141.00	---	535.00	**685.00**
8'-0" x 6'-8", 4 doors	Inst	Set	Lg	2C	2.00	8.00	422.00	91.80	---	513.80	**644.00**
	Inst	Set	Sm	2C	3.08	5.20	465.00	141.00	---	606.00	**770.00**
4'-0" x 8'-0", 4 doors	Inst	Set	Lg	2C	2.00	8.00	386.00	91.80	---	477.80	**601.00**
	Inst	Set	Sm	2C	3.08	5.20	426.00	141.00	---	567.00	**723.00**
6'-0" x 8'-0", 4 doors	Inst	Set	Lg	2C	2.00	8.00	429.00	91.80	---	520.80	**653.00**
	Inst	Set	Sm	2C	3.08	5.20	473.00	141.00	---	614.00	**780.00**
8'-0" x 8'-0", 4 doors	Inst	Set	Lg	2C	2.00	8.00	507.00	91.80	---	598.80	**746.00**
	Inst	Set	Sm	2C	3.08	5.20	558.00	141.00	---	699.00	**882.00**

Lauan, flush face, 1-3/8" T, hollow core

Description	Oper	Unit	Vol	Crew Size	Man-hours per Unit	Crew Output per Day	Avg Mat'l Unit Cost	Avg Labor Unit Cost	Avg Equip Unit Cost	Avg Total Unit Cost	Avg Price Incl O&P
2'-0" x 6'-8", 2 doors	Inst	Set	Lg	2C	1.60	10.00	81.10	73.40	---	154.50	**207.00**
	Inst	Set	Sm	2C	2.46	6.50	89.40	113.00	---	202.40	**277.00**
2'-6" x 6'-8", 2 doors	Inst	Set	Lg	2C	1.60	10.00	90.10	73.40	---	163.50	**218.00**
	Inst	Set	Sm	2C	2.46	6.50	99.30	113.00	---	212.30	**288.00**
3'-0" x 6'-8", 2 doors	Inst	Set	Lg	2C	1.60	10.00	106.00	73.40	---	179.40	**238.00**
	Inst	Set	Sm	2C	2.46	6.50	117.00	113.00	---	230.00	**310.00**
4'-0" x 6'-8", 4 doors	Inst	Set	Lg	2C	2.00	8.00	162.00	91.80	---	253.80	**332.00**
	Inst	Set	Sm	2C	3.08	5.20	179.00	141.00	---	320.00	**426.00**
6'-0" x 6'-8", 4 doors	Inst	Set	Lg	2C	2.00	8.00	180.00	91.80	---	271.80	**354.00**
	Inst	Set	Sm	2C	3.08	5.20	199.00	141.00	---	340.00	**450.00**
8'-0" x 6'-8", 4 doors	Inst	Set	Lg	2C	2.00	8.00	213.00	91.80	---	304.80	**393.00**
	Inst	Set	Sm	2C	3.08	5.20	234.00	141.00	---	375.00	**493.00**
4'-0" x 8'-0", 4 doors	Inst	Set	Lg	2C	2.00	8.00	195.00	91.80	---	286.80	**371.00**
	Inst	Set	Sm	2C	3.08	5.20	214.00	141.00	---	355.00	**469.00**
6'-0" x 8'-0", 4 doors	Inst	Set	Lg	2C	2.00	8.00	216.00	91.80	---	307.80	**397.00**
	Inst	Set	Sm	2C	3.08	5.20	238.00	141.00	---	379.00	**498.00**
8'-0" x 8'-0", 4 doors	Inst	Set	Lg	2C	2.00	8.00	255.00	91.80	---	346.80	**444.00**
	Inst	Set	Sm	2C	3.08	5.20	281.00	141.00	---	422.00	**549.00**

Closet door systems, bi-folding units

Description	Oper	Unit	Vol	Crew Size	Man-hours per Unit	Crew Output per Day	Avg Mat'l Unit Cost	Avg Labor Unit Cost	Avg Equip Unit Cost	Avg Total Unit Cost	Avg Price Incl O&P
Ponderosa pine, half louver raised panel, 1-3/8" T, solid core											
2'-0" x 6'-8", 2 doors	Inst	Set	Lg	2C	1.60	10.00	216.00	73.40	---	289.40	**370.00**
	Inst	Set	Sm	2C	2.46	6.50	238.00	113.00	---	351.00	**455.00**
4'-0" x 6'-8", 4 doors	Inst	Set	Lg	2C	2.00	8.00	433.00	91.80	---	524.80	**657.00**
	Inst	Set	Sm	2C	3.08	5.20	477.00	141.00	---	618.00	**784.00**
6'-0" x 6'-8", 4 doors	Inst	Set	Lg	2C	2.00	8.00	511.00	91.80	---	602.80	**750.00**
	Inst	Set	Sm	2C	3.08	5.20	563.00	141.00	---	704.00	**887.00**
8'-0" x 6'-8", 4 doors	Inst	Set	Lg	2C	2.00	8.00	602.00	91.80	---	693.80	**861.00**
	Inst	Set	Sm	2C	3.08	5.20	664.00	141.00	---	805.00	**1010.00**
Ponderosa pine, full louver, 1-3/8" T, solid core											
2'-0" x 6'-8", 2 doors	Inst	Set	Lg	2C	1.60	10.00	183.00	73.40	---	256.40	**330.00**
	Inst	Set	Sm	2C	2.46	6.50	202.00	113.00	---	315.00	**412.00**
4'-0" x 6'-8", 4 doors	Inst	Set	Lg	2C	2.00	8.00	367.00	91.80	---	458.80	**578.00**
	Inst	Set	Sm	2C	3.08	5.20	404.00	141.00	---	545.00	**697.00**
6'-0" x 6'-8", 4 doors	Inst	Set	Lg	2C	2.00	8.00	433.00	91.80	---	524.80	**657.00**
	Inst	Set	Sm	2C	3.08	5.20	477.00	141.00	---	618.00	**784.00**
Colonist style, raised panel, 1-3/8" T, hollow core											
2'-0" x 6'-8", 2 doors	Inst	Set	Lg	2C	1.60	10.00	106.00	73.40	---	179.40	**237.00**
	Inst	Set	Sm	2C	2.46	6.50	117.00	113.00	---	230.00	**310.00**
2'-6" x 6'-8", 2 doors	Inst	Set	Lg	2C	1.60	10.00	118.00	73.40	---	191.40	**252.00**
	Inst	Set	Sm	2C	2.46	6.50	130.00	113.00	---	243.00	**325.00**
3'-0" x 6'-8", 2 doors	Inst	Set	Lg	2C	1.60	10.00	139.00	73.40	---	212.40	**277.00**
	Inst	Set	Sm	2C	2.46	6.50	153.00	113.00	---	266.00	**353.00**
4'-0" x 6'-8", 4 doors	Inst	Set	Lg	2C	2.00	8.00	212.00	91.80	---	303.80	**392.00**
	Inst	Set	Sm	2C	3.08	5.20	234.00	141.00	---	375.00	**493.00**
6'-0" x 6'-8", 4 doors	Inst	Set	Lg	2C	2.00	8.00	236.00	91.80	---	327.80	**421.00**
	Inst	Set	Sm	2C	3.08	5.20	260.00	141.00	---	401.00	**524.00**
8'-0" x 6'-8", 4 doors	Inst	Set	Lg	2C	2.00	8.00	278.00	91.80	---	369.80	**472.00**
	Inst	Set	Sm	2C	3.08	5.20	307.00	141.00	---	448.00	**580.00**
4'-0" x 8'-0", 4 doors	Inst	Set	Lg	2C	2.00	8.00	255.00	91.80	---	346.80	**443.00**
	Inst	Set	Sm	2C	3.08	5.20	281.00	141.00	---	422.00	**549.00**
6'-0" x 8'-0", 4 doors	Inst	Set	Lg	2C	2.00	8.00	283.00	91.80	---	374.80	**477.00**
	Inst	Set	Sm	2C	3.08	5.20	312.00	141.00	---	453.00	**586.00**
8'-0" x 8'-0", 4 doors	Inst	Set	Lg	2C	2.00	8.00	334.00	91.80	---	425.80	**538.00**
	Inst	Set	Sm	2C	3.08	5.20	368.00	141.00	---	509.00	**654.00**
Ash, flush face, 1-3/8" T, hollow core											
2'-0" x 6'-8", 2 doors	Inst	Set	Lg	2C	1.60	10.00	270.00	73.40	---	343.40	**434.00**
	Inst	Set	Sm	2C	2.46	6.50	297.00	113.00	---	410.00	**526.00**
2'-6" x 6'-8", 2 doors	Inst	Set	Lg	2C	1.60	10.00	300.00	73.40	---	373.40	**470.00**
	Inst	Set	Sm	2C	2.46	6.50	330.00	113.00	---	443.00	**565.00**
3'-0" x 6'-8", 2 doors	Inst	Set	Lg	2C	1.60	10.00	353.00	73.40	---	426.40	**534.00**
	Inst	Set	Sm	2C	2.46	6.50	389.00	113.00	---	502.00	**637.00**
4'-0" x 6'-8", 4 doors	Inst	Set	Lg	2C	2.00	8.00	539.00	91.80	---	630.80	**785.00**
	Inst	Set	Sm	2C	3.08	5.20	594.00	141.00	---	735.00	**925.00**

Description	Oper	Unit	Vol	Crew Size	Man-hours per Unit	Crew Output per Day	Avg Mat'l Unit Cost	Avg Labor Unit Cost	Avg Equip Unit Cost	Avg Total Unit Cost	Avg Price Incl O&P
6'-0" x 6'-8", 4 doors	Inst	Set	Lg	2C	2.00	8.00	599.00	91.80	---	690.80	**856.00**
	Inst	Set	Sm	2C	3.08	5.20	660.00	141.00	---	801.00	**1000.00**
8'-0" x 6'-8", 4 doors	Inst	Set	Lg	2C	2.00	8.00	707.00	91.80	---	798.80	**986.00**
	Inst	Set	Sm	2C	3.08	5.20	779.00	141.00	---	920.00	**1150.00**
4'-0" x 8'-0", 4 doors	Inst	Set	Lg	2C	2.00	8.00	647.00	91.80	---	738.80	**914.00**
	Inst	Set	Sm	2C	3.08	5.20	713.00	141.00	---	854.00	**1070.00**
6'-0" x 8'-0", 4 doors	Inst	Set	Lg	2C	2.00	8.00	719.00	91.80	---	810.80	**1000.00**
	Inst	Set	Sm	2C	3.08	5.20	792.00	141.00	---	933.00	**1160.00**
8'-0" x 8'-0", 4 doors	Inst	Set	Lg	2C	2.00	8.00	848.00	91.80	---	939.80	**1160.00**
	Inst	Set	Sm	2C	3.08	5.20	935.00	141.00	---	1076.00	**1330.00**

Mirrored

Standard quality

Description	Oper	Unit	Vol	Crew Size	Man-hours per Unit	Crew Output per Day	Avg Mat'l Unit Cost	Avg Labor Unit Cost	Avg Equip Unit Cost	Avg Total Unit Cost	Avg Price Incl O&P
2'-0" x 6'-8", 2 doors	Inst	Set	Lg	2C	1.60	10.00	236.00	73.40	---	309.40	**393.00**
	Inst	Set	Sm	2C	2.46	6.50	260.00	113.00	---	373.00	**481.00**
2'-6" x 6'-8", 2 doors	Inst	Set	Lg	2C	1.60	10.00	262.00	73.40	---	335.40	**424.00**
	Inst	Set	Sm	2C	2.46	6.50	289.00	113.00	---	402.00	**516.00**
3'-0" x 6'-8", 2 doors	Inst	Set	Lg	2C	1.60	10.00	309.00	73.40	---	382.40	**481.00**
	Inst	Set	Sm	2C	2.46	6.50	341.00	113.00	---	454.00	**578.00**
4'-0" x 6'-8", 4 doors	Inst	Set	Lg	2C	2.00	8.00	471.00	91.80	---	562.80	**703.00**
	Inst	Set	Sm	2C	3.08	5.20	520.00	141.00	---	661.00	**835.00**
6'-0" x 6'-8", 4 doors	Inst	Set	Lg	2C	2.00	8.00	524.00	91.80	---	615.80	**766.00**
	Inst	Set	Sm	2C	3.08	5.20	577.00	141.00	---	718.00	**905.00**
8'-0" x 6'-8", 4 doors	Inst	Set	Lg	2C	2.00	8.00	618.00	91.80	---	709.80	**879.00**
	Inst	Set	Sm	2C	3.08	5.20	681.00	141.00	---	822.00	**1030.00**
4'-0" x 8'-0", 4 doors	Inst	Set	Lg	2C	2.00	8.00	566.00	91.80	---	657.80	**817.00**
	Inst	Set	Sm	2C	3.08	5.20	624.00	141.00	---	765.00	**960.00**
6'-0" x 8'-0", 4 doors	Inst	Set	Lg	2C	2.00	8.00	629.00	91.80	---	720.80	**892.00**
	Inst	Set	Sm	2C	3.08	5.20	693.00	141.00	---	834.00	**1040.00**
8'-0" x 8'-0", 4 doors	Inst	Set	Lg	2C	2.00	8.00	742.00	91.80	---	833.80	**1030.00**
	Inst	Set	Sm	2C	3.08	5.20	817.00	141.00	---	958.00	**1190.00**

Premium quality

Description	Oper	Unit	Vol	Crew Size	Man-hours per Unit	Crew Output per Day	Avg Mat'l Unit Cost	Avg Labor Unit Cost	Avg Equip Unit Cost	Avg Total Unit Cost	Avg Price Incl O&P
2'-0" x 6'-8", 2 doors	Inst	Set	Lg	2C	1.60	10.00	403.00	73.40	---	476.40	**594.00**
	Inst	Set	Sm	2C	2.46	6.50	444.00	113.00	---	557.00	**702.00**
2'-6" x 6'-8", 2 doors	Inst	Set	Lg	2C	1.60	10.00	448.00	73.40	---	521.40	**648.00**
	Inst	Set	Sm	2C	2.46	6.50	494.00	113.00	---	607.00	**762.00**
3'-0" x 6'-8", 2 doors	Inst	Set	Lg	2C	1.60	10.00	528.00	73.40	---	601.40	**744.00**
	Inst	Set	Sm	2C	2.46	6.50	582.00	113.00	---	695.00	**868.00**
4'-0" x 6'-8", 4 doors	Inst	Set	Lg	2C	2.00	8.00	806.00	91.80	---	897.80	**1110.00**
	Inst	Set	Sm	2C	3.08	5.20	888.00	141.00	---	1029.00	**1280.00**

Closet door systems, bi-folding units

Description	Oper	Unit	Vol	Crew Size	Man-hours per Unit	Crew Output per Day	Avg Mat'l Unit Cost	Avg Labor Unit Cost	Avg Equip Unit Cost	Avg Total Unit Cost	Avg Price Incl O&P
6'-0" x 6'-8", 4 doors	Inst	Set	Lg	2C	2.00	8.00	896.00	91.80	---	987.80	**1210.00**
	Inst	Set	Sm	2C	3.08	5.20	987.00	141.00	---	1128.00	**1400.00**
8'-0" x 6'-8", 4 doors	Inst	Set	Lg	2C	2.00	8.00	1060.00	91.80	---	1151.80	**1410.00**
	Inst	Set	Sm	2C	3.08	5.20	1160.00	141.00	---	1301.00	**1610.00**
4'-0" x 8'-0", 4 doors	Inst	Set	Lg	2C	2.00	8.00	967.00	91.80	---	1058.80	**1300.00**
	Inst	Set	Sm	2C	3.08	5.20	1070.00	141.00	---	1211.00	**1490.00**
6'-0" x 8'-0", 4 doors	Inst	Set	Lg	2C	2.00	8.00	1070.00	91.80	---	1161.80	**1430.00**
	Inst	Set	Sm	2C	3.08	5.20	1180.00	141.00	---	1321.00	**1630.00**
8'-0" x 8'-0", 4 doors	Inst	Set	Lg	2C	2.00	8.00	1270.00	91.80	---	1361.80	**1660.00**
	Inst	Set	Sm	2C	3.08	5.20	1400.00	141.00	---	1541.00	**1890.00**

Prefinished

Walnut tone, mar-resistant finish

Embossed (distressed wood appearance) lauan, flush face, 1-3/8" T, hollow core

Description	Oper	Unit	Vol	Crew Size	Man-hours per Unit	Crew Output per Day	Avg Mat'l Unit Cost	Avg Labor Unit Cost	Avg Equip Unit Cost	Avg Total Unit Cost	Avg Price Incl O&P
2'-0" x 6'-8", 2 doors	Inst	Set	Lg	2C	1.60	10.00	149.00	73.40	---	222.40	**288.00**
	Inst	Set	Sm	2C	2.46	6.50	164.00	113.00	---	277.00	**366.00**
4'-0" x 6'-8", 4 doors	Inst	Set	Lg	2C	2.00	8.00	297.00	91.80	---	388.80	**494.00**
	Inst	Set	Sm	2C	3.08	5.20	328.00	141.00	---	469.00	**605.00**
6'-0" x 6'-8", 4 doors	Inst	Set	Lg	2C	2.00	8.00	330.00	91.80	---	421.80	**534.00**
	Inst	Set	Sm	2C	3.08	5.20	364.00	141.00	---	505.00	**649.00**

Lauan, flush face, 1-3/8" T, hollow core

Description	Oper	Unit	Vol	Crew Size	Man-hours per Unit	Crew Output per Day	Avg Mat'l Unit Cost	Avg Labor Unit Cost	Avg Equip Unit Cost	Avg Total Unit Cost	Avg Price Incl O&P
2'-0" x 6'-8", 2 doors	Inst	Set	Lg	2C	1.60	10.00	122.00	73.40	---	195.40	**256.00**
	Inst	Set	Sm	2C	2.46	6.50	134.00	113.00	---	247.00	**330.00**
4'-0" x 6'-8", 4 doors	Inst	Set	Lg	2C	2.00	8.00	243.00	91.80	---	334.80	**430.00**
	Inst	Set	Sm	2C	3.08	5.20	268.00	141.00	---	409.00	**534.00**
6'-0" x 6'-8", 4 doors	Inst	Set	Lg	2C	2.00	8.00	270.00	91.80	---	361.80	**462.00**
	Inst	Set	Sm	2C	3.08	5.20	298.00	141.00	---	439.00	**569.00**

Ponderosa pine, full louver, 1-3/8" T, hollow core

Description	Oper	Unit	Vol	Crew Size	Man-hours per Unit	Crew Output per Day	Avg Mat'l Unit Cost	Avg Labor Unit Cost	Avg Equip Unit Cost	Avg Total Unit Cost	Avg Price Incl O&P
2'-0" x 6'-8", 2 doors	Inst	Set	Lg	2C	1.60	10.00	275.00	73.40	---	348.40	**440.00**
	Inst	Set	Sm	2C	2.46	6.50	303.00	113.00	---	416.00	**533.00**
4'-0" x 6'-8", 4 doors	Inst	Set	Lg	2C	2.00	8.00	550.00	91.80	---	641.80	**798.00**
	Inst	Set	Sm	2C	3.08	5.20	606.00	141.00	---	747.00	**940.00**
6'-0" x 6'-8", 4 doors	Inst	Set	Lg	2C	2.00	8.00	649.00	91.80	---	740.80	**917.00**
	Inst	Set	Sm	2C	3.08	5.20	715.00	141.00	---	856.00	**1070.00**

Ponderosa pine, raised louver, 1-3/8" T, hollow core

Description	Oper	Unit	Vol	Crew Size	Man-hours per Unit	Crew Output per Day	Avg Mat'l Unit Cost	Avg Labor Unit Cost	Avg Equip Unit Cost	Avg Total Unit Cost	Avg Price Incl O&P
2'-0" x 6'-8", 2 doors	Inst	Set	Lg	2C	1.60	10.00	324.00	73.40	---	397.40	**499.00**
	Inst	Set	Sm	2C	2.46	6.50	358.00	113.00	---	471.00	**598.00**
4'-0" x 6'-8", 4 doors	Inst	Set	Lg	2C	2.00	8.00	649.00	91.80	---	740.80	**916.00**
	Inst	Set	Sm	2C	3.08	5.20	715.00	141.00	---	856.00	**1070.00**
6'-0" x 6'-8", 4 doors	Inst	Set	Lg	2C	2.00	8.00	766.00	91.80	---	857.80	**1060.00**
	Inst	Set	Sm	2C	3.08	5.20	844.00	141.00	---	985.00	**1220.00**

Description	Oper	Unit	Vol	Crew Size	Man-hours per Unit	Crew Output per Day	Avg Mat'l Unit Cost	Avg Labor Unit Cost	Avg Equip Unit Cost	Avg Total Unit Cost	Avg Price Incl O&P

Sliding or bypassing units

Includes hardware, 4-5/8" jambs, header, and fascia

Wood inserts, 1-3/8" T, hollow core

Unfinished birch

Description	Oper	Unit	Vol	Crew Size	Man-hours per Unit	Crew Output per Day	Avg Mat'l Unit Cost	Avg Labor Unit Cost	Avg Equip Unit Cost	Avg Total Unit Cost	Avg Price Incl O&P
4'-0" x 6'-8", 2 doors	Inst	Set	Lg	2C	2.29	7.00	289.00	105.00	---	394.00	**504.00**
	Inst	Set	Sm	2C	3.52	4.55	318.00	162.00	---	480.00	**624.00**
6'-0" x 6'-8", 2 doors	Inst	Set	Lg	2C	2.29	7.00	321.00	105.00	---	426.00	**543.00**
	Inst	Set	Sm	2C	3.52	4.55	354.00	162.00	---	516.00	**666.00**
8'-0" x 6'-8", 2 doors	Inst	Set	Lg	2C	2.29	7.00	379.00	105.00	---	484.00	**612.00**
	Inst	Set	Sm	2C	3.52	4.55	417.00	162.00	---	579.00	**743.00**
4'-0" x 8'-0", 2 doors	Inst	Set	Lg	2C	2.29	7.00	346.00	105.00	---	451.00	**573.00**
	Inst	Set	Sm	2C	3.52	4.55	382.00	162.00	---	544.00	**700.00**
6'-0" x 8'-0", 2 doors	Inst	Set	Lg	2C	2.29	7.00	385.00	105.00	---	490.00	**620.00**
	Inst	Set	Sm	2C	3.52	4.55	424.00	162.00	---	586.00	**751.00**
8'-0" x 8'-0", 2 doors	Inst	Set	Lg	2C	2.29	7.00	454.00	105.00	---	559.00	**703.00**
	Inst	Set	Sm	2C	3.52	4.55	501.00	162.00	---	663.00	**843.00**
10'-0" x 6'-8", 3 doors	Inst	Set	Lg	2C	3.20	5.00	577.00	147.00	---	724.00	**913.00**
	Inst	Set	Sm	2C	4.92	3.25	636.00	226.00	---	862.00	**1100.00**
12'-0" x 6'-8", 3 doors	Inst	Set	Lg	2C	3.20	5.00	642.00	147.00	---	789.00	**990.00**
	Inst	Set	Sm	2C	4.92	3.25	707.00	226.00	---	933.00	**1190.00**
10'-0" x 8'-0", 3 doors	Inst	Set	Lg	2C	3.20	5.00	667.00	147.00	---	814.00	**1020.00**
	Inst	Set	Sm	2C	4.92	3.25	735.00	226.00	---	961.00	**1220.00**
12'-0" x 8'-0", 3 doors	Inst	Set	Lg	2C	3.20	5.00	693.00	147.00	---	840.00	**1050.00**
	Inst	Set	Sm	2C	4.92	3.25	764.00	226.00	---	990.00	**1250.00**

Unfinished hardboard

Description	Oper	Unit	Vol	Crew Size	Man-hours per Unit	Crew Output per Day	Avg Mat'l Unit Cost	Avg Labor Unit Cost	Avg Equip Unit Cost	Avg Total Unit Cost	Avg Price Incl O&P
4'-0" x 6'-8", 2 doors	Inst	Set	Lg	2C	2.29	7.00	218.00	105.00	---	323.00	**419.00**
	Inst	Set	Sm	2C	3.52	4.55	240.00	162.00	---	402.00	**530.00**
6'-0" x 6'-8", 2 doors	Inst	Set	Lg	2C	2.29	7.00	242.00	105.00	---	347.00	**448.00**
	Inst	Set	Sm	2C	3.52	4.55	266.00	162.00	---	428.00	**562.00**
8'-0" x 6'-8", 2 doors	Inst	Set	Lg	2C	2.29	7.00	285.00	105.00	---	390.00	**500.00**
	Inst	Set	Sm	2C	3.52	4.55	314.00	162.00	---	476.00	**619.00**
4'-0" x 8'-0", 2 doors	Inst	Set	Lg	2C	2.29	7.00	261.00	105.00	---	366.00	**471.00**
	Inst	Set	Sm	2C	3.52	4.55	288.00	162.00	---	450.00	**587.00**
6'-0" x 8'-0", 2 doors	Inst	Set	Lg	2C	2.29	7.00	290.00	105.00	---	395.00	**506.00**
	Inst	Set	Sm	2C	3.52	4.55	320.00	162.00	---	482.00	**626.00**
8'-0" x 8'-0", 2 doors	Inst	Set	Lg	2C	2.29	7.00	342.00	105.00	---	447.00	**568.00**
	Inst	Set	Sm	2C	3.52	4.55	377.00	162.00	---	539.00	**695.00**
10'-0" x 6'-8", 3 doors	Inst	Set	Lg	2C	3.20	5.00	435.00	147.00	---	582.00	**742.00**
	Inst	Set	Sm	2C	4.92	3.25	479.00	226.00	---	705.00	**914.00**
12'-0" x 6'-8", 3 doors	Inst	Set	Lg	2C	3.20	5.00	483.00	147.00	---	630.00	**800.00**
	Inst	Set	Sm	2C	4.92	3.25	533.00	226.00	---	759.00	**978.00**
10'-0" x 8'-0", 3 doors	Inst	Set	Lg	2C	3.20	5.00	503.00	147.00	---	650.00	**823.00**
	Inst	Set	Sm	2C	4.92	3.25	554.00	226.00	---	780.00	**1000.00**
12'-0" x 8'-0", 3 doors	Inst	Set	Lg	2C	3.20	5.00	522.00	147.00	---	669.00	**847.00**
	Inst	Set	Sm	2C	4.92	3.25	575.00	226.00	---	801.00	**1030.00**

Closet door systems, sliding or bypass units

Description	Oper	Unit	Vol	Crew Size	Man-hours per Unit	Crew Output per Day	Avg Mat'l Unit Cost	Avg Labor Unit Cost	Avg Equip Unit Cost	Avg Total Unit Cost	Avg Price Incl O&P
Unfinished lauan											
4'-0" x 6'-8", 2 doors	Inst	Set	Lg	2C	2.29	7.00	200.00	105.00	---	305.00	**398.00**
	Inst	Set	Sm	2C	3.52	4.55	221.00	162.00	---	383.00	**507.00**
6'-0" x 6'-8", 2 doors	Inst	Set	Lg	2C	2.29	7.00	222.00	105.00	---	327.00	**424.00**
	Inst	Set	Sm	2C	3.52	4.55	245.00	162.00	---	407.00	**536.00**
8'-0" x 6'-8", 2 doors	Inst	Set	Lg	2C	2.29	7.00	262.00	105.00	---	367.00	**472.00**
	Inst	Set	Sm	2C	3.52	4.55	289.00	162.00	---	451.00	**589.00**
4'-0" x 8'-0", 2 doors	Inst	Set	Lg	2C	2.29	7.00	240.00	105.00	---	345.00	**446.00**
	Inst	Set	Sm	2C	3.52	4.55	265.00	162.00	---	427.00	**560.00**
6'-0" x 8'-0", 2 doors	Inst	Set	Lg	2C	2.29	7.00	267.00	105.00	---	372.00	**478.00**
	Inst	Set	Sm	2C	3.52	4.55	294.00	162.00	---	456.00	**595.00**
8'-0" x 8'-0", 2 doors	Inst	Set	Lg	2C	2.29	7.00	315.00	105.00	---	420.00	**535.00**
	Inst	Set	Sm	2C	3.52	4.55	347.00	162.00	---	509.00	**659.00**
10'-0" x 6'-8", 3 doors	Inst	Set	Lg	2C	3.20	5.00	400.00	147.00	---	547.00	**700.00**
	Inst	Set	Sm	2C	4.92	3.25	441.00	226.00	---	667.00	**868.00**
12'-0" x 6'-8", 3 doors	Inst	Set	Lg	2C	3.20	5.00	445.00	147.00	---	592.00	**754.00**
	Inst	Set	Sm	2C	4.92	3.25	490.00	226.00	---	716.00	**927.00**
10'-0" x 8'-0", 3 doors	Inst	Set	Lg	2C	3.20	5.00	462.00	147.00	---	609.00	**775.00**
	Inst	Set	Sm	2C	4.92	3.25	510.00	226.00	---	736.00	**950.00**
12'-0" x 8'-0", 3 doors	Inst	Set	Lg	2C	3.20	5.00	480.00	147.00	---	627.00	**796.00**
	Inst	Set	Sm	2C	4.92	3.25	529.00	226.00	---	755.00	**974.00**
Unfinished red oak											
4'-0" x 6'-8", 2 doors	Inst	Set	Lg	2C	2.29	7.00	433.00	105.00	---	538.00	**677.00**
	Inst	Set	Sm	2C	3.52	4.55	477.00	162.00	---	639.00	**814.00**
6'-0" x 6'-8", 2 doors	Inst	Set	Lg	2C	2.29	7.00	481.00	105.00	---	586.00	**734.00**
	Inst	Set	Sm	2C	3.52	4.55	530.00	162.00	---	692.00	**878.00**
8'-0" x 6'-8", 2 doors	Inst	Set	Lg	2C	2.29	7.00	567.00	105.00	---	672.00	**838.00**
	Inst	Set	Sm	2C	3.52	4.55	625.00	162.00	---	787.00	**992.00**
4'-0" x 8'-0", 2 doors	Inst	Set	Lg	2C	2.29	7.00	519.00	105.00	---	624.00	**781.00**
	Inst	Set	Sm	2C	3.52	4.55	572.00	162.00	---	734.00	**929.00**
6'-0" x 8'-0", 2 doors	Inst	Set	Lg	2C	2.29	7.00	577.00	105.00	---	682.00	**850.00**
	Inst	Set	Sm	2C	3.52	4.55	636.00	162.00	---	798.00	**1010.00**
8'-0" x 8'-0", 2 doors	Inst	Set	Lg	2C	2.29	7.00	681.00	105.00	---	786.00	**974.00**
	Inst	Set	Sm	2C	3.52	4.55	750.00	162.00	---	912.00	**1140.00**
10'-0" x 6'-8", 3 doors	Inst	Set	Lg	2C	3.20	5.00	865.00	147.00	---	1012.00	**1260.00**
	Inst	Set	Sm	2C	4.92	3.25	954.00	226.00	---	1180.00	**1480.00**
12'-0" x 6'-8", 3 doors	Inst	Set	Lg	2C	3.20	5.00	961.00	147.00	---	1108.00	**1370.00**
	Inst	Set	Sm	2C	4.92	3.25	1060.00	226.00	---	1286.00	**1610.00**
10'-0" x 8'-0", 3 doors	Inst	Set	Lg	2C	3.20	5.00	1000.00	147.00	---	1147.00	**1420.00**
	Inst	Set	Sm	2C	4.92	3.25	1100.00	226.00	---	1326.00	**1660.00**
12'-0" x 8'-0", 3 doors	Inst	Set	Lg	2C	3.20	5.00	1040.00	147.00	---	1187.00	**1470.00**
	Inst	Set	Sm	2C	4.92	3.25	1140.00	226.00	---	1366.00	**1710.00**

Description	Oper	Unit	Vol	Crew Size	Man-hours per Unit	Crew Output per Day	Avg Mat'l Unit Cost	Avg Labor Unit Cost	Avg Equip Unit Cost	Avg Total Unit Cost	Avg Price Incl O&P

Mirror bypass units

Frameless unit with 1/2" beveled mirror edges

Description	Oper	Unit	Vol	Crew Size	Man-hours per Unit	Crew Output per Day	Avg Mat'l Unit Cost	Avg Labor Unit Cost	Avg Equip Unit Cost	Avg Total Unit Cost	Avg Price Incl O&P
4'-0" x 6'-8", 2 doors	Inst	Set	Lg	2C	2.67	6.00	208.00	123.00	---	331.00	**433.00**
	Inst	Set	Sm	2C	4.10	3.90	229.00	188.00	---	417.00	**557.00**
6'-0" x 6'-8", 2 doors	Inst	Set	Lg	2C	2.67	6.00	268.00	123.00	---	391.00	**505.00**
	Inst	Set	Sm	2C	4.10	3.90	295.00	188.00	---	483.00	**636.00**
8'-0" x 6'-8", 2 doors	Inst	Set	Lg	2C	2.67	6.00	371.00	123.00	---	494.00	**629.00**
	Inst	Set	Sm	2C	4.10	3.90	409.00	188.00	---	597.00	**773.00**
4'-0" x 8'-0", 2 doors	Inst	Set	Lg	2C	2.67	6.00	254.00	123.00	---	377.00	**488.00**
	Inst	Set	Sm	2C	4.10	3.90	280.00	188.00	---	468.00	**618.00**
6'-0" x 8'-0", 2 doors	Inst	Set	Lg	2C	2.67	6.00	301.00	123.00	---	424.00	**545.00**
	Inst	Set	Sm	2C	4.10	3.90	332.00	188.00	---	520.00	**680.00**
8'-0" x 8'-0", 2 doors	Inst	Set	Lg	2C	2.67	6.00	394.00	123.00	---	517.00	**657.00**
	Inst	Set	Sm	2C	4.10	3.90	434.00	188.00	---	622.00	**803.00**
10'-0" x 6'-8", 3 doors	Inst	Set	Lg	2C	3.20	5.00	500.00	147.00	---	647.00	**820.00**
	Inst	Set	Sm	2C	4.92	3.25	551.00	226.00	---	777.00	**1000.00**
12'-0" x 6'-8", 3 doors	Inst	Set	Lg	2C	3.20	5.00	541.00	147.00	---	688.00	**869.00**
	Inst	Set	Sm	2C	4.92	3.25	596.00	226.00	---	822.00	**1050.00**
10'-0" x 8'-0", 3 doors	Inst	Set	Lg	2C	3.20	5.00	570.00	147.00	---	717.00	**905.00**
	Inst	Set	Sm	2C	4.92	3.25	629.00	226.00	---	855.00	**1090.00**
12'-0" x 8'-0", 3 doors	Inst	Set	Lg	2C	3.20	5.00	624.00	147.00	---	771.00	**969.00**
	Inst	Set	Sm	2C	4.92	3.25	688.00	226.00	---	914.00	**1160.00**

Aluminum frame unit

Description	Oper	Unit	Vol	Crew Size	Man-hours per Unit	Crew Output per Day	Avg Mat'l Unit Cost	Avg Labor Unit Cost	Avg Equip Unit Cost	Avg Total Unit Cost	Avg Price Incl O&P
4'-0" x 6'-8", 2 doors	Inst	Set	Lg	2C	2.67	6.00	205.00	123.00	---	328.00	**430.00**
	Inst	Set	Sm	2C	4.10	3.90	226.00	188.00	---	414.00	**553.00**
6'-0" x 6'-8", 2 doors	Inst	Set	Lg	2C	2.67	6.00	241.00	123.00	---	364.00	**473.00**
	Inst	Set	Sm	2C	4.10	3.90	266.00	188.00	---	454.00	**601.00**
8'-0" x 6'-8", 2 doors	Inst	Set	Lg	2C	2.67	6.00	336.00	123.00	---	459.00	**587.00**
	Inst	Set	Sm	2C	4.10	3.90	370.00	188.00	---	558.00	**727.00**
4'-0" x 8'-0", 2 doors	Inst	Set	Lg	2C	2.67	6.00	246.00	123.00	---	369.00	**479.00**
	Inst	Set	Sm	2C	4.10	3.90	271.00	188.00	---	459.00	**607.00**
6'-0" x 8'-0", 2 doors	Inst	Set	Lg	2C	2.67	6.00	289.00	123.00	---	412.00	**531.00**
	Inst	Set	Sm	2C	4.10	3.90	319.00	188.00	---	507.00	**665.00**
8'-0" x 8'-0", 2 doors	Inst	Set	Lg	2C	2.67	6.00	403.00	123.00	---	526.00	**668.00**
	Inst	Set	Sm	2C	4.10	3.90	444.00	188.00	---	632.00	**815.00**
10'-0" x 6'-8", 3 doors	Inst	Set	Lg	2C	3.20	5.00	492.00	147.00	---	639.00	**810.00**
	Inst	Set	Sm	2C	4.92	3.25	542.00	226.00	---	768.00	**989.00**
12'-0" x 6'-8", 3 doors	Inst	Set	Lg	2C	3.20	5.00	579.00	147.00	---	726.00	**914.00**
	Inst	Set	Sm	2C	4.92	3.25	638.00	226.00	---	864.00	**1100.00**
10'-0" x 8'-0", 3 doors	Inst	Set	Lg	2C	3.20	5.00	590.00	147.00	---	737.00	**928.00**
	Inst	Set	Sm	2C	4.92	3.25	650.00	226.00	---	876.00	**1120.00**
12'-0" x 8'-0", 3 doors	Inst	Set	Lg	2C	3.20	5.00	694.00	147.00	---	841.00	**1050.00**
	Inst	Set	Sm	2C	4.92	3.25	765.00	226.00	---	991.00	**1260.00**

Closet door systems, mirror bypass units

Description	Oper	Unit	Vol	Crew Size	Man-hours per Unit	Crew Output per Day	Avg Mat'l Unit Cost	Avg Labor Unit Cost	Avg Equip Unit Cost	Avg Total Unit Cost	Avg Price Incl O&P
Golden oak frame unit											
4'-0" x 6'-8", 2 doors	Inst	Set	Lg	2C	2.67	6.00	307.00	123.00	---	430.00	**553.00**
	Inst	Set	Sm	2C	4.10	3.90	339.00	188.00	---	527.00	**689.00**
6'-0" x 6'-8", 2 doors	Inst	Set	Lg	2C	2.67	6.00	362.00	123.00	---	485.00	**618.00**
	Inst	Set	Sm	2C	4.10	3.90	398.00	188.00	---	586.00	**760.00**
8'-0" x 6'-8", 2 doors	Inst	Set	Lg	2C	2.67	6.00	504.00	123.00	---	627.00	**789.00**
	Inst	Set	Sm	2C	4.10	3.90	555.00	188.00	---	743.00	**949.00**
4'-0" x 8'-0", 2 doors	Inst	Set	Lg	2C	2.67	6.00	369.00	123.00	---	492.00	**626.00**
	Inst	Set	Sm	2C	4.10	3.90	406.00	188.00	---	594.00	**770.00**
6'-0" x 8'-0", 2 doors	Inst	Set	Lg	2C	2.67	6.00	434.00	123.00	---	557.00	**704.00**
	Inst	Set	Sm	2C	4.10	3.90	478.00	188.00	---	666.00	**856.00**
8'-0" x 8'-0", 2 doors	Inst	Set	Lg	2C	2.67	6.00	605.00	123.00	---	728.00	**910.00**
	Inst	Set	Sm	2C	4.10	3.90	667.00	188.00	---	855.00	**1080.00**
10'-0" x 6'-8", 3 doors	Inst	Set	Lg	2C	3.20	5.00	738.00	147.00	---	885.00	**1110.00**
	Inst	Set	Sm	2C	4.92	3.25	813.00	226.00	---	1039.00	**1310.00**
12'-0" x 6'-8", 3 doors	Inst	Set	Lg	2C	3.20	5.00	868.00	147.00	---	1015.00	**1260.00**
	Inst	Set	Sm	2C	4.92	3.25	956.00	226.00	---	1182.00	**1490.00**
10'-0" x 8'-0", 3 doors	Inst	Set	Lg	2C	3.20	5.00	885.00	147.00	---	1032.00	**1280.00**
	Inst	Set	Sm	2C	4.92	3.25	976.00	226.00	---	1202.00	**1510.00**
12'-0" x 8'-0", 3 doors	Inst	Set	Lg	2C	3.20	5.00	1040.00	147.00	---	1187.00	**1470.00**
	Inst	Set	Sm	2C	4.92	3.25	1150.00	226.00	---	1376.00	**1720.00**
Steel frame unit											
4'-0" x 6'-8", 2 doors	Inst	Set	Lg	2C	2.67	6.00	164.00	123.00	---	287.00	**380.00**
	Inst	Set	Sm	2C	4.10	3.90	181.00	188.00	---	369.00	**499.00**
6'-0" x 6'-8", 2 doors	Inst	Set	Lg	2C	2.67	6.00	193.00	123.00	---	316.00	**415.00**
	Inst	Set	Sm	2C	4.10	3.90	213.00	188.00	---	401.00	**537.00**
8'-0" x 6'-8", 2 doors	Inst	Set	Lg	2C	2.67	6.00	269.00	123.00	---	392.00	**506.00**
	Inst	Set	Sm	2C	4.10	3.90	296.00	188.00	---	484.00	**638.00**
4'-0" x 8'-0", 2 doors	Inst	Set	Lg	2C	2.67	6.00	197.00	123.00	---	320.00	**420.00**
	Inst	Set	Sm	2C	4.10	3.90	217.00	188.00	---	405.00	**542.00**
6'-0" x 8'-0", 2 doors	Inst	Set	Lg	2C	2.67	6.00	231.00	123.00	---	354.00	**461.00**
	Inst	Set	Sm	2C	4.10	3.90	255.00	188.00	---	443.00	**588.00**
8'-0" x 8'-0", 2 doors	Inst	Set	Lg	2C	2.67	6.00	323.00	123.00	---	446.00	**571.00**
	Inst	Set	Sm	2C	4.10	3.90	355.00	188.00	---	543.00	**709.00**
10'-0" x 6'-8", 3 doors	Inst	Set	Lg	2C	3.20	5.00	393.00	147.00	---	540.00	**692.00**
	Inst	Set	Sm	2C	4.92	3.25	434.00	226.00	---	660.00	**859.00**
12'-0" x 6'-8", 3 doors	Inst	Set	Lg	2C	3.20	5.00	463.00	147.00	---	610.00	**776.00**
	Inst	Set	Sm	2C	4.92	3.25	510.00	226.00	---	736.00	**951.00**
10'-0" x 8'-0", 3 doors	Inst	Set	Lg	2C	3.20	5.00	472.00	147.00	---	619.00	**787.00**
	Inst	Set	Sm	2C	4.92	3.25	520.00	226.00	---	746.00	**963.00**
12'-0" x 8'-0", 3 doors	Inst	Set	Lg	2C	3.20	5.00	555.00	147.00	---	702.00	**887.00**
	Inst	Set	Sm	2C	4.92	3.25	612.00	226.00	---	838.00	**1070.00**

Description	Oper	Unit	Vol	Crew Size	Man-hours per Unit	Crew Output per Day	Avg Mat'l Unit Cost	Avg Labor Unit Cost	Avg Equip Unit Cost	Avg Total Unit Cost	Avg Price Incl O&P

Accordion doors

Custom prefinished woodgrain print

Description	Oper	Unit	Vol	Crew Size	Man-hours per Unit	Crew Output per Day	Avg Mat'l Unit Cost	Avg Labor Unit Cost	Avg Equip Unit Cost	Avg Total Unit Cost	Avg Price Incl O&P
2'-0" x 6'-8"	Inst	Set	Lg	2C	1.60	10.00	318.00	73.40	---	391.40	**491.00**
	Inst	Set	Sm	2C	2.46	6.50	350.00	113.00	---	463.00	**589.00**
3'-0" x 6'-8"	Inst	Set	Lg	2C	1.60	10.00	370.00	73.40	---	443.40	**555.00**
	Inst	Set	Sm	2C	2.46	6.50	408.00	113.00	---	521.00	**659.00**
4'-0" x 6'-8"	Inst	Set	Lg	2C	1.60	10.00	494.00	73.40	---	567.40	**703.00**
	Inst	Set	Sm	2C	2.46	6.50	544.00	113.00	---	657.00	**822.00**
5'-0" x 6'-8"	Inst	Set	Lg	2C	1.60	10.00	617.00	73.40	---	690.40	**851.00**
	Inst	Set	Sm	2C	2.46	6.50	680.00	113.00	---	793.00	**986.00**
6'-0" x 6'-8"	Inst	Set	Lg	2C	1.60	10.00	741.00	73.40	---	814.40	**999.00**
	Inst	Set	Sm	2C	2.46	6.50	816.00	113.00	---	929.00	**1150.00**
7'-0" x 6'-8"	Inst	Set	Lg	2C	2.00	8.00	864.00	91.80	---	955.80	**1170.00**
	Inst	Set	Sm	2C	3.08	5.20	953.00	141.00	---	1094.00	**1360.00**
8'-0" x 6'-8"	Inst	Set	Lg	2C	2.00	8.00	988.00	91.80	---	1079.80	**1320.00**
	Inst	Set	Sm	2C	3.08	5.20	1090.00	141.00	---	1231.00	**1520.00**
9'-0" x 6'-8"	Inst	Set	Lg	2C	2.00	8.00	1110.00	91.80	---	1201.80	**1470.00**
	Inst	Set	Sm	2C	3.08	5.20	1220.00	141.00	---	1361.00	**1680.00**
10'-0" x 6'-8"	Inst	Set	Lg	2C	2.00	8.00	1230.00	91.80	---	1321.80	**1620.00**
	Inst	Set	Sm	2C	3.08	5.20	1360.00	141.00	---	1501.00	**1840.00**
For 8'-0"H, ADD	Inst	%	Lg	2C	---	---	12.0	---	---	---	**---**
	Inst	%	Sm	2C	---	---	12.0	---	---	---	**---**

Heritage prefinished real wood veneer

Description	Oper	Unit	Vol	Crew Size	Man-hours per Unit	Crew Output per Day	Avg Mat'l Unit Cost	Avg Labor Unit Cost	Avg Equip Unit Cost	Avg Total Unit Cost	Avg Price Incl O&P
2'-0" x 6'-8"	Inst	Set	Lg	2C	1.60	10.00	476.00	73.40	---	549.40	**682.00**
	Inst	Set	Sm	2C	2.46	6.50	525.00	113.00	---	638.00	**799.00**
3'-0" x 6'-8"	Inst	Set	Lg	2C	1.60	10.00	556.00	73.40	---	629.40	**777.00**
	Inst	Set	Sm	2C	2.46	6.50	612.00	113.00	---	725.00	**904.00**
4'-0" x 6'-8"	Inst	Set	Lg	2C	1.60	10.00	741.00	73.40	---	814.40	**999.00**
	Inst	Set	Sm	2C	2.46	6.50	816.00	113.00	---	929.00	**1150.00**
5'-0" x 6'-8"	Inst	Set	Lg	2C	1.60	10.00	926.00	73.40	---	999.40	**1220.00**
	Inst	Set	Sm	2C	2.46	6.50	1020.00	113.00	---	1133.00	**1390.00**
6'-0" x 6'-8"	Inst	Set	Lg	2C	1.60	10.00	1110.00	73.40	---	1183.40	**1440.00**
	Inst	Set	Sm	2C	2.46	6.50	1220.00	113.00	---	1333.00	**1640.00**
7'-0" x 6'-8"	Inst	Set	Lg	2C	2.00	8.00	1300.00	91.80	---	1391.80	**1690.00**
	Inst	Set	Sm	2C	3.08	5.20	1430.00	141.00	---	1571.00	**1930.00**
8'-0" x 6'-8"	Inst	Set	Lg	2C	2.00	8.00	1480.00	91.80	---	1571.80	**1920.00**
	Inst	Set	Sm	2C	3.08	5.20	1630.00	141.00	---	1771.00	**2170.00**
9'-0" x 6'-8"	Inst	Set	Lg	2C	2.00	8.00	1670.00	91.80	---	1761.80	**2140.00**
	Inst	Set	Sm	2C	3.08	5.20	1840.00	141.00	---	1981.00	**2420.00**
10'-0" x 6'-8"	Inst	Set	Lg	2C	2.00	8.00	1850.00	91.80	---	1941.80	**2360.00**
	Inst	Set	Sm	2C	3.08	5.20	2040.00	141.00	---	2181.00	**2660.00**
For 8'-0"H, ADD	Inst	%	Lg	2C	---	---	20.0	---	---	---	**---**
	Inst	%	Sm	2C	---	---	20.0	---	---	---	**---**

Columns

Description	Oper	Unit	Vol	Crew Size	Man-hours per Unit	Crew Output per Day	Avg Mat'l Unit Cost	Avg Labor Unit Cost	Avg Equip Unit Cost	Avg Total Unit Cost	Avg Price Incl O&P
Track and hardware only											
4'-0" x 6'-8", 2 doors	Inst	Set	Lg	---	---	---	27.40	---	---	27.40	**32.90**
	Inst	Set	Sm	---	---	---	30.20	---	---	30.20	**36.20**
6'-0" x 6'-8", 2 doors	Inst	Set	Lg	---	---	---	34.20	---	---	34.20	**41.10**
	Inst	Set	Sm	---	---	---	37.70	---	---	37.70	**45.30**
8'-0" x 6'-8", 2 doors	Inst	Set	Lg	---	---	---	42.80	---	---	42.80	**51.40**
	Inst	Set	Sm	---	---	---	47.20	---	---	47.20	**56.60**
4'-0" x 8'-0", 2 doors	Inst	Set	Lg	---	---	---	32.90	---	---	32.90	**39.40**
	Inst	Set	Sm	---	---	---	36.20	---	---	36.20	**43.50**
6'-0" x 8'-0", 2 doors	Inst	Set	Lg	---	---	---	41.10	---	---	41.10	**49.30**
	Inst	Set	Sm	---	---	---	45.30	---	---	45.30	**54.30**
8'-0" x 8'-0", 2 doors	Inst	Set	Lg	---	---	---	51.40	---	---	51.40	**61.60**
	Inst	Set	Sm	---	---	---	56.60	---	---	56.60	**67.90**
10'-0" x 6'-8", 3 doors	Inst	Set	Lg	---	---	---	51.40	---	---	51.40	**61.60**
	Inst	Set	Sm	---	---	---	56.60	---	---	56.60	**67.90**
12'-0" x 6'-8", 3 doors	Inst	Set	Lg	---	---	---	64.20	---	---	64.20	**77.00**
	Inst	Set	Sm	---	---	---	70.80	---	---	70.80	**84.90**
10'-0" x 8'-0", 3 doors	Inst	Set	Lg	---	---	---	58.20	---	---	58.20	**69.90**
	Inst	Set	Sm	---	---	---	64.20	---	---	64.20	**77.00**
12'-0" x 8'-0", 3 doors	Inst	Set	Lg	---	---	---	72.80	---	---	72.80	**87.30**
	Inst	Set	Sm	---	---	---	80.20	---	---	80.20	**96.20**

Columns

See also Framing, page 176

Aluminum, extruded; self supporting; includes crane

Designed as decorative, loadbearing elements for porches, entrances, colonnades, etc.; primed, knocked-down, and carton packed complete with cap and base

Description	Oper	Unit	Vol	Crew Size	Man-hours per Unit	Crew Output per Day	Avg Mat'l Unit Cost	Avg Labor Unit Cost	Avg Equip Unit Cost	Avg Total Unit Cost	Avg Price Incl O&P
Column with standard cap and base											
8" dia. x 8' to 12' H	Inst	Ea	Lg	CS	4.00	6.00	468.00	172.00	31.30	671.30	**858.00**
	Inst	Ea	Sm	CS	6.15	3.90	516.00	265.00	48.20	829.20	**1070.00**
10" dia. x 8' to 12' H	Inst	Ea	Lg	CS	4.00	6.00	515.00	172.00	31.30	718.30	**914.00**
	Inst	Ea	Sm	CS	6.15	3.90	568.00	265.00	48.20	881.20	**1140.00**
10" dia. x 16' to 20' H	Inst	Ea	Lg	CS	5.33	4.50	795.00	229.00	41.80	1065.80	**1350.00**
	Inst	Ea	Sm	CS	8.19	2.93	876.00	353.00	64.20	1293.20	**1660.00**
12" dia. x 9' to 12' H	Inst	Ea	Lg	CS	4.00	6.00	562.00	172.00	31.30	765.30	**970.00**
	Inst	Ea	Sm	CS	6.15	3.90	619.00	265.00	48.20	932.20	**1200.00**
12" dia. x 16' to 24' H	Inst	Ea	Lg	CS	5.33	4.50	1030.00	229.00	41.80	1300.80	**1630.00**
	Inst	Ea	Sm	CS	8.19	2.93	1130.00	353.00	64.20	1547.20	**1970.00**
Column with Corinthian cap and decorative base											
8" dia. x 8' to 12' H	Inst	Ea	Lg	CS	4.00	6.00	492.00	172.00	31.30	695.30	**887.00**
	Inst	Ea	Sm	CS	6.15	3.90	542.00	265.00	48.20	855.20	**1110.00**
10" dia. x 8' to 12' H	Inst	Ea	Lg	CS	4.00	6.00	539.00	172.00	31.30	742.30	**943.00**
	Inst	Ea	Sm	CS	6.15	3.90	594.00	265.00	48.20	907.20	**1170.00**
10" dia. x 16' to 20' H	Inst	Ea	Lg	CS	5.33	4.50	819.00	229.00	41.80	1089.80	**1380.00**
	Inst	Ea	Sm	CS	8.19	2.93	902.00	353.00	64.20	1319.20	**1690.00**
12" dia. x 9' to 12' H	Inst	Ea	Lg	CS	4.00	6.00	585.00	172.00	31.30	788.30	**999.00**
	Inst	Ea	Sm	CS	6.15	3.90	645.00	265.00	48.20	958.20	**1230.00**
12" dia. x 16' to 24' H	Inst	Ea	Lg	CS	5.33	4.50	1050.00	229.00	41.80	1320.80	**1660.00**
	Inst	Ea	Sm	CS	8.19	2.93	1160.00	353.00	64.20	1577.20	**2000.00**

Description	Oper	Unit	Vol	Crew Size	Man-hours per Unit	Crew Output per Day	Avg Mat'l Unit Cost	Avg Labor Unit Cost	Avg Equip Unit Cost	Avg Total Unit Cost	Avg Price Incl O&P

Brick columns. See Masonry, page 274

Wood, treated, No. 1 common and better white pine, T&G construction, includes crane

Designed as decorative, loadbearing elements for porches, entrances, colonnades, etc.; primed, knocked-down, and carton packed complete with cap and base

Description	Oper	Unit	Vol	Crew Size	Man-hours per Unit	Crew Output per Day	Avg Mat'l Unit Cost	Avg Labor Unit Cost	Avg Equip Unit Cost	Avg Total Unit Cost	Avg Price Incl O&P
Plain column with standard cap and base											
8" dia. x 8' to 12' H	Inst	Ea	Lg	CS	4.80	5.00	468.00	207.00	37.60	712.60	**917.00**
	Inst	Ea	Sm	CS	7.38	3.25	516.00	318.00	57.90	891.90	**1170.00**
10" dia. x 8' to 12' H	Inst	Ea	Lg	CS	4.80	5.00	515.00	207.00	37.60	759.60	**973.00**
	Inst	Ea	Sm	CS	7.38	3.25	568.00	318.00	57.90	943.90	**1230.00**
12" dia. x 8' to 12' H	Inst	Ea	Lg	CS	5.33	4.50	562.00	229.00	41.80	832.80	**1070.00**
	Inst	Ea	Sm	CS	8.19	2.93	619.00	353.00	64.20	1036.20	**1350.00**
14" dia. x 12' to 16' H	Inst	Ea	Lg	CS	6.86	3.50	841.00	295.00	53.70	1189.70	**1520.00**
	Inst	Ea	Sm	CS	10.5	2.28	927.00	452.00	82.50	1461.50	**1890.00**
16" dia. x 18' to 20' H	Inst	Ea	Lg	CS	7.50	3.20	1210.00	323.00	58.80	1591.80	**2010.00**
	Inst	Ea	Sm	CS	11.5	2.08	1340.00	495.00	90.40	1925.40	**2460.00**
Plain column with Corinthian cap and decorative base											
8" dia. x 8' to 12' H	Inst	Ea	Lg	CS	4.80	5.00	506.00	207.00	37.60	750.60	**962.00**
	Inst	Ea	Sm	CS	7.38	3.25	557.00	318.00	57.90	932.90	**1210.00**
10" dia. x 8' to 12' H	Inst	Ea	Lg	CS	4.80	5.00	557.00	207.00	37.60	801.60	**1020.00**
	Inst	Ea	Sm	CS	7.38	3.25	614.00	318.00	57.90	989.90	**1280.00**
12" dia. x 8' to 12' H	Inst	Ea	Lg	CS	5.33	4.50	608.00	229.00	41.80	878.80	**1120.00**
	Inst	Ea	Sm	CS	8.19	2.93	670.00	353.00	64.20	1087.20	**1410.00**
14" dia. x 12' to 16' H	Inst	Ea	Lg	CS	6.86	3.50	916.00	295.00	53.70	1264.70	**1610.00**
	Inst	Ea	Sm	CS	10.5	2.28	1010.00	452.00	82.50	1544.50	**1990.00**
16" dia. x 18' to 20' H	Inst	Ea	Lg	CS	7.50	3.20	1330.00	323.00	58.80	1711.80	**2150.00**
	Inst	Ea	Sm	CS	11.5	2.08	1460.00	495.00	90.40	2045.40	**2610.00**

Concrete

Concrete Footings

1. **Dimensions.** 6" T, 8" T, 12" T x 12" W, 16" W, 20" W; 12" T x 24" W.

2. **Installation**

   a. Forms. 2" side forms equal in height to the thickness of the footing. 2" x 4" stakes 4'-0" oc, no less than the thickness of the footing. 2" x 4" bracing for stakes 8'-0" oc for 6" and 8" thick footings and 4'-0" oc for 12" thick footings. 1" x 2" or 1" x 3" spreaders 4'-0" oc

   b. Concrete. 1-2-4 mix is used in this section.

   c. Reinforcing steel. Various sizes, but usually only #3, #4, or #5 straight rods with end ties are used.

3. **Notes on Labor**

   a. Forming. Output based on a crew of two carpenters and one laborer.

   b. Grading, finish. Output based on what one laborer can do in one day.

   c. Reinforcing steel. Output based on what one laborer or one ironworker can do in one day.

   d. Concrete. Output based on a crew of two laborers and one carpenter.

   e. Forms, wrecking and cleaning. Output based on what one laborer can do in one day.

4. **Estimating Technique.** Determine the linear feet of footing.

Concrete Foundations

1. **Dimensions.** 8" T, 12" T x 4' H, 8' H, or 12' H.

2. **Installation**

   a. Forms. 4' x 8' panels made of ¾" form grade plywood backed with 2" x 4" studs and sills (studs approximately 16" oc), three sets and six sets of 2" x 4" wales for 4', 8' and 12' high walls. 2" x 4" wales for 4', 8' and 12' high walls. 2" x 4" diagonal braces (with stakes) 12'-0" oc one side. Snap ties spaced 22" oc, 20" oc and 17" oc along each wale for 4', 8' and 12' high walls. Paraffin oil coating for forms. Twelve uses are estimated for panels; twenty uses for wales and braces; snap ties are used only once.

   b. Concrete. 1-2-4 mix.

   c. Reinforcing steel. Sizes #3 to #7. Bars are straight except dowels which may on occasion be bent rods.

3. **Notes on Labor**

   a. Concrete, placing. Output based on a crew of one carpenter and five laborers.

   b. Forming. Output based on a crew of four carpenters and one laborer.

   c. Reinforcing steel rods. Output based on what two laborers or ironworkers can do in one day.

   d. Wrecking and cleaning forms. Output based on what two laborers can do in one day.

4. **Estimating Technique**

   a. Determine linear feet of wall if wall is 8" or 12" x 4', 8' or 12', or determine square feet of wall. Then calculate and add the linear feet of rods.

Concrete Interior Floor Finishes

1. **Dimensions.** 3½", 4", 5", 6" thick x various areas.

2. **Installation**

   a. Forms. A wood form may or may not be required. A foundation wall may serve as a form for both basement and first floor slabs. In this section, only 2" x 4" and 2" x 6" side forms with stakes 4'-0" oc are considered.

   b. Finish grading. Dirt or gravel.

   c. Screeds (wood strips placed in area where concrete is to be placed). The concrete will be finished even with top of the screeds. Screeds must be pulled before concrete sets up and the voids filled with concrete. 2" x 2" and 2" x 4" screeds with 2" x 2" stakes 6'-0" oc will be covered in this section.

   d. Steel reinforcing. Items to be covered are: #3, #4, #5 rods; 6 x 6/10-10 and 6 x 6/6-6 welded wire mesh.

   e. Concrete. 1-2-4 mix.

3. **Notes on Labor**

   a. Forms and screeds. Output based on a crew of two masons and one laborer.

   b. Finish grading. Output based on what one laborer can do in one day.

   c. Reinforcing. Output based on what two laborers or two ironworkers can do in one day.

   d. Concrete, place and finish. Output based on a three-cement mason, five-laborer crew.

   e. Wrecking and cleaning forms. Output based on what one laborer can do in one day.

4. **Estimating Technique**

   a. Finish grading, mesh, and concrete. Determine the area and add waste.

   b. Forms, screeds and rods. Determine linear feet.

Concrete, cast-in-place
Footings

Description	Oper	Unit	Vol	Crew Size	Man-hours per Unit	Crew Output per Day	Avg Mat'l Unit Cost	Avg Labor Unit Cost	Avg Equip Unit Cost	Avg Total Unit Cost	Avg Price Incl O&P
Demo with pneumatic tools, reinforced											
8" T x 12" W	Demo	LF	Lg	AD	.171	140.0	---	8.14	1.24	9.38	**13.70**
	Demo	LF	Sm	AD	.214	112.0	---	10.20	1.54	11.74	**17.10**
For onsite dumpster ADD	Demo	LF	---	---	---	---	---	---	7.09	7.09	**8.51**
8" T x 16" W	Demo	LF	Lg	AD	.182	132.0	---	8.67	1.31	9.98	**14.60**
	Demo	LF	Sm	AD	.214	112.0	---	10.20	1.54	11.74	**17.10**
For onsite dumpster ADD	Demo	LF	---	---	---	---	---	---	9.46	9.46	**11.40**
8" T x 20" W	Demo	LF	Lg	AD	.194	124.0	---	9.24	1.40	10.64	**15.50**
	Demo	LF	Sm	AD	.229	105.0	---	10.90	1.65	12.55	**18.30**
For onsite dumpster ADD	Demo	LF	---	---	---	---	---	---	11.80	11.80	**14.20**
12" T x 12" W	Demo	LF	Lg	AD	.190	126.0	---	9.05	1.37	10.42	**15.20**
	Demo	LF	Sm	AD	.224	107.0	---	10.70	1.62	12.32	**18.00**
For onsite dumpster ADD	Demo	LF	---	---	---	---	---	---	10.60	10.60	**12.80**
12" T x 16" W	Demo	LF	Lg	AD	.200	120.0	---	9.53	1.44	10.97	**16.00**
	Demo	LF	Sm	AD	.235	102.0	---	11.20	1.70	12.90	**18.80**
For onsite dumpster ADD	Demo	LF	---	---	---	---	---	---	14.20	14.20	**17.00**
12" T x 20" W	Demo	LF	Lg	AD	.211	114.0	---	10.10	1.52	11.62	**16.90**
	Demo	LF	Sm	AD	.247	97.00	---	11.80	1.78	13.58	**19.80**
For onsite dumpster ADD	Demo	LF	---	---	---	---	---	---	17.70	17.70	**21.30**
12" T x 24" W	Demo	LF	Lg	AD	.222	108.0	---	10.60	1.60	12.20	**17.80**
	Demo	LF	Sm	AD	.261	92.00	---	12.40	1.88	14.28	**20.90**
For onsite dumpster ADD	Demo	LF	---	---	---	---	---	---	21.30	21.30	**25.50**

Place per LF poured footing
Forming, 4 uses

Description	Oper	Unit	Vol	Crew Size	Man-hours per Unit	Crew Output per Day	Avg Mat'l Unit Cost	Avg Labor Unit Cost	Avg Equip Unit Cost	Avg Total Unit Cost	Avg Price Incl O&P
2" x 6"	Inst	LF	Lg	CS	.107	225.0	.89	4.61	---	5.50	**7.98**
	Inst	LF	Sm	CS	.116	207.0	.98	4.99	---	5.97	**8.67**
2" x 8"	Inst	LF	Lg	CS	.120	200.0	.92	5.17	---	6.09	**8.85**
	Inst	LF	Sm	CS	.130	184.0	1.02	5.60	---	6.62	**9.62**
2" x 12"	Inst	LF	Lg	CS	.133	180.0	1.42	5.73	---	7.15	**10.30**
	Inst	LF	Sm	CS	.145	166.0	1.57	6.24	---	7.81	**11.30**

Grading, labor to finish by hand

Description	Oper	Unit	Vol	Crew Size	Man-hours per Unit	Crew Output per Day	Avg Mat'l Unit Cost	Avg Labor Unit Cost	Avg Equip Unit Cost	Avg Total Unit Cost	Avg Price Incl O&P
6", 8", 12" T x 12" W	Inst	LF	Lg	1L	.023	345.0	---	.86	---	.86	**1.29**
	Inst	LF	Sm	1L	.026	311.0	---	.97	---	.97	**1.46**
6", 8", 12" T x 16" W	Inst	LF	Lg	1L	.027	295.0	---	1.01	---	1.01	**1.51**
	Inst	LF	Sm	1L	.030	266.0	---	1.12	---	1.12	**1.68**
6", 8", 12" T x 20" W	Inst	LF	Lg	1L	.031	260.0	---	1.16	---	1.16	**1.74**
	Inst	LF	Sm	1L	.034	234.0	---	1.27	---	1.27	**1.91**
12" T x 24" W	Inst	LF	Lg	1L	.035	230.0	---	1.31	---	1.31	**1.96**
	Inst	LF	Sm	1L	.039	207.0	---	1.46	---	1.46	**2.19**

Concrete, cast-in-place

Description	Oper	Unit	Vol	Crew Size	Man-hours per Unit	Crew Output per Day	Avg Mat'l Unit Cost	Avg Labor Unit Cost	Avg Equip Unit Cost	Avg Total Unit Cost	Avg Price Incl O&P
Reinforcing steel in place, material costs include lap, waste, and tie wire											
Two (No. 3) 3/8" rods	Inst	LF	Lg	1L	.014	590.0	1.05	.52	---	1.57	**2.05**
	Inst	LF	Sm	1L	.015	531.0	1.16	.56	---	1.72	**2.23**
Two (No. 4) 1/2" rods	Inst	LF	Lg	1L	.014	560.0	1.75	.52	---	2.27	**2.89**
	Inst	LF	Sm	1L	.016	504.0	1.93	.60	---	2.53	**3.21**
Two (No. 5) 5/8" rods	Inst	LF	Lg	1L	.015	540.0	2.15	.56	---	2.71	**3.42**
	Inst	LF	Sm	1L	.016	486.0	2.38	.60	---	2.98	**3.75**
Three (No. 3) 3/8" rods	Inst	LF	Lg	1L	.017	460.0	1.58	.64	---	2.22	**2.85**
	Inst	LF	Sm	1L	.019	414.0	1.74	.71	---	2.45	**3.15**
Three (No. 4) 1/2" rods	Inst	LF	Lg	1L	.018	440.0	2.63	.67	---	3.30	**4.17**
	Inst	LF	Sm	1L	.020	396.0	2.90	.75	---	3.65	**4.60**
Three (No. 5) 5/8" rods	Inst	LF	Lg	1L	.019	420.0	3.23	.71	---	3.94	**4.94**
	Inst	LF	Sm	1L	.021	378.0	3.57	.79	---	4.36	**5.46**
Concrete, pour from truck into forms, material cost includes 5% waste and assumes use of 3,000 PSI, 1-1/2" aggregate, 5.7 sack mix											
6" T x 12" W (54.0 LF/CY)	Inst	LF	Lg	LC	.039	615.0	4.86	1.57	---	6.43	**8.19**
	Inst	LF	Sm	LC	.043	554.0	5.36	1.73	---	7.09	**9.03**
6" T x 16" W (40.5 LF/CY)	Inst	LF	Lg	LC	.043	560.0	6.49	1.73	---	8.22	**10.40**
	Inst	LF	Sm	LC	.048	504.0	7.16	1.93	---	9.09	**11.50**
6" T x 20" W (32.3 LF/CY)	Inst	LF	Lg	LC	.044	545.0	8.15	1.77	---	9.92	**12.40**
	Inst	LF	Sm	LC	.049	491.0	8.98	1.97	---	10.95	**13.70**
8" T x 12" W (40.5 LF/CY)	Inst	LF	Lg	LC	.043	560.0	6.49	1.73	---	8.22	**10.40**
	Inst	LF	Sm	LC	.048	504.0	7.16	1.93	---	9.09	**11.50**
8" T x 16" W (30.4 LF/CY)	Inst	LF	Lg	LC	.047	510.0	8.65	1.89	---	10.54	**13.20**
	Inst	LF	Sm	LC	.052	459.0	9.53	2.09	---	11.62	**14.60**
8" T x 20" W (24.3 LF/CY)	Inst	LF	Lg	LC	.049	485.0	10.80	1.97	---	12.77	**16.00**
	Inst	LF	Sm	LC	.055	437.0	11.90	2.21	---	14.11	**17.70**
12" T x 12" W (27.0 LF/CY)	Inst	LF	Lg	LC	.045	535.0	9.73	1.81	---	11.54	**14.40**
	Inst	LF	Sm	LC	.050	482.0	10.70	2.01	---	12.71	**15.90**
12" T x 16" W (20.3 LF/CY)	Inst	LF	Lg	LC	.052	460.0	13.00	2.09	---	15.09	**18.70**
	Inst	LF	Sm	LC	.058	414.0	14.30	2.33	---	16.63	**20.60**
12" T x 20" W (16.2 LF/CY)	Inst	LF	Lg	LC	.057	420.0	16.20	2.29	---	18.49	**22.90**
	Inst	LF	Sm	LC	.063	378.0	17.90	2.53	---	20.43	**25.30**
12" T x 24" W (13.5 LF/CY)	Inst	LF	Lg	LC	.049	485.0	19.50	1.97	---	21.47	**26.30**
	Inst	LF	Sm	LC	.055	437.0	21.50	2.21	---	23.71	**29.10**
Forms, wreck, remove and clean											
2" x 6"	Inst	LF	Lg	1L	.046	175.0	---	1.72	---	1.72	**2.58**
	Inst	LF	Sm	1L	.051	158.0	---	1.91	---	1.91	**2.86**
2" x 8"	Inst	LF	Lg	1L	.050	160.0	---	1.87	---	1.87	**2.81**
	Inst	LF	Sm	1L	.056	144.0	---	2.09	---	2.09	**3.14**
2" x 12"	Inst	LF	Lg	1L	.055	145.0	---	2.06	---	2.06	**3.09**
	Inst	LF	Sm	1L	.061	131.0	---	2.28	---	2.28	**3.42**

Description	Oper	Unit	Vol	Crew Size	Man-hours per Unit	Crew Output per Day	Avg Mat'l Unit Cost	Avg Labor Unit Cost	Avg Equip Unit Cost	Avg Total Unit Cost	Avg Price Incl O&P

Foundations and retaining walls

Demo with pneumatic tools, per LF wall

With reinforcing
4'-0" H

Description	Oper	Unit	Vol	Crew Size	MH/Unit	Output/Day	Mat'l	Labor	Equip	Total	O&P
8" T	Demo	LF	Lg	AD	.300	80.00	---	14.30	2.16	16.46	**24.00**
	Demo	LF	Sm	AD	.353	68.00	---	16.80	2.54	19.34	**28.30**
For onsite dumpster ADD	Demo	LF	---	---	---	---	---	---	28.40	28.40	**34.10**
12" T	Demo	LF	Lg	AD	.414	58.00	---	19.70	2.98	22.68	**33.20**
	Demo	LF	Sm	AD	.490	49.00	---	23.30	3.53	26.83	**39.30**
For onsite dumpster ADD	Demo	LF	---	---	---	---	---	---	42.60	42.60	**51.10**

8'-0" H

Description	Oper	Unit	Vol	Crew Size	MH/Unit	Output/Day	Mat'l	Labor	Equip	Total	O&P
8" T	Demo	LF	Lg	AD	.324	74.00	---	15.40	2.34	17.74	**26.00**
	Demo	LF	Sm	AD	.381	63.00	---	18.20	2.75	20.95	**30.50**
For onsite dumpster ADD	Demo	LF	---	---	---	---	---	---	56.80	56.80	**68.10**
12" T	Demo	LF	Lg	AD	.462	52.00	---	22.00	3.33	25.33	**37.00**
	Demo	LF	Sm	AD	.545	44.00	---	26.00	3.93	29.93	**43.70**
For onsite dumpster ADD	Demo	LF	---	---	---	---	---	---	85.10	85.10	**102.00**

12"-0" H

Description	Oper	Unit	Vol	Crew Size	MH/Unit	Output/Day	Mat'l	Labor	Equip	Total	O&P
8" T	Demo	LF	Lg	AD	.353	68.00	---	16.80	2.54	19.34	**28.30**
	Demo	LF	Sm	AD	.414	58.00	---	19.70	2.98	22.68	**33.20**
For onsite dumpster ADD	Demo	LF	---	---	---	---	---	---	85.10	85.10	**102.00**
12" T	Demo	LF	Lg	AD	.545	44.00	---	26.00	3.93	29.93	**43.70**
	Demo	LF	Sm	AD	.649	37.00	---	30.90	4.68	35.58	**52.00**
For onsite dumpster ADD	Demo	LF	---	---	---	---	---	---	128.00	128.00	**153.00**

Without reinforcing
4'-0" H

Description	Oper	Unit	Vol	Crew Size	MH/Unit	Output/Day	Mat'l	Labor	Equip	Total	O&P
8" T	Demo	LF	Lg	AD	.261	92.00	---	12.40	1.88	14.28	**20.90**
	Demo	LF	Sm	AD	.308	78.00	---	14.70	2.22	16.92	**24.70**
For onsite dumpster ADD	Demo	LF	---	---	---	---	---	---	28.40	28.40	**34.10**
12" T	Demo	LF	Lg	AD	.353	68.00	---	16.80	2.54	19.34	**28.30**
	Demo	LF	Sm	AD	.414	58.00	---	19.70	2.98	22.68	**33.20**
For onsite dumpster ADD	Demo	LF	---	---	---	---	---	---	42.60	42.60	**51.10**

8'-0" H

Description	Oper	Unit	Vol	Crew Size	MH/Unit	Output/Day	Mat'l	Labor	Equip	Total	O&P
8" T	Demo	LF	Lg	AD	.286	84.00	---	13.60	2.06	15.66	**22.90**
	Demo	LF	Sm	AD	.338	71.00	---	16.10	2.44	18.54	**27.10**
For onsite dumpster ADD	Demo	LF	---	---	---	---	---	---	56.80	56.80	**68.10**
12" T	Demo	LF	Lg	AD	.400	60.00	---	19.10	2.88	21.98	**32.00**
	Demo	LF	Sm	AD	.471	51.00	---	22.40	3.39	25.79	**37.70**
For onsite dumpster ADD	Demo	LF	---	---	---	---	---	---	85.10	85.10	**102.00**

12"-0" H

Description	Oper	Unit	Vol	Crew Size	MH/Unit	Output/Day	Mat'l	Labor	Equip	Total	O&P
8" T	Demo	LF	Lg	AD	.316	76.00	---	15.10	2.28	17.38	**25.30**
	Demo	LF	Sm	AD	.369	65.00	---	17.60	2.66	20.26	**29.60**
For onsite dumpster ADD	Demo	LF	---	---	---	---	---	---	85.10	85.10	**102.00**
12" T	Demo	LF	Lg	AD	.462	52.00	---	22.00	3.33	25.33	**37.00**
	Demo	LF	Sm	AD	.545	44.00	---	26.00	3.93	29.93	**43.70**
For onsite dumpster ADD	Demo	LF	---	---	---	---	---	---	128.00	128.00	**153.00**

Concrete, foundations and retaining walls

Description	Oper	Unit	Vol	Crew Size	Man-hours per Unit	Crew Output per Day	Avg Mat'l Unit Cost	Avg Labor Unit Cost	Avg Equip Unit Cost	Avg Total Unit Cost	Avg Price Incl O&P
Place foundations and retaining walls											
Forming only. Material price includes panel forms, wales, braces, snap ties, paraffin oil and nails											
8" or 12" T x 4'-0" H											
Make (@12 uses)	Inst	SF	Lg	CU	.058	685.0	1.08	2.56	---	3.64	**5.14**
	Inst	SF	Sm	CU	.063	630.0	1.47	2.78	---	4.25	**5.94**
Erect and coat	Inst	SF	Lg	CU	.098	410.0	.04	4.33	---	4.37	**6.54**
	Inst	SF	Sm	CU	.106	377.0	.04	4.68	---	4.72	**7.07**
Wreck and clean	Inst	SF	Lg	LB	.043	370.0	---	1.61	---	1.61	**2.41**
	Inst	SF	Sm	LB	.048	333.0	---	1.80	---	1.80	**2.69**
8" or 12" T x 8'-0" H											
Make (@12 uses)	Inst	SF	Lg	CU	.061	655.0	1.01	2.69	---	3.70	**5.26**
	Inst	SF	Sm	CU	.066	603.0	1.37	2.92	---	4.29	**6.02**
Erect and coat	Inst	SF	Lg	CU	.118	340.0	.04	5.21	---	5.25	**7.87**
	Inst	SF	Sm	CU	.128	313.0	.04	5.66	---	5.70	**8.53**
Wreck and clean	Inst	SF	Lg	LB	.052	305.0	---	1.94	---	1.94	**2.92**
	Inst	SF	Sm	LB	.058	275.0	---	2.17	---	2.17	**3.25**
8" or 12" T x 12'-0" H											
Make (@12 uses)	Inst	SF	Lg	CU	.060	670.0	1.07	2.65	---	3.72	**5.26**
	Inst	SF	Sm	CU	.065	616.0	1.42	2.87	---	4.29	**6.01**
Erect and coat	Inst	SF	Lg	CU	.138	290.0	.04	6.10	---	6.14	**9.19**
	Inst	SF	Sm	CU	.150	267.0	.04	6.63	---	6.67	**9.99**
Wreck and clean	Inst	SF	Lg	LB	.062	260.0	---	2.32	---	2.32	**3.48**
	Inst	SF	Sm	LB	.068	234.0	---	2.54	---	2.54	**3.81**
Reinforcing steel rods. 5% waste included, pricing based on LF of rod											
No. 3 (3/8" rod)	Inst	LF	Lg	LB	.012	1390	.50	.45	---	.95	**1.27**
	Inst	LF	Sm	LB	.013	1251	.55	.49	---	1.04	**1.39**
No. 4 (1/2" rod)	Inst	LF	Lg	LB	.012	1330	.84	.45	---	1.29	**1.68**
	Inst	LF	Sm	LB	.013	1197	.92	.49	---	1.41	**1.83**
No. 5 (5/8" rod)	Inst	LF	Lg	LB	.013	1260	1.03	.49	---	1.52	**1.97**
	Inst	LF	Sm	LB	.014	1134	1.14	.52	---	1.66	**2.15**
No. 6 (3/4" rod)	Inst	LF	Lg	LB	.014	1130	1.59	.52	---	2.11	**2.69**
	Inst	LF	Sm	LB	.016	1017	1.75	.60	---	2.35	**3.00**
No. 7 (7/8" rod)	Inst	LF	Lg	LB	.016	1000	1.93	.60	---	2.53	**3.21**
	Inst	LF	Sm	LB	.018	900.0	2.12	.67	---	2.79	**3.55**
Concrete, placed from trucks into forms, material cost includes 5% waste and assumes use of 3,000 PSI, 1-1/2" aggregate, 5.7 sack mix											
8" T x 4'-0" H (10.12 LF/CY)	Inst	LF	Lg	LG	.070	690.0	26.00	2.72	---	28.72	**35.20**
	Inst	LF	Sm	LG	.077	621.0	28.60	2.99	---	31.59	**38.80**
8" T x 4'-0" H (40.5 SF/CY)	Inst	SF	Lg	LG	.017	2760	6.49	.66	---	7.15	**8.78**
	Inst	SF	Sm	LG	.019	2484	7.16	.74	---	7.90	**9.70**
8" T x 8'-0" H (5.06 LF/CY)	Inst	LF	Lg	LG	.139	345.0	51.90	5.39	---	57.29	**70.40**
	Inst	LF	Sm	LG	.154	311.0	57.30	5.98	---	63.28	**77.70**
8" T x 8'-0" H (40.5 SF/CY)	Inst	SF	Lg	LG	.017	2760	6.49	.66	---	7.15	**8.78**
	Inst	SF	Sm	LG	.019	2484	7.16	.74	---	7.90	**9.70**
8" T x 12'-0" H (3.37 LF/CY)	Inst	LF	Lg	LG	.209	230.0	78.00	8.11	---	86.11	**106.00**
	Inst	LF	Sm	LG	.232	207.0	86.00	9.00	---	95.00	**117.00**

Description	Oper	Unit	Vol	Crew Size	Man-hours per Unit	Crew Output per Day	Avg Mat'l Unit Cost	Avg Labor Unit Cost	Avg Equip Unit Cost	Avg Total Unit Cost	Avg Price Incl O&P
8" T x 12'-0" H (40.5 SF/CY)	Inst	SF	Lg	LG	.017	2760	6.49	.66	---	7.15	**8.78**
	Inst	SF	Sm	LG	.019	2484	7.16	.74	---	7.90	**9.70**
12' T x 4'-0" H (6.75 LF/CY)	Inst	LF	Lg	LG	.104	463.0	38.90	4.04	---	42.94	**52.80**
	Inst	LF	Sm	LG	.115	417.0	42.90	4.46	---	47.36	**58.20**
12" T x 4'-0" H (27.0 LF/CY)	Inst	SF	Lg	LG	.026	1850	9.73	1.01	---	10.74	**13.20**
	Inst	SF	Sm	LG	.029	1665	10.70	1.13	---	11.83	**14.60**
12" T x 8'-0" H (3.38 LF/CY)	Inst	LF	Lg	LG	.208	231.0	77.80	8.07	---	85.87	**105.00**
	Inst	LF	Sm	LG	.231	208.0	85.70	8.97	---	94.67	**116.00**
12" T x 8'-0" H (27.0 SF/CY)	Inst	SF	Lg	LG	.026	1850	9.73	1.01	---	10.74	**13.20**
	Inst	SF	Sm	LG	.026	1850	10.70	1.01	---	11.71	**14.40**
12" T x 12'-0" H (2.25 LF/CY)	Inst	LF	Lg	LG	.312	154.0	117.00	12.10	---	129.10	**158.00**
	Inst	LF	Sm	LG	.312	154.0	129.00	12.10	---	141.10	**173.00**
12" T x 12'-0" H (27.0 SF/CY)	Inst	SF	Lg	LG	.026	1850	9.73	1.01	---	10.74	**13.20**
	Inst	SF	Sm	LG	.026	1850	10.70	1.01	---	11.71	**14.40**

Slabs, sidewalks and driveways

Demo with pneumatic tools

With reinforcing (6 x 6 / 10 x 10 mesh)

Description	Oper	Unit	Vol	Crew Size	Man-hours per Unit	Crew Output per Day	Avg Mat'l Unit Cost	Avg Labor Unit Cost	Avg Equip Unit Cost	Avg Total Unit Cost	Avg Price Incl O&P
4" T	Demo	SF	Lg	AD	.063	380.0	---	3.00	.46	3.46	**5.05**
	Demo	SF	Sm	AD	.074	323.0	---	3.52	.54	4.06	**5.94**
For onsite dumpster ADD	Demo	SF	---	---	---	---	---	---	3.55	3.55	**4.26**
5" T	Demo	SF	Lg	AD	.073	330.0	---	3.48	.52	4.00	**5.84**
	Demo	SF	Sm	AD	.085	281.0	---	4.05	.62	4.67	**6.82**
For onsite dumpster ADD	Demo	SF	---	---	---	---	---	---	4.43	4.43	**5.32**
6" T	Demo	SF	Lg	AD	.083	290.0	---	3.95	.60	4.55	**6.65**
	Demo	SF	Sm	AD	.097	247.0	---	4.62	.70	5.32	**7.77**
For onsite dumpster ADD	Demo	SF	---	---	---	---	---	---	5.32	5.32	**6.38**

Without reinforcing

Description	Oper	Unit	Vol	Crew Size	Man-hours per Unit	Crew Output per Day	Avg Mat'l Unit Cost	Avg Labor Unit Cost	Avg Equip Unit Cost	Avg Total Unit Cost	Avg Price Incl O&P
4" T	Demo	SF	Lg	AD	.044	550.0	---	2.10	.31	2.41	**3.52**
	Demo	SF	Sm	AD	.051	468.0	---	2.43	.37	2.80	**4.09**
For onsite dumpster ADD	Demo	SF	---	---	---	---	---	---	3.55	3.55	**4.26**
5" T	Demo	SF	Lg	AD	.051	475.0	---	2.43	.36	2.79	**4.08**
	Demo	SF	Sm	AD	.059	404.0	---	2.81	.43	3.24	**4.73**
For onsite dumpster ADD	Demo	SF	---	---	---	---	---	---	4.43	4.43	**5.32**
6" T	Demo	SF	Lg	AD	.057	420.0	---	2.71	.41	3.12	**4.56**
	Demo	SF	Sm	AD	.067	357.0	---	3.19	.48	3.67	**5.36**
For onsite dumpster ADD	Demo	SF	---	---	---	---	---	---	5.32	5.32	**6.38**

Place concrete

Forming, 4 uses

Description	Oper	Unit	Vol	Crew Size	Man-hours per Unit	Crew Output per Day	Avg Mat'l Unit Cost	Avg Labor Unit Cost	Avg Equip Unit Cost	Avg Total Unit Cost	Avg Price Incl O&P
2" x 4" (4" T slab)	Inst	LF	Lg	DD	.041	580.0	.06	1.70	---	1.76	**2.63**
	Inst	LF	Sm	DD	.045	534.0	.33	1.87	---	2.20	**3.20**
2" x 6" (5" T and 6" T slab)	Inst	LF	Lg	DD	.041	580.0	.06	1.70	---	1.76	**2.63**
	Inst	LF	Sm	DD	.045	534.0	.43	1.87	---	2.30	**3.32**

Grading

Description	Oper	Unit	Vol	Crew Size	Man-hours per Unit	Crew Output per Day	Avg Mat'l Unit Cost	Avg Labor Unit Cost	Avg Equip Unit Cost	Avg Total Unit Cost	Avg Price Incl O&P
Dirt, cut and fill, +/- 1/10 ft	Inst	SF	Lg	1L	.010	800.0	---	.37	---	.37	**.56**
	Inst	SF	Sm	1L	.011	720.0	---	.41	---	.41	**.62**
Gravel, 3/4" to 1-1/2" stone	Inst	SF	Lg	1L	.011	750.0	1.37	.41	---	1.78	**2.26**
	Inst	SF	Sm	1L	.012	675.0	1.51	.45	---	1.96	**2.49**

Concrete, slabs, sidewalks and driveways

Description	Oper	Unit	Vol	Crew Size	Man-hours per Unit	Crew Output per Day	Avg Mat'l Unit Cost	Avg Labor Unit Cost	Avg Equip Unit Cost	Avg Total Unit Cost	Avg Price Incl O&P
Screeds, 3 uses											
2" x 2"	Inst	LF	Lg	DD	.029	835.0	.03	1.21	---	1.24	**1.84**
	Inst	LF	Sm	DD	.031	768.0	.14	1.29	---	1.43	**2.10**
2" x 4"	Inst	LF	Lg	DD	.032	760.0	.03	1.33	---	1.36	**2.03**
	Inst	LF	Sm	DD	.034	699.0	.24	1.41	---	1.65	**2.41**
Reinforcing steel rods, includes 5% waste, costs are per LF of rod or SF of mesh											
No. 3 (3/8" rod)	Inst	LF	Lg	LB	.011	1480	.50	.41	---	.91	**1.22**
	Inst	LF	Sm	LB	.012	1332	.55	.45	---	1.00	**1.33**
No. 4 (1/2" rod)	Inst	LF	Lg	LB	.011	1410	.84	.41	---	1.25	**1.63**
	Inst	LF	Sm	LB	.013	1269	.92	.49	---	1.41	**1.83**
No. 5 (5/8" rod)	Inst	LF	Lg	LB	.012	1340	1.03	.45	---	1.48	**1.91**
	Inst	LF	Sm	LB	.013	1206	1.14	.49	---	1.63	**2.10**
6 x 6 / 10-10 @ 21 lbs/CSF	Inst	SF	Lg	LB	.003	5250	.14	.11	---	.25	**.34**
	Inst	SF	Sm	LB	.003	4725	.15	.11	---	.26	**.35**
6 x 6 / 6-6 @ 42 lbs/CSF	Inst	SF	Lg	LB	.004	4500	.21	.15	---	.36	**.48**
	Inst	SF	Sm	LB	.004	4050	.23	.15	---	.38	**.50**
Concrete, pour and finish (steel trowel), material cost includes 5% waste and assumes use of 2500 PSI, 1" aggregate, 5.5 sack mix											
3-1/2" T (92.57 SF/CY)	Inst	SF	Lg	DF	.023	2805	2.84	.91	---	3.75	**4.78**
	Inst	SF	Sm	DF	.025	2581	3.13	.99	---	4.12	**5.25**
4" T (81.00 SF/CY)	Inst	SF	Lg	DF	.024	2720	3.23	.95	---	4.18	**5.31**
	Inst	SF	Sm	DF	.026	2502	3.56	1.03	---	4.59	**5.82**
5" T (64.80 SF/CY)	Inst	SF	Lg	DF	.025	2590	4.05	.99	---	5.04	**6.35**
	Inst	SF	Sm	DF	.027	2383	4.46	1.07	---	5.53	**6.96**
6" T (54.00 SF/CY)	Inst	SF	Lg	DF	.026	2460	4.86	1.03	---	5.89	**7.38**
	Inst	SF	Sm	DF	.028	2263	5.36	1.11	---	6.47	**8.10**
Forms, wreck and clean											
2" x 4"	Inst	LF	Lg	1L	.022	360.0	---	.82	---	.82	**1.23**
	Inst	LF	Sm	1L	.025	324.0	---	.94	---	.94	**1.40**
2" x 6"	Inst	LF	Lg	1L	.024	340.0	---	.90	---	.90	**1.35**
	Inst	LF	Sm	1L	.026	306.0	---	.97	---	.97	**1.46**

Material information

Ready mix delivered by truck

Material costs only, prices are typical for most cities and assumes delivery up to 20 miles for 10 CY or more, 3" to 4" slump

Footing and foundation, using 1-1/2" aggregate

Description	Oper	Unit	Vol	Crew Size	Man-hours per Unit	Crew Output per Day	Avg Mat'l Unit Cost	Avg Labor Unit Cost	Avg Equip Unit Cost	Avg Total Unit Cost	Avg Price Incl O&P
2000 PSI, 4.8 sack mix	Inst	CY	Lg	---	---	---	233.00	---	---	233.00	**279.00**
	Inst	CY	Sm	---	---	---	257.00	---	---	257.00	**308.00**
2500 PSI, 5.2 sack mix	Inst	CY	Lg	---	---	---	240.00	---	---	240.00	**288.00**
	Inst	CY	Sm	---	---	---	265.00	---	---	265.00	**318.00**
3000 PSI, 5.7 sack mix	Inst	CY	Lg	---	---	---	250.00	---	---	250.00	**300.00**
	Inst	CY	Sm	---	---	---	276.00	---	---	276.00	**331.00**
3500 PSI, 6.3 sack mix	Inst	CY	Lg	---	---	---	255.00	---	---	255.00	**306.00**
	Inst	CY	Sm	---	---	---	281.00	---	---	281.00	**338.00**
4000 PSI, 6.9 sack mix	Inst	CY	Lg	---	---	---	273.00	---	---	273.00	**327.00**
	Inst	CY	Sm	---	---	---	301.00	---	---	301.00	**361.00**

Description	Oper	Unit	Vol	Crew Size	Man-hours per Unit	Crew Output per Day	Avg Mat'l Unit Cost	Avg Labor Unit Cost	Avg Equip Unit Cost	Avg Total Unit Cost	Avg Price Incl O&P
Slab, sidewalk and driveway, using 1" aggregate											
2000 PSI, 5.0 sack mix	Inst	CY	Lg	---	---	---	238.00	---	---	238.00	**285.00**
	Inst	CY	Sm	---	---	---	262.00	---	---	262.00	**315.00**
2500 PSI, 5.5 sack mix	Inst	CY	Lg	---	---	---	248.00	---	---	248.00	**297.00**
	Inst	CY	Sm	---	---	---	273.00	---	---	273.00	**328.00**
3000 PSI, 6.0 sack mix	Inst	CY	Lg	---	---	---	255.00	---	---	255.00	**306.00**
	Inst	CY	Sm	---	---	---	281.00	---	---	281.00	**338.00**
3500 PSI, 6.6 sack mix	Inst	CY	Lg	---	---	---	268.00	---	---	268.00	**321.00**
	Inst	CY	Sm	---	---	---	295.00	---	---	295.00	**354.00**
4000 PSI, 7.1 sack mix	Inst	CY	Lg	---	---	---	275.00	---	---	275.00	**330.00**
	Inst	CY	Sm	---	---	---	304.00	---	---	304.00	**364.00**
Pump & grout mix, using pea gravel, 3/8" aggregate,											
Equipment includes pump, hose, and operator, ADD											
2000 PSI, 6.0 sack mix	Inst	CY	Lg	VB	.533	30.00	5.01	23.60	39.30	67.91	**88.50**
	Inst	CY	Sm	VB	.667	24.00	5.52	29.50	39.30	74.32	**98.00**
2500 PSI, 6.5 sack mix	Inst	CY	Lg	VB	.533	30.00	15.00	23.60	39.30	77.90	**101.00**
	Inst	CY	Sm	VB	.667	24.00	16.60	29.50	39.30	85.40	**111.00**
3000 PSI, 7.2 sack mix	Inst	CY	Lg	VB	.533	30.00	27.50	23.60	39.30	90.40	**116.00**
	Inst	CY	Sm	VB	.667	24.00	30.40	29.50	39.30	99.20	**128.00**
3500 PSI, 7.9 sack mix	Inst	CY	Lg	VB	.533	30.00	40.10	23.60	39.30	103.00	**131.00**
	Inst	CY	Sm	VB	.667	24.00	44.20	29.50	39.30	113.00	**144.00**
4000 PSI, 8.5 sack mix	Inst	CY	Lg	VB	.533	30.00	57.60	23.60	39.30	120.50	**152.00**
	Inst	CY	Sm	VB	.667	24.00	63.50	29.50	39.30	132.30	**168.00**

Adjustments

Extra delivery costs for ready-mix concrete

Description	Oper	Unit	Vol	Crew Size	Man-hours per Unit	Crew Output per Day	Avg Mat'l Unit Cost	Avg Labor Unit Cost	Avg Equip Unit Cost	Avg Total Unit Cost	Avg Price Incl O&P
Delivery over 20 miles, ADD											
	Inst	Mi	Lg	---	---	---	12.50	---	---	12.50	**15.00**
	Inst	Mi	Sm	---	---	---	13.80	---	---	13.80	**16.60**
Standby charge in excess of 5 minutes per CY delivered per minute extra time, ADD											
	Inst	Min	Lg	---	---	---	1.80	---	---	1.80	**2.16**
	Inst	Min	Sm	---	---	---	1.80	---	---	1.80	**2.16**
Loads 7.25 CY or less, ADD											
7.25 CY	Inst	LS	Lg	---	---	---	17.50	---	---	17.50	**21.00**
	Inst	LS	Sm	---	---	---	19.30	---	---	19.30	**23.20**
6.0 CY	Inst	LS	Lg	---	---	---	62.60	---	---	62.60	**75.10**
	Inst	LS	Sm	---	---	---	69.00	---	---	69.00	**82.80**
5.0 CY	Inst	LS	Lg	---	---	---	100.00	---	---	100.00	**120.00**
	Inst	LS	Sm	---	---	---	110.00	---	---	110.00	**132.00**
4.0 CY	Inst	LS	Lg	---	---	---	138.00	---	---	138.00	**165.00**
	Inst	LS	Sm	---	---	---	152.00	---	---	152.00	**182.00**
3.0 CY	Inst	LS	Lg	---	---	---	175.00	---	---	175.00	**210.00**
	Inst	LS	Sm	---	---	---	193.00	---	---	193.00	**232.00**
2.0 CY	Inst	LS	Lg	---	---	---	213.00	---	---	213.00	**255.00**
	Inst	LS	Sm	---	---	---	235.00	---	---	235.00	**281.00**
1.0 CY	Inst	LS	Lg	---	---	---	250.00	---	---	250.00	**300.00**
	Inst	LS	Sm	---	---	---	276.00	---	---	276.00	**331.00**

Concrete, adjustments

Description	Oper	Unit	Vol	Crew Size	Man-hours per Unit	Crew Output per Day	Avg Mat'l Unit Cost	Avg Labor Unit Cost	Avg Equip Unit Cost	Avg Total Unit Cost	Avg Price Incl O&P

Extra costs for non-standard mix additives

High early strength

Description	Oper	Unit	Vol	Crew Size	Man-hrs/Unit	Output/Day	Mat'l	Labor	Equip	Total	O&P
5.0 sack mix	Inst	CY	Lg	---	---	---	15.00	---	---	15.00	**18.00**
	Inst	CY	Sm	---	---	---	15.00	---	---	15.00	**18.00**
6.0 sack mix	Inst	CY	Lg	---	---	---	19.80	---	---	19.80	**23.80**
	Inst	CY	Sm	---	---	---	19.80	---	---	19.80	**23.80**

White cement (architectural)

Description	Oper	Unit	Vol	Crew Size	Man-hrs/Unit	Output/Day	Mat'l	Labor	Equip	Total	O&P
	Inst	CY	Lg	---	---	---	68.40	---	---	68.40	**82.10**
	Inst	CY	Sm	---	---	---	68.40	---	---	68.40	**82.10**
For 1% calcium chloride	Inst	CY	Lg	---	---	---	1.92	---	---	1.92	**2.30**
	Inst	CY	Sm	---	---	---	1.92	---	---	1.92	**2.30**
For 2% calcium chloride	Inst	CY	Lg	---	---	---	3.00	---	---	3.00	**3.60**
	Inst	CY	Sm	---	---	---	3.00	---	---	3.00	**3.60**

Chemical compensated shrinkage (WRDA Admix)

Description	Oper	Unit	Vol	Crew Size	Man-hrs/Unit	Output/Day	Mat'l	Labor	Equip	Total	O&P
	Inst	CY	Lg	---	---	---	25.20	---	---	25.20	**30.20**
	Inst	CY	Sm	---	---	---	25.20	---	---	25.20	**30.20**

Super plasticized mix, with 7"-8" slump

Description	Oper	Unit	Vol	Crew Size	Man-hrs/Unit	Output/Day	Mat'l	Labor	Equip	Total	O&P
	Inst	%	Lg	---	---	---	8.0	---	---	8.0	**8.0**
	Inst	%	Sm	---	---	---	8.0	---	---	8.0	**8.0**

Coloring of concrete, ADD

Description	Oper	Unit	Vol	Crew Size	Man-hrs/Unit	Output/Day	Mat'l	Labor	Equip	Total	O&P
Light or sand colors	Inst	CY	Lg	---	---	---	21.60	---	---	21.60	**25.90**
	Inst	CY	Sm	---	---	---	21.60	---	---	21.60	**25.90**
Medium or buff colors	Inst	CY	Lg	---	---	---	28.80	---	---	28.80	**34.60**
	Inst	CY	Sm	---	---	---	28.80	---	---	28.80	**34.60**
Dark colors	Inst	CY	Lg	---	---	---	43.20	---	---	43.20	**51.80**
	Inst	CY	Sm	---	---	---	43.20	---	---	43.20	**51.80**
Green	Inst	CY	Lg	---	---	---	48.00	---	---	48.00	**57.60**
	Inst	CY	Sm	---	---	---	48.00	---	---	48.00	**57.60**

Extra costs for non-standard aggregates

Lightweight aggregate, ADD

Description	Oper	Unit	Vol	Crew Size	Man-hrs/Unit	Output/Day	Mat'l	Labor	Equip	Total	O&P
Mix from truck to forms	Inst	CY	Lg	---	---	---	37.50	---	---	37.50	**45.00**
	Inst	CY	Sm	---	---	---	45.90	---	---	45.90	**55.10**
Pump mix	Inst	CY	Lg	---	---	---	40.70	---	---	40.70	**48.80**
	Inst	CY	Sm	---	---	---	49.80	---	---	49.80	**59.80**

Granite aggregate, ADD

Description	Oper	Unit	Vol	Crew Size	Man-hrs/Unit	Output/Day	Mat'l	Labor	Equip	Total	O&P
	Inst	CY	Lg	---	---	---	15.70	---	---	15.70	**18.80**
	Inst	CY	Sm	---	---	---	19.20	---	---	19.20	**23.00**

Concrete block. See Masonry, page 279

Description	Oper	Unit	Vol	Crew Size	Man-hours per Unit	Crew Output per Day	Avg Mat'l Unit Cost	Avg Labor Unit Cost	Avg Equip Unit Cost	Avg Total Unit Cost	Avg Price Incl O&P

Countertops

Ceramic tile counter and backsplash

Adhesive / Mastic

Description	Oper	Unit	Vol	Crew Size	Man-hours per Unit	Crew Output per Day	Avg Mat'l Unit Cost	Avg Labor Unit Cost	Avg Equip Unit Cost	Avg Total Unit Cost	Avg Price Incl O&P
1" x 1" or similar	Inst	SF	Lg	TB	.229	70.00	9.63	8.47	---	18.10	**24.30**
	Inst	SF	Sm	TB	.381	42.00	10.60	14.10	---	24.70	**33.90**
4-1/4" x 4-1/4" or similar	Inst	SF	Lg	TB	.200	80.00	8.06	7.39	---	15.45	**20.80**
	Inst	SF	Sm	TB	.333	48.00	8.88	12.30	---	21.18	**29.10**

Concrete

One-piece tops; straight, "L", or "U" shapes; minimal sanding, grinding, or polishing; cemented to particleboard base

25" W, 1-1/2" H front edge, with integral coved 4" H backsplash

Standard grade, solid color

	Inst	SF	Lg	2C	.107	150.00	53.00	4.91	---	57.91	**70.90**
	Inst	SF	Sm	2C	.152	105.00	58.40	6.97	---	65.37	**80.50**

Average grade, solid and mixed color

	Inst	SF	Lg	2C	.107	150.00	70.60	4.91	---	75.51	**92.10**
	Inst	SF	Sm	2C	.152	105.00	77.90	6.97	---	84.87	**104.00**

High grade, specialty mixed colors or finish patterns

	Inst	SF	Lg	2C	.107	150.00	86.20	4.91	---	91.11	**111.00**
	Inst	SF	Sm	2C	.152	105.00	95.00	6.97	---	101.97	**124.00**

Adjustments

For edge treatment, ADD

Average

	Inst	LF	Lg	2C	.213	75.00	30.40	9.77	---	40.17	**51.10**
	Inst	LF	Sm	2C	.305	52.50	33.50	14.00	---	47.50	**61.10**

High

	Inst	LF	Lg	2C	.291	55.00	52.00	13.40	---	65.40	**82.50**
	Inst	LF	Sm	2C	.416	38.50	57.30	19.10	---	76.40	**97.40**

For buff and polish, ADD

Any grade

	Inst	SF	Lg	2C	.114	140.00	.47	5.23	---	5.70	**8.41**
	Inst	SF	Sm	2C	.163	98.00	.52	7.48	---	8.00	**11.80**

Formica

One-piece tops; straight, "L", or "U" shapes; surfaced with laminated plastic cemented to particleboard base

Post formed countertop with raised front drip edge

25" W, 1-1/2" H front edge, with integral coved 4" H backsplash

Standard grade, solid pattern

	Inst	LF	Lg	2C	.080	200.00	25.30	3.67	---	28.97	**35.90**
	Inst	LF	Sm	2C	.114	140.00	27.90	5.23	---	33.13	**41.40**

Average grade, simple patterns

	Inst	LF	Lg	2C	.080	200.00	37.90	3.67	---	41.57	**51.00**
	Inst	LF	Sm	2C	.114	140.00	41.70	5.23	---	46.93	**57.90**

Countertops, Formica

Description	Oper	Unit	Vol	Crew Size	Man-hours per Unit	Crew Output per Day	Avg Mat'l Unit Cost	Avg Labor Unit Cost	Avg Equip Unit Cost	Avg Total Unit Cost	Avg Price Incl O&P
High grade, specialty finish patterns											
	Inst	LF	Lg	2C	.080	200.00	55.10	3.67	---	58.77	**71.70**
	Inst	LF	Sm	2C	.114	140.00	60.80	5.23	---	66.03	**80.80**
Premium grade, stone and wood tone patterns											
	Inst	LF	Lg	2C	.080	200.00	65.90	3.67	---	69.57	**84.60**
	Inst	LF	Sm	2C	.114	140.00	72.70	5.23	---	77.93	**95.10**

Double roll top, 1-1/2" H front and back edges, no backsplash

25" W

Standard grade, solid pattern

	Inst	LF	Lg	2C	.071	225.00	21.20	3.26	---	24.46	**30.30**
	Inst	LF	Sm	2C	.102	157.50	23.40	4.68	---	28.08	**35.10**

Average grade, simple patterns

	Inst	LF	Lg	2C	.071	225.00	33.10	3.26	---	36.36	**44.60**
	Inst	LF	Sm	2C	.102	157.50	36.50	4.68	---	41.18	**50.80**

High grade, specialty finish patterns

	Inst	LF	Lg	2C	.071	225.00	45.50	3.26	---	48.76	**59.40**
	Inst	LF	Sm	2C	.102	157.50	50.10	4.68	---	54.78	**67.10**

Premium grade, stone and wood tone patterns

	Inst	LF	Lg	2C	.071	225.00	63.60	3.26	---	66.86	**81.20**
	Inst	LF	Sm	2C	.102	157.50	70.10	4.68	---	74.78	**91.10**

36" W

Standard grade, solid pattern

	Inst	LF	Lg	2C	.058	275.00	26.30	2.66	---	28.96	**35.50**
	Inst	LF	Sm	2C	.083	192.50	29.00	3.81	---	32.81	**40.50**

Average grade, simple patterns

	Inst	LF	Lg	2C	.058	275.00	41.10	2.66	---	43.76	**53.30**
	Inst	LF	Sm	2C	.083	192.50	45.30	3.81	---	49.11	**60.00**

High grade, specialty finish patterns

	Inst	LF	Lg	2C	.058	275.00	56.40	2.66	---	59.06	**71.60**
	Inst	LF	Sm	2C	.083	192.50	62.10	3.81	---	65.91	**80.20**

Premium grade, stone and wood tone patterns

	Inst	LF	Lg	2C	.058	275.00	78.90	2.66	---	81.56	**98.60**
	Inst	LF	Sm	2C	.083	192.50	86.90	3.81	---	90.71	**110.00**

Post formed countertop with square edge veneer front

25" W, 1-1/2" H front edge, 4" H coved backsplash

Standard grade, solid pattern

	Inst	LF	Lg	2C	.080	200.00	25.00	3.67	---	28.67	**35.50**
	Inst	LF	Sm	2C	.114	140.00	27.60	5.23	---	32.83	**40.90**

Average grade, simple patterns

	Inst	LF	Lg	2C	.080	200.00	39.10	3.67	---	42.77	**52.40**
	Inst	LF	Sm	2C	.114	140.00	43.10	5.23	---	48.33	**59.60**

Description	Oper	Unit	Vol	Crew Size	Man-hours per Unit	Crew Output per Day	Avg Mat'l Unit Cost	Avg Labor Unit Cost	Avg Equip Unit Cost	Avg Total Unit Cost	Avg Price Incl O&P
High grade, specialty finish patterns											
	Inst	LF	Lg	2C	.080	200.00	53.60	3.67	---	57.27	**69.90**
	Inst	LF	Sm	2C	.114	140.00	59.10	5.23	---	64.33	**78.80**
Premium grade, stone and wood tone patterns											
	Inst	LF	Lg	2C	.080	200.00	75.10	3.67	---	78.77	**95.60**
	Inst	LF	Sm	2C	.114	140.00	82.70	5.23	---	87.93	**107.00**

Self-edge countertop with square edge veneer front

25" W, 1-1/2" H front edge, 4" H coved backsplash (@ 90-degree angle to deck)

Description	Oper	Unit	Vol	Crew Size	Man-hours per Unit	Crew Output per Day	Avg Mat'l Unit Cost	Avg Labor Unit Cost	Avg Equip Unit Cost	Avg Total Unit Cost	Avg Price Incl O&P
Standard grade, solid pattern											
	Inst	LF	Lg	2C	.080	200.00	27.60	3.67	---	31.27	**38.60**
	Inst	LF	Sm	2C	.114	140.00	30.40	5.23	---	35.63	**44.30**
Average grade, simple patterns											
	Inst	LF	Lg	2C	.080	200.00	43.10	3.67	---	46.77	**57.20**
	Inst	LF	Sm	2C	.114	140.00	47.50	5.23	---	52.73	**64.80**
High grade, specialty finish patterns											
	Inst	LF	Lg	2C	.080	200.00	59.10	3.67	---	62.77	**76.40**
	Inst	LF	Sm	2C	.114	140.00	65.10	5.23	---	70.33	**86.00**
Premium grade, stone and wood tone patterns											
	Inst	LF	Lg	2C	.080	200.00	82.70	3.67	---	86.37	**105.00**
	Inst	LF	Sm	2C	.114	140.00	91.10	5.23	---	96.33	**117.00**

Adjustments, ADD

Description	Oper	Unit	Vol	Crew Size	Man-hours per Unit	Crew Output per Day	Avg Mat'l Unit Cost	Avg Labor Unit Cost	Avg Equip Unit Cost	Avg Total Unit Cost	Avg Price Incl O&P
Countertop edge treatment											
Plastic laminate	Inst	LF	Lg	2C	.040	400.00	.78	1.84	---	2.62	**3.69**
	Inst	LF	Sm	2C	.057	280.00	.86	2.62	---	3.48	**4.95**
Wood	Inst	LF	Lg	2C	.064	250.00	2.62	2.94	---	5.56	**7.55**
	Inst	LF	Sm	2C	.091	175.00	2.88	4.18	---	7.06	**9.72**
Diagonal corner cut											
Standard	Inst	Ea	Lg	---	---	---	17.60	---	---	17.60	**21.20**
	Inst	Ea	Sm	---	---	---	19.40	---	---	19.40	**23.30**
With plateau shelf	Inst	Ea	Lg	---	---	---	83.30	---	---	83.30	**100.00**
	Inst	Ea	Sm	---	---	---	91.80	---	---	91.80	**110.00**
Radius corner cut											
3" or 6"	Inst	Ea	Lg	---	---	---	11.80	---	---	11.80	**14.10**
	Inst	Ea	Sm	---	---	---	13.00	---	---	13.00	**15.60**
12"	Inst	Ea	Lg	---	---	---	11.80	---	---	11.80	**14.10**
	Inst	Ea	Sm	---	---	---	13.00	---	---	13.00	**15.60**
Quarter radius end	Inst	Ea	Lg	---	---	---	11.80	---	---	11.80	**14.10**
	Inst	Ea	Sm	---	---	---	13.00	---	---	13.00	**15.60**
Half radius end	Inst	Ea	Lg	---	---	---	21.60	---	---	21.60	**25.90**
	Inst	Ea	Sm	---	---	---	23.80	---	---	23.80	**28.50**

Countertops, Granite or Marble

Description	Oper	Unit	Vol	Crew Size	Man-hours per Unit	Crew Output per Day	Avg Mat'l Unit Cost	Avg Labor Unit Cost	Avg Equip Unit Cost	Avg Total Unit Cost	Avg Price Incl O&P
Miter corner, shop assembled											
	Inst	Ea	Lg	---	---	---	135.00	---	---	135.00	**162.00**
	Inst	Ea	Sm	---	---	---	149.00	---	---	149.00	**179.00**
Splicing any top or leg 12' or longer, shop assembled											
	Inst	Ea	Lg	---	---	---	20.60	---	---	20.60	**24.70**
	Inst	Ea	Sm	---	---	---	22.70	---	---	22.70	**27.20**
Endsplash with finished sides and edges											
	Inst	Ea	Lg	---	---	---	15.70	---	---	15.70	**18.80**
	Inst	Ea	Sm	---	---	---	17.30	---	---	17.30	**20.70**
Sink or range cutout											
	Inst	Ea	Lg	---	---	---	6.86	---	---	6.86	**8.23**
	Inst	Ea	Sm	---	---	---	7.56	---	---	7.56	**9.07**

Granite or Marble

One-piece tops; straight, "L", or "U" shapes; cemented to particleboard base

25" W, 1-1/2" H front edge, additional for 4" H backsplash

Description	Oper	Unit	Vol	Crew Size	Man-hours per Unit	Crew Output per Day	Avg Mat'l Unit Cost	Avg Labor Unit Cost	Avg Equip Unit Cost	Avg Total Unit Cost	Avg Price Incl O&P
Standard grade, light to neutral colors, small stone patterns											
	Inst	SF	Lg	2C	.229	70.00	16.00	10.50	---	26.50	**35.00**
	Inst	SF	Sm	2C	.327	49.00	17.70	15.00	---	32.70	**43.70**
Average grade, dark colors, small to medium stone patterns											
	Inst	SF	Lg	2C	.229	70.00	29.80	10.50	---	40.30	**51.50**
	Inst	SF	Sm	2C	.327	49.00	32.80	15.00	---	47.80	**61.90**
High grade, specialty colors											
	Inst	SF	Lg	2C	.229	70.00	45.80	10.50	---	56.30	**70.70**
	Inst	SF	Sm	2C	.327	49.00	50.50	15.00	---	65.50	**83.10**
Premium grade, intense primary colors, intricate or matched patterns											
	Inst	SF	Lg	2C	.229	70.00	84.80	10.50	---	95.30	**118.00**
	Inst	SF	Sm	2C	.327	49.00	93.50	15.00	---	108.50	**135.00**

Adjustments, ADD

Description	Oper	Unit	Vol	Crew Size	Man-hours per Unit	Crew Output per Day	Avg Mat'l Unit Cost	Avg Labor Unit Cost	Avg Equip Unit Cost	Avg Total Unit Cost	Avg Price Incl O&P
Undermount sink cutout and polish											
Single sink	Inst	Ea	Lg	2C	1.067	15.00	242.00	49.00	---	291.00	**364.00**
	Inst	Ea	Sm	2C	1.524	10.50	267.00	69.90	---	336.90	**425.00**
Double sink	Inst	Ea	Lg	2C	2.133	7.50	364.00	97.90	---	461.90	**584.00**
	Inst	Ea	Sm	2C	3.048	5.25	401.00	140.00	---	541.00	**691.00**
Edge treatment											
Standard grade	Inst	LF	Lg	2C	.178	90.00	22.80	8.17	---	30.97	**39.60**
	Inst	LF	Sm	2C	.254	63.00	25.10	11.70	---	36.80	**47.60**
Average grade	Inst	LF	Lg	2C	.320	50.00	30.40	14.70	---	45.10	**58.40**
	Inst	LF	Sm	2C	.457	35.00	33.50	21.00	---	54.50	**71.60**
High grade	Inst	LF	Lg	2C	.457	35.00	52.00	21.00	---	73.00	**93.90**
	Inst	LF	Sm	2C	.653	24.50	57.30	30.00	---	87.30	**114.00**
Premium grade	Inst	LF	Lg	2C	.800	20.00	78.10	36.70	---	114.80	**149.00**
	Inst	LF	Sm	2C	1.143	14.00	86.00	52.40	---	138.40	**182.00**

Description	Oper	Unit	Vol	Crew Size	Man-hours per Unit	Crew Output per Day	Avg Mat'l Unit Cost	Avg Labor Unit Cost	Avg Equip Unit Cost	Avg Total Unit Cost	Avg Price Incl O&P
For backsplash											
Coved, seamless, permanently joined											
	Inst	LF	Lg	2C	.400	40.00	15.60	18.40	---	34.00	**46.20**
	Inst	LF	Sm	2C	.571	28.00	17.20	26.20	---	43.40	**59.90**
Unattached, then butt joint @ 90 degree angle											
	Inst	LF	Lg	2C	.027	600.00	10.50	1.24	---	11.74	**14.40**
	Inst	LF	Sm	2C	.038	420.00	11.50	1.74	---	13.24	**16.40**
For buff and polish											
Any grade	Inst	SF	Lg	2C	.114	140.00	.47	5.23	---	5.70	**8.41**
	Inst	SF	Sm	2C	.163	98.00	.52	7.48	---	8.00	**11.80**

Quartz

One-piece tops; straight, "L", or "U" shapes; cemented to particleboard base

25" W, 1-1/2" H front edge, additional for 4" H backsplash

Description	Oper	Unit	Vol	Crew Size	Man-hours per Unit	Crew Output per Day	Avg Mat'l Unit Cost	Avg Labor Unit Cost	Avg Equip Unit Cost	Avg Total Unit Cost	Avg Price Incl O&P
High grade, specialty colors											
	Inst	SF	Lg	2C	.229	70.00	58.80	10.50	---	69.30	**86.30**
	Inst	SF	Sm	2C	.327	49.00	64.80	15.00	---	79.80	**100.00**
Premium grade, intense primary colors, intricate or matched patterns											
	Inst	SF	Lg	2C	.229	70.00	71.30	10.50	---	81.80	**101.00**
	Inst	SF	Sm	2C	.327	49.00	78.60	15.00	---	93.60	**117.00**

Adjustments, ADD

Description	Oper	Unit	Vol	Crew Size	Man-hours per Unit	Crew Output per Day	Avg Mat'l Unit Cost	Avg Labor Unit Cost	Avg Equip Unit Cost	Avg Total Unit Cost	Avg Price Incl O&P
Undermount sink cutout and polish											
Single sink	Inst	Ea	Lg	2C	1.067	15.00	242.00	49.00	---	291.00	**364.00**
	Inst	Ea	Sm	2C	1.524	10.50	267.00	69.90	---	336.90	**425.00**
Double sink	Inst	Ea	Lg	2C	2.133	7.50	364.00	97.90	---	461.90	**584.00**
	Inst	Ea	Sm	2C	3.048	5.25	401.00	140.00	---	541.00	**691.00**
Edge treatment											
High grade	Inst	LF	Lg	2C	.457	35.00	30.40	21.00	---	51.40	**67.90**
	Inst	LF	Sm	2C	.653	24.50	33.50	30.00	---	63.50	**85.10**
Premium grade	Inst	LF	Lg	2C	.800	20.00	52.00	36.70	---	88.70	**117.00**
	Inst	LF	Sm	2C	1.143	14.00	57.30	52.40	---	109.70	**147.00**
Backsplash											
Coved, seamless, permanently joined											
	Inst	LF	Lg	2C	.400	40.00	15.60	18.40	---	34.00	**46.20**
	Inst	LF	Sm	2C	.571	28.00	17.20	26.20	---	43.40	**59.90**
Unattached, then butt joint @ 90 degree angle											
	Inst	LF	Lg	2C	.027	600.00	10.50	1.24	---	11.74	**14.40**
	Inst	LF	Sm	2C	.038	420.00	11.50	1.74	---	13.24	**16.40**
Buff and polish											
Any grade	Inst	SF	Lg	2C	.114	140.00	.47	5.23	---	5.70	**8.41**
	Inst	SF	Sm	2C	.163	98.00	.52	7.48	---	8.00	**11.80**

Countertops, engineered stone

Description	Oper	Unit	Vol	Crew Size	Man-hours per Unit	Crew Output per Day	Avg Mat'l Unit Cost	Avg Labor Unit Cost	Avg Equip Unit Cost	Avg Total Unit Cost	Avg Price Incl O&P

Engineered Stone (e.g., imitation granite / marble / Silestone)

One-piece tops; straight, "L", or "U" shapes; cemented to particleboard base, matte finish

25" W, 1-1/2" H front edge, additional for 4" H backsplash

Standard grade, light to neutral colors, small stone patterns

| | Inst | SF | Lg | 2C | .091 | 175.00 | 35.10 | 4.18 | --- | 39.28 | **48.30** |
| | Inst | SF | Sm | 2C | .131 | 122.50 | 38.60 | 6.01 | --- | 44.61 | **55.40** |

Average grade, dark colors, small to medium stone patterns

| | Inst | SF | Lg | 2C | .091 | 175.00 | 43.90 | 4.18 | --- | 48.08 | **58.90** |
| | Inst | SF | Sm | 2C | .131 | 122.50 | 48.30 | 6.01 | --- | 54.31 | **67.00** |

High grade, specialty colors

| | Inst | SF | Lg | 2C | .091 | 175.00 | 58.80 | 4.18 | --- | 62.98 | **76.80** |
| | Inst | SF | Sm | 2C | .131 | 122.50 | 64.80 | 6.01 | --- | 70.81 | **86.80** |

Premium grade, intense primary colors, intricate or matched patterns

| | Inst | SF | Lg | 2C | .091 | 175.00 | 71.30 | 4.18 | --- | 75.48 | **91.80** |
| | Inst | SF | Sm | 2C | .131 | 122.50 | 78.60 | 6.01 | --- | 84.61 | **103.00** |

Adjustments, ADD

Undermount sink cutout and polish, includes material for a solid surface sink with seaming kit, and installation labor

Bar sink

| | Inst | Ea | Lg | 2C | .444 | 36.00 | 360.00 | 20.40 | --- | 380.40 | **463.00** |
| | Inst | Ea | Sm | 2C | .635 | 25.20 | 397.00 | 29.10 | --- | 426.10 | **520.00** |

Single sink

| | Inst | Ea | Lg | 2C | .667 | 24.00 | 527.00 | 30.60 | --- | 557.60 | **678.00** |
| | Inst | Ea | Sm | 2C | .952 | 16.80 | 580.00 | 43.70 | --- | 623.70 | **762.00** |

Double sink

| | Inst | Ea | Lg | 2C | .889 | 18.00 | 575.00 | 40.80 | --- | 615.80 | **751.00** |
| | Inst | Ea | Sm | 2C | 1.270 | 12.60 | 634.00 | 58.30 | --- | 692.30 | **848.00** |

Edge treatment

Standard grade

| | Inst | LF | Lg | 2C | .178 | 90.00 | 22.80 | 8.17 | --- | 30.97 | **39.60** |
| | Inst | LF | Sm | 2C | .254 | 63.00 | 25.10 | 11.70 | --- | 36.80 | **47.60** |

Average grade

| | Inst | LF | Lg | 2C | .320 | 50.00 | 30.40 | 14.70 | --- | 45.10 | **58.40** |
| | Inst | LF | Sm | 2C | .457 | 35.00 | 33.50 | 21.00 | --- | 54.50 | **71.60** |

High grade

| | Inst | LF | Lg | 2C | .457 | 35.00 | 52.00 | 21.00 | --- | 73.00 | **93.90** |
| | Inst | LF | Sm | 2C | .653 | 24.50 | 57.30 | 30.00 | --- | 87.30 | **114.00** |

Premium grade

| | Inst | LF | Lg | 2C | .800 | 20.00 | 78.10 | 36.70 | --- | 114.80 | **149.00** |
| | Inst | LF | Sm | 2C | 1.143 | 14.00 | 86.00 | 52.40 | --- | 138.40 | **182.00** |

Backsplash

Coved, seamless, permanently joined

| | Inst | LF | Lg | 2C | .400 | 40.00 | 15.60 | 18.40 | --- | 34.00 | **46.20** |
| | Inst | LF | Sm | 2C | .571 | 28.00 | 17.20 | 26.20 | --- | 43.40 | **59.90** |

Unattached, then butt joint @ 90 degree angle

| | Inst | LF | Lg | 2C | .027 | 600.00 | 10.50 | 1.24 | --- | 11.74 | **14.40** |
| | Inst | LF | Sm | 2C | .038 | 420.00 | 11.50 | 1.74 | --- | 13.24 | **16.40** |

Inlays

Any grade

| | Inst | LF | Lg | 2C | .200 | 80.00 | 3.19 | 9.18 | --- | 12.37 | **17.60** |
| | Inst | LF | Sm | 2C | .286 | 56.00 | 3.52 | 13.10 | --- | 16.62 | **23.90** |

Gloss finish

Any grade

| | Inst | SF | Lg | 2C | .178 | 90.00 | 29.90 | 8.17 | --- | 38.07 | **48.10** |
| | Inst | SF | Sm | 2C | .254 | 63.00 | 32.90 | 11.70 | --- | 44.60 | **57.00** |

Description	Oper	Unit	Vol	Crew Size	Man-hours per Unit	Crew Output per Day	Avg Mat'l Unit Cost	Avg Labor Unit Cost	Avg Equip Unit Cost	Avg Total Unit Cost	Avg Price Incl O&P

Stainless Steel

One-piece tops; straight, "L", or "U" shapes; cemented to particleboard base

25" W, 1-1/2" H front edge, with integral coved 4" H backsplash

Description	Oper	Unit	Vol	Crew Size	Man-hours per Unit	Crew Output per Day	Avg Mat'l Unit Cost	Avg Labor Unit Cost	Avg Equip Unit Cost	Avg Total Unit Cost	Avg Price Incl O&P
Square edges eased	Inst	LF	Lg	2C	.457	35.00	173.00	21.00	---	194.00	**239.00**
	Inst	LF	Sm	2C	.653	24.50	190.00	30.00	---	220.00	**273.00**

Terrazzo

One-piece tops; straight, "L", or "U" shapes; material and labor to form, pour, and polish highly

25" W, 1-1/2" H front edge, no backsplash

Description	Oper	Unit	Vol	Crew Size	Man-hours per Unit	Crew Output per Day	Avg Mat'l Unit Cost	Avg Labor Unit Cost	Avg Equip Unit Cost	Avg Total Unit Cost	Avg Price Incl O&P
Square edges eased	Inst	SF	Lg	2C	.800	20.00	6.36	36.70	---	43.06	**62.70**
	Inst	SF	Sm	2C	1.143	14.00	7.01	52.40	---	59.41	**87.10**

Wood

Butcher block construction (hard rock maple) throughout top; custome, straight, "L", or "U" shapes

Self-edge top; 26" W, with 4" H backsplash, 1-1/2" H front and back edges

Description	Oper	Unit	Vol	Crew Size	Man-hours per Unit	Crew Output per Day	Avg Mat'l Unit Cost	Avg Labor Unit Cost	Avg Equip Unit Cost	Avg Total Unit Cost	Avg Price Incl O&P
	Inst	LF	Lg	2C	.267	60.00	28.70	12.30	---	41.00	**52.80**
	Inst	LF	Sm	2C	.381	42.00	31.60	17.50	---	49.10	**64.20**

Adjustments, ADD

Description	Oper	Unit	Vol	Crew Size	Man-hours per Unit	Crew Output per Day	Avg Mat'l Unit Cost	Avg Labor Unit Cost	Avg Equip Unit Cost	Avg Total Unit Cost	Avg Price Incl O&P
Miter corner	Inst	Ea	Lg	---	---	---	135.00	---	---	135.00	**162.00**
	Inst	Ea	Sm	---	---	---	149.00	---	---	149.00	**179.00**
Sink or surface saver cutout	Inst	Ea	Lg	---	---	---	29.40	---	---	29.40	**35.30**
	Inst	Ea	Sm	---	---	---	32.40	---	---	32.40	**38.90**
45-degree plateau corner	Inst	Ea	Lg	---	---	---	147.00	---	---	147.00	**176.00**
	Inst	Ea	Sm	---	---	---	162.00	---	---	162.00	**194.00**
4" backsplash	Inst	LF	Lg	2C	.267	60.00	4.56	12.30	---	16.86	**23.90**
	Inst	LF	Sm	2C	.381	42.00	5.02	17.50	---	22.52	**32.20**
6" backsplash	Inst	LF	Lg	2C	.267	60.00	5.81	12.30	---	18.11	**25.40**
	Inst	LF	Sm	2C	.381	42.00	6.40	17.50	---	23.90	**33.90**

Cupolas

Wood, cedar / redwood or comparable, natural finish

Description	Oper	Unit	Vol	Crew Size	Man-hours per Unit	Crew Output per Day	Avg Mat'l Unit Cost	Avg Labor Unit Cost	Avg Equip Unit Cost	Avg Total Unit Cost	Avg Price Incl O&P
24" x 24" x 32" H	Inst	Ea	Lg	CA	1.33	6.00	451.00	61.00	---	512.00	**632.00**
	Inst	Ea	Sm	CA	1.78	4.50	497.00	81.70	---	578.70	**719.00**
30" x 30" x 40" H	Inst	Ea	Lg	CA	1.60	5.00	992.00	73.40	---	1065.40	**1300.00**
	Inst	Ea	Sm	CA	2.13	3.75	1090.00	97.70	---	1187.70	**1460.00**
36" x 36" x 48" H	Inst	Ea	Lg	CA	2.00	4.00	1740.00	91.80	---	1831.80	**2220.00**
	Inst	Ea	Sm	CA	2.67	3.00	1920.00	123.00	---	2043.00	**2480.00**

Vinyl, pre-finished

Description	Oper	Unit	Vol	Crew Size	Man-hours per Unit	Crew Output per Day	Avg Mat'l Unit Cost	Avg Labor Unit Cost	Avg Equip Unit Cost	Avg Total Unit Cost	Avg Price Incl O&P
24" x 24" x 32" H	Inst	Ea	Lg	CA	1.33	6.00	655.00	61.00	---	716.00	**878.00**
	Inst	Ea	Sm	CA	1.78	4.50	722.00	81.70	---	803.70	**989.00**
30" x 30" x 40" H	Inst	Ea	Lg	CA	1.60	5.00	1220.00	73.40	---	1293.40	**1570.00**
	Inst	Ea	Sm	CA	2.13	3.75	1340.00	97.70	---	1437.70	**1750.00**
36" x 36" x 48" H	Inst	Ea	Lg	CA	2.00	4.00	2110.00	91.80	---	2201.80	**2670.00**
	Inst	Ea	Sm	CA	2.67	3.00	2330.00	123.00	---	2453.00	**2980.00**

Cupolas

Description	Oper	Unit	Vol	Crew Size	Man-hours per Unit	Crew Output per Day	Avg Mat'l Unit Cost	Avg Labor Unit Cost	Avg Equip Unit Cost	Avg Total Unit Cost	Avg Price Incl O&P
Copper											
24" x 24" x 32" H	Inst	Ea	Lg	CA	1.60	5.00	2750.00	73.40	---	2823.40	**3400.00**
	Inst	Ea	Sm	CA	2.13	3.75	3030.00	97.70	---	3127.70	**3780.00**
30" x 30" x 40" H	Inst	Ea	Lg	CA	2.00	4.00	3900.00	91.80	---	3991.80	**4820.00**
	Inst	Ea	Sm	CA	2.67	3.00	4300.00	123.00	---	4423.00	**5340.00**
36" x 36" x 48" H	Inst	Ea	Lg	CA	2.67	3.00	7350.00	123.00	---	7473.00	**9000.00**
	Inst	Ea	Sm	CA	3.56	2.25	8100.00	163.00	---	8263.00	**9970.00**
Weathervanes for above, aluminum											
18" H, black finish	Inst	Ea	Lg	---	---	---	170.00	---	---	170.00	**204.00**
	Inst	Ea	Sm	---	---	---	187.00	---	---	187.00	**225.00**
24" H, black finish	Inst	Ea	Lg	---	---	---	212.00	---	---	212.00	**255.00**
	Inst	Ea	Sm	---	---	---	234.00	---	---	234.00	**281.00**
36" H, black and gold finish	Inst	Ea	Lg	---	---	---	255.00	---	---	255.00	**306.00**
	Inst	Ea	Sm	---	---	---	281.00	---	---	281.00	**337.00**
24" H, copper	Inst	Ea	Lg	---	---	---	283.00	---	---	283.00	**340.00**
	Inst	Ea	Sm	---	---	---	312.00	---	---	312.00	**375.00**
36" H, copper	Inst	Ea	Lg	---	---	---	498.00	---	---	498.00	**597.00**
	Inst	Ea	Sm	---	---	---	548.00	---	---	548.00	**658.00**

Demolition

Wreck and remove to dumpster

Dumpsters

Delivery, rental, transport of dumpsite, includes fees

Description	Oper	Unit	Vol	Crew Size	Man-hours per Unit	Crew Output per Day	Avg Mat'l Unit Cost	Avg Labor Unit Cost	Avg Equip Unit Cost	Avg Total Unit Cost	Avg Price Incl O&P
12 CY, 1 - 3 tons	Demo	Ea	Lg	---	---	---	---	---	419.00	419.00	**503.00**
	Demo	Ea	Sm	---	---	---	---	---	462.00	462.00	**555.00**
20 CY, 4 tons	Demo	Ea	Lg	---	---	---	---	---	549.00	549.00	**659.00**
	Demo	Ea	Sm	---	---	---	---	---	605.00	605.00	**727.00**
30 CY, 5 - 7 tons	Demo	Ea	Lg	---	---	---	---	---	736.00	736.00	**883.00**
	Demo	Ea	Sm	---	---	---	---	---	811.00	811.00	**973.00**
40 CY, 7 - 8 tons	Demo	Ea	Lg	---	---	---	---	---	826.00	826.00	**991.00**
	Demo	Ea	Sm	---	---	---	---	---	910.00	910.00	**1090.00**

Description	Oper	Unit	Vol	Crew Size	Man-hours per Unit	Crew Output per Day	Avg Mat'l Unit Cost	Avg Labor Unit Cost	Avg Equip Unit Cost	Avg Total Unit Cost	Avg Price Incl O&P

Concrete

Footings, with pneumatic tools; reinforced

Description	Oper	Unit	Vol	Crew Size	Man-hours per Unit	Crew Output per Day	Avg Mat'l Unit Cost	Avg Labor Unit Cost	Avg Equip Unit Cost	Avg Total Unit Cost	Avg Price Incl O&P
8" T x 12" W (.67 CF/LF)	Demo	LF	Lg	AB	.133	120.0	---	6.00	1.44	7.44	**10.70**
	Demo	LF	Sm	AB	.205	78.00	---	9.24	2.22	11.46	**16.50**
8" T x 16" W (.89 CF/LF)	Demo	LF	Lg	AB	.160	100.0	---	7.21	1.73	8.94	**12.90**
	Demo	LF	Sm	AB	.246	65.00	---	11.10	2.66	13.76	**19.80**
8" T x 20" W (1.11 CF/LF)	Demo	LF	Lg	AB	.178	90.00	---	8.02	1.92	9.94	**14.30**
	Demo	LF	Sm	AB	.274	58.50	---	12.40	2.96	15.36	**22.10**
12" T x 12" W (1.00 CF/LF)	Demo	LF	Lg	AB	.229	70.00	---	10.30	2.47	12.77	**18.50**
	Demo	LF	Sm	AB	.352	45.50	---	15.90	3.80	19.70	**28.40**
12" T x 16" W (1.33 CF/LF)	Demo	LF	Lg	AB	.267	60.00	---	12.00	2.88	14.88	**21.50**
	Demo	LF	Sm	AB	.410	39.00	---	18.50	4.44	22.94	**33.10**
12" T x 20" W (1.67 CF/LF)	Demo	LF	Lg	AB	.291	55.00	---	13.10	3.15	16.25	**23.50**
	Demo	LF	Sm	AB	.448	35.75	---	20.20	4.84	25.04	**36.10**
12" T x 24" W (2.00 CF/LF)	Demo	LF	Lg	AB	.320	50.00	---	14.40	3.46	17.86	**25.80**
	Demo	LF	Sm	AB	.492	32.50	---	22.20	5.32	27.52	**39.70**

Foundations and retaining walls, with pneumatic tools, per LF wall

With reinforcing

4'-0" H

Description	Oper	Unit	Vol	Crew Size	Man-hours per Unit	Crew Output per Day	Avg Mat'l Unit Cost	Avg Labor Unit Cost	Avg Equip Unit Cost	Avg Total Unit Cost	Avg Price Incl O&P
8" T (2.67 CF/LF)	Demo	SF	Lg	AB	.267	60.00	---	12.00	2.88	14.88	**21.50**
	Demo	SF	Sm	AB	.410	39.00	---	18.50	4.44	22.94	**33.10**
12" T (4.00 CF/LF)	Demo	SF	Lg	AB	.356	45.00	---	16.10	3.84	19.94	**28.70**
	Demo	SF	Sm	AB	.547	29.25	---	24.70	5.91	30.61	**44.10**

8'-0" H

8" T (5.33 CF/LF)	Demo	SF	Lg	AB	.291	55.00	---	13.10	3.15	16.25	**23.50**
	Demo	SF	Sm	AB	.448	35.75	---	20.20	4.84	25.04	**36.10**
12" T (8.00 CF/LF)	Demo	SF	Lg	AB	.400	40.00	---	18.00	4.33	22.33	**32.20**
	Demo	SF	Sm	AB	.615	26.00	---	27.70	6.65	34.35	**49.60**

12'-0" H

8" T (8.00 CF/LF)	Demo	SF	Lg	AB	.320	50.00	---	14.40	3.46	17.86	**25.80**
	Demo	SF	Sm	AB	.492	32.50	---	22.20	5.32	27.52	**39.70**
12" T (12.00 CF/LF)	Demo	SF	Lg	AB	.457	35.00	---	20.60	4.94	25.54	**36.80**
	Demo	SF	Sm	AB	.703	22.75	---	31.70	7.60	39.30	**56.70**

Without reinforcing

4'-0" H

8" T (2.67 CF/LF)	Demo	SF	Lg	AB	.200	80.00	---	9.02	2.16	11.18	**16.10**
	Demo	SF	Sm	AB	.308	52.00	---	13.90	3.33	17.23	**24.80**
12" T (4.00 CF/LF)	Demo	SF	Lg	AB	.267	60.00	---	12.00	2.88	14.88	**21.50**
	Demo	SF	Sm	AB	.410	39.00	---	18.50	4.44	22.94	**33.10**

Demolition, masonry

Description	Oper	Unit	Vol	Crew Size	Man-hours per Unit	Crew Output per Day	Avg Mat'l Unit Cost	Avg Labor Unit Cost	Avg Equip Unit Cost	Avg Total Unit Cost	Avg Price Incl O&P
8'-0" H											
8" T (5.33 CF/LF)	Demo	SF	Lg	AB	.229	70.00	---	10.30	2.47	12.77	**18.50**
	Demo	SF	Sm	AB	.352	45.50	---	15.90	3.80	19.70	**28.40**
12" T (8.00 CF/LF)	Demo	SF	Lg	AB	.320	50.00	---	14.40	3.46	17.86	**25.80**
	Demo	SF	Sm	AB	.492	32.50	---	22.20	5.32	27.52	**39.70**
12'-0" H											
8" T (8.00 CF/LF)	Demo	SF	Lg	AB	.267	60.00	---	12.00	2.88	14.88	**21.50**
	Demo	SF	Sm	AB	.410	39.00	---	18.50	4.44	22.94	**33.10**
12" T (12.00 CF/LF)	Demo	SF	Lg	AB	.400	40.00	---	18.00	4.33	22.33	**32.20**
	Demo	SF	Sm	AB	.615	26.00	---	27.70	6.65	34.35	**49.60**

Slabs, with pneumatic tools, per SF area

With reinforcing

Description	Oper	Unit	Vol	Crew Size	Man-hours per Unit	Crew Output per Day	Avg Mat'l Unit Cost	Avg Labor Unit Cost	Avg Equip Unit Cost	Avg Total Unit Cost	Avg Price Incl O&P
4" T	Demo	SF	Lg	AB	.038	425.0	---	1.71	.41	2.12	**3.06**
	Demo	SF	Sm	AB	.058	276.3	---	2.61	.63	3.24	**4.68**
5" T	Demo	SF	Lg	AB	.043	370.0	---	1.94	.47	2.41	**3.47**
	Demo	SF	Sm	AB	.067	240.5	---	3.02	.72	3.74	**5.39**
6" T	Demo	SF	Lg	AB	.046	350.0	---	2.07	.49	2.56	**3.70**
	Demo	SF	Sm	AB	.070	227.5	---	3.16	.76	3.92	**5.64**

Without reinforcing

Description	Oper	Unit	Vol	Crew Size	Man-hours per Unit	Crew Output per Day	Avg Mat'l Unit Cost	Avg Labor Unit Cost	Avg Equip Unit Cost	Avg Total Unit Cost	Avg Price Incl O&P
4" T	Demo	SF	Lg	AB	.032	500.0	---	1.44	.35	1.79	**2.58**
	Demo	SF	Sm	AB	.049	325.0	---	2.21	.53	2.74	**3.95**
5" T	Demo	SF	Lg	AB	.038	425.0	---	1.71	.41	2.12	**3.06**
	Demo	SF	Sm	AB	.058	276.3	---	2.61	.63	3.24	**4.68**
6" T	Demo	SF	Lg	AB	.043	370.0	---	1.94	.47	2.41	**3.47**
	Demo	SF	Sm	AB	.067	240.5	---	3.02	.72	3.74	**5.39**

Masonry

Brick

Chimneys, with pneumatic tools

Description	Oper	Unit	Vol	Crew Size	Man-hours per Unit	Crew Output per Day	Avg Mat'l Unit Cost	Avg Labor Unit Cost	Avg Equip Unit Cost	Avg Total Unit Cost	Avg Price Incl O&P
4" T wall	Demo	VLF	Lg	LB	.640	25.00	---	23.90	6.92	30.81	**44.20**
	Demo	VLF	Sm	LB	.985	16.25	---	36.80	10.70	47.50	**68.00**
8" T wall	Demo	VLF	Lg	LB	1.60	10.00	---	59.80	17.30	77.10	**110.50**
	Demo	VLF	Sm	LB	2.46	6.50	---	92.00	26.60	118.60	**170.00**

Columns, 12" x 12" o.d., with pneumatic tools

Description	Oper	Unit	Vol	Crew Size	Man-hours per Unit	Crew Output per Day	Avg Mat'l Unit Cost	Avg Labor Unit Cost	Avg Equip Unit Cost	Avg Total Unit Cost	Avg Price Incl O&P
	Demo	VLF	Lg	LB	.320	50.00	---	12.00	3.46	15.40	**22.10**
	Demo	VLF	Sm	LB	.492	32.50	---	18.40	5.32	23.70	**34.00**

Veneer, 4" T, with pneumatic tools

Description	Oper	Unit	Vol	Crew Size	Man-hours per Unit	Crew Output per Day	Avg Mat'l Unit Cost	Avg Labor Unit Cost	Avg Equip Unit Cost	Avg Total Unit Cost	Avg Price Incl O&P
	Demo	SF	Lg	AB	.059	270.0	---	2.66	.64	3.30	**4.76**
	Demo	SF	Sm	AB	.091	175.5	---	4.10	.99	5.09	**7.34**

Walls, with pneumatic tools

Description	Oper	Unit	Vol	Crew Size	Man-hours per Unit	Crew Output per Day	Avg Mat'l Unit Cost	Avg Labor Unit Cost	Avg Equip Unit Cost	Avg Total Unit Cost	Avg Price Incl O&P
8" T wall	Demo	SF	Lg	AB	.119	135.0	---	5.36	1.28	6.64	**9.58**
	Demo	SF	Sm	AB	.182	87.75	---	8.20	1.97	10.17	**14.70**
12" T wall	Demo	SF	Lg	AB	.168	95.00	---	7.57	1.82	9.39	**13.50**
	Demo	SF	Sm	AB	.259	61.75	---	11.70	2.80	14.50	**20.90**

Description	Oper	Unit	Vol	Crew Size	Man-hours per Unit	Crew Output per Day	Avg Mat'l Unit Cost	Avg Labor Unit Cost	Avg Equip Unit Cost	Avg Total Unit Cost	Avg Price Incl O&P

Concrete block; lightweight (haydite), standard or heavyweight

Foundations and retaining walls; no excavation included

Without reinforcing or with only lateral reinforcing

With pneumatic tools

Description	Oper	Unit	Vol	Crew Size	Man-hours per Unit	Crew Output per Day	Avg Mat'l Unit Cost	Avg Labor Unit Cost	Avg Equip Unit Cost	Avg Total Unit Cost	Avg Price Incl O&P
8" W x 8" H x 16" L	Demo	SF	Lg	AB	.057	280.0	---	2.57	.62	3.19	**4.60**
	Demo	SF	Sm	AB	.088	182.0	---	3.97	.95	4.92	**7.09**
12" W x 8" H x 16" L	Demo	SF	Lg	AB	.067	240.0	---	3.02	.72	3.74	**5.39**
	Demo	SF	Sm	AB	.103	156.0	---	4.64	1.11	5.75	**8.30**

Without pneumatic tools

Description	Oper	Unit	Vol	Crew Size	Man-hours per Unit	Crew Output per Day	Avg Mat'l Unit Cost	Avg Labor Unit Cost	Avg Equip Unit Cost	Avg Total Unit Cost	Avg Price Incl O&P
8" W x 8" H x 16" L	Demo	SF	Lg	LB	.071	225.0	---	2.66	---	2.66	**3.98**
	Demo	SF	Sm	LB	.109	146.3	---	4.08	---	4.08	**6.11**
12" W x 8" H x 16" L	Demo	SF	Lg	LB	.084	190.0	---	3.14	---	3.14	**4.71**
	Demo	SF	Sm	LB	.130	123.5	---	4.86	---	4.86	**7.29**

With vertical reinforcing in every other core (2 cores per block) with cores filled

With pneumatic tools

Description	Oper	Unit	Vol	Crew Size	Man-hours per Unit	Crew Output per Day	Avg Mat'l Unit Cost	Avg Labor Unit Cost	Avg Equip Unit Cost	Avg Total Unit Cost	Avg Price Incl O&P
8" W x 8" H x 16" L	Demo	SF	Lg	AB	.094	170.0	---	4.24	1.02	5.26	**7.58**
	Demo	SF	Sm	AB	.145	110.5	---	6.54	1.57	8.11	**11.70**
12" W x 8" H x 16" L	Demo	SF	Lg	AB	.110	145.0	---	4.96	1.19	6.15	**8.87**
	Demo	SF	Sm	AB	.170	94.25	---	7.66	1.84	9.50	**13.70**

Exterior walls (above grade) and partitions, no shoring included

Without reinforcing or with only lateral reinforcing

With pneumatic tools

Description	Oper	Unit	Vol	Crew Size	Man-hours per Unit	Crew Output per Day	Avg Mat'l Unit Cost	Avg Labor Unit Cost	Avg Equip Unit Cost	Avg Total Unit Cost	Avg Price Incl O&P
8" W x 8" H x 16" L	Demo	SF	Lg	AB	.046	350.0	---	2.07	.49	2.56	**3.70**
	Demo	SF	Sm	AB	.070	227.5	---	3.16	.76	3.92	**5.64**
12" W x 8" H x 16" L	Demo	SF	Lg	AB	.053	300.0	---	2.39	.58	2.97	**4.28**
	Demo	SF	Sm	AB	.082	195.0	---	3.70	.89	4.59	**6.61**

Without pneumatic tools

Description	Oper	Unit	Vol	Crew Size	Man-hours per Unit	Crew Output per Day	Avg Mat'l Unit Cost	Avg Labor Unit Cost	Avg Equip Unit Cost	Avg Total Unit Cost	Avg Price Incl O&P
8" W x 8" H x 16" L	Demo	SF	Lg	LB	.057	280.0	---	2.13	---	2.13	**3.20**
	Demo	SF	Sm	LB	.088	182.0	---	3.29	---	3.29	**4.94**
12" W x 8" H x 16" L	Demo	SF	Lg	LB	.067	240.0	---	2.51	---	2.51	**3.76**
	Demo	SF	Sm	LB	.103	156.0	---	3.85	---	3.85	**5.78**

Fences

Without reinforcing or with only lateral reinforcing

With pneumatic tools

Description	Oper	Unit	Vol	Crew Size	Man-hours per Unit	Crew Output per Day	Avg Mat'l Unit Cost	Avg Labor Unit Cost	Avg Equip Unit Cost	Avg Total Unit Cost	Avg Price Incl O&P
6" W x 4" H x 16" L	Demo	SF	Lg	AB	.041	390.0	---	1.85	.44	2.29	**3.30**
	Demo	SF	Sm	AB	.063	253.5	---	2.84	.68	3.52	**5.08**
6" W x 6" H x 16" L	Demo	SF	Lg	AB	.043	370.0	---	1.94	.47	2.41	**3.47**
	Demo	SF	Sm	AB	.067	240.5	---	3.02	.72	3.74	**5.39**
8" W x 8" H x 16" L	Demo	SF	Lg	AB	.046	350.0	---	2.07	.49	2.56	**3.70**
	Demo	SF	Sm	AB	.070	227.5	---	3.16	.76	3.92	**5.64**
12" W x 8" H x 16" L	Demo	SF	Lg	AB	.053	300.0	---	2.39	.58	2.97	**4.28**
	Demo	SF	Sm	AB	.082	195.0	---	3.70	.89	4.59	**6.61**

Without pneumatic tools

Description	Oper	Unit	Vol	Crew Size	Man-hours per Unit	Crew Output per Day	Avg Mat'l Unit Cost	Avg Labor Unit Cost	Avg Equip Unit Cost	Avg Total Unit Cost	Avg Price Incl O&P
6" W x 4" H x 16" L	Demo	SF	Lg	LB	.052	310.0	---	1.94	---	1.94	**2.92**
	Demo	SF	Sm	LB	.079	201.5	---	2.95	---	2.95	**4.43**
6" W x 6" H x 16" L	Demo	SF	Lg	LB	.054	295.0	---	2.02	---	2.02	**3.03**
	Demo	SF	Sm	LB	.083	191.8	---	3.10	---	3.10	**4.66**
8" W x 8" H x 16" L	Demo	SF	Lg	LB	.057	280.0	---	2.13	---	2.13	**3.20**
	Demo	SF	Sm	LB	.088	182.0	---	3.29	---	3.29	**4.94**
12" W x 8" H x 16" L	Demo	SF	Lg	LB	.067	240.0	---	2.51	---	2.51	**3.76**
	Demo	SF	Sm	LB	.103	156.0	---	3.85	---	3.85	**5.78**

Demolition, rough carpentry

Description	Oper	Unit	Vol	Crew Size	Man-hours per Unit	Crew Output per Day	Avg Mat'l Unit Cost	Avg Labor Unit Cost	Avg Equip Unit Cost	Avg Total Unit Cost	Avg Price Incl O&P

Quarry tile, 6" or 9" squares
Floors
With pneumatic tools

Description	Oper	Unit	Vol	Crew Size	MH/Unit	Output/Day	Mat'l	Labor	Equip	Total	O&P
Conventional mortar set	Demo	SF	Lg	LB	.036	445.0	---	1.35	.39	1.74	**2.49**
	Demo	SF	Sm	LB	.055	289.3	---	2.06	.60	2.66	**3.81**
Dry-set mortar	Demo	SF	Lg	LB	.031	515.0	---	1.16	.34	1.50	**2.15**
	Demo	SF	Sm	LB	.048	334.8	---	1.80	.52	2.32	**3.32**

Rough carpentry (framing)
Dimension lumber
Beams, set on steel columns
Built-up from 2" lumber

Description	Oper	Unit	Vol	Crew Size	MH/Unit	Output/Day	Mat'l	Labor	Equip	Total	O&P
4" T x 10" W - 10' L (2 pcs)	Demo	LF	Lg	LB	.019	855.0	---	.71	---	.71	**1.07**
	Demo	LF	Sm	LB	.029	555.8	---	1.08	---	1.08	**1.63**
4" T x 12" W - 12' L (2 pcs)	Demo	LF	Lg	LB	.016	1025	---	.60	---	.60	**.90**
	Demo	LF	Sm	LB	.024	666.3	---	.90	---	.90	**1.35**
6" T x 10" W - 10' L (3 pcs)	Demo	LF	Lg	LB	.019	855.0	---	.71	---	.71	**1.07**
	Demo	LF	Sm	LB	.029	555.8	---	1.08	---	1.08	**1.63**
6" T x 12" W - 12' L (3 pcs)	Demo	LF	Lg	LB	.016	1025	---	.60	---	.60	**.90**
	Demo	LF	Sm	LB	.024	666.3	---	.90	---	.90	**1.35**

Single member (solid lumber)

Description	Oper	Unit	Vol	Crew Size	MH/Unit	Output/Day	Mat'l	Labor	Equip	Total	O&P
3" T x 12" W - 12' L	Demo	LF	Lg	LB	.016	1025	---	.60	---	.60	**.90**
	Demo	LF	Sm	LB	.024	666.3	---	.90	---	.90	**1.35**
4" T x 12" W - 12' L	Demo	LF	Lg	LB	.016	1025	---	.60	---	.60	**.90**
	Demo	LF	Sm	LB	.024	666.3	---	.90	---	.90	**1.35**

Bracing, diagonal, notched-in, studs oc

Description	Oper	Unit	Vol	Crew Size	MH/Unit	Output/Day	Mat'l	Labor	Equip	Total	O&P
1" x 6" - 10' L	Demo	LF	Lg	LB	.026	605.0	---	.97	---	.97	**1.46**
	Demo	LF	Sm	LB	.041	393.3	---	1.53	---	1.53	**2.30**

Bridging, "X" type, 1" x 3", (8", 10", 12" T)

Description	Oper	Unit	Vol	Crew Size	MH/Unit	Output/Day	Mat'l	Labor	Equip	Total	O&P
16" oc	Demo	LF	Lg	LB	.046	350.0	---	1.72	---	1.72	**2.58**
	Demo	LF	Sm	LB	.070	227.5	---	2.62	---	2.62	**3.93**

Columns or posts

Description	Oper	Unit	Vol	Crew Size	MH/Unit	Output/Day	Mat'l	Labor	Equip	Total	O&P
4" x 4" -8' L	Demo	LF	Lg	LB	.021	770.0	---	.79	---	.79	**1.18**
	Demo	LF	Sm	LB	.032	500.5	---	1.20	---	1.20	**1.80**
6" x 6" -8' L	Demo	LF	Lg	LB	.021	770.0	---	.79	---	.79	**1.18**
	Demo	LF	Sm	LB	.032	500.5	---	1.20	---	1.20	**1.80**
6" x 8" -8' L	Demo	LF	Lg	LB	.025	650.0	---	.94	---	.94	**1.40**
	Demo	LF	Sm	LB	.038	422.5	---	1.42	---	1.42	**2.13**
8" x 8" -8' L	Demo	LF	Lg	LB	.026	615.0	---	.97	---	.97	**1.46**
	Demo	LF	Sm	LB	.040	399.8	---	1.50	---	1.50	**2.24**

Fascia

Description	Oper	Unit	Vol	Crew Size	MH/Unit	Output/Day	Mat'l	Labor	Equip	Total	O&P
1" x 4" - 12" L	Demo	LF	Lg	LB	.012	1315	---	.45	---	.45	**.67**
	Demo	LF	Sm	LB	.019	854.8	---	.71	---	.71	**1.07**

Description	Oper	Unit	Vol	Crew Size	Man-hours per Unit	Crew Output per Day	Avg Mat'l Unit Cost	Avg Labor Unit Cost	Avg Equip Unit Cost	Avg Total Unit Cost	Avg Price Incl O&P
Firestops or stiffeners											
2" x 4" - 16"	Demo	LF	Lg	LB	.034	475.0	---	1.27	---	1.27	**1.91**
	Demo	LF	Sm	LB	.052	308.8	---	1.94	---	1.94	**2.92**
2" x 6" - 16"	Demo	LF	Lg	LB	.034	475.0	---	1.27	---	1.27	**1.91**
	Demo	LF	Sm	LB	.052	308.8	---	1.94	---	1.94	**2.92**
Furring strips, 1" x 4" - 8' L											
Walls; strips 12" oc											
Studs 16" oc	Demo	SF	Lg	LB	.013	1215	---	.49	---	.49	**.73**
	Demo	SF	Sm	LB	.020	789.8	---	.75	---	.75	**1.12**
Studs 24" oc	Demo	SF	Lg	LB	.012	1365	---	.45	---	.45	**.67**
	Demo	SF	Sm	LB	.018	887.3	---	.67	---	.67	**1.01**
Masonry (concrete blocks)	Demo	SF	Lg	LB	.015	1095	---	.56	---	.56	**.84**
	Demo	SF	Sm	LB	.022	711.8	---	.82	---	.82	**1.23**
Concrete	Demo	SF	Lg	LB	.025	645.0	---	.94	---	.94	**1.40**
	Demo	SF	Sm	LB	.038	419.3	---	1.42	---	1.42	**2.13**
Ceiling; joists 16" oc											
Strips 12" oc	Demo	SF	Lg	LB	.019	840.0	---	.71	---	.71	**1.07**
	Demo	SF	Sm	LB	.029	546.0	---	1.08	---	1.08	**1.63**
Strips 16" oc	Demo	SF	Lg	LB	.015	1075	---	.56	---	.56	**.84**
	Demo	SF	Sm	LB	.023	698.8	---	.86	---	.86	**1.29**
Headers or lintels, over openings											
Built-up or single member											
4" T x 6" W - 4' L	Demo	LF	Lg	LB	.029	560.0	---	1.08	---	1.08	**1.63**
	Demo	LF	Sm	LB	.044	364.0	---	1.65	---	1.65	**2.47**
4" T x 8" W - 8' L	Demo	LF	Lg	LB	.022	720.0	---	.82	---	.82	**1.23**
	Demo	LF	Sm	LB	.034	468.0	---	1.27	---	1.27	**1.91**
4" T x 10" W - 10' L	Demo	LF	Lg	LB	.019	855.0	---	.71	---	.71	**1.07**
	Demo	LF	Sm	LB	.029	555.8	---	1.08	---	1.08	**1.63**
4" T x 12" W - 12' L	Demo	LF	Lg	LB	.016	1025	---	.60	---	.60	**.90**
	Demo	LF	Sm	LB	.024	666.3	---	.90	---	.90	**1.35**
4" T x 14" W - 14' L	Demo	LF	Lg	LB	.016	1025	---	.60	---	.60	**.90**
	Demo	LF	Sm	LB	.024	666.3	---	.90	---	.90	**1.35**
Joists											
Ceiling											
2" x 4" - 8' L	Demo	LF	Lg	LB	.013	1230	---	.49	---	.49	**.73**
	Demo	LF	Sm	LB	.020	799.5	---	.75	---	.75	**1.12**
2" x 4" - 10' L	Demo	LF	Lg	LB	.011	1395	---	.41	---	.41	**.62**
	Demo	LF	Sm	LB	.018	906.8	---	.67	---	.67	**1.01**
2" x 8" - 12' L	Demo	LF	Lg	LB	.011	1420	---	.41	---	.41	**.62**
	Demo	LF	Sm	LB	.017	923.0	---	.64	---	.64	**.95**
2" x 10" - 14' L	Demo	LF	Lg	LB	.010	1535	---	.37	---	.37	**.56**
	Demo	LF	Sm	LB	.016	997.8	---	.60	---	.60	**.90**
2" x 12" - 16' L	Demo	LF	Lg	LB	.010	1585	---	.37	---	.37	**.56**
	Demo	LF	Sm	LB	.016	1030	---	.60	---	.60	**.90**
Floor; seated on sill plate											
2" x 8" - 12' L	Demo	LF	Lg	LB	.010	1600	---	.37	---	.37	**.56**
	Demo	LF	Sm	LB	.015	1040	---	.56	---	.56	**.84**
2" x 10" - 14' L	Demo	LF	Lg	LB	.009	1725	---	.34	---	.34	**.50**
	Demo	LF	Sm	LB	.014	1121	---	.52	---	.52	**.79**
2" x 12" - 16' L	Demo	LF	Lg	LB	.009	1755	---	.34	---	.34	**.50**
	Demo	LF	Sm	LB	.014	1141	---	.52	---	.52	**.79**

Demolition, rough carpentry

Description	Oper	Unit	Vol	Crew Size	Man-hours per Unit	Crew Output per Day	Avg Mat'l Unit Cost	Avg Labor Unit Cost	Avg Equip Unit Cost	Avg Total Unit Cost	Avg Price Incl O&P
Ledgers											
Nailed, 2" x 6" - 12' L	Demo	LF	Lg	LB	.023	710.0	---	.86	---	.86	**1.29**
	Demo	LF	Sm	LB	.035	461.5	---	1.31	---	1.31	**1.96**
Bolted, 3" x 8" - 12' L	Demo	LF	Lg	LB	.016	970.0	---	.60	---	.60	**.90**
	Demo	LF	Sm	LB	.025	630.5	---	.94	---	.94	**1.40**
Plates; 2" x 4" or 2" x 6"											
Double top nailed	Demo	LF	Lg	LB	.020	820.0	---	.75	---	.75	**1.12**
	Demo	LF	Sm	LB	.030	533.0	---	1.12	---	1.12	**1.68**
Sill, nailed	Demo	LF	Lg	LB	.012	1360	---	.45	---	.45	**.67**
	Demo	LF	Sm	LB	.018	884.0	---	.67	---	.67	**1.01**
Sill or bottom, bolted	Demo	LF	Lg	LB	.023	685.0	---	.86	---	.86	**1.29**
	Demo	LF	Sm	LB	.036	445.3	---	1.35	---	1.35	**2.02**
Rafters											
Common											
2" x 4" - 14' L	Demo	LF	Lg	LB	.009	1795	---	.34	---	.34	**.50**
	Demo	LF	Sm	LB	.014	1167	---	.52	---	.52	**.79**
2" x 6" - 14' L	Demo	LF	Lg	LB	.010	1660	---	.37	---	.37	**.56**
	Demo	LF	Sm	LB	.015	1079	---	.56	---	.56	**.84**
2" x 8" - 14' L	Demo	LF	Lg	LB	.011	1435	---	.41	---	.41	**.62**
	Demo	LF	Sm	LB	.017	932.8	---	.64	---	.64	**.95**
2" x 10" - 14' L	Demo	LF	Lg	LB	.013	1195	---	.49	---	.49	**.73**
	Demo	LF	Sm	LB	.021	776.8	---	.79	---	.79	**1.18**
Hip and/or valley											
2" x 4" - 16' L	Demo	LF	Lg	LB	.008	2050	---	.30	---	.30	**.45**
	Demo	LF	Sm	LB	.012	1333	---	.45	---	.45	**.67**
2" x 6" - 16' L	Demo	LF	Lg	LB	.008	1895	---	.30	---	.30	**.45**
	Demo	LF	Sm	LB	.013	1232	---	.49	---	.49	**.73**
2" x 8" - 16' L	Demo	LF	Lg	LB	.010	1640	---	.37	---	.37	**.56**
	Demo	LF	Sm	LB	.015	1066	---	.56	---	.56	**.84**
2" x 10" - 16' L	Demo	LF	Lg	LB	.012	1360	---	.45	---	.45	**.67**
	Demo	LF	Sm	LB	.018	884.0	---	.67	---	.67	**1.01**
Jack											
2" x 4" - 6' L	Demo	LF	Lg	LB	.020	805.0	---	.75	---	.75	**1.12**
	Demo	LF	Sm	LB	.031	523.3	---	1.16	---	1.16	**1.74**
2" x 6" - 6' L	Demo	LF	Lg	LB	.022	740.0	---	.82	---	.82	**1.23**
	Demo	LF	Sm	LB	.033	481.0	---	1.23	---	1.23	**1.85**
2" x 8" - 6' L	Demo	LF	Lg	LB	.024	655.0	---	.90	---	.90	**1.35**
	Demo	LF	Sm	LB	.038	425.8	---	1.42	---	1.42	**2.13**
2" x 10" - 6' L	Demo	LF	Lg	LB	.030	540.0	---	1.12	---	1.12	**1.68**
	Demo	LF	Sm	LB	.046	351.0	---	1.72	---	1.72	**2.58**

Description	Oper	Unit	Vol	Crew Size	Man-hours per Unit	Crew Output per Day	Avg Mat'l Unit Cost	Avg Labor Unit Cost	Avg Equip Unit Cost	Avg Total Unit Cost	Avg Price Incl O&P
Roof decking, solid T&G											
2" x 6" - 12' L	Demo	LF	Lg	LB	.025	645.0	---	.94	---	.94	**1.40**
	Demo	LF	Sm	LB	.038	419.3	---	1.42	---	1.42	**2.13**
2" x 8" - 12' L	Demo	LF	Lg	LB	.018	900.0	---	.67	---	.67	**1.01**
	Demo	LF	Sm	LB	.027	585.0	---	1.01	---	1.01	**1.51**
Studs											
2" x 4" - 8' L	Demo	LF	Lg	LB	.012	1360	---	.45	---	.45	**.67**
	Demo	LF	Sm	LB	.018	884.0	---	.67	---	.67	**1.01**
2" x 6" - 8' L	Demo	LF	Lg	LB	.012	1360	---	.45	---	.45	**.67**
	Demo	LF	Sm	LB	.018	884.0	---	.67	---	.67	**1.01**
Stud partitions, studs 16" oc with bottom plate and double top plates and firestops; per LF partition											
2" x 4" - 8' L	Demo	LF	Lg	LB	.160	100.0	---	5.98	---	5.98	**8.98**
	Demo	LF	Sm	LB	.246	65.00	---	9.20	---	9.20	**13.80**
2" x 6" - 8' L	Demo	LF	Lg	LB	.160	100.0	---	5.98	---	5.98	**8.98**
	Demo	LF	Sm	LB	.246	65.00	---	9.20	---	9.20	**13.80**

Boards

Sheathing, regular or diagonal

1" x 8"

Description	Oper	Unit	Vol	Crew Size	Man-hours per Unit	Crew Output per Day	Avg Mat'l Unit Cost	Avg Labor Unit Cost	Avg Equip Unit Cost	Avg Total Unit Cost	Avg Price Incl O&P
Roof	Demo	SF	Lg	LB	.012	1340	---	.45	---	.45	**.67**
	Demo	SF	Sm	LB	.018	871.0	---	.67	---	.67	**1.01**
Sidewall	Demo	SF	Lg	LB	.010	1615	---	.37	---	.37	**.56**
	Demo	SF	Sm	LB	.015	1050	---	.56	---	.56	**.84**

Subflooring, regular or diagonal

Description	Oper	Unit	Vol	Crew Size	Man-hours per Unit	Crew Output per Day	Avg Mat'l Unit Cost	Avg Labor Unit Cost	Avg Equip Unit Cost	Avg Total Unit Cost	Avg Price Incl O&P
1" x 8" - 16' L	Demo	SF	Lg	LB	.010	1525	---	.37	---	.37	**.56**
	Demo	SF	Sm	LB	.016	991.3	---	.60	---	.60	**.90**
1" x 10" - 16' L	Demo	SF	Lg	LB	.008	1930	---	.30	---	.30	**.45**
	Demo	SF	Sm	LB	.013	1255	---	.49	---	.49	**.73**

Plywood

Sheathing

Roof

Description	Oper	Unit	Vol	Crew Size	Man-hours per Unit	Crew Output per Day	Avg Mat'l Unit Cost	Avg Labor Unit Cost	Avg Equip Unit Cost	Avg Total Unit Cost	Avg Price Incl O&P
1/2" T, CDX	Demo	SF	Lg	LB	.008	1970	---	.30	---	.30	**.45**
	Demo	SF	Sm	LB	.012	1281	---	.45	---	.45	**.67**
5/8" T, CDX	Demo	SF	Lg	LB	.008	1935	---	.30	---	.30	**.45**
	Demo	SF	Sm	LB	.013	1258	---	.49	---	.49	**.73**

Wall

Description	Oper	Unit	Vol	Crew Size	Man-hours per Unit	Crew Output per Day	Avg Mat'l Unit Cost	Avg Labor Unit Cost	Avg Equip Unit Cost	Avg Total Unit Cost	Avg Price Incl O&P
3/8" or 1/2" T, CDX	Demo	SF	Lg	LB	.006	2520	---	.22	---	.22	**.34**
	Demo	SF	Sm	LB	.010	1638	---	.37	---	.37	**.56**
5/8" T, CDX	Demo	SF	Lg	LB	.007	2460	---	.26	---	.26	**.39**
	Demo	SF	Sm	LB	.010	1599	---	.37	---	.37	**.56**

Demolition, finish carpentry

Description	Oper	Unit	Vol	Crew Size	Man-hours per Unit	Crew Output per Day	Avg Mat'l Unit Cost	Avg Labor Unit Cost	Avg Equip Unit Cost	Avg Total Unit Cost	Avg Price Incl O&P
Subflooring											
5/8", 3/4" T, CDX	Demo	SF	Lg	LB	.007	2305	---	.26	---	.26	**.39**
	Demo	SF	Sm	LB	.011	1498	---	.41	---	.41	**.62**
1-1/8" T, 2-4-1, T&G long edges											
	Demo	SF	Lg	LB	.010	1615	---	.37	---	.37	**.56**
	Demo	SF	Sm	LB	.015	1050	---	.56	---	.56	**.84**
Trusses, "W" pattern with gin pole, 24' to 30' spans											
3 - in - 12 slope	Demo	Ea	Lg	LB	.615	26.00	---	23.00	---	23.00	**34.50**
	Demo	Ea	Sm	LB	.947	16.90	---	35.40	---	35.40	**53.10**
5 - in - 12 slope	Demo	Ea	Lg	LB	.615	26.00	---	23.00	---	23.00	**34.50**
	Demo	Ea	Sm	LB	.947	16.90	---	35.40	---	35.40	**53.10**

Finish carpentry

Description	Oper	Unit	Vol	Crew Size	Man-hours per Unit	Crew Output per Day	Avg Mat'l Unit Cost	Avg Labor Unit Cost	Avg Equip Unit Cost	Avg Total Unit Cost	Avg Price Incl O&P
Bath accessories, screwed											
	Demo	Ea	Lg	LB	.128	125.0	---	4.79	---	4.79	**7.18**
	Demo	Ea	Sm	LB	.197	81.25	---	7.37	---	7.37	**11.10**
Cabinets											
Kitchen, to 3' x 4', wood; base, wall, or peninsula											
	Demo	Ea	Lg	LB	.640	25.00	---	23.90	---	23.90	**35.90**
	Demo	Ea	Sm	LB	.985	16.25	---	36.80	---	36.80	**55.30**
Medicine, metal											
	Demo	Ea	Lg	LB	.533	30.00	---	19.90	---	19.90	**29.90**
	Demo	Ea	Sm	LB	.821	19.50	---	30.70	---	30.70	**46.10**
Vanity, cabinet and sink top											
Disconnect plumbing and remove to dumpster											
	Demo	Ea	Lg	LB	1.00	16.00	---	37.40	---	37.40	**56.10**
	Demo	Ea	Sm	LB	1.54	10.40	---	57.60	---	57.60	**86.40**
Remove old unit, replace with new unit, reconnect plumbing											
	Demo	Ea	Lg	SB	2.29	7.00	---	102.00	---	102.00	**153.00**
	Demo	Ea	Sm	SB	3.52	4.55	---	156.00	---	156.00	**235.00**
Hardwood flooring (over wood subfloors)											
Block, set in mastic	Demo	SF	Lg	LB	.013	1200	---	.49	---	.49	**.73**
	Demo	SF	Sm	LB	.021	780.0	---	.79	---	.79	**1.18**
Strip, nailed	Demo	SF	Lg	LB	.018	900.0	---	.67	---	.67	**1.01**
	Demo	SF	Sm	LB	.027	585.0	---	1.01	---	1.01	**1.51**
Marlite panels, 4' x 8',											
adhesive set	Demo	SF	Lg	LB	.019	850.0	---	.71	---	.71	**1.07**
	Demo	SF	Sm	LB	.029	552.5	---	1.08	---	1.08	**1.63**
Molding and trim											
At base (floor)	Demo	LF	Lg	LB	.015	1060	---	.56	---	.56	**.84**
	Demo	LF	Sm	LB	.023	689.0	---	.86	---	.86	**1.29**
At ceiling	Demo	LF	Lg	LB	.013	1200	---	.49	---	.49	**.73**
	Demo	LF	Sm	LB	.021	780.0	---	.79	---	.79	**1.18**
On walls or cabinets	Demo	LF	Lg	LB	.010	1600	---	.37	---	.37	**.56**
	Demo	LF	Sm	LB	.015	1040	---	.56	---	.56	**.84**
Paneling											
Plywood, prefinished	Demo	SF	Lg	LB	.009	1850	---	.34	---	.34	**.50**
	Demo	SF	Sm	LB	.013	1203	---	.49	---	.49	**.73**
Wood	Demo	SF	Lg	LB	.010	1650	---	.37	---	.37	**.56**
	Demo	SF	Sm	LB	.015	1073	---	.56	---	.56	**.84**

Description	Oper	Unit	Vol	Crew Size	Man-hours per Unit	Crew Output per Day	Avg Mat'l Unit Cost	Avg Labor Unit Cost	Avg Equip Unit Cost	Avg Total Unit Cost	Avg Price Incl O&P

Weather protection
Insulation
Batt/roll, with wall or ceiling finish already removed

Description	Oper	Unit	Vol	Crew Size	Man-hours per Unit	Crew Output per Day	Avg Mat'l Unit Cost	Avg Labor Unit Cost	Avg Equip Unit Cost	Avg Total Unit Cost	Avg Price Incl O&P
Joists, 16" or 24" oc	Demo	SF	Lg	LB	.005	2935	---	.19	---	.19	.28
	Demo	SF	Sm	LB	.008	1908	---	.30	---	.30	.45
Rafters, 16" or 24" oc	Demo	SF	Lg	LB	.006	2560	---	.22	---	.22	.34
	Demo	SF	Sm	LB	.010	1664	---	.37	---	.37	.56
Studs, 16" or 24" oc	Demo	SF	Lg	LB	.005	3285	---	.19	---	.19	.28
	Demo	SF	Sm	LB	.007	2135	---	.26	---	.26	.39

Loose, with ceiling finish already removed
Joists, 16" or 24" oc

Description	Oper	Unit	Vol	Crew Size	Man-hours per Unit	Crew Output per Day	Avg Mat'l Unit Cost	Avg Labor Unit Cost	Avg Equip Unit Cost	Avg Total Unit Cost	Avg Price Incl O&P
4" T	Demo	SF	Lg	LB	.004	3900	---	.15	---	.15	.22
	Demo	SF	Sm	LB	.006	2535	---	.22	---	.22	.34
6" T	Demo	SF	Lg	LB	.007	2340	---	.26	---	.26	.39
	Demo	SF	Sm	LB	.011	1521	---	.41	---	.41	.62

Rigid
Roofs

Description	Oper	Unit	Vol	Crew Size	Man-hours per Unit	Crew Output per Day	Avg Mat'l Unit Cost	Avg Labor Unit Cost	Avg Equip Unit Cost	Avg Total Unit Cost	Avg Price Incl O&P
1/2" T	Demo	Sq	Lg	LB	.941	17.00	---	35.20	---	35.20	52.80
	Demo	Sq	Sm	LB	1.45	11.05	---	54.20	---	54.20	81.40
1" T	Demo	Sq	Lg	LB	1.07	15.00	---	40.00	---	40.00	60.00
	Demo	Sq	Sm	LB	1.64	9.75	---	61.30	---	61.30	92.00
Walls, 1/2" T	Demo	SF	Lg	LB	.007	2140	---	.26	---	.26	.39
	Demo	SF	Sm	LB	.012	1391	---	.45	---	.45	.67

Sheet metal
Gutter and downspouts

Description	Oper	Unit	Vol	Crew Size	Man-hours per Unit	Crew Output per Day	Avg Mat'l Unit Cost	Avg Labor Unit Cost	Avg Equip Unit Cost	Avg Total Unit Cost	Avg Price Incl O&P
Aluminum	Demo	LF	Lg	LB	.019	850.0	---	.71	---	.71	1.07
	Demo	LF	Sm	LB	.029	552.5	---	1.08	---	1.08	1.63
Galvanized	Demo	LF	Lg	LB	.025	640.0	---	.94	---	.94	1.40
	Demo	LF	Sm	LB	.038	416.0	---	1.42	---	1.42	2.13

Roofing and siding
Aluminum
Roofing, nailed to wood
Corrugated (2-1/2"), 26" W with 3-3/4" side lap and 6" end lap

Description	Oper	Unit	Vol	Crew Size	Man-hours per Unit	Crew Output per Day	Avg Mat'l Unit Cost	Avg Labor Unit Cost	Avg Equip Unit Cost	Avg Total Unit Cost	Avg Price Incl O&P
	Demo	Sq	Lg	LB	1.60	10.00	---	59.80	---	59.80	89.80
	Demo	Sq	Sm	LB	2.46	6.50	---	92.00	---	92.00	138.00

Siding, nailed to wood
Clapboard (i.e., lap drop)

Description	Oper	Unit	Vol	Crew Size	Man-hours per Unit	Crew Output per Day	Avg Mat'l Unit Cost	Avg Labor Unit Cost	Avg Equip Unit Cost	Avg Total Unit Cost	Avg Price Incl O&P
8" exposure	Demo	SF	Lg	LB	.016	1025	---	.60	---	.60	.90
	Demo	SF	Sm	LB	.024	666.3	---	.90	---	.90	1.35
10" exposure	Demo	SF	Lg	LB	.013	1280	---	.49	---	.49	.73
	Demo	SF	Sm	LB	.019	832.0	---	.71	---	.71	1.07

Corrugated (2-1/2"), 26" W with 2-1/2" side lap and 4" end lap

Description	Oper	Unit	Vol	Crew Size	Man-hours per Unit	Crew Output per Day	Avg Mat'l Unit Cost	Avg Labor Unit Cost	Avg Equip Unit Cost	Avg Total Unit Cost	Avg Price Incl O&P
	Demo	SF	Lg	LB	.013	1200	---	.49	---	.49	.73
	Demo	SF	Sm	LB	.021	780.0	---	.79	---	.79	1.18

Panels, 4' x 8'

Description	Oper	Unit	Vol	Crew Size	Man-hours per Unit	Crew Output per Day	Avg Mat'l Unit Cost	Avg Labor Unit Cost	Avg Equip Unit Cost	Avg Total Unit Cost	Avg Price Incl O&P
	Demo	SF	Lg	LB	.007	2400	---	.26	---	.26	.39
	Demo	SF	Sm	LB	.010	1560	---	.37	---	.37	.56

Shingle, 24" L with 12" exposure

Description	Oper	Unit	Vol	Crew Size	Man-hours per Unit	Crew Output per Day	Avg Mat'l Unit Cost	Avg Labor Unit Cost	Avg Equip Unit Cost	Avg Total Unit Cost	Avg Price Incl O&P
	Demo	SF	Lg	LB	.011	1450	---	.41	---	.41	.62
	Demo	SF	Sm	LB	.017	942.5	---	.64	---	.64	.95

Demolition, roofing

Description	Oper	Unit	Vol	Crew Size	Man-hours per Unit	Crew Output per Day	Avg Mat'l Unit Cost	Avg Labor Unit Cost	Avg Equip Unit Cost	Avg Total Unit Cost	Avg Price Incl O&P
Asphalt shingle roofing											
240 lb/sq, strip, 3 tab 5" exposure											
	Demo	Sq	Lg	LB	1.00	16.00	---	37.40	---	37.40	**56.10**
	Demo	Sq	Sm	LB	1.54	10.40	---	57.60	---	57.60	**86.40**
Built-up/hot roofing (to wood deck)											
3 ply											
With gravel	Demo	Sq	Lg	LB	1.45	11.00	---	54.20	---	54.20	**81.40**
	Demo	Sq	Sm	LB	2.24	7.15	---	83.80	---	83.80	**126.00**
Without gravel	Demo	Sq	Lg	LB	1.14	14.00	---	42.60	---	42.60	**64.00**
	Demo	Sq	Sm	LB	1.76	9.10	---	65.80	---	65.80	**98.70**
5 ply											
With gravel	Demo	Sq	Lg	LB	1.60	10.00	---	59.80	---	59.80	**89.80**
	Demo	Sq	Sm	LB	2.46	6.50	---	92.00	---	92.00	**138.00**
Without gravel	Demo	Sq	Lg	LB	1.23	13.00	---	46.00	---	46.00	**69.00**
	Demo	Sq	Sm	LB	1.89	8.45	---	70.70	---	70.70	**106.00**
Clay tile roofing											
2 piece interlocking	Demo	Sq	Lg	LB	1.60	10.00	---	59.80	---	59.80	**89.80**
	Demo	Sq	Sm	LB	2.46	6.50	---	92.00	---	92.00	**138.00**
1 piece	Demo	Sq	Lg	LB	1.45	11.00	---	54.20	---	54.20	**81.40**
	Demo	Sq	Sm	LB	2.24	7.15	---	83.80	---	83.80	**126.00**
Hardboard siding											
Lap, 1/2" T x 12" W x 16' L, with 11" exposure											
	Demo	SF	Lg	LB	.012	1345	---	.45	---	.45	**.67**
	Demo	SF	Sm	LB	.018	874.3	---	.67	---	.67	**1.01**
Panels, 7/16" T x 4' W x 8' H											
	Demo	SF	Lg	LB	.006	2520	---	.22	---	.22	**.34**
	Demo	SF	Sm	LB	.010	1638	---	.37	---	.37	**.56**
Mineral surfaced roll roofing											
Single coverage 90 lb/sq roll with 6" end lap and 2" headlap											
	Demo	Sq	Lg	LB	.500	32.00	---	18.70	---	18.70	**28.10**
	Demo	Sq	Sm	LB	.769	20.80	---	28.80	---	28.80	**43.10**
Double coverage selvage roll, with 6" end lap and 17" exposure											
	Demo	Sq	Lg	LB	.727	22.00	---	27.20	---	27.20	**40.80**
	Demo	Sq	Sm	LB	1.12	14.30	---	41.90	---	41.90	**62.80**
Wood											
Roofing											
Shakes											
24" L with 10" exposure											
1/2" to 3/4" T	Demo	Sq	Lg	LB	.640	25.00	---	23.90	---	23.90	**35.90**
	Demo	Sq	Sm	LB	.985	16.25	---	36.80	---	36.80	**55.30**
3/4" to 5/4" T	Demo	Sq	Lg	LB	.696	23.00	---	26.00	---	26.00	**39.10**
	Demo	Sq	Sm	LB	1.07	14.95	---	40.00	---	40.00	**60.00**
Shingles											
16" L with 5" exposure	Demo	Sq	Lg	LB	1.33	12.00	---	49.70	---	49.70	**74.60**
	Demo	Sq	Sm	LB	2.05	7.80	---	76.70	---	76.70	**115.00**
18" L with 5-1/2" exposure	Demo	Sq	Lg	LB	1.23	13.00	---	46.00	---	46.00	**69.00**
	Demo	Sq	Sm	LB	1.89	8.45	---	70.70	---	70.70	**106.00**
24" L with 7-1/2" exposure	Demo	Sq	Lg	LB	.889	18.00	---	33.30	---	33.30	**49.90**
	Demo	Sq	Sm	LB	1.37	11.70	---	51.20	---	51.20	**76.90**

Description	Oper	Unit	Vol	Crew Size	Man-hours per Unit	Crew Output per Day	Avg Mat'l Unit Cost	Avg Labor Unit Cost	Avg Equip Unit Cost	Avg Total Unit Cost	Avg Price Incl O&P
Siding											
Bevel											
1/2" x 8" with 6-3/4" exposure	Demo	SF	Lg	LB	.018	910.0	---	.67	---	.67	**1.01**
	Demo	SF	Sm	LB	.027	591.5	---	1.01	---	1.01	**1.51**
5/8" x 10" with 8-3/4" exposure											
	Demo	SF	Lg	LB	.014	1180	---	.52	---	.52	**.79**
	Demo	SF	Sm	LB	.021	767.0	---	.79	---	.79	**1.18**
3/4" x 12" with 10-3/4" exposure											
	Demo	SF	Lg	LB	.011	1450	---	.41	---	.41	**.62**
	Demo	SF	Sm	LB	.017	942.5	---	.64	---	.64	**.95**
Drop (horizontal), 1/4" T&G											
1" x 8" with 7" exposure	Demo	SF	Lg	LB	.017	945.0	---	.64	---	.64	**.95**
	Demo	SF	Sm	LB	.026	614.3	---	.97	---	.97	**1.46**
1" x 10" with 9" exposure	Demo	SF	Lg	LB	.013	1215	---	.49	---	.49	**.73**
	Demo	SF	Sm	LB	.020	789.8	---	.75	---	.75	**1.12**
Board (1" x 12") and batten (1" x 2") @ 12" oc											
Horizontal											
	Demo	SF	Lg	LB	.013	1280	---	.49	---	.49	**.73**
	Demo	SF	Sm	LB	.019	832.0	---	.71	---	.71	**1.07**
Vertical											
Standard	Demo	SF	Lg	LB	.016	1025	---	.60	---	.60	**.90**
	Demo	SF	Sm	LB	.024	666.3	---	.90	---	.90	**1.35**
Reverse	Demo	SF	Lg	LB	.015	1065	---	.56	---	.56	**.84**
	Demo	SF	Sm	LB	.023	692.3	---	.86	---	.86	**1.29**
Board on board (1" x 12" with 1-1/2" overlap), vertical											
	Demo	SF	Lg	LB	.017	950.0	---	.64	---	.64	**.95**
	Demo	SF	Sm	LB	.026	617.5	---	.97	---	.97	**1.46**
Plywood (1/2" T) with battens (1" x 2")											
16" oc battens	Demo	SF	Lg	LB	.007	2255	---	.26	---	.26	**.39**
	Demo	SF	Sm	LB	.011	1466	---	.41	---	.41	**.62**
24" oc battens	Demo	SF	Lg	LB	.007	2365	---	.26	---	.26	**.39**
	Demo	SF	Sm	LB	.010	1537	---	.37	---	.37	**.56**
Shakes											
24" L with 11-1/2" exposure											
1/2" to 3/4" T	Demo	SF	Lg	LB	.010	1600	---	.37	---	.37	**.56**
	Demo	SF	Sm	LB	.015	1040	---	.56	---	.56	**.84**
3/4" to 5/4" T	Demo	SF	Lg	LB	.011	1440	---	.41	---	.41	**.62**
	Demo	SF	Sm	LB	.017	936.0	---	.64	---	.64	**.95**
Shingles											
16" L with 7-1/2" exposure	Demo	SF	Lg	LB	.016	1000	---	.60	---	.60	**.90**
	Demo	SF	Sm	LB	.025	650.0	---	.94	---	.94	**1.40**
18" L with 8-1/2" exposure	Demo	SF	Lg	LB	.014	1130	---	.52	---	.52	**.79**
	Demo	SF	Sm	LB	.022	734.5	---	.82	---	.82	**1.23**
24" L with 11-1/2" exposure	Demo	SF	Lg	LB	.010	1530	---	.37	---	.37	**.56**
	Demo	SF	Sm	LB	.016	994.5	---	.60	---	.60	**.90**

Demolition, doors, windows and glazing

Description	Oper	Unit	Vol	Crew Size	Man-hours per Unit	Crew Output per Day	Avg Mat'l Unit Cost	Avg Labor Unit Cost	Avg Equip Unit Cost	Avg Total Unit Cost	Avg Price Incl O&P

Doors, windows and glazing
Doors with related trim and frame

Description	Oper	Unit	Vol	Crew Size	Man-hours per Unit	Crew Output per Day	Avg Mat'l Unit Cost	Avg Labor Unit Cost	Avg Equip Unit Cost	Avg Total Unit Cost	Avg Price Incl O&P
Closet, with track											
Folding, 4 doors	Demo	Set	Lg	LB	1.33	12.00	---	49.70	---	49.70	**74.60**
	Demo	Set	Sm	LB	2.05	7.80	---	76.70	---	76.70	**115.00**
Sliding, 2 or 3 doors	Demo	Set	Lg	LB	1.33	12.00	---	49.70	---	49.70	**74.60**
	Demo	Set	Sm	LB	2.05	7.80	---	76.70	---	76.70	**115.00**
Entry, 3' x 7'											
	Demo	Ea	Lg	LB	1.14	14.00	---	42.60	---	42.60	**64.00**
	Demo	Ea	Sm	LB	1.76	9.10	---	65.80	---	65.80	**98.70**
Fire, 3' x 7'											
	Demo	Ea	Lg	LB	1.14	14.00	---	42.60	---	42.60	**64.00**
	Demo	Ea	Sm	LB	1.76	9.10	---	65.80	---	65.80	**98.70**
Garage											
Wood, aluminum, or hardboard											
Single	Demo	Ea	Lg	LB	2.00	8.00	---	74.80	---	74.80	**112.00**
	Demo	Ea	Sm	LB	3.08	5.20	---	115.00	---	115.00	**173.00**
Double	Demo	Ea	Lg	LB	2.67	6.00	---	99.90	---	99.90	**150.00**
	Demo	Ea	Sm	LB	4.10	3.90	---	153.00	---	153.00	**230.00**
Steel											
Single	Demo	Ea	Lg	LB	2.29	7.00	---	85.70	---	85.70	**128.00**
	Demo	Ea	Sm	LB	3.52	4.55	---	132.00	---	132.00	**197.00**
Double	Demo	Ea	Lg	LB	3.20	5.00	---	120.00	---	120.00	**180.00**
	Demo	Ea	Sm	LB	4.92	3.25	---	184.00	---	184.00	**276.00**
Glass sliding, with track											
2 lites wide	Demo	Set	Lg	LB	2.00	8.00	---	74.80	---	74.80	**112.00**
	Demo	Set	Sm	LB	3.08	5.20	---	115.00	---	115.00	**173.00**
3 lites wide	Demo	Set	Lg	LB	2.67	6.00	---	99.90	---	99.90	**150.00**
	Demo	Set	Sm	LB	4.10	3.90	---	153.00	---	153.00	**230.00**
4 lites wide	Demo	Set	Lg	LB	4.00	4.00	---	150.00	---	150.00	**224.00**
	Demo	Set	Sm	LB	6.15	2.60	---	230.00	---	230.00	**345.00**
Interior, 3' x 7'											
	Demo	Ea	Lg	LB	1.00	16.00	---	37.40	---	37.40	**56.10**
	Demo	Ea	Sm	LB	1.54	10.40	---	57.60	---	57.60	**86.40**
Screen, 3' x 7'											
	Demo	Ea	Lg	LB	.800	20.00	---	29.90	---	29.90	**44.90**
	Demo	Ea	Sm	LB	1.23	13.00	---	46.00	---	46.00	**69.00**
Storm combination, 3' x 7'											
	Demo	Ea	Lg	LB	.800	20.00	---	29.90	---	29.90	**44.90**
	Demo	Ea	Sm	LB	1.23	13.00	---	46.00	---	46.00	**69.00**

Windows, with related trim and frame

Description	Oper	Unit	Vol	Crew Size	Man-hours per Unit	Crew Output per Day	Avg Mat'l Unit Cost	Avg Labor Unit Cost	Avg Equip Unit Cost	Avg Total Unit Cost	Avg Price Incl O&P
To 12 SF											
Aluminum	Demo	Ea	Lg	LB	.762	21.00	---	28.50	---	28.50	**42.80**
	Demo	Ea	Sm	LB	1.17	13.65	---	43.80	---	43.80	**65.60**
Wood	Demo	Ea	Lg	LB	1.00	16.00	---	37.40	---	37.40	**56.10**
	Demo	Ea	Sm	LB	1.54	10.40	---	57.60	---	57.60	**86.40**
13 SF to 50 SF											
Aluminum	Demo	Ea	Lg	LB	1.23	13.00	---	46.00	---	46.00	**69.00**
	Demo	Ea	Sm	LB	1.89	8.45	---	70.70	---	70.70	**106.00**
Wood	Demo	Ea	Lg	LB	1.60	10.00	---	59.80	---	59.80	**89.80**
	Demo	Ea	Sm	LB	2.46	6.50	---	92.00	---	92.00	**138.00**

Description	Oper	Unit	Vol	Crew Size	Man-hours per Unit	Crew Output per Day	Avg Mat'l Unit Cost	Avg Labor Unit Cost	Avg Equip Unit Cost	Avg Total Unit Cost	Avg Price Incl O&P

Glazing, clean sash and remove old putty or rubber

3/32" T float, putty or rubber

Description	Oper	Unit	Vol	Crew Size	Man-hours per Unit	Crew Output per Day	Avg Mat'l Unit Cost	Avg Labor Unit Cost	Avg Equip Unit Cost	Avg Total Unit Cost	Avg Price Incl O&P
8" x 12" (0.667 SF)	Demo	SF	Lg	GA	.320	25.00	---	14.00	---	14.00	**21.10**
	Demo	SF	Sm	GA	.492	16.25	---	21.60	---	21.60	**32.40**
12" x 16" (1.333 SF)	Demo	SF	Lg	GA	.178	45.00	---	7.81	---	7.81	**11.70**
	Demo	SF	Sm	GA	.274	29.25	---	12.00	---	12.00	**18.00**
14" x 20" (1.944 SF)	Demo	SF	Lg	GA	.145	55.00	---	6.36	---	6.36	**9.54**
	Demo	SF	Sm	GA	.224	35.75	---	9.82	---	9.82	**14.70**
16" x 24" (2.667 SF)	Demo	SF	Lg	GA	.114	70.00	---	5.00	---	5.00	**7.50**
	Demo	SF	Sm	GA	.176	45.50	---	7.72	---	7.72	**11.60**
24" x 26" (4.333 SF)	Demo	SF	Lg	GA	.084	95.00	---	3.68	---	3.68	**5.53**
	Demo	SF	Sm	GA	.130	61.75	---	5.70	---	5.70	**8.55**
36" x 24" (6.000 SF)	Demo	SF	Lg	GA	.064	125.0	---	2.81	---	2.81	**4.21**
	Demo	SF	Sm	GA	.098	81.25	---	4.30	---	4.30	**6.45**

1/8" T float, putty, steel sash

Description	Oper	Unit	Vol	Crew Size	Man-hours per Unit	Crew Output per Day	Avg Mat'l Unit Cost	Avg Labor Unit Cost	Avg Equip Unit Cost	Avg Total Unit Cost	Avg Price Incl O&P
12" x 16" (1.333 SF)	Demo	SF	Lg	GA	.178	45.00	---	7.81	---	7.81	**11.70**
	Demo	SF	Sm	GA	.274	29.25	---	12.00	---	12.00	**18.00**
16" x 20" (2.222 SF)	Demo	SF	Lg	GA	.123	65.00	---	5.39	---	5.39	**8.09**
	Demo	SF	Sm	GA	.189	42.25	---	8.29	---	8.29	**12.40**
16" x 24" (2.667 SF)	Demo	SF	Lg	GA	.114	70.00	---	5.00	---	5.00	**7.50**
	Demo	SF	Sm	GA	.176	45.50	---	7.72	---	7.72	**11.60**
24" x 26" (4.333 SF)	Demo	SF	Lg	GA	.084	95.00	---	3.68	---	3.68	**5.53**
	Demo	SF	Sm	GA	.130	61.75	---	5.70	---	5.70	**8.55**
28" x 32" (6.222 SF)	Demo	SF	Lg	GA	.062	130.0	---	2.72	---	2.72	**4.08**
	Demo	SF	Sm	GA	.095	84.50	---	4.17	---	4.17	**6.25**
36" x 36" (9.000 SF)	Demo	SF	Lg	GA	.050	160.0	---	2.19	---	2.19	**3.29**
	Demo	SF	Sm	GA	.077	104.0	---	3.38	---	3.38	**5.07**
36" x 48" (12.000 SF)	Demo	SF	Lg	GA	.042	190.0	---	1.84	---	1.84	**2.76**
	Demo	SF	Sm	GA	.065	123.5	---	2.85	---	2.85	**4.28**

1/4" T float

Wood sash with putty

Description	Oper	Unit	Vol	Crew Size	Man-hours per Unit	Crew Output per Day	Avg Mat'l Unit Cost	Avg Labor Unit Cost	Avg Equip Unit Cost	Avg Total Unit Cost	Avg Price Incl O&P
72" x 48" (24.0 SF)	Demo	SF	Lg	GA	.043	185.0	---	1.89	---	1.89	**2.83**
	Demo	SF	Sm	GA	.067	120.3	---	2.94	---	2.94	**4.41**

Aluminum sash with aluminum channel and rigid neoprene rubber

Description	Oper	Unit	Vol	Crew Size	Man-hours per Unit	Crew Output per Day	Avg Mat'l Unit Cost	Avg Labor Unit Cost	Avg Equip Unit Cost	Avg Total Unit Cost	Avg Price Incl O&P
48" x 96" (32.0 SF)	Demo	SF	Lg	GA	.046	175.0	---	2.02	---	2.02	**3.03**
	Demo	SF	Sm	GA	.070	113.8	---	3.07	---	3.07	**4.60**
96" x 96" (64.0 SF)	Demo	SF	Lg	GA	.044	180.0	---	1.93	---	1.93	**2.89**
	Demo	SF	Sm	GA	.068	117.0	---	2.98	---	2.98	**4.47**

1" T insulating glass; with 2 pieces 1/4" float and 1/2" air space

Description	Oper	Unit	Vol	Crew Size	Man-hours per Unit	Crew Output per Day	Avg Mat'l Unit Cost	Avg Labor Unit Cost	Avg Equip Unit Cost	Avg Total Unit Cost	Avg Price Incl O&P
To 6.0 SF	Demo	SF	Lg	GA	.160	50.00	---	7.02	---	7.02	**10.50**
	Demo	SF	Sm	GA	.246	32.50	---	10.80	---	10.80	**16.20**
6.1 to 12.0 SF	Demo	SF	Lg	GA	.073	110.0	---	3.20	---	3.20	**4.80**
	Demo	SF	Sm	GA	.112	71.50	---	4.91	---	4.91	**7.37**
12.1 to 18.0 SF	Demo	SF	Lg	GA	.055	145.0	---	2.41	---	2.41	**3.62**
	Demo	SF	Sm	GA	.085	94.25	---	3.73	---	3.73	**5.59**
18.1 to 24.0 SF	Demo	SF	Lg	GA	.053	150.0	---	2.32	---	2.32	**3.49**
	Demo	SF	Sm	GA	.082	97.50	---	3.60	---	3.60	**5.39**

Demolition, finishes

Description	Oper	Unit	Vol	Crew Size	Man-hours per Unit	Crew Output per Day	Avg Mat'l Unit Cost	Avg Labor Unit Cost	Avg Equip Unit Cost	Avg Total Unit Cost	Avg Price Incl O&P
Aluminum sliding door glass with aluminum channel and rigid neoprene rubber											
34" x 76" (17.944 SF)											
5/8" T insulating glass with 2 pieces 5/32" T (tempered with 1-1/4" air space)											
	Demo	SF	Lg	GA	.047	170.0	---	2.06	---	2.06	**3.09**
	Demo	SF	Sm	GA	.072	110.5	---	3.16	---	3.16	**4.74**
5/32" T tempered	Demo	SF	Lg	GA	.041	195.0	---	1.80	---	1.80	**2.70**
	Demo	SF	Sm	GA	.063	126.8	---	2.76	---	2.76	**4.14**
46" x 76" (24.278 SF)											
5/8" T insulating glass with 2 pieces 5/32" T (tempered with 1-1/4" air space)											
	Demo	SF	Lg	GA	.037	215.0	---	1.62	---	1.62	**2.43**
	Demo	SF	Sm	GA	.057	139.8	---	2.50	---	2.50	**3.75**
5/32" T tempered	Demo	SF	Lg	GA	.033	245.0	---	1.45	---	1.45	**2.17**
	Demo	SF	Sm	GA	.050	159.3	---	2.19	---	2.19	**3.29**

Finishes

Exterior and interior, with hand tools; no insulation removal included

Plaster and stucco; remove to studs or sheathing

Description	Oper	Unit	Vol	Crew Size	Man-hours per Unit	Crew Output per Day	Avg Mat'l Unit Cost	Avg Labor Unit Cost	Avg Equip Unit Cost	Avg Total Unit Cost	Avg Price Incl O&P
Lath (wood or metal) and plaster, walls and ceiling											
2 coats	Demo	SY	Lg	LB	.123	130.0	---	4.60	---	4.60	**6.90**
	Demo	SY	Sm	LB	.189	84.50	---	7.07	---	7.07	**10.60**
3 coats	Demo	SY	Lg	LB	.133	120.0	---	4.97	---	4.97	**7.46**
	Demo	SY	Sm	LB	.205	78.00	---	7.67	---	7.67	**11.50**
Stucco and metal netting											
2 coats	Demo	SY	Lg	LB	.168	95.00	---	6.28	---	6.28	**9.42**
	Demo	SY	Sm	LB	.259	61.75	---	9.69	---	9.69	**14.50**
3 coats	Demo	SY	Lg	LB	.200	80.00	---	7.48	---	7.48	**11.20**
	Demo	SY	Sm	LB	.308	52.00	---	11.50	---	11.50	**17.30**

Wallboard, gypsum (drywall)

Description	Oper	Unit	Vol	Crew Size	Man-hours per Unit	Crew Output per Day	Avg Mat'l Unit Cost	Avg Labor Unit Cost	Avg Equip Unit Cost	Avg Total Unit Cost	Avg Price Incl O&P
Walls and ceilings	Demo	SF	Lg	LB	.010	1540	---	.37	---	.37	**.56**
	Demo	SF	Sm	LB	.016	1001	---	.60	---	.60	**.90**

Ceramic, metal, plastic tile

Description	Oper	Unit	Vol	Crew Size	Man-hours per Unit	Crew Output per Day	Avg Mat'l Unit Cost	Avg Labor Unit Cost	Avg Equip Unit Cost	Avg Total Unit Cost	Avg Price Incl O&P
Floors, 1" x 1"											
Adhesive or dry-set base	Demo	SF	Lg	LB	.029	550.0	---	1.08	---	1.08	**1.63**
	Demo	SF	Sm	LB	.045	357.5	---	1.68	---	1.68	**2.52**
Conventional mortar base	Demo	SF	Lg	LB	.034	475.0	---	1.27	---	1.27	**1.91**
	Demo	SF	Sm	LB	.052	308.8	---	1.94	---	1.94	**2.92**
Walls, 1" x 1" or 4-1/4" x 4-1/4"											
Adhesive or dry-set base	Demo	SF	Lg	LB	.033	480.0	---	1.23	---	1.23	**1.85**
	Demo	SF	Sm	LB	.051	312.0	---	1.91	---	1.91	**2.86**
Conventional mortar base	Demo	SF	Lg	LB	.040	400.0	---	1.50	---	1.50	**2.24**
	Demo	SF	Sm	LB	.062	260.0	---	2.32	---	2.32	**3.48**

Acoustical or insulating ceiling tile

Description	Oper	Unit	Vol	Crew Size	Man-hours per Unit	Crew Output per Day	Avg Mat'l Unit Cost	Avg Labor Unit Cost	Avg Equip Unit Cost	Avg Total Unit Cost	Avg Price Incl O&P
Adhesive set, tile only	Demo	SF	Lg	LB	.012	1300	---	.45	---	.45	.67
	Demo	SF	Sm	LB	.019	845.0	---	.71	---	.71	1.07
Stapled, tile only	Demo	SF	Lg	LB	.014	1170	---	.52	---	.52	.79
	Demo	SF	Sm	LB	.021	760.5	---	.79	---	.79	1.18
Stapled, tile and furring strips	Demo	SF	Lg	LB	.010	1540	---	.37	---	.37	.56
	Demo	SF	Sm	LB	.016	1001	---	.60	---	.60	.90

Suspended ceiling system

Description	Oper	Unit	Vol	Crew Size	Man-hours per Unit	Crew Output per Day	Avg Mat'l Unit Cost	Avg Labor Unit Cost	Avg Equip Unit Cost	Avg Total Unit Cost	Avg Price Incl O&P
Panels and grid system	Demo	SF	Lg	LB	.009	1780	---	.34	---	.34	.50
	Demo	SF	Sm	LB	.014	1157	---	.52	---	.52	.79

Resilient flooring, adhesive set, with floor stripper

Description	Oper	Unit	Vol	Crew Size	Man-hours per Unit	Crew Output per Day	Avg Mat'l Unit Cost	Avg Labor Unit Cost	Avg Equip Unit Cost	Avg Total Unit Cost	Avg Price Incl O&P
Sheet products	Demo	SY	Lg	LB	.100	160.0	---	3.74	.23	3.97	5.89
	Demo	SY	Sm	LB	.154	104.0	---	5.76	.35	6.11	9.06
Tile products	Demo	SF	Lg	LB	.011	1500	---	.41	.02	.43	.64
	Demo	SF	Sm	LB	.016	975.0	---	.60	.04	.64	.95

Wallpaper

Average output is expressed in rolls (36.0 SF/single roll)

Single layer of paper from plaster with steaming equipment

Description	Oper	Unit	Vol	Crew Size	Man-hours per Unit	Crew Output per Day	Avg Mat'l Unit Cost	Avg Labor Unit Cost	Avg Equip Unit Cost	Avg Total Unit Cost	Avg Price Incl O&P
	Demo	Roll	Lg	1L	.400	20.00	---	15.00	1.80	16.80	24.60
	Demo	Roll	Sm	1L	.615	13.00	---	23.00	2.77	25.77	37.80

Several layers of paper from plaster with steaming equipment

	Demo	Roll	Lg	1L	.667	12.00	---	25.00	3.00	28.00	41.00
	Demo	Roll	Sm	1L	1.03	7.80	---	38.50	4.62	43.12	63.30

Vinyls (with non-woven, woven, or synthetic fiber backings) from plaster with steaming equipment

	Demo	Roll	Lg	1L	.267	30.00	---	9.99	1.20	11.19	16.40
	Demo	Roll	Sm	1L	.410	19.50	---	15.30	1.85	17.15	25.20

Single layer of paper from drywall with steaming equipment

	Demo	Roll	Lg	1L	.400	20.00	---	15.00	1.80	16.80	24.60
	Demo	Roll	Sm	1L	.615	13.00	---	23.00	2.77	25.77	37.80

Several layers of paper from drywall with steaming equipment

	Demo	Roll	Lg	1L	.667	12.00	---	25.00	3.00	28.00	41.00
	Demo	Roll	Sm	1L	1.03	7.80	---	38.50	4.62	43.12	63.30

Vinyls (with synthetic fiber backing) from drywall with steaming equipment

	Demo	Roll	Lg	1L	.267	30.00	---	9.99	1.20	11.19	16.40
	Demo	Roll	Sm	1L	.410	19.50	---	15.30	1.85	17.15	25.20

Vinyls (with other backings) from drywall with steaming equipment

	Demo	Roll	Lg	1L	.400	20.00	---	15.00	1.80	16.80	24.60
	Demo	Roll	Sm	1L	.615	13.00	---	23.00	2.77	25.77	37.80

Dishwashers

Dishwashers

High quality units. Labor cost includes rough-in

Description	Oper	Unit	Vol	Crew Size	Man-hours per Unit	Crew Output per Day	Avg Mat'l Unit Cost	Avg Labor Unit Cost	Avg Equip Unit Cost	Avg Total Unit Cost	Avg Price Incl O&P
Frequently encountered applications											
Detach & reset unit	Reset	Ea	Lg	SA	1.33	6.00	---	68.50	---	68.50	**103.00**
	Reset	Ea	Sm	SA	1.78	4.50	---	91.70	---	91.70	**137.00**
Remove unit	Demo	Ea	Lg	SA	0.80	10.00	---	41.20	---	41.20	**61.80**
	Demo	Ea	Sm	SA	1.07	7.50	---	55.10	---	55.10	**82.70**
Install unit											
Standard	Inst	Ea	Lg	SC	6.67	2.40	523.00	333.00	---	856.00	**1130.00**
	Inst	Ea	Sm	SC	8.89	1.80	577.00	444.00	---	1021.00	**1360.00**
Average	Inst	Ea	Lg	SC	6.67	2.40	832.00	333.00	---	1165.00	**1500.00**
	Inst	Ea	Sm	SC	8.89	1.80	916.00	444.00	---	1360.00	**1770.00**
High	Inst	Ea	Lg	SC	6.67	2.40	1090.00	333.00	---	1423.00	**1800.00**
	Inst	Ea	Sm	SC	8.89	1.80	1200.00	444.00	---	1644.00	**2100.00**
Premium	Inst	Ea	Lg	SC	6.67	2.40	1760.00	333.00	---	2093.00	**2610.00**
	Inst	Ea	Sm	SC	8.89	1.80	1940.00	444.00	---	2384.00	**2990.00**
Built-in front loading											
Deluxe grade	Inst	Ea	Lg	SC	6.67	2.40	1760.00	333.00	---	2093.00	**2610.00**
	Inst	Ea	Sm	SC	8.89	1.80	1940.00	444.00	---	2384.00	**2990.00**
Premium grade	Inst	Ea	Lg	SC	6.67	2.40	1090.00	333.00	---	1423.00	**1800.00**
	Inst	Ea	Sm	SC	8.89	1.80	1200.00	444.00	---	1644.00	**2100.00**
High grade	Inst	Ea	Lg	SC	6.67	2.40	832.00	333.00	---	1165.00	**1500.00**
	Inst	Ea	Sm	SC	8.89	1.80	916.00	444.00	---	1360.00	**1770.00**
Average grade	Inst	Ea	Lg	SC	6.67	2.40	523.00	333.00	---	856.00	**1130.00**
	Inst	Ea	Sm	SC	8.89	1.80	577.00	444.00	---	1021.00	**1360.00**
Standard grade	Inst	Ea	Lg	SC	6.67	2.40	372.00	333.00	---	705.00	**946.00**
	Inst	Ea	Sm	SC	8.89	1.80	410.00	444.00	---	854.00	**1160.00**

Description	Oper	Unit	Vol	Crew Size	Man-hours per Unit	Crew Output per Day	Avg Mat'l Unit Cost	Avg Labor Unit Cost	Avg Equip Unit Cost	Avg Total Unit Cost	Avg Price Incl O&P

Door frames
Metal
See also Doors, Steel, page 144
Exterior frame, 14 gauge, welded joint construction

Description	Oper	Unit	Vol	Crew Size	Man-hours per Unit	Crew Output per Day	Avg Mat'l Unit Cost	Avg Labor Unit Cost	Avg Equip Unit Cost	Avg Total Unit Cost	Avg Price Incl O&P
Wood frame structures											
3'-0" x 7'-0"	Inst	Ea	Lg	2C	2.000	8.0	343.00	91.80	---	434.80	**549.00**
	Inst	Ea	Sm	2C	3.077	5.2	378.00	141.00	---	519.00	**665.00**
4'-0" x 7'-0"	Inst	Ea	Lg	2C	2.000	8.0	343.00	91.80	---	434.80	**550.00**
	Inst	Ea	Sm	2C	3.077	5.2	378.00	141.00	---	519.00	**666.00**
6'-0" x 7'-0"	Inst	Ea	Lg	2C	2.286	7.0	392.00	105.00	---	497.00	**628.00**
	Inst	Ea	Sm	2C	3.516	4.6	432.00	161.00	---	593.00	**760.00**
8'-0" x 7'-0"	Inst	Ea	Lg	2C	2.286	7.0	441.00	105.00	---	546.00	**687.00**
	Inst	Ea	Sm	2C	3.516	4.6	486.00	161.00	---	647.00	**825.00**
3'-0" x 9'-0"	Inst	Ea	Lg	2C	2.462	6.5	743.00	113.00	---	856.00	**1060.00**
	Inst	Ea	Sm	2C	3.783	4.2	819.00	174.00	---	993.00	**1240.00**
Masonry frame structures											
Existing masonry, ADD	Inst	Ea	Lg	2C	1.143	14.0	7.25	52.40	---	59.65	**87.40**
	Inst	Ea	Sm	2C	1.758	9.1	7.99	80.70	---	88.69	**131.00**
New masonry, ADD	Inst	Ea	Lg	2C	1.000	16.0	7.25	45.90	---	53.15	**77.50**
	Inst	Ea	Sm	2C	1.538	10.4	7.99	70.60	---	78.59	**115.00**

Wood
Exterior frame, jamb stock, door stop, casing both sides

Description	Oper	Unit	Vol	Crew Size	Man-hours per Unit	Crew Output per Day	Avg Mat'l Unit Cost	Avg Labor Unit Cost	Avg Equip Unit Cost	Avg Total Unit Cost	Avg Price Incl O&P
5/4 x 4-9/16" deep											
Pine	Inst	LF	Lg	2C	.123	130.0	9.33	5.64	---	14.97	**19.70**
	Inst	LF	Sm	2C	.189	84.5	10.30	8.67	---	18.97	**25.30**
Oak	Inst	LF	Lg	2C	.133	120.0	14.80	6.10	---	20.90	**26.90**
	Inst	LF	Sm	2C	.205	78.0	16.30	9.41	---	25.71	**33.70**
Walnut	Inst	LF	Lg	2C	.160	100.0	22.20	7.34	---	29.54	**37.70**
	Inst	LF	Sm	2C	.246	65.0	24.50	11.30	---	35.80	**46.30**
5/4 x 5-3/16" deep											
Pine	Inst	LF	Lg	2C	.123	130.0	10.30	5.64	---	15.94	**20.80**
	Inst	LF	Sm	2C	.189	84.5	11.30	8.67	---	19.97	**26.60**
Oak	Inst	LF	Lg	2C	.133	120.0	16.30	6.10	---	22.40	**28.70**
	Inst	LF	Sm	2C	.205	78.0	18.00	9.41	---	27.41	**35.70**
Walnut	Inst	LF	Lg	2C	.160	100.0	24.40	7.34	---	31.74	**40.30**
	Inst	LF	Sm	2C	.246	65.0	26.90	11.30	---	38.20	**49.30**
5/4 x 6-9/16" deep											
Pine	Inst	LF	Lg	2C	.123	130.0	10.90	5.64	---	16.54	**21.50**
	Inst	LF	Sm	2C	.189	84.5	12.00	8.67	---	20.67	**27.40**
Oak	Inst	LF	Lg	2C	.133	120.0	17.10	6.10	---	23.20	**29.70**
	Inst	LF	Sm	2C	.205	78.0	18.90	9.41	---	28.31	**36.70**
Walnut	Inst	LF	Lg	2C	.160	100.0	25.70	7.34	---	33.04	**41.80**
	Inst	LF	Sm	2C	.246	65.0	28.30	11.30	---	39.60	**50.90**

Door frames, interior

Description	Oper	Unit	Vol	Crew Size	Man-hours per Unit	Crew Output per Day	Avg Mat'l Unit Cost	Avg Labor Unit Cost	Avg Equip Unit Cost	Avg Total Unit Cost	Avg Price Incl O&P
Interior frame											
11/16" x 3-5/8" deep											
Pine	Inst	LF	Lg	2C	.123	130.0	8.66	5.64	---	14.30	**18.90**
	Inst	LF	Sm	2C	.189	84.5	9.55	8.67	---	18.22	**24.50**
Oak	Inst	LF	Lg	2C	.133	120.0	11.70	6.10	---	17.80	**23.20**
	Inst	LF	Sm	2C	.205	78.0	12.90	9.41	---	22.31	**29.50**
Walnut	Inst	LF	Lg	2C	.160	100.0	17.50	7.34	---	24.84	**32.00**
	Inst	LF	Sm	2C	.246	65.0	19.30	11.30	---	30.60	**40.10**
11/16" x 4-9/16" deep											
Pine	Inst	LF	Lg	2C	.123	130.0	9.53	5.64	---	15.17	**19.90**
	Inst	LF	Sm	2C	.189	84.5	10.50	8.67	---	19.17	**25.60**
Oak	Inst	LF	Lg	2C	.133	120.0	12.80	6.10	---	18.90	**24.60**
	Inst	LF	Sm	2C	.205	78.0	14.20	9.41	---	23.61	**31.10**
Walnut	Inst	LF	Lg	2C	.160	100.0	19.30	7.34	---	26.64	**34.10**
	Inst	LF	Sm	2C	.246	65.0	21.20	11.30	---	32.50	**42.40**
11/16" x 5-3/16" deep											
Pine	Inst	LF	Lg	2C	.123	130.0	9.54	5.64	---	15.18	**19.90**
	Inst	LF	Sm	2C	.189	84.5	10.50	8.67	---	19.17	**25.60**
Oak	Inst	LF	Lg	2C	.133	120.0	14.50	6.10	---	20.60	**26.50**
	Inst	LF	Sm	2C	.205	78.0	15.90	9.41	---	25.31	**33.20**
Walnut	Inst	LF	Lg	2C	.160	100.0	21.70	7.34	---	29.04	**37.00**
	Inst	LF	Sm	2C	.246	65.0	23.90	11.30	---	35.20	**45.60**

Thresholds

See also Door Hardware, page 125

Description	Oper	Unit	Vol	Crew Size	Man-hours per Unit	Crew Output per Day	Avg Mat'l Unit Cost	Avg Labor Unit Cost	Avg Equip Unit Cost	Avg Total Unit Cost	Avg Price Incl O&P
Wood	Inst	LF	Lg	2C	.267	60.0	6.01	12.30	---	18.31	**25.60**
	Inst	LF	Sm	2C	.410	39.0	6.62	18.80	---	25.42	**36.20**
Aluminum	Inst	LF	Lg	2C	.267	60.0	8.83	12.30	---	21.13	**29.00**
	Inst	LF	Sm	2C	.410	39.00	9.73	18.80	---	28.53	**39.90**
Rubber	Inst	LF	Lg	2C	.267	60.0	13.10	12.30	---	25.40	**34.10**
	Inst	LF	Sm	2C	.410	39.00	14.50	18.80	---	33.30	**45.60**

Door hardware

Locksets

Exterior

Description	Oper	Unit	Vol	Crew Size	Man-hours per Unit	Crew Output per Day	Avg Mat'l Unit Cost	Avg Labor Unit Cost	Avg Equip Unit Cost	Avg Total Unit Cost	Avg Price Incl O&P
Door Lockset and Deadbolt											
Excellent quality	Inst	Ea	Lg	CA	.667	12.00	213.00	30.60	---	243.60	**302.00**
	Inst	Ea	Sm	CA	1.03	7.80	235.00	47.30	---	282.30	**353.00**
Good quality	Inst	Ea	Lg	CA	.500	16.00	106.00	22.90	---	128.90	**161.00**
	Inst	Ea	Sm	CA	.769	10.40	117.00	35.30	---	152.30	**193.00**
Average quality	Inst	Ea	Lg	CA	.500	16.00	63.90	22.90	---	86.80	**111.00**
	Inst	Ea	Sm	CA	.769	10.40	70.40	35.30	---	105.70	**137.00**
Door Lockset Only											**---**
Excellent quality	Inst	Ea	Lg	CA	.667	12.00	138.00	30.60	---	168.60	**211.00**
	Inst	Ea	Sm	CA	1.03	7.80	152.00	47.30	---	199.30	**253.00**
Good quality	Inst	Ea	Lg	CA	.500	16.00	58.30	22.90	---	81.20	**104.00**
	Inst	Ea	Sm	CA	.769	10.40	64.20	35.30	---	99.50	**130.00**
Average quality	Inst	Ea	Lg	CA	.500	16.00	32.40	22.90	---	55.30	**73.30**
	Inst	Ea	Sm	CA	.769	10.40	35.70	35.30	---	71.00	**95.80**
Deadbolt Only											
Excellent quality	Inst	Ea	Lg	CA	.533	15.00	75.60	24.50	---	100.10	**127.00**
	Inst	Ea	Sm	CA	.821	9.75	83.30	37.70	---	121.00	**156.00**
Good quality	Inst	Ea	Lg	CA	.400	20.00	47.60	18.40	---	66.00	**84.60**
	Inst	Ea	Sm	CA	.615	13.00	52.40	28.20	---	80.60	**105.00**
Average quality	Inst	Ea	Lg	CA	.400	20.00	31.50	18.40	---	49.90	**65.30**
	Inst	Ea	Sm	CA	.615	13.00	34.70	28.20	---	62.90	**84.00**
Bath or bedroom lock											
Excellent quality	Inst	Ea	Lg	CA	.533	15.00	68.80	24.50	---	93.30	**119.00**
	Inst	Ea	Sm	CA	.821	9.75	75.80	37.70	---	113.50	**147.00**
Good quality	Inst	Ea	Lg	CA	.400	20.00	38.70	18.40	---	57.10	**74.00**
	Inst	Ea	Sm	CA	.615	13.00	42.60	28.20	---	70.80	**93.50**
Average quality	Inst	Ea	Lg	CA	.400	20.00	22.30	18.40	---	40.70	**54.20**
	Inst	Ea	Sm	CA	.615	13.00	24.50	28.20	---	52.70	**71.80**
Passage latch											
Excellent quality	Inst	Ea	Lg	CA	.400	20.00	29.30	18.40	---	47.70	**62.60**
	Inst	Ea	Sm	CA	.615	13.00	32.30	28.20	---	60.50	**81.00**
Good quality	Inst	Ea	Lg	CA	.308	26.00	17.70	14.10	---	31.80	**42.50**
	Inst	Ea	Sm	CA	.473	16.90	19.60	21.70	---	41.30	**56.00**
Average quality	Inst	Ea	Lg	CA	.308	26.00	12.10	14.10	---	26.20	**35.70**
	Inst	Ea	Sm	CA	.473	16.90	13.30	21.70	---	35.00	**48.60**

Kickplates, 8" x 30"

Description	Oper	Unit	Vol	Crew Size	Man-hours per Unit	Crew Output per Day	Avg Mat'l Unit Cost	Avg Labor Unit Cost	Avg Equip Unit Cost	Avg Total Unit Cost	Avg Price Incl O&P
Aluminum	Inst	Ea	Lg	CA	.308	26.00	43.60	14.10	---	57.70	**73.60**
	Inst	Ea	Sm	CA	.473	16.90	48.10	21.70	---	69.80	**90.30**
Brass or bronze	Inst	Ea	Lg	CA	.308	26.00	56.70	14.10	---	70.80	**89.30**
	Inst	Ea	Sm	CA	.473	16.90	62.50	21.70	---	84.20	**108.00**

Door hardware, thresholds

Description	Oper	Unit	Vol	Crew Size	Man-hours per Unit	Crew Output per Day	Avg Mat'l Unit Cost	Avg Labor Unit Cost	Avg Equip Unit Cost	Avg Total Unit Cost	Avg Price Incl O&P
Thresholds											
See also Door Frames, page 123											
Aluminum, pre-notched, draft-proof, standard											
3/4" high											
32" long	Inst	Ea	Lg	CA	.250	32.00	23.60	11.50	---	35.10	**45.50**
	Inst	Ea	Sm	CA	.385	20.80	26.00	17.70	---	43.70	**57.70**
36" long	Inst	Ea	Lg	CA	.250	32.00	26.50	11.50	---	38.00	**49.00**
	Inst	Ea	Sm	CA	.385	20.80	29.20	17.70	---	46.90	**61.50**
42" long	Inst	Ea	Lg	CA	.250	32.00	30.90	11.50	---	42.40	**54.30**
	Inst	Ea	Sm	CA	.385	20.80	34.10	17.70	---	51.80	**67.40**
48" long	Inst	Ea	Lg	CA	.250	32.00	35.30	11.50	---	46.80	**59.60**
	Inst	Ea	Sm	CA	.385	20.80	38.90	17.70	---	56.60	**73.20**
60" long	Inst	Ea	Lg	CA	.250	32.00	44.20	11.50	---	55.70	**70.20**
	Inst	Ea	Sm	CA	.385	20.80	48.70	17.70	---	66.40	**84.90**
72" long	Inst	Ea	Lg	CA	.250	32.00	53.00	11.50	---	64.50	**80.80**
	Inst	Ea	Sm	CA	.385	20.80	58.40	17.70	---	76.10	**96.60**
For high rug-type, 1-1/8"											
ADD	Inst	%	Lg	CA	---	---	25.0	---	---	---	**---**
	Inst	%	Sm	CA	---	---	25.0	---	---	---	**---**
Wood, oak threshold with vinyl weather seal											
5/8" x 3-1/2"											
33" long	Inst	Ea	Lg	CA	.250	32.00	16.00	11.50	---	27.50	**36.50**
	Inst	Ea	Sm	CA	.385	20.80	17.70	17.70	---	35.40	**47.70**
37" long	Inst	Ea	Lg	CA	.250	32.00	18.00	11.50	---	29.50	**38.80**
	Inst	Ea	Sm	CA	.385	20.80	19.90	17.70	---	37.60	**50.30**
43" long	Inst	Ea	Lg	CA	.250	32.00	21.00	11.50	---	32.50	**42.40**
	Inst	Ea	Sm	CA	.385	20.80	23.20	17.70	---	40.90	**54.30**
49" long	Inst	Ea	Lg	CA	.250	32.00	24.00	11.50	---	35.50	**46.00**
	Inst	Ea	Sm	CA	.385	20.80	26.50	17.70	---	44.20	**58.30**
61" long	Inst	Ea	Lg	CA	.250	32.00	30.00	11.50	---	41.50	**53.30**
	Inst	Ea	Sm	CA	.385	20.80	33.10	17.70	---	50.80	**66.20**
73" long	Inst	Ea	Lg	CA	.250	32.00	36.00	11.50	---	47.50	**60.50**
	Inst	Ea	Sm	CA	.385	20.80	39.70	17.70	---	57.40	**74.20**
3/4" x 3-1/2"											
33" long	Inst	Ea	Lg	CA	.250	32.00	20.90	11.50	---	32.40	**42.20**
	Inst	Ea	Sm	CA	.385	20.80	23.00	17.70	---	40.70	**54.10**
37" long	Inst	Ea	Lg	CA	.250	32.00	23.40	11.50	---	34.90	**45.30**
	Inst	Ea	Sm	CA	.385	20.80	25.80	17.70	---	43.50	**57.50**

Doors

Interior Door Systems

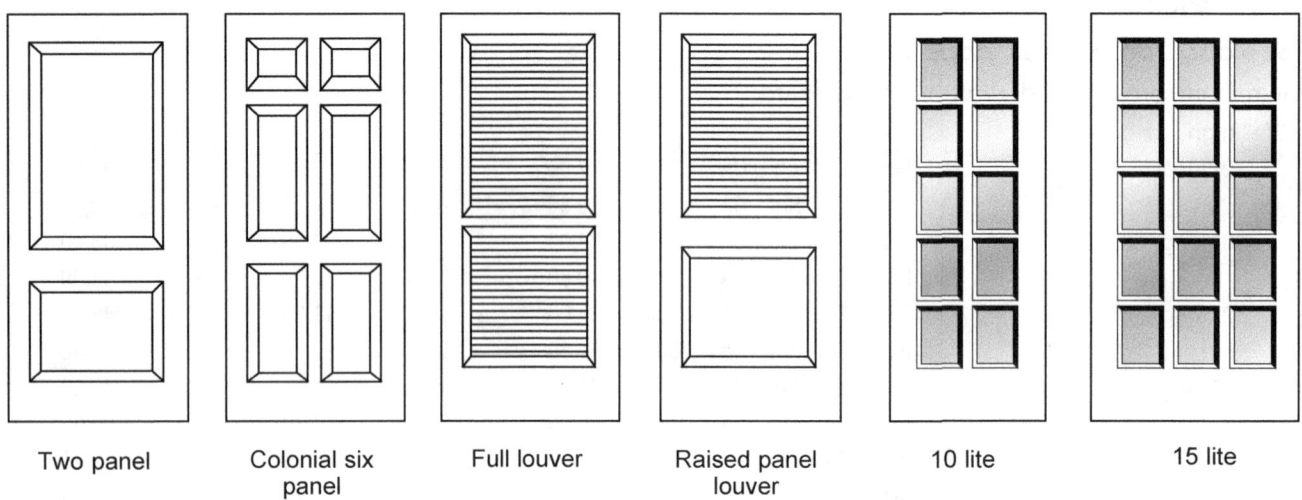

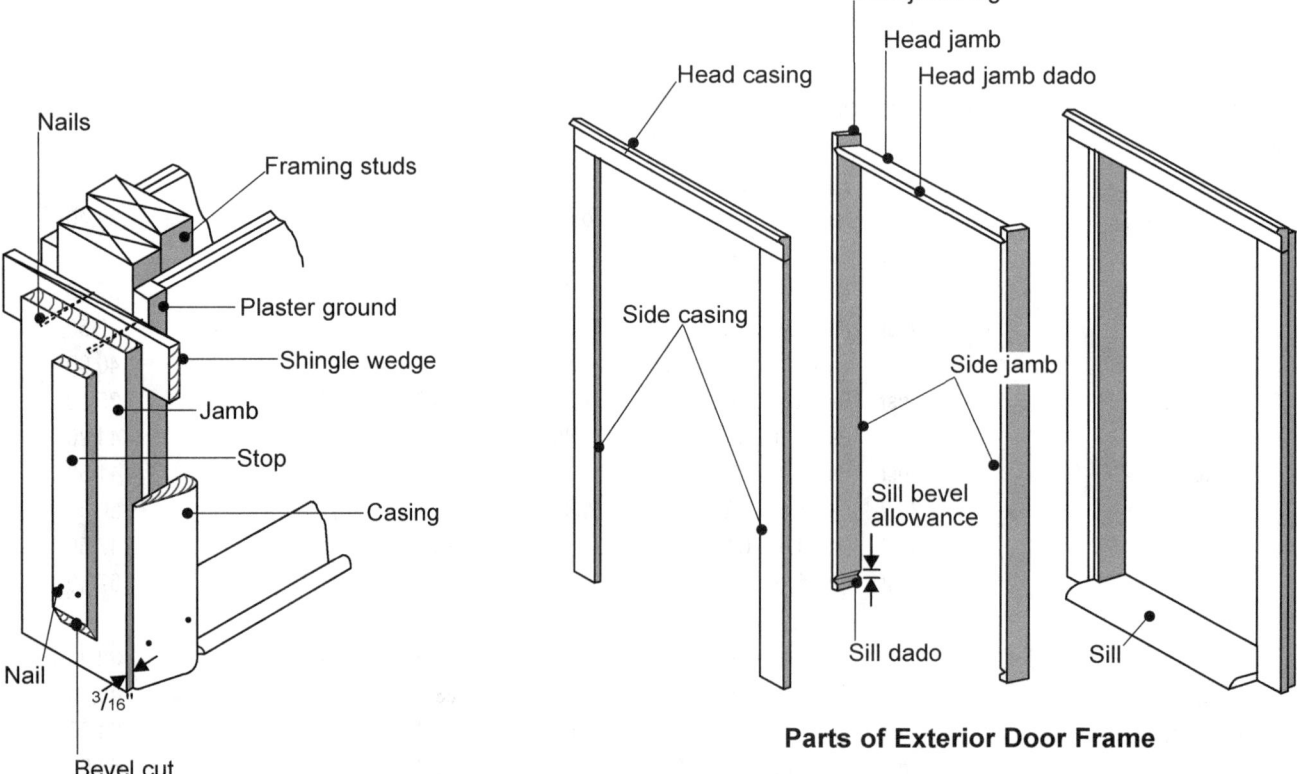

Parts of Exterior Door Frame

Assembled Package Door Units (Interior)

Door Clearances

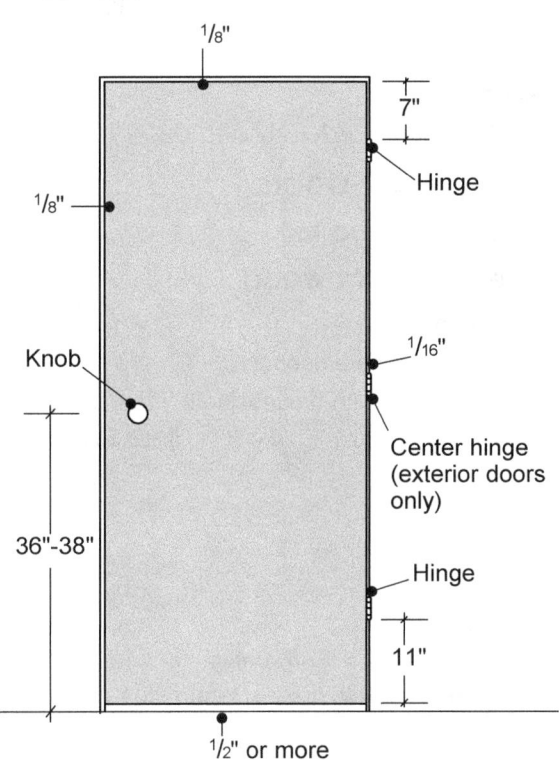

Unit Includes:

Jamb: 4⁹/₁₆" finger joint pine w/ stops applied.

Butts: 1 pair 3½" x 3½" applied to door and jamb.

Door: 3 degree bevel one side ³/₁₆" under std. width - net 80"
H center bored - 2⅛" bore
2⅜" backset - 1" edge bore

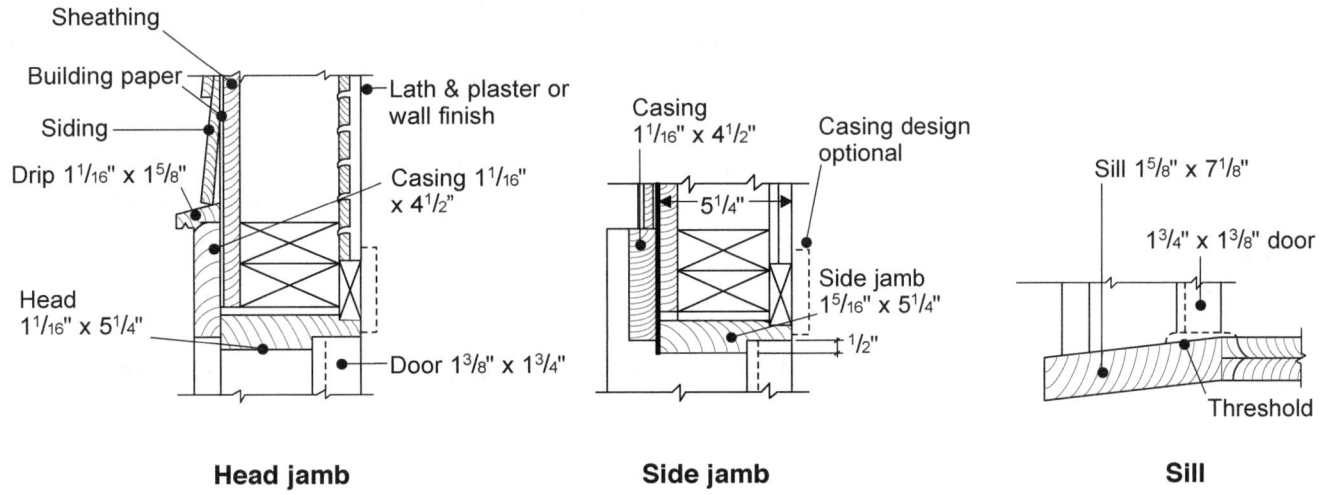

Head jamb **Side jamb** **Sill**

Description	Oper	Unit	Vol	Crew Size	Man-hours per Unit	Crew Output per Day	Avg Mat'l Unit Cost	Avg Labor Unit Cost	Avg Equip Unit Cost	Avg Total Unit Cost	Avg Price Incl O&P

Doors

Excludes finish hardware and paint / stain. See also Door Frames, page 122

Exterior / Entry doors

Sidelites, see page 130

Alder or similar wood

6'-8" High

Paneled, single door
    Pre-hung with hinges, jamb, stop, brick mold, casing one side, threshold, weatherstrip

| | Inst | Ea | Lg | 2C | 2.67 | 6.00 | 1410.00 | 123.00 | --- | 1533.00 | **1880.00** |
| | Inst | Ea | Sm | 2C | 4.10 | 3.90 | 1560.00 | 188.00 | --- | 1748.00 | **2150.00** |

Slab only

| | Inst | Ea | Lg | 2C | 3.20 | 5.00 | 775.00 | 147.00 | --- | 922.00 | **1150.00** |
| | Inst | Ea | Sm | 2C | 4.92 | 3.25 | 854.00 | 226.00 | --- | 1080.00 | **1360.00** |

Paneled, single door, radius top
    Pre-hung with hinges, jamb, stop, brick mold, casing one side, threshold, weatherstrip

| | Inst | Ea | Lg | 2C | 2.67 | 6.00 | 2290.00 | 123.00 | --- | 2413.00 | **2930.00** |
| | Inst | Ea | Sm | 2C | 4.10 | 3.90 | 2530.00 | 188.00 | --- | 2718.00 | **3310.00** |

Paneled, double door
    Pre-hung with hinges, jamb, stop, brick mold, casing one side, threshold, weatherstrip

| | Inst | Ea | Lg | 2C | 2.67 | 6.00 | 1640.00 | 123.00 | --- | 1763.00 | **2150.00** |
| | Inst | Ea | Sm | 2C | 4.10 | 3.90 | 1810.00 | 188.00 | --- | 1998.00 | **2450.00** |

8'-0" High

Paneled, single door
    Pre-hung with hinges, jamb, stop, brick mold, casing one side, threshold, weatherstrip

| | Inst | Ea | Lg | 2C | 2.67 | 6.00 | 1540.00 | 123.00 | --- | 1663.00 | **2030.00** |
| | Inst | Ea | Sm | 2C | 4.10 | 3.90 | 1700.00 | 188.00 | --- | 1888.00 | **2320.00** |

Slab only

| | Inst | Ea | Lg | 2C | 3.20 | 5.00 | 887.00 | 147.00 | --- | 1034.00 | **1280.00** |
| | Inst | Ea | Sm | 2C | 4.92 | 3.25 | 977.00 | 226.00 | --- | 1203.00 | **1510.00** |

Paneled, double door
    Pre-hung with hinges, jamb, stop, brick mold, casing one side, threshold, weatherstrip

| | Inst | Ea | Lg | 2C | 2.67 | 6.00 | 2070.00 | 123.00 | --- | 2193.00 | **2670.00** |
| | Inst | Ea | Sm | 2C | 4.10 | 3.90 | 2290.00 | 188.00 | --- | 2478.00 | **3030.00** |

Doors, entrance

Description	Oper	Unit	Vol	Crew Size	Man-hours per Unit	Crew Output per Day	Avg Mat'l Unit Cost	Avg Labor Unit Cost	Avg Equip Unit Cost	Avg Total Unit Cost	Avg Price Incl O&P

Mahogany similar wood

6'-8" High

Paneled, single door

Pre-hung with hinges, jamb, stop, brick mold, casing one side, threshold, weatherstrip

| | Inst | Ea | Lg | 2C | 2.67 | 6.00 | 1610.00 | 123.00 | --- | 1733.00 | **2120.00** |
| | Inst | Ea | Sm | 2C | 4.10 | 3.90 | 1770.00 | 188.00 | --- | 1958.00 | **2410.00** |

Slab only

| | Inst | Ea | Lg | 2C | 3.20 | 5.00 | 993.00 | 147.00 | --- | 1140.00 | **1410.00** |
| | Inst | Ea | Sm | 2C | 4.92 | 3.25 | 1090.00 | 226.00 | --- | 1316.00 | **1650.00** |

Paneled, double door

Pre-hung with hinges, jamb, stop, brick mold, casing one side

| | Inst | Ea | Lg | 2C | 2.67 | 6.00 | 2490.00 | 123.00 | --- | 2613.00 | **3170.00** |
| | Inst | Ea | Sm | 2C | 4.10 | 3.90 | 2740.00 | 188.00 | --- | 2928.00 | **3570.00** |

8'-0" High

Paneled, single door

Pre-hung with hinges, jamb, stop, brick mold, casing one side, threshold, weatherstrip

| | Inst | Ea | Lg | 2C | 3.20 | 5.00 | 1730.00 | 147.00 | --- | 1877.00 | **2290.00** |
| | Inst | Ea | Sm | 2C | 4.92 | 3.25 | 1900.00 | 226.00 | --- | 2126.00 | **2620.00** |

Slab only

| | Inst | Ea | Lg | 2C | 4.00 | 4.00 | 1090.00 | 184.00 | --- | 1274.00 | **1590.00** |
| | Inst | Ea | Sm | 2C | 6.15 | 2.60 | 1200.00 | 282.00 | --- | 1482.00 | **1870.00** |

Paneled, double door

Pre-hung with hinges, jamb, stop, brick mold, casing one side

| | Inst | Ea | Lg | 2C | 3.20 | 5.00 | 2620.00 | 147.00 | --- | 2767.00 | **3360.00** |
| | Inst | Ea | Sm | 2C | 4.92 | 3.25 | 2880.00 | 226.00 | --- | 3106.00 | **3800.00** |

Wood or Composite Material, highly detailed

6'-8" High

Single door

Pre-hung with hinges, jamb, stop, brick mold, casing one side, threshold, weatherstrip

| High | Inst | Ea | Lg | 2C | 3.20 | 5.00 | 1440.00 | 147.00 | --- | 1587.00 | **1950.00** |
| | Inst | Ea | Sm | 2C | 4.92 | 3.25 | 1590.00 | 226.00 | --- | 1816.00 | **2240.00** |

Slab only

| Deluxe / Premium | Inst | Ea | Lg | 2C | 5.33 | 3.00 | 865.00 | 245.00 | --- | 1110.00 | **1410.00** |
| | Inst | Ea | Sm | 2C | 8.21 | 1.95 | 954.00 | 377.00 | --- | 1331.00 | **1710.00** |

8'-0" High

Single door

Pre-hung with hinges, jamb, stop, brick mold, casing one side, threshold, weatherstrip

| Deluxe / Premium | Inst | Ea | Lg | 2C | 4.00 | 4.00 | 1910.00 | 184.00 | --- | 2094.00 | **2570.00** |
| | Inst | Ea | Sm | 2C | 6.15 | 2.60 | 2110.00 | 282.00 | --- | 2392.00 | **2950.00** |

Slab only

| Deluxe / Premium | Inst | Ea | Lg | 2C | 8.00 | 2.00 | 1100.00 | 367.00 | --- | 1467.00 | **1880.00** |
| | Inst | Ea | Sm | 2C | 12.31 | 1.30 | 1220.00 | 565.00 | --- | 1785.00 | **2310.00** |

Description	Oper	Unit	Vol	Crew Size	Man-hours per Unit	Crew Output per Day	Avg Mat'l Unit Cost	Avg Labor Unit Cost	Avg Equip Unit Cost	Avg Total Unit Cost	Avg Price Incl O&P

Metal, insulated

6'-8" High

Single door

Pre-hung with hinges, jamb, stop, brick mold, casing one side, threshold, weatherstrip

Description	Oper	Unit	Vol	Crew Size	Man-hours per Unit	Crew Output per Day	Avg Mat'l Unit Cost	Avg Labor Unit Cost	Avg Equip Unit Cost	Avg Total Unit Cost	Avg Price Incl O&P
Standard	Inst	Ea	Lg	2C	2.29	7.00	256.00	105.00	---	361.00	**465.00**
	Inst	Ea	Sm	2C	3.52	4.55	282.00	162.00	---	444.00	**581.00**
Average	Inst	Ea	Lg	2C	2.67	6.00	381.00	123.00	---	504.00	**641.00**
	Inst	Ea	Sm	2C	4.10	3.90	420.00	188.00	---	608.00	**786.00**
High	Inst	Ea	Lg	2C	3.20	5.00	537.00	147.00	---	684.00	**864.00**
	Inst	Ea	Sm	2C	4.92	3.25	591.00	226.00	---	817.00	**1050.00**

Slab only

Description	Oper	Unit	Vol	Crew Size	Man-hours per Unit	Crew Output per Day	Avg Mat'l Unit Cost	Avg Labor Unit Cost	Avg Equip Unit Cost	Avg Total Unit Cost	Avg Price Incl O&P
Standard	Inst	Ea	Lg	2C	2.67	6.00	123.00	123.00	---	246.00	**331.00**
	Inst	Ea	Sm	2C	4.10	3.90	135.00	188.00	---	323.00	**445.00**
Average	Inst	Ea	Lg	2C	3.20	5.00	195.00	147.00	---	342.00	**454.00**
	Inst	Ea	Sm	2C	4.92	3.25	215.00	226.00	---	441.00	**597.00**
High	Inst	Ea	Lg	2C	4.00	4.00	441.00	184.00	---	625.00	**804.00**
	Inst	Ea	Sm	2C	6.15	2.60	486.00	282.00	---	768.00	**1010.00**

Double door

Pre-hung with hinges, jamb, stop, brick mold, casing one side, threshold, weatherstrip

Description	Oper	Unit	Vol	Crew Size	Man-hours per Unit	Crew Output per Day	Avg Mat'l Unit Cost	Avg Labor Unit Cost	Avg Equip Unit Cost	Avg Total Unit Cost	Avg Price Incl O&P
Average	Inst	Ea	Lg	2C	5.33	3.00	474.00	245.00	---	719.00	**936.00**
	Inst	Ea	Sm	2C	8.21	1.95	522.00	377.00	---	899.00	**1190.00**

8'-0" High

Single door

Pre-hung with hinges, jamb, stop, brick mold, casing one side, threshold, weatherstrip

Description	Oper	Unit	Vol	Crew Size	Man-hours per Unit	Crew Output per Day	Avg Mat'l Unit Cost	Avg Labor Unit Cost	Avg Equip Unit Cost	Avg Total Unit Cost	Avg Price Incl O&P
Average	Inst	Ea	Lg	2C	3.20	5.00	504.00	147.00	---	651.00	**825.00**
	Inst	Ea	Sm	2C	4.92	3.25	556.00	226.00	---	782.00	**1010.00**
High	Inst	Ea	Lg	2C	4.00	4.00	730.00	184.00	---	914.00	**1150.00**
	Inst	Ea	Sm	2C	6.15	2.60	805.00	282.00	---	1087.00	**1390.00**

Slab only

Description	Oper	Unit	Vol	Crew Size	Man-hours per Unit	Crew Output per Day	Avg Mat'l Unit Cost	Avg Labor Unit Cost	Avg Equip Unit Cost	Avg Total Unit Cost	Avg Price Incl O&P
Average	Inst	Ea	Lg	2C	4.00	4.00	322.00	184.00	---	506.00	**662.00**
	Inst	Ea	Sm	2C	6.15	2.60	355.00	282.00	---	637.00	**849.00**
High	Inst	Ea	Lg	2C	5.33	3.00	467.00	245.00	---	712.00	**928.00**
	Inst	Ea	Sm	2C	8.21	1.95	515.00	377.00	---	892.00	**1180.00**

Sidelites

6'-8" High

Per each, single (add 1) or double (add 2)

To pre-hung unit, ADD

Description	Oper	Unit	Vol	Crew Size	Man-hours per Unit	Crew Output per Day	Avg Mat'l Unit Cost	Avg Labor Unit Cost	Avg Equip Unit Cost	Avg Total Unit Cost	Avg Price Incl O&P
Average	Inst	Ea	Lg	2C	1.00	16.00	167.00	45.90	---	212.90	**269.00**
	Inst	Ea	Sm	2C	1.54	10.40	184.00	70.70	---	254.70	**327.00**
High	Inst	Ea	Lg	2C	1.00	16.00	440.00	45.90	---	485.90	**597.00**
	Inst	Ea	Sm	2C	1.54	10.40	485.00	70.70	---	555.70	**688.00**
Deluxe / Premium	Inst	Ea	Lg	2C	1.00	16.00	1150.00	45.90	---	1195.90	**1440.00**
	Inst	Ea	Sm	2C	1.54	10.40	1260.00	70.70	---	1330.70	**1620.00**

Doors, Dutch

Description	Oper	Unit	Vol	Crew Size	Man-hours per Unit	Crew Output per Day	Avg Mat'l Unit Cost	Avg Labor Unit Cost	Avg Equip Unit Cost	Avg Total Unit Cost	Avg Price Incl O&P

Dutch doors, country style, top and bottom sections open separately

Solid core, luan / mahogany or similar wood

Pre-hung with hinges, jamb, stop, brick mold, casing one side, threshold, weatherstrip

| | Inst | Ea | Lg | 2C | 2.67 | 6.00 | 1120.00 | 123.00 | --- | 1243.00 | **1530.00** |
| | Inst | Ea | Sm | 2C | 4.10 | 3.90 | 1240.00 | 188.00 | --- | 1428.00 | **1770.00** |

Slab only

| | Inst | Ea | Lg | 2C | 3.20 | 5.00 | 501.00 | 147.00 | --- | 648.00 | **821.00** |
| | Inst | Ea | Sm | 2C | 4.92 | 3.25 | 552.00 | 226.00 | --- | 778.00 | **1000.00** |

Fire doors, excludes hinges and hardware, 1.5 hour rating

See also Steel Doors, page 144

Steel

3'-0" x 7'-0"

| | Inst | Ea | Lg | 2C | 2.00 | 8.00 | 210.00 | 91.80 | --- | 301.80 | **389.00** |
| | Inst | Ea | Sm | 2C | 3.08 | 5.20 | 231.00 | 141.00 | --- | 372.00 | **489.00** |

4'-0" x 7'-0"

| | Inst | Ea | Lg | 2C | 2.00 | 8.00 | 262.00 | 91.80 | --- | 353.80 | **452.00** |
| | Inst | Ea | Sm | 2C | 3.08 | 5.20 | 288.00 | 141.00 | --- | 429.00 | **558.00** |

3'-0" x 9'-0"

| | Inst | Ea | Lg | 2C | 2.67 | 6.00 | 220.00 | 123.00 | --- | 343.00 | **447.00** |
| | Inst | Ea | Sm | 2C | 4.10 | 3.90 | 242.00 | 188.00 | --- | 430.00 | **572.00** |

Wood, birch / mahogany / oak face, mineral fiber core

3'-0" x 7'-0"

| | Inst | Ea | Lg | 2C | 2.29 | 7.00 | 298.00 | 105.00 | --- | 403.00 | **515.00** |
| | Inst | Ea | Sm | 2C | 3.52 | 4.55 | 328.00 | 162.00 | --- | 490.00 | **636.00** |

3'-0" x 9'-0"

| | Inst | Ea | Lg | 2C | 3.20 | 5.00 | 332.00 | 147.00 | --- | 479.00 | **619.00** |
| | Inst | Ea | Sm | 2C | 4.92 | 3.25 | 366.00 | 226.00 | --- | 592.00 | **778.00** |

French doors

Solid core, alder or similar wood, 15 lite

Exterior

Single door

Pre-hung with hinges, jamb, stop, brick mold, casing one side, threshold, weatherstrip

| | Inst | Ea | Lg | 2C | 2.67 | 6.00 | 908.00 | 123.00 | --- | 1031.00 | **1270.00** |
| | Inst | Ea | Sm | 2C | 4.10 | 3.90 | 1000.00 | 188.00 | --- | 1188.00 | **1480.00** |

Slab only

| | Inst | Ea | Lg | 2C | 3.20 | 5.00 | 491.00 | 147.00 | --- | 638.00 | **809.00** |
| | Inst | Ea | Sm | 2C | 4.92 | 3.25 | 541.00 | 226.00 | --- | 767.00 | **988.00** |

Double door

Pre-hung with hinges, jamb, stop, brick mold, casing one side, threshold, weatherstrip

| | Inst | Ea | Lg | 2C | 5.33 | 3.00 | 1690.00 | 245.00 | --- | 1935.00 | **2400.00** |
| | Inst | Ea | Sm | 2C | 8.21 | 1.95 | 1860.00 | 377.00 | --- | 2237.00 | **2800.00** |

Description	Oper	Unit	Vol	Crew Size	Man-hours per Unit	Crew Output per Day	Avg Mat'l Unit Cost	Avg Labor Unit Cost	Avg Equip Unit Cost	Avg Total Unit Cost	Avg Price Incl O&P

Interior

6'-8" High

Single door

Pre-hung with hinges, jamb, stop, casing both sides

| | Inst | Ea | Lg | 2C | 2.29 | 7.00 | 575.00 | 105.00 | --- | 680.00 | **848.00** |
| | Inst | Ea | Sm | 2C | 3.52 | 4.55 | 634.00 | 162.00 | --- | 796.00 | **1000.00** |

Slab only

| | Inst | Ea | Lg | 2C | 2.67 | 6.00 | 311.00 | 123.00 | --- | 434.00 | **557.00** |
| | Inst | Ea | Sm | 2C | 4.10 | 3.90 | 343.00 | 188.00 | --- | 531.00 | **694.00** |

Double door

Pre-hung with hinges, jamb, stop, casing both sides

| | Inst | Ea | Lg | 2C | 4.00 | 4.00 | 868.00 | 184.00 | --- | 1052.00 | **1320.00** |
| | Inst | Ea | Sm | 2C | 6.15 | 2.60 | 956.00 | 282.00 | --- | 1238.00 | **1570.00** |

8'-0" High

Single door

Pre-hung with hinges, jamb, stop, casing both sides

| | Inst | Ea | Lg | 2C | 2.46 | 6.50 | 1010.00 | 113.00 | --- | 1123.00 | **1380.00** |
| | Inst | Ea | Sm | 2C | 3.78 | 4.23 | 1110.00 | 173.00 | --- | 1283.00 | **1590.00** |

Slab only

| | Inst | Ea | Lg | 2C | 2.91 | 5.50 | 610.00 | 134.00 | --- | 744.00 | **933.00** |
| | Inst | Ea | Sm | 2C | 4.47 | 3.58 | 672.00 | 205.00 | --- | 877.00 | **1110.00** |

Double door

Pre-hung with hinges, jamb, stop, casing both sides

| | Inst | Ea | Lg | 2C | 4.57 | 3.50 | 1960.00 | 210.00 | --- | 2170.00 | **2660.00** |
| | Inst | Ea | Sm | 2C | 7.02 | 2.28 | 2160.00 | 322.00 | --- | 2482.00 | **3070.00** |

Garden doors, single lite

"X" is a fixed unit and "O" is an opening unit

1 door, "X" unit

3' x 6'-8"

| | Inst | LS | Lg | 2C | 2.67 | 6.00 | 1040.00 | 123.00 | --- | 1163.00 | **1440.00** |
| | Inst | LS | Sm | 2C | 4.10 | 3.90 | 1150.00 | 188.00 | --- | 1338.00 | **1660.00** |

2 doors, "XO/OX" unit

6' x 6'-8"

| | Inst | LS | Lg | 2C | 5.33 | 3.00 | 1950.00 | 245.00 | --- | 2195.00 | **2700.00** |
| | Inst | LS | Sm | 2C | 8.21 | 1.95 | 2140.00 | 377.00 | --- | 2517.00 | **3140.00** |

3 doors, "XOX" unit

9' x 6'-8"

| | Inst | LS | Lg | 2C | 10.67 | 1.50 | 2990.00 | 490.00 | --- | 3480.00 | **4320.00** |
| | Inst | LS | Sm | 2C | 16.33 | 0.98 | 3290.00 | 749.00 | --- | 4039.00 | **5080.00** |

Doors, glass sliding

Description	Oper	Unit	Vol	Crew Size	Man-hours per Unit	Crew Output per Day	Avg Mat'l Unit Cost	Avg Labor Unit Cost	Avg Equip Unit Cost	Avg Total Unit Cost	Avg Price Incl O&P
Glass sliding doors											
Clear dual pane tempered glass, includes screen, weatherstripping											
5'-0" x 6'-8", 2 lites, 1 sliding											
Aluminum frame, anodized											
Average	Inst	Set	Lg	2C	4.00	4.00	563.00	184.00	---	747.00	**951.00**
	Inst	Set	Sm	2C	6.15	2.60	621.00	282.00	---	903.00	**1170.00**
High	Inst	Set	Lg	2C	4.00	4.00	809.00	184.00	---	993.00	**1250.00**
	Inst	Set	Sm	2C	6.15	2.60	892.00	282.00	---	1174.00	**1490.00**
Fiberglass frame											
Average	Inst	Set	Lg	2C	4.00	4.00	1710.00	184.00	---	1894.00	**2330.00**
	Inst	Set	Sm	2C	6.15	2.60	1890.00	282.00	---	2172.00	**2690.00**
High	Inst	Set	Lg	2C	4.00	4.00	1990.00	184.00	---	2174.00	**2660.00**
	Inst	Set	Sm	2C	6.15	2.60	2190.00	282.00	---	2472.00	**3050.00**
Vinyl frame											
Average	Inst	Set	Lg	2C	4.00	4.00	752.00	184.00	---	936.00	**1180.00**
	Inst	Set	Sm	2C	6.15	2.60	829.00	282.00	---	1111.00	**1420.00**
High	Inst	Set	Lg	2C	4.00	4.00	1260.00	184.00	---	1444.00	**1780.00**
	Inst	Set	Sm	2C	6.15	2.60	1390.00	282.00	---	1672.00	**2090.00**
Wood frame with exterior cladding											
Average	Inst	Set	Lg	2C	4.00	4.00	1930.00	184.00	---	2114.00	**2590.00**
	Inst	Set	Sm	2C	6.15	2.60	2120.00	282.00	---	2402.00	**2970.00**
High	Inst	Set	Lg	2C	4.00	4.00	2540.00	184.00	---	2724.00	**3320.00**
	Inst	Set	Sm	2C	6.15	2.60	2800.00	282.00	---	3082.00	**3780.00**
5'-0" x 8'-0", 2 lites, 1 sliding											
Aluminum frame, anodized											
Average	Inst	Set	Lg	2C	4.00	4.00	797.00	184.00	---	981.00	**1230.00**
	Inst	Set	Sm	2C	6.15	2.60	878.00	282.00	---	1160.00	**1480.00**
High	Inst	Set	Lg	2C	4.00	4.00	1150.00	184.00	---	1334.00	**1660.00**
	Inst	Set	Sm	2C	6.15	2.60	1270.00	282.00	---	1552.00	**1940.00**
Fiberglass frame											
Average	Inst	Set	Lg	2C	4.00	4.00	2250.00	184.00	---	2434.00	**2970.00**
	Inst	Set	Sm	2C	6.15	2.60	2480.00	282.00	---	2762.00	**3400.00**
High	Inst	Set	Lg	2C	4.00	4.00	2420.00	184.00	---	2604.00	**3180.00**
	Inst	Set	Sm	2C	6.15	2.60	2660.00	282.00	---	2942.00	**3620.00**
Vinyl frame											
Average	Inst	Set	Lg	2C	4.00	4.00	1060.00	184.00	---	1244.00	**1540.00**
	Inst	Set	Sm	2C	6.15	2.60	1160.00	282.00	---	1442.00	**1820.00**
High	Inst	Set	Lg	2C	4.00	4.00	1570.00	184.00	---	1754.00	**2160.00**
	Inst	Set	Sm	2C	6.15	2.60	1730.00	282.00	---	2012.00	**2500.00**
Wood frame with exterior cladding											
Average	Inst	Set	Lg	2C	4.00	4.00	2350.00	184.00	---	2534.00	**3090.00**
	Inst	Set	Sm	2C	6.15	2.60	2590.00	282.00	---	2872.00	**3530.00**
High	Inst	Set	Lg	2C	4.00	4.00	2940.00	184.00	---	3124.00	**3800.00**
	Inst	Set	Sm	2C	6.15	2.60	3240.00	282.00	---	3522.00	**4310.00**

Description	Oper	Unit	Vol	Crew Size	Man-hours per Unit	Crew Output per Day	Avg Mat'l Unit Cost	Avg Labor Unit Cost	Avg Equip Unit Cost	Avg Total Unit Cost	Avg Price Incl O&P

6'-0" x 6'-8", 2 lites, 1 sliding

Aluminum frame, anodized

Description	Oper	Unit	Vol	Crew Size	Man-hours per Unit	Crew Output per Day	Avg Mat'l Unit Cost	Avg Labor Unit Cost	Avg Equip Unit Cost	Avg Total Unit Cost	Avg Price Incl O&P
Average	Inst	Set	Lg	2C	4.00	4.00	662.00	184.00	---	846.00	**1070.00**
	Inst	Set	Sm	2C	6.15	2.60	730.00	282.00	---	1012.00	**1300.00**
High	Inst	Set	Lg	2C	4.00	4.00	1120.00	184.00	---	1304.00	**1620.00**
	Inst	Set	Sm	2C	6.15	2.60	1230.00	282.00	---	1512.00	**1900.00**

Fiberglass frame

Description	Oper	Unit	Vol	Crew Size	Man-hours per Unit	Crew Output per Day	Avg Mat'l Unit Cost	Avg Labor Unit Cost	Avg Equip Unit Cost	Avg Total Unit Cost	Avg Price Incl O&P
Average	Inst	Set	Lg	2C	4.00	4.00	1860.00	184.00	---	2044.00	**2500.00**
	Inst	Set	Sm	2C	6.15	2.60	2040.00	282.00	---	2322.00	**2880.00**
High	Inst	Set	Lg	2C	4.00	4.00	2270.00	184.00	---	2454.00	**3000.00**
	Inst	Set	Sm	2C	6.15	2.60	2500.00	282.00	---	2782.00	**3430.00**

Vinyl frame

Description	Oper	Unit	Vol	Crew Size	Man-hours per Unit	Crew Output per Day	Avg Mat'l Unit Cost	Avg Labor Unit Cost	Avg Equip Unit Cost	Avg Total Unit Cost	Avg Price Incl O&P
Average	Inst	Set	Lg	2C	4.00	4.00	834.00	184.00	---	1018.00	**1280.00**
	Inst	Set	Sm	2C	6.15	2.60	919.00	282.00	---	1201.00	**1530.00**
High	Inst	Set	Lg	2C	4.00	4.00	1530.00	184.00	---	1714.00	**2110.00**
	Inst	Set	Sm	2C	6.15	2.60	1680.00	282.00	---	1962.00	**2440.00**

Wood frame with exterior cladding

Description	Oper	Unit	Vol	Crew Size	Man-hours per Unit	Crew Output per Day	Avg Mat'l Unit Cost	Avg Labor Unit Cost	Avg Equip Unit Cost	Avg Total Unit Cost	Avg Price Incl O&P
Average	Inst	Set	Lg	2C	4.00	4.00	2210.00	184.00	---	2394.00	**2920.00**
	Inst	Set	Sm	2C	6.15	2.60	2430.00	282.00	---	2712.00	**3340.00**
High	Inst	Set	Lg	2C	4.00	4.00	2850.00	184.00	---	3034.00	**3700.00**
	Inst	Set	Sm	2C	6.15	2.60	3140.00	282.00	---	3422.00	**4190.00**

6'-0" x 8'-0", 2 lites, 1 sliding

Aluminum frame, anodized

Description	Oper	Unit	Vol	Crew Size	Man-hours per Unit	Crew Output per Day	Avg Mat'l Unit Cost	Avg Labor Unit Cost	Avg Equip Unit Cost	Avg Total Unit Cost	Avg Price Incl O&P
Average	Inst	Set	Lg	2C	4.00	4.00	1180.00	184.00	---	1364.00	**1690.00**
	Inst	Set	Sm	2C	6.15	2.60	1300.00	282.00	---	1582.00	**1990.00**
High	Inst	Set	Lg	2C	4.00	4.00	1500.00	184.00	---	1684.00	**2080.00**
	Inst	Set	Sm	2C	6.15	2.60	1650.00	282.00	---	1932.00	**2410.00**

Fiberglass frame

Description	Oper	Unit	Vol	Crew Size	Man-hours per Unit	Crew Output per Day	Avg Mat'l Unit Cost	Avg Labor Unit Cost	Avg Equip Unit Cost	Avg Total Unit Cost	Avg Price Incl O&P
Average	Inst	Set	Lg	2C	4.00	4.00	2720.00	184.00	---	2904.00	**3540.00**
	Inst	Set	Sm	2C	6.15	2.60	3000.00	282.00	---	3282.00	**4020.00**
High	Inst	Set	Lg	2C	4.00	4.00	3050.00	184.00	---	3234.00	**3940.00**
	Inst	Set	Sm	2C	6.15	2.60	3360.00	282.00	---	3642.00	**4460.00**

Vinyl frame

Description	Oper	Unit	Vol	Crew Size	Man-hours per Unit	Crew Output per Day	Avg Mat'l Unit Cost	Avg Labor Unit Cost	Avg Equip Unit Cost	Avg Total Unit Cost	Avg Price Incl O&P
Average	Inst	Set	Lg	2C	4.00	4.00	1490.00	184.00	---	1674.00	**2060.00**
	Inst	Set	Sm	2C	6.15	2.60	1640.00	282.00	---	1922.00	**2390.00**
High	Inst	Set	Lg	2C	4.00	4.00	1750.00	184.00	---	1934.00	**2380.00**
	Inst	Set	Sm	2C	6.15	2.60	1930.00	282.00	---	2212.00	**2740.00**

Wood frame with exterior cladding

Description	Oper	Unit	Vol	Crew Size	Man-hours per Unit	Crew Output per Day	Avg Mat'l Unit Cost	Avg Labor Unit Cost	Avg Equip Unit Cost	Avg Total Unit Cost	Avg Price Incl O&P
Average	Inst	Set	Lg	2C	4.00	4.00	2960.00	184.00	---	3144.00	**3830.00**
	Inst	Set	Sm	2C	6.15	2.60	3270.00	282.00	---	3552.00	**4340.00**
High	Inst	Set	Lg	2C	4.00	4.00	3400.00	184.00	---	3584.00	**4360.00**
	Inst	Set	Sm	2C	6.15	2.60	3750.00	282.00	---	4032.00	**4920.00**

Doors, glass sliding

Description	Oper	Unit	Vol	Crew Size	Man-hours per Unit	Crew Output per Day	Avg Mat'l Unit Cost	Avg Labor Unit Cost	Avg Equip Unit Cost	Avg Total Unit Cost	Avg Price Incl O&P

8'-0" x 6'-8", 2 lites, 1 sliding

Aluminum frame, anodized

Description	Oper	Unit	Vol	Crew Size	Man-hrs	Output	Mat'l	Labor	Equip	Total	Price O&P
Average	Inst	Set	Lg	2C	5.33	3.00	1150.00	245.00	---	1395.00	**1750.00**
	Inst	Set	Sm	2C	8.21	1.95	1270.00	377.00	---	1647.00	**2090.00**
High	Inst	Set	Lg	2C	5.33	3.00	1380.00	245.00	---	1625.00	**2020.00**
	Inst	Set	Sm	2C	8.21	1.95	1520.00	377.00	---	1897.00	**2390.00**

Fiberglass frame

Description	Oper	Unit	Vol	Crew Size	Man-hrs	Output	Mat'l	Labor	Equip	Total	Price O&P
Average	Inst	Set	Lg	2C	5.33	3.00	2650.00	245.00	---	2895.00	**3540.00**
	Inst	Set	Sm	2C	8.21	1.95	2920.00	377.00	---	3297.00	**4060.00**
High	Inst	Set	Lg	2C	5.33	3.00	2970.00	245.00	---	3215.00	**3930.00**
	Inst	Set	Sm	2C	8.21	1.95	3270.00	377.00	---	3647.00	**4490.00**

Vinyl frame

Description	Oper	Unit	Vol	Crew Size	Man-hrs	Output	Mat'l	Labor	Equip	Total	Price O&P
Average	Inst	Set	Lg	2C	5.33	3.00	1330.00	245.00	---	1575.00	**1960.00**
	Inst	Set	Sm	2C	8.21	1.95	1460.00	377.00	---	1837.00	**2320.00**
High	Inst	Set	Lg	2C	5.33	3.00	1680.00	245.00	---	1925.00	**2380.00**
	Inst	Set	Sm	2C	8.21	1.95	1850.00	377.00	---	2227.00	**2780.00**

Wood frame with exterior cladding

Description	Oper	Unit	Vol	Crew Size	Man-hrs	Output	Mat'l	Labor	Equip	Total	Price O&P
Average	Inst	Set	Lg	2C	5.33	3.00	2880.00	245.00	---	3125.00	**3820.00**
	Inst	Set	Sm	2C	8.21	1.95	3170.00	377.00	---	3547.00	**4370.00**
High	Inst	Set	Lg	2C	5.33	3.00	3300.00	245.00	---	3545.00	**4320.00**
	Inst	Set	Sm	2C	8.21	1.95	3630.00	377.00	---	4007.00	**4930.00**

8'-0" x 8'-0", 2 lites, 1 sliding

Aluminum frame, anodized

Description	Oper	Unit	Vol	Crew Size	Man-hrs	Output	Mat'l	Labor	Equip	Total	Price O&P
Average	Inst	Set	Lg	2C	5.33	3.00	1260.00	245.00	---	1505.00	**1870.00**
	Inst	Set	Sm	2C	8.21	1.95	1380.00	377.00	---	1757.00	**2230.00**
High	Inst	Set	Lg	2C	5.33	3.00	1830.00	245.00	---	2075.00	**2560.00**
	Inst	Set	Sm	2C	8.21	1.95	2010.00	377.00	---	2387.00	**2980.00**

Fiberglass frame

Description	Oper	Unit	Vol	Crew Size	Man-hrs	Output	Mat'l	Labor	Equip	Total	Price O&P
Average	Inst	Set	Lg	2C	5.33	3.00	3190.00	245.00	---	3435.00	**4200.00**
	Inst	Set	Sm	2C	8.21	1.95	3520.00	377.00	---	3897.00	**4790.00**
High	Inst	Set	Lg	2C	5.33	3.00	3600.00	245.00	---	3845.00	**4690.00**
	Inst	Set	Sm	2C	8.21	1.95	3970.00	377.00	---	4347.00	**5330.00**

Vinyl frame

Description	Oper	Unit	Vol	Crew Size	Man-hrs	Output	Mat'l	Labor	Equip	Total	Price O&P
Average	Inst	Set	Lg	2C	5.33	3.00	1810.00	245.00	---	2055.00	**2540.00**
	Inst	Set	Sm	2C	8.21	1.95	1990.00	377.00	---	2367.00	**2960.00**
High	Inst	Set	Lg	2C	5.33	3.00	2110.00	245.00	---	2355.00	**2900.00**
	Inst	Set	Sm	2C	8.21	1.95	2330.00	377.00	---	2707.00	**3360.00**

Wood frame with exterior cladding

Description	Oper	Unit	Vol	Crew Size	Man-hrs	Output	Mat'l	Labor	Equip	Total	Price O&P
Average	Inst	Set	Lg	2C	5.33	3.00	3500.00	245.00	---	3745.00	**4560.00**
	Inst	Set	Sm	2C	8.21	1.95	3850.00	377.00	---	4227.00	**5190.00**
High	Inst	Set	Lg	2C	5.33	3.00	4340.00	245.00	---	4585.00	**5570.00**
	Inst	Set	Sm	2C	8.21	1.95	4780.00	377.00	---	5157.00	**6300.00**

Description	Oper	Unit	Vol	Crew Size	Man-hours per Unit	Crew Output per Day	Avg Mat'l Unit Cost	Avg Labor Unit Cost	Avg Equip Unit Cost	Avg Total Unit Cost	Avg Price Incl O&P
10'-0" x 6'-8", 2 lites, 1 sliding											
Aluminum frame, anodized											
Average	Inst	Set	Lg	2C	5.33	3.00	1220.00	245.00	---	1465.00	**1830.00**
	Inst	Set	Sm	2C	8.21	1.95	1350.00	377.00	---	1727.00	**2180.00**
High	Inst	Set	Lg	2C	5.33	3.00	1550.00	245.00	---	1795.00	**2230.00**
	Inst	Set	Sm	2C	8.21	1.95	1710.00	377.00	---	2087.00	**2620.00**
Fiberglass frame											
Average	Inst	Set	Lg	2C	5.33	3.00	2990.00	245.00	---	3235.00	**3950.00**
	Inst	Set	Sm	2C	8.21	1.95	3290.00	377.00	---	3667.00	**4520.00**
High	Inst	Set	Lg	2C	5.33	3.00	3490.00	245.00	---	3735.00	**4560.00**
	Inst	Set	Sm	2C	8.21	1.95	3850.00	377.00	---	4227.00	**5180.00**
Vinyl frame											
Average	Inst	Set	Lg	2C	5.33	3.00	1540.00	245.00	---	1785.00	**2210.00**
	Inst	Set	Sm	2C	8.21	1.95	1690.00	377.00	---	2067.00	**2600.00**
High	Inst	Set	Lg	2C	5.33	3.00	1860.00	245.00	---	2105.00	**2600.00**
	Inst	Set	Sm	2C	8.21	1.95	2050.00	377.00	---	2427.00	**3030.00**
Wood frame with exterior cladding											
Average	Inst	Set	Lg	2C	5.33	3.00	3390.00	245.00	---	3635.00	**4440.00**
	Inst	Set	Sm	2C	8.21	1.95	3740.00	377.00	---	4117.00	**5050.00**
High	Inst	Set	Lg	2C	5.33	3.00	4210.00	245.00	---	4455.00	**5420.00**
	Inst	Set	Sm	2C	8.21	1.95	4640.00	377.00	---	5017.00	**6140.00**
10'-0" x 8'-0", 2 lites, 1 sliding											
Aluminum frame, anodized											
Average	Inst	Set	Lg	2C	5.33	3.00	1460.00	245.00	---	1705.00	**2120.00**
	Inst	Set	Sm	2C	8.21	1.95	1610.00	377.00	---	1987.00	**2490.00**
High	Inst	Set	Lg	2C	5.33	3.00	2380.00	245.00	---	2625.00	**3230.00**
	Inst	Set	Sm	2C	8.21	1.95	2630.00	377.00	---	3007.00	**3720.00**
Fiberglass frame											
Average	Inst	Set	Lg	2C	5.33	3.00	3570.00	245.00	---	3815.00	**4660.00**
	Inst	Set	Sm	2C	8.21	1.95	3940.00	377.00	---	4317.00	**5290.00**
High	Inst	Set	Lg	2C	5.33	3.00	4240.00	245.00	---	4485.00	**5450.00**
	Inst	Set	Sm	2C	8.21	1.95	4670.00	377.00	---	5047.00	**6170.00**
Vinyl frame											
Average	Inst	Set	Lg	2C	5.33	3.00	2360.00	245.00	---	2605.00	**3200.00**
	Inst	Set	Sm	2C	8.21	1.95	2600.00	377.00	---	2977.00	**3680.00**
High	Inst	Set	Lg	2C	5.33	3.00	2570.00	245.00	---	2815.00	**3450.00**
	Inst	Set	Sm	2C	8.21	1.95	2830.00	377.00	---	3207.00	**3960.00**
Wood frame with exterior cladding											
Average	Inst	Set	Lg	2C	5.33	3.00	4120.00	245.00	---	4365.00	**5310.00**
	Inst	Set	Sm	2C	8.21	1.95	4540.00	377.00	---	4917.00	**6010.00**
High	Inst	Set	Lg	2C	5.33	3.00	4750.00	245.00	---	4995.00	**6070.00**
	Inst	Set	Sm	2C	8.21	1.95	5240.00	377.00	---	5617.00	**6850.00**

Doors, glass sliding

Description	Oper	Unit	Vol	Crew Size	Man-hours per Unit	Crew Output per Day	Avg Mat'l Unit Cost	Avg Labor Unit Cost	Avg Equip Unit Cost	Avg Total Unit Cost	Avg Price Incl O&P
12'-0" x 6'-8", 3 lites, 1 sliding											
Aluminum frame, anodized											
Average	Inst	Set	Lg	2C	8.00	2.00	1500.00	367.00	---	1867.00	**2350.00**
	Inst	Set	Sm	2C	12.31	1.30	1660.00	565.00	---	2225.00	**2830.00**
High	Inst	Set	Lg	2C	8.00	2.00	2470.00	367.00	---	2837.00	**3510.00**
	Inst	Set	Sm	2C	12.31	1.30	2720.00	565.00	---	3285.00	**4110.00**
Fiberglass frame											
Average	Inst	Set	Lg	2C	8.00	2.00	4220.00	367.00	---	4587.00	**5620.00**
	Inst	Set	Sm	2C	12.31	1.30	4660.00	565.00	---	5225.00	**6430.00**
High	Inst	Set	Lg	2C	8.00	2.00	4810.00	367.00	---	5177.00	**6330.00**
	Inst	Set	Sm	2C	12.31	1.30	5310.00	565.00	---	5875.00	**7210.00**
Vinyl frame											
Average	Inst	Set	Lg	2C	8.00	2.00	2440.00	367.00	---	2807.00	**3480.00**
	Inst	Set	Sm	2C	12.31	1.30	2690.00	565.00	---	3255.00	**4080.00**
High	Inst	Set	Lg	2C	8.00	2.00	2640.00	367.00	---	3007.00	**3720.00**
	Inst	Set	Sm	2C	12.31	1.30	2910.00	565.00	---	3475.00	**4340.00**
Wood frame with exterior cladding											
Average	Inst	Set	Lg	2C	8.00	2.00	4660.00	367.00	---	5027.00	**6140.00**
	Inst	Set	Sm	2C	12.31	1.30	5130.00	565.00	---	5695.00	**7010.00**
High	Inst	Set	Lg	2C	8.00	2.00	5180.00	367.00	---	5547.00	**6770.00**
	Inst	Set	Sm	2C	12.31	1.30	5710.00	565.00	---	6275.00	**7700.00**
12'-0" x 8'-0", 3 lites, 1 sliding											
Aluminum frame, anodized											
Average	Inst	Set	Lg	2C	8.00	2.00	2130.00	367.00	---	2497.00	**3110.00**
	Inst	Set	Sm	2C	12.31	1.30	2350.00	565.00	---	2915.00	**3670.00**
High	Inst	Set	Lg	2C	8.00	2.00	2600.00	367.00	---	2967.00	**3670.00**
	Inst	Set	Sm	2C	12.31	1.30	2860.00	565.00	---	3425.00	**4290.00**
Fiberglass frame											
Average	Inst	Set	Lg	2C	8.00	2.00	4840.00	367.00	---	5207.00	**6360.00**
	Inst	Set	Sm	2C	12.31	1.30	5340.00	565.00	---	5905.00	**7250.00**
High	Inst	Set	Lg	2C	8.00	2.00	5560.00	367.00	---	5927.00	**7220.00**
	Inst	Set	Sm	2C	12.31	1.30	6130.00	565.00	---	6695.00	**8200.00**
Vinyl frame											
Average	Inst	Set	Lg	2C	8.00	2.00	2510.00	367.00	---	2877.00	**3570.00**
	Inst	Set	Sm	2C	12.31	1.30	2770.00	565.00	---	3335.00	**4170.00**
High	Inst	Set	Lg	2C	8.00	2.00	2800.00	367.00	---	3167.00	**3910.00**
	Inst	Set	Sm	2C	12.31	1.30	3090.00	565.00	---	3655.00	**4550.00**
Wood frame with exterior cladding											
Average	Inst	Set	Lg	2C	8.00	2.00	5180.00	367.00	---	5547.00	**6770.00**
	Inst	Set	Sm	2C	12.31	1.30	5710.00	565.00	---	6275.00	**7700.00**
High	Inst	Set	Lg	2C	8.00	2.00	6100.00	367.00	---	6467.00	**7880.00**
	Inst	Set	Sm	2C	12.31	1.30	6730.00	565.00	---	7295.00	**8920.00**

Description	Oper	Unit	Vol	Crew Size	Man-hours per Unit	Crew Output per Day	Avg Mat'l Unit Cost	Avg Labor Unit Cost	Avg Equip Unit Cost	Avg Total Unit Cost	Avg Price Incl O&P

Adjustments

For impact resistant laminated glass, ADD

| | Inst | SF | Lg | 2C | --- | --- | 13.00 | --- | --- | 13.00 | **15.60** |
| | Inst | SF | Sm | 2C | --- | --- | 14.30 | --- | --- | 14.30 | **17.20** |

For one-way reflective glass, ADD

| | Inst | SF | Lg | 2C | --- | --- | 21.00 | --- | --- | 21.00 | **25.10** |
| | Inst | SF | Sm | 2C | --- | --- | 23.10 | --- | --- | 23.10 | **27.70** |

For tinted glass, ADD

| | Inst | SF | Lg | 2C | --- | --- | 2.21 | --- | --- | 2.21 | **2.65** |
| | Inst | SF | Sm | 2C | --- | --- | 2.43 | --- | --- | 2.43 | **2.92** |

To Detach & Reset the set / unit

5'-0", 6'-0" x 6'8", 8'-0"

| | Inst | Set | Lg | 2C | 6.40 | 2.50 | .47 | 294.00 | --- | 294.47 | **441.00** |
| | Inst | Set | Sm | 2C | 9.82 | 1.63 | .52 | 451.00 | --- | 451.52 | **676.00** |

8'-0", 10'-0" x 6'8", 8'-0"

| | Inst | Set | Lg | 2C | 8.00 | 2.00 | .67 | 367.00 | --- | 367.67 | **551.00** |
| | Inst | Set | Sm | 2C | 12.31 | 1.30 | .73 | 565.00 | --- | 565.73 | **848.00** |

12'-0" x 6'8", 8'-0"

| | Inst | Set | Lg | 2C | 10.67 | 1.50 | .94 | 490.00 | --- | 490.94 | **735.00** |
| | Inst | Set | Sm | 2C | 16.33 | 0.98 | 1.04 | 749.00 | --- | 750.04 | **1130.00** |

Interior passage doors
Alder or similar wood, solid core

6'-8" High

Paneled, single door
  Pre-hung with hinges, jamb, stop, casing both sides

| | Inst | Ea | Lg | 2C | 2.00 | 8.00 | 599.00 | 91.80 | --- | 690.80 | **856.00** |
| | Inst | Ea | Sm | 2C | 3.08 | 5.20 | 660.00 | 141.00 | --- | 801.00 | **1000.00** |

Slab only

| | Inst | Ea | Lg | 2C | 2.29 | 7.00 | 365.00 | 105.00 | --- | 470.00 | **595.00** |
| | Inst | Ea | Sm | 2C | 3.52 | 4.55 | 402.00 | 162.00 | --- | 564.00 | **725.00** |

Paneled, single door, radius top
  Pre-hung with hinges, jamb, stop, casing both sides

| | Inst | Ea | Lg | 2C | 4.57 | 3.50 | 1560.00 | 210.00 | --- | 1770.00 | **2190.00** |
| | Inst | Ea | Sm | 2C | 7.02 | 2.28 | 1720.00 | 322.00 | --- | 2042.00 | **2550.00** |

Paneled, double door
  Pre-hung with hinges, jamb, stop, casing both sides

| | Inst | Ea | Lg | 2C | 3.20 | 5.00 | 981.00 | 147.00 | --- | 1128.00 | **1400.00** |
| | Inst | Ea | Sm | 2C | 4.92 | 3.25 | 1080.00 | 226.00 | --- | 1306.00 | **1640.00** |

8'-0" High

Paneled, single door
  Pre-hung with hinges, jamb, stop, brick mold, casing one side, threshold, weatherstrip

| | Inst | Ea | Lg | 2C | 2.67 | 6.00 | 768.00 | 123.00 | --- | 891.00 | **1110.00** |
| | Inst | Ea | Sm | 2C | 4.10 | 3.90 | 846.00 | 188.00 | --- | 1034.00 | **1300.00** |

Slab only

| | Inst | Ea | Lg | 2C | 3.20 | 5.00 | 473.00 | 147.00 | --- | 620.00 | **788.00** |
| | Inst | Ea | Sm | 2C | 4.92 | 3.25 | 521.00 | 226.00 | --- | 747.00 | **964.00** |

Paneled, double door
  Pre-hung with hinges, jamb, stop, brick mold, casing one side, threshold, weatherstrip

| | Inst | Ea | Lg | 2C | 4.00 | 4.00 | 1200.00 | 184.00 | --- | 1384.00 | **1710.00** |
| | Inst | Ea | Sm | 2C | 6.15 | 2.60 | 1320.00 | 282.00 | --- | 1602.00 | **2000.00** |

Doors, interior

Description	Oper	Unit	Vol	Crew Size	Man-hours per Unit	Crew Output per Day	Avg Mat'l Unit Cost	Avg Labor Unit Cost	Avg Equip Unit Cost	Avg Total Unit Cost	Avg Price Incl O&P

Birch or similar wood, hollow core

6'-8" High

Flush, single door

Pre-hung with hinges, jamb, stop, casing both sides

Description	Oper	Unit	Vol	Crew Size	Man-hours per Unit	Crew Output per Day	Avg Mat'l Unit Cost	Avg Labor Unit Cost	Avg Equip Unit Cost	Avg Total Unit Cost	Avg Price Incl O&P
Paint grade	Inst	Ea	Lg	2C	2.00	8.00	272.00	91.80	---	363.80	**464.00**
	Inst	Ea	Sm	2C	3.08	5.20	300.00	141.00	---	441.00	**571.00**
Stain grade	Inst	Ea	Lg	2C	2.00	8.00	316.00	91.80	---	407.80	**517.00**
	Inst	Ea	Sm	2C	3.08	5.20	348.00	141.00	---	489.00	**630.00**
Slab only											
	Inst	Ea	Lg	2C	2.29	7.00	148.00	105.00	---	253.00	**335.00**
	Inst	Ea	Sm	2C	3.52	4.55	163.00	162.00	---	325.00	**438.00**

Flush, double door

Pre-hung with hinges, jamb, stop, casing both sides

Description	Oper	Unit	Vol	Crew Size	Man-hours per Unit	Crew Output per Day	Avg Mat'l Unit Cost	Avg Labor Unit Cost	Avg Equip Unit Cost	Avg Total Unit Cost	Avg Price Incl O&P
	Inst	Ea	Lg	2C	3.20	5.00	391.00	147.00	---	538.00	**689.00**
	Inst	Ea	Sm	2C	4.92	3.25	431.00	226.00	---	657.00	**856.00**

Colonist / Raised Panel, molded hardboard

6'-8" High

Hollow core, paneled, single door

Pre-hung with hinges, jamb, stop, casing both sides

Description	Oper	Unit	Vol	Crew Size	Man-hours per Unit	Crew Output per Day	Avg Mat'l Unit Cost	Avg Labor Unit Cost	Avg Equip Unit Cost	Avg Total Unit Cost	Avg Price Incl O&P
Paint grade	Inst	Ea	Lg	2C	2.00	8.00	255.00	91.80	---	346.80	**443.00**
	Inst	Ea	Sm	2C	3.08	5.20	281.00	141.00	---	422.00	**549.00**
Stain grade	Inst	Ea	Lg	2C	2.00	8.00	299.00	91.80	---	390.80	**496.00**
	Inst	Ea	Sm	2C	3.08	5.20	329.00	141.00	---	470.00	**607.00**
Slab only											
	Inst	Ea	Lg	2C	2.29	7.00	109.00	105.00	---	214.00	**288.00**
	Inst	Ea	Sm	2C	3.52	4.55	120.00	162.00	---	282.00	**386.00**

Hollow core, paneled, double door

Pre-hung with hinges, jamb, stop, casing both sides

Description	Oper	Unit	Vol	Crew Size	Man-hours per Unit	Crew Output per Day	Avg Mat'l Unit Cost	Avg Labor Unit Cost	Avg Equip Unit Cost	Avg Total Unit Cost	Avg Price Incl O&P
	Inst	Ea	Lg	2C	3.20	5.00	480.00	147.00	---	627.00	**796.00**
	Inst	Ea	Sm	2C	4.92	3.25	529.00	226.00	---	755.00	**973.00**

Solid core, paneled, single door

Pre-hung with hinges, jamb, stop, casing both sides

Description	Oper	Unit	Vol	Crew Size	Man-hours per Unit	Crew Output per Day	Avg Mat'l Unit Cost	Avg Labor Unit Cost	Avg Equip Unit Cost	Avg Total Unit Cost	Avg Price Incl O&P
	Inst	Ea	Lg	2C	2.00	8.00	349.00	91.80	---	440.80	**556.00**
	Inst	Ea	Sm	2C	3.08	5.20	384.00	141.00	---	525.00	**673.00**
Slab only											
	Inst	Ea	Lg	2C	2.29	7.00	189.00	105.00	---	294.00	**384.00**
	Inst	Ea	Sm	2C	3.52	4.55	208.00	162.00	---	370.00	**492.00**

Solid core, paneled, double door

Pre-hung with hinges, jamb, stop, casing both sides

Description	Oper	Unit	Vol	Crew Size	Man-hours per Unit	Crew Output per Day	Avg Mat'l Unit Cost	Avg Labor Unit Cost	Avg Equip Unit Cost	Avg Total Unit Cost	Avg Price Incl O&P
	Inst	Ea	Lg	2C	3.20	5.00	667.00	147.00	---	814.00	**1020.00**
	Inst	Ea	Sm	2C	4.92	3.25	735.00	226.00	---	961.00	**1220.00**

Description	Oper	Unit	Vol	Crew Size	Man-hours per Unit	Crew Output per Day	Avg Mat'l Unit Cost	Avg Labor Unit Cost	Avg Equip Unit Cost	Avg Total Unit Cost	Avg Price Incl O&P

8'-0" High

Hollow core, paneled, single door
Pre-hung with hinges, jamb, stop, casing both sides

Description	Oper	Unit	Vol	Crew Size	Man-hours per Unit	Crew Output per Day	Avg Mat'l Unit Cost	Avg Labor Unit Cost	Avg Equip Unit Cost	Avg Total Unit Cost	Avg Price Incl O&P
Paint grade	Inst	Ea	Lg	2C	2.67	6.00	497.00	123.00	---	620.00	**780.00**
	Inst	Ea	Sm	2C	4.10	3.90	547.00	188.00	---	735.00	**939.00**
Stain grade	Inst	Ea	Lg	2C	2.67	6.00	547.00	123.00	---	670.00	**840.00**
	Inst	Ea	Sm	2C	4.10	3.90	602.00	188.00	---	790.00	**1010.00**

Slab only

	Inst	Ea	Lg	2C	3.20	5.00	207.00	147.00	---	354.00	**469.00**
	Inst	Ea	Sm	2C	4.92	3.25	229.00	226.00	---	455.00	**613.00**

Hollow core, paneled, double door
Pre-hung with hinges, jamb, stop, casing both sides

	Inst	Ea	Lg	2C	4.00	4.00	626.00	184.00	---	810.00	**1030.00**
	Inst	Ea	Sm	2C	6.15	2.60	689.00	282.00	---	971.00	**1250.00**

Solid core, paneled, single door
Pre-hung with hinges, jamb, stop, casing both sides

Paint grade	Inst	Ea	Lg	2C	2.67	6.00	539.00	123.00	---	662.00	**831.00**
	Inst	Ea	Sm	2C	4.10	3.90	594.00	188.00	---	782.00	**995.00**
Stain grade	Inst	Ea	Lg	2C	2.67	6.00	589.00	123.00	---	712.00	**891.00**
	Inst	Ea	Sm	2C	4.10	3.90	649.00	188.00	---	837.00	**1060.00**

Slab only

	Inst	Ea	Lg	2C	3.20	5.00	365.00	147.00	---	512.00	**658.00**
	Inst	Ea	Sm	2C	4.92	3.25	402.00	226.00	---	628.00	**822.00**

Solid core, paneled, double door
Pre-hung with hinges, jamb, stop, casing both sides

	Inst	Ea	Lg	2C	4.00	4.00	730.00	184.00	---	914.00	**1150.00**
	Inst	Ea	Sm	2C	6.15	2.60	805.00	282.00	---	1087.00	**1390.00**

Lauan / Mahogany or similar wood

6'-8" High

Hollow core, flush, single door
Pre-hung with hinges, jamb, stop, casing both sides

Paint grade	Inst	Ea	Lg	2C	2.00	8.00	249.00	91.80	---	340.80	**437.00**
	Inst	Ea	Sm	2C	3.08	5.20	275.00	141.00	---	416.00	**542.00**
Stain grade, average	Inst	Ea	Lg	2C	2.00	8.00	293.00	91.80	---	384.80	**490.00**
	Inst	Ea	Sm	2C	3.08	5.20	323.00	141.00	---	464.00	**600.00**
Stain grade, premium	Inst	Ea	Lg	2C	2.00	8.00	310.00	91.80	---	401.80	**509.00**
	Inst	Ea	Sm	2C	3.08	5.20	341.00	141.00	---	482.00	**622.00**

Slab only

	Inst	Ea	Lg	2C	2.29	7.00	98.90	105.00	---	203.90	**276.00**
	Inst	Ea	Sm	2C	3.52	4.55	109.00	162.00	---	271.00	**373.00**

Doors, interior

Description	Oper	Unit	Vol	Crew Size	Man-hours per Unit	Crew Output per Day	Avg Mat'l Unit Cost	Avg Labor Unit Cost	Avg Equip Unit Cost	Avg Total Unit Cost	Avg Price Incl O&P
Hollow core, flush, double door											
Pre-hung with hinges, jamb, stop, casing both sides											
	Inst	Ea	Lg	2C	3.20	5.00	310.00	147.00	---	457.00	**592.00**
	Inst	Ea	Sm	2C	4.92	3.25	341.00	226.00	---	567.00	**748.00**
Solid core, paneled, single door											
Pre-hung with hinges, jamb, stop, casing both sides											
	Inst	Ea	Lg	2C	2.00	8.00	748.00	91.80	---	839.80	**1040.00**
	Inst	Ea	Sm	2C	3.08	5.20	824.00	141.00	---	965.00	**1200.00**
Slab only											
	Inst	Ea	Lg	2C	2.29	7.00	488.00	105.00	---	593.00	**743.00**
	Inst	Ea	Sm	2C	3.52	4.55	538.00	162.00	---	700.00	**888.00**
Solid core, paneled, double door											
Pre-hung with hinges, jamb, stop, casing both sides											
	Inst	Ea	Lg	2C	3.20	5.00	1120.00	147.00	---	1267.00	**1560.00**
	Inst	Ea	Sm	2C	4.92	3.25	1230.00	226.00	---	1456.00	**1810.00**

8'-0" High

Solid core, paneled, single door											
Pre-hung with hinges, jamb, stop, casing both sides											
	Inst	Ea	Lg	2C	2.67	6.00	1050.00	123.00	---	1173.00	**1450.00**
	Inst	Ea	Sm	2C	4.10	3.90	1160.00	188.00	---	1348.00	**1680.00**
Slab only											
	Inst	Ea	Lg	2C	3.20	5.00	749.00	147.00	---	896.00	**1120.00**
	Inst	Ea	Sm	2C	4.92	3.25	826.00	226.00	---	1052.00	**1330.00**
Solid core, paneled, double door											
Pre-hung with hinges, jamb, stop, casing both sides											
	Inst	Ea	Lg	2C	4.00	4.00	1430.00	184.00	---	1614.00	**1990.00**
	Inst	Ea	Sm	2C	6.15	2.60	1570.00	282.00	---	1852.00	**2310.00**

Oak or similar wood

6'-8" High

Hollow core, flush, single door											
Pre-hung with hinges, jamb, stop, casing both sides											
Paint grade	Inst	Ea	Lg	2C	2.00	8.00	285.00	91.80	---	376.80	**479.00**
	Inst	Ea	Sm	2C	3.08	5.20	314.00	141.00	---	455.00	**588.00**
Stain grade, average	Inst	Ea	Lg	2C	2.00	8.00	345.00	91.80	---	436.80	**552.00**
	Inst	Ea	Sm	2C	3.08	5.20	380.00	141.00	---	521.00	**668.00**
Stain grade, premium	Inst	Ea	Lg	2C	2.00	8.00	361.00	91.80	---	452.80	**571.00**
	Inst	Ea	Sm	2C	3.08	5.20	398.00	141.00	---	539.00	**689.00**
Slab only											
	Inst	Ea	Lg	2C	2.29	7.00	110.00	105.00	---	215.00	**290.00**
	Inst	Ea	Sm	2C	3.52	4.55	122.00	162.00	---	284.00	**388.00**

Description	Oper	Unit	Vol	Crew Size	Man-hours per Unit	Crew Output per Day	Avg Mat'l Unit Cost	Avg Labor Unit Cost	Avg Equip Unit Cost	Avg Total Unit Cost	Avg Price Incl O&P
Hollow core, flush, double door											
Pre-hung with hinges, jamb, stop, casing both sides											
	Inst	Ea	Lg	2C	3.20	5.00	391.00	147.00	---	538.00	**689.00**
	Inst	Ea	Sm	2C	4.92	3.25	431.00	226.00	---	657.00	**855.00**
Solid core, paneled, single door											
Pre-hung with hinges, jamb, stop, casing both sides											
	Inst	Ea	Lg	2C	2.00	8.00	626.00	91.80	---	717.80	**888.00**
	Inst	Ea	Sm	2C	3.08	5.20	689.00	141.00	---	830.00	**1040.00**
Slab only											
	Inst	Ea	Lg	2C	2.29	7.00	311.00	105.00	---	416.00	**530.00**
	Inst	Ea	Sm	2C	3.52	4.55	342.00	162.00	---	504.00	**653.00**
Solid core, paneled, double door											
Pre-hung with hinges, jamb, stop, casing both sides											
	Inst	Ea	Lg	2C	3.20	5.00	918.00	147.00	---	1065.00	**1320.00**
	Inst	Ea	Sm	2C	4.92	3.25	1010.00	226.00	---	1236.00	**1550.00**
8'-0" High											
Solid core, paneled, single door											
Pre-hung with hinges, jamb, stop, casing both sides											
	Inst	Ea	Lg	2C	2.67	6.00	876.00	123.00	---	999.00	**1230.00**
	Inst	Ea	Sm	2C	4.10	3.90	965.00	188.00	---	1153.00	**1440.00**
Slab only											
	Inst	Ea	Lg	2C	3.20	5.00	562.00	147.00	---	709.00	**894.00**
	Inst	Ea	Sm	2C	4.92	3.25	619.00	226.00	---	845.00	**1080.00**
Solid core, paneled, double door											
Pre-hung with hinges, jamb, stop, casing both sides											
	Inst	Ea	Lg	2C	4.00	4.00	1330.00	184.00	---	1514.00	**1870.00**
	Inst	Ea	Sm	2C	6.15	2.60	1470.00	282.00	---	1752.00	**2180.00**

Louver doors

Pre-hung with hinges, jamb, stop, casing both sides

Description	Oper	Unit	Vol	Crew Size	Man-hours per Unit	Crew Output per Day	Avg Mat'l Unit Cost	Avg Labor Unit Cost	Avg Equip Unit Cost	Avg Total Unit Cost	Avg Price Incl O&P
Single door											
Full louvered	Inst	Ea	Lg	2C	2.67	6.00	480.00	123.00	---	603.00	**759.00**
	Inst	Ea	Sm	2C	4.10	3.90	529.00	188.00	---	717.00	**917.00**
Half louvered	Inst	Ea	Lg	2C	2.67	6.00	498.00	123.00	---	621.00	**782.00**
	Inst	Ea	Sm	2C	4.10	3.90	549.00	188.00	---	737.00	**941.00**
Double door											
Full louvered	Inst	Ea	Lg	2C	4.00	4.00	1020.00	184.00	---	1204.00	**1500.00**
	Inst	Ea	Sm	2C	6.15	2.60	1130.00	282.00	---	1412.00	**1770.00**
Half louvered	Inst	Ea	Lg	2C	4.00	4.00	1120.00	184.00	---	1304.00	**1620.00**
	Inst	Ea	Sm	2C	6.15	2.60	1230.00	282.00	---	1512.00	**1900.00**

Doors, pocket

Description	Oper	Unit	Vol	Crew Size	Man-hours per Unit	Crew Output per Day	Avg Mat'l Unit Cost	Avg Labor Unit Cost	Avg Equip Unit Cost	Avg Total Unit Cost	Avg Price Incl O&P
Pocket doors											
Pre-hung assembly, rails, brackets, jamb, stop, excludes latch and casing both sides											
Lauan / Mahogany, flush, hollow core											
	Inst	Ea	Lg	2C	2.67	6.00	210.00	123.00	---	333.00	**436.00**
	Inst	Ea	Sm	2C	4.10	3.90	232.00	188.00	---	420.00	**560.00**
Colonist / Raised Panel Hardboard, hollow core											
	Inst	Ea	Lg	2C	2.67	6.00	220.00	123.00	---	343.00	**448.00**
	Inst	Ea	Sm	2C	4.10	3.90	242.00	188.00	---	430.00	**573.00**
Birch, flush, hollow core											
	Inst	Ea	Lg	2C	2.67	6.00	259.00	123.00	---	382.00	**495.00**
	Inst	Ea	Sm	2C	4.10	3.90	286.00	188.00	---	474.00	**625.00**
Fir, panel, stain grade, solid core											
	Inst	Ea	Lg	2C	2.67	6.00	381.00	123.00	---	504.00	**641.00**
	Inst	Ea	Sm	2C	4.10	3.90	420.00	188.00	---	608.00	**786.00**
Screen doors											
Metal frame, full fiberglass wire screen, no glass, plain grille, includes hardware, hinges, closer and latch											
Standard	Inst	Ea	Lg	2C	1.60	10.00	74.50	73.40	---	147.90	**199.00**
	Inst	Ea	Sm	2C	2.46	6.50	82.10	113.00	---	195.10	**268.00**
Average	Inst	Ea	Lg	2C	1.60	10.00	127.00	73.40	---	200.40	**263.00**
	Inst	Ea	Sm	2C	2.46	6.50	140.00	113.00	---	253.00	**338.00**
Wood frame, full fiberglass wire screen, no glass, plain grille, includes hardware, hinges, closer and latch											
Standard	Inst	Ea	Lg	2C	1.60	10.00	57.80	73.40	---	131.20	**180.00**
	Inst	Ea	Sm	2C	2.46	6.50	63.70	113.00	---	176.70	**246.00**
Average	Inst	Ea	Lg	2C	1.60	10.00	108.00	73.40	---	181.40	**239.00**
	Inst	Ea	Sm	2C	2.46	6.50	119.00	113.00	---	232.00	**312.00**
Storm doors											
Metal frame, with glass and screens, includes hardware, hinges, lockset, threshold, closer											
Standard	Inst	Ea	Lg	2C	3.20	5.00	154.00	147.00	---	301.00	**406.00**
	Inst	Ea	Sm	2C	4.92	3.25	170.00	226.00	---	396.00	**543.00**
Average	Inst	Ea	Lg	2C	3.20	5.00	206.00	147.00	---	353.00	**467.00**
	Inst	Ea	Sm	2C	4.92	3.25	227.00	226.00	---	453.00	**610.00**
High	Inst	Ea	Lg	2C	3.20	5.00	288.00	147.00	---	435.00	**565.00**
	Inst	Ea	Sm	2C	4.92	3.25	317.00	226.00	---	543.00	**719.00**
Deluxe / Premium	Inst	Ea	Lg	2C	3.20	5.00	451.00	147.00	---	598.00	**762.00**
	Inst	Ea	Sm	2C	4.92	3.25	497.00	226.00	---	723.00	**935.00**

Steel doors

See page 131 for Fire Doors. See page 122, Door Frames for steel frames.

Masonry and wood frame structures

Hollow core metal door, primed surfaces, reinforced for hinges, lockset, closer, excludes hinges, lockset, hardware.

Description	Oper	Unit	Vol	Crew Size	Man-hours per Unit	Crew Output per Day	Avg Mat'l Unit Cost	Avg Labor Unit Cost	Avg Equip Unit Cost	Avg Total Unit Cost	Avg Price Incl O&P
3'-0" x 7'-0"											
Flush panel	Inst	Ea	Lg	2C	2.00	8.00	468.00	91.80	---	559.80	**700.00**
	Inst	Ea	Sm	2C	3.08	5.20	516.00	141.00	---	657.00	**831.00**
Flush panel with glass lite	Inst	Ea	Lg	2C	2.00	8.00	1470.00	91.80	---	1561.80	**1900.00**
	Inst	Ea	Sm	2C	3.08	5.20	1620.00	141.00	---	1761.00	**2160.00**
Louvered	Inst	Ea	Lg	2C	2.00	8.00	1810.00	91.80	---	1901.80	**2300.00**
	Inst	Ea	Sm	2C	3.08	5.20	1990.00	141.00	---	2131.00	**2600.00**
4'-0" x 7'-0"											
Flush panel	Inst	Ea	Lg	2C	2.00	8.00	671.00	91.80	---	762.80	**943.00**
	Inst	Ea	Sm	2C	3.08	5.20	740.00	141.00	---	881.00	**1100.00**

Metal pole frame structures

Pre-hung hollow core metal door and frame, hinges, primed surfaces, excludes lockset, hardware.

Description	Oper	Unit	Vol	Crew Size	Man-hours per Unit	Crew Output per Day	Avg Mat'l Unit Cost	Avg Labor Unit Cost	Avg Equip Unit Cost	Avg Total Unit Cost	Avg Price Incl O&P
3'-0" x 7'-0"											
Flush panel	Inst	Ea	Lg	2C	8.00	2.00	248.00	367.00	---	615.00	**848.00**
	Inst	Ea	Sm	2C	12.31	1.30	273.00	565.00	---	838.00	**1170.00**
Flush panel with glass lite	Inst	Ea	Lg	2C	8.00	2.00	343.00	367.00	---	710.00	**962.00**
	Inst	Ea	Sm	2C	12.31	1.30	378.00	565.00	---	943.00	**1300.00**
4'-0" x 7'-0"											
Flush panel	Inst	Ea	Lg	2C	8.00	2.00	368.00	367.00	---	735.00	**992.00**
	Inst	Ea	Sm	2C	12.31	1.30	405.00	565.00	---	970.00	**1330.00**

Drywall (Sheetrock or wallboard)

The types of drywall are Standard, Fire Resistant, Water Resistant, and Fire and Water Resistant.

1. **Dimensions.** 1/4", 3/8" x 6' to 12'; 1/2", 5/8" x 6' to 14'.

2. **Installation**

   a. One ply. Sheets are nailed to studs and joists using 1 1/4" or 1 3/8" x .101 type 500 nails. Nails are usually spaced 8" oc on walls and 7" oc on ceilings. The joints between sheets are filled, taped and sanded. Tape and compound are available in kits containing 250 LF of tape and 18 lbs of compound or 75 LF of tape and 5 lbs of compound.

   b. Two plies. Initial ply is nailed to studs or joists. Second ply is laminated to first with taping compounds as the adhesive. Only the joints in the second ply are filled, taped and finished.

3. **Estimating Technique.** Determine area, deduct openings and add approximately 10% for waste.

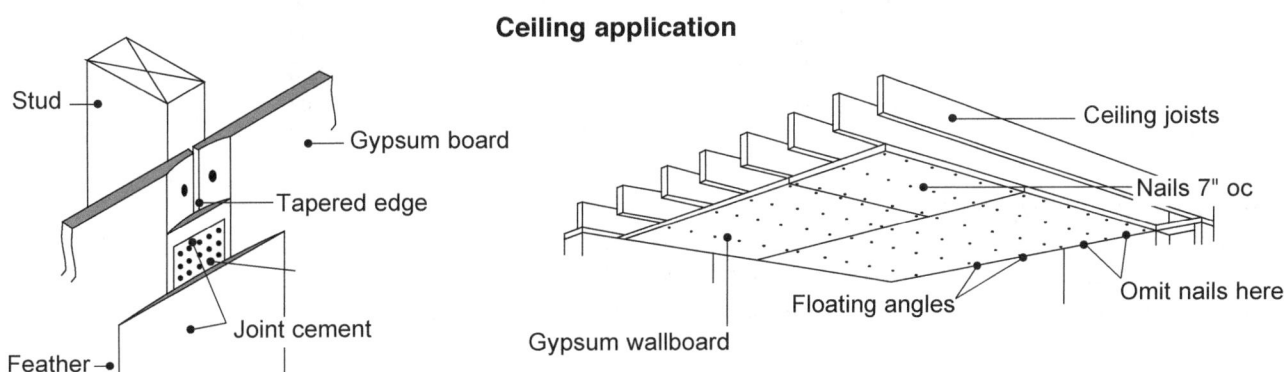

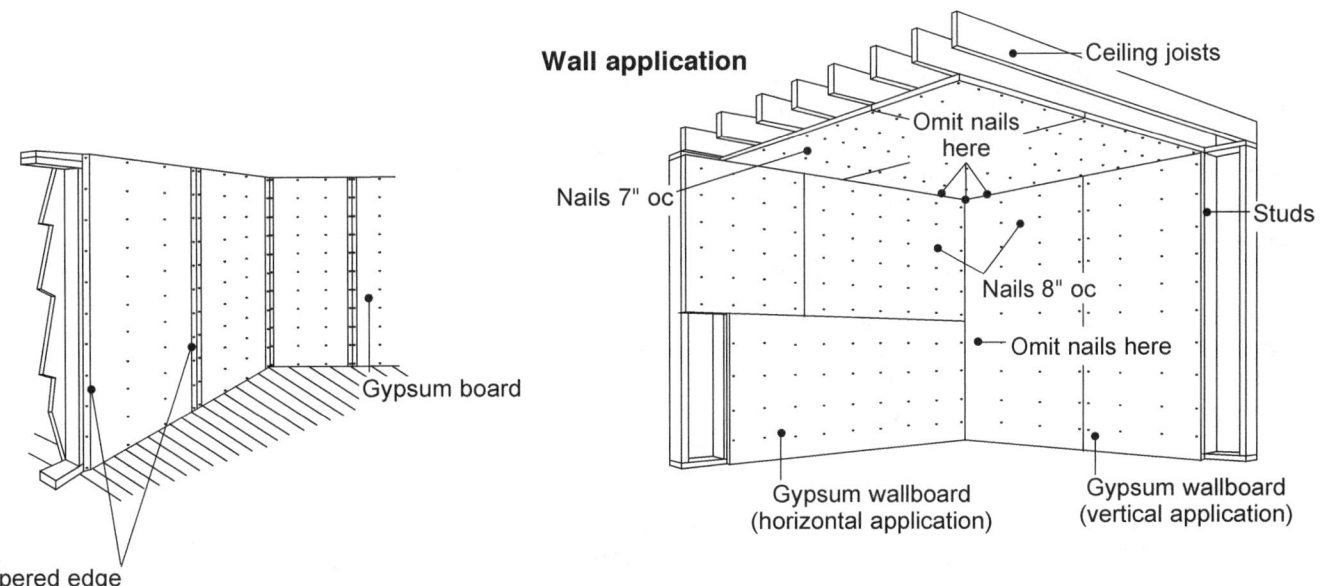

Drywall

Demo Drywall or Sheetrock
Includes dumpster

Description	Oper	Unit	Vol	Crew Size	Man-hours per Unit	Crew Output per Day	Avg Mat'l Unit Cost	Avg Labor Unit Cost	Avg Equip Unit Cost	Avg Total Unit Cost	Avg Price Incl O&P
Walls and Ceilings	Demo	SF	Lg	LH	.007	3680	---	.26	.09	.35	.50
	Demo	SF	Sm	LB	.009	1766	---	.34	.09	.43	.61

Install Drywall or Sheetrock (gypsum plasterboard)
Includes tape, finish, nails or screws, and 5% waste
Applied to wood or metal frame

Walls only, 4' x 8', 10', 12'

Description	Oper	Unit	Vol	Crew Size	Man-hours per Unit	Crew Output per Day	Avg Mat'l Unit Cost	Avg Labor Unit Cost	Avg Equip Unit Cost	Avg Total Unit Cost	Avg Price Incl O&P
3/8" T, standard	Inst	SF	Lg	DL	.015	1600.0	.77	.66	---	1.43	1.92
	Inst	SF	Sm	DK	.021	768.0	.84	.93	---	1.77	2.41
1/2" T, standard	Inst	SF	Lg	DL	.015	1600.0	.72	.66	---	1.38	1.86
	Inst	SF	Sm	DK	.021	768.0	.79	.93	---	1.72	2.35
5/8" T, standard	Inst	SF	Lg	DL	.017	1440.0	.79	.75	---	1.54	2.08
	Inst	SF	Sm	DK	.023	691.2	.86	1.02	---	1.88	2.56
Laminated 3/8" T sheets, std.	Inst	SF	Lg	DL	.029	840.0	1.42	1.28	---	2.70	3.63
	Inst	SF	Sm	DK	.040	403.2	1.57	1.78	---	3.35	4.55

Ceilings only, 4' x 8', 10', 12'

Description	Oper	Unit	Vol	Crew Size	Man-hours per Unit	Crew Output per Day	Avg Mat'l Unit Cost	Avg Labor Unit Cost	Avg Equip Unit Cost	Avg Total Unit Cost	Avg Price Incl O&P
3/8" T, standard	Inst	SF	Lg	DL	.019	1280.0	.77	.84	---	1.61	2.19
	Inst	SF	Sm	DK	.026	614.4	.84	1.15	---	1.99	2.74
1/2" T, standard	Inst	SF	Lg	DL	.019	1280.0	.72	.84	---	1.56	2.13
	Inst	SF	Sm	DK	.026	614.4	.79	1.15	---	1.94	2.68
5/8" T, standard	Inst	SF	Lg	DL	.021	1152.0	.79	.93	---	1.72	2.34
	Inst	SF	Sm	DK	.029	553.0	.86	1.29	---	2.15	2.96
Laminated 3/8" T sheets, std.	Inst	SF	Lg	DL	.036	672.0	1.42	1.60	---	3.02	4.10
	Inst	SF	Sm	DK	.050	322.6	1.57	2.22	---	3.79	5.22

Average for ceilings and walls

Description	Oper	Unit	Vol	Crew Size	Man-hours per Unit	Crew Output per Day	Avg Mat'l Unit Cost	Avg Labor Unit Cost	Avg Equip Unit Cost	Avg Total Unit Cost	Avg Price Incl O&P
3/8" T, standard	Inst	SF	Lg	DL	.016	1536.0	.77	.71	---	1.48	1.99
	Inst	SF	Sm	DK	.022	737.3	.84	.98	---	1.82	2.47
1/2" T, standard	Inst	SF	Lg	DL	.016	1536.0	.72	.71	---	1.43	1.93
	Inst	SF	Sm	DK	.022	737.3	.79	.98	---	1.77	2.41
5/8" T, standard	Inst	SF	Lg	DL	.017	1382.4	.79	.75	---	1.54	2.08
	Inst	SF	Sm	DK	.024	663.6	.86	1.07	---	1.93	2.63
Laminated 3/8" T sheets, std.	Inst	SF	Lg	DL	.030	806.4	1.42	1.33	---	2.75	3.70
	Inst	SF	Sm	DK	.041	387.1	1.57	1.82	---	3.39	4.62

Tape and bed joints on repaired sheetrock

Description	Oper	Unit	Vol	Crew Size	Man-hours per Unit	Crew Output per Day	Avg Mat'l Unit Cost	Avg Labor Unit Cost	Avg Equip Unit Cost	Avg Total Unit Cost	Avg Price Incl O&P
Walls	Inst	SF	Lg	DU	.022	728.0	.25	.98	---	1.23	1.78
	Inst	SF	Sm	DT	.023	349.4	.27	1.03	---	1.30	1.87
Ceilings	Inst	SF	Lg	DU	.025	632.0	.25	1.12	---	1.37	1.98
	Inst	SF	Sm	DT	.026	303.4	.27	1.16	---	1.43	2.07

Thin coat plaster

Description	Oper	Unit	Vol	Crew Size	Man-hours per Unit	Crew Output per Day	Avg Mat'l Unit Cost	Avg Labor Unit Cost	Avg Equip Unit Cost	Avg Total Unit Cost	Avg Price Incl O&P
	Inst	SF	Lg	DU	.014	1125	.16	.63	---	.79	1.13
	Inst	SF	Sm	DT	.015	540.0	.17	.67	---	.84	1.21

Material and labor adjustments

Description	Oper	Unit	Vol	Crew Size	Man-hours per Unit	Crew Output per Day	Avg Mat'l Unit Cost	Avg Labor Unit Cost	Avg Equip Unit Cost	Avg Total Unit Cost	Avg Price Incl O&P
No tape and finish, DEDUCT	Inst	SF	Lg	2C	-.017	-1420	-.25	-.75	---	-1.00	---
	Inst	SF	Sm	CA	-.023	-681.6	-.27	-1.02	---	-1.29	---

Description	Oper	Unit	Vol	Crew Size	Man-hours per Unit	Crew Output per Day	Avg Mat'l Unit Cost	Avg Labor Unit Cost	Avg Equip Unit Cost	Avg Total Unit Cost	Avg Price Incl O&P
For ceilings 9' H											
Ceiling only, ADD	Inst	SF	Lg	DL	.012	2000	---	.53	---	.53	.80
	Inst	SF	Sm	DK	.017	960	---	.76	---	.76	1.13
Walls & ceilings (average), ADD	Inst	SF	Lg	DL	.005	5000	---	.22	---	.22	.33
	Inst	SF	Sm	DK	.007	2400	---	.31	---	.31	.47
Material adjustments											
For fire resistant (1/2" and 5/8" T) ADD											
	Inst	SF	Lg	DL	---	---	.06	---	---	.06	.07
	Inst	SF	Sm	DK	---	---	.07	---	---	.07	.08
For water resistant (1/2" and 5/8" T) ADD											
	Inst	SF	Lg	DL	---	---	.18	---	---	.18	.22
	Inst	SF	Sm	DK	---	---	.20	---	---	.20	.24
For fire and water resistant (5/8" T only) ADD											
	Inst	SF	Lg	DL	---	---	.24	---	---	.24	.29
	Inst	SF	Sm	DK	---	---	.27	---	---	.27	.32

Electrical
General work

Residential service, single phase system. Prices given on a cost per each basis for a unit price system which includes a weathercap, service entrance cable, meter socket, entrance disconnect switch, ground rod with clamp, ground cable, EMT, and panelboard

Description	Oper	Unit	Vol	Crew Size	Man-hours per Unit	Crew Output per Day	Avg Mat'l Unit Cost	Avg Labor Unit Cost	Avg Equip Unit Cost	Avg Total Unit Cost	Avg Price Incl O&P
Weathercap											
100 AMP service	Inst	Ea	Lg	EA	1.00	8.00	18.30	48.40	---	66.70	94.50
	Inst	Ea	Sm	EA	1.43	5.60	20.20	69.10	---	89.30	128.00
200 AMP service	Inst	Ea	Lg	EA	1.60	5.00	72.00	77.40	---	149.40	202.00
	Inst	Ea	Sm	EA	2.29	3.50	79.40	111.00	---	190.40	261.00
Service entrance cable (typical allowance is 20 LF)											
100 AMP service	Inst	LF	Lg	EA	.123	65.00	4.06	5.95	---	10.01	13.80
	Inst	LF	Sm	EA	.176	45.50	4.47	8.51	---	12.98	18.10
200 AMP service	Inst	LF	Lg	EA	.178	45.00	4.66	8.61	---	13.27	18.50
	Inst	LF	Sm	EA	.254	31.50	5.14	12.30	---	17.44	24.60
Meter socket											
100 AMP service	Inst	Ea	Lg	EA	4.00	2.00	86.60	193.00	---	279.60	394.00
	Inst	Ea	Sm	EA	5.71	1.40	95.50	276.00	---	371.50	529.00
200 AMP service	Inst	Ea	Lg	EA	6.40	1.25	178.00	309.00	---	487.00	678.00
	Inst	Ea	Sm	EA	9.09	0.88	196.00	440.00	---	636.00	895.00
Entrance disconnect switch											
100 AMP service	Inst	Ea	Lg	EA	6.40	1.25	430.00	309.00	---	739.00	980.00
	Inst	Ea	Sm	EA	9.09	0.88	474.00	440.00	---	914.00	1230.00
200 AMP service	Inst	Ea	Lg	EA	9.41	0.85	736.00	455.00	---	1191.00	1570.00
	Inst	Ea	Sm	EA	13.3	0.60	811.00	643.00	---	1454.00	1940.00

Description	Oper	Unit	Vol	Crew Size	Man-hours per Unit	Crew Output per Day	Avg Mat'l Unit Cost	Avg Labor Unit Cost	Avg Equip Unit Cost	Avg Total Unit Cost	Avg Price Incl O&P
Ground rod, with clamp											
100 AMP service	Inst	Ea	Lg	EA	2.67	3.00	24.90	129.00	---	153.90	**223.00**
	Inst	Ea	Sm	EA	3.81	2.10	27.40	184.00	---	211.40	**309.00**
200 AMP service	Inst	Ea	Lg	EA	2.67	3.00	49.70	129.00	---	178.70	**253.00**
	Inst	Ea	Sm	EA	3.81	2.10	54.80	184.00	---	238.80	**342.00**
Ground cable (typical allowance is 10 LF)											
100 AMP service	Inst	LF	Lg	EA	.080	100.0	.90	3.87	---	4.77	**6.88**
	Inst	LF	Sm	EA	.114	70.00	.99	5.51	---	6.50	**9.46**
200 AMP service	Inst	LF	Lg	EA	.100	80.00	1.37	4.84	---	6.21	**8.90**
	Inst	LF	Sm	EA	.143	56.00	1.51	6.91	---	8.42	**12.20**
3/4" EMT (typical allowance is 10 LF)											
200 AMP service	Inst	LF	Lg	EA	.107	75.00	1.12	5.17	---	6.29	**9.10**
	Inst	LF	Sm	EA	.152	52.50	1.23	7.35	---	8.58	**12.50**
Panelboard											
100 AMP, 12-circuit	Inst	Ea	Lg	EA	1.60	5.00	168.00	77.40	---	245.40	**318.00**
	Inst	Ea	Sm	EA	2.29	3.50	185.00	111.00	---	296.00	**388.00**
200 AMP, 16-circuit	Inst	Ea	Lg	EA	2.29	3.50	407.00	111.00	---	518.00	**655.00**
	Inst	Ea	Sm	EA	3.27	2.45	449.00	158.00	---	607.00	**776.00**
400 AMP, 24-circuit	Inst	Ea	Lg	EA	1.60	5.00	741.00	77.40	---	818.40	**1010.00**
	Inst	Ea	Sm	EA	2.29	3.50	817.00	111.00	---	928.00	**1150.00**
Adjustments for other than normal working situations											
Cut and patch, ADD	Inst	%	Lg	EA	---	---	---	---	---	---	**20.0**
	Inst	%	Sm	EA	---	---	---	---	---	---	**50.0**
Dust protection, ADD	Inst	%	Lg	EA	---	---	---	---	---	---	**10.0**
	Inst	%	Sm	EA	---	---	---	---	---	---	**40.0**
Protect existing work, ADD	Inst	%	Lg	EA	---	---	---	---	---	---	**20.0**
	Inst	%	Sm	EA	---	---	---	---	---	---	**50.0**

Wiring per outlet or switch; wall or ceiling

Description	Oper	Unit	Vol	Crew Size	Man-hours per Unit	Crew Output per Day	Avg Mat'l Unit Cost	Avg Labor Unit Cost	Avg Equip Unit Cost	Avg Total Unit Cost	Avg Price Incl O&P
Romex, non-metallic sheathed cable, 600 volt, copper with ground wire											
	Inst	Ea	Lg	EA	.500	16.00	22.50	24.20	---	46.70	**63.20**
	Inst	Ea	Sm	EA	.714	11.20	24.80	34.50	---	59.30	**81.50**
BX, flexible armored cable, 600 volt, copper											
	Inst	Ea	Lg	EA	.667	12.00	33.10	32.30	---	65.40	**88.00**
	Inst	Ea	Sm	EA	.952	8.40	36.40	46.00	---	82.40	**113.00**
EMT with wire, electric metallic thinwall, 1/2"											
	Inst	Ea	Lg	EA	1.33	6.00	43.60	64.30	---	107.90	**149.00**
	Inst	Ea	Sm	EA	1.90	4.20	48.10	91.90	---	140.00	**195.00**
Rigid with wire, 1/2"											
	Inst	Ea	Lg	EA	2.00	4.00	59.70	96.70	---	156.40	**217.00**
	Inst	Ea	Sm	EA	2.86	2.80	65.80	138.00	---	203.80	**286.00**
Wiring, connection, and installation in closed wall structure, ADD											
	Inst	Ea	Lg	EA	1.00	8.00	---	48.40	---	48.40	**72.50**
	Inst	Ea	Sm	EA	1.43	5.60	---	69.10	---	69.10	**104.00**

Lighting. See Lighting fixtures, page 268

Electrical, carbon monoxide/smoke detector

Description	Oper	Unit	Vol	Crew Size	Man-hours per Unit	Crew Output per Day	Avg Mat'l Unit Cost	Avg Labor Unit Cost	Avg Equip Unit Cost	Avg Total Unit Cost	Avg Price Incl O&P

Special systems
Carbon monoxide detector

Description	Oper	Unit	Vol	Crew Size	Man-hours per Unit	Crew Output per Day	Avg Mat'l Unit Cost	Avg Labor Unit Cost	Avg Equip Unit Cost	Avg Total Unit Cost	Avg Price Incl O&P
Standard, battery	Inst	Ea	Lg	EA	.800	10.00	28.40	38.70	---	67.10	**92.10**
	Inst	Ea	Sm	EA	1.14	7.00	31.30	55.10	---	86.40	**120.00**
Average, hardwired	Inst	Ea	Lg	EA	1.00	8.00	40.20	48.40	---	88.60	**121.00**
	Inst	Ea	Sm	EA	1.43	5.60	44.30	69.10	---	113.40	**157.00**
High, hardwired	Inst	Ea	Lg	EA	1.000	8.00	60.80	48.40	---	109.20	**145.00**
	Inst	Ea	Sm	EA	1.429	5.60	67.00	69.10	---	136.10	**184.00**
To only Detach & Reset											
Hardwired	D&R	Ea	Lg	EA	1.333	6.00	---	64.50	---	64.50	**96.70**
	D&R	Ea	Sm	EA	1.905	4.20	---	92.10	---	92.10	**138.00**

Smoke detector

Description	Oper	Unit	Vol	Crew Size	Man-hours per Unit	Crew Output per Day	Avg Mat'l Unit Cost	Avg Labor Unit Cost	Avg Equip Unit Cost	Avg Total Unit Cost	Avg Price Incl O&P
Standard, battery	Inst	Ea	Lg	EA	.800	10.00	17.70	38.70	---	56.40	**79.30**
	Inst	Ea	Sm	EA	1.14	7.00	19.50	55.10	---	74.60	**106.00**
Average, hardwired	Inst	Ea	Lg	EA	1.00	8.00	30.00	48.40	---	78.40	**109.00**
	Inst	Ea	Sm	EA	1.43	5.60	33.10	69.10	---	102.20	**143.00**
High, hardwired	Inst	Ea	Lg	EA	1.000	8.00	61.20	48.40	---	109.60	**146.00**
	Inst	Ea	Sm	EA	1.429	5.60	67.50	69.10	---	136.60	**185.00**
Premium, hardwired	Inst	Ea	Lg	EA	1.00	8.00	156.00	48.40	---	204.40	**260.00**
	Inst	Ea	Sm	EA	1.43	5.60	172.00	69.10	---	241.10	**311.00**
To only Detach & Reset											
Hardwired	D&R	Ea	Lg	EA	1.333	6.00	---	64.50	---	64.50	**96.70**
	D&R	Ea	Sm	EA	1.905	4.20	---	92.10	---	92.10	**138.00**

Combo CO / Smoke detector

Description	Oper	Unit	Vol	Crew Size	Man-hours per Unit	Crew Output per Day	Avg Mat'l Unit Cost	Avg Labor Unit Cost	Avg Equip Unit Cost	Avg Total Unit Cost	Avg Price Incl O&P
Standard, hardwired	Inst	Ea	Lg	EA	1.000	8.00	49.10	48.40	---	97.50	**131.00**
	Inst	Ea	Sm	EA	1.43	5.60	54.10	69.10	---	123.20	**169.00**
Average, hardwired	Inst	Ea	Lg	EA	1.00	8.00	70.40	48.40	---	118.80	**157.00**
	Inst	Ea	Sm	EA	1.43	5.60	77.60	69.10	---	146.70	**197.00**
High, hardwired	Inst	Ea	Lg	EA	1.000	8.00	94.30	48.40	---	142.70	**186.00**
	Inst	Ea	Sm	EA	1.429	5.60	104.00	69.10	---	173.10	**228.00**
Premium, hardwired	Inst	Ea	Lg	EA	1.00	8.00	192.00	48.40	---	240.40	**303.00**
	Inst	Ea	Sm	EA	1.43	5.60	211.00	69.10	---	280.10	**357.00**
To only Detach & Reset											
Hardwired	D&R	Ea	Lg	EA	1.333	6.00	---	64.50	---	64.50	**96.70**
	D&R	Ea	Sm	EA	1.905	4.20	---	92.10	---	92.10	**138.00**

Door bell (chime) systems

Wired, low voltage, to 1-5 buttons, excludes buttons.

Description	Oper	Unit	Vol	Crew Size	Man-hours per Unit	Crew Output per Day	Avg Mat'l Unit Cost	Avg Labor Unit Cost	Avg Equip Unit Cost	Avg Total Unit Cost	Avg Price Incl O&P
Standard	Inst	Ea	Lg	EA	2.667	3.00	19.60	129.00	---	148.60	**217.00**
	Inst	Ea	Sm	EA	3.81	2.10	21.60	184.00	---	205.60	**302.00**
Average	Inst	Ea	Lg	EA	2.67	3.00	39.20	129.00	---	168.20	**241.00**
	Inst	Ea	Sm	EA	3.81	2.10	43.20	184.00	---	227.20	**328.00**
High	Inst	Ea	Lg	EA	2.667	3.00	62.20	129.00	---	191.20	**268.00**
	Inst	Ea	Sm	EA	3.810	2.10	68.60	184.00	---	252.60	**359.00**
Premium	Inst	Ea	Lg	EA	2.67	3.00	123.00	129.00	---	252.00	**342.00**
	Inst	Ea	Sm	EA	3.81	2.10	136.00	184.00	---	320.00	**439.00**

Push button only

Description	Oper	Unit	Vol	Crew Size	Man-hours per Unit	Crew Output per Day	Avg Mat'l Unit Cost	Avg Labor Unit Cost	Avg Equip Unit Cost	Avg Total Unit Cost	Avg Price Incl O&P
Standard	Inst	Ea	Lg	EA	.400	20.00	12.20	19.30	---	31.50	**43.70**
	Inst	Ea	Sm	EA	0.57	14.00	13.50	27.60	---	41.10	**57.50**
Average	Inst	Ea	Lg	EA	0.40	20.00	21.60	19.30	---	40.90	**54.90**
	Inst	Ea	Sm	EA	0.57	14.00	23.80	27.60	---	51.40	**69.90**
High	Inst	Ea	Lg	EA	.400	20.00	46.60	19.30	---	65.90	**84.90**
	Inst	Ea	Sm	EA	.571	14.00	51.30	27.60	---	78.90	**103.00**

Wireless, low voltage, includes 1 button

Description	Oper	Unit	Vol	Crew Size	Man-hours per Unit	Crew Output per Day	Avg Mat'l Unit Cost	Avg Labor Unit Cost	Avg Equip Unit Cost	Avg Total Unit Cost	Avg Price Incl O&P
Standard	Inst	Ea	Lg	EA	1.333	6.00	14.70	64.50	---	79.20	**114.00**
	Inst	Ea	Sm	EA	1.90	4.20	16.20	91.90	---	108.10	**157.00**
Average	Inst	Ea	Lg	EA	1.33	6.00	33.50	64.30	---	97.80	**137.00**
	Inst	Ea	Sm	EA	1.90	4.20	36.90	91.90	---	128.80	**182.00**
High	Inst	Ea	Lg	EA	1.333	6.00	58.80	64.50	---	123.30	**167.00**
	Inst	Ea	Sm	EA	1.905	4.20	64.80	92.10	---	156.90	**216.00**
Premium	Inst	Ea	Lg	EA	1.33	6.00	98.00	64.30	---	162.30	**214.00**
	Inst	Ea	Sm	EA	1.90	4.20	108.00	91.90	---	199.90	**267.00**

Push button only

Description	Oper	Unit	Vol	Crew Size	Man-hours per Unit	Crew Output per Day	Avg Mat'l Unit Cost	Avg Labor Unit Cost	Avg Equip Unit Cost	Avg Total Unit Cost	Avg Price Incl O&P
Standard	Inst	Ea	Lg	EA	.400	20.00	15.80	19.30	---	35.10	**48.00**
	Inst	Ea	Sm	EA	0.57	14.00	17.40	27.60	---	45.00	**62.20**
Average	Inst	Ea	Lg	EA	0.40	20.00	34.30	19.30	---	53.60	**70.20**
	Inst	Ea	Sm	EA	0.57	14.00	37.80	27.60	---	65.40	**86.70**
High, Wi-Fi video	Inst	Ea	Lg	EA	.400	20.00	175.00	19.30	---	194.30	**240.00**
	Inst	Ea	Sm	EA	.571	14.00	193.00	27.60	---	220.60	**273.00**

Electrical, special systems, fire alarm

Description	Oper	Unit	Vol	Crew Size	Man-hours per Unit	Crew Output per Day	Avg Mat'l Unit Cost	Avg Labor Unit Cost	Avg Equip Unit Cost	Avg Total Unit Cost	Avg Price Incl O&P
Fire alarm systems											
For Smoke Detector, see page 149											
Fire Alarm System complete											
Includes pull stations, alarm horns, smoke and heat detectors, conduit and wire											
Priced per Detector	Inst	Ea	Lg	EA	20.00	0.40	67.40	967.00	---	1034.40	**1530.00**
	Inst	Ea	Sm	EA	28.57	0.28	74.30	1380.00	---	1454.30	**2160.00**
Priced per SF Floor	Inst	SF	Lg	EA	0.03	250.00	.57	1.45	---	2.02	**2.86**
	Inst	SF	Sm	EA	0.05	175.00	.63	2.42	---	3.05	**4.38**
Manual pull station											
	Inst	Ea	Lg	EA	2.67	3.00	99.80	129.00	---	228.80	**313.00**
	Inst	Ea	Sm	EA	3.81	2.10	110.00	184.00	---	294.00	**408.00**
Remote LED indicator											
	Inst	Ea	Lg	EA	4.00	2.00	54.20	193.00	---	247.20	**355.00**
	Inst	Ea	Sm	EA	5.71	1.40	59.70	276.00	---	335.70	**486.00**
Signal horn / bell											
	Inst	Ea	Lg	EA	4.00	2.00	33.00	193.00	---	226.00	**330.00**
	Inst	Ea	Sm	EA	5.71	1.40	36.40	276.00	---	312.40	**458.00**
Intercom systems											
Master station, low voltage, 100' wire											
Standard, basic speaker, up to 8 remote stations											
	Inst	Set	Lg	EA	8.00	1.00	163.00	387.00	---	550.00	**776.00**
	Inst	Set	Sm	EA	11.43	0.70	180.00	553.00	---	733.00	**1040.00**
Average, built-in stereo, up to 8 remote stations											
	Inst	Set	Lg	EA	8.00	1.00	361.00	387.00	---	748.00	**1010.00**
	Inst	Set	Sm	EA	11.4	0.70	398.00	551.00	---	949.00	**1300.00**
High, built-in stereo, up to 12 remote stations											
	Inst	Set	Lg	EA	8.00	1.00	626.00	387.00	---	1013.00	**1330.00**
	Inst	Set	Sm	EA	11.43	0.70	690.00	553.00	---	1243.00	**1660.00**
Premium, digital display, built-in stereo, up to 12 remote stations											
	Inst	Set	Lg	EA	8.00	1.00	803.00	387.00	---	1190.00	**1540.00**
	Inst	Set	Sm	EA	11.4	0.70	885.00	551.00	---	1436.00	**1890.00**
Remote station, low voltage, 100' wire											
Average, communicates only with master station											
	Inst	Set	Lg	EA	2.67	3.00	48.30	129.00	---	177.30	**252.00**
	Inst	Set	Sm	EA	3.81	2.10	53.20	184.00	---	237.20	**340.00**
High, communicates both with master station and other remote stations											
	Inst	LS	Lg	EA	2.67	3.00	78.80	129.00	---	207.80	**288.00**
	Inst	LS	Sm	EA	3.81	2.10	86.80	184.00	---	270.80	**381.00**

Security (burglary detection) systems

Description	Oper	Unit	Vol	Crew Size	Man-hours per Unit	Crew Output per Day	Avg Mat'l Unit Cost	Avg Labor Unit Cost	Avg Equip Unit Cost	Avg Total Unit Cost	Avg Price Incl O&P
Control panel, 50' wire											
	Inst	Ea	Lg	EA	8.00	1.00	175.00	387.00	---	562.00	**790.00**
	Inst	Ea	Sm	EA	11.43	0.70	193.00	553.00	---	746.00	**1060.00**
Key pad, 50' wire											
Average, indicator lights	Inst	Ea	Lg	EA	3.20	2.50	93.10	155.00	---	248.10	**344.00**
	Inst	Ea	Sm	EA	4.57	1.75	103.00	221.00	---	324.00	**455.00**
High, digital read-out	Inst	Ea	Lg	EA	3.20	2.50	122.00	155.00	---	277.00	**379.00**
	Inst	Ea	Sm	EA	4.57	1.75	135.00	221.00	---	356.00	**493.00**
Contact wire / pad, per opening											
Average, wire contact	Inst	Ea	Lg	EA	2.29	3.50	12.20	111.00	---	123.20	**181.00**
	Inst	Ea	Sm	EA	3.27	2.45	13.50	158.00	---	171.50	**253.00**
High, magnetic pad	Inst	Ea	Lg	EA	2.29	3.50	14.70	111.00	---	125.70	**184.00**
	Inst	Ea	Sm	EA	3.27	2.45	16.20	158.00	---	174.20	**257.00**
Motion detector, 50' wire											
	Inst	Ea	Lg	EA	2.67	3.00	92.60	129.00	---	221.60	**305.00**
	Inst	Ea	Sm	EA	3.81	2.10	102.00	184.00	---	286.00	**399.00**
Photo-electric beam, 50' wire											
	Inst	Ea	Lg	EA	11.43	0.70	128.00	553.00	---	681.00	**982.00**
	Inst	Ea	Sm	EA	16.33	0.49	141.00	790.00	---	931.00	**1350.00**
Pressure mat, 50' wire											
	Inst	Ea	Lg	EA	0.31	26.00	3.92	15.00	---	18.92	**27.20**
	Inst	Ea	Sm	EA	0.44	18.20	4.32	21.30	---	25.62	**37.10**

Telephone, phone-jack wiring

Description	Oper	Unit	Vol	Crew Size	Man-hours per Unit	Crew Output per Day	Avg Mat'l Unit Cost	Avg Labor Unit Cost	Avg Equip Unit Cost	Avg Total Unit Cost	Avg Price Incl O&P
Pre-wiring, per outlet or jack											
	Inst	Ea	Lg	EA	.500	16.00	6.92	24.20	---	31.12	**44.60**
	Inst	Ea	Sm	EA	.714	11.20	7.62	34.50	---	42.12	**60.90**
Wiring, connection, and installation in closed wall structure, ADD											
	Inst	Ea	Lg	EA	0.50	16.00	---	24.20	---	24.20	**36.30**
	Inst	Ea	Sm	EA	0.71	11.20	---	34.30	---	34.30	**51.50**

Television antenna

Description	Oper	Unit	Vol	Crew Size	Man-hours per Unit	Crew Output per Day	Avg Mat'l Unit Cost	Avg Labor Unit Cost	Avg Equip Unit Cost	Avg Total Unit Cost	Avg Price Incl O&P
Television / Cable outlet											
	Inst	Ea	Lg	EA	1.333	6.00	23.70	64.50	---	88.20	**125.00**
	Inst	Ea	Sm	EA	1.905	4.20	26.10	92.10	---	118.20	**170.00**
Wiring, connection, and installation in closed wall structure, ADD											
	Inst	Ea	Lg	EA	1.33	6.00	---	64.30	---	64.30	**96.50**
	Inst	Ea	Sm	EA	1.90	4.20	---	91.90	---	91.90	**138.00**

Electrical, thermostat wiring

Description	Oper	Unit	Vol	Crew Size	Man-hours per Unit	Crew Output per Day	Avg Mat'l Unit Cost	Avg Labor Unit Cost	Avg Equip Unit Cost	Avg Total Unit Cost	Avg Price Incl O&P

Thermostat wiring

Heating / Cooling unit is located on the first floor

Thermostat on first floor

Description	Oper	Unit	Vol	Crew Size	Man-hours per Unit	Crew Output per Day	Avg Mat'l Unit Cost	Avg Labor Unit Cost	Avg Equip Unit Cost	Avg Total Unit Cost	Avg Price Incl O&P
Average	Inst	Ea	Lg	EA	1.33	6.00	21.00	64.30	---	85.30	**122.00**
	Inst	Ea	Sm	EA	1.90	4.20	23.10	91.90	---	115.00	**166.00**
High	Inst	Ea	Lg	EA	1.33	6.00	48.40	64.30	---	112.70	**155.00**
	Inst	Ea	Sm	EA	1.90	4.20	53.30	91.90	---	145.20	**202.00**
Premium	Inst	Ea	Lg	EA	1.33	6.00	69.70	64.30	---	134.00	**180.00**
	Inst	Ea	Sm	EA	1.90	4.20	76.80	91.90	---	168.70	**230.00**
Deluxe	Inst	Ea	Lg	EA	1.33	6.00	126.00	64.30	---	190.30	**248.00**
	Inst	Ea	Sm	EA	1.90	4.20	139.00	91.90	---	230.90	**305.00**

Wiring, connection, and installation in closed wall structure, ADD

	Oper	Unit	Vol	Crew Size	Man-hours per Unit	Crew Output per Day	Avg Mat'l Unit Cost	Avg Labor Unit Cost	Avg Equip Unit Cost	Avg Total Unit Cost	Avg Price Incl O&P
	Inst	Ea	Lg	EA	1.33	6.00	19.60	64.30	---	83.90	**120.00**
	Inst	Ea	Sm	EA	1.90	4.20	21.60	91.90	---	113.50	**164.00**

Thermostat on second floor

Description	Oper	Unit	Vol	Crew Size	Man-hours per Unit	Crew Output per Day	Avg Mat'l Unit Cost	Avg Labor Unit Cost	Avg Equip Unit Cost	Avg Total Unit Cost	Avg Price Incl O&P
Average	Inst	Ea	Lg	EA	2.00	4.00	21.00	96.70	---	117.70	**170.00**
	Inst	Ea	Sm	EA	2.86	2.80	23.10	138.00	---	161.10	**235.00**
High	Inst	Ea	Lg	EA	2.00	4.00	48.40	96.70	---	145.10	**203.00**
	Inst	Ea	Sm	EA	2.86	2.80	53.30	138.00	---	191.30	**271.00**
Premium	Inst	Ea	Lg	EA	2.00	4.00	69.70	96.70	---	166.40	**229.00**
	Inst	Ea	Sm	EA	2.86	2.80	76.80	138.00	---	214.80	**300.00**
Deluxe	Inst	Ea	Lg	EA	2.00	4.00	126.00	96.70	---	222.70	**297.00**
	Inst	Ea	Sm	EA	2.86	2.80	139.00	138.00	---	277.00	**375.00**

Wiring, connection, and installation in closed wall structure, ADD

	Oper	Unit	Vol	Crew Size	Man-hours per Unit	Crew Output per Day	Avg Mat'l Unit Cost	Avg Labor Unit Cost	Avg Equip Unit Cost	Avg Total Unit Cost	Avg Price Incl O&P
	Inst	Ea	Lg	EA	2.00	4.00	19.60	96.70	---	116.30	**169.00**
	Inst	Ea	Sm	EA	2.86	2.80	21.60	138.00	---	159.60	**233.00**

Entrances

Description	Oper	Unit	Vol	Crew Size	Man-hours per Unit	Crew Output per Day	Avg Mat'l Unit Cost	Avg Labor Unit Cost	Avg Equip Unit Cost	Avg Total Unit Cost	Avg Price Incl O&P
Single & double door entrances											
Includes dumpster	Demo	Ea	Lg	LB	.640	25.00	---	23.90	6.23	30.13	**43.40**
	Demo	Ea	Sm	LB	.889	18.00	---	33.30	6.23	39.53	**57.40**

Colonial design
White pine includes frames, pediments, and pilasters

Plain carved archway

Description	Oper	Unit	Vol	Crew Size	Man-hours per Unit	Crew Output per Day	Avg Mat'l Unit Cost	Avg Labor Unit Cost	Avg Equip Unit Cost	Avg Total Unit Cost	Avg Price Incl O&P
Single door units											
3'-0" W x 6'-8" H	Inst	Ea	Lg	2C	2.00	8.00	397.00	91.80	---	488.80	**613.00**
	Inst	Ea	Sm	2C	2.67	6.00	437.00	123.00	---	560.00	**708.00**
Double door units											
Two - 2'-6" W x 6'-8" H	Inst	Ea	Lg	2C	2.67	6.00	443.00	123.00	---	566.00	**716.00**
	Inst	Ea	Sm	2C	3.56	4.50	488.00	163.00	---	651.00	**831.00**
Two - 2'-8" W x 6'-8" H	Inst	Ea	Lg	2C	2.67	6.00	451.00	123.00	---	574.00	**725.00**
	Inst	Ea	Sm	2C	3.56	4.50	497.00	163.00	---	660.00	**842.00**
Two - 3'-0" W x 6'-8" H	Inst	Ea	Lg	2C	2.67	6.00	466.00	123.00	---	589.00	**744.00**
	Inst	Ea	Sm	2C	3.56	4.50	514.00	163.00	---	677.00	**862.00**

Decorative carved archway

Description	Oper	Unit	Vol	Crew Size	Man-hours per Unit	Crew Output per Day	Avg Mat'l Unit Cost	Avg Labor Unit Cost	Avg Equip Unit Cost	Avg Total Unit Cost	Avg Price Incl O&P
Single door units											
3'-0" W x 6'-8" H	Inst	Ea	Lg	2C	2.00	8.00	476.00	91.80	---	567.80	**709.00**
	Inst	Ea	Sm	2C	2.67	6.00	524.00	123.00	---	647.00	**813.00**
Double door units											
Two - 2'-6" W x 6'-8" H	Inst	Ea	Lg	2C	2.67	6.00	532.00	123.00	---	655.00	**822.00**
	Inst	Ea	Sm	2C	3.56	4.50	586.00	163.00	---	749.00	**948.00**
Two - 2'-8" W x 6'-8" H	Inst	Ea	Lg	2C	2.67	6.00	541.00	123.00	---	664.00	**833.00**
	Inst	Ea	Sm	2C	3.56	4.50	597.00	163.00	---	760.00	**961.00**
Two - 3 -0" W x 6'-8" H	Inst	Ea	Lg	2C	2.67	6.00	560.00	123.00	---	683.00	**855.00**
	Inst	Ea	Sm	2C	3.56	4.50	617.00	163.00	---	780.00	**985.00**

Excavation

Description	Oper	Unit	Vol	Crew Size	Man-hours per Unit	Crew Output per Day	Avg Mat'l Unit Cost	Avg Labor Unit Cost	Avg Equip Unit Cost	Avg Total Unit Cost	Avg Price Incl O&P
Digging out or trenching											
By hand											
	Demo	CY	Lg	LB	.034	475.0	---	1.27	---	1.27	**1.91**
	Demo	CY	Sm	LB	.056	285.0	---	2.09	---	2.09	**3.14**
Pits, medium earth, piled											
With backhoe / loader, tire mounted											
	Demo	CY	Lg	VB	.036	440.0	---	1.59	.89	2.48	**3.09**
	Demo	CY	Sm	VB	.061	264.0	---	2.70	1.49	4.19	**5.21**
By hand											
To 4'-0" D	Demo	CY	Lg	LB	1.07	15.00	---	40.00	---	40.00	**60.00**
	Demo	CY	Sm	LB	1.78	9.00	---	66.60	---	66.60	**99.90**
4'-0" to 6'-0" D	Demo	CY	Lg	LB	1.60	10.00	---	59.80	---	59.80	**89.80**
	Demo	CY	Sm	LB	2.67	6.00	---	99.90	---	99.90	**150.00**
6'-0" to 8'-0" D	Demo	CY	Lg	LB	2.67	6.00	---	99.90	---	99.90	**150.00**
	Demo	CY	Sm	LB	4.00	4.00	---	150.00	---	150.00	**224.00**
Continuous footing or trench, medium earth, piled											
With backhoe / loader, tire mounted											
	Demo	CY	Lg	VB	.133	120.0	---	5.89	3.27	9.16	**11.40**
	Demo	CY	Sm	VB	.222	72.00	---	9.82	5.45	15.27	**19.00**
By hand, to 4'-0" D											
	Demo	CY	Lg	LB	1.07	15.00	---	40.00	---	40.00	**60.00**
	Demo	CY	Sm	LB	1.78	9.00	---	66.60	---	66.60	**99.90**
Backfilling, by hand, medium soil											
Without compaction											
	Demo	CY	Lg	LB	.571	28.00	---	21.40	---	21.40	**32.00**
	Demo	CY	Sm	LB	.941	17.00	---	35.20	---	35.20	**52.80**
With hand compaction											
6" layers	Demo	CY	Lg	LB	.941	17.00	---	35.20	---	35.20	**52.80**
	Demo	CY	Sm	LB	1.60	10.00	---	59.80	---	59.80	**89.80**
12" layers	Demo	CY	Lg	LB	.727	22.00	---	27.20	---	27.20	**40.80**
	Demo	CY	Sm	LB	1.23	13.00	---	46.00	---	46.00	**69.00**
With vibrating plate / jumping-jack compaction											
6" layers	Demo	CY	Lg	AB	.800	20.00	---	36.10	5.40	41.50	**60.60**
	Demo	CY	Sm	AB	1.33	12.00	---	60.00	9.00	69.00	**101.00**
12" layers	Demo	CY	Lg	AB	.667	24.00	---	30.10	4.50	34.60	**50.50**
	Demo	CY	Sm	AB	1.14	14.00	---	51.40	7.71	59.11	**86.30**

Fences
Basketweave
Redwood, preassembled, 8' L panels, includes 4" x 4" line posts, horizontal or vertical weave

Description	Oper	Unit	Vol	Crew Size	Man-hours per Unit	Crew Output per Day	Avg Mat'l Unit Cost	Avg Labor Unit Cost	Avg Equip Unit Cost	Avg Total Unit Cost	Avg Price Incl O&P
2' to 4' H	Inst	LF	Lg	CS	.100	240.0	24.70	4.07	---	28.77	**35.30**
	Inst	LF	Sm	CS	.133	180.0	27.20	5.41	---	32.61	**40.20**
4' to 6' H	Inst	LF	Lg	CS	.100	240.0	36.20	4.07	---	40.27	**49.20**
	Inst	LF	Sm	CS	.133	180.0	39.90	5.41	---	45.31	**55.50**

Adjustments

Description	Oper	Unit	Vol	Crew Size	Man-hours per Unit	Crew Output per Day	Avg Mat'l Unit Cost	Avg Labor Unit Cost	Avg Equip Unit Cost	Avg Total Unit Cost	Avg Price Incl O&P
Corner or end posts, 8' H	Inst	Ea	Lg	CA	.615	13.00	45.80	26.60	---	72.40	**92.20**
	Inst	Ea	Sm	CA	.821	9.75	50.50	35.50	---	86.00	**110.00**
Gate with hardware											
2' to 4' H	Inst	LF	Lg	CA	.500	16.00	42.20	21.60	---	63.80	**80.90**
	Inst	LF	Sm	CA	0.67	12.00	46.50	29.00	---	75.50	**96.40**
4' to 6' H	Inst	LF	Lg	CA	.500	16.00	55.10	21.60	---	76.70	**96.40**
	Inst	LF	Sm	CA	0.67	12.00	60.70	29.00	---	89.70	**113.00**

Board, per LF complete fence system
6' H boards nailed to wood frame, on 1 side only; 4" x 4" x 8'L (milled) posts, set 2' D in concrete filled holes @ 6' oc; frame members 2" x 4" (milled) as 2 rails between posts per 6' L fence section; costs are per LF of fence

Douglas fir frame, treated members with redwood posts
Milled boards, "dog-eared" one end
Cedar

Description	Oper	Unit	Vol	Crew Size	Man-hours per Unit	Crew Output per Day	Avg Mat'l Unit Cost	Avg Labor Unit Cost	Avg Equip Unit Cost	Avg Total Unit Cost	Avg Price Incl O&P
1" x 6" - 6' H	Inst	LF	Lg	CS	.400	60.00	56.70	16.30	---	73.00	**90.80**
	Inst	LF	Sm	CS	.533	45.00	62.50	21.70	---	84.20	**105.00**
1" x 8" - 6' H	Inst	LF	Lg	CS	.343	70.00	43.60	14.00	---	57.60	**71.80**
	Inst	LF	Sm	CS	.457	52.50	48.00	18.60	---	66.60	**83.70**
1" x 10" - 6' H	Inst	LF	Lg	CS	.300	80.00	59.70	12.20	---	71.90	**88.70**
	Inst	LF	Sm	CS	.400	60.00	65.70	16.30	---	82.00	**102.00**

Douglas fir, treated

Description	Oper	Unit	Vol	Crew Size	Man-hours per Unit	Crew Output per Day	Avg Mat'l Unit Cost	Avg Labor Unit Cost	Avg Equip Unit Cost	Avg Total Unit Cost	Avg Price Incl O&P
1" x 6" - 6' H	Inst	LF	Lg	CS	.400	60.00	52.30	16.30	---	68.60	**85.50**
	Inst	LF	Sm	CS	.533	45.00	57.60	21.70	---	79.30	**99.50**
1" x 8" - 6' H	Inst	LF	Lg	CS	.343	70.00	51.00	14.00	---	65.00	**80.80**
	Inst	LF	Sm	CS	.457	52.50	56.20	18.60	---	74.80	**93.50**
1" x 10" - 6' H	Inst	LF	Lg	CS	.300	80.00	54.70	12.20	---	66.90	**82.70**
	Inst	LF	Sm	CS	.400	60.00	60.20	16.30	---	76.50	**95.10**

Redwood

Description	Oper	Unit	Vol	Crew Size	Man-hours per Unit	Crew Output per Day	Avg Mat'l Unit Cost	Avg Labor Unit Cost	Avg Equip Unit Cost	Avg Total Unit Cost	Avg Price Incl O&P
1" x 6" - 6' H	Inst	LF	Lg	CS	.400	60.00	58.10	16.30	---	74.40	**92.50**
	Inst	LF	Sm	CS	.533	45.00	64.00	21.70	---	85.70	**107.00**
1" x 8" - 6' H	Inst	LF	Lg	CS	.343	70.00	56.40	14.00	---	70.40	**87.20**
	Inst	LF	Sm	CS	.457	52.50	62.20	18.60	---	80.80	**101.00**
1" x 10" - 6' H	Inst	LF	Lg	CS	.300	80.00	61.20	12.20	---	73.40	**90.60**
	Inst	LF	Sm	CS	.400	60.00	67.50	16.30	---	83.80	**104.00**

Rough boards, both ends squared
Cedar

Description	Oper	Unit	Vol	Crew Size	Man-hours per Unit	Crew Output per Day	Avg Mat'l Unit Cost	Avg Labor Unit Cost	Avg Equip Unit Cost	Avg Total Unit Cost	Avg Price Incl O&P
1" x 6" - 6' H	Inst	LF	Lg	CS	.369	65.00	52.30	15.00	---	67.30	**83.70**
	Inst	LF	Sm	CS	.492	48.75	57.60	20.00	---	77.60	**97.10**
1" x 8" - 6' H	Inst	LF	Lg	CS	.320	75.00	41.90	13.00	---	54.90	**68.50**
	Inst	LF	Sm	CS	.427	56.25	46.10	17.40	---	63.50	**79.70**
1" x 10" - 6' H	Inst	LF	Lg	CS	.282	85.00	55.00	11.50	---	66.50	**82.00**
	Inst	LF	Sm	CS	.376	63.75	60.60	15.30	---	75.90	**94.10**

Fences, redwood frame

Description	Oper	Unit	Vol	Crew Size	Man-hours per Unit	Crew Output per Day	Avg Mat'l Unit Cost	Avg Labor Unit Cost	Avg Equip Unit Cost	Avg Total Unit Cost	Avg Price Incl O&P
Douglas fir, treated											
1" x 6" - 6' H	Inst	LF	Lg	CS	.369	65.00	48.70	15.00	---	63.70	**79.50**
	Inst	LF	Sm	CS	.492	48.75	53.70	20.00	---	73.70	**92.50**
1" x 8" - 6' H	Inst	LF	Lg	CS	.320	75.00	47.90	13.00	---	60.90	**75.70**
	Inst	LF	Sm	CS	.427	56.25	52.80	17.40	---	70.20	**87.60**
1" x 10" - 6' H	Inst	LF	Lg	CS	.282	85.00	50.90	11.50	---	62.40	**77.20**
	Inst	LF	Sm	CS	.376	63.75	56.10	15.30	---	71.40	**88.80**
Redwood											
1" x 6" - 6' H	Inst	LF	Lg	CS	.369	65.00	53.40	15.00	---	68.40	**85.10**
	Inst	LF	Sm	CS	.492	48.75	58.80	20.00	---	78.80	**98.60**
1" x 8" - 6' H	Inst	LF	Lg	CS	.320	75.00	52.20	13.00	---	65.20	**80.90**
	Inst	LF	Sm	CS	.427	56.25	57.50	17.40	---	74.90	**93.40**
1" x 10" - 6' H	Inst	LF	Lg	CS	.282	85.00	56.30	11.50	---	67.80	**83.60**
	Inst	LF	Sm	CS	.376	63.75	62.00	15.30	---	77.30	**95.80**

Redwood frame members with redwood posts

Milled boards, "dog-eared" one end

Description	Oper	Unit	Vol	Crew Size	Man-hours per Unit	Crew Output per Day	Avg Mat'l Unit Cost	Avg Labor Unit Cost	Avg Equip Unit Cost	Avg Total Unit Cost	Avg Price Incl O&P
Cedar											
1" x 6" - 6' H	Inst	LF	Lg	CS	.400	60.00	180.00	16.30	---	196.30	**239.00**
	Inst	LF	Sm	CS	.533	45.00	198.00	21.70	---	219.70	**268.00**
1" x 8" - 6' H	Inst	LF	Lg	CS	.343	70.00	167.00	14.00	---	181.00	**220.00**
	Inst	LF	Sm	CS	.457	52.50	184.00	18.60	---	202.60	**247.00**
1" x 10" - 6' H	Inst	LF	Lg	CS	.300	80.00	183.00	12.20	---	195.20	**237.00**
	Inst	LF	Sm	CS	.400	60.00	202.00	16.30	---	218.30	**265.00**
Douglas fir, treated											
1" x 6" - 6' H	Inst	LF	Lg	CS	.400	60.00	176.00	16.30	---	192.30	**234.00**
	Inst	LF	Sm	CS	.533	45.00	194.00	21.70	---	215.70	**263.00**
1" x 8" - 6' H	Inst	LF	Lg	CS	.343	70.00	174.00	14.00	---	188.00	**229.00**
	Inst	LF	Sm	CS	.457	52.50	192.00	18.60	---	210.60	**257.00**
1" x 10" - 6' H	Inst	LF	Lg	CS	.300	80.00	178.00	12.20	---	190.20	**231.00**
	Inst	LF	Sm	CS	.400	60.00	196.00	16.30	---	212.30	**258.00**
Redwood											
1" x 6" - 6' H	Inst	LF	Lg	CS	.400	60.00	180.00	16.30	---	196.30	**239.00**
	Inst	LF	Sm	CS	.533	45.00	198.00	21.70	---	219.70	**268.00**
1" x 8" - 6' H	Inst	LF	Lg	CS	.343	70.00	167.00	14.00	---	181.00	**220.00**
	Inst	LF	Sm	CS	.457	52.50	184.00	18.60	---	202.60	**247.00**
1" x 10" - 6' H	Inst	LF	Lg	CS	.300	80.00	183.00	12.20	---	195.20	**237.00**
	Inst	LF	Sm	CS	.400	60.00	202.00	16.30	---	218.30	**265.00**

Rough boards, both ends squared

Description	Oper	Unit	Vol	Crew Size	Man-hours per Unit	Crew Output per Day	Avg Mat'l Unit Cost	Avg Labor Unit Cost	Avg Equip Unit Cost	Avg Total Unit Cost	Avg Price Incl O&P
Cedar											
1" x 6" - 6' H	Inst	LF	Lg	CS	.369	65.00	176.00	15.00	---	191.00	**232.00**
	Inst	LF	Sm	CS	.492	48.75	193.00	20.00	---	213.00	**260.00**
1" x 8" - 6' H	Inst	LF	Lg	CS	.320	75.00	165.00	13.00	---	178.00	**216.00**
	Inst	LF	Sm	CS	.427	56.25	182.00	17.40	---	199.40	**243.00**
1" x 10" - 6' H	Inst	LF	Lg	CS	.282	85.00	178.00	11.50	---	189.50	**230.00**
	Inst	LF	Sm	CS	.376	63.75	196.00	15.30	---	211.30	**257.00**

Description	Oper	Unit	Vol	Crew Size	Man-hours per Unit	Crew Output per Day	Avg Mat'l Unit Cost	Avg Labor Unit Cost	Avg Equip Unit Cost	Avg Total Unit Cost	Avg Price Incl O&P
Douglas fir, treated											
1" x 6" - 6' H	Inst	LF	Lg	CS	.369	65.00	172.00	15.00	---	187.00	**227.00**
	Inst	LF	Sm	CS	.492	48.75	190.00	20.00	---	210.00	**256.00**
1" x 8" - 6' H	Inst	LF	Lg	CS	.320	75.00	171.00	13.00	---	184.00	**224.00**
	Inst	LF	Sm	CS	.427	56.25	189.00	17.40	---	206.40	**251.00**
1" x 10" - 6' H	Inst	LF	Lg	CS	.282	85.00	174.00	11.50	---	185.50	**225.00**
	Inst	LF	Sm	CS	.376	63.75	192.00	15.30	---	207.30	**252.00**
Redwood											
1" x 6" - 6' H	Inst	LF	Lg	CS	.369	65.00	177.00	15.00	---	192.00	**233.00**
	Inst	LF	Sm	CS	.492	48.75	195.00	20.00	---	215.00	**262.00**
1" x 8" - 6' H	Inst	LF	Lg	CS	.320	75.00	176.00	13.00	---	189.00	**229.00**
	Inst	LF	Sm	CS	.427	56.25	193.00	17.40	---	210.40	**256.00**
1" x 10" - 6' H	Inst	LF	Lg	CS	.282	85.00	180.00	11.50	---	191.50	**232.00**
	Inst	LF	Sm	CS	.376	63.75	198.00	15.30	---	213.30	**259.00**

Chain link

9 gauge galvanized steel, includes top rail (1-5/8" o.d.), line posts (2" o.d.) @ 10' oc and sleeves

Description	Oper	Unit	Vol	Crew Size	Man-hours per Unit	Crew Output per Day	Avg Mat'l Unit Cost	Avg Labor Unit Cost	Avg Equip Unit Cost	Avg Total Unit Cost	Avg Price Incl O&P
36" H (3' H)	Inst	LF	Lg	HB	.073	220.0	12.30	2.90	---	15.20	**18.80**
	Inst	LF	Sm	HB	.097	165.0	13.50	3.86	---	17.36	**21.70**
48" H (4' H)	Inst	LF	Lg	HB	.080	200.0	14.40	3.18	---	17.58	**21.70**
	Inst	LF	Sm	HB	.107	150.0	15.80	4.26	---	20.06	**25.00**
60" H (5' H)	Inst	LF	Lg	HB	.089	180.0	15.40	3.54	---	18.94	**23.50**
	Inst	LF	Sm	HB	.119	135.0	17.00	4.73	---	21.73	**27.10**
72" H (6' H)	Inst	LF	Lg	HB	.100	160.0	17.80	3.98	---	21.78	**27.00**
	Inst	LF	Sm	HB	.133	120.0	19.60	5.29	---	24.89	**31.00**
84" H (7'H)	Inst	LF	Lg	HB	.100	160.0	22.40	3.98	---	26.38	**32.60**
	Inst	LF	Sm	HB	.133	120.0	24.70	5.29	---	29.99	**37.20**
120" H (10' H)	Inst	LF	Lg	HB	.114	140.0	29.70	4.53	---	34.23	**42.10**
	Inst	LF	Sm	HB	.152	105.0	32.80	6.05	---	38.85	**47.90**
144" H (12' H)	Inst	LF	Lg	HB	.114	140.0	32.90	4.53	---	37.43	**45.90**
	Inst	LF	Sm	HB	.152	105.0	36.30	6.05	---	42.35	**52.10**
11-1/2 gauge galvanized steel fabric											
DEDUCT	Inst	%	Lg	---	---	---	-19.0	---	---	---	---
	Inst	%	Sm	---	---	---	-19.0	---	---	---	---

11-1/2 gauge vinyl coat, includes top rail (1-5/8" o.d.), line posts (2" o.d.) @ 10' oc and sleeves

Description	Oper	Unit	Vol	Crew Size	Man-hours per Unit	Crew Output per Day	Avg Mat'l Unit Cost	Avg Labor Unit Cost	Avg Equip Unit Cost	Avg Total Unit Cost	Avg Price Incl O&P
36" H (3' H)	Inst	LF	Lg	HB	.073	220.0	10.50	2.90	---	13.40	**16.80**
	Inst	LF	Sm	HB	.097	165.0	11.60	3.86	---	15.46	**19.40**
48" H (4' H)	Inst	LF	Lg	HB	.080	200.0	12.10	3.18	---	15.28	**19.00**
	Inst	LF	Sm	HB	.107	150.0	13.30	4.26	---	17.56	**22.00**
60" H (5' H)	Inst	LF	Lg	HB	.089	180.0	14.60	3.54	---	18.14	**22.50**
	Inst	LF	Sm	HB	.119	135.0	16.10	4.73	---	20.83	**26.00**
72" H (6' H)	Inst	LF	Lg	HB	.100	160.0	16.10	3.98	---	20.08	**25.00**
	Inst	LF	Sm	HB	.133	120.0	17.70	5.29	---	22.99	**28.80**
84" H (7'H)	Inst	LF	Lg	HB	.100	160.0	20.70	3.98	---	24.68	**30.50**
	Inst	LF	Sm	HB	.133	120.0	22.90	5.29	---	28.19	**34.90**
120" H (10' H)	Inst	LF	Lg	HB	.114	140.0	31.20	4.53	---	35.73	**43.90**
	Inst	LF	Sm	HB	.152	105.0	34.40	6.05	---	40.45	**49.90**
144" H (12' H)	Inst	LF	Lg	HB	.114	140.0	33.40	4.53	---	37.93	**46.50**
	Inst	LF	Sm	HB	.152	105.0	36.80	6.05	---	42.85	**52.80**

Fences, chain link

Description	Oper	Unit	Vol	Crew Size	Man-hours per Unit	Crew Output per Day	Avg Mat'l Unit Cost	Avg Labor Unit Cost	Avg Equip Unit Cost	Avg Total Unit Cost	Avg Price Incl O&P
9 gauge galvanized steel, install fabric only											
36" H (3' H)	Inst	LF	Lg	HB	.053	300.0	5.15	2.11	---	7.26	**9.17**
	Inst	LF	Sm	HB	.071	225.0	5.68	2.82	---	8.50	**10.80**
48" H (4' H)	Inst	LF	Lg	HB	.059	270.0	7.26	2.35	---	9.61	**12.00**
	Inst	LF	Sm	HB	.079	202.5	8.00	3.14	---	11.14	**14.10**
60" H (5' H)	Inst	LF	Lg	HB	.065	245.0	8.01	2.59	---	10.60	**13.30**
	Inst	LF	Sm	HB	.087	183.8	8.82	3.46	---	12.28	**15.50**
72" H (6' H)	Inst	LF	Lg	HB	.073	220.0	9.51	2.90	---	12.41	**15.50**
	Inst	LF	Sm	HB	.097	165.0	10.50	3.86	---	14.36	**18.10**
84" H (7'H)	Inst	LF	Lg	HB	.073	220.0	10.30	2.90	---	13.20	**16.50**
	Inst	LF	Sm	HB	.097	165.0	11.40	3.86	---	15.26	**19.10**
120" H (10' H)	Inst	LF	Lg	HB	.084	190.0	14.90	3.34	---	18.24	**22.70**
	Inst	LF	Sm	HB	.112	142.5	16.50	4.45	---	20.95	**26.10**
144" H (12' H)	Inst	LF	Lg	HB	.084	190.0	17.50	3.34	---	20.84	**25.70**
	Inst	LF	Sm	HB	.112	142.5	19.30	4.45	---	23.75	**29.50**
11-1/2 gauge galvanized steel fabric											
DEDUCT	Inst	%	Lg	---	---	---	-58.0	---	---	---	---
	Inst	%	Sm	---	---	---	-58.0	---	---	---	---
11-1/2 gauge vinyl coat, install fabric only											
36" H (3' H)	Inst	LF	Lg	HB	.053	300.0	4.21	2.11	---	6.32	**8.04**
	Inst	LF	Sm	HB	.071	225.0	4.64	2.82	---	7.46	**9.58**
48" H (4' H)	Inst	LF	Lg	HB	.059	270.0	4.86	2.35	---	7.21	**9.16**
	Inst	LF	Sm	HB	.079	202.5	5.36	3.14	---	8.50	**10.90**
60" H (5' H)	Inst	LF	Lg	HB	.065	245.0	6.95	2.59	---	9.54	**12.00**
	Inst	LF	Sm	HB	.087	183.8	7.66	3.46	---	11.12	**14.10**
72" H (6' H)	Inst	LF	Lg	HB	.073	220.0	7.50	2.90	---	10.40	**13.10**
	Inst	LF	Sm	HB	.097	165.0	8.26	3.86	---	12.12	**15.40**
84" H (7'H)	Inst	LF	Lg	HB	.073	220.0	8.29	2.90	---	11.19	**14.10**
	Inst	LF	Sm	HB	.097	165.0	9.14	3.86	---	13.00	**16.50**
120" H (10' H)	Inst	LF	Lg	HB	.084	190.0	16.10	3.34	---	19.44	**24.00**
	Inst	LF	Sm	HB	.112	142.5	17.70	4.45	---	22.15	**27.60**
144" H (12' H)	Inst	LF	Lg	HB	.084	190.0	17.60	3.34	---	20.94	**25.90**
	Inst	LF	Sm	HB	.112	142.5	19.40	4.45	---	23.85	**29.60**
Gates, installed											
9 gauge galvanized											
Rolling											
36" H (3' H)	Inst	LF	Lg	HB	.640	25.0	90.80	25.50	---	116.30	**145.00**
	Inst	LF	Sm	HB	.853	18.8	100.00	33.90	---	133.90	**168.00**
48" H (4' H)	Inst	LF	Lg	HB	.727	22.0	101.00	28.90	---	129.90	**163.00**
	Inst	LF	Sm	HB	.970	16.5	112.00	38.60	---	150.60	**189.00**
60" H (5' H)	Inst	LF	Lg	HB	.842	19.0	108.00	33.50	---	141.50	**177.00**
	Inst	LF	Sm	HB	1.123	14.3	119.00	44.70	---	163.70	**206.00**
72" H (6' H)	Inst	LF	Lg	HB	1.000	16.0	148.00	39.80	---	187.80	**235.00**
	Inst	LF	Sm	HB	1.333	12.0	164.00	53.00	---	217.00	**272.00**
Swinging											
36" H (3' H)	Inst	LF	Lg	HB	.533	30.0	42.60	21.20	---	63.80	**81.20**
	Inst	LF	Sm	HB	.711	22.5	46.90	28.30	---	75.20	**96.40**
48" H (4' H)	Inst	LF	Lg	HB	.593	27.0	45.10	23.60	---	68.70	**87.60**
	Inst	LF	Sm	HB	.790	20.3	49.70	31.40	---	81.10	**104.00**
60" H (5' H)	Inst	LF	Lg	HB	.696	23.0	48.70	27.70	---	76.40	**97.70**
	Inst	LF	Sm	HB	.928	17.3	53.60	36.90	---	90.50	**117.00**
72" H (6' H)	Inst	LF	Lg	HB	.800	20.0	56.40	31.80	---	88.20	**113.00**
	Inst	LF	Sm	HB	1.067	15.0	62.10	42.40	---	104.50	**135.00**

Description	Oper	Unit	Vol	Crew Size	Man-hours per Unit	Crew Output per Day	Avg Mat'l Unit Cost	Avg Labor Unit Cost	Avg Equip Unit Cost	Avg Total Unit Cost	Avg Price Incl O&P
Vinyl coat											
Rolling											
36" H (3' H)	Inst	LF	Lg	HB	.640	25.0	106.00	25.50	---	131.50	**164.00**
	Inst	LF	Sm	HB	.853	18.8	117.00	33.90	---	150.90	**189.00**
48" H (4' H)	Inst	LF	Lg	HB	.727	22.0	117.00	28.90	---	145.90	**181.00**
	Inst	LF	Sm	HB	.970	16.5	128.00	38.60	---	166.60	**209.00**
60" H (5' H)	Inst	LF	Lg	HB	.842	19.0	127.00	33.50	---	160.50	**200.00**
	Inst	LF	Sm	HB	1.123	14.3	140.00	44.70	---	184.70	**231.00**
72" H (6' H)	Inst	LF	Lg	HB	1.000	16.0	171.00	39.80	---	210.80	**261.00**
	Inst	LF	Sm	HB	1.333	12.0	188.00	53.00	---	241.00	**301.00**
Swinging											
36" H (3' H)	Inst	LF	Lg	HB	.533	30.0	51.80	21.20	---	73.00	**92.20**
	Inst	LF	Sm	HB	.711	22.5	57.00	28.30	---	85.30	**109.00**
48" H (4' H)	Inst	LF	Lg	HB	.593	27.0	85.90	23.60	---	109.50	**137.00**
	Inst	LF	Sm	HB	.790	20.3	94.70	31.40	---	126.10	**158.00**
60" H (5' H)	Inst	LF	Lg	HB	.696	23.0	90.20	27.70	---	117.90	**148.00**
	Inst	LF	Sm	HB	.928	17.3	99.40	36.90	---	136.30	**172.00**
72" H (6' H)	Inst	LF	Lg	HB	.800	20.0	96.50	31.80	---	128.30	**161.00**
	Inst	LF	Sm	HB	1.067	15.0	106.00	42.40	---	148.40	**188.00**

Adjustments

Chain link fence fabric

Description	Oper	Unit	Vol	Crew Size	Man-hours per Unit	Crew Output per Day	Avg Mat'l Unit Cost	Avg Labor Unit Cost	Avg Equip Unit Cost	Avg Total Unit Cost	Avg Price Incl O&P
Detach & Reset	Inst	LF	Lg	HB	.032	500.0	8.29	1.27	---	9.56	**11.80**
	Inst	LF	Sm	HB	.043	375.0	9.14	1.71	---	10.85	**13.40**

Filler strips, ADD
Aluminum, baked-on enamel finish
Diagonal, 1-7/8" W

Description	Oper	Unit	Vol	Crew Size	Man-hours per Unit	Crew Output per Day	Avg Mat'l Unit Cost	Avg Labor Unit Cost	Avg Equip Unit Cost	Avg Total Unit Cost	Avg Price Incl O&P
48" H	Inst	LF	Lg	LB	.160	100.0	6.35	5.98	---	12.33	**16.60**
	Inst	LF	Sm	LB	.213	75.00	7.00	7.97	---	14.97	**20.40**
60" H	Inst	LF	Lg	LB	.160	100.0	7.94	5.98	---	13.92	**18.50**
	Inst	LF	Sm	LB	.213	75.00	8.75	7.97	---	16.72	**22.50**
72" H	Inst	LF	Lg	LB	.160	100.0	9.53	5.98	---	15.51	**20.40**
	Inst	LF	Sm	LB	.213	75.00	10.50	7.97	---	18.47	**24.60**

Vertical, 1-1/4" W

Description	Oper	Unit	Vol	Crew Size	Man-hours per Unit	Crew Output per Day	Avg Mat'l Unit Cost	Avg Labor Unit Cost	Avg Equip Unit Cost	Avg Total Unit Cost	Avg Price Incl O&P
48" H	Inst	LF	Lg	LB	.160	100.0	6.35	5.98	---	12.33	**16.60**
	Inst	LF	Sm	LB	.213	75.00	7.00	7.97	---	14.97	**20.40**
60" H	Inst	LF	Lg	LB	.160	100.0	7.94	5.98	---	13.92	**18.50**
	Inst	LF	Sm	LB	.213	75.00	8.75	7.97	---	16.72	**22.50**
72" H	Inst	LF	Lg	LB	.160	100.0	9.53	5.98	---	15.51	**20.40**
	Inst	LF	Sm	LB	.213	75.00	10.50	7.97	---	18.47	**24.60**

Wood, redwood stain
Vertical, 1-1/4" W

Description	Oper	Unit	Vol	Crew Size	Man-hours per Unit	Crew Output per Day	Avg Mat'l Unit Cost	Avg Labor Unit Cost	Avg Equip Unit Cost	Avg Total Unit Cost	Avg Price Incl O&P
48" H	Inst	LF	Lg	LB	.160	100.0	8.27	5.98	---	14.25	**18.90**
	Inst	LF	Sm	LB	.213	75.00	9.12	7.97	---	17.09	**22.90**
60" H	Inst	LF	Lg	LB	.160	100.0	10.30	5.98	---	16.28	**21.40**
	Inst	LF	Sm	LB	.213	75.00	11.40	7.97	---	19.37	**25.60**
72" H	Inst	LF	Lg	LB	.160	100.0	12.40	5.98	---	18.38	**23.90**
	Inst	LF	Sm	LB	.213	75.00	13.70	7.97	---	21.67	**28.40**

Corner posts (2-1/2" o.d.) with cap for the listed fence height, installed, heavyweight

Description	Oper	Unit	Vol	Crew Size	Man-hours per Unit	Crew Output per Day	Avg Mat'l Unit Cost	Avg Labor Unit Cost	Avg Equip Unit Cost	Avg Total Unit Cost	Avg Price Incl O&P
36" H	Inst	Ea	Lg	HA	.286	28.00	33.00	12.60	---	45.60	**57.40**
	Inst	Ea	Sm	HA	.381	21.00	36.30	16.70	---	53.00	**67.30**
48" H	Inst	Ea	Lg	HA	.320	25.00	38.50	14.10	---	52.60	**66.10**
	Inst	Ea	Sm	HA	.427	18.75	42.40	18.80	---	61.20	**77.50**

Fences, split rail

Description	Oper	Unit	Vol	Crew Size	Man-hours per Unit	Crew Output per Day	Avg Mat'l Unit Cost	Avg Labor Unit Cost	Avg Equip Unit Cost	Avg Total Unit Cost	Avg Price Incl O&P
60" H	Inst	Ea	Lg	HA	.364	22.00	44.90	16.00	---	60.90	**76.60**
	Inst	Ea	Sm	HA	.485	16.50	49.50	21.30	---	70.80	**89.70**
72" H	Inst	Ea	Lg	HA	.400	20.00	70.90	17.60	---	88.50	**110.00**
	Inst	Ea	Sm	HA	.533	15.00	78.20	23.40	---	101.60	**127.00**
84" H	Inst	Ea	Lg	HA	.444	18.00	70.90	19.50	---	90.40	**113.00**
	Inst	Ea	Sm	HA	.593	13.50	78.20	26.10	---	104.30	**131.00**
120" H	Inst	Ea	Lg	HA	.500	16.00	85.40	22.00	---	107.40	**134.00**
	Inst	Ea	Sm	HA	.667	12.00	94.10	29.30	---	123.40	**155.00**
144" H	Inst	Ea	Lg	HA	.571	14.00	91.10	25.10	---	116.20	**145.00**
	Inst	Ea	Sm	HA	.762	10.50	100.00	33.50	---	133.50	**168.00**
End / Gate posts (2-1/2" o.d.) with cap for the listed fence height, installed, heavyweight											
36" H	Inst	Ea	Lg	HA	.286	28.00	24.60	12.60	---	37.20	**47.40**
	Inst	Ea	Sm	HA	.381	21.00	27.10	16.70	---	43.80	**56.30**
48" H	Inst	Ea	Lg	HA	.320	25.00	24.60	14.10	---	38.70	**49.50**
	Inst	Ea	Sm	HA	.427	18.75	27.10	18.80	---	45.90	**59.20**
60" H	Inst	Ea	Lg	HA	.364	22.00	26.40	16.00	---	42.40	**54.40**
	Inst	Ea	Sm	HA	.485	16.50	29.10	21.30	---	50.40	**65.20**
72" H	Inst	Ea	Lg	HA	.400	20.00	34.30	17.60	---	51.90	**66.10**
	Inst	Ea	Sm	HA	.533	15.00	37.80	23.40	---	61.20	**78.60**

Split rail

Red cedar, 10' L sectional spans

Description	Oper	Unit	Vol	Crew Size	Man-hours per Unit	Crew Output per Day	Avg Mat'l Unit Cost	Avg Labor Unit Cost	Avg Equip Unit Cost	Avg Total Unit Cost	Avg Price Incl O&P
Rails only	Inst	Ea	Lg	---	---	---	21.40	---	---	21.40	**25.70**
	Inst	Ea	Sm	---	---	---	23.60	---	---	23.60	**28.30**
Bored 2 rail posts											
5'-6" line or end posts	Inst	Ea	Lg	CA	.615	13.00	27.30	26.60	---	53.90	**70.00**
	Inst	Ea	Sm	CA	.821	9.75	30.10	35.50	---	65.60	**85.80**
5'-6" corner posts	Inst	Ea	Lg	CA	.615	13.00	27.30	26.60	---	53.90	**70.00**
	Inst	Ea	Sm	CA	.821	9.75	30.10	35.50	---	65.60	**85.80**
Bored 3 rail posts											
6'-6" line or end posts	Inst	Ea	Lg	CA	.615	13.00	31.60	26.60	---	58.20	**75.20**
	Inst	Ea	Sm	CA	.821	9.75	34.90	35.50	---	70.40	**91.60**
6'-6" corner posts	Inst	Ea	Lg	CA	.615	13.00	31.60	26.60	---	58.20	**75.20**
	Inst	Ea	Sm	CA	.821	9.75	34.90	35.50	---	70.40	**91.60**

Complete fence estimate (does not include gates)

Description	Oper	Unit	Vol	Crew Size	Man-hours per Unit	Crew Output per Day	Avg Mat'l Unit Cost	Avg Labor Unit Cost	Avg Equip Unit Cost	Avg Total Unit Cost	Avg Price Incl O&P
2 rail											
36" H, 5'-6" post	Inst	LF	Lg	CJ	.042	380.0	7.21	1.66	---	8.87	**11.00**
	Inst	LF	Sm	CJ	.056	285.0	7.95	2.21	---	10.16	**12.60**
3 rail											
48" H, 6'-6" post	Inst	LF	Lg	CJ	.048	330.0	9.82	1.89	---	11.71	**14.40**
	Inst	LF	Sm	CJ	.065	247.5	10.80	2.56	---	13.36	**16.60**

Gate

Description	Oper	Unit	Vol	Crew Size	Man-hours per Unit	Crew Output per Day	Avg Mat'l Unit Cost	Avg Labor Unit Cost	Avg Equip Unit Cost	Avg Total Unit Cost	Avg Price Incl O&P
2 rails											
3-1/2' W	Inst	Ea	Lg	CA	.615	13.00	92.30	26.60	---	118.90	**148.00**
	Inst	Ea	Sm	CA	.821	9.75	102.00	35.50	---	137.50	**172.00**
5' W	Inst	Ea	Lg	CA	.800	10.00	132.00	34.60	---	166.60	**207.00**
	Inst	Ea	Sm	CA	1.07	7.50	145.00	46.30	---	191.30	**239.00**
3 rails											
3-1/2' W	Inst	Ea	Lg	CA	.615	13.00	103.00	26.60	---	129.60	**160.00**
	Inst	Ea	Sm	CA	.821	9.75	113.00	35.50	---	148.50	**185.00**
5' W	Inst	Ea	Lg	CA	.800	10.00	147.00	34.60	---	181.60	**224.00**
	Inst	Ea	Sm	CA	1.07	7.50	161.00	46.30	---	207.30	**259.00**

Fiberglass panels

Corrugated polycarbonate

26" W x 6', 8', 10', or 12' L panels; 2-1/2" W x 5/8" H rib

Description	Oper	Unit	Vol	Crew Size	Man-hours per Unit	Crew Output per Day	Avg Mat'l Unit Cost	Avg Labor Unit Cost	Avg Equip Unit Cost	Avg Total Unit Cost	Avg Price Incl O&P
4 oz., 0.032" T, 26" W	Inst	SF	Lg	CA	.040	200.0	1.49	1.84	---	3.33	**4.54**
	Inst	SF	Sm	CA	.053	150.0	1.64	2.43	---	4.07	**5.62**
5 oz., 0.037" T, 26" W	Inst	SF	Lg	CA	.040	200.0	2.14	1.84	---	3.98	**5.32**
	Inst	SF	Sm	CA	.053	150.0	2.35	2.43	---	4.78	**6.47**

Accessories

Wood corrugated

Description	Oper	Unit	Vol	Crew Size	Man-hours per Unit	Crew Output per Day	Avg Mat'l Unit Cost	Avg Labor Unit Cost	Avg Equip Unit Cost	Avg Total Unit Cost	Avg Price Incl O&P
2-1/2" W x 1-1/2" D x 6' L	Inst	Ea	Lg	---	---	---	2.45	---	---	2.45	**2.94**
	Inst	Ea	Sm	---	---	---	2.70	---	---	2.70	**3.24**
2-1/2" W x 1-1/2" D x 8' L	Inst	Ea	Lg	---	---	---	2.98	---	---	2.98	**3.58**
	Inst	Ea	Sm	---	---	---	3.28	---	---	3.28	**3.94**
2-1/2" W x 3/4" D x 6' L	Inst	Ea	Lg	---	---	---	1.13	---	---	1.13	**1.36**
	Inst	Ea	Sm	---	---	---	1.24	---	---	1.24	**1.49**
2-1/2" W x 3/4" D x 8' L	Inst	Ea	Lg	---	---	---	1.45	---	---	1.45	**1.74**
	Inst	Ea	Sm	---	---	---	1.60	---	---	1.60	**1.92**

Rubber corrugated

Description	Oper	Unit	Vol	Crew Size	Man-hours per Unit	Crew Output per Day	Avg Mat'l Unit Cost	Avg Labor Unit Cost	Avg Equip Unit Cost	Avg Total Unit Cost	Avg Price Incl O&P
1" x 3"	Inst	Ea	Lg	---	---	---	1.13	---	---	1.13	**1.36**
	Inst	Ea	Sm	---	---	---	1.24	---	---	1.24	**1.49**

Polyfoam corrugated

Description	Oper	Unit	Vol	Crew Size	Man-hours per Unit	Crew Output per Day	Avg Mat'l Unit Cost	Avg Labor Unit Cost	Avg Equip Unit Cost	Avg Total Unit Cost	Avg Price Incl O&P
1" x 3"	Inst	Ea	Lg	---	---	---	.79	---	---	.79	**.95**
	Inst	Ea	Sm	---	---	---	.87	---	---	.87	**1.04**

Vertical crown molding

Wood

Description	Oper	Unit	Vol	Crew Size	Man-hours per Unit	Crew Output per Day	Avg Mat'l Unit Cost	Avg Labor Unit Cost	Avg Equip Unit Cost	Avg Total Unit Cost	Avg Price Incl O&P
1-1/2" x 6' L	Inst	Ea	Lg	---	---	---	2.05	---	---	2.05	**2.46**
	Inst	Ea	Sm	---	---	---	2.26	---	---	2.26	**2.71**
1-1/2" x 8' L	Inst	Ea	Lg	---	---	---	2.70	---	---	2.70	**3.24**
	Inst	Ea	Sm	---	---	---	2.98	---	---	2.98	**3.58**

Polyfoam

Description	Oper	Unit	Vol	Crew Size	Man-hours per Unit	Crew Output per Day	Avg Mat'l Unit Cost	Avg Labor Unit Cost	Avg Equip Unit Cost	Avg Total Unit Cost	Avg Price Incl O&P
1" x 1" x 3' L	Inst	Ea	Lg	---	---	---	.99	---	---	.99	**1.19**
	Inst	Ea	Sm	---	---	---	1.09	---	---	1.09	**1.31**

Rubber

Description	Oper	Unit	Vol	Crew Size	Man-hours per Unit	Crew Output per Day	Avg Mat'l Unit Cost	Avg Labor Unit Cost	Avg Equip Unit Cost	Avg Total Unit Cost	Avg Price Incl O&P
1" x 1" x 3' L	Inst	Ea	Lg	---	---	---	1.87	---	---	1.87	**2.24**
	Inst	Ea	Sm	---	---	---	2.06	---	---	2.06	**2.47**

Fireplaces

Prefabricated, zero clearance. No masonry support required, installs directly on floor

Excludes chimney framing, exterior finish, interior finish, hearth, mantel

Direct vent flue pipe, direct vent fireplace box

Includes termination kit and sealed glass doors

Description	Oper	Unit	Vol	Crew Size	Man-hours per Unit	Crew Output per Day	Avg Mat'l Unit Cost	Avg Labor Unit Cost	Avg Equip Unit Cost	Avg Total Unit Cost	Avg Price Incl O&P
Average	Inst	LS	Lg	CJ	20.0	0.80	2310.00	833.00	---	3143.00	**4020.00**
	Inst	LS	Sm	CJ	28.6	0.56	2540.00	1190.00	---	3730.00	**4840.00**
High	Inst	LS	Lg	CJ	20.0	0.80	4250.00	833.00	---	5083.00	**6350.00**
	Inst	LS	Sm	CJ	28.6	0.56	4680.00	1190.00	---	5870.00	**7400.00**
For blower, ADD											
	Inst	LS	Lg	CJ	1.6	10.00	147.00	66.60	---	213.60	**277.00**
	Inst	LS	Sm	CJ	2.3	7.00	162.00	95.80	---	257.80	**339.00**

Double wall flue pipe (B-vent), gas burning fireplace box

Includes sealed glass doors, chase cover, roof flashing, collar, firestop, flue cap

Description	Oper	Unit	Vol	Crew Size	Man-hours per Unit	Crew Output per Day	Avg Mat'l Unit Cost	Avg Labor Unit Cost	Avg Equip Unit Cost	Avg Total Unit Cost	Avg Price Incl O&P
Average	Inst	LS	Lg	CJ	32.0	0.50	2560.00	1330.00	---	3890.00	**5070.00**
	Inst	LS	Sm	CJ	45.7	0.35	2820.00	1900.00	---	4720.00	**6240.00**
High	Inst	LS	Lg	CJ	32.0	0.50	4750.00	1330.00	---	6080.00	**7700.00**
	Inst	LS	Sm	CJ	45.7	0.35	5230.00	1900.00	---	7130.00	**9130.00**

Triple wall flue pipe (B-vent), gas and wood burning fireplace box

Includes sealed glass doors, chase cover, roof flashing, collar, firestop, flue cap

Description	Oper	Unit	Vol	Crew Size	Man-hours per Unit	Crew Output per Day	Avg Mat'l Unit Cost	Avg Labor Unit Cost	Avg Equip Unit Cost	Avg Total Unit Cost	Avg Price Incl O&P
Average	Inst	LS	Lg	CJ	26.7	0.60	3950.00	1110.00	---	5060.00	**6410.00**
	Inst	LS	Sm	CJ	38.1	0.42	4350.00	1590.00	---	5940.00	**7600.00**
High	Inst	LS	Lg	CJ	24.6	0.65	6610.00	1020.00	---	7630.00	**9470.00**
	Inst	LS	Sm	CJ	34.8	0.46	7290.00	1450.00	---	8740.00	**10900.00**

Accessories

Description	Oper	Unit	Vol	Crew Size	Man-hours per Unit	Crew Output per Day	Avg Mat'l Unit Cost	Avg Labor Unit Cost	Avg Equip Unit Cost	Avg Total Unit Cost	Avg Price Incl O&P
Chimney framing for zero clearance fireplace											
Per Vertical LF	Inst	LF	Lg	CJ	1.3	12.00	24.70	54.10	---	78.80	**111.00**
	Inst	LF	Sm	CJ	1.9	8.40	27.20	79.10	---	106.30	**151.00**
Hearth											
Brick	Inst	SF	Lg	BK	1.6	10.00	8.86	62.40	---	71.26	**104.00**
	Inst	SF	Sm	BK	2.3	7.00	9.76	89.70	---	99.46	**146.00**
Marble / Stone	Inst	SF	Lg	MM	0.6	14.00	40.00	22.60	---	62.60	**81.90**
	Inst	SF	Sm	MM	0.8	9.80	44.10	30.10	---	74.20	**98.10**
Tile	Inst	SF	Lg	TA	0.3	32.00	8.83	12.10	---	20.93	**28.70**
	Inst	SF	Sm	TA	0.4	22.40	9.73	16.10	---	25.83	**35.80**
Log lighter with gas valve (straight or angle pattern)											
	Inst	Ea	Lg	SA	1.33	6.00	49.00	68.50	---	117.50	**162.00**
	Inst	Ea	Sm	SA	1.90	4.20	54.00	97.80	---	151.80	**212.00**
Log lighter, less gas valve (straight, angle, tee pattern)											
	Inst	Ea	Lg	SA	.667	12.00	24.50	34.30	---	58.80	**80.90**
	Inst	Ea	Sm	SA	0.95	8.40	27.00	48.90	---	75.90	**106.00**
Gas valve for log lighter											
	Inst	Ea	Lg	SA	.667	12.00	24.50	34.30	---	58.80	**80.90**
	Inst	Ea	Sm	SA	0.95	8.40	27.00	48.90	---	75.90	**106.00**
Trim kit, upgraded, for zero clearance fireplace											
Average	Inst	LS	Lg	CJ	1.0	16.00	98.00	41.60	---	139.60	**180.00**
	Inst	LS	Sm	CJ	1.4	11.20	108.00	58.30	---	166.30	**217.00**
High	Inst	LS	Lg	CJ	1.0	16.00	144.00	41.60	---	185.60	**236.00**
	Inst	LS	Sm	CJ	1.4	11.20	159.00	58.30	---	217.30	**278.00**

Fireplace flue piping. See Sheet metal, page 349

Fireplace mantels. See Mantels, fireplace, page 271

Flashing. See Sheet metal, page 346

Floor finishes. See individual items

Floor joists. See Framing, page 178

Food centers

Description	Oper	Unit	Vol	Crew Size	Man-hours per Unit	Crew Output per Day	Avg Mat'l Unit Cost	Avg Labor Unit Cost	Avg Equip Unit Cost	Avg Total Unit Cost	Avg Price Incl O&P

Food centers

Includes wiring, connection and installation in exposed drainboard only

Built-in models, 4-1/4" x 6-3/4" x 10" rough cut

1,000 watt motor, 110 volts, 5 speed, 8.7 sones quiet

Description	Oper	Unit	Vol	Crew Size	Man-hours per Unit	Crew Output per Day	Avg Mat'l Unit Cost	Avg Labor Unit Cost	Avg Equip Unit Cost	Avg Total Unit Cost	Avg Price Incl O&P
	Inst	Ea	Lg	EA	2.67	3.00	294.00	129.00	---	423.00	**546.00**
	Inst	Ea	Sm	EA	3.81	2.10	324.00	184.00	---	508.00	**665.00**
Options											
Blender, glass	Inst	Ea	Lg	---	---	---	108.00	---	---	108.00	**129.00**
	Inst	Ea	Sm	---	---	---	119.00	---	---	119.00	**143.00**
Blender, stainless steel	Inst	Ea	Lg	---	---	---	123.00	---	---	123.00	**147.00**
	Inst	Ea	Sm	---	---	---	135.00	---	---	135.00	**162.00**
Food processor	Inst	Ea	Lg	---	---	---	196.00	---	---	196.00	**235.00**
	Inst	Ea	Sm	---	---	---	216.00	---	---	216.00	**259.00**
Grinder	Inst	Ea	Lg	---	---	---	108.00	---	---	108.00	**129.00**
	Inst	Ea	Sm	---	---	---	119.00	---	---	119.00	**143.00**
Mini-chopper	Inst	Ea	Lg	---	---	---	88.20	---	---	88.20	**106.00**
	Inst	Ea	Sm	---	---	---	97.20	---	---	97.20	**117.00**
Mixer	Inst	Ea	Lg	---	---	---	196.00	---	---	196.00	**235.00**
	Inst	Ea	Sm	---	---	---	216.00	---	---	216.00	**259.00**

Footings. See Concrete, page 90

Formica. See Countertops, page 98

Forming. See Concrete, page 90

Foundations. See Concrete, page 92

Framing

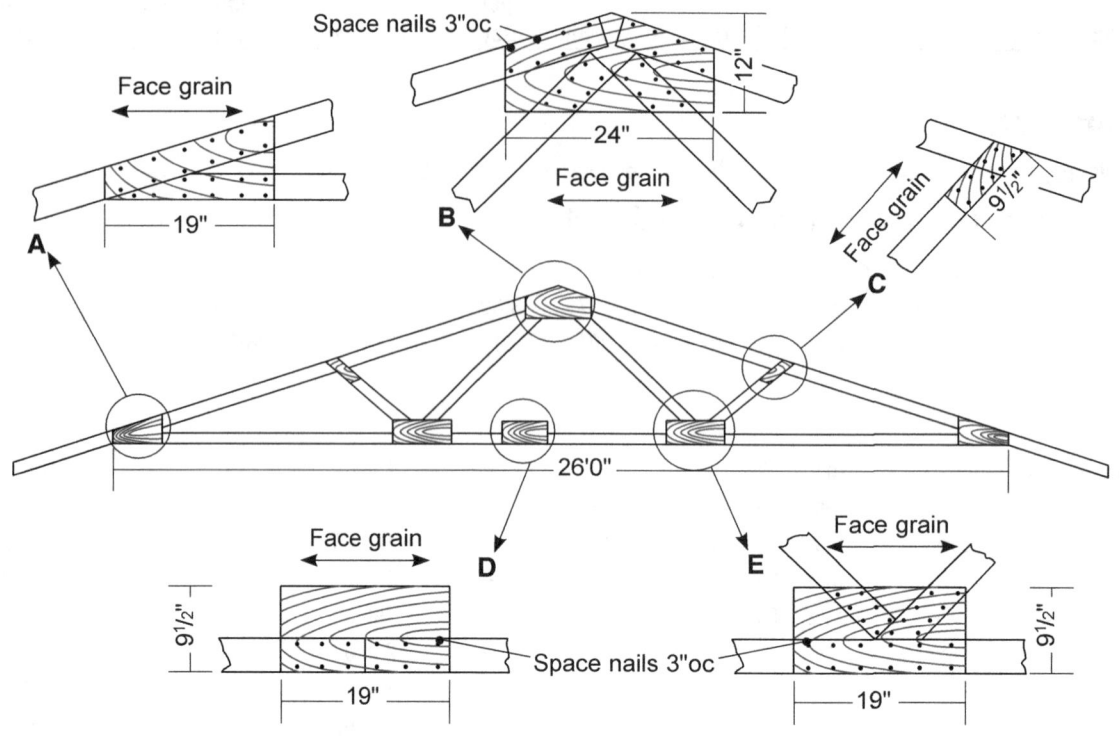

Construction of a 26 foot W truss:
- A Bevel-heel gusset
- B Peak gusset
- C Upper chord intermediate gusset
- D Splice of lower chord
- E Lower chord intermediate gusset

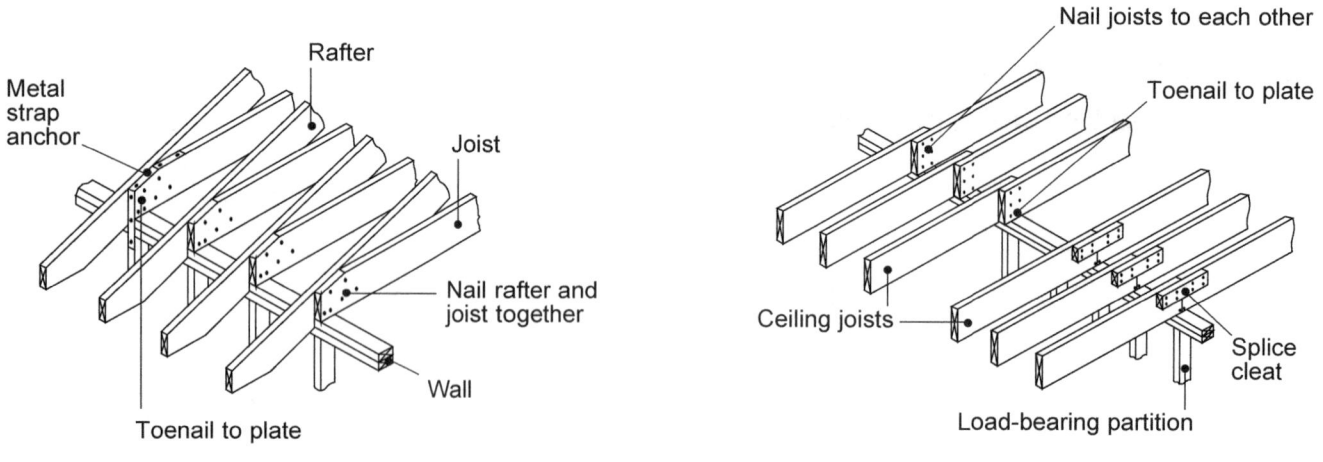

Wood hanger　　　　**Metal joist hanger**

Flush ceiling framing

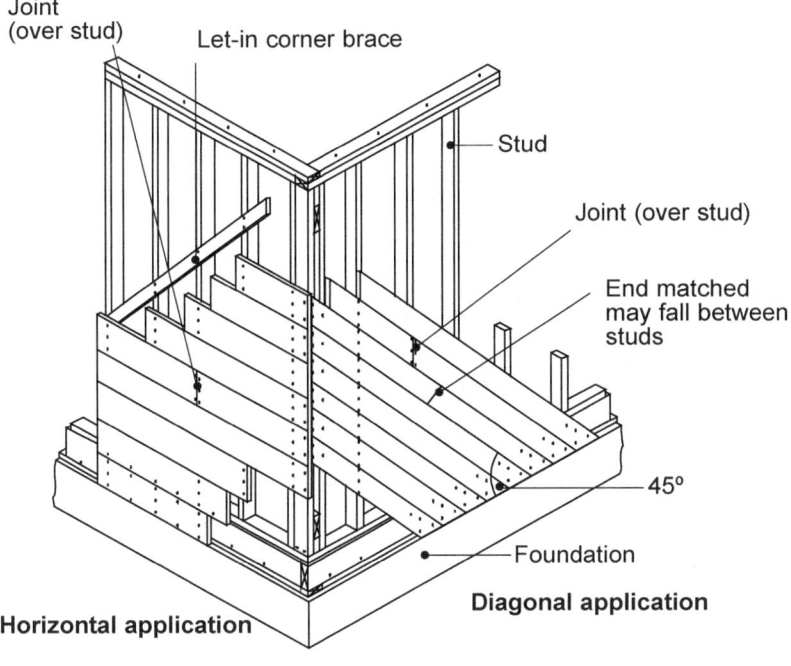
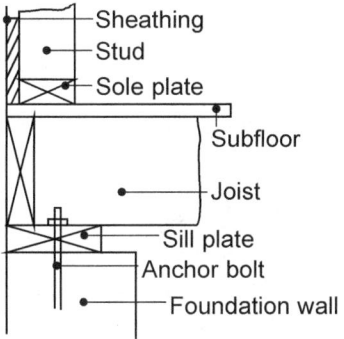
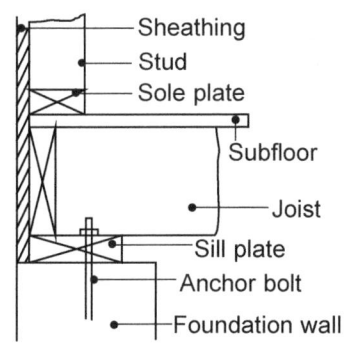

Application of wood sheathing:
A Horizontal and diagonal
B Started at subfloor
C Started at foundation wall

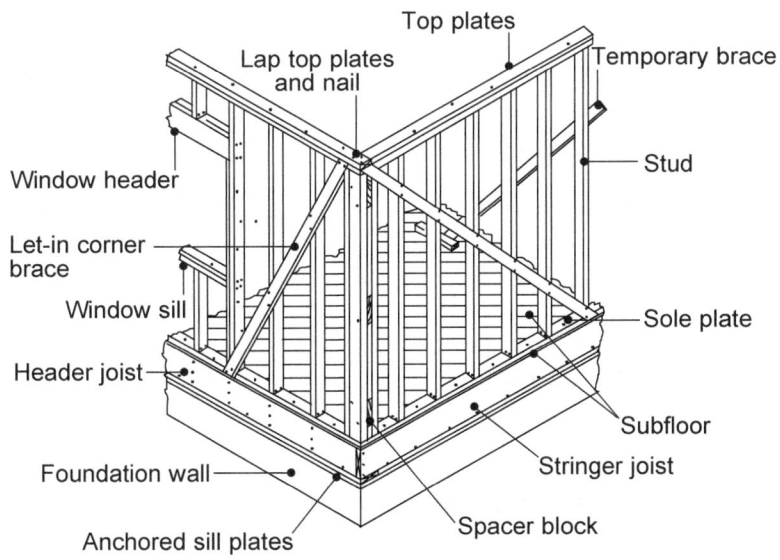
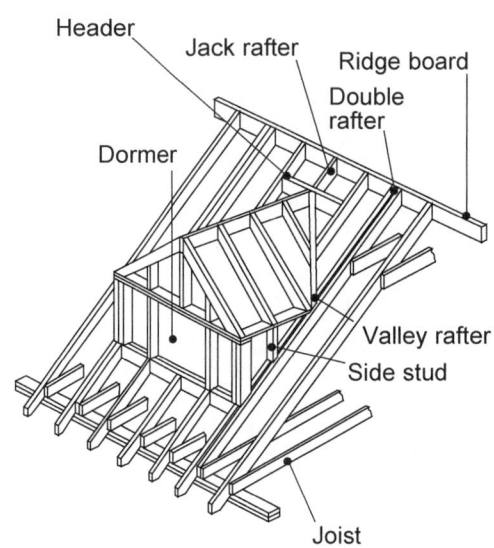

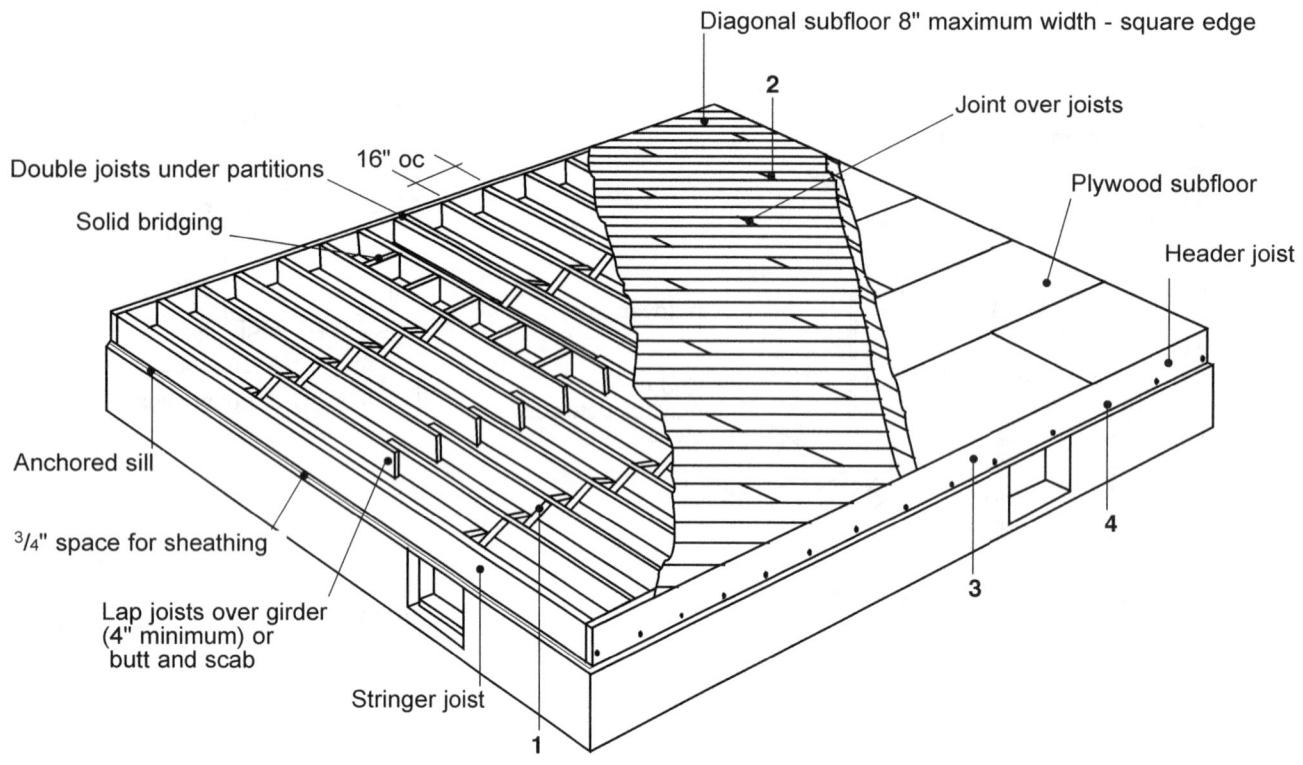

Floor framing:
1. Nailing bridge to joists
2. Nailing board subfloor to joists
3. Nailing header to joists
4. Toenailing header to sill

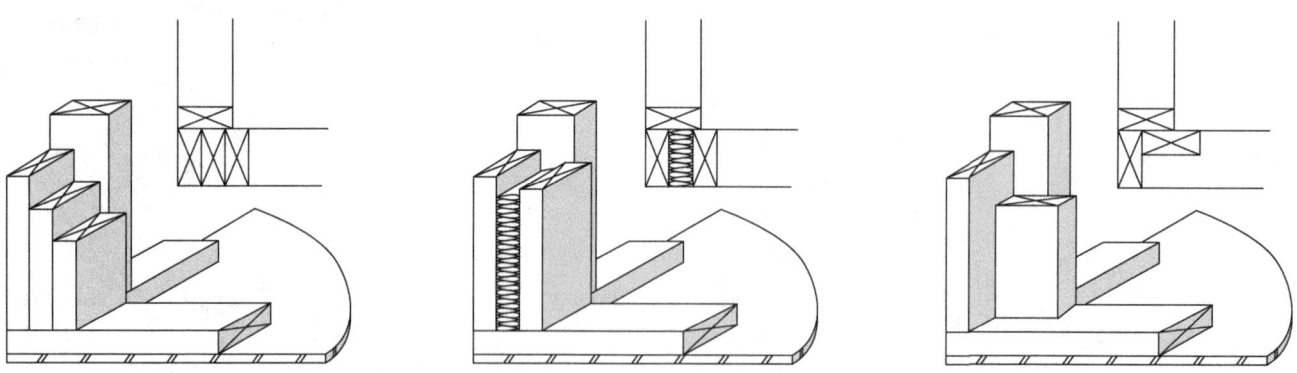

Stud arrangements at exterior corners

Framing, rough carpentry, beams

Description	Oper	Unit	Vol	Crew Size	Man-hours per Unit	Crew Output per Day	Avg Mat'l Unit Cost	Avg Labor Unit Cost	Avg Equip Unit Cost	Avg Total Unit Cost	Avg Price Incl O&P

Framing, rough carpentry
Demo and Install equipment includes pneumatic and hand tools

Dimension lumber

Beams; set on steel columns, not wood columns
Install equipment also includes telehandler to assist in beam placement

Built-up (2 pieces)

Description	Oper	Unit	Vol	Crew Size	Man-hours per Unit	Crew Output per Day	Avg Mat'l Unit Cost	Avg Labor Unit Cost	Avg Equip Unit Cost	Avg Total Unit Cost	Avg Price Incl O&P
4" x 6" - 10'	Demo	LF	Lg	LB	.024	661.0	---	.90	.83	1.73	**2.34**
	Demo	LF	Sm	LB	.028	561.9	---	1.05	.98	2.03	**2.75**
4" x 6" - 10'	Inst	LF	Lg	2C	.047	339.0	2.03	2.16	1.77	5.96	**7.79**
	Inst	LF	Sm	2C	.056	288.2	2.24	2.57	2.08	6.89	**9.04**
4" x 8" - 10'	Demo	LF	Lg	LB	.027	595.0	---	1.01	.92	1.93	**2.62**
	Demo	LF	Sm	LB	.032	505.8	---	1.20	1.09	2.29	**3.10**
4" x 8" - 10'	Inst	LF	Lg	2C	.046	350.0	2.40	2.11	1.71	6.22	**8.10**
	Inst	LF	Sm	2C	.054	297.5	2.65	2.48	2.02	7.15	**9.32**
4" x 10" - 10'	Demo	LF	Lg	LB	.030	540.0	---	1.12	1.02	2.14	**2.91**
	Demo	LF	Sm	LB	.035	459.0	---	1.31	1.20	2.51	**3.40**
4" x 10" - 10'	Inst	LF	Lg	2C	.049	325.0	2.96	2.25	1.84	7.05	**9.13**
	Inst	LF	Sm	2C	.058	276.3	3.27	2.66	2.17	8.10	**10.50**
4" x 12" - 12'	Demo	LF	Lg	LB	.032	495.0	---	1.20	1.11	2.31	**3.13**
	Demo	LF	Sm	LB	.038	420.8	---	1.42	1.31	2.73	**3.70**
4" x 12" - 12'	Inst	LF	Lg	2C	.053	304.0	4.19	2.43	1.97	8.59	**11.00**
	Inst	LF	Sm	2C	.062	258.4	4.60	2.84	2.32	9.76	**12.60**
6" x 8" - 10'	Demo	LF	Lg	LD	.043	744.0	---	1.79	.74	2.53	**3.57**
	Demo	LF	Sm	LD	.051	632.4	---	2.12	.87	2.99	**4.23**
6" x 8" - 10'	Inst	LF	Lg	CW	.074	435.0	13.70	3.08	1.38	18.16	**22.80**
	Inst	LF	Sm	CW	.087	369.8	15.20	3.62	1.62	20.44	**25.60**
6" x 10" - 10'	Demo	LF	Lg	LD	.047	676.0	---	1.96	.81	2.77	**3.91**
	Demo	LF	Sm	LD	.056	574.6	---	2.33	.96	3.29	**4.65**
6" x 10" - 10'	Inst	LF	Lg	CW	.079	405.0	17.80	3.29	1.48	22.57	**28.10**
	Inst	LF	Sm	CW	.093	344.3	19.60	3.87	1.74	25.21	**31.40**
6" x 12" - 12'	Demo	LF	Lg	LD	.052	619.0	---	2.17	.89	3.06	**4.32**
	Demo	LF	Sm	LD	.061	526.2	---	2.54	1.04	3.58	**5.06**
6" x 12" - 12'	Inst	LF	Lg	CW	.084	379.0	20.50	3.50	1.58	25.58	**31.80**
	Inst	LF	Sm	CW	.099	322.2	22.70	4.12	1.86	28.68	**35.60**

Built-up (3 pieces)

Description	Oper	Unit	Vol	Crew Size	Man-hours per Unit	Crew Output per Day	Avg Mat'l Unit Cost	Avg Labor Unit Cost	Avg Equip Unit Cost	Avg Total Unit Cost	Avg Price Incl O&P
6" x 8" - 10'	Demo	LF	Lg	LD	.044	733.0	---	1.83	.75	2.58	**3.65**
	Demo	LF	Sm	LD	.051	623.1	---	2.12	.88	3.00	**4.24**
6" x 8" - 10'	Inst	LF	Lg	CW	.075	425.0	3.67	3.12	1.41	8.20	**10.80**
	Inst	LF	Sm	CW	.089	361.3	4.05	3.71	1.66	9.42	**12.40**
6" x 10" - 10'	Demo	LF	Lg	LD	.048	669.0	---	2.00	.82	2.82	**3.98**
	Demo	LF	Sm	LD	.056	568.7	---	2.33	.97	3.30	**4.66**
6" x 10" - 10'	Inst	LF	Lg	CW	.081	397.0	4.52	3.37	1.51	9.40	**12.30**
	Inst	LF	Sm	CW	.095	337.5	4.98	3.96	1.78	10.72	**14.10**

Description	Oper	Unit	Vol	Crew Size	Man-hours per Unit	Crew Output per Day	Avg Mat'l Unit Cost	Avg Labor Unit Cost	Avg Equip Unit Cost	Avg Total Unit Cost	Avg Price Incl O&P
6" x 12" - 12'	Demo	LF	Lg	LD	.053	609.0	---	2.21	.90	3.11	**4.39**
	Demo	LF	Sm	LD	.062	517.7	---	2.58	1.06	3.64	**5.14**
6" x 12" - 12'	Inst	LF	Lg	CW	.087	368.0	6.35	3.62	1.63	11.60	**15.00**
	Inst	LF	Sm	CW	.102	312.8	6.98	4.25	1.92	13.15	**17.10**
9" x 10" - 12'	Demo	LF	Lg	LD	.059	541.0	---	2.46	1.02	3.48	**4.91**
	Demo	LF	Sm	LD	.070	459.9	---	2.91	1.20	4.11	**5.81**
9" x 10" - 12'	Inst	LF	Lg	CW	.095	338.0	26.80	3.96	1.77	32.53	**40.20**
	Inst	LF	Sm	CW	.111	287.3	29.50	4.62	2.09	36.21	**44.90**
9" x 12" - 12'	Demo	LF	Lg	LD	.065	493.0	---	2.71	1.11	3.82	**5.39**
	Demo	LF	Sm	LD	.076	419.1	---	3.16	1.31	4.47	**6.32**
9" x 12" - 12'	Inst	LF	Lg	CW	.102	315.0	30.90	4.25	1.90	37.05	**45.70**
	Inst	LF	Sm	CW	.120	267.8	34.10	5.00	2.24	41.34	**51.10**

Single member

Description	Oper	Unit	Vol	Crew Size	Man-hours per Unit	Crew Output per Day	Avg Mat'l Unit Cost	Avg Labor Unit Cost	Avg Equip Unit Cost	Avg Total Unit Cost	Avg Price Incl O&P
2" x 6"	Demo	LF	Lg	LB	.017	947.0	---	.64	.58	1.22	**1.65**
	Demo	LF	Sm	LB	.020	805.0	---	.75	.68	1.43	**1.94**
2" x 6"	Inst	LF	Lg	2C	.031	520.0	1.23	1.42	1.15	3.80	**4.99**
	Inst	LF	Sm	2C	.036	442.0	1.35	1.65	1.36	4.36	**5.73**
2" x 8"	Demo	LF	Lg	LB	.018	874.0	---	.67	.63	1.30	**1.77**
	Demo	LF	Sm	LB	.022	742.9	---	.82	.74	1.56	**2.12**
2" x 8"	Inst	LF	Lg	2C	.033	491.0	1.41	1.51	1.22	4.14	**5.43**
	Inst	LF	Sm	2C	.038	417.4	1.55	1.74	1.44	4.73	**6.20**
2" x 10"	Demo	LF	Lg	LB	.020	811.0	---	.75	.68	1.43	**1.94**
	Demo	LF	Sm	LB	.023	689.4	---	.86	.80	1.66	**2.25**
2" x 10"	Inst	LF	Lg	2C	.034	465.0	1.69	1.56	1.29	4.54	**5.92**
	Inst	LF	Sm	2C	.040	395.3	1.87	1.84	1.52	5.23	**6.82**
2" x 12"	Demo	LF	Lg	LB	.021	756.0	---	.79	.73	1.52	**2.05**
	Demo	LF	Sm	LB	.025	642.6	---	.94	.86	1.80	**2.43**
2" x 12"	Inst	LF	Lg	2C	.036	440.0	2.30	1.65	1.36	5.31	**6.87**
	Inst	LF	Sm	2C	.043	374.0	2.53	1.97	1.60	6.10	**7.92**
3" x 6"	Demo	LF	Lg	LB	.019	832.0	---	.71	.66	1.37	**1.86**
	Demo	LF	Sm	LB	.023	707.2	---	.86	.78	1.64	**2.23**
3" x 6"	Inst	LF	Lg	2C	.034	472.0	2.80	1.56	1.27	5.63	**7.22**
	Inst	LF	Sm	2C	.040	401.2	3.10	1.84	1.49	6.43	**8.26**
3" x 8"	Demo	LF	Lg	LB	.021	756.0	---	.79	.73	1.52	**2.05**
	Demo	LF	Sm	LB	.025	642.6	---	.94	.86	1.80	**2.43**
3" x 8"	Inst	LF	Lg	2C	.036	440.0	7.08	1.65	1.36	10.09	**12.60**
	Inst	LF	Sm	2C	.043	374.0	7.81	1.97	1.60	11.38	**14.30**
3" x 10"	Demo	LF	Lg	LB	.024	680.0	---	.90	.81	1.71	**2.32**
	Demo	LF	Sm	LB	.028	578.0	---	1.05	.95	2.00	**2.71**
3" x 10"	Inst	LF	Lg	2C	.039	408.0	9.11	1.79	1.47	12.37	**15.40**
	Inst	LF	Sm	2C	.046	346.8	10.00	2.11	1.73	13.84	**17.30**

Framing, rough carpentry, beams

Description	Oper	Unit	Vol	Crew Size	Man-hours per Unit	Crew Output per Day	Avg Mat'l Unit Cost	Avg Labor Unit Cost	Avg Equip Unit Cost	Avg Total Unit Cost	Avg Price Incl O&P
3" x 12"	Demo	LF	Lg	LB	.026	623.0	---	.97	.88	1.85	**2.51**
	Demo	LF	Sm	LB	.030	529.6	---	1.12	1.04	2.16	**2.93**
3" x 12"	Inst	LF	Lg	2C	.042	381.0	10.50	1.93	1.57	14.00	**17.40**
	Inst	LF	Sm	2C	.049	323.9	11.60	2.25	1.85	15.70	**19.50**
3" x 14"	Demo	LF	Lg	LB	.028	575.0	---	1.05	.96	2.01	**2.72**
	Demo	LF	Sm	LB	.033	488.8	---	1.23	1.12	2.35	**3.20**
3" x 14"	Inst	LF	Lg	2C	.045	359.0	12.50	2.06	1.67	16.23	**20.10**
	Inst	LF	Sm	2C	.052	305.2	13.80	2.39	1.96	18.15	**22.50**
4" x 6"	Demo	LF	Lg	LB	.021	745.0	---	.79	.74	1.53	**2.07**
	Demo	LF	Sm	LB	.025	633.3	---	.94	.87	1.81	**2.45**
4" x 6"	Inst	LF	Lg	2C	.037	433.0	2.81	1.70	1.38	5.89	**7.57**
	Inst	LF	Sm	2C	.043	368.1	3.08	1.97	1.63	6.68	**8.61**
4" x 8"	Demo	LF	Lg	LB	.025	653.0	---	.94	.84	1.78	**2.41**
	Demo	LF	Sm	LB	.029	555.1	---	1.08	.99	2.07	**2.81**
4" x 8"	Inst	LF	Lg	2C	.041	394.0	7.09	1.88	1.52	10.49	**13.20**
	Inst	LF	Sm	2C	.048	334.9	7.80	2.20	1.79	11.79	**14.80**
4" x 10"	Demo	LF	Lg	LB	.027	586.0	---	1.01	.94	1.95	**2.64**
	Demo	LF	Sm	LB	.032	498.1	---	1.20	1.10	2.30	**3.12**
4" x 10"	Inst	LF	Lg	2C	.044	363.0	9.11	2.02	1.65	12.78	**15.90**
	Inst	LF	Sm	2C	.052	308.6	10.10	2.39	1.94	14.43	**18.00**
4" x 12"	Demo	LF	Lg	LB	.031	522.0	---	1.16	1.05	2.21	**3.00**
	Demo	LF	Sm	LB	.036	443.7	---	1.35	1.24	2.59	**3.51**
4" x 12"	Inst	LF	Lg	2C	.048	333.0	10.50	2.20	1.80	14.50	**18.10**
	Inst	LF	Sm	2C	.057	283.1	11.60	2.62	2.12	16.34	**20.40**
4" x 14"	Demo	LF	Lg	LH	.037	642.0	---	1.38	.86	2.24	**3.11**
	Demo	LF	Sm	LH	.044	545.7	---	1.65	1.01	2.66	**3.68**
4" x 14"	Inst	LF	Lg	CS	.059	404.0	12.50	2.54	1.48	16.52	**20.60**
	Inst	LF	Sm	CS	.070	343.4	13.80	3.01	1.75	18.56	**23.20**
4" x 16"	Demo	LF	Lg	LH	.040	594.0	---	1.50	.93	2.43	**3.36**
	Demo	LF	Sm	LH	.048	504.9	---	1.80	1.09	2.89	**4.00**
4" x 16"	Inst	LF	Lg	CS	.063	379.0	14.60	2.71	1.58	18.89	**23.50**
	Inst	LF	Sm	CS	.074	322.2	16.10	3.19	1.86	21.15	**26.30**
6" x 8"	Demo	LF	Lg	LJ	.041	782.0	---	1.53	.70	2.23	**3.14**
	Demo	LF	Sm	LJ	.048	664.7	---	1.80	.83	2.63	**3.69**
6" x 8"	Inst	LF	Lg	CW	.069	466.0	6.40	2.87	1.29	10.56	**13.50**
	Inst	LF	Sm	CW	.081	396.1	7.04	3.37	1.51	11.92	**15.30**
6" x 10"	Demo	LF	Lg	LJ	.046	694.0	---	1.72	.79	2.51	**3.53**
	Demo	LF	Sm	LJ	.054	589.9	---	2.02	.93	2.95	**4.15**
6" x 10"	Inst	LF	Lg	CW	.075	427.0	7.98	3.12	1.40	12.50	**15.90**
	Inst	LF	Sm	CW	.088	363.0	8.78	3.66	1.65	14.09	**18.00**
6" x 12"	Demo	LF	Lg	LJ	.051	631.0	---	1.91	.87	2.78	**3.91**
	Demo	LF	Sm	LJ	.060	536.4	---	2.24	1.02	3.26	**4.59**
6" x 12"	Inst	LF	Lg	CW	.081	396.0	9.32	3.37	1.51	14.20	**18.10**
	Inst	LF	Sm	CW	.095	336.6	10.30	3.96	1.78	16.04	**20.40**

Description	Oper	Unit	Vol	Crew Size	Man-hours per Unit	Crew Output per Day	Avg Mat'l Unit Cost	Avg Labor Unit Cost	Avg Equip Unit Cost	Avg Total Unit Cost	Avg Price Incl O&P
6" x 14"	Demo	LF	Lg	LJ	.056	567.0	---	2.09	.97	3.06	**4.31**
	Demo	LF	Sm	LJ	.066	482.0	---	2.47	1.14	3.61	**5.07**
6" x 14"	Inst	LF	Lg	CW	.088	365.0	10.90	3.66	1.64	16.20	**20.60**
	Inst	LF	Sm	CW	.103	310.3	12.00	4.29	1.93	18.22	**23.20**
6" x 16"	Demo	LF	Lg	LJ	.061	523.0	---	2.28	1.05	3.33	**4.68**
	Demo	LF	Sm	LJ	.072	444.6	---	2.69	1.24	3.93	**5.53**
6" x 16"	Inst	LF	Lg	CW	.094	342.0	12.70	3.91	1.75	18.36	**23.20**
	Inst	LF	Sm	CW	.110	290.7	14.00	4.58	2.06	20.64	**26.20**
8" x 8"	Demo	LF	Lg	LJ	.048	668.0	---	1.80	.82	2.62	**3.68**
	Demo	LF	Sm	LJ	.056	567.8	---	2.09	.97	3.06	**4.31**
8" x 8"	Inst	LF	Lg	CW	.077	413.0	8.84	3.21	1.45	13.50	**17.20**
	Inst	LF	Sm	CW	.091	351.1	9.75	3.79	1.71	15.25	**19.40**
8" x 10"	Demo	LF	Lg	LJ	.058	556.0	---	2.17	.99	3.16	**4.44**
	Demo	LF	Sm	LJ	.068	472.6	---	2.54	1.16	3.70	**5.21**
8" x 10"	Inst	LF	Lg	CW	.088	363.0	11.10	3.66	1.65	16.41	**20.80**
	Inst	LF	Sm	CW	.104	308.6	12.30	4.33	1.94	18.57	**23.60**
8" x 12"	Demo	LF	Lg	LJ	.062	515.0	---	2.32	1.07	3.39	**4.76**
	Demo	LF	Sm	LJ	.073	437.8	---	2.73	1.26	3.99	**5.61**
8" x 12"	Inst	LF	Lg	CW	.094	341.0	13.10	3.91	1.76	18.77	**23.70**
	Inst	LF	Sm	CW	.110	289.9	14.50	4.58	2.07	21.15	**26.70**
8" x 14"	Demo	LF	Lg	LJ	.068	468.0	---	2.54	1.17	3.71	**5.22**
	Demo	LF	Sm	LJ	.080	397.8	---	2.99	1.38	4.37	**6.14**
8" x 14"	Inst	LF	Lg	CW	.101	316.0	15.50	4.21	1.90	21.61	**27.20**
	Inst	LF	Sm	CW	.119	268.6	17.00	4.96	2.23	24.19	**30.60**
8" x 16"	Demo	LF	Lg	LJ	.076	423.0	---	2.84	1.30	4.14	**5.82**
	Demo	LF	Sm	LJ	.089	359.6	---	3.33	1.53	4.86	**6.83**
8" x 16"	Inst	LF	Lg	CW	.110	292.0	17.70	4.58	2.05	24.33	**30.50**
	Inst	LF	Sm	CW	.129	248.2	19.40	5.37	2.42	27.19	**34.30**

Blocking, horizontal, for studs

Description	Oper	Unit	Vol	Crew Size	Man-hours per Unit	Crew Output per Day	Avg Mat'l Unit Cost	Avg Labor Unit Cost	Avg Equip Unit Cost	Avg Total Unit Cost	Avg Price Incl O&P
2" x 4" - 12"	Demo	LF	Lg	1L	.011	710.0	---	.41	.13	.54	**.77**
	Demo	LF	Sm	1L	.013	603.5	---	.49	.15	.64	**.91**
2" x 4" - 12"	Inst	LF	Lg	CA	.036	224.0	.60	1.65	.40	2.65	**3.68**
	Inst	LF	Sm	CA	.042	190.4	.66	1.93	.47	3.06	**4.25**
2" x 4" - 16"	Demo	LF	Lg	1L	.011	761.0	---	.41	.12	.53	**.76**
	Demo	LF	Sm	1L	.012	646.9	---	.45	.14	.59	**.84**
2" x 4" - 16"	Inst	LF	Lg	CA	.029	274.0	.60	1.33	.33	2.26	**3.11**
	Inst	LF	Sm	CA	.034	232.9	.66	1.56	.39	2.61	**3.60**
2" x 4" - 24"	Demo	LF	Lg	1L	.010	810.0	---	.37	.11	.48	**.69**
	Demo	LF	Sm	1L	.012	688.5	---	.45	.13	.58	**.83**
2" x 4" - 24"	Inst	LF	Lg	CA	.023	350.0	.60	1.06	.26	1.92	**2.61**
	Inst	LF	Sm	CA	.027	297.5	.66	1.24	.30	2.20	**3.01**

Framing, rough carpentry, beams

Description	Oper	Unit	Vol	Crew Size	Man-hours per Unit	Crew Output per Day	Avg Mat'l Unit Cost	Avg Labor Unit Cost	Avg Equip Unit Cost	Avg Total Unit Cost	Avg Price Incl O&P
2" x 6" - 12"	Demo	LF	Lg	1L	.013	608.0	---	.49	.15	.64	**.91**
	Demo	LF	Sm	1L	.015	516.8	---	.56	.17	.73	**1.05**
2" x 6" - 12"	Inst	LF	Lg	CA	.039	207.0	.97	1.79	.43	3.19	**4.36**
	Inst	LF	Sm	CA	.045	176.0	1.08	2.06	.51	3.65	**5.00**
2" x 6" - 16"	Demo	LF	Lg	1L	.012	647.0	---	.45	.14	.59	**.84**
	Demo	LF	Sm	1L	.015	550.0	---	.56	.16	.72	**1.03**
2" x 6" - 16"	Inst	LF	Lg	CA	.032	252.0	.97	1.47	.36	2.80	**3.80**
	Inst	LF	Sm	CA	.037	214.2	1.08	1.70	.42	3.20	**4.35**
2" x 6" - 24"	Demo	LF	Lg	1L	.012	683.0	---	.45	.13	.58	**.83**
	Demo	LF	Sm	1L	.014	580.6	---	.52	.16	.68	**.98**
2" x 6" - 24"	Inst	LF	Lg	CA	.025	323.0	.97	1.15	.28	2.40	**3.22**
	Inst	LF	Sm	CA	.029	274.6	1.08	1.33	.33	2.74	**3.69**
2" x 8" - 12"	Demo	LF	Lg	1L	.015	532.0	---	.56	.17	.73	**1.05**
	Demo	LF	Sm	1L	.018	452.2	---	.67	.20	.87	**1.25**
2" x 8" - 12"	Inst	LF	Lg	CA	.041	193.0	1.15	1.88	.47	3.50	**4.77**
	Inst	LF	Sm	CA	.049	164.1	1.27	2.25	.55	4.07	**5.56**
2" x 8" - 16"	Demo	LF	Lg	1L	.014	564.0	---	.52	.16	.68	**.98**
	Demo	LF	Sm	1L	.017	479.4	---	.64	.19	.83	**1.18**
2" x 8" - 16"	Inst	LF	Lg	CA	.034	235.0	1.15	1.56	.38	3.09	**4.18**
	Inst	LF	Sm	CA	.040	199.8	1.27	1.84	.45	3.56	**4.82**
2" x 8" - 24"	Demo	LF	Lg	1L	.014	592.0	---	.52	.15	.67	**.97**
	Demo	LF	Sm	1L	.016	503.2	---	.60	.18	.78	**1.11**
2" x 8" - 24"	Inst	LF	Lg	CA	.027	299.0	1.15	1.24	.30	2.69	**3.60**
	Inst	LF	Sm	CA	.031	254.2	1.27	1.42	.35	3.04	**4.08**

Bracing, diagonal let-ins

Studs, 12" oc

Description	Oper	Unit	Vol	Crew Size	Man-hours per Unit	Crew Output per Day	Avg Mat'l Unit Cost	Avg Labor Unit Cost	Avg Equip Unit Cost	Avg Total Unit Cost	Avg Price Incl O&P
1" x 6"	Demo	Set	Lg	1L	.011	714.0	---	.41	.13	.54	**.77**
	Demo	Set	Sm	1L	.013	606.9	---	.49	.15	.64	**.91**
1" x 6"	Inst	Set	Lg	CA	.056	143.0	1.33	2.57	.63	4.53	**6.21**
	Inst	Set	Sm	CA	.066	121.6	1.47	3.03	.74	5.24	**7.19**

Studs, 16" oc

Description	Oper	Unit	Vol	Crew Size	Man-hours per Unit	Crew Output per Day	Avg Mat'l Unit Cost	Avg Labor Unit Cost	Avg Equip Unit Cost	Avg Total Unit Cost	Avg Price Incl O&P
1" x 6"	Demo	Set	Lg	1L	.010	770.0	---	.37	.12	.49	**.71**
	Demo	Set	Sm	1L	.012	654.5	---	.45	.14	.59	**.84**
1" x 6"	Inst	Set	Lg	CA	.043	184.0	1.33	1.97	.49	3.79	**5.14**
	Inst	Set	Sm	CA	.051	156.4	1.47	2.34	.58	4.39	**5.97**

Studs, 24" oc

Description	Oper	Unit	Vol	Crew Size	Man-hours per Unit	Crew Output per Day	Avg Mat'l Unit Cost	Avg Labor Unit Cost	Avg Equip Unit Cost	Avg Total Unit Cost	Avg Price Incl O&P
1" x 6"	Demo	Set	Lg	1L	.010	825.0	---	.37	.11	.48	**.69**
	Demo	Set	Sm	1L	.011	701.3	---	.41	.13	.54	**.77**
1" x 6"	Inst	Set	Lg	CA	.033	242.0	1.33	1.51	.37	3.21	**4.31**
	Inst	Set	Sm	CA	.039	205.7	1.47	1.79	.44	3.70	**4.98**

Description	Oper	Unit	Vol	Crew Size	Man-hours per Unit	Crew Output per Day	Avg Mat'l Unit Cost	Avg Labor Unit Cost	Avg Equip Unit Cost	Avg Total Unit Cost	Avg Price Incl O&P

Bridging, "X" type

For joists 12" oc

Description	Oper	Unit	Vol	Crew Size	Man-hours per Unit	Crew Output per Day	Avg Mat'l Unit Cost	Avg Labor Unit Cost	Avg Equip Unit Cost	Avg Total Unit Cost	Avg Price Incl O&P
1" x 3"	Demo	Set	Lg	1L	.015	550.0	---	.56	.16	.72	**1.03**
	Demo	Set	Sm	1L	.017	467.5	---	.64	.19	.83	**1.18**
1" x 3"	Inst	Set	Lg	CA	.057	140.0	1.35	2.62	.64	4.61	**6.31**
	Inst	Set	Sm	CA	.067	119.0	1.50	3.07	.76	5.33	**7.32**
2" x 2"	Demo	Set	Lg	1L	.015	536.0	---	.56	.17	.73	**1.05**
	Demo	Set	Sm	1L	.018	455.6	---	.67	.20	.87	**1.25**
2" x 2"	Inst	Set	Lg	CA	.058	139.0	1.40	2.66	.65	4.71	**6.45**
	Inst	Set	Sm	CA	.068	118.2	1.54	3.12	.76	5.42	**7.44**

For joists 16" oc

Description	Oper	Unit	Vol	Crew Size	Man-hours per Unit	Crew Output per Day	Avg Mat'l Unit Cost	Avg Labor Unit Cost	Avg Equip Unit Cost	Avg Total Unit Cost	Avg Price Incl O&P
1" x 3"	Demo	Set	Lg	1L	.015	530.0	---	.56	.17	.73	**1.05**
	Demo	Set	Sm	1L	.018	450.5	---	.67	.20	.87	**1.25**
1" x 3"	Inst	Set	Lg	CA	.058	137.0	1.45	2.66	.66	4.77	**6.52**
	Inst	Set	Sm	CA	.069	116.5	1.60	3.17	.77	5.54	**7.59**
2" x 2"	Demo	Set	Lg	1L	.016	515.0	---	.60	.17	.77	**1.10**
	Demo	Set	Sm	1L	.018	437.8	---	.67	.21	.88	**1.26**
2" x 2"	Inst	Set	Lg	CA	.059	136.0	1.49	2.71	.66	4.86	**6.64**
	Inst	Set	Sm	CA	.069	115.6	1.64	3.17	.78	5.59	**7.65**

For joists 24" oc

Description	Oper	Unit	Vol	Crew Size	Man-hours per Unit	Crew Output per Day	Avg Mat'l Unit Cost	Avg Labor Unit Cost	Avg Equip Unit Cost	Avg Total Unit Cost	Avg Price Incl O&P
1" x 3"	Demo	Set	Lg	1L	.016	507.0	---	.60	.18	.78	**1.11**
	Demo	Set	Sm	1L	.019	431.0	---	.71	.21	.92	**1.32**
1" x 3"	Inst	Set	Lg	CA	.016	492.0	1.60	.73	.18	2.51	**3.24**
	Inst	Set	Sm	CA	.019	418.2	1.77	.87	.22	2.86	**3.70**
2" x 2"	Demo	Set	Lg	1L	.060	134.0	---	2.24	.67	2.91	**4.17**
	Demo	Set	Sm	1L	.070	113.9	---	2.62	.79	3.41	**4.88**
2" x 2"	Inst	Set	Lg	CA	.060	133.0	1.64	2.75	.68	5.07	**6.91**
	Inst	Set	Sm	CA	.071	113.1	1.81	3.26	.80	5.87	**8.02**

Bridging, solid, between joists

Description	Oper	Unit	Vol	Crew Size	Man-hours per Unit	Crew Output per Day	Avg Mat'l Unit Cost	Avg Labor Unit Cost	Avg Equip Unit Cost	Avg Total Unit Cost	Avg Price Incl O&P
2" x 6" - 12"	Demo	Set	Lg	1L	.014	590.0	---	.52	.15	.67	**.97**
	Demo	Set	Sm	1L	.016	501.5	---	.60	.18	.78	**1.11**
2" x 6" - 12"	Inst	Set	Lg	CA	.040	199.0	.97	1.84	.45	3.26	**4.46**
	Inst	Set	Sm	CA	.047	169.2	1.08	2.16	.53	3.77	**5.17**
2" x 8" - 12"	Demo	Set	Lg	1L	.015	517.0	---	.56	.17	.73	**1.05**
	Demo	Set	Sm	1L	.018	439.5	---	.67	.20	.87	**1.25**
2" x 8" - 12"	Inst	Set	Lg	CA	.043	185.0	1.15	1.97	.49	3.61	**4.93**
	Inst	Set	Sm	CA	.051	157.3	1.27	2.34	.57	4.18	**5.72**

Framing, rough carpentry, bridging

Description	Oper	Unit	Vol	Crew Size	Man-hours per Unit	Crew Output per Day	Avg Mat'l Unit Cost	Avg Labor Unit Cost	Avg Equip Unit Cost	Avg Total Unit Cost	Avg Price Incl O&P
2" x 10" - 12"	Demo	Set	Lg	1L	.018	455.0	---	.67	.20	.87	**1.25**
	Demo	Set	Sm	1L	.021	386.8	---	.79	.23	1.02	**1.45**
2" x 10" - 12"	Inst	Set	Lg	CA	.046	174.0	1.44	2.11	.52	4.07	**5.52**
	Inst	Set	Sm	CA	.054	147.9	1.59	2.48	.61	4.68	**6.36**
2" x 12" - 12"	Demo	Set	Lg	1L	.019	412.0	---	.71	.22	.93	**1.33**
	Demo	Set	Sm	1L	.023	350.2	---	.86	.26	1.12	**1.60**
2" x 12" - 12"	Inst	Set	Lg	CA	.049	164.0	2.05	2.25	.55	4.85	**6.49**
	Inst	Set	Sm	CA	.057	139.4	2.25	2.62	.65	5.52	**7.40**
2" x 6" - 16"	Demo	Set	Lg	1L	.013	628.0	---	.49	.14	.63	**.90**
	Demo	Set	Sm	1L	.015	533.8	---	.56	.17	.73	**1.05**
2" x 6" - 16"	Inst	Set	Lg	CA	.033	243.0	.97	1.51	.37	2.85	**3.88**
	Inst	Set	Sm	CA	.039	206.6	1.08	1.79	.44	3.31	**4.51**
2" x 8" - 16"	Demo	Set	Lg	1L	.015	548.0	---	.56	.16	.72	**1.03**
	Demo	Set	Sm	1L	.017	465.8	---	.64	.19	.83	**1.18**
2" x 8" - 16"	Inst	Set	Lg	CA	.035	226.0	1.15	1.61	.40	3.16	**4.27**
	Inst	Set	Sm	CA	.042	192.1	1.27	1.93	.47	3.67	**4.98**
2" x 10" - 16"	Demo	Set	Lg	1L	.017	481.0	---	.64	.19	.83	**1.18**
	Demo	Set	Sm	1L	.020	408.9	---	.75	.22	.97	**1.39**
2" x 10" - 16"	Inst	Set	Lg	CA	.038	211.0	1.44	1.74	.43	3.61	**4.86**
	Inst	Set	Sm	CA	.045	179.4	1.59	2.06	.50	4.15	**5.60**
2" x 12" - 16"	Demo	Set	Lg	1L	.018	434.0	---	.67	.21	.88	**1.26**
	Demo	Set	Sm	1L	.022	368.9	---	.82	.24	1.06	**1.52**
2" x 12" - 16"	Inst	Set	Lg	CA	.040	198.0	2.05	1.84	.45	4.34	**5.75**
	Inst	Set	Sm	CA	.048	168.3	2.25	2.20	.53	4.98	**6.64**
2" x 6" - 24"	Demo	Set	Lg	1L	.012	664.0	---	.45	.14	.59	**.84**
	Demo	Set	Sm	1L	.014	564.4	---	.52	.16	.68	**.98**
2" x 6" - 24"	Inst	Set	Lg	CA	.026	312.0	.97	1.19	.29	2.45	**3.30**
	Inst	Set	Sm	CA	.030	265.2	1.08	1.38	.34	2.80	**3.77**
2" x 8" - 24"	Demo	Set	Lg	1L	.014	577.0	---	.52	.16	.68	**.98**
	Demo	Set	Sm	1L	.016	490.5	---	.60	.18	.78	**1.11**
2" x 8" - 24"	Inst	Set	Lg	CA	.028	289.0	1.15	1.28	.31	2.74	**3.68**
	Inst	Set	Sm	CA	.033	245.7	1.27	1.51	.37	3.15	**4.24**
2" x 10" - 24"	Demo	Set	Lg	1L	.016	504.0	---	.60	.18	.78	**1.11**
	Demo	Set	Sm	1L	.019	428.4	---	.71	.21	.92	**1.32**
2" x 10" - 24"	Inst	Set	Lg	CA	.030	270.0	1.44	1.38	.33	3.15	**4.19**
	Inst	Set	Sm	CA	.035	229.5	1.59	1.61	.39	3.59	**4.78**
2" x 12" - 24"	Demo	Set	Lg	1L	.018	453.0	---	.67	.20	.87	**1.25**
	Demo	Set	Sm	1L	.021	385.1	---	.79	.23	1.02	**1.45**
2" x 12" - 24"	Inst	Set	Lg	CA	.032	252.0	2.05	1.47	.36	3.88	**5.09**
	Inst	Set	Sm	CA	.037	214.2	2.25	1.70	.42	4.37	**5.75**

Description	Oper	Unit	Vol	Crew Size	Man-hours per Unit	Crew Output per Day	Avg Mat'l Unit Cost	Avg Labor Unit Cost	Avg Equip Unit Cost	Avg Total Unit Cost	Avg Price Incl O&P
Columns or posts, without base or cap, hardware, or chamfer corners											
4" x 4" - 8'	Demo	LF	Lg	LB	.027	584.0	---	1.01	.15	1.16	**1.69**
	Demo	LF	Sm	LB	.032	496.4	---	1.20	.18	1.38	**2.01**
4" x 4" - 8'	Inst	LF	Lg	2C	.051	315.0	2.02	2.34	.29	4.65	**6.28**
	Inst	LF	Sm	2C	.060	267.8	2.21	2.75	.34	5.30	**7.19**
4" x 6" - 8'	Demo	LF	Lg	LB	.030	529.0	---	1.12	.17	1.29	**1.89**
	Demo	LF	Sm	LB	.036	449.7	---	1.35	.20	1.55	**2.26**
4" x 6" - 8'	Inst	LF	Lg	2C	.054	294.0	2.61	2.48	.31	5.40	**7.22**
	Inst	LF	Sm	2C	.064	249.9	2.86	2.94	.36	6.16	**8.27**
4" x 8" - 8'	Demo	LF	Lg	LB	.033	479.0	---	1.23	.19	1.42	**2.08**
	Demo	LF	Sm	LB	.039	407.2	---	1.46	.22	1.68	**2.45**
4" x 8" - 8'	Inst	LF	Lg	2C	.058	274.0	6.90	2.66	.33	9.89	**12.70**
	Inst	LF	Sm	2C	.069	232.9	7.58	3.17	.39	11.14	**14.30**
6" x 6" - 8'	Demo	LF	Lg	LB	.037	432.0	---	1.38	.21	1.59	**2.33**
	Demo	LF	Sm	LB	.044	367.2	---	1.65	.25	1.90	**2.77**
6" x 6" - 8'	Inst	LF	Lg	2C	.065	248.0	4.61	2.98	.36	7.95	**10.40**
	Inst	LF	Sm	2C	.076	210.8	5.08	3.49	.43	9.00	**11.80**
6" x 8" - 8'	Demo	LF	Lg	LB	.042	385.0	---	1.57	.23	1.80	**2.63**
	Demo	LF	Sm	LB	.049	327.3	---	1.83	.27	2.10	**3.07**
6" x 8" - 8'	Inst	LF	Lg	2C	.070	229.0	6.20	3.21	.39	9.80	**12.70**
	Inst	LF	Sm	2C	.082	194.7	6.82	3.76	.46	11.04	**14.40**
6" x 10" - 8'	Demo	LF	Lg	LB	.046	345.0	---	1.72	.26	1.98	**2.89**
	Demo	LF	Sm	LB	.055	293.3	---	2.06	.31	2.37	**3.46**
6" x 10" - 8'	Inst	LF	Lg	2C	.075	212.0	7.78	3.44	.42	11.64	**15.00**
	Inst	LF	Sm	2C	.089	180.2	8.56	4.08	.50	13.14	**17.00**
8" x 8" - 8'	Demo	LF	Lg	LB	.050	319.0	---	1.87	.28	2.15	**3.14**
	Demo	LF	Sm	LB	.059	271.2	---	2.21	.33	2.54	**3.71**
8" x 8" - 8'	Inst	LF	Lg	2C	.082	196.0	8.64	3.76	.46	12.86	**16.60**
	Inst	LF	Sm	2C	.096	166.6	9.53	4.40	.54	14.47	**18.70**
8" x 10" - 8'	Demo	LF	Lg	LB	.059	269.0	---	2.21	.33	2.54	**3.71**
	Demo	LF	Sm	LB	.070	228.7	---	2.62	.39	3.01	**4.40**
8" x 10" - 8'	Inst	LF	Lg	2C	.092	174.0	10.90	4.22	.52	15.64	**20.10**
	Inst	LF	Sm	2C	.108	147.9	12.10	4.96	.61	17.67	**22.60**
Fascia											
1" x 4" - 12'	Demo	LF	Lg	LB	.012	1315	---	.45	.07	.52	**.76**
	Demo	LF	Sm	LB	.014	1118	---	.52	.08	.60	**.88**
1" x 4" - 12'	Inst	LF	Lg	2C	.041	386.0	.54	1.88	.23	2.65	**3.75**
	Inst	LF	Sm	2C	.049	328.1	.60	2.25	.27	3.12	**4.42**
Furring strips on ceilings											
1" x 3" on wood	Demo	LF	Lg	LB	.026	625.0	---	.97	.14	1.11	**1.63**
	Demo	LF	Sm	LB	.030	531.3	---	1.12	.17	1.29	**1.89**
1" x 3" on wood	Inst	LF	Lg	2C	.028	574.0	.42	1.28	.16	1.86	**2.62**
	Inst	LF	Sm	2C	.033	487.9	.46	1.51	.18	2.15	**3.04**

Framing, rough carpentry, headers or lintels

Description	Oper	Unit	Vol	Crew Size	Man-hours per Unit	Crew Output per Day	Avg Mat'l Unit Cost	Avg Labor Unit Cost	Avg Equip Unit Cost	Avg Total Unit Cost	Avg Price Incl O&P
Furring strips on walls											
1" x 3" on wood	Demo	LF	Lg	LB	.020	805.0	---	.75	.11	.86	**1.25**
	Demo	LF	Sm	LB	.023	684.3	---	.86	.13	.99	**1.45**
1" x 3" on wood	Inst	LF	Lg	2C	.022	741.0	.42	1.01	.12	1.55	**2.16**
	Inst	LF	Sm	2C	.025	629.9	.46	1.15	.14	1.75	**2.44**
1" x 3" on masonry	Demo	LF	Lg	LB	.026	625.0	---	.97	.14	1.11	**1.63**
	Demo	LF	Sm	LB	.030	531.3	---	1.12	.17	1.29	**1.89**
1" x 3" on masonry	Inst	LF	Lg	2C	.028	574.0	.42	1.28	.16	1.86	**2.62**
	Inst	LF	Sm	2C	.033	487.9	.46	1.51	.18	2.15	**3.04**
1" x 3" on concrete	Demo	LF	Lg	LB	.035	456.0	---	1.31	.20	1.51	**2.20**
	Demo	LF	Sm	LB	.041	387.6	---	1.53	.23	1.76	**2.58**
1" x 3" on concrete	Inst	LF	Lg	2C	.038	418.0	.42	1.74	.22	2.38	**3.38**
	Inst	LF	Sm	2C	.045	355.3	.46	2.06	.25	2.77	**3.95**
Headers or lintels, over openings											
4 feet wide											
4" x 6"	Demo	LF	Lg	1L	.024	338.0	---	.90	.27	1.17	**1.67**
	Demo	LF	Sm	1L	.028	287.3	---	1.05	.31	1.36	**1.94**
4" x 6"	Inst	LF	Lg	CA	.040	198.0	2.59	1.84	.45	4.88	**6.40**
	Inst	LF	Sm	CA	.048	168.3	2.83	2.20	.53	5.56	**7.34**
4" x 8"	Demo	LF	Lg	1L	.026	302.0	---	.97	.30	1.27	**1.82**
	Demo	LF	Sm	1L	.031	256.7	---	1.16	.35	1.51	**2.16**
4" x 8"	Inst	LF	Lg	CA	.043	186.0	6.87	1.97	.48	9.32	**11.80**
	Inst	LF	Sm	CA	.051	158.1	7.55	2.34	.57	10.46	**13.30**
4" x 12"	Demo	LF	Lg	1L	.032	250.0	---	1.20	.36	1.56	**2.23**
	Demo	LF	Sm	1L	.038	212.5	---	1.42	.42	1.84	**2.64**
4" x 12"	Inst	LF	Lg	CA	.049	164.0	10.30	2.25	.55	13.10	**16.30**
	Inst	LF	Sm	CA	.057	139.4	11.30	2.62	.65	14.57	**18.30**
4" x 14"	Demo	LF	Lg	1L	.034	236.0	---	1.27	.38	1.65	**2.36**
	Demo	LF	Sm	1L	.040	200.6	---	1.50	.45	1.95	**2.78**
4" x 14"	Inst	LF	Lg	CA	.051	158.0	12.30	2.34	.57	15.21	**18.90**
	Inst	LF	Sm	CA	.060	134.3	13.60	2.75	.67	17.02	**21.20**
6 feet wide											
4" x 12"	Demo	LF	Lg	LB	.027	583.0	---	1.01	.15	1.16	**1.69**
	Demo	LF	Sm	LB	.032	495.6	---	1.20	.18	1.38	**2.01**
4" x 12"	Inst	LF	Lg	2C	.041	392.0	10.30	1.88	.23	12.41	**15.40**
	Inst	LF	Sm	2C	.048	333.2	11.30	2.20	.27	13.77	**17.20**
8 feet wide											
4" x 12"	Demo	LF	Lg	LB	.024	655.0	---	.90	.14	1.04	**1.51**
	Demo	LF	Sm	LB	.029	556.8	---	1.08	.16	1.24	**1.82**
4" x 12"	Inst	LF	Lg	2C	.035	453.0	10.30	1.61	.20	12.11	**15.00**
	Inst	LF	Sm	2C	.042	385.1	11.30	1.93	.23	13.46	**16.80**

Description	Oper	Unit	Vol	Crew Size	Man-hours per Unit	Crew Output per Day	Avg Mat'l Unit Cost	Avg Labor Unit Cost	Avg Equip Unit Cost	Avg Total Unit Cost	Avg Price Incl O&P
10 feet wide											
4" x 12"	Demo	LF	Lg	LB	.022	743.0	---	.82	.12	.94	**1.38**
	Demo	LF	Sm	LB	.025	631.6	---	.94	.14	1.08	**1.57**
4" x 12"	Inst	LF	Lg	2C	.030	535.0	10.30	1.38	.17	11.85	**14.60**
	Inst	LF	Sm	2C	.035	454.8	11.30	1.61	.20	13.11	**16.20**
4" x 14"	Demo	LF	Lg	LB	.026	627.0	---	.97	.14	1.11	**1.63**
	Demo	LF	Sm	LB	.030	533.0	---	1.12	.17	1.29	**1.89**
4" x 14"	Inst	LF	Lg	2C	.035	455.0	12.30	1.61	.20	14.11	**17.40**
	Inst	LF	Sm	2C	.041	386.8	13.60	1.88	.23	15.71	**19.40**
12 feet wide											
4" x 14"	Demo	LF	Lg	LB	.024	667.0	---	.90	.13	1.03	**1.50**
	Demo	LF	Sm	LB	.028	567.0	---	1.05	.16	1.21	**1.76**
4" x 14"	Inst	LF	Lg	2C	.033	491.0	12.30	1.51	.18	13.99	**17.20**
	Inst	LF	Sm	2C	.038	417.4	13.60	1.74	.22	15.56	**19.20**
4" x 16"	Demo	LF	Lg	LB	.028	562.0	---	1.05	.16	1.21	**1.76**
	Demo	LF	Sm	LB	.033	477.7	---	1.23	.19	1.42	**2.08**
4" x 16"	Inst	LF	Lg	2C	.037	429.0	14.40	1.70	.21	16.31	**20.00**
	Inst	LF	Sm	2C	.044	364.7	15.80	2.02	.25	18.07	**22.30**
14 feet wide											
4" x 16"	Demo	LF	Lg	LB	.027	588.0	---	1.01	.15	1.16	**1.69**
	Demo	LF	Sm	LB	.032	499.8	---	1.20	.18	1.38	**2.01**
4" x 16"	Inst	LF	Lg	2C	.035	453.0	14.40	1.61	.20	16.21	**19.90**
	Inst	LF	Sm	2C	.042	385.1	15.80	1.93	.23	17.96	**22.20**
16 feet wide											
4" x 16"	Demo	LF	Lg	LB	.026	611.0	---	.97	.15	1.12	**1.64**
	Demo	LF	Sm	LB	.031	519.4	---	1.16	.17	1.33	**1.94**
4" x 16"	Inst	LF	Lg	2C	.034	475.0	14.40	1.56	.19	16.15	**19.80**
	Inst	LF	Sm	2C	.040	403.8	15.80	1.84	.22	17.86	**22.00**
18 feet wide											
4" x 16"	Demo	LF	Lg	LB	.025	632.0	---	.94	.14	1.08	**1.57**
	Demo	LF	Sm	LB	.030	537.2	---	1.12	.17	1.29	**1.89**
4" x 16"	Inst	LF	Lg	2C	.032	495.0	14.40	1.47	.18	16.05	**19.70**
	Inst	LF	Sm	2C	.038	420.8	15.80	1.74	.21	17.75	**21.90**

Joists, ceiling/floor, per LF of stick

Description	Oper	Unit	Vol	Crew Size	Man-hours per Unit	Crew Output per Day	Avg Mat'l Unit Cost	Avg Labor Unit Cost	Avg Equip Unit Cost	Avg Total Unit Cost	Avg Price Incl O&P
2" x 4" - 6'	Demo	LF	Lg	LB	.016	1024	---	.60	.09	.69	**1.01**
	Demo	LF	Sm	LB	.018	870.4	---	.67	.10	.77	**1.13**
2" x 4" - 6'	Inst	LF	Lg	2C	.019	844.0	.60	.87	.11	1.58	**2.16**
	Inst	LF	Sm	2C	.022	717.4	.66	1.01	.13	1.80	**2.46**
2" x 4" - 8'	Demo	LF	Lg	LB	.013	1213	---	.49	.07	.56	**.81**
	Demo	LF	Sm	LB	.016	1031	---	.60	.09	.69	**1.01**
2" x 4" - 8'	Inst	LF	Lg	2C	.016	1004	.60	.73	.09	1.42	**1.93**
	Inst	LF	Sm	2C	.019	853.4	.66	.87	.11	1.64	**2.23**

Framing, rough carpentry, joists

Description	Oper	Unit	Vol	Crew Size	Man-hours per Unit	Crew Output per Day	Avg Mat'l Unit Cost	Avg Labor Unit Cost	Avg Equip Unit Cost	Avg Total Unit Cost	Avg Price Incl O&P
2" x 4" - 10'	Demo	LF	Lg	LB	.012	1367	---	.45	.07	.52	**.76**
	Demo	LF	Sm	LB	.014	1162	---	.52	.08	.60	**.88**
2" x 4" - 10'	Inst	LF	Lg	2C	.014	1134	.60	.64	.08	1.32	**1.78**
	Inst	LF	Sm	2C	.017	963.9	.66	.78	.09	1.53	**2.07**
2" x 4" - 12'	Demo	LF	Lg	LB	.011	1498	---	.41	.06	.47	**.69**
	Demo	LF	Sm	LB	.013	1273	---	.49	.07	.56	**.81**
2" x 4" - 12'	Inst	LF	Lg	2C	.013	1245	.60	.60	.07	1.27	**1.70**
	Inst	LF	Sm	2C	.015	1058	.66	.69	.09	1.44	**1.93**
2" x 6" - 8'	Demo	LF	Lg	LB	.015	1064	---	.56	.08	.64	**.94**
	Demo	LF	Sm	LB	.018	904.4	---	.67	.10	.77	**1.13**
2" x 6" - 8'	Inst	LF	Lg	2C	.018	891.0	.97	.83	.10	1.90	**2.52**
	Inst	LF	Sm	2C	.021	757.4	1.08	.96	.12	2.16	**2.89**
2" x 6" - 10'	Demo	LF	Lg	LB	.013	1195	---	.49	.08	.57	**.83**
	Demo	LF	Sm	LB	.016	1016	---	.60	.09	.69	**1.01**
2" x 6" - 10'	Inst	LF	Lg	2C	.016	1005	.97	.73	.09	1.79	**2.37**
	Inst	LF	Sm	2C	.019	854.3	1.08	.87	.11	2.06	**2.74**
2" x 6" - 12'	Demo	LF	Lg	LB	.012	1307	---	.45	.07	.52	**.76**
	Demo	LF	Sm	LB	.014	1111	---	.52	.08	.60	**.88**
2" x 6" - 12'	Inst	LF	Lg	2C	.015	1102	.97	.69	.08	1.74	**2.29**
	Inst	LF	Sm	2C	.017	936.7	1.08	.78	.10	1.96	**2.59**
2" x 6" - 14'	Demo	LF	Lg	LB	.011	1405	---	.41	.06	.47	**.69**
	Demo	LF	Sm	LB	.013	1194	---	.49	.08	.57	**.83**
2" x 6" - 14'	Inst	LF	Lg	2C	.013	1187	.97	.60	.08	1.65	**2.15**
	Inst	LF	Sm	2C	.016	1009	1.08	.73	.09	1.90	**2.51**
2" x 8" - 10'	Demo	LF	Lg	LB	.015	1060	---	.56	.08	.64	**.94**
	Demo	LF	Sm	LB	.018	901.0	---	.67	.10	.77	**1.13**
2" x 8" - 10'	Inst	LF	Lg	2C	.018	901.0	1.15	.83	.10	2.08	**2.74**
	Inst	LF	Sm	2C	.021	765.9	1.27	.96	.12	2.35	**3.11**
2" x 8" - 12'	Demo	LF	Lg	LB	.014	1156	---	.52	.08	.60	**.88**
	Demo	LF	Sm	LB	.016	982.6	---	.60	.09	.69	**1.01**
2" x 8" - 12'	Inst	LF	Lg	2C	.016	986.0	1.15	.73	.09	1.97	**2.59**
	Inst	LF	Sm	2C	.019	838.1	1.27	.87	.11	2.25	**2.96**
2" x 8" - 14'	Demo	LF	Lg	LB	.013	1239	---	.49	.07	.56	**.81**
	Demo	LF	Sm	LB	.015	1053	---	.56	.09	.65	**.95**
2" x 8" - 14'	Inst	LF	Lg	2C	.015	1059	1.15	.69	.08	1.92	**2.51**
	Inst	LF	Sm	2C	.018	900.2	1.27	.83	.10	2.20	**2.88**
2" x 8" - 16'	Demo	LF	Lg	LB	.012	1313	---	.45	.07	.52	**.76**
	Demo	LF	Sm	LB	.014	1116	---	.52	.08	.60	**.88**
2" x 8" - 16'	Inst	LF	Lg	2C	.014	1124	1.15	.64	.08	1.87	**2.44**
	Inst	LF	Sm	2C	.017	955.4	1.27	.78	.09	2.14	**2.80**

Description	Oper	Unit	Vol	Crew Size	Man-hours per Unit	Crew Output per Day	Avg Mat'l Unit Cost	Avg Labor Unit Cost	Avg Equip Unit Cost	Avg Total Unit Cost	Avg Price Incl O&P
2" x 10" - 12'	Demo	LF	Lg	LB	.015	1034	---	.56	.09	.65	**.95**
	Demo	LF	Sm	LB	.018	878.9	---	.67	.10	.77	**1.13**
2" x 10" - 12'	Inst	LF	Lg	2C	.018	890.0	1.44	.83	.10	2.37	**3.09**
	Inst	LF	Sm	2C	.021	756.5	1.59	.96	.12	2.67	**3.50**
2" x 10" - 14'	Demo	LF	Lg	LB	.014	1106	---	.52	.08	.60	**.88**
	Demo	LF	Sm	LB	.017	940.1	---	.64	.10	.74	**1.07**
2" x 10" - 14'	Inst	LF	Lg	2C	.017	955.0	1.44	.78	.09	2.31	**3.01**
	Inst	LF	Sm	2C	.020	811.8	1.59	.92	.11	2.62	**3.42**
2" x 10" - 16'	Demo	LF	Lg	LB	.014	1171	---	.52	.08	.60	**.88**
	Demo	LF	Sm	LB	.016	995.4	---	.60	.09	.69	**1.01**
2" x 10" - 16'	Inst	LF	Lg	2C	.016	1013	1.44	.73	.09	2.26	**2.94**
	Inst	LF	Sm	2C	.019	861.1	1.59	.87	.10	2.56	**3.34**
2" x 10" - 18'	Demo	LF	Lg	LB	.013	1229	---	.49	.07	.56	**.81**
	Demo	LF	Sm	LB	.015	1045	---	.56	.09	.65	**.95**
2" x 10" - 18'	Inst	LF	Lg	2C	.015	1065	1.44	.69	.08	2.21	**2.86**
	Inst	LF	Sm	2C	.018	905.3	1.59	.83	.10	2.52	**3.27**
2" x 12" - 14'	Demo	LF	Lg	LB	.016	998.0	---	.60	.09	.69	**1.01**
	Demo	LF	Sm	LB	.019	848.3	---	.71	.11	.82	**1.20**
2" x 12" - 14'	Inst	LF	Lg	2C	.018	869.0	2.05	.83	.10	2.98	**3.82**
	Inst	LF	Sm	2C	.022	738.7	2.25	1.01	.12	3.38	**4.36**
2" x 12" - 16'	Demo	LF	Lg	LB	.015	1054	---	.56	.09	.65	**.95**
	Demo	LF	Sm	LB	.018	895.9	---	.67	.10	.77	**1.13**
2" x 12" - 16'	Inst	LF	Lg	2C	.017	920.0	2.05	.78	.10	2.93	**3.75**
	Inst	LF	Sm	2C	.020	782.0	2.25	.92	.12	3.29	**4.22**
2" x 12" - 18'	Demo	LF	Lg	LB	.014	1106	---	.52	.08	.60	**.88**
	Demo	LF	Sm	LB	.017	940.1	---	.64	.10	.74	**1.07**
2" x 12" - 18'	Inst	LF	Lg	2C	.017	967.0	2.05	.78	.09	2.92	**3.74**
	Inst	LF	Sm	2C	.019	822.0	2.25	.87	.11	3.23	**4.14**
2" x 12" - 20'	Demo	LF	Lg	LB	.014	1151	---	.52	.08	.60	**.88**
	Demo	LF	Sm	LB	.016	978.4	---	.60	.09	.69	**1.01**
2" x 12" - 20'	Inst	LF	Lg	2C	.016	1009	2.05	.73	.09	2.87	**3.67**
	Inst	LF	Sm	2C	.019	857.7	2.25	.87	.10	3.22	**4.13**
3" x 8" - 12'	Demo	LF	Lg	LB	.017	942.0	---	.64	.10	.74	**1.07**
	Demo	LF	Sm	LB	.020	800.7	---	.75	.11	.86	**1.25**
3" x 8" - 12'	Inst	LF	Lg	2C	.020	816.0	6.83	.92	.11	7.86	**9.70**
	Inst	LF	Sm	2C	.023	693.6	7.53	1.06	.13	8.72	**10.80**
3" x 8" - 14'	Demo	LF	Lg	LB	.016	1007	---	.60	.09	.69	**1.01**
	Demo	LF	Sm	LB	.019	856.0	---	.71	.11	.82	**1.20**
3" x 8" - 14'	Inst	LF	Lg	2C	.018	876.0	6.83	.83	.10	7.76	**9.55**
	Inst	LF	Sm	2C	.021	744.6	7.53	.96	.12	8.61	**10.60**
3" x 8" - 16'	Demo	LF	Lg	LB	.015	1065	---	.56	.08	.64	**.94**
	Demo	LF	Sm	LB	.018	905.3	---	.67	.10	.77	**1.13**
3" x 8" - 16'	Inst	LF	Lg	2C	.017	929.0	6.83	.78	.10	7.71	**9.49**
	Inst	LF	Sm	2C	.020	789.7	7.53	.92	.11	8.56	**10.50**

Framing, rough carpentry, joists

Description	Oper	Unit	Vol	Crew Size	Man-hours per Unit	Crew Output per Day	Avg Mat'l Unit Cost	Avg Labor Unit Cost	Avg Equip Unit Cost	Avg Total Unit Cost	Avg Price Incl O&P
3" x 8" - 18'	Demo	LF	Lg	LB	.014	1117	---	.52	.08	.60	**.88**
	Demo	LF	Sm	LB	.017	949.5	---	.64	.09	.73	**1.06**
3" x 8" - 18'	Inst	LF	Lg	2C	.016	976.0	6.83	.73	.09	7.65	**9.41**
	Inst	LF	Sm	2C	.019	829.6	7.53	.87	.11	8.51	**10.50**
3" x 10" - 16'	Demo	LF	Lg	LB	.017	918.0	---	.64	.10	.74	**1.07**
	Demo	LF	Sm	LB	.021	780.3	---	.79	.12	.91	**1.32**
3" x 10" - 16'	Inst	LF	Lg	2C	.020	811.0	8.86	.92	.11	9.89	**12.10**
	Inst	LF	Sm	2C	.023	689.4	9.77	1.06	.13	10.96	**13.50**
3" x 10" - 18'	Demo	LF	Lg	LB	.017	961.0	---	.64	.09	.73	**1.06**
	Demo	LF	Sm	LB	.020	816.9	---	.75	.11	.86	**1.25**
3" x 10" - 18'	Inst	LF	Lg	2C	.019	851.0	8.86	.87	.11	9.84	**12.10**
	Inst	LF	Sm	2C	.022	723.4	9.77	1.01	.12	10.90	**13.40**
3" x 10" - 20'	Demo	LF	Lg	LB	.016	1001	---	.60	.09	.69	**1.01**
	Demo	LF	Sm	LB	.019	850.9	---	.71	.11	.82	**1.20**
3" x 10" - 20'	Inst	LF	Lg	2C	.018	888.0	8.86	.83	.10	9.79	**12.00**
	Inst	LF	Sm	2C	.021	754.8	9.77	.96	.12	10.85	**13.30**
3" x 12" - 16'	Demo	LF	Lg	LB	.019	821.0	---	.71	.11	.82	**1.20**
	Demo	LF	Sm	LB	.023	697.9	---	.86	.13	.99	**1.45**
3" x 12" - 16'	Inst	LF	Lg	2C	.022	732.0	8.53	1.01	.12	9.66	**11.90**
	Inst	LF	Sm	2C	.026	622.2	9.41	1.19	.14	10.74	**13.30**
3" x 12" - 18'	Demo	LF	Lg	LB	.018	873.0	---	.67	.10	.77	**1.13**
	Demo	LF	Sm	LB	.022	742.1	---	.82	.12	.94	**1.38**
3" x 12" - 18'	Inst	LF	Lg	2C	.020	781.0	10.20	.92	.12	11.24	**13.80**
	Inst	LF	Sm	2C	.024	663.9	11.30	1.10	.14	12.54	**15.40**
3" x 12" - 20'	Demo	LF	Lg	LB	.018	898.0	---	.67	.10	.77	**1.13**
	Demo	LF	Sm	LB	.021	763.3	---	.79	.12	.91	**1.32**
3" x 12" - 20'	Inst	LF	Lg	2C	.020	805.0	10.20	.92	.11	11.23	**13.80**
	Inst	LF	Sm	2C	.023	684.3	11.30	1.06	.13	12.49	**15.30**
3" x 12" - 22'	Demo	LF	Lg	LB	.017	925.0	---	.64	.10	.74	**1.07**
	Demo	LF	Sm	LB	.020	786.3	---	.75	.11	.86	**1.25**
3" x 12" - 22'	Inst	LF	Lg	2C	.019	830.0	10.20	.87	.11	11.18	**13.70**
	Inst	LF	Sm	2C	.023	705.5	11.30	1.06	.13	12.49	**15.30**

Joists, ceiling/floor, per SF of area

Description	Oper	Unit	Vol	Crew Size	Man-hours per Unit	Crew Output per Day	Avg Mat'l Unit Cost	Avg Labor Unit Cost	Avg Equip Unit Cost	Avg Total Unit Cost	Avg Price Incl O&P
2" x 4" - 6', 12" oc	Demo	SF	Lg	LB	.016	998.0	---	.60	.09	.69	**1.01**
	Demo	SF	Sm	LB	.019	848.3	---	.71	.11	.82	**1.20**
2" x 4" - 6', 12" oc	Inst	SF	Lg	2C	.019	823.0	.62	.87	.11	1.60	**2.18**
	Inst	SF	Sm	2C	.023	699.6	.68	1.06	.13	1.87	**2.55**
2" x 4" - 6', 16" oc	Demo	SF	Lg	LB	.013	1188	---	.49	.08	.57	**.83**
	Demo	SF	Sm	LB	.016	1010	---	.60	.09	.69	**1.01**
2" x 4" - 6', 16" oc	Inst	SF	Lg	2C	.016	979.0	.47	.73	.09	1.29	**1.77**
	Inst	SF	Sm	2C	.019	832.2	.52	.87	.11	1.50	**2.06**

Description	Oper	Unit	Vol	Crew Size	Man-hours per Unit	Crew Output per Day	Avg Mat'l Unit Cost	Avg Labor Unit Cost	Avg Equip Unit Cost	Avg Total Unit Cost	Avg Price Incl O&P
2" x 4" - 6', 24" oc	Demo	SF	Lg	LB	.010	1559	---	.37	.06	.43	.63
	Demo	SF	Sm	LB	.012	1325	---	.45	.07	.52	.76
2" x 4" - 6', 24" oc	Inst	SF	Lg	2C	.012	1285	.33	.55	.07	.95	1.31
	Inst	SF	Sm	2C	.015	1092	.36	.69	.08	1.13	1.56
2" x 6" - 8', 12" oc	Demo	SF	Lg	LB	.015	1037	---	.56	.09	.65	.95
	Demo	SF	Sm	LB	.018	881.5	---	.67	.10	.77	1.13
2" x 6" - 8', 12" oc	Inst	SF	Lg	2C	.018	869.0	1.00	.83	.10	1.93	2.56
	Inst	SF	Sm	2C	.022	738.7	1.11	1.01	.12	2.24	2.99
2" x 6" - 8', 16" oc	Demo	SF	Lg	LB	.013	1235	---	.49	.07	.56	.81
	Demo	SF	Sm	LB	.015	1050	---	.56	.09	.65	.95
2" x 6" - 8', 16" oc	Inst	SF	Lg	2C	.015	1034	.77	.69	.09	1.55	2.06
	Inst	SF	Sm	2C	.018	878.9	.85	.83	.10	1.78	2.38
2" x 6" - 8', 24" oc	Demo	SF	Lg	LB	.010	1622	---	.37	.06	.43	.63
	Demo	SF	Sm	LB	.012	1379	---	.45	.07	.52	.76
2" x 6" - 8', 24" oc	Inst	SF	Lg	2C	.012	1359	.53	.55	.07	1.15	1.55
	Inst	SF	Sm	2C	.014	1155	.58	.64	.08	1.30	1.76
2" x 8" - 10', 12" oc	Demo	SF	Lg	LB	.015	1033	---	.56	.09	.65	.95
	Demo	SF	Sm	LB	.018	878.1	---	.67	.10	.77	1.13
2" x 8" - 10', 12" oc	Inst	SF	Lg	2C	.018	878.0	1.19	.83	.10	2.12	2.79
	Inst	SF	Sm	2C	.021	746.3	1.31	.96	.12	2.39	3.16
2" x 8" - 10', 16" oc	Demo	SF	Lg	LB	.013	1231	---	.49	.07	.56	.81
	Demo	SF	Sm	LB	.015	1046	---	.56	.09	.65	.95
2" x 8" - 10', 16" oc	Inst	SF	Lg	2C	.015	1046	.90	.69	.09	1.68	2.22
	Inst	SF	Sm	2C	.018	889.1	.99	.83	.10	1.92	2.55
2" x 8" - 10', 24" oc	Demo	SF	Lg	LB	.010	1614	---	.37	.06	.43	.63
	Demo	SF	Sm	LB	.012	1372	---	.45	.07	.52	.76
2" x 8" - 10', 24" oc	Inst	SF	Lg	2C	.012	1372	.62	.55	.07	1.24	1.65
	Inst	SF	Sm	2C	.014	1166	.69	.64	.08	1.41	1.89
2" x 10" - 12', 12" oc	Demo	SF	Lg	LB	.016	1008	---	.60	.09	.69	1.01
	Demo	SF	Sm	LB	.019	856.8	---	.71	.11	.82	1.20
2" x 10" - 12', 12" oc	Inst	SF	Lg	2C	.018	868.0	1.48	.83	.10	2.41	3.13
	Inst	SF	Sm	2C	.022	737.8	1.63	1.01	.12	2.76	3.61
2" x 10" - 12', 16" oc	Demo	SF	Lg	LB	.013	1200	---	.49	.08	.57	.83
	Demo	SF	Sm	LB	.016	1020	---	.60	.09	.69	1.01
2" x 10" - 12', 16" oc	Inst	SF	Lg	2C	.015	1033	1.12	.69	.09	1.90	2.48
	Inst	SF	Sm	2C	.018	878.1	1.24	.83	.10	2.17	2.85

Framing, rough carpentry, joists

Description	Oper	Unit	Vol	Crew Size	Man-hours per Unit	Crew Output per Day	Avg Mat'l Unit Cost	Avg Labor Unit Cost	Avg Equip Unit Cost	Avg Total Unit Cost	Avg Price Incl O&P
2" x 10" - 12', 24" oc	Demo	SF	Lg	LB	.010	1575	---	.37	.06	.43	**.63**
	Demo	SF	Sm	LB	.012	1339	---	.45	.07	.52	**.76**
2" x 10" - 12', 24" oc	Inst	SF	Lg	2C	.012	1356	.77	.55	.07	1.39	**1.83**
	Inst	SF	Sm	2C	.014	1153	.85	.64	.08	1.57	**2.08**
2" x 12" - 14', 12" oc	Demo	SF	Lg	LB	.016	974.0	---	.60	.09	.69	**1.01**
	Demo	SF	Sm	LB	.019	827.9	---	.71	.11	.82	**1.20**
2" x 12" - 14', 12" oc	Inst	SF	Lg	2C	.019	848.0	2.10	.87	.11	3.08	**3.96**
	Inst	SF	Sm	2C	.022	720.8	2.31	1.01	.12	3.44	**4.43**
2" x 12" - 14', 16" oc	Demo	SF	Lg	LB	.014	1159	---	.52	.08	.60	**.88**
	Demo	SF	Sm	LB	.016	985.2	---	.60	.09	.69	**1.01**
2" x 12" - 14', 16" oc	Inst	SF	Lg	2C	.016	1009	1.60	.73	.09	2.42	**3.13**
	Inst	SF	Sm	2C	.019	857.7	1.75	.87	.10	2.72	**3.53**
2" x 12" - 14', 24" oc	Demo	SF	Lg	LB	.011	1521	---	.41	.06	.47	**.69**
	Demo	SF	Sm	LB	.012	1293	---	.45	.07	.52	**.76**
2" x 12" - 14', 24" oc	Inst	SF	Lg	2C	.012	1324	1.09	.55	.07	1.71	**2.22**
	Inst	SF	Sm	2C	.014	1125	1.20	.64	.08	1.92	**2.50**
3" x 8" - 14', 12" oc	Demo	SF	Lg	LB	.016	983.0	---	.60	.09	.69	**1.01**
	Demo	SF	Sm	LB	.019	835.6	---	.71	.11	.82	**1.20**
3" x 8" - 14', 12" oc	Inst	SF	Lg	2C	.019	855.0	7.00	.87	.11	7.98	**9.84**
	Inst	SF	Sm	2C	.022	726.8	7.72	1.01	.12	8.85	**10.90**
3" x 8" - 14', 16" oc	Demo	SF	Lg	LB	.014	1170	---	.52	.08	.60	**.88**
	Demo	SF	Sm	LB	.016	994.5	---	.60	.09	.69	**1.01**
3" x 8" - 14', 16" oc	Inst	SF	Lg	2C	.016	1017	5.30	.73	.09	6.12	**7.57**
	Inst	SF	Sm	2C	.019	864.5	5.84	.87	.10	6.81	**8.44**
3" x 8" - 14', 24" oc	Demo	SF	Lg	LB	.010	1535	---	.37	.06	.43	**.63**
	Demo	SF	Sm	LB	.012	1305	---	.45	.07	.52	**.76**
3" x 8" - 14', 24" oc	Inst	SF	Lg	2C	.012	1335	3.60	.55	.07	4.22	**5.23**
	Inst	SF	Sm	2C	.014	1135	3.97	.64	.08	4.69	**5.82**
3" x 10" - 16', 12" oc	Demo	SF	Lg	LB	.018	896.0	---	.67	.10	.77	**1.13**
	Demo	SF	Sm	LB	.021	761.6	---	.79	.12	.91	**1.32**
3" x 10" - 16', 12" oc	Inst	SF	Lg	2C	.020	792.0	9.07	.92	.11	10.10	**12.40**
	Inst	SF	Sm	2C	.024	673.2	10.00	1.10	.13	11.23	**13.80**
3" x 10" - 16', 16" oc	Demo	SF	Lg	LB	.015	1066	---	.56	.08	.64	**.94**
	Demo	SF	Sm	LB	.018	906.1	---	.67	.10	.77	**1.13**
3" x 10" - 16', 16" oc	Inst	SF	Lg	2C	.017	943.0	6.88	.78	.10	7.76	**9.55**
	Inst	SF	Sm	2C	.020	801.6	7.59	.92	.11	8.62	**10.60**
3" x 10" - 16', 24" oc	Demo	SF	Lg	LB	.011	1399	---	.41	.06	.47	**.69**
	Demo	SF	Sm	LB	.013	1189	---	.49	.08	.57	**.83**
3" x 10" - 16', 24" oc	Inst	SF	Lg	2C	.013	1236	4.65	.60	.07	5.32	**6.56**
	Inst	SF	Sm	2C	.015	1051	5.13	.69	.09	5.91	**7.30**

Description	Oper	Unit	Vol	Crew Size	Man-hours per Unit	Crew Output per Day	Avg Mat'l Unit Cost	Avg Labor Unit Cost	Avg Equip Unit Cost	Avg Total Unit Cost	Avg Price Incl O&P
3" x 12" - 18', 12" oc	Demo	SF	Lg	LB	.019	851.0	---	.71	.11	.82	**1.20**
	Demo	SF	Sm	LB	.022	723.4	---	.82	.12	.94	**1.38**
3" x 12" - 18', 12" oc	Inst	SF	Lg	2C	.021	762.0	10.50	.96	.12	11.58	**14.20**
	Inst	SF	Sm	2C	.025	647.7	11.60	1.15	.14	12.89	**15.80**
3" x 12" - 18', 16" oc	Demo	SF	Lg	LB	.016	1013	---	.60	.09	.69	**1.01**
	Demo	SF	Sm	LB	.019	861.1	---	.71	.10	.81	**1.19**
3" x 12" - 18', 16" oc	Inst	SF	Lg	2C	.018	907.0	7.95	.83	.10	8.88	**10.90**
	Inst	SF	Sm	2C	.021	771.0	8.77	.96	.12	9.85	**12.10**
3" x 12" - 18', 24" oc	Demo	SF	Lg	LB	.012	1330	---	.45	.07	.52	**.76**
	Demo	SF	Sm	LB	.014	1131	---	.52	.08	.60	**.88**
3" x 12" - 18', 24" oc	Inst	SF	Lg	2C	.013	1190	5.40	.60	.08	6.08	**7.47**
	Inst	SF	Sm	2C	.016	1012	5.96	.73	.09	6.78	**8.36**

Ledgers

Nailed

Description	Oper	Unit	Vol	Crew Size	Man-hours per Unit	Crew Output per Day	Avg Mat'l Unit Cost	Avg Labor Unit Cost	Avg Equip Unit Cost	Avg Total Unit Cost	Avg Price Incl O&P
2" x 4" - 12'	Demo	LF	Lg	LB	.013	1220	---	.49	.07	.56	**.81**
	Demo	LF	Sm	LB	.015	1037	---	.56	.09	.65	**.95**
2" x 4" - 12'	Inst	LF	Lg	2C	.019	857.0	.74	.87	.11	1.72	**2.33**
	Inst	LF	Sm	2C	.022	728.5	.81	1.01	.12	1.94	**2.63**
2" x 6" - 12'	Demo	LF	Lg	LB	.015	1082	---	.56	.08	.64	**.94**
	Demo	LF	Sm	LB	.017	919.7	---	.64	.10	.74	**1.07**
2" x 6" - 12'	Inst	LF	Lg	2C	.021	774.0	1.11	.96	.12	2.19	**2.92**
	Inst	LF	Sm	2C	.024	657.9	1.23	1.10	.14	2.47	**3.30**
2" x 8" - 12'	Demo	LF	Lg	LB	.016	973.0	---	.60	.09	.69	**1.01**
	Demo	LF	Sm	LB	.019	827.1	---	.71	.11	.82	**1.20**
2" x 8" - 12'	Inst	LF	Lg	2C	.023	706.0	1.29	1.06	.13	2.48	**3.29**
	Inst	LF	Sm	2C	.027	600.1	1.43	1.24	.15	2.82	**3.75**

Bolted

Labor/material costs are for ledgers with pre-embedded bolts
Labor costs include securing ledgers

Description	Oper	Unit	Vol	Crew Size	Man-hours per Unit	Crew Output per Day	Avg Mat'l Unit Cost	Avg Labor Unit Cost	Avg Equip Unit Cost	Avg Total Unit Cost	Avg Price Incl O&P
3" x 6" - 12'	Demo	LF	Lg	LB	.022	718.0	---	.82	.13	.95	**1.39**
	Demo	LF	Sm	LB	.026	610.3	---	.97	.15	1.12	**1.64**
3" x 6" - 12'	Inst	LF	Lg	2C	.031	513.0	2.52	1.42	.18	4.12	**5.37**
	Inst	LF	Sm	2C	.037	436.1	2.79	1.70	.21	4.70	**6.15**
3" x 8" - 12'	Demo	LF	Lg	LB	.024	654.0	---	.90	.14	1.04	**1.51**
	Demo	LF	Sm	LB	.029	555.9	---	1.08	.16	1.24	**1.82**
3" x 8" - 12'	Inst	LF	Lg	2C	.034	475.0	6.80	1.56	.19	8.55	**10.70**
	Inst	LF	Sm	2C	.040	403.8	7.50	1.84	.22	9.56	**12.00**
3" x 10" - 12'	Demo	LF	Lg	LB	.027	593.0	---	1.01	.15	1.16	**1.69**
	Demo	LF	Sm	LB	.032	504.1	---	1.20	.18	1.38	**2.01**
3" x 10" - 12'	Inst	LF	Lg	2C	.037	438.0	8.83	1.70	.21	10.74	**13.40**
	Inst	LF	Sm	2C	.043	372.3	9.74	1.97	.24	11.95	**14.90**
3" x 12" - 12'	Demo	LF	Lg	LB	.029	547.0	---	1.08	.16	1.24	**1.82**
	Demo	LF	Sm	LB	.034	465.0	---	1.27	.19	1.46	**2.14**
3" x 12" - 12'	Inst	LF	Lg	2C	.039	408.0	10.20	1.79	.22	12.21	**15.20**
	Inst	LF	Sm	2C	.046	346.8	11.30	2.11	.26	13.67	**17.00**

Framing, rough carpentry, plates

Description	Oper	Unit	Vol	Crew Size	Man-hours per Unit	Crew Output per Day	Avg Mat'l Unit Cost	Avg Labor Unit Cost	Avg Equip Unit Cost	Avg Total Unit Cost	Avg Price Incl O&P

Patio framing

Wood deck: 4" x 4" rough sawn beams (4'-0" oc) leveled 1/16" to 1/8" and nailed to pre-set concrete piers with woodblock on top; 2" T x 4" W decking (S4S) with 1/2" spacing, double-nailed beam junctures

Description	Oper	Unit	Vol	Crew Size	Man-hours per Unit	Crew Output per Day	Avg Mat'l Unit Cost	Avg Labor Unit Cost	Avg Equip Unit Cost	Avg Total Unit Cost	Avg Price Incl O&P
Fir	Demo	SF	Lg	LB	.042	380.0	---	1.57	.24	1.81	**2.64**
	Demo	SF	Sm	LB	.050	323.0	---	1.87	.28	2.15	**3.14**
Fir	Inst	SF	Lg	CN	.061	330.0	5.36	2.69	.27	8.32	**10.80**
	Inst	SF	Sm	CN	.071	280.5	5.88	3.14	.32	9.34	**12.20**
Redwood	Demo	SF	Lg	LB	.042	380.0	---	1.57	.24	1.81	**2.64**
	Demo	SF	Sm	LB	.050	323.0	---	1.87	.28	2.15	**3.14**
Redwood	Inst	SF	Lg	CN	.061	330.0	22.40	2.69	.27	25.36	**31.20**
	Inst	SF	Sm	CN	.071	280.5	24.70	3.14	.32	28.16	**34.70**

Wood awning: 4" x 4" columns (10'-0" oc) nailed to wood; 2" x 6" beams nailed horizontally either side of columns; 2" x 6" ledger nailed to wall studs; 2" x 6" joists (4'-0" oc) nailed to ledger and toe-nailed on top of beams; 2" x 2" (4" oc) nailed to joists for sunscreen

Description	Oper	Unit	Vol	Crew Size	Man-hours per Unit	Crew Output per Day	Avg Mat'l Unit Cost	Avg Labor Unit Cost	Avg Equip Unit Cost	Avg Total Unit Cost	Avg Price Incl O&P
Redwood, rough sawn	Demo	SF	Lg	LB	.055	290.0	---	2.06	.31	2.37	**3.46**
	Demo	SF	Sm	LB	.065	246.5	---	2.43	.37	2.80	**4.09**
Redwood, rough sawn	Inst	SF	Lg	CS	.096	250.0	16.00	4.13	.36	20.49	**25.80**
	Inst	SF	Sm	CS	.113	212.5	17.60	4.86	.42	22.88	**28.90**

Plates; joined with studs before setting

Double top, nailed

Description	Oper	Unit	Vol	Crew Size	Man-hours per Unit	Crew Output per Day	Avg Mat'l Unit Cost	Avg Labor Unit Cost	Avg Equip Unit Cost	Avg Total Unit Cost	Avg Price Incl O&P
2" x 4" - 8'	Demo	LF	Lg	LB	.020	820.0	---	.75	.11	.86	**1.25**
	Demo	LF	Sm	LB	.023	697.0	---	.86	.13	.99	**1.45**
2" x 4" - 8'	Inst	LF	Lg	2C	.039	410.0	1.35	1.79	.22	3.36	**4.57**
	Inst	LF	Sm	2C	.046	348.5	1.47	2.11	.26	3.84	**5.24**
2" x 6" - 8'	Demo	LF	Lg	LB	.020	820.0	---	.75	.11	.86	**1.25**
	Demo	LF	Sm	LB	.023	697.0	---	.86	.13	.99	**1.45**
2" x 6" - 8'	Inst	LF	Lg	2C	.039	410.0	2.06	1.79	.22	4.07	**5.42**
	Inst	LF	Sm	2C	.046	348.5	2.27	2.11	.26	4.64	**6.20**

Single bottom, nailed

Description	Oper	Unit	Vol	Crew Size	Man-hours per Unit	Crew Output per Day	Avg Mat'l Unit Cost	Avg Labor Unit Cost	Avg Equip Unit Cost	Avg Total Unit Cost	Avg Price Incl O&P
2" x 4" - 8'	Demo	LF	Lg	LB	.012	1360	---	.45	.07	.52	**.76**
	Demo	LF	Sm	LB	.014	1156	---	.52	.08	.60	**.88**
2" x 4" - 8'	Inst	LF	Lg	2C	.020	815.0	.66	.92	.11	1.69	**2.30**
	Inst	LF	Sm	2C	.023	692.8	.72	1.06	.13	1.91	**2.60**
2" x 6" - 8'	Demo	LF	Lg	LB	.012	1360	---	.45	.07	.52	**.76**
	Demo	LF	Sm	LB	.014	1156	---	.52	.08	.60	**.88**
2" x 6" - 8'	Inst	LF	Lg	2C	.020	815.0	1.02	.92	.11	2.05	**2.73**
	Inst	LF	Sm	2C	.023	692.8	1.12	1.06	.13	2.31	**3.08**

Sill or bottom, bolted. Labor/material costs are for plates with pre-embedded bolts.
Labor costs include securing plates

Description	Oper	Unit	Vol	Crew Size	Man-hours per Unit	Crew Output per Day	Avg Mat'l Unit Cost	Avg Labor Unit Cost	Avg Equip Unit Cost	Avg Total Unit Cost	Avg Price Incl O&P
2" x 4" - 8'	Demo	LF	Lg	LB	.023	685.0	---	.86	.13	.99	**1.45**
	Demo	LF	Sm	LB	.027	582.3	---	1.01	.15	1.16	**1.69**
2" x 4" - 8'	Inst	LF	Lg	2C	.029	560.0	.55	1.33	.16	2.04	**2.85**
	Inst	LF	Sm	2C	.034	476.0	.60	1.56	.19	2.35	**3.29**
2" x 6" - 8'	Demo	LF	Lg	LB	.023	685.0	---	.86	.13	.99	**1.45**
	Demo	LF	Sm	LB	.027	582.3	---	1.01	.15	1.16	**1.69**
2" x 6" - 8'	Inst	LF	Lg	2C	.029	560.0	.90	1.33	.16	2.39	**3.27**
	Inst	LF	Sm	2C	.034	476.0	1.00	1.56	.19	2.75	**3.77**

Rafters, per LF of stick

Common, gable or hip, to 1/3 pitch

Description	Oper	Unit	Vol	Crew Size	Man-hours per Unit	Crew Output per Day	Avg Mat'l Unit Cost	Avg Labor Unit Cost	Avg Equip Unit Cost	Avg Total Unit Cost	Avg Price Incl O&P
2" x 4" - 8' Avg.	Demo	LF	Lg	LB	.022	744.0	---	.82	.12	.94	**1.38**
	Demo	LF	Sm	LB	.025	632.4	---	.94	.14	1.08	**1.57**
2" x 4" - 8' Avg.	Inst	LF	Lg	2C	.023	683.0	.60	1.06	.13	1.79	**2.46**
	Inst	LF	Sm	2C	.028	580.6	.66	1.28	.16	2.10	**2.91**
2" x 4" - 10' Avg.	Demo	LF	Lg	LB	.019	861.0	---	.71	.10	.81	**1.19**
	Demo	LF	Sm	LB	.022	731.9	---	.82	.12	.94	**1.38**
2" x 4" - 10' Avg.	Inst	LF	Lg	2C	.020	793.0	.60	.92	.11	1.63	**2.23**
	Inst	LF	Sm	2C	.024	674.1	.66	1.10	.13	1.89	**2.60**
2" x 4" - 12' Avg.	Demo	LF	Lg	LB	.017	963.0	---	.64	.09	.73	**1.06**
	Demo	LF	Sm	LB	.020	818.6	---	.75	.11	.86	**1.25**
2" x 4" - 12' Avg.	Inst	LF	Lg	2C	.018	887.0	.60	.83	.10	1.53	**2.08**
	Inst	LF	Sm	2C	.021	754.0	.66	.96	.12	1.74	**2.38**
2" x 4" - 14' Avg.	Demo	LF	Lg	LB	.015	1053	---	.56	.09	.65	**.95**
	Demo	LF	Sm	LB	.018	895.1	---	.67	.10	.77	**1.13**
2" x 4" - 14' Avg.	Inst	LF	Lg	2C	.016	971.0	.60	.73	.09	1.42	**1.93**
	Inst	LF	Sm	2C	.019	825.4	.66	.87	.11	1.64	**2.23**
2" x 4" - 16' Avg.	Demo	LF	Lg	LB	.014	1134	---	.52	.08	.60	**.88**
	Demo	LF	Sm	LB	.017	963.9	---	.64	.09	.73	**1.06**
2" x 4" - 16' Avg.	Inst	LF	Lg	2C	.015	1047	.60	.69	.09	1.38	**1.86**
	Inst	LF	Sm	2C	.018	890.0	.66	.83	.10	1.59	**2.15**
2" x 6" - 10' Avg.	Demo	LF	Lg	LB	.021	748.0	---	.79	.12	.91	**1.32**
	Demo	LF	Sm	LB	.025	635.8	---	.94	.14	1.08	**1.57**
2" x 6" - 10' Avg.	Inst	LF	Lg	2C	.023	691.0	.97	1.06	.13	2.16	**2.90**
	Inst	LF	Sm	2C	.027	587.4	1.08	1.24	.15	2.47	**3.33**
2" x 6" - 12' Avg.	Demo	LF	Lg	LB	.019	843.0	---	.71	.11	.82	**1.20**
	Demo	LF	Sm	LB	.022	716.6	---	.82	.13	.95	**1.39**
2" x 6" - 12' Avg.	Inst	LF	Lg	2C	.021	779.0	.97	.96	.12	2.05	**2.75**
	Inst	LF	Sm	2C	.024	662.2	1.08	1.10	.14	2.32	**3.12**
2" x 6" - 14' Avg.	Demo	LF	Lg	LB	.017	929.0	---	.64	.10	.74	**1.07**
	Demo	LF	Sm	LB	.020	789.7	---	.75	.11	.86	**1.25**
2" x 6" - 14' Avg.	Inst	LF	Lg	2C	.019	860.0	.97	.87	.10	1.94	**2.59**
	Inst	LF	Sm	2C	.022	731.0	1.08	1.01	.12	2.21	**2.95**
2" x 6" - 16' Avg.	Demo	LF	Lg	LB	.016	1008	---	.60	.09	.69	**1.01**
	Demo	LF	Sm	LB	.019	856.8	---	.71	.11	.82	**1.20**
2" x 6" - 16' Avg.	Inst	LF	Lg	2C	.017	933.0	.97	.78	.10	1.85	**2.45**
	Inst	LF	Sm	2C	.020	793.1	1.08	.92	.11	2.11	**2.80**
2" x 6" - 18' Avg.	Demo	LF	Lg	LB	.015	1081	---	.56	.08	.64	**.94**
	Demo	LF	Sm	LB	.017	918.9	---	.64	.10	.74	**1.07**
2" x 6" - 18' Avg.	Inst	LF	Lg	2C	.016	1001	.97	.73	.09	1.79	**2.37**
	Inst	LF	Sm	2C	.019	850.9	1.08	.87	.11	2.06	**2.74**

Framing, rough carpentry, rafters

Description	Oper	Unit	Vol	Crew Size	Man-hours per Unit	Crew Output per Day	Avg Mat'l Unit Cost	Avg Labor Unit Cost	Avg Equip Unit Cost	Avg Total Unit Cost	Avg Price Incl O&P
2" x 8" - 12' Avg.	Demo	LF	Lg	LB	.022	737.0	---	.82	.12	.94	**1.38**
	Demo	LF	Sm	LB	.026	626.5	---	.97	.14	1.11	**1.63**
2" x 8" - 12' Avg.	Inst	LF	Lg	2C	.023	684.0	1.15	1.06	.13	2.34	**3.12**
	Inst	LF	Sm	2C	.028	581.4	1.27	1.28	.15	2.70	**3.63**
2" x 8" - 14' Avg.	Demo	LF	Lg	LB	.020	804.0	---	.75	.11	.86	**1.25**
	Demo	LF	Sm	LB	.023	683.4	---	.86	.13	.99	**1.45**
2" x 8" - 14' Avg.	Inst	LF	Lg	2C	.021	748.0	1.15	.96	.12	2.23	**2.97**
	Inst	LF	Sm	2C	.025	635.8	1.27	1.15	.14	2.56	**3.41**
2" x 8" - 16' Avg.	Demo	LF	Lg	LB	.019	864.0	---	.71	.10	.81	**1.19**
	Demo	LF	Sm	LB	.022	734.4	---	.82	.12	.94	**1.38**
2" x 8" - 16' Avg.	Inst	LF	Lg	2C	.020	805.0	1.15	.92	.11	2.18	**2.89**
	Inst	LF	Sm	2C	.023	684.3	1.27	1.06	.13	2.46	**3.26**
2" x 8" - 18' Avg.	Demo	LF	Lg	LB	.017	918.0	---	.64	.10	.74	**1.07**
	Demo	LF	Sm	LB	.021	780.3	---	.79	.12	.91	**1.32**
2" x 8" - 18' Avg.	Inst	LF	Lg	2C	.019	856.0	1.15	.87	.11	2.13	**2.82**
	Inst	LF	Sm	2C	.022	727.6	1.27	1.01	.12	2.40	**3.18**
2" x 8" - 20' Avg.	Demo	LF	Lg	LB	.017	967.0	---	.64	.09	.73	**1.06**
	Demo	LF	Sm	LB	.019	822.0	---	.71	.11	.82	**1.20**
2" x 8" - 20' Avg.	Inst	LF	Lg	2C	.018	902.0	1.15	.83	.10	2.08	**2.74**
	Inst	LF	Sm	2C	.021	766.7	1.27	.96	.12	2.35	**3.11**

Common, gable or hip, to 3/8-1/2 pitch

Description	Oper	Unit	Vol	Crew Size	Man-hours per Unit	Crew Output per Day	Avg Mat'l Unit Cost	Avg Labor Unit Cost	Avg Equip Unit Cost	Avg Total Unit Cost	Avg Price Incl O&P
2" x 4" - 8' Avg.	Demo	LF	Lg	LB	.025	632.0	---	.94	.14	1.08	**1.57**
	Demo	LF	Sm	LB	.030	537.2	---	1.12	.17	1.29	**1.89**
2" x 4" - 8' Avg.	Inst	LF	Lg	2C	.028	580.0	.60	1.28	.16	2.04	**2.84**
	Inst	LF	Sm	2C	.032	493.0	.66	1.47	.18	2.31	**3.21**
2" x 4" - 10' Avg.	Demo	LF	Lg	LB	.022	740.0	---	.82	.12	.94	**1.38**
	Demo	LF	Sm	LB	.025	629.0	---	.94	.14	1.08	**1.57**
2" x 4" - 10' Avg.	Inst	LF	Lg	2C	.024	680.0	.60	1.10	.13	1.83	**2.53**
	Inst	LF	Sm	2C	.028	578.0	.66	1.28	.16	2.10	**2.91**
2" x 4" - 12' Avg.	Demo	LF	Lg	LB	.019	836.0	---	.71	.11	.82	**1.20**
	Demo	LF	Sm	LB	.023	710.6	---	.86	.13	.99	**1.45**
2" x 4" - 12' Avg.	Inst	LF	Lg	2C	.021	769.0	.60	.96	.12	1.68	**2.31**
	Inst	LF	Sm	2C	.024	653.7	.66	1.10	.14	1.90	**2.61**
2" x 4" - 14' Avg.	Demo	LF	Lg	LB	.017	922.0	---	.64	.10	.74	**1.07**
	Demo	LF	Sm	LB	.020	783.7	---	.75	.11	.86	**1.25**
2" x 4" - 14' Avg.	Inst	LF	Lg	2C	.019	849.0	.60	.87	.11	1.58	**2.16**
	Inst	LF	Sm	2C	.022	721.7	.66	1.01	.12	1.79	**2.45**
2" x 4" - 16' Avg.	Demo	LF	Lg	LB	.016	999.0	---	.60	.09	.69	**1.01**
	Demo	LF	Sm	LB	.019	849.2	---	.71	.11	.82	**1.20**
2" x 4" - 16' Avg.	Inst	LF	Lg	2C	.017	921.0	.60	.78	.10	1.48	**2.01**
	Inst	LF	Sm	2C	.020	782.9	.66	.92	.11	1.69	**2.30**

Description	Oper	Unit	Vol	Crew Size	Man-hours per Unit	Crew Output per Day	Avg Mat'l Unit Cost	Avg Labor Unit Cost	Avg Equip Unit Cost	Avg Total Unit Cost	Avg Price Incl O&P
2" x 6" - 10' Avg.	Demo	LF	Lg	LB	.024	655.0	---	.90	.14	1.04	**1.51**
	Demo	LF	Sm	LB	.029	556.8	---	1.08	.16	1.24	**1.82**
2" x 6" - 10' Avg.	Inst	LF	Lg	2C	.026	604.0	.97	1.19	.15	2.31	**3.13**
	Inst	LF	Sm	2C	.031	513.4	1.08	1.42	.18	2.68	**3.65**
2" x 6" - 12' Avg.	Demo	LF	Lg	LB	.022	743.0	---	.82	.12	.94	**1.38**
	Demo	LF	Sm	LB	.025	631.6	---	.94	.14	1.08	**1.57**
2" x 6" - 12' Avg.	Inst	LF	Lg	2C	.023	686.0	.97	1.06	.13	2.16	**2.90**
	Inst	LF	Sm	2C	.027	583.1	1.08	1.24	.15	2.47	**3.33**
2" x 6" - 14' Avg.	Demo	LF	Lg	LB	.019	825.0	---	.71	.11	.82	**1.20**
	Demo	LF	Sm	LB	.023	701.3	---	.86	.13	.99	**1.45**
2" x 6" - 14' Avg.	Inst	LF	Lg	2C	.021	762.0	.97	.96	.12	2.05	**2.75**
	Inst	LF	Sm	2C	.025	647.7	1.08	1.15	.14	2.37	**3.18**
2" x 6" - 16' Avg.	Demo	LF	Lg	LB	.018	901.0	---	.67	.10	.77	**1.13**
	Demo	LF	Sm	LB	.021	765.9	---	.79	.12	.91	**1.32**
2" x 6" - 16' Avg.	Inst	LF	Lg	2C	.019	833.0	.97	.87	.11	1.95	**2.60**
	Inst	LF	Sm	2C	.023	708.1	1.08	1.06	.13	2.27	**3.03**
2" x 6" - 18' Avg.	Demo	LF	Lg	LB	.016	971.0	---	.60	.09	.69	**1.01**
	Demo	LF	Sm	LB	.019	825.4	---	.71	.11	.82	**1.20**
2" x 6" - 18' Avg.	Inst	LF	Lg	2C	.018	898.0	.97	.83	.10	1.90	**2.52**
	Inst	LF	Sm	2C	.021	763.3	1.08	.96	.12	2.16	**2.89**
2" x 8" - 12' Avg.	Demo	LF	Lg	LB	.024	660.0	---	.90	.14	1.04	**1.51**
	Demo	LF	Sm	LB	.029	561.0	---	1.08	.16	1.24	**1.82**
2" x 8" - 12' Avg.	Inst	LF	Lg	2C	.026	612.0	1.15	1.19	.15	2.49	**3.35**
	Inst	LF	Sm	2C	.031	520.2	1.27	1.42	.17	2.86	**3.86**
2" x 8" - 14' Avg.	Demo	LF	Lg	LB	.022	725.0	---	.82	.12	.94	**1.38**
	Demo	LF	Sm	LB	.026	616.3	---	.97	.15	1.12	**1.64**
2" x 8" - 14' Avg.	Inst	LF	Lg	2C	.024	673.0	1.15	1.10	.13	2.38	**3.19**
	Inst	LF	Sm	2C	.028	572.1	1.27	1.28	.16	2.71	**3.64**
2" x 8" - 16' Avg.	Demo	LF	Lg	LB	.020	784.0	---	.75	.11	.86	**1.25**
	Demo	LF	Sm	LB	.024	666.4	---	.90	.14	1.04	**1.51**
2" x 8" - 16' Avg.	Inst	LF	Lg	2C	.022	728.0	1.15	1.01	.12	2.28	**3.04**
	Inst	LF	Sm	2C	.026	618.8	1.27	1.19	.15	2.61	**3.49**
2" x 8" - 18' Avg.	Demo	LF	Lg	LB	.019	837.0	---	.71	.11	.82	**1.20**
	Demo	LF	Sm	LB	.022	711.5	---	.82	.13	.95	**1.39**
2" x 8" - 18' Avg.	Inst	LF	Lg	2C	.021	779.0	1.15	.96	.12	2.23	**2.97**
	Inst	LF	Sm	2C	.024	662.2	1.27	1.10	.14	2.51	**3.34**
2" x 8" - 20' Avg.	Demo	LF	Lg	LB	.018	885.0	---	.67	.10	.77	**1.13**
	Demo	LF	Sm	LB	.021	752.3	---	.79	.12	.91	**1.32**
2" x 8" - 20' Avg.	Inst	LF	Lg	2C	.019	825.0	1.15	.87	.11	2.13	**2.82**
	Inst	LF	Sm	2C	.023	701.3	1.27	1.06	.13	2.46	**3.26**

Framing, rough carpentry, rafters

Description	Oper	Unit	Vol	Crew Size	Man-hours per Unit	Crew Output per Day	Avg Mat'l Unit Cost	Avg Labor Unit Cost	Avg Equip Unit Cost	Avg Total Unit Cost	Avg Price Incl O&P
Common, cut-up roofs, to 1/3 pitch											
2" x 4" - 8' Avg.	Demo	LF	Lg	LB	.027	588.0	---	1.01	.15	1.16	**1.69**
	Demo	LF	Sm	LB	.032	499.8	---	1.20	.18	1.38	**2.01**
2" x 4" - 8' Avg.	Inst	LF	Lg	2C	.030	539.0	.61	1.38	.17	2.16	**3.00**
	Inst	LF	Sm	2C	.035	458.2	.67	1.61	.20	2.48	**3.45**
2" x 4" - 10' Avg.	Demo	LF	Lg	LB	.023	692.0	---	.86	.13	.99	**1.45**
	Demo	LF	Sm	LB	.027	588.2	---	1.01	.15	1.16	**1.69**
2" x 4" - 10' Avg.	Inst	LF	Lg	2C	.025	635.0	.61	1.15	.14	1.90	**2.62**
	Inst	LF	Sm	2C	.030	539.8	.67	1.38	.17	2.22	**3.07**
2" x 4" - 12' Avg.	Demo	LF	Lg	LB	.020	783.0	---	.75	.11	.86	**1.25**
	Demo	LF	Sm	LB	.024	665.6	---	.90	.14	1.04	**1.51**
2" x 4" - 12' Avg.	Inst	LF	Lg	2C	.022	720.0	.61	1.01	.13	1.75	**2.40**
	Inst	LF	Sm	2C	.026	612.0	.67	1.19	.15	2.01	**2.77**
2" x 4" - 14' Avg.	Demo	LF	Lg	LB	.018	868.0	---	.67	.10	.77	**1.13**
	Demo	LF	Sm	LB	.022	737.8	---	.82	.12	.94	**1.38**
2" x 4" - 14' Avg.	Inst	LF	Lg	2C	.020	799.0	.61	.92	.11	1.64	**2.24**
	Inst	LF	Sm	2C	.024	679.2	.67	1.10	.13	1.90	**2.61**
2" x 4" - 16' Avg.	Demo	LF	Lg	LB	.017	945.0	---	.64	.10	.74	**1.07**
	Demo	LF	Sm	LB	.020	803.3	---	.75	.11	.86	**1.25**
2" x 4" - 16' Avg.	Inst	LF	Lg	2C	.018	870.0	.61	.83	.10	1.54	**2.09**
	Inst	LF	Sm	2C	.022	739.5	.67	1.01	.12	1.80	**2.46**
2" x 6" - 10' Avg.	Demo	LF	Lg	LB	.026	617.0	---	.97	.15	1.12	**1.64**
	Demo	LF	Sm	LB	.031	524.5	---	1.16	.17	1.33	**1.94**
2" x 6" - 10' Avg.	Inst	LF	Lg	2C	.028	569.0	.99	1.28	.16	2.43	**3.31**
	Inst	LF	Sm	2C	.033	483.7	1.09	1.51	.19	2.79	**3.81**
2" x 6" - 12' Avg.	Demo	LF	Lg	LB	.023	703.0	---	.86	.13	.99	**1.45**
	Demo	LF	Sm	LB	.027	597.6	---	1.01	.15	1.16	**1.69**
2" x 6" - 12' Avg.	Inst	LF	Lg	2C	.025	648.0	.99	1.15	.14	2.28	**3.08**
	Inst	LF	Sm	2C	.029	550.8	1.09	1.33	.16	2.58	**3.50**
2" x 6" - 14' Avg.	Demo	LF	Lg	LB	.020	781.0	---	.75	.12	.87	**1.27**
	Demo	LF	Sm	LB	.024	663.9	---	.90	.14	1.04	**1.51**
2" x 6" - 14' Avg.	Inst	LF	Lg	2C	.022	721.0	.99	1.01	.12	2.12	**2.85**
	Inst	LF	Sm	2C	.026	612.9	1.09	1.19	.15	2.43	**3.28**
2" x 6" - 16' Avg.	Demo	LF	Lg	LB	.019	855.0	---	.71	.11	.82	**1.20**
	Demo	LF	Sm	LB	.022	726.8	---	.82	.12	.94	**1.38**
2" x 6" - 16' Avg.	Inst	LF	Lg	2C	.020	789.0	.99	.92	.11	2.02	**2.70**
	Inst	LF	Sm	2C	.024	670.7	1.09	1.10	.13	2.32	**3.12**
2" x 6" - 18' Avg.	Demo	LF	Lg	LB	.017	923.0	---	.64	.10	.74	**1.07**
	Demo	LF	Sm	LB	.020	784.6	---	.75	.11	.86	**1.25**
2" x 6" - 18' Avg.	Inst	LF	Lg	2C	.019	853.0	.99	.87	.11	1.97	**2.63**
	Inst	LF	Sm	2C	.022	725.1	1.09	1.01	.12	2.22	**2.97**

Description	Oper	Unit	Vol	Crew Size	Man-hours per Unit	Crew Output per Day	Avg Mat'l Unit Cost	Avg Labor Unit Cost	Avg Equip Unit Cost	Avg Total Unit Cost	Avg Price Incl O&P
2" x 8" - 12' Avg.	Demo	LF	Lg	LB	.026	627.0	---	.97	.14	1.11	**1.63**
	Demo	LF	Sm	LB	.030	533.0	---	1.12	.17	1.29	**1.89**
2" x 8" - 12' Avg.	Inst	LF	Lg	2C	.028	580.0	1.17	1.28	.16	2.61	**3.52**
	Inst	LF	Sm	2C	.032	493.0	1.30	1.47	.18	2.95	**3.98**
2" x 8" - 14' Avg.	Demo	LF	Lg	LB	.023	691.0	---	.86	.13	.99	**1.45**
	Demo	LF	Sm	LB	.027	587.4	---	1.01	.15	1.16	**1.69**
2" x 8" - 14' Avg.	Inst	LF	Lg	2C	.025	641.0	1.17	1.15	.14	2.46	**3.29**
	Inst	LF	Sm	2C	.029	544.9	1.30	1.33	.17	2.80	**3.76**
2" x 8" - 16' Avg.	Demo	LF	Lg	LB	.021	749.0	---	.79	.12	.91	**1.32**
	Demo	LF	Sm	LB	.025	636.7	---	.94	.14	1.08	**1.57**
2" x 8" - 16' Avg.	Inst	LF	Lg	2C	.023	695.0	1.17	1.06	.13	2.36	**3.14**
	Inst	LF	Sm	2C	.027	590.8	1.30	1.24	.15	2.69	**3.60**
2" x 8" - 18' Avg.	Demo	LF	Lg	LB	.020	802.0	---	.75	.11	.86	**1.25**
	Demo	LF	Sm	LB	.023	681.7	---	.86	.13	.99	**1.45**
2" x 8" - 18' Avg.	Inst	LF	Lg	2C	.021	745.0	1.17	.96	.12	2.25	**2.99**
	Inst	LF	Sm	2C	.025	633.3	1.30	1.15	.14	2.59	**3.45**
2" x 8" - 20' Avg.	Demo	LF	Lg	LB	.019	850.0	---	.71	.11	.82	**1.20**
	Demo	LF	Sm	LB	.022	722.5	---	.82	.12	.94	**1.38**
2" x 8" - 20' Avg.	Inst	LF	Lg	2C	.020	791.0	1.17	.92	.11	2.20	**2.91**
	Inst	LF	Sm	2C	.024	672.4	1.30	1.10	.13	2.53	**3.37**

Common, cut-up roofs, to 3/8-1/2 pitch

Description	Oper	Unit	Vol	Crew Size	Man-hours per Unit	Crew Output per Day	Avg Mat'l Unit Cost	Avg Labor Unit Cost	Avg Equip Unit Cost	Avg Total Unit Cost	Avg Price Incl O&P
2" x 4" - 8' Avg.	Demo	LF	Lg	LB	.031	516.0	---	1.16	.17	1.33	**1.94**
	Demo	LF	Sm	LB	.036	438.6	---	1.35	.21	1.56	**2.27**
2" x 4" - 8' Avg.	Inst	LF	Lg	2C	.034	473.0	.61	1.56	.19	2.36	**3.30**
	Inst	LF	Sm	2C	.040	402.1	.67	1.84	.22	2.73	**3.82**
2" x 4" - 10' Avg.	Demo	LF	Lg	LB	.026	612.0	---	.97	.15	1.12	**1.64**
	Demo	LF	Sm	LB	.031	520.2	---	1.16	.17	1.33	**1.94**
2" x 4" - 10' Avg.	Inst	LF	Lg	2C	.028	562.0	.61	1.28	.16	2.05	**2.85**
	Inst	LF	Sm	2C	.033	477.7	.67	1.51	.19	2.37	**3.30**
2" x 4" - 12' Avg.	Demo	LF	Lg	LB	.023	697.0	---	.86	.13	.99	**1.45**
	Demo	LF	Sm	LB	.027	592.5	---	1.01	.15	1.16	**1.69**
2" x 4" - 12' Avg.	Inst	LF	Lg	2C	.025	640.0	.61	1.15	.14	1.90	**2.62**
	Inst	LF	Sm	2C	.029	544.0	.67	1.33	.17	2.17	**3.00**
2" x 4" - 14' Avg.	Demo	LF	Lg	LB	.021	777.0	---	.79	.12	.91	**1.32**
	Demo	LF	Sm	LB	.024	660.5	---	.90	.14	1.04	**1.51**
2" x 4" - 14' Avg.	Inst	LF	Lg	2C	.022	714.0	.61	1.01	.13	1.75	**2.40**
	Inst	LF	Sm	2C	.026	606.9	.67	1.19	.15	2.01	**2.77**
2" x 4" - 16' Avg.	Demo	LF	Lg	LB	.019	849.0	---	.71	.11	.82	**1.20**
	Demo	LF	Sm	LB	.022	721.7	---	.82	.12	.94	**1.38**
2" x 4" - 16' Avg.	Inst	LF	Lg	2C	.021	780.0	.61	.96	.12	1.69	**2.32**
	Inst	LF	Sm	2C	.024	663.0	.67	1.10	.14	1.91	**2.62**

Framing, rough carpentry, rafters

Description	Oper	Unit	Vol	Crew Size	Man-hours per Unit	Crew Output per Day	Avg Mat'l Unit Cost	Avg Labor Unit Cost	Avg Equip Unit Cost	Avg Total Unit Cost	Avg Price Incl O&P
2" x 6" - 10' Avg.	Demo	LF	Lg	LB	.029	552.0	---	1.08	.16	1.24	**1.82**
	Demo	LF	Sm	LB	.034	469.2	---	1.27	.19	1.46	**2.14**
2" x 6" - 10' Avg.	Inst	LF	Lg	2C	.031	508.0	.99	1.42	.18	2.59	**3.54**
	Inst	LF	Sm	2C	.037	431.8	1.09	1.70	.21	3.00	**4.11**
2" x 6" - 12' Avg.	Demo	LF	Lg	LB	.025	633.0	---	.94	.14	1.08	**1.57**
	Demo	LF	Sm	LB	.030	538.1	---	1.12	.17	1.29	**1.89**
2" x 6" - 12' Avg.	Inst	LF	Lg	2C	.027	583.0	.99	1.24	.15	2.38	**3.23**
	Inst	LF	Sm	2C	.032	495.6	1.09	1.47	.18	2.74	**3.73**
2" x 6" - 14' Avg.	Demo	LF	Lg	LB	.023	706.0	---	.86	.13	.99	**1.45**
	Demo	LF	Sm	LB	.027	600.1	---	1.01	.15	1.16	**1.69**
2" x 6" - 14' Avg.	Inst	LF	Lg	2C	.025	651.0	.99	1.15	.14	2.28	**3.08**
	Inst	LF	Sm	2C	.029	553.4	1.09	1.33	.16	2.58	**3.50**
2" x 6" - 16' Avg.	Demo	LF	Lg	LB	.021	776.0	---	.79	.12	.91	**1.32**
	Demo	LF	Sm	LB	.024	659.6	---	.90	.14	1.04	**1.51**
2" x 6" - 16' Avg.	Inst	LF	Lg	2C	.022	715.0	.99	1.01	.13	2.13	**2.86**
	Inst	LF	Sm	2C	.026	607.8	1.09	1.19	.15	2.43	**3.28**
2" x 6" - 18' Avg.	Demo	LF	Lg	LB	.019	842.0	---	.71	.11	.82	**1.20**
	Demo	LF	Sm	LB	.022	715.7	---	.82	.13	.95	**1.39**
2" x 6" - 18' Avg.	Inst	LF	Lg	2C	.021	777.0	.99	.96	.12	2.07	**2.78**
	Inst	LF	Sm	2C	.024	660.5	1.09	1.10	.14	2.33	**3.13**
2" x 8" - 12' Avg.	Demo	LF	Lg	LB	.028	570.0	---	1.05	.16	1.21	**1.76**
	Demo	LF	Sm	LB	.033	484.5	---	1.23	.19	1.42	**2.08**
2" x 8" - 12' Avg.	Inst	LF	Lg	2C	.030	527.0	1.17	1.38	.17	2.72	**3.67**
	Inst	LF	Sm	2C	.036	448.0	1.30	1.65	.20	3.15	**4.28**
2" x 8" - 14' Avg.	Demo	LF	Lg	LB	.025	632.0	---	.94	.14	1.08	**1.57**
	Demo	LF	Sm	LB	.030	537.2	---	1.12	.17	1.29	**1.89**
2" x 8" - 14' Avg.	Inst	LF	Lg	2C	.027	585.0	1.17	1.24	.15	2.56	**3.44**
	Inst	LF	Sm	2C	.032	497.3	1.30	1.47	.18	2.95	**3.98**
2" x 8" - 16' Avg.	Demo	LF	Lg	LB	.023	688.0	---	.86	.13	.99	**1.45**
	Demo	LF	Sm	LB	.027	584.8	---	1.01	.15	1.16	**1.69**
2" x 8" - 16' Avg.	Inst	LF	Lg	2C	.025	638.0	1.17	1.15	.14	2.46	**3.29**
	Inst	LF	Sm	2C	.030	542.3	1.30	1.38	.17	2.85	**3.83**
2" x 8" - 18' Avg.	Demo	LF	Lg	LB	.022	739.0	---	.82	.12	.94	**1.38**
	Demo	LF	Sm	LB	.025	628.2	---	.94	.14	1.08	**1.57**
2" x 8" - 18' Avg.	Inst	LF	Lg	2C	.023	686.0	1.17	1.06	.13	2.36	**3.14**
	Inst	LF	Sm	2C	.027	583.1	1.30	1.24	.15	2.69	**3.60**
2" x 8" - 20' Avg.	Demo	LF	Lg	LB	.020	787.0	---	.75	.11	.86	**1.25**
	Demo	LF	Sm	LB	.024	669.0	---	.90	.13	1.03	**1.50**
2" x 8" - 20' Avg.	Inst	LF	Lg	2C	.022	731.0	1.17	1.01	.12	2.30	**3.06**
	Inst	LF	Sm	2C	.026	621.4	1.30	1.19	.14	2.63	**3.52**

Description	Oper	Unit	Vol	Crew Size	Man-hours per Unit	Crew Output per Day	Avg Mat'l Unit Cost	Avg Labor Unit Cost	Avg Equip Unit Cost	Avg Total Unit Cost	Avg Price Incl O&P

Rafters, per SF of area

Gable or hip, to 1/3 pitch

Description	Oper	Unit	Vol	Crew Size	Man-hours per Unit	Crew Output per Day	Avg Mat'l Unit Cost	Avg Labor Unit Cost	Avg Equip Unit Cost	Avg Total Unit Cost	Avg Price Incl O&P
2" x 4" - 12" oc	Demo	SF	Lg	LB	.019	840.0	---	.71	.11	.82	**1.20**
	Demo	SF	Sm	LB	.022	714.0	---	.82	.13	.95	**1.39**
2" x 4" - 12" oc	Inst	SF	Lg	2C	.021	774.0	.73	.96	.12	1.81	**2.47**
	Inst	SF	Sm	2C	.024	657.9	.80	1.10	.14	2.04	**2.78**
2" x 4" - 16" oc	Demo	SF	Lg	LB	.016	1000	---	.60	.09	.69	**1.01**
	Demo	SF	Sm	LB	.019	850.0	---	.71	.11	.82	**1.20**
2" x 4" - 16" oc	Inst	SF	Lg	2C	.017	921.0	.59	.78	.10	1.47	**2.00**
	Inst	SF	Sm	2C	.020	782.9	.64	.92	.11	1.67	**2.28**
2" x 4" - 24" oc	Demo	SF	Lg	LB	.012	1312	---	.45	.07	.52	**.76**
	Demo	SF	Sm	LB	.014	1115	---	.52	.08	.60	**.88**
2" x 4" - 24" oc	Inst	SF	Lg	2C	.013	1208	.44	.60	.07	1.11	**1.51**
	Inst	SF	Sm	2C	.016	1027	.48	.73	.09	1.30	**1.79**
2" x 6" - 12" oc	Demo	SF	Lg	LB	.019	821.0	---	.71	.11	.82	**1.20**
	Demo	SF	Sm	LB	.023	697.9	---	.86	.13	.99	**1.45**
2" x 6" - 12" oc	Inst	SF	Lg	2C	.021	760.0	1.11	.96	.12	2.19	**2.92**
	Inst	SF	Sm	2C	.025	646.0	1.23	1.15	.14	2.52	**3.36**
2" x 6" - 16" oc	Demo	SF	Lg	LB	.016	978.0	---	.60	.09	.69	**1.01**
	Demo	SF	Sm	LB	.019	831.3	---	.71	.11	.82	**1.20**
2" x 6" - 16" oc	Inst	SF	Lg	2C	.018	905.0	.88	.83	.10	1.81	**2.41**
	Inst	SF	Sm	2C	.021	769.3	.97	.96	.12	2.05	**2.75**
2" x 6" - 24" oc	Demo	SF	Lg	LB	.012	1284	---	.45	.07	.52	**.76**
	Demo	SF	Sm	LB	.015	1091	---	.56	.08	.64	**.94**
2" x 6" - 24" oc	Inst	SF	Lg	2C	.013	1187	.64	.60	.08	1.32	**1.76**
	Inst	SF	Sm	2C	.016	1009	.71	.73	.09	1.53	**2.06**
2" x 8" - 12" oc	Demo	SF	Lg	LB	.020	785.0	---	.75	.11	.86	**1.25**
	Demo	SF	Sm	LB	.024	667.3	---	.90	.13	1.03	**1.50**
2" x 8" - 12" oc	Inst	SF	Lg	2C	.022	730.0	1.30	1.01	.12	2.43	**3.22**
	Inst	SF	Sm	2C	.026	620.5	1.44	1.19	.15	2.78	**3.70**
2" x 8" - 16" oc	Demo	SF	Lg	LB	.017	933.0	---	.64	.10	.74	**1.07**
	Demo	SF	Sm	LB	.020	793.1	---	.75	.11	.86	**1.25**
2" x 8" - 16" oc	Inst	SF	Lg	2C	.018	868.0	1.01	.83	.10	1.94	**2.57**
	Inst	SF	Sm	2C	.022	737.8	1.12	1.01	.12	2.25	**3.00**
2" x 8" - 24" oc	Demo	SF	Lg	LB	.013	1225	---	.49	.07	.56	**.81**
	Demo	SF	Sm	LB	.015	1041	---	.56	.09	.65	**.95**
2" x 8" - 24" oc	Inst	SF	Lg	2C	.014	1140	.73	.64	.08	1.45	**1.94**
	Inst	SF	Sm	2C	.017	969.0	.81	.78	.09	1.68	**2.25**

Framing, rough carpentry, rafters

Description	Oper	Unit	Vol	Crew Size	Man-hours per Unit	Crew Output per Day	Avg Mat'l Unit Cost	Avg Labor Unit Cost	Avg Equip Unit Cost	Avg Total Unit Cost	Avg Price Incl O&P
Gable or hip, to 3/8-1/2 pitch											
2" x 4" - 12" oc	Demo	SF	Lg	LB	.022	723.0	---	.82	.12	.94	**1.38**
	Demo	SF	Sm	LB	.026	614.6	---	.97	.15	1.12	**1.64**
2" x 4" - 12" oc	Inst	SF	Lg	2C	.024	664.0	.73	1.10	.14	1.97	**2.70**
	Inst	SF	Sm	2C	.028	564.4	.80	1.28	.16	2.24	**3.08**
2" x 4" - 16" oc	Demo	SF	Lg	LB	.019	859.0	---	.71	.10	.81	**1.19**
	Demo	SF	Sm	LB	.022	730.2	---	.82	.12	.94	**1.38**
2" x 4" - 16" oc	Inst	SF	Lg	2C	.020	789.0	.59	.92	.11	1.62	**2.22**
	Inst	SF	Sm	2C	.024	670.7	.64	1.10	.13	1.87	**2.58**
2" x 4" - 24" oc	Demo	SF	Lg	LB	.014	1127	---	.52	.08	.60	**.88**
	Demo	SF	Sm	LB	.017	958.0	---	.64	.09	.73	**1.06**
2" x 4" - 24" oc	Inst	SF	Lg	2C	.015	1036	.44	.69	.09	1.22	**1.67**
	Inst	SF	Sm	2C	.018	880.6	.48	.83	.10	1.41	**1.93**
2" x 6" - 12" oc	Demo	SF	Lg	LB	.022	725.0	---	.82	.12	.94	**1.38**
	Demo	SF	Sm	LB	.026	616.3	---	.97	.15	1.12	**1.64**
2" x 6" - 12" oc	Inst	SF	Lg	2C	.024	669.0	1.11	1.10	.13	2.34	**3.14**
	Inst	SF	Sm	2C	.028	568.7	1.23	1.28	.16	2.67	**3.59**
2" x 6" - 16" oc	Demo	SF	Lg	LB	.019	862.0	---	.71	.10	.81	**1.19**
	Demo	SF	Sm	LB	.022	732.7	---	.82	.12	.94	**1.38**
2" x 6" - 16" oc	Inst	SF	Lg	2C	.020	796.0	.88	.92	.11	1.91	**2.56**
	Inst	SF	Sm	2C	.024	676.6	.97	1.10	.13	2.20	**2.97**
2" x 6" - 24" oc	Demo	SF	Lg	LB	.014	1132	---	.52	.08	.60	**.88**
	Demo	SF	Sm	LB	.017	962.2	---	.64	.09	.73	**1.06**
2" x 6" - 24" oc	Inst	SF	Lg	2C	.015	1045	.64	.69	.09	1.42	**1.91**
	Inst	SF	Sm	2C	.018	888.3	.71	.83	.10	1.64	**2.21**
2" x 8" - 12" oc	Demo	SF	Lg	LB	.023	708.0	---	.86	.13	.99	**1.45**
	Demo	SF	Sm	LB	.027	601.8	---	1.01	.15	1.16	**1.69**
2" x 8" - 12" oc	Inst	SF	Lg	2C	.024	657.0	1.30	1.10	.14	2.54	**3.38**
	Inst	SF	Sm	2C	.029	558.5	1.44	1.33	.16	2.93	**3.92**
2" x 8" - 16" oc	Demo	SF	Lg	LB	.019	841.0	---	.71	.11	.82	**1.20**
	Demo	SF	Sm	LB	.022	714.9	---	.82	.13	.95	**1.39**
2" x 8" - 16" oc	Inst	SF	Lg	2C	.020	781.0	1.01	.92	.12	2.05	**2.73**
	Inst	SF	Sm	2C	.024	663.9	1.12	1.10	.14	2.36	**3.16**
2" x 8" - 24" oc	Demo	SF	Lg	LB	.012	1351	---	.45	.07	.52	**.76**
	Demo	SF	Sm	LB	.014	1148	---	.52	.08	.60	**.88**
2" x 8" - 24" oc	Inst	SF	Lg	2C	.013	1260	.73	.60	.07	1.40	**1.85**
	Inst	SF	Sm	2C	.015	1071	.81	.69	.08	1.58	**2.10**

Description	Oper	Unit	Vol	Crew Size	Man-hours per Unit	Crew Output per Day	Avg Mat'l Unit Cost	Avg Labor Unit Cost	Avg Equip Unit Cost	Avg Total Unit Cost	Avg Price Incl O&P
Cut-up roofs, to 1/3 pitch											
2" x 4" - 12" oc	Demo	SF	Lg	LB	.024	674.0	---	.90	.13	1.03	**1.50**
	Demo	SF	Sm	LB	.028	572.9	---	1.05	.16	1.21	**1.76**
2" x 4" - 12" oc	Inst	SF	Lg	2C	.026	619.0	.74	1.19	.15	2.08	**2.86**
	Inst	SF	Sm	2C	.030	526.2	.81	1.38	.17	2.36	**3.24**
2" x 4" - 16" oc	Demo	SF	Lg	LB	.020	804.0	---	.75	.11	.86	**1.25**
	Demo	SF	Sm	LB	.023	683.4	---	.86	.13	.99	**1.45**
2" x 4" - 16" oc	Inst	SF	Lg	2C	.022	738.0	.59	1.01	.12	1.72	**2.37**
	Inst	SF	Sm	2C	.026	627.3	.65	1.19	.14	1.98	**2.74**
2" x 4" - 24" oc	Demo	SF	Lg	LB	.015	1055	---	.56	.09	.65	**.95**
	Demo	SF	Sm	LB	.018	896.8	---	.67	.10	.77	**1.13**
2" x 4" - 24" oc	Inst	SF	Lg	2C	.017	968.0	.45	.78	.09	1.32	**1.82**
	Inst	SF	Sm	2C	.019	822.8	.49	.87	.11	1.47	**2.03**
2" x 6" - 12" oc	Demo	SF	Lg	LB	.023	686.0	---	.86	.13	.99	**1.45**
	Demo	SF	Sm	LB	.027	583.1	---	1.01	.15	1.16	**1.69**
2" x 6" - 12" oc	Inst	SF	Lg	2C	.025	633.0	1.13	1.15	.14	2.42	**3.24**
	Inst	SF	Sm	2C	.030	538.1	1.25	1.38	.17	2.80	**3.77**
2" x 6" - 16" oc	Demo	SF	Lg	LB	.020	816.0	---	.75	.11	.86	**1.25**
	Demo	SF	Sm	LB	.023	693.6	---	.86	.13	.99	**1.45**
2" x 6" - 16" oc	Inst	SF	Lg	2C	.021	752.0	.89	.96	.12	1.97	**2.66**
	Inst	SF	Sm	2C	.025	639.2	.98	1.15	.14	2.27	**3.06**
2" x 6" - 24" oc	Demo	SF	Lg	LB	.015	1070	---	.56	.08	.64	**.94**
	Demo	SF	Sm	LB	.018	909.5	---	.67	.10	.77	**1.13**
2" x 6" - 24" oc	Inst	SF	Lg	2C	.016	987.0	.65	.73	.09	1.47	**1.99**
	Inst	SF	Sm	2C	.019	839.0	.72	.87	.11	1.70	**2.30**
2" x 8" - 12" oc	Demo	SF	Lg	LB	.024	674.0	---	.90	.13	1.03	**1.50**
	Demo	SF	Sm	LB	.028	572.9	---	1.05	.16	1.21	**1.76**
2" x 8" - 12" oc	Inst	SF	Lg	2C	.026	625.0	1.32	1.19	.14	2.65	**3.54**
	Inst	SF	Sm	2C	.030	531.3	1.46	1.38	.17	3.01	**4.02**
2" x 8" - 16" oc	Demo	SF	Lg	LB	.020	802.0	---	.75	.11	.86	**1.25**
	Demo	SF	Sm	LB	.023	681.7	---	.86	.13	.99	**1.45**
2" x 8" - 16" oc	Inst	SF	Lg	2C	.022	744.0	1.03	1.01	.12	2.16	**2.89**
	Inst	SF	Sm	2C	.025	632.4	1.14	1.15	.14	2.43	**3.26**
2" x 8" - 24" oc	Demo	SF	Lg	LB	.015	1053	---	.56	.09	.65	**.95**
	Demo	SF	Sm	LB	.018	895.1	---	.67	.10	.77	**1.13**
2" x 8" - 24" oc	Inst	SF	Lg	2C	.016	976.0	.74	.73	.09	1.56	**2.10**
	Inst	SF	Sm	2C	.019	829.6	.82	.87	.11	1.80	**2.42**

Framing, rough carpentry, rafters

Description	Oper	Unit	Vol	Crew Size	Man-hours per Unit	Crew Output per Day	Avg Mat'l Unit Cost	Avg Labor Unit Cost	Avg Equip Unit Cost	Avg Total Unit Cost	Avg Price Incl O&P
Cut-up roofs, to 3/8-1/2 pitch											
2" x 4" - 12" oc	Demo	SF	Lg	LB	.027	596.0	---	1.01	.15	1.16	**1.69**
	Demo	SF	Sm	LB	.032	506.6	---	1.20	.18	1.38	**2.01**
2" x 4" - 12" oc	Inst	SF	Lg	2C	.029	547.0	.74	1.33	.16	2.23	**3.08**
	Inst	SF	Sm	2C	.034	465.0	.81	1.56	.19	2.56	**3.54**
2" x 4" - 16" oc	Demo	SF	Lg	LB	.022	712.0	---	.82	.13	.95	**1.39**
	Demo	SF	Sm	LB	.026	605.2	---	.97	.15	1.12	**1.64**
2" x 4" - 16" oc	Inst	SF	Lg	2C	.025	653.0	.59	1.15	.14	1.88	**2.60**
	Inst	SF	Sm	2C	.029	555.1	.65	1.33	.16	2.14	**2.97**
2" x 4" - 24" oc	Demo	SF	Lg	LB	.017	932.0	---	.64	.10	.74	**1.07**
	Demo	SF	Sm	LB	.020	792.2	---	.75	.11	.86	**1.25**
2" x 4" - 24" oc	Inst	SF	Lg	2C	.019	855.0	.45	.87	.11	1.43	**1.98**
	Inst	SF	Sm	2C	.022	726.8	.49	1.01	.12	1.62	**2.25**
2" x 6" - 12" oc	Demo	SF	Lg	LB	.026	618.0	---	.97	.15	1.12	**1.64**
	Demo	SF	Sm	LB	.030	525.3	---	1.12	.17	1.29	**1.89**
2" x 6" - 12" oc	Inst	SF	Lg	2C	.028	569.0	1.13	1.28	.16	2.57	**3.47**
	Inst	SF	Sm	2C	.033	483.7	1.25	1.51	.19	2.95	**4.00**
2" x 6" - 16" oc	Demo	SF	Lg	LB	.022	735.0	---	.82	.12	.94	**1.38**
	Demo	SF	Sm	LB	.026	624.8	---	.97	.14	1.11	**1.63**
2" x 6" - 16" oc	Inst	SF	Lg	2C	.024	677.0	.89	1.10	.13	2.12	**2.88**
	Inst	SF	Sm	2C	.028	575.5	.98	1.28	.16	2.42	**3.29**
2" x 6" - 24" oc	Demo	SF	Lg	LB	.017	963.0	---	.64	.09	.73	**1.06**
	Demo	SF	Sm	LB	.020	818.6	---	.75	.11	.86	**1.25**
2" x 6" - 24" oc	Inst	SF	Lg	2C	.018	887.0	.65	.83	.10	1.58	**2.14**
	Inst	SF	Sm	2C	.021	754.0	.72	.96	.12	1.80	**2.45**
2" x 8" - 12" oc	Demo	SF	Lg	LB	.026	616.0	---	.97	.15	1.12	**1.64**
	Demo	SF	Sm	LB	.031	523.6	---	1.16	.17	1.33	**1.94**
2" x 8" - 12" oc	Inst	SF	Lg	2C	.028	570.0	1.32	1.28	.16	2.76	**3.70**
	Inst	SF	Sm	2C	.033	484.5	1.46	1.51	.19	3.16	**4.25**
2" x 8" - 16" oc	Demo	SF	Lg	LB	.022	734.0	---	.82	.12	.94	**1.38**
	Demo	SF	Sm	LB	.026	623.9	---	.97	.14	1.11	**1.63**
2" x 8" - 16" oc	Inst	SF	Lg	2C	.024	679.0	1.03	1.10	.13	2.26	**3.04**
	Inst	SF	Sm	2C	.028	577.2	1.14	1.28	.16	2.58	**3.49**
2" x 8" - 24" oc	Demo	SF	Lg	LB	.017	962.0	---	.64	.09	.73	**1.06**
	Demo	SF	Sm	LB	.020	817.7	---	.75	.11	.86	**1.25**
2" x 8" - 24" oc	Inst	SF	Lg	2C	.018	891.0	.74	.83	.10	1.67	**2.25**
	Inst	SF	Sm	2C	.021	757.4	.82	.96	.12	1.90	**2.57**

Description	Oper	Unit	Vol	Crew Size	Man-hours per Unit	Crew Output per Day	Avg Mat'l Unit Cost	Avg Labor Unit Cost	Avg Equip Unit Cost	Avg Total Unit Cost	Avg Price Incl O&P
Roof decking, solid, T&G, dry for plank-and-beam construction											
2" x 6" - 12'	Demo	SF	Lg	LB	.025	645.0	---	.94	.14	1.08	**1.57**
	Demo	SF	Sm	LB	.029	548.3	---	1.08	.16	1.24	**1.82**
2" x 6" - 12'	Inst	SF	Lg	2C	.033	480.0	.28	1.51	.19	1.98	**2.84**
	Inst	SF	Sm	2C	.039	408.0	.31	1.79	.22	2.32	**3.32**
2" x 8" - 12'	Demo	SF	Lg	LB	.018	900.0	---	.67	.10	.77	**1.13**
	Demo	SF	Sm	LB	.021	765.0	---	.79	.12	.91	**1.32**
2" x 8" - 12'	Inst	SF	Lg	2C	.024	670.0	.20	1.10	.13	1.43	**2.05**
	Inst	SF	Sm	2C	.028	569.5	.22	1.28	.16	1.66	**2.38**
Studs/plates, per LF of stick											
Walls or partitions											
2" x 4" - 8' Avg.	Demo	LF	Lg	LB	.016	1031	---	.60	.09	.69	**1.01**
	Demo	LF	Sm	LB	.018	876.4	---	.67	.10	.77	**1.13**
2" x 4" - 8' Avg.	Inst	LF	Lg	2C	.019	848.0	.58	.87	.11	1.56	**2.14**
	Inst	LF	Sm	2C	.022	720.8	.63	1.01	.12	1.76	**2.41**
2" x 4" - 10' Avg.	Demo	LF	Lg	LB	.014	1172	---	.52	.08	.60	**.88**
	Demo	LF	Sm	LB	.016	996.2	---	.60	.09	.69	**1.01**
2" x 4" - 10' Avg.	Inst	LF	Lg	2C	.017	969.0	.58	.78	.09	1.45	**1.97**
	Inst	LF	Sm	2C	.019	823.7	.63	.87	.11	1.61	**2.20**
2" x 4" - 12' Avg.	Demo	LF	Lg	LB	.012	1308	---	.45	.07	.52	**.76**
	Demo	LF	Sm	LB	.014	1112	---	.52	.08	.60	**.88**
2" x 4" - 12' Avg.	Inst	LF	Lg	2C	.015	1082	.58	.69	.08	1.35	**1.82**
	Inst	LF	Sm	2C	.017	919.7	.63	.78	.10	1.51	**2.05**
2" x 6" - 8' Avg.	Demo	LF	Lg	LB	.018	904.0	---	.67	.10	.77	**1.13**
	Demo	LF	Sm	LB	.021	768.4	---	.79	.12	.91	**1.32**
2" x 6" - 8' Avg.	Inst	LF	Lg	2C	.021	752.0	.93	.96	.12	2.01	**2.71**
	Inst	LF	Sm	2C	.025	639.2	1.03	1.15	.14	2.32	**3.12**
2" x 6" - 10' Avg.	Demo	LF	Lg	LB	.016	1032	---	.60	.09	.69	**1.01**
	Demo	LF	Sm	LB	.018	877.2	---	.67	.10	.77	**1.13**
2" x 6" - 10' Avg.	Inst	LF	Lg	2C	.019	861.0	.93	.87	.10	1.90	**2.54**
	Inst	LF	Sm	2C	.022	731.9	1.03	1.01	.12	2.16	**2.89**
2" x 6" - 12' Avg.	Demo	LF	Lg	LB	.014	1142	---	.52	.08	.60	**.88**
	Demo	LF	Sm	LB	.016	970.7	---	.60	.09	.69	**1.01**
2" x 6" - 12' Avg.	Inst	LF	Lg	2C	.017	956.0	.93	.78	.09	1.80	**2.39**
	Inst	LF	Sm	2C	.020	812.6	1.03	.92	.11	2.06	**2.74**

Framing, rough carpentry, studs/plates

Description	Oper	Unit	Vol	Crew Size	Man-hours per Unit	Crew Output per Day	Avg Mat'l Unit Cost	Avg Labor Unit Cost	Avg Equip Unit Cost	Avg Total Unit Cost	Avg Price Incl O&P
2" x 8" - 8' Avg.	Demo	LF	Lg	LB	.020	802.0	---	.75	.11	.86	**1.25**
	Demo	LF	Sm	LB	.023	681.7	---	.86	.13	.99	**1.45**
2" x 8" - 8' Avg.	Inst	LF	Lg	2C	.024	673.0	1.10	1.10	.13	2.33	**3.13**
	Inst	LF	Sm	2C	.028	572.1	1.22	1.28	.16	2.66	**3.58**
2" x 8" - 10' Avg.	Demo	LF	Lg	LB	.017	915.0	---	.64	.10	.74	**1.07**
	Demo	LF	Sm	LB	.021	777.8	---	.79	.12	.91	**1.32**
2" x 8" - 10' Avg.	Inst	LF	Lg	2C	.021	771.0	1.10	.96	.12	2.18	**2.91**
	Inst	LF	Sm	2C	.024	655.4	1.22	1.10	.14	2.46	**3.28**
2" x 8" - 12' Avg.	Demo	LF	Lg	LB	.016	1010	---	.60	.09	.69	**1.01**
	Demo	LF	Sm	LB	.019	858.5	---	.71	.10	.81	**1.19**
2" x 8" - 12' Avg.	Inst	LF	Lg	2C	.019	855.0	1.10	.87	.11	2.08	**2.76**
	Inst	LF	Sm	2C	.022	726.8	1.22	1.01	.12	2.35	**3.12**

Gable ends

Description	Oper	Unit	Vol	Crew Size	Man-hours per Unit	Crew Output per Day	Avg Mat'l Unit Cost	Avg Labor Unit Cost	Avg Equip Unit Cost	Avg Total Unit Cost	Avg Price Incl O&P
2" x 4" - 3' Avg.	Demo	LF	Lg	LB	.024	660.0	---	.90	.14	1.04	**1.51**
	Demo	LF	Sm	LB	.029	561.0	---	1.08	.16	1.24	**1.82**
2" x 4" - 3' Avg.	Inst	LF	Lg	2C	.047	344.0	.60	2.16	.26	3.02	**4.27**
	Inst	LF	Sm	2C	.055	292.4	.66	2.52	.31	3.49	**4.95**
2" x 4" - 4' Avg.	Demo	LF	Lg	LB	.020	818.0	---	.75	.11	.86	**1.25**
	Demo	LF	Sm	LB	.023	695.3	---	.86	.13	.99	**1.45**
2" x 4" - 4' Avg.	Inst	LF	Lg	2C	.037	431.0	.60	1.70	.21	2.51	**3.52**
	Inst	LF	Sm	2C	.044	366.4	.66	2.02	.25	2.93	**4.12**
2" x 4" - 5' Avg.	Demo	LF	Lg	LB	.017	960.0	---	.64	.09	.73	**1.06**
	Demo	LF	Sm	LB	.020	816.0	---	.75	.11	.86	**1.25**
2" x 4" - 5' Avg.	Inst	LF	Lg	2C	.031	511.0	.60	1.42	.18	2.20	**3.07**
	Inst	LF	Sm	2C	.037	434.4	.66	1.70	.21	2.57	**3.59**
2" x 4" - 6' Avg.	Demo	LF	Lg	LB	.015	1082	---	.56	.08	.64	**.94**
	Demo	LF	Sm	LB	.017	919.7	---	.64	.10	.74	**1.07**
2" x 4" - 6' Avg.	Inst	LF	Lg	2C	.028	580.0	.60	1.28	.16	2.04	**2.84**
	Inst	LF	Sm	2C	.032	493.0	.66	1.47	.18	2.31	**3.21**
2" x 6" - 3' Avg.	Demo	LF	Lg	LB	.025	634.0	---	.94	.14	1.08	**1.57**
	Demo	LF	Sm	LB	.030	538.9	---	1.12	.17	1.29	**1.89**
2" x 6" - 3' Avg.	Inst	LF	Lg	2C	.047	337.0	.97	2.16	.27	3.40	**4.72**
	Inst	LF	Sm	2C	.056	286.5	1.08	2.57	.31	3.96	**5.52**
2" x 6" - 4' Avg.	Demo	LF	Lg	LB	.021	778.0	---	.79	.12	.91	**1.32**
	Demo	LF	Sm	LB	.024	661.3	---	.90	.14	1.04	**1.51**
2" x 6" - 4' Avg.	Inst	LF	Lg	2C	.038	420.0	.97	1.74	.21	2.92	**4.03**
	Inst	LF	Sm	2C	.045	357.0	1.08	2.06	.25	3.39	**4.69**

Description	Oper	Unit	Vol	Crew Size	Man-hours per Unit	Crew Output per Day	Avg Mat'l Unit Cost	Avg Labor Unit Cost	Avg Equip Unit Cost	Avg Total Unit Cost	Avg Price Incl O&P
2" x 6" - 5' Avg.	Demo	LF	Lg	LB	.018	906.0	---	.67	.10	.77	**1.13**
	Demo	LF	Sm	LB	.021	770.1	---	.79	.12	.91	**1.32**
2" x 6" - 5' Avg.	Inst	LF	Lg	2C	.032	495.0	.97	1.47	.18	2.62	**3.58**
	Inst	LF	Sm	2C	.038	420.8	1.08	1.74	.21	3.03	**4.16**
2" x 6" - 6' Avg.	Demo	LF	Lg	LB	.016	1013	---	.60	.09	.69	**1.01**
	Demo	LF	Sm	LB	.019	861.1	---	.71	.10	.81	**1.19**
2" x 6" - 6' Avg.	Inst	LF	Lg	2C	.029	560.0	.97	1.33	.16	2.46	**3.35**
	Inst	LF	Sm	2C	.034	476.0	1.08	1.56	.19	2.83	**3.86**
2" x 8" - 3' Avg.	Demo	LF	Lg	LB	.026	610.0	---	.97	.15	1.12	**1.64**
	Demo	LF	Sm	LB	.031	518.5	---	1.16	.17	1.33	**1.94**
2" x 8" - 3' Avg.	Inst	LF	Lg	2C	.048	330.0	1.15	2.20	.27	3.62	**5.01**
	Inst	LF	Sm	2C	.057	280.5	1.27	2.62	.32	4.21	**5.83**
2" x 8" - 4' Avg.	Demo	LF	Lg	LB	.022	742.0	---	.82	.12	.94	**1.38**
	Demo	LF	Sm	LB	.025	630.7	---	.94	.14	1.08	**1.57**
2" x 8" - 4' Avg.	Inst	LF	Lg	2C	.039	409.0	1.15	1.79	.22	3.16	**4.33**
	Inst	LF	Sm	2C	.046	347.7	1.27	2.11	.26	3.64	**5.00**
2" x 8" - 5' Avg.	Demo	LF	Lg	LB	.019	857.0	---	.71	.11	.82	**1.20**
	Demo	LF	Sm	LB	.022	728.5	---	.82	.12	.94	**1.38**
2" x 8" - 5' Avg.	Inst	LF	Lg	2C	.033	480.0	1.15	1.51	.19	2.85	**3.88**
	Inst	LF	Sm	2C	.039	408.0	1.27	1.79	.22	3.28	**4.47**
2" x 8" - 6' Avg.	Demo	LF	Lg	LB	.017	953.0	---	.64	.09	.73	**1.06**
	Demo	LF	Sm	LB	.020	810.1	---	.75	.11	.86	**1.25**
2" x 8" - 6' Avg.	Inst	LF	Lg	2C	.030	541.0	1.15	1.38	.17	2.70	**3.65**
	Inst	LF	Sm	2C	.035	459.9	1.27	1.61	.20	3.08	**4.17**

Studs/plates, per SF of area

Walls or partitions

Description	Oper	Unit	Vol	Crew Size	Man-hours per Unit	Crew Output per Day	Avg Mat'l Unit Cost	Avg Labor Unit Cost	Avg Equip Unit Cost	Avg Total Unit Cost	Avg Price Incl O&P
2" x 4" - 8', 12" oc	Demo	SF	Lg	LB	.027	601.0	---	1.01	.15	1.16	**1.69**
	Demo	SF	Sm	LB	.031	510.9	---	1.16	.18	1.34	**1.96**
2" x 4" - 8', 12" oc	Inst	SF	Lg	2C	.032	495.0	1.02	1.47	.18	2.67	**3.64**
	Inst	SF	Sm	2C	.038	420.8	1.11	1.74	.21	3.06	**4.20**
2" x 4" - 8', 16" oc	Demo	SF	Lg	LB	.024	674.0	---	.90	.13	1.03	**1.50**
	Demo	SF	Sm	LB	.028	572.9	---	1.05	.16	1.21	**1.76**
2" x 4" - 8', 16" oc	Inst	SF	Lg	2C	.029	555.0	.84	1.33	.16	2.33	**3.20**
	Inst	SF	Sm	2C	.034	471.8	.91	1.56	.19	2.66	**3.66**
2" x 4" - 8', 24" oc	Demo	SF	Lg	LB	.020	793.0	---	.75	.11	.86	**1.25**
	Demo	SF	Sm	LB	.024	674.1	---	.90	.13	1.03	**1.50**
2" x 4" - 8', 24" oc	Inst	SF	Lg	2C	.025	652.0	.65	1.15	.14	1.94	**2.67**
	Inst	SF	Sm	2C	.029	554.2	.71	1.33	.16	2.20	**3.04**

Framing, rough carpentry, studs/plates

Description	Oper	Unit	Vol	Crew Size	Man-hours per Unit	Crew Output per Day	Avg Mat'l Unit Cost	Avg Labor Unit Cost	Avg Equip Unit Cost	Avg Total Unit Cost	Avg Price Incl O&P
2" x 4" - 10', 12" oc	Demo	SF	Lg	LB	.022	723.0	---	.82	.12	.94	**1.38**
	Demo	SF	Sm	LB	.026	614.6	---	.97	.15	1.12	**1.64**
2" x 4" - 10', 12" oc	Inst	SF	Lg	2C	.027	597.0	.98	1.24	.15	2.37	**3.21**
	Inst	SF	Sm	2C	.032	507.5	1.07	1.47	.18	2.72	**3.70**
2" x 4" - 10', 16" oc	Demo	SF	Lg	LB	.020	816.0	---	.75	.11	.86	**1.25**
	Demo	SF	Sm	LB	.023	693.6	---	.86	.13	.99	**1.45**
2" x 4" - 10', 16" oc	Inst	SF	Lg	2C	.024	674.0	.80	1.10	.13	2.03	**2.77**
	Inst	SF	Sm	2C	.028	572.9	.87	1.28	.16	2.31	**3.16**
2" x 4" - 10', 24" oc	Demo	SF	Lg	LB	.016	973.0	---	.60	.09	.69	**1.01**
	Demo	SF	Sm	LB	.019	827.1	---	.71	.11	.82	**1.20**
2" x 4" - 10', 24" oc	Inst	SF	Lg	2C	.020	803.0	.62	.92	.11	1.65	**2.25**
	Inst	SF	Sm	2C	.023	682.6	.67	1.06	.13	1.86	**2.54**
2" x 4" - 12', 12" oc	Demo	SF	Lg	LB	.019	826.0	---	.71	.11	.82	**1.20**
	Demo	SF	Sm	LB	.023	702.1	---	.86	.13	.99	**1.45**
2" x 4" - 12', 12" oc	Inst	SF	Lg	2C	.023	683.0	.95	1.06	.13	2.14	**2.88**
	Inst	SF	Sm	2C	.028	580.6	1.04	1.28	.16	2.48	**3.37**
2" x 4" - 12', 16" oc	Demo	SF	Lg	LB	.017	941.0	---	.64	.10	.74	**1.07**
	Demo	SF	Sm	LB	.020	799.9	---	.75	.11	.86	**1.25**
2" x 4" - 12', 16" oc	Inst	SF	Lg	2C	.021	778.0	.76	.96	.12	1.84	**2.50**
	Inst	SF	Sm	2C	.024	661.3	.83	1.10	.14	2.07	**2.82**
2" x 4" - 12', 24" oc	Demo	SF	Lg	LB	.014	1142	---	.52	.08	.60	**.88**
	Demo	SF	Sm	LB	.016	970.7	---	.60	.09	.69	**1.01**
2" x 4" - 12', 24" oc	Inst	SF	Lg	2C	.017	944.0	.58	.78	.10	1.46	**1.99**
	Inst	SF	Sm	2C	.020	802.4	.64	.92	.11	1.67	**2.28**
2" x 6" - 8', 12" oc	Demo	SF	Lg	LB	.030	528.0	---	1.12	.17	1.29	**1.89**
	Demo	SF	Sm	LB	.036	448.8	---	1.35	.20	1.55	**2.26**
2" x 6" - 8', 12" oc	Inst	SF	Lg	2C	.036	439.0	1.63	1.65	.21	3.49	**4.69**
	Inst	SF	Sm	2C	.043	373.2	1.80	1.97	.24	4.01	**5.41**
2" x 6" - 8', 16" oc	Demo	SF	Lg	LB	.027	591.0	---	1.01	.15	1.16	**1.69**
	Demo	SF	Sm	LB	.032	502.4	---	1.20	.18	1.38	**2.01**
2" x 6" - 8', 16" oc	Inst	SF	Lg	2C	.033	491.0	1.33	1.51	.18	3.02	**4.08**
	Inst	SF	Sm	2C	.038	417.4	1.47	1.74	.22	3.43	**4.64**
2" x 6" - 8', 24" oc	Demo	SF	Lg	LB	.023	696.0	---	.86	.13	.99	**1.45**
	Demo	SF	Sm	LB	.027	591.6	---	1.01	.15	1.16	**1.69**
2" x 6" - 8', 24" oc	Inst	SF	Lg	2C	.028	579.0	1.02	1.28	.16	2.46	**3.34**
	Inst	SF	Sm	2C	.033	492.2	1.13	1.51	.18	2.82	**3.84**

Description	Oper	Unit	Vol	Crew Size	Man-hours per Unit	Crew Output per Day	Avg Mat'l Unit Cost	Avg Labor Unit Cost	Avg Equip Unit Cost	Avg Total Unit Cost	Avg Price Incl O&P
2" x 6" - 10', 12" oc	Demo	SF	Lg	LB	.025	632.0	---	.94	.14	1.08	1.57
	Demo	SF	Sm	LB	.030	537.2	---	1.12	.17	1.29	1.89
2" x 6" - 10', 12" oc	Inst	SF	Lg	2C	.030	528.0	1.56	1.38	.17	3.11	4.14
	Inst	SF	Sm	2C	.036	448.8	1.72	1.65	.20	3.57	4.78
2" x 6" - 10', 16" oc	Demo	SF	Lg	LB	.022	714.0	---	.82	.13	.95	1.39
	Demo	SF	Sm	LB	.026	606.9	---	.97	.15	1.12	1.64
2" x 6" - 10', 16" oc	Inst	SF	Lg	2C	.027	596.0	1.26	1.24	.15	2.65	3.55
	Inst	SF	Sm	2C	.032	506.6	1.39	1.47	.18	3.04	4.09
2" x 6" - 10', 24" oc	Demo	SF	Lg	LB	.019	852.0	---	.71	.11	.82	1.20
	Demo	SF	Sm	LB	.022	724.2	---	.82	.12	.94	1.38
2" x 6" - 10', 24" oc	Inst	SF	Lg	2C	.023	711.0	.96	1.06	.13	2.15	2.86
	Inst	SF	Sm	2C	.026	604.4	1.06	1.19	.15	2.40	3.21
2" x 6" - 12', 12" oc	Demo	SF	Lg	LB	.022	721.0	---	.82	.12	.94	1.38
	Demo	SF	Sm	LB	.026	612.9	---	.97	.15	1.12	1.64
2" x 6" - 12', 12" oc	Inst	SF	Lg	2C	.027	603.0	1.51	1.24	.15	2.90	3.82
	Inst	SF	Sm	2C	.031	512.6	1.67	1.42	.18	3.27	4.32
2" x 6" - 12', 16" oc	Demo	SF	Lg	LB	.019	822.0	---	.71	.11	.82	1.20
	Demo	SF	Sm	LB	.023	698.7	---	.86	.13	.99	1.45
2" x 6" - 12', 16" oc	Inst	SF	Lg	2C	.023	688.0	1.21	1.06	.13	2.40	3.16
	Inst	SF	Sm	2C	.027	584.8	1.34	1.24	.15	2.73	3.62
2" x 6" - 12', 24" oc	Demo	SF	Lg	LB	.016	996.0	---	.60	.09	.69	1.01
	Demo	SF	Sm	LB	.019	846.6	---	.71	.11	.82	1.20
2" x 6" - 12', 24" oc	Inst	SF	Lg	2C	.019	834.0	.91	.87	.11	1.89	2.51
	Inst	SF	Sm	2C	.023	708.9	1.01	1.06	.13	2.20	2.92
2" x 8" - 8', 12" oc	Demo	SF	Lg	LB	.034	468.0	---	1.27	.19	1.46	2.14
	Demo	SF	Sm	LB	.040	397.8	---	1.50	.23	1.73	2.52
2" x 8" - 8', 12" oc	Inst	SF	Lg	2C	.041	392.0	1.93	1.88	.23	4.04	5.37
	Inst	SF	Sm	2C	.048	333.2	2.13	2.20	.27	4.60	6.13
2" x 8" - 8', 16" oc	Demo	SF	Lg	LB	.030	525.0	---	1.12	.17	1.29	1.89
	Demo	SF	Sm	LB	.036	446.3	---	1.35	.20	1.55	2.26
2" x 8" - 8', 16" oc	Inst	SF	Lg	2C	.036	441.0	1.56	1.65	.20	3.41	4.55
	Inst	SF	Sm	2C	.043	374.9	1.73	1.97	.24	3.94	5.28
2" x 8" - 8', 24" oc	Demo	SF	Lg	LB	.026	618.0	---	.97	.15	1.12	1.64
	Demo	SF	Sm	LB	.030	525.3	---	1.12	.17	1.29	1.89
2" x 8" - 8', 24" oc	Inst	SF	Lg	2C	.031	518.0	1.21	1.42	.17	2.80	3.76
	Inst	SF	Sm	2C	.036	440.3	1.33	1.65	.20	3.18	4.27

Framing, rough carpentry, studs/plates

Description	Oper	Unit	Vol	Crew Size	Man-hours per Unit	Crew Output per Day	Avg Mat'l Unit Cost	Avg Labor Unit Cost	Avg Equip Unit Cost	Avg Total Unit Cost	Avg Price Incl O&P
2" x 8" - 10', 12" oc	Demo	SF	Lg	LB	.029	560.0	---	1.08	.16	1.24	**1.82**
	Demo	SF	Sm	LB	.034	476.0	---	1.27	.19	1.46	**2.14**
2" x 8" - 10', 12" oc	Inst	SF	Lg	2C	.034	472.0	1.84	1.56	.19	3.59	**4.74**
	Inst	SF	Sm	2C	.040	401.2	2.03	1.84	.22	4.09	**5.41**
2" x 8" - 10', 16" oc	Demo	SF	Lg	LB	.025	633.0	---	.94	.14	1.08	**1.57**
	Demo	SF	Sm	LB	.030	538.1	---	1.12	.17	1.29	**1.89**
2" x 8" - 10', 16" oc	Inst	SF	Lg	2C	.030	533.0	1.48	1.38	.17	3.03	**4.01**
	Inst	SF	Sm	2C	.035	453.1	1.64	1.61	.20	3.45	**4.58**
2" x 8" - 10', 24" oc	Demo	SF	Lg	LB	.021	754.0	---	.79	.12	.91	**1.32**
	Demo	SF	Sm	LB	.025	640.9	---	.94	.14	1.08	**1.57**
2" x 8" - 10', 24" oc	Inst	SF	Lg	2C	.025	636.0	1.13	1.15	.14	2.42	**3.22**
	Inst	SF	Sm	2C	.030	540.6	1.24	1.38	.17	2.79	**3.72**
2" x 8" - 12', 12" oc	Demo	SF	Lg	LB	.025	638.0	---	.94	.14	1.08	**1.57**
	Demo	SF	Sm	LB	.030	542.3	---	1.12	.17	1.29	**1.89**
2" x 8" - 12', 12" oc	Inst	SF	Lg	2C	.030	540.0	1.79	1.38	.17	3.34	**4.38**
	Inst	SF	Sm	2C	.035	459.0	1.98	1.61	.20	3.79	**4.98**
2" x 8" - 12', 16" oc	Demo	SF	Lg	LB	.022	728.0	---	.82	.12	.94	**1.38**
	Demo	SF	Sm	LB	.026	618.8	---	.97	.15	1.12	**1.64**
2" x 8" - 12', 16" oc	Inst	SF	Lg	2C	.026	615.0	1.43	1.19	.15	2.77	**3.66**
	Inst	SF	Sm	2C	.031	522.8	1.58	1.42	.17	3.17	**4.20**
2" x 8" - 12', 24" oc	Demo	SF	Lg	LB	.018	881.0	---	.67	.10	.77	**1.13**
	Demo	SF	Sm	LB	.021	748.9	---	.79	.12	.91	**1.32**
2" x 8" - 12', 24" oc	Inst	SF	Lg	2C	.021	745.0	1.07	.96	.12	2.15	**2.85**
	Inst	SF	Sm	2C	.025	633.3	1.18	1.15	.14	2.47	**3.28**

Gable ends

Description	Oper	Unit	Vol	Crew Size	Man-hours per Unit	Crew Output per Day	Avg Mat'l Unit Cost	Avg Labor Unit Cost	Avg Equip Unit Cost	Avg Total Unit Cost	Avg Price Incl O&P
2" x 4" - 3' Avg., 12" oc	Demo	SF	Lg	LB	.074	216.0	---	2.77	.42	3.19	**4.66**
	Demo	SF	Sm	LB	.087	183.6	---	3.25	.49	3.74	**5.47**
2" x 4" - 3' Avg., 12" oc	Inst	SF	Lg	2C	.142	113.0	1.83	6.51	.80	9.14	**12.80**
	Inst	SF	Sm	2C	.167	96.05	2.00	7.66	.94	10.60	**14.80**
2" x 4" - 3' Avg., 16" oc	Demo	SF	Lg	LB	.069	231.0	---	2.58	.39	2.97	**4.34**
	Demo	SF	Sm	LB	.081	196.4	---	3.03	.46	3.49	**5.10**
2" x 4" - 3' Avg., 16" oc	Inst	SF	Lg	2C	.132	121.0	1.72	6.06	.74	8.52	**11.90**
	Inst	SF	Sm	2C	.156	102.9	1.88	7.16	.87	9.91	**13.90**
2" x 4" - 3' Avg., 24" oc	Demo	SF	Lg	LB	.063	253.0	---	2.36	.36	2.72	**3.97**
	Demo	SF	Sm	LB	.074	215.1	---	2.77	.42	3.19	**4.66**
2" x 4" - 3' Avg., 24" oc	Inst	SF	Lg	2C	.121	132.0	1.59	5.55	.68	7.82	**10.90**
	Inst	SF	Sm	2C	.143	112.2	1.73	6.56	.80	9.09	**12.70**

National Repair & Remodeling Estimator

Description	Oper	Unit	Vol	Crew Size	Man-hours per Unit	Crew Output per Day	Avg Mat'l Unit Cost	Avg Labor Unit Cost	Avg Equip Unit Cost	Avg Total Unit Cost	Avg Price Incl O&P
2" x 4" - 4' Avg., 12" oc	Demo	SF	Lg	LB	.050	323.0	---	1.87	.28	2.15	**3.14**
	Demo	SF	Sm	LB	.058	274.6	---	2.17	.33	2.50	**3.65**
2" x 4" - 4' Avg., 12" oc	Inst	SF	Lg	2C	.094	170.0	1.53	4.31	.53	6.37	**8.84**
	Inst	SF	Sm	2C	.111	144.5	1.67	5.09	.62	7.38	**10.30**
2" x 4" - 4' Avg., 16" oc	Demo	SF	Lg	LB	.046	348.0	---	1.72	.26	1.98	**2.89**
	Demo	SF	Sm	LB	.054	295.8	---	2.02	.30	2.32	**3.39**
2" x 4" - 4' Avg., 16" oc	Inst	SF	Lg	2C	.087	183.0	1.43	3.99	.49	5.91	**8.19**
	Inst	SF	Sm	2C	.103	155.6	1.56	4.73	.58	6.87	**9.54**
2" x 4" - 4' Avg., 24" oc	Demo	SF	Lg	LB	.042	384.0	---	1.57	.23	1.80	**2.63**
	Demo	SF	Sm	LB	.049	326.4	---	1.83	.28	2.11	**3.08**
2" x 4" - 4' Avg., 24" oc	Inst	SF	Lg	2C	.079	202.0	1.29	3.62	.45	5.36	**7.43**
	Inst	SF	Sm	2C	.093	171.7	1.41	4.27	.52	6.20	**8.61**
2" x 4" - 5' Avg., 12" oc	Demo	SF	Lg	LB	.039	412.0	---	1.46	.22	1.68	**2.45**
	Demo	SF	Sm	LB	.046	350.2	---	1.72	.26	1.98	**2.89**
2" x 4" - 5' Avg., 12" oc	Inst	SF	Lg	2C	.073	219.0	1.41	3.35	.41	5.17	**7.21**
	Inst	SF	Sm	2C	.086	186.2	1.54	3.95	.48	5.97	**8.34**
2" x 4" - 5' Avg., 16" oc	Demo	SF	Lg	LB	.035	454.0	---	1.31	.20	1.51	**2.20**
	Demo	SF	Sm	LB	.041	385.9	---	1.53	.23	1.76	**2.58**
2" x 4" - 5' Avg., 16" oc	Inst	SF	Lg	2C	.066	241.0	1.29	3.03	.37	4.69	**6.53**
	Inst	SF	Sm	2C	.078	204.9	1.41	3.58	.44	5.43	**7.59**
2" x 4" - 5' Avg., 24" oc	Demo	SF	Lg	LB	.031	514.0	---	1.16	.18	1.34	**1.96**
	Demo	SF	Sm	LB	.037	436.9	---	1.38	.21	1.59	**2.33**
2" x 4" - 5' Avg., 24" oc	Inst	SF	Lg	2C	.059	273.0	1.16	2.71	.33	4.20	**5.85**
	Inst	SF	Sm	2C	.069	232.1	1.26	3.17	.39	4.82	**6.73**
2" x 4" - 6' Avg., 12" oc	Demo	SF	Lg	LB	.032	501.0	---	1.20	.18	1.38	**2.01**
	Demo	SF	Sm	LB	.038	425.9	---	1.42	.21	1.63	**2.38**
2" x 4" - 6' Avg., 12" oc	Inst	SF	Lg	2C	.059	269.0	1.32	2.71	.33	4.36	**6.04**
	Inst	SF	Sm	2C	.070	228.7	1.44	3.21	.39	5.04	**7.01**
2" x 4" - 6' Avg., 16" oc	Demo	SF	Lg	LB	.028	564.0	---	1.05	.16	1.21	**1.76**
	Demo	SF	Sm	LB	.033	479.4	---	1.23	.19	1.42	**2.08**
2" x 4" - 6' Avg., 16" oc	Inst	SF	Lg	2C	.053	302.0	1.17	2.43	.30	3.90	**5.41**
	Inst	SF	Sm	2C	.062	256.7	1.28	2.84	.35	4.47	**6.22**
2" x 4" - 6' Avg., 24" oc	Demo	SF	Lg	LB	.025	650.0	---	.94	.14	1.08	**1.57**
	Demo	SF	Sm	LB	.029	552.5	---	1.08	.16	1.24	**1.82**
2" x 4" - 6' Avg., 24" oc	Inst	SF	Lg	2C	.046	349.0	1.04	2.11	.26	3.41	**4.73**
	Inst	SF	Sm	2C	.054	296.7	1.13	2.48	.30	3.91	**5.43**

Framing, rough carpentry, studs/plates

Description	Oper	Unit	Vol	Crew Size	Man-hours per Unit	Crew Output per Day	Avg Mat'l Unit Cost	Avg Labor Unit Cost	Avg Equip Unit Cost	Avg Total Unit Cost	Avg Price Incl O&P
2" x 6" - 3' Avg., 12" oc	Demo	SF	Lg	LB	.077	208.0	---	2.88	.43	3.31	**4.84**
	Demo	SF	Sm	LB	.090	176.8	---	3.37	.51	3.88	**5.66**
2" x 6" - 3' Avg., 12" oc	Inst	SF	Lg	2C	.145	110.0	2.98	6.65	.82	10.45	**14.50**
	Inst	SF	Sm	2C	.171	93.50	3.29	7.85	.96	12.10	**16.90**
2" x 6" - 3' Avg., 16" oc	Demo	SF	Lg	LB	.072	222.0	---	2.69	.41	3.10	**4.53**
	Demo	SF	Sm	LB	.085	188.7	---	3.18	.48	3.66	**5.34**
2" x 6" - 3' Avg., 16" oc	Inst	SF	Lg	2C	.136	118.0	2.80	6.24	.76	9.80	**13.60**
	Inst	SF	Sm	2C	.160	100.3	3.09	7.34	.90	11.33	**15.80**
2" x 6" - 3' Avg., 24" oc	Demo	SF	Lg	LB	.066	243.0	---	2.47	.37	2.84	**4.15**
	Demo	SF	Sm	LB	.077	206.6	---	2.88	.44	3.32	**4.85**
2" x 6" - 3' Avg., 24" oc	Inst	SF	Lg	2C	.124	129.0	2.57	5.69	.70	8.96	**12.50**
	Inst	SF	Sm	2C	.146	109.7	2.84	6.70	.82	10.36	**14.40**
2" x 6" - 4' Avg., 12" oc	Demo	SF	Lg	LB	.052	307.0	---	1.94	.29	2.23	**3.27**
	Demo	SF	Sm	LB	.061	261.0	---	2.28	.34	2.62	**3.83**
2" x 6" - 4' Avg., 12" oc	Inst	SF	Lg	2C	.096	166.0	2.49	4.40	.54	7.43	**10.20**
	Inst	SF	Sm	2C	.113	141.1	2.75	5.18	.64	8.57	**11.80**
2" x 6" - 4' Avg., 16" oc	Demo	SF	Lg	LB	.048	331.0	---	1.80	.27	2.07	**3.02**
	Demo	SF	Sm	LB	.057	281.4	---	2.13	.32	2.45	**3.58**
2" x 6" - 4' Avg., 16" oc	Inst	SF	Lg	2C	.089	179.0	2.31	4.08	.50	6.89	**9.50**
	Inst	SF	Sm	2C	.105	152.2	2.55	4.82	.59	7.96	**11.00**
2" x 6" - 4' Avg., 24" oc	Demo	SF	Lg	LB	.044	366.0	---	1.65	.25	1.90	**2.77**
	Demo	SF	Sm	LB	.051	311.1	---	1.91	.29	2.20	**3.21**
2" x 6" - 4' Avg., 24" oc	Inst	SF	Lg	2C	.081	197.0	2.09	3.72	.46	6.27	**8.63**
	Inst	SF	Sm	2C	.096	167.5	2.31	4.40	.54	7.25	**10.00**
2" x 6" - 5' Avg., 12" oc	Demo	SF	Lg	LB	.041	389.0	---	1.53	.23	1.76	**2.58**
	Demo	SF	Sm	LB	.048	330.7	---	1.80	.27	2.07	**3.02**
2" x 6" - 5' Avg., 12" oc	Inst	SF	Lg	2C	.075	212.0	2.28	3.44	.42	6.14	**8.40**
	Inst	SF	Sm	2C	.089	180.2	2.52	4.08	.50	7.10	**9.75**
2" x 6" - 5' Avg., 16" oc	Demo	SF	Lg	LB	.037	428.0	---	1.38	.21	1.59	**2.33**
	Demo	SF	Sm	LB	.044	363.8	---	1.65	.25	1.90	**2.77**
2" x 6" - 5' Avg., 16" oc	Inst	SF	Lg	2C	.068	234.0	2.09	3.12	.38	5.59	**7.64**
	Inst	SF	Sm	2C	.080	198.9	2.31	3.67	.45	6.43	**8.82**
2" x 6" - 5' Avg., 24" oc	Demo	SF	Lg	LB	.033	484.0	---	1.23	.19	1.42	**2.08**
	Demo	SF	Sm	LB	.039	411.4	---	1.46	.22	1.68	**2.45**
2" x 6" - 5' Avg., 24" oc	Inst	SF	Lg	2C	.060	265.0	1.85	2.75	.34	4.94	**6.76**
	Inst	SF	Sm	2C	.071	225.3	2.05	3.26	.40	5.71	**7.83**

Description	Oper	Unit	Vol	Crew Size	Man-hours per Unit	Crew Output per Day	Avg Mat'l Unit Cost	Avg Labor Unit Cost	Avg Equip Unit Cost	Avg Total Unit Cost	Avg Price Incl O&P
2" x 6" - 6' Avg., 12" oc	Demo	SF	Lg	LB	.034	469.0	---	1.27	.19	1.46	**2.14**
	Demo	SF	Sm	LB	.040	398.7	---	1.50	.23	1.73	**2.52**
2" x 6" - 6' Avg., 12" oc	Inst	SF	Lg	2C	.062	259.0	2.13	2.84	.35	5.32	**7.24**
	Inst	SF	Sm	2C	.073	220.2	2.35	3.35	.41	6.11	**8.34**
2" x 6" - 6' Avg., 16" oc	Demo	SF	Lg	LB	.030	528.0	---	1.12	.17	1.29	**1.89**
	Demo	SF	Sm	LB	.036	448.8	---	1.35	.20	1.55	**2.26**
2" x 6" - 6' Avg., 16" oc	Inst	SF	Lg	2C	.055	292.0	1.89	2.52	.31	4.72	**6.43**
	Inst	SF	Sm	2C	.064	248.2	2.09	2.94	.36	5.39	**7.34**
2" x 6" - 6' Avg., 24" oc	Demo	SF	Lg	LB	.026	609.0	---	.97	.15	1.12	**1.64**
	Demo	SF	Sm	LB	.031	517.7	---	1.16	.17	1.33	**1.94**
2" x 6" - 6' Avg., 24" oc	Inst	SF	Lg	2C	.048	336.0	1.65	2.20	.27	4.12	**5.61**
	Inst	SF	Sm	2C	.056	285.6	1.83	2.57	.32	4.72	**6.43**
2" x 8" - 3' Avg., 12" oc	Demo	SF	Lg	LB	.080	200.0	---	2.99	.45	3.44	**5.03**
	Demo	SF	Sm	LB	.094	170.0	---	3.52	.53	4.05	**5.91**
2" x 8" - 3' Avg., 12" oc	Inst	SF	Lg	2C	.148	108.0	3.53	6.79	.83	11.15	**15.40**
	Inst	SF	Sm	2C	.174	91.80	3.90	7.98	.98	12.86	**17.80**
2" x 8" - 3' Avg., 16" oc	Demo	SF	Lg	LB	.075	213.0	---	2.81	.42	3.23	**4.71**
	Demo	SF	Sm	LB	.088	181.1	---	3.29	.50	3.79	**5.54**
2" x 8" - 3' Avg., 16" oc	Inst	SF	Lg	2C	.138	116.0	3.32	6.33	.78	10.43	**14.40**
	Inst	SF	Sm	2C	.162	98.60	3.66	7.43	.91	12.00	**16.60**
2" x 8" - 3' Avg., 24" oc	Demo	SF	Lg	LB	.068	234.0	---	2.54	.38	2.92	**4.27**
	Demo	SF	Sm	LB	.080	198.9	---	2.99	.45	3.44	**5.03**
2" x 8" - 3' Avg., 24" oc	Inst	SF	Lg	2C	.126	127.0	3.04	5.78	.71	9.53	**13.20**
	Inst	SF	Sm	2C	.148	108.0	3.36	6.79	.83	10.98	**15.20**
2" x 8" - 4' Avg., 12" oc	Demo	SF	Lg	LB	.055	293.0	---	2.06	.31	2.37	**3.46**
	Demo	SF	Sm	LB	.064	249.1	---	2.39	.36	2.75	**4.02**
2" x 8" - 4' Avg., 12" oc	Inst	SF	Lg	2C	.099	161.0	2.95	4.54	.56	8.05	**11.00**
	Inst	SF	Sm	2C	.117	136.9	3.25	5.37	.66	9.28	**12.70**
2" x 8" - 4' Avg., 16" oc	Demo	SF	Lg	LB	.051	316.0	---	1.91	.28	2.19	**3.20**
	Demo	SF	Sm	LB	.060	268.6	---	2.24	.34	2.58	**3.77**
2" x 8" - 4' Avg., 16" oc	Inst	SF	Lg	2C	.092	174.0	2.74	4.22	.52	7.48	**10.20**
	Inst	SF	Sm	2C	.108	147.9	3.02	4.96	.61	8.59	**11.80**
2" x 8" - 4' Avg., 24" oc	Demo	SF	Lg	LB	.046	349.0	---	1.72	.26	1.98	**2.89**
	Demo	SF	Sm	LB	.054	296.7	---	2.02	.30	2.32	**3.39**
2" x 8" - 4' Avg., 24" oc	Inst	SF	Lg	2C	.083	192.0	2.47	3.81	.47	6.75	**9.24**
	Inst	SF	Sm	2C	.098	163.2	2.73	4.50	.55	7.78	**10.70**

Framing, rough carpentry, studs/plates

Description	Oper	Unit	Vol	Crew Size	Man-hours per Unit	Crew Output per Day	Avg Mat'l Unit Cost	Avg Labor Unit Cost	Avg Equip Unit Cost	Avg Total Unit Cost	Avg Price Incl O&P
2" x 8" - 5' Avg., 12" oc	Demo	SF	Lg	LB	.043	368.0	---	1.61	.24	1.85	**2.70**
	Demo	SF	Sm	LB	.051	312.8	---	1.91	.29	2.20	**3.21**
2" x 8" - 5' Avg., 12" oc	Inst	SF	Lg	2C	.078	206.0	2.70	3.58	.44	6.72	**9.14**
	Inst	SF	Sm	2C	.091	175.1	2.98	4.18	.51	7.67	**10.50**
2" x 8" - 5' Avg., 16" oc	Demo	SF	Lg	LB	.040	405.0	---	1.50	.22	1.72	**2.51**
	Demo	SF	Sm	LB	.046	344.3	---	1.72	.26	1.98	**2.89**
2" x 8" - 5' Avg., 16" oc	Inst	SF	Lg	2C	.070	227.0	2.42	3.21	.40	6.03	**8.20**
	Inst	SF	Sm	2C	.083	193.0	2.67	3.81	.47	6.95	**9.48**
2" x 8" - 5' Avg., 24" oc	Demo	SF	Lg	LB	.035	458.0	---	1.31	.20	1.51	**2.20**
	Demo	SF	Sm	LB	.041	389.3	---	1.53	.23	1.76	**2.58**
2" x 8" - 5' Avg., 24" oc	Inst	SF	Lg	2C	.062	257.0	2.14	2.84	.35	5.33	**7.25**
	Inst	SF	Sm	2C	.073	218.5	2.36	3.35	.41	6.12	**8.35**
2" x 8" - 6' Avg., 12" oc	Demo	SF	Lg	LB	.036	441.0	---	1.35	.20	1.55	**2.26**
	Demo	SF	Sm	LB	.043	374.9	---	1.61	.24	1.85	**2.70**
2" x 8" - 6' Avg., 12" oc	Inst	SF	Lg	2C	.064	251.0	2.51	2.94	.36	5.81	**7.85**
	Inst	SF	Sm	2C	.075	213.4	2.78	3.44	.42	6.64	**9.00**
2" x 8" - 6' Avg., 16" oc	Demo	SF	Lg	LB	.032	497.0	---	1.20	.18	1.38	**2.01**
	Demo	SF	Sm	LB	.038	422.5	---	1.42	.21	1.63	**2.38**
2" x 8" - 6' Avg., 16" oc	Inst	SF	Lg	2C	.057	282.0	2.24	2.62	.32	5.18	**6.99**
	Inst	SF	Sm	2C	.067	239.7	2.47	3.07	.38	5.92	**8.03**
2" x 8" - 6' Avg., 24" oc	Demo	SF	Lg	LB	.028	573.0	---	1.05	.16	1.21	**1.76**
	Demo	SF	Sm	LB	.033	487.1	---	1.23	.18	1.41	**2.07**
2" x 8" - 6' Avg., 24" oc	Inst	SF	Lg	2C	.049	325.0	1.96	2.25	.28	4.49	**6.06**
	Inst	SF	Sm	2C	.058	276.3	2.16	2.66	.33	5.15	**6.98**

Studs/plates, per LF of wall or partition

Walls or partitions

Description	Oper	Unit	Vol	Crew Size	Man-hours per Unit	Crew Output per Day	Avg Mat'l Unit Cost	Avg Labor Unit Cost	Avg Equip Unit Cost	Avg Total Unit Cost	Avg Price Incl O&P
2" x 4" - 8', 12" oc	Demo	LF	Lg	LB	.213	75.00	---	7.97	1.20	9.17	**13.40**
	Demo	LF	Sm	LB	.251	63.75	---	9.39	1.41	10.80	**15.80**
2" x 4" - 8', 12" oc	Inst	LF	Lg	2C	.258	62.00	7.55	11.80	1.45	20.80	**28.60**
	Inst	LF	Sm	2C	.304	52.70	8.23	14.00	1.71	23.94	**32.90**
2" x 4" - 10', 12" oc	Demo	LF	Lg	LB	.222	72.00	---	8.30	1.25	9.55	**14.00**
	Demo	LF	Sm	LB	.261	61.20	---	9.76	1.47	11.23	**16.40**
2" x 4" - 10', 12" oc	Inst	LF	Lg	2C	.271	59.00	9.01	12.40	1.53	22.94	**31.30**
	Inst	LF	Sm	2C	.319	50.15	9.82	14.60	1.79	26.21	**35.90**
2" x 4" - 12', 12" oc	Demo	LF	Lg	LB	.232	69.00	---	8.68	1.30	9.98	**14.60**
	Demo	LF	Sm	LB	.273	58.65	---	10.20	1.53	11.73	**17.20**
2" x 4" - 12', 12" oc	Inst	LF	Lg	2C	.281	57.00	10.50	12.90	1.58	24.98	**33.80**
	Inst	LF	Sm	2C	.330	48.45	11.50	15.10	1.86	28.46	**38.70**

National Repair & Remodeling Estimator

Description	Oper	Unit	Vol	Crew Size	Man-hours per Unit	Crew Output per Day	Avg Mat'l Unit Cost	Avg Labor Unit Cost	Avg Equip Unit Cost	Avg Total Unit Cost	Avg Price Incl O&P
2" x 4" - 8', 16" oc	Demo	LF	Lg	LB	.188	85.00	---	7.03	1.06	8.09	**11.80**
	Demo	LF	Sm	LB	.221	72.25	---	8.27	1.25	9.52	**13.90**
2" x 4" - 8', 16" oc	Inst	LF	Lg	2C	.229	70.00	6.11	10.50	1.29	17.90	**24.60**
	Inst	LF	Sm	2C	.269	59.50	6.66	12.30	1.51	20.47	**28.30**
2" x 4" - 10', 16" oc	Demo	LF	Lg	LB	.198	81.00	---	7.41	1.11	8.52	**12.40**
	Demo	LF	Sm	LB	.232	68.85	---	8.68	1.31	9.99	**14.60**
2" x 4" - 10', 16" oc	Inst	LF	Lg	2C	.239	67.00	7.21	11.00	1.34	19.55	**26.70**
	Inst	LF	Sm	2C	.281	56.95	7.86	12.90	1.58	22.34	**30.70**
2" x 4" - 12', 16" oc	Demo	LF	Lg	LB	.205	78.00	---	7.67	1.15	8.82	**12.90**
	Demo	LF	Sm	LB	.241	66.30	---	9.01	1.36	10.37	**15.20**
2" x 4" - 12', 16" oc	Inst	LF	Lg	2C	.246	65.00	8.24	11.30	1.38	20.92	**28.50**
	Inst	LF	Sm	2C	.290	55.25	8.98	13.30	1.63	23.91	**32.70**
2" x 4" - 8', 24" oc	Demo	LF	Lg	LB	.162	99.00	---	6.06	.91	6.97	**10.20**
	Demo	LF	Sm	LB	.190	84.15	---	7.11	1.07	8.18	**11.90**
2" x 4" - 8', 24" oc	Inst	LF	Lg	2C	.198	81.00	4.60	9.08	1.11	14.79	**20.50**
	Inst	LF	Sm	2C	.232	68.85	5.02	10.60	1.31	16.93	**23.60**
2" x 4" - 10', 24" oc	Demo	LF	Lg	LB	.165	97.00	---	6.17	.93	7.10	**10.40**
	Demo	LF	Sm	LB	.194	82.45	---	7.26	1.09	8.35	**12.20**
2" x 4" - 10', 24" oc	Inst	LF	Lg	2C	.200	80.00	5.41	9.18	1.13	15.72	**21.60**
	Inst	LF	Sm	2C	.235	68.00	5.89	10.80	1.32	18.01	**24.80**
2" x 4" - 12', 24" oc	Demo	LF	Lg	LB	.168	95.00	---	6.28	.95	7.23	**10.60**
	Demo	LF	Sm	LB	.198	80.75	---	7.41	1.11	8.52	**12.40**
2" x 4" - 12', 24" oc	Inst	LF	Lg	2C	.203	79.00	6.08	9.31	1.14	16.53	**22.60**
	Inst	LF	Sm	2C	.238	67.15	6.63	10.90	1.34	18.87	**25.90**
2" x 6" - 8', 12" oc	Demo	LF	Lg	LB	.242	66.00	---	9.05	1.36	10.41	**15.20**
	Demo	LF	Sm	LB	.285	56.10	---	10.70	1.60	12.30	**17.90**
2" x 6" - 8', 12" oc	Inst	LF	Lg	2C	.291	55.00	12.40	13.40	1.64	27.44	**36.90**
	Inst	LF	Sm	2C	.342	46.75	13.70	15.70	1.93	31.33	**42.30**
2" x 6" - 10', 12" oc	Demo	LF	Lg	LB	.254	63.00	---	9.50	1.43	10.93	**16.00**
	Demo	LF	Sm	LB	.299	53.55	---	11.20	1.68	12.88	**18.80**
2" x 6" - 10', 12" oc	Inst	LF	Lg	2C	.302	53.00	14.80	13.90	1.70	30.40	**40.60**
	Inst	LF	Sm	2C	.355	45.05	16.40	16.30	2.00	34.70	**46.50**
2" x 6" - 12', 12" oc	Demo	LF	Lg	LB	.267	60.00	---	9.99	1.50	11.49	**16.80**
	Demo	LF	Sm	LB	.314	51.00	---	11.70	1.76	13.46	**19.70**
2" x 6" - 12', 12" oc	Inst	LF	Lg	2C	.320	50.00	17.20	14.70	1.80	33.70	**44.80**
	Inst	LF	Sm	2C	.376	42.50	19.00	17.30	2.12	38.42	**51.20**
2" x 6" - 8', 16" oc	Demo	LF	Lg	LB	.216	74.00	---	8.08	1.22	9.30	**13.60**
	Demo	LF	Sm	LB	.254	62.90	---	9.50	1.43	10.93	**16.00**
2" x 6" - 8', 16" oc	Inst	LF	Lg	2C	.262	61.00	10.10	12.00	1.48	23.58	**31.90**
	Inst	LF	Sm	2C	.309	51.85	11.10	14.20	1.74	27.04	**36.70**

Framing, rough carpentry, studs/plates

Description	Oper	Unit	Vol	Crew Size	Man-hours per Unit	Crew Output per Day	Avg Mat'l Unit Cost	Avg Labor Unit Cost	Avg Equip Unit Cost	Avg Total Unit Cost	Avg Price Incl O&P
2" x 6" - 10', 16" oc	Demo	LF	Lg	LB	.225	71.00	---	8.42	1.27	9.69	**14.20**
	Demo	LF	Sm	LB	.265	60.35	---	9.91	1.49	11.40	**16.70**
2" x 6" - 10', 16" oc	Inst	LF	Lg	2C	.271	59.00	11.80	12.40	1.53	25.73	**34.70**
	Inst	LF	Sm	2C	.319	50.15	13.10	14.60	1.79	29.49	**39.80**
2" x 6" - 12', 16" oc	Demo	LF	Lg	LB	.232	69.00	---	8.68	1.30	9.98	**14.60**
	Demo	LF	Sm	LB	.273	58.65	---	10.20	1.53	11.73	**17.20**
2" x 6" - 12', 16" oc	Inst	LF	Lg	2C	.276	58.00	13.60	12.70	1.55	27.85	**37.20**
	Inst	LF	Sm	2C	.325	49.30	15.10	14.90	1.83	31.83	**42.60**
2" x 6" - 8', 24" oc	Demo	LF	Lg	LB	.184	87.00	---	6.88	1.03	7.91	**11.60**
	Demo	LF	Sm	LB	.216	73.95	---	8.08	1.22	9.30	**13.60**
2" x 6" - 8', 24" oc	Inst	LF	Lg	2C	.222	72.00	7.60	10.20	1.25	19.05	**25.90**
	Inst	LF	Sm	2C	.261	61.20	8.39	12.00	1.47	21.86	**29.80**
2" x 6" - 10', 24" oc	Demo	LF	Lg	LB	.188	85.00	---	7.03	1.06	8.09	**11.80**
	Demo	LF	Sm	LB	.221	72.25	---	8.27	1.25	9.52	**13.90**
2" x 6" - 10', 24" oc	Inst	LF	Lg	2C	.225	71.00	8.84	10.30	1.27	20.41	**27.60**
	Inst	LF	Sm	2C	.265	60.35	9.77	12.20	1.49	23.46	**31.80**
2" x 6" - 12', 24" oc	Demo	LF	Lg	LB	.190	84.00	---	7.11	1.07	8.18	**11.90**
	Demo	LF	Sm	LB	.224	71.40	---	8.38	1.26	9.64	**14.10**
2" x 6" - 12', 24" oc	Inst	LF	Lg	2C	.229	70.00	10.10	10.50	1.29	21.89	**29.40**
	Inst	LF	Sm	2C	.269	59.50	11.10	12.30	1.51	24.91	**33.70**
2" x 8" - 8', 12" oc	Demo	LF	Lg	LB	.271	59.00	---	10.10	1.53	11.63	**17.00**
	Demo	LF	Sm	LB	.319	50.15	---	11.90	1.79	13.69	**20.00**
2" x 8" - 8', 12" oc	Inst	LF	Lg	2C	.327	49.00	14.80	15.00	1.84	31.64	**42.50**
	Inst	LF	Sm	2C	.384	41.65	16.40	17.60	2.16	36.16	**48.70**
2" x 8" - 10', 12" oc	Demo	LF	Lg	LB	.286	56.00	---	10.70	1.61	12.31	**18.00**
	Demo	LF	Sm	LB	.336	47.60	---	12.60	1.89	14.49	**21.10**
2" x 8" - 10', 12" oc	Inst	LF	Lg	2C	.340	47.00	17.60	15.60	1.91	35.11	**46.90**
	Inst	LF	Sm	2C	.401	39.95	19.50	18.40	2.25	40.15	**53.70**
2" x 8" - 12', 12" oc	Demo	LF	Lg	LB	.302	53.00	---	11.30	1.70	13.00	**19.00**
	Demo	LF	Sm	LB	.355	45.05	---	13.30	2.00	15.30	**22.30**
2" x 8" - 12', 12" oc	Inst	LF	Lg	2C	.356	45.00	20.60	16.30	2.00	38.90	**51.60**
	Inst	LF	Sm	2C	.418	38.25	22.70	19.20	2.35	44.25	**58.80**
2" x 8" - 8', 16" oc	Demo	LF	Lg	LB	.242	66.00	---	9.05	1.36	10.41	**15.20**
	Demo	LF	Sm	LB	.285	56.10	---	10.70	1.60	12.30	**17.90**
2" x 8" - 8', 16" oc	Inst	LF	Lg	2C	.291	55.00	11.90	13.40	1.64	26.94	**36.30**
	Inst	LF	Sm	2C	.342	46.75	13.20	15.70	1.93	30.83	**41.60**
2" x 8" - 10', 16" oc	Demo	LF	Lg	LB	.254	63.00	---	9.50	1.43	10.93	**16.00**
	Demo	LF	Sm	LB	.299	53.55	---	11.20	1.68	12.88	**18.80**
2" x 8" - 10', 16" oc	Inst	LF	Lg	2C	.302	53.00	14.10	13.90	1.70	29.70	**39.70**
	Inst	LF	Sm	2C	.355	45.05	15.50	16.30	2.00	33.80	**45.50**
2" x 8" - 12', 16" oc	Demo	LF	Lg	LB	.262	61.00	---	9.80	1.48	11.28	**16.50**
	Demo	LF	Sm	LB	.309	51.85	---	11.60	1.74	13.34	**19.40**
2" x 8" - 12', 16" oc	Inst	LF	Lg	2C	.308	52.00	16.30	14.10	1.73	32.13	**42.80**
	Inst	LF	Sm	2C	.362	44.20	18.00	16.60	2.04	36.64	**48.90**

Description	Oper	Unit	Vol	Crew Size	Man-hours per Unit	Crew Output per Day	Avg Mat'l Unit Cost	Avg Labor Unit Cost	Avg Equip Unit Cost	Avg Total Unit Cost	Avg Price Incl O&P
2" x 8" - 8', 24" oc	Demo	LF	Lg	LB	.205	78.00	---	7.67	1.15	8.82	**12.90**
	Demo	LF	Sm	LB	.241	66.30	---	9.01	1.36	10.37	**15.20**
2" x 8" - 8', 24" oc	Inst	LF	Lg	2C	.246	65.00	9.07	11.30	1.38	21.75	**29.50**
	Inst	LF	Sm	2C	.290	55.25	10.00	13.30	1.63	24.93	**33.90**
2" x 8" - 10', 24" oc	Demo	LF	Lg	LB	.211	76.00	---	7.89	1.18	9.07	**13.30**
	Demo	LF	Sm	LB	.248	64.60	---	9.28	1.39	10.67	**15.60**
2" x 8" - 10', 24" oc	Inst	LF	Lg	2C	.250	64.00	10.50	11.50	1.41	23.41	**31.50**
	Inst	LF	Sm	2C	.294	54.40	11.60	13.50	1.65	26.75	**36.20**
2" x 8" - 12', 24" oc	Demo	LF	Lg	LB	.216	74.00	---	8.08	1.22	9.30	**13.60**
	Demo	LF	Sm	LB	.254	62.90	---	9.50	1.43	10.93	**16.00**
2" x 8" - 12', 24" oc	Inst	LF	Lg	2C	.258	62.00	11.90	11.80	1.45	25.15	**33.80**
	Inst	LF	Sm	2C	.304	52.70	13.20	14.00	1.71	28.91	**38.80**

Sheathing, walls

Boards, 1" x 8"

Description	Oper	Unit	Vol	Crew Size	Man-hours per Unit	Crew Output per Day	Avg Mat'l Unit Cost	Avg Labor Unit Cost	Avg Equip Unit Cost	Avg Total Unit Cost	Avg Price Incl O&P
Horizontal	Demo	SF	Lg	LB	.021	755.0	---	.79	.12	.91	**1.32**
	Demo	SF	Sm	LB	.025	641.8	---	.94	.14	1.08	**1.57**
Horizontal	Inst	SF	Lg	2C	.023	695.0	2.59	1.06	.13	3.78	**4.85**
	Inst	SF	Sm	2C	.027	590.8	2.86	1.24	.15	4.25	**5.47**
Diagonal	Demo	SF	Lg	LB	.024	672.0	---	.90	.13	1.03	**1.50**
	Demo	SF	Sm	LB	.028	571.2	---	1.05	.16	1.21	**1.76**
Diagonal	Inst	SF	Lg	2C	.026	618.0	2.84	1.19	.15	4.18	**5.38**
	Inst	SF	Sm	2C	.030	525.3	3.13	1.38	.17	4.68	**6.02**

Plywood

Description	Oper	Unit	Vol	Crew Size	Man-hours per Unit	Crew Output per Day	Avg Mat'l Unit Cost	Avg Labor Unit Cost	Avg Equip Unit Cost	Avg Total Unit Cost	Avg Price Incl O&P
3/8"	Demo	SF	Lg	LB	.014	1145	---	.52	.08	.60	**.88**
	Demo	SF	Sm	LB	.016	973.3	---	.60	.09	.69	**1.01**
3/8"	Inst	SF	Lg	2C	.015	1059	.82	.69	.08	1.59	**2.11**
	Inst	SF	Sm	2C	.018	900.2	.91	.83	.10	1.84	**2.45**
1/2"	Demo	SF	Lg	LB	.014	1145	---	.52	.08	.60	**.88**
	Demo	SF	Sm	LB	.016	973.3	---	.60	.09	.69	**1.01**
1/2"	Inst	SF	Lg	2C	.015	1059	.96	.69	.08	1.73	**2.28**
	Inst	SF	Sm	2C	.018	900.2	1.05	.83	.10	1.98	**2.62**
5/8"	Demo	SF	Lg	LB	.014	1145	---	.52	.08	.60	**.88**
	Demo	SF	Sm	LB	.016	973.3	---	.60	.09	.69	**1.01**
5/8"	Inst	SF	Lg	2C	.015	1059	1.12	.69	.08	1.89	**2.47**
	Inst	SF	Sm	2C	.018	900.2	1.23	.83	.10	2.16	**2.83**

Particleboard

Description	Oper	Unit	Vol	Crew Size	Man-hours per Unit	Crew Output per Day	Avg Mat'l Unit Cost	Avg Labor Unit Cost	Avg Equip Unit Cost	Avg Total Unit Cost	Avg Price Incl O&P
1/2"	Demo	SF	Lg	LB	.014	1145	---	.52	.08	.60	**.88**
	Demo	SF	Sm	LB	.016	973.3	---	.60	.09	.69	**1.01**
1/2"	Inst	SF	Lg	2C	.015	1059	.92	.69	.08	1.69	**2.23**
	Inst	SF	Sm	2C	.018	900.2	1.02	.83	.10	1.95	**2.58**

Framing, rough carpentry, sheathing, roof

Description	Oper	Unit	Vol	Crew Size	Man-hours per Unit	Crew Output per Day	Avg Mat'l Unit Cost	Avg Labor Unit Cost	Avg Equip Unit Cost	Avg Total Unit Cost	Avg Price Incl O&P
OSB strand board											
3/8"	Demo	SF	Lg	LB	.014	1145	---	.52	.08	.60	**.88**
	Demo	SF	Sm	LB	.016	973.3	---	.60	.09	.69	**1.01**
3/8"	Inst	SF	Lg	2C	.015	1059	.50	.69	.08	1.27	**1.73**
	Inst	SF	Sm	2C	.018	900.2	.55	.83	.10	1.48	**2.02**
1/2"	Demo	SF	Lg	LB	.014	1145	---	.52	.08	.60	**.88**
	Demo	SF	Sm	LB	.016	973.3	---	.60	.09	.69	**1.01**
1/2"	Inst	SF	Lg	2C	.015	1059	.58	.69	.08	1.35	**1.82**
	Inst	SF	Sm	2C	.018	900.2	.65	.83	.10	1.58	**2.14**
5/8"	Demo	SF	Lg	LB	.014	1145	---	.52	.08	.60	**.88**
	Demo	SF	Sm	LB	.016	973.3	---	.60	.09	.69	**1.01**
5/8"	Inst	SF	Lg	2C	.015	1059	.91	.69	.08	1.68	**2.22**
	Inst	SF	Sm	2C	.018	900.2	1.01	.83	.10	1.94	**2.57**
Sheathing, roof											
Boards, 1" x 8"											
Horizontal	Demo	SF	Lg	LB	.018	884.0	---	.67	.10	.77	**1.13**
	Demo	SF	Sm	LB	.021	751.4	---	.79	.12	.91	**1.32**
Horizontal	Inst	SF	Lg	2C	.020	819.0	2.59	.92	.11	3.62	**4.62**
	Inst	SF	Sm	2C	.023	696.2	2.86	1.06	.13	4.05	**5.17**
Diagonal	Demo	SF	Lg	LB	.021	775.0	---	.79	.12	.91	**1.32**
	Demo	SF	Sm	LB	.024	658.8	---	.90	.14	1.04	**1.51**
Diagonal	Inst	SF	Lg	2C	.022	715.0	2.84	1.01	.13	3.98	**5.08**
	Inst	SF	Sm	2C	.026	607.8	3.13	1.19	.15	4.47	**5.73**
Plywood											
1/2"	Demo	SF	Lg	LB	.013	1277	---	.49	.07	.56	**.81**
	Demo	SF	Sm	LB	.015	1085	---	.56	.08	.64	**.94**
1/2"	Inst	SF	Lg	2C	.013	1187	.92	.60	.08	1.60	**2.09**
	Inst	SF	Sm	2C	.016	1009	1.01	.73	.09	1.83	**2.42**
5/8"	Demo	SF	Lg	LB	.013	1277	---	.49	.07	.56	**.81**
	Demo	SF	Sm	LB	.015	1085	---	.56	.08	.64	**.94**
5/8"	Inst	SF	Lg	2C	.013	1187	1.07	.60	.08	1.75	**2.27**
	Inst	SF	Sm	2C	.016	1009	1.18	.73	.09	2.00	**2.63**
3/4"	Demo	SF	Lg	LB	.013	1187	---	.49	.08	.57	**.83**
	Demo	SF	Sm	LB	.016	1009	---	.60	.09	.69	**1.01**
3/4"	Inst	SF	Lg	2C	.015	1102	1.15	.69	.08	1.92	**2.51**
	Inst	SF	Sm	2C	.017	936.7	1.27	.78	.10	2.15	**2.81**

Description	Oper	Unit	Vol	Crew Size	Man-hours per Unit	Crew Output per Day	Avg Mat'l Unit Cost	Avg Labor Unit Cost	Avg Equip Unit Cost	Avg Total Unit Cost	Avg Price Incl O&P

Sheathing, subfloor
Boards, 1" x 8"

Description	Oper	Unit	Vol	Crew Size	Man-hours per Unit	Crew Output per Day	Avg Mat'l Unit Cost	Avg Labor Unit Cost	Avg Equip Unit Cost	Avg Total Unit Cost	Avg Price Incl O&P
Horizontal	Demo	SF	Lg	LB	.019	828.0	---	.71	.11	.82	**1.20**
	Demo	SF	Sm	LB	.023	703.8	---	.86	.13	.99	**1.45**
Horizontal	Inst	SF	Lg	2C	.021	764.0	2.66	.96	.12	3.74	**4.78**
	Inst	SF	Sm	2C	.025	649.4	2.93	1.15	.14	4.22	**5.40**
Diagonal	Demo	SF	Lg	LB	.022	729.0	---	.82	.12	.94	**1.38**
	Demo	SF	Sm	LB	.026	619.7	---	.97	.15	1.12	**1.64**
Diagonal	Inst	SF	Lg	2C	.024	672.0	2.91	1.10	.13	4.14	**5.30**
	Inst	SF	Sm	2C	.028	571.2	3.20	1.28	.16	4.64	**5.96**

Plywood

Description	Oper	Unit	Vol	Crew Size	Man-hours per Unit	Crew Output per Day	Avg Mat'l Unit Cost	Avg Labor Unit Cost	Avg Equip Unit Cost	Avg Total Unit Cost	Avg Price Incl O&P
5/8"	Demo	SF	Lg	LB	.013	1216	---	.49	.07	.56	**.81**
	Demo	SF	Sm	LB	.015	1034	---	.56	.09	.65	**.95**
5/8"	Inst	SF	Lg	2C	.014	1127	1.12	.64	.08	1.84	**2.40**
	Inst	SF	Sm	2C	.017	958.0	1.23	.78	.09	2.10	**2.75**
3/4"	Demo	SF	Lg	LB	.014	1134	---	.52	.08	.60	**.88**
	Demo	SF	Sm	LB	.017	963.9	---	.64	.09	.73	**1.06**
3/4"	Inst	SF	Lg	2C	.015	1050	1.21	.69	.09	1.99	**2.59**
	Inst	SF	Sm	2C	.018	892.5	1.33	.83	.10	2.26	**2.95**
1-1/8"	Demo	SF	Lg	LB	.019	854.0	---	.71	.11	.82	**1.20**
	Demo	SF	Sm	LB	.022	725.9	---	.82	.12	.94	**1.38**
1-1/8"	Inst	SF	Lg	2C	.020	798.0	2.24	.92	.11	3.27	**4.20**
	Inst	SF	Sm	2C	.024	678.3	2.46	1.10	.13	3.69	**4.76**

Particleboard

Description	Oper	Unit	Vol	Crew Size	Man-hours per Unit	Crew Output per Day	Avg Mat'l Unit Cost	Avg Labor Unit Cost	Avg Equip Unit Cost	Avg Total Unit Cost	Avg Price Incl O&P
5/8"	Demo	SF	Lg	LB	.013	1216	---	.49	.07	.56	**.81**
	Demo	SF	Sm	LB	.015	1034	---	.56	.09	.65	**.95**
5/8"	Inst	SF	Lg	2C	.014	1127	1.08	.64	.08	1.80	**2.36**
	Inst	SF	Sm	2C	.017	958.0	1.20	.78	.09	2.07	**2.72**
3/4"	Demo	SF	Lg	LB	.014	1134	---	.52	.08	.60	**.88**
	Demo	SF	Sm	LB	.017	963.9	---	.64	.09	.73	**1.06**
3/4"	Inst	SF	Lg	2C	.015	1050	1.13	.69	.09	1.91	**2.50**
	Inst	SF	Sm	2C	.018	892.5	1.24	.83	.10	2.17	**2.85**

Underlayment

Description	Oper	Unit	Vol	Crew Size	Man-hours per Unit	Crew Output per Day	Avg Mat'l Unit Cost	Avg Labor Unit Cost	Avg Equip Unit Cost	Avg Total Unit Cost	Avg Price Incl O&P
Plywood, 3/8"	Demo	SF	Lg	LB	.013	1216	---	.49	.07	.56	**.81**
	Demo	SF	Sm	LB	.015	1034	---	.56	.09	.65	**.95**
Plywood, 3/8"	Inst	SF	Lg	2C	.014	1127	1.05	.64	.08	1.77	**2.32**
	Inst	SF	Sm	2C	.017	958.0	1.15	.78	.09	2.02	**2.66**
Hardboard, 0.215"	Demo	SF	Lg	LB	.013	1216	---	.49	.07	.56	**.81**
	Demo	SF	Sm	LB	.015	1034	---	.56	.09	.65	**.95**
Hardboard, 0.215"	Inst	SF	Lg	2C	.014	1127	1.04	.64	.08	1.76	**2.31**
	Inst	SF	Sm	2C	.017	958.0	1.14	.78	.09	2.01	**2.65**

Framing, rough carpentry, trusses

Description	Oper	Unit	Vol	Crew Size	Man-hours per Unit	Crew Output per Day	Avg Mat'l Unit Cost	Avg Labor Unit Cost	Avg Equip Unit Cost	Avg Total Unit Cost	Avg Price Incl O&P

Trusses, shop fabricated, wood "W" type
Demo and Install equipment includes pneumatic and hand tools
Install equipment also includes boom truck and operator to load trusses to roof

1/8 pitch
3" rise in 12" run

Description	Oper	Unit	Vol	Crew Size	Man-hours per Unit	Crew Output per Day	Avg Mat'l Unit Cost	Avg Labor Unit Cost	Avg Equip Unit Cost	Avg Total Unit Cost	Avg Price Incl O&P
20' span	Demo	Ea	Lg	LJ	.865	37.00	---	32.40	2.43	34.83	**51.40**
	Demo	Ea	Sm	LJ	1.02	31.45	---	38.20	2.86	41.06	**60.70**
20' span	Inst	Ea	Lg	CX	.941	34.00	55.10	43.20	8.88	107.18	**141.00**
	Inst	Ea	Sm	CX	1.11	28.90	60.10	50.90	10.50	121.50	**161.00**
22' span	Demo	Ea	Lg	LJ	.865	37.00	---	32.40	2.43	34.83	**51.40**
	Demo	Ea	Sm	LJ	1.02	31.45	---	38.20	2.86	41.06	**60.70**
22' span	Inst	Ea	Lg	CX	.941	34.00	61.30	43.20	8.88	113.38	**149.00**
	Inst	Ea	Sm	CX	1.11	28.90	66.90	50.90	10.50	128.30	**169.00**
24' span	Demo	Ea	Lg	LJ	.865	37.00	---	32.40	2.43	34.83	**51.40**
	Demo	Ea	Sm	LJ	1.02	31.45	---	38.20	2.86	41.06	**60.70**
24' span	Inst	Ea	Lg	CX	.941	34.00	64.30	43.20	8.88	116.38	**153.00**
	Inst	Ea	Sm	CX	1.11	28.90	70.20	50.90	10.50	131.60	**173.00**
26' span	Demo	Ea	Lg	LJ	.865	37.00	---	32.40	2.43	34.83	**51.40**
	Demo	Ea	Sm	LJ	1.02	31.45	---	38.20	2.86	41.06	**60.70**
26' span	Inst	Ea	Lg	CX	.941	34.00	70.50	43.20	8.88	122.58	**160.00**
	Inst	Ea	Sm	CX	1.11	28.90	77.00	50.90	10.50	138.40	**181.00**
28' span	Demo	Ea	Lg	LJ	.865	37.00	---	32.40	2.43	34.83	**51.40**
	Demo	Ea	Sm	LJ	1.02	31.45	---	38.20	2.86	41.06	**60.70**
28' span	Inst	Ea	Lg	CX	.941	34.00	73.60	43.20	8.88	125.68	**164.00**
	Inst	Ea	Sm	CX	1.11	28.90	80.30	50.90	10.50	141.70	**185.00**
30' span	Demo	Ea	Lg	LJ	.914	35.00	---	34.20	2.57	36.77	**54.40**
	Demo	Ea	Sm	LJ	1.08	29.75	---	40.40	3.03	43.43	**64.20**
30' span	Inst	Ea	Lg	CX	1.00	32.00	79.80	45.90	9.44	135.14	**176.00**
	Inst	Ea	Sm	CX	1.18	27.20	87.10	54.10	11.10	152.30	**199.00**
32' span	Demo	Ea	Lg	LJ	.914	35.00	---	34.20	2.57	36.77	**54.40**
	Demo	Ea	Sm	LJ	1.08	29.75	---	40.40	3.03	43.43	**64.20**
32' span	Inst	Ea	Lg	CX	1.00	32.00	82.10	45.90	9.44	137.44	**179.00**
	Inst	Ea	Sm	CX	1.18	27.20	89.60	54.10	11.10	154.80	**202.00**
34' span	Demo	Ea	Lg	LJ	.914	35.00	---	34.20	2.57	36.77	**54.40**
	Demo	Ea	Sm	LJ	1.08	29.75	---	40.40	3.03	43.43	**64.20**
34' span	Inst	Ea	Lg	CX	1.00	32.00	85.90	45.90	9.44	141.24	**183.00**
	Inst	Ea	Sm	CX	1.18	27.20	93.80	54.10	11.10	159.00	**207.00**
36' span	Demo	Ea	Lg	LJ	.970	33.00	---	36.30	2.73	39.03	**57.70**
	Demo	Ea	Sm	LJ	1.14	28.05	---	42.60	3.21	45.81	**67.80**
36' span	Inst	Ea	Lg	CX	1.03	31.00	92.10	47.30	9.74	149.14	**193.00**
	Inst	Ea	Sm	CX	1.21	26.35	101.00	55.50	11.50	168.00	**218.00**

Description	Oper	Unit	Vol	Crew Size	Man-hours per Unit	Crew Output per Day	Avg Mat'l Unit Cost	Avg Labor Unit Cost	Avg Equip Unit Cost	Avg Total Unit Cost	Avg Price Incl O&P

5/24 pitch
5" rise in 12" run

Description	Oper	Unit	Vol	Crew Size	Man-hours per Unit	Crew Output per Day	Avg Mat'l Unit Cost	Avg Labor Unit Cost	Avg Equip Unit Cost	Avg Total Unit Cost	Avg Price Incl O&P
20' span	Demo	Ea	Lg	LJ	.865	37.00	---	32.40	2.43	34.83	**51.40**
	Demo	Ea	Sm	LJ	1.02	31.45	---	38.20	2.86	41.06	**60.70**
20' span	Inst	Ea	Lg	CX	.941	34.00	43.70	43.20	8.88	95.78	**128.00**
	Inst	Ea	Sm	CX	1.11	28.90	47.60	50.90	10.50	109.00	**146.00**
22' span	Demo	Ea	Lg	LJ	.865	37.00	---	32.40	2.43	34.83	**51.40**
	Demo	Ea	Sm	LJ	1.02	31.45	---	38.20	2.86	41.06	**60.70**
22' span	Inst	Ea	Lg	CX	.941	34.00	48.90	43.20	8.88	100.98	**134.00**
	Inst	Ea	Sm	CX	1.11	28.90	53.30	50.90	10.50	114.70	**153.00**
24' span	Demo	Ea	Lg	LJ	.865	37.00	---	32.40	2.43	34.83	**51.40**
	Demo	Ea	Sm	LJ	1.02	31.45	---	38.20	2.86	41.06	**60.70**
24' span	Inst	Ea	Lg	CX	.941	34.00	51.70	43.20	8.88	103.78	**138.00**
	Inst	Ea	Sm	CX	1.11	28.90	56.50	50.90	10.50	117.90	**157.00**
26' span	Demo	Ea	Lg	LJ	.865	37.00	---	32.40	2.43	34.83	**51.40**
	Demo	Ea	Sm	LJ	1.02	31.45	---	38.20	2.86	41.06	**60.70**
26' span	Inst	Ea	Lg	CX	.941	34.00	57.80	43.20	8.88	109.88	**145.00**
	Inst	Ea	Sm	CX	1.11	28.90	63.10	50.90	10.50	124.50	**165.00**
28' span	Demo	Ea	Lg	LJ	.865	37.00	---	32.40	2.43	34.83	**51.40**
	Demo	Ea	Sm	LJ	1.02	31.45	---	38.20	2.86	41.06	**60.70**
28' span	Inst	Ea	Lg	CX	.941	34.00	68.60	43.20	8.88	120.68	**158.00**
	Inst	Ea	Sm	CX	1.11	28.90	74.80	50.90	10.50	136.20	**179.00**
30' span	Demo	Ea	Lg	LJ	.914	35.00	---	34.20	2.57	36.77	**54.40**
	Demo	Ea	Sm	LJ	1.08	29.75	---	40.40	3.03	43.43	**64.20**
30' span	Inst	Ea	Lg	CX	1.00	32.00	73.80	45.90	9.44	129.14	**169.00**
	Inst	Ea	Sm	CX	1.18	27.20	80.60	54.10	11.10	145.80	**191.00**
32' span	Demo	Ea	Lg	LJ	.914	35.00	---	34.20	2.57	36.77	**54.40**
	Demo	Ea	Sm	LJ	1.08	29.75	---	40.40	3.03	43.43	**64.20**
32' span	Inst	Ea	Lg	CX	1.00	32.00	75.90	45.90	9.44	131.24	**171.00**
	Inst	Ea	Sm	CX	1.18	27.20	82.80	54.10	11.10	148.00	**194.00**
34' span	Demo	Ea	Lg	LJ	.914	35.00	---	34.20	2.57	36.77	**54.40**
	Demo	Ea	Sm	LJ	1.08	29.75	---	40.40	3.03	43.43	**64.20**
34' span	Inst	Ea	Lg	CX	1.00	32.00	83.50	45.90	9.44	138.84	**180.00**
	Inst	Ea	Sm	CX	1.18	27.20	91.10	54.10	11.10	156.30	**204.00**
36' span	Demo	Ea	Lg	LJ	.970	33.00	---	36.30	2.73	39.03	**57.70**
	Demo	Ea	Sm	LJ	1.14	28.05	---	42.60	3.21	45.81	**67.80**
36' span	Inst	Ea	Lg	CX	1.03	31.00	86.40	47.30	9.74	143.44	**186.00**
	Inst	Ea	Sm	CX	1.21	26.35	94.20	55.50	11.50	161.20	**210.00**

Framing, rough carpentry, trusses

Description	Oper	Unit	Vol	Crew Size	Man-hours per Unit	Crew Output per Day	Avg Mat'l Unit Cost	Avg Labor Unit Cost	Avg Equip Unit Cost	Avg Total Unit Cost	Avg Price Incl O&P
1/4 pitch											
6" rise in 12" run											
20' span	Demo	Ea	Lg	LJ	.865	37.00	---	32.40	2.43	34.83	**51.40**
	Demo	Ea	Sm	LJ	1.02	31.45	---	38.20	2.86	41.06	**60.70**
20' span	Inst	Ea	Lg	CX	.941	34.00	44.50	43.20	8.88	96.58	**129.00**
	Inst	Ea	Sm	CX	1.11	28.90	48.50	50.90	10.50	109.90	**147.00**
22' span	Demo	Ea	Lg	LJ	.865	37.00	---	32.40	2.43	34.83	**51.40**
	Demo	Ea	Sm	LJ	1.02	31.45	---	38.20	2.86	41.06	**60.70**
22' span	Inst	Ea	Lg	CX	.941	34.00	49.70	43.20	8.88	101.78	**135.00**
	Inst	Ea	Sm	CX	1.11	28.90	54.20	50.90	10.50	115.60	**154.00**
24' span	Demo	Ea	Lg	LJ	.865	37.00	---	32.40	2.43	34.83	**51.40**
	Demo	Ea	Sm	LJ	1.02	31.45	---	38.20	2.86	41.06	**60.70**
24' span	Inst	Ea	Lg	CX	.941	34.00	55.70	43.20	8.88	107.78	**142.00**
	Inst	Ea	Sm	CX	1.11	28.90	60.80	50.90	10.50	122.20	**162.00**
26' span	Demo	Ea	Lg	LJ	.865	37.00	---	32.40	2.43	34.83	**51.40**
	Demo	Ea	Sm	LJ	1.02	31.45	---	38.20	2.86	41.06	**60.70**
26' span	Inst	Ea	Lg	CX	.941	34.00	57.80	43.20	8.88	109.88	**145.00**
	Inst	Ea	Sm	CX	1.11	28.90	63.10	50.90	10.50	124.50	**165.00**
28' span	Demo	Ea	Lg	LJ	.865	37.00	---	32.40	2.43	34.83	**51.40**
	Demo	Ea	Sm	LJ	1.02	31.45	---	38.20	2.86	41.06	**60.70**
28' span	Inst	Ea	Lg	CX	.941	34.00	69.40	43.20	8.88	121.48	**159.00**
	Inst	Ea	Sm	CX	1.11	28.90	75.70	50.90	10.50	137.10	**180.00**
30' span	Demo	Ea	Lg	LJ	.914	35.00	---	34.20	2.57	36.77	**54.40**
	Demo	Ea	Sm	LJ	1.08	29.75	---	40.40	3.03	43.43	**64.20**
30' span	Inst	Ea	Lg	CX	1.00	32.00	72.20	45.90	9.44	127.54	**167.00**
	Inst	Ea	Sm	CX	1.18	27.20	78.80	54.10	11.10	144.00	**189.00**
32' span	Demo	Ea	Lg	LJ	.914	35.00	---	34.20	2.57	36.77	**54.40**
	Demo	Ea	Sm	LJ	1.08	29.75	---	40.40	3.03	43.43	**64.20**
32' span	Inst	Ea	Lg	CX	1.00	32.00	78.30	45.90	9.44	133.64	**174.00**
	Inst	Ea	Sm	CX	1.18	27.20	85.40	54.10	11.10	150.60	**197.00**
34' span	Demo	Ea	Lg	LJ	.914	35.00	---	34.20	2.57	36.77	**54.40**
	Demo	Ea	Sm	LJ	1.08	29.75	---	40.40	3.03	43.43	**64.20**
34' span	Inst	Ea	Lg	CX	1.00	32.00	84.30	45.90	9.44	139.64	**181.00**
	Inst	Ea	Sm	CX	1.18	27.20	92.00	54.10	11.10	157.20	**205.00**
36' span	Demo	Ea	Lg	LJ	.970	33.00	---	36.30	2.73	39.03	**57.70**
	Demo	Ea	Sm	LJ	1.14	28.05	---	42.60	3.21	45.81	**67.80**
36' span	Inst	Ea	Lg	CX	1.03	31.00	88.80	47.30	9.74	145.84	**189.00**
	Inst	Ea	Sm	CX	1.21	26.35	96.80	55.50	11.50	163.80	**213.00**

Garage doors

Detach & reset operations

Description	Oper	Unit	Vol	Crew Size	Man-hours per Unit	Crew Output per Day	Avg Mat'l Unit Cost	Avg Labor Unit Cost	Avg Equip Unit Cost	Avg Total Unit Cost	Avg Price Incl O&P
Wood, aluminum, or hardboard											
Single	Reset	Ea	Lg	LB	2.67	6.00	---	99.90	---	99.90	**150.00**
	Reset	Ea	Sm	LB	3.56	4.50	---	133.00	---	133.00	**200.00**
Double	Reset	Ea	Lg	LB	3.56	4.50	---	133.00	---	133.00	**200.00**
	Reset	Ea	Sm	LB	4.73	3.38	---	177.00	---	177.00	**265.00**
Steel											
Single	Reset	Ea	Lg	LB	3.20	5.00	---	120.00	---	120.00	**180.00**
	Reset	Ea	Sm	LB	4.27	3.75	---	160.00	---	160.00	**240.00**
Double	Reset	Ea	Lg	LB	4.00	4.00	---	150.00	---	150.00	**224.00**
	Reset	Ea	Sm	LB	4.92	3.25	---	184.00	---	184.00	**276.00**

Remove operations

Description	Oper	Unit	Vol	Crew Size	Man-hours per Unit	Crew Output per Day	Avg Mat'l Unit Cost	Avg Labor Unit Cost	Avg Equip Unit Cost	Avg Total Unit Cost	Avg Price Incl O&P
Wood, aluminum, or hardboard											
Single	Demo	Ea	Lg	LB	2.00	8.00	---	74.80	---	74.80	**112.00**
	Demo	Ea	Sm	LB	3.08	5.20	---	115.00	---	115.00	**173.00**
Double	Demo	Ea	Lg	LB	2.67	6.00	---	99.90	---	99.90	**150.00**
	Demo	Ea	Sm	LB	4.10	3.90	---	153.00	---	153.00	**230.00**
Steel											
Single	Demo	Ea	Lg	LB	2.29	7.00	---	85.70	---	85.70	**128.00**
	Demo	Ea	Sm	LB	3.52	4.55	---	132.00	---	132.00	**197.00**
Double	Demo	Ea	Lg	LB	3.20	5.00	---	120.00	---	120.00	**180.00**
	Demo	Ea	Sm	LB	4.92	3.25	---	184.00	---	184.00	**276.00**

Replace operations

Aluminum frame with plastic skin bonded to polystyrene foam core

Jamb type with hardware and deluxe lock

Description	Oper	Unit	Vol	Crew Size	Man-hours per Unit	Crew Output per Day	Avg Mat'l Unit Cost	Avg Labor Unit Cost	Avg Equip Unit Cost	Avg Total Unit Cost	Avg Price Incl O&P
8' x 7', single	Inst	Ea	Lg	2C	4.00	4.00	689.00	184.00	---	873.00	**1100.00**
	Inst	Ea	Sm	2C	5.71	2.80	759.00	262.00	---	1021.00	**1300.00**
8' x 8', single	Inst	Ea	Lg	2C	4.00	4.00	918.00	184.00	---	1102.00	**1380.00**
	Inst	Ea	Sm	2C	5.71	2.80	1010.00	262.00	---	1272.00	**1610.00**
9' x 7', single	Inst	Ea	Lg	2C	4.00	4.00	703.00	184.00	---	887.00	**1120.00**
	Inst	Ea	Sm	2C	5.71	2.80	774.00	262.00	---	1036.00	**1320.00**
9' x 8', single	Inst	Ea	Lg	2C	4.00	4.00	937.00	184.00	---	1121.00	**1400.00**
	Inst	Ea	Sm	2C	5.71	2.80	1030.00	262.00	---	1292.00	**1630.00**
16' x 7', double	Inst	Ea	Lg	2C	5.33	3.00	1100.00	245.00	---	1345.00	**1690.00**
	Inst	Ea	Sm	2C	7.62	2.10	1210.00	350.00	---	1560.00	**1980.00**
16' x 8', double	Inst	Ea	Lg	2C	5.33	3.00	1410.00	245.00	---	1655.00	**2060.00**
	Inst	Ea	Sm	2C	7.62	2.10	1550.00	350.00	---	1900.00	**2390.00**

Garage doors, fiberglass

Description	Oper	Unit	Vol	Crew Size	Man-hours per Unit	Crew Output per Day	Avg Mat'l Unit Cost	Avg Labor Unit Cost	Avg Equip Unit Cost	Avg Total Unit Cost	Avg Price Incl O&P
Track type with hardware and deluxe lock											
8' x 7', single	Inst	Ea	Lg	2C	4.00	4.00	656.00	184.00	---	840.00	**1060.00**
	Inst	Ea	Sm	2C	5.71	2.80	723.00	262.00	---	985.00	**1260.00**
9' x 7', single	Inst	Ea	Lg	2C	4.00	4.00	669.00	184.00	---	853.00	**1080.00**
	Inst	Ea	Sm	2C	5.71	2.80	738.00	262.00	---	1000.00	**1280.00**
16' x 7', double	Inst	Ea	Lg	2C	5.33	3.00	1040.00	245.00	---	1285.00	**1610.00**
	Inst	Ea	Sm	2C	7.62	2.10	1140.00	350.00	---	1490.00	**1890.00**
Sectional type with hardware and key lock											
8' x 7', single	Inst	Ea	Lg	2C	4.00	4.00	891.00	184.00	---	1075.00	**1350.00**
	Inst	Ea	Sm	2C	5.71	2.80	982.00	262.00	---	1244.00	**1570.00**
9' x 7', single	Inst	Ea	Lg	2C	4.00	4.00	909.00	184.00	---	1093.00	**1370.00**
	Inst	Ea	Sm	2C	5.71	2.80	1000.00	262.00	---	1262.00	**1600.00**
16' x 7', double	Inst	Ea	Lg	2C	5.33	3.00	1370.00	245.00	---	1615.00	**2010.00**
	Inst	Ea	Sm	2C	7.62	2.10	1510.00	350.00	---	1860.00	**2340.00**

Fiberglass

Description	Oper	Unit	Vol	Crew Size	Man-hours per Unit	Crew Output per Day	Avg Mat'l Unit Cost	Avg Labor Unit Cost	Avg Equip Unit Cost	Avg Total Unit Cost	Avg Price Incl O&P
Jamb type with hardware and deluxe lock											
8' x 7', single	Inst	Ea	Lg	2C	4.00	4.00	646.00	184.00	---	830.00	**1050.00**
	Inst	Ea	Sm	2C	5.71	2.80	712.00	262.00	---	974.00	**1250.00**
8' x 8', single	Inst	Ea	Lg	2C	4.00	4.00	861.00	184.00	---	1045.00	**1310.00**
	Inst	Ea	Sm	2C	5.71	2.80	949.00	262.00	---	1211.00	**1530.00**
9' x 7', single	Inst	Ea	Lg	2C	4.00	4.00	659.00	184.00	---	843.00	**1070.00**
	Inst	Ea	Sm	2C	5.71	2.80	726.00	262.00	---	988.00	**1260.00**
9' x 8', single	Inst	Ea	Lg	2C	4.00	4.00	878.00	184.00	---	1062.00	**1330.00**
	Inst	Ea	Sm	2C	5.71	2.80	968.00	262.00	---	1230.00	**1550.00**
16' x 7', double	Inst	Ea	Lg	2C	5.33	3.00	1030.00	245.00	---	1275.00	**1600.00**
	Inst	Ea	Sm	2C	7.62	2.10	1140.00	350.00	---	1490.00	**1890.00**
16' x 8', double	Inst	Ea	Lg	2C	5.33	3.00	1320.00	245.00	---	1565.00	**1950.00**
	Inst	Ea	Sm	2C	7.62	2.10	1460.00	350.00	---	1810.00	**2270.00**
Track type with hardware and deluxe lock											
8' x 7', single	Inst	Ea	Lg	2C	4.00	4.00	615.00	184.00	---	799.00	**1010.00**
	Inst	Ea	Sm	2C	5.71	2.80	678.00	262.00	---	940.00	**1210.00**
9' x 7', single	Inst	Ea	Lg	2C	4.00	4.00	627.00	184.00	---	811.00	**1030.00**
	Inst	Ea	Sm	2C	5.71	2.80	691.00	262.00	---	953.00	**1220.00**
16' x 7', double	Inst	Ea	Lg	2C	5.33	3.00	971.00	245.00	---	1216.00	**1530.00**
	Inst	Ea	Sm	2C	7.62	2.10	1070.00	350.00	---	1420.00	**1810.00**
Sectional type with hardware and key lock											
8' x 7', single	Inst	Ea	Lg	2C	4.00	4.00	836.00	184.00	---	1020.00	**1280.00**
	Inst	Ea	Sm	2C	5.71	2.80	921.00	262.00	---	1183.00	**1500.00**
9' x 7', single	Inst	Ea	Lg	2C	4.00	4.00	853.00	184.00	---	1037.00	**1300.00**
	Inst	Ea	Sm	2C	5.71	2.80	939.00	262.00	---	1201.00	**1520.00**
16' x 7', double	Inst	Ea	Lg	2C	5.33	3.00	1280.00	245.00	---	1525.00	**1910.00**
	Inst	Ea	Sm	2C	7.62	2.10	1410.00	350.00	---	1760.00	**2220.00**

Description	Oper	Unit	Vol	Crew Size	Man-hours per Unit	Crew Output per Day	Avg Mat'l Unit Cost	Avg Labor Unit Cost	Avg Equip Unit Cost	Avg Total Unit Cost	Avg Price Incl O&P
Steel											
Jamb type with hardware and deluxe lock											
8' x 7', single	Inst	Ea	Lg	2C	4.00	4.00	861.00	184.00	---	1045.00	**1310.00**
	Inst	Ea	Sm	2C	5.71	2.80	949.00	262.00	---	1211.00	**1530.00**
8' x 8', single	Inst	Ea	Lg	2C	4.00	4.00	1150.00	184.00	---	1334.00	**1650.00**
	Inst	Ea	Sm	2C	5.71	2.80	1260.00	262.00	---	1522.00	**1910.00**
9' x 7', single	Inst	Ea	Lg	2C	4.00	4.00	878.00	184.00	---	1062.00	**1330.00**
	Inst	Ea	Sm	2C	5.71	2.80	968.00	262.00	---	1230.00	**1550.00**
9' x 8', single	Inst	Ea	Lg	2C	4.00	4.00	1170.00	184.00	---	1354.00	**1680.00**
	Inst	Ea	Sm	2C	5.71	2.80	1290.00	262.00	---	1552.00	**1940.00**
16' x 7', double	Inst	Ea	Lg	2C	5.33	3.00	1380.00	245.00	---	1625.00	**2020.00**
	Inst	Ea	Sm	2C	7.62	2.10	1520.00	350.00	---	1870.00	**2340.00**
16' x 8', double	Inst	Ea	Lg	2C	5.33	3.00	1760.00	245.00	---	2005.00	**2480.00**
	Inst	Ea	Sm	2C	7.62	2.10	1940.00	350.00	---	2290.00	**2860.00**
Track type with hardware and deluxe lock											
8' x 7', single	Inst	Ea	Lg	2C	4.00	4.00	820.00	184.00	---	1004.00	**1260.00**
	Inst	Ea	Sm	2C	5.71	2.80	904.00	262.00	---	1166.00	**1480.00**
9' x 7', single	Inst	Ea	Lg	2C	4.00	4.00	837.00	184.00	---	1021.00	**1280.00**
	Inst	Ea	Sm	2C	5.71	2.80	922.00	262.00	---	1184.00	**1500.00**
16' x 7', double	Inst	Ea	Lg	2C	5.33	3.00	1290.00	245.00	---	1535.00	**1920.00**
	Inst	Ea	Sm	2C	7.62	2.10	1430.00	350.00	---	1780.00	**2240.00**
Sectional type with hardware and key lock											
8' x 7', single	Inst	Ea	Lg	2C	4.00	4.00	1110.00	184.00	---	1294.00	**1610.00**
	Inst	Ea	Sm	2C	5.71	2.80	1230.00	262.00	---	1492.00	**1870.00**
9' x 7', single	Inst	Ea	Lg	2C	4.00	4.00	1140.00	184.00	---	1324.00	**1640.00**
	Inst	Ea	Sm	2C	5.71	2.80	1250.00	262.00	---	1512.00	**1900.00**
16' x 7', double	Inst	Ea	Lg	2C	5.33	3.00	1710.00	245.00	---	1955.00	**2420.00**
	Inst	Ea	Sm	2C	7.62	2.10	1890.00	350.00	---	2240.00	**2790.00**
Wood											
Jamb type with hardware and deluxe lock											
8' x 7', single	Inst	Ea	Lg	2C	4.00	4.00	775.00	184.00	---	959.00	**1210.00**
	Inst	Ea	Sm	2C	5.71	2.80	854.00	262.00	---	1116.00	**1420.00**
8' x 8', single	Inst	Ea	Lg	2C	4.00	4.00	1030.00	184.00	---	1214.00	**1510.00**
	Inst	Ea	Sm	2C	5.71	2.80	1140.00	262.00	---	1402.00	**1760.00**
9' x 7', single	Inst	Ea	Lg	2C	4.00	4.00	791.00	184.00	---	975.00	**1220.00**
	Inst	Ea	Sm	2C	5.71	2.80	871.00	262.00	---	1133.00	**1440.00**
9' x 8', single	Inst	Ea	Lg	2C	4.00	4.00	1050.00	184.00	---	1234.00	**1540.00**
	Inst	Ea	Sm	2C	5.71	2.80	1160.00	262.00	---	1422.00	**1790.00**
16' x 7', double	Inst	Ea	Lg	2C	5.33	3.00	1240.00	245.00	---	1485.00	**1850.00**
	Inst	Ea	Sm	2C	7.62	2.10	1360.00	350.00	---	1710.00	**2160.00**
16' x 8', double	Inst	Ea	Lg	2C	5.33	3.00	1590.00	245.00	---	1835.00	**2270.00**
	Inst	Ea	Sm	2C	7.62	2.10	1750.00	350.00	---	2100.00	**2620.00**

Garage door operators

Description	Oper	Unit	Vol	Crew Size	Man-hours per Unit	Crew Output per Day	Avg Mat'l Unit Cost	Avg Labor Unit Cost	Avg Equip Unit Cost	Avg Total Unit Cost	Avg Price Incl O&P
Track type with hardware and deluxe lock											
8' x 7', single	Inst	Ea	Lg	2C	4.00	4.00	738.00	184.00	---	922.00	**1160.00**
	Inst	Ea	Sm	2C	5.71	2.80	813.00	262.00	---	1075.00	**1370.00**
9' x 7', single	Inst	Ea	Lg	2C	4.00	4.00	753.00	184.00	---	937.00	**1180.00**
	Inst	Ea	Sm	2C	5.71	2.80	830.00	262.00	---	1092.00	**1390.00**
16' x 7', double	Inst	Ea	Lg	2C	5.33	3.00	1160.00	245.00	---	1405.00	**1760.00**
	Inst	Ea	Sm	2C	7.62	2.10	1280.00	350.00	---	1630.00	**2060.00**
Sectional type with hardware and key lock											
8' x 7', single	Inst	Ea	Lg	2C	4.00	4.00	1000.00	184.00	---	1184.00	**1480.00**
	Inst	Ea	Sm	2C	5.71	2.80	1110.00	262.00	---	1372.00	**1720.00**
9' x 7', single	Inst	Ea	Lg	2C	4.00	4.00	1020.00	184.00	---	1204.00	**1500.00**
	Inst	Ea	Sm	2C	5.71	2.80	1130.00	262.00	---	1392.00	**1750.00**
16' x 7', double	Inst	Ea	Lg	2C	5.33	3.00	1540.00	245.00	---	1785.00	**2220.00**
	Inst	Ea	Sm	2C	7.62	2.10	1700.00	350.00	---	2050.00	**2560.00**

Garage door operators

Radio controlled for single or double doors.   Labor includes wiring, connection and installation.

Description	Oper	Unit	Vol	Crew Size	Man-hours per Unit	Crew Output per Day	Avg Mat'l Unit Cost	Avg Labor Unit Cost	Avg Equip Unit Cost	Avg Total Unit Cost	Avg Price Incl O&P
Belt drive, with receiver and 2 transmitters, time delay light											
3/4 HP	Inst	LS	Lg	ED	5.33	3.00	229.00	251.00	---	480.00	**652.00**
	Inst	LS	Sm	ED	7.11	2.25	253.00	335.00	---	588.00	**806.00**
1-1/4 HP	Inst	LS	Lg	ED	5.33	3.00	332.00	251.00	---	583.00	**775.00**
	Inst	LS	Sm	ED	7.11	2.25	366.00	335.00	---	701.00	**942.00**
Chain drive, with receiver and 2 transmitters, time delay light											
1/2 HP	Inst	LS	Lg	ED	5.33	3.00	166.00	251.00	---	417.00	**575.00**
	Inst	LS	Sm	ED	7.11	2.25	183.00	335.00	---	518.00	**721.00**
3/4 HP	Inst	LS	Lg	ED	5.33	3.00	233.00	251.00	---	484.00	**657.00**
	Inst	LS	Sm	ED	7.11	2.25	257.00	335.00	---	592.00	**811.00**
Screw-worm drive, with receiver and 2 transmitters, time delay light											
2 HP, Standard	Inst	LS	Lg	ED	5.33	3.00	261.00	251.00	---	512.00	**689.00**
	Inst	LS	Sm	ED	7.11	2.25	287.00	335.00	---	622.00	**847.00**
2 HP, Good	Inst	LS	Lg	ED	5.33	3.00	309.00	251.00	---	560.00	**747.00**
	Inst	LS	Sm	ED	7.11	2.25	340.00	335.00	---	675.00	**911.00**
2 HP, Premium	Inst	LS	Lg	ED	5.33	3.00	417.00	251.00	---	668.00	**876.00**
	Inst	LS	Sm	ED	7.11	2.25	459.00	335.00	---	794.00	**1050.00**
Additional transmitters											
	Inst	Ea	Lg	EA	---	---	34.30	---	---	34.30	**41.20**
	Inst	Ea	Sm	EA	---	---	37.80	---	---	37.80	**45.40**
Wired Keyless Entry Pad											
	Inst	Ea	Lg	EA	.667	12.00	49.00	32.30	---	81.30	**107.00**
	Inst	Ea	Sm	EA	.889	9.00	54.00	43.00	---	97.00	**129.00**
Sensors only, per pair											
	Inst	Pr	Lg	EA	.667	12.00	39.20	32.30	---	71.50	**95.40**
	Inst	Pr	Sm	EA	.889	9.00	43.20	43.00	---	86.20	**116.00**
Detach & Reset unit and receiver											
	Inst	LS	Lg	2C	2.67	6.00	---	123.00	---	123.00	**184.00**
	Inst	LS	Sm	2C	3.56	4.50	---	163.00	---	163.00	**245.00**

Description	Oper	Unit	Vol	Crew Size	Man-hours per Unit	Crew Output per Day	Avg Mat'l Unit Cost	Avg Labor Unit Cost	Avg Equip Unit Cost	Avg Total Unit Cost	Avg Price Incl O&P

Garbage disposers

Includes wall switch and labor includes rough-in.

See also Trash compactors, page 403

Frequently encountered applications

Detach & reset operations

Description	Oper	Unit	Vol	Crew Size	Man-hours per Unit	Crew Output per Day	Avg Mat'l Unit Cost	Avg Labor Unit Cost	Avg Equip Unit Cost	Avg Total Unit Cost	Avg Price Incl O&P
Garbage disposer	Reset	Ea	Lg	SA	2.67	3.00	---	137.00	---	137.00	**206.00**
	Reset	Ea	Sm	SA	3.56	2.25	---	183.00	---	183.00	**275.00**

Remove operations

Description	Oper	Unit	Vol	Crew Size	Man-hours per Unit	Crew Output per Day	Avg Mat'l Unit Cost	Avg Labor Unit Cost	Avg Equip Unit Cost	Avg Total Unit Cost	Avg Price Incl O&P
Garbage disposer	Demo	Ea	Lg	SA	2.67	3.00	---	137.00	---	137.00	**206.00**
	Demo	Ea	Sm	SA	3.56	2.25	---	183.00	---	183.00	**275.00**

Replace operations

Description	Oper	Unit	Vol	Crew Size	Man-hours per Unit	Crew Output per Day	Avg Mat'l Unit Cost	Avg Labor Unit Cost	Avg Equip Unit Cost	Avg Total Unit Cost	Avg Price Incl O&P
Economy	Inst	Ea	Lg	SA	2.67	3.00	101.00	137.00	---	238.00	**327.00**
	Inst	Ea	Sm	SA	3.56	2.25	111.00	183.00	---	294.00	**408.00**
Standard	Inst	Ea	Lg	SA	2.67	3.00	156.00	137.00	---	293.00	**393.00**
	Inst	Ea	Sm	SA	3.56	2.25	172.00	183.00	---	355.00	**481.00**
Average	Inst	Ea	Lg	SA	2.67	3.00	175.00	137.00	---	312.00	**417.00**
	Inst	Ea	Sm	SA	3.56	2.25	193.00	183.00	---	376.00	**507.00**
High	Inst	Ea	Lg	SA	2.67	3.00	225.00	137.00	---	362.00	**477.00**
	Inst	Ea	Sm	SA	3.56	2.25	248.00	183.00	---	431.00	**573.00**
Premium	Inst	Ea	Lg	SA	2.67	3.00	264.00	137.00	---	401.00	**523.00**
	Inst	Ea	Sm	SA	3.56	2.25	291.00	183.00	---	474.00	**624.00**

In-Sink-Erator Products

Description	Oper	Unit	Vol	Crew Size	Man-hours per Unit	Crew Output per Day	Avg Mat'l Unit Cost	Avg Labor Unit Cost	Avg Equip Unit Cost	Avg Total Unit Cost	Avg Price Incl O&P
Model Badger 1, 1/3 HP, continuous feed, 1 year parts protection											
	Inst	Ea	Lg	SA	2.67	3.00	101.00	137.00	---	238.00	**327.00**
	Inst	Ea	Sm	SA	3.56	2.25	111.00	183.00	---	294.00	**408.00**
Model Badger 5, 1/2 HP, continuous feed, 1 year parts protection											
	Inst	Ea	Lg	SA	2.67	3.00	156.00	137.00	---	293.00	**393.00**
	Inst	Ea	Sm	SA	3.56	2.25	172.00	183.00	---	355.00	**481.00**
Model Badger 5 XP, 3/4 HP, continuous feed, 3 year parts protection											
	Inst	Ea	Lg	SA	2.67	3.00	175.00	137.00	---	312.00	**417.00**
	Inst	Ea	Sm	SA	3.56	2.25	193.00	183.00	---	376.00	**507.00**
Evolution, Compact, 3/4 HP, continuous feed, 4 year parts protection											
	Inst	Ea	Lg	SA	2.67	3.00	225.00	137.00	---	362.00	**477.00**
	Inst	Ea	Sm	SA	3.56	2.25	248.00	183.00	---	431.00	**573.00**
Evolution, Essential, 3/4 HP, continuous feed, 6 year parts protection											
	Inst	Ea	Lg	SA	2.67	3.00	264.00	137.00	---	401.00	**523.00**
	Inst	Ea	Sm	SA	3.56	2.25	291.00	183.00	---	474.00	**624.00**
Evolution, Excel, 1.0 HP, continuous feed, 7 year parts protection											
	Inst	Ea	Lg	SA	2.67	3.00	294.00	137.00	---	431.00	**559.00**
	Inst	Ea	Sm	SA	3.56	2.25	324.00	183.00	---	507.00	**664.00**
Evolution, Cover Control Plus, 1 HP, batch feed, 9 year parts protection											
	Inst	Ea	Lg	SA	2.67	3.00	342.00	137.00	---	479.00	**617.00**
	Inst	Ea	Sm	SA	3.56	2.25	377.00	183.00	---	560.00	**727.00**

Garbage disposers

Description	Oper	Unit	Vol	Crew Size	Man-hours per Unit	Crew Output per Day	Avg Mat'l Unit Cost	Avg Labor Unit Cost	Avg Equip Unit Cost	Avg Total Unit Cost	Avg Price Incl O&P
Evolution, Septic, 4 year parts protection, stainless steel grind elements											
	Inst	Ea	Lg	SA	2.67	3.00	441.00	137.00	---	578.00	**735.00**
	Inst	Ea	Sm	SA	3.56	2.25	486.00	183.00	---	669.00	**858.00**

Adjustments

Description	Oper	Unit	Vol	Crew Size	Man-hours per Unit	Crew Output per Day	Avg Mat'l Unit Cost	Avg Labor Unit Cost	Avg Equip Unit Cost	Avg Total Unit Cost	Avg Price Incl O&P
To only remove and reset garbage disposer											
	Reset	Ea	Lg	SA	2.67	3.00	---	137.00	---	137.00	**206.00**
	Reset	Ea	Sm	SA	3.56	2.25	---	183.00	---	183.00	**275.00**
To only remove garbage disposer											
	Demo	Ea	Lg	SA	2.67	3.00	---	137.00	---	137.00	**206.00**
	Demo	Ea	Sm	SA	3.56	2.25	---	183.00	---	183.00	**275.00**

Parts and accessories

Description	Oper	Unit	Vol	Crew Size	Man-hours per Unit	Crew Output per Day	Avg Mat'l Unit Cost	Avg Labor Unit Cost	Avg Equip Unit Cost	Avg Total Unit Cost	Avg Price Incl O&P
Color Stopper Assembly	Inst	Ea	Lg	---	---	---	61.70	---	---	61.70	**74.10**
	Inst	Ea	Sm	---	---	---	68.00	---	---	68.00	**81.70**
Stainless steel stopper	Inst	Ea	Lg	---	---	---	27.40	---	---	27.40	**32.90**
	Inst	Ea	Sm	---	---	---	30.20	---	---	30.20	**36.30**
Dishwasher connector kit	Inst	Ea	Lg	---	---	---	24.50	---	---	24.50	**29.40**
	Inst	Ea	Sm	---	---	---	27.00	---	---	27.00	**32.40**
Flexible tail pipe	Inst	Ea	Lg	---	---	---	32.30	---	---	32.30	**38.80**
	Inst	Ea	Sm	---	---	---	35.60	---	---	35.60	**42.80**
Power cord accessory kit	Inst	Ea	Lg	---	---	---	27.40	---	---	27.40	**32.90**
	Inst	Ea	Sm	---	---	---	30.20	---	---	30.20	**36.30**
Service wrench	Inst	Ea	Lg	---	---	---	14.70	---	---	14.70	**17.60**
	Inst	Ea	Sm	---	---	---	16.20	---	---	16.20	**19.40**
Plastic stopper	Inst	Ea	Lg	---	---	---	17.60	---	---	17.60	**21.20**
	Inst	Ea	Sm	---	---	---	19.40	---	---	19.40	**23.30**
Deluxe mounting gasket	Inst	Ea	Lg	---	---	---	19.60	---	---	19.60	**23.50**
	Inst	Ea	Sm	---	---	---	21.60	---	---	21.60	**25.90**
Septic replacement cartridge	Inst	Ea	Lg	---	---	---	39.20	---	---	39.20	**47.00**
	Inst	Ea	Sm	---	---	---	43.20	---	---	43.20	**51.80**

Girders. See Framing, page 169

Glass and glazing

3/16" T tempered with putty and points in wood sash

Description	Oper	Unit	Vol	Crew Size	Man-hours per Unit	Crew Output per Day	Avg Mat'l Unit Cost	Avg Labor Unit Cost	Avg Equip Unit Cost	Avg Total Unit Cost	Avg Price Incl O&P
8" x 12"	Demo	SF	Lg	GA	.320	25.00	---	14.00	---	14.00	**21.10**
	Demo	SF	Sm	GA	.457	17.50	---	20.00	---	20.00	**30.10**
8" x 12"	Inst	SF	Lg	GA	.267	30.00	13.00	11.70	---	24.70	**33.20**
	Inst	SF	Sm	GA	.381	21.00	14.30	16.70	---	31.00	**42.30**
12" x 16"	Demo	SF	Lg	GA	.178	45.00	---	7.81	---	7.81	**11.70**
	Demo	SF	Sm	GA	.254	31.50	---	11.10	---	11.10	**16.70**
12" x 16"	Inst	SF	Lg	GA	.145	55.00	12.00	6.36	---	18.36	**23.90**
	Inst	SF	Sm	GA	.208	38.50	13.20	9.12	---	22.32	**29.50**
14" x 20"	Demo	SF	Lg	GA	.145	55.00	---	6.36	---	6.36	**9.54**
	Demo	SF	Sm	GA	.208	38.50	---	9.12	---	9.12	**13.70**
14" x 20"	Inst	SF	Lg	GA	.114	70.00	10.90	5.00	---	15.90	**20.60**
	Inst	SF	Sm	GA	.163	49.00	12.00	7.15	---	19.15	**25.20**
16" x 24"	Demo	SF	Lg	GA	.114	70.00	---	5.00	---	5.00	**7.50**
	Demo	SF	Sm	GA	.163	49.00	---	7.15	---	7.15	**10.70**
16" x 24"	Inst	SF	Lg	GA	.089	90.00	9.88	3.90	---	13.78	**17.70**
	Inst	SF	Sm	GA	.127	63.00	10.90	5.57	---	16.47	**21.40**
24" x 26"	Demo	SF	Lg	GA	.084	95.00	---	3.68	---	3.68	**5.53**
	Demo	SF	Sm	GA	.120	66.50	---	5.26	---	5.26	**7.89**
24" x 26"	Inst	SF	Lg	GA	.067	120.0	8.84	2.94	---	11.78	**15.00**
	Inst	SF	Sm	GA	.095	84.00	9.74	4.17	---	13.91	**17.90**
36" x 24"	Demo	SF	Lg	GA	.064	125.0	---	2.81	---	2.81	**4.21**
	Demo	SF	Sm	GA	.091	87.50	---	3.99	---	3.99	**5.99**
36" x 24"	Inst	SF	Lg	GA	.052	155.0	7.80	2.28	---	10.08	**12.80**
	Inst	SF	Sm	GA	.074	108.5	8.60	3.24	---	11.84	**15.20**

1/8" T tempered with putty in steel sash

Description	Oper	Unit	Vol	Crew Size	Man-hours per Unit	Crew Output per Day	Avg Mat'l Unit Cost	Avg Labor Unit Cost	Avg Equip Unit Cost	Avg Total Unit Cost	Avg Price Incl O&P
12" x 16"	Demo	SF	Lg	GA	.178	45.00	---	7.81	---	7.81	**11.70**
	Demo	SF	Sm	GA	.254	31.50	---	11.10	---	11.10	**16.70**
12" x 16"	Inst	SF	Lg	GA	.145	55.00	12.60	6.36	---	18.96	**24.70**
	Inst	SF	Sm	GA	.208	38.50	13.90	9.12	---	23.02	**30.40**
16" x 20"	Demo	SF	Lg	GA	.123	65.00	---	5.39	---	5.39	**8.09**
	Demo	SF	Sm	GA	.176	45.50	---	7.72	---	7.72	**11.60**
16" x 20"	Inst	SF	Lg	GA	.100	80.00	11.60	4.39	---	15.99	**20.50**
	Inst	SF	Sm	GA	.143	56.00	12.80	6.27	---	19.07	**24.80**
16" x 24"	Demo	SF	Lg	GA	.114	70.00	---	5.00	---	5.00	**7.50**
	Demo	SF	Sm	GA	.163	49.00	---	7.15	---	7.15	**10.70**
16" x 24"	Inst	SF	Lg	GA	.089	90.00	10.60	3.90	---	14.50	**18.60**
	Inst	SF	Sm	GA	.127	63.00	11.70	5.57	---	17.27	**22.40**
24" x 24"	Demo	SF	Lg	GA	.084	95.00	---	3.68	---	3.68	**5.53**
	Demo	SF	Sm	GA	.120	66.50	---	5.26	---	5.26	**7.89**
24" x 24"	Inst	SF	Lg	GA	.067	120.0	9.59	2.94	---	12.53	**15.90**
	Inst	SF	Sm	GA	.095	84.00	10.60	4.17	---	14.77	**18.90**

Glass and glazing

Description	Oper	Unit	Vol	Crew Size	Man-hours per Unit	Crew Output per Day	Avg Mat'l Unit Cost	Avg Labor Unit Cost	Avg Equip Unit Cost	Avg Total Unit Cost	Avg Price Incl O&P
28" x 32"	Demo	SF	Lg	GA	.062	130.0	---	2.72	---	2.72	**4.08**
	Demo	SF	Sm	GA	.088	91.00	---	3.86	---	3.86	**5.79**
28" x 32"	Inst	SF	Lg	GA	.050	160.0	8.58	2.19	---	10.77	**13.60**
	Inst	SF	Sm	GA	.071	112.0	9.46	3.11	---	12.57	**16.00**
36" x 36"	Demo	SF	Lg	GA	.050	160.0	---	2.19	---	2.19	**3.29**
	Demo	SF	Sm	GA	.071	112.0	---	3.11	---	3.11	**4.67**
36" x 36"	Inst	SF	Lg	GA	.039	205.0	7.58	1.71	---	9.29	**11.70**
	Inst	SF	Sm	GA	.056	143.5	8.35	2.46	---	10.81	**13.70**
36" x 48"	Demo	SF	Lg	GA	.042	190.0	---	1.84	---	1.84	**2.76**
	Demo	SF	Sm	GA	.060	133.0	---	2.63	---	2.63	**3.95**
36" x 48"	Inst	SF	Lg	GA	.032	250.0	6.57	1.40	---	7.97	**9.99**
	Inst	SF	Sm	GA	.046	175.0	7.24	2.02	---	9.26	**11.70**

1/4" T tempered

With putty and points in wood sash

Description	Oper	Unit	Vol	Crew Size	Man-hours per Unit	Crew Output per Day	Avg Mat'l Unit Cost	Avg Labor Unit Cost	Avg Equip Unit Cost	Avg Total Unit Cost	Avg Price Incl O&P
72" x 48"	Demo	SF	Lg	GA	.043	185.0	---	1.89	---	1.89	**2.83**
	Demo	SF	Sm	GA	.062	129.5	---	2.72	---	2.72	**4.08**
72" x 48"	Inst	SF	Lg	GB	.052	305.0	5.28	2.28	---	7.56	**9.76**
	Inst	SF	Sm	GB	.075	213.5	5.82	3.29	---	9.11	**11.90**

With aluminum channel and rigid neoprene rubber in aluminum sash

Description	Oper	Unit	Vol	Crew Size	Man-hours per Unit	Crew Output per Day	Avg Mat'l Unit Cost	Avg Labor Unit Cost	Avg Equip Unit Cost	Avg Total Unit Cost	Avg Price Incl O&P
48" x 96"	Demo	SF	Lg	GA	.046	175.0	---	2.02	---	2.02	**3.03**
	Demo	SF	Sm	GA	.065	122.5	---	2.85	---	2.85	**4.28**
48" x 96"	Inst	SF	Lg	GB	.046	350.0	4.11	2.02	---	6.13	**7.96**
	Inst	SF	Sm	GB	.065	245.0	4.53	2.85	---	7.38	**9.71**
96" x 96"	Demo	SF	Lg	GA	.044	180.0	---	1.93	---	1.93	**2.89**
	Demo	SF	Sm	GA	.063	126.0	---	2.76	---	2.76	**4.14**
96" x 96"	Inst	SF	Lg	GC	.037	645.0	2.94	1.62	---	4.56	**5.96**
	Inst	SF	Sm	GC	.053	451.5	3.24	2.32	---	5.56	**7.37**

1" T insulating glass (2 pieces 1/4" T float with 1/2" air space) with putty and points in wood sash

Description	Oper	Unit	Vol	Crew Size	Man-hours per Unit	Crew Output per Day	Avg Mat'l Unit Cost	Avg Labor Unit Cost	Avg Equip Unit Cost	Avg Total Unit Cost	Avg Price Incl O&P
To 6.0 SF	Demo	SF	Lg	GA	.160	50.00	---	7.02	---	7.02	**10.50**
	Demo	SF	Sm	GA	.229	35.00	---	10.00	---	10.00	**15.10**
To 6.0 SF	Inst	SF	Lg	GA	.133	60.00	22.70	5.83	---	28.53	**36.00**
	Inst	SF	Sm	GA	.190	42.00	25.00	8.33	---	33.33	**42.50**
6.1 SF to 12.0 SF	Demo	SF	Lg	GA	.073	110.0	---	3.20	---	3.20	**4.80**
	Demo	SF	Sm	GA	.104	77.00	---	4.56	---	4.56	**6.84**
6.1 SF to 12.0 SF	Inst	SF	Lg	GA	.059	135.0	17.40	2.59	---	19.99	**24.70**
	Inst	SF	Sm	GA	.085	94.50	19.10	3.73	---	22.83	**28.60**
12.1 SF to 18.0 SF	Demo	SF	Lg	GA	.053	150.0	---	2.32	---	2.32	**3.49**
	Demo	SF	Sm	GA	.076	105.0	---	3.33	---	3.33	**5.00**
12.1 SF to 18.0 SF	Inst	SF	Lg	GA	.044	180.0	14.70	1.93	---	16.63	**20.50**
	Inst	SF	Sm	GA	.063	126.0	16.20	2.76	---	18.96	**23.60**
18.1 SF to 24.0 SF	Demo	SF	Lg	GA	.055	145.0	---	2.41	---	2.41	**3.62**
	Demo	SF	Sm	GA	.079	101.5	---	3.46	---	3.46	**5.20**
18.1 SF to 24.0 SF	Inst	SF	Lg	GB	.064	250.0	12.00	2.81	---	14.81	**18.60**
	Inst	SF	Sm	GB	.091	175.0	13.20	3.99	---	17.19	**21.90**

Description	Oper	Unit	Vol	Crew Size	Man-hours per Unit	Crew Output per Day	Avg Mat'l Unit Cost	Avg Labor Unit Cost	Avg Equip Unit Cost	Avg Total Unit Cost	Avg Price Incl O&P

Aluminum sliding door glass with aluminum channel and rigid neoprene rubber

3/16" T tempered glass

Description	Oper	Unit	Vol	Crew Size	Man-hours per Unit	Crew Output per Day	Avg Mat'l Unit Cost	Avg Labor Unit Cost	Avg Equip Unit Cost	Avg Total Unit Cost	Avg Price Incl O&P
34" W x 76" H	Demo	SF	Lg	GA	.041	195.0	---	1.80	---	1.80	2.70
	Demo	SF	Sm	GA	.059	136.5	---	2.59	---	2.59	3.88
34" W x 76" H	Inst	SF	Lg	GA	.033	245.0	5.71	1.45	---	7.16	9.02
	Inst	SF	Sm	GA	.047	171.5	6.30	2.06	---	8.36	10.70
46" W x 76" H	Demo	SF	Lg	GA	.033	245.0	---	1.45	---	1.45	2.17
	Demo	SF	Sm	GA	.047	171.5	---	2.06	---	2.06	3.09
46" W x 76" H	Inst	SF	Lg	GB	.048	330.0	4.67	2.10	---	6.77	8.76
	Inst	SF	Sm	GB	.069	231.0	5.15	3.03	---	8.18	10.70

5/8" T insulating glass (2 pieces 3/16" T tempered with 1/4" T air space)

Description	Oper	Unit	Vol	Crew Size	Man-hours per Unit	Crew Output per Day	Avg Mat'l Unit Cost	Avg Labor Unit Cost	Avg Equip Unit Cost	Avg Total Unit Cost	Avg Price Incl O&P
34" W x 76" H	Demo	SF	Lg	GA	.047	170.0	---	2.06	---	2.06	3.09
	Demo	SF	Sm	GA	.067	119.0	---	2.94	---	2.94	4.41
34" W x 76" H	Inst	SF	Lg	GA	.035	230.0	13.00	1.53	---	14.53	17.90
	Inst	SF	Sm	GA	.050	161.0	14.30	2.19	---	16.49	20.50
46" W x 76" H	Demo	SF	Lg	GA	.037	215.0	---	1.62	---	1.62	2.43
	Demo	SF	Sm	GA	.053	150.5	---	2.32	---	2.32	3.49
46" W x 76" H	Inst	SF	Lg	GB	.052	310.0	10.60	2.28	---	12.88	16.20
	Inst	SF	Sm	GB	.074	217.0	11.70	3.24	---	14.94	18.90

Grading. See Concrete, page 90

Glu-lam products

Beams

3-1/8" thick, SF pricing based on 16" oc

Description	Oper	Unit	Vol	Crew Size	Man-hours per Unit	Crew Output per Day	Avg Mat'l Unit Cost	Avg Labor Unit Cost	Avg Equip Unit Cost	Avg Total Unit Cost	Avg Price Incl O&P
9" deep, 20' long	Demo	LF	Lg	LK	.133	360.0	---	5.65	1.42	7.07	**10.20**
	Demo	LF	Sm	LK	.190	252.0	---	8.08	2.02	10.10	**14.50**
9" deep, 20' long	Inst	LF	Lg	CY	.156	360.0	12.40	6.71	1.42	20.53	**26.60**
	Inst	LF	Sm	CY	.222	252.0	13.70	9.54	2.02	25.26	**33.20**
9" deep, 20' long	Demo	BF	Lg	LK	.044	1080	---	1.87	.47	2.34	**3.37**
	Demo	BF	Sm	LK	.063	756.0	---	2.68	.67	3.35	**4.82**
9" deep, 20' long	Inst	BF	Lg	CY	.052	1080	4.13	2.24	.47	6.84	**8.87**
	Inst	BF	Sm	CY	.074	756.0	4.56	3.18	.67	8.41	**11.10**
9" deep, 20' long	Demo	SF	Lg	LK	.007	6545	---	.30	.08	.38	**.54**
	Demo	SF	Sm	LK	.010	4582	---	.43	.11	.54	**.77**
9" deep, 20' long	Inst	SF	Lg	CY	.009	6545	.68	.39	.08	1.15	**1.49**
	Inst	SF	Sm	CY	.012	4582	.75	.52	.11	1.38	**1.81**
10-1/2" deep, 20' long	Demo	LF	Lg	LK	.133	360.0	---	5.65	1.42	7.07	**10.20**
	Demo	LF	Sm	LK	.190	252.0	---	8.08	2.02	10.10	**14.50**
10-1/2" deep, 20' long	Inst	LF	Lg	CY	.156	360.0	14.50	6.71	1.42	22.63	**29.10**
	Inst	LF	Sm	CY	.222	252.0	16.00	9.54	2.02	27.56	**35.90**
10-1/2" deep, 20' long	Demo	BF	Lg	LK	.038	1260	---	1.62	.40	2.02	**2.90**
	Demo	BF	Sm	LK	.054	882.0	---	2.30	.58	2.88	**4.14**
10-1/2" deep, 20' long	Inst	BF	Lg	CY	.044	1260	4.14	1.89	.40	6.43	**8.29**
	Inst	BF	Sm	CY	.063	882.0	4.56	2.71	.58	7.85	**10.20**
10-1/2" deep, 20' long	Demo	SF	Lg	LK	.007	6545	---	.30	.08	.38	**.54**
	Demo	SF	Sm	LK	.010	4582	---	.43	.11	.54	**.77**
10-1/2" deep, 20' long	Inst	SF	Lg	CY	.009	6545	.80	.39	.08	1.27	**1.64**
	Inst	SF	Sm	CY	.012	4582	.88	.52	.11	1.51	**1.96**
12" deep, 20' long	Demo	LF	Lg	LK	.133	360.0	---	5.65	1.42	7.07	**10.20**
	Demo	LF	Sm	LK	.190	252.0	---	8.08	2.02	10.10	**14.50**
12" deep, 20' long	Inst	LF	Lg	CY	.156	360.0	16.60	6.71	1.42	24.73	**31.60**
	Inst	LF	Sm	CY	.222	252.0	18.20	9.54	2.02	29.76	**38.60**
12" deep, 20' long	Demo	BF	Lg	LK	.033	1440	---	1.40	.35	1.75	**2.52**
	Demo	BF	Sm	LK	.048	1008	---	2.04	.51	2.55	**3.67**
12" deep, 20' long	Inst	BF	Lg	CY	.039	1440	4.14	1.68	.35	6.17	**7.90**
	Inst	BF	Sm	CY	.056	1008	4.56	2.41	.51	7.48	**9.70**
12" deep, 20' long	Demo	SF	Lg	LK	.007	6545	---	.30	.08	.38	**.54**
	Demo	SF	Sm	LK	.010	4582	---	.43	.11	.54	**.77**
12" deep, 20' long	Inst	SF	Lg	CY	.009	6545	.91	.39	.08	1.38	**1.77**
	Inst	SF	Sm	CY	.012	4582	1.00	.52	.11	1.63	**2.11**

National Repair & Remodeling Estimator

Description	Oper	Unit	Vol	Crew Size	Man-hours per Unit	Crew Output per Day	Avg Mat'l Unit Cost	Avg Labor Unit Cost	Avg Equip Unit Cost	Avg Total Unit Cost	Avg Price Incl O&P
13-1/2" deep, 20' long	Demo	LF	Lg	LK	.133	360.0	---	5.65	1.42	7.07	**10.20**
	Demo	LF	Sm	LK	.190	252.0	---	8.08	2.02	10.10	**14.50**
13-1/2" deep, 20' long	Inst	LF	Lg	CY	.156	360.0	18.60	6.71	1.42	26.73	**34.10**
	Inst	LF	Sm	CY	.222	252.0	20.50	9.54	2.02	32.06	**41.40**
13-1/2" deep, 20' long	Demo	BF	Lg	LK	.030	1620	---	1.28	.31	1.59	**2.28**
	Demo	BF	Sm	LK	.042	1134	---	1.79	.45	2.24	**3.22**
13-1/2" deep, 20' long	Inst	BF	Lg	CY	.035	1620	4.13	1.50	.31	5.94	**7.59**
	Inst	BF	Sm	CY	.049	1134	4.56	2.11	.45	7.12	**9.17**
13-1/2" deep, 20' long	Demo	SF	Lg	LK	.007	6545	---	.30	.08	.38	**.54**
	Demo	SF	Sm	LK	.010	4582	---	.43	.11	.54	**.77**
13-1/2" deep, 20' long	Inst	SF	Lg	CY	.009	6545	1.02	.39	.08	1.49	**1.90**
	Inst	SF	Sm	CY	.012	4582	1.13	.52	.11	1.76	**2.26**
15" deep, 20' long	Demo	LF	Lg	LK	.133	360.0	---	5.65	1.42	7.07	**10.20**
	Demo	LF	Sm	LK	.190	252.0	---	8.08	2.02	10.10	**14.50**
15" deep, 20' long	Inst	LF	Lg	CY	.156	360.0	20.70	6.71	1.42	28.83	**36.60**
	Inst	LF	Sm	CY	.222	252.0	22.80	9.54	2.02	34.36	**44.10**
15" deep, 20' long	Demo	BF	Lg	LK	.027	1800	---	1.15	.28	1.43	**2.06**
	Demo	BF	Sm	LK	.038	1260	---	1.62	.40	2.02	**2.90**
15" deep, 20' long	Inst	BF	Lg	CY	.031	1800	4.14	1.33	.28	5.75	**7.30**
	Inst	BF	Sm	CY	.044	1260	4.56	1.89	.40	6.85	**8.79**
15" deep, 20' long	Demo	SF	Lg	LK	.007	6545	---	.30	.08	.38	**.54**
	Demo	SF	Sm	LK	.010	4582	---	.43	.11	.54	**.77**
15" deep, 20' long	Inst	SF	Lg	CY	.009	6545	1.14	.39	.08	1.61	**2.04**
	Inst	SF	Sm	CY	.012	4582	1.25	.52	.11	1.88	**2.41**
16-1/2" deep, 20' long	Demo	LF	Lg	LK	.133	360.0	---	5.65	1.42	7.07	**10.20**
	Demo	LF	Sm	LK	.190	252.0	---	8.08	2.02	10.10	**14.50**
16-1/2" deep, 20' long	Inst	LF	Lg	CY	.156	360.0	22.80	6.71	1.42	30.93	**39.10**
	Inst	LF	Sm	CY	.222	252.0	25.10	9.54	2.02	36.66	**46.80**
16-1/2" deep, 20' long	Demo	BF	Lg	LK	.024	1980	---	1.02	.26	1.28	**1.84**
	Demo	BF	Sm	LK	.035	1386	---	1.49	.37	1.86	**2.68**
16-1/2" deep, 20' long	Inst	BF	Lg	CY	.028	1980	4.14	1.20	.26	5.60	**7.09**
	Inst	BF	Sm	CY	.040	1386	4.56	1.72	.37	6.65	**8.50**
16-1/2" deep, 20' long	Demo	SF	Lg	LK	.007	6545	---	.30	.08	.38	**.54**
	Demo	SF	Sm	LK	.010	4582	---	.43	.11	.54	**.77**
16-1/2" deep, 20' long	Inst	SF	Lg	CY	.009	6545	1.25	.39	.08	1.72	**2.18**
	Inst	SF	Sm	CY	.012	4582	1.38	.52	.11	2.01	**2.56**
18" deep, 20' long	Demo	LF	Lg	LK	.133	360.0	---	5.65	1.42	7.07	**10.20**
	Demo	LF	Sm	LK	.190	252.0	---	8.08	2.02	10.10	**14.50**
18" deep, 20' long	Inst	LF	Lg	CY	.156	360.0	24.80	6.71	1.42	32.93	**41.50**
	Inst	LF	Sm	CY	.222	252.0	27.40	9.54	2.02	38.96	**49.60**
18" deep, 20' long	Demo	BF	Lg	LK	.022	2160	---	.94	.24	1.18	**1.69**
	Demo	BF	Sm	LK	.032	1512	---	1.36	.34	1.70	**2.45**
18" deep, 20' long	Inst	BF	Lg	CY	.026	2160	4.13	1.12	.24	5.49	**6.92**
	Inst	BF	Sm	CY	.037	1512	4.56	1.59	.34	6.49	**8.27**
18" deep, 20' long	Demo	SF	Lg	LK	.007	6545	---	.30	.08	.38	**.54**
	Demo	SF	Sm	LK	.010	4582	---	.43	.11	.54	**.77**
18" deep, 20' long	Inst	SF	Lg	CY	.009	6545	1.36	.39	.08	1.83	**2.31**
	Inst	SF	Sm	CY	.012	4582	1.50	.52	.11	2.13	**2.71**

Glu-lam products

3-1/8" thick beams, SF pricing based on 16" oc (continued)

Description	Oper	Unit	Vol	Crew Size	Man-hours per Unit	Crew Output per Day	Avg Mat'l Unit Cost	Avg Labor Unit Cost	Avg Equip Unit Cost	Avg Total Unit Cost	Avg Price Incl O&P
19-1/2" deep, 30' long	Demo	LF	Lg	LK	.133	360.0	---	5.65	1.42	7.07	**10.20**
	Demo	LF	Sm	LK	.190	252.0	---	8.08	2.02	10.10	**14.50**
19-1/2" deep, 30' long	Inst	LF	Lg	CY	.156	360.0	26.90	6.71	1.42	35.03	**44.00**
	Inst	LF	Sm	CY	.222	252.0	29.60	9.54	2.02	41.16	**52.30**
19-1/2" deep, 30' long	Demo	BF	Lg	LK	.021	2340	---	.89	.22	1.11	**1.60**
	Demo	BF	Sm	LK	.029	1638	---	1.23	.31	1.54	**2.22**
19-1/2" deep, 30' long	Inst	BF	Lg	CY	.024	2340	4.14	1.03	.22	5.39	**6.78**
	Inst	BF	Sm	CY	.034	1638	4.56	1.46	.31	6.33	**8.04**
19-1/2" deep, 30' long	Demo	SF	Lg	LK	.007	6545	---	.30	.08	.38	**.54**
	Demo	SF	Sm	LK	.010	4582	---	.43	.11	.54	**.77**
19-1/2" deep, 30' long	Inst	SF	Lg	CY	.009	6545	1.48	.39	.08	1.95	**2.45**
	Inst	SF	Sm	CY	.012	4582	1.63	.52	.11	2.26	**2.86**
21" deep, 30' long	Demo	LF	Lg	LK	.133	360.0	---	5.65	1.42	7.07	**10.20**
	Demo	LF	Sm	LK	.190	252.0	---	8.08	2.02	10.10	**14.50**
21" deep, 30' long	Inst	LF	Lg	CY	.156	360.0	29.00	6.71	1.42	37.13	**46.50**
	Inst	LF	Sm	CY	.222	252.0	31.90	9.54	2.02	43.46	**55.00**
21" deep, 30' long	Demo	BF	Lg	LK	.019	2520	---	.81	.20	1.01	**1.45**
	Demo	BF	Sm	LK	.027	1764	---	1.15	.29	1.44	**2.07**
21" deep, 30' long	Inst	BF	Lg	CY	.022	2520	4.14	.95	.20	5.29	**6.63**
	Inst	BF	Sm	CY	.032	1764	4.55	1.38	.29	6.22	**7.87**
21" deep, 30' long	Demo	SF	Lg	LK	.007	6545	---	.30	.08	.38	**.54**
	Demo	SF	Sm	LK	.010	4582	---	.43	.11	.54	**.77**
21" deep, 30' long	Inst	SF	Lg	CY	.009	6545	1.59	.39	.08	2.06	**2.58**
	Inst	SF	Sm	CY	.012	4582	1.75	.52	.11	2.38	**3.01**
22-1/2" deep, 30' long	Demo	LF	Lg	LK	.133	360.0	---	5.65	1.42	7.07	**10.20**
	Demo	LF	Sm	LK	.190	252.0	---	8.08	2.02	10.10	**14.50**
22-1/2" deep, 30' long	Inst	LF	Lg	CY	.156	360.0	31.00	6.71	1.42	39.13	**49.00**
	Inst	LF	Sm	CY	.222	252.0	34.20	9.54	2.02	45.76	**57.70**
22-1/2" deep, 30' long	Demo	BF	Lg	LK	.018	2700	---	.77	.19	.96	**1.38**
	Demo	BF	Sm	LK	.025	1890	---	1.06	.27	1.33	**1.92**
22-1/2" deep, 30' long	Inst	BF	Lg	CY	.021	2700	4.13	.90	.19	5.22	**6.54**
	Inst	BF	Sm	CY	.030	1890	4.55	1.29	.27	6.11	**7.72**
22-1/2" deep, 30' long	Demo	SF	Lg	LK	.007	6545	---	.30	.08	.38	**.54**
	Demo	SF	Sm	LK	.010	4582	---	.43	.11	.54	**.77**
22-1/2" deep, 30' long	Inst	SF	Lg	CY	.009	6545	1.71	.39	.08	2.18	**2.73**
	Inst	SF	Sm	CY	.012	4582	1.88	.52	.11	2.51	**3.16**
24" deep, 30' long	Demo	LF	Lg	LK	.133	360.0	---	5.65	1.42	7.07	**10.20**
	Demo	LF	Sm	LK	.190	252.0	---	8.08	2.02	10.10	**14.50**
24" deep, 30' long	Inst	LF	Lg	CY	.156	360.0	33.10	6.71	1.42	41.23	**51.50**
	Inst	LF	Sm	CY	.222	252.0	36.40	9.54	2.02	47.96	**60.50**
24" deep, 30' long	Demo	BF	Lg	LK	.017	2880	---	.72	.18	.90	**1.30**
	Demo	BF	Sm	LK	.024	2016	---	1.02	.25	1.27	**1.83**
24" deep, 30' long	Inst	BF	Lg	CY	.019	2880	4.14	.82	.18	5.14	**6.41**
	Inst	BF	Sm	CY	.028	2016	4.56	1.20	.25	6.01	**7.58**
24" deep, 30' long	Demo	SF	Lg	LK	.007	6545	---	.30	.08	.38	**.54**
	Demo	SF	Sm	LK	.010	4582	---	.43	.11	.54	**.77**
24" deep, 30' long	Inst	SF	Lg	CY	.009	6545	1.82	.39	.08	2.29	**2.86**
	Inst	SF	Sm	CY	.012	4582	2.00	.52	.11	2.63	**3.31**

Description	Oper	Unit	Vol	Crew Size	Man-hours per Unit	Crew Output per Day	Avg Mat'l Unit Cost	Avg Labor Unit Cost	Avg Equip Unit Cost	Avg Total Unit Cost	Avg Price Incl O&P
25-1/2" deep, 30' long	Demo	LF	Lg	LK	.133	360.0	---	5.65	1.42	7.07	**10.20**
	Demo	LF	Sm	LK	.190	252.0	---	8.08	2.02	10.10	**14.50**
25-1/2" deep, 30' long	Inst	LF	Lg	CY	.156	360.0	35.20	6.71	1.42	43.33	**54.00**
	Inst	LF	Sm	CY	.222	252.0	38.70	9.54	2.02	50.26	**63.20**
25-1/2" deep, 30' long	Demo	BF	Lg	LK	.016	3060	---	.68	.17	.85	**1.22**
	Demo	BF	Sm	LK	.022	2142	---	.94	.24	1.18	**1.69**
25-1/2" deep, 30' long	Inst	BF	Lg	CY	.018	3060	4.14	.77	.17	5.08	**6.33**
	Inst	BF	Sm	CY	.026	2142	4.56	1.12	.24	5.92	**7.44**
25-1/2" deep, 30' long	Demo	SF	Lg	LK	.007	6545	---	.30	.08	.38	**.54**
	Demo	SF	Sm	LK	.010	4582	---	.43	.11	.54	**.77**
25-1/2" deep, 30' long	Inst	SF	Lg	CY	.009	6545	1.93	.39	.08	2.40	**2.99**
	Inst	SF	Sm	CY	.012	4582	2.13	.52	.11	2.76	**3.46**
27" deep, 30' long	Demo	LF	Lg	LK	.133	360.0	---	5.65	1.42	7.07	**10.20**
	Demo	LF	Sm	LK	.190	252.0	---	8.08	2.02	10.10	**14.50**
27" deep, 30' long	Inst	LF	Lg	CY	.156	360.0	37.20	6.71	1.42	45.33	**56.40**
	Inst	LF	Sm	CY	.222	252.0	41.00	9.54	2.02	52.56	**65.90**
27" deep, 30' long	Demo	BF	Lg	LK	.015	3240	---	.64	.16	.80	**1.15**
	Demo	BF	Sm	LK	.021	2268	---	.89	.22	1.11	**1.60**
27" deep, 30' long	Inst	BF	Lg	CY	.017	3240	4.13	.73	.16	5.02	**6.24**
	Inst	BF	Sm	CY	.025	2268	4.56	1.07	.22	5.85	**7.35**
27" deep, 30' long	Demo	SF	Lg	LK	.007	6545	---	.30	.08	.38	**.54**
	Demo	SF	Sm	LK	.010	4582	---	.43	.11	.54	**.77**
27" deep, 30' long	Inst	SF	Lg	CY	.009	6545	2.05	.39	.08	2.52	**3.14**
	Inst	SF	Sm	CY	.012	4582	2.26	.52	.11	2.89	**3.62**

5-1/8" thick, SF pricing based on 16" oc

Description	Oper	Unit	Vol	Crew Size	Man-hours per Unit	Crew Output per Day	Avg Mat'l Unit Cost	Avg Labor Unit Cost	Avg Equip Unit Cost	Avg Total Unit Cost	Avg Price Incl O&P
12" deep, 20' long	Demo	LF	Lg	LK	.133	360.0	---	5.65	1.42	7.07	**10.20**
	Demo	LF	Sm	LK	.190	252.0	---	8.08	2.02	10.10	**14.50**
12" deep, 20' long	Inst	LF	Lg	CY	.156	360.0	27.60	6.71	1.42	35.73	**44.90**
	Inst	LF	Sm	CY	.222	252.0	30.40	9.54	2.02	41.96	**53.20**
12" deep, 20' long	Demo	BF	Lg	LK	.022	2160	---	.94	.24	1.18	**1.69**
	Demo	BF	Sm	LK	.032	1512	---	1.36	.34	1.70	**2.45**
12" deep, 20' long	Inst	BF	Lg	CY	.026	2160	4.60	1.12	.24	5.96	**7.48**
	Inst	BF	Sm	CY	.037	1512	5.07	1.59	.34	7.00	**8.88**
12" deep, 20' long	Demo	SF	Lg	LK	.007	6545	---	.30	.08	.38	**.54**
	Demo	SF	Sm	LK	.010	4582	---	.43	.11	.54	**.77**
12" deep, 20' long	Inst	SF	Lg	CY	.009	6545	1.52	.39	.08	1.99	**2.50**
	Inst	SF	Sm	CY	.012	4582	1.67	.52	.11	2.30	**2.91**

Glu-lam products

Description	Oper	Unit	Vol	Crew Size	Man-hours per Unit	Crew Output per Day	Avg Mat'l Unit Cost	Avg Labor Unit Cost	Avg Equip Unit Cost	Avg Total Unit Cost	Avg Price Incl O&P
13-1/2" deep, 20' long	Demo	LF	Lg	LK	.133	360.0	---	5.65	1.42	7.07	**10.20**
	Demo	LF	Sm	LK	.190	252.0	---	8.08	2.02	10.10	**14.50**
13-1/2" deep, 20' long	Inst	LF	Lg	CY	.156	360.0	31.00	6.71	1.42	39.13	**49.00**
	Inst	LF	Sm	CY	.222	252.0	34.20	9.54	2.02	45.76	**57.80**
13-1/2" deep, 20' long	Demo	BF	Lg	LK	.020	2430	---	.85	.21	1.06	**1.53**
	Demo	BF	Sm	LK	.028	1701	---	1.19	.30	1.49	**2.15**
13-1/2" deep, 20' long	Inst	BF	Lg	CY	.023	2430	4.60	.99	.21	5.80	**7.26**
	Inst	BF	Sm	CY	.033	1701	5.07	1.42	.30	6.79	**8.57**
13-1/2" deep, 20' long	Demo	SF	Lg	LK	.007	6545	---	.30	.08	.38	**.54**
	Demo	SF	Sm	LK	.010	4582	---	.43	.11	.54	**.77**
13-1/2" deep, 20' long	Inst	SF	Lg	CY	.009	6545	1.71	.39	.08	2.18	**2.73**
	Inst	SF	Sm	CY	.012	4582	1.88	.52	.11	2.51	**3.16**
15" deep, 20' long	Demo	LF	Lg	LK	.133	360.0	---	5.65	1.42	7.07	**10.20**
	Demo	LF	Sm	LK	.190	252.0	---	8.08	2.02	10.10	**14.50**
15" deep, 20' long	Inst	LF	Lg	CY	.156	360.0	34.50	6.71	1.42	42.63	**53.10**
	Inst	LF	Sm	CY	.222	252.0	38.00	9.54	2.02	49.56	**62.30**
15" deep, 20' long	Demo	BF	Lg	LK	.018	2700	---	.77	.19	.96	**1.38**
	Demo	BF	Sm	LK	.025	1890	---	1.06	.27	1.33	**1.92**
15" deep, 20' long	Inst	BF	Lg	CY	.021	2700	4.60	.90	.19	5.69	**7.10**
	Inst	BF	Sm	CY	.030	1890	5.07	1.29	.27	6.63	**8.34**
15" deep, 20' long	Demo	SF	Lg	LK	.007	6545	---	.30	.08	.38	**.54**
	Demo	SF	Sm	LK	.010	4582	---	.43	.11	.54	**.77**
15" deep, 20' long	Inst	SF	Lg	CY	.009	6545	1.90	.39	.08	2.37	**2.96**
	Inst	SF	Sm	CY	.012	4582	2.09	.52	.11	2.72	**3.41**
16-1/2" deep, 20' long	Demo	LF	Lg	LK	.133	360.0	---	5.65	1.42	7.07	**10.20**
	Demo	LF	Sm	LK	.190	252.0	---	8.08	2.02	10.10	**14.50**
16-1/2" deep, 20' long	Inst	LF	Lg	CY	.156	360.0	37.90	6.71	1.42	46.03	**57.30**
	Inst	LF	Sm	CY	.222	252.0	41.80	9.54	2.02	53.36	**66.90**
16-1/2" deep, 20' long	Demo	BF	Lg	LK	.016	2970	---	.68	.17	.85	**1.22**
	Demo	BF	Sm	LK	.023	2079	---	.98	.25	1.23	**1.77**
16-1/2" deep, 20' long	Inst	BF	Lg	CY	.019	2970	4.60	.82	.17	5.59	**6.95**
	Inst	BF	Sm	CY	.027	2079	5.07	1.16	.25	6.48	**8.13**
16-1/2" deep, 20' long	Demo	SF	Lg	LK	.007	6545	---	.30	.08	.38	**.54**
	Demo	SF	Sm	LK	.010	4582	---	.43	.11	.54	**.77**
16-1/2" deep, 20' long	Inst	SF	Lg	CY	.009	6545	2.09	.39	.08	2.56	**3.18**
	Inst	SF	Sm	CY	.012	4582	2.30	.52	.11	2.93	**3.67**
18" deep, 20' long	Demo	LF	Lg	LK	.133	360.0	---	5.65	1.42	7.07	**10.20**
	Demo	LF	Sm	LK	.190	252.0	---	8.08	2.02	10.10	**14.50**
18" deep, 20' long	Inst	LF	Lg	CY	.156	360.0	41.40	6.71	1.42	49.53	**61.40**
	Inst	LF	Sm	CY	.222	252.0	45.60	9.54	2.02	57.16	**71.50**
18" deep, 20' long	Demo	BF	Lg	LK	.015	3240	---	.64	.16	.80	**1.15**
	Demo	BF	Sm	LK	.021	2268	---	.89	.22	1.11	**1.60**
18" deep, 20' long	Inst	BF	Lg	CY	.017	3240	4.60	.73	.16	5.49	**6.81**
	Inst	BF	Sm	CY	.025	2268	5.07	1.07	.22	6.36	**7.96**
18" deep, 20' long	Demo	SF	Lg	LK	.007	6545	---	.30	.08	.38	**.54**
	Demo	SF	Sm	LK	.010	4582	---	.43	.11	.54	**.77**
18" deep, 20' long	Inst	SF	Lg	CY	.009	6545	2.27	.39	.08	2.74	**3.40**
	Inst	SF	Sm	CY	.012	4582	2.51	.52	.11	3.14	**3.92**

5-1/8" thick beams, SF pricing based on 16" oc (continued)

Description	Oper	Unit	Vol	Crew Size	Man-hours per Unit	Crew Output per Day	Avg Mat'l Unit Cost	Avg Labor Unit Cost	Avg Equip Unit Cost	Avg Total Unit Cost	Avg Price Incl O&P
19-1/2" deep, 20' long	Demo	LF	Lg	LK	.133	360.0	---	5.65	1.42	7.07	**10.20**
	Demo	LF	Sm	LK	.190	252.0	---	8.08	2.02	10.10	**14.50**
19-1/2" deep, 20' long	Inst	LF	Lg	CY	.156	360.0	44.80	6.71	1.42	52.93	**65.60**
	Inst	LF	Sm	CY	.222	252.0	49.40	9.54	2.02	60.96	**76.00**
19-1/2" deep, 20' long	Demo	BF	Lg	LK	.014	3510	---	.60	.15	.75	**1.07**
	Demo	BF	Sm	LK	.020	2457	---	.85	.21	1.06	**1.53**
19-1/2" deep, 20' long	Inst	BF	Lg	CY	.016	3510	4.60	.69	.15	5.44	**6.73**
	Inst	BF	Sm	CY	.023	2457	5.07	.99	.21	6.27	**7.82**
19-1/2" deep, 20' long	Demo	SF	Lg	LK	.007	6545	---	.30	.08	.38	**.54**
	Demo	SF	Sm	LK	.010	4582	---	.43	.11	.54	**.77**
19-1/2" deep, 20' long	Inst	SF	Lg	CY	.009	6545	2.47	.39	.08	2.94	**3.64**
	Inst	SF	Sm	CY	.012	4582	2.72	.52	.11	3.35	**4.17**
21" deep, 30' long	Demo	LF	Lg	LK	.133	360.0	---	5.65	1.42	7.07	**10.20**
	Demo	LF	Sm	LK	.190	252.0	---	8.08	2.02	10.10	**14.50**
21" deep, 30' long	Inst	LF	Lg	CY	.156	360.0	48.30	6.71	1.42	56.43	**69.70**
	Inst	LF	Sm	CY	.222	252.0	53.20	9.54	2.02	64.76	**80.60**
21" deep, 30' long	Demo	BF	Lg	LK	.013	3780	---	.55	.13	.68	**.98**
	Demo	BF	Sm	LK	.018	2646	---	.77	.19	.96	**1.38**
21" deep, 30' long	Inst	BF	Lg	CY	.015	3780	4.60	.64	.13	5.37	**6.64**
	Inst	BF	Sm	CY	.021	2646	5.07	.90	.19	6.16	**7.67**
21" deep, 30' long	Demo	SF	Lg	LK	.007	6545	---	.30	.08	.38	**.54**
	Demo	SF	Sm	LK	.010	4582	---	.43	.11	.54	**.77**
21" deep, 30' long	Inst	SF	Lg	CY	.009	6545	2.66	.39	.08	3.13	**3.87**
	Inst	SF	Sm	CY	.012	4582	2.93	.52	.11	3.56	**4.42**
22-1/2" deep, 30' long	Demo	LF	Lg	LK	.133	360.0	---	5.65	1.42	7.07	**10.20**
	Demo	LF	Sm	LK	.190	252.0	---	8.08	2.02	10.10	**14.50**
22-1/2" deep, 30' long	Inst	LF	Lg	CY	.156	360.0	51.70	6.71	1.42	59.83	**73.80**
	Inst	LF	Sm	CY	.222	252.0	57.00	9.54	2.02	68.56	**85.10**
22-1/2" deep, 30' long	Demo	BF	Lg	LK	.012	4050	---	.51	.13	.64	**.92**
	Demo	BF	Sm	LK	.017	2835	---	.72	.18	.90	**1.30**
22-1/2" deep, 30' long	Inst	BF	Lg	CY	.014	4050	4.60	.60	.13	5.33	**6.58**
	Inst	BF	Sm	CY	.020	2835	5.07	.86	.18	6.11	**7.59**
22-1/2" deep, 30' long	Demo	SF	Lg	LK	.007	6545	---	.30	.08	.38	**.54**
	Demo	SF	Sm	LK	.010	4582	---	.43	.11	.54	**.77**
22-1/2" deep, 30' long	Inst	SF	Lg	CY	.009	6545	2.84	.39	.08	3.31	**4.08**
	Inst	SF	Sm	CY	.012	4582	3.14	.52	.11	3.77	**4.67**

Glu-lam products

Description	Oper	Unit	Vol	Crew Size	Man-hours per Unit	Crew Output per Day	Avg Mat'l Unit Cost	Avg Labor Unit Cost	Avg Equip Unit Cost	Avg Total Unit Cost	Avg Price Incl O&P
24" deep, 30' long	Demo	LF	Lg	LK	.133	360.0	---	5.65	1.42	7.07	**10.20**
	Demo	LF	Sm	LK	.190	252.0	---	8.08	2.02	10.10	**14.50**
24" deep, 30' long	Inst	LF	Lg	CY	.156	360.0	55.20	6.71	1.42	63.33	**78.00**
	Inst	LF	Sm	CY	.222	252.0	60.80	9.54	2.02	72.36	**89.70**
24" deep, 30' long	Demo	BF	Lg	LK	.011	4320	---	.47	.12	.59	**.85**
	Demo	BF	Sm	LK	.016	3024	---	.68	.17	.85	**1.22**
24" deep, 30' long	Inst	BF	Lg	CY	.013	4320	4.60	.56	.12	5.28	**6.50**
	Inst	BF	Sm	CY	.019	3024	5.07	.82	.17	6.06	**7.51**
24" deep, 30' long	Demo	SF	Lg	LK	.007	6545	---	.30	.08	.38	**.54**
	Demo	SF	Sm	LK	.010	4582	---	.43	.11	.54	**.77**
24" deep, 30' long	Inst	SF	Lg	CY	.009	6545	3.03	.39	.08	3.50	**4.31**
	Inst	SF	Sm	CY	.012	4582	3.34	.52	.11	3.97	**4.91**
25-1/2" deep, 30' long	Demo	LF	Lg	LK	.133	360.0	---	5.65	1.42	7.07	**10.20**
	Demo	LF	Sm	LK	.190	252.0	---	8.08	2.02	10.10	**14.50**
25-1/2" deep, 30' long	Inst	LF	Lg	CY	.156	360.0	58.60	6.71	1.42	66.73	**82.10**
	Inst	LF	Sm	CY	.222	252.0	64.60	9.54	2.02	76.16	**94.30**
25-1/2" deep, 30' long	Demo	BF	Lg	LK	.010	4590	---	.43	.11	.54	**.77**
	Demo	BF	Sm	LK	.015	3213	---	.64	.16	.80	**1.15**
25-1/2" deep, 30' long	Inst	BF	Lg	CY	.012	4590	4.60	.52	.11	5.23	**6.43**
	Inst	BF	Sm	CY	.017	3213	5.07	.73	.16	5.96	**7.37**
25-1/2" deep, 30' long	Demo	SF	Lg	LK	.007	6545	---	.30	.08	.38	**.54**
	Demo	SF	Sm	LK	.010	4582	---	.43	.11	.54	**.77**
25-1/2" deep, 30' long	Inst	SF	Lg	CY	.009	6545	3.22	.39	.08	3.69	**4.54**
	Inst	SF	Sm	CY	.012	4582	3.55	.52	.11	4.18	**5.17**
27" deep, 40' long	Demo	LF	Lg	LK	.133	360.0	---	5.65	1.42	7.07	**10.20**
	Demo	LF	Sm	LK	.190	252.0	---	8.08	2.02	10.10	**14.50**
27" deep, 40' long	Inst	LF	Lg	CY	.156	360.0	62.10	6.71	1.42	70.23	**86.30**
	Inst	LF	Sm	CY	.222	252.0	68.40	9.54	2.02	79.96	**98.80**
27" deep, 40' long	Demo	BF	Lg	LK	.010	4860	---	.43	.10	.53	**.76**
	Demo	BF	Sm	LK	.014	3402	---	.60	.15	.75	**1.07**
27" deep, 40' long	Inst	BF	Lg	CY	.012	4860	4.60	.52	.10	5.22	**6.41**
	Inst	BF	Sm	CY	.016	3402	5.07	.69	.15	5.91	**7.30**
27" deep, 40' long	Demo	SF	Lg	LK	.007	6545	---	.30	.08	.38	**.54**
	Demo	SF	Sm	LK	.010	4582	---	.43	.11	.54	**.77**
27" deep, 40' long	Inst	SF	Lg	CY	.009	6545	3.41	.39	.08	3.88	**4.77**
	Inst	SF	Sm	CY	.012	4582	3.76	.52	.11	4.39	**5.42**
28-1/2" deep, 40' long	Demo	LF	Lg	LK	.133	360.0	---	5.65	1.42	7.07	**10.20**
	Demo	LF	Sm	LK	.190	252.0	---	8.08	2.02	10.10	**14.50**
28-1/2" deep, 40' long	Inst	LF	Lg	CY	.156	360.0	65.50	6.71	1.42	73.63	**90.40**
	Inst	LF	Sm	CY	.222	252.0	72.20	9.54	2.02	83.76	**103.00**
28-1/2" deep, 40' long	Demo	BF	Lg	LK	.009	5130	---	.38	.10	.48	**.69**
	Demo	BF	Sm	LK	.013	3591	---	.55	.14	.69	**1.00**
28-1/2" deep, 40' long	Inst	BF	Lg	CY	.011	5130	4.60	.47	.10	5.17	**6.35**
	Inst	BF	Sm	CY	.016	3591	5.07	.69	.14	5.90	**7.28**
28-1/2" deep, 40' long	Demo	SF	Lg	LK	.007	6545	---	.30	.08	.38	**.54**
	Demo	SF	Sm	LK	.010	4582	---	.43	.11	.54	**.77**
28-1/2" deep, 40' long	Inst	SF	Lg	CY	.009	6545	3.60	.39	.08	4.07	**5.00**
	Inst	SF	Sm	CY	.012	4582	3.97	.52	.11	4.60	**5.67**

5-1/8" thick beams, SF pricing based on 16" oc (continued)

Description	Oper	Unit	Vol	Crew Size	Man-hours per Unit	Crew Output per Day	Avg Mat'l Unit Cost	Avg Labor Unit Cost	Avg Equip Unit Cost	Avg Total Unit Cost	Avg Price Incl O&P
30" deep, 40' long	Demo	LF	Lg	LK	.133	360.0	---	5.65	1.42	7.07	**10.20**
	Demo	LF	Sm	LK	.190	252.0	---	8.08	2.02	10.10	**14.50**
30" deep, 40' long	Inst	LF	Lg	CY	.156	360.0	69.00	6.71	1.42	77.13	**94.50**
	Inst	LF	Sm	CY	.222	252.0	76.00	9.54	2.02	87.56	**108.00**
30" deep, 40' long	Demo	BF	Lg	LK	.009	5400	---	.38	.09	.47	**.68**
	Demo	BF	Sm	LK	.013	3780	---	.55	.13	.68	**.98**
30" deep, 40' long	Inst	BF	Lg	CY	.010	5400	4.60	.43	.09	5.12	**6.27**
	Inst	BF	Sm	CY	.015	3780	5.07	.64	.13	5.84	**7.21**
30" deep, 40' long	Demo	SF	Lg	LK	.007	6545	---	.30	.08	.38	**.54**
	Demo	SF	Sm	LK	.010	4582	---	.43	.11	.54	**.77**
30" deep, 40' long	Inst	SF	Lg	CY	.009	6545	3.79	.39	.08	4.26	**5.22**
	Inst	SF	Sm	CY	.012	4582	4.18	.52	.11	4.81	**5.92**
31-1/2" deep, 40' long	Demo	LF	Lg	LK	.133	360.0	---	5.65	1.42	7.07	**10.20**
	Demo	LF	Sm	LK	.190	252.0	---	8.08	2.02	10.10	**14.50**
31-1/2" deep, 40' long	Inst	LF	Lg	CY	.156	360.0	72.40	6.71	1.42	80.53	**98.60**
	Inst	LF	Sm	CY	.222	252.0	79.80	9.54	2.02	91.36	**113.00**
31-1/2" deep, 40' long	Demo	BF	Lg	LK	.008	5670	---	.34	.09	.43	**.62**
	Demo	BF	Sm	LK	.012	3969	---	.51	.13	.64	**.92**
31-1/2" deep, 40' long	Inst	BF	Lg	CY	.010	5670	4.60	.43	.09	5.12	**6.27**
	Inst	BF	Sm	CY	.014	3969	5.07	.60	.13	5.80	**7.14**
31-1/2" deep, 40' long	Demo	SF	Lg	LK	.007	6545	---	.30	.08	.38	**.54**
	Demo	SF	Sm	LK	.010	4582	---	.43	.11	.54	**.77**
31-1/2" deep, 40' long	Inst	SF	Lg	CY	.009	6545	3.98	.39	.08	4.45	**5.45**
	Inst	SF	Sm	CY	.012	4582	4.39	.52	.11	5.02	**6.17**
33" deep, 40' long	Demo	LF	Lg	LK	.133	360.0	---	5.65	1.42	7.07	**10.20**
	Demo	LF	Sm	LK	.190	252.0	---	8.08	2.02	10.10	**14.50**
33" deep, 40' long	Inst	LF	Lg	CY	.156	360.0	75.80	6.71	1.42	83.93	**103.00**
	Inst	LF	Sm	CY	.222	252.0	83.60	9.54	2.02	95.16	**117.00**
33" deep, 40' long	Demo	BF	Lg	LK	.008	5940	---	.34	.09	.43	**.62**
	Demo	BF	Sm	LK	.012	4158	---	.51	.12	.63	**.91**
33" deep, 40' long	Inst	BF	Lg	CY	.009	5940	4.60	.39	.09	5.08	**6.21**
	Inst	BF	Sm	CY	.013	4158	5.07	.56	.12	5.75	**7.07**
33" deep, 40' long	Demo	SF	Lg	LK	.007	6545	---	.30	.08	.38	**.54**
	Demo	SF	Sm	LK	.010	4582	---	.43	.11	.54	**.77**
33" deep, 40' long	Inst	SF	Lg	CY	.009	6545	4.17	.39	.08	4.64	**5.68**
	Inst	SF	Sm	CY	.012	4582	4.60	.52	.11	5.23	**6.43**

Glu-lam products

Description	Oper	Unit	Vol	Crew Size	Man-hours per Unit	Crew Output per Day	Avg Mat'l Unit Cost	Avg Labor Unit Cost	Avg Equip Unit Cost	Avg Total Unit Cost	Avg Price Incl O&P
34-1/2" deep, 40' long	Demo	LF	Lg	LK	.133	360.0	---	5.65	1.42	7.07	**10.20**
	Demo	LF	Sm	LK	.190	252.0	---	8.08	2.02	10.10	**14.50**
34-1/2" deep, 40' long	Inst	LF	Lg	CY	.156	360.0	79.30	6.71	1.42	87.43	**107.00**
	Inst	LF	Sm	CY	.222	252.0	87.40	9.54	2.02	98.96	**122.00**
34-1/2" deep, 40' long	Demo	BF	Lg	LK	.008	6210	---	.34	.08	.42	**.61**
	Demo	BF	Sm	LK	.011	4347	---	.47	.12	.59	**.85**
34-1/2" deep, 40' long	Inst	BF	Lg	CY	.009	6210	4.60	.39	.08	5.07	**6.20**
	Inst	BF	Sm	CY	.013	4347	5.07	.56	.12	5.75	**7.07**
34-1/2" deep, 40' long	Demo	SF	Lg	LK	.007	6545	---	.30	.08	.38	**.54**
	Demo	SF	Sm	LK	.010	4582	---	.43	.11	.54	**.77**
34-1/2" deep, 40' long	Inst	SF	Lg	CY	.009	6545	4.36	.39	.08	4.83	**5.91**
	Inst	SF	Sm	CY	.012	4582	4.81	.52	.11	5.44	**6.68**
36" deep, 50' long	Demo	LF	Lg	LK	.133	360.0	---	5.65	1.42	7.07	**10.20**
	Demo	LF	Sm	LK	.190	252.0	---	8.08	2.02	10.10	**14.50**
36" deep, 50' long	Inst	LF	Lg	CY	.156	360.0	82.80	6.71	1.42	90.93	**111.00**
	Inst	LF	Sm	CY	.222	252.0	91.20	9.54	2.02	102.76	**126.00**
36" deep, 50' long	Demo	BF	Lg	LK	.007	6480	---	.30	.08	.38	**.54**
	Demo	BF	Sm	LK	.011	4536	---	.47	.11	.58	**.83**
36" deep, 50' long	Inst	BF	Lg	CY	.009	6480	4.60	.39	.08	5.07	**6.20**
	Inst	BF	Sm	CY	.012	4536	5.07	.52	.11	5.70	**6.99**
36" deep, 50' long	Demo	SF	Lg	LK	.007	6545	---	.30	.08	.38	**.54**
	Demo	SF	Sm	LK	.010	4582	---	.43	.11	.54	**.77**
36" deep, 50' long	Inst	SF	Lg	CY	.009	6545	4.55	.39	.08	5.02	**6.14**
	Inst	SF	Sm	CY	.012	4582	5.02	.52	.11	5.65	**6.93**
37-1/2" deep, 50' long	Demo	LF	Lg	LK	.133	360.0	---	5.65	1.42	7.07	**10.20**
	Demo	LF	Sm	LK	.190	252.0	---	8.08	2.02	10.10	**14.50**
37-1/2" deep, 50' long	Inst	LF	Lg	CY	.156	360.0	86.20	6.71	1.42	94.33	**115.00**
	Inst	LF	Sm	CY	.222	252.0	95.00	9.54	2.02	106.56	**131.00**
37-1/2" deep, 50' long	Demo	BF	Lg	LK	.007	6750	---	.30	.08	.38	**.54**
	Demo	BF	Sm	LK	.010	4725	---	.43	.11	.54	**.77**
37-1/2" deep, 50' long	Inst	BF	Lg	CY	.008	6750	4.60	.34	.08	5.02	**6.13**
	Inst	BF	Sm	CY	.012	4725	5.07	.52	.11	5.70	**6.99**
37-1/2" deep, 50' long	Demo	SF	Lg	LK	.007	6545	---	.30	.08	.38	**.54**
	Demo	SF	Sm	LK	.010	4582	---	.43	.11	.54	**.77**
37-1/2" deep, 50' long	Inst	SF	Lg	CY	.009	6545	4.74	.39	.08	5.21	**6.36**
	Inst	SF	Sm	CY	.012	4582	5.23	.52	.11	5.86	**7.18**
39" deep, 50' long	Demo	LF	Lg	LK	.133	360.0	---	5.65	1.42	7.07	**10.20**
	Demo	LF	Sm	LK	.190	252.0	---	8.08	2.02	10.10	**14.50**
39" deep, 50' long	Inst	LF	Lg	CY	.156	360.0	89.60	6.71	1.42	97.73	**119.00**
	Inst	LF	Sm	CY	.222	252.0	98.80	9.54	2.02	110.36	**135.00**
39" deep, 50' long	Demo	BF	Lg	LK	.007	7020	---	.30	.07	.37	**.53**
	Demo	BF	Sm	LK	.010	4914	---	.43	.10	.53	**.76**
39" deep, 50' long	Inst	BF	Lg	CY	.008	7020	4.60	.34	.07	5.01	**6.12**
	Inst	BF	Sm	CY	.011	4914	5.07	.47	.10	5.64	**6.91**
39" deep, 50' long	Demo	SF	Lg	LK	.007	6545	---	.30	.08	.38	**.54**
	Demo	SF	Sm	LK	.010	4582	---	.43	.11	.54	**.77**
39" deep, 50' long	Inst	SF	Lg	CY	.009	6545	4.93	.39	.08	5.40	**6.59**
	Inst	SF	Sm	CY	.012	4582	5.43	.52	.11	6.06	**7.42**

6-3/4" thick, SF pricing based on 16" oc

Description	Oper	Unit	Vol	Crew Size	Man-hours per Unit	Crew Output per Day	Avg Mat'l Unit Cost	Avg Labor Unit Cost	Avg Equip Unit Cost	Avg Total Unit Cost	Avg Price Incl O&P
30" deep, 30' long	Demo	LF	Lg	LK	.133	360.0	---	5.65	1.42	7.07	**10.20**
	Demo	LF	Sm	LK	.190	252.0	---	8.08	2.02	10.10	**14.50**
30" deep, 30' long	Inst	LF	Lg	CY	.156	360.0	82.50	6.71	1.42	90.63	**111.00**
	Inst	LF	Sm	CY	.222	252.0	91.00	9.54	2.02	102.56	**126.00**
30" deep, 30' long	Demo	BF	Lg	LK	.007	7200	---	.30	.07	.37	**.53**
	Demo	BF	Sm	LK	.010	5040	---	.43	.10	.53	**.76**
30" deep, 30' long	Inst	BF	Lg	CY	.008	7200	4.13	.34	.07	4.54	**5.56**
	Inst	BF	Sm	CY	.011	5040	4.55	.47	.10	5.12	**6.29**
30" deep, 30' long	Demo	SF	Lg	LK	.007	6545	---	.30	.08	.38	**.54**
	Demo	SF	Sm	LK	.010	4582	---	.43	.11	.54	**.77**
30" deep, 30' long	Inst	SF	Lg	CY	.009	6545	4.54	.39	.08	5.01	**6.12**
	Inst	SF	Sm	CY	.012	4582	5.00	.52	.11	5.63	**6.91**
31-1/2" deep, 30' long	Demo	LF	Lg	LK	.133	360.0	---	5.65	1.42	7.07	**10.20**
	Demo	LF	Sm	LK	.190	252.0	---	8.08	2.02	10.10	**14.50**
31-1/2" deep, 30' long	Inst	LF	Lg	CY	.156	360.0	86.70	6.71	1.42	94.83	**116.00**
	Inst	LF	Sm	CY	.222	252.0	95.50	9.54	2.02	107.06	**131.00**
31-1/2" deep, 30' long	Demo	BF	Lg	LK	.006	7560	---	.26	.07	.33	**.47**
	Demo	BF	Sm	LK	.009	5292	---	.38	.10	.48	**.69**
31-1/2" deep, 30' long	Inst	BF	Lg	CY	.007	7560	4.13	.30	.07	4.50	**5.49**
	Inst	BF	Sm	CY	.011	5292	4.55	.47	.10	5.12	**6.29**
31-1/2" deep, 30' long	Demo	SF	Lg	LK	.007	6545	---	.30	.08	.38	**.54**
	Demo	SF	Sm	LK	.010	4582	---	.43	.11	.54	**.77**
31-1/2" deep, 30' long	Inst	SF	Lg	CY	.009	6545	4.77	.39	.08	5.24	**6.40**
	Inst	SF	Sm	CY	.012	4582	5.25	.52	.11	5.88	**7.21**
33" deep, 30' long	Demo	LF	Lg	LK	.133	360.0	---	5.65	1.42	7.07	**10.20**
	Demo	LF	Sm	LK	.190	252.0	---	8.08	2.02	10.10	**14.50**
33" deep, 30' long	Inst	LF	Lg	CY	.156	360.0	90.80	6.71	1.42	98.93	**121.00**
	Inst	LF	Sm	CY	.222	252.0	100.00	9.54	2.02	111.56	**137.00**
33" deep, 30' long	Demo	BF	Lg	LK	.006	7920	---	.26	.06	.32	**.45**
	Demo	BF	Sm	LK	.009	5544	---	.38	.09	.47	**.68**
33" deep, 30' long	Inst	BF	Lg	CY	.007	7920	4.13	.30	.06	4.49	**5.48**
	Inst	BF	Sm	CY	.010	5544	4.55	.43	.09	5.07	**6.21**
33" deep, 30' long	Demo	SF	Lg	LK	.007	6545	---	.30	.08	.38	**.54**
	Demo	SF	Sm	LK	.010	4582	---	.43	.11	.54	**.77**
33" deep, 30' long	Inst	SF	Lg	CY	.009	6545	4.99	.39	.08	5.46	**6.66**
	Inst	SF	Sm	CY	.012	4582	5.50	.52	.11	6.13	**7.51**
34-1/2" deep, 40' long	Demo	LF	Lg	LK	.133	360.0	---	5.65	1.42	7.07	**10.20**
	Demo	LF	Sm	LK	.190	252.0	---	8.08	2.02	10.10	**14.50**
34-1/2" deep, 40' long	Inst	LF	Lg	CY	.156	360.0	94.90	6.71	1.42	103.03	**126.00**
	Inst	LF	Sm	CY	.222	252.0	105.00	9.54	2.02	116.56	**142.00**
34-1/2" deep, 40' long	Demo	BF	Lg	LK	.006	8280	---	.26	.06	.32	**.45**
	Demo	BF	Sm	LK	.008	5796	---	.34	.09	.43	**.62**
34-1/2" deep, 40' long	Inst	BF	Lg	CY	.007	8280	4.13	.30	.06	4.49	**5.48**
	Inst	BF	Sm	CY	.010	5796	4.55	.43	.09	5.07	**6.21**
34-1/2" deep, 40' long	Demo	SF	Lg	LK	.007	6545	---	.30	.08	.38	**.54**
	Demo	SF	Sm	LK	.010	4582	---	.43	.11	.54	**.77**
34-1/2" deep, 40' long	Inst	SF	Lg	CY	.009	6545	5.22	.39	.08	5.69	**6.94**
	Inst	SF	Sm	CY	.012	4582	5.75	.52	.11	6.38	**7.81**

Glu-lam products

Description	Oper	Unit	Vol	Crew Size	Man-hours per Unit	Crew Output per Day	Avg Mat'l Unit Cost	Avg Labor Unit Cost	Avg Equip Unit Cost	Avg Total Unit Cost	Avg Price Incl O&P
36" deep, 40' long	Demo	LF	Lg	LK	.133	360.0	---	5.65	1.42	7.07	**10.20**
	Demo	LF	Sm	LK	.190	252.0	---	8.08	2.02	10.10	**14.50**
36" deep, 40' long	Inst	LF	Lg	CY	.156	360.0	99.00	6.71	1.42	107.13	**131.00**
	Inst	LF	Sm	CY	.222	252.0	109.00	9.54	2.02	120.56	**148.00**
36" deep, 40' long	Demo	BF	Lg	LK	.006	8640	---	.26	.06	.32	**.45**
	Demo	BF	Sm	LK	.008	6048	---	.34	.08	.42	**.61**
36" deep, 40' long	Inst	BF	Lg	CY	.006	8640	4.13	.26	.06	4.45	**5.41**
	Inst	BF	Sm	CY	.009	6048	4.55	.39	.08	5.02	**6.14**
36" deep, 40' long	Demo	SF	Lg	LK	.007	6545	---	.30	.08	.38	**.54**
	Demo	SF	Sm	LK	.010	4582	---	.43	.11	.54	**.77**
36" deep, 40' long	Inst	SF	Lg	CY	.009	6545	5.45	.39	.08	5.92	**7.22**
	Inst	SF	Sm	CY	.012	4582	6.00	.52	.11	6.63	**8.11**
37-1/2" deep, 40' long	Demo	LF	Lg	LK	.133	360.0	---	5.65	1.42	7.07	**10.20**
	Demo	LF	Sm	LK	.190	252.0	---	8.08	2.02	10.10	**14.50**
37-1/2" deep, 40' long	Inst	LF	Lg	CY	.156	360.0	103.00	6.71	1.42	111.13	**136.00**
	Inst	LF	Sm	CY	.222	252.0	114.00	9.54	2.02	125.56	**153.00**
37-1/2" deep, 40' long	Demo	BF	Lg	LK	.005	9000	---	.21	.06	.27	**.39**
	Demo	BF	Sm	LK	.008	6300	---	.34	.08	.42	**.61**
37-1/2" deep, 40' long	Inst	BF	Lg	CY	.006	9000	4.13	.26	.06	4.45	**5.41**
	Inst	BF	Sm	CY	.009	6300	4.55	.39	.08	5.02	**6.14**
37-1/2" deep, 40' long	Demo	SF	Lg	LK	.007	6545	---	.30	.08	.38	**.54**
	Demo	SF	Sm	LK	.010	4582	---	.43	.11	.54	**.77**
37-1/2" deep, 40' long	Inst	SF	Lg	CY	.009	6545	5.67	.39	.08	6.14	**7.48**
	Inst	SF	Sm	CY	.012	4582	6.25	.52	.11	6.88	**8.41**
39" deep, 50' long	Demo	LF	Lg	LK	.133	360.0	---	5.65	1.42	7.07	**10.20**
	Demo	LF	Sm	LK	.190	252.0	---	8.08	2.02	10.10	**14.50**
39" deep, 50' long	Inst	LF	Lg	CY	.156	360.0	107.00	6.71	1.42	115.13	**141.00**
	Inst	LF	Sm	CY	.222	252.0	118.00	9.54	2.02	129.56	**159.00**
39" deep, 50' long	Demo	BF	Lg	LK	.005	9360	---	.21	.05	.26	**.38**
	Demo	BF	Sm	LK	.007	6552	---	.30	.08	.38	**.54**
39" deep, 50' long	Inst	BF	Lg	CY	.006	9360	4.13	.26	.05	4.44	**5.40**
	Inst	BF	Sm	CY	.009	6552	4.55	.39	.08	5.02	**6.14**
39" deep, 50' long	Demo	SF	Lg	LK	.007	6545	---	.30	.08	.38	**.54**
	Demo	SF	Sm	LK	.010	4582	---	.43	.11	.54	**.77**
39" deep, 50' long	Inst	SF	Lg	CY	.009	6545	5.90	.39	.08	6.37	**7.76**
	Inst	SF	Sm	CY	.012	4582	6.50	.52	.11	7.13	**8.71**

6-3/4" thick, SF pricing based on 16" oc (continued)

Description	Oper	Unit	Vol	Crew Size	Man-hours per Unit	Crew Output per Day	Avg Mat'l Unit Cost	Avg Labor Unit Cost	Avg Equip Unit Cost	Avg Total Unit Cost	Avg Price Incl O&P
40-1/2" deep, 50' long	Demo	LF	Lg	LK	.133	360.0	---	5.65	1.42	7.07	**10.20**
	Demo	LF	Sm	LK	.190	252.0	---	8.08	2.02	10.10	**14.50**
40-1/2" deep, 50' long	Inst	LF	Lg	CY	.156	360.0	111.00	6.71	1.42	119.13	**145.00**
	Inst	LF	Sm	CY	.222	252.0	123.00	9.54	2.02	134.56	**164.00**
40-1/2" deep, 50' long	Demo	BF	Lg	LK	.005	9720	---	.21	.05	.26	**.38**
	Demo	BF	Sm	LK	.007	6804	---	.30	.07	.37	**.53**
40-1/2" deep, 50' long	Inst	BF	Lg	CY	.006	9720	4.13	.26	.05	4.44	**5.40**
	Inst	BF	Sm	CY	.008	6804	4.55	.34	.07	4.96	**6.06**
40-1/2" deep, 50' long	Demo	SF	Lg	LK	.007	6545	---	.30	.08	.38	**.54**
	Demo	SF	Sm	LK	.010	4582	---	.43	.11	.54	**.77**
40-1/2" deep, 50' long	Inst	SF	Lg	CY	.009	6545	6.13	.39	.08	6.60	**8.03**
	Inst	SF	Sm	CY	.012	4582	6.75	.52	.11	7.38	**9.01**
42" deep, 50' long	Demo	LF	Lg	LK	.133	360.0	---	5.65	1.42	7.07	**10.20**
	Demo	LF	Sm	LK	.190	252.0	---	8.08	2.02	10.10	**14.50**
42" deep, 50' long	Inst	LF	Lg	CY	.156	360.0	116.00	6.71	1.42	124.13	**150.00**
	Inst	LF	Sm	CY	.222	252.0	127.00	9.54	2.02	138.56	**170.00**
42" deep, 50' long	Demo	BF	Lg	LK	.005	10080	---	.21	.05	.26	**.38**
	Demo	BF	Sm	LK	.007	7056	---	.30	.07	.37	**.53**
42" deep, 50' long	Inst	BF	Lg	CY	.006	10080	4.13	.26	.05	4.44	**5.40**
	Inst	BF	Sm	CY	.008	7056	4.55	.34	.07	4.96	**6.06**
42" deep, 50' long	Demo	SF	Lg	LK	.007	6545	---	.30	.08	.38	**.54**
	Demo	SF	Sm	LK	.010	4582	---	.43	.11	.54	**.77**
42" deep, 50' long	Inst	SF	Lg	CY	.009	6545	6.36	.39	.08	6.83	**8.31**
	Inst	SF	Sm	CY	.012	4582	7.00	.52	.11	7.63	**9.31**
43-1/2" deep, 50' long	Demo	LF	Lg	LK	.133	360.0	---	5.65	1.42	7.07	**10.20**
	Demo	LF	Sm	LK	.190	252.0	---	8.08	2.02	10.10	**14.50**
43-1/2" deep, 50' long	Inst	LF	Lg	CY	.156	360.0	120.00	6.71	1.42	128.13	**155.00**
	Inst	LF	Sm	CY	.222	252.0	132.00	9.54	2.02	143.56	**175.00**
43-1/2" deep, 50' long	Demo	BF	Lg	LK	.005	10440	---	.21	.05	.26	**.38**
	Demo	BF	Sm	LK	.007	7308	---	.30	.07	.37	**.53**
43-1/2" deep, 50' long	Inst	BF	Lg	CY	.005	10440	4.13	.21	.05	4.39	**5.34**
	Inst	BF	Sm	CY	.008	7308	4.55	.34	.07	4.96	**6.06**
43-1/2" deep, 50' long	Demo	SF	Lg	LK	.007	6545	---	.30	.08	.38	**.54**
	Demo	SF	Sm	LK	.010	4582	---	.43	.11	.54	**.77**
43-1/2" deep, 50' long	Inst	SF	Lg	CY	.009	6545	6.58	.39	.08	7.05	**8.57**
	Inst	SF	Sm	CY	.012	4582	7.25	.52	.11	7.88	**9.61**
45" deep, 50' long	Demo	LF	Lg	LK	.133	360.0	---	5.65	1.42	7.07	**10.20**
	Demo	LF	Sm	LK	.190	252.0	---	8.08	2.02	10.10	**14.50**
45" deep, 50' long	Inst	LF	Lg	CY	.156	360.0	124.00	6.71	1.42	132.13	**160.00**
	Inst	LF	Sm	CY	.222	252.0	136.00	9.54	2.02	147.56	**180.00**
45" deep, 50' long	Demo	BF	Lg	LK	.004	10800	---	.17	.05	.22	**.32**
	Demo	BF	Sm	LK	.006	7560	---	.26	.07	.33	**.47**
45" deep, 50' long	Inst	BF	Lg	CY	.005	10800	4.13	.21	.05	4.39	**5.34**
	Inst	BF	Sm	CY	.007	7560	4.55	.30	.07	4.92	**6.00**
45" deep, 50' long	Demo	SF	Lg	LK	.007	6545	---	.30	.08	.38	**.54**
	Demo	SF	Sm	LK	.010	4582	---	.43	.11	.54	**.77**
45" deep, 50' long	Inst	SF	Lg	CY	.009	6545	6.81	.39	.08	7.28	**8.85**
	Inst	SF	Sm	CY	.012	4582	7.50	.52	.11	8.13	**9.91**

Glu-lam products

Description	Oper	Unit	Vol	Crew Size	Man-hours per Unit	Crew Output per Day	Avg Mat'l Unit Cost	Avg Labor Unit Cost	Avg Equip Unit Cost	Avg Total Unit Cost	Avg Price Incl O&P
8-3/4" thick, SF pricing based on 16" oc											
36" deep, 30' long	Demo	LF	Lg	LK	.133	360.0	---	5.65	1.42	7.07	**10.20**
	Demo	LF	Sm	LK	.190	252.0	---	8.08	2.02	10.10	**14.50**
36" deep, 30' long	Inst	LF	Lg	CY	.156	360.0	123.00	6.71	1.42	131.13	**159.00**
	Inst	LF	Sm	CY	.222	252.0	136.00	9.54	2.02	147.56	**179.00**
36" deep, 30' long	Demo	BF	Lg	LK	.004	10800	---	.17	.05	.22	**.32**
	Demo	BF	Sm	LK	.006	7560	---	.26	.07	.33	**.47**
36" deep, 30' long	Inst	BF	Lg	CY	.005	10800	4.10	.21	.05	4.36	**5.30**
	Inst	BF	Sm	CY	.007	7560	4.52	.30	.07	4.89	**5.96**
36" deep, 30' long	Demo	SF	Lg	LK	.007	6545	---	.30	.08	.38	**.54**
	Demo	SF	Sm	LK	.010	4582	---	.43	.11	.54	**.77**
36" deep, 30' long	Inst	SF	Lg	CY	.009	6545	6.77	.39	.08	7.24	**8.80**
	Inst	SF	Sm	CY	.012	4582	7.46	.52	.11	8.09	**9.86**
37-1/2" deep, 30' long	Demo	LF	Lg	LK	.133	360.0	---	5.65	1.42	7.07	**10.20**
	Demo	LF	Sm	LK	.190	252.0	---	8.08	2.02	10.10	**14.50**
37-1/2" deep, 30' long	Inst	LF	Lg	CY	.156	360.0	128.00	6.71	1.42	136.13	**166.00**
	Inst	LF	Sm	CY	.222	252.0	141.00	9.54	2.02	152.56	**186.00**
37-1/2" deep, 30' long	Demo	BF	Lg	LK	.004	11250	---	.17	.05	.22	**.32**
	Demo	BF	Sm	LK	.006	7875	---	.26	.06	.32	**.45**
37-1/2" deep, 30' long	Inst	BF	Lg	CY	.005	11250	4.10	.21	.05	4.36	**5.30**
	Inst	BF	Sm	CY	.007	7875	4.52	.30	.06	4.88	**5.95**
37-1/2" deep, 30' long	Demo	SF	Lg	LK	.007	6545	---	.30	.08	.38	**.54**
	Demo	SF	Sm	LK	.010	4582	---	.43	.11	.54	**.77**
37-1/2" deep, 30' long	Inst	SF	Lg	CY	.009	6545	7.05	.39	.08	7.52	**9.14**
	Inst	SF	Sm	CY	.012	4582	7.77	.52	.11	8.40	**10.20**
39" deep, 30' long	Demo	LF	Lg	LK	.133	360.0	---	5.65	1.42	7.07	**10.20**
	Demo	LF	Sm	LK	.190	252.0	---	8.08	2.02	10.10	**14.50**
39" deep, 30' long	Inst	LF	Lg	CY	.156	360.0	133.00	6.71	1.42	141.13	**172.00**
	Inst	LF	Sm	CY	.222	252.0	147.00	9.54	2.02	158.56	**193.00**
39" deep, 30' long	Demo	BF	Lg	LK	.004	11700	---	.17	.04	.21	**.30**
	Demo	BF	Sm	LK	.006	8190	---	.26	.06	.32	**.45**
39" deep, 30' long	Inst	BF	Lg	CY	.005	11700	4.10	.21	.04	4.35	**5.29**
	Inst	BF	Sm	CY	.007	8190	4.52	.30	.06	4.88	**5.95**
39" deep, 30' long	Demo	SF	Lg	LK	.007	6545	---	.30	.08	.38	**.54**
	Demo	SF	Sm	LK	.010	4582	---	.43	.11	.54	**.77**
39" deep, 30' long	Inst	SF	Lg	CY	.009	6545	7.33	.39	.08	7.80	**9.47**
	Inst	SF	Sm	CY	.012	4582	8.08	.52	.11	8.71	**10.60**
40-1/2" deep, 30' long	Demo	LF	Lg	LK	.133	360.0	---	5.65	1.42	7.07	**10.20**
	Demo	LF	Sm	LK	.190	252.0	---	8.08	2.02	10.10	**14.50**
40-1/2" deep, 30' long	Inst	LF	Lg	CY	.156	360.0	138.00	6.71	1.42	146.13	**178.00**
	Inst	LF	Sm	CY	.222	252.0	152.00	9.54	2.02	163.56	**200.00**
40-1/2" deep, 30' long	Demo	BF	Lg	LK	.004	12150	---	.17	.04	.21	**.30**
	Demo	BF	Sm	LK	.006	8505	---	.26	.06	.32	**.45**
40-1/2" deep, 30' long	Inst	BF	Lg	CY	.005	12150	4.10	.21	.04	4.35	**5.29**
	Inst	BF	Sm	CY	.007	8505	4.52	.30	.06	4.88	**5.95**
40-1/2" deep, 30' long	Demo	SF	Lg	LK	.007	6545	---	.30	.08	.38	**.54**
	Demo	SF	Sm	LK	.010	4582	---	.43	.11	.54	**.77**
40-1/2" deep, 30' long	Inst	SF	Lg	CY	.009	6545	7.61	.39	.08	8.08	**9.81**
	Inst	SF	Sm	CY	.012	4582	8.39	.52	.11	9.02	**11.00**

Description	Oper	Unit	Vol	Crew Size	Man-hours per Unit	Crew Output per Day	Avg Mat'l Unit Cost	Avg Labor Unit Cost	Avg Equip Unit Cost	Avg Total Unit Cost	Avg Price Incl O&P
42" deep, 30' long	Demo	LF	Lg	LK	.133	360.0	---	5.65	1.42	7.07	**10.20**
	Demo	LF	Sm	LK	.190	252.0	---	8.08	2.02	10.10	**14.50**
42" deep, 30' long	Inst	LF	Lg	CY	.156	360.0	144.00	6.71	1.42	152.13	**184.00**
	Inst	LF	Sm	CY	.222	252.0	158.00	9.54	2.02	169.56	**206.00**
42" deep, 30' long	Demo	BF	Lg	LK	.004	12600	---	.17	.04	.21	**.30**
	Demo	BF	Sm	LK	.005	8820	---	.21	.06	.27	**.39**
42" deep, 30' long	Inst	BF	Lg	CY	.004	12600	4.10	.17	.04	4.31	**5.23**
	Inst	BF	Sm	CY	.006	8820	4.52	.26	.06	4.84	**5.88**
42" deep, 30' long	Demo	SF	Lg	LK	.007	6545	---	.30	.08	.38	**.54**
	Demo	SF	Sm	LK	.010	4582	---	.43	.11	.54	**.77**
42" deep, 30' long	Inst	SF	Lg	CY	.009	6545	7.90	.39	.08	8.37	**10.20**
	Inst	SF	Sm	CY	.012	4582	8.70	.52	.11	9.33	**11.40**
43-1/2" deep, 40' long	Demo	LF	Lg	LK	.133	360.0	---	5.65	1.42	7.07	**10.20**
	Demo	LF	Sm	LK	.190	252.0	---	8.08	2.02	10.10	**14.50**
43-1/2" deep, 40' long	Inst	LF	Lg	CY	.156	360.0	149.00	6.71	1.42	157.13	**190.00**
	Inst	LF	Sm	CY	.222	252.0	164.00	9.54	2.02	175.56	**213.00**
43-1/2" deep, 40' long	Demo	BF	Lg	LK	.004	13050	---	.17	.04	.21	**.30**
	Demo	BF	Sm	LK	.005	9135	---	.21	.06	.27	**.39**
43-1/2" deep, 40' long	Inst	BF	Lg	CY	.004	13050	4.10	.17	.04	4.31	**5.23**
	Inst	BF	Sm	CY	.006	9135	4.52	.26	.06	4.84	**5.88**
43-1/2" deep, 40' long	Demo	SF	Lg	LK	.007	6545	---	.30	.08	.38	**.54**
	Demo	SF	Sm	LK	.010	4582	---	.43	.11	.54	**.77**
43-1/2" deep, 40' long	Inst	SF	Lg	CY	.009	6545	8.18	.39	.08	8.65	**10.50**
	Inst	SF	Sm	CY	.012	4582	9.01	.52	.11	9.64	**11.70**
45" deep, 40' long	Demo	LF	Lg	LK	.133	360.0	---	5.65	1.42	7.07	**10.20**
	Demo	LF	Sm	LK	.190	252.0	---	8.08	2.02	10.10	**14.50**
45" deep, 40' long	Inst	LF	Lg	CY	.156	360.0	154.00	6.71	1.42	162.13	**196.00**
	Inst	LF	Sm	CY	.222	252.0	169.00	9.54	2.02	180.56	**220.00**
45" deep, 40' long	Demo	BF	Lg	LK	.004	13500	---	.17	.04	.21	**.30**
	Demo	BF	Sm	LK	.005	9450	---	.21	.05	.26	**.38**
45" deep, 40' long	Inst	BF	Lg	CY	.004	13500	4.10	.17	.04	4.31	**5.23**
	Inst	BF	Sm	CY	.006	9450	4.52	.26	.05	4.83	**5.87**
45" deep, 40' long	Demo	SF	Lg	LK	.007	6545	---	.30	.08	.38	**.54**
	Demo	SF	Sm	LK	.010	4582	---	.43	.11	.54	**.77**
45" deep, 40' long	Inst	SF	Lg	CY	.009	6545	8.46	.39	.08	8.93	**10.80**
	Inst	SF	Sm	CY	.012	4582	9.32	.52	.11	9.95	**12.10**
46-1/2" deep, 40' long	Demo	LF	Lg	LK	.133	360.0	---	5.65	1.42	7.07	**10.20**
	Demo	LF	Sm	LK	.190	252.0	---	8.08	2.02	10.10	**14.50**
46-1/2" deep, 40' long	Inst	LF	Lg	CY	.156	360.0	159.00	6.71	1.42	167.13	**203.00**
	Inst	LF	Sm	CY	.222	252.0	175.00	9.54	2.02	186.56	**227.00**
46-1/2" deep, 40' long	Demo	BF	Lg	LK	.003	13950	---	.13	.04	.17	**.24**
	Demo	BF	Sm	LK	.005	9765	---	.21	.05	.26	**.38**
46-1/2" deep, 40' long	Inst	BF	Lg	CY	.004	13950	4.10	.17	.04	4.31	**5.23**
	Inst	BF	Sm	CY	.006	9765	4.52	.26	.05	4.83	**5.87**
46-1/2" deep, 40' long	Demo	SF	Lg	LK	.007	6545	---	.30	.08	.38	**.54**
	Demo	SF	Sm	LK	.010	4582	---	.43	.11	.54	**.77**
46-1/2" deep, 40' long	Inst	SF	Lg	CY	.009	6545	8.74	.39	.08	9.21	**11.20**
	Inst	SF	Sm	CY	.012	4582	9.63	.52	.11	10.26	**12.50**

Glu-lam products

Description	Oper	Unit	Vol	Crew Size	Man-hours per Unit	Crew Output per Day	Avg Mat'l Unit Cost	Avg Labor Unit Cost	Avg Equip Unit Cost	Avg Total Unit Cost	Avg Price Incl O&P

8-3/4" thick beams, SF pricing based on 16" oc (continued)

Description	Oper	Unit	Vol	Crew Size	Man-hours per Unit	Crew Output per Day	Avg Mat'l Unit Cost	Avg Labor Unit Cost	Avg Equip Unit Cost	Avg Total Unit Cost	Avg Price Incl O&P
48" deep, 50' long	Demo	LF	Lg	LK	.133	360.0	---	5.65	1.42	7.07	**10.20**
	Demo	LF	Sm	LK	.190	252.0	---	8.08	2.02	10.10	**14.50**
48" deep, 50' long	Inst	LF	Lg	CY	.156	360.0	164.00	6.71	1.42	172.13	**209.00**
	Inst	LF	Sm	CY	.222	252.0	181.00	9.54	2.02	192.56	**234.00**
48" deep, 50' long	Demo	BF	Lg	LK	.003	14400	---	.13	.04	.17	**.24**
	Demo	BF	Sm	LK	.005	10080	---	.21	.05	.26	**.38**
48" deep, 50' long	Inst	BF	Lg	CY	.004	14400	4.10	.17	.04	4.31	**5.23**
	Inst	BF	Sm	CY	.006	10080	4.52	.26	.05	4.83	**5.87**
48" deep, 50' long	Demo	SF	Lg	LK	.007	6545	---	.30	.08	.38	**.54**
	Demo	SF	Sm	LK	.010	4582	---	.43	.11	.54	**.77**
48" deep, 50' long	Inst	SF	Lg	CY	.009	6545	9.02	.39	.08	9.49	**11.50**
	Inst	SF	Sm	CY	.012	4582	9.94	.52	.11	10.57	**12.80**
49-1/2" deep, 50' long	Demo	LF	Lg	LK	.133	360.0	---	5.65	1.42	7.07	**10.20**
	Demo	LF	Sm	LK	.190	252.0	---	8.08	2.02	10.10	**14.50**
49-1/2" deep, 50' long	Inst	LF	Lg	CY	.156	360.0	169.00	6.71	1.42	177.13	**215.00**
	Inst	LF	Sm	CY	.222	252.0	186.00	9.54	2.02	197.56	**240.00**
49-1/2" deep, 50' long	Demo	BF	Lg	LK	.003	14850	---	.13	.03	.16	**.23**
	Demo	BF	Sm	LK	.005	10395	---	.21	.05	.26	**.38**
49-1/2" deep, 50' long	Inst	BF	Lg	CY	.004	14850	4.10	.17	.03	4.30	**5.21**
	Inst	BF	Sm	CY	.005	10395	4.52	.21	.05	4.78	**5.81**
49-1/2" deep, 50' long	Demo	SF	Lg	LK	.007	6545	---	.30	.08	.38	**.54**
	Demo	SF	Sm	LK	.010	4582	---	.43	.11	.54	**.77**
49-1/2" deep, 50' long	Inst	SF	Lg	CY	.009	6545	9.31	.39	.08	9.78	**11.90**
	Inst	SF	Sm	CY	.012	4582	10.30	.52	.11	10.93	**13.20**
51" deep, 50' long	Demo	LF	Lg	LK	.133	360.0	---	5.65	1.42	7.07	**10.20**
	Demo	LF	Sm	LK	.190	252.0	---	8.08	2.02	10.10	**14.50**
51" deep, 50' long	Inst	LF	Lg	CY	.156	360.0	174.00	6.71	1.42	182.13	**221.00**
	Inst	LF	Sm	CY	.222	252.0	192.00	9.54	2.02	203.56	**247.00**
51" deep, 50' long	Demo	BF	Lg	LK	.003	15300	---	.13	.03	.16	**.23**
	Demo	BF	Sm	LK	.004	10710	---	.17	.05	.22	**.32**
51" deep, 50' long	Inst	BF	Lg	CY	.004	15300	4.10	.17	.03	4.30	**5.21**
	Inst	BF	Sm	CY	.005	10710	4.52	.21	.05	4.78	**5.81**
51" deep, 50' long	Demo	SF	Lg	LK	.007	6545	---	.30	.08	.38	**.54**
	Demo	SF	Sm	LK	.010	4582	---	.43	.11	.54	**.77**
51" deep, 50' long	Inst	SF	Lg	CY	.009	6545	9.59	.39	.08	10.06	**12.20**
	Inst	SF	Sm	CY	.012	4582	10.60	.52	.11	11.23	**13.60**

Description	Oper	Unit	Vol	Crew Size	Man-hours per Unit	Crew Output per Day	Avg Mat'l Unit Cost	Avg Labor Unit Cost	Avg Equip Unit Cost	Avg Total Unit Cost	Avg Price Incl O&P
52-1/2" deep, 50' long	Demo	LF	Lg	LK	.133	360.0	---	5.65	1.42	7.07	**10.20**
	Demo	LF	Sm	LK	.190	252.0	---	8.08	2.02	10.10	**14.50**
52-1/2" deep, 50' long	Inst	LF	Lg	CY	.156	360.0	179.00	6.71	1.42	187.13	**227.00**
	Inst	LF	Sm	CY	.222	252.0	198.00	9.54	2.02	209.56	**254.00**
52-1/2" deep, 50' long	Demo	BF	Lg	LK	.003	15750	---	.13	.03	.16	**.23**
	Demo	BF	Sm	LK	.004	11025	---	.17	.05	.22	**.32**
52-1/2" deep, 50' long	Inst	BF	Lg	CY	.004	15750	4.10	.17	.03	4.30	**5.21**
	Inst	BF	Sm	CY	.005	11025	4.52	.21	.05	4.78	**5.81**
52-1/2" deep, 50' long	Demo	SF	Lg	LK	.007	6545	---	.30	.08	.38	**.54**
	Demo	SF	Sm	LK	.010	4582	---	.43	.11	.54	**.77**
52-1/2" deep, 50' long	Inst	SF	Lg	CY	.009	6545	9.87	.39	.08	10.34	**12.50**
	Inst	SF	Sm	CY	.012	4582	10.90	.52	.11	11.53	**14.00**
54" deep, 50' long	Demo	LF	Lg	LK	.133	360.0	---	5.65	1.42	7.07	**10.20**
	Demo	LF	Sm	LK	.190	252.0	---	8.08	2.02	10.10	**14.50**
54" deep, 50' long	Inst	LF	Lg	CY	.156	360.0	185.00	6.71	1.42	193.13	**233.00**
	Inst	LF	Sm	CY	.222	252.0	203.00	9.54	2.02	214.56	**261.00**
54" deep, 50' long	Demo	BF	Lg	LK	.003	16200	---	.13	.03	.16	**.23**
	Demo	BF	Sm	LK	.004	11340	---	.17	.04	.21	**.30**
54" deep, 50' long	Inst	BF	Lg	CY	.003	16200	4.10	.13	.03	4.26	**5.15**
	Inst	BF	Sm	CY	.005	11340	4.52	.21	.04	4.77	**5.79**
54" deep, 50' long	Demo	SF	Lg	LK	.007	6545	---	.30	.08	.38	**.54**
	Demo	SF	Sm	LK	.010	4582	---	.43	.11	.54	**.77**
54" deep, 50' long	Inst	SF	Lg	CY	.009	6545	10.20	.39	.08	10.67	**12.90**
	Inst	SF	Sm	CY	.012	4582	11.20	.52	.11	11.83	**14.30**
55-1/2" deep, 50' long	Demo	LF	Lg	LK	.133	360.0	---	5.65	1.42	7.07	**10.20**
	Demo	LF	Sm	LK	.190	252.0	---	8.08	2.02	10.10	**14.50**
55-1/2" deep, 50' long	Inst	LF	Lg	CY	.156	360.0	190.00	6.71	1.42	198.13	**239.00**
	Inst	LF	Sm	CY	.222	252.0	209.00	9.54	2.02	220.56	**267.00**
55-1/2" deep, 50' long	Demo	BF	Lg	LK	.003	16650	---	.13	.03	.16	**.23**
	Demo	BF	Sm	LK	.004	11655	---	.17	.04	.21	**.30**
55-1/2" deep, 50' long	Inst	BF	Lg	CY	.003	16650	4.10	.13	.03	4.26	**5.15**
	Inst	BF	Sm	CY	.005	11655	4.52	.21	.04	4.77	**5.79**
55-1/2" deep, 50' long	Demo	SF	Lg	LK	.007	6545	---	.30	.08	.38	**.54**
	Demo	SF	Sm	LK	.010	4582	---	.43	.11	.54	**.77**
55-1/2" deep, 50' long	Inst	SF	Lg	CY	.009	6545	10.40	.39	.08	10.87	**13.20**
	Inst	SF	Sm	CY	.012	4582	11.50	.52	.11	12.13	**14.70**
57" deep, 50' long	Demo	LF	Lg	LK	.133	360.0	---	5.65	1.42	7.07	**10.20**
	Demo	LF	Sm	LK	.190	252.0	---	8.08	2.02	10.10	**14.50**
57" deep, 50' long	Inst	LF	Lg	CY	.156	360.0	195.00	6.71	1.42	203.13	**246.00**
	Inst	LF	Sm	CY	.222	252.0	215.00	9.54	2.02	226.56	**274.00**
57" deep, 50' long	Demo	BF	Lg	LK	.003	17100	---	.13	.03	.16	**.23**
	Demo	BF	Sm	LK	.004	11970	---	.17	.04	.21	**.30**
57" deep, 50' long	Inst	BF	Lg	CY	.003	17100	4.10	.13	.03	4.26	**5.15**
	Inst	BF	Sm	CY	.005	11970	4.52	.21	.04	4.77	**5.79**
57" deep, 50' long	Demo	SF	Lg	LK	.007	6545	---	.30	.08	.38	**.54**
	Demo	SF	Sm	LK	.010	4582	---	.43	.11	.54	**.77**
57" deep, 50' long	Inst	SF	Lg	CY	.009	6545	10.70	.39	.08	11.17	**13.50**
	Inst	SF	Sm	CY	.012	4582	11.80	.52	.11	12.43	**15.10**

Glu-lam products

Description	Oper	Unit	Vol	Crew Size	Man-hours per Unit	Crew Output per Day	Avg Mat'l Unit Cost	Avg Labor Unit Cost	Avg Equip Unit Cost	Avg Total Unit Cost	Avg Price Incl O&P
10-3/4" thick, SF pricing based on 16" oc											
42" deep, 50' long	Demo	LF	Lg	LK	.133	360.0	---	5.65	1.42	7.07	**10.20**
	Demo	LF	Sm	LK	.190	252.0	---	8.08	2.02	10.10	**14.50**
42" deep, 50' long	Inst	LF	Lg	CY	.156	360.0	205.00	6.71	1.42	213.13	**258.00**
	Inst	LF	Sm	CY	.222	252.0	226.00	9.54	2.02	237.56	**288.00**
42" deep, 50' long	Demo	BF	Lg	LK	.003	15120	---	.13	.03	.16	**.23**
	Demo	BF	Sm	LK	.005	10584	---	.21	.05	.26	**.38**
42" deep, 50' long	Inst	BF	Lg	CY	.004	15120	4.89	.17	.03	5.09	**6.16**
	Inst	BF	Sm	CY	.005	10584	5.39	.21	.05	5.65	**6.85**
42" deep, 50' long	Demo	SF	Lg	LK	.007	6545	---	.30	.08	.38	**.54**
	Demo	SF	Sm	LK	.010	4582	---	.43	.11	.54	**.77**
42" deep, 50' long	Inst	SF	Lg	CY	.009	6545	11.30	.39	.08	11.77	**14.20**
	Inst	SF	Sm	CY	.012	4582	12.40	.52	.11	13.03	**15.80**
43-1/2" deep, 50' long	Demo	LF	Lg	LK	.133	360.0	---	5.65	1.42	7.07	**10.20**
	Demo	LF	Sm	LK	.190	252.0	---	8.08	2.02	10.10	**14.50**
43-1/2" deep, 50' long	Inst	LF	Lg	CY	.156	360.0	213.00	6.71	1.42	221.13	**267.00**
	Inst	LF	Sm	CY	.222	252.0	234.00	9.54	2.02	245.56	**298.00**
43-1/2" deep, 50' long	Demo	BF	Lg	LK	.003	15660	---	.13	.03	.16	**.23**
	Demo	BF	Sm	LK	.004	10962	---	.17	.05	.22	**.32**
43-1/2" deep, 50' long	Inst	BF	Lg	CY	.004	15660	4.89	.17	.03	5.09	**6.16**
	Inst	BF	Sm	CY	.005	10962	5.39	.21	.05	5.65	**6.85**
43-1/2" deep, 50' long	Demo	SF	Lg	LK	.007	6545	---	.30	.08	.38	**.54**
	Demo	SF	Sm	LK	.010	4582	---	.43	.11	.54	**.77**
43-1/2" deep, 50' long	Inst	SF	Lg	CY	.009	6545	11.70	.39	.08	12.17	**14.70**
	Inst	SF	Sm	CY	.012	4582	12.90	.52	.11	13.53	**16.40**
45" deep, 50' long	Demo	LF	Lg	LK	.133	360.0	---	5.65	1.42	7.07	**10.20**
	Demo	LF	Sm	LK	.190	252.0	---	8.08	2.02	10.10	**14.50**
45" deep, 50' long	Inst	LF	Lg	CY	.156	360.0	220.00	6.71	1.42	228.13	**276.00**
	Inst	LF	Sm	CY	.222	252.0	242.00	9.54	2.02	253.56	**308.00**
45" deep, 50' long	Demo	BF	Lg	LK	.003	16200	---	.13	.03	.16	**.23**
	Demo	BF	Sm	LK	.004	11340	---	.17	.04	.21	**.30**
45" deep, 50' long	Inst	BF	Lg	CY	.003	16200	4.89	.13	.03	5.05	**6.10**
	Inst	BF	Sm	CY	.005	11340	5.39	.21	.04	5.64	**6.84**
45" deep, 50' long	Demo	SF	Lg	LK	.007	6545	---	.30	.08	.38	**.54**
	Demo	SF	Sm	LK	.010	4582	---	.43	.11	.54	**.77**
45" deep, 50' long	Inst	SF	Lg	CY	.009	6545	12.10	.39	.08	12.57	**15.20**
	Inst	SF	Sm	CY	.012	4582	13.30	.52	.11	13.93	**16.90**
46-1/2" deep, 50' long	Demo	LF	Lg	LK	.133	360.0	---	5.65	1.42	7.07	**10.20**
	Demo	LF	Sm	LK	.190	252.0	---	8.08	2.02	10.10	**14.50**
46-1/2" deep, 50' long	Inst	LF	Lg	CY	.156	360.0	227.00	6.71	1.42	235.13	**284.00**
	Inst	LF	Sm	CY	.222	252.0	250.00	9.54	2.02	261.56	**317.00**
46-1/2" deep, 50' long	Demo	BF	Lg	LK	.003	16740	---	.13	.03	.16	**.23**
	Demo	BF	Sm	LK	.004	11718	---	.17	.04	.21	**.30**
46-1/2" deep, 50' long	Inst	BF	Lg	CY	.003	16740	4.89	.13	.03	5.05	**6.10**
	Inst	BF	Sm	CY	.005	11718	5.39	.21	.04	5.64	**6.84**
46-1/2" deep, 50' long	Demo	SF	Lg	LK	.007	6545	---	.30	.08	.38	**.54**
	Demo	SF	Sm	LK	.010	4582	---	.43	.11	.54	**.77**
46-1/2" deep, 50' long	Inst	SF	Lg	CY	.009	6545	12.50	.39	.08	12.97	**15.70**
	Inst	SF	Sm	CY	.012	4582	13.80	.52	.11	14.43	**17.40**

Description	Oper	Unit	Vol	Crew Size	Man-hours per Unit	Crew Output per Day	Avg Mat'l Unit Cost	Avg Labor Unit Cost	Avg Equip Unit Cost	Avg Total Unit Cost	Avg Price Incl O&P
48" deep, 50' long	Demo	LF	Lg	LK	.133	360.0	---	5.65	1.42	7.07	**10.20**
	Demo	LF	Sm	LK	.190	252.0	---	8.08	2.02	10.10	**14.50**
48" deep, 50' long	Inst	LF	Lg	CY	.156	360.0	234.00	6.71	1.42	242.13	**293.00**
	Inst	LF	Sm	CY	.222	252.0	259.00	9.54	2.02	270.56	**327.00**
48" deep, 50' long	Demo	BF	Lg	LK	.003	17280	---	.13	.03	.16	**.23**
	Demo	BF	Sm	LK	.004	12096	---	.17	.04	.21	**.30**
48" deep, 50' long	Inst	BF	Lg	CY	.003	17280	4.89	.13	.03	5.05	**6.10**
	Inst	BF	Sm	CY	.005	12096	5.39	.21	.04	5.64	**6.84**
48" deep, 50' long	Demo	SF	Lg	LK	.007	6545	---	.30	.08	.38	**.54**
	Demo	SF	Sm	LK	.010	4582	---	.43	.11	.54	**.77**
48" deep, 50' long	Inst	SF	Lg	CY	.009	6545	12.90	.39	.08	13.37	**16.20**
	Inst	SF	Sm	CY	.012	4582	14.20	.52	.11	14.83	**18.00**
49-1/2" deep, 50' long	Demo	LF	Lg	LK	.133	360.0	---	5.65	1.42	7.07	**10.20**
	Demo	LF	Sm	LK	.190	252.0	---	8.08	2.02	10.10	**14.50**
49-1/2" deep, 50' long	Inst	LF	Lg	CY	.156	360.0	242.00	6.71	1.42	250.13	**302.00**
	Inst	LF	Sm	CY	.222	252.0	267.00	9.54	2.02	278.56	**337.00**
49-1/2" deep, 50' long	Demo	BF	Lg	LK	.003	17820	---	.13	.03	.16	**.23**
	Demo	BF	Sm	LK	.004	12474	---	.17	.04	.21	**.30**
49-1/2" deep, 50' long	Inst	BF	Lg	CY	.003	17820	4.89	.13	.03	5.05	**6.10**
	Inst	BF	Sm	CY	.004	12474	5.39	.17	.04	5.60	**6.77**
49-1/2" deep, 50' long	Demo	SF	Lg	LK	.007	6545	---	.30	.08	.38	**.54**
	Demo	SF	Sm	LK	.010	4582	---	.43	.11	.54	**.77**
49-1/2" deep, 50' long	Inst	SF	Lg	CY	.009	6545	13.30	.39	.08	13.77	**16.60**
	Inst	SF	Sm	CY	.012	4582	14.70	.52	.11	15.33	**18.50**
51" deep, 50' long	Demo	LF	Lg	LK	.133	360.0	---	5.65	1.42	7.07	**10.20**
	Demo	LF	Sm	LK	.190	252.0	---	8.08	2.02	10.10	**14.50**
51" deep, 50' long	Inst	LF	Lg	CY	.156	360.0	249.00	6.71	1.42	257.13	**311.00**
	Inst	LF	Sm	CY	.222	252.0	275.00	9.54	2.02	286.56	**346.00**
51" deep, 50' long	Demo	BF	Lg	LK	.003	18360	---	.13	.03	.16	**.23**
	Demo	BF	Sm	LK	.004	12852	---	.17	.04	.21	**.30**
51" deep, 50' long	Inst	BF	Lg	CY	.003	18360	4.89	.13	.03	5.05	**6.10**
	Inst	BF	Sm	CY	.004	12852	5.39	.17	.04	5.60	**6.77**
51" deep, 50' long	Demo	SF	Lg	LK	.007	6545	---	.30	.08	.38	**.54**
	Demo	SF	Sm	LK	.010	4582	---	.43	.11	.54	**.77**
51" deep, 50' long	Inst	SF	Lg	CY	.009	6545	13.70	.39	.08	14.17	**17.10**
	Inst	SF	Sm	CY	.012	4582	15.10	.52	.11	15.73	**19.00**
52-1/2" deep, 60' long	Demo	LF	Lg	LK	.133	360.0	---	5.65	1.42	7.07	**10.20**
	Demo	LF	Sm	LK	.190	252.0	---	8.08	2.02	10.10	**14.50**
52-1/2" deep, 60' long	Inst	LF	Lg	CY	.156	360.0	256.00	6.71	1.42	264.13	**320.00**
	Inst	LF	Sm	CY	.222	252.0	283.00	9.54	2.02	294.56	**356.00**
52-1/2" deep, 60' long	Demo	BF	Lg	LK	.003	18900	---	.13	.03	.16	**.23**
	Demo	BF	Sm	LK	.004	13230	---	.17	.04	.21	**.30**
52-1/2" deep, 60' long	Inst	BF	Lg	CY	.003	18900	4.89	.13	.03	5.05	**6.10**
	Inst	BF	Sm	CY	.004	13230	5.39	.17	.04	5.60	**6.77**
52-1/2" deep, 60' long	Demo	SF	Lg	LK	.007	6545	---	.30	.08	.38	**.54**
	Demo	SF	Sm	LK	.010	4582	---	.43	.11	.54	**.77**
52-1/2" deep, 60' long	Inst	SF	Lg	CY	.009	6545	14.10	.39	.08	14.57	**17.60**
	Inst	SF	Sm	CY	.012	4582	15.60	.52	.11	16.23	**19.60**

Glu-lam products

Description	Oper	Unit	Vol	Crew Size	Man-hours per Unit	Crew Output per Day	Avg Mat'l Unit Cost	Avg Labor Unit Cost	Avg Equip Unit Cost	Avg Total Unit Cost	Avg Price Incl O&P

10-3/4" thick beams, SF pricing based on 16" oc (continued)

Description	Oper	Unit	Vol	Crew Size	Man-hours per Unit	Crew Output per Day	Avg Mat'l Unit Cost	Avg Labor Unit Cost	Avg Equip Unit Cost	Avg Total Unit Cost	Avg Price Incl O&P
54" deep, 60' long	Demo	LF	Lg	LK	.133	360.0	---	5.65	1.42	7.07	**10.20**
	Demo	LF	Sm	LK	.190	252.0	---	8.08	2.02	10.10	**14.50**
54" deep, 60' long	Inst	LF	Lg	CY	.156	360.0	264.00	6.71	1.42	272.13	**328.00**
	Inst	LF	Sm	CY	.222	252.0	291.00	9.54	2.02	302.56	**366.00**
54" deep, 60' long	Demo	BF	Lg	LK	.002	19440	---	.09	.03	.12	**.16**
	Demo	BF	Sm	LK	.004	13608	---	.17	.04	.21	**.30**
54" deep, 60' long	Inst	BF	Lg	CY	.003	19440	4.89	.13	.03	5.05	**6.10**
	Inst	BF	Sm	CY	.004	13608	5.39	.17	.04	5.60	**6.77**
54" deep, 60' long	Demo	SF	Lg	LK	.007	6545	---	.30	.08	.38	**.54**
	Demo	SF	Sm	LK	.010	4582	---	.43	.11	.54	**.77**
54" deep, 60' long	Inst	SF	Lg	CY	.009	6545	14.50	.39	.08	14.97	**18.10**
	Inst	SF	Sm	CY	.012	4582	16.00	.52	.11	16.63	**20.10**
55-1/2" deep, 60' long	Demo	LF	Lg	LK	.133	360.0	---	5.65	1.42	7.07	**10.20**
	Demo	LF	Sm	LK	.190	252.0	---	8.08	2.02	10.10	**14.50**
55-1/2" deep, 60' long	Inst	LF	Lg	CY	.156	360.0	271.00	6.71	1.42	279.13	**337.00**
	Inst	LF	Sm	CY	.222	252.0	299.00	9.54	2.02	310.56	**375.00**
55-1/2" deep, 60' long	Demo	BF	Lg	LK	.002	19980	---	.09	.03	.12	**.16**
	Demo	BF	Sm	LK	.003	13986	---	.13	.04	.17	**.24**
55-1/2" deep, 60' long	Inst	BF	Lg	CY	.003	19980	4.89	.13	.03	5.05	**6.10**
	Inst	BF	Sm	CY	.004	13986	5.39	.17	.04	5.60	**6.77**
55-1/2" deep, 60' long	Demo	SF	Lg	LK	.007	6545	---	.30	.08	.38	**.54**
	Demo	SF	Sm	LK	.010	4582	---	.43	.11	.54	**.77**
55-1/2" deep, 60' long	Inst	SF	Lg	CY	.009	6545	14.90	.39	.08	15.37	**18.60**
	Inst	SF	Sm	CY	.012	4582	16.40	.52	.11	17.03	**20.60**
57" deep, 60' long	Demo	LF	Lg	LK	.133	360.0	---	5.65	1.42	7.07	**10.20**
	Demo	LF	Sm	LK	.190	252.0	---	8.08	2.02	10.10	**14.50**
57" deep, 60' long	Inst	LF	Lg	CY	.156	360.0	278.00	6.71	1.42	286.13	**346.00**
	Inst	LF	Sm	CY	.222	252.0	307.00	9.54	2.02	318.56	**385.00**
57" deep, 60' long	Demo	BF	Lg	LK	.002	20520	---	.09	.02	.11	**.15**
	Demo	BF	Sm	LK	.003	14364	---	.13	.04	.17	**.24**
57" deep, 60' long	Inst	BF	Lg	CY	.003	20520	4.89	.13	.02	5.04	**6.09**
	Inst	BF	Sm	CY	.004	14364	5.39	.17	.04	5.60	**6.77**
57" deep, 60' long	Demo	SF	Lg	LK	.007	6545	---	.30	.08	.38	**.54**
	Demo	SF	Sm	LK	.010	4582	---	.43	.11	.54	**.77**
57" deep, 60' long	Inst	SF	Lg	CY	.009	6545	15.30	.39	.08	15.77	**19.10**
	Inst	SF	Sm	CY	.012	4582	16.90	.52	.11	17.53	**21.20**
58-1/2" deep, 60' long	Demo	LF	Lg	LK	.133	360.0	---	5.65	1.42	7.07	**10.20**
	Demo	LF	Sm	LK	.190	252.0	---	8.08	2.02	10.10	**14.50**
58-1/2" deep, 60' long	Inst	LF	Lg	CY	.156	360.0	286.00	6.71	1.42	294.13	**355.00**
	Inst	LF	Sm	CY	.222	252.0	315.00	9.54	2.02	326.56	**395.00**
58-1/2" deep, 60' long	Demo	BF	Lg	LK	.002	21060	---	.09	.02	.11	**.15**
	Demo	BF	Sm	LK	.003	14742	---	.13	.03	.16	**.23**
58-1/2" deep, 60' long	Inst	BF	Lg	CY	.003	21060	4.89	.13	.02	5.04	**6.09**
	Inst	BF	Sm	CY	.004	14742	5.39	.17	.03	5.59	**6.76**
58-1/2" deep, 60' long	Demo	SF	Lg	LK	.007	6545	---	.30	.08	.38	**.54**
	Demo	SF	Sm	LK	.010	4582	---	.43	.11	.54	**.77**
58-1/2" deep, 60' long	Inst	SF	Lg	CY	.009	6545	15.70	.39	.08	16.17	**19.50**
	Inst	SF	Sm	CY	.012	4582	17.30	.52	.11	17.93	**21.70**

Description	Oper	Unit	Vol	Crew Size	Man-hours per Unit	Crew Output per Day	Avg Mat'l Unit Cost	Avg Labor Unit Cost	Avg Equip Unit Cost	Avg Total Unit Cost	Avg Price Incl O&P
60" deep, 60' long	Demo	LF	Lg	LK	.133	360.0	---	5.65	1.42	7.07	**10.20**
	Demo	LF	Sm	LK	.190	252.0	---	8.08	2.02	10.10	**14.50**
60" deep, 60' long	Inst	LF	Lg	CY	.156	360.0	293.00	6.71	1.42	301.13	**364.00**
	Inst	LF	Sm	CY	.222	252.0	323.00	9.54	2.02	334.56	**405.00**
60" deep, 60' long	Demo	BF	Lg	LK	.002	21600	---	.09	.02	.11	**.15**
	Demo	BF	Sm	LK	.003	15120	---	.13	.03	.16	**.23**
60" deep, 60' long	Inst	BF	Lg	CY	.003	21600	4.89	.13	.02	5.04	**6.09**
	Inst	BF	Sm	CY	.004	15120	5.39	.17	.03	5.59	**6.76**
60" deep, 60' long	Demo	SF	Lg	LK	.007	6545	---	.30	.08	.38	**.54**
	Demo	SF	Sm	LK	.010	4582	---	.43	.11	.54	**.77**
60" deep, 60' long	Inst	SF	Lg	CY	.009	6545	16.10	.39	.08	16.57	**20.00**
	Inst	SF	Sm	CY	.012	4582	17.80	.52	.11	18.43	**22.20**

Purlins

16' long, STR #1, SF pricing based on 8'-0" oc

Description	Oper	Unit	Vol	Crew Size	Man-hours per Unit	Crew Output per Day	Avg Mat'l Unit Cost	Avg Labor Unit Cost	Avg Equip Unit Cost	Avg Total Unit Cost	Avg Price Incl O&P
2" x 8"	Demo	LF	Lg	LL	.030	1620	---	1.23	.31	1.54	**2.22**
	Demo	LF	Sm	LL	.042	1134	---	1.73	.45	2.18	**3.13**
2" x 8"	Inst	LF	Lg	CZ	.067	1080	2.06	2.86	.47	5.39	**7.33**
	Inst	LF	Sm	CZ	.095	756	2.28	4.06	.67	7.01	**9.62**
2" x 8"	Demo	BF	Lg	LL	.022	2155	---	.90	.24	1.14	**1.64**
	Demo	BF	Sm	LL	.032	1508	---	1.32	.34	1.66	**2.38**
2" x 8"	Inst	BF	Lg	CZ	.050	1436	1.55	2.13	.35	4.03	**5.48**
	Inst	BF	Sm	CZ	.072	1005	1.71	3.07	.51	5.29	**7.27**
2" x 8"	Demo	SF	Lg	LL	.003	14727	---	.12	.03	.15	**.22**
	Demo	SF	Sm	LL	.005	10309	---	.21	.05	.26	**.37**
2" x 8"	Inst	SF	Lg	CZ	.007	9818	.23	.30	.05	.58	**.78**
	Inst	SF	Sm	CZ	.010	6873	.25	.43	.07	.75	**1.02**
2" x 10"	Demo	LF	Lg	LL	.030	1620	---	1.23	.31	1.54	**2.22**
	Demo	LF	Sm	LL	.042	1134	---	1.73	.45	2.18	**3.13**
2" x 10"	Inst	LF	Lg	CZ	.067	1080	2.56	2.86	.47	5.89	**7.93**
	Inst	LF	Sm	CZ	.095	756.0	2.82	4.06	.67	7.55	**10.30**
2" x 10"	Demo	BF	Lg	LL	.018	2705	---	.74	.19	.93	**1.34**
	Demo	BF	Sm	LL	.025	1894	---	1.03	.27	1.30	**1.87**
2" x 10"	Inst	BF	Lg	CZ	.040	1804	1.53	1.71	.28	3.52	**4.73**
	Inst	BF	Sm	CZ	.057	1263	1.69	2.43	.40	4.52	**6.16**
2" x 10"	Demo	SF	Lg	LL	.003	14727	---	.12	.03	.15	**.22**
	Demo	SF	Sm	LL	.005	10309	---	.21	.05	.26	**.37**
2" x 10"	Inst	SF	Lg	CZ	.007	9818	.28	.30	.05	.63	**.84**
	Inst	SF	Sm	CZ	.010	6873	.31	.43	.07	.81	**1.10**

Glu-lam products, purlins

Description	Oper	Unit	Vol	Crew Size	Man-hours per Unit	Crew Output per Day	Avg Mat'l Unit Cost	Avg Labor Unit Cost	Avg Equip Unit Cost	Avg Total Unit Cost	Avg Price Incl O&P
2" x 12"	Demo	LF	Lg	LL	.030	1620	---	1.23	.31	1.54	**2.22**
	Demo	LF	Sm	LL	.042	1134	---	1.73	.45	2.18	**3.13**
2" x 12"	Inst	LF	Lg	CZ	.067	1080	3.66	2.86	.47	6.99	**9.25**
	Inst	LF	Sm	CZ	.095	756.0	4.04	4.06	.67	8.77	**11.70**
2" x 12"	Demo	BF	Lg	LL	.015	3240	---	.62	.16	.78	**1.12**
	Demo	BF	Sm	LL	.021	2268	---	.86	.22	1.08	**1.56**
2" x 12"	Inst	BF	Lg	CZ	.033	2160	1.83	1.41	.24	3.48	**4.60**
	Inst	BF	Sm	CZ	.048	1512	2.02	2.05	.34	4.41	**5.91**
2" x 12"	Demo	SF	Lg	LL	.003	14727	---	.12	.03	.15	**.22**
	Demo	SF	Sm	LL	.005	10309	---	.21	.05	.26	**.37**
2" x 12"	Inst	SF	Lg	CZ	.007	9818	.40	.30	.05	.75	**.99**
	Inst	SF	Sm	CZ	.010	6873	.44	.43	.07	.94	**1.25**
3" x 8"	Demo	LF	Lg	LL	.030	1620	---	1.23	.31	1.54	**2.22**
	Demo	LF	Sm	LL	.042	1134	---	1.73	.45	2.18	**3.13**
3" x 8"	Inst	LF	Lg	CZ	.067	1080	8.24	2.86	.47	11.57	**14.70**
	Inst	LF	Sm	CZ	.095	756.0	9.08	4.06	.67	13.81	**17.80**
3" x 8"	Demo	BF	Lg	LL	.015	3240	---	.62	.16	.78	**1.12**
	Demo	BF	Sm	LL	.021	2268	---	.86	.22	1.08	**1.56**
3" x 8"	Inst	BF	Lg	CZ	.033	2160	4.12	1.41	.24	5.77	**7.35**
	Inst	BF	Sm	CZ	.048	1512	4.54	2.05	.34	6.93	**8.93**
3" x 8"	Demo	SF	Lg	LL	.003	14727	---	.12	.03	.15	**.22**
	Demo	SF	Sm	LL	.005	10309	---	.21	.05	.26	**.37**
3" x 8"	Inst	SF	Lg	CZ	.007	9818	.91	.30	.05	1.26	**1.60**
	Inst	SF	Sm	CZ	.010	6873	1.00	.43	.07	1.50	**1.92**
3" x 10"	Demo	LF	Lg	LL	.030	1620	---	1.23	.31	1.54	**2.22**
	Demo	LF	Sm	LL	.042	1134	---	1.73	.45	2.18	**3.13**
3" x 10"	Inst	LF	Lg	CZ	.067	1080	10.20	2.86	.47	13.53	**17.10**
	Inst	LF	Sm	CZ	.095	756.0	11.30	4.06	.67	16.03	**20.40**
3" x 10"	Demo	BF	Lg	LL	.012	4050	---	.49	.13	.62	**.90**
	Demo	BF	Sm	LL	.017	2835	---	.70	.18	.88	**1.26**
3" x 10"	Inst	BF	Lg	CZ	.027	2700	4.10	1.15	.19	5.44	**6.88**
	Inst	BF	Sm	CZ	.038	1890	4.51	1.62	.27	6.40	**8.17**
3" x 10"	Demo	SF	Lg	LL	.003	14727	---	.12	.03	.15	**.22**
	Demo	SF	Sm	LL	.005	10309	---	.21	.05	.26	**.37**
3" x 10"	Inst	SF	Lg	CZ	.007	9818	1.13	.30	.05	1.48	**1.86**
	Inst	SF	Sm	CZ	.010	6873	1.24	.43	.07	1.74	**2.21**
3" x 12"	Demo	LF	Lg	LL	.030	1620	---	1.23	.31	1.54	**2.22**
	Demo	LF	Sm	LL	.042	1134	---	1.73	.45	2.18	**3.13**
3" x 12"	Inst	LF	Lg	CZ	.067	1080	14.60	2.86	.47	17.93	**22.40**
	Inst	LF	Sm	CZ	.095	756.0	16.20	4.06	.67	20.93	**26.30**
3" x 12"	Demo	BF	Lg	LL	.010	4860	---	.41	.10	.51	**.74**
	Demo	BF	Sm	LL	.014	3402	---	.58	.15	.73	**1.04**
3" x 12"	Inst	BF	Lg	CZ	.022	3240	4.88	.94	.16	5.98	**7.46**
	Inst	BF	Sm	CZ	.032	2268	5.39	1.37	.22	6.98	**8.78**
3" x 12"	Demo	SF	Lg	LL	.003	14727	---	.12	.03	.15	**.22**
	Demo	SF	Sm	LL	.005	10309	---	.21	.05	.26	**.37**
3" x 12"	Inst	SF	Lg	CZ	.007	9818	1.61	.30	.05	1.96	**2.44**
	Inst	SF	Sm	CZ	.010	6873	1.78	.43	.07	2.28	**2.86**

Description	Oper	Unit	Vol	Crew Size	Man-hours per Unit	Crew Output per Day	Avg Mat'l Unit Cost	Avg Labor Unit Cost	Avg Equip Unit Cost	Avg Total Unit Cost	Avg Price Incl O&P
3" x 14"	Demo	LF	Lg	LL	.030	1620	---	1.23	.31	1.54	**2.22**
	Demo	LF	Sm	LL	.042	1134	---	1.73	.45	2.18	**3.13**
3" x 14"	Inst	LF	Lg	CZ	.067	1080	17.60	2.86	.47	20.93	**26.00**
	Inst	LF	Sm	CZ	.095	756.0	19.40	4.06	.67	24.13	**30.10**
3" x 14"	Demo	BF	Lg	LL	.008	5670	---	.33	.09	.42	**.60**
	Demo	BF	Sm	LL	.012	3969	---	.49	.13	.62	**.90**
3" x 14"	Inst	BF	Lg	CZ	.019	3780	5.03	.81	.13	5.97	**7.41**
	Inst	BF	Sm	CZ	.027	2646	5.53	1.15	.19	6.87	**8.59**
3" x 14"	Demo	SF	Lg	LL	.003	14727	---	.12	.03	.15	**.22**
	Demo	SF	Sm	LL	.005	10309	---	.21	.05	.26	**.37**
3" x 14"	Inst	SF	Lg	CZ	.007	9818	1.94	.30	.05	2.29	**2.84**
	Inst	SF	Sm	CZ	.010	6873	2.13	.43	.07	2.63	**3.28**

Sub-purlins
8' long, STR #1, SF pricing based on 24" oc

Description	Oper	Unit	Vol	Crew Size	Man-hours per Unit	Crew Output per Day	Avg Mat'l Unit Cost	Avg Labor Unit Cost	Avg Equip Unit Cost	Avg Total Unit Cost	Avg Price Incl O&P
2" x 4"	Demo	LF	Lg	LL	.013	3630	---	.53	.14	.67	**.97**
	Demo	LF	Sm	LL	.019	2541	---	.78	.20	.98	**1.41**
2" x 4"	Inst	LF	Lg	CZ	.030	2420	1.04	1.28	.21	2.53	**3.42**
	Inst	LF	Sm	CZ	.043	1694	1.14	1.84	.30	3.28	**4.48**
2" x 4"	Demo	BF	Lg	LL	.020	2432	---	.82	.21	1.03	**1.48**
	Demo	BF	Sm	LL	.028	1702	---	1.15	.30	1.45	**2.09**
2" x 4"	Inst	BF	Lg	CZ	.044	1621	1.55	1.88	.31	3.74	**5.05**
	Inst	BF	Sm	CZ	.063	1135	1.70	2.69	.45	4.84	**6.61**
2" x 4"	Demo	SF	Lg	LL	.006	8067	---	.25	.06	.31	**.44**
	Demo	SF	Sm	LL	.009	5647	---	.37	.09	.46	**.66**
2" x 4"	Inst	SF	Lg	CZ	.013	5378	.47	.55	.09	1.11	**1.50**
	Inst	SF	Sm	CZ	.019	3764	.51	.81	.14	1.46	**2.00**
2" x 6"	Demo	LF	Lg	LL	.013	3630	---	.53	.14	.67	**.97**
	Demo	LF	Sm	LL	.019	2541	---	.78	.20	.98	**1.41**
2" x 6"	Inst	LF	Lg	CZ	.030	2420	1.72	1.28	.21	3.21	**4.24**
	Inst	LF	Sm	CZ	.043	1694	1.90	1.84	.30	4.04	**5.39**
2" x 6"	Demo	BF	Lg	LL	.013	3630	---	.53	.14	.67	**.97**
	Demo	BF	Sm	LL	.019	2541	---	.78	.20	.98	**1.41**
2" x 6"	Inst	BF	Lg	CZ	.030	2420	1.72	1.28	.21	3.21	**4.24**
	Inst	BF	Sm	CZ	.043	1694	1.90	1.84	.30	4.04	**5.39**
2" x 6"	Demo	SF	Lg	LL	.006	8067	---	.25	.06	.31	**.44**
	Demo	SF	Sm	LL	.009	5647	---	.37	.09	.46	**.66**
2" x 6"	Inst	SF	Lg	CZ	.013	5378	.77	.55	.09	1.41	**1.86**
	Inst	SF	Sm	CZ	.019	3764	.86	.81	.14	1.81	**2.42**

Glu-lam products, sub-purlins

Description	Oper	Unit	Vol	Crew Size	Man-hours per Unit	Crew Output per Day	Avg Mat'l Unit Cost	Avg Labor Unit Cost	Avg Equip Unit Cost	Avg Total Unit Cost	Avg Price Incl O&P
2" x 8"	Demo	LF	Lg	LL	.013	3630	---	.53	.14	.67	.97
	Demo	LF	Sm	LL	.019	2541	---	.78	.20	.98	1.41
2" x 8"	Inst	LF	Lg	CZ	.030	2420	2.06	1.28	.21	3.55	4.65
	Inst	LF	Sm	CZ	.043	1694	2.28	1.84	.30	4.42	5.85
2" x 8"	Demo	BF	Lg	LL	.010	4828	---	.41	.11	.52	.75
	Demo	BF	Sm	LL	.014	3380	---	.58	.15	.73	1.04
2" x 8"	Inst	BF	Lg	CZ	.022	3219	1.55	.94	.16	2.65	3.46
	Inst	BF	Sm	CZ	.032	2253	1.71	1.37	.23	3.31	4.38
2" x 8"	Demo	SF	Lg	LL	.006	8067	---	.25	.06	.31	.44
	Demo	SF	Sm	LL	.009	5647	---	.37	.09	.46	.66
2" x 8"	Inst	SF	Lg	CZ	.013	5378	.93	.55	.09	1.57	2.06
	Inst	SF	Sm	CZ	.019	3764	1.03	.81	.14	1.98	2.62
3" x 4"	Demo	LF	Lg	LL	.013	3630	---	.53	.14	.67	.97
	Demo	LF	Sm	LL	.019	2541	---	.78	.20	.98	1.41
3" x 4"	Inst	LF	Lg	CZ	.030	2420	2.06	1.28	.21	3.55	4.65
	Inst	LF	Sm	CZ	.043	1694	2.28	1.84	.30	4.42	5.85
3" x 4"	Demo	BF	Lg	LL	.013	3630	---	.53	.14	.67	.97
	Demo	BF	Sm	LL	.019	2541	---	.78	.20	.98	1.41
3" x 4"	Inst	BF	Lg	CZ	.030	2420	2.06	1.28	.21	3.55	4.65
	Inst	BF	Sm	CZ	.043	1694	2.28	1.84	.30	4.42	5.85
3" x 4"	Demo	SF	Lg	LL	.006	8067	---	.25	.06	.31	.44
	Demo	SF	Sm	LL	.009	5647	---	.37	.09	.46	.66
3" x 4"	Inst	SF	Lg	CZ	.013	5378	.93	.55	.09	1.57	2.06
	Inst	SF	Sm	CZ	.019	3764	1.03	.81	.14	1.98	2.62
3" x 6"	Demo	LF	Lg	LL	.013	3630	---	.53	.14	.67	.97
	Demo	LF	Sm	LL	.019	2541	---	.78	.20	.98	1.41
3" x 6"	Inst	LF	Lg	CZ	.030	2420	3.44	1.28	.21	4.93	6.30
	Inst	LF	Sm	CZ	.043	1694	3.80	1.84	.30	5.94	7.67
3" x 6"	Demo	BF	Lg	LL	.009	5445	---	.37	.09	.46	.66
	Demo	BF	Sm	LL	.013	3812	---	.53	.13	.66	.96
3" x 6"	Inst	BF	Lg	CZ	.020	3630	2.29	.85	.14	3.28	4.20
	Inst	BF	Sm	CZ	.028	2541	2.53	1.20	.20	3.93	5.07
3" x 6"	Demo	SF	Lg	LL	.006	8067	---	.25	.06	.31	.44
	Demo	SF	Sm	LL	.009	5647	---	.37	.09	.46	.66
3" x 6"	Inst	SF	Lg	CZ	.013	5378	1.55	.55	.09	2.19	2.80
	Inst	SF	Sm	CZ	.019	3764	1.71	.81	.14	2.66	3.44
3" x 8"	Demo	LF	Lg	LL	.013	3630	---	.53	.14	.67	.97
	Demo	LF	Sm	LL	.019	2541	---	.78	.20	.98	1.41
3" x 8"	Inst	LF	Lg	CZ	.030	2420	8.24	1.28	.21	9.73	12.10
	Inst	LF	Sm	CZ	.043	1694	9.08	1.84	.30	11.22	14.00
3" x 8"	Demo	BF	Lg	LL	.007	7260	---	.29	.07	.36	.52
	Demo	BF	Sm	LL	.009	5082	---	.37	.10	.47	.67
3" x 8"	Inst	BF	Lg	CZ	.015	4840	4.12	.64	.11	4.87	6.04
	Inst	BF	Sm	CZ	.021	3388	4.54	.90	.15	5.59	6.97
3" x 8"	Demo	SF	Lg	LL	.006	8067	---	.25	.06	.31	.44
	Demo	SF	Sm	LL	.009	5647	---	.37	.09	.46	.66
3" x 8"	Inst	SF	Lg	CZ	.013	5378	3.71	.55	.09	4.35	5.39
	Inst	SF	Sm	CZ	.019	3764	4.09	.81	.14	5.04	6.29

Ledgers

Bolts 24"oc

Description	Oper	Unit	Vol	Crew Size	Man-hours per Unit	Crew Output per Day	Avg Mat'l Unit Cost	Avg Labor Unit Cost	Avg Equip Unit Cost	Avg Total Unit Cost	Avg Price Incl O&P
3" x 8"	Demo	LF	Lg	LC	.037	648.0	---	1.49	.79	2.28	**3.18**
	Demo	LF	Sm	LC	.053	453.6	---	2.13	1.12	3.25	**4.54**
3" x 8"	Inst	LF	Lg	CS	.056	432.0	8.24	2.41	1.18	11.83	**14.90**
	Inst	LF	Sm	CS	.079	302.4	9.08	3.40	1.69	14.17	**18.00**
3" x 8"	Demo	BF	Lg	LC	.019	1296	---	.76	.39	1.15	**1.61**
	Demo	BF	Sm	LC	.026	907.2	---	1.05	.56	1.61	**2.24**
3" x 8"	Inst	BF	Lg	CS	.028	864.0	4.12	1.21	.59	5.92	**7.46**
	Inst	BF	Sm	CS	.040	604.8	4.54	1.72	.84	7.10	**9.04**
3" x 8"	Demo	SF	Lg	LC	.002	12597	---	.08	.04	.12	**.17**
	Demo	SF	Sm	LC	.003	8818	---	.12	.06	.18	**.25**
3" x 8"	Inst	SF	Lg	CS	.003	8398	.42	.13	.06	.61	**.77**
	Inst	SF	Sm	CS	.004	5879	.47	.17	.09	.73	**.93**
3" x 10"	Demo	LF	Lg	LC	.037	648.0	---	1.49	.79	2.28	**3.18**
	Demo	LF	Sm	LC	.053	453.6	---	2.13	1.12	3.25	**4.54**
3" x 10"	Inst	LF	Lg	CS	.056	432.0	10.20	2.41	1.18	13.79	**17.30**
	Inst	LF	Sm	CS	.079	302.4	11.30	3.40	1.69	16.39	**20.70**
3" x 10"	Demo	BF	Lg	LC	.015	1620	---	.60	.31	.91	**1.28**
	Demo	BF	Sm	LC	.021	1134	---	.84	.45	1.29	**1.81**
3" x 10"	Inst	BF	Lg	CS	.022	1080	4.10	.95	.47	5.52	**6.90**
	Inst	BF	Sm	CS	.032	756.0	4.51	1.38	.67	6.56	**8.28**
3" x 10"	Demo	SF	Lg	LC	.002	12597	---	.08	.04	.12	**.17**
	Demo	SF	Sm	LC	.003	8818	---	.12	.06	.18	**.25**
3" x 10"	Inst	SF	Lg	CS	.003	8398	.53	.13	.06	.72	**.90**
	Inst	SF	Sm	CS	.004	5879	.58	.17	.09	.84	**1.06**
3" x 12"	Demo	LF	Lg	LC	.037	648.0	---	1.49	.79	2.28	**3.18**
	Demo	LF	Sm	LC	.053	453.6	---	2.13	1.12	3.25	**4.54**
3" x 12"	Inst	LF	Lg	CS	.056	432.0	14.60	2.41	1.18	18.19	**22.60**
	Inst	LF	Sm	CS	.079	302.4	16.20	3.40	1.69	21.29	**26.50**
3" x 12"	Demo	BF	Lg	LC	.012	1944	---	.48	.26	.74	**1.04**
	Demo	BF	Sm	LC	.018	1361	---	.72	.37	1.09	**1.53**
3" x 12"	Inst	BF	Lg	CS	.019	1296	4.88	.82	.39	6.09	**7.55**
	Inst	BF	Sm	CS	.026	907.2	5.39	1.12	.56	7.07	**8.82**
3" x 12"	Demo	SF	Lg	LC	.002	12597	---	.08	.04	.12	**.17**
	Demo	SF	Sm	LC	.003	8818	---	.12	.06	.18	**.25**
3" x 12"	Inst	SF	Lg	CS	.003	8398	.75	.13	.06	.94	**1.17**
	Inst	SF	Sm	CS	.004	5879	.83	.17	.09	1.09	**1.36**

Glu-lam products, ledgers

Description	Oper	Unit	Vol	Crew Size	Man-hours per Unit	Crew Output per Day	Avg Mat'l Unit Cost	Avg Labor Unit Cost	Avg Equip Unit Cost	Avg Total Unit Cost	Avg Price Incl O&P
4" x 8"	Demo	LF	Lg	LC	.037	648.0	---	1.49	.79	2.28	**3.18**
	Demo	LF	Sm	LC	.053	453.6	---	2.13	1.12	3.25	**4.54**
4" x 8"	Inst	LF	Lg	CS	.056	432.0	12.40	2.41	1.18	15.99	**19.90**
	Inst	LF	Sm	CS	.079	302.4	13.60	3.40	1.69	18.69	**23.50**
4" x 8"	Demo	BF	Lg	LC	.014	1730	---	.56	.29	.85	**1.19**
	Demo	BF	Sm	LC	.020	1211	---	.80	.42	1.22	**1.71**
4" x 8"	Inst	BF	Lg	CS	.021	1153	4.63	.90	.44	5.97	**7.44**
	Inst	BF	Sm	CS	.030	807.4	5.10	1.29	.63	7.02	**8.81**
4" x 8"	Demo	SF	Lg	LC	.002	12597	---	.08	.04	.12	**.17**
	Demo	SF	Sm	LC	.003	8818	---	.12	.06	.18	**.25**
4" x 8"	Inst	SF	Lg	CS	.003	8398	.64	.13	.06	.83	**1.03**
	Inst	SF	Sm	CS	.004	5879	.70	.17	.09	.96	**1.21**
4" x 10"	Demo	LF	Lg	LC	.037	648.0	---	1.49	.79	2.28	**3.18**
	Demo	LF	Sm	LC	.053	453.6	---	2.13	1.12	3.25	**4.54**
4" x 10"	Inst	LF	Lg	CS	.056	432.0	16.10	2.41	1.18	19.69	**24.30**
	Inst	LF	Sm	CS	.079	302.4	17.70	3.40	1.69	22.79	**28.40**
4" x 10"	Demo	BF	Lg	LC	.011	2158	---	.44	.24	.68	**.95**
	Demo	BF	Sm	LC	.016	1510	---	.64	.34	.98	**1.37**
4" x 10"	Inst	BF	Lg	CS	.017	1439	4.83	.73	.35	5.91	**7.31**
	Inst	BF	Sm	CS	.024	1007	5.32	1.03	.51	6.86	**8.55**
4" x 10"	Demo	SF	Lg	LC	.002	12597	---	.08	.04	.12	**.17**
	Demo	SF	Sm	LC	.003	8818	---	.12	.06	.18	**.25**
4" x 10"	Inst	SF	Lg	CS	.003	8398	.83	.13	.06	1.02	**1.26**
	Inst	SF	Sm	CS	.004	5879	.91	.17	.09	1.17	**1.46**
4" x 12"	Demo	LF	Lg	LC	.037	648.0	---	1.49	.79	2.28	**3.18**
	Demo	LF	Sm	LC	.053	453.6	---	2.13	1.12	3.25	**4.54**
4" x 12"	Inst	LF	Lg	CS	.056	432.0	18.60	2.41	1.18	22.19	**27.30**
	Inst	LF	Sm	CS	.079	302.4	20.50	3.40	1.69	25.59	**31.70**
4" x 12"	Demo	BF	Lg	LC	.009	2592	---	.36	.20	.56	**.78**
	Demo	BF	Sm	LC	.013	1814	---	.52	.28	.80	**1.12**
4" x 12"	Inst	BF	Lg	CS	.014	1728	4.64	.60	.29	5.53	**6.82**
	Inst	BF	Sm	CS	.020	1210	5.12	.86	.42	6.40	**7.94**
4" x 12"	Demo	SF	Lg	LC	.002	12597	---	.08	.04	.12	**.17**
	Demo	SF	Sm	LC	.003	8818	---	.12	.06	.18	**.25**
4" x 12"	Inst	SF	Lg	CS	.003	8398	.95	.13	.06	1.14	**1.41**
	Inst	SF	Sm	CS	.004	5879	1.05	.17	.09	1.31	**1.63**

Gutters and Downspouts, with fittings and caulk

Aluminum, baked on enamel finish

Description	Oper	Unit	Vol	Crew Size	Man-hours per Unit	Crew Output per Day	Avg Mat'l Unit Cost	Avg Labor Unit Cost	Avg Equip Unit Cost	Avg Total Unit Cost	Avg Price Incl O&P
Gutter, 5", and Downspout, 2"x3"											
	Inst	LF	Lg	UB	.074	215.0	4.07	3.67	---	7.74	**10.40**
	Inst	LF	Sm	UB	.106	150.5	4.48	5.26	---	9.74	**13.30**
Gutter, 6", and Downspout, 3"x4"											
	Inst	LF	Lg	UB	.074	215.0	8.12	3.67	---	11.79	**15.30**
	Inst	LF	Sm	UB	.106	150.5	8.95	5.26	---	14.21	**18.60**
Gutter, 7" to 8", and Downspout, 4"x5"											
	Inst	LF	Lg	UB	.074	215.0	14.50	3.67	---	18.17	**22.90**
	Inst	LF	Sm	UB	.106	150.5	16.00	5.26	---	21.26	**27.10**
Gutter, box, 6", and Downspout, 3"x4"											
	Inst	LF	Lg	UB	.074	215.0	9.90	3.67	---	13.57	**17.40**
	Inst	LF	Sm	UB	.106	150.5	10.90	5.26	---	16.16	**21.00**
Gutter, box, 7" to 8", and Downspout, 4"x5"											
	Inst	LF	Lg	UB	.074	215.0	17.60	3.67	---	21.27	**26.70**
	Inst	LF	Sm	UB	.106	150.5	19.40	5.26	---	24.66	**31.20**

Copper

Description	Oper	Unit	Vol	Crew Size	Man-hours per Unit	Crew Output per Day	Avg Mat'l Unit Cost	Avg Labor Unit Cost	Avg Equip Unit Cost	Avg Total Unit Cost	Avg Price Incl O&P
Gutter, 5", and Downspout, 2"x3"											
	Inst	LF	Lg	UB	.084	190.0	19.80	4.17	---	23.97	**30.00**
	Inst	LF	Sm	UB	.120	133.0	21.80	5.96	---	27.76	**35.10**
Gutter, 6", and Downspout, 3"x4"											
	Inst	LF	Lg	UB	.084	190.0	25.40	4.17	---	29.57	**36.80**
	Inst	LF	Sm	UB	.120	133.0	28.00	5.96	---	33.96	**42.60**
Gutter, 7" to 8", and Downspout, 4"x5"											
	Inst	LF	Lg	UB	.084	190.0	40.40	4.17	---	44.57	**54.80**
	Inst	LF	Sm	UB	.120	133.0	44.60	5.96	---	50.56	**62.40**

Gutters and downspouts, vinyl, extruded

Description	Oper	Unit	Vol	Crew Size	Man-hours per Unit	Crew Output per Day	Avg Mat'l Unit Cost	Avg Labor Unit Cost	Avg Equip Unit Cost	Avg Total Unit Cost	Avg Price Incl O&P

Steel, galvanized

Gutter, 5", and Downspout, 2"x3"

| | Inst | LF | Lg | UB | .078 | 205.0 | 3.47 | 3.87 | --- | 7.34 | **9.97** |
| | Inst | LF | Sm | UB | .111 | 143.5 | 3.82 | 5.51 | --- | 9.33 | **12.90** |

Gutter, box, 6", and Downspout, 3"x4"

| | Inst | LF | Lg | UB | .078 | 205.0 | 8.33 | 3.87 | --- | 12.20 | **15.80** |
| | Inst | LF | Sm | UB | .111 | 143.5 | 9.18 | 5.51 | --- | 14.69 | **19.30** |

Gutter, box, 7" to 8", and Downspout, 4"x5"

| | Inst | LF | Lg | UB | .078 | 205.0 | 12.90 | 3.87 | --- | 16.77 | **21.30** |
| | Inst | LF | Sm | UB | .111 | 143.5 | 14.30 | 5.51 | --- | 19.81 | **25.40** |

Vinyl, extruded 5" PVC

Gutter, 5", and Downspout, 2"x3"

| | Inst | LF | Lg | UB | .074 | 215.0 | 3.15 | 3.67 | --- | 6.82 | **9.29** |
| | Inst | LF | Sm | UB | .106 | 150.5 | 3.47 | 5.26 | --- | 8.73 | **12.10** |

Accessories, gutter

Leaf guard or screen

Standard	Inst	LF	Lg	UB	.053	300.0	1.52	2.63	---	4.15	**5.77**
	Inst	LF	Sm	UB	.076	210.0	1.67	3.77	---	5.44	**7.66**
High	Inst	LF	Lg	UB	.053	300.0	3.72	2.63	---	6.35	**8.41**
	Inst	LF	Sm	UB	.076	210.0	4.10	3.77	---	7.87	**10.60**
Premium	Inst	LF	Lg	UB	.053	300.0	6.32	2.63	---	8.95	**11.50**
	Inst	LF	Sm	UB	.076	210.0	6.97	3.77	---	10.74	**14.00**

Splash guard

| | Inst | LF | Lg | UB | .320 | 50.0 | 3.59 | 15.90 | --- | 19.49 | **28.10** |
| | Inst | LF | Sm | UB | .457 | 35.0 | 3.95 | 22.70 | --- | 26.65 | **38.80** |

Hardboard. See Paneling, page 314

Hardwood flooring

1. Strip flooring is nailed into place over wood subflooring or over wood sleeper strips. Using 3¼" W strips leaves 25% cutting and fitting waste; 2¼" W strips leave 33% waste. Nails and the respective cutting and fitting waste have been included in the unit costs.

2. Block flooring is laid in mastic applied to felt-covered wood subfloor. Mastic, 5% block waste and felt are included in material unit costs for block or parquet flooring.

Strip flooring:
A Side and end matched
B Side matched
C Square edged

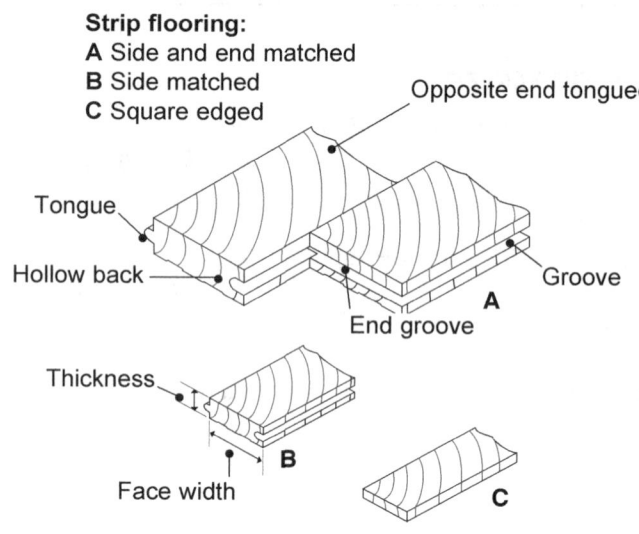

Two types of wood block flooring

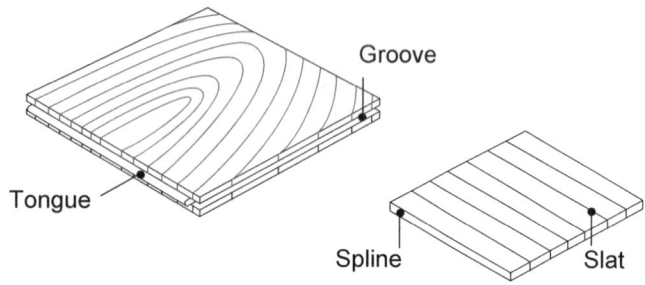

Installation of first strip of flooring

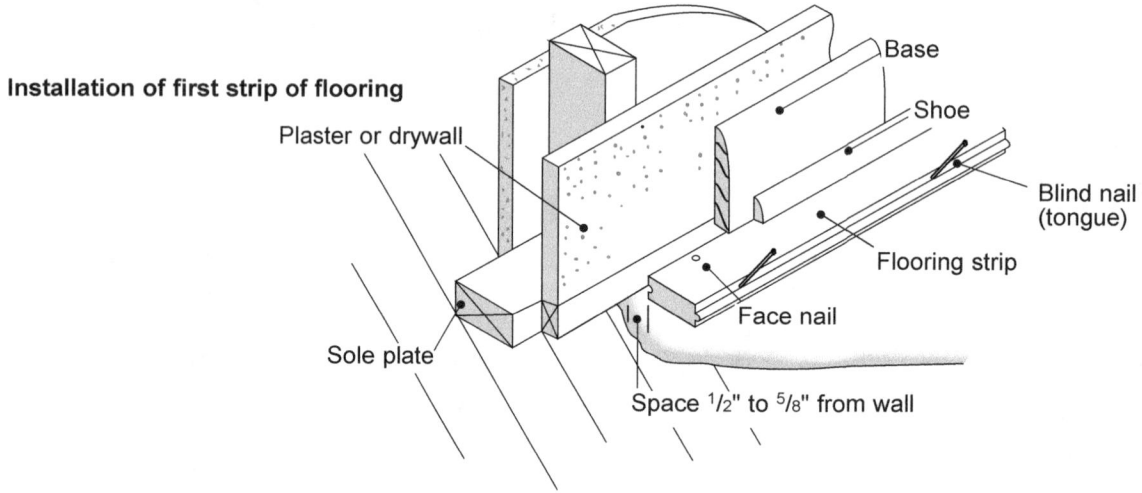

Nailing of flooring:
A Angle of nailing
B Setting the nail without damage to the flooring

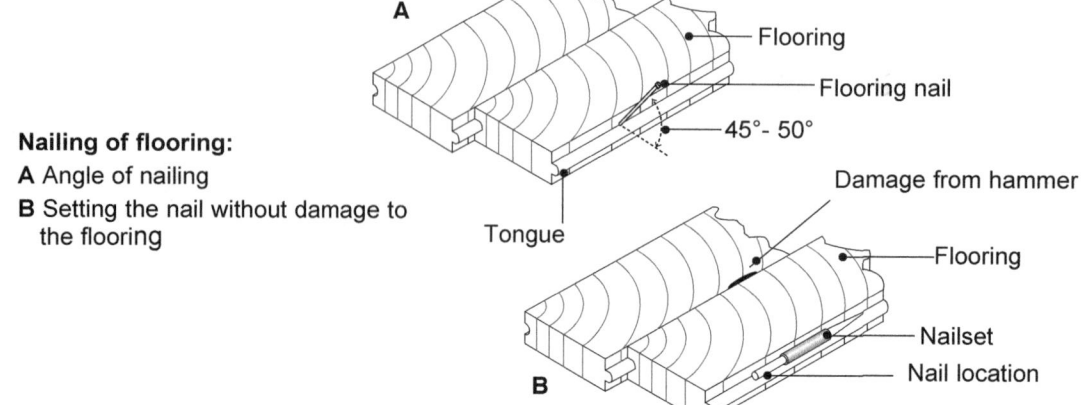

250

Hardwood flooring

Includes waste and nails

Strip; installed over wood subfloor

Prefinished oak, prime

Description	Oper	Unit	Vol	Crew Size	Man-hours per Unit	Crew Output per Day	Avg Mat'l Unit Cost	Avg Labor Unit Cost	Avg Equip Unit Cost	Avg Total Unit Cost	Avg Price Incl O&P
25/32" x 3-1/4"											
Lay floor	Inst	SF	Lg	FD	.045	400.0	14.80	1.96	---	16.76	**20.60**
	Inst	SF	Sm	FD	.064	280.0	16.30	2.79	---	19.09	**23.70**
Wax, polish, machine buff	Inst	SF	Lg	FC	.009	860.0	.12	.40	.07	.59	**.83**
	Inst	SF	Sm	FC	.013	602.0	.13	.58	.10	.81	**1.14**
25/32" x 2-1/4"											
Lay floor	Inst	SF	Lg	FD	.060	300.0	10.40	2.61	---	13.01	**16.40**
	Inst	SF	Sm	FD	.086	210.0	11.40	3.74	---	15.14	**19.30**
Wax, polish, machine buff	Inst	SF	Lg	FC	.009	860.0	.12	.40	.07	.59	**.83**
	Inst	SF	Sm	FC	.013	602.0	.13	.58	.10	.81	**1.14**

Unfinished

25/32" x 3-1/4", lay floor only

Fir

Description	Oper	Unit	Vol	Crew Size	Man-hours per Unit	Crew Output per Day	Avg Mat'l Unit Cost	Avg Labor Unit Cost	Avg Equip Unit Cost	Avg Total Unit Cost	Avg Price Incl O&P
Vertical grain	Inst	SF	Lg	FD	.038	480.0	8.57	1.65	---	10.22	**12.80**
	Inst	SF	Sm	FD	.054	336.0	9.44	2.35	---	11.79	**14.90**
Flat grain	Inst	SF	Lg	FD	.038	480.0	7.40	1.65	---	9.05	**11.40**
	Inst	SF	Sm	FD	.054	336.0	8.15	2.35	---	10.50	**13.30**

Yellow pine

	Inst	SF	Lg	FD	.038	480.0	6.67	1.65	---	8.32	**10.50**
	Inst	SF	Sm	FD	.054	336.0	7.34	2.35	---	9.69	**12.30**

25/32" x 2-1/4", lay floor only

Maple

	Inst	SF	Lg	FD	.056	320.0	6.85	2.44	---	9.29	**11.90**
	Inst	SF	Sm	FD	.080	224.0	7.52	3.48	---	11.00	**14.30**

Oak

	Inst	SF	Lg	FD	.056	320.0	7.91	2.44	---	10.35	**13.20**
	Inst	SF	Sm	FD	.080	224.0	8.69	3.48	---	12.17	**15.70**

Yellow pine

	Inst	SF	Lg	FD	.047	385.0	5.49	2.05	---	7.54	**9.66**
	Inst	SF	Sm	FD	.067	269.5	6.03	2.92	---	8.95	**11.60**

Machine sand, fill and finish

Description	Oper	Unit	Vol	Crew Size	Man-hours per Unit	Crew Output per Day	Avg Mat'l Unit Cost	Avg Labor Unit Cost	Avg Equip Unit Cost	Avg Total Unit Cost	Avg Price Incl O&P
New floors	Inst	SF	Lg	FC	.019	430.0	.19	.84	.18	1.21	**1.71**
	Inst	SF	Sm	FC	.027	301.0	.32	1.20	.25	1.77	**2.48**
Damaged floors	Inst	SF	Lg	FC	.028	285.0	.19	1.24	.27	1.70	**2.41**
	Inst	SF	Sm	FC	.040	199.5	.35	1.77	.38	2.50	**3.53**
Wax, polish and machine buff	Inst	SF	Lg	FC	.009	860.0	.12	.40	.07	.59	**.83**
	Inst	SF	Sm	FC	.013	602.0	.13	.58	.10	.81	**1.14**

Description	Oper	Unit	Vol	Crew Size	Man-hours per Unit	Crew Output per Day	Avg Mat'l Unit Cost	Avg Labor Unit Cost	Avg Equip Unit Cost	Avg Total Unit Cost	Avg Price Incl O&P

Block

Laid in mastic over wood subfloor covered with felt

Oak, 5/16" x 12" x 12"

Description	Oper	Unit	Vol	Crew Size	Man-hours per Unit	Crew Output per Day	Avg Mat'l Unit Cost	Avg Labor Unit Cost	Avg Equip Unit Cost	Avg Total Unit Cost	Avg Price Incl O&P
Lay floor only											
Prefinished	Inst	SF	Lg	FD	.035	520.0	5.80	1.52	---	7.32	**9.25**
	Inst	SF	Sm	FD	.049	364.0	6.38	2.13	---	8.51	**10.90**
Unfinished	Inst	SF	Lg	FD	.033	550.0	4.65	1.44	---	6.09	**7.73**
	Inst	SF	Sm	FD	.047	385.0	5.13	2.05	---	7.18	**9.23**

Teak, 5/16" x 12" x 12"

Description	Oper	Unit	Vol	Crew Size	Man-hours per Unit	Crew Output per Day	Avg Mat'l Unit Cost	Avg Labor Unit Cost	Avg Equip Unit Cost	Avg Total Unit Cost	Avg Price Incl O&P
Lay floor only											
Prefinished	Inst	SF	Lg	FD	.035	520.0	10.90	1.52	---	12.42	**15.40**
	Inst	SF	Sm	FD	.049	364.0	12.00	2.13	---	14.13	**17.70**
Unfinished	Inst	SF	Lg	FD	.033	550.0	8.76	1.44	---	10.20	**12.70**
	Inst	SF	Sm	FD	.047	385.0	9.65	2.05	---	11.70	**14.70**

Oak, 13/16" x 12" x 12"

Description	Oper	Unit	Vol	Crew Size	Man-hours per Unit	Crew Output per Day	Avg Mat'l Unit Cost	Avg Labor Unit Cost	Avg Equip Unit Cost	Avg Total Unit Cost	Avg Price Incl O&P
Lay floor only											
Prefinished	Inst	SF	Lg	FD	.035	520.0	6.43	1.52	---	7.95	**10.00**
	Inst	SF	Sm	FD	.049	364.0	7.08	2.13	---	9.21	**11.70**
Unfinished	Inst	SF	Lg	FD	.036	500.0	5.16	1.57	---	6.73	**8.54**
	Inst	SF	Sm	FD	.051	350.0	5.68	2.22	---	7.90	**10.20**

Machine sand, fill and finish

Description	Oper	Unit	Vol	Crew Size	Man-hours per Unit	Crew Output per Day	Avg Mat'l Unit Cost	Avg Labor Unit Cost	Avg Equip Unit Cost	Avg Total Unit Cost	Avg Price Incl O&P
New floors											
	Inst	SF	Lg	FC	.019	430.0	.17	.84	.18	1.19	**1.68**
	Inst	SF	Sm	FC	.027	301.0	.32	1.20	.25	1.77	**2.48**
Damaged floors											
	Inst	SF	Lg	FC	.028	285.0	.20	1.24	.27	1.71	**2.42**
	Inst	SF	Sm	FC	.040	199.5	.35	1.77	.38	2.50	**3.53**
Wax, polish and machine buff											
	Inst	SF	Lg	FC	.009	860.0	.12	.40	.07	.59	**.83**
	Inst	SF	Sm	FC	.013	602.0	.13	.58	.10	.81	**1.14**

Parquetry, 5/16" x 9" x 9"

Description	Oper	Unit	Vol	Crew Size	Man-hours per Unit	Crew Output per Day	Avg Mat'l Unit Cost	Avg Labor Unit Cost	Avg Equip Unit Cost	Avg Total Unit Cost	Avg Price Incl O&P
Lay floor only											
Oak	Inst	SF	Lg	FD	.036	500.0	5.72	1.57	---	7.29	**9.21**
	Inst	SF	Sm	FD	.051	350.0	6.31	2.22	---	8.53	**10.90**
Walnut	Inst	SF	Lg	FD	.036	500.0	14.20	1.57	---	15.77	**19.40**
	Inst	SF	Sm	FD	.051	350.0	15.70	2.22	---	17.92	**22.10**
Teak	Inst	SF	Lg	FD	.036	500.0	9.72	1.57	---	11.29	**14.00**
	Inst	SF	Sm	FD	.051	350.0	10.70	2.22	---	12.92	**16.20**

Heating, bathroom

Description	Oper	Unit	Vol	Crew Size	Man-hours per Unit	Crew Output per Day	Avg Mat'l Unit Cost	Avg Labor Unit Cost	Avg Equip Unit Cost	Avg Total Unit Cost	Avg Price Incl O&P
Machine sand, fill and finish											
New floors											
	Inst	SF	Lg	FC	.019	430.0	.29	.84	.18	1.31	**1.83**
	Inst	SF	Sm	FC	.027	301.0	.32	1.20	.25	1.77	**2.48**
Damaged floors											
	Inst	SF	Lg	FC	.028	285.0	.32	1.24	.27	1.83	**2.57**
	Inst	SF	Sm	FC	.040	199.5	.35	1.77	.38	2.50	**3.53**
Wax, polish and machine buff											
	Inst	SF	Lg	FC	.009	860.0	.12	.40	.07	.59	**.83**
	Inst	SF	Sm	FC	.013	602.0	.13	.58	.10	.81	**1.14**
Acrylic wood parquet blocks											
5/16" x 12" x 12" set in epoxy											
	Inst	SF	Lg	FD	.036	500.0	4.46	1.57	---	6.03	**7.70**
	Inst	SF	Sm	FD	.051	350.0	4.92	2.22	---	7.14	**9.23**
Wax, polish and machine buff											
	Inst	SF	Lg	FC	.009	860.0	.12	.40	.07	.59	**.83**
	Inst	SF	Sm	FC	.013	602.0	.13	.58	.10	.81	**1.14**

Heating

See also Air Conditioning, Ventilation, page 28

Bathroom heaters, electric, excludes ductwork

Ceiling

Description	Oper	Unit	Vol	Crew Size	Man-hours per Unit	Crew Output per Day	Avg Mat'l Unit Cost	Avg Labor Unit Cost	Avg Equip Unit Cost	Avg Total Unit Cost	Avg Price Incl O&P
Heat only											
1 bulb	Inst	Ea	Lg	EA	2.16	3.70	43.90	104.00	---	147.90	**209.00**
	Inst	Ea	Sm	EA	2.88	2.78	48.40	139.00	---	187.40	**267.00**
2 bulb	Inst	Ea	Lg	EA	2.16	3.70	60.70	104.00	---	164.70	**229.00**
	Inst	Ea	Sm	EA	2.88	2.78	66.90	139.00	---	205.90	**289.00**
Fan, light, heater											
Small, 70 CFM, 5,000 BTU	Inst	Ea	Lg	EA	2.29	3.50	176.00	111.00	---	287.00	**377.00**
	Inst	Ea	Sm	EA	3.04	2.63	194.00	147.00	---	341.00	**453.00**
Average, 100 CFM, 5,000 BTU	Inst	Ea	Lg	EA	2.29	3.50	211.00	111.00	---	322.00	**419.00**
	Inst	Ea	Sm	EA	3.04	2.63	233.00	147.00	---	380.00	**500.00**
Large, 150 CFM, 5,000 BTU	Inst	Ea	Lg	EA	2.29	3.50	322.00	111.00	---	433.00	**552.00**
	Inst	Ea	Sm	EA	3.04	2.63	355.00	147.00	---	502.00	**646.00**
Fan, light											
Standard, 70 CFM	Inst	Ea	Lg	EA	1.33	6.00	95.30	64.30	---	159.60	**211.00**
	Inst	Ea	Sm	EA	1.78	4.50	105.00	86.10	---	191.10	**255.00**
Average, 70 CFM, single light	Inst	Ea	Lg	EA	1.33	6.00	180.00	64.30	---	244.30	**312.00**
	Inst	Ea	Sm	EA	1.78	4.50	198.00	86.10	---	284.10	**367.00**
High, 70 CFM, multi lights	Inst	Ea	Lg	EA	1.33	6.00	225.00	64.30	---	289.30	**366.00**
	Inst	Ea	Sm	EA	1.78	4.50	248.00	86.10	---	334.10	**426.00**
Premium, 70 CFM, ornate	Inst	Ea	Lg	EA	1.33	6.00	299.00	64.30	---	363.30	**455.00**
	Inst	Ea	Sm	EA	1.78	4.50	329.00	86.10	---	415.10	**524.00**

Description	Oper	Unit	Vol	Crew Size	Man-hours per Unit	Crew Output per Day	Avg Mat'l Unit Cost	Avg Labor Unit Cost	Avg Equip Unit Cost	Avg Total Unit Cost	Avg Price Incl O&P
Fan											
Standard, 50 CFM	Inst	Ea	Lg	EA	1.33	6.00	32.00	64.30	---	96.30	**135.00**
	Inst	Ea	Sm	EA	1.78	4.50	35.20	86.10	---	121.30	**171.00**
Average, 70 CFM	Inst	Ea	Lg	EA	1.33	6.00	64.80	64.30	---	129.10	**174.00**
	Inst	Ea	Sm	EA	1.78	4.50	71.40	86.10	---	157.50	**215.00**
High, 70 CFM	Inst	Ea	Lg	EA	1.33	6.00	151.00	64.30	---	215.30	**277.00**
	Inst	Ea	Sm	EA	1.78	4.50	166.00	86.10	---	252.10	**328.00**
Premium, 70 CFM	Inst	Ea	Lg	EA	1.33	6.00	225.00	64.30	---	289.30	**367.00**
	Inst	Ea	Sm	EA	1.78	4.50	248.00	86.10	---	334.10	**427.00**

Wall

Description	Oper	Unit	Vol	Crew Size	Man-hours per Unit	Crew Output per Day	Avg Mat'l Unit Cost	Avg Labor Unit Cost	Avg Equip Unit Cost	Avg Total Unit Cost	Avg Price Incl O&P
Fan forced											
Up to 1100 watts	Inst	Ea	Lg	EA	4.00	2.00	161.00	193.00	---	354.00	**483.00**
	Inst	Ea	Sm	EA	5.33	1.50	177.00	258.00	---	435.00	**599.00**
1100 to 2500 watts	Inst	Ea	Lg	EA	4.00	2.00	217.00	193.00	---	410.00	**551.00**
	Inst	Ea	Sm	EA	5.33	1.50	239.00	258.00	---	497.00	**674.00**
2500 to 4000 watts	Inst	Ea	Lg	EA	4.00	2.00	418.00	193.00	---	611.00	**791.00**
	Inst	Ea	Sm	EA	5.33	1.50	460.00	258.00	---	718.00	**939.00**
Radiant heating											
1200 watt heating element	Inst	Ea	Lg	EA	4.00	2.00	211.00	193.00	---	404.00	**543.00**
	Inst	Ea	Sm	EA	5.33	1.50	233.00	258.00	---	491.00	**666.00**
1500 watt heating element	Inst	Ea	Lg	EA	4.00	2.00	322.00	193.00	---	515.00	**676.00**
	Inst	Ea	Sm	EA	5.33	1.50	355.00	258.00	---	613.00	**812.00**
Wiring, connection, and installation in closed wall or ceiling structure											
ADD	Inst	Ea	Lg	EA	2.67	3.00	---	129.00	---	129.00	**194.00**
	Inst	Ea	Sm	EA	3.46	2.31	---	167.00	---	167.00	**251.00**

Boilers

MBH = 1,000 BTU

Gas, natural or propane, includes standard controls

Description	Oper	Unit	Vol	Crew Size	Man-hours per Unit	Crew Output per Day	Avg Mat'l Unit Cost	Avg Labor Unit Cost	Avg Equip Unit Cost	Avg Total Unit Cost	Avg Price Incl O&P
62 MBH	Inst	Ea	Lg	SF	40.0	0.60	2590.00	1870.00	---	4460.00	**5920.00**
	Inst	Ea	Sm	SF	53.3	0.45	2860.00	2490.00	---	5350.00	**7170.00**
95 MBH	Inst	Ea	Lg	SF	43.6	0.55	2900.00	2040.00	---	4940.00	**6550.00**
	Inst	Ea	Sm	SF	58.5	0.41	3200.00	2740.00	---	5940.00	**7950.00**
130 MBH	Inst	Ea	Lg	SF	48.0	0.50	3610.00	2250.00	---	5860.00	**7700.00**
	Inst	Ea	Sm	SF	63.2	0.38	3980.00	2960.00	---	6940.00	**9210.00**
165 MBH	Inst	Ea	Lg	SF	53.3	0.45	3740.00	2490.00	---	6230.00	**8220.00**
	Inst	Ea	Sm	SF	70.6	0.34	4120.00	3300.00	---	7420.00	**9900.00**
200 MBH	Inst	Ea	Lg	SF	60.0	0.40	3770.00	2810.00	---	6580.00	**8730.00**
	Inst	Ea	Sm	SF	80.0	0.30	4150.00	3740.00	---	7890.00	**10600.00**
320 MBH	Inst	Ea	Lg	SF	68.6	0.35	6510.00	3210.00	---	9720.00	**12600.00**
	Inst	Ea	Sm	SF	92.3	0.26	7170.00	4320.00	---	11490.00	**15100.00**
550 MBH	Inst	Ea	Lg	SF	68.6	0.35	8670.00	3210.00	---	11880.00	**15200.00**
	Inst	Ea	Sm	SF	92.3	0.26	9560.00	4320.00	---	13880.00	**17900.00**
800 MBH	Inst	Ea	Lg	SF	120.0	0.20	12700.00	5610.00	---	18310.00	**23600.00**
	Inst	Ea	Sm	SF	160.0	0.15	14000.00	7490.00	---	21490.00	**28000.00**
1,050 MBH	Inst	Ea	Lg	SF	160.0	0.15	13700.00	7490.00	---	21190.00	**27600.00**
	Inst	Ea	Sm	SF	218.2	0.11	15100.00	10200.00	---	25300.00	**33400.00**

Heating, boilers

Description	Oper	Unit	Vol	Crew Size	Man-hours per Unit	Crew Output per Day	Avg Mat'l Unit Cost	Avg Labor Unit Cost	Avg Equip Unit Cost	Avg Total Unit Cost	Avg Price Incl O&P
Electric, includes standard controls											
55 MBH	Inst	Ea	Lg	SD	60.0	0.40	2620.00	2750.00	---	5370.00	**7260.00**
	Inst	Ea	Sm	SD	80.0	0.30	2890.00	3660.00	---	6550.00	**8950.00**
110 MBH	Inst	Ea	Lg	SD	68.6	0.35	3040.00	3140.00	---	6180.00	**8360.00**
	Inst	Ea	Sm	SD	92.3	0.26	3360.00	4220.00	---	7580.00	**10400.00**
220 MBH	Inst	Ea	Lg	SD	96.0	0.25	3320.00	4390.00	---	7710.00	**10600.00**
	Inst	Ea	Sm	SD	126.3	0.19	3660.00	5780.00	---	9440.00	**13100.00**
325 MBH	Inst	Ea	Lg	SD	120.0	0.20	5130.00	5490.00	---	10620.00	**14400.00**
	Inst	Ea	Sm	SD	160.0	0.15	5650.00	7320.00	---	12970.00	**17800.00**
Oil, includes standard controls											
62 MBH	Inst	Ea	Lg	SF	36.9	0.65	3180.00	1730.00	---	4910.00	**6410.00**
	Inst	Ea	Sm	SF	49.0	0.49	3510.00	2290.00	---	5800.00	**7650.00**
95 MBH	Inst	Ea	Lg	SF	40.0	0.60	3350.00	1870.00	---	5220.00	**6820.00**
	Inst	Ea	Sm	SF	53.3	0.45	3690.00	2490.00	---	6180.00	**8170.00**
130 MBH	Inst	Ea	Lg	SF	43.6	0.55	3650.00	2040.00	---	5690.00	**7440.00**
	Inst	Ea	Sm	SF	59	0.41	4020.00	2760.00	---	6780.00	**8960.00**
165 MBH	Inst	Ea	Lg	SF	48.0	0.50	3950.00	2250.00	---	6200.00	**8110.00**
	Inst	Ea	Sm	SF	63	0.38	4350.00	2950.00	---	7300.00	**9640.00**
200 MBH	Inst	Ea	Lg	SF	53	0.45	4170.00	2480.00	---	6650.00	**8720.00**
	Inst	Ea	Sm	SF	71	0.34	4590.00	3320.00	---	7910.00	**10500.00**
Accessories											
Check valve, swing ball type											
Up to 3/4"	Inst	Ea	Lg	SB	1.14	14.00	15.60	50.70	---	66.30	**94.70**
	Inst	Ea	Sm	SB	1.5	10.50	17.20	66.70	---	83.90	**121.00**
7/8" to 1-1/4"	Inst	Ea	Lg	SB	1.14	14.00	28.60	50.70	---	79.30	**110.00**
	Inst	Ea	Sm	SB	1.5	10.50	31.50	66.70	---	98.20	**138.00**
Circulator pump											
Cast iron											
3/4" dia., 1/40 to 1/20 HP	Inst	Ea	Lg	SB	8.00	2.00	207.00	356.00	---	563.00	**781.00**
	Inst	Ea	Sm	SB	10.7	1.50	228.00	476.00	---	704.00	**987.00**
1-1/2" dia., 1/8 to 1/6 HP	Inst	Ea	Lg	SB	8.00	2.00	411.00	356.00	---	767.00	**1030.00**
	Inst	Ea	Sm	SB	10.7	1.50	453.00	476.00	---	929.00	**1260.00**
Bronze											
1-1/2" dia., 1/8 to 1/6 HP	Inst	Ea	Lg	SB	8.00	2.00	814.00	356.00	---	1170.00	**1510.00**
	Inst	Ea	Sm	SB	10.7	1.50	898.00	476.00	---	1374.00	**1790.00**
Cast iron											
20 HP	Inst	Ea	Lg	SB	12.31	1.30	3780.00	547.00	---	4327.00	**5350.00**
	Inst	Ea	Sm	SB	16.3	0.98	4160.00	725.00	---	4885.00	**6080.00**

Description	Oper	Unit	Vol	Crew Size	Man-hours per Unit	Crew Output per Day	Avg Mat'l Unit Cost	Avg Labor Unit Cost	Avg Equip Unit Cost	Avg Total Unit Cost	Avg Price Incl O&P

Forced air units (FAU), warm air systems

Furnaces, hot air heating with blowers and standard controls

Flue piping not included, see page 349

Electric

Description	Oper	Unit	Vol	Crew Size	Man-hours per Unit	Crew Output per Day	Avg Mat'l Unit Cost	Avg Labor Unit Cost	Avg Equip Unit Cost	Avg Total Unit Cost	Avg Price Incl O&P
65 MBH	Inst	Ea	Lg	UE	20.00	1.00	1570.00	890.00	---	2460.00	**3220.00**
	Inst	Ea	Sm	UE	26.67	0.75	1740.00	1190.00	---	2930.00	**3860.00**
75 MBH	Inst	Ea	Lg	UE	20.00	1.00	1600.00	890.00	---	2490.00	**3250.00**
	Inst	Ea	Sm	UE	26.67	0.75	1760.00	1190.00	---	2950.00	**3890.00**
100 MBH	Inst	Ea	Lg	UE	20.00	1.00	1980.00	890.00	---	2870.00	**3710.00**
	Inst	Ea	Sm	UE	26.67	0.75	2180.00	1190.00	---	3370.00	**4400.00**
120 MBH	Inst	Ea	Lg	UE	20.00	1.00	1980.00	890.00	---	2870.00	**3710.00**
	Inst	Ea	Sm	UE	26.67	0.75	2190.00	1190.00	---	3380.00	**4400.00**
Minimum Job Charge											
	Inst	Job	Lg	UD	8.00	2.00	---	348.00	---	348.00	**522.00**
	Inst	Job	Sm	UD	11.4	1.40	---	496.00	---	496.00	**744.00**

Gas or Oil

Description	Oper	Unit	Vol	Crew Size	Man-hours per Unit	Crew Output per Day	Avg Mat'l Unit Cost	Avg Labor Unit Cost	Avg Equip Unit Cost	Avg Total Unit Cost	Avg Price Incl O&P
65 MBH	Inst	Ea	Lg	UD	26.67	0.60	1970.00	1160.00	---	3130.00	**4100.00**
	Inst	Ea	Sm	UD	35.56	0.45	2170.00	1550.00	---	3720.00	**4920.00**
75 MBH	Inst	Ea	Lg	UD	26.67	0.60	2000.00	1160.00	---	3160.00	**4140.00**
	Inst	Ea	Sm	UD	35.56	0.45	2200.00	1550.00	---	3750.00	**4960.00**
100 MBH	Inst	Ea	Lg	UD	26.67	0.60	2480.00	1160.00	---	3640.00	**4710.00**
	Inst	Ea	Sm	UD	35.56	0.45	2730.00	1550.00	---	4280.00	**5600.00**
120 MBH	Inst	Ea	Lg	UD	26.67	0.60	2480.00	1160.00	---	3640.00	**4720.00**
	Inst	Ea	Sm	UD	35.56	0.45	2730.00	1550.00	---	4280.00	**5600.00**
135 MBH	Inst	Ea	Lg	UD	26.67	0.60	2520.00	1160.00	---	3680.00	**4770.00**
	Inst	Ea	Sm	UD	35.56	0.45	2780.00	1550.00	---	4330.00	**5660.00**
Minimum Job Charge											
	Inst	Job	Lg	UD	8.00	2.00	---	348.00	---	348.00	**522.00**
	Inst	Job	Sm	UD	11.4	1.40	---	496.00	---	496.00	**744.00**

Space heaters, gas-fired

Unit includes cabinet, grilles, fan, controls, burner and thermostat;

Flue piping not included, see page 349

Ceiling hung, gas

Description	Oper	Unit	Vol	Crew Size	Man-hours per Unit	Crew Output per Day	Avg Mat'l Unit Cost	Avg Labor Unit Cost	Avg Equip Unit Cost	Avg Total Unit Cost	Avg Price Incl O&P
30 MBH	Inst	Ea	Lg	SB	22.86	0.70	652.00	1020.00	---	1672.00	**2310.00**
	Inst	Ea	Sm	SB	30.19	0.53	718.00	1340.00	---	2058.00	**2870.00**
100 MBH	Inst	Ea	Lg	SB	24.62	0.65	1020.00	1090.00	---	2110.00	**2860.00**
	Inst	Ea	Sm	SB	32.65	0.49	1120.00	1450.00	---	2570.00	**3520.00**
225 MBH	Inst	Ea	Lg	SB	26.67	0.60	1520.00	1190.00	---	2710.00	**3610.00**
	Inst	Ea	Sm	SB	35.56	0.45	1680.00	1580.00	---	3260.00	**4390.00**
320 MBH	Inst	Ea	Lg	SB	29.09	0.55	2490.00	1290.00	---	3780.00	**4930.00**
	Inst	Ea	Sm	SB	39.0	0.41	2750.00	1730.00	---	4480.00	**5900.00**

Heating, space heaters

Description	Oper	Unit	Vol	Crew Size	Man-hours per Unit	Crew Output per Day	Avg Mat'l Unit Cost	Avg Labor Unit Cost	Avg Equip Unit Cost	Avg Total Unit Cost	Avg Price Incl O&P
Floor mounted											
35 MBH	Inst	Ea	Lg	SB	12.80	1.25	1250.00	569.00	---	1819.00	**2350.00**
	Inst	Ea	Sm	SB	17.02	0.94	1380.00	757.00	---	2137.00	**2780.00**
50 MBHP	Inst	Ea	Lg	SB	12.80	1.25	1380.00	569.00	---	1949.00	**2510.00**
	Inst	Ea	Sm	SB	17.02	0.94	1520.00	757.00	---	2277.00	**2960.00**
65 MBH	Inst	Ea	Lg	SB	12.80	1.25	1510.00	569.00	---	2079.00	**2660.00**
	Inst	Ea	Sm	SB	17.02	0.94	1660.00	757.00	---	2417.00	**3130.00**
Wall furnace, self-contained thermostat											
Single capacity, recessed or surface mounted, 1-speed fan											
15 MBHP	Inst	Ea	Lg	SB	11.43	1.40	431.00	508.00	---	939.00	**1280.00**
	Inst	Ea	Sm	SB	15.24	1.05	475.00	677.00	---	1152.00	**1590.00**
25 MBHP	Inst	Ea	Lg	SB	11.43	1.40	1020.00	508.00	---	1528.00	**1990.00**
	Inst	Ea	Sm	SB	15.24	1.05	1120.00	677.00	---	1797.00	**2370.00**
35 MBHP	Inst	Ea	Lg	SB	11.43	1.40	1280.00	508.00	---	1788.00	**2290.00**
	Inst	Ea	Sm	SB	15.24	1.05	1410.00	677.00	---	2087.00	**2700.00**
Dual capacity, recessed or surface mounted, 2-speed blowers											
50 MBHP (direct vent)	Inst	Ea	Lg	SB	11.43	1.40	1530.00	508.00	---	2038.00	**2600.00**
	Inst	Ea	Sm	SB	15.2	1.05	1690.00	676.00	---	2366.00	**3040.00**
60 MBHP (up vent)	Inst	Ea	Lg	SB	11.43	1.40	1720.00	508.00	---	2228.00	**2830.00**
	Inst	Ea	Sm	SB	15.2	1.05	1900.00	676.00	---	2576.00	**3290.00**
Register kit for circulating heat to second room											
	Inst	Ea	Lg	SB	2.00	8.00	78.40	88.90	---	167.30	**227.00**
	Inst	Ea	Sm	SB	2.67	6.00	86.40	119.00	---	205.40	**282.00**
Minimum Job Charge											
	Inst	Job	Lg	SB	8.00	2.00	---	356.00	---	356.00	**533.00**
	Inst	Job	Sm	SB	11.4	1.40	---	507.00	---	507.00	**760.00**

Insulation

House wrap

Includes fasteners and seam tape

Description	Oper	Unit	Vol	Crew Size	Man-hours per Unit	Crew Output per Day	Avg Mat'l Unit Cost	Avg Labor Unit Cost	Avg Equip Unit Cost	Avg Total Unit Cost	Avg Price Incl O&P
Air / Moisture barrier	Demo	SF	Lg	LB	.003	6000	---	.11	---	.11	**.17**
	Demo	SF	Sm	LB	.004	4200	---	.15	---	.15	**.22**
	Inst	SF	Lg	2C	.011	1500	.20	.50	---	.70	**1.00**
	Inst	SF	Sm	2C	.015	1050	.22	.69	---	.91	**1.30**

Batt or roll

With wall or ceiling finish already removed

Description	Oper	Unit	Vol	Crew Size	Man-hours per Unit	Crew Output per Day	Avg Mat'l Unit Cost	Avg Labor Unit Cost	Avg Equip Unit Cost	Avg Total Unit Cost	Avg Price Incl O&P
Joists, 16" or 24" oc	Demo	SF	Lg	LB	.005	2935	---	.19	---	.19	**.28**
	Demo	SF	Sm	LB	.008	2055	---	.30	---	.30	**.45**
Rafters, 16" or 24" oc	Demo	SF	Lg	LB	.006	2560	---	.22	---	.22	**.34**
	Demo	SF	Sm	LB	.009	1792	---	.34	---	.34	**.50**
Studs, 16" or 24" oc	Demo	SF	Lg	LB	.005	3285	---	.19	---	.19	**.28**
	Demo	SF	Sm	LB	.007	2300	---	.26	---	.26	**.39**

Place and/or staple, Johns-Manville and/or Owens Corning fiberglass
Allowance made for joists, rafters, studs

Joists
Unfaced

Description	Oper	Unit	Vol	Crew Size	Man-hours per Unit	Crew Output per Day	Avg Mat'l Unit Cost	Avg Labor Unit Cost	Avg Equip Unit Cost	Avg Total Unit Cost	Avg Price Incl O&P
3-1/2" T (R-11)											
16" oc	Inst	SF	Lg	CA	.008	975.0	.44	.37	---	.81	**1.08**
	Inst	SF	Sm	CA	.012	682.5	.48	.55	---	1.03	**1.40**
24" oc	Inst	SF	Lg	CA	.005	1460	.49	.23	---	.72	**.93**
	Inst	SF	Sm	CA	.008	1022	.54	.37	---	.91	**1.20**
3-1/2" T (R-12)											
16" oc	Inst	SF	Lg	CA	.008	975.0	.51	.37	---	.88	**1.16**
	Inst	SF	Sm	CA	.012	682.5	.56	.55	---	1.11	**1.50**
24" oc	Inst	SF	Lg	CA	.005	1460	.57	.23	---	.80	**1.03**
	Inst	SF	Sm	CA	.008	1022	.63	.37	---	1.00	**1.31**
3-1/2" T (R-13)											
16" oc	Inst	SF	Lg	CA	.008	975.0	.60	.37	---	.97	**1.27**
	Inst	SF	Sm	CA	.012	682.5	.66	.55	---	1.21	**1.62**
24" oc	Inst	SF	Lg	CA	.005	1460	.68	.23	---	.91	**1.16**
	Inst	SF	Sm	CA	.008	1022	.74	.37	---	1.11	**1.44**
5-1/2" T (R-19)											
16" oc	Inst	SF	Lg	CA	.008	975.0	.73	.37	---	1.10	**1.43**
	Inst	SF	Sm	CA	.012	682.5	.80	.55	---	1.35	**1.79**
24" oc	Inst	SF	Lg	CA	.005	1460	.81	.23	---	1.04	**1.32**
	Inst	SF	Sm	CA	.008	1022	.90	.37	---	1.27	**1.63**
5-1/2" T (R-20)											
16" oc	Inst	SF	Lg	CA	.008	975.0	.92	.37	---	1.29	**1.65**
	Inst	SF	Sm	CA	.012	682.5	1.02	.55	---	1.57	**2.05**
24" oc	Inst	SF	Lg	CA	.005	1460	1.04	.23	---	1.27	**1.59**
	Inst	SF	Sm	CA	.008	1022	1.14	.37	---	1.51	**1.92**

Insulation, batt or roll

Description	Oper	Unit	Vol	Crew Size	Man-hours per Unit	Crew Output per Day	Avg Mat'l Unit Cost	Avg Labor Unit Cost	Avg Equip Unit Cost	Avg Total Unit Cost	Avg Price Incl O&P
5-1/2" T (R-22)											
16" oc	Inst	SF	Lg	CA	.008	975.0	1.15	.37	---	1.52	1.93
	Inst	SF	Sm	CA	.012	682.5	1.27	.55	---	1.82	2.35
24" oc	Inst	SF	Lg	CA	.005	1460	1.29	.23	---	1.52	1.89
	Inst	SF	Sm	CA	.008	1022	1.42	.37	---	1.79	2.25
7-1/2" T (R-28)											
16" oc	Inst	SF	Lg	CA	.008	975.0	.97	.37	---	1.34	1.71
	Inst	SF	Sm	CA	.012	682.5	1.06	.55	---	1.61	2.10
24" oc	Inst	SF	Lg	CA	.005	1460	1.08	.23	---	1.31	1.64
	Inst	SF	Sm	CA	.008	1022	1.19	.37	---	1.56	1.98
9-1/2" T (R-30)											
16" oc	Inst	SF	Lg	CA	.008	975.0	1.24	.37	---	1.61	2.04
	Inst	SF	Sm	CA	.012	682.5	1.36	.55	---	1.91	2.46
24" oc	Inst	SF	Lg	CA	.005	1460	1.38	.23	---	1.61	2.00
	Inst	SF	Sm	CA	.008	1022	1.53	.37	---	1.90	2.39
11-1/2" T (R-38)											
16" oc	Inst	SF	Lg	CA	.008	975.0	1.54	.37	---	1.91	2.40
	Inst	SF	Sm	CA	.012	682.5	1.69	.55	---	2.24	2.85
24" oc	Inst	SF	Lg	CA	.005	1460	1.72	.23	---	1.95	2.41
	Inst	SF	Sm	CA	.008	1022	1.90	.37	---	2.27	2.83
Kraft-faced											
3-1/2" T (R-11)											
16" oc	Inst	SF	Lg	CA	.008	975.0	.65	.37	---	1.02	1.33
	Inst	SF	Sm	CA	.012	682.5	.72	.55	---	1.27	1.69
24" oc	Inst	SF	Lg	CA	.005	1460	.73	.23	---	.96	1.22
	Inst	SF	Sm	CA	.008	1022	.81	.37	---	1.18	1.52
3-1/2" T (R-13)											
16" oc	Inst	SF	Lg	CA	.008	975.0	.70	.37	---	1.07	1.39
	Inst	SF	Sm	CA	.012	682.5	.77	.55	---	1.32	1.75
24" oc	Inst	SF	Lg	CA	.005	1460	.78	.23	---	1.01	1.28
	Inst	SF	Sm	CA	.008	1022	.86	.37	---	1.23	1.58
3-1/2" T (R-15)											
16" oc	Inst	SF	Lg	CA	.008	975.0	.95	.37	---	1.32	1.69
	Inst	SF	Sm	CA	.012	682.5	1.04	.55	---	1.59	2.07
24" oc	Inst	SF	Lg	CA	.005	1460	1.06	.23	---	1.29	1.62
	Inst	SF	Sm	CA	.008	1022	1.17	.37	---	1.54	1.95
5-1/2" T (R-19)											
16" oc	Inst	SF	Lg	CA	.008	975.0	.83	.37	---	1.20	1.55
	Inst	SF	Sm	CA	.012	682.5	.92	.55	---	1.47	1.93
24" oc	Inst	SF	Lg	CA	.005	1460	.93	.23	---	1.16	1.46
	Inst	SF	Sm	CA	.008	1022	1.03	.37	---	1.40	1.79
5-1/2" T (R-22)											
16" oc	Inst	SF	Lg	CA	.008	975.0	1.15	.37	---	1.52	1.93
	Inst	SF	Sm	CA	.012	682.5	1.27	.55	---	1.82	2.35
24" oc	Inst	SF	Lg	CA	.005	1460	1.29	.23	---	1.52	1.89
	Inst	SF	Sm	CA	.008	1022	1.42	.37	---	1.79	2.25

Description	Oper	Unit	Vol	Crew Size	Man-hours per Unit	Crew Output per Day	Avg Mat'l Unit Cost	Avg Labor Unit Cost	Avg Equip Unit Cost	Avg Total Unit Cost	Avg Price Incl O&P
9-1/2" T (R-30)											
16" oc	Inst	SF	Lg	CA	.008	975.0	1.31	.37	---	1.68	**2.12**
	Inst	SF	Sm	CA	.012	682.5	1.44	.55	---	1.99	**2.55**
24" oc	Inst	SF	Lg	CA	.005	1460	1.47	.23	---	1.70	**2.11**
	Inst	SF	Sm	CA	.008	1022	1.62	.37	---	1.99	**2.49**
11-1/2" T (R-38)											
16" oc	Inst	SF	Lg	CA	.008	975.0	1.77	.37	---	2.14	**2.67**
	Inst	SF	Sm	CA	.012	682.5	1.95	.55	---	2.50	**3.17**
24" oc	Inst	SF	Lg	CA	.005	1460	1.98	.23	---	2.21	**2.72**
	Inst	SF	Sm	CA	.008	1022	2.18	.37	---	2.55	**3.17**

Foil-faced

Description	Oper	Unit	Vol	Crew Size	Man-hours per Unit	Crew Output per Day	Avg Mat'l Unit Cost	Avg Labor Unit Cost	Avg Equip Unit Cost	Avg Total Unit Cost	Avg Price Incl O&P
5-1/2" T (R-19)											
16" oc	Inst	SF	Lg	CA	.008	975.0	.83	.37	---	1.20	**1.55**
	Inst	SF	Sm	CA	.012	682.5	.92	.55	---	1.47	**1.93**
24" oc	Inst	SF	Lg	CA	.005	1460	.93	.23	---	1.16	**1.46**
	Inst	SF	Sm	CA	.008	1022	1.03	.37	---	1.40	**1.79**
9-1/2" T (R-30)											
16" oc	Inst	SF	Lg	CA	.008	975.0	1.31	.37	---	1.68	**2.12**
	Inst	SF	Sm	CA	.012	682.5	1.44	.55	---	1.99	**2.55**
24" oc	Inst	SF	Lg	CA	.005	1460	1.47	.23	---	1.70	**2.11**
	Inst	SF	Sm	CA	.008	1022	1.62	.37	---	1.99	**2.49**

Rafters

Unfaced

Description	Oper	Unit	Vol	Crew Size	Man-hours per Unit	Crew Output per Day	Avg Mat'l Unit Cost	Avg Labor Unit Cost	Avg Equip Unit Cost	Avg Total Unit Cost	Avg Price Incl O&P
3-1/2" T (R-11)											
16" oc	Inst	SF	Lg	CA	.012	650.0	.44	.55	---	.99	**1.35**
	Inst	SF	Sm	CA	.018	455.0	.48	.83	---	1.31	**1.81**
24" oc	Inst	SF	Lg	CA	.008	975	.49	.37	---	.86	**1.14**
	Inst	SF	Sm	CA	.012	683	.54	.55	---	1.09	**1.47**
3-1/2" T (R-12)											
16" oc	Inst	SF	Lg	CA	.012	650.0	.51	.55	---	1.06	**1.44**
	Inst	SF	Sm	CA	.018	455.0	.56	.83	---	1.39	**1.91**
24" oc	Inst	SF	Lg	CA	.008	975	.57	.37	---	.94	**1.23**
	Inst	SF	Sm	CA	.012	683	.63	.55	---	1.18	**1.58**
3-1/2" T (R-13)											
16" oc	Inst	SF	Lg	CA	.012	650.0	.60	.55	---	1.15	**1.55**
	Inst	SF	Sm	CA	.018	455.0	.66	.83	---	1.49	**2.03**
24" oc	Inst	SF	Lg	CA	.008	975	.68	.37	---	1.05	**1.37**
	Inst	SF	Sm	CA	.012	683	.74	.55	---	1.29	**1.71**
5-1/2" T (R-19)											
16" oc	Inst	SF	Lg	CA	.012	650.0	.73	.55	---	1.28	**1.70**
	Inst	SF	Sm	CA	.018	455.0	.80	.83	---	1.63	**2.20**
24" oc	Inst	SF	Lg	CA	.008	975	.81	.37	---	1.18	**1.52**
	Inst	SF	Sm	CA	.012	683	.90	.55	---	1.45	**1.91**
5-1/2" T (R-20)											
16" oc	Inst	SF	Lg	CA	.012	650.0	.92	.55	---	1.47	**1.93**
	Inst	SF	Sm	CA	.018	455.0	1.02	.83	---	1.85	**2.46**
24" oc	Inst	SF	Lg	CA	.008	975	1.04	.37	---	1.41	**1.80**
	Inst	SF	Sm	CA	.012	683	1.14	.55	---	1.69	**2.19**
5-1/2" T (R-22)											
16" oc	Inst	SF	Lg	CA	.012	650.0	1.15	.55	---	1.70	**2.21**
	Inst	SF	Sm	CA	.018	455.0	1.27	.83	---	2.10	**2.76**
24" oc	Inst	SF	Lg	CA	.008	975	1.29	.37	---	1.66	**2.10**
	Inst	SF	Sm	CA	.012	683	1.42	.55	---	1.97	**2.53**

Insulation, batt or roll, rafters

Description	Oper	Unit	Vol	Crew Size	Man-hours per Unit	Crew Output per Day	Avg Mat'l Unit Cost	Avg Labor Unit Cost	Avg Equip Unit Cost	Avg Total Unit Cost	Avg Price Incl O&P
7-1/2" T (R-28)											
16" oc	Inst	SF	Lg	CA	.012	650.0	.97	.55	---	1.52	**1.99**
	Inst	SF	Sm	CA	.018	455.0	1.06	.83	---	1.89	**2.51**
24" oc	Inst	SF	Lg	CA	.008	975	1.08	.37	---	1.45	**1.85**
	Inst	SF	Sm	CA	.012	683	1.19	.55	---	1.74	**2.25**
9-1/2" T (R-30)											
16" oc	Inst	SF	Lg	CA	.012	650.0	1.24	.55	---	1.79	**2.31**
	Inst	SF	Sm	CA	.018	455.0	1.36	.83	---	2.19	**2.87**
24" oc	Inst	SF	Lg	CA	.008	975	1.38	.37	---	1.75	**2.21**
	Inst	SF	Sm	CA	.012	683	1.53	.55	---	2.08	**2.66**
11-1/2" T (R-38)											
16" oc	Inst	SF	Lg	CA	.012	650.0	1.54	.55	---	2.09	**2.67**
	Inst	SF	Sm	CA	.018	455.0	1.69	.83	---	2.52	**3.27**
24" oc	Inst	SF	Lg	CA	.008	975	1.72	.37	---	2.09	**2.61**
	Inst	SF	Sm	CA	.012	683	1.90	.55	---	2.45	**3.11**
Kraft-faced											
3-1/2" T (R-11)											
16" oc	Inst	SF	Lg	CA	.012	650.0	.65	.55	---	1.20	**1.61**
	Inst	SF	Sm	CA	.018	455.0	.72	.83	---	1.55	**2.10**
24" oc	Inst	SF	Lg	CA	.008	975	.73	.37	---	1.10	**1.43**
	Inst	SF	Sm	CA	.012	683	.81	.55	---	1.36	**1.80**
3-1/2" T (R-13)											
16" oc	Inst	SF	Lg	CA	.012	650.0	.70	.55	---	1.25	**1.67**
	Inst	SF	Sm	CA	.018	455.0	.77	.83	---	1.60	**2.16**
24" oc	Inst	SF	Lg	CA	.008	975	.78	.37	---	1.15	**1.49**
	Inst	SF	Sm	CA	.012	683	.86	.55	---	1.41	**1.86**
3-1/2" T (R-15)											
16" oc	Inst	SF	Lg	CA	.012	650.0	.95	.55	---	1.50	**1.97**
	Inst	SF	Sm	CA	.018	455.0	1.04	.83	---	1.87	**2.49**
24" oc	Inst	SF	Lg	CA	.008	975	1.06	.37	---	1.43	**1.82**
	Inst	SF	Sm	CA	.012	683	1.17	.55	---	1.72	**2.23**
5-1/2" T (R-19)											
16" oc	Inst	SF	Lg	CA	.012	650.0	.83	.55	---	1.38	**1.82**
	Inst	SF	Sm	CA	.018	455.0	.92	.83	---	1.75	**2.34**
24" oc	Inst	SF	Lg	CA	.008	975	.93	.37	---	1.30	**1.67**
	Inst	SF	Sm	CA	.012	683	1.03	.55	---	1.58	**2.06**
5-1/2" T (R-22)											
16" oc	Inst	SF	Lg	CA	.012	650.0	1.15	.55	---	1.70	**2.21**
	Inst	SF	Sm	CA	.018	455.0	1.27	.83	---	2.10	**2.76**
24" oc	Inst	SF	Lg	CA	.008	975	1.29	.37	---	1.66	**2.10**
	Inst	SF	Sm	CA	.012	683	1.42	.55	---	1.97	**2.53**
9-1/2" T (R-30)											
16" oc	Inst	SF	Lg	CA	.012	650.0	1.31	.55	---	1.86	**2.40**
	Inst	SF	Sm	CA	.018	455.0	1.44	.83	---	2.27	**2.97**
24" oc	Inst	SF	Lg	CA	.008	975	1.47	.37	---	1.84	**2.31**
	Inst	SF	Sm	CA	.012	683	1.62	.55	---	2.17	**2.77**
11-1/2" T (R-38)											
16" oc	Inst	SF	Lg	CA	.012	650.0	1.77	.55	---	2.32	**2.95**
	Inst	SF	Sm	CA	.018	455.0	1.95	.83	---	2.78	**3.58**
24" oc	Inst	SF	Lg	CA	.008	975	1.98	.37	---	2.35	**2.93**
	Inst	SF	Sm	CA	.012	683	2.18	.55	---	2.73	**3.44**

Description	Oper	Unit	Vol	Crew Size	Man-hours per Unit	Crew Output per Day	Avg Mat'l Unit Cost	Avg Labor Unit Cost	Avg Equip Unit Cost	Avg Total Unit Cost	Avg Price Incl O&P
Foil-faced											
5-1/2" T (R-19)											
16" oc	Inst	SF	Lg	CA	.012	650.0	.83	.55	---	1.38	**1.82**
	Inst	SF	Sm	CA	.018	455.0	.92	.83	---	1.75	**2.34**
24" oc	Inst	SF	Lg	CA	.008	975	.93	.37	---	1.30	**1.67**
	Inst	SF	Sm	CA	.012	683	1.03	.55	---	1.58	**2.06**
9-1/2" T (R-30)											
16" oc	Inst	SF	Lg	CA	.012	650.0	1.31	.55	---	1.86	**2.40**
	Inst	SF	Sm	CA	.018	455.0	1.44	.83	---	2.27	**2.97**
24" oc	Inst	SF	Lg	CA	.008	975	1.47	.37	---	1.84	**2.31**
	Inst	SF	Sm	CA	.012	683	1.62	.55	---	2.17	**2.77**
Studs											
Unfaced											
3-1/2" T (R-11)											
16" oc	Inst	SF	Lg	CA	.010	815.0	.44	.46	---	.90	**1.22**
	Inst	SF	Sm	CA	.014	570.5	.48	.64	---	1.12	**1.54**
24" oc	Inst	SF	Lg	CA	.007	1220	.49	.32	---	.81	**1.07**
	Inst	SF	Sm	CA	.009	854	.54	.41	---	.95	**1.27**
3-1/2" T (R-12)											
16" oc	Inst	SF	Lg	CA	.010	815.0	.51	.46	---	.97	**1.30**
	Inst	SF	Sm	CA	.014	570.5	.56	.64	---	1.20	**1.64**
24" oc	Inst	SF	Lg	CA	.007	1220	.57	.32	---	.89	**1.17**
	Inst	SF	Sm	CA	.009	854	.63	.41	---	1.04	**1.38**
3-1/2" T (R-13)											
16" oc	Inst	SF	Lg	CA	.010	815.0	.60	.46	---	1.06	**1.41**
	Inst	SF	Sm	CA	.014	570.5	.66	.64	---	1.30	**1.76**
24" oc	Inst	SF	Lg	CA	.007	1220	.68	.32	---	1.00	**1.30**
	Inst	SF	Sm	CA	.009	854	.74	.41	---	1.15	**1.51**
5-1/2" T (R-19)											
16" oc	Inst	SF	Lg	CA	.010	815.0	.73	.46	---	1.19	**1.56**
	Inst	SF	Sm	CA	.014	570.5	.80	.64	---	1.44	**1.92**
24" oc	Inst	SF	Lg	CA	.007	1220	.81	.32	---	1.13	**1.45**
	Inst	SF	Sm	CA	.009	854	.90	.41	---	1.31	**1.70**
5-1/2" T (R-20)											
16" oc	Inst	SF	Lg	CA	.010	815.0	.92	.46	---	1.38	**1.79**
	Inst	SF	Sm	CA	.014	570.5	1.02	.64	---	1.66	**2.19**
24" oc	Inst	SF	Lg	CA	.007	1220	1.04	.32	---	1.36	**1.73**
	Inst	SF	Sm	CA	.009	854	1.14	.41	---	1.55	**1.99**
5-1/2" T (R-22)											
16" oc	Inst	SF	Lg	CA	.010	815.0	1.15	.46	---	1.61	**2.07**
	Inst	SF	Sm	CA	.014	570.5	1.27	.64	---	1.91	**2.49**
24" oc	Inst	SF	Lg	CA	.007	1220	1.29	.32	---	1.61	**2.03**
	Inst	SF	Sm	CA	.009	854	1.42	.41	---	1.83	**2.32**
7-1/2" T (R-28)											
16" oc	Inst	SF	Lg	CA	.010	815.0	.97	.46	---	1.43	**1.85**
	Inst	SF	Sm	CA	.014	570.5	1.06	.64	---	1.70	**2.24**
24" oc	Inst	SF	Lg	CA	.007	1220	1.08	.32	---	1.40	**1.78**
	Inst	SF	Sm	CA	.009	854	1.19	.41	---	1.60	**2.05**
9-1/2" T (R-30)											
16" oc	Inst	SF	Lg	CA	.010	815.0	1.24	.46	---	1.70	**2.18**
	Inst	SF	Sm	CA	.014	570.5	1.36	.64	---	2.00	**2.60**
24" oc	Inst	SF	Lg	CA	.007	1220	1.38	.32	---	1.70	**2.14**
	Inst	SF	Sm	CA	.009	854	1.53	.41	---	1.94	**2.46**

Insulation, studs

Description	Oper	Unit	Vol	Crew Size	Man-hours per Unit	Crew Output per Day	Avg Mat'l Unit Cost	Avg Labor Unit Cost	Avg Equip Unit Cost	Avg Total Unit Cost	Avg Price Incl O&P
11-1/2" T (R-38)											
16" oc	Inst	SF	Lg	CA	.010	815.0	1.54	.46	---	2.00	**2.54**
	Inst	SF	Sm	CA	.014	570.5	1.69	.64	---	2.33	**2.99**
24" oc	Inst	SF	Lg	CA	.007	1220	1.72	.32	---	2.04	**2.55**
	Inst	SF	Sm	CA	.009	854	1.90	.41	---	2.31	**2.90**
Kraft-faced											
3-1/2" T (R-11)											
16" oc	Inst	SF	Lg	CA	.010	815.0	.65	.46	---	1.11	**1.47**
	Inst	SF	Sm	CA	.014	570.5	.72	.64	---	1.36	**1.83**
24" oc	Inst	SF	Lg	CA	.007	1220	.73	.32	---	1.05	**1.36**
	Inst	SF	Sm	CA	.009	854	.81	.41	---	1.22	**1.59**
3-1/2" T (R-13)											
16" oc	Inst	SF	Lg	CA	.010	815.0	.70	.46	---	1.16	**1.53**
	Inst	SF	Sm	CA	.014	570.5	.77	.64	---	1.41	**1.89**
24" oc	Inst	SF	Lg	CA	.007	1220	.78	.32	---	1.10	**1.42**
	Inst	SF	Sm	CA	.009	854	.86	.41	---	1.27	**1.65**
3-1/2" T (R-15)											
16" oc	Inst	SF	Lg	CA	.010	815.0	.95	.46	---	1.41	**1.83**
	Inst	SF	Sm	CA	.014	570.5	1.04	.64	---	1.68	**2.21**
24" oc	Inst	SF	Lg	CA	.007	1220	1.06	.32	---	1.38	**1.75**
	Inst	SF	Sm	CA	.009	854	1.17	.41	---	1.58	**2.02**
5-1/2" T (R-19)											
16" oc	Inst	SF	Lg	CA	.010	815.0	.83	.46	---	1.29	**1.68**
	Inst	SF	Sm	CA	.014	570.5	.92	.64	---	1.56	**2.07**
24" oc	Inst	SF	Lg	CA	.007	1220	.93	.32	---	1.25	**1.60**
	Inst	SF	Sm	CA	.009	854	1.03	.41	---	1.44	**1.86**
5-1/2" T (R-22)											
16" oc	Inst	SF	Lg	CA	.010	815.0	1.15	.46	---	1.61	**2.07**
	Inst	SF	Sm	CA	.014	570.5	1.27	.64	---	1.91	**2.49**
24" oc	Inst	SF	Lg	CA	.007	1220	1.29	.32	---	1.61	**2.03**
	Inst	SF	Sm	CA	.009	854	1.42	.41	---	1.83	**2.32**
9-1/2" T (R-30)											
16" oc	Inst	SF	Lg	CA	.010	815.0	1.31	.46	---	1.77	**2.26**
	Inst	SF	Sm	CA	.014	570.5	1.44	.64	---	2.08	**2.69**
24" oc	Inst	SF	Lg	CA	.007	1220	1.47	.32	---	1.79	**2.25**
	Inst	SF	Sm	CA	.009	854	1.62	.41	---	2.03	**2.56**
11-1/2" T (R-38)											
16" oc	Inst	SF	Lg	CA	.010	815.0	1.77	.46	---	2.23	**2.81**
	Inst	SF	Sm	CA	.014	570.5	1.95	.64	---	2.59	**3.30**
24" oc	Inst	SF	Lg	CA	.007	1220	1.98	.32	---	2.30	**2.86**
	Inst	SF	Sm	CA	.009	854	2.18	.41	---	2.59	**3.24**
Foil-faced											
5-1/2" T (R-19)											
16" oc	Inst	SF	Lg	CA	.010	815.0	.83	.46	---	1.29	**1.68**
	Inst	SF	Sm	CA	.014	570.5	.92	.64	---	1.56	**2.07**
24" oc	Inst	SF	Lg	CA	.007	1220	.93	.32	---	1.25	**1.60**
	Inst	SF	Sm	CA	.009	854	1.03	.41	---	1.44	**1.86**
9-1/2" T (R-30)											
16" oc	Inst	SF	Lg	CA	.010	815.0	1.31	.46	---	1.77	**2.26**
	Inst	SF	Sm	CA	.014	570.5	1.44	.64	---	2.08	**2.69**
24" oc	Inst	SF	Lg	CA	.007	1220	1.47	.32	---	1.79	**2.25**
	Inst	SF	Sm	CA	.009	854	1.62	.41	---	2.03	**2.56**

Loose fill

With ceiling finish in place

Joists, 16" or 24" oc

Description	Oper	Unit	Vol	Crew Size	Man-hours per Unit	Crew Output per Day	Avg Mat'l Unit Cost	Avg Labor Unit Cost	Avg Equip Unit Cost	Avg Total Unit Cost	Avg Price Incl O&P
4-1/2" T	Demo	SF	Lg	LB	.005	3400	---	.19	.15	.34	**.46**
	Demo	SF	Sm	LB	.007	2380	---	.26	.22	.48	**.66**
6-1/2" T	Demo	SF	Lg	LB	.007	2380	---	.26	.22	.48	**.66**
	Demo	SF	Sm	LB	.010	1666	---	.37	.31	.68	**.93**
7-1/2" T	Demo	SF	Lg	LB	.008	2040	---	.30	.25	.55	**.75**
	Demo	SF	Sm	LB	.011	1428	---	.41	.36	.77	**1.05**
8-3/4" T	Demo	SF	Lg	LB	.009	1700	---	.34	.31	.65	**.88**
	Demo	SF	Sm	LB	.013	1190	---	.49	.44	.93	**1.26**
10-1/4" T	Demo	SF	Lg	LB	.011	1445	---	.41	.36	.77	**1.05**
	Demo	SF	Sm	LB	.016	1012	---	.60	.51	1.11	**1.51**

Allowance made for joists, cavities, and cores

Fiberglass Insulation (28.5 lbs/bag nominal weight)

Joists, @ 8.13 lbs/CF density, using appropriate machine with 2-1/2" hose

16" oc

Description	Oper	Unit	Vol	Crew Size	Man-hours per Unit	Crew Output per Day	Avg Mat'l Unit Cost	Avg Labor Unit Cost	Avg Equip Unit Cost	Avg Total Unit Cost	Avg Price Incl O&P
4-1/2" T, R-13, 6.6 bags/1,000 SF											
	Inst	SF	Lg	CH	.003	4000	.63	.13	.13	.89	**1.11**
	Inst	SF	Sm	CH	.004	2800	.70	.17	.19	1.06	**1.33**
6-1/2" T, R-19, 9.4 bags/1,000 SF											
	Inst	SF	Lg	CH	.004	2800	.63	.17	.19	.99	**1.24**
	Inst	SF	Sm	CH	.006	1960	.70	.26	.27	1.23	**1.55**
7-1/2" T, R-22, 11.1 bags/1,000 SF											
	Inst	SF	Lg	CH	.005	2400	.63	.22	.22	1.07	**1.34**
	Inst	SF	Sm	CH	.007	1680	.70	.30	.31	1.31	**1.66**
8-3/4" T, R-25, 13.3 bags/1,000 SF											
	Inst	SF	Lg	CH	.006	2000	.63	.26	.26	1.15	**1.46**
	Inst	SF	Sm	CH	.009	1400	.70	.39	.37	1.46	**1.87**
10-1/4" T, R-30, 15.3 bags/1,000 SF											
	Inst	SF	Lg	CH	.007	1700	1.26	.30	.31	1.87	**2.34**
	Inst	SF	Sm	CH	.010	1190	1.39	.43	.44	2.26	**2.84**

24" oc

Description	Oper	Unit	Vol	Crew Size	Man-hours per Unit	Crew Output per Day	Avg Mat'l Unit Cost	Avg Labor Unit Cost	Avg Equip Unit Cost	Avg Total Unit Cost	Avg Price Incl O&P
4-1/2" T, R-13, 6.6 bags/1,000 SF											
	Inst	SF	Lg	CH	.003	3600	.63	.13	.14	.90	**1.12**
	Inst	SF	Sm	CH	.005	2520	.70	.22	.21	1.13	**1.41**
6-1/2" T, R-19, 9.4 bags/1,000 SF											
	Inst	SF	Lg	CH	.005	2500	.63	.22	.21	1.06	**1.33**
	Inst	SF	Sm	CH	.007	1750	.70	.30	.30	1.30	**1.65**
7-1/2" T, R-22, 11.1 bags/1,000 SF											
	Inst	SF	Lg	CH	.006	2100	.63	.26	.25	1.14	**1.44**
	Inst	SF	Sm	CH	.008	1470	.70	.34	.35	1.39	**1.78**
8-3/4" T, R-25, 13.3 bags/1,000 SF											
	Inst	SF	Lg	CH	.007	1750	.63	.30	.30	1.23	**1.57**
	Inst	SF	Sm	CH	.010	1225	.70	.43	.42	1.55	**1.99**
10-1/4" T, R-30, 15.3 bags/1,000 SF											
	Inst	SF	Lg	CH	.008	1500	1.26	.34	.35	1.95	**2.45**
	Inst	SF	Sm	CH	.011	1050	1.39	.47	.50	2.36	**2.98**

Insulation, rigid insulating board

Description	Oper	Unit	Vol	Crew Size	Man-hours per Unit	Crew Output per Day	Avg Mat'l Unit Cost	Avg Labor Unit Cost	Avg Equip Unit Cost	Avg Total Unit Cost	Avg Price Incl O&P
Vermiculite/Perlite (approximately 10 lbs/bag, 4 CF/bag)											
Joists											
16" oc											
4" T	Inst	SF	Lg	CH	.006	2000	1.16	.26	---	1.42	**1.78**
	Inst	SF	Sm	CH	.009	1400	1.27	.39	---	1.66	**2.11**
6" T	Inst	SF	Lg	CH	.009	1400	1.88	.39	---	2.27	**2.84**
	Inst	SF	Sm	CH	.012	980.0	2.07	.52	---	2.59	**3.26**
24" oc											
4" T	Inst	SF	Lg	CH	.007	1700	1.30	.30	---	1.60	**2.01**
	Inst	SF	Sm	CH	.010	1190.0	1.43	.43	---	1.86	**2.36**
6" T	Inst	SF	Lg	CH	.010	1190.0	1.88	.43	---	2.31	**2.90**
	Inst	SF	Sm	CH	.014	833.0	2.07	.60	---	2.67	**3.39**
Cavity walls											
1" T	Inst	SF	Lg	CH	.004	3070	.29	.17	---	.46	**.61**
	Inst	SF	Sm	CH	.006	2149	.32	.26	---	.58	**.77**
2" T	Inst	SF	Lg	CH	.007	1690	.58	.30	---	.88	**1.15**
	Inst	SF	Sm	CH	.010	1183	.64	.43	---	1.07	**1.41**
Block walls (2 cores/block)											
8" T block	Inst	SF	Lg	CH	.015	815.0	1.01	.65	---	1.66	**2.18**
	Inst	SF	Sm	CH	.021	570.5	1.11	.90	---	2.01	**2.69**
12" T block	Inst	SF	Lg	CH	.020	610.0	1.88	.86	---	2.74	**3.55**
	Inst	SF	Sm	CH	.028	427.0	2.07	1.21	---	3.28	**4.29**

Rigid insulating board (Demo)

Description	Oper	Unit	Vol	Crew Size	Man-hours per Unit	Crew Output per Day	Avg Mat'l Unit Cost	Avg Labor Unit Cost	Avg Equip Unit Cost	Avg Total Unit Cost	Avg Price Incl O&P
Roofs											
1/2" T	Demo	SQ	Lg	LB	.941	17.00	---	35.20	---	35.20	**52.80**
	Demo	SQ	Sm	LB	1.34	11.90	---	50.10	---	50.10	**75.20**
1" T	Demo	SQ	Lg	LB	1.07	15.00	---	40.00	---	40.00	**60.00**
	Demo	SQ	Sm	LB	1.52	10.50	---	56.90	---	56.90	**85.30**
Walls											
1/2" T	Demo	SF	Lg	LB	.007	2140	---	.26	---	.26	**.39**
	Demo	SF	Sm	LB	.011	1498	---	.41	---	.41	**.62**
3/4" T	Demo	SF	Lg	LB	.007	2140	---	.26	---	.26	**.39**
	Demo	SF	Sm	LB	.011	1498	---	.41	---	.41	**.62**
1" T	Demo	SF	Lg	LB	.009	1820	---	.34	---	.34	**.50**
	Demo	SF	Sm	LB	.013	1274	---	.49	---	.49	**.73**
2" T	Demo	SF	Lg	LB	.010	1550	---	.37	---	.37	**.56**
	Demo	SF	Sm	LB	.015	1085	---	.56	---	.56	**.84**

Rigid insulating board (Install)

Roofs, over wood decks, 5% waste included

Normal (dry) moisture conditions within building

Fasten one ply felt, then set and fasten:

Description	Oper	Unit	Vol	Crew Size	Man-hours per Unit	Crew Output per Day	Avg Mat'l Unit Cost	Avg Labor Unit Cost	Avg Equip Unit Cost	Avg Total Unit Cost	Avg Price Incl O&P
1" ISO board	Inst	SQ	Lg	RT	1.50	16.0	83.00	69.60	---	152.60	**204.00**
	Inst	SQ	Sm	RT	2.14	11.2	91.40	99.20	---	190.60	**259.00**
1" perlite board	Inst	SQ	Lg	RT	1.50	16.0	85.30	69.60	---	154.90	**207.00**
	Inst	SQ	Sm	RT	2.14	11.2	94.00	99.20	---	193.20	**262.00**
1" polystyrene board	Inst	SQ	Lg	RT	1.50	16.0	62.60	69.60	---	132.20	**179.00**
	Inst	SQ	Sm	RT	2.14	11.2	69.00	99.20	---	168.20	**232.00**
1" urethane board	Inst	SQ	Lg	RT	1.50	16.0	68.20	69.60	---	137.80	**186.00**
	Inst	SQ	Sm	RT	2.14	11.2	75.20	99.20	---	174.40	**239.00**

Description	Oper	Unit	Vol	Crew Size	Man-hours per Unit	Crew Output per Day	Avg Mat'l Unit Cost	Avg Labor Unit Cost	Avg Equip Unit Cost	Avg Total Unit Cost	Avg Price Incl O&P

Excessive (humid) moisture conditions within building

Nail and overlap three plies 15 lb felt, mop laps and surface one coat and embed:

Description	Oper	Unit	Vol	Crew Size	Man-hours per Unit	Crew Output per Day	Avg Mat'l Unit Cost	Avg Labor Unit Cost	Avg Equip Unit Cost	Avg Total Unit Cost	Avg Price Incl O&P
1" ISO board	Inst	SQ	Lg	RT	3.00	8.0	127.00	139.00	---	266.00	**361.00**
	Inst	SQ	Sm	RT	4.29	5.6	139.00	199.00	---	338.00	**466.00**
1" perlite board	Inst	SQ	Lg	RT	3.00	8.0	129.00	139.00	---	268.00	**363.00**
	Inst	SQ	Sm	RT	4.29	5.6	142.00	199.00	---	341.00	**469.00**
1" polystyrene board	Inst	SQ	Lg	RT	3.00	8.0	106.00	139.00	---	245.00	**336.00**
	Inst	SQ	Sm	RT	4.29	5.6	117.00	199.00	---	316.00	**439.00**
1" urethane board	Inst	SQ	Lg	RT	3.00	8.0	112.00	139.00	---	251.00	**343.00**
	Inst	SQ	Sm	RT	4.29	5.6	123.00	199.00	---	322.00	**446.00**

Roofs, over noncombustible decks, 5% waste included

Normal (dry) moisture conditions within building

Mop one coat and embed:

Description	Oper	Unit	Vol	Crew Size	Man-hours per Unit	Crew Output per Day	Avg Mat'l Unit Cost	Avg Labor Unit Cost	Avg Equip Unit Cost	Avg Total Unit Cost	Avg Price Incl O&P
1" ISO board	Inst	SQ	Lg	RT	1.71	14.0	99.30	79.30	---	178.60	**238.00**
	Inst	SQ	Sm	RT	2.45	9.8	109.00	114.00	---	223.00	**302.00**
1" perlite board	Inst	SQ	Lg	RT	1.71	14.0	102.00	79.30	---	181.30	**241.00**
	Inst	SQ	Sm	RT	2.45	9.8	112.00	114.00	---	226.00	**305.00**
1" polystyrene board	Inst	SQ	Lg	RT	1.71	14.0	79.00	79.30	---	158.30	**214.00**
	Inst	SQ	Sm	RT	2.45	9.8	87.00	114.00	---	201.00	**275.00**
1" urethane board	Inst	SQ	Lg	RT	1.71	14.0	84.60	79.30	---	163.90	**220.00**
	Inst	SQ	Sm	RT	2.45	9.8	93.20	114.00	---	207.20	**282.00**

Excessive (humid) moisture conditions within building

Mop one coat, embed two plies 15 lb felt, mop and embed:

Description	Oper	Unit	Vol	Crew Size	Man-hours per Unit	Crew Output per Day	Avg Mat'l Unit Cost	Avg Labor Unit Cost	Avg Equip Unit Cost	Avg Total Unit Cost	Avg Price Incl O&P
1" ISO board	Inst	SQ	Lg	RT	3.69	6.5	127.00	171.00	---	298.00	**409.00**
	Inst	SQ	Sm	RT	5.27	4.6	140.00	244.00	---	384.00	**534.00**
1" perlite board	Inst	SQ	Lg	RT	3.69	6.5	129.00	171.00	---	300.00	**412.00**
	Inst	SQ	Sm	RT	5.27	4.6	142.00	244.00	---	386.00	**537.00**
1" polystyrene board	Inst	SQ	Lg	RT	3.69	6.5	107.00	171.00	---	278.00	**384.00**
	Inst	SQ	Sm	RT	5.27	4.6	117.00	244.00	---	361.00	**507.00**
1" urethane board	Inst	SQ	Lg	RT	3.69	6.5	112.00	171.00	---	283.00	**391.00**
	Inst	SQ	Sm	RT	5.27	4.6	124.00	244.00	---	368.00	**515.00**

Insulation, rigid insulating board

Description	Oper	Unit	Vol	Crew Size	Man-hours per Unit	Crew Output per Day	Avg Mat'l Unit Cost	Avg Labor Unit Cost	Avg Equip Unit Cost	Avg Total Unit Cost	Avg Price Incl O&P
Walls, extruded polystyrene (XPS) rigid foam insulation, 5% waste included											
4' x 8' x 1/2", square edge											
Straight wall	Inst	SF	Lg	2C	.011	1440	1.26	.50	---	1.76	**2.27**
	Inst	SF	Sm	2C	.016	1008	1.39	.73	---	2.12	**2.77**
Cut-up wall	Inst	SF	Lg	2C	.013	1200	1.26	.60	---	1.86	**2.41**
	Inst	SF	Sm	2C	.019	840.0	1.39	.87	---	2.26	**2.98**
4' x 8' x 1", tongue-and-groove											
Straight wall	Inst	SF	Lg	2C	.011	1440	1.48	.50	---	1.98	**2.53**
	Inst	SF	Sm	2C	.016	1008	1.63	.73	---	2.36	**3.06**
Cut-up wall	Inst	SF	Lg	2C	.013	1200	1.48	.60	---	2.08	**2.67**
	Inst	SF	Sm	2C	.019	840.0	1.63	.87	---	2.50	**3.26**
4' x 8' x 1-1/2", tongue-and-groove											
Straight wall	Inst	SF	Lg	2C	.011	1440	1.84	.50	---	2.34	**2.97**
	Inst	SF	Sm	2C	.016	1008	2.02	.73	---	2.75	**3.53**
Cut-up wall	Inst	SF	Lg	2C	.013	1200	1.84	.60	---	2.44	**3.10**
	Inst	SF	Sm	2C	.019	840.0	2.02	.87	---	2.89	**3.73**
4' x 8' x 2", scored square edge											
Straight wall	Inst	SF	Lg	2C	.011	1440	2.44	.50	---	2.94	**3.69**
	Inst	SF	Sm	2C	.016	1008	2.69	.73	---	3.42	**4.33**
Cut-up wall	Inst	SF	Lg	2C	.013	1200	2.44	.60	---	3.04	**3.82**
	Inst	SF	Sm	2C	.019	840.0	2.69	.87	---	3.56	**4.54**

Intercom systems. See Electrical, page 151

Jacuzzi whirlpools. See Spas, page 389

Lath & plaster. See Plaster, page 319

Description	Oper	Unit	Vol	Crew Size	Man-hours per Unit	Crew Output per Day	Avg Mat'l Unit Cost	Avg Labor Unit Cost	Avg Equip Unit Cost	Avg Total Unit Cost	Avg Price Incl O&P

Lighting fixtures

Labor includes hanging and connecting fixtures; no bulbs included.

Indoor lighting

Fluorescent

Acoustic grid fixture, LED capable
  Two (2) bulb / tube, 2'x4'

Description	Oper	Unit	Vol	Crew Size	Man-hours per Unit	Crew Output per Day	Avg Mat'l Unit Cost	Avg Labor Unit Cost	Avg Equip Unit Cost	Avg Total Unit Cost	Avg Price Incl O&P
Average grade	Inst	Ea	Lg	EA	.800	10.00	73.50	38.70	---	112.20	**146.00**
	Inst	Ea	Sm	EA	1.14	7.00	81.00	55.10	---	136.10	**180.00**
High grade	Inst	Ea	Lg	EA	.800	10.00	168.00	38.70	---	206.70	**260.00**
	Inst	Ea	Sm	EA	1.14	7.00	186.00	55.10	---	241.10	**305.00**

  Four (4) bulb / tube, 2'x4'

Description	Oper	Unit	Vol	Crew Size	Man-hours per Unit	Crew Output per Day	Avg Mat'l Unit Cost	Avg Labor Unit Cost	Avg Equip Unit Cost	Avg Total Unit Cost	Avg Price Incl O&P
Average grade	Inst	Ea	Lg	EA	.800	10.00	92.10	38.70	---	130.80	**169.00**
	Inst	Ea	Sm	EA	1.14	7.00	102.00	55.10	---	157.10	**205.00**
High grade	Inst	Ea	Lg	EA	.800	10.00	243.00	38.70	---	281.70	**350.00**
	Inst	Ea	Sm	EA	1.14	7.00	268.00	55.10	---	323.10	**404.00**

Surface mounted fixture w/ lens, LED capable
  One (1) bulb / tube

Description	Oper	Unit	Vol	Crew Size	Man-hours per Unit	Crew Output per Day	Avg Mat'l Unit Cost	Avg Labor Unit Cost	Avg Equip Unit Cost	Avg Total Unit Cost	Avg Price Incl O&P
2' L	Inst	Ea	Lg	EA	.800	10.00	36.80	38.70	---	75.50	**102.00**
	Inst	Ea	Sm	EA	1.14	7.00	40.50	55.10	---	95.60	**131.00**
4' L	Inst	Ea	Lg	EA	.800	10.00	49.20	38.70	---	87.90	**117.00**
	Inst	Ea	Sm	EA	1.14	7.00	54.30	55.10	---	109.40	**148.00**
6' L	Inst	Ea	Lg	EA	1.000	8.00	52.50	48.40	---	100.90	**135.00**
	Inst	Ea	Sm	EA	1.43	5.60	57.80	69.10	---	126.90	**173.00**
8' L	Inst	Ea	Lg	EA	1.000	8.00	93.50	48.40	---	141.90	**185.00**
	Inst	Ea	Sm	EA	1.43	5.60	103.00	69.10	---	172.10	**227.00**

  Two (2) bulb / tube

Description	Oper	Unit	Vol	Crew Size	Man-hours per Unit	Crew Output per Day	Avg Mat'l Unit Cost	Avg Labor Unit Cost	Avg Equip Unit Cost	Avg Total Unit Cost	Avg Price Incl O&P
4' L	Inst	Ea	Lg	EA	.800	10.00	58.80	38.70	---	97.50	**129.00**
	Inst	Ea	Sm	EA	1.14	7.00	64.80	55.10	---	119.90	**160.00**
6' L	Inst	Ea	Lg	EA	1.000	8.00	67.00	48.40	---	115.40	**153.00**
	Inst	Ea	Sm	EA	1.43	5.60	73.80	69.10	---	142.90	**192.00**
8' L	Inst	Ea	Lg	EA	1.000	8.00	102.00	48.40	---	150.40	**195.00**
	Inst	Ea	Sm	EA	1.43	5.60	113.00	69.10	---	182.10	**239.00**

  Four (4) bulb / tube

Description	Oper	Unit	Vol	Crew Size	Man-hours per Unit	Crew Output per Day	Avg Mat'l Unit Cost	Avg Labor Unit Cost	Avg Equip Unit Cost	Avg Total Unit Cost	Avg Price Incl O&P
4' L	Inst	Ea	Lg	EA	.800	10.00	86.50	38.70	---	125.20	**162.00**
	Inst	Ea	Sm	EA	1.14	7.00	95.30	55.10	---	150.40	**197.00**
6' L	Inst	Ea	Lg	EA	1.000	8.00	92.50	48.40	---	140.90	**184.00**
	Inst	Ea	Sm	EA	1.43	5.60	102.00	69.10	---	171.10	**226.00**
8' L	Inst	Ea	Lg	EA	1.000	8.00	136.00	48.40	---	184.40	**235.00**
	Inst	Ea	Sm	EA	1.43	5.60	149.00	69.10	---	218.10	**283.00**
Lens only, wraparound	Inst	Ea	Lg	EA	.333	24.00	18.30	16.10	---	34.40	**46.10**
	Inst	Ea	Sm	EA	0.48	16.80	20.10	23.20	---	43.30	**59.00**

Lighting fixtures, incandescent

Description	Oper	Unit	Vol	Crew Size	Man-hours per Unit	Crew Output per Day	Avg Mat'l Unit Cost	Avg Labor Unit Cost	Avg Equip Unit Cost	Avg Total Unit Cost	Avg Price Incl O&P
Surface mounted strip fixture w/o lens, LED capable											
One (1) bulb / tube											
2' L	Inst	Ea	Lg	EA	.800	10.00	33.00	38.70	---	71.70	**97.60**
	Inst	Ea	Sm	EA	1.14	7.00	36.30	55.10	---	91.40	**126.00**
4' L	Inst	Ea	Lg	EA	.800	10.00	43.10	38.70	---	81.80	**110.00**
	Inst	Ea	Sm	EA	1.14	7.00	47.50	55.10	---	102.60	**140.00**
6' L	Inst	Ea	Lg	EA	1.000	8.00	46.80	48.40	---	95.20	**129.00**
	Inst	Ea	Sm	EA	1.43	5.60	51.60	69.10	---	120.70	**166.00**
8' L	Inst	Ea	Lg	EA	1.000	8.00	63.00	48.40	---	111.40	**148.00**
	Inst	Ea	Sm	EA	1.43	5.60	69.40	69.10	---	138.50	**187.00**
Two (2) bulb / tube											
4' L	Inst	Ea	Lg	EA	.800	10.00	45.60	38.70	---	84.30	**113.00**
	Inst	Ea	Sm	EA	1.14	7.00	50.20	55.10	---	105.30	**143.00**
6' L	Inst	Ea	Lg	EA	1.000	8.00	50.10	48.40	---	98.50	**133.00**
	Inst	Ea	Sm	EA	1.43	5.60	55.20	69.10	---	124.30	**170.00**
8' L	Inst	Ea	Lg	EA	1.000	8.00	88.40	48.40	---	136.80	**179.00**
	Inst	Ea	Sm	EA	1.43	5.60	97.50	69.10	---	166.60	**221.00**
Four (4) bulb / tube											
4' L	Inst	Ea	Lg	EA	.800	10.00	72.20	38.70	---	110.90	**145.00**
	Inst	Ea	Sm	EA	1.14	7.00	79.60	55.10	---	134.70	**178.00**
6' L	Inst	Ea	Lg	EA	1.000	8.00	80.20	48.40	---	128.60	**169.00**
	Inst	Ea	Sm	EA	1.43	5.60	88.40	69.10	---	157.50	**210.00**
8' L	Inst	Ea	Lg	EA	1.000	8.00	106.00	48.40	---	154.40	**200.00**
	Inst	Ea	Sm	EA	1.43	5.60	117.00	69.10	---	186.10	**244.00**
Circular ceiling fixture, LED capable											
Average grade	Inst	Ea	Lg	EA	.667	12.00	73.50	32.30	---	105.80	**137.00**
	Inst	Ea	Sm	EA	.952	8.40	81.00	46.00	---	127.00	**166.00**

Incandescent

Description	Oper	Unit	Vol	Crew Size	Man-hours per Unit	Crew Output per Day	Avg Mat'l Unit Cost	Avg Labor Unit Cost	Avg Equip Unit Cost	Avg Total Unit Cost	Avg Price Incl O&P
Ceiling fixture, surface mounted											
Standard grade	Inst	Ea	Lg	EA	.800	10.00	17.20	38.70	---	55.90	**78.60**
	Inst	Ea	Sm	EA	1.143	7.00	18.90	55.30	---	74.20	**106.00**
Average grade	Inst	Ea	Lg	EA	.800	10.00	30.00	38.70	---	68.70	**94.00**
	Inst	Ea	Sm	EA	1.143	7.00	33.00	55.30	---	88.30	**123.00**
High grade	Inst	Ea	Lg	EA	1.000	8.00	50.00	48.40	---	98.40	**133.00**
	Inst	Ea	Sm	EA	1.429	5.60	55.10	69.10	---	124.20	**170.00**
Premium grade	Inst	Ea	Lg	EA	1.000	8.00	137.00	48.40	---	185.40	**237.00**
	Inst	Ea	Sm	EA	1.429	5.60	151.00	69.10	---	220.10	**285.00**
Wall sconce or light bar											
Standard grade	Inst	Ea	Lg	EA	.667	12.00	16.70	32.30	---	49.00	**68.40**
	Inst	Ea	Sm	EA	.952	8.40	18.40	46.00	---	64.40	**91.10**
Average grade	Inst	Ea	Lg	EA	.667	12.00	55.20	32.30	---	87.50	**115.00**
	Inst	Ea	Sm	EA	.952	8.40	60.80	46.00	---	106.80	**142.00**
High grade	Inst	Ea	Lg	EA	.800	10.00	118.00	38.70	---	156.70	**199.00**
	Inst	Ea	Sm	EA	1.143	7.00	130.00	55.30	---	185.30	**238.00**
Premium grade	Inst	Ea	Lg	EA	.800	10.00	270.00	38.70	---	308.70	**381.00**
	Inst	Ea	Sm	EA	1.143	7.00	297.00	55.30	---	352.30	**439.00**

National Repair & Remodeling Estimator

Description	Oper	Unit	Vol	Crew Size	Man-hours per Unit	Crew Output per Day	Avg Mat'l Unit Cost	Avg Labor Unit Cost	Avg Equip Unit Cost	Avg Total Unit Cost	Avg Price Incl O&P
Track lighting for highlighting effects from a ceiling or wall											
Swivel track heads with the ability to slide head along track to a new position											
Track fixture (can)											
Average grade	Inst	Ea	Lg	EA	.400	20.00	19.40	19.30	---	38.70	**52.20**
	Inst	Ea	Sm	EA	0.57	14.00	21.30	27.60	---	48.90	**67.00**
High grade	Inst	Ea	Lg	EA	.444	18.00	35.50	21.50	---	57.00	**74.80**
	Inst	Ea	Sm	EA	0.63	12.60	39.20	30.50	---	69.70	**92.70**
Premium grade	Inst	Ea	Lg	EA	.500	16.00	100.00	24.20	---	124.20	**156.00**
	Inst	Ea	Sm	EA	0.71	11.20	110.00	34.30	---	144.30	**184.00**
Track, 1-7/16" W x 3/4" D											
Average grade	Inst	LF	Lg	EA	.667	12.00	5.26	32.30	---	37.56	**54.70**
	Inst	LF	Sm	EA	.952	8.40	5.80	46.00	---	51.80	**76.00**
High grade	Inst	LF	Lg	EA	.727	11.00	10.00	35.20	---	45.20	**64.70**
	Inst	LF	Sm	EA	1.039	7.70	11.00	50.20	---	61.20	**88.60**
Premium grade	Inst	LF	Lg	EA	.800	10.00	14.80	38.70	---	53.50	**75.70**
	Inst	LF	Sm	EA	1.143	7.00	16.30	55.30	---	71.60	**102.00**

Outdoor lighting

Description	Oper	Unit	Vol	Crew Size	Man-hours per Unit	Crew Output per Day	Avg Mat'l Unit Cost	Avg Labor Unit Cost	Avg Equip Unit Cost	Avg Total Unit Cost	Avg Price Incl O&P
Ceiling or Wall fixture											
Standard grade	Inst	Ea	Lg	EA	.667	12.00	24.30	32.30	---	56.60	**77.50**
	Inst	Ea	Sm	EA	.952	8.40	26.70	46.00	---	72.70	**101.00**
Average grade	Inst	Ea	Lg	EA	.667	12.00	41.20	32.30	---	73.50	**97.80**
	Inst	Ea	Sm	EA	.952	8.40	45.40	46.00	---	91.40	**123.00**
High grade	Inst	Ea	Lg	EA	.800	10.00	73.50	38.70	---	112.20	**146.00**
	Inst	Ea	Sm	EA	1.143	7.00	81.00	55.30	---	136.30	**180.00**
Premium grade	Inst	Ea	Lg	EA	.800	10.00	108.00	38.70	---	146.70	**187.00**
	Inst	Ea	Sm	EA	1.143	7.00	119.00	55.30	---	174.30	**225.00**
Spot light fixture											
Single	Inst	Ea	Lg	EA	.800	10.00	22.90	38.70	---	61.60	**85.50**
	Inst	Ea	Sm	EA	1.143	7.00	25.30	55.30	---	80.60	**113.00**
Double	Inst	Ea	Lg	EA	.800	10.00	29.40	38.70	---	68.10	**93.30**
	Inst	Ea	Sm	EA	1.143	7.00	32.40	55.30	---	87.70	**122.00**
Triple	Inst	Ea	Lg	EA	.800	10.00	35.50	38.70	---	74.20	**101.00**
	Inst	Ea	Sm	EA	1.143	7.00	39.10	55.30	---	94.40	**130.00**
Post light fixture, LED capable											
Excludes bulbs, underground wire / conduit, circuit, concrete base.											
Average grade	Inst	Ea	Lg	EA	4.000	2.00	86.90	193.00	---	279.90	**394.00**
	Inst	Ea	Sm	EA	5.714	1.40	95.80	276.00	---	371.80	**529.00**
High grade	Inst	Ea	Lg	EA	4.000	2.00	144.00	193.00	---	337.00	**463.00**
	Inst	Ea	Sm	EA	5.714	1.40	159.00	276.00	---	435.00	**605.00**
Premium grade	Inst	Ea	Lg	EA	4.000	2.00	246.00	193.00	---	439.00	**585.00**
	Inst	Ea	Sm	EA	5.714	1.40	271.00	276.00	---	547.00	**740.00**
Motion sensor for exterior fixture											
Average grade	Inst	Ea	Lg	EA	1.000	8.00	19.60	48.40	---	68.00	**96.10**
	Inst	Ea	Sm	EA	1.429	5.60	21.60	69.10	---	90.70	**130.00**

Linoleum. See Resilient flooring, page 326

Lumber. See Framing, page 169

Description	Oper	Unit	Vol	Crew Size	Man-hours per Unit	Crew Output per Day	Avg Mat'l Unit Cost	Avg Labor Unit Cost	Avg Equip Unit Cost	Avg Total Unit Cost	Avg Price Incl O&P

Mantels, fireplace

Ponderosa pine, kiln-dried, unfinished, assembled

Versailles, ornate, French design

Description	Oper	Unit	Vol	Crew	Mhr	Output	Mat'l	Labor	Equip	Total	Price
59" W x 46" H	Inst	Ea	Lg	CJ	4.00	4.00	1930.00	167.00	---	2097.00	**2560.00**
	Inst	Ea	Sm	CJ	5.71	2.80	2130.00	238.00	---	2368.00	**2910.00**
Victorian, ornate, English design											
63" W x 52" H	Inst	Ea	Lg	CJ	4.00	4.00	1540.00	167.00	---	1707.00	**2100.00**
	Inst	Ea	Sm	CJ	5.71	2.80	1700.00	238.00	---	1938.00	**2400.00**
Chelsea, plain, English design											
70" W x 52" H	Inst	Ea	Lg	CJ	4.00	4.00	1110.00	167.00	---	1277.00	**1590.00**
	Inst	Ea	Sm	CJ	5.71	2.80	1230.00	238.00	---	1468.00	**1830.00**
Jamestown, plain, Early American											
68" W x 53" H	Inst	Ea	Lg	CJ	4.00	4.00	615.00	167.00	---	782.00	**988.00**
	Inst	Ea	Sm	CJ	5.71	2.80	678.00	238.00	---	916.00	**1170.00**

Marlite paneling

Panels, 4' x 8', adhesive set

Description	Oper	Unit	Vol	Crew	Mhr	Output	Mat'l	Labor	Equip	Total	Price
	Demo	SF	Lg	LB	.009	1850	---	.34	---	.34	**.50**
	Demo	SF	Sm	LB	.012	1295	---	.45	---	.45	**.67**

Plastic-coated masonite panels; 4' x 8', 5' x 5'; screw applied; channel molding around perimeter; 1/8" T

Description	Oper	Unit	Vol	Crew	Mhr	Output	Mat'l	Labor	Equip	Total	Price
Solid colors	Inst	SF	Lg	CJ	.047	340.0	2.86	1.96	---	4.82	**6.37**
	Inst	SF	Sm	CJ	.067	238.0	2.73	2.79	---	5.52	**7.46**
Patterned panels	Inst	SF	Lg	CJ	.047	340.0	3.35	1.96	---	5.31	**6.96**
	Inst	SF	Sm	CJ	.067	238.0	3.19	2.79	---	5.98	**8.01**

Molding, 1/8" panels; corners, divisions, or edging; nailed to framing or sheathing

Description	Oper	Unit	Vol	Crew	Mhr	Output	Mat'l	Labor	Equip	Total	Price
Bright anodized	Inst	LF	Lg	CJ	.063	255.0	.16	2.62	---	2.78	**4.13**
	Inst	LF	Sm	CJ	.090	178.5	.17	3.75	---	3.92	**5.83**
Gold anodized	Inst	LF	Lg	CJ	.063	255.0	.19	2.62	---	2.81	**4.16**
	Inst	LF	Sm	CJ	.090	178.5	.20	3.75	---	3.95	**5.86**
Colors	Inst	LF	Lg	CJ	.063	255.0	.26	2.62	---	2.88	**4.25**
	Inst	LF	Sm	CJ	.090	178.5	.28	3.75	---	4.03	**5.96**

Masonry

Brick. All material costs include mortar and waste, 5% on brick and 30% on mortar.

1. **Dimensions**

   a. Standard or regular: 8" L x 2¼" H x 3¾" W.

   b. Modular: 7⅝" L x 2¼" H x 3⅝" W.

   c. Norman: 11⅝" L x 2⅔" H x 3⅝" W.

   d. Roman: 11⅝" L x 1⅝" H x 3⅝" W.

2. **Installation**

   a. Mortar joints are ⅜" thick both horizontally and vertically.

   b. Mortar mix is 1:3, 1 part masonry cement and 3 parts sand.

   c. Galvanized, corrugated wall ties are used on veneers at 1 tie per SF wall area. The tie is ⅞" x 7" x 16 ga.

   d. Running bond used on veneers and walls.

3. **Notes on Labor.** Output is based on a crew composed of bricklayers and bricktenders at a 1:1 ratio.

4. **Estimating Technique.** Chimneys and columns figured per vertical linear foot with allowances already made for brick waste and mortar waste. Veneers and walls are computed per square foot of wall area.

Concrete (Masonry) Block. All material costs include 3% block waste and 30% mortar waste.

1. **Dimension.** All blocks are two core.

   a. Heavyweight: 8" T blocks weigh approximately 46 lbs/block; 12" T blocks weigh approximately 65 lbs/block.

   b. Lightweight: Also known as haydite blocks. 8" T blocks weigh approximately 30 lbs/block; 12" T blocks weigh approximately 41 lbs/block.

2. **Installation**

   a. Mortar joints are ⅜" T both horizontally and vertically.

   b. Mortar mix is 1:3, 1 part masonry cement and 3 parts sand.

   c. Reinforcing: Lateral metal is regular truss with 9 gauge sides and ties. Vertical steel is #4 (½" dia.) rods, at 0.668 lbs/LF.

3. **Notes on Labor.** Output is based on a crew composed of bricklayers and bricktenders.

4. **Estimating Technique.** Figure chimneys and columns per vertical linear foot, with allowances already made for block waste and mortar waste. Veneers and walls are computed per square foot of wall area.

Quarry Tile (on Floor). Includes 5% tile waste.

1. **Dimensions:** 6" square tile is ½" T and 9" square tile is ¾" T.

2. **Installation**

   a. Conventional mortar set utilizes portland cement, mortar mix, sand, and water. The mortar dry-cures and bonds to tile.

   b. Dry-set mortar utilizes dry-set portland cement, mortar mix, sand, and water. The mortar dry-cures and bonds to tile.

3. **Notes on Labor.** Output is based on a crew composed of bricklayers and bricktenders.

4. **Estimating Technique.** Compute square feet of floor area.

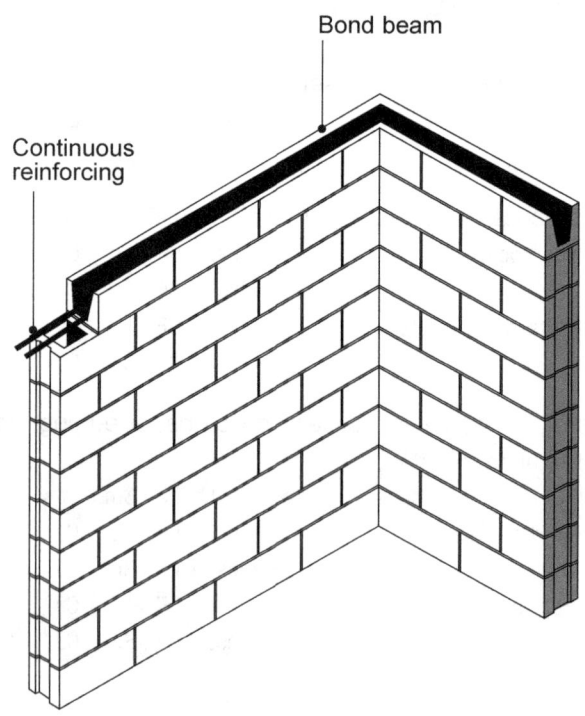

Typical concrete block wall

Masonry

Brick, standard

Running bond, 3/8" mortar joints

Chimneys

Flue lining included; no scaffolding included

Description	Oper	Unit	Vol	Crew Size	Man-hours per Unit	Crew Output per Day	Avg Mat'l Unit Cost	Avg Labor Unit Cost	Avg Equip Unit Cost	Avg Total Unit Cost	Avg Price Incl O&P
4" T wall with standard brick											
16" x 16" with one 8" x 8" flue											
with pneumatic tools	Demo	VLF	Lg	AB	1.04	15.40	---	46.90	11.20	58.10	**83.80**
	Demo	VLF	Sm	AB	1.48	10.78	---	66.70	16.10	82.80	**119.00**
20" x 16" with one 12" x 8" flue											
with pneumatic tools	Demo	VLF	Lg	AB	1.20	13.30	---	54.10	13.00	67.10	**96.70**
	Demo	VLF	Sm	AB	1.72	9.31	---	77.50	18.60	96.10	**139.00**
20" x 20" with one 12" x 12" flue											
with pneumatic tools	Demo	VLF	Lg	AB	1.31	12.20	---	59.10	14.20	73.30	**106.00**
	Demo	VLF	Sm	AB	1.87	8.54	---	84.30	20.30	104.60	**151.00**
28" x 16" with two 8" x 8" flues											
with pneumatic tools	Demo	VLF	Lg	AB	1.60	10.00	---	72.10	17.30	89.40	**129.00**
	Demo	VLF	Sm	AB	2.29	7.00	---	103.00	24.70	127.70	**184.00**
32" x 16" with one 8" x 8" and one 12" x 8" flue											
with pneumatic tools	Demo	VLF	Lg	AB	1.70	9.40	---	76.60	18.40	95.00	**137.00**
	Demo	VLF	Sm	AB	2.43	6.58	---	110.00	26.30	136.30	**196.00**
36" x 16" with two 12" x 8" flues											
with pneumatic tools	Demo	VLF	Lg	AB	1.82	8.80	---	82.10	19.70	101.80	**147.00**
	Demo	VLF	Sm	AB	2.60	6.16	---	117.00	28.10	145.10	**209.00**
36" x 20" with two 12" x 12" flues											
with pneumatic tools	Demo	VLF	Lg	AB	2.03	7.90	---	91.50	21.90	113.40	**164.00**
	Demo	VLF	Sm	AB	2.89	5.53	---	130.00	31.30	161.30	**233.00**
16" x 16" with one 8" x 8" flue											
	Inst	VLF	Lg	BK	1.12	14.30	30.00	43.70	6.64	80.34	**110.00**
	Inst	VLF	Sm	BK	1.60	10.01	33.20	62.40	9.49	105.09	**145.00**
20" x 16" with one 12" x 8" flue											
	Inst	VLF	Lg	BK	1.27	12.60	36.10	49.50	7.54	93.14	**127.00**
	Inst	VLF	Sm	BK	1.81	8.82	39.90	70.60	10.80	121.30	**167.00**
20" x 20" with one 12" x 12" flue											
	Inst	VLF	Lg	BK	1.42	11.30	42.60	55.40	8.41	106.41	**144.00**
	Inst	VLF	Sm	BK	2.02	7.91	47.00	78.80	12.00	137.80	**189.00**
28" x 16" with two 8" x 8" flues											
	Inst	VLF	Lg	BK	1.70	9.40	52.70	66.30	10.10	129.10	**175.00**
	Inst	VLF	Sm	BK	2.43	6.58	58.30	94.80	14.40	167.50	**229.00**
32" x 16" with one 8" x 8" and one 12" x 8" flue											
	Inst	VLF	Lg	BK	1.82	8.80	58.00	71.00	10.80	139.80	**189.00**
	Inst	VLF	Sm	BK	2.60	6.16	64.10	101.00	15.40	180.50	**248.00**
36" x 16" with two 12" x 8" flues											
	Inst	VLF	Lg	BK	1.95	8.20	64.10	76.10	11.60	151.80	**205.00**
	Inst	VLF	Sm	BK	2.79	5.74	70.80	109.00	16.60	196.40	**268.00**
36" x 20" with two 12" x 12" flues											
	Inst	VLF	Lg	BK	2.16	7.40	77.80	84.30	12.80	174.90	**235.00**
	Inst	VLF	Sm	BK	3.09	5.18	85.90	121.00	18.30	225.20	**306.00**

Description	Oper	Unit	Vol	Crew Size	Man-hours per Unit	Crew Output per Day	Avg Mat'l Unit Cost	Avg Labor Unit Cost	Avg Equip Unit Cost	Avg Total Unit Cost	Avg Price Incl O&P
8" T wall with standard brick											
24" x 24" with one 8" x 8" flue											
with pneumatic tools	Demo	VLF	Lg	AB	2.22	7.20	---	100.00	24.00	124.00	**179.00**
	Demo	VLF	Sm	AB	3.17	5.04	---	143.00	34.30	177.30	**256.00**
28" x 24" with one 12" x 8" flue											
with pneumatic tools	Demo	VLF	Lg	AB	2.39	6.70	---	108.00	25.80	133.80	**193.00**
	Demo	VLF	Sm	AB	3.41	4.69	---	154.00	36.90	190.90	**275.00**
28" x 28" with one 12" x 12" flue											
with pneumatic tools	Demo	VLF	Lg	AB	2.62	6.10	---	118.00	28.40	146.40	**211.00**
	Demo	VLF	Sm	AB	3.75	4.27	---	169.00	40.50	209.50	**302.00**
36" x 24" with two 8" x 8" flues											
with pneumatic tools	Demo	VLF	Lg	AB	2.91	5.50	---	131.00	31.50	162.50	**234.00**
	Demo	VLF	Sm	AB	4.16	3.85	---	188.00	44.90	232.90	**335.00**
40" x 24" with one 8" x 8" and one 12" x 8" flue											
with pneumatic tools	Demo	VLF	Lg	AB	3.20	5.00	---	144.00	34.60	178.60	**258.00**
	Demo	VLF	Sm	AB	4.57	3.50	---	206.00	49.40	255.40	**368.00**
44" x 24" with two 12" x 8" flues											
with pneumatic tools	Demo	VLF	Lg	AB	3.33	4.80	---	150.00	36.00	186.00	**268.00**
	Demo	VLF	Sm	AB	4.76	3.36	---	215.00	51.50	266.50	**384.00**
44" x 28" with two 12" x 12" flues											
with pneumatic tools	Demo	VLF	Lg	AB	3.56	4.50	---	160.00	38.40	198.40	**287.00**
	Demo	VLF	Sm	AB	5.08	3.15	---	229.00	54.90	283.90	**409.00**
24" x 24" with one 8" x 8" flue	Inst	VLF	Lg	BK	2.50	6.40	67.70	97.50	14.80	180.00	**245.00**
	Inst	VLF	Sm	BK	3.57	4.48	74.90	139.00	21.20	235.10	**324.00**
28" x 24" with one 12" x 8" flue	Inst	VLF	Lg	BK	2.76	5.80	77.00	108.00	16.40	201.40	**274.00**
	Inst	VLF	Sm	BK	3.94	4.06	85.20	154.00	23.40	262.60	**361.00**
28" x 28" with one 12" x 12" flue	Inst	VLF	Lg	BK	2.96	5.40	87.40	115.00	17.60	220.00	**299.00**
	Inst	VLF	Sm	BK	4.23	3.78	96.70	165.00	25.10	286.80	**394.00**
36" x 24" with two 8" x 8" flues	Inst	VLF	Lg	BK	3.33	4.80	101.00	130.00	19.80	250.80	**340.00**
	Inst	VLF	Sm	BK	4.76	3.36	111.00	186.00	28.30	325.30	**446.00**
40" x 24" with one 8" x 8" and one 12" x 8" flue											
	Inst	VLF	Lg	BK	3.72	4.30	114.00	145.00	22.10	281.10	**381.00**
	Inst	VLF	Sm	BK	5.32	3.01	126.00	208.00	31.60	365.60	**501.00**
44" x 24" with two 12" x 8" flues	Inst	VLF	Lg	BK	3.81	4.20	120.00	149.00	22.60	291.60	**394.00**
	Inst	VLF	Sm	BK	5.44	2.94	133.00	212.00	32.30	377.30	**517.00**
44" x 28" with two 12" x 12" flues	Inst	VLF	Lg	BK	4.10	3.90	138.00	160.00	24.40	322.40	**435.00**
	Inst	VLF	Sm	BK	5.86	2.73	153.00	229.00	34.80	416.80	**561.00**

Columns

Outside dimension; no shoring; solid centers; no scaffolding included

Description	Oper	Unit	Vol	Crew Size	Man-hours per Unit	Crew Output per Day	Avg Mat'l Unit Cost	Avg Labor Unit Cost	Avg Equip Unit Cost	Avg Total Unit Cost	Avg Price Incl O&P
8" x 8" with pneumatic tools	Demo	VLF	Lg	AB	.331	48.30	---	14.90	3.58	18.48	**26.70**
	Demo	VLF	Sm	AB	.473	33.81	---	21.30	5.12	26.42	**38.10**
12" x 8" with pneumatic tools	Demo	VLF	Lg	AB	.546	29.30	---	24.60	5.90	30.50	**44.00**
	Demo	VLF	Sm	AB	.780	20.51	---	35.20	8.43	43.63	**62.90**
16" x 8" with pneumatic tools	Demo	VLF	Lg	AB	.711	22.50	---	32.10	7.69	39.79	**57.30**
	Demo	VLF	Sm	AB	1.02	15.75	---	46.00	11.00	57.00	**82.10**
20" x 8" with pneumatic tools	Demo	VLF	Lg	AB	.870	18.40	---	39.20	9.40	48.60	**70.10**
	Demo	VLF	Sm	AB	1.24	12.88	---	55.90	13.40	69.30	**100.00**
24" x 8" with pneumatic tools	Demo	VLF	Lg	AB	1.02	15.70	---	46.00	11.00	57.00	**82.20**
	Demo	VLF	Sm	AB	1.46	10.99	---	65.80	15.70	81.50	**118.00**

Masonry, columns

Description	Oper	Unit	Vol	Crew Size	Man-hours per Unit	Crew Output per Day	Avg Mat'l Unit Cost	Avg Labor Unit Cost	Avg Equip Unit Cost	Avg Total Unit Cost	Avg Price Incl O&P

Columns (continued)

Description	Oper	Unit	Vol	Crew Size	Man-hours per Unit	Crew Output per Day	Avg Mat'l Unit Cost	Avg Labor Unit Cost	Avg Equip Unit Cost	Avg Total Unit Cost	Avg Price Incl O&P
12" x 12" with pneumatic tools	Demo	VLF	Lg	AB	.792	20.20	---	35.70	8.56	44.26	**63.80**
	Demo	VLF	Sm	AB	1.13	14.14	---	50.90	12.20	63.10	**91.10**
16" x 12" with pneumatic tools	Demo	VLF	Lg	AB	1.02	15.70	---	46.00	11.00	57.00	**82.20**
	Demo	VLF	Sm	AB	1.46	10.99	---	65.80	15.70	81.50	**118.00**
20" x 12" with pneumatic tools	Demo	VLF	Lg	AB	1.23	13.00	---	55.50	13.30	68.80	**99.10**
	Demo	VLF	Sm	AB	1.76	9.10	---	79.30	19.00	98.30	**142.00**
24" x 12" with pneumatic tools	Demo	VLF	Lg	AB	1.43	11.20	---	64.50	15.50	80.00	**115.00**
	Demo	VLF	Sm	AB	2.04	7.84	---	92.00	22.10	114.10	**164.00**
28" x 12" with pneumatic tools	Demo	VLF	Lg	AB	1.62	9.90	---	73.00	17.50	90.50	**130.00**
	Demo	VLF	Sm	AB	2.31	6.93	---	104.00	25.00	129.00	**186.00**
32" x 12" with pneumatic tools	Demo	VLF	Lg	AB	1.80	8.90	---	81.10	19.40	100.50	**145.00**
	Demo	VLF	Sm	AB	2.57	6.23	---	116.00	27.80	143.80	**207.00**
16" x 16" with pneumatic tools	Demo	VLF	Lg	AB	1.30	12.30	---	58.60	14.10	72.70	**105.00**
	Demo	VLF	Sm	AB	1.86	8.61	---	83.90	20.10	104.00	**150.00**
20" x 16" with pneumatic tools	Demo	VLF	Lg	AB	1.55	10.30	---	69.90	16.80	86.70	**125.00**
	Demo	VLF	Sm	AB	2.22	7.21	---	100.00	24.00	124.00	**179.00**
24" x 16" with pneumatic tools	Demo	VLF	Lg	AB	1.80	8.90	---	81.10	19.40	100.50	**145.00**
	Demo	VLF	Sm	AB	2.57	6.23	---	116.00	27.80	143.80	**207.00**
28" x 16" with pneumatic tools	Demo	VLF	Lg	AB	2.00	8.00	---	90.20	21.60	111.80	**161.00**
	Demo	VLF	Sm	AB	2.86	5.60	---	129.00	30.90	159.90	**230.00**
32" x 16" with pneumatic tools	Demo	VLF	Lg	AB	2.22	7.20	---	100.00	24.00	124.00	**179.00**
	Demo	VLF	Sm	AB	3.17	5.04	---	143.00	34.30	177.30	**256.00**
36" x 16" with pneumatic tools	Demo	VLF	Lg	AB	2.39	6.70	---	108.00	25.80	133.80	**193.00**
	Demo	VLF	Sm	AB	3.41	4.69	---	154.00	36.90	190.90	**275.00**
20" x 20" with pneumatic tools	Demo	VLF	Lg	AB	1.84	8.70	---	83.00	19.90	102.90	**148.00**
	Demo	VLF	Sm	AB	2.63	6.09	---	119.00	28.40	147.40	**212.00**
24" x 20" with pneumatic tools	Demo	VLF	Lg	AB	2.16	7.40	---	97.40	23.40	120.80	**174.00**
	Demo	VLF	Sm	AB	3.09	5.18	---	139.00	33.40	172.40	**249.00**
28" x 20" with pneumatic tools	Demo	VLF	Lg	AB	2.39	6.70	---	108.00	25.80	133.80	**193.00**
	Demo	VLF	Sm	AB	3.41	4.69	---	154.00	36.90	190.90	**275.00**
32" x 20" with pneumatic tools	Demo	VLF	Lg	AB	2.62	6.10	---	118.00	28.40	146.40	**211.00**
	Demo	VLF	Sm	AB	3.75	4.27	---	169.00	40.50	209.50	**302.00**
36" x 20" with pneumatic tools	Demo	VLF	Lg	AB	2.81	5.70	---	127.00	30.40	157.40	**226.00**
	Demo	VLF	Sm	AB	4.01	3.99	---	181.00	43.40	224.40	**323.00**
24" x 24" with pneumatic tools	Demo	VLF	Lg	AB	2.39	6.70	---	108.00	25.80	133.80	**193.00**
	Demo	VLF	Sm	AB	3.41	4.69	---	154.00	36.90	190.90	**275.00**
28" x 24" with pneumatic tools	Demo	VLF	Lg	AB	2.67	6.00	---	120.00	28.80	148.80	**215.00**
	Demo	VLF	Sm	AB	3.81	4.20	---	172.00	41.20	213.20	**307.00**
32" x 24" with pneumatic tools	Demo	VLF	Lg	AB	2.91	5.50	---	131.00	31.50	162.50	**234.00**
	Demo	VLF	Sm	AB	4.16	3.85	---	188.00	44.90	232.90	**335.00**
36" x 24" with pneumatic tools	Demo	VLF	Lg	AB	3.14	5.10	---	142.00	33.90	175.90	**253.00**
	Demo	VLF	Sm	AB	4.48	3.57	---	202.00	48.50	250.50	**361.00**

Description	Oper	Unit	Vol	Crew Size	Man-hours per Unit	Crew Output per Day	Avg Mat'l Unit Cost	Avg Labor Unit Cost	Avg Equip Unit Cost	Avg Total Unit Cost	Avg Price Incl O&P
28" x 28" with pneumatic tools	Demo	VLF	Lg	AB	2.96	5.40	---	133.00	32.00	165.00	**239.00**
	Demo	VLF	Sm	AB	4.23	3.78	---	191.00	45.80	236.80	**341.00**
32" x 28" with pneumatic tools	Demo	VLF	Lg	AB	3.27	4.90	---	147.00	35.30	182.30	**263.00**
	Demo	VLF	Sm	AB	4.66	3.43	---	210.00	50.40	260.40	**376.00**
36" x 28" with pneumatic tools	Demo	VLF	Lg	AB	3.56	4.50	---	160.00	38.40	198.40	**287.00**
	Demo	VLF	Sm	AB	5.08	3.15	---	229.00	54.90	283.90	**409.00**
32" x 32" with pneumatic tools	Demo	VLF	Lg	AB	3.56	4.50	---	160.00	38.40	198.40	**287.00**
	Demo	VLF	Sm	AB	5.08	3.15	---	229.00	54.90	283.90	**409.00**
36" x 32" with pneumatic tools	Demo	VLF	Lg	AB	3.90	4.10	---	176.00	42.20	218.20	**314.00**
	Demo	VLF	Sm	AB	5.57	2.87	---	251.00	60.30	311.30	**449.00**
36" x 36" with pneumatic tools	Demo	VLF	Lg	AB	4.21	3.80	---	190.00	45.50	235.50	**339.00**
	Demo	VLF	Sm	AB	6.02	2.66	---	271.00	65.00	336.00	**485.00**
8" x 8" (9.33 Brick/VLF)	Inst	VLF	Lg	BK	.415	38.60	7.43	16.20	2.46	26.09	**36.20**
	Inst	VLF	Sm	BK	.592	27.02	8.22	23.10	3.52	34.84	**48.70**
12" x 8" (14.00 Brick/VLF)	Inst	VLF	Lg	BK	.606	26.40	11.30	23.60	3.60	38.50	**53.30**
	Inst	VLF	Sm	BK	.866	18.48	12.50	33.80	5.14	51.44	**71.80**
16" x 8" (18.67 Brick/VLF)	Inst	VLF	Lg	BK	.784	20.40	15.00	30.60	4.66	50.26	**69.50**
	Inst	VLF	Sm	BK	1.12	14.28	16.60	43.70	6.65	66.95	**93.40**
20" x 8" (23.33 Brick/VLF)	Inst	VLF	Lg	BK	.958	16.70	18.70	37.40	5.69	61.79	**85.30**
	Inst	VLF	Sm	BK	1.37	11.69	20.70	53.40	8.13	82.23	**115.00**
24" x 8" (28.00 Brick/VLF)	Inst	VLF	Lg	BK	1.12	14.30	22.40	43.70	6.64	72.74	**100.00**
	Inst	VLF	Sm	BK	1.60	10.01	24.80	62.40	9.49	96.69	**135.00**
12" x 12" (21.00 Brick/VLF)	Inst	VLF	Lg	BK	.874	18.30	16.80	34.10	5.19	56.09	**77.50**
	Inst	VLF	Sm	BK	1.25	12.81	18.60	48.80	7.42	74.82	**104.00**
16" x 12" (28.00 Brick/VLF)	Inst	VLF	Lg	BK	1.12	14.30	22.40	43.70	6.64	72.74	**100.00**
	Inst	VLF	Sm	BK	1.60	10.01	24.80	62.40	9.49	96.69	**135.00**
20" x 12" (35.00 Brick/VLF)	Inst	VLF	Lg	BK	1.34	11.90	28.10	52.30	7.98	88.38	**122.00**
	Inst	VLF	Sm	BK	1.92	8.33	31.10	74.90	11.40	117.40	**163.00**
24" x 12" (42.00 Brick/VLF)	Inst	VLF	Lg	BK	1.57	10.20	33.60	61.30	9.31	104.21	**143.00**
	Inst	VLF	Sm	BK	2.24	7.14	37.10	87.40	13.30	137.80	**192.00**
28" x 12" (49.00 Brick/VLF)	Inst	VLF	Lg	BK	1.76	9.10	39.20	68.70	10.40	118.30	**163.00**
	Inst	VLF	Sm	BK	2.51	6.37	43.40	97.90	14.90	156.20	**217.00**
32" x 12" (56.00 Brick/VLF)	Inst	VLF	Lg	BK	1.95	8.20	44.90	76.10	11.60	132.60	**182.00**
	Inst	VLF	Sm	BK	2.79	5.74	49.60	109.00	16.60	175.20	**243.00**
16" x 16" (37.33 Brick/VLF)	Inst	VLF	Lg	BK	1.42	11.30	29.90	55.40	8.41	93.71	**129.00**
	Inst	VLF	Sm	BK	2.02	7.91	33.00	78.80	12.00	123.80	**172.00**
20" x 16" (46.67 Brick/VLF)	Inst	VLF	Lg	BK	1.70	9.40	37.40	66.30	10.10	113.80	**157.00**
	Inst	VLF	Sm	BK	2.43	6.58	41.40	94.80	14.40	150.60	**209.00**
24" x 16" (56.00 Brick/VLF)	Inst	VLF	Lg	BK	1.95	8.20	44.90	76.10	11.60	132.60	**182.00**
	Inst	VLF	Sm	BK	2.79	5.74	49.60	109.00	16.60	175.20	**243.00**
28" x 16" (65.33 Brick/VLF)	Inst	VLF	Lg	BK	2.16	7.40	52.30	84.30	12.80	149.40	**205.00**
	Inst	VLF	Sm	BK	3.09	5.18	57.90	121.00	18.30	197.20	**272.00**
32" x 16" (74.67 Brick/VLF)	Inst	VLF	Lg	BK	2.39	6.70	59.90	93.20	14.20	167.30	**229.00**
	Inst	VLF	Sm	BK	3.41	4.69	66.20	133.00	20.30	219.50	**303.00**
36" x 16" (84.00 Brick/VLF)	Inst	VLF	Lg	BK	2.58	6.20	67.30	101.00	15.30	183.60	**250.00**
	Inst	VLF	Sm	BK	3.69	4.34	74.50	144.00	21.90	240.40	**332.00**

Masonry, veneers

Description	Oper	Unit	Vol	Crew Size	Man-hours per Unit	Crew Output per Day	Avg Mat'l Unit Cost	Avg Labor Unit Cost	Avg Equip Unit Cost	Avg Total Unit Cost	Avg Price Incl O&P
20" x 20" (58.33 Brick/VLF)	Inst	VLF	Lg	BK	2.00	8.00	46.80	78.00	11.90	136.70	**187.00**
	Inst	VLF	Sm	BK	2.86	5.60	51.80	112.00	17.00	180.80	**250.00**
24" x 20" (70.00 Brick/VLF)	Inst	VLF	Lg	BK	2.32	6.90	56.00	90.50	13.80	160.30	**219.00**
	Inst	VLF	Sm	BK	3.31	4.83	62.00	129.00	19.70	210.70	**292.00**
28" x 20" (81.67 Brick/VLF)	Inst	VLF	Lg	BK	2.58	6.20	65.40	101.00	15.30	181.70	**248.00**
	Inst	VLF	Sm	BK	3.69	4.34	72.30	144.00	21.90	238.20	**329.00**
32" x 20" (93.33 Brick/VLF)	Inst	VLF	Lg	BK	2.81	5.70	74.70	110.00	16.70	201.40	**274.00**
	Inst	VLF	Sm	BK	4.01	3.99	82.70	156.00	23.80	262.50	**362.00**
36" x 20" (105.00 Brick/VLF)	Inst	VLF	Lg	BK	3.02	5.30	84.10	118.00	17.90	220.00	**299.00**
	Inst	VLF	Sm	BK	4.31	3.71	93.00	168.00	25.60	286.60	**395.00**
24" x 24" (84.00 Brick/VLF)	Inst	VLF	Lg	BK	2.58	6.20	67.30	101.00	15.30	183.60	**250.00**
	Inst	VLF	Sm	BK	3.69	4.34	74.50	144.00	21.90	240.40	**332.00**
28" x 24" (98.00 Brick/VLF)	Inst	VLF	Lg	BK	2.86	5.60	78.40	112.00	17.00	207.40	**282.00**
	Inst	VLF	Sm	BK	4.08	3.92	86.80	159.00	24.20	270.00	**372.00**
32" x 24" (112.00 Brick/VLF)	Inst	VLF	Lg	BK	3.08	5.20	89.70	120.00	18.30	228.00	**310.00**
	Inst	VLF	Sm	BK	4.40	3.64	99.30	172.00	26.10	297.40	**408.00**
36" x 24" (126.00 Brick/VLF)	Inst	VLF	Lg	BK	3.33	4.80	101.00	130.00	19.80	250.80	**340.00**
	Inst	VLF	Sm	BK	4.76	3.36	112.00	186.00	28.30	326.30	**446.00**
28" x 28" (114.33 Brick/VLF)	Inst	VLF	Lg	BK	3.20	5.00	91.70	125.00	19.00	235.70	**320.00**
	Inst	VLF	Sm	BK	4.57	3.50	101.00	178.00	27.10	306.10	**422.00**
32" x 28" (130.67 Brick/VLF)	Inst	VLF	Lg	BK	3.48	4.60	105.00	136.00	20.70	261.70	**354.00**
	Inst	VLF	Sm	BK	4.97	3.22	116.00	194.00	29.50	339.50	**465.00**
36" x 28" (147.00 Brick/VLF)	Inst	VLF	Lg	BK	3.90	4.10	118.00	152.00	23.20	293.20	**397.00**
	Inst	VLF	Sm	BK	5.57	2.87	130.00	217.00	33.10	380.10	**522.00**
32" x 32" (149.33 Brick/VLF)	Inst	VLF	Lg	BK	4.00	4.00	120.00	156.00	23.80	299.80	**406.00**
	Inst	VLF	Sm	BK	5.71	2.80	132.00	223.00	33.90	388.90	**534.00**
36" x 32" (168.00 Brick/VLF)	Inst	VLF	Lg	BK	4.44	3.60	135.00	173.00	26.40	334.40	**453.00**
	Inst	VLF	Sm	BK	6.35	2.52	149.00	248.00	37.70	434.70	**595.00**
36" x 36" (189.00 Brick/VLF)	Inst	VLF	Lg	BK	5.00	3.20	151.00	195.00	29.70	375.70	**510.00**
	Inst	VLF	Sm	BK	7.14	2.24	167.00	279.00	42.40	488.40	**670.00**

Veneers

4" T, with pneumatic tools

Description	Oper	Unit	Vol	Crew Size	Man-hours per Unit	Crew Output per Day	Avg Mat'l Unit Cost	Avg Labor Unit Cost	Avg Equip Unit Cost	Avg Total Unit Cost	Avg Price Incl O&P
	Demo	SF	Lg	AB	.049	325.0	---	2.21	.53	2.74	**3.95**
	Demo	SF	Sm	AB	.070	227.5	---	3.16	.76	3.92	**5.64**

4" T, with wall ties; no scaffolding included

Description	Oper	Unit	Vol	Crew Size	Man-hours per Unit	Crew Output per Day	Avg Mat'l Unit Cost	Avg Labor Unit Cost	Avg Equip Unit Cost	Avg Total Unit Cost	Avg Price Incl O&P
Common, 8" x 2-2/3" x 4"	Inst	SF	Lg	BD	.170	235.0	4.17	6.81	.40	11.38	**15.70**
	Inst	SF	Sm	BO	.195	164.5	4.62	7.61	.58	12.81	**17.70**
Standard face, 8" x 2-2/3" x 4'	Inst	SF	Lg	BD	.182	220.0	5.45	7.29	.43	13.17	**18.00**
	Inst	SF	Sm	BO	.208	154.0	6.03	8.11	.62	14.76	**20.20**
Glazed, 8" x 2-2/3" x 4"	Inst	SF	Lg	BD	.190	210.0	11.30	7.61	.45	19.36	**25.50**
	Inst	SF	Sm	BO	.218	147.0	12.40	8.50	.65	21.55	**28.40**

National Repair & Remodeling Estimator

Description	Oper	Unit	Vol	Crew Size	Man-hours per Unit	Crew Output per Day	Avg Mat'l Unit Cost	Avg Labor Unit Cost	Avg Equip Unit Cost	Avg Total Unit Cost	Avg Price Incl O&P
Other brick sizes / types											
8" x 3-1/5" x 4"	Inst	SF	Lg	BD	.151	265.0	5.68	6.05	.36	12.09	**16.30**
	Inst	SF	Sm	BO	.173	185.5	6.27	6.75	.51	13.53	**18.30**
8" x 4" x 4"	Inst	SF	Lg	BD	.127	315.0	3.80	5.09	.30	9.19	**12.60**
	Inst	SF	Sm	BO	.145	220.5	4.23	5.66	.43	10.32	**14.10**
12" x 4" x 6"	Inst	SF	Lg	BD	.091	440.0	6.25	3.64	.22	10.11	**13.20**
	Inst	SF	Sm	BO	.104	308.0	6.87	4.06	.31	11.24	**14.70**
12" x 2-2/3" x 4"	Inst	SF	Lg	BD	.123	325.0	7.22	4.93	.29	12.44	**16.40**
	Inst	SF	Sm	BO	.141	227.5	7.97	5.50	.42	13.89	**18.30**
12" x 3-1/5" x 4"	Inst	SF	Lg	BD	.107	375.0	4.10	4.29	.25	8.64	**11.70**
	Inst	SF	Sm	BO	.122	262.5	4.50	4.76	.36	9.62	**13.00**
12" x 2" x 4"	Inst	SF	Lg	BD	.160	250.0	7.17	6.41	.38	13.96	**18.70**
	Inst	SF	Sm	BO	.183	175.0	7.87	7.14	.54	15.55	**20.80**
12" x 2-2/3" x 6"	Inst	SF	Lg	BD	.127	315.0	5.96	5.09	.30	11.35	**15.10**
	Inst	SF	Sm	BO	.145	220.5	6.57	5.66	.43	12.66	**16.90**
12" x 4" x 4"	Inst	SF	Lg	BD	.089	450.0	4.78	3.56	.21	8.55	**11.30**
	Inst	SF	Sm	BO	.102	315.0	5.25	3.98	.30	9.53	**12.60**

Walls

With pneumatic tools

Description	Oper	Unit	Vol	Crew Size	Man-hours per Unit	Crew Output per Day	Avg Mat'l Unit Cost	Avg Labor Unit Cost	Avg Equip Unit Cost	Avg Total Unit Cost	Avg Price Incl O&P
8" T	Demo	SF	Lg	AB	.086	185.0	---	3.88	.94	4.82	**6.94**
	Demo	SF	Sm	AB	.124	129.5	---	5.59	1.34	6.93	**9.99**
12" T	Demo	SF	Lg	AB	.123	130.0	---	5.54	1.33	6.87	**9.91**
	Demo	SF	Sm	AB	.176	91.00	---	7.93	1.90	9.83	**14.20**
16" T	Demo	SF	Lg	AB	.160	100.0	---	7.21	1.73	8.94	**12.90**
	Demo	SF	Sm	AB	.229	70.00	---	10.30	2.47	12.77	**18.50**
24" T	Demo	SF	Lg	AB	.188	85.00	---	8.48	2.04	10.52	**15.20**
	Demo	SF	Sm	AB	.269	59.50	---	12.10	2.91	15.01	**21.70**

With common brick; no scaffolding included

Description	Oper	Unit	Vol	Crew Size	Man-hours per Unit	Crew Output per Day	Avg Mat'l Unit Cost	Avg Labor Unit Cost	Avg Equip Unit Cost	Avg Total Unit Cost	Avg Price Incl O&P
8" T (13.50 Brick/SF)	Inst	SF	Lg	BO	.337	95.00	8.19	13.20	1.00	22.39	**30.80**
	Inst	SF	Sm	ML	.361	66.50	9.07	14.70	1.43	25.20	**34.70**
12" T (20.25 Brick/SF)	Inst	SF	Lg	BO	.457	70.00	12.40	17.80	1.36	31.56	**43.20**
	Inst	SF	Sm	ML	.490	49.00	13.70	20.00	1.94	35.64	**48.70**
16" T (27.00 Brick/SF)	Inst	SF	Lg	BO	.582	55.00	16.60	22.70	1.73	41.03	**56.00**
	Inst	SF	Sm	ML	.623	38.50	18.30	25.40	2.47	46.17	**63.00**
24" T (40.50 Brick/SF)	Inst	SF	Lg	BO	.800	40.00	24.80	31.20	2.38	58.38	**79.40**
	Inst	SF	Sm	ML	.857	28.00	27.40	34.90	3.39	65.69	**89.30**

Masonry, concrete block

Description	Oper	Unit	Vol	Crew Size	Man-hours per Unit	Crew Output per Day	Avg Mat'l Unit Cost	Avg Labor Unit Cost	Avg Equip Unit Cost	Avg Total Unit Cost	Avg Price Incl O&P

Brick, adobe
Running bond, 3/8" mortar joints

Walls, with pneumatic tools

Description	Oper	Unit	Vol	Crew Size	MH/Unit	Output/Day	Mat'l	Labor	Equip	Total	O&P
4" T	Demo	SF	Lg	AB	.041	390.0	---	1.85	.44	2.29	**3.30**
	Demo	SF	Sm	AB	.059	273.0	---	2.66	.63	3.29	**4.74**
6" T	Demo	SF	Lg	AB	.042	380.0	---	1.89	.46	2.35	**3.39**
	Demo	SF	Sm	AB	.060	266.0	---	2.70	.65	3.35	**4.84**
8" T	Demo	SF	Lg	AB	.043	370.0	---	1.94	.47	2.41	**3.47**
	Demo	SF	Sm	AB	.062	259.0	---	2.79	.67	3.46	**5.00**
12" T	Demo	SF	Lg	AB	.046	350.0	---	2.07	.49	2.56	**3.70**
	Demo	SF	Sm	AB	.065	245.0	---	2.93	.71	3.64	**5.25**

Walls, no scaffolding included

Description	Oper	Unit	Vol	Crew Size	MH/Unit	Output/Day	Mat'l	Labor	Equip	Total	O&P
4" x 4" x 16"	Inst	SF	Lg	BO	.139	230.0	3.70	5.42	.41	9.53	**13.10**
	Inst	SF	Sm	ML	.149	161.0	4.08	6.07	.59	10.74	**14.70**
6" x 4" x 16"	Inst	SF	Lg	BO	.145	220.0	3.33	5.66	.43	9.42	**13.00**
	Inst	SF	Sm	ML	.156	154.0	4.08	6.36	.62	11.06	**15.20**
8" x 4" x 16"	Inst	SF	Lg	BO	.152	210.0	3.81	5.93	.45	10.19	**14.00**
	Inst	SF	Sm	ML	.163	147.0	4.21	6.64	.65	11.50	**15.80**
12" x 4" x 16"	Inst	SF	Lg	BO	.168	190.0	5.22	6.55	.50	12.27	**16.70**
	Inst	SF	Sm	ML	.180	133.0	5.76	7.33	.71	13.80	**18.80**

Concrete block

Lightweight (haydite) or heavyweight blocks; 2 cores/block, solid face; includes allowances for lintels, bond beams

Foundations and retaining walls

No excavation included
Without reinforcing or with lateral reinforcing only
With pneumatic tools

Description	Oper	Unit	Vol	Crew Size	MH/Unit	Output/Day	Mat'l	Labor	Equip	Total	O&P
8" W x 8" H x 16" L	Demo	SF	Lg	AB	.048	335.0	---	2.16	.52	2.68	**3.87**
	Demo	SF	Sm	AB	.068	234.5	---	3.07	.74	3.81	**5.49**
10" W x 8" H x 16" L	Demo	SF	Lg	AB	.052	310.0	---	2.34	.56	2.90	**4.19**
	Demo	SF	Sm	AB	.074	217.0	---	3.34	.80	4.14	**5.96**
12" W x 8" H x 16" L	Demo	SF	Lg	AB	.055	290.0	---	2.48	.60	3.08	**4.44**
	Demo	SF	Sm	AB	.079	203.0	---	3.56	.85	4.41	**6.36**

Without pneumatic tools

Description	Oper	Unit	Vol	Crew Size	MH/Unit	Output/Day	Mat'l	Labor	Equip	Total	O&P
8" W x 8" H x 16" L	Demo	SF	Lg	LB	.059	270.0	---	2.21	---	2.21	**3.31**
	Demo	SF	Sm	LB	.085	189.0	---	3.18	---	3.18	**4.77**
10" W x 8" H x 16" L	Demo	SF	Lg	LB	.064	250.0	---	2.39	---	2.39	**3.59**
	Demo	SF	Sm	LB	.091	175.0	---	3.40	---	3.40	**5.11**
12" W x 8" H x 16" L	Demo	SF	Lg	LB	.070	230.0	---	2.62	---	2.62	**3.93**
	Demo	SF	Sm	LB	.099	161.0	---	3.70	---	3.70	**5.55**

With vertical reinforcing in every other core (2 core blocks) with core concrete filled
With pneumatic tools

Description	Oper	Unit	Vol	Crew Size	MH/Unit	Output/Day	Mat'l	Labor	Equip	Total	O&P
8" W x 8" H x 16" L	Demo	SF	Lg	AB	.078	205.0	---	3.52	.84	4.36	**6.28**
	Demo	SF	Sm	AB	.111	143.5	---	5.00	1.21	6.21	**8.96**
10" W x 8" H x 16" L	Demo	SF	Lg	AB	.084	190.0	---	3.79	.91	4.70	**6.77**
	Demo	SF	Sm	AB	.120	133.0	---	5.41	1.30	6.71	**9.67**
12" W x 8" H x 16" L	Demo	SF	Lg	AB	.091	175.0	---	4.10	.99	5.09	**7.34**
	Demo	SF	Sm	AB	.131	122.5	---	5.91	1.41	7.32	**10.60**

Description	Oper	Unit	Vol	Crew Size	Man-hours per Unit	Crew Output per Day	Avg Mat'l Unit Cost	Avg Labor Unit Cost	Avg Equip Unit Cost	Avg Total Unit Cost	Avg Price Incl O&P
No reinforcing											
Heavyweight blocks											
8" x 8" x 16"	Inst	SF	Lg	BD	.127	315.0	3.52	5.09	.30	8.91	**12.20**
	Inst	SF	Sm	BO	.145	220.5	3.88	5.66	.43	9.97	**13.70**
10" x 8" x 16"	Inst	SF	Lg	BD	.138	290.0	5.78	5.53	.33	11.64	**15.60**
	Inst	SF	Sm	BO	.158	203.0	6.37	6.16	.47	13.00	**17.50**
12" x 8" x 16"	Inst	SF	Lg	BD	.151	265.0	6.23	6.05	.36	12.64	**17.00**
	Inst	SF	Sm	BO	.173	185.5	6.86	6.75	.51	14.12	**19.00**
Lightweight blocks											
8" x 8" x 16"	Inst	SF	Lg	BD	.114	350.0	3.19	4.57	.27	8.03	**11.00**
	Inst	SF	Sm	BO	.131	245.0	3.52	5.11	.39	9.02	**12.40**
10" x 8" x 16"	Inst	SF	Lg	BD	.125	320.0	3.69	5.01	.30	9.00	**12.30**
	Inst	SF	Sm	BO	.143	224.0	4.06	5.58	.42	10.06	**13.70**
12" x 8" x 16"	Inst	SF	Lg	BD	.136	295.0	4.27	5.45	.32	10.04	**13.70**
	Inst	SF	Sm	BO	.155	206.5	4.70	6.05	.46	11.21	**15.30**
Lateral reinforcing every second course											
Heavyweight blocks											
8" x 8" x 16"	Inst	SF	Lg	BD	.133	300.0	3.52	5.33	.32	9.17	**12.60**
	Inst	SF	Sm	BO	.152	210.0	3.88	5.93	.45	10.26	**14.10**
10" x 8" x 16"	Inst	SF	Lg	BD	.145	275.0	5.78	5.81	.35	11.94	**16.10**
	Inst	SF	Sm	BO	.166	192.5	6.37	6.48	.49	13.34	**17.90**
12" x 8" x 16"	Inst	SF	Lg	BD	.160	250.0	6.23	6.41	.38	13.02	**17.50**
	Inst	SF	Sm	BO	.183	175.0	6.86	7.14	.54	14.54	**19.60**
Lightweight blocks											
8" x 8" x 16"	Inst	SF	Lg	BD	.119	335.0	3.19	4.77	.28	8.24	**11.30**
	Inst	SF	Sm	BO	.136	234.5	3.52	5.31	.41	9.24	**12.70**
10" x 8" x 16"	Inst	SF	Lg	BD	.131	305.0	3.69	5.25	.31	9.25	**12.70**
	Inst	SF	Sm	BO	.150	213.5	4.06	5.85	.44	10.35	**14.20**
12" x 8" x 16"	Inst	SF	Lg	BD	.143	280.0	4.27	5.73	.34	10.34	**14.10**
	Inst	SF	Sm	BO	.163	196.0	4.70	6.36	.48	11.54	**15.80**
Vertical reinforcing (No. 4 rod) every second core with core concrete filled											
Heavyweight blocks											
8" x 8" x 16"	Inst	SF	Lg	BD	.182	220.0	5.12	7.29	.43	12.84	**17.60**
	Inst	SF	Sm	BD	.260	154.0	5.64	10.40	.62	16.66	**23.10**
10" x 8" x 16"	Inst	SF	Lg	BD	.200	200.0	7.53	8.01	.48	16.02	**21.60**
	Inst	SF	Sm	BD	.286	140.0	8.30	11.50	.68	20.48	**28.00**
12" x 8" x 16"	Inst	SF	Lg	BD	.216	185.0	8.26	8.65	.51	17.42	**23.50**
	Inst	SF	Sm	BD	.309	129.5	9.10	12.40	.73	22.23	**30.40**
Lightweight blocks											
8" x 8" x 16"	Inst	SF	Lg	BD	.167	240.0	4.80	6.69	.40	11.89	**16.30**
	Inst	SF	Sm	BD	.238	168.0	5.28	9.53	.57	15.38	**21.30**
10" x 8" x 16"	Inst	SF	Lg	BD	.182	220.0	5.44	7.29	.43	13.16	**18.00**
	Inst	SF	Sm	BD	.260	154.0	5.99	10.40	.62	17.01	**23.60**
12" x 8" x 16"	Inst	SF	Lg	BD	.200	200.0	6.30	8.01	.48	14.79	**20.20**
	Inst	SF	Sm	BD	.286	140.0	6.94	11.50	.68	19.12	**26.30**

Masonry, exterior walls (above grade)

Description	Oper	Unit	Vol	Crew Size	Man-hours per Unit	Crew Output per Day	Avg Mat'l Unit Cost	Avg Labor Unit Cost	Avg Equip Unit Cost	Avg Total Unit Cost	Avg Price Incl O&P

Exterior walls (above grade)

No bracing or shoring included

Without reinforcing or with lateral reinforcing only

With pneumatic tools

Description	Oper	Unit	Vol	Crew	Mhr	Out	Mat	Lab	Eq	Tot	O&P
8" W x 8" H x 16" L	Demo	SF	Lg	AB	.048	335.0	---	2.16	.52	2.68	**3.87**
	Demo	SF	Sm	AB	.068	234.5	---	3.07	.74	3.81	**5.49**
10" W x 8" H x 16" L	Demo	SF	Lg	AB	.052	305.0	---	2.34	.57	2.91	**4.20**
	Demo	SF	Sm	AB	.075	213.5	---	3.38	.81	4.19	**6.04**
12" W x 8" H x 16" L	Demo	SF	Lg	AB	.058	275.0	---	2.61	.63	3.24	**4.68**
	Demo	SF	Sm	AB	.083	192.5	---	3.74	.90	4.64	**6.69**

Without pneumatic tools

Description	Oper	Unit	Vol	Crew	Mhr	Out	Mat	Lab	Eq	Tot	O&P
8" W x 8" H x 16" L	Demo	SF	Lg	LB	.060	265.0	---	2.24	---	2.24	**3.37**
	Demo	SF	Sm	LB	.086	185.5	---	3.22	---	3.22	**4.82**
10" W x 8" H x 16" L	Demo	SF	Lg	LB	.067	240.0	---	2.51	---	2.51	**3.76**
	Demo	SF	Sm	LB	.095	168.0	---	3.55	---	3.55	**5.33**
12" W x 8" H x 16" L	Demo	SF	Lg	LB	.073	220.0	---	2.73	---	2.73	**4.10**
	Demo	SF	Sm	LB	.104	154.0	---	3.89	---	3.89	**5.83**

No reinforcing

Heavyweight blocks

Description	Oper	Unit	Vol	Crew	Mhr	Out	Mat	Lab	Eq	Tot	O&P
8" x 8" x 16"	Inst	SF	Lg	BD	.136	295.0	3.52	5.45	.32	9.29	**12.80**
	Inst	SF	Sm	BO	.155	206.5	3.88	6.05	.46	10.39	**14.30**
10" x 8" x 16"	Inst	SF	Lg	BD	.148	270.0	5.78	5.93	.35	12.06	**16.30**
	Inst	SF	Sm	BO	.169	189.0	6.37	6.59	.50	13.46	**18.10**
12" x 8" x 16"	Inst	SF	Lg	BD	.160	250.0	6.23	6.41	.38	13.02	**17.50**
	Inst	SF	Sm	BO	.183	175.0	6.86	7.14	.54	14.54	**19.60**

Lightweight blocks

Description	Oper	Unit	Vol	Crew	Mhr	Out	Mat	Lab	Eq	Tot	O&P
8" x 8" x 16"	Inst	SF	Lg	BD	.121	330.0	3.19	4.85	.29	8.33	**11.40**
	Inst	SF	Sm	BO	.139	231.0	3.52	5.42	.41	9.35	**12.90**
10" x 8" x 16"	Inst	SF	Lg	BD	.131	305.0	3.69	5.25	.31	9.25	**12.70**
	Inst	SF	Sm	BO	.150	213.5	3.71	5.85	.44	10.00	**13.80**
12" x 8" x 16"	Inst	SF	Lg	BD	.143	280.0	4.27	5.73	.34	10.34	**14.10**
	Inst	SF	Sm	BO	.163	196.0	4.70	6.36	.48	11.54	**15.80**

Lateral reinforcing every second course

Heavyweight blocks

Description	Oper	Unit	Vol	Crew	Mhr	Out	Mat	Lab	Eq	Tot	O&P
8" x 8" x 16"	Inst	SF	Lg	BD	.143	280.0	3.52	5.73	.34	9.59	**13.20**
	Inst	SF	Sm	BO	.163	196.0	3.88	6.36	.48	10.72	**14.80**
10" x 8" x 16"	Inst	SF	Lg	BD	.154	260.0	5.78	6.17	.37	12.32	**16.60**
	Inst	SF	Sm	BO	.176	182.0	6.37	6.87	.52	13.76	**18.60**
12" x 8" x 16"	Inst	SF	Lg	BD	.167	240.0	6.23	6.69	.40	13.32	**18.00**
	Inst	SF	Sm	BO	.190	168.0	6.86	7.41	.57	14.84	**20.00**

Lightweight blocks

Description	Oper	Unit	Vol	Crew	Mhr	Out	Mat	Lab	Eq	Tot	O&P
8" x 8" x 16"	Inst	SF	Lg	BD	.127	315.0	3.19	5.09	.30	8.58	**11.80**
	Inst	SF	Sm	BO	.145	220.5	3.52	5.66	.43	9.61	**13.20**
10" x 8" x 16"	Inst	SF	Lg	BD	.138	290.0	4.10	5.53	.33	9.96	**13.60**
	Inst	SF	Sm	BO	.158	203.0	3.71	6.16	.47	10.34	**14.30**
12" x 8" x 16"	Inst	SF	Lg	BD	.151	265.0	4.27	6.05	.36	10.68	**14.60**
	Inst	SF	Sm	BO	.173	185.5	4.70	6.75	.51	11.96	**16.40**

Description	Oper	Unit	Vol	Crew Size	Man-hours per Unit	Crew Output per Day	Avg Mat'l Unit Cost	Avg Labor Unit Cost	Avg Equip Unit Cost	Avg Total Unit Cost	Avg Price Incl O&P

Partitions (above grade)

No bracing or shoring included

Without reinforcing or with lateral reinforcing only

With pneumatic tools

Description	Oper	Unit	Vol	Crew	MH	Output	Mat'l	Labor	Equip	Total	O&P
4" W x 8" H x 16" L	Demo	SF	Lg	AB	.048	330.0	---	2.16	.52	2.68	**3.87**
	Demo	SF	Sm	AB	.069	231.0	---	3.11	.75	3.86	**5.57**
6" W x 8" H x 16" L	Demo	SF	Lg	AB	.052	310.0	---	2.34	.56	2.90	**4.19**
	Demo	SF	Sm	AB	.074	217.0	---	3.34	.80	4.14	**5.96**
8" W x 8" H x 16" L	Demo	SF	Lg	AB	.054	295.0	---	2.43	.59	3.02	**4.36**
	Demo	SF	Sm	AB	.077	206.5	---	3.47	.84	4.31	**6.21**
10" W x 8" H x 16" L	Demo	SF	Lg	AB	.060	265.0	---	2.70	.65	3.35	**4.84**
	Demo	SF	Sm	AB	.086	185.5	---	3.88	.93	4.81	**6.93**
12" W x 8" H x 16" L	Demo	SF	Lg	AB	.068	235.0	---	3.07	.74	3.81	**5.49**
	Demo	SF	Sm	AB	.097	164.5	---	4.37	1.05	5.42	**7.82**

No reinforcing

Heavyweight blocks

Description	Oper	Unit	Vol	Crew	MH	Output	Mat'l	Labor	Equip	Total	O&P
4" W x 8" H x 16" L	Inst	SF	Lg	BD	.129	310.0	2.69	5.17	.31	8.17	**11.40**
	Inst	SF	Sm	BO	.147	217.0	2.95	5.73	.44	9.12	**12.70**
6" W x 8" H x 16" L	Inst	SF	Lg	BD	.138	290.0	3.23	5.53	.33	9.09	**12.60**
	Inst	SF	Sm	BO	.158	203.0	3.55	6.16	.47	10.18	**14.10**
8" W x 8" H x 16" L	Inst	SF	Lg	BD	.151	265.0	3.52	6.05	.36	9.93	**13.70**
	Inst	SF	Sm	BO	.173	185.5	3.88	6.75	.51	11.14	**15.40**
10" W x 8" H x 16" L	Inst	SF	Lg	BD	.163	245.0	5.78	6.53	.39	12.70	**17.20**
	Inst	SF	Sm	BO	.187	171.5	6.37	7.29	.55	14.21	**19.30**
12" W x 8" H x 16" L	Inst	SF	Lg	BD	.178	225.0	6.23	7.13	.42	13.78	**18.70**
	Inst	SF	Sm	BO	.203	157.5	6.86	7.92	.60	15.38	**20.80**

Lightweight blocks

Description	Oper	Unit	Vol	Crew	MH	Output	Mat'l	Labor	Equip	Total	O&P
4" W x 8" H x 16" L	Inst	SF	Lg	BD	.119	335.0	2.47	4.77	.28	7.52	**10.50**
	Inst	SF	Sm	BO	.136	234.5	2.72	5.31	.41	8.44	**11.70**
6" W x 8" H x 16" L	Inst	SF	Lg	BD	.127	315.0	2.74	5.09	.30	8.13	**11.30**
	Inst	SF	Sm	BO	.145	220.5	3.02	5.66	.43	9.11	**12.60**
8" W x 8" H x 16" L	Inst	SF	Lg	BD	.136	295.0	3.19	5.45	.32	8.96	**12.40**
	Inst	SF	Sm	BO	.155	206.5	3.52	6.05	.46	10.03	**13.90**
10" W x 8" H x 16" L	Inst	SF	Lg	BD	.148	270.0	3.69	5.93	.35	9.97	**13.70**
	Inst	SF	Sm	BO	.169	189.0	3.71	6.59	.50	10.80	**14.90**
12" W x 8" H x 16" L	Inst	SF	Lg	BD	.160	250.0	4.27	6.41	.38	11.06	**15.20**
	Inst	SF	Sm	BO	.183	175.0	4.70	7.14	.54	12.38	**17.00**

Lateral reinforcing every second course

Heavyweight blocks

Description	Oper	Unit	Vol	Crew	MH	Output	Mat'l	Labor	Equip	Total	O&P
4" W x 8" H x 16" L	Inst	SF	Lg	BD	.136	295.0	2.69	5.45	.32	8.46	**11.80**
	Inst	SF	Sm	BO	.155	206.5	2.95	6.05	.46	9.46	**13.20**
6" W x 8" H x 16" L	Inst	SF	Lg	BD	.145	275.0	3.23	5.81	.35	9.39	**13.00**
	Inst	SF	Sm	BO	.166	192.5	3.55	6.48	.49	10.52	**14.60**

Masonry, fences

Description	Oper	Unit	Vol	Crew Size	Man-hours per Unit	Crew Output per Day	Avg Mat'l Unit Cost	Avg Labor Unit Cost	Avg Equip Unit Cost	Avg Total Unit Cost	Avg Price Incl O&P
8" W x 8" H x 16" L	Inst	SF	Lg	BD	.160	250.0	3.52	6.41	.38	10.31	**14.30**
	Inst	SF	Sm	BO	.183	175.0	3.88	7.14	.54	11.56	**16.00**
10" W x 8" H x 16" L	Inst	SF	Lg	BD	.174	230.0	5.78	6.97	.41	13.16	**17.90**
	Inst	SF	Sm	BO	.199	161.0	6.37	7.76	.59	14.72	**20.00**
12" W x 8" H x 16" L	Inst	SF	Lg	BD	.190	210.0	6.23	7.61	.45	14.29	**19.40**
	Inst	SF	Sm	BO	.218	147.0	6.86	8.50	.65	16.01	**21.80**
Lightweight blocks											
4" W x 8" H x 16" L	Inst	SF	Lg	BD	.125	320.0	2.47	5.01	.30	7.78	**10.80**
	Inst	SF	Sm	BO	.143	224.0	2.72	5.58	.42	8.72	**12.10**
6" W x 8" H x 16" L	Inst	SF	Lg	BD	.133	300.0	2.74	5.33	.32	8.39	**11.70**
	Inst	SF	Sm	BO	.152	210.0	3.02	5.93	.45	9.40	**13.10**
8" W x 8" H x 16" L	Inst	SF	Lg	BD	.143	280.0	3.19	5.73	.34	9.26	**12.80**
	Inst	SF	Sm	BO	.163	196.0	3.52	6.36	.48	10.36	**14.30**
10" W x 8" H x 16" L	Inst	SF	Lg	BD	.154	260.0	3.69	6.17	.37	10.23	**14.10**
	Inst	SF	Sm	BO	.176	182.0	3.71	6.87	.52	11.10	**15.40**
12" W x 8" H x 16" L	Inst	SF	Lg	BD	.167	240.0	4.27	6.69	.40	11.36	**15.60**
	Inst	SF	Sm	BO	.190	168.0	4.70	7.41	.57	12.68	**17.40**

Fences

Without reinforcing or with lateral reinforcing only

With pneumatic tools

Description	Oper	Unit	Vol	Crew Size	Man-hours per Unit	Crew Output per Day	Avg Mat'l Unit Cost	Avg Labor Unit Cost	Avg Equip Unit Cost	Avg Total Unit Cost	Avg Price Incl O&P
6" W x 4" H x 16" L	Demo	SF	Lg	AB	.041	390.0	---	1.85	.44	2.29	**3.30**
	Demo	SF	Sm	AB	.059	273.0	---	2.66	.63	3.29	**4.74**
6" W x 6" H x 16" L	Demo	SF	Lg	AB	.043	370.0	---	1.94	.47	2.41	**3.47**
	Demo	SF	Sm	AB	.062	259.0	---	2.79	.67	3.46	**5.00**
8" W x 8" H x 16" L	Demo	SF	Lg	AB	.046	350.0	---	2.07	.49	2.56	**3.70**
	Demo	SF	Sm	AB	.065	245.0	---	2.93	.71	3.64	**5.25**
10" W x 8" H x 16" L	Demo	SF	Lg	AB	.049	325.0	---	2.21	.53	2.74	**3.95**
	Demo	SF	Sm	AB	.070	227.5	---	3.16	.76	3.92	**5.64**
12" W x 8" H x 16" L	Demo	SF	Lg	AB	.053	300.0	---	2.39	.58	2.97	**4.28**
	Demo	SF	Sm	AB	.076	210.0	---	3.43	.82	4.25	**6.12**

Without pneumatic tools

Description	Oper	Unit	Vol	Crew Size	Man-hours per Unit	Crew Output per Day	Avg Mat'l Unit Cost	Avg Labor Unit Cost	Avg Equip Unit Cost	Avg Total Unit Cost	Avg Price Incl O&P
6" W x 4" H x 16" L	Demo	SF	Lg	LB	.052	310.0	---	1.94	---	1.94	**2.92**
	Demo	SF	Sm	LB	.074	217.0	---	2.77	---	2.77	**4.15**
6" W x 6" H x 16" L	Demo	SF	Lg	LB	.054	295.0	---	2.02	---	2.02	**3.03**
	Demo	SF	Sm	LB	.077	206.5	---	2.88	---	2.88	**4.32**
8" W x 8" H x 16" L	Demo	SF	Lg	LB	.057	280.0	---	2.13	---	2.13	**3.20**
	Demo	SF	Sm	LB	.082	196.0	---	3.07	---	3.07	**4.60**
10" W x 8" H x 16" L	Demo	SF	Lg	LB	.067	240.0	---	2.51	---	2.51	**3.76**
	Demo	SF	Sm	LB	.095	168.0	---	3.55	---	3.55	**5.33**
12" W x 8" H x 16" L	Demo	SF	Lg	LB	.073	220.0	---	2.73	---	2.73	**4.10**
	Demo	SF	Sm	LB	.104	154.0	---	3.89	---	3.89	**5.83**

Description	Oper	Unit	Vol	Crew Size	Man-hours per Unit	Crew Output per Day	Avg Mat'l Unit Cost	Avg Labor Unit Cost	Avg Equip Unit Cost	Avg Total Unit Cost	Avg Price Incl O&P
Fences, lightweight blocks											
No reinforcing											
4" W x 8" H x 16" L	Inst	SF	Lg	BD	.108	370.0	2.47	4.33	.26	7.06	**9.76**
	Inst	SF	Sm	BO	.124	259.0	2.72	4.84	.37	7.93	**11.00**
6" W x 4" H x 16" L	Inst	SF	Lg	BD	.222	180.0	4.31	8.89	.53	13.73	**19.10**
	Inst	SF	Sm	BO	.254	126.0	4.74	9.91	.75	15.40	**21.50**
6" W x 6" H x 16" L	Inst	SF	Lg	BD	.154	260.0	3.56	6.17	.37	10.10	**14.00**
	Inst	SF	Sm	BO	.176	182.0	3.92	6.87	.52	11.31	**15.60**
6" W x 8" H x 16" L	Inst	SF	Lg	BD	.114	350.0	2.74	4.57	.27	7.58	**10.50**
	Inst	SF	Sm	BO	.131	245.0	3.02	5.11	.39	8.52	**11.80**
8" W x 8" H x 16" L	Inst	SF	Lg	BD	.121	330.0	3.19	4.85	.29	8.33	**11.40**
	Inst	SF	Sm	BO	.139	231.0	3.52	5.42	.41	9.35	**12.90**
10" W x 8" H x 16" L	Inst	SF	Lg	BD	.131	305.0	3.69	5.25	.31	9.25	**12.70**
	Inst	SF	Sm	BO	.150	213.5	3.71	5.85	.44	10.00	**13.80**
12" W x 8" H x 16" L	Inst	SF	Lg	BD	.143	280.0	4.27	5.73	.34	10.34	**14.10**
	Inst	SF	Sm	BO	.163	196.0	4.70	6.36	.48	11.54	**15.80**
Lateral reinforcing every third course											
4" W x 8" H x 16" L	Inst	SF	Lg	BD	.113	355.0	2.47	4.53	.27	7.27	**10.10**
	Inst	SF	Sm	BO	.129	248.5	2.72	5.03	.38	8.13	**11.30**
6" W x 4" H x 16" L	Inst	SF	Lg	BD	.229	175.0	4.31	9.17	.54	14.02	**19.60**
	Inst	SF	Sm	BO	.261	122.5	4.74	10.20	.78	15.72	**21.90**
6" W x 6" H x 16" L	Inst	SF	Lg	BD	.163	245.0	3.56	6.53	.39	10.48	**14.50**
	Inst	SF	Sm	BO	.187	171.5	3.92	7.29	.55	11.76	**16.30**
6" W x 8" H x 16" L	Inst	SF	Lg	BD	.119	335.0	2.74	4.77	.28	7.79	**10.80**
	Inst	SF	Sm	BO	.136	234.5	3.02	5.31	.41	8.74	**12.10**
8" W x 8" H x 16" L	Inst	SF	Lg	BD	.127	315.0	3.19	5.09	.30	8.58	**11.80**
	Inst	SF	Sm	BO	.145	220.5	3.52	5.66	.43	9.61	**13.20**
10" W x 8" H x 16" L	Inst	SF	Lg	BD	.138	290.0	3.69	5.53	.33	9.55	**13.10**
	Inst	SF	Sm	BO	.158	203.0	3.71	6.16	.47	10.34	**14.30**
12" W x 8" H x 16" L	Inst	SF	Lg	BD	.151	265.0	4.27	6.05	.36	10.68	**14.60**
	Inst	SF	Sm	BO	.173	185.5	4.70	6.75	.51	11.96	**16.40**

Concrete slump block

Running bond, 3/8" mortar joints

Walls, with pneumatic tools

Description	Oper	Unit	Vol	Crew Size	Man-hours per Unit	Crew Output per Day	Avg Mat'l Unit Cost	Avg Labor Unit Cost	Avg Equip Unit Cost	Avg Total Unit Cost	Avg Price Incl O&P
4" T	Demo	SF	Lg	AB	.043	370.0	---	1.94	.47	2.41	**3.47**
	Demo	SF	Sm	AB	.062	259.0	---	2.79	.67	3.46	**5.00**
6" T	Demo	SF	Lg	AB	.046	350.0	---	2.07	.49	2.56	**3.70**
	Demo	SF	Sm	AB	.065	245.0	---	2.93	.71	3.64	**5.25**
8" T	Demo	SF	Lg	AB	.048	335.0	---	2.16	.52	2.68	**3.87**
	Demo	SF	Sm	AB	.068	234.5	---	3.07	.74	3.81	**5.49**
12" T	Demo	SF	Lg	AB	.058	275.0	---	2.61	.63	3.24	**4.68**
	Demo	SF	Sm	AB	.083	192.5	---	3.74	.90	4.64	**6.69**

Masonry, textured screen block

Description	Oper	Unit	Vol	Crew Size	Man-hours per Unit	Crew Output per Day	Avg Mat'l Unit Cost	Avg Labor Unit Cost	Avg Equip Unit Cost	Avg Total Unit Cost	Avg Price Incl O&P
Walls, no scaffolding included											
4" x 4" x 16"	Inst	SF	Lg	BO	.128	250.0	3.34	4.99	.38	8.71	**12.00**
	Inst	SF	Sm	ML	.137	175.0	3.67	5.58	.54	9.79	**13.40**
6" x 4" x 16"	Inst	SF	Lg	BO	.133	240.0	4.35	5.19	.40	9.94	**13.50**
	Inst	SF	Sm	ML	.143	168.0	4.80	5.83	.57	11.20	**15.20**
6" x 6" x 16"	Inst	SF	Lg	BO	.119	270.0	3.34	4.64	.35	8.33	**11.40**
	Inst	SF	Sm	ML	.127	189.0	3.69	5.17	.50	9.36	**12.80**
8" x 4" x 16"	Inst	SF	Lg	BO	.139	230.0	5.07	5.42	.41	10.90	**14.70**
	Inst	SF	Sm	ML	.149	161.0	5.58	6.07	.59	12.24	**16.50**
8" x 6" x 16"	Inst	SF	Lg	BO	.123	260.0	3.88	4.80	.37	9.05	**12.30**
	Inst	SF	Sm	ML	.132	182.0	4.27	5.38	.52	10.17	**13.80**
12" x 4" x 16"	Inst	SF	Lg	BO	.152	210.0	6.20	5.93	.45	12.58	**16.90**
	Inst	SF	Sm	ML	.163	147.0	6.82	6.64	.65	14.11	**18.90**
12" x 6" x 16"	Inst	SF	Lg	BO	.133	240.0	4.69	5.19	.40	10.28	**13.90**
	Inst	SF	Sm	ML	.143	168.0	5.17	5.83	.57	11.57	**15.60**

Concrete slump brick

Running bond, 3/8" mortar joints

Walls, with pneumatic tools

Description	Oper	Unit	Vol	Crew Size	Man-hours per Unit	Crew Output per Day	Avg Mat'l Unit Cost	Avg Labor Unit Cost	Avg Equip Unit Cost	Avg Total Unit Cost	Avg Price Incl O&P
4" T	Demo	SF	Lg	AB	.043	370.0	---	1.94	.47	2.41	**3.47**
	Demo	SF	Sm	AB	.062	259.0	---	2.79	.67	3.46	**5.00**

Walls, no scaffolding included

Description	Oper	Unit	Vol	Crew Size	Man-hours per Unit	Crew Output per Day	Avg Mat'l Unit Cost	Avg Labor Unit Cost	Avg Equip Unit Cost	Avg Total Unit Cost	Avg Price Incl O&P
4" x 4" x 8"	Inst	SF	Lg	BO	.145	220.0	7.71	5.66	.43	13.80	**18.30**
	Inst	SF	Sm	ML	.156	154.0	8.49	6.36	.62	15.47	**20.50**
4" x 4" x 12"	Inst	SF	Lg	BO	.133	240.0	4.98	5.19	.40	10.57	**14.20**
	Inst	SF	Sm	ML	.143	168.0	5.49	5.83	.57	11.89	**16.00**

Concrete textured screen block

Running bond, 3/8" mortar joints

Walls, with pneumatic tools

Description	Oper	Unit	Vol	Crew Size	Man-hours per Unit	Crew Output per Day	Avg Mat'l Unit Cost	Avg Labor Unit Cost	Avg Equip Unit Cost	Avg Total Unit Cost	Avg Price Incl O&P
4" T	Demo	SF	Lg	AB	.033	480.0	---	1.49	.36	1.85	**2.66**
	Demo	SF	Sm	AB	.048	336.0	---	2.16	.51	2.67	**3.86**

Walls, no scaffolding included

Description	Oper	Unit	Vol	Crew Size	Man-hours per Unit	Crew Output per Day	Avg Mat'l Unit Cost	Avg Labor Unit Cost	Avg Equip Unit Cost	Avg Total Unit Cost	Avg Price Incl O&P
4" x 6" x 6"	Inst	SF	Lg	BO	.200	160.0	5.80	7.80	.59	14.19	**19.40**
	Inst	SF	Sm	ML	.214	112.0	6.42	8.72	.85	15.99	**21.80**
4" x 8" x 8"	Inst	SF	Lg	BO	.133	240.0	3.86	5.19	.40	9.45	**12.90**
	Inst	SF	Sm	ML	.143	168.0	4.26	5.83	.57	10.66	**14.50**
4" x 12" x 12"	Inst	SF	Lg	BO	.089	360.0	2.20	3.47	.26	5.93	**8.16**
	Inst	SF	Sm	ML	.095	252.0	2.42	3.87	.38	6.67	**9.17**

Description	Oper	Unit	Vol	Crew Size	Man-hours per Unit	Crew Output per Day	Avg Mat'l Unit Cost	Avg Labor Unit Cost	Avg Equip Unit Cost	Avg Total Unit Cost	Avg Price Incl O&P

Glass block

Plain, 4" thick

Description	Oper	Unit	Vol	Crew Size	Man-hours per Unit	Crew Output per Day	Avg Mat'l Unit Cost	Avg Labor Unit Cost	Avg Equip Unit Cost	Avg Total Unit Cost	Avg Price Incl O&P
6" x 6"	Demo	SF	Lg	LB	.064	250.0	---	2.39	---	2.39	**3.59**
	Demo	SF	Sm	LB	.091	175.0	---	3.40	---	3.40	**5.11**
8" x 8"	Demo	SF	Lg	LB	.057	280.0	---	2.13	---	2.13	**3.20**
	Demo	SF	Sm	LB	.082	196.0	---	3.07	---	3.07	**4.60**
12" x 12"	Demo	SF	Lg	LB	.052	310.0	---	1.94	---	1.94	**2.92**
	Demo	SF	Sm	LB	.074	217.0	---	2.77	---	2.77	**4.15**
6" x 6"	Inst	SF	Lg	ML	.320	75.00	40.20	13.00	1.27	54.47	**69.30**
	Inst	SF	Sm	BK	.305	52.50	43.20	11.90	1.81	56.91	**71.90**
8" x 8"	Inst	SF	Lg	ML	.218	110.0	25.30	8.88	.86	35.04	**44.70**
	Inst	SF	Sm	BK	.208	77.00	27.10	8.11	1.23	36.44	**46.20**
12" x 12"	Inst	SF	Lg	ML	.145	165.0	17.00	5.91	.58	23.49	**29.90**
	Inst	SF	Sm	BK	.139	115.5	18.10	5.42	.82	24.34	**30.80**

Glazed block (structural glazed tile)

6-T Series. Includes normal allowance for special shapes

Description	Oper	Unit	Vol	Crew Size	Man-hours per Unit	Crew Output per Day	Avg Mat'l Unit Cost	Avg Labor Unit Cost	Avg Equip Unit Cost	Avg Total Unit Cost	Avg Price Incl O&P
All sizes	Demo	SF	Lg	LB	.052	310.0	---	1.94	---	1.94	**2.92**
	Demo	SF	Sm	LB	.074	217.0	---	2.77	---	2.77	**4.15**

Glazed 1 side

Description	Oper	Unit	Vol	Crew Size	Man-hours per Unit	Crew Output per Day	Avg Mat'l Unit Cost	Avg Labor Unit Cost	Avg Equip Unit Cost	Avg Total Unit Cost	Avg Price Incl O&P
2" x 5-1/3" x 12"	Inst	SF	Lg	ML	.286	84.00	4.53	11.70	1.13	17.36	**24.30**
	Inst	SF	Sm	BK	.379	42.22	5.00	14.80	2.25	22.05	**30.90**
4" x 5-1/3" x 12"	Inst	SF	Lg	ML	.300	80.00	5.78	12.20	1.19	19.17	**26.70**
	Inst	SF	Sm	BK	.398	40.20	6.37	15.50	2.36	24.23	**33.80**
6" x 5-1/3" x 12"	Inst	SF	Lg	ML	.316	76.00	7.02	12.90	1.25	21.17	**29.20**
	Inst	SF	Sm	BK	.419	38.19	7.74	16.40	2.49	26.63	**36.80**
8" x 5-1/3" x 12"	Inst	SF	Lg	ML	.353	68.00	8.25	14.40	1.40	24.05	**33.20**
	Inst	SF	Sm	BK	.468	34.19	9.09	18.30	2.78	30.17	**41.60**

Glazed 2 sides

Description	Oper	Unit	Vol	Crew Size	Man-hours per Unit	Crew Output per Day	Avg Mat'l Unit Cost	Avg Labor Unit Cost	Avg Equip Unit Cost	Avg Total Unit Cost	Avg Price Incl O&P
4" x 5-1/3" x 12"	Inst	SF	Lg	ML	.375	64.00	7.96	15.30	1.48	24.74	**34.20**
	Inst	SF	Sm	BK	.498	32.13	8.78	19.40	2.96	31.14	**43.20**
6" x 5-1/3" x 12"	Inst	SF	Lg	ML	.400	60.00	10.30	16.30	1.58	28.18	**38.70**
	Inst	SF	Sm	BK	.531	30.13	11.40	20.70	3.15	35.25	**48.50**
8" x 5-1/3" x 12"	Inst	SF	Lg	ML	.462	52.00	11.60	18.80	1.83	32.23	**44.30**
	Inst	SF	Sm	BK	.612	26.14	12.70	23.90	3.63	40.23	**55.50**

Quarry tile

Floors

Description	Oper	Unit	Vol	Crew Size	Man-hours per Unit	Crew Output per Day	Avg Mat'l Unit Cost	Avg Labor Unit Cost	Avg Equip Unit Cost	Avg Total Unit Cost	Avg Price Incl O&P
Conventional mortar set	Demo	SF	Lg	LB	.030	535.0	---	1.12	.32	1.44	**2.07**
	Demo	SF	Sm	LB	.043	372.1	---	1.61	.46	2.07	**2.96**
Dry-set mortar	Demo	SF	Lg	LB	.026	620.0	---	.97	.28	1.25	**1.79**
	Demo	SF	Sm	LB	.037	432.4	---	1.38	.40	1.78	**2.56**
Conventional mortar set with unmounted tile											
6" x 6" x 1/2" T	Inst	SF	Lg	BO	.123	260.0	3.00	4.80	.37	8.17	**11.20**
	Inst	SF	Sm	ML	.164	146.3	3.31	6.68	.65	10.64	**14.80**
9" x 9" x 3/4" T	Inst	SF	Lg	BO	.103	310.0	4.06	4.02	.31	8.39	**11.30**
	Inst	SF	Sm	ML	.138	173.9	4.47	5.62	.55	10.64	**14.50**
Dry-set mortar with unmounted tile											
6" x 6" x 1/2" T	Inst	SF	Lg	BO	.102	315.0	7.84	3.98	.30	12.12	**15.70**
	Inst	SF	Sm	ML	.135	177.8	8.64	5.50	.53	14.67	**19.30**
9" x 9" x 3/4" T	Inst	SF	Lg	BO	.082	390.0	8.90	3.20	.24	12.34	**15.80**
	Inst	SF	Sm	ML	.109	220.2	9.81	4.44	.43	14.68	**19.00**

Molding and trim, base

Description	Oper	Unit	Vol	Crew Size	Man-hours per Unit	Crew Output per Day	Avg Mat'l Unit Cost	Avg Labor Unit Cost	Avg Equip Unit Cost	Avg Total Unit Cost	Avg Price Incl O&P

Molding and trim

Removal

Description	Oper	Unit	Vol	Crew	MH	Output	Mat'l	Labor	Equip	Total	O&P
At base (floor)	Demo	LF	Lg	LB	.015	1060.0	---	.56	---	.56	**.84**
	Demo	LF	Sm	LB	.022	742.0	---	.82	---	.82	**1.23**
At ceiling	Demo	LF	Lg	LB	.013	1200.0	---	.49	---	.49	**.73**
	Demo	LF	Sm	LB	.019	840.0	---	.71	---	.71	**1.07**
On wall or cabinets	Demo	LF	Lg	LB	.010	1600.0	---	.37	---	.37	**.56**
	Demo	LF	Sm	LB	.014	1120.0	---	.52	---	.52	**.79**

Baseboard

2-1/4" high

Description	Oper	Unit	Vol	Crew	MH	Output	Mat'l	Labor	Equip	Total	O&P
Pine, finger jointed, paint grade	Inst	LF	Lg	CA	.033	240.0	1.51	1.51	---	3.02	**4.08**
	Inst	LF	Sm	CA	.048	168.0	1.66	2.20	---	3.86	**5.30**
Pine, stain grade	Inst	LF	Lg	CA	.033	240.0	1.73	1.51	---	3.24	**4.35**
	Inst	LF	Sm	CA	.048	168.0	1.91	2.20	---	4.11	**5.60**
MDF, rectangle flat profile	Inst	LF	Lg	CA	.033	240.0	1.06	1.51	---	2.57	**3.54**
	Inst	LF	Sm	CA	.048	168.0	1.17	2.20	---	3.37	**4.71**
MDF, machine-cut profile	Inst	LF	Lg	CA	.044	180.0	1.18	2.02	---	3.20	**4.44**
	Inst	LF	Sm	CA	.063	126.0	1.30	2.89	---	4.19	**5.90**

3-1/4" high

Description	Oper	Unit	Vol	Crew	MH	Output	Mat'l	Labor	Equip	Total	O&P
Pine, finger jointed, paint grade	Inst	LF	Lg	CA	.033	240.0	1.87	1.51	---	3.38	**4.52**
	Inst	LF	Sm	CA	.048	168.0	2.06	2.20	---	4.26	**5.78**
Pine, stain grade	Inst	LF	Lg	CA	.033	240.0	2.16	1.51	---	3.67	**4.86**
	Inst	LF	Sm	CA	.048	168.0	2.38	2.20	---	4.58	**6.16**
MDF, rectangle flat profile	Inst	LF	Lg	CA	.033	240.0	1.51	1.51	---	3.02	**4.08**
	Inst	LF	Sm	CA	.048	168.0	1.66	2.20	---	3.86	**5.30**
MDF, machine-cut profile	Inst	LF	Lg	CA	.044	180.0	1.67	2.02	---	3.69	**5.03**
	Inst	LF	Sm	CA	.063	126.0	1.84	2.89	---	4.73	**6.54**
Hardwood, simple profile	Inst	LF	Lg	CA	.033	240.0	3.28	1.51	---	4.79	**6.21**
	Inst	LF	Sm	CA	.048	168.0	3.62	2.20	---	5.82	**7.65**
Hardwood, detailed profile	Inst	LF	Lg	CA	.044	180.0	4.86	2.02	---	6.88	**8.86**
	Inst	LF	Sm	CA	.063	126.0	5.36	2.89	---	8.25	**10.80**
Hardwood, complex profile	Inst	LF	Lg	CA	.053	150.0	5.42	2.43	---	7.85	**10.20**
	Inst	LF	Sm	CA	.076	105.0	5.97	3.49	---	9.46	**12.40**

4-1/4" high

Description	Oper	Unit	Vol	Crew	MH	Output	Mat'l	Labor	Equip	Total	O&P
Pine, finger jointed, paint grade	Inst	LF	Lg	CA	.033	240.0	2.65	1.51	---	4.16	**5.45**
	Inst	LF	Sm	CA	.048	168.0	2.92	2.20	---	5.12	**6.81**
Pine, stain grade	Inst	LF	Lg	CA	.033	240.0	3.41	1.51	---	4.92	**6.36**
	Inst	LF	Sm	CA	.048	168.0	3.76	2.20	---	5.96	**7.82**
MDF, rectangle flat profile	Inst	LF	Lg	CA	.033	240.0	1.74	1.51	---	3.25	**4.36**
	Inst	LF	Sm	CA	.048	168.0	1.92	2.20	---	4.12	**5.61**
MDF, machine-cut profile	Inst	LF	Lg	CA	.044	180.0	2.16	2.02	---	4.18	**5.62**
	Inst	LF	Sm	CA	.063	126.0	2.38	2.89	---	5.27	**7.19**

Description	Oper	Unit	Vol	Crew Size	Man-hours per Unit	Crew Output per Day	Avg Mat'l Unit Cost	Avg Labor Unit Cost	Avg Equip Unit Cost	Avg Total Unit Cost	Avg Price Incl O&P
Hardwood, simple profile	Inst	LF	Lg	CA	.033	240.0	5.10	1.51	---	6.61	**8.39**
	Inst	LF	Sm	CA	.048	168.0	5.62	2.20	---	7.82	**10.10**
Hardwood, detailed profile	Inst	LF	Lg	CA	.033	240.0	7.55	1.51	---	9.06	**11.30**
	Inst	LF	Sm	CA	.048	168.0	8.32	2.20	---	10.52	**13.30**
Hardwood, complex profile	Inst	LF	Lg	CA	.053	150.0	8.41	2.43	---	10.84	**13.70**
	Inst	LF	Sm	CA	.076	105.0	9.27	3.49	---	12.76	**16.40**
5-1/4" high											
Pine, finger jointed, paint grade	Inst	LF	Lg	CA	.033	240.0	2.96	1.51	---	4.47	**5.82**
	Inst	LF	Sm	CA	.048	168.0	3.26	2.20	---	5.46	**7.22**
Pine, stain grade	Inst	LF	Lg	CA	.033	240.0	4.15	1.51	---	5.66	**7.25**
	Inst	LF	Sm	CA	.048	168.0	4.57	2.20	---	6.77	**8.79**
MDF, rectangle flat profile	Inst	LF	Lg	CA	.033	240.0	2.10	1.51	---	3.61	**4.79**
	Inst	LF	Sm	CA	.048	168.0	2.31	2.20	---	4.51	**6.08**
MDF, machine-cut profile	Inst	LF	Lg	CA	.044	180.0	2.52	2.02	---	4.54	**6.05**
	Inst	LF	Sm	CA	.063	126.0	2.78	2.89	---	5.67	**7.67**
Hardwood, simple profile	Inst	LF	Lg	CA	.033	240.0	6.34	1.51	---	7.85	**9.88**
	Inst	LF	Sm	CA	.048	168.0	6.99	2.20	---	9.19	**11.70**
Hardwood, detailed profile	Inst	LF	Lg	CA	.033	240.0	9.39	1.51	---	10.90	**13.50**
	Inst	LF	Sm	CA	.048	168.0	10.40	2.20	---	12.60	**15.70**
Hardwood, complex profile	Inst	LF	Lg	CA	.053	150.0	10.50	2.43	---	12.93	**16.20**
	Inst	LF	Sm	CA	.076	105.0	11.50	3.49	---	14.99	**19.10**
6" high											
Pine, finger jointed, paint grade	Inst	LF	Lg	CA	.033	240.0	3.40	1.51	---	4.91	**6.35**
	Inst	LF	Sm	CA	.048	168.0	3.75	2.20	---	5.95	**7.80**
Pine, stain grade	Inst	LF	Lg	CA	.033	240.0	4.80	1.51	---	6.31	**8.03**
	Inst	LF	Sm	CA	.048	168.0	5.29	2.20	---	7.49	**9.65**
MDF, rectangle flat profile	Inst	LF	Lg	CA	.033	240.0	2.83	1.51	---	4.34	**5.67**
	Inst	LF	Sm	CA	.048	168.0	3.12	2.20	---	5.32	**7.05**
MDF, machine-cut profile	Inst	LF	Lg	CA	.044	180.0	3.00	2.02	---	5.02	**6.63**
	Inst	LF	Sm	CA	.063	126.0	3.30	2.89	---	6.19	**8.30**
Hardwood, simple profile	Inst	LF	Lg	CA	.033	240.0	6.86	1.51	---	8.37	**10.50**
	Inst	LF	Sm	CA	.048	168.0	7.56	2.20	---	9.76	**12.40**
Hardwood, detailed profile	Inst	LF	Lg	CA	.033	240.0	7.45	1.51	---	8.96	**11.20**
	Inst	LF	Sm	CA	.048	168.0	8.21	2.20	---	10.41	**13.20**
Hardwood, complex profile	Inst	LF	Lg	CA	.053	150.0	9.93	2.43	---	12.36	**15.60**
	Inst	LF	Sm	CA	.076	105.0	10.90	3.49	---	14.39	**18.40**
7-1/4" high											
Pine, finger jointed, paint grade	Inst	LF	Lg	CA	.033	240.0	3.91	1.51	---	5.42	**6.96**
	Inst	LF	Sm	CA	.048	168.0	4.31	2.20	---	6.51	**8.48**
Pine, stain grade	Inst	LF	Lg	CA	.033	240.0	5.23	1.51	---	6.74	**8.55**
	Inst	LF	Sm	CA	.048	168.0	5.77	2.20	---	7.97	**10.20**
MDF, rectangle flat profile	Inst	LF	Lg	CA	.033	240.0	2.96	1.51	---	4.47	**5.82**
	Inst	LF	Sm	CA	.048	168.0	3.26	2.20	---	5.46	**7.22**
MDF, machine-cut profile	Inst	LF	Lg	CA	.044	180.0	3.15	2.02	---	5.17	**6.81**
	Inst	LF	Sm	CA	.063	126.0	3.47	2.89	---	6.36	**8.50**

Molding and trim, bases and base shoe

Description	Oper	Unit	Vol	Crew Size	Man-hours per Unit	Crew Output per Day	Avg Mat'l Unit Cost	Avg Labor Unit Cost	Avg Equip Unit Cost	Avg Total Unit Cost	Avg Price Incl O&P
Baseboard (continued)											
Hardwood, simple profile	Inst	LF	Lg	CA	.033	240.0	7.24	1.51	---	8.75	**11.00**
	Inst	LF	Sm	CA	.048	168.0	7.98	2.20	---	10.18	**12.90**
Hardwood, detailed profile	Inst	LF	Lg	CA	.033	240.0	8.26	1.51	---	9.77	**12.20**
	Inst	LF	Sm	CA	.048	168.0	9.10	2.20	---	11.30	**14.20**
Hardwood, complex profile	Inst	LF	Lg	CA	.053	150.0	11.50	2.43	---	13.93	**17.40**
	Inst	LF	Sm	CA	.076	105.0	12.70	3.49	---	16.19	**20.40**
8" high, 2 piece											
Pine, finger jointed, paint grade	Inst	LF	Lg	CA	.056	144.0	3.68	2.57	---	6.25	**8.27**
	Inst	LF	Sm	CA	.079	100.8	4.06	3.62	---	7.68	**10.30**
Hardwood, simple profile	Inst	LF	Lg	CA	.056	144.0	11.00	2.57	---	13.57	**17.10**
	Inst	LF	Sm	CA	.079	100.8	12.20	3.62	---	15.82	**20.00**
Baseboard with shoe											
4-1/4" high											
Pine, paint grade	Inst	LF	Lg	CA	.056	144.0	3.39	2.57	---	5.96	**7.92**
	Inst	LF	Sm	CA	.079	100.8	3.74	3.62	---	7.36	**9.92**
Pine, stain grade	Inst	LF	Lg	CA	.056	144.0	4.25	2.57	---	6.82	**8.95**
	Inst	LF	Sm	CA	.079	100.8	4.69	3.62	---	8.31	**11.10**
5-1/4" high											
Pine, paint grade	Inst	LF	Lg	CA	.056	144.0	3.69	2.57	---	6.26	**8.28**
	Inst	LF	Sm	CA	.079	100.8	4.07	3.62	---	7.69	**10.30**
Pine, stain grade	Inst	LF	Lg	CA	.056	144.0	4.99	2.57	---	7.56	**9.84**
	Inst	LF	Sm	CA	.079	100.8	5.50	3.62	---	9.12	**12.00**
6" high											
Pine, paint grade	Inst	LF	Lg	CA	.056	144.0	4.14	2.57	---	6.71	**8.82**
	Inst	LF	Sm	CA	.079	100.8	4.56	3.62	---	8.18	**10.90**
Pine, stain grade	Inst	LF	Lg	CA	.056	144.0	5.65	2.57	---	8.22	**10.60**
	Inst	LF	Sm	CA	.079	100.8	6.23	3.62	---	9.85	**12.90**
7-1/4" high											
Pine, paint grade	Inst	LF	Lg	CA	.056	144.0	4.66	2.57	---	7.23	**9.45**
	Inst	LF	Sm	CA	.079	100.8	5.13	3.62	---	8.75	**11.60**
Pine, stain grade	Inst	LF	Lg	CA	.056	144.0	6.09	2.57	---	8.66	**11.20**
	Inst	LF	Sm	CA	.079	100.8	6.71	3.62	---	10.33	**13.50**
Base shoe											
Pine, paint grade	Inst	LF	Lg	CA	.033	240.0	.75	1.51	---	2.26	**3.17**
	Inst	LF	Sm	CA	.048	168.0	.83	2.20	---	3.03	**4.30**
Pine, stain grade	Inst	LF	Lg	CA	.033	240.0	.86	1.51	---	2.37	**3.30**
	Inst	LF	Sm	CA	.048	168.0	.95	2.20	---	3.15	**4.44**
Hardwood	Inst	LF	Lg	CA	.033	240.0	1.23	1.51	---	2.74	**3.75**
	Inst	LF	Sm	CA	.048	168.0	1.36	2.20	---	3.56	**4.94**

Description	Oper	Unit	Vol	Crew Size	Man-hours per Unit	Crew Output per Day	Avg Mat'l Unit Cost	Avg Labor Unit Cost	Avg Equip Unit Cost	Avg Total Unit Cost	Avg Price Incl O&P
Base cap											
Pine, paint grade	Inst	LF	Lg	CA	.033	240.0	1.12	1.51	---	2.63	**3.62**
	Inst	LF	Sm	CA	.048	168.0	1.23	2.20	---	3.43	**4.78**
Pine, stain grade	Inst	LF	Lg	CA	.033	240.0	1.60	1.51	---	3.11	**4.19**
	Inst	LF	Sm	CA	.048	168.0	1.76	2.20	---	3.96	**5.42**
Hardwood	Inst	LF	Lg	CA	.033	240.0	2.08	1.51	---	3.59	**4.77**
	Inst	LF	Sm	CA	.048	168.0	2.29	2.20	---	4.49	**6.05**
Block											
Baseboard, corner, standard, less than 6" high											
Pine, paint grade	Inst	Ea	Lg	CA	.200	40.00	3.98	9.18	---	13.16	**18.50**
	Inst	Ea	Sm	CA	.286	28.00	4.38	13.10	---	17.48	**24.90**
Pine, stain grade	Inst	Ea	Lg	CA	.200	40.00	4.94	9.18	---	14.12	**19.70**
	Inst	Ea	Sm	CA	.286	28.00	5.44	13.10	---	18.54	**26.20**
Hardwood	Inst	Ea	Lg	CA	.200	40.00	6.41	9.18	---	15.59	**21.50**
	Inst	Ea	Sm	CA	.286	28.00	7.06	13.10	---	20.16	**28.20**
Baseboard, corner, oversize, 6" high and greater											
Pine, paint grade	Inst	Ea	Lg	CA	.200	40.00	5.17	9.18	---	14.35	**20.00**
	Inst	Ea	Sm	CA	.286	28.00	5.70	13.10	---	18.80	**26.50**
Pine, stain grade	Inst	Ea	Lg	CA	.200	40.00	7.02	9.18	---	16.20	**22.20**
	Inst	Ea	Sm	CA	.286	28.00	7.73	13.10	---	20.83	**29.00**
Hardwood	Inst	Ea	Lg	CA	.200	40.00	8.98	9.18	---	18.16	**24.50**
	Inst	Ea	Sm	CA	.286	28.00	9.89	13.10	---	22.99	**31.60**
Corner, rosette, 3/4" x 3 1/2"											
Pine, paint grade	Inst	Ea	Lg	CA	.200	40.00	3.50	9.18	---	12.68	**18.00**
	Inst	Ea	Sm	CA	.286	28.00	3.86	13.10	---	16.96	**24.30**
MDF, rectangle flat profile	Inst	Ea	Lg	CA	.200	40.00	2.80	9.18	---	11.98	**17.10**
	Inst	Ea	Sm	CA	.286	28.00	3.09	13.10	---	16.19	**23.40**
Hardwood	Inst	Ea	Lg	CA	.200	40.00	4.23	9.18	---	13.41	**18.80**
	Inst	Ea	Sm	CA	.286	28.00	4.67	13.10	---	17.77	**25.30**
Plinth, 3/4" x 3 1/2" x 6 1/2" high											
Pine, paint grade	Inst	Ea	Lg	CA	.200	40.00	3.96	9.18	---	13.14	**18.50**
	Inst	Ea	Sm	CA	.286	28.00	4.36	13.10	---	17.46	**24.90**
MDF, rectangle flat profile	Inst	Ea	Lg	CA	.200	40.00	3.58	9.18	---	12.76	**18.10**
	Inst	Ea	Sm	CA	.286	28.00	3.94	13.10	---	17.04	**24.40**
Hardwood	Inst	Ea	Lg	CA	.200	40.00	5.63	9.18	---	14.81	**20.50**
	Inst	Ea	Sm	CA	.286	28.00	6.20	13.10	---	19.30	**27.10**
Bookcase, built-in onsite, per SF face area											
10" deep shelves, plywood back, 1"x4" casing											
Pine, stain grade	Inst	Ea	Lg	CA	.190	42.00	8.72	8.72	---	17.44	**23.50**
	Inst	Ea	Sm	CA	.272	29.40	9.61	12.50	---	22.11	**30.30**
12" deep shelves, plywood back, 1"x4" casing											
Pine, stain grade	Inst	Ea	Lg	CA	.222	36.00	9.96	10.20	---	20.16	**27.20**
	Inst	Ea	Sm	CA	.317	25.20	11.00	14.50	---	25.50	**35.00**

Molding and trim, casing

Description	Oper	Unit	Vol	Crew Size	Man-hours per Unit	Crew Output per Day	Avg Mat'l Unit Cost	Avg Labor Unit Cost	Avg Equip Unit Cost	Avg Total Unit Cost	Avg Price Incl O&P
Brick mold											
Pine, paint grade	Inst	LF	Lg	CA	.039	204.0	2.21	1.79	---	4.00	**5.34**
	Inst	LF	Sm	CA	.056	142.8	2.43	2.57	---	5.00	**6.77**
MDF or similar composite	Inst	LF	Lg	CA	.039	204.0	2.70	1.79	---	4.49	**5.92**
	Inst	LF	Sm	CA	.056	142.8	2.98	2.57	---	5.55	**7.43**
Hardwood	Inst	LF	Lg	CA	.039	204.0	3.03	1.79	---	4.82	**6.32**
	Inst	LF	Sm	CA	.056	142.8	3.34	2.57	---	5.91	**7.86**
Casing											
2-1/4" wide											
Pine, paint grade	Inst	LF	Lg	CA	.039	204.0	1.54	1.79	---	3.33	**4.53**
	Inst	LF	Sm	CA	.056	142.8	1.70	2.57	---	4.27	**5.89**
Pine, stain grade	Inst	LF	Lg	CA	.039	204.0	1.99	1.79	---	3.78	**5.07**
	Inst	LF	Sm	CA	.056	142.8	2.19	2.57	---	4.76	**6.48**
MDF, rectangle flat profile	Inst	LF	Lg	CA	.039	204.0	1.05	1.79	---	2.84	**3.94**
	Inst	LF	Sm	CA	.056	142.8	1.16	2.57	---	3.73	**5.25**
MDF, machine-cut profile	Inst	LF	Lg	CA	.052	153.0	1.32	2.39	---	3.71	**5.16**
	Inst	LF	Sm	CA	.075	107.1	1.46	3.44	---	4.90	**6.91**
Hardwood, simple profile	Inst	LF	Lg	CA	.039	204.0	2.66	1.79	---	4.45	**5.88**
	Inst	LF	Sm	CA	.056	142.8	2.93	2.57	---	5.50	**7.37**
Hardwood, detailed profile	Inst	LF	Lg	CA	.052	153.0	2.92	2.39	---	5.31	**7.08**
	Inst	LF	Sm	CA	.075	107.1	3.22	3.44	---	6.66	**9.03**
Hardwood, complex profile	Inst	LF	Lg	CA	.063	128.0	3.65	2.89	---	6.54	**8.72**
	Inst	LF	Sm	CA	.089	89.6	4.02	4.08	---	8.10	**11.00**
3-1/4" wide											
Pine, finger jointed, paint grade	Inst	LF	Lg	CA	.039	204.0	2.51	1.79	---	4.30	**5.70**
	Inst	LF	Sm	CA	.056	142.8	2.76	2.57	---	5.33	**7.17**
Pine, stain grade	Inst	LF	Lg	CA	.039	204.0	3.01	1.79	---	4.80	**6.30**
	Inst	LF	Sm	CA	.056	142.8	3.32	2.57	---	5.89	**7.84**
MDF, rectangle flat profile	Inst	LF	Lg	CA	.039	204.0	1.59	1.79	---	3.38	**4.59**
	Inst	LF	Sm	CA	.056	142.8	1.75	2.57	---	4.32	**5.95**
MDF, machine-cut profile	Inst	LF	Lg	CA	.039	204.0	2.05	1.79	---	3.84	**5.14**
	Inst	LF	Sm	CA	.056	142.8	2.26	2.57	---	4.83	**6.57**
Hardwood, simple profile	Inst	LF	Lg	CA	.039	204.0	3.19	1.79	---	4.98	**6.51**
	Inst	LF	Sm	CA	.056	142.8	3.52	2.57	---	6.09	**8.08**
Hardwood, detailed profile	Inst	LF	Lg	CA	.039	204.0	2.92	1.79	---	4.71	**6.19**
	Inst	LF	Sm	CA	.056	142.8	3.22	2.57	---	5.79	**7.72**
4" wide											
MDF, rectangle flat profile	Inst	LF	Lg	CA	.039	204.0	1.92	1.79	---	3.71	**4.99**
	Inst	LF	Sm	CA	.056	142.8	2.12	2.57	---	4.69	**6.40**
Hardwood	Inst	LF	Lg	CA	.039	204.0	3.85	1.79	---	5.64	**7.30**
	Inst	LF	Sm	CA	.056	142.8	4.24	2.57	---	6.81	**8.94**

Description	Oper	Unit	Vol	Crew Size	Man-hours per Unit	Crew Output per Day	Avg Mat'l Unit Cost	Avg Labor Unit Cost	Avg Equip Unit Cost	Avg Total Unit Cost	Avg Price Incl O&P
5" wide											
MDF, rectangle flat profile	Inst	LF	Lg	CA	.039	204.0	2.31	1.79	---	4.10	5.46
	Inst	LF	Sm	CA	.056	142.8	2.55	2.57	---	5.12	6.91
Hardwood	Inst	LF	Lg	CA	.039	204.0	5.79	1.79	---	7.58	9.63
	Inst	LF	Sm	CA	.056	142.8	6.38	2.57	---	8.95	11.50
6" wide, 2 piece											
Hardwood	Inst	LF	Lg	CA	.066	122.0	7.93	3.03	---	10.96	14.10
	Inst	LF	Sm	CA	.094	85.4	8.74	4.31	---	13.05	17.00
8" wide, 2 piece											
Hardwood	Inst	LF	Lg	CA	.066	122.0	11.00	3.03	---	14.03	17.80
	Inst	LF	Sm	CA	.094	85.4	12.20	4.31	---	16.51	21.10

Chair rail

Description	Oper	Unit	Vol	Crew Size	Man-hours per Unit	Crew Output per Day	Avg Mat'l Unit Cost	Avg Labor Unit Cost	Avg Equip Unit Cost	Avg Total Unit Cost	Avg Price Incl O&P
1 piece, 2-1/4" high											
Pine, finger jointed, paint grade	Inst	LF	Lg	CA	.033	240.0	1.72	1.51	---	3.23	4.34
	Inst	LF	Sm	CA	.048	168.0	1.90	2.20	---	4.10	5.58
Pine, stain grade	Inst	LF	Lg	CA	.033	240.0	2.44	1.51	---	3.95	5.20
	Inst	LF	Sm	CA	.048	168.0	2.69	2.20	---	4.89	6.53
MDF, rectangle flat profile	Inst	LF	Lg	CA	.033	240.0	1.05	1.51	---	2.56	3.53
	Inst	LF	Sm	CA	.048	168.0	1.16	2.20	---	3.36	4.70
MDF, machine-cut profile	Inst	LF	Lg	CA	.044	180.0	1.52	2.02	---	3.54	4.85
	Inst	LF	Sm	CA	.063	126.0	1.67	2.89	---	4.56	6.34
Hardwood, simple profile	Inst	LF	Lg	CA	.033	240.0	2.66	1.51	---	4.17	5.46
	Inst	LF	Sm	CA	.048	168.0	2.93	2.20	---	5.13	6.82
Hardwood, detailed profile	Inst	LF	Lg	CA	.044	180.0	3.46	2.02	---	5.48	7.18
	Inst	LF	Sm	CA	.063	126.0	3.81	2.89	---	6.70	8.91
Hardwood, complex profile	Inst	LF	Lg	CA	.053	150.0	5.44	2.43	---	7.87	10.20
	Inst	LF	Sm	CA	.076	105.0	5.99	3.49	---	9.48	12.40
1 piece, 3-1/4" high											
Pine, finger jointed, paint grade	Inst	LF	Lg	CA	.033	240.0	2.54	1.51	---	4.05	5.32
	Inst	LF	Sm	CA	.048	168.0	2.80	2.20	---	5.00	6.66
Pine, stain grade	Inst	LF	Lg	CA	.033	240.0	2.99	1.51	---	4.50	5.86
	Inst	LF	Sm	CA	.048	168.0	3.29	2.20	---	5.49	7.25
Pine, stain grade, detailed profile	Inst	LF	Lg	CA	.044	180.0	3.39	2.02	---	5.41	7.10
	Inst	LF	Sm	CA	.063	126.0	3.74	2.89	---	6.63	8.82
MDF, rectangle flat profile	Inst	LF	Lg	CA	.033	240.0	1.16	1.51	---	2.67	3.66
	Inst	LF	Sm	CA	.048	168.0	1.27	2.20	---	3.47	4.83
MDF, machine-cut profile	Inst	LF	Lg	CA	.044	180.0	1.92	2.02	---	3.94	5.33
	Inst	LF	Sm	CA	.063	126.0	2.12	2.89	---	5.01	6.88
Hardwood, simple profile	Inst	LF	Lg	CA	.033	240.0	4.13	1.51	---	5.64	7.23
	Inst	LF	Sm	CA	.048	168.0	4.55	2.20	---	6.75	8.76
Hardwood, detailed profile	Inst	LF	Lg	CA	.044	180.0	5.43	2.02	---	7.45	9.54
	Inst	LF	Sm	CA	.063	126.0	5.98	2.89	---	8.87	11.50
Hardwood, complex profile	Inst	LF	Lg	CA	.053	150.0	6.95	2.43	---	9.38	12.00
	Inst	LF	Sm	CA	.076	105.0	7.66	3.49	---	11.15	14.40

Molding and trim, chair rail

Description	Oper	Unit	Vol	Crew Size	Man-hours per Unit	Crew Output per Day	Avg Mat'l Unit Cost	Avg Labor Unit Cost	Avg Equip Unit Cost	Avg Total Unit Cost	Avg Price Incl O&P
2 piece, chair rail with 1" x 4" trim board											
Pine, stain grade	Inst	LF	Lg	CA	.056	144.0	4.27	2.57	---	6.84	**8.98**
	Inst	LF	Sm	CA	.079	100.8	4.71	3.62	---	8.33	**11.10**
Hardwood, detailed profile	Inst	LF	Lg	CA	.074	108.0	7.92	3.40	---	11.32	**14.60**
	Inst	LF	Sm	CA	.106	75.6	8.73	4.86	---	13.59	**17.80**
2 piece, chair rail with 1" x 6" trim board											
Pine, stain grade	Inst	LF	Lg	CA	.056	144.0	6.32	2.57	---	8.89	**11.40**
	Inst	LF	Sm	CA	.079	100.8	6.97	3.62	---	10.59	**13.80**
Hardwood, detailed profile	Inst	LF	Lg	CA	.074	108.0	11.10	3.40	---	14.50	**18.50**
	Inst	LF	Sm	CA	.106	75.6	12.30	4.86	---	17.16	**22.00**
3 piece, chair rail with 1" x 4" trim board, panel cap											
Pine, stain grade	Inst	LF	Lg	CA	.067	120.0	7.63	3.07	---	10.70	**13.80**
	Inst	LF	Sm	CA	.095	84.0	8.41	4.36	---	12.77	**16.60**
Hardwood, detailed profile	Inst	LF	Lg	CA	.089	90.0	11.70	4.08	---	15.78	**20.10**
	Inst	LF	Sm	CA	.127	63.0	12.90	5.83	---	18.73	**24.20**
3 piece, chair rail with 1" x 6" trim board, panel cap											
Pine, stain grade	Inst	LF	Lg	CA	.067	120.0	8.19	3.07	---	11.26	**14.40**
	Inst	LF	Sm	CA	.095	84.0	9.03	4.36	---	13.39	**17.40**
Hardwood, detailed profile	Inst	LF	Lg	CA	.089	90.0	13.70	4.08	---	17.78	**22.50**
	Inst	LF	Sm	CA	.127	63.0	15.00	5.83	---	20.83	**26.80**

Coffered ceiling, per SF face area

6" x 6" timber beam, 2" x 6" ledger board, and 1" x 6" trim board, 4-1/4" crown, panel cap

Description	Oper	Unit	Vol	Crew Size	Man-hours per Unit	Crew Output per Day	Avg Mat'l Unit Cost	Avg Labor Unit Cost	Avg Equip Unit Cost	Avg Total Unit Cost	Avg Price Incl O&P
Pine, stain grade	Inst	SF	Lg	2C	.667	24.0	8.11	30.60	---	38.71	**55.60**
	Inst	SF	Sm	2C	.952	16.8	8.94	43.70	---	52.64	**76.20**
Hardwood	Inst	SF	Lg	2C	.800	20.0	14.00	36.70	---	50.70	**71.90**
	Inst	SF	Sm	2C	1.143	14.0	15.50	52.40	---	67.90	**97.20**

Corner trim

Description	Oper	Unit	Vol	Crew Size	Man-hours per Unit	Crew Output per Day	Avg Mat'l Unit Cost	Avg Labor Unit Cost	Avg Equip Unit Cost	Avg Total Unit Cost	Avg Price Incl O&P
Pine, paint grade	Inst	LF	Lg	CA	.039	204.0	1.27	1.79	---	3.06	**4.21**
	Inst	LF	Sm	CA	.056	142.8	1.40	2.57	---	3.97	**5.53**
Pine, stain grade	Inst	LF	Lg	CA	.039	204.0	1.65	1.79	---	3.44	**4.66**
	Inst	LF	Sm	CA	.056	142.8	1.81	2.57	---	4.38	**6.03**
MDF or similar	Inst	LF	Lg	CA	.039	204.0	1.00	1.79	---	2.79	**3.88**
	Inst	LF	Sm	CA	.056	142.8	1.10	2.57	---	3.67	**5.17**
Hardwood	Inst	LF	Lg	CA	.039	204.0	1.93	1.79	---	3.72	**5.00**
	Inst	LF	Sm	CA	.056	142.8	2.13	2.57	---	4.70	**6.41**

Cove, 3/4"

Description	Oper	Unit	Vol	Crew Size	Man-hours per Unit	Crew Output per Day	Avg Mat'l Unit Cost	Avg Labor Unit Cost	Avg Equip Unit Cost	Avg Total Unit Cost	Avg Price Incl O&P
Pine, paint grade	Inst	LF	Lg	CA	.044	180.0	.84	2.02	---	2.86	**4.04**
	Inst	LF	Sm	CA	.063	126.0	.93	2.89	---	3.82	**5.45**
Pine, stain grade	Inst	LF	Lg	CA	.044	180.0	1.26	2.02	---	3.28	**4.54**
	Inst	LF	Sm	CA	.063	126.0	1.39	2.89	---	4.28	**6.00**
Hardwood	Inst	LF	Lg	CA	.044	180.0	1.67	2.02	---	3.69	**5.03**
	Inst	LF	Sm	CA	.063	126.0	1.84	2.89	---	4.73	**6.54**

Description	Oper	Unit	Vol	Crew Size	Man-hours per Unit	Crew Output per Day	Avg Mat'l Unit Cost	Avg Labor Unit Cost	Avg Equip Unit Cost	Avg Total Unit Cost	Avg Price Incl O&P

Crown

1 piece, 2-1/4" high

Description	Oper	Unit	Vol	Crew Size	Man-hours per Unit	Crew Output per Day	Avg Mat'l Unit Cost	Avg Labor Unit Cost	Avg Equip Unit Cost	Avg Total Unit Cost	Avg Price Incl O&P
Pine, finger jointed, paint grade	Inst	LF	Lg	CA	.044	180.0	1.59	2.02	---	3.61	**4.94**
	Inst	LF	Sm	CA	.063	126.0	1.75	2.89	---	4.64	**6.44**
Pine, stain grade	Inst	LF	Lg	CA	.044	180.0	2.57	2.02	---	4.59	**6.11**
	Inst	LF	Sm	CA	.063	126.0	2.83	2.89	---	5.72	**7.73**
Hardwood, simple profile	Inst	LF	Lg	CA	.044	180.0	4.13	2.02	---	6.15	**7.98**
	Inst	LF	Sm	CA	.063	126.0	4.55	2.89	---	7.44	**9.80**

1 piece, 3-1/4" high

Description	Oper	Unit	Vol	Crew Size	Man-hours per Unit	Crew Output per Day	Avg Mat'l Unit Cost	Avg Labor Unit Cost	Avg Equip Unit Cost	Avg Total Unit Cost	Avg Price Incl O&P
Pine, finger jointed, paint grade	Inst	LF	Lg	CA	.044	180.0	2.07	2.02	---	4.09	**5.51**
	Inst	LF	Sm	CA	.063	126.0	2.28	2.89	---	5.17	**7.07**
Pine, stain grade	Inst	LF	Lg	CA	.044	180.0	3.56	2.02	---	5.58	**7.30**
	Inst	LF	Sm	CA	.063	126.0	3.92	2.89	---	6.81	**9.04**
MDF, rectangle flat profile	Inst	LF	Lg	CA	.044	180.0	1.47	2.02	---	3.49	**4.79**
	Inst	LF	Sm	CA	.063	126.0	1.62	2.89	---	4.51	**6.28**
MDF, machine-cut profile	Inst	LF	Lg	CA	.059	135.0	2.30	2.71	---	5.01	**6.82**
	Inst	LF	Sm	CA	.085	94.5	2.54	3.90	---	6.44	**8.90**
Hardwood, simple profile	Inst	LF	Lg	CA	.044	180.0	4.43	2.02	---	6.45	**8.34**
	Inst	LF	Sm	CA	.063	126.0	4.88	2.89	---	7.77	**10.20**

1 piece, 4-1/4" high

Description	Oper	Unit	Vol	Crew Size	Man-hours per Unit	Crew Output per Day	Avg Mat'l Unit Cost	Avg Labor Unit Cost	Avg Equip Unit Cost	Avg Total Unit Cost	Avg Price Incl O&P
Pine, finger jointed, paint grade	Inst	LF	Lg	CA	.044	180.0	2.68	2.02	---	4.70	**6.24**
	Inst	LF	Sm	CA	.063	126.0	2.95	2.89	---	5.84	**7.88**
Pine, stain grade	Inst	LF	Lg	CA	.044	180.0	4.22	2.02	---	6.24	**8.09**
	Inst	LF	Sm	CA	.063	126.0	4.65	2.89	---	7.54	**9.92**
MDF, rectangle flat profile	Inst	LF	Lg	CA	.044	180.0	2.04	2.02	---	4.06	**5.48**
	Inst	LF	Sm	CA	.063	126.0	2.25	2.89	---	5.14	**7.04**
MDF, machine-cut profile	Inst	LF	Lg	CA	.059	135.0	3.32	2.71	---	6.03	**8.04**
	Inst	LF	Sm	CA	.085	94.5	3.66	3.90	---	7.56	**10.20**
Hardwood, simple profile	Inst	LF	Lg	CA	.044	180.0	5.41	2.02	---	7.43	**9.52**
	Inst	LF	Sm	CA	.063	126.0	5.96	2.89	---	8.85	**11.50**

1 piece, 5-1/4" high

Description	Oper	Unit	Vol	Crew Size	Man-hours per Unit	Crew Output per Day	Avg Mat'l Unit Cost	Avg Labor Unit Cost	Avg Equip Unit Cost	Avg Total Unit Cost	Avg Price Incl O&P
Pine, finger jointed, paint grade	Inst	LF	Lg	CA	.044	180.0	3.19	2.02	---	5.21	**6.86**
	Inst	LF	Sm	CA	.063	126.0	3.51	2.89	---	6.40	**8.55**
Pine, stain grade	Inst	LF	Lg	CA	.044	180.0	4.85	2.02	---	6.87	**8.85**
	Inst	LF	Sm	CA	.063	126.0	5.35	2.89	---	8.24	**10.80**
MDF, machine-cut profile	Inst	LF	Lg	CA	.059	135.0	2.59	2.71	---	5.30	**7.17**
	Inst	LF	Sm	CA	.085	94.5	2.85	3.90	---	6.75	**9.27**
Hardwood, simple profile	Inst	LF	Lg	CA	.044	180.0	7.02	2.02	---	9.04	**11.50**
	Inst	LF	Sm	CA	.063	126.0	7.73	2.89	---	10.62	**13.60**

1 piece, 6" high

Description	Oper	Unit	Vol	Crew Size	Man-hours per Unit	Crew Output per Day	Avg Mat'l Unit Cost	Avg Labor Unit Cost	Avg Equip Unit Cost	Avg Total Unit Cost	Avg Price Incl O&P
Pine, finger jointed, paint grade	Inst	LF	Lg	CA	.044	180.0	4.25	2.02	---	6.27	**8.13**
	Inst	LF	Sm	CA	.063	126.0	4.69	2.89	---	7.58	**9.96**
Pine, stain grade	Inst	LF	Lg	CA	.044	180.0	6.06	2.02	---	8.08	**10.30**
	Inst	LF	Sm	CA	.063	126.0	6.67	2.89	---	9.56	**12.30**
MDF, machine-cut profile	Inst	LF	Lg	CA	.059	135.0	2.79	2.71	---	5.50	**7.41**
	Inst	LF	Sm	CA	.085	94.5	3.08	3.90	---	6.98	**9.55**
Hardwood, simple profile	Inst	LF	Lg	CA	.044	180.0	8.43	2.02	---	10.45	**13.10**
	Inst	LF	Sm	CA	.063	126.0	9.29	2.89	---	12.18	**15.50**

Molding and trim, crown

Description	Oper	Unit	Vol	Crew Size	Man-hours per Unit	Crew Output per Day	Avg Mat'l Unit Cost	Avg Labor Unit Cost	Avg Equip Unit Cost	Avg Total Unit Cost	Avg Price Incl O&P
1 piece, 7" high											
Pine, finger jointed, paint grade	Inst	LF	Lg	CA	.044	180.0	5.11	2.02	---	7.13	**9.16**
	Inst	LF	Sm	CA	.063	126.0	5.63	2.89	---	8.52	**11.10**
Pine, stain grade	Inst	LF	Lg	CA	.044	180.0	7.68	2.02	---	9.70	**12.20**
	Inst	LF	Sm	CA	.063	126.0	8.47	2.89	---	11.36	**14.50**
MDF, machine-cut profile	Inst	LF	Lg	CA	.059	135.0	3.41	2.71	---	6.12	**8.15**
	Inst	LF	Sm	CA	.085	94.5	3.76	3.90	---	7.66	**10.40**
Hardwood, simple profile	Inst	LF	Lg	CA	.044	180.0	9.18	2.02	---	11.20	**14.00**
	Inst	LF	Sm	CA	.063	126.0	10.10	2.89	---	12.99	**16.50**
2 piece, 4-1/4" crown with 3-1/2" baseboard											
Pine, paint grade	Inst	LF	Lg	CA	.074	108.0	4.53	3.40	---	7.93	**10.50**
	Inst	LF	Sm	CA	.106	75.6	4.99	4.86	---	9.85	**13.30**
Pine, stain grade	Inst	LF	Lg	CA	.074	108.0	6.37	3.40	---	9.77	**12.70**
	Inst	LF	Sm	CA	.106	75.6	7.02	4.86	---	11.88	**15.70**
Hardwood, detailed profile	Inst	LF	Lg	CA	.099	81.0	10.30	4.54	---	14.84	**19.10**
	Inst	LF	Sm	CA	.141	56.7	11.30	6.47	---	17.77	**23.30**
3 piece, 4-1/4" crown with 3-1/2" baseboard											
Pine, paint grade	Inst	LF	Lg	CA	.089	90.0	6.39	4.08	---	10.47	**13.80**
	Inst	LF	Sm	CA	.127	63.0	7.04	5.83	---	12.87	**17.20**
Pine, stain grade	Inst	LF	Lg	CA	.089	90.0	8.52	4.08	---	12.60	**16.40**
	Inst	LF	Sm	CA	.127	63.0	9.39	5.83	---	15.22	**20.00**
MDF, machine-cut profile	Inst	LF	Lg	CA	.119	67.0	5.33	5.46	---	10.79	**14.60**
	Inst	LF	Sm	CA	.171	46.9	5.88	7.85	---	13.73	**18.80**
Hardwood, detailed profile	Inst	LF	Lg	CA	.119	67.0	15.10	5.46	---	20.56	**26.30**
	Inst	LF	Sm	CA	.171	46.9	16.70	7.85	---	24.55	**31.80**
4 piece, 4-1/4" crown with 3-1/2" baseboard and 1" x 6" trim boards											
Pine, paint grade	Inst	LF	Lg	CA	.111	72.0	9.55	5.09	---	14.64	**19.10**
	Inst	LF	Sm	CA	.159	50.4	10.50	7.29	---	17.79	**23.60**
Pine, stain grade	Inst	LF	Lg	CA	.111	72.0	11.10	5.09	---	16.19	**21.00**
	Inst	LF	Sm	CA	.159	50.4	12.20	7.29	---	19.49	**25.60**
MDF, machine-cut profile	Inst	LF	Lg	CA	.148	54.0	7.19	6.79	---	13.98	**18.80**
	Inst	LF	Sm	CA	.212	37.8	7.93	9.73	---	17.66	**24.10**
Hardwood, detailed profile	Inst	LF	Lg	CA	.148	54.0	20.50	6.79	---	27.29	**34.80**
	Inst	LF	Sm	CA	.212	37.8	22.60	9.73	---	32.33	**41.80**
5 piece, 4-1/4" crown with 3-1/2" baseboard and 1" x 6" trim boards											
Pine, paint grade	Inst	LF	Lg	CA	.148	54.0	12.70	6.79	---	19.49	**25.40**
	Inst	LF	Sm	CA	.212	37.8	14.00	9.73	---	23.73	**31.40**
Pine, stain grade	Inst	LF	Lg	CA	.148	54.0	14.80	6.79	---	21.59	**28.00**
	Inst	LF	Sm	CA	.212	37.8	16.40	9.73	---	26.13	**34.20**
MDF, machine-cut profile	Inst	LF	Lg	CA	.200	40.0	9.06	9.18	---	18.24	**24.60**
	Inst	LF	Sm	CA	.286	28.0	9.98	13.10	---	23.08	**31.70**
Hardwood, detailed profile	Inst	LF	Lg	CA	.200	40.0	25.90	9.18	---	35.08	**44.90**
	Inst	LF	Sm	CA	.286	28.0	28.60	13.10	---	41.70	**54.00**

Description	Oper	Unit	Vol	Crew Size	Man-hours per Unit	Crew Output per Day	Avg Mat'l Unit Cost	Avg Labor Unit Cost	Avg Equip Unit Cost	Avg Total Unit Cost	Avg Price Incl O&P

Crown (continued)

6 piece, 4-1/4" crown with 3-1/2" baseboard and 1" x 6" trim boards

Description	Oper	Unit	Vol	Crew Size	Man-hours per Unit	Crew Output per Day	Avg Mat'l Unit Cost	Avg Labor Unit Cost	Avg Equip Unit Cost	Avg Total Unit Cost	Avg Price Incl O&P
Pine, paint grade	Inst	LF	Lg	CA	.222	36.0	15.90	10.20	---	26.10	**34.30**
	Inst	LF	Sm	CA	.317	25.2	17.50	14.50	---	32.00	**42.80**
Pine, stain grade	Inst	LF	Lg	CA	.222	36.0	18.00	10.20	---	28.20	**36.80**
	Inst	LF	Sm	CA	.317	25.2	19.80	14.50	---	34.30	**45.60**
MDF, machine-cut profile	Inst	LF	Lg	CA	.296	27.0	10.60	13.60	---	24.20	**33.10**
	Inst	LF	Sm	CA	.423	18.9	11.70	19.40	---	31.10	**43.10**
Hardwood, detailed profile	Inst	LF	Lg	CA	.296	27.0	31.30	13.60	---	44.90	**58.00**
	Inst	LF	Sm	CA	.423	18.9	34.50	19.40	---	53.90	**70.50**

7 piece, 4-1/4" crown with 3-1/2" baseboard and 1" x 6" trim boards

Description	Oper	Unit	Vol	Crew Size	Man-hours per Unit	Crew Output per Day	Avg Mat'l Unit Cost	Avg Labor Unit Cost	Avg Equip Unit Cost	Avg Total Unit Cost	Avg Price Incl O&P
Pine, paint grade	Inst	LF	Lg	CA	.296	27.0	19.00	13.60	---	32.60	**43.20**
	Inst	LF	Sm	CA	.423	18.9	21.00	19.40	---	40.40	**54.30**
Pine, stain grade	Inst	LF	Lg	CA	.296	27.0	21.20	13.60	---	34.80	**45.80**
	Inst	LF	Sm	CA	.423	18.9	23.30	19.40	---	42.70	**57.10**
MDF, machine-cut profile	Inst	LF	Lg	CA	.400	20.0	12.80	18.40	---	31.20	**42.90**
	Inst	LF	Sm	CA	.571	14.0	14.10	26.20	---	40.30	**56.20**
Hardwood, detailed profile	Inst	LF	Lg	CA	.400	20.0	36.80	18.40	---	55.20	**71.70**
	Inst	LF	Sm	CA	.571	14.0	40.50	26.20	---	66.70	**87.90**

Lattice, per SF face area

Description	Oper	Unit	Vol	Crew Size	Man-hours per Unit	Crew Output per Day	Avg Mat'l Unit Cost	Avg Labor Unit Cost	Avg Equip Unit Cost	Avg Total Unit Cost	Avg Price Incl O&P
1" x 4" trim board	Inst	SF	Lg	CA	.053	150.00	2.34	2.43	---	4.77	**6.46**
	Inst	SF	Sm	CA	.076	105.00	2.58	3.49	---	6.07	**8.33**

Panel cap

Description	Oper	Unit	Vol	Crew Size	Man-hours per Unit	Crew Output per Day	Avg Mat'l Unit Cost	Avg Labor Unit Cost	Avg Equip Unit Cost	Avg Total Unit Cost	Avg Price Incl O&P
Pine, stain grade	Inst	LF	Lg	CA	.033	240.0	1.86	1.51	---	3.37	**4.50**
	Inst	LF	Sm	CA	.048	168.0	2.05	2.20	---	4.25	**5.76**
Hardwood	Inst	LF	Lg	CA	.033	240.0	2.51	1.51	---	4.02	**5.28**
	Inst	LF	Sm	CA	.048	168.0	2.76	2.20	---	4.96	**6.62**

Quarter round, 3/4"

Description	Oper	Unit	Vol	Crew Size	Man-hours per Unit	Crew Output per Day	Avg Mat'l Unit Cost	Avg Labor Unit Cost	Avg Equip Unit Cost	Avg Total Unit Cost	Avg Price Incl O&P
Pine, paint grade	Inst	LF	Lg	CA	.033	240.0	.98	1.51	---	2.49	**3.45**
	Inst	LF	Sm	CA	.048	168.0	1.08	2.20	---	3.28	**4.60**
Pine, stain grade	Inst	LF	Lg	CA	.033	240.0	1.38	1.51	---	2.89	**3.93**
	Inst	LF	Sm	CA	.048	168.0	1.52	2.20	---	3.72	**5.13**
MDF or similar	Inst	LF	Lg	CA	.033	240.0	1.09	1.51	---	2.60	**3.58**
	Inst	LF	Sm	CA	.048	168.0	1.20	2.20	---	3.40	**4.74**
Hardwood	Inst	LF	Lg	CA	.033	240.0	1.71	1.51	---	3.22	**4.32**
	Inst	LF	Sm	CA	.048	168.0	1.88	2.20	---	4.08	**5.56**

Molding and trim, shelving

Description	Oper	Unit	Vol	Crew Size	Man-hours per Unit	Crew Output per Day	Avg Mat'l Unit Cost	Avg Labor Unit Cost	Avg Equip Unit Cost	Avg Total Unit Cost	Avg Price Incl O&P
Radius, flat, flexible resin											
Up to 3"	Inst	LF	Lg	CA	.059	135.0	6.26	2.71	---	8.97	**11.60**
	Inst	LF	Sm	CA	.085	94.5	6.90	3.90	---	10.80	**14.10**
3" to 5"	Inst	LF	Lg	CA	.059	135.0	8.77	2.71	---	11.48	**14.60**
	Inst	LF	Sm	CA	.085	94.5	9.67	3.90	---	13.57	**17.50**
5" to 7"	Inst	LF	Lg	CA	.059	135.0	11.60	2.71	---	14.31	**18.00**
	Inst	LF	Sm	CA	.085	94.5	12.80	3.90	---	16.70	**21.20**
Shelving, wood											
12" deep x 3/4" thick, 3/4" T pine cleat											
Particleboard, paint grade	Inst	LF	Lg	CA	.167	48.0	4.91	7.66	---	12.57	**17.40**
	Inst	LF	Sm	CA	.238	33.6	5.41	10.90	---	16.31	**22.90**
Pine, stain grade	Inst	LF	Lg	CA	.167	48.0	10.10	7.66	---	17.76	**23.70**
	Inst	LF	Sm	CA	.238	33.6	11.20	10.90	---	22.10	**29.80**
16" deep x 3/4" thick, 3/4" T pine cleat											
Particleboard, paint grade	Inst	LF	Lg	CA	.182	44.0	6.18	8.35	---	14.53	**19.90**
	Inst	LF	Sm	CA	.260	30.8	6.81	11.90	---	18.71	**26.10**
Pine, stain grade	Inst	LF	Lg	CA	.182	44.0	11.70	8.35	---	20.05	**26.50**
	Inst	LF	Sm	CA	.260	30.8	12.90	11.90	---	24.80	**33.30**
24" deep x 3/4" thick, 3/4" T pine cleat											
Particleboard, paint grade	Inst	LF	Lg	CA	.190	42.0	7.34	8.72	---	16.06	**21.90**
	Inst	LF	Sm	CA	.272	29.4	8.09	12.50	---	20.59	**28.40**
Pine, stain grade	Inst	LF	Lg	CA	.190	42.0	18.30	8.72	---	27.02	**35.00**
	Inst	LF	Sm	CA	.272	29.4	20.20	12.50	---	32.70	**42.90**

Spindles and stair components, see Stairs, page 390

Trim board

Description	Oper	Unit	Vol	Crew Size	Man-hours per Unit	Crew Output per Day	Avg Mat'l Unit Cost	Avg Labor Unit Cost	Avg Equip Unit Cost	Avg Total Unit Cost	Avg Price Incl O&P
1/2" x 4"											
Pine	Inst	LF	Lg	CA	.033	240.0	1.53	1.51	---	3.04	**4.11**
	Inst	LF	Sm	CA	.048	168.0	1.68	2.20	---	3.88	**5.32**
1/2" x 6"											
Pine	Inst	LF	Lg	CA	.033	240.0	2.48	1.51	---	3.99	**5.25**
	Inst	LF	Sm	CA	.048	168.0	2.73	2.20	---	4.93	**6.58**
1" x 2"											
Pine	Inst	LF	Lg	CA	.033	240.0	1.17	1.51	---	2.68	**3.68**
	Inst	LF	Sm	CA	.048	168.0	1.29	2.20	---	3.49	**4.85**
Cedar	Inst	LF	Lg	CA	.033	240.0	1.22	1.51	---	2.73	**3.74**
	Inst	LF	Sm	CA	.048	168.0	1.34	2.20	---	3.54	**4.91**
Redwood	Inst	LF	Lg	CA	.033	240.0	2.21	1.51	---	3.72	**4.92**
	Inst	LF	Sm	CA	.048	168.0	2.44	2.20	---	4.64	**6.23**
Hardwood	Inst	LF	Lg	CA	.033	240.0	2.60	1.51	---	4.11	**5.39**
	Inst	LF	Sm	CA	.048	168.0	2.86	2.20	---	5.06	**6.74**
1" x 4"											
Pine	Inst	LF	Lg	CA	.033	240.0	1.95	1.51	---	3.46	**4.61**
	Inst	LF	Sm	CA	.048	168.0	2.15	2.20	---	4.35	**5.88**
Cedar	Inst	LF	Lg	CA	.033	240.0	2.88	1.51	---	4.39	**5.73**
	Inst	LF	Sm	CA	.048	168.0	3.18	2.20	---	5.38	**7.12**
Redwood	Inst	LF	Lg	CA	.033	240.0	3.87	1.51	---	5.38	**6.92**
	Inst	LF	Sm	CA	.048	168.0	4.27	2.20	---	6.47	**8.43**
Hardwood	Inst	LF	Lg	CA	.033	240.0	4.72	1.51	---	6.23	**7.94**
	Inst	LF	Sm	CA	.048	168.0	5.21	2.20	---	7.41	**9.56**
1" x 6"											
Pine	Inst	LF	Lg	CA	.033	240.0	3.54	1.51	---	5.05	**6.52**
	Inst	LF	Sm	CA	.048	168.0	3.90	2.20	---	6.10	**7.98**
Cedar	Inst	LF	Lg	CA	.033	240.0	4.93	1.51	---	6.44	**8.19**
	Inst	LF	Sm	CA	.048	168.0	5.43	2.20	---	7.63	**9.82**
Redwood	Inst	LF	Lg	CA	.033	240.0	6.76	1.51	---	8.27	**10.40**
	Inst	LF	Sm	CA	.048	168.0	7.45	2.20	---	9.65	**12.20**
Hardwood	Inst	LF	Lg	CA	.033	240.0	6.07	1.51	---	7.58	**9.56**
	Inst	LF	Sm	CA	.048	168.0	6.69	2.20	---	8.89	**11.30**
1" x 8"											
Pine	Inst	LF	Lg	CA	.033	240.0	4.87	1.51	---	6.38	**8.12**
	Inst	LF	Sm	CA	.048	168.0	5.37	2.20	---	7.57	**9.75**
Cedar	Inst	LF	Lg	CA	.033	240.0	7.80	1.51	---	9.31	**11.60**
	Inst	LF	Sm	CA	.048	168.0	8.60	2.20	---	10.80	**13.60**
Redwood	Inst	LF	Lg	CA	.033	240.0	9.31	1.51	---	10.82	**13.40**
	Inst	LF	Sm	CA	.048	168.0	10.30	2.20	---	12.50	**15.60**
Hardwood	Inst	LF	Lg	CA	.033	240.0	9.54	1.51	---	11.05	**13.70**
	Inst	LF	Sm	CA	.048	168.0	10.50	2.20	---	12.70	**15.90**

Molding and trim, window

Description	Oper	Unit	Vol	Crew Size	Man-hours per Unit	Crew Output per Day	Avg Mat'l Unit Cost	Avg Labor Unit Cost	Avg Equip Unit Cost	Avg Total Unit Cost	Avg Price Incl O&P
1" x 10"											
Pine	Inst	LF	Lg	CA	.033	240.0	6.40	1.51	---	7.91	**9.95**
	Inst	LF	Sm	CA	.048	168.0	7.05	2.20	---	9.25	**11.80**
Cedar	Inst	LF	Lg	CA	.033	240.0	10.10	1.51	---	11.61	**14.40**
	Inst	LF	Sm	CA	.048	168.0	11.20	2.20	---	13.40	**16.70**
Redwood	Inst	LF	Lg	CA	.033	240.0	12.90	1.51	---	14.41	**17.70**
	Inst	LF	Sm	CA	.048	168.0	14.20	2.20	---	16.40	**20.30**
Hardwood	Inst	LF	Lg	CA	.033	240.0	10.90	1.51	---	12.41	**15.30**
	Inst	LF	Sm	CA	.048	168.0	12.00	2.20	---	14.20	**17.70**
1" x 12"											
Pine	Inst	LF	Lg	CA	.033	240.0	8.58	1.51	---	10.09	**12.60**
	Inst	LF	Sm	CA	.048	168.0	9.45	2.20	---	11.65	**14.60**
Cedar	Inst	LF	Lg	CA	.033	240.0	10.50	1.51	---	12.01	**14.90**
	Inst	LF	Sm	CA	.048	168.0	11.60	2.20	---	13.80	**17.20**
Redwood	Inst	LF	Lg	CA	.033	240.0	14.80	1.51	---	16.31	**20.00**
	Inst	LF	Sm	CA	.048	168.0	16.30	2.20	---	18.50	**22.90**
Hardwood	Inst	LF	Lg	CA	.033	240.0	15.30	1.51	---	16.81	**20.70**
	Inst	LF	Sm	CA	.048	168.0	16.90	2.20	---	19.10	**23.60**

Window seat

Up to 24" deep, 3/4" thick, includes piano hinge, no framing included.

Description	Oper	Unit	Vol	Crew Size	Man-hours per Unit	Crew Output per Day	Avg Mat'l Unit Cost	Avg Labor Unit Cost	Avg Equip Unit Cost	Avg Total Unit Cost	Avg Price Incl O&P
MDF, paint grade	Inst	LF	Lg	CA	.333	24.0	12.30	15.30	---	27.60	**37.70**
	Inst	LF	Sm	CA	.476	16.8	13.50	21.80	---	35.30	**49.00**
Hardwood	Inst	LF	Lg	CA	.333	24.0	26.00	15.30	---	41.30	**54.10**
	Inst	LF	Sm	CA	.476	16.8	28.70	21.80	---	50.50	**67.10**

Window sill

1" x 3"

Description	Oper	Unit	Vol	Crew Size	Man-hours per Unit	Crew Output per Day	Avg Mat'l Unit Cost	Avg Labor Unit Cost	Avg Equip Unit Cost	Avg Total Unit Cost	Avg Price Incl O&P
Pine, paint grade	Inst	LF	Lg	CA	.044	180.0	1.01	2.02	---	3.03	**4.24**
	Inst	LF	Sm	CA	.063	126.0	1.11	2.89	---	4.00	**5.67**
Pine, stain grade	Inst	LF	Lg	CA	.044	180.0	1.76	2.02	---	3.78	**5.14**
	Inst	LF	Sm	CA	.063	126.0	1.94	2.89	---	4.83	**6.66**
Hardwood	Inst	LF	Lg	CA	.044	180.0	4.24	2.02	---	6.26	**8.12**
	Inst	LF	Sm	CA	.063	126.0	4.68	2.89	---	7.57	**9.95**

Window stool and apron

3/4" thick

Description	Oper	Unit	Vol	Crew Size	Man-hours per Unit	Crew Output per Day	Avg Mat'l Unit Cost	Avg Labor Unit Cost	Avg Equip Unit Cost	Avg Total Unit Cost	Avg Price Incl O&P
Pine, paint grade	Inst	LF	Lg	CA	.099	81.0	4.17	4.54	---	8.71	**11.80**
	Inst	LF	Sm	CA	.141	56.7	4.59	6.47	---	11.06	**15.20**
Pine, stain grade	Inst	LF	Lg	CA	.099	81.0	6.00	4.54	---	10.54	**14.00**
	Inst	LF	Sm	CA	.141	56.7	6.61	6.47	---	13.08	**17.60**

Window trim set

3-1/4" casing, 5/8" stop

Description	Oper	Unit	Vol	Crew Size	Man-hours per Unit	Crew Output per Day	Avg Mat'l Unit Cost	Avg Labor Unit Cost	Avg Equip Unit Cost	Avg Total Unit Cost	Avg Price Incl O&P
Pine, paint grade	Inst	LF	Lg	CA	.099	81.0	3.21	4.54	---	7.75	**10.70**
	Inst	LF	Sm	CA	.141	56.7	3.54	6.47	---	10.01	**14.00**
Pine, stain grade	Inst	LF	Lg	CA	.099	81.0	4.14	4.54	---	8.68	**11.80**
	Inst	LF	Sm	CA	.141	56.7	4.56	6.47	---	11.03	**15.20**
Hardwood	Inst	LF	Lg	CA	.099	81.0	4.50	4.54	---	9.04	**12.20**
	Inst	LF	Sm	CA	.141	56.7	4.96	6.47	---	11.43	**15.70**

Painting

Interior and Exterior. There is a paint for almost every type of surface and surface condition. The large variety makes it impractical to consider each paint individually. For this reason, average output and average material cost/unit are based on the paints and prices listed below.

1. **Installation.** Paint can be applied by brush, roller or spray gun. Only application by brush or roller is considered in this section.

2. **Notes on Labor.** Average Manhours per Unit, for both roller and brush, is based on what one painter can do in one day. The output for cleaning is also based on what one painter can do in one day.

3. **Estimating Technique.** Use these techniques to determine quantities for interior and exterior painting before you apply unit costs.

Interior

a. Floors, walls and ceilings. Figure actual area. No deductions for openings.

b. Doors and windows. **Only openings to be painted:** Figure 36 SF or 4 SY for each side of each door and 27 SF for each side of each window. Based on doors 3'-0" x 7'-0" or smaller and windows 3'-0" x 4'-0" or smaller. **Openings to be painted with walls:** Figure wall area plus 27 SF or 3 SY for each side of each door and 18 SF or 2 SY for each side of each window. Based on doors 3'-0" x 7'-0" or smaller and windows 3'-0" x 4'-0" or smaller.

For larger doors and windows, add 1'-0" to height and width and figure area.

c. Base or picture moldings and chair rails. Less than 1'-0" wide, figure one SF/LF. On 1'-0" or larger, figure actual area.

d. Stairs (including treads, risers, cove and stringers). Add 2'-0" width (for treads, risers, etc.) times length plus 2'-0".

e. Balustrades. Add 1'-0" to height, figure two times area to paint two sides.

Exterior

a. Walls. (No deductions for openings.)

Siding. Figure actual area plus 10%.

Shingles. Figure actual area plus 40%.

Characteristics - Interior			Characteristics - Exterior		
Type	Coverage SF/Gal.	Surface	Type	Coverage SF/Gal.	Surface
Latex, flat	450	Plaster/drywall	Oil base*	300	Plain siding & stucco
Latex, enamel	450	Doors, windows, trim	Oil base*	450	Door, windows, trim
Shellac	500	Woodwork	Oil base*	300	Shingle siding
Varnish	500	Woodwork	Stain	200	Shingle siding
Stain	500	Woodwork	Latex, masonry	400	Stucco & masonry

*Certain latex paints may also be used on exterior work.

Brick, stucco, concrete and smooth wood surfaces. Figure actual area.

b. Doors and windows. See Interior, doors and windows.

c. Eaves (including soffit or exposed rafter ends and fascia). **Enclosed.** If sidewalls are to be painted the same color, figure 1.5 times actual area. If sidewalls are to be painted a different color, figure 2.0 times actual area. If sidewalls are not to be painted, figure 2.5 times actual area. **Rafter ends exposed:** If sidewalls are to be painted same color, figure 2.5 times actual area. If sidewalls are to be painted a different color, figure 3.0 times actual area.

If sidewalls are not to be painted, figure 4.0 times actual area.

d. Porch rails. See Interior, balustrades (previous page).

e. Gutters and downspouts. Figure 2.0 SF/LF or $2/9$ SY/LF.

f. Latticework. Figure 2.0 times actual area for each side.

g. Fences. **Solid fence:** Figure actual area of each side to be painted. **Basketweave:** Figure 1.5 times actual area for each side to be painted.

Calculating Square Foot Coverage

Triangle

To find the number of square feet in any shape triangle or 3 sided surface, multiply the height by the width and divide the total by 2.

Square

Multiply the base measurement in feet times the height in feet.

Rectangle

Multiply the base measurement in feet times the height in feet.

Arch Roof

Multiply length (B) by width (A) and add one-half the total.

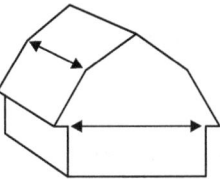

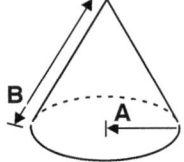

Circle

To find the number of square feet in a circle multiply the diameter (distance across) by itself and them multiply this total by .7854.

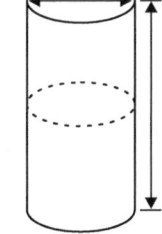

Cylinder

When the circumference (distance around the cylinder) is known, multiply height by circumference. When the diameter (distance across) is known, multiply diameter by 3.1416. This gives circumference. Then multiply by height.

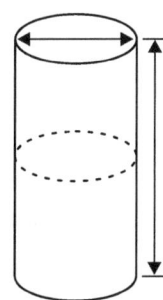

Gambrel Roof

Multiply length (B) by width (A) and add one-third of the total.

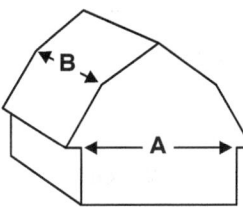

Cone

Determine area of base by multiplying 3.1416 times radius (A) in feet.

Determine the surface area of a cone by multiplying circumference of base (in feet) times one-half of the slant height (B) in feet.

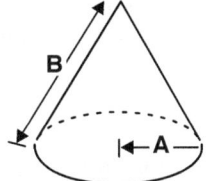

Add the square foot area of the base to the square foot area of the cone for total square foot area.

Painting and cleaning

Description	Oper	Unit	Vol	Crew Size	Man-hours per Unit	Crew Output per Day	Avg Mat'l Unit Cost	Avg Labor Unit Cost	Avg Equip Unit Cost	Avg Total Unit Cost	Avg Price Incl O&P
Frequently encountered applications											
Interior											
Wet clean existing surfaces with water and soap or solvent											
Walls	Inst	SF	Lg	NA	.005	1680	.02	.23	---	.25	**.36**
	Inst	SF	Sm	NA	.006	1260	.02	.27	---	.29	**.43**
Floors	Inst	SF	Lg	NA	.004	2240	.01	.18	---	.19	**.28**
	Inst	SF	Sm	NA	.005	1680	.02	.23	---	.25	**.36**
Millwork and trim	Inst	SF	Lg	NA	.005	1600	.02	.23	---	.25	**.36**
	Inst	SF	Sm	NA	.007	1200	.02	.32	---	.34	**.50**
Prime or seal, one coat	Inst	SF	Lg	NA	.004	1840	.28	.18	---	.46	**.61**
	Inst	SF	Sm	NA	.006	1380	.31	.27	---	.58	**.78**
Paint, one coat	Inst	SF	Lg	NA	.005	1680	.18	.23	---	.41	**.56**
	Inst	SF	Sm	NA	.006	1260	.20	.27	---	.47	**.65**
Paint, two coats	Inst	SF	Lg	NA	.008	1040	.32	.36	---	.68	**.93**
	Inst	SF	Sm	NA	.010	780.0	.35	.45	---	.80	**1.10**
Exterior											
Wet clean existing surfaces with water and soap or solvent											
Walls	Inst	SF	Lg	NA	.005	1480	.02	.23	---	.25	**.36**
	Inst	SF	Sm	NA	.007	1110	.02	.32	---	.34	**.50**
Paint, one coat	Inst	SF	Lg	NA	.007	1200	.41	.32	---	.73	**.97**
	Inst	SF	Sm	NA	.009	900.0	.45	.41	---	.86	**1.15**
Paint, two coats	Inst	SF	Lg	NA	.012	680.0	.60	.54	---	1.14	**1.54**
	Inst	SF	Sm	NA	.016	510.0	.66	.73	---	1.39	**1.88**

Interior

Time calculations include normal materials handling and protection of furniture and other property not to be painted

Preparation

Excluding openings, unless otherwise indicated

Wet clean existing surfaces with water and soap or solvent

Smooth finishes

Description	Oper	Unit	Vol	Crew Size	Man-hours per Unit	Crew Output per Day	Avg Mat'l Unit Cost	Avg Labor Unit Cost	Avg Equip Unit Cost	Avg Total Unit Cost	Avg Price Incl O&P
Plaster and drywall	Inst	SF	Lg	NA	.005	1680	.02	.23	---	.25	**.36**
	Inst	SF	Sm	NA	.006	1260	.02	.27	---	.29	**.43**
Paneling	Inst	SF	Lg	NA	.004	1800	.02	.18	---	.20	**.30**
	Inst	SF	Sm	NA	.006	1350	.02	.27	---	.29	**.43**
Millwork and trim	Inst	SF	Lg	NA	.005	1600	.02	.23	---	.25	**.36**
	Inst	SF	Sm	NA	.007	1200	.02	.32	---	.34	**.50**
Floors	Inst	SF	Lg	NA	.004	2240	.01	.18	---	.19	**.28**
	Inst	SF	Sm	NA	.005	1680	.02	.23	---	.25	**.36**

Sand finishes

Description	Oper	Unit	Vol	Crew Size	Man-hours per Unit	Crew Output per Day	Avg Mat'l Unit Cost	Avg Labor Unit Cost	Avg Equip Unit Cost	Avg Total Unit Cost	Avg Price Incl O&P
Plaster and drywall	Inst	SF	Lg	NA	.007	1160	.01	.32	---	.33	**.49**
	Inst	SF	Sm	NA	.009	870.0	.02	.41	---	.43	**.64**

Painting and cleaning, interior, one coat application

Description	Oper	Unit	Vol	Crew Size	Man-hours per Unit	Crew Output per Day	Avg Mat'l Unit Cost	Avg Labor Unit Cost	Avg Equip Unit Cost	Avg Total Unit Cost	Avg Price Incl O&P
Sheetrock or drywall, repair joints and cracks or pops											
Tape, fill, and finish	Inst	SF	Lg	NA	.009	880.0	.04	.41	---	.45	**.66**
	Inst	SF	Sm	NA	.012	660.0	.05	.54	---	.59	**.88**
Sheetrock or drywall, repair											
Thin coat plaster in lieu of taping											
	Inst	SF	Lg	NA	.012	680.0	.12	.54	---	.66	**.96**
	Inst	SF	Sm	NA	.016	510.0	.14	.73	---	.87	**1.26**
Light sanding											
Before first coat	Inst	SF	Lg	NA	.005	1600	.01	.23	---	.24	**.35**
	Inst	SF	Sm	NA	.007	1200	.01	.32	---	.33	**.49**
Before second coat	Inst	SF	Lg	NA	.005	1760	.01	.23	---	.24	**.35**
	Inst	SF	Sm	NA	.006	1320	.01	.27	---	.28	**.42**
Before third coat	Inst	SF	Lg	NA	.004	1920	.01	.18	---	.19	**.28**
	Inst	SF	Sm	NA	.006	1440	.01	.27	---	.28	**.42**
Liquid removal of paint or varnish											
Paneling (170 SF/gal)	Inst	SF	Lg	NA	.025	320.0	.33	1.13	---	1.46	**2.10**
	Inst	SF	Sm	NA	.033	240.0	.36	1.50	---	1.86	**2.68**
Millwork & trim (170 SF/gal)	Inst	SF	Lg	NA	.029	280.0	.33	1.32	---	1.65	**2.37**
	Inst	SF	Sm	NA	.038	210.0	.36	1.72	---	2.08	**3.02**
Floors (170 SF/gal)	Inst	SF	Lg	NA	.017	480.0	.33	.77	---	1.10	**1.55**
	Inst	SF	Sm	NA	.022	360.0	.36	1.00	---	1.36	**1.93**
Burning off paint											
	Inst	SF	Lg	NA	.040	200.0	.07	1.82	---	1.89	**2.81**
	Inst	SF	Sm	NA	.053	150.0	.07	2.41	---	2.48	**3.69**

One coat application

Excluding openings unless otherwise indicated

Sizing, on sheetrock or plaster

Description	Oper	Unit	Vol	Crew Size	Man-hours per Unit	Crew Output per Day	Avg Mat'l Unit Cost	Avg Labor Unit Cost	Avg Equip Unit Cost	Avg Total Unit Cost	Avg Price Incl O&P
Smooth finish											
Brush (650 SF/gal)	Inst	SF	Lg	NA	.003	2400	.04	.14	---	.18	**.25**
	Inst	SF	Sm	NA	.004	1800	.05	.18	---	.23	**.33**
Roller (625 SF/gal)	Inst	SF	Lg	NA	.003	3200	.04	.14	---	.18	**.25**
	Inst	SF	Sm	NA	.003	2400	.05	.14	---	.19	**.26**
Sand finish											
Brush (550 SF/gal)	Inst	SF	Lg	NA	.005	1720	.05	.23	---	.28	**.40**
	Inst	SF	Sm	NA	.006	1290	.06	.27	---	.33	**.48**
Roller (525 SF/gal)	Inst	SF	Lg	NA	.003	2320	.05	.14	---	.19	**.26**
	Inst	SF	Sm	NA	.005	1740	.06	.23	---	.29	**.41**

Description	Oper	Unit	Vol	Crew Size	Man-hours per Unit	Crew Output per Day	Avg Mat'l Unit Cost	Avg Labor Unit Cost	Avg Equip Unit Cost	Avg Total Unit Cost	Avg Price Incl O&P
Sealer											
Sheetrock or plaster											
Smooth finish											
Brush (300 SF/gal)	Inst	SF	Lg	NA	.006	1440	.27	.27	---	.54	.73
	Inst	SF	Sm	NA	.007	1080	.30	.32	---	.62	.84
Roller (285 SF/gal)	Inst	SF	Lg	NA	.004	1840	.28	.18	---	.46	.61
	Inst	SF	Sm	NA	.006	1380	.31	.27	---	.58	.78
Spray (250 SF/gal)	Inst	SF	Lg	NC	.003	2600	.32	.14	.07	.53	.68
	Inst	SF	Sm	NC	.004	1950	.36	.19	.10	.65	.83
Sand finish											
Brush (250 SF/gal)	Inst	SF	Lg	NA	.008	1040	.32	.36	---	.68	.93
	Inst	SF	Sm	NA	.010	780.00	.36	.45	---	.81	1.11
Roller (235 SF/gal)	Inst	SF	Lg	NA	.006	1360	.34	.27	---	.61	.82
	Inst	SF	Sm	NA	.008	1020	.38	.36	---	.74	1.00
Spray (210 SF/gal)	Inst	SF	Lg	NC	.003	2600	.38	.14	.04	.56	.71
	Inst	SF	Sm	NC	.004	1950	.42	.19	.06	.67	.86
Acoustical tile or panels											
Brush (225 SF/gal)	Inst	SF	Lg	NA	.006	1240	.36	.27	---	.63	.84
	Inst	SF	Sm	NA	.009	930.0	.40	.41	---	.81	1.09
Roller (200 SF/gal)	Inst	SF	Lg	NA	.005	1600	.40	.23	---	.63	.82
	Inst	SF	Sm	NA	.007	1200	.45	.32	---	.77	1.02
Spray (160 SF/gal)	Inst	SF	Lg	NC	.004	2200	.51	.19	.05	.75	.95
	Inst	SF	Sm	NC	.005	1650	.56	.23	.07	.86	1.11
Latex											
Drywall or plaster, latex flat											
Smooth finish											
Brush (300 SF/gal)	Inst	SF	Lg	NA	.006	1320	.17	.27	---	.44	.61
	Inst	SF	Sm	NA	.008	990.0	.19	.36	---	.55	.77
Roller (285 SF/gal)	Inst	SF	Lg	NA	.005	1680	.18	.23	---	.41	.56
	Inst	SF	Sm	NA	.006	1260	.20	.27	---	.47	.65
Spray (260 SF/gal)	Inst	SF	Lg	NC	.003	2400	.20	.14	.05	.39	.51
	Inst	SF	Sm	NC	.004	1800	.22	.19	.06	.47	.62
Sand finish											
Brush (250 SF/gal)	Inst	SF	Lg	NA	.008	960.0	.20	.36	---	.56	.78
	Inst	SF	Sm	NA	.011	720.0	.22	.50	---	.72	1.01
Roller (235 SF/gal)	Inst	SF	Lg	NA	.007	1200	.22	.32	---	.54	.74
	Inst	SF	Sm	NA	.009	900.0	.24	.41	---	.65	.90
Spray (210 SF/gal)	Inst	SF	Lg	NC	.003	2400	.24	.14	.05	.43	.56
	Inst	SF	Sm	NC	.004	1800	.27	.19	.06	.52	.68
Texture or stipple applied to drywall, one coat											
Brush (125 SF/gal)	Inst	SF	Lg	NA	.007	1200	.41	.32	---	.73	.97
	Inst	SF	Sm	NA	.009	900.0	.45	.41	---	.86	1.15
Roller (120 SF/gal)	Inst	SF	Lg	NA	.005	1600	.43	.23	---	.66	.86
	Inst	SF	Sm	NA	.007	1200	.47	.32	---	.79	1.04

Painting and cleaning, millwork and trim

Description	Oper	Unit	Vol	Crew Size	Man-hours per Unit	Crew Output per Day	Avg Mat'l Unit Cost	Avg Labor Unit Cost	Avg Equip Unit Cost	Avg Total Unit Cost	Avg Price Incl O&P
Paneling, latex enamel											
Brush (300 SF/gal)	Inst	SF	Lg	NA	.006	1320	.17	.27	---	.44	**.61**
	Inst	SF	Sm	NA	.008	990.0	.19	.36	---	.55	**.77**
Roller (285 SF/gal)	Inst	SF	Lg	NA	.005	1680	.18	.23	---	.41	**.56**
	Inst	SF	Sm	NA	.006	1260	.20	.27	---	.47	**.65**
Spray (260 SF/gal)	Inst	SF	Lg	NC	.003	2400	.20	.14	.05	.39	**.51**
	Inst	SF	Sm	NC	.004	1800	.22	.19	.06	.47	**.62**
Acoustical tile or panels, latex flat											
Brush (225 SF/gal)	Inst	SF	Lg	NA	.007	1120	.23	.32	---	.55	**.75**
	Inst	SF	Sm	NA	.010	840.0	.25	.45	---	.70	**.98**
Roller (210 SF/gal)	Inst	SF	Lg	NA	.006	1440	.24	.27	---	.51	**.70**
	Inst	SF	Sm	NA	.007	1080	.27	.32	---	.59	**.80**
Spray (185 SF/gal)	Inst	SF	Lg	NC	.004	2000	.28	.19	.05	.52	**.68**
	Inst	SF	Sm	NC	.005	1500	.30	.23	.07	.60	**.79**
Millwork and trim, latex enamel											
Doors and windows											
Roller and/or brush (360 SF/gal)	Inst	SF	Lg	NA	.013	640.0	.14	.59	---	.73	**1.05**
	Inst	SF	Sm	NA	.017	480.0	.16	.77	---	.93	**1.35**
Spray, doors only (325 SF / gal)	Inst	SF	Lg	NC	.006	1360	.16	.28	.08	.52	**.71**
	Inst	SF	Sm	NC	.008	1020	.17	.37	.11	.65	**.90**
Cabinets											
Roller and/or brush (360 SF/gal)	Inst	SF	Lg	NA	.013	600.0	.14	.59	---	.73	**1.05**
	Inst	SF	Sm	NA	.018	450.0	.16	.82	---	.98	**1.42**
Spray, doors only (325 SF / gal)	Inst	SF	Lg	NC	.006	1300	.16	.28	.08	.52	**.71**
	Inst	SF	Sm	NC	.008	975.0	.17	.37	.11	.65	**.90**
Louvers, spray, (300 SF/gal)	Inst	SF	Lg	NC	.018	440.0	.17	.84	.25	1.26	**1.77**
	Inst	SF	Sm	NC	.024	330.0	.19	1.12	.33	1.64	**2.31**
Picture molding, chair rail, base, ceiling mold etc., less than 6" high											
Note: SF equals LF on trim less than 6" high											
Brush (900 SF/gal)	Inst	SF	Lg	NA	.008	960.0	.06	.36	---	.42	**.62**
	Inst	SF	Sm	NA	.011	720.0	.06	.50	---	.56	**.82**
Floors, wood											
Brush (405 SF/gal)	Inst	SF	Lg	NA	.004	2000	.13	.18	---	.31	**.43**
	Inst	SF	Sm	NA	.005	1500	.14	.23	---	.37	**.51**
Roller (385 SF/gal)	Inst	SF	Lg	NA	.003	2400	.13	.14	---	.27	**.36**
	Inst	SF	Sm	NA	.004	1800	.15	.18	---	.33	**.45**
For custom colors, ADD	Inst	%	Lg	---	---	---	10.0	---	---	---	**---**
	Inst	%	Sm	---	---	---	10.0	---	---	---	**---**
Floor seal											
Brush (450 SF/gal)	Inst	SF	Lg	NA	.003	2800	.12	.14	---	.26	**.35**
	Inst	SF	Sm	NA	.004	2100	.12	.18	---	.30	**.42**
Roller (430 SF/gal)	Inst	SF	Lg	NA	.003	3200	.13	.14	---	.27	**.36**
	Inst	SF	Sm	NA	.003	2400	.14	.14	---	.28	**.37**
Penetrating stainwax (hardwood floors)											
Brush (450 SF/gal)	Inst	SF	Lg	NA	.004	2000	.12	.18	---	.30	**.42**
	Inst	SF	Sm	NA	.005	1500	.13	.23	---	.36	**.50**
Roller (425 SF/gal)	Inst	SF	Lg	NA	.003	2400	.13	.14	---	.27	**.36**
	Inst	SF	Sm	NA	.004	1800	.14	.18	---	.32	**.44**

Description	Oper	Unit	Vol	Crew Size	Man-hours per Unit	Crew Output per Day	Avg Mat'l Unit Cost	Avg Labor Unit Cost	Avg Equip Unit Cost	Avg Total Unit Cost	Avg Price Incl O&P

Natural finishes
Paneling, brush work unless otherwise indicated
  Stain, brush on - wipe off (360 SF/gal)

Description	Oper	Unit	Vol	Crew Size	Man-hours per Unit	Crew Output per Day	Avg Mat'l Unit Cost	Avg Labor Unit Cost	Avg Equip Unit Cost	Avg Total Unit Cost	Avg Price Incl O&P
	Inst	SF	Lg	NA	.014	560.0	.15	.64	---	.79	1.13
	Inst	SF	Sm	NA	.019	420.0	.17	.86	---	1.03	1.50
Varnish (380 SF/gal)											
	Inst	SF	Lg	NA	.006	1360	.21	.27	---	.48	.66
	Inst	SF	Sm	NA	.008	1020	.23	.36	---	.59	.82
Shellac (630 SF/gal)											
	Inst	SF	Lg	NA	.005	1600	.13	.23	---	.36	.50
	Inst	SF	Sm	NA	.007	1200	.14	.32	---	.46	.64
Lacquer											
Brush (450 SF/gal)	Inst	SF	Lg	NA	.004	1920	.12	.18	---	.30	.42
	Inst	SF	Sm	NA	.006	1440	.13	.27	---	.40	.56
Spray (300 SF/gal)	Inst	SF	Lg	NC	.003	2400	.18	.14	.05	.37	.49
	Inst	SF	Sm	NC	.004	1800	.19	.19	.06	.44	.58

Doors and windows, brush work unless otherwise indicated
  Stain, brush on - wipe off (450 SF/gal)

Description	Oper	Unit	Vol	Crew Size	Man-hours per Unit	Crew Output per Day	Avg Mat'l Unit Cost	Avg Labor Unit Cost	Avg Equip Unit Cost	Avg Total Unit Cost	Avg Price Incl O&P
	Inst	SF	Lg	NA	.032	250.0	.12	1.45	---	1.57	2.32
	Inst	SF	Sm	NA	.043	187.5	.13	1.95	---	2.08	3.08
Varnish (550 SF/gal)											
	Inst	SF	Lg	NA	.024	340.0	.15	1.09	---	1.24	1.81
	Inst	SF	Sm	NA	.031	255.0	.16	1.41	---	1.57	2.30
Shellac (550 SF/gal)											
	Inst	SF	Lg	NA	.022	365.0	.15	1.00	---	1.15	1.68
	Inst	SF	Sm	NA	.029	273.8	.16	1.32	---	1.48	2.17
Lacquer											
Brush (550 SF/gal)	Inst	SF	Lg	NA	.020	405.0	.10	.91	---	1.01	1.48
	Inst	SF	Sm	NA	.026	303.8	.11	1.18	---	1.29	1.90
Spray doors (300 SF/gal)	Inst	SF	Lg	NC	.010	800.0	.18	.47	.14	.79	1.09
	Inst	SF	Sm	NC	.013	600.0	.19	.61	.18	.98	1.36

Cabinets, brush work unless otherwise indicated
  Stain, brush on - wipe off (450 SF/gal)

Description	Oper	Unit	Vol	Crew Size	Man-hours per Unit	Crew Output per Day	Avg Mat'l Unit Cost	Avg Labor Unit Cost	Avg Equip Unit Cost	Avg Total Unit Cost	Avg Price Incl O&P
	Inst	SF	Lg	NA	.034	235.0	.12	1.54	---	1.66	2.46
	Inst	SF	Sm	NA	.045	176.3	.13	2.04	---	2.17	3.22
Varnish (550 SF/gal)											
	Inst	SF	Lg	NA	.025	320.0	.15	1.13	---	1.28	1.88
	Inst	SF	Sm	NA	.033	240.0	.16	1.50	---	1.66	2.44
Shellac (550 SF/gal)											
	Inst	SF	Lg	NA	.023	345.0	.15	1.04	---	1.19	1.75
	Inst	SF	Sm	NA	.031	258.8	.16	1.41	---	1.57	2.30
Lacquer											
Brush (550 SF/gal)	Inst	SF	Lg	NA	.021	385.0	.10	.95	---	1.05	1.55
	Inst	SF	Sm	NA	.028	288.8	.11	1.27	---	1.38	2.04
Spray (300 SF/gal)	Inst	SF	Lg	NC	.011	750.0	.18	.51	.14	.83	1.16
	Inst	SF	Sm	NC	.014	562.5	.19	.65	.19	1.03	1.44
Louvers, lacquer, spray											
(300 SF/gal)	Inst	SF	Lg	NC	.017	480.0	.18	.79	.23	1.20	1.68
	Inst	SF	Sm	NC	.022	360.0	.19	1.03	.30	1.52	2.13

Painting and cleaning, interior, two coat application

Description	Oper	Unit	Vol	Crew Size	Man-hours per Unit	Crew Output per Day	Avg Mat'l Unit Cost	Avg Labor Unit Cost	Avg Equip Unit Cost	Avg Total Unit Cost	Avg Price Incl O&P
Picture molding, chair rail, base, ceiling mold etc., less than 6" high											
Note: SF equals LF on trim less than 6" high											
Varnish, brush (900 SF/gal)											
	Inst	SF	Lg	NA	.008	1040	.09	.36	---	.45	**.65**
	Inst	SF	Sm	NA	.010	780.0	.10	.45	---	.55	**.80**
Shellac, brush (900 SF/gal)											
	Inst	SF	Lg	NA	.008	1040	.09	.36	---	.45	**.65**
	Inst	SF	Sm	NA	.010	780.0	.10	.45	---	.55	**.80**
Lacquer, spray (700 SF/gal)											
	Inst	SF	Lg	NA	.006	1280	.08	.27	.08	.43	**.61**
	Inst	SF	Sm	NA	.008	960.0	.08	.36	.11	.55	**.79**
Floors, wood, brush work unless otherwise indicated											
Shellac (450 SF/gal)											
	Inst	SF	Lg	NA	.004	2000	.18	.18	---	.36	**.49**
	Inst	SF	Sm	NA	.005	1500	.20	.23	---	.43	**.58**
Varnish (500 SF/gal)											
	Inst	SF	Lg	NA	.004	2000	.16	.18	---	.34	**.46**
	Inst	SF	Sm	NA	.005	1500	.18	.23	---	.41	**.56**
Buffing, by machine											
	Inst	SF	Lg	NA	.003	2800	.01	.14	.02	.17	**.24**
	Inst	SF	Sm	NA	.004	2100	.01	.18	.03	.22	**.32**
Waxing and polishing, by hand (1,000 SF/gal)											
	Inst	SF	Lg	NA	.005	1520	.03	.23	---	.26	**.38**
	Inst	SF	Sm	NA	.007	1140	.03	.32	---	.35	**.51**

Two coat application

Excluding openings, unless otherwise indicated
For sizing or sealer, see One coat application, page 303

Latex

No spray work included, see One coat application, page 304

Description	Oper	Unit	Vol	Crew Size	Man-hours per Unit	Crew Output per Day	Avg Mat'l Unit Cost	Avg Labor Unit Cost	Avg Equip Unit Cost	Avg Total Unit Cost	Avg Price Incl O&P
Drywall or plaster, latex flat											
Smooth finish											
Brush (170 SF/gal)	Inst	SF	Lg	NA	.009	880.0	.30	.41	---	.71	**.97**
	Inst	SF	Sm	NA	.012	660.0	.33	.54	---	.87	**1.21**
Roller (160 SF/gal)	Inst	SF	Lg	NA	.008	1040	.32	.36	---	.68	**.93**
	Inst	SF	Sm	NA	.010	780.0	.35	.45	---	.80	**1.10**
Sand finish											
Brush (170 SF/gal)	Inst	SF	Lg	NA	.013	600.0	.30	.59	---	.89	**1.25**
	Inst	SF	Sm	NA	.018	450.0	.33	.82	---	1.15	**1.62**
Roller (160 SF/gal)	Inst	SF	Lg	NA	.011	760.0	.32	.50	---	.82	**1.13**
	Inst	SF	Sm	NA	.014	570.0	.35	.64	---	.99	**1.37**
Paneling, latex enamel											
Brush (170 SF/gal)	Inst	SF	Lg	NA	.009	880.0	.30	.41	---	.71	**.97**
	Inst	SF	Sm	NA	.012	660.0	.33	.54	---	.87	**1.21**
Roller (160 SF/gal)	Inst	SF	Lg	NA	.008	1040	.32	.36	---	.68	**.93**
	Inst	SF	Sm	NA	.010	780.0	.35	.45	---	.80	**1.10**
Acoustical tile or panels, latex flat											
Brush (130 SF/gal)	Inst	SF	Lg	NA	.012	680.0	.39	.54	---	.93	**1.29**
	Inst	SF	Sm	NA	.016	510.0	.43	.73	---	1.16	**1.61**
Roller (120 SF/gal)	Inst	SF	Lg	NA	.009	880.0	.43	.41	---	.84	**1.13**
	Inst	SF	Sm	NA	.012	660.0	.47	.54	---	1.01	**1.38**

Description	Oper	Unit	Vol	Crew Size	Man-hours per Unit	Crew Output per Day	Avg Mat'l Unit Cost	Avg Labor Unit Cost	Avg Equip Unit Cost	Avg Total Unit Cost	Avg Price Incl O&P

Millwork and trim, enamel
Doors and windows
    Roller and/or brush (200 SF/gal)

| | Inst | SF | Lg | NA | .024 | 335.0 | .26 | 1.09 | --- | 1.35 | **1.95** |
| | Inst | SF | Sm | NA | .032 | 251.3 | .28 | 1.45 | --- | 1.73 | **2.51** |

Cabinets
    Roller and/or brush (200 SF/gal)

| | Inst | SF | Lg | NA | .025 | 315.0 | .26 | 1.13 | --- | 1.39 | **2.01** |
| | Inst | SF | Sm | NA | .034 | 236.3 | .28 | 1.54 | --- | 1.82 | **2.65** |

Louvers, see One coat application, page 305
Picture molding, chair rail, base, ceiling mold etc., less than 6" high
Note: SF equals LF on trim less than 6" high
    Brush (510 SF/gal)

| | Inst | SF | Lg | NA | .016 | 500.0 | .10 | .73 | --- | .83 | **1.21** |
| | Inst | SF | Sm | NA | .021 | 375.0 | .11 | .95 | --- | 1.06 | **1.56** |

Floors, wood
    Brush (230 SF/gal)

| | Inst | SF | Lg | NA | .007 | 1120 | .22 | .32 | --- | .54 | **.74** |
| | Inst | SF | Sm | NA | .010 | 840.0 | .24 | .45 | --- | .69 | **.97** |

    Roller (220 SF/gal)

| | Inst | SF | Lg | NA | .006 | 1280 | .23 | .27 | --- | .50 | **.68** |
| | Inst | SF | Sm | NA | .008 | 960.0 | .26 | .36 | --- | .62 | **.86** |

For custom colors, ADD

| | Inst | % | Lg | --- | --- | --- | 10.0 | --- | --- | --- | --- |
| | Inst | % | Sm | --- | --- | --- | 10.0 | --- | --- | --- | --- |

For wood floor seal, penetrating stainwax, or natural finish, see One coat application, page 305

Exterior
Time calculations include normal materials handling and protection of property not to be painted

Preparation
Excluding openings, unless otherwise indicated

Wet clean existing surfaces with water and soap or solvent
    Plain siding

| | Inst | SF | Lg | NA | .005 | 1480 | .02 | .23 | --- | .25 | **.36** |
| | Inst | SF | Sm | NA | .007 | 1110 | .02 | .32 | --- | .34 | **.50** |

    Exterior doors and trim
Note: SF equals LF on trim less than 6" high

| | Inst | SF | Lg | NA | .006 | 1400 | .02 | .27 | --- | .29 | **.43** |
| | Inst | SF | Sm | NA | .008 | 1050 | .02 | .36 | --- | .38 | **.57** |

    Windows, wash and clean glass

| | Inst | SF | Lg | NA | .006 | 1280 | .01 | .27 | --- | .28 | **.42** |
| | Inst | SF | Sm | NA | .008 | 960.0 | .02 | .36 | --- | .38 | **.57** |

    Porch floors and steps

| | Inst | SF | Lg | NA | .004 | 2240 | .02 | .18 | --- | .20 | **.30** |
| | Inst | SF | Sm | NA | .005 | 1680 | .02 | .23 | --- | .25 | **.36** |

Acid wash
    Gutters and downspouts

| | Inst | SF | Lg | NA | .008 | 1040 | .01 | .36 | --- | .37 | **.56** |
| | Inst | SF | Sm | NA | .010 | 780.0 | .02 | .45 | --- | .47 | **.70** |

Sanding, light
    Porch floors and steps

| | Inst | SF | Lg | NA | .005 | 1760 | .01 | .23 | --- | .24 | **.35** |
| | Inst | SF | Sm | NA | .006 | 1320 | .02 | .27 | --- | .29 | **.43** |

Painting and cleaning, exterior, one coat application

Description	Oper	Unit	Vol	Crew Size	Man-hours per Unit	Crew Output per Day	Avg Mat'l Unit Cost	Avg Labor Unit Cost	Avg Equip Unit Cost	Avg Total Unit Cost	Avg Price Incl O&P
Sanding and puttying											
Plain siding	Inst	SF	Lg	NA	.006	1440	.01	.27	---	.28	.42
	Inst	SF	Sm	NA	.007	1080	.02	.32	---	.34	.50
Note: SF equals LF on trim less than 6" high											
Exterior doors and trim	Inst	SF	Lg	NA	.011	720.0	.01	.50	---	.51	.76
	Inst	SF	Sm	NA	.015	540.0	.02	.68	---	.70	1.05
Puttying sash or reglazing -- Windows (30 SF glass/lb glazing compound)											
	Inst	SF	Lg	NA	.033	240.0	.49	1.50	---	1.99	2.83
	Inst	SF	Sm	NA	.044	180.0	.54	2.00	---	2.54	3.64

One coat application
Excluding openings, unless otherwise indicated

Latex, flat (unless otherwise indicated)

Description	Oper	Unit	Vol	Crew Size	Man-hours per Unit	Crew Output per Day	Avg Mat'l Unit Cost	Avg Labor Unit Cost	Avg Equip Unit Cost	Avg Total Unit Cost	Avg Price Incl O&P
Plain siding											
Brush (300 SF/gal)	Inst	SF	Lg	NA	.010	800.0	.17	.45	---	.62	.88
	Inst	SF	Sm	NA	.013	600.0	.19	.59	---	.78	1.11
Roller (275 SF/gal)	Inst	SF	Lg	NA	.008	1040	.19	.36	---	.55	.77
	Inst	SF	Sm	NA	.010	780.0	.20	.45	---	.65	.92
Spray (325 SF/gal)	Inst	SF	Lg	NC	.005	1750	.16	.23	.06	.45	.61
	Inst	SF	Sm	NC	.006	1313	.17	.28	.08	.53	.72
Shingle siding											
Brush (270 SF/gal)	Inst	SF	Lg	NA	.009	880.0	.19	.41	---	.60	.84
	Inst	SF	Sm	NA	.012	660.0	.21	.54	---	.75	1.07
Roller (260 SF/gal)	Inst	SF	Lg	NA	.007	1200	.20	.32	---	.52	.72
	Inst	SF	Sm	NA	.009	900.0	.22	.41	---	.63	.88
Spray (300 SF/gal)	Inst	SF	Lg	NC	.005	1600	.17	.23	.07	.47	.64
	Inst	SF	Sm	NC	.007	1200	.19	.33	.09	.61	.83
Stucco											
Brush (135 SF/gal)	Inst	SF	Lg	NA	.010	800.0	.38	.45	---	.83	1.14
	Inst	SF	Sm	NA	.013	600.0	.42	.59	---	1.01	1.39
Roller (125 SF/gal)	Inst	SF	Lg	NA	.007	1200	.41	.32	---	.73	.97
	Inst	SF	Sm	NA	.009	900.0	.45	.41	---	.86	1.15
Spray (150 SF/gal)	Inst	SF	Lg	NC	.005	1600	.34	.23	.07	.64	.84
	Inst	SF	Sm	NC	.007	1200	.37	.33	.09	.79	1.04

Cement walls, see Cement base paint, page 311

Description	Oper	Unit	Vol	Crew Size	Man-hours per Unit	Crew Output per Day	Avg Mat'l Unit Cost	Avg Labor Unit Cost	Avg Equip Unit Cost	Avg Total Unit Cost	Avg Price Incl O&P
Masonry block, brick, tile; masonry latex											
Brush (180 SF/gal)	Inst	SF	Lg	NA	.009	880.0	.28	.41	---	.69	.95
	Inst	SF	Sm	NA	.012	660.0	.31	.54	---	.85	1.19
Roller (125 SF/gal)	Inst	SF	Lg	NA	.006	1440	.41	.27	---	.68	.90
	Inst	SF	Sm	NA	.007	1080	.45	.32	---	.77	1.02
Spray (160 SF/gal)	Inst	SF	Lg	NC	.004	1840	.32	.19	.06	.57	.74
	Inst	SF	Sm	NC	.006	1380	.35	.28	.08	.71	.94

Description	Oper	Unit	Vol	Crew Size	Man-hours per Unit	Crew Output per Day	Avg Mat'l Unit Cost	Avg Labor Unit Cost	Avg Equip Unit Cost	Avg Total Unit Cost	Avg Price Incl O&P
Doors, exterior side only											
Brush (375 SF/gal)	Inst	SF	Lg	NA	.013	640.0	.14	.59	---	.73	**1.05**
	Inst	SF	Sm	NA	.017	480.0	.15	.77	---	.92	**1.34**
Roller (375 SF/gal)	Inst	SF	Lg	NA	.009	865.0	.14	.41	---	.55	**.78**
	Inst	SF	Sm	NA	.012	648.8	.15	.54	---	.69	**1.00**
Windows, exterior side only, brush work											
(450 SF/gal)	Inst	SF	Lg	NA	.013	640.0	.11	.59	---	.70	**1.02**
	Inst	SF	Sm	NA	.017	480.0	.12	.77	---	.89	**1.30**
Trim, less than 6" high, brush											
Note: SF equals LF on trim less than 6" high											
High gloss (300 SF/gal)	Inst	SF	Lg	NA	.009	900.0	.17	.41	---	.58	**.82**
	Inst	SF	Sm	NA	.012	675.0	.19	.54	---	.73	**1.05**
Screens, full; high gloss											
Paint applied to wood only, brush work											
(700 SF/gal)	Inst	SF	Lg	NA	.015	540.0	.07	.68	---	.75	**1.11**
	Inst	SF	Sm	NA	.020	405.0	.08	.91	---	.99	**1.46**
Paint applied to wood (brush) and wire (spray)											
(475 SF/gal)	Inst	SF	Lg	NC	.018	450.0	.11	.84	.24	1.19	**1.68**
	Inst	SF	Sm	NC	.024	337.5	.12	1.12	.32	1.56	**2.21**
Storm windows and doors, 2 lites, brush work											
(340 SF/gal)	Inst	SF	Lg	NA	.024	340.0	.15	1.09	---	1.24	**1.81**
	Inst	SF	Sm	NA	.031	255.0	.17	1.41	---	1.58	**2.31**
Blinds or shutters											
Brush (120 SF/gal)	Inst	SF	Lg	NA	.062	130.0	.43	2.81	---	3.24	**4.74**
	Inst	SF	Sm	NA	.082	97.50	.47	3.72	---	4.19	**6.15**
Spray (300 SF/gal)	Inst	SF	Lg	NC	.020	400.0	.17	.94	.27	1.38	**1.93**
	Inst	SF	Sm	NC	.027	300.0	.19	1.26	.36	1.81	**2.55**
Gutters and downspouts, brush work											
(225 LF/gal), galvanized	Inst	SF	Lg	NA	.013	600.0	.23	.59	---	.82	**1.16**
	Inst	SF	Sm	NA	.018	450.0	.25	.82	---	1.07	**1.53**
Porch floors and steps, wood											
Brush (340 SF/gal)	Inst	SF	Lg	NA	.005	1520	.15	.23	---	.38	**.52**
	Inst	SF	Sm	NA	.007	1140	.17	.32	---	.49	**.68**
Roller (325 SF/gal)	Inst	SF	Lg	NA	.004	1920	.16	.18	---	.34	**.46**
	Inst	SF	Sm	NA	.006	1440	.17	.27	---	.44	**.61**
Shingle roofs											
Brush (135 SF/gal)	Inst	SF	Lg	NA	.008	1040	.38	.36	---	.74	**1.00**
	Inst	SF	Sm	NA	.010	780.0	.42	.45	---	.87	**1.18**
Roller (125 SF/gal)	Inst	SF	Lg	NA	.006	1360	.41	.27	---	.68	**.90**
	Inst	SF	Sm	NA	.008	1020	.45	.36	---	.81	**1.08**
Spray (150 SF/gal)	Inst	SF	Lg	NC	.004	2080	.34	.19	.05	.58	**.75**
	Inst	SF	Sm	NC	.005	1560	.37	.23	.07	.67	**.88**
For custom colors, ADD	Inst	%	Lg	---	---	---	10.0	---	---	---	---
	Inst	%	Sm	---	---	---	10.0	---	---	---	---

Painting and cleaning, exterior, two coat application

Description	Oper	Unit	Vol	Crew Size	Man-hours per Unit	Crew Output per Day	Avg Mat'l Unit Cost	Avg Labor Unit Cost	Avg Equip Unit Cost	Avg Total Unit Cost	Avg Price Incl O&P
Cement base paint (epoxy concrete enamel)											
Cement walls, smooth finish											
Brush (120 SF/gal)	Inst	SF	Lg	NA	.006	1320	.75	.27	---	1.02	**1.31**
	Inst	SF	Sm	NA	.008	990.0	.83	.36	---	1.19	**1.54**
Roller (110 SF/gal)	Inst	SF	Lg	NA	.004	1920	.82	.18	---	1.00	**1.26**
	Inst	SF	Sm	NA	.006	1440	.91	.27	---	1.18	**1.50**
Concrete porch floors and steps											
Brush (400 SF/gal)	Inst	SF	Lg	NA	.004	2000	.23	.18	---	.41	**.55**
	Inst	SF	Sm	NA	.005	1500	.25	.23	---	.48	**.64**
Roller (375 SF/gal)	Inst	SF	Lg	NA	.003	2400	.24	.14	---	.38	**.49**
	Inst	SF	Sm	NA	.004	1800	.27	.18	---	.45	**.60**
Stain											
Shingle siding											
Brush (180 SF/gal)	Inst	SF	Lg	NA	.010	800.0	.30	.45	---	.75	**1.04**
	Inst	SF	Sm	NA	.013	600.0	.33	.59	---	.92	**1.28**
Roller (170 SF/gal)	Inst	SF	Lg	NA	.007	1120	.32	.32	---	.64	**.86**
	Inst	SF	Sm	NA	.010	840.0	.35	.45	---	.80	**1.10**
Spray (200 SF/gal)	Inst	SF	Lg	NC	.005	1520	.27	.23	.07	.57	**.76**
	Inst	SF	Sm	NC	.007	1140	.30	.33	.09	.72	**.96**
Shingle roofs											
Brush (180 SF/gal)	Inst	SF	Lg	NA	.008	960.0	.30	.36	---	.66	**.90**
	Inst	SF	Sm	NA	.011	720.0	.33	.50	---	.83	**1.14**
Roller (170 SF/gal)	Inst	SF	Lg	NA	.006	1280	.32	.27	---	.59	**.79**
	Inst	SF	Sm	NA	.008	960.0	.35	.36	---	.71	**.96**
Spray (200 SF/gal)	Inst	SF	Lg	NC	.004	1920	.27	.19	.06	.52	**.68**
	Inst	SF	Sm	NC	.006	1440	.30	.28	.08	.66	**.88**

Two coat application

Excluding openings, unless otherwise indicated

Latex, flat (unless otherwise indicated)

Description	Oper	Unit	Vol	Crew Size	Man-hours per Unit	Crew Output per Day	Avg Mat'l Unit Cost	Avg Labor Unit Cost	Avg Equip Unit Cost	Avg Total Unit Cost	Avg Price Incl O&P
Plain siding											
Brush (170 SF/gal)	Inst	SF	Lg	NA	.018	440.0	.30	.82	---	1.12	**1.59**
	Inst	SF	Sm	NA	.024	330.0	.33	1.09	---	1.42	**2.03**
Roller (155 SF/gal)	Inst	SF	Lg	NA	.014	560.0	.33	.64	---	.97	**1.35**
	Inst	SF	Sm	NA	.019	420.0	.36	.86	---	1.22	**1.73**
Spray (185 SF/gal)	Inst	SF	Lg	NC	.008	960.0	.28	.37	.11	.76	**1.03**
	Inst	SF	Sm	NC	.011	720.0	.30	.51	.15	.96	**1.31**
Shingle siding											
Brush (150 SF/gal)	Inst	SF	Lg	NA	.017	480.0	.34	.77	---	1.11	**1.57**
	Inst	SF	Sm	NA	.022	360.0	.37	1.00	---	1.37	**1.94**
Roller (150 SF/gal)	Inst	SF	Lg	NA	.013	640.0	.34	.59	---	.93	**1.29**
	Inst	SF	Sm	NA	.017	480.0	.37	.77	---	1.14	**1.60**
Spray (170 SF/gal)	Inst	SF	Lg	NC	.009	880.0	.30	.42	.12	.84	**1.14**
	Inst	SF	Sm	NC	.012	660.0	.33	.56	.16	1.05	**1.43**

Description	Oper	Unit	Vol	Crew Size	Man-hours per Unit	Crew Output per Day	Avg Mat'l Unit Cost	Avg Labor Unit Cost	Avg Equip Unit Cost	Avg Total Unit Cost	Avg Price Incl O&P
Stucco											
Brush (90 SF/gal)	Inst	SF	Lg	NA	.017	480.0	.57	.77	---	1.34	**1.84**
	Inst	SF	Sm	NA	.022	360.0	.62	1.00	---	1.62	**2.24**
Roller (85 SF/gal)	Inst	SF	Lg	NA	.012	680.0	.60	.54	---	1.14	**1.54**
	Inst	SF	Sm	NA	.016	510.0	.66	.73	---	1.39	**1.88**
Spray (100 SF/gal)	Inst	SF	Lg	NC	.009	880.0	.51	.42	.12	1.05	**1.39**
	Inst	SF	Sm	NC	.012	660.0	.56	.56	.16	1.28	**1.71**
Cement wall, see Cement base paint, page 313											
Masonry block, brick, tile; masonry latex											
Brush (120 SF/gal)	Inst	SF	Lg	NA	.015	520.0	.43	.68	---	1.11	**1.54**
	Inst	SF	Sm	NA	.021	390.0	.47	.95	---	1.42	**1.99**
Roller (85 SF/gal)	Inst	SF	Lg	NA	.011	760.0	.60	.50	---	1.10	**1.47**
	Inst	SF	Sm	NA	.014	570.0	.66	.64	---	1.30	**1.75**
Spray (105 SF/gal)	Inst	SF	Lg	NC	.008	1000	.49	.37	.11	.97	**1.28**
	Inst	SF	Sm	NC	.011	750.0	.54	.51	.14	1.19	**1.59**
Doors, exterior side only											
Brush (215 SF/gal)	Inst	SF	Lg	NA	.024	335.0	.24	1.09	---	1.33	**1.92**
	Inst	SF	Sm	NA	.032	251.3	.26	1.45	---	1.71	**2.49**
Roller (215 SF/gal)	Inst	SF	Lg	NA	.018	455.0	.24	.82	---	1.06	**1.51**
	Inst	SF	Sm	NA	.023	341.3	.26	1.04	---	1.30	**1.88**
Windows, exterior side only, brush work (255 SF/gal)											
	Inst	SF	Lg	NA	.024	335.0	.20	1.09	---	1.29	**1.87**
	Inst	SF	Sm	NA	.032	251.3	.22	1.45	---	1.67	**2.44**
Trim, less than 6" high, brush. High gloss (230 SF/gal)											
Note: SF equals LF on trim less than 6" high											
	Inst	SF	Lg	NA	.017	480.0	.22	.77	---	.99	**1.42**
	Inst	SF	Sm	NA	.022	360.0	.24	1.00	---	1.24	**1.79**
Screens, full; high gloss											
Paint applied to wood only, brush work (400 SF/gal)											
	Inst	SF	Lg	NA	.028	285.0	.13	1.27	---	1.40	**2.06**
	Inst	SF	Sm	NA	.037	213.8	.14	1.68	---	1.82	**2.69**
Paint applied to wood (brush) and wire (spray) (270 SF/gal)											
	Inst	SF	Lg	NC	.033	240.0	.19	1.54	.45	2.18	**3.08**
	Inst	SF	Sm	NC	.044	180.0	.21	2.06	.60	2.87	**4.06**
Blinds or shutters											
Brush (65 SF/gal)	Inst	SF	Lg	NA	.114	70.00	.79	5.17	---	5.96	**8.71**
	Inst	SF	Sm	NA	.152	52.50	.87	6.90	---	7.77	**11.40**
Spray (170 SF/gal)	Inst	SF	Lg	NC	.038	210.0	.30	1.78	.51	2.59	**3.64**
	Inst	SF	Sm	NC	.051	157.5	.33	2.38	.69	3.40	**4.80**
Gutters and downspouts, brush work (130 LF/gal), galvanized											
	Inst	SF	Lg	NA	.025	315.0	.39	1.13	---	1.52	**2.17**
	Inst	SF	Sm	NA	.034	236.3	.43	1.54	---	1.97	**2.83**

Painting and cleaning, exterior, two coat application

Description	Oper	Unit	Vol	Crew Size	Man-hours per Unit	Crew Output per Day	Avg Mat'l Unit Cost	Avg Labor Unit Cost	Avg Equip Unit Cost	Avg Total Unit Cost	Avg Price Incl O&P
Porch floors and steps, wood											
Brush (195 SF/gal)	Inst	SF	Lg	NA	.010	800.0	.26	.45	---	.71	**.99**
	Inst	SF	Sm	NA	.013	600.0	.29	.59	---	.88	**1.23**
Roller (185 SF/gal)	Inst	SF	Lg	NA	.008	1000	.28	.36	---	.64	**.88**
	Inst	SF	Sm	NA	.011	750.0	.30	.50	---	.80	**1.11**
Shingle roofs											
Brush (75 SF/gal)	Inst	SF	Lg	NA	.013	640.0	.68	.59	---	1.27	**1.70**
	Inst	SF	Sm	NA	.017	480.0	.75	.77	---	1.52	**2.06**
Roller (70 SF/gal)	Inst	SF	Lg	NA	.010	800.0	.73	.45	---	1.18	**1.56**
	Inst	SF	Sm	NA	.013	600.0	.80	.59	---	1.39	**1.85**
Spray (85 SF/gal)	Inst	SF	Lg	NC	.008	1000	.60	.37	.11	1.08	**1.41**
	Inst	SF	Sm	NC	.011	750.0	.66	.51	.14	1.31	**1.73**
For custom colors, ADD	Inst	%	Lg	---	---	---	10.0	---	---	---	**---**
	Inst	%	Sm	---	---	---	10.0	---	---	---	**---**
Cement base paint (epoxy concrete enamel)											
Cement walls, smooth finish											
Brush (80 SF/gal)	Inst	SF	Lg	NA	.011	720.0	1.13	.50	---	1.63	**2.10**
	Inst	SF	Sm	NA	.015	540.0	1.25	.68	---	1.93	**2.52**
Roller (75 SF/gal)	Inst	SF	Lg	NA	.008	1040	1.21	.36	---	1.57	**2.00**
	Inst	SF	Sm	NA	.010	780.0	1.33	.45	---	1.78	**2.28**
Concrete porch floors and steps											
Brush (225 SF/gal)	Inst	SF	Lg	NA	.008	1040	.40	.36	---	.76	**1.02**
	Inst	SF	Sm	NA	.010	780.0	.44	.45	---	.89	**1.21**
Roller (210 SF/gal)	Inst	SF	Lg	NA	.008	1000	.43	.36	---	.79	**1.06**
	Inst	SF	Sm	NA	.011	750.0	.47	.50	---	.97	**1.31**
Stain											
Shingle siding											
Brush (105 SF/gal)	Inst	SF	Lg	NA	.017	480.0	.52	.77	---	1.29	**1.78**
	Inst	SF	Sm	NA	.022	360.0	.57	1.00	---	1.57	**2.18**
Roller (100 SF/gal)	Inst	SF	Lg	NA	.013	600.0	.54	.59	---	1.13	**1.53**
	Inst	SF	Sm	NA	.018	450.0	.60	.82	---	1.42	**1.95**
Spray (115 SF/gal)	Inst	SF	Lg	NC	.009	880.0	.47	.42	.12	1.01	**1.34**
	Inst	SF	Sm	NC	.012	660.0	.52	.56	.16	1.24	**1.66**
Shingle roofs											
Brush (105 SF/gal)	Inst	SF	Lg	NA	.014	560.0	.52	.64	---	1.16	**1.58**
	Inst	SF	Sm	NA	.019	420.0	.57	.86	---	1.43	**1.98**
Roller (100 SF/gal)	Inst	SF	Lg	NA	.011	760.0	.54	.50	---	1.04	**1.40**
	Inst	SF	Sm	NA	.014	570.0	.60	.64	---	1.24	**1.67**
Spray (115 SF/gal)	Inst	SF	Lg	NC	.007	1120	.47	.33	.10	.90	**1.17**
	Inst	SF	Sm	NC	.010	840.0	.52	.47	.13	1.12	**1.48**

Description	Oper	Unit	Vol	Crew Size	Man-hours per Unit	Crew Output per Day	Avg Mat'l Unit Cost	Avg Labor Unit Cost	Avg Equip Unit Cost	Avg Total Unit Cost	Avg Price Incl O&P

Paneling

Hardboard and plywood

Demolition

Description	Oper	Unit	Vol	Crew Size	Man-hours per Unit	Crew Output per Day	Avg Mat'l Unit Cost	Avg Labor Unit Cost	Avg Equip Unit Cost	Avg Total Unit Cost	Avg Price Incl O&P
Sheets, plywood or hardboard	Demo	SF	Lg	LB	.009	1850	---	.34	---	.34	**.50**
	Demo	SF	Sm	LB	.012	1295	---	.45	---	.45	**.67**
Boards, wood	Demo	SF	Lg	LB	.010	1650	---	.37	---	.37	**.56**
	Demo	SF	Sm	LB	.014	1155	---	.52	---	.52	**.79**

Installation

Waste, nails, and adhesives not included

Economy hardboard

Presdwood, 4' x 8' sheets
Standard

Description	Oper	Unit	Vol	Crew Size	Man-hours per Unit	Crew Output per Day	Avg Mat'l Unit Cost	Avg Labor Unit Cost	Avg Equip Unit Cost	Avg Total Unit Cost	Avg Price Incl O&P
1/8" T	Inst	SF	Lg	2C	.016	1025	.51	.73	---	1.24	**1.71**
	Inst	SF	Sm	2C	.022	717.5	.56	1.01	---	1.57	**2.19**
1/4" T	Inst	SF	Lg	2C	.016	1025	.54	.73	---	1.27	**1.75**
	Inst	SF	Sm	2C	.022	717.5	.60	1.01	---	1.61	**2.23**

Tempered

Description	Oper	Unit	Vol	Crew Size	Man-hours per Unit	Crew Output per Day	Avg Mat'l Unit Cost	Avg Labor Unit Cost	Avg Equip Unit Cost	Avg Total Unit Cost	Avg Price Incl O&P
1/8" T	Inst	SF	Lg	2C	.016	1025	.57	.73	---	1.30	**1.79**
	Inst	SF	Sm	2C	.022	717.5	.63	1.01	---	1.64	**2.27**
1/4" T	Inst	SF	Lg	2C	.016	1025	.60	.73	---	1.33	**1.82**
	Inst	SF	Sm	2C	.022	717.5	.66	1.01	---	1.67	**2.31**

Duolux, 4' x 8' sheets
Standard

Description	Oper	Unit	Vol	Crew Size	Man-hours per Unit	Crew Output per Day	Avg Mat'l Unit Cost	Avg Labor Unit Cost	Avg Equip Unit Cost	Avg Total Unit Cost	Avg Price Incl O&P
1/8" T	Inst	SF	Lg	2C	.016	1025	.64	.73	---	1.37	**1.87**
	Inst	SF	Sm	2C	.022	717.5	.71	1.01	---	1.72	**2.37**
1/4" T	Inst	SF	Lg	2C	.016	1025	.68	.73	---	1.41	**1.92**
	Inst	SF	Sm	2C	.022	717.5	.74	1.01	---	1.75	**2.40**

Tempered

Description	Oper	Unit	Vol	Crew Size	Man-hours per Unit	Crew Output per Day	Avg Mat'l Unit Cost	Avg Labor Unit Cost	Avg Equip Unit Cost	Avg Total Unit Cost	Avg Price Incl O&P
1/8" T	Inst	SF	Lg	2C	.016	1025	.71	.73	---	1.44	**1.95**
	Inst	SF	Sm	2C	.022	717.5	.77	1.01	---	1.78	**2.44**
1/4" T	Inst	SF	Lg	2C	.016	1025	.78	.73	---	1.51	**2.04**
	Inst	SF	Sm	2C	.022	717.5	.86	1.01	---	1.87	**2.55**

Particleboard, 40 lb interior underlayment

Nailed to floors

Description	Oper	Unit	Vol	Crew Size	Man-hours per Unit	Crew Output per Day	Avg Mat'l Unit Cost	Avg Labor Unit Cost	Avg Equip Unit Cost	Avg Total Unit Cost	Avg Price Incl O&P
3/8" T	Inst	SF	Lg	2C	.010	1535	.71	.46	---	1.17	**1.54**
	Inst	SF	Sm	2C	.015	1075	.77	.69	---	1.46	**1.96**
1/2" T	Inst	SF	Lg	2C	.010	1535	.89	.46	---	1.35	**1.76**
	Inst	SF	Sm	2C	.015	1075	.98	.69	---	1.67	**2.21**
5/8" T	Inst	SF	Lg	2C	.010	1535	1.04	.46	---	1.50	**1.94**
	Inst	SF	Sm	2C	.015	1075	1.15	.69	---	1.84	**2.41**
3/4" T	Inst	SF	Lg	2C	.010	1535	1.09	.46	---	1.55	**2.00**
	Inst	SF	Sm	2C	.015	1075	1.19	.69	---	1.88	**2.46**

Nailed to walls

Description	Oper	Unit	Vol	Crew Size	Man-hours per Unit	Crew Output per Day	Avg Mat'l Unit Cost	Avg Labor Unit Cost	Avg Equip Unit Cost	Avg Total Unit Cost	Avg Price Incl O&P
3/8" T	Inst	SF	Lg	2C	.011	1440	.71	.50	---	1.21	**1.61**
	Inst	SF	Sm	2C	.016	1008	.77	.73	---	1.50	**2.03**
1/2" T	Inst	SF	Lg	2C	.011	1440	.89	.50	---	1.39	**1.83**
	Inst	SF	Sm	2C	.016	1008	.98	.73	---	1.71	**2.28**
5/8" T	Inst	SF	Lg	2C	.011	1440	1.04	.50	---	1.54	**2.01**
	Inst	SF	Sm	2C	.016	1008	1.15	.73	---	1.88	**2.48**
3/4" T	Inst	SF	Lg	2C	.011	1440	1.09	.50	---	1.59	**2.07**
	Inst	SF	Sm	2C	.016	1008	1.19	.73	---	1.92	**2.53**

Paneling

Description	Oper	Unit	Vol	Crew Size	Man-hours per Unit	Crew Output per Day	Avg Mat'l Unit Cost	Avg Labor Unit Cost	Avg Equip Unit Cost	Avg Total Unit Cost	Avg Price Incl O&P
Masonite prefinished 4' x 8' panels											
1/4" T, oak and maple designs	Inst	SF	Lg	2C	.020	800.0	.64	.92	---	1.56	**2.14**
	Inst	SF	Sm	2C	.029	560.0	.70	1.33	---	2.03	**2.84**
1/4" T, nutwood designs	Inst	SF	Lg	2C	.020	800.0	.92	.92	---	1.84	**2.48**
	Inst	SF	Sm	2C	.029	560.0	1.01	1.33	---	2.34	**3.21**
1/4" T, weathered white	Inst	SF	Lg	2C	.020	800.0	1.18	.92	---	2.10	**2.79**
	Inst	SF	Sm	2C	.029	560.0	1.29	1.33	---	2.62	**3.54**
1/4" T, brick or stone designs	Inst	SF	Lg	2C	.020	800.0	1.78	.92	---	2.70	**3.51**
	Inst	SF	Sm	2C	.029	560.0	1.97	1.33	---	3.30	**4.36**
Pegboard, 4' x 8' sheets											
Presdwood, tempered											
1/8" T	Inst	SF	Lg	2C	.016	1025	.79	.73	---	1.52	**2.05**
	Inst	SF	Sm	2C	.022	717.5	.87	1.01	---	1.88	**2.56**
1/4" T	Inst	SF	Lg	2C	.016	1025	.86	.73	---	1.59	**2.13**
	Inst	SF	Sm	2C	.022	717.5	.95	1.01	---	1.96	**2.65**
Duolux, tempered											
1/8" T	Inst	SF	Lg	2C	.016	1025	.79	.73	---	1.52	**2.05**
	Inst	SF	Sm	2C	.022	717.5	.87	1.01	---	1.88	**2.56**
1/4" T	Inst	SF	Lg	2C	.016	1025	.86	.73	---	1.59	**2.13**
	Inst	SF	Sm	2C	.022	717.5	.95	1.01	---	1.96	**2.65**
Unfinished hardwood plywood, applied with nails (nail heads filled)											
Ash, flush face											
1/8" x 4' x 7', 8'	Inst	SF	Lg	CS	.027	900.0	1.17	1.16	---	2.33	**3.15**
	Inst	SF	Sm	CS	.038	630.0	1.29	1.64	---	2.93	**4.00**
3/16" x 4' x 8'	Inst	SF	Lg	CS	.027	900.0	1.39	1.16	---	2.55	**3.41**
	Inst	SF	Sm	CS	.038	630.0	1.54	1.64	---	3.18	**4.30**
1/4" x 4' x 8'	Inst	SF	Lg	CS	.027	900.0	1.63	1.16	---	2.79	**3.70**
	Inst	SF	Sm	CS	.038	630.0	1.79	1.64	---	3.43	**4.60**
1/4" x 4' x 10'	Inst	SF	Lg	CS	.027	900.0	1.84	1.16	---	3.00	**3.95**
	Inst	SF	Sm	CS	.038	630.0	2.02	1.64	---	3.66	**4.88**
1/2" x 4' x 10'	Inst	SF	Lg	CS	.027	900.0	2.07	1.16	---	3.23	**4.23**
	Inst	SF	Sm	CS	.038	630.0	2.29	1.64	---	3.93	**5.20**
3/4" x 4' x 8' vertical core	Inst	SF	Lg	CS	.027	900.0	4.27	1.16	---	5.43	**6.87**
	Inst	SF	Sm	CS	.038	630.0	4.70	1.64	---	6.34	**8.09**
3/4" x 4' x 8' lumber core	Inst	SF	Lg	CS	.027	900.0	5.96	1.16	---	7.12	**8.90**
	Inst	SF	Sm	CS	.038	630.0	6.56	1.64	---	8.20	**10.30**
Ash, V-grooved											
3/16" x 4' x 8'	Inst	SF	Lg	CS	.027	900.0	1.26	1.16	---	2.42	**3.26**
	Inst	SF	Sm	CS	.038	630.0	1.39	1.64	---	3.03	**4.12**
1/4" x 4' x 8'	Inst	SF	Lg	CS	.027	900.0	1.63	1.16	---	2.79	**3.70**
	Inst	SF	Sm	CS	.038	630.0	1.79	1.64	---	3.43	**4.60**
1/4" x 4' x 10'	Inst	SF	Lg	CS	.027	900.0	1.80	1.16	---	2.96	**3.90**
	Inst	SF	Sm	CS	.038	630.0	1.98	1.64	---	3.62	**4.83**

Description	Oper	Unit	Vol	Crew Size	Man-hours per Unit	Crew Output per Day	Avg Mat'l Unit Cost	Avg Labor Unit Cost	Avg Equip Unit Cost	Avg Total Unit Cost	Avg Price Incl O&P
Birch, natural, "A" grade face											
Flush face											
1/8" x 4' x 8'	Inst	SF	Lg	CS	.027	900.0	.90	1.16	---	2.06	**2.82**
	Inst	SF	Sm	CS	.038	630.0	.99	1.64	---	2.63	**3.64**
3/16" x 4' x 8'	Inst	SF	Lg	CS	.027	900.0	1.39	1.16	---	2.55	**3.41**
	Inst	SF	Sm	CS	.038	630.0	1.54	1.64	---	3.18	**4.30**
1/4" x 4' x 8'	Inst	SF	Lg	CS	.027	900.0	1.40	1.16	---	2.56	**3.42**
	Inst	SF	Sm	CS	.038	630.0	1.55	1.64	---	3.19	**4.31**
1/4" x 4' x 10'	Inst	SF	Lg	CS	.027	900.0	1.84	1.16	---	3.00	**3.95**
	Inst	SF	Sm	CS	.038	630.0	2.02	1.64	---	3.66	**4.88**
3/8" x 4' x 8'	Inst	SF	Lg	CS	.027	900.0	2.03	1.16	---	3.19	**4.18**
	Inst	SF	Sm	CS	.038	630.0	2.24	1.64	---	3.88	**5.14**
1/2" x 4' x 8'	Inst	SF	Lg	CS	.027	900.0	2.33	1.16	---	3.49	**4.54**
	Inst	SF	Sm	CS	.038	630.0	2.57	1.64	---	4.21	**5.54**
3/4" x 4' x 8' lumber core	Inst	SF	Lg	CS	.027	900.0	3.16	1.16	---	4.32	**5.54**
	Inst	SF	Sm	CS	.038	630.0	3.48	1.64	---	5.12	**6.63**
V-grooved											
1/4" x 4' x 8', mismatched	Inst	SF	Lg	CS	.027	900.0	1.75	1.16	---	2.91	**3.84**
	Inst	SF	Sm	CS	.038	630.0	1.92	1.64	---	3.56	**4.76**
1/4" x 4' x 8'	Inst	SF	Lg	CS	.027	900.0	1.76	1.16	---	2.92	**3.86**
	Inst	SF	Sm	CS	.038	630.0	1.93	1.64	---	3.57	**4.77**
1/4" x 4' x 10'	Inst	SF	Lg	CS	.027	900.0	2.00	1.16	---	3.16	**4.14**
	Inst	SF	Sm	CS	.038	630.0	2.20	1.64	---	3.84	**5.09**
Birch, select red											
1/4" x 4' x 8'	Inst	SF	Lg	CS	.027	900.0	1.76	1.16	---	2.92	**3.86**
	Inst	SF	Sm	CS	.038	630.0	1.93	1.64	---	3.57	**4.77**
Birch, select white											
1/4" x 4' x 8'	Inst	SF	Lg	CS	.027	900.0	1.76	1.16	---	2.92	**3.86**
	Inst	SF	Sm	CS	.038	630.0	1.93	1.64	---	3.57	**4.77**
Oak, flush face											
1/8" x 4' x 8'	Inst	SF	Lg	CS	.027	900.0	.90	1.16	---	2.06	**2.82**
	Inst	SF	Sm	CS	.038	630.0	.99	1.64	---	2.63	**3.64**
1/4" x 4' x 8'	Inst	SF	Lg	CS	.027	900.0	1.12	1.16	---	2.28	**3.09**
	Inst	SF	Sm	CS	.038	630.0	1.23	1.64	---	2.87	**3.93**
1/2" x 4' x 8'	Inst	SF	Lg	CS	.027	900.0	2.16	1.16	---	3.32	**4.34**
	Inst	SF	Sm	CS	.038	630.0	2.37	1.64	---	4.01	**5.30**

Paneling

Description	Oper	Unit	Vol	Crew Size	Man-hours per Unit	Crew Output per Day	Avg Mat'l Unit Cost	Avg Labor Unit Cost	Avg Equip Unit Cost	Avg Total Unit Cost	Avg Price Incl O&P
Philippine mahogany											
Rotary cut											
1/8" x 4' x 8'	Inst	SF	Lg	CS	.027	900.0	.43	1.16	---	1.59	**2.26**
	Inst	SF	Sm	CS	.038	630.0	.48	1.64	---	2.12	**3.03**
3/16" x 4' x 8'	Inst	SF	Lg	CS	.027	900.0	.64	1.16	---	1.80	**2.51**
	Inst	SF	Sm	CS	.038	630.0	.71	1.64	---	2.35	**3.31**
1/4" x 4' x 8'	Inst	SF	Lg	CS	.027	900.0	.64	1.16	---	1.80	**2.51**
	Inst	SF	Sm	CS	.038	630.0	.71	1.64	---	2.35	**3.31**
1/4" x 4' x 10'	Inst	SF	Lg	CS	.027	900.0	1.09	1.16	---	2.25	**3.05**
	Inst	SF	Sm	CS	.038	630.0	1.19	1.64	---	2.83	**3.88**
1/2" x 4' x 8'	Inst	SF	Lg	CS	.027	900.0	1.25	1.16	---	2.41	**3.24**
	Inst	SF	Sm	CS	.038	630.0	1.37	1.64	---	3.01	**4.10**
3/4" x 4' x 8' vert. core	Inst	SF	Lg	CS	.027	900.0	1.89	1.16	---	3.05	**4.01**
	Inst	SF	Sm	CS	.038	630.0	2.09	1.64	---	3.73	**4.96**
V-grooved											
3/16" x 4' x 8'	Inst	SF	Lg	CS	.027	900.0	.65	1.16	---	1.81	**2.52**
	Inst	SF	Sm	CS	.038	630.0	.72	1.64	---	2.36	**3.32**
1/4" x 4' x 8'	Inst	SF	Lg	CS	.027	900.0	.76	1.16	---	1.92	**2.66**
	Inst	SF	Sm	CS	.038	630.0	.84	1.64	---	2.48	**3.46**
1/4" x 4' x 10'	Inst	SF	Lg	CS	.027	900.0	1.16	1.16	---	2.32	**3.14**
	Inst	SF	Sm	CS	.038	630.0	1.28	1.64	---	2.92	**3.99**

Plaster & Stucco

1. **Dimensions (Lath)**

    a. Gypsum. Plain, perforated and insulating. Normally, each lath is 16" x 48" in 3/8" or 1/2" thicknesses; a five-piece bundle covers 3 SY.

    b. Wire. Only diamond and riblash are discussed here. Diamond lath is furnished in 27" x 96"-wide sheets covering 16 SY and 20 SY respectively.

    c. Wood. Can be fir, pine, redwood, spruce, etc. Bundles may consist of 50 or 100 pieces of 3/8" x 1 1/2" x 48" lath covering 3.4 SY and 6.8 SY respectively. There is usually a 3/8" gap between lath.

2. **Dimensions (Plaster)**

    Only two and three coat gypsum cement plaster are discussed here.

3. **Installation (Lath)**

    Laths are nailed. The types and size of nails vary with the type and thickness of lath. Quantity will vary with oc spacing of studs or joists. Only lath applied to wood will be considered here.

    a. Nails for gypsum lath. Common type is 13 gauge blued 19/64" flathead, 1 1/8" long, spaced approximately 4" oc, and 1 1/4" long spaced approximately 5" oc for 3/8" and 1/2" lath respectively.

    b. Nails for wire lath. For ceiling, common is 1 1/2" long 11 gauge barbed galvanized with a 7/16" head diameter.

    c. Nails for wood lath. 3d fine common.

    d. Gypsum lath may be attached by the use of air-driven staples. Wire lath may be tied to support, usually with 18 gauge wire.

4. **Installation (Plaster)**

    Quantities of materials used to plaster vary with the type of lath and thickness of plaster.

    a. Two coat. Brown and finish coat.

    b. Three coat. Scratch, brown and finish coat.

    For types and quantities of material used, see cost tables under Plaster.

5. **Notes on Labor**

    a. Lath. Average Manhour per Unit is based on what one lather can do in one day.

    b. Plaster. Average Manhour per Unit is based on what two plasterers and one laborer can do in one day.

Stucco

1. **Dimensions**

    a. 18 gauge wire

    b. 15 lb. felt paper

    c. 1" x 18 gauge galvanized netting

    d. Mortar of 1:3 mix

2. **Installation (Lathing)**

    a. 18 gauge wire stretched taut horizontally across studs at approximately 8" oc.

    b. 15 lb. felt paper placed over wire.

    c. 1" x 18 gauge galvanized netting placed over felt.

3. **Installation (Mortar)**

    a. The mortar mix used in this section is a 1:3 mix.

    b. One CY of mortar is comprised of 1 CY sand, 9 CF portland cement and 100 lbs. hydrated lime.

    c. For mortar requirements for 100 SY of stucco, see table below.

4. **Estimating Technique**

    Determine area and deduct area of window and door openings. No waste has been included in the following figures unless otherwise noted. For waste, add 10% to total area.

	Cubic Yards Per CSY	
Stucco Thickness	**On Masonry**	**On Netting**
1/2"	1.50	1.75
5/8"	1.90	2.20
3/4"	2.20	2.60
1"	2.90	3.40

Plaster and stucco

Remove both plaster or stucco and lath or netting to studs or sheathing

Description	Oper	Unit	Vol	Crew Size	Man-hours per Unit	Crew Output per Day	Avg Mat'l Unit Cost	Avg Labor Unit Cost	Avg Equip Unit Cost	Avg Total Unit Cost	Avg Price Incl O&P
Lath (wood or metal) and plaster, walls and ceilings											
2 coats	Demo	SY	Lg	LB	.123	130.00	---	4.60	---	4.60	**6.90**
	Demo	SY	Sm	LB	.176	91.00	---	6.58	---	6.58	**9.87**
3 coats	Demo	SY	Lg	LB	.133	120.00	---	4.97	---	4.97	**7.46**
	Demo	SY	Sm	LB	.190	84.00	---	7.11	---	7.11	**10.70**

Lath (only), nails included

Gypsum lath, 16" x 48", applied with nails to ceilings or walls, 5% waste included, nails included (.067 lbs per CY)

Description	Oper	Unit	Vol	Crew Size	Man-hours per Unit	Crew Output per Day	Avg Mat'l Unit Cost	Avg Labor Unit Cost	Avg Equip Unit Cost	Avg Total Unit Cost	Avg Price Incl O&P
3/8" thick	Inst	SY	Lg	LR	.100	80.00	4.92	4.40	---	9.32	**12.50**
	Inst	SY	Sm	LR	.143	56.00	5.31	6.29	---	11.60	**15.80**
1/2" thick	Inst	SY	Lg	LR	.100	80.00	5.66	4.40	---	10.06	**13.40**
	Inst	SY	Sm	LR	.143	56.00	6.11	6.29	---	12.40	**16.80**
5/8" thick	Inst	SY	Lg	LR	.100	80.00	6.67	4.40	---	11.07	**14.60**
	Inst	SY	Sm	LR	.143	56.00	7.20	6.29	---	13.49	**18.10**
5/8" thick, insulating, aluminum foil back											
	Inst	SY	Lg	LR	.100	80.00	7.42	4.40	---	11.82	**15.50**
	Inst	SY	Sm	LR	.143	56.00	8.01	6.29	---	14.30	**19.10**
For installation with staples											
DEDUCT	Inst	SY	Lg	LR	-.025	-325.0	---	-1.10	---	-1.10	---
	Inst	SY	Sm	LR	-.035	-227.5	---	-1.54	---	-1.54	---

Metal lath, nailed to ceilings or walls, 5% waste and nails (0.067 lbs per SY) included

Description	Oper	Unit	Vol	Crew Size	Man-hours per Unit	Crew Output per Day	Avg Mat'l Unit Cost	Avg Labor Unit Cost	Avg Equip Unit Cost	Avg Total Unit Cost	Avg Price Incl O&P
Diamond lath (junior mesh), 27" x 96" sheets, nailed to wood members @ 16" oc											
3.4 lb black painted	Inst	SY	Lg	LR	.067	120.0	4.33	2.95	---	7.28	**9.62**
	Inst	SY	Sm	LR	.095	84.00	4.67	4.18	---	8.85	**11.90**
3.4 lb galvanized	Inst	SY	Lg	LR	.067	120.0	4.88	2.95	---	7.83	**10.30**
	Inst	SY	Sm	LR	.095	84.00	5.27	4.18	---	9.45	**12.60**
Riblath, 3/8" high rib, 27" x 96" sheets, nailed to wood members @ 24" oc											
3.4 lb painted	Inst	SY	Lg	LR	.050	160.00	5.07	2.20	---	7.27	**9.38**
	Inst	SY	Sm	LR	.071	112.00	5.48	3.12	---	8.60	**11.30**
3.4 lb galvanized	Inst	SY	Lg	LR	.050	160.00	5.63	2.20	---	7.83	**10.10**
	Inst	SY	Sm	LR	.071	112.00	6.08	3.12	---	9.20	**12.00**

Wood lath, nailed to ceilings or walls, 5% waste and nails included, redwood, "A" grade and better

Description	Oper	Unit	Vol	Crew Size	Man-hours per Unit	Crew Output per Day	Avg Mat'l Unit Cost	Avg Labor Unit Cost	Avg Equip Unit Cost	Avg Total Unit Cost	Avg Price Incl O&P
3/8" x 1-1/2" x 48" @ 3/8" spacing											
	Inst	SY	Lg	LR	.100	80.00	9.28	4.40	---	13.68	**17.70**
	Inst	SY	Sm	LR	.143	56.00	10.00	6.29	---	16.29	**21.50**

Description	Oper	Unit	Vol	Crew Size	Man-hours per Unit	Crew Output per Day	Avg Mat'l Unit Cost	Avg Labor Unit Cost	Avg Equip Unit Cost	Avg Total Unit Cost	Avg Price Incl O&P
Labor adjustments, lath											
For gypsum or wood lath above second floor											
ADD	Inst	SY	Lg	LR	.007	1140	---	.31	---	.31	**.46**
	Inst	SY	Sm	LR	.010	798.0	---	.44	---	.44	**.66**
For metal lath above second floor											
ADD	Inst	SY	Lg	LR	.017	475.0	---	.75	---	.75	**1.12**
	Inst	SY	Sm	LR	.024	332.5	---	1.06	---	1.06	**1.58**

Plaster (only), applied to ceilings and walls, 10% waste included

Material price includes gypsum plaster, sand, hydrated lime and gauging plaster

Two coats gypsum plaster

Description	Oper	Unit	Vol	Crew Size	Man-hours per Unit	Crew Output per Day	Avg Mat'l Unit Cost	Avg Labor Unit Cost	Avg Equip Unit Cost	Avg Total Unit Cost	Avg Price Incl O&P
On gypsum lath	Inst	SY	Lg	PD	.209	115.0	6.87	8.74	.83	16.44	**22.30**
	Inst	SY	Sm	PD	.298	80.50	7.41	12.50	1.18	21.09	**29.00**
On unit masonry, no lath	Inst	SY	Lg	PD	.214	112.0	7.44	8.95	.85	17.24	**23.40**
	Inst	SY	Sm	PD	.306	78.40	8.03	12.80	1.21	22.04	**30.30**

Three coats gypsum plaster

Description	Oper	Unit	Vol	Crew Size	Man-hours per Unit	Crew Output per Day	Avg Mat'l Unit Cost	Avg Labor Unit Cost	Avg Equip Unit Cost	Avg Total Unit Cost	Avg Price Incl O&P
On gypsum lath	Inst	SY	Lg	PD	.289	83.00	7.37	12.10	1.14	20.61	**28.30**
	Inst	SY	Sm	PD	.413	58.10	7.94	17.30	1.64	26.88	**37.40**
On unit masonry, no lath	Inst	SY	Lg	PD	.289	83.00	8.01	12.10	1.14	21.25	**29.10**
	Inst	SY	Sm	PD	.413	58.10	8.64	17.30	1.64	27.58	**38.20**
On wire lath	Inst	SY	Lg	PD	.300	80.00	11.60	12.50	1.19	25.29	**34.20**
	Inst	SY	Sm	PD	.429	56.00	12.50	17.90	1.70	32.10	**44.00**
On wood lath	Inst	SY	Lg	PD	.300	80.00	7.84	12.50	1.19	21.53	**29.70**
	Inst	SY	Sm	PD	.429	56.00	8.46	17.90	1.70	28.06	**39.10**

Labor adjustments, plaster

Description	Oper	Unit	Vol	Crew Size	Man-hours per Unit	Crew Output per Day	Avg Mat'l Unit Cost	Avg Labor Unit Cost	Avg Equip Unit Cost	Avg Total Unit Cost	Avg Price Incl O&P
For plaster above second floor											
ADD	Inst	SY	Lg	PD	.063	384.0	---	2.63	---	2.63	**3.95**
	Inst	SY	Sm	PD	.089	268.8	---	3.72	---	3.72	**5.58**
Thin coat plaster over sheetrock (in lieu of taping)											
	Inst	SY	Lg	PD	.192	125.0	2.17	8.03	---	10.20	**14.60**
	Inst	SY	Sm	PD	.274	87.50	2.34	11.50	---	13.84	**20.00**

Plaster and stucco

Description	Oper	Unit	Vol	Crew Size	Man-hours per Unit	Crew Output per Day	Avg Mat'l Unit Cost	Avg Labor Unit Cost	Avg Equip Unit Cost	Avg Total Unit Cost	Avg Price Incl O&P

Stucco, exterior walls

Netting only, galvanized, 1" x 18 ga x 48", with 18 ga wire and 15 lb felt

| | Inst | SY | Lg | LR | .133 | 60.00 | 4.81 | 5.85 | --- | 10.66 | **14.60** |
| | Inst | SY | Sm | LR | .190 | 42.00 | 5.20 | 8.36 | --- | 13.56 | **18.80** |

Steel-Tex only, 49" W x 11-1/2' L rolls, with felt backing

| | Inst | SY | Lg | LR | .100 | 80.00 | 6.40 | 4.40 | --- | 10.80 | **14.30** |
| | Inst | SY | Sm | LR | .143 | 56.00 | 6.89 | 6.29 | --- | 13.18 | **17.70** |

1 coat work with float finish
Over masonry

| | Inst | SY | Lg | PD | .209 | 115.00 | 1.41 | 8.74 | .83 | 10.98 | **15.80** |
| | Inst | SY | Sm | PD | .298 | 80.50 | 1.52 | 12.50 | 1.18 | 15.20 | **21.90** |

2 coat work with float finish
Over masonry

| | Inst | SY | Lg | PD | .400 | 60.00 | 3.99 | 16.70 | 1.58 | 22.27 | **31.80** |
| | Inst | SY | Sm | PD | .571 | 42.00 | 4.30 | 23.90 | 2.26 | 30.46 | **43.70** |

Over metal netting

| | Inst | SY | Lg | PE | .471 | 85.00 | 5.57 | 19.30 | 1.12 | 25.99 | **37.00** |
| | Inst | SY | Sm | PE | .672 | 59.50 | 6.02 | 27.60 | 1.60 | 35.22 | **50.50** |

3 coat work with float finish
Over metal netting

| | Inst | SY | Lg | PE | .615 | 65.00 | 7.53 | 25.30 | 1.46 | 34.29 | **48.70** |
| | Inst | SY | Sm | PE | .879 | 45.50 | 8.13 | 36.10 | 2.09 | 46.32 | **66.40** |

Plumbing. See individual items

Description	Oper	Unit	Vol	Crew Size	Man-hours per Unit	Crew Output per Day	Avg Mat'l Unit Cost	Avg Labor Unit Cost	Avg Equip Unit Cost	Avg Total Unit Cost	Avg Price Incl O&P

Range hoods

Metal finishes

Labor includes wiring and connection by electrician and installation by carpenter in stud-exposed structure only

Economy model, UL approved; mitered, welded construction; completely assembled and wired; includes fan, motor, washable aluminum filter, and light

Description	Oper	Unit	Vol	Crew Size	Man-hours per Unit	Crew Output per Day	Avg Mat'l Unit Cost	Avg Labor Unit Cost	Avg Equip Unit Cost	Avg Total Unit Cost	Avg Price Incl O&P
24" wide											
3-1/4" x 10" duct, 160 CFM	Inst	Ea	Lg	ED	4.00	4.00	98.50	188.00	---	286.50	**401.00**
	Inst	Ea	Sm	ED	5.71	2.80	109.00	269.00	---	378.00	**534.00**
Non-ducted, 160 CFM	Inst	Ea	Lg	ED	4.00	4.00	108.00	188.00	---	296.00	**413.00**
	Inst	Ea	Sm	ED	5.71	2.80	119.00	269.00	---	388.00	**547.00**
30" wide											
7" round duct, 240 CFM	Inst	Ea	Lg	ED	4.00	4.00	113.00	188.00	---	301.00	**419.00**
	Inst	Ea	Sm	ED	5.71	2.80	125.00	269.00	---	394.00	**553.00**
3-1/4" x 10" duct, 160 CFM	Inst	Ea	Lg	ED	4.00	4.00	118.00	188.00	---	306.00	**425.00**
	Inst	Ea	Sm	ED	5.71	2.80	130.00	269.00	---	399.00	**560.00**
Non-ducted, 160 CFM	Inst	Ea	Lg	ED	4.00	4.00	131.00	188.00	---	319.00	**440.00**
	Inst	Ea	Sm	ED	5.71	2.80	144.00	269.00	---	413.00	**577.00**
36" wide											
7" round duct, 240 CFM	Inst	Ea	Lg	ED	4.00	4.00	143.00	188.00	---	331.00	**454.00**
	Inst	Ea	Sm	ED	5.71	2.80	157.00	269.00	---	426.00	**592.00**
3-1/4" x 10" duct, 160 CFM	Inst	Ea	Lg	ED	4.00	4.00	150.00	188.00	---	338.00	**463.00**
	Inst	Ea	Sm	ED	5.71	2.80	165.00	269.00	---	434.00	**602.00**
Non-ducted, 160 CFM	Inst	Ea	Lg	ED	4.00	4.00	171.00	188.00	---	359.00	**488.00**
	Inst	Ea	Sm	ED	5.71	2.80	189.00	269.00	---	458.00	**630.00**

Standard model, UL approved; deluxe mitered wrap-around styling; solid state fan control, infinite speed settings; removable filter; built-in damper and dual light assembly

Description	Oper	Unit	Vol	Crew Size	Man-hours per Unit	Crew Output per Day	Avg Mat'l Unit Cost	Avg Labor Unit Cost	Avg Equip Unit Cost	Avg Total Unit Cost	Avg Price Incl O&P
30" wide x 9" deep											
3-1/4" x 10" duct	Inst	Ea	Lg	ED	4.00	4.00	148.00	188.00	---	336.00	**460.00**
	Inst	Ea	Sm	ED	5.71	2.80	163.00	269.00	---	432.00	**599.00**
Non-ducted	Inst	Ea	Lg	ED	4.00	4.00	170.00	188.00	---	358.00	**487.00**
	Inst	Ea	Sm	ED	5.71	2.80	188.00	269.00	---	457.00	**629.00**
36" wide x 9" deep											
3-1/4" x 10" duct	Inst	Ea	Lg	ED	4.00	4.00	197.00	188.00	---	385.00	**519.00**
	Inst	Ea	Sm	ED	5.71	2.80	217.00	269.00	---	486.00	**664.00**
Non-ducted	Inst	Ea	Lg	ED	4.00	4.00	210.00	188.00	---	398.00	**535.00**
	Inst	Ea	Sm	ED	5.71	2.80	232.00	269.00	---	501.00	**681.00**
42" wide x 9" deep											
3-1/4" x 10" duct	Inst	Ea	Lg	ED	5.33	3.00	241.00	251.00	---	492.00	**665.00**
	Inst	Ea	Sm	ED	7.62	2.10	265.00	359.00	---	624.00	**857.00**
Non-ducted	Inst	Ea	Lg	ED	5.33	3.00	265.00	251.00	---	516.00	**694.00**
	Inst	Ea	Sm	ED	7.62	2.10	292.00	359.00	---	651.00	**888.00**

Range hoods

Description	Oper	Unit	Vol	Crew Size	Man-hours per Unit	Crew Output per Day	Avg Mat'l Unit Cost	Avg Labor Unit Cost	Avg Equip Unit Cost	Avg Total Unit Cost	Avg Price Incl O&P

Decorator/designer model; solid state fan control, infinite speed settings; easy clean aluminum mesh grease filters; enclosed light assembly and switches

Description	Oper	Unit	Vol	Crew Size	Man-hours per Unit	Crew Output per Day	Avg Mat'l Unit Cost	Avg Labor Unit Cost	Avg Equip Unit Cost	Avg Total Unit Cost	Avg Price Incl O&P
Single faced hood - fan exhausts horizontally or vertically, 24" D canopy x 21" front to back											
30" wide	Inst	Ea	Lg	ED	5.33	3.00	225.00	251.00	---	476.00	**647.00**
	Inst	Ea	Sm	ED	7.62	2.10	248.00	359.00	---	607.00	**837.00**
36" wide	Inst	Ea	Lg	ED	5.33	3.00	248.00	251.00	---	499.00	**674.00**
	Inst	Ea	Sm	ED	7.62	2.10	273.00	359.00	---	632.00	**866.00**
Single faced, contemporary style, duct horizontally or vertically, 9" D canopy											
30" wide											
With 330 cfm power unit	Inst	Ea	Lg	ED	5.33	3.00	331.00	251.00	---	582.00	**774.00**
	Inst	Ea	Sm	ED	7.62	2.10	365.00	359.00	---	724.00	**977.00**
With 410 cfm power unit	Inst	Ea	Lg	ED	5.33	3.00	354.00	251.00	---	605.00	**801.00**
	Inst	Ea	Sm	ED	7.62	2.10	390.00	359.00	---	749.00	**1010.00**
36" wide											
With 330 cfm power unit	Inst	Ea	Lg	ED	5.33	3.00	322.00	251.00	---	573.00	**764.00**
	Inst	Ea	Sm	ED	7.62	2.10	355.00	359.00	---	714.00	**965.00**
With 410 cfm power unit	Inst	Ea	Lg	ED	5.33	3.00	355.00	251.00	---	606.00	**802.00**
	Inst	Ea	Sm	ED	7.62	2.10	391.00	359.00	---	750.00	**1010.00**
Material adjustments											
Stainless steel, ADD	Inst	%	Lg	---	---	---	50.0	---	---	---	---
	Inst	%	Sm	---	---	---	50.0	---	---	---	---

Reinforcing steel. See Concrete, page 91

Resilient flooring

Sheet Products

Linoleum or vinyl sheet are normally installed either over a wood subfloor or a smooth concrete subfloor. When laid over wood, a layer of felt must first be laid in paste. This keeps irregularities in the wood from showing through. The amount of paste required to bond both felt and sheet is approximately 16 gallons (5% waste included) per 100 SY. When laid over smooth concrete subfloor, the sheet products can be bonded directly to the floor. However, the concrete subfloor should not be in direct contact with the ground because of excessive moisture. For bonding to concrete, 8 gallons of paste is required (5% waste included) per 100 SY. After laying the flooring over concrete or wood, wax is applied using 0.5 gallon per 100 SY. Paste, wax, felt (as needed), and 10% sheet waste are included in material costs.

Tile Products

All resilient tile can be bonded the same way as sheet products, either to smooth concrete or to felt over wood subfloor. When bonded to smooth concrete, a concrete primer (0.5 gal/100 SF) is first applied to seal the concrete. The tiles are then bonded to the sealed floor with resilient tile cement (0.6 gal/100 SF). On wood subfloors, felt is first laid in paste (0.9 gal/100 SF) and then the tiles are bonded to the felt with resilient tile emulsion (0.7 gal/100 SF). Bonding materials, felt (as needed), and 10% tile waste are included in material costs.

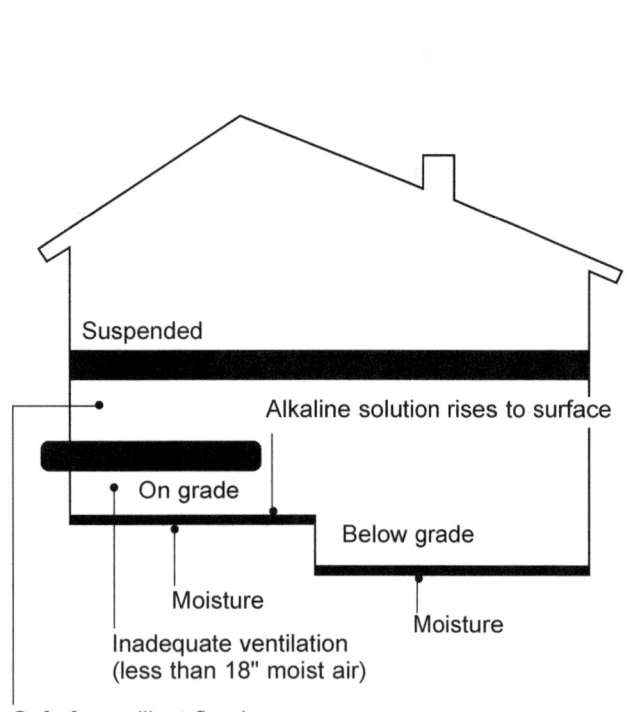

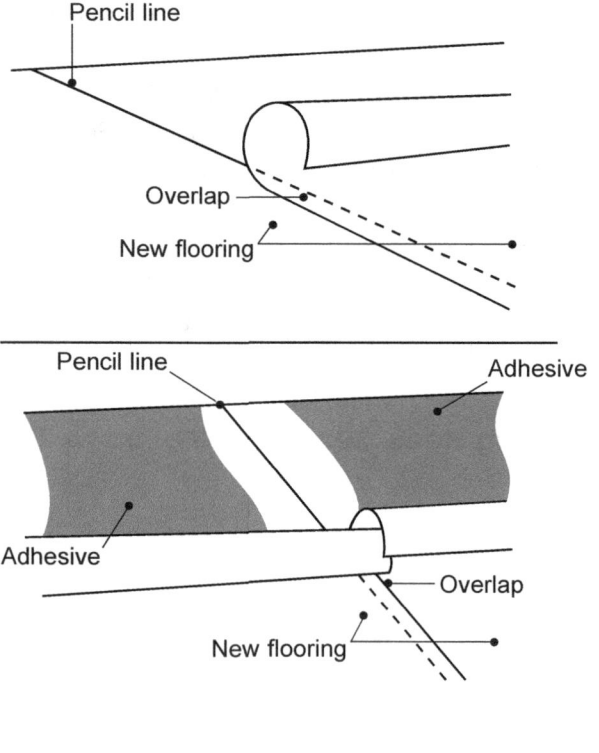

Resilient flooring, tile

Description	Oper	Unit	Vol	Crew Size	Man-hours per Unit	Crew Output per Day	Avg Mat'l Unit Cost	Avg Labor Unit Cost	Avg Equip Unit Cost	Avg Total Unit Cost	Avg Price Incl O&P
Resilient flooring											
Adhesive set tile products											
	Demo	SF	Lg	LB	.013	1200.00	---	.49	.08	.57	.83
	Demo	SF	Sm	LB	.018	900.00	---	.67	.11	.78	1.12
Adhesive set sheet products											
	Demo	SF	Lg	LB	.011	1440.00	---	.41	.07	.48	.69
	Demo	SF	Sm	LB	.015	1080.00	---	.56	.09	.65	.93
Additional layer of flooring, ADD											
	Demo	SF	Lg	LB	.007	2400.00	---	.26	.04	.30	.44
	Demo	SF	Sm	LB	.009	1800.00	---	.34	.06	.40	.58
Floor prep for resilient flooring											
Average prep	Inst	SF	Lg	FB	.011	1600.00	.10	.46	---	.56	.81
	Inst	SF	Sm	FB	.015	1200.00	.11	.62	---	.73	1.07
Heavy prep	Inst	SF	Lg	FB	.014	1300.00	.20	.58	---	.78	1.11
	Inst	SF	Sm	FB	.018	975.00	.22	.75	---	.97	1.39
Install over smooth concrete subfloor											
Tile											
Vinyl tile, 12" x 12"											
Standard, 0.045" T	Inst	SF	Lg	FB	.030	600.00	1.37	1.25	---	2.62	3.52
	Inst	SF	Sm	FB	.040	450.00	1.51	1.67	---	3.18	4.31
Average, 0.065" T	Inst	SF	Lg	FB	.030	600.00	2.39	1.25	---	3.64	4.74
	Inst	SF	Sm	FB	.040	450.00	2.64	1.67	---	4.31	5.67
High, 0.080" T	Inst	SF	Lg	FB	.030	600.00	4.66	1.25	---	5.91	7.47
	Inst	SF	Sm	FB	.040	450.00	5.13	1.67	---	6.80	8.66
Premium, 0.094" T	Inst	SF	Lg	FB	.030	600.00	6.57	1.25	---	7.82	9.76
	Inst	SF	Sm	FB	.040	450.00	7.24	1.67	---	8.91	11.20
Vinyl tile, 12" x 12", self-adhesive											
Standard, 0.045" T	Inst	SF	Lg	FB	.026	700.00	.91	1.08	---	1.99	2.72
	Inst	SF	Sm	FB	.034	525.00	1.00	1.42	---	2.42	3.32
Average, 0.065" T	Inst	SF	Lg	FB	.026	700.00	1.18	1.08	---	2.26	3.04
	Inst	SF	Sm	FB	.034	525.00	1.30	1.42	---	2.72	3.68
High, 0.080" T	Inst	SF	Lg	FB	.026	700.00	2.06	1.08	---	3.14	4.10
	Inst	SF	Sm	FB	.034	525.00	2.27	1.42	---	3.69	4.85
Premium, 0.094" T	Inst	SF	Lg	FB	.026	700.00	3.81	1.08	---	4.89	6.20
	Inst	SF	Sm	FB	.034	525.00	4.20	1.42	---	5.62	7.16
Vinyl composition tile (VCT), 12" x 12" x 1/8"											
Average	Inst	SF	Lg	FB	.023	800.00	1.22	.96	---	2.18	2.90
	Inst	SF	Sm	FB	.030	600.00	1.34	1.25	---	2.59	3.48
High	Inst	SF	Lg	FB	.023	800.00	1.58	.96	---	2.54	3.33
	Inst	SF	Sm	FB	.030	600.00	1.74	1.25	---	2.99	3.96
Premium	Inst	SF	Lg	FB	.023	800.00	2.40	.96	---	3.36	4.32
	Inst	SF	Sm	FB	.030	600.00	2.65	1.25	---	3.90	5.05

Description	Oper	Unit	Vol	Crew Size	Man-hours per Unit	Crew Output per Day	Avg Mat'l Unit Cost	Avg Labor Unit Cost	Avg Equip Unit Cost	Avg Total Unit Cost	Avg Price Incl O&P
Sheet vinyl, 15% cutting waste included											
Economy, aprox. 1.3mm T	Inst	SF	Lg	FB	.036	500.00	1.28	1.50	---	2.78	**3.79**
	Inst	SF	Sm	FB	.048	375.00	1.41	2.00	---	3.41	**4.69**
Standard, approx. 2.0mm T	Inst	SF	Lg	FB	.036	500.00	1.81	1.50	---	3.31	**4.42**
	Inst	SF	Sm	FB	.048	375.00	2.00	2.00	---	4.00	**5.40**
Average, approx 2.0mm T	Inst	SF	Lg	FB	.036	500.00	2.46	1.50	---	3.96	**5.20**
	Inst	SF	Sm	FB	.048	375.00	2.71	2.00	---	4.71	**6.25**
High, approx. 2.5mm T	Inst	SF	Lg	FB	.036	500.00	4.02	1.50	---	5.52	**7.07**
	Inst	SF	Sm	FB	.048	375.00	4.43	2.00	---	6.43	**8.32**
Premium, approx. 2.5mm T	Inst	SF	Lg	FB	.036	500.00	5.74	1.50	---	7.24	**9.14**
	Inst	SF	Sm	FB	.048	375.00	6.33	2.00	---	8.33	**10.60**
Plank, 4"W x 36"L to 48"L, self-adhesive											
Standard, approx. 4.0mm T	Inst	SF	Lg	FB	.082	220.00	2.36	3.42	---	5.78	**7.96**
	Inst	SF	Sm	FB	.109	165.00	2.60	4.54	---	7.14	**9.93**
Average, approx 4.0mm T	Inst	SF	Lg	FB	.082	220.00	3.68	3.42	---	7.10	**9.54**
	Inst	SF	Sm	FB	.109	165.00	4.05	4.54	---	8.59	**11.70**
High, approx. 5.0mm T	Inst	SF	Lg	FB	.082	220.00	4.99	3.42	---	8.41	**11.10**
	Inst	SF	Sm	FB	.109	165.00	5.50	4.54	---	10.04	**13.40**
Premium, approx. 5.0mm T	Inst	SF	Lg	FB	.082	220.00	7.36	3.42	---	10.78	**14.00**
	Inst	SF	Sm	FB	.109	165.00	8.11	4.54	---	12.65	**16.50**

Install over wood subfloor

Tile

Description	Oper	Unit	Vol	Crew Size	Man-hours per Unit	Crew Output per Day	Avg Mat'l Unit Cost	Avg Labor Unit Cost	Avg Equip Unit Cost	Avg Total Unit Cost	Avg Price Incl O&P
Vinyl tile, 12" x 12"											
Standard, 0.045" T	Inst	SF	Lg	FB	.035	510.00	1.37	1.46	---	2.83	**3.83**
	Inst	SF	Sm	FB	.047	382.50	1.51	1.96	---	3.47	**4.75**
Average, 0.065" T	Inst	SF	Lg	FB	.035	510.00	2.39	1.46	---	3.85	**5.06**
	Inst	SF	Sm	FB	.047	382.50	2.64	1.96	---	4.60	**6.11**
High, 0.080" T	Inst	SF	Lg	FB	.035	510.00	4.66	1.46	---	6.12	**7.78**
	Inst	SF	Sm	FB	.047	382.50	5.13	1.96	---	7.09	**9.09**
Premium, 0.094" T	Inst	SF	Lg	FB	.035	510.00	6.57	1.46	---	8.03	**10.10**
	Inst	SF	Sm	FB	.047	382.50	7.24	1.96	---	9.20	**11.60**
Vinyl tile, 12" x 12", self-adhesive											
Standard, 0.045" T	Inst	SF	Lg	FB	.030	595.00	.91	1.25	---	2.16	**2.97**
	Inst	SF	Sm	FB	.040	446.25	1.00	1.67	---	2.67	**3.70**
Average, 0.065" T	Inst	SF	Lg	FB	.030	595.00	1.18	1.25	---	2.43	**3.29**
	Inst	SF	Sm	FB	.040	446.25	1.30	1.67	---	2.97	**4.06**
High, 0.080" T	Inst	SF	Lg	FB	.030	595.00	2.06	1.25	---	3.31	**4.35**
	Inst	SF	Sm	FB	.040	446.25	2.27	1.67	---	3.94	**5.22**
Premium, 0.094" T	Inst	SF	Lg	FB	.030	595.00	3.81	1.25	---	5.06	**6.45**
	Inst	SF	Sm	FB	.040	446.25	4.20	1.67	---	5.87	**7.54**
Vinyl composition tile (VCT), 12" x 12" x 1/8"											
Average	Inst	SF	Lg	FB	.026	680.00	1.22	1.08	---	2.30	**3.09**
	Inst	SF	Sm	FB	.035	510.00	1.34	1.46	---	2.80	**3.80**
High	Inst	SF	Lg	FB	.026	680.00	1.58	1.08	---	2.66	**3.52**
	Inst	SF	Sm	FB	.035	510.00	1.74	1.46	---	3.20	**4.28**
Premium	Inst	SF	Lg	FB	.026	680.00	2.40	1.08	---	3.48	**4.50**
	Inst	SF	Sm	FB	.035	510.00	2.65	1.46	---	4.11	**5.37**

Resilient flooring, sheet vinyl

Description	Oper	Unit	Vol	Crew Size	Man-hours per Unit	Crew Output per Day	Avg Mat'l Unit Cost	Avg Labor Unit Cost	Avg Equip Unit Cost	Avg Total Unit Cost	Avg Price Incl O&P
Sheet vinyl, 15% cutting waste included											
Economy, aprox. 1.3mm T	Inst	SF	Lg	FB	.042	425.00	1.28	1.75	---	3.03	**4.16**
	Inst	SF	Sm	FB	.056	318.75	1.41	2.33	---	3.74	**5.19**
Standard, approx. 2.0mm T	Inst	SF	Lg	FB	.042	425.00	1.81	1.75	---	3.56	**4.80**
	Inst	SF	Sm	FB	.056	318.75	2.00	2.33	---	4.33	**5.90**
Average, approx 2.0mm T	Inst	SF	Lg	FB	.042	425.00	2.46	1.75	---	4.21	**5.58**
	Inst	SF	Sm	FB	.056	318.75	2.71	2.33	---	5.04	**6.75**
High, approx. 2.5mm T	Inst	SF	Lg	FB	.042	425.00	4.02	1.75	---	5.77	**7.45**
	Inst	SF	Sm	FB	.056	318.75	4.43	2.33	---	6.76	**8.82**
Premium, approx. 2.5mm T	Inst	SF	Lg	FB	.042	425.00	5.74	1.75	---	7.49	**9.51**
	Inst	SF	Sm	FB	.056	318.75	6.33	2.33	---	8.66	**11.10**
Plank, 4"W x 36"L to 48"L, self-adhesive											
Standard, approx. 4.0mm T	Inst	SF	Lg	FB	.096	187.00	2.36	4.00	---	6.36	**8.83**
	Inst	SF	Sm	FB	.128	140.25	2.60	5.33	---	7.93	**11.10**
Average, approx. 4.0mm T	Inst	SF	Lg	FB	.096	187.00	3.68	4.00	---	7.68	**10.40**
	Inst	SF	Sm	FB	.128	140.25	4.05	5.33	---	9.38	**12.90**
High, approx. 5.0mm T	Inst	SF	Lg	FB	.096	187.00	4.99	4.00	---	8.99	**12.00**
	Inst	SF	Sm	FB	.128	140.25	5.50	5.33	---	10.83	**14.60**
Premium, approx. 5.0mm T	Inst	SF	Lg	FB	.096	187.00	7.36	4.00	---	11.36	**14.80**
	Inst	SF	Sm	FB	.128	140.25	8.11	5.33	---	13.44	**17.70**

Related materials and operations

Underlayment
See also Framing, sheathing, subfloor, underlayment, page 210

Description	Oper	Unit	Vol	Crew Size	Man-hours per Unit	Crew Output per Day	Avg Mat'l Unit Cost	Avg Labor Unit Cost	Avg Equip Unit Cost	Avg Total Unit Cost	Avg Price Incl O&P
Hardboard, 1/4"T	Inst	SF	Lg	FB	.016	1127.00	1.04	.67	---	1.71	**2.25**
	Inst	SF	Sm	FB	.021	845.25	1.14	.87	---	2.01	**2.68**
OSB, 1/2"T	Inst	SF	Lg	FB	.016	1127.00	.72	.67	---	1.39	**1.86**
	Inst	SF	Sm	FB	.021	845.25	.79	.87	---	1.66	**2.26**
Particleboard											
3/8"T	Inst	SF	Lg	FB	.016	1127.00	.74	.67	---	1.41	**1.89**
	Inst	SF	Sm	FB	.021	845.25	.81	.87	---	1.68	**2.28**
1/2"T	Inst	SF	Lg	FB	.016	1127.00	.92	.67	---	1.59	**2.10**
	Inst	SF	Sm	FB	.021	845.25	1.02	.87	---	1.89	**2.54**
Plywood											
1/4"T Hardwood	Inst	SF	Lg	FB	.016	1127.00	.70	.67	---	1.37	**1.84**
	Inst	SF	Sm	FB	.021	845.25	.77	.87	---	1.64	**2.24**
1/4"T BC	Inst	SF	Lg	FB	.016	1127.00	.97	.67	---	1.64	**2.16**
	Inst	SF	Sm	FB	.021	845.25	1.07	.87	---	1.94	**2.60**
1/4"T 5-ply	Inst	SF	Lg	FB	.016	1127.00	1.65	.67	---	2.32	**2.98**
	Inst	SF	Sm	FB	.021	845.25	1.81	.87	---	2.68	**3.48**
3/8"T BC	Inst	SF	Lg	FB	.016	1127.00	1.05	.67	---	1.72	**2.26**
	Inst	SF	Sm	FB	.021	845.25	1.16	.87	---	2.03	**2.70**
1/2"T BC	Inst	SF	Lg	FB	.016	1127.00	1.41	.67	---	2.08	**2.69**
	Inst	SF	Sm	FB	.021	845.25	1.56	.87	---	2.43	**3.18**

Cove

Description	Oper	Unit	Vol	Crew Size	Man-hours per Unit	Crew Output per Day	Avg Mat'l Unit Cost	Avg Labor Unit Cost	Avg Equip Unit Cost	Avg Total Unit Cost	Avg Price Incl O&P
Linoleum cove, 7/16" x 1-1/4"											
Softwood	Inst	LF	Lg	FB	.030	600.00	.84	1.25	---	2.09	**2.88**
	Inst	LF	Sm	FB	.040	450.00	.93	1.67	---	2.60	**3.62**
Vinyl cove											
4" wrap	Inst	LF	Lg	FB	.180	100.00	2.29	7.50	---	9.79	**14.00**
	Inst	LF	Sm	FB	.240	75.00	2.53	10.00	---	12.53	**18.00**
6" wrap	Inst	LF	Lg	FB	.189	95.00	3.03	7.87	---	10.90	**15.50**
	Inst	LF	Sm	FB	.253	71.25	3.34	10.50	---	13.84	**19.80**
8" wrap	Inst	LF	Lg	FB	.212	85.00	3.75	8.83	---	12.58	**17.80**
	Inst	LF	Sm	FB	.282	63.75	4.14	11.80	---	15.94	**22.60**

Cove / Top-Set base

Description	Oper	Unit	Vol	Crew Size	Man-hours per Unit	Crew Output per Day	Avg Mat'l Unit Cost	Avg Labor Unit Cost	Avg Equip Unit Cost	Avg Total Unit Cost	Avg Price Incl O&P
2-1/2" H											
Colors	Inst	LF	Lg	FB	.023	800.00	1.52	.96	---	2.48	**3.26**
	Inst	LF	Sm	FB	.030	600.00	1.67	1.25	---	2.92	**3.88**
Wood grain	Inst	LF	Lg	FB	.023	800.00	2.02	.96	---	2.98	**3.86**
	Inst	LF	Sm	FB	.030	600.00	2.22	1.25	---	3.47	**4.54**
4" H											
Colors	Inst	LF	Lg	FB	.023	800.00	1.68	.96	---	2.64	**3.45**
	Inst	LF	Sm	FB	.030	600.00	1.85	1.25	---	3.10	**4.09**
Wood grain	Inst	LF	Lg	FB	.023	800.00	2.22	.96	---	3.18	**4.10**
	Inst	LF	Sm	FB	.030	600.00	2.45	1.25	---	3.70	**4.81**
6" H											
Colors	Inst	LF	Lg	FB	.023	800.00	2.49	.96	---	3.45	**4.43**
	Inst	LF	Sm	FB	.030	600.00	2.74	1.25	---	3.99	**5.16**
Wood grain	Inst	LF	Lg	FB	.023	800.00	3.31	.96	---	4.27	**5.41**
	Inst	LF	Sm	FB	.030	600.00	3.65	1.25	---	4.90	**6.25**

Metal transition strip

Description	Oper	Unit	Vol	Crew Size	Man-hours per Unit	Crew Output per Day	Avg Mat'l Unit Cost	Avg Labor Unit Cost	Avg Equip Unit Cost	Avg Total Unit Cost	Avg Price Incl O&P
	Inst	LF	Lg	FB	.036	500.00	1.77	1.50	---	3.27	**4.37**
	Inst	LF	Sm	FB	.048	375.00	1.95	2.00	---	3.95	**5.34**

Retaining walls, see Concrete, page 92, or Masonry, page 279

Roofing

Fiberglass Shingles, 225 lb., three tab strip.
Three bundle/square; 20 year

1. **Dimensions.** Each shingle is 12" x 36". With a 5" exposure to the weather, 80 shingles are required to cover one square (100 SF).

2. **Installation**

    a. Over wood. After scatter-nailing one ply of 15 lb. felt, the shingles are installed. Four nails per shingle is customary.

    b. Over existing roofing. 15 lb. felt is not required. Shingles are installed the same as over wood, except longer nails are used, i.e., $1\frac{1}{4}$" in lieu of 1".

3. **Estimating Technique.** Determine roof area and add a percentage for starters, ridge, and valleys. The percent to be added varies, but generally:

    a. For plain gable and hip – add 10%.

    b. For gable or hip with dormers or intersecting roof(s) – add 15%.

    c. For gable or hip with dormers and intersecting roof(s) – add 20%.

When ridge or hip shingles are special ordered, reduce the above percentages by approximately 50%. Then apply unit costs to the area calculated (including the allowance above).

Mineral Surfaced Roll Roofing, 90 lb.

1. **Dimensions.** A roll is 36" wide x 36'-0" long, or 108 SF. It covers one square (100 SF), after including 8 SF for head and end laps.

2. **Installation.** Usually, lap cement and $\frac{7}{8}$" galvanized nails are furnished with each roll.

    a. Over wood. Roll roofing is usually applied directly to sheathing with $\frac{7}{8}$" galvanized nails. End and head laps are normally 6" and 2" or 3" respectively.

    b. Over existing roofing. Applied the same as over wood, except nails are not less than $1\frac{1}{4}$" long.

    c. Roll roofing may be installed by the exposed nail or the concealed nail method. In the exposed nail method, nails are visible at laps, and head laps are usually 2". In the concealed nail method, no nails are visible, the head lap is a minimum of 3", and there is a 9"-wide strip of roll installed along rakes and eaves.

3. **Estimating Technique.** Determine the area and add a percentage for hip and/or ridge. The percentage to be added varies, but generally:

    a. For plain gable or hip — add 5%.

    b. For cut-up roof – add 10%.

If metal ridge and/or hip are used, reduce the above percentages by approximately 50%. Then apply unit costs to the area calculated (including the allowance above).

Wood Shingles

1. **Dimensions.** Shingles are available in 16", 18", and 24" lengths and in uniform widths of 4", 5", or 6". But they are commonly furnished in random widths averaging 4" wide.

2. **Installation.** The normal exposure to weather for 16", 18" and 24" shingles on roofs with $\frac{1}{4}$ or steeper pitch is 5", $5\frac{1}{2}$", and $7\frac{1}{2}$" respectively. Where the slope is less than $\frac{1}{4}$, the exposure is usually reduced. Generally, 3d commons are used when shingles are applied to strip sheathing. 5d commons are used when shingles are applied over existing shingles. Two nails per shingle is the general rule, but on some roofs, one nail per shingle is used.

3. **Estimating Technique.** Determine the roof area and add a percentage for waste, starters, ridge, and hip shingles.

    a. Wood shingles. The amount of exposure determines the percentage of 1 square of shingles required to cover 100 SF of roof. Multiply the material cost per square of shingles by the appropriate percent (from the table on the next page) to determine the cost to cover 100 SF of roof with wood shingles. The table does not include cutting waste. NOTE: Nails and the exposure factors in this table have already been calculated into the Average Unit Material Costs.

    b. Nails. The weight of nails required per square varies with the size of the nail and with the shingle exposure. Multiply cost per pound of nails by the appropriate pounds per square. In the table on the next page, pounds of nails per square are based on two nails per shingle. For one nail per shingle, deduct 50%.

    c. The percentage to be added for starters, hip, and ridge shingles varies, but generally:

       1) Plain gable and hip — add 10%.

       2) Gable or hip with dormers or intersecting roof(s) — add 15%.

       3) Gable or hip with dormers and intersecting roof(s) — add 20%.

When ridge and/or hip shingles are special ordered, reduce these percentages by 50%. Then

Shingle Length	Exposure	% of Sq. Required to Cover 100 SF	Lbs of Nails per Square (2 Nails/Shingle)	
			3d	5d
24"	7½"	100	2.3	2.7
24"	7"	107	2.4	2.9
24"	6½"	115	2.6	3.2
24"	6"	125	2.8	3.4
24"	5¾"	130	2.9	3.6
18"	5½"	100	3.1	3.7
18"	5"	110	3.4	4.1
18"	4½"	122	3.8	4.6
16"	5"	100	3.4	4.1
16"	4½"	111	3.8	4.6
16"	4"	125	4.2	5.1
16"	3¾"	133	4.5	5.5

apply unit costs to the area calculated (including the allowance above).

Built-Up Roofing

1. **Dimensions**

   a. 15 lb. felt. Rolls are 36" wide x 144'-0" long or 432 SF – 4 squares per roll. 32 SF (or 8 SF/sq) is for laps.

   b. 30 lb. felt. Rolls are 36" wide x 72'-0" long or 216 SF – 2 squares per roll. 16 SF (or 8 SF/sq) is for laps.

   c. Asphalt. Available in 100 lb. cartons. Average asphalt usage is:

   1) Top coat without gravel – 35 lbs. per square.

   2) Top coat with gravel – 60 lbs. per square.

   3) Each coat (except top coat) – 25 lbs. per square.

   d. Tar. Available in 550 lb. kegs. Average tar usage is:

   1) Top coat without gravel – 40 lbs. per square.

   2) Top coat without gravel – 75 lbs. per square.

   3) Each coat (except top coat) – 30 lbs. per square.

   e. Gravel or slag. Normally, 400 lbs. of gravel or 275 lbs. of slag are used to cover one square.

2. **Installation**

   a. Over wood. Normally, one or two plies of felt are applied by scatter nailing before hot mopping is commenced. Subsequent plies of felt and gravel or slag are imbedded in hot asphalt or tar.

   b. Over concrete. Every ply of felt and gravel or slag is imbedded in hot asphalt or tar.

3. **Estimating Technique**

   a. For buildings with parapet walls, use the outside dimensions of the building to determine the area. This area is usually sufficient to include the flashing.

   b. For buildings without parapet walls, determine the area.

   c. Don't deduct any opening less than 10'-0" x 10'-0" (100 SF). Deduct 50% of the opening for openings larger than 100 SF but smaller than 300 SF, and 100% of the openings exceeding 300 SF.

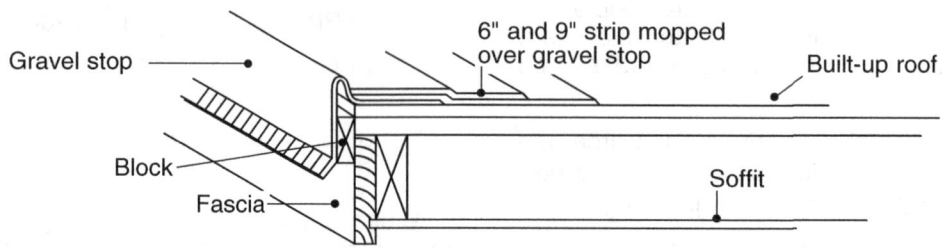

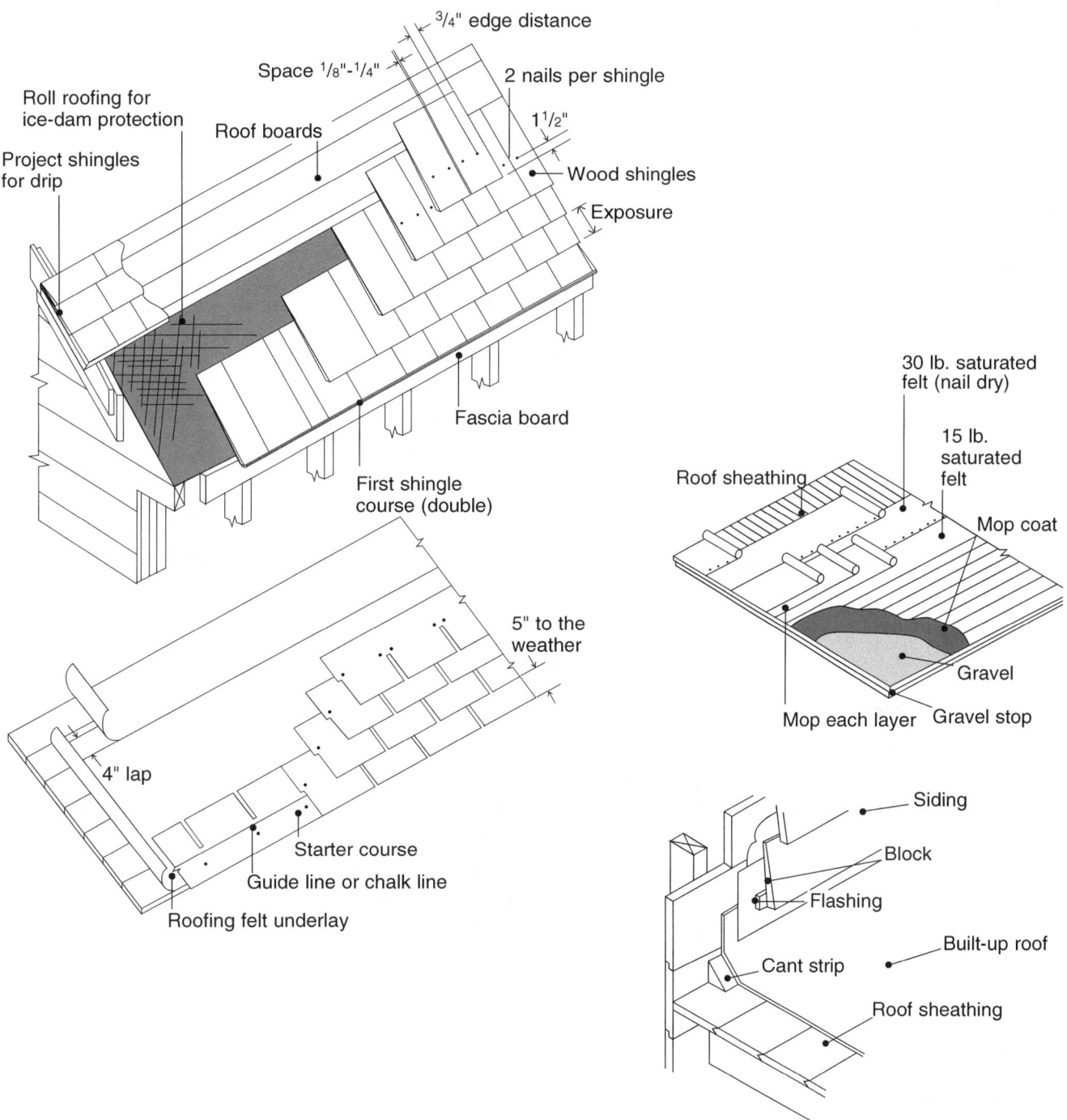

Description	Oper	Unit	Vol	Crew Size	Man-hours per Unit	Crew Output per Day	Avg Mat'l Unit Cost	Avg Labor Unit Cost	Avg Equip Unit Cost	Avg Total Unit Cost	Avg Price Incl O&P

Roofing

See also Sheet metal, page 346

Aluminum, nailed to wood

Corrugated (2-1/2"), 26" W, with 3-3/4" side lap and 6" end lap

	Demo	Sq	Lg	LB	1.36	11.80	---	50.90	---	50.90	**76.30**
	Demo	Sq	Sm	LB	1.60	10.00	---	59.80	---	59.80	**89.80**

Corrugated (2-1/2"), 26" W, with 3-3/4" side lap and 6" end lap
0.0175" thick

Natural	Inst	Sq	Lg	UC	1.81	17.70	164.00	78.80	---	242.80	**315.00**
	Inst	Sq	Sm	UC	2.13	15.00	180.00	92.70	---	272.70	**356.00**
Painted	Inst	Sq	Lg	UC	1.81	17.70	211.00	78.80	---	289.80	**371.00**
	Inst	Sq	Sm	UC	2.13	15.00	233.00	92.70	---	325.70	**418.00**

0.019" thick

Natural	Inst	Sq	Lg	UC	1.81	17.70	164.00	78.80	---	242.80	**315.00**
	Inst	Sq	Sm	UC	2.13	15.00	180.00	92.70	---	272.70	**356.00**
Painted	Inst	Sq	Lg	UC	1.81	17.70	211.00	78.80	---	289.80	**371.00**
	Inst	Sq	Sm	UC	2.13	15.00	233.00	92.70	---	325.70	**418.00**

Composition shingle roofing, 3 tab strip, 12" x 36", nailed, seal down

Demo Shingle, to deck

5" exposure	Demo	Sq	Lg	LB	0.85	18.88	---	31.80	---	31.80	**47.70**
	Demo	Sq	Sm	LB	1.00	16.00	---	37.40	---	37.40	**56.10**

Install 25-year shingles, 240 lb/sq

Over existing roofing

Gable, plain	Inst	Sq	Lg	RL	1.13	17.70	120.00	53.10	---	173.10	**224.00**
	Inst	Sq	Sm	RL	1.33	15.00	133.00	62.50	---	195.50	**253.00**
Gable with dormers	Inst	Sq	Lg	RL	1.26	15.93	121.00	59.20	---	180.20	**234.00**
	Inst	Sq	Sm	RL	1.48	13.50	134.00	69.50	---	203.50	**265.00**
Gable with intersecting roofs	Inst	Sq	Lg	RL	1.26	15.93	123.00	59.20	---	182.20	**236.00**
	Inst	Sq	Sm	RL	1.48	13.50	135.00	69.50	---	204.50	**266.00**
Gable w/dormers & intersections											
	Inst	Sq	Lg	RL	1.41	14.16	124.00	66.20	---	190.20	**248.00**
	Inst	Sq	Sm	RL	1.67	12.00	136.00	78.50	---	214.50	**281.00**
Hip, plain	Inst	Sq	Lg	RL	1.18	16.91	121.00	55.40	---	176.40	**229.00**
	Inst	Sq	Sm	RL	1.40	14.33	134.00	65.80	---	199.80	**259.00**
Hip with dormers	Inst	Sq	Lg	RL	1.32	15.10	123.00	62.00	---	185.00	**240.00**
	Inst	Sq	Sm	RL	1.56	12.80	135.00	73.30	---	208.30	**272.00**
Hip with intersecting roofs	Inst	Sq	Lg	RL	1.32	15.10	124.00	62.00	---	186.00	**241.00**
	Inst	Sq	Sm	RL	1.56	12.80	136.00	73.30	---	209.30	**273.00**
Hip with dormers & intersections											
	Inst	Sq	Lg	RL	1.50	13.33	125.00	70.50	---	195.50	**255.00**
	Inst	Sq	Sm	RL	1.77	11.30	137.00	83.20	---	220.20	**290.00**

Roofing, install 30-year laminated shingles

Description	Oper	Unit	Vol	Crew Size	Man-hours per Unit	Crew Output per Day	Avg Mat'l Unit Cost	Avg Labor Unit Cost	Avg Equip Unit Cost	Avg Total Unit Cost	Avg Price Incl O&P
Over wood decks, includes felt											
Gable, plain	Inst	Sq	Lg	RL	1.21	16.52	127.00	56.90	---	183.90	**237.00**
	Inst	Sq	Sm	RL	1.43	14.00	140.00	67.20	---	207.20	**268.00**
Gable with dormers	Inst	Sq	Lg	RL	1.36	14.75	128.00	63.90	---	191.90	**249.00**
	Inst	Sq	Sm	RL	1.60	12.50	141.00	75.20	---	216.20	**282.00**
Gable with intersecting roofs	Inst	Sq	Lg	RL	1.36	14.75	129.00	63.90	---	192.90	**251.00**
	Inst	Sq	Sm	RL	1.60	12.50	142.00	75.20	---	217.20	**283.00**
Gable w/dormers & intersections											
	Inst	Sq	Lg	RL	1.54	12.98	130.00	72.40	---	202.40	**265.00**
	Inst	Sq	Sm	RL	1.82	11.00	143.00	85.50	---	228.50	**300.00**
Hip, plain	Inst	Sq	Lg	RL	1.27	15.73	128.00	59.70	---	187.70	**243.00**
	Inst	Sq	Sm	RL	1.50	13.33	141.00	70.50	---	211.50	**275.00**
Hip with dormers	Inst	Sq	Lg	RL	1.44	13.92	129.00	67.70	---	196.70	**256.00**
	Inst	Sq	Sm	RL	1.69	11.80	142.00	79.40	---	221.40	**290.00**
Hip with intersecting roofs	Inst	Sq	Lg	RL	1.44	13.92	130.00	67.70	---	197.70	**258.00**
	Inst	Sq	Sm	RL	1.69	11.80	143.00	79.40	---	222.40	**291.00**
Hip with dormers & intersections											
	Inst	Sq	Lg	RL	1.65	12.15	131.00	77.50	---	208.50	**274.00**
	Inst	Sq	Sm	RL	1.94	10.30	145.00	91.10	---	236.10	**310.00**

Install 30-year laminated shingles

Over existing roofing

Description	Oper	Unit	Vol	Crew Size	Man-hours per Unit	Crew Output per Day	Avg Mat'l Unit Cost	Avg Labor Unit Cost	Avg Equip Unit Cost	Avg Total Unit Cost	Avg Price Incl O&P
Gable, plain	Inst	Sq	Lg	RL	1.13	17.70	135.00	53.10	---	188.10	**241.00**
	Inst	Sq	Sm	RL	1.33	15.00	148.00	62.50	---	210.50	**272.00**
Gable with dormers	Inst	Sq	Lg	RL	1.26	15.93	136.00	59.20	---	195.20	**252.00**
	Inst	Sq	Sm	RL	1.48	13.50	150.00	69.50	---	219.50	**284.00**
Gable with intersecting roofs	Inst	Sq	Lg	RL	1.26	15.93	137.00	59.20	---	196.20	**253.00**
	Inst	Sq	Sm	RL	1.48	13.50	151.00	69.50	---	220.50	**286.00**
Gable w/dormers & intersections											
	Inst	Sq	Lg	RL	1.41	14.16	138.00	66.20	---	204.20	**265.00**
	Inst	Sq	Sm	RL	1.67	12.00	152.00	78.50	---	230.50	**301.00**
Hip, plain	Inst	Sq	Lg	RL	1.18	16.91	136.00	55.40	---	191.40	**246.00**
	Inst	Sq	Sm	RL	1.40	14.33	150.00	65.80	---	215.80	**278.00**
Hip with dormers	Inst	Sq	Lg	RL	1.32	15.10	137.00	62.00	---	199.00	**258.00**
	Inst	Sq	Sm	RL	1.56	12.80	151.00	73.30	---	224.30	**291.00**
Hip with intersecting roofs	Inst	Sq	Lg	RL	1.32	15.10	138.00	62.00	---	200.00	**259.00**
	Inst	Sq	Sm	RL	1.56	12.80	152.00	73.30	---	225.30	**293.00**
Hip with dormers & intersections											
	Inst	Sq	Lg	RL	1.50	13.33	140.00	70.50	---	210.50	**273.00**
	Inst	Sq	Sm	RL	1.77	11.30	154.00	83.20	---	237.20	**309.00**

Over wood decks, includes felt

Description	Oper	Unit	Vol	Crew Size	Man-hours per Unit	Crew Output per Day	Avg Mat'l Unit Cost	Avg Labor Unit Cost	Avg Equip Unit Cost	Avg Total Unit Cost	Avg Price Incl O&P
Gable, plain	Inst	Sq	Lg	RL	1.21	16.52	141.00	56.90	---	197.90	**255.00**
	Inst	Sq	Sm	RL	1.43	14.00	155.00	67.20	---	222.20	**287.00**
Gable with dormers	Inst	Sq	Lg	RL	1.36	14.75	142.00	63.90	---	205.90	**267.00**
	Inst	Sq	Sm	RL	1.60	12.50	157.00	75.20	---	232.20	**301.00**
Gable with intersecting roofs	Inst	Sq	Lg	RL	1.36	14.75	144.00	63.90	---	207.90	**268.00**
	Inst	Sq	Sm	RL	1.60	12.50	158.00	75.20	---	233.20	**303.00**
Gable w/dormers & intersections											
	Inst	Sq	Lg	RL	1.54	12.98	145.00	72.40	---	217.40	**282.00**
	Inst	Sq	Sm	RL	1.82	11.00	160.00	85.50	---	245.50	**320.00**
Hip, plain	Inst	Sq	Lg	RL	1.27	15.73	142.00	59.70	---	201.70	**260.00**
	Inst	Sq	Sm	RL	1.50	13.33	157.00	70.50	---	227.50	**294.00**

Description	Oper	Unit	Vol	Crew Size	Man-hours per Unit	Crew Output per Day	Avg Mat'l Unit Cost	Avg Labor Unit Cost	Avg Equip Unit Cost	Avg Total Unit Cost	Avg Price Incl O&P
Hip with dormers	Inst	Sq	Lg	RL	1.44	13.92	144.00	67.70	---	211.70	**274.00**
	Inst	Sq	Sm	RL	1.69	11.80	158.00	79.40	---	237.40	**309.00**
Hip with intersecting roofs	Inst	Sq	Lg	RL	1.44	13.92	145.00	67.70	---	212.70	**275.00**
	Inst	Sq	Sm	RL	1.69	11.80	160.00	79.40	---	239.40	**311.00**
Hip with dormers & intersections											
	Inst	Sq	Lg	RL	1.65	12.15	146.00	77.50	---	223.50	**291.00**
	Inst	Sq	Sm	RL	1.94	10.30	161.00	91.10	---	252.10	**330.00**

Install 40-year laminated shingles

Over existing roofing

Description	Oper	Unit	Vol	Crew Size	Man-hours per Unit	Crew Output per Day	Avg Mat'l Unit Cost	Avg Labor Unit Cost	Avg Equip Unit Cost	Avg Total Unit Cost	Avg Price Incl O&P
Gable, plain	Inst	Sq	Lg	RL	1.13	17.70	157.00	53.10	---	210.10	**268.00**
	Inst	Sq	Sm	RL	1.33	15.00	173.00	62.50	---	235.50	**301.00**
Gable with dormers	Inst	Sq	Lg	RL	1.26	15.93	158.00	59.20	---	217.20	**278.00**
	Inst	Sq	Sm	RL	1.48	13.50	174.00	69.50	---	243.50	**313.00**
Gable with intersecting roofs	Inst	Sq	Lg	RL	1.26	15.93	160.00	59.20	---	219.20	**280.00**
	Inst	Sq	Sm	RL	1.48	13.50	176.00	69.50	---	245.50	**315.00**
Gable w/dormers & intersections											
	Inst	Sq	Lg	RL	1.41	14.16	161.00	66.20	---	227.20	**293.00**
	Inst	Sq	Sm	RL	1.67	12.00	177.00	78.50	---	255.50	**331.00**
Hip, plain	Inst	Sq	Lg	RL	1.18	16.91	158.00	55.40	---	213.40	**273.00**
	Inst	Sq	Sm	RL	1.40	14.33	174.00	65.80	---	239.80	**308.00**
Hip with dormers	Inst	Sq	Lg	RL	1.32	15.10	160.00	62.00	---	222.00	**284.00**
	Inst	Sq	Sm	RL	1.56	12.80	176.00	73.30	---	249.30	**321.00**
Hip with intersecting roofs	Inst	Sq	Lg	RL	1.32	15.10	161.00	62.00	---	223.00	**286.00**
	Inst	Sq	Sm	RL	1.56	12.80	177.00	73.30	---	250.30	**323.00**
Hip with dormers & intersections											
	Inst	Sq	Lg	RL	1.50	13.33	162.00	70.50	---	232.50	**301.00**
	Inst	Sq	Sm	RL	1.77	11.30	179.00	83.20	---	262.20	**340.00**

Over wood decks, includes felt

Description	Oper	Unit	Vol	Crew Size	Man-hours per Unit	Crew Output per Day	Avg Mat'l Unit Cost	Avg Labor Unit Cost	Avg Equip Unit Cost	Avg Total Unit Cost	Avg Price Incl O&P
Gable, plain	Inst	Sq	Lg	RL	1.21	16.52	163.00	56.90	---	219.90	**281.00**
	Inst	Sq	Sm	RL	1.43	14.00	180.00	67.20	---	247.20	**316.00**
Gable with dormers	Inst	Sq	Lg	RL	1.36	14.75	165.00	63.90	---	228.90	**293.00**
	Inst	Sq	Sm	RL	1.60	12.50	181.00	75.20	---	256.20	**330.00**
Gable with intersecting roofs	Inst	Sq	Lg	RL	1.36	14.75	166.00	63.90	---	229.90	**295.00**
	Inst	Sq	Sm	RL	1.60	12.50	183.00	75.20	---	258.20	**332.00**
Gable w/dormers & intersections											
	Inst	Sq	Lg	RL	1.54	12.98	167.00	72.40	---	239.40	**309.00**
	Inst	Sq	Sm	RL	1.82	11.00	185.00	85.50	---	270.50	**350.00**
Hip, plain	Inst	Sq	Lg	RL	1.27	15.73	165.00	59.70	---	224.70	**287.00**
	Inst	Sq	Sm	RL	1.50	13.33	181.00	70.50	---	251.50	**323.00**
Hip with dormers	Inst	Sq	Lg	RL	1.44	13.92	166.00	67.70	---	233.70	**301.00**
	Inst	Sq	Sm	RL	1.69	11.80	183.00	79.40	---	262.40	**339.00**
Hip with intersecting roofs	Inst	Sq	Lg	RL	1.44	13.92	167.00	67.70	---	234.70	**302.00**
	Inst	Sq	Sm	RL	1.69	11.80	185.00	79.40	---	264.40	**341.00**
Hip with dormers & intersections											
	Inst	Sq	Lg	RL	1.65	12.15	169.00	77.50	---	246.50	**319.00**
	Inst	Sq	Sm	RL	1.94	10.30	186.00	91.10	---	277.10	**360.00**

Roofing, install 50-year laminated shingles

Description	Oper	Unit	Vol	Crew Size	Man-hours per Unit	Crew Output per Day	Avg Mat'l Unit Cost	Avg Labor Unit Cost	Avg Equip Unit Cost	Avg Total Unit Cost	Avg Price Incl O&P

Install 50-year lifetime laminated shingles

Over existing roofing

Description	Oper	Unit	Vol	Crew Size	Man-hours per Unit	Crew Output per Day	Avg Mat'l Unit Cost	Avg Labor Unit Cost	Avg Equip Unit Cost	Avg Total Unit Cost	Avg Price Incl O&P
Gable, plain	Inst	Sq	Lg	RL	1.13	17.70	186.00	53.10	---	239.10	**303.00**
	Inst	Sq	Sm	RL	1.33	15.00	205.00	62.50	---	267.50	**339.00**
Gable with dormers	Inst	Sq	Lg	RL	1.26	15.93	188.00	59.20	---	247.20	**314.00**
	Inst	Sq	Sm	RL	1.48	13.50	207.00	69.50	---	276.50	**352.00**
Gable with intersecting roofs	Inst	Sq	Lg	RL	1.26	15.93	189.00	59.20	---	248.20	**316.00**
	Inst	Sq	Sm	RL	1.48	13.50	209.00	69.50	---	278.50	**355.00**
Gable w/dormers & intersections											
	Inst	Sq	Lg	RL	1.41	14.16	191.00	66.20	---	257.20	**329.00**
	Inst	Sq	Sm	RL	1.67	12.00	210.00	78.50	---	288.50	**370.00**
Hip, plain	Inst	Sq	Lg	RL	1.18	16.91	188.00	55.40	---	243.40	**308.00**
	Inst	Sq	Sm	RL	1.40	14.33	207.00	65.80	---	272.80	**347.00**
Hip with dormers	Inst	Sq	Lg	RL	1.32	15.10	189.00	62.00	---	251.00	**320.00**
	Inst	Sq	Sm	RL	1.56	12.80	209.00	73.30	---	282.30	**360.00**
Hip with intersecting roofs	Inst	Sq	Lg	RL	1.32	15.10	191.00	62.00	---	253.00	**322.00**
	Inst	Sq	Sm	RL	1.56	12.80	210.00	73.30	---	283.30	**363.00**
Hip with dormers & intersections											
	Inst	Sq	Lg	RL	1.50	13.33	193.00	70.50	---	263.50	**337.00**
	Inst	Sq	Sm	RL	1.77	11.30	212.00	83.20	---	295.20	**380.00**

Over wood decks, includes felt

Description	Oper	Unit	Vol	Crew Size	Man-hours per Unit	Crew Output per Day	Avg Mat'l Unit Cost	Avg Labor Unit Cost	Avg Equip Unit Cost	Avg Total Unit Cost	Avg Price Incl O&P
Gable, plain	Inst	Sq	Lg	RL	1.21	16.52	192.00	56.90	---	248.90	**316.00**
	Inst	Sq	Sm	RL	1.43	14.00	212.00	67.20	---	279.20	**355.00**
Gable with dormers	Inst	Sq	Lg	RL	1.36	14.75	194.00	63.90	---	257.90	**329.00**
	Inst	Sq	Sm	RL	1.60	12.50	214.00	75.20	---	289.20	**369.00**
Gable with intersecting roofs	Inst	Sq	Lg	RL	1.36	14.75	196.00	63.90	---	259.90	**331.00**
	Inst	Sq	Sm	RL	1.60	12.50	216.00	75.20	---	291.20	**372.00**
Gable w/dormers & intersections											
	Inst	Sq	Lg	RL	1.54	12.98	197.00	72.40	---	269.40	**345.00**
	Inst	Sq	Sm	RL	1.82	11.00	218.00	85.50	---	303.50	**389.00**
Hip, plain	Inst	Sq	Lg	RL	1.27	15.73	194.00	59.70	---	253.70	**322.00**
	Inst	Sq	Sm	RL	1.50	13.33	214.00	70.50	---	284.50	**362.00**
Hip with dormers	Inst	Sq	Lg	RL	1.44	13.92	196.00	67.70	---	263.70	**336.00**
	Inst	Sq	Sm	RL	1.69	11.80	216.00	79.40	---	295.40	**378.00**
Hip with intersecting roofs	Inst	Sq	Lg	RL	1.44	13.92	197.00	67.70	---	264.70	**338.00**
	Inst	Sq	Sm	RL	1.69	11.80	218.00	79.40	---	297.40	**380.00**
Hip with dormers & intersections											
	Inst	Sq	Lg	RL	1.65	12.15	199.00	77.50	---	276.50	**355.00**
	Inst	Sq	Sm	RL	1.94	10.30	220.00	91.10	---	311.10	**400.00**

Related materials and operations

Ridge or hip roll

Description	Oper	Unit	Vol	Crew Size	Man-hours per Unit	Crew Output per Day	Avg Mat'l Unit Cost	Avg Labor Unit Cost	Avg Equip Unit Cost	Avg Total Unit Cost	Avg Price Incl O&P
90 lb mineral surfaced	Inst	LF	Lg	2R	.017	944.0	1.18	.84	---	2.02	**2.68**
	Inst	LF	Sm	2R	.020	800.0	1.30	.99	---	2.29	**3.04**

Valley roll

Description	Oper	Unit	Vol	Crew Size	Man-hours per Unit	Crew Output per Day	Avg Mat'l Unit Cost	Avg Labor Unit Cost	Avg Equip Unit Cost	Avg Total Unit Cost	Avg Price Incl O&P
90 lb mineral surfaced	Inst	LF	Lg	2R	.017	944.0	1.18	.84	---	2.02	**2.68**
	Inst	LF	Sm	2R	.020	800.0	1.30	.99	---	2.29	**3.04**

Description	Oper	Unit	Vol	Crew Size	Man-hours per Unit	Crew Output per Day	Avg Mat'l Unit Cost	Avg Labor Unit Cost	Avg Equip Unit Cost	Avg Total Unit Cost	Avg Price Incl O&P

Ridge / hip units, 9" x 12" with 5" exp.; 80 pcs / bdle @ 33.3 LF/bdle

Standard

Description	Oper	Unit	Vol	Crew Size	Man-hours per Unit	Crew Output per Day	Avg Mat'l Unit Cost	Avg Labor Unit Cost	Avg Equip Unit Cost	Avg Total Unit Cost	Avg Price Incl O&P
Over existing roofing	Inst	LF	Lg	2R	.019	826.0	2.07	.94	---	3.01	**3.89**
	Inst	LF	Sm	2R	.023	700.0	2.28	1.14	---	3.42	**4.44**
Over wood decks	Inst	LF	Lg	2R	.021	778.8	2.07	1.04	---	3.11	**4.04**
	Inst	LF	Sm	2R	.024	660.0	2.28	1.18	---	3.46	**4.51**

Architectural

Description	Oper	Unit	Vol	Crew Size	Man-hours per Unit	Crew Output per Day	Avg Mat'l Unit Cost	Avg Labor Unit Cost	Avg Equip Unit Cost	Avg Total Unit Cost	Avg Price Incl O&P
Over existing roofing	Inst	LF	Lg	2R	.019	826.0	2.59	.94	---	3.53	**4.52**
	Inst	LF	Sm	2R	.023	700.0	2.85	1.14	---	3.99	**5.12**
Over wood decks	Inst	LF	Lg	2R	.021	778.8	2.59	1.04	---	3.63	**4.66**
	Inst	LF	Sm	2R	.024	660.0	2.85	1.18	---	4.03	**5.20**

Built-up or membrane roofing

Install over existing roofing

One mop coat over smooth surface

Description	Oper	Unit	Vol	Crew Size	Man-hours per Unit	Crew Output per Day	Avg Mat'l Unit Cost	Avg Labor Unit Cost	Avg Equip Unit Cost	Avg Total Unit Cost	Avg Price Incl O&P
With asphalt	Inst	Sq	Lg	RS	.301	159.3	23.90	14.10	---	38.00	**49.80**
	Inst	Sq	Sm	RS	.356	135.0	26.10	16.70	---	42.80	**56.40**
With tar	Inst	Sq	Lg	RS	.301	159.3	41.00	14.10	---	55.10	**70.40**
	Inst	Sq	Sm	RS	.356	135.0	45.00	16.70	---	61.70	**79.10**

Remove gravel, mop one coat, redistribute old gravel

Description	Oper	Unit	Vol	Crew Size	Man-hours per Unit	Crew Output per Day	Avg Mat'l Unit Cost	Avg Labor Unit Cost	Avg Equip Unit Cost	Avg Total Unit Cost	Avg Price Incl O&P
With asphalt	Inst	Sq	Lg	RS	.768	62.54	37.10	36.10	---	73.20	**98.60**
	Inst	Sq	Sm	RS	0.91	53.00	40.60	42.70	---	83.30	**113.00**
With tar	Inst	Sq	Lg	RS	.768	62.54	63.40	36.10	---	99.50	**130.00**
	Inst	Sq	Sm	RS	0.91	53.00	69.50	42.70	---	112.20	**148.00**

Mop in one 30 lb cap sheet, plus smooth top mop coat

Description	Oper	Unit	Vol	Crew Size	Man-hours per Unit	Crew Output per Day	Avg Mat'l Unit Cost	Avg Labor Unit Cost	Avg Equip Unit Cost	Avg Total Unit Cost	Avg Price Incl O&P
With asphalt	Inst	Sq	Lg	RS	.714	67.26	51.50	33.50	---	85.00	**112.00**
	Inst	Sq	Sm	RS	0.84	57.00	56.50	39.40	---	95.90	**127.00**
With tar	Inst	Sq	Lg	RS	.714	67.26	78.50	33.50	---	112.00	**144.00**
	Inst	Sq	Sm	RS	0.84	57.00	86.20	39.40	---	125.60	**163.00**

Remove gravel, mop in one 30 lb cap sheet, mop in and redistribute old gravel

Description	Oper	Unit	Vol	Crew Size	Man-hours per Unit	Crew Output per Day	Avg Mat'l Unit Cost	Avg Labor Unit Cost	Avg Equip Unit Cost	Avg Total Unit Cost	Avg Price Incl O&P
With asphalt	Inst	Sq	Lg	RS	1.23	38.94	64.80	57.70	---	122.50	**164.00**
	Inst	Sq	Sm	RS	1.45	33.00	71.00	68.10	---	139.10	**187.00**
With tar	Inst	Sq	Lg	RS	1.23	38.94	101.00	57.70	---	158.70	**208.00**
	Inst	Sq	Sm	RS	1.45	33.00	111.00	68.10	---	179.10	**235.00**

Mop in two 15 lb felt plies, plus smooth top mop coat

Description	Oper	Unit	Vol	Crew Size	Man-hours per Unit	Crew Output per Day	Avg Mat'l Unit Cost	Avg Labor Unit Cost	Avg Equip Unit Cost	Avg Total Unit Cost	Avg Price Incl O&P
With asphalt	Inst	Sq	Lg	RS	1.13	42.48	64.70	53.00	---	117.70	**157.00**
	Inst	Sq	Sm	RS	1.33	36.00	70.90	62.40	---	133.30	**179.00**
With tar	Inst	Sq	Lg	RS	1.13	42.48	101.00	53.00	---	154.00	**201.00**
	Inst	Sq	Sm	RS	1.33	36.00	111.00	62.40	---	173.40	**227.00**

Remove gravel, mop in two 15 lb felt plies, mop in and redistribute old gravel

Description	Oper	Unit	Vol	Crew Size	Man-hours per Unit	Crew Output per Day	Avg Mat'l Unit Cost	Avg Labor Unit Cost	Avg Equip Unit Cost	Avg Total Unit Cost	Avg Price Incl O&P
With asphalt	Inst	Sq	Lg	RS	1.63	29.50	77.90	76.50	---	154.40	**208.00**
	Inst	Sq	Sm	RS	1.92	25.00	85.40	90.10	---	175.50	**238.00**
With tar	Inst	Sq	Lg	RS	1.63	29.50	124.00	76.50	---	200.50	**263.00**
	Inst	Sq	Sm	RS	1.92	25.00	136.00	90.10	---	226.10	**298.00**

Roofing, built-up or membrane

Description	Oper	Unit	Vol	Crew Size	Man-hours per Unit	Crew Output per Day	Avg Mat'l Unit Cost	Avg Labor Unit Cost	Avg Equip Unit Cost	Avg Total Unit Cost	Avg Price Incl O&P
Demo over smooth wood or concrete deck											
3 ply											
With gravel	Demo	Sq	Lg	LB	1.23	12.98	---	46.00	---	46.00	**69.00**
	Demo	Sq	Sm	LB	1.45	11.00	---	54.20	---	54.20	**81.40**
Without gravel	Demo	Sq	Lg	LB	0.97	16.52	---	36.30	---	36.30	**54.40**
	Demo	Sq	Sm	LB	1.14	14.00	---	42.60	---	42.60	**64.00**
5 ply											
With gravel	Demo	Sq	Lg	LB	1.36	11.80	---	50.90	---	50.90	**76.30**
	Demo	Sq	Sm	LB	1.60	10.00	---	59.80	---	59.80	**89.80**
Without gravel	Demo	Sq	Lg	LB	1.04	15.34	---	38.90	---	38.90	**58.30**
	Demo	Sq	Sm	LB	1.23	13.00	---	46.00	---	46.00	**69.00**
Install over smooth wood decks											
Nail one 15 lb felt ply, plus mop in one 90 lb mineral surfaced ply											
With asphalt	Inst	Sq	Lg	RS	.508	94.40	135.00	23.90	---	158.90	**198.00**
	Inst	Sq	Sm	RS	.600	80.00	149.00	28.20	---	177.20	**221.00**
With tar	Inst	Sq	Lg	RS	.508	94.40	147.00	23.90	---	170.90	**212.00**
	Inst	Sq	Sm	RS	.600	80.00	161.00	28.20	---	189.20	**236.00**
Nail one and mop in two 15 lb felt plies, plus smooth top mop coat											
With asphalt	Inst	Sq	Lg	RS	1.23	38.94	74.70	57.70	---	132.40	**176.00**
	Inst	Sq	Sm	RS	1.45	33.00	81.90	68.10	---	150.00	**200.00**
With tar	Inst	Sq	Lg	RS	1.23	38.94	111.00	57.70	---	168.70	**220.00**
	Inst	Sq	Sm	RS	1.45	33.00	122.00	68.10	---	190.10	**249.00**
Nail one and mop in two 15 lb felt plies, plus mop in and distribute gravel											
With asphalt	Inst	Sq	Lg	RS	1.63	29.50	95.90	76.50	---	172.40	**230.00**
	Inst	Sq	Sm	RS	1.92	25.00	104.00	90.10	---	194.10	**260.00**
With tar	Inst	Sq	Lg	RS	1.63	29.50	142.00	76.50	---	218.50	**285.00**
	Inst	Sq	Sm	RS	1.92	25.00	155.00	90.10	---	245.10	**321.00**
Nail one and mop in three 15 lb felt plies, plus mop in and distribute gravel											
With asphalt	Inst	Sq	Lg	RS	2.03	23.60	116.00	95.30	---	211.30	**283.00**
	Inst	Sq	Sm	RS	2.40	20.00	127.00	113.00	---	240.00	**321.00**
With tar	Inst	Sq	Lg	RS	2.03	23.60	172.00	95.30	---	267.30	**349.00**
	Inst	Sq	Sm	RS	2.40	20.00	188.00	113.00	---	301.00	**395.00**
Nail one and mop in four 15 lb plies, plus mop in and distribute gravel											
With asphalt	Inst	Sq	Lg	RS	2.54	18.88	137.00	119.00	---	256.00	**343.00**
	Inst	Sq	Sm	RS	3.00	16.00	149.00	141.00	---	290.00	**390.00**
With tar	Inst	Sq	Lg	RS	2.54	18.88	202.00	119.00	---	321.00	**421.00**
	Inst	Sq	Sm	RS	3.00	16.00	221.00	141.00	---	362.00	**477.00**

Description	Oper	Unit	Vol	Crew Size	Man-hours per Unit	Crew Output per Day	Avg Mat'l Unit Cost	Avg Labor Unit Cost	Avg Equip Unit Cost	Avg Total Unit Cost	Avg Price Incl O&P

Install over smooth concrete decks

Nail one 15 lb felt ply, plus mop in one 90 lb mineral surfaced ply

Description	Oper	Unit	Vol	Crew Size	Man-hours per Unit	Crew Output per Day	Avg Mat'l Unit Cost	Avg Labor Unit Cost	Avg Equip Unit Cost	Avg Total Unit Cost	Avg Price Incl O&P
With asphalt	Inst	Sq	Lg	RS	.656	73.16	148.00	30.80	---	178.80	**224.00**
	Inst	Sq	Sm	RS	.774	62.00	163.00	36.30	---	199.30	**251.00**
With tar	Inst	Sq	Lg	RS	.656	73.16	169.00	30.80	---	199.80	**249.00**
	Inst	Sq	Sm	RS	.774	62.00	186.00	36.30	---	222.30	**278.00**

Nail one and mop in two 15 lb felt plies, plus smooth top mop coat

Description	Oper	Unit	Vol	Crew Size	Man-hours per Unit	Crew Output per Day	Avg Mat'l Unit Cost	Avg Labor Unit Cost	Avg Equip Unit Cost	Avg Total Unit Cost	Avg Price Incl O&P
With asphalt	Inst	Sq	Lg	RS	1.51	31.86	85.10	70.90	---	156.00	**208.00**
	Inst	Sq	Sm	RS	1.78	27.00	93.30	83.60	---	176.90	**237.00**
With tar	Inst	Sq	Lg	RS	1.51	31.86	132.00	70.90	---	202.90	**264.00**
	Inst	Sq	Sm	RS	1.78	27.00	145.00	83.60	---	228.60	**299.00**

Nail one and mop in two 15 lb felt plies, plus mop in and distribute gravel

Description	Oper	Unit	Vol	Crew Size	Man-hours per Unit	Crew Output per Day	Avg Mat'l Unit Cost	Avg Labor Unit Cost	Avg Equip Unit Cost	Avg Total Unit Cost	Avg Price Incl O&P
With asphalt	Inst	Sq	Lg	RS	1.94	24.78	106.00	91.10	---	197.10	**264.00**
	Inst	Sq	Sm	RS	2.29	21.00	116.00	107.00	---	223.00	**300.00**
With tar	Inst	Sq	Lg	RS	1.94	24.78	162.00	91.10	---	253.10	**331.00**
	Inst	Sq	Sm	RS	2.29	21.00	177.00	107.00	---	284.00	**374.00**

Nail one and mop in three 15 lb felt plies, plus mop in and distribute gravel

Description	Oper	Unit	Vol	Crew Size	Man-hours per Unit	Crew Output per Day	Avg Mat'l Unit Cost	Avg Labor Unit Cost	Avg Equip Unit Cost	Avg Total Unit Cost	Avg Price Incl O&P
With asphalt	Inst	Sq	Lg	RS	2.39	20.06	127.00	112.00	---	239.00	**320.00**
	Inst	Sq	Sm	RS	2.82	17.00	138.00	132.00	---	270.00	**364.00**
With tar	Inst	Sq	Lg	RS	2.39	20.06	192.00	112.00	---	304.00	**399.00**
	Inst	Sq	Sm	RS	2.82	17.00	210.00	132.00	---	342.00	**451.00**

Nail one and mop in four 15 lb plies, plus mop in and distribute gravel

Description	Oper	Unit	Vol	Crew Size	Man-hours per Unit	Crew Output per Day	Avg Mat'l Unit Cost	Avg Labor Unit Cost	Avg Equip Unit Cost	Avg Total Unit Cost	Avg Price Incl O&P
With asphalt	Inst	Sq	Lg	RS	2.71	17.70	147.00	127.00	---	274.00	**367.00**
	Inst	Sq	Sm	RS	3.20	15.00	161.00	150.00	---	311.00	**418.00**
With tar	Inst	Sq	Lg	RS	2.71	17.70	222.00	127.00	---	349.00	**458.00**
	Inst	Sq	Sm	RS	3.20	15.00	243.00	150.00	---	393.00	**517.00**

Tile, clay or concrete

Demo tile over wood

Description	Oper	Unit	Vol	Crew Size	Man-hours per Unit	Crew Output per Day	Avg Mat'l Unit Cost	Avg Labor Unit Cost	Avg Equip Unit Cost	Avg Total Unit Cost	Avg Price Incl O&P
2 piece (interlocking)	Demo	Sq	Lg	LB	1.69	9.44	---	63.20	---	63.20	**94.80**
	Demo	Sq	Sm	LB	2.00	8.00	---	74.80	---	74.80	**112.00**
1 piece	Demo	Sq	Lg	LB	1.51	10.62	---	56.50	---	56.50	**84.70**
	Demo	Sq	Sm	LB	1.78	9.00	---	66.60	---	66.60	**99.90**

Install tile over wood; includes felt

2 piece (interlocking)

Description	Oper	Unit	Vol	Crew Size	Man-hours per Unit	Crew Output per Day	Avg Mat'l Unit Cost	Avg Labor Unit Cost	Avg Equip Unit Cost	Avg Total Unit Cost	Avg Price Incl O&P
Red	Inst	Sq	Lg	RG	5.08	4.72	851.00	231.00	---	1082.00	**1370.00**
	Inst	Sq	Sm	RG	6.00	4.00	938.00	272.00	---	1210.00	**1530.00**
Other colors	Inst	Sq	Lg	RG	5.08	4.72	1060.00	231.00	---	1291.00	**1620.00**
	Inst	Sq	Sm	RG	6.00	4.00	1170.00	272.00	---	1442.00	**1810.00**

Tile shingles

Description	Oper	Unit	Vol	Crew Size	Man-hours per Unit	Crew Output per Day	Avg Mat'l Unit Cost	Avg Labor Unit Cost	Avg Equip Unit Cost	Avg Total Unit Cost	Avg Price Incl O&P
Mission	Inst	Sq	Lg	RG	4.07	5.90	554.00	185.00	---	739.00	**942.00**
	Inst	Sq	Sm	RG	4.8	5.00	611.00	218.00	---	829.00	**1060.00**
Spanish	Inst	Sq	Lg	RG	4.07	5.90	687.00	185.00	---	872.00	**1100.00**
	Inst	Sq	Sm	RG	4.8	5.00	757.00	218.00	---	975.00	**1240.00**

Roofing, mineral surfaced roll

Description	Oper	Unit	Vol	Crew Size	Man-hours per Unit	Crew Output per Day	Avg Mat'l Unit Cost	Avg Labor Unit Cost	Avg Equip Unit Cost	Avg Total Unit Cost	Avg Price Incl O&P

Mineral surfaced roll

Single coverage 90 lb/sq roll, with 6" end lap and 2" head lap

Description	Oper	Unit	Vol	Crew Size	MH/Unit	Output/Day	Mat'l	Labor	Equip	Total	O&P
	Demo	Sq	Lg	LB	.424	37.76	---	15.90	---	15.90	**23.80**
	Demo	Sq	Sm	LB	.500	32.00	---	18.70	---	18.70	**28.10**

Single coverage roll on

Plain gable over

Existing roofing with

Description	Oper	Unit	Vol	Crew Size	MH/Unit	Output/Day	Mat'l	Labor	Equip	Total	O&P
Nails concealed	Inst	Sq	Lg	2R	.590	27.14	130.00	29.10	---	159.10	**199.00**
	Inst	Sq	Sm	2R	.696	23.00	143.00	34.40	---	177.40	**223.00**
Nails exposed	Inst	Sq	Lg	2R	.542	29.50	118.00	26.80	---	144.80	**181.00**
	Inst	Sq	Sm	2R	.640	25.00	130.00	31.60	---	161.60	**203.00**

Wood deck with

Description	Oper	Unit	Vol	Crew Size	MH/Unit	Output/Day	Mat'l	Labor	Equip	Total	O&P
Nails concealed	Inst	Sq	Lg	2R	.616	25.96	133.00	30.40	---	163.40	**205.00**
	Inst	Sq	Sm	2R	.727	22.00	147.00	35.90	---	182.90	**230.00**
Nails exposed	Inst	Sq	Lg	2R	.565	28.32	121.00	27.90	---	148.90	**187.00**
	Inst	Sq	Sm	2R	.667	24.00	133.00	32.90	---	165.90	**210.00**

Plain hip over

Existing roofing with

Description	Oper	Unit	Vol	Crew Size	MH/Unit	Output/Day	Mat'l	Labor	Equip	Total	O&P
Nails concealed	Inst	Sq	Lg	2R	.616	25.96	133.00	30.40	---	163.40	**205.00**
	Inst	Sq	Sm	2R	.727	22.00	147.00	35.90	---	182.90	**230.00**
Nails exposed	Inst	Sq	Lg	2R	.565	28.32	121.00	27.90	---	148.90	**187.00**
	Inst	Sq	Sm	2R	.667	24.00	133.00	32.90	---	165.90	**210.00**

Wood deck with

Description	Oper	Unit	Vol	Crew Size	MH/Unit	Output/Day	Mat'l	Labor	Equip	Total	O&P
Nails concealed	Inst	Sq	Lg	2R	.678	23.60	136.00	33.50	---	169.50	**213.00**
	Inst	Sq	Sm	2R	.80	20.00	150.00	39.50	---	189.50	**239.00**
Nails exposed	Inst	Sq	Lg	2R	.590	27.14	123.00	29.10	---	152.10	**192.00**
	Inst	Sq	Sm	2R	.696	23.00	136.00	34.40	---	170.40	**215.00**

Double coverage selvage roll, with 19" lap and 17" exposure

Description	Oper	Unit	Vol	Crew Size	MH/Unit	Output/Day	Mat'l	Labor	Equip	Total	O&P
	Demo	Sq	Lg	LB	.616	25.96	---	23.00	---	23.00	**34.60**
	Demo	Sq	Sm	LB	.727	22.00	---	27.20	---	27.20	**40.80**

Double coverage selvage roll, with 19" lap and 17" exposure (2 rolls/sq)

Plain gable over

Wood deck with nails exposed

Description	Oper	Unit	Vol	Crew Size	MH/Unit	Output/Day	Mat'l	Labor	Equip	Total	O&P
	Inst	Sq	Lg	2R	0.97	16.52	271.00	47.90	---	318.90	**397.00**
	Inst	Sq	Sm	2R	1.14	14.00	298.00	56.30	---	354.30	**443.00**

Related materials and operations

Starter strips (36' L rolls) along eaves and up rakes and gable ends on new roofing over wood decks

Description	Oper	Unit	Vol	Crew Size	MH/Unit	Output/Day	Mat'l	Labor	Equip	Total	O&P
9" W	Inst	LF	Lg	---	---	---	.74	---	---	.74	**.89**
	Inst	LF	Sm	---	---	---	.81	---	---	.81	**.97**
12" W	Inst	LF	Lg	---	---	---	.88	---	---	.88	**1.06**
	Inst	LF	Sm	---	---	---	.97	---	---	.97	**1.16**
18" W	Inst	LF	Lg	---	---	---	1.03	---	---	1.03	**1.24**
	Inst	LF	Sm	---	---	---	1.13	---	---	1.13	**1.36**
24" W	Inst	LF	Lg	---	---	---	1.18	---	---	1.18	**1.42**
	Inst	LF	Sm	---	---	---	1.30	---	---	1.30	**1.56**

Description	Oper	Unit	Vol	Crew Size	Man-hours per Unit	Crew Output per Day	Avg Mat'l Unit Cost	Avg Labor Unit Cost	Avg Equip Unit Cost	Avg Total Unit Cost	Avg Price Incl O&P

Wood

Shakes

24" L with 10" exposure

Description	Oper	Unit	Vol	Crew Size	MH/Unit	Output/Day	Mat'l	Labor	Equip	Total	Price O&P
1/2" to 3/4" T	Demo	Sq	Lg	LB	.542	29.50	---	20.30	---	20.30	**30.40**
	Demo	Sq	Sm	LB	.640	25.00	---	23.90	---	23.90	**35.90**
3/4" to 5/4" T	Demo	Sq	Lg	LB	.603	26.55	---	22.60	---	22.60	**33.80**
	Demo	Sq	Sm	LB	.711	22.50	---	26.60	---	26.60	**39.90**

Shakes, over wood deck; 2 nails/shake, 24" L with 10" exp., 6" W (avg.), red cedar, sawn one side

Gable

Description	Oper	Unit	Vol	Crew Size	MH/Unit	Output/Day	Mat'l	Labor	Equip	Total	Price O&P
1/2" to 3/4" T	Inst	Sq	Lg	RQ	1.55	14.87	790.00	73.50	---	863.50	**1060.00**
	Inst	Sq	Sm	RQ	1.83	12.60	870.00	86.80	---	956.80	**1170.00**
3/4" to 5/4" T	Inst	Sq	Lg	RQ	1.73	13.33	1270.00	82.10	---	1352.10	**1640.00**
	Inst	Sq	Sm	RQ	2.04	11.30	1400.00	96.80	---	1496.80	**1820.00**

Gable with dormers

Description	Oper	Unit	Vol	Crew Size	MH/Unit	Output/Day	Mat'l	Labor	Equip	Total	Price O&P
1/2" to 3/4" T	Inst	Sq	Lg	RQ	1.62	14.16	805.00	76.90	---	881.90	**1080.00**
	Inst	Sq	Sm	RQ	1.92	12.00	887.00	91.10	---	978.10	**1200.00**
3/4" to 5/4" T	Inst	Sq	Lg	RQ	1.82	12.63	1290.00	86.30	---	1376.30	**1680.00**
	Inst	Sq	Sm	RQ	2.15	10.70	1420.00	102.00	---	1522.00	**1860.00**

Gable with valleys

Description	Oper	Unit	Vol	Crew Size	MH/Unit	Output/Day	Mat'l	Labor	Equip	Total	Price O&P
1/2" to 3/4" T	Inst	Sq	Lg	RQ	1.62	14.16	805.00	76.90	---	881.90	**1080.00**
	Inst	Sq	Sm	RQ	1.92	12.00	887.00	91.10	---	978.10	**1200.00**
3/4" to 5/4" T	Inst	Sq	Lg	RQ	1.82	12.63	1290.00	86.30	---	1376.30	**1680.00**
	Inst	Sq	Sm	RQ	2.15	10.70	1420.00	102.00	---	1522.00	**1860.00**

Hip

Description	Oper	Unit	Vol	Crew Size	MH/Unit	Output/Day	Mat'l	Labor	Equip	Total	Price O&P
1/2" to 3/4" T	Inst	Sq	Lg	RQ	1.62	14.16	805.00	76.90	---	881.90	**1080.00**
	Inst	Sq	Sm	RQ	1.92	12.00	887.00	91.10	---	978.10	**1200.00**
3/4" to 5/4" T	Inst	Sq	Lg	RQ	1.82	12.63	1290.00	86.30	---	1376.30	**1680.00**
	Inst	Sq	Sm	RQ	2.15	10.70	1420.00	102.00	---	1522.00	**1860.00**

Hip with valleys

Description	Oper	Unit	Vol	Crew Size	MH/Unit	Output/Day	Mat'l	Labor	Equip	Total	Price O&P
1/2" to 3/4" T	Inst	Sq	Lg	RQ	1.73	13.33	820.00	82.10	---	902.10	**1110.00**
	Inst	Sq	Sm	RQ	2.04	11.30	903.00	96.80	---	999.80	**1230.00**
3/4" to 5/4" T	Inst	Sq	Lg	RQ	1.91	12.04	1310.00	90.60	---	1400.60	**1710.00**
	Inst	Sq	Sm	RQ	2.25	10.20	1450.00	107.00	---	1557.00	**1900.00**

Related materials and operations

Ridge/hip units, 10" W with 10" exp., 20 pieces / bundle

Description	Oper	Unit	Vol	Crew Size	MH/Unit	Output/Day	Mat'l	Labor	Equip	Total	Price O&P
	Inst	LF	Lg	RJ	.015	1062.0	1.78	.78	---	2.56	**3.30**
	Inst	LF	Sm	RJ	.018	900.0	1.96	.93	---	2.89	**3.75**

Roll valley, galvanized, unpainted, 28 gauge, 50' L rolls

Description	Oper	Unit	Vol	Crew Size	MH/Unit	Output/Day	Mat'l	Labor	Equip	Total	Price O&P
14" W	Inst	LF	Lg	UA	.056	141.6	3.71	2.78	---	6.49	**8.62**
	Inst	LF	Sm	UA	.067	120.00	4.09	3.33	---	7.42	**9.90**
20" W	Inst	LF	Lg	UA	.056	141.6	4.64	2.78	---	7.42	**9.74**
	Inst	LF	Sm	UA	.067	120.00	5.12	3.33	---	8.45	**11.10**

Rosin sized sheathing paper 36" W, 500 SF/roll; nailed

Description	Oper	Unit	Vol	Crew Size	MH/Unit	Output/Day	Mat'l	Labor	Equip	Total	Price O&P
Over open sheathing	Inst	Sq	Lg	RJ	.143	112.10	5.75	7.41	---	13.16	**18.00**
	Inst	Sq	Sm	RJ	.168	95.00	6.33	8.71	---	15.04	**20.70**
Over solid sheathing	Inst	Sq	Lg	RJ	.097	165.2	5.75	5.03	---	10.78	**14.40**
	Inst	Sq	Sm	RJ	.114	140.0	6.33	5.91	---	12.24	**16.50**

Roofing, shingles, red cedar

Description	Oper	Unit	Vol	Crew Size	Man-hours per Unit	Crew Output per Day	Avg Mat'l Unit Cost	Avg Labor Unit Cost	Avg Equip Unit Cost	Avg Total Unit Cost	Avg Price Incl O&P
Shingles											
16" L with 5" exposure	Demo	Sq	Lg	LB	1.13	14.16	---	42.30	---	42.30	**63.40**
	Demo	Sq	Sm	LB	1.33	12.00	---	49.70	---	49.70	**74.60**
18" L with 5-1/2" exposure	Demo	Sq	Lg	LB	1.08	14.87	---	40.40	---	40.40	**60.60**
	Demo	Sq	Sm	LB	1.27	12.60	---	47.50	---	47.50	**71.30**
24" L with 7-1/2" exposure	Demo	Sq	Lg	LB	.753	21.24	---	28.20	---	28.20	**42.20**
	Demo	Sq	Sm	LB	0.89	18.00	---	33.30	---	33.30	**49.90**

Shingles, red cedar, No. 1 perfect, 4" W (avg.), 2 nails per shingle
Over existing roofing materials on

Description	Oper	Unit	Vol	Crew Size	Man-hours per Unit	Crew Output per Day	Avg Mat'l Unit Cost	Avg Labor Unit Cost	Avg Equip Unit Cost	Avg Total Unit Cost	Avg Price Incl O&P
Gable, plain											
16" L with 5" exposure	Inst	Sq	Lg	RM	3.03	6.61	833.00	148.00	---	981.00	**1220.00**
	Inst	Sq	Sm	RM	3.57	5.60	918.00	175.00	---	1093.00	**1360.00**
18" L with 5-1/2" exposure	Inst	Sq	Lg	RM	2.73	7.32	929.00	134.00	---	1063.00	**1320.00**
	Inst	Sq	Sm	RM	3.23	6.20	1020.00	158.00	---	1178.00	**1470.00**
24" L with 7-1/2" exposure	Inst	Sq	Lg	RM	1.97	10.15	867.00	96.40	---	963.40	**1190.00**
	Inst	Sq	Sm	RM	2.33	8.60	955.00	114.00	---	1069.00	**1320.00**
Gable with dormers											
16" L with 5" exposure	Inst	Sq	Lg	RM	3.14	6.37	841.00	154.00	---	995.00	**1240.00**
	Inst	Sq	Sm	RM	3.70	5.40	927.00	181.00	---	1108.00	**1380.00**
18" L with 5-1/2" exposure	Inst	Sq	Lg	RM	2.82	7.08	938.00	138.00	---	1076.00	**1330.00**
	Inst	Sq	Sm	RM	3.33	6.00	1030.00	163.00	---	1193.00	**1480.00**
24" L with 7-1/2" exposure	Inst	Sq	Lg	RM	2.69	7.43	875.00	132.00	---	1007.00	**1250.00**
	Inst	Sq	Sm	RM	3.17	6.30	964.00	155.00	---	1119.00	**1390.00**
Gable with intersecting roofs											
16" L with 5" exposure	Inst	Sq	Lg	RM	3.14	6.37	841.00	154.00	---	995.00	**1240.00**
	Inst	Sq	Sm	RM	3.70	5.40	927.00	181.00	---	1108.00	**1380.00**
18" L with 5-1/2" exposure	Inst	Sq	Lg	RM	2.82	7.08	938.00	138.00	---	1076.00	**1330.00**
	Inst	Sq	Sm	RM	3.33	6.00	1030.00	163.00	---	1193.00	**1480.00**
24" L with 7-1/2" exposure	Inst	Sq	Lg	RM	2.69	7.43	875.00	132.00	---	1007.00	**1250.00**
	Inst	Sq	Sm	RM	3.17	6.30	964.00	155.00	---	1119.00	**1390.00**
Gable with dormers & intersecting roofs											
16" L with 5" exposure	Inst	Sq	Lg	RM	3.26	6.14	856.00	160.00	---	1016.00	**1270.00**
	Inst	Sq	Sm	RM	3.85	5.20	943.00	188.00	---	1131.00	**1410.00**
18" L with 5-1/2" exposure	Inst	Sq	Lg	RM	2.92	6.84	954.00	143.00	---	1097.00	**1360.00**
	Inst	Sq	Sm	RM	3.45	5.80	1050.00	169.00	---	1219.00	**1520.00**
24" L with 7-1/2" exposure	Inst	Sq	Lg	RM	2.09	9.56	890.00	102.00	---	992.00	**1220.00**
	Inst	Sq	Sm	RM	2.47	8.10	981.00	121.00	---	1102.00	**1360.00**
Hip, plain											
16" L with 5" exposure	Inst	Sq	Lg	RM	3.14	6.37	841.00	154.00	---	995.00	**1240.00**
	Inst	Sq	Sm	RM	3.70	5.40	927.00	181.00	---	1108.00	**1380.00**
18" L with 5-1/2" exposure	Inst	Sq	Lg	RM	2.82	7.08	938.00	138.00	---	1076.00	**1330.00**
	Inst	Sq	Sm	RM	3.33	6.00	1030.00	163.00	---	1193.00	**1480.00**
24" L with 7-1/2" exposure	Inst	Sq	Lg	RM	2.04	9.79	875.00	99.90	---	974.90	**1200.00**
	Inst	Sq	Sm	RM	2.41	8.30	964.00	118.00	---	1082.00	**1330.00**

Description	Oper	Unit	Vol	Crew Size	Man-hours per Unit	Crew Output per Day	Avg Mat'l Unit Cost	Avg Labor Unit Cost	Avg Equip Unit Cost	Avg Total Unit Cost	Avg Price Incl O&P
Hip with dormers											
16" L with 5" exposure	Inst	Sq	Lg	RM	3.26	6.14	848.00	160.00	---	1008.00	**1260.00**
	Inst	Sq	Sm	RM	3.85	5.20	935.00	188.00	---	1123.00	**1400.00**
18" L with 5-1/2" exposure	Inst	Sq	Lg	RM	2.97	6.73	946.00	145.00	---	1091.00	**1350.00**
	Inst	Sq	Sm	RM	3.51	5.70	1040.00	172.00	---	1212.00	**1510.00**
24" L with 7-1/2" exposure	Inst	Sq	Lg	RM	2.15	9.32	882.00	105.00	---	987.00	**1220.00**
	Inst	Sq	Sm	RM	2.53	7.90	972.00	124.00	---	1096.00	**1350.00**
Hip with intersecting roofs											
16" L with 5" exposure	Inst	Sq	Lg	RM	3.26	6.14	848.00	160.00	---	1008.00	**1260.00**
	Inst	Sq	Sm	RM	3.85	5.20	935.00	188.00	---	1123.00	**1400.00**
18" L with 5-1/2" exposure	Inst	Sq	Lg	RM	2.97	6.73	946.00	145.00	---	1091.00	**1350.00**
	Inst	Sq	Sm	RM	3.51	5.70	1040.00	172.00	---	1212.00	**1510.00**
24" L with 7-1/2" exposure	Inst	Sq	Lg	RM	2.15	9.32	882.00	105.00	---	987.00	**1220.00**
	Inst	Sq	Sm	RM	2.53	7.90	972.00	124.00	---	1096.00	**1350.00**
Hip with dormers & intersecting roofs											
16" L with 5" exposure	Inst	Sq	Lg	RM	3.39	5.90	863.00	166.00	---	1029.00	**1280.00**
	Inst	Sq	Sm	RM	4.00	5.00	951.00	196.00	---	1147.00	**1440.00**
18" L with 5-1/2" exposure	Inst	Sq	Lg	RM	3.08	6.49	963.00	151.00	---	1114.00	**1380.00**
	Inst	Sq	Sm	RM	3.64	5.50	1060.00	178.00	---	1238.00	**1540.00**
24" L with 7-1/2" exposure	Inst	Sq	Lg	RM	2.20	9.09	898.00	108.00	---	1006.00	**1240.00**
	Inst	Sq	Sm	RM	2.60	7.70	990.00	127.00	---	1117.00	**1380.00**

Over wood decks on

Gable, plain

Description	Oper	Unit	Vol	Crew Size	Man-hours per Unit	Crew Output per Day	Avg Mat'l Unit Cost	Avg Labor Unit Cost	Avg Equip Unit Cost	Avg Total Unit Cost	Avg Price Incl O&P
16" L with 5" exposure	Inst	Sq	Lg	RM	2.82	7.08	825.00	138.00	---	963.00	**1200.00**
	Inst	Sq	Sm	RM	3.33	6.00	909.00	163.00	---	1072.00	**1340.00**
18" L with 5-1/2" exposure	Inst	Sq	Lg	RM	2.57	7.79	921.00	126.00	---	1047.00	**1290.00**
	Inst	Sq	Sm	RM	3.03	6.60	1020.00	148.00	---	1168.00	**1440.00**
24" L with 7-1/2" exposure	Inst	Sq	Lg	RM	1.88	10.62	860.00	92.00	---	952.00	**1170.00**
	Inst	Sq	Sm	RM	2.22	9.00	948.00	109.00	---	1057.00	**1300.00**
Gable with dormers											
16" L with 5" exposure	Inst	Sq	Lg	RM	2.92	6.84	832.00	143.00	---	975.00	**1210.00**
	Inst	Sq	Sm	RM	3.45	5.80	917.00	169.00	---	1086.00	**1350.00**
18" L with 5-1/2" exposure	Inst	Sq	Lg	RM	2.65	7.55	930.00	130.00	---	1060.00	**1310.00**
	Inst	Sq	Sm	RM	3.13	6.40	1020.00	153.00	---	1173.00	**1460.00**
24" L with 7-1/2" exposure	Inst	Sq	Lg	RM	1.95	10.27	868.00	95.50	---	963.50	**1180.00**
	Inst	Sq	Sm	RM	2.30	8.70	956.00	113.00	---	1069.00	**1320.00**
Gable with intersecting roofs											
16" L with 5" exposure	Inst	Sq	Lg	RM	2.92	6.84	832.00	143.00	---	975.00	**1210.00**
	Inst	Sq	Sm	RM	3.45	5.80	917.00	169.00	---	1086.00	**1350.00**
18" L with 5-1/2" exposure	Inst	Sq	Lg	RM	2.65	7.55	930.00	130.00	---	1060.00	**1310.00**
	Inst	Sq	Sm	RM	3.13	6.40	1020.00	153.00	---	1173.00	**1460.00**
24" L with 7-1/2" exposure	Inst	Sq	Lg	RM	1.95	10.27	868.00	95.50	---	963.50	**1180.00**
	Inst	Sq	Sm	RM	2.30	8.70	956.00	113.00	---	1069.00	**1320.00**

Roofing, shingles over wood decks

Description	Oper	Unit	Vol	Crew Size	Man-hours per Unit	Crew Output per Day	Avg Mat'l Unit Cost	Avg Labor Unit Cost	Avg Equip Unit Cost	Avg Total Unit Cost	Avg Price Incl O&P
Gable with dormers & intersecting roofs											
16" L with 5" exposure	Inst	Sq	Lg	RM	3.03	6.61	847.00	148.00	---	995.00	**1240.00**
	Inst	Sq	Sm	RM	3.57	5.60	933.00	175.00	---	1108.00	**1380.00**
18" L with 5-1/2" exposure	Inst	Sq	Lg	RM	2.73	7.32	946.00	134.00	---	1080.00	**1340.00**
	Inst	Sq	Sm	RM	3.23	6.20	1040.00	158.00	---	1198.00	**1490.00**
24" L with 7-1/2" exposure	Inst	Sq	Lg	RM	1.99	10.03	883.00	97.40	---	980.40	**1210.00**
	Inst	Sq	Sm	RM	2.35	8.50	973.00	115.00	---	1088.00	**1340.00**
Hip, plain											
16" L with 5" exposure	Inst	Sq	Lg	RM	2.92	6.84	832.00	143.00	---	975.00	**1210.00**
	Inst	Sq	Sm	RM	3.45	5.80	917.00	169.00	---	1086.00	**1350.00**
18" L with 5-1/2" exposure	Inst	Sq	Lg	RM	2.65	7.55	930.00	130.00	---	1060.00	**1310.00**
	Inst	Sq	Sm	RM	3.13	6.40	1020.00	153.00	---	1173.00	**1460.00**
24" L with 7-1/2" exposure	Inst	Sq	Lg	RM	1.95	10.27	868.00	95.50	---	963.50	**1180.00**
	Inst	Sq	Sm	RM	2.30	8.70	956.00	113.00	---	1069.00	**1320.00**
Hip with dormers											
16" L with 5" exposure	Inst	Sq	Lg	RM	3.03	6.61	840.00	148.00	---	988.00	**1230.00**
	Inst	Sq	Sm	RM	3.57	5.60	925.00	175.00	---	1100.00	**1370.00**
18" L with 5-1/2" exposure	Inst	Sq	Lg	RM	2.78	7.20	938.00	136.00	---	1074.00	**1330.00**
	Inst	Sq	Sm	RM	3.28	6.10	1030.00	161.00	---	1191.00	**1480.00**
24" L with 7-1/2" exposure	Inst	Sq	Lg	RM	2.04	9.79	875.00	99.90	---	974.90	**1200.00**
	Inst	Sq	Sm	RM	2.41	8.30	965.00	118.00	---	1083.00	**1330.00**
Hip with intersecting roofs											
16" L with 5" exposure	Inst	Sq	Lg	RM	3.03	6.61	840.00	148.00	---	988.00	**1230.00**
	Inst	Sq	Sm	RM	3.57	5.60	925.00	175.00	---	1100.00	**1370.00**
18" L with 5-1/2" exposure	Inst	Sq	Lg	RM	2.78	7.20	938.00	136.00	---	1074.00	**1330.00**
	Inst	Sq	Sm	RM	3.28	6.10	1030.00	161.00	---	1191.00	**1480.00**
24" L with 7-1/2" exposure	Inst	Sq	Lg	RM	2.04	9.79	875.00	99.90	---	974.90	**1200.00**
	Inst	Sq	Sm	RM	2.41	8.30	965.00	118.00	---	1083.00	**1330.00**
Hip with dormers & intersecting roofs											
16" L with 5" exposure	Inst	Sq	Lg	RM	3.14	6.37	854.00	154.00	---	1008.00	**1260.00**
	Inst	Sq	Sm	RM	3.70	5.40	942.00	181.00	---	1123.00	**1400.00**
18" L with 5-1/2" exposure	Inst	Sq	Lg	RM	2.87	6.96	955.00	140.00	---	1095.00	**1360.00**
	Inst	Sq	Sm	RM	3.39	5.90	1050.00	166.00	---	1216.00	**1510.00**
24" L with 7-1/2" exposure	Inst	Sq	Lg	RM	2.09	9.56	891.00	102.00	---	993.00	**1220.00**
	Inst	Sq	Sm	RM	2.47	8.10	982.00	121.00	---	1103.00	**1360.00**

Description	Oper	Unit	Vol	Crew Size	Man-hours per Unit	Crew Output per Day	Avg Mat'l Unit Cost	Avg Labor Unit Cost	Avg Equip Unit Cost	Avg Total Unit Cost	Avg Price Incl O&P

Related materials and operations

Ridge/hip units, 40 pieces / bundle
  Over existing roofing

Description	Oper	Unit	Vol	Crew Size	Man-hrs/Unit	Crew Output/Day	Mat'l	Labor	Equip	Total	O&P
5" exposure	Inst	LF	Lg	RJ	.024	660.8	12.30	1.24	---	13.54	**16.60**
	Inst	LF	Sm	RJ	.029	560.0	13.60	1.50	---	15.10	**18.50**
5-1/2" exposure	Inst	LF	Lg	RJ	.023	696.2	12.30	1.19	---	13.49	**16.60**
	Inst	LF	Sm	RJ	.027	590.0	13.60	1.40	---	15.00	**18.40**
7-1/2" exposure	Inst	LF	Lg	RJ	.019	826.0	10.30	.98	---	11.28	**13.80**
	Inst	LF	Sm	RJ	.023	700.0	11.30	1.19	---	12.49	**15.40**

Over wood decks

Description	Oper	Unit	Vol	Crew Size	Man-hrs/Unit	Crew Output/Day	Mat'l	Labor	Equip	Total	O&P
5" exposure	Inst	LF	Lg	RJ	.023	708.0	12.30	1.19	---	13.49	**16.60**
	Inst	LF	Sm	RJ	.027	600.0	13.60	1.40	---	15.00	**18.40**
5-1/2" exposure	Inst	LF	Lg	RJ	.022	743.4	12.30	1.14	---	13.44	**16.50**
	Inst	LF	Sm	RJ	.025	630.0	13.60	1.30	---	14.90	**18.20**
7-1/2" exposure	Inst	LF	Lg	RJ	.018	885.0	10.30	.93	---	11.23	**13.70**
	Inst	LF	Sm	RJ	.021	750.0	11.30	1.09	---	12.39	**15.20**

Roll valley, galvanized, 28 gauge 50' L rolls, unpainted

Description	Oper	Unit	Vol	Crew Size	Man-hrs/Unit	Crew Output/Day	Mat'l	Labor	Equip	Total	O&P
18" W	Inst	LF	Lg	UA	.056	141.6	3.71	2.78	---	6.49	**8.62**
	Inst	LF	Sm	UA	.067	120.00	4.09	3.33	---	7.42	**9.90**
24" W	Inst	LF	Lg	UA	.056	141.6	4.64	2.78	---	7.42	**9.74**
	Inst	LF	Sm	UA	.067	120.00	5.12	3.33	---	8.45	**11.10**

Rosin sized sheathing paper, 36" W, 500 SF/roll; nailed

Description	Oper	Unit	Vol	Crew Size	Man-hrs/Unit	Crew Output/Day	Mat'l	Labor	Equip	Total	O&P
Over open sheathing	Inst	Sq	Lg	RJ	.143	112.10	5.75	7.41	---	13.16	**18.00**
	Inst	Sq	Sm	RJ	.168	95.00	6.33	8.71	---	15.04	**20.70**
Over solid sheathing	Inst	Sq	Lg	RJ	.097	165.2	5.75	5.03	---	10.78	**14.40**
	Inst	Sq	Sm	RJ	.114	140.0	6.33	5.91	---	12.24	**16.50**
For No. 2 (red label) grade											
DEDUCT	Inst	%	Lg	---	---	---	-10.0	---	---	---	---
	Inst	%	Sm	---	---	---	-10.0	---	---	---	---

Sheathing. See Framing, page 208

Sheet metal

Description	Oper	Unit	Vol	Crew Size	Man-hours per Unit	Crew Output per Day	Avg Mat'l Unit Cost	Avg Labor Unit Cost	Avg Equip Unit Cost	Avg Total Unit Cost	Avg Price Incl O&P

Access panel, ceiling or wall
Metal, flush, 14 ga.

Description	Oper	Unit	Vol	Crew Size	Man-hours per Unit	Crew Output per Day	Avg Mat'l Unit Cost	Avg Labor Unit Cost	Avg Equip Unit Cost	Avg Total Unit Cost	Avg Price Incl O&P
18" x 18" x 1" frame	Inst	Ea	Lg	UB	1.600	10.00	61.70	79.40	---	141.10	**193.00**
	Inst	Ea	Sm	UB	2.000	8.00	68.00	99.30	---	167.30	**230.00**

Attic vent, gable end
Fixed louvers
Metal, painted

Description	Oper	Unit	Vol	Crew Size	Man-hours per Unit	Crew Output per Day	Avg Mat'l Unit Cost	Avg Labor Unit Cost	Avg Equip Unit Cost	Avg Total Unit Cost	Avg Price Incl O&P
12" x 12"	Inst	Ea	Lg	UB	2.000	8.00	14.60	99.30	---	113.90	**166.00**
	Inst	Ea	Sm	UB	2.500	6.40	16.00	124.00	---	140.00	**205.00**
12" x 18"	Inst	Ea	Lg	UB	2.000	8.00	20.10	99.30	---	119.40	**173.00**
	Inst	Ea	Sm	UB	2.500	6.40	22.10	124.00	---	146.10	**213.00**
14" x 24"	Inst	Ea	Lg	UB	2.000	8.00	27.40	99.30	---	126.70	**182.00**
	Inst	Ea	Sm	UB	2.500	6.40	30.20	124.00	---	154.20	**222.00**
30" x 30"	Inst	Ea	Lg	UB	2.667	6.00	58.00	132.00	---	190.00	**268.00**
	Inst	Ea	Sm	UB	3.333	4.80	63.90	165.00	---	228.90	**325.00**

Vinyl

Description	Oper	Unit	Vol	Crew Size	Man-hours per Unit	Crew Output per Day	Avg Mat'l Unit Cost	Avg Labor Unit Cost	Avg Equip Unit Cost	Avg Total Unit Cost	Avg Price Incl O&P
12" x 12"	Inst	Ea	Lg	UB	2.000	8.00	36.40	99.30	---	135.70	**193.00**
	Inst	Ea	Sm	UB	2.500	6.40	40.10	124.00	---	164.10	**234.00**
12" x 18"	Inst	Ea	Lg	UB	2.000	8.00	57.50	99.30	---	156.80	**218.00**
	Inst	Ea	Sm	UB	2.500	6.40	63.40	124.00	---	187.40	**262.00**
14" x 24"	Inst	Ea	Lg	UB	2.000	8.00	87.40	99.30	---	186.70	**254.00**
	Inst	Ea	Sm	UB	2.500	6.40	96.30	124.00	---	220.30	**302.00**
30" x 30"	Inst	Ea	Lg	UB	2.667	6.00	127.00	132.00	---	259.00	**351.00**
	Inst	Ea	Sm	UB	3.333	4.80	140.00	165.00	---	305.00	**416.00**
30" x 30", deluxe	Inst	Ea	Lg	UB	2.667	6.00	193.00	132.00	---	325.00	**430.00**
	Inst	Ea	Sm	UB	3.333	4.80	213.00	165.00	---	378.00	**504.00**

Variable louvers for exhaust fan
Stainless steel

Description	Oper	Unit	Vol	Crew Size	Man-hours per Unit	Crew Output per Day	Avg Mat'l Unit Cost	Avg Labor Unit Cost	Avg Equip Unit Cost	Avg Total Unit Cost	Avg Price Incl O&P
30" x 30"	Inst	Ea	Lg	UB	2.667	6.00	96.60	132.00	---	228.60	**314.00**
	Inst	Ea	Sm	UB	3.333	4.80	106.00	165.00	---	271.00	**376.00**

Clothes dryer vent, exterior duct cover
Metal or plastic
See page 349 for flue piping

Description	Oper	Unit	Vol	Crew Size	Man-hours per Unit	Crew Output per Day	Avg Mat'l Unit Cost	Avg Labor Unit Cost	Avg Equip Unit Cost	Avg Total Unit Cost	Avg Price Incl O&P
Detach & reset, any size	D&R	Ea	Lg	UA	1.000	8.00	---	49.60	---	49.60	**74.50**
	D&R	Ea	Sm	UA	1.333	6.00	---	66.20	---	66.20	**99.30**
3" diameter	Inst	Ea	Lg	UA	.667	12.00	8.29	33.10	---	41.39	**59.60**
	Inst	Ea	Sm	UA	.889	9.00	9.14	44.10	---	53.24	**77.20**
4" diameter	Inst	Ea	Lg	UA	.667	12.00	9.95	33.10	---	43.05	**61.60**
	Inst	Ea	Sm	UA	.889	9.00	11.00	44.10	---	55.10	**79.40**

Description	Oper	Unit	Vol	Crew Size	Man-hours per Unit	Crew Output per Day	Avg Mat'l Unit Cost	Avg Labor Unit Cost	Avg Equip Unit Cost	Avg Total Unit Cost	Avg Price Incl O&P

Flashing, general

Coping

Aluminum, painted, 0.063" T

Description	Oper	Unit	Vol	Crew Size	Man-hours per Unit	Crew Output per Day	Avg Mat'l Unit Cost	Avg Labor Unit Cost	Avg Equip Unit Cost	Avg Total Unit Cost	Avg Price Incl O&P
Up to 12" W	Inst	LF	Lg	UA	.250	32.0	12.50	12.40	---	24.90	**33.60**
	Inst	LF	Sm	UA	.333	24.0	13.80	16.50	---	30.30	**41.30**
Greater than 12" W	Inst	LF	Lg	UA	.250	32.0	19.80	12.40	---	32.20	**42.30**
	Inst	LF	Sm	UA	.333	24.0	21.80	16.50	---	38.30	**50.90**

Copper, 16 oz.

Description	Oper	Unit	Vol	Crew Size	Man-hours per Unit	Crew Output per Day	Avg Mat'l Unit Cost	Avg Labor Unit Cost	Avg Equip Unit Cost	Avg Total Unit Cost	Avg Price Incl O&P
Up to 12" W	Inst	LF	Lg	UA	.250	32.0	31.00	12.40	---	43.40	**55.90**
	Inst	LF	Sm	UA	.333	24.0	34.20	16.50	---	50.70	**65.80**

Steel, 24 ga.

Description	Oper	Unit	Vol	Crew Size	Man-hours per Unit	Crew Output per Day	Avg Mat'l Unit Cost	Avg Labor Unit Cost	Avg Equip Unit Cost	Avg Total Unit Cost	Avg Price Incl O&P
Up to 12" W	Inst	LF	Lg	UA	.250	32.0	8.15	12.40	---	20.55	**28.40**
	Inst	LF	Sm	UA	.333	24.0	8.99	16.50	---	25.49	**35.60**
Greater than 12" W	Inst	LF	Lg	UA	.250	32.0	12.60	12.40	---	25.00	**33.70**
	Inst	LF	Sm	UA	.333	24.0	13.90	16.50	---	30.40	**41.40**

Counterflashing / apron flashing / chimney flashing

Description	Oper	Unit	Vol	Crew Size	Man-hours per Unit	Crew Output per Day	Avg Mat'l Unit Cost	Avg Labor Unit Cost	Avg Equip Unit Cost	Avg Total Unit Cost	Avg Price Incl O&P
Aluminum, painted	Inst	LF	Lg	UA	.200	40.0	2.04	9.93	---	11.97	**17.30**
	Inst	LF	Sm	UA	.267	30.0	2.25	13.30	---	15.55	**22.60**
Copper	Inst	LF	Lg	UA	.200	40.0	4.83	9.93	---	14.76	**20.70**
	Inst	LF	Sm	UA	.267	30.0	5.32	13.30	---	18.62	**26.30**

Drip edge

Description	Oper	Unit	Vol	Crew Size	Man-hours per Unit	Crew Output per Day	Avg Mat'l Unit Cost	Avg Labor Unit Cost	Avg Equip Unit Cost	Avg Total Unit Cost	Avg Price Incl O&P
Aluminum, painted	Inst	LF	Lg	UA	.040	200.0	1.08	1.99	---	3.07	**4.27**
	Inst	LF	Sm	UA	.053	150.0	1.19	2.63	---	3.82	**5.37**
Copper	Inst	LF	Lg	UA	.040	200.0	8.14	1.99	---	10.13	**12.80**
	Inst	LF	Sm	UA	.053	150.0	8.97	2.63	---	11.60	**14.70**

Drip edge with gutter apron

Description	Oper	Unit	Vol	Crew Size	Man-hours per Unit	Crew Output per Day	Avg Mat'l Unit Cost	Avg Labor Unit Cost	Avg Equip Unit Cost	Avg Total Unit Cost	Avg Price Incl O&P
Aluminum, painted	Inst	LF	Lg	UA	.040	200.0	1.41	1.99	---	3.40	**4.67**
	Inst	LF	Sm	UA	.053	150.0	1.56	2.63	---	4.19	**5.82**

Drip edge, PVC/TPO clad metal

Description	Oper	Unit	Vol	Crew Size	Man-hours per Unit	Crew Output per Day	Avg Mat'l Unit Cost	Avg Labor Unit Cost	Avg Equip Unit Cost	Avg Total Unit Cost	Avg Price Incl O&P
No cleat	Inst	LF	Lg	UA	.036	220.0	5.89	1.79	---	7.68	**9.75**
	Inst	LF	Sm	UA	.048	165.0	6.49	2.38	---	8.87	**11.40**
With cleat	Inst	LF	Lg	UA	.057	140.0	11.20	2.83	---	14.03	**17.70**
	Inst	LF	Sm	UA	.076	105.0	12.30	3.77	---	16.07	**20.50**

Eave closure strip for tile roofing

Description	Oper	Unit	Vol	Crew Size	Man-hours per Unit	Crew Output per Day	Avg Mat'l Unit Cost	Avg Labor Unit Cost	Avg Equip Unit Cost	Avg Total Unit Cost	Avg Price Incl O&P
Metal, "bird stop"	Inst	LF	Lg	UA	.040	200.0	2.09	1.99	---	4.08	**5.49**
	Inst	LF	Sm	UA	.053	150.0	2.30	2.63	---	4.93	**6.71**

Sheet metal, metal roofing

Description	Oper	Unit	Vol	Crew Size	Man-hours per Unit	Crew Output per Day	Avg Mat'l Unit Cost	Avg Labor Unit Cost	Avg Equip Unit Cost	Avg Total Unit Cost	Avg Price Incl O&P
Eave trim for metal roofing											
29 ga.	Inst	LF	Lg	UA	.067	120.0	1.39	3.33	---	4.72	**6.66**
	Inst	LF	Sm	UA	.089	90.0	1.53	4.42	---	5.95	**8.46**
26 ga.	Inst	LF	Lg	UA	.067	120.0	2.15	3.33	---	5.48	**7.57**
	Inst	LF	Sm	UA	.089	90.0	2.37	4.42	---	6.79	**9.47**
Gable trim for metal roofing											
29 ga.	Inst	LF	Lg	UA	.067	120.0	2.33	3.33	---	5.66	**7.78**
	Inst	LF	Sm	UA	.089	90.0	2.57	4.42	---	6.99	**9.71**
26 ga.	Inst	LF	Lg	UA	.067	120.0	2.89	3.33	---	6.22	**8.46**
	Inst	LF	Sm	UA	.089	90.0	3.19	4.42	---	7.61	**10.50**
Gravel stop											
Aluminum, painted	Inst	LF	Lg	UA	.027	300.0	1.17	1.34	---	2.51	**3.41**
	Inst	LF	Sm	UA	.036	225.0	1.29	1.79	---	3.08	**4.23**
Copper	Inst	LF	Lg	UA	.027	300.0	3.46	1.34	---	4.80	**6.16**
	Inst	LF	Sm	UA	.036	225.0	3.81	1.79	---	5.60	**7.25**
Hip / Ridge cap, metal roofing											
Metal	Inst	LF	Lg	UA	.038	210.0	2.90	1.89	---	4.79	**6.31**
	Inst	LF	Sm	UA	.051	157.5	3.20	2.53	---	5.73	**7.64**
Ridge end cap, metal roofing											
Metal	Inst	Ea	Lg	UA	.286	28.0	12.10	14.20	---	26.30	**35.80**
	Inst	Ea	Sm	UA	.381	21.0	13.30	18.90	---	32.20	**44.30**
Ridge vent, metal roofing											
Low profile, standard shape	Inst	LF	Lg	UA	.145	55.0	5.61	7.20	---	12.81	**17.50**
	Inst	LF	Sm	UA	.194	41.3	6.18	9.63	---	15.81	**21.90**
Raised detailed profile	Inst	LF	Lg	UA	.178	45.0	17.10	8.84	---	25.94	**33.70**
	Inst	LF	Sm	UA	.237	33.8	18.80	11.80	---	30.60	**40.20**
Raised profile with barrel top	Inst	LF	Lg	UA	.667	12.0	40.50	33.10	---	73.60	**98.30**
	Inst	LF	Sm	UA	.889	9.0	44.60	44.10	---	88.70	**120.00**
Step flashing, pre-bent											
Galvanized, 4" x 4" x 8"	Inst	LF	Lg	UA	.222	36.0	2.17	11.00	---	13.17	**19.10**
	Inst	LF	Sm	UA	.296	27.0	2.39	14.70	---	17.09	**24.90**
Copper, 5" x 7" x 12"	Inst	LF	Lg	UA	.250	32.0	13.50	12.40	---	25.90	**34.80**
	Inst	LF	Sm	UA	.333	24.0	14.90	16.50	---	31.40	**42.70**

Description	Oper	Unit	Vol	Crew Size	Man-hours per Unit	Crew Output per Day	Avg Mat'l Unit Cost	Avg Labor Unit Cost	Avg Equip Unit Cost	Avg Total Unit Cost	Avg Price Incl O&P
Valley metal for metal roofing											
"W" flashing	Inst	Ea	Lg	UA	.107	75.0	2.90	5.31	---	8.21	**11.50**
	Inst	Ea	Sm	UA	.142	56.3	3.20	7.05	---	10.25	**14.40**
Valley metal, flat profile											
Metal	Inst	LF	Lg	UA	.073	110.0	2.48	3.62	---	6.10	**8.41**
	Inst	LF	Sm	UA	.097	82.5	2.73	4.82	---	7.55	**10.50**
Painted	Inst	LF	Lg	UA	.073	110.0	2.90	3.62	---	6.52	**8.92**
	Inst	LF	Sm	UA	.097	82.5	3.20	4.82	---	8.02	**11.10**
Copper	Inst	LF	Lg	UA	.073	110.0	30.70	3.62	---	34.32	**42.20**
	Inst	LF	Sm	UA	.097	82.5	33.80	4.82	---	38.62	**47.80**
Valley metal, "W" profile											
Metal	Inst	LF	Lg	UA	.073	110.0	3.25	3.62	---	6.87	**9.34**
	Inst	LF	Sm	UA	.097	82.5	3.59	4.82	---	8.41	**11.50**
Painted	Inst	LF	Lg	UA	.073	110.0	4.22	3.62	---	7.84	**10.50**
	Inst	LF	Sm	UA	.097	82.5	4.65	4.82	---	9.47	**12.80**
"L" bar flashing, metal											
Galvanized	Inst	LF	Lg	UA	.073	110.0	2.51	3.62	---	6.13	**8.45**
	Inst	LF	Sm	UA	.097	82.5	2.76	4.82	---	7.58	**10.50**
Painted	Inst	LF	Lg	UA	.073	110.0	3.03	3.62	---	6.65	**9.07**
	Inst	LF	Sm	UA	.097	82.5	3.34	4.82	---	8.16	**11.20**
"Z" bar flashing, metal											
Roof, standard	Inst	LF	Lg	UA	.032	250.0	.73	1.59	---	2.32	**3.26**
	Inst	LF	Sm	UA	.043	187.5	.80	2.13	---	2.93	**4.16**
Wall, with drip cap	Inst	LF	Lg	UA	.073	110.0	.73	3.62	---	4.35	**6.31**
	Inst	LF	Sm	UA	.097	82.5	.80	4.82	---	5.62	**8.18**

Sheet metal, flue piping

Description	Oper	Unit	Vol	Crew Size	Man-hours per Unit	Crew Output per Day	Avg Mat'l Unit Cost	Avg Labor Unit Cost	Avg Equip Unit Cost	Avg Total Unit Cost	Avg Price Incl O&P
Flue piping											
Prefabricated metal, UL listed, see also Fireplaces page 163											
Single wall, galvanized											
3" diameter	Inst	LF	Lg	UB	.533	30.00	8.52	26.50	---	35.02	**49.90**
	Inst	LF	Sm	UB	.667	24.00	9.39	33.10	---	42.49	**60.90**
4" diameter	Inst	LF	Lg	UB	.533	30.00	10.20	26.50	---	36.70	**52.00**
	Inst	LF	Sm	UB	.667	24.00	11.30	33.10	---	44.40	**63.20**
5" diameter	Inst	LF	Lg	UB	.667	24.00	12.10	33.10	---	45.20	**64.10**
	Inst	LF	Sm	UB	.833	19.20	13.30	41.40	---	54.70	**78.00**
6" diameter	Inst	LF	Lg	UB	.667	24.00	14.20	33.10	---	47.30	**66.70**
	Inst	LF	Sm	UB	.833	19.20	15.60	41.40	---	57.00	**80.80**
7" diameter	Inst	LF	Lg	UB	.667	24.00	16.80	33.10	---	49.90	**69.80**
	Inst	LF	Sm	UB	.833	19.20	18.50	41.40	---	59.90	**84.20**
8" diameter	Inst	LF	Lg	UB	.667	24.00	19.40	33.10	---	52.50	**72.90**
	Inst	LF	Sm	UB	.833	19.20	21.30	41.40	---	62.70	**87.60**
10" diameter	Inst	LF	Lg	UB	.800	20.00	24.20	39.70	---	63.90	**88.60**
	Inst	LF	Sm	UB	1.000	16.00	26.70	49.60	---	76.30	**106.00**
12" diameter	Inst	LF	Lg	UB	.800	20.00	27.10	39.70	---	66.80	**92.10**
	Inst	LF	Sm	UB	1.000	16.00	29.90	49.60	---	79.50	**110.00**
Double wall, galvanized											
6" diameter	Inst	LF	Lg	UB	.667	24.00	68.70	33.10	---	101.80	**132.00**
	Inst	LF	Sm	UB	.833	19.20	75.70	41.40	---	117.10	**153.00**
8" diameter	Inst	LF	Lg	UB	.667	24.00	70.70	33.10	---	103.80	**134.00**
	Inst	LF	Sm	UB	.833	19.20	77.90	41.40	---	119.30	**155.00**
Triple wall, stainless steel											
6" diameter	Inst	LF	Lg	UB	1.000	16.00	133.00	49.60	---	182.60	**234.00**
	Inst	LF	Sm	UB	1.250	12.80	146.00	62.10	---	208.10	**269.00**
Foundation vent											
Installed in wood framing											
8" x 16"	Inst	Ea	Lg	UB	1.000	16.00	12.70	49.60	---	62.30	**89.70**
	Inst	Ea	Sm	UB	1.250	12.80	14.00	62.10	---	76.10	**110.00**
Installed in masonry or block framing											
8" x 16"	Inst	Ea	Lg	UB	2.000	8.00	13.60	99.30	---	112.90	**165.00**
	Inst	Ea	Sm	UB	2.500	6.40	15.00	124.00	---	139.00	**204.00**

Gutters and downspouts. See page 248

Description	Oper	Unit	Vol	Crew Size	Man-hours per Unit	Crew Output per Day	Avg Mat'l Unit Cost	Avg Labor Unit Cost	Avg Equip Unit Cost	Avg Total Unit Cost	Avg Price Incl O&P

Roof vent

Dormer, half round, 1/8" or 1/4" mesh

18" x 9"

Description	Oper	Unit	Vol	Crew Size	Man-hours per Unit	Crew Output per Day	Avg Mat'l Unit Cost	Avg Labor Unit Cost	Avg Equip Unit Cost	Avg Total Unit Cost	Avg Price Incl O&P
Galvanized, 5-12 pitch	Inst	Ea	Lg	UA	1.000	8.00	37.10	49.60	---	86.70	**119.00**
	Inst	Ea	Sm	UA	1.33	6.00	40.90	66.00	---	106.90	**148.00**
Painted, 3-12 pitch	Inst	Ea	Lg	UA	1.000	8.00	21.50	49.60	---	71.10	**100.00**
	Inst	Ea	Sm	UA	1.33	6.00	23.70	66.00	---	89.70	**127.00**

24" x 12"

Description	Oper	Unit	Vol	Crew Size	Man-hours per Unit	Crew Output per Day	Avg Mat'l Unit Cost	Avg Labor Unit Cost	Avg Equip Unit Cost	Avg Total Unit Cost	Avg Price Incl O&P
Galvanized, 5-12 pitch	Inst	Ea	Lg	UA	1.000	8.00	28.70	49.60	---	78.30	**109.00**
	Inst	Ea	Sm	UA	1.33	6.00	31.60	66.00	---	97.60	**137.00**
Painted, 3-12 pitch	Inst	Ea	Lg	UA	1.000	8.00	27.50	49.60	---	77.10	**107.00**
	Inst	Ea	Sm	UA	1.33	6.00	30.30	66.00	---	96.30	**135.00**

Turtle-type (box)

Description	Oper	Unit	Vol	Crew Size	Man-hours per Unit	Crew Output per Day	Avg Mat'l Unit Cost	Avg Labor Unit Cost	Avg Equip Unit Cost	Avg Total Unit Cost	Avg Price Incl O&P
12" square	Inst	Ea	Lg	UA	1.000	8.00	23.90	49.60	---	73.50	**103.00**
	Inst	Ea	Sm	UA	1.33	6.00	26.30	66.00	---	92.30	**131.00**
18" square	Inst	Ea	Lg	UA	1.000	8.00	33.50	49.60	---	83.10	**115.00**
	Inst	Ea	Sm	UA	1.33	6.00	36.90	66.00	---	102.90	**143.00**

Shower and tub doors

Shower doors

Single panel shower door, tempered glass

30" x 67" H

Description	Oper	Unit	Vol	Crew Size	Man-hours per Unit	Crew Output per Day	Avg Mat'l Unit Cost	Avg Labor Unit Cost	Avg Equip Unit Cost	Avg Total Unit Cost	Avg Price Incl O&P
Standard quality, chrome frame											
Textured or obscure glass	Inst	Ea	Lg	CA	5.00	1.60	314.00	229.00	---	543.00	**721.00**
	Inst	Ea	Sm	CA	6.67	1.20	346.00	306.00	---	652.00	**874.00**
Average quality, chrome frame											
Clear or pattern glass	Inst	Ea	Lg	CA	5.00	1.60	398.00	229.00	---	627.00	**822.00**
	Inst	Ea	Sm	CA	6.67	1.20	439.00	306.00	---	745.00	**985.00**
High quality, brass frame											
Clear or pattern glass	Inst	Ea	Lg	CA	5.00	1.60	698.00	229.00	---	927.00	**1180.00**
	Inst	Ea	Sm	CA	6.67	1.20	769.00	306.00	---	1075.00	**1380.00**
Premium quality, brass frame											
Clear or tinted glass	Inst	Ea	Lg	CA	5.00	1.60	940.00	229.00	---	1169.00	**1470.00**
	Inst	Ea	Sm	CA	6.67	1.20	1040.00	306.00	---	1346.00	**1700.00**

Single panel shower door with sidelight, corner unit, tempered glass

36" x 67" H

Description	Oper	Unit	Vol	Crew Size	Man-hours per Unit	Crew Output per Day	Avg Mat'l Unit Cost	Avg Labor Unit Cost	Avg Equip Unit Cost	Avg Total Unit Cost	Avg Price Incl O&P
Standard quality, chrome frame											
Textured or obscure glass	Inst	Ea	Lg	CA	5.71	1.40	596.00	262.00	---	858.00	**1110.00**
	Inst	Ea	Sm	CA	7.62	1.05	657.00	350.00	---	1007.00	**1310.00**
Average quality, chrome frame											
Clear or pattern glass	Inst	Ea	Lg	CA	5.71	1.40	746.00	262.00	---	1008.00	**1290.00**
	Inst	Ea	Sm	CA	7.62	1.05	822.00	350.00	---	1172.00	**1510.00**
High quality, brass frame											
Clear or pattern glass	Inst	Ea	Lg	CA	5.71	1.40	1260.00	262.00	---	1522.00	**1900.00**
	Inst	Ea	Sm	CA	7.62	1.05	1390.00	350.00	---	1740.00	**2190.00**
Premium quality, brass frame											
Clear or tinted glass	Inst	Ea	Lg	CA	5.71	1.40	1540.00	262.00	---	1802.00	**2240.00**
	Inst	Ea	Sm	CA	7.62	1.05	1700.00	350.00	---	2050.00	**2560.00**

Up to 60" x 67" H

Description	Oper	Unit	Vol	Crew Size	Man-hours per Unit	Crew Output per Day	Avg Mat'l Unit Cost	Avg Labor Unit Cost	Avg Equip Unit Cost	Avg Total Unit Cost	Avg Price Incl O&P
Standard quality, chrome frame											
Textured or obscure glass	Inst	Ea	Lg	CA	7.27	1.10	948.00	334.00	---	1282.00	**1640.00**
	Inst	Ea	Sm	CA	9.64	0.83	1040.00	442.00	---	1482.00	**1920.00**
Average quality, chrome frame											
Clear or pattern glass	Inst	Ea	Lg	CA	7.27	1.10	1180.00	334.00	---	1514.00	**1920.00**
	Inst	Ea	Sm	CA	9.64	0.83	1310.00	442.00	---	1752.00	**2230.00**

Description	Oper	Unit	Vol	Crew Size	Man-hours per Unit	Crew Output per Day	Avg Mat'l Unit Cost	Avg Labor Unit Cost	Avg Equip Unit Cost	Avg Total Unit Cost	Avg Price Incl O&P
High quality, brass frame											
Clear or pattern glass	Inst	Ea	Lg	CA	7.27	1.10	1400.00	334.00	---	1734.00	**2180.00**
	Inst	Ea	Sm	CA	9.64	0.83	1540.00	442.00	---	1982.00	**2510.00**
Premium quality, brass frame											
Clear or tinted glass	Inst	Ea	Lg	CA	7.27	1.10	1880.00	334.00	---	2214.00	**2760.00**
	Inst	Ea	Sm	CA	9.64	0.83	2080.00	442.00	---	2522.00	**3160.00**

Shower doors, 2 panels, pivot or bypassing, tempered glass

Custom fabrication, per SF opening

Description	Oper	Unit	Vol	Crew Size	Man-hours per Unit	Crew Output per Day	Avg Mat'l Unit Cost	Avg Labor Unit Cost	Avg Equip Unit Cost	Avg Total Unit Cost	Avg Price Incl O&P
1/4" T glass											
With frame	Inst	SF	Lg	CA	0.31	26.00	20.70	14.20	---	34.90	**46.20**
	Inst	SF	Sm	CA	0.41	19.50	22.80	18.80	---	41.60	**55.60**
1/2" T glass, frameless											
Frameless	Inst	SF	Lg	CA	0.80	10.00	55.30	36.70	---	92.00	**121.00**
	Inst	SF	Sm	CA	1.07	7.50	60.90	49.10	---	110.00	**147.00**

Tub doors

Sliding tub doors, 2 bypassing panels

60" W x 58-1/4" H

Description	Oper	Unit	Vol	Crew Size	Man-hours per Unit	Crew Output per Day	Avg Mat'l Unit Cost	Avg Labor Unit Cost	Avg Equip Unit Cost	Avg Total Unit Cost	Avg Price Incl O&P
Standard quality, chrome frame											
Textured or obscure glass	Inst	Ea	Lg	CA	5.00	1.60	232.00	229.00	---	461.00	**623.00**
	Inst	Ea	Sm	CA	6.67	1.20	256.00	306.00	---	562.00	**766.00**
Average quality, chrome frame											
Clear or pattern glass	Inst	Ea	Lg	CA	5.00	1.60	302.00	229.00	---	531.00	**707.00**
	Inst	Ea	Sm	CA	6.67	1.20	333.00	306.00	---	639.00	**858.00**
High quality, brass frame											
Clear or pattern glass	Inst	Ea	Lg	CA	5.00	1.60	411.00	229.00	---	640.00	**837.00**
	Inst	Ea	Sm	CA	6.67	1.20	453.00	306.00	---	759.00	**1000.00**
Premium quality, brass frame											
Clear or tinted glass	Inst	Ea	Lg	CA	5.00	1.60	566.00	229.00	---	795.00	**1020.00**
	Inst	Ea	Sm	CA	6.67	1.20	623.00	306.00	---	929.00	**1210.00**

Shower bases, pans or receptors

Description	Oper	Unit	Vol	Crew Size	Man-hours per Unit	Crew Output per Day	Avg Mat'l Unit Cost	Avg Labor Unit Cost	Avg Equip Unit Cost	Avg Total Unit Cost	Avg Price Incl O&P

Shower bases, pans, or receptors

Acrylic or fiberglass, includes drain strainer

Detach & reset operations

Description	Oper	Unit	Vol	Crew Size	Man-hours per Unit	Crew Output per Day	Avg Mat'l Unit Cost	Avg Labor Unit Cost	Avg Equip Unit Cost	Avg Total Unit Cost	Avg Price Incl O&P
Any size	Reset	Ea	Lg	SB	2.67	6.00	66.40	119.00	---	185.40	**258.00**
	Reset	Ea	Sm	SB	3.56	4.50	73.10	158.00	---	231.10	**325.00**

Remove operations

Description	Oper	Unit	Vol	Crew Size	Man-hours per Unit	Crew Output per Day	Avg Mat'l Unit Cost	Avg Labor Unit Cost	Avg Equip Unit Cost	Avg Total Unit Cost	Avg Price Incl O&P
Any size	Demo	Ea	Lg	SB	1.60	10.00	---	71.10	---	71.10	**107.00**
	Demo	Ea	Sm	SB	2.13	7.50	---	94.70	---	94.70	**142.00**

Install rough-in

Description	Oper	Unit	Vol	Crew Size	Man-hours per Unit	Crew Output per Day	Avg Mat'l Unit Cost	Avg Labor Unit Cost	Avg Equip Unit Cost	Avg Total Unit Cost	Avg Price Incl O&P
Any size	Inst	Ea	Lg	SB	13.3	1.20	159.00	591.00	---	750.00	**1080.00**
	Inst	Ea	Sm	SB	17.8	0.90	175.00	791.00	---	966.00	**1400.00**

Open and close slab area for plumbing work

Description	Oper	Unit	Vol	Crew Size	Man-hours per Unit	Crew Output per Day	Avg Mat'l Unit Cost	Avg Labor Unit Cost	Avg Equip Unit Cost	Avg Total Unit Cost	Avg Price Incl O&P
Any size	Inst	Ea	Lg	SB	16.0	1.00	64.80	711.00	---	775.80	**1140.00**
	Inst	Ea	Sm	SB	21.3	0.75	71.40	947.00	---	1018.40	**1510.00**

Replace operations

32" x 32" x 3-1/2" H single threshold, square

Description	Oper	Unit	Vol	Crew Size	Man-hours per Unit	Crew Output per Day	Avg Mat'l Unit Cost	Avg Labor Unit Cost	Avg Equip Unit Cost	Avg Total Unit Cost	Avg Price Incl O&P
White	Inst	Ea	Lg	SB	3.20	5.00	367.00	142.00	---	509.00	**653.00**
	Inst	Ea	Sm	SB	4.27	3.75	404.00	190.00	---	594.00	**770.00**
Colors	Inst	Ea	Lg	SB	3.20	5.00	376.00	142.00	---	518.00	**664.00**
	Inst	Ea	Sm	SB	4.27	3.75	414.00	190.00	---	604.00	**782.00**
Premium colors	Inst	Ea	Lg	SB	3.20	5.00	391.00	142.00	---	533.00	**682.00**
	Inst	Ea	Sm	SB	4.27	3.75	431.00	190.00	---	621.00	**801.00**

36" x 36" x 3-1/2" H single threshold, square

Description	Oper	Unit	Vol	Crew Size	Man-hours per Unit	Crew Output per Day	Avg Mat'l Unit Cost	Avg Labor Unit Cost	Avg Equip Unit Cost	Avg Total Unit Cost	Avg Price Incl O&P
White	Inst	Ea	Lg	SB	3.20	5.00	383.00	142.00	---	525.00	**672.00**
	Inst	Ea	Sm	SB	4.27	3.75	422.00	190.00	---	612.00	**791.00**
Colors	Inst	Ea	Lg	SB	3.20	5.00	392.00	142.00	---	534.00	**684.00**
	Inst	Ea	Sm	SB	4.27	3.75	432.00	190.00	---	622.00	**803.00**
Premium colors	Inst	Ea	Lg	SB	3.20	5.00	408.00	142.00	---	550.00	**703.00**
	Inst	Ea	Sm	SB	4.27	3.75	449.00	190.00	---	639.00	**824.00**

Description	Oper	Unit	Vol	Crew Size	Man-hours per Unit	Crew Output per Day	Avg Mat'l Unit Cost	Avg Labor Unit Cost	Avg Equip Unit Cost	Avg Total Unit Cost	Avg Price Incl O&P
42" x 42" x 3-1/2" H single threshold, square											
White	Inst	Ea	Lg	SB	3.20	5.00	477.00	142.00	---	619.00	**786.00**
	Inst	Ea	Sm	SB	4.27	3.75	526.00	190.00	---	716.00	**916.00**
Colors	Inst	Ea	Lg	SB	3.20	5.00	490.00	142.00	---	632.00	**801.00**
	Inst	Ea	Sm	SB	4.27	3.75	540.00	190.00	---	730.00	**932.00**
Premium colors	Inst	Ea	Lg	SB	3.20	5.00	510.00	142.00	---	652.00	**826.00**
	Inst	Ea	Sm	SB	4.27	3.75	562.00	190.00	---	752.00	**960.00**
48" x 48" x 3-1/2" H single threshold, square											
White	Inst	Ea	Lg	SB	3.20	5.00	572.00	142.00	---	714.00	**900.00**
	Inst	Ea	Sm	SB	4.27	3.75	631.00	190.00	---	821.00	**1040.00**
Colors	Inst	Ea	Lg	SB	3.20	5.00	587.00	142.00	---	729.00	**918.00**
	Inst	Ea	Sm	SB	4.27	3.75	647.00	190.00	---	837.00	**1060.00**
Premium colors	Inst	Ea	Lg	SB	3.20	5.00	613.00	142.00	---	755.00	**949.00**
	Inst	Ea	Sm	SB	4.27	3.75	675.00	190.00	---	865.00	**1090.00**
60" x 60" x 3-1/2" H single threshold, square											
White	Inst	Ea	Lg	SB	3.20	5.00	667.00	142.00	---	809.00	**1010.00**
	Inst	Ea	Sm	SB	4.27	3.75	735.00	190.00	---	925.00	**1170.00**
Colors	Inst	Ea	Lg	SB	3.20	5.00	685.00	142.00	---	827.00	**1040.00**
	Inst	Ea	Sm	SB	4.27	3.75	755.00	190.00	---	945.00	**1190.00**
Premium colors	Inst	Ea	Lg	SB	3.20	5.00	715.00	142.00	---	857.00	**1070.00**
	Inst	Ea	Sm	SB	4.27	3.75	788.00	190.00	---	978.00	**1230.00**
54" x 32" x 3-1/2" H single threshold, rectangle											
White	Inst	Ea	Lg	SB	3.20	5.00	414.00	142.00	---	556.00	**710.00**
	Inst	Ea	Sm	SB	4.27	3.75	456.00	190.00	---	646.00	**832.00**
Colors	Inst	Ea	Lg	SB	3.20	5.00	425.00	142.00	---	567.00	**723.00**
	Inst	Ea	Sm	SB	4.27	3.75	468.00	190.00	---	658.00	**846.00**
Premium colors	Inst	Ea	Lg	SB	3.20	5.00	442.00	142.00	---	584.00	**744.00**
	Inst	Ea	Sm	SB	4.27	3.75	487.00	190.00	---	677.00	**869.00**
54" x 36" x 3-1/2" H single threshold, rectangle											
White	Inst	Ea	Lg	SB	3.20	5.00	509.00	142.00	---	651.00	**824.00**
	Inst	Ea	Sm	SB	4.27	3.75	561.00	190.00	---	751.00	**958.00**
Colors	Inst	Ea	Lg	SB	3.20	5.00	522.00	142.00	---	664.00	**840.00**
	Inst	Ea	Sm	SB	4.27	3.75	576.00	190.00	---	766.00	**975.00**
Premium colors	Inst	Ea	Lg	SB	3.20	5.00	544.00	142.00	---	686.00	**867.00**
	Inst	Ea	Sm	SB	4.27	3.75	600.00	190.00	---	790.00	**1000.00**

Shower bases, pans or receptors

Description	Oper	Unit	Vol	Crew Size	Man-hours per Unit	Crew Output per Day	Avg Mat'l Unit Cost	Avg Labor Unit Cost	Avg Equip Unit Cost	Avg Total Unit Cost	Avg Price Incl O&P
60" x 32" x 3-1/2" H single threshold, rectangle											
White	Inst	Ea	Lg	SB	3.20	5.00	398.00	142.00	---	540.00	**691.00**
	Inst	Ea	Sm	SB	4.27	3.75	439.00	190.00	---	629.00	**811.00**
Colors	Inst	Ea	Lg	SB	3.20	5.00	408.00	142.00	---	550.00	**703.00**
	Inst	Ea	Sm	SB	4.27	3.75	450.00	190.00	---	640.00	**825.00**
Premium colors	Inst	Ea	Lg	SB	3.20	5.00	425.00	142.00	---	567.00	**723.00**
	Inst	Ea	Sm	SB	4.27	3.75	468.00	190.00	---	658.00	**847.00**
60" x 36" x 3-1/2" H single threshold, rectangle											
White	Inst	Ea	Lg	SB	3.20	5.00	477.00	142.00	---	619.00	**786.00**
	Inst	Ea	Sm	SB	4.27	3.75	526.00	190.00	---	716.00	**916.00**
Colors	Inst	Ea	Lg	SB	3.20	5.00	490.00	142.00	---	632.00	**801.00**
	Inst	Ea	Sm	SB	4.27	3.75	540.00	190.00	---	730.00	**932.00**
Premium colors	Inst	Ea	Lg	SB	3.20	5.00	510.00	142.00	---	652.00	**826.00**
	Inst	Ea	Sm	SB	4.27	3.75	562.00	190.00	---	752.00	**960.00**
36" x 36" x 3-1/2" H single threshold, neo angle entry											
White	Inst	Ea	Lg	SB	3.20	5.00	304.00	142.00	---	446.00	**578.00**
	Inst	Ea	Sm	SB	4.27	3.75	334.00	190.00	---	524.00	**686.00**
Colors	Inst	Ea	Lg	SB	3.20	5.00	311.00	142.00	---	453.00	**586.00**
	Inst	Ea	Sm	SB	4.27	3.75	342.00	190.00	---	532.00	**695.00**
Premium colors	Inst	Ea	Lg	SB	3.20	5.00	322.00	142.00	---	464.00	**600.00**
	Inst	Ea	Sm	SB	4.27	3.75	355.00	190.00	---	545.00	**711.00**
40" x 40" x 3-1/2" H single threshold, neo angle entry											
White	Inst	Ea	Lg	SB	3.20	5.00	335.00	142.00	---	477.00	**615.00**
	Inst	Ea	Sm	SB	4.27	3.75	369.00	190.00	---	559.00	**728.00**
Colors	Inst	Ea	Lg	SB	3.20	5.00	343.00	142.00	---	485.00	**625.00**
	Inst	Ea	Sm	SB	4.27	3.75	378.00	190.00	---	568.00	**739.00**
Premium colors	Inst	Ea	Lg	SB	3.20	5.00	357.00	142.00	---	499.00	**641.00**
	Inst	Ea	Sm	SB	4.27	3.75	393.00	190.00	---	583.00	**756.00**
42" x 42" x 3-1/2" H single threshold, neo angle entry											
White	Inst	Ea	Lg	SB	3.20	5.00	446.00	142.00	---	588.00	**748.00**
	Inst	Ea	Sm	SB	4.27	3.75	491.00	190.00	---	681.00	**874.00**
Colors	Inst	Ea	Lg	SB	3.20	5.00	457.00	142.00	---	599.00	**762.00**
	Inst	Ea	Sm	SB	4.27	3.75	504.00	190.00	---	694.00	**889.00**
Premium colors	Inst	Ea	Lg	SB	3.20	5.00	476.00	142.00	---	618.00	**785.00**
	Inst	Ea	Sm	SB	4.27	3.75	525.00	190.00	---	715.00	**914.00**

Description	Oper	Unit	Vol	Crew Size	Man-hours per Unit	Crew Output per Day	Avg Mat'l Unit Cost	Avg Labor Unit Cost	Avg Equip Unit Cost	Avg Total Unit Cost	Avg Price Incl O&P

Shower stalls

Shower stall units with slip-resistant fiberglass floors, and reinforced plastic integral wall surrounds (Aqua Glass), available in white or color, with good quality fittings, single control faucets, and shower head sprayer

Detach & reset operations

Description	Oper	Unit	Vol	Crew Size	Man-hours per Unit	Crew Output per Day	Avg Mat'l Unit Cost	Avg Labor Unit Cost	Avg Equip Unit Cost	Avg Total Unit Cost	Avg Price Incl O&P
Single integral piece	Reset	Ea	Lg	SB	5.33	3.00	76.50	237.00	---	313.50	**447.00**
	Reset	Ea	Sm	SB	7.11	2.25	84.00	316.00	---	400.00	**575.00**
Multi-piece, non-integral	Reset	Ea	Lg	SB	4.00	4.00	76.50	178.00	---	254.50	**358.00**
	Reset	Ea	Sm	SB	5.33	3.00	84.00	237.00	---	321.00	**456.00**

Remove operations

Description	Oper	Unit	Vol	Crew Size	Man-hours per Unit	Crew Output per Day	Avg Mat'l Unit Cost	Avg Labor Unit Cost	Avg Equip Unit Cost	Avg Total Unit Cost	Avg Price Incl O&P
Single integral piece	Demo	Ea	Lg	SB	2.67	6.00	51.00	119.00	---	170.00	**239.00**
	Demo	Ea	Sm	SB	3.56	4.50	56.00	158.00	---	214.00	**305.00**
Multi-piece, non-integral	Demo	Ea	Lg	SB	2.00	8.00	51.00	88.90	---	139.90	**195.00**
	Demo	Ea	Sm	SB	2.67	6.00	56.00	119.00	---	175.00	**245.00**

Install rough-in

Description	Oper	Unit	Vol	Crew Size	Man-hours per Unit	Crew Output per Day	Avg Mat'l Unit Cost	Avg Labor Unit Cost	Avg Equip Unit Cost	Avg Total Unit Cost	Avg Price Incl O&P
Shower stall, any size	Inst	Ea	Lg	SB	10.0	1.60	102.00	445.00	---	547.00	**789.00**
	Inst	Ea	Sm	SB	13.3	1.20	112.00	591.00	---	703.00	**1020.00**

Replace operations

Three-wall stall, one integral piece, no door, with plastic drain

32" x 32" x 72" H

Description	Oper	Unit	Vol	Crew Size	Man-hours per Unit	Crew Output per Day	Avg Mat'l Unit Cost	Avg Labor Unit Cost	Avg Equip Unit Cost	Avg Total Unit Cost	Avg Price Incl O&P
Stock color	Inst	Ea	Lg	SB	8.00	2.00	778.00	356.00	---	1134.00	**1470.00**
	Inst	Ea	Sm	SB	10.7	1.50	855.00	476.00	---	1331.00	**1740.00**

34" x 34" x 72" H

Description	Oper	Unit	Vol	Crew Size	Man-hours per Unit	Crew Output per Day	Avg Mat'l Unit Cost	Avg Labor Unit Cost	Avg Equip Unit Cost	Avg Total Unit Cost	Avg Price Incl O&P
Stock color	Inst	Ea	Lg	SB	8.00	2.00	869.00	356.00	---	1225.00	**1580.00**
	Inst	Ea	Sm	SB	10.7	1.50	954.00	476.00	---	1430.00	**1860.00**

36" x 36" x 72" H

Description	Oper	Unit	Vol	Crew Size	Man-hours per Unit	Crew Output per Day	Avg Mat'l Unit Cost	Avg Labor Unit Cost	Avg Equip Unit Cost	Avg Total Unit Cost	Avg Price Incl O&P
Stock color	Inst	Ea	Lg	SB	8.00	2.00	837.00	356.00	---	1193.00	**1540.00**
	Inst	Ea	Sm	SB	10.7	1.50	920.00	476.00	---	1396.00	**1820.00**

42" x 34" x 72" H, 1 seat

Description	Oper	Unit	Vol	Crew Size	Man-hours per Unit	Crew Output per Day	Avg Mat'l Unit Cost	Avg Labor Unit Cost	Avg Equip Unit Cost	Avg Total Unit Cost	Avg Price Incl O&P
Stock color	Inst	Ea	Lg	SB	8.00	2.00	884.00	356.00	---	1240.00	**1590.00**
	Inst	Ea	Sm	SB	10.7	1.50	971.00	476.00	---	1447.00	**1880.00**

47-3/4" x 33-1/2" x 72" H, 1 seat

Description	Oper	Unit	Vol	Crew Size	Man-hours per Unit	Crew Output per Day	Avg Mat'l Unit Cost	Avg Labor Unit Cost	Avg Equip Unit Cost	Avg Total Unit Cost	Avg Price Incl O&P
Stock color	Inst	Ea	Lg	SB	8.00	2.00	960.00	356.00	---	1316.00	**1690.00**
	Inst	Ea	Sm	SB	10.7	1.50	1050.00	476.00	---	1526.00	**1980.00**

48" x 35" x 72" H, 2 seats

Description	Oper	Unit	Vol	Crew Size	Man-hours per Unit	Crew Output per Day	Avg Mat'l Unit Cost	Avg Labor Unit Cost	Avg Equip Unit Cost	Avg Total Unit Cost	Avg Price Incl O&P
Stock color	Inst	Ea	Lg	SB	8.00	2.00	923.00	356.00	---	1279.00	**1640.00**
	Inst	Ea	Sm	SB	10.7	1.50	1010.00	476.00	---	1486.00	**1930.00**

Shower stalls, multi-piece

Description	Oper	Unit	Vol	Crew Size	Man-hours per Unit	Crew Output per Day	Avg Mat'l Unit Cost	Avg Labor Unit Cost	Avg Equip Unit Cost	Avg Total Unit Cost	Avg Price Incl O&P
54" x 35" x 72" H, 2 seats											
Stock color	Inst	Ea	Lg	SB	8.89	1.80	950.00	395.00	---	1345.00	**1730.00**
	Inst	Ea	Sm	SB	11.9	1.35	1040.00	529.00	---	1569.00	**2040.00**
60" x 35" x 72" H, 2 seats											
Stock color	Inst	Ea	Lg	SB	8.89	1.80	960.00	395.00	---	1355.00	**1740.00**
	Inst	Ea	Sm	SB	11.9	1.35	1050.00	529.00	---	1579.00	**2060.00**

Two-wall stall, one integral piece, no door, with plastic drain

Description	Oper	Unit	Vol	Crew Size	Man-hours per Unit	Crew Output per Day	Avg Mat'l Unit Cost	Avg Labor Unit Cost	Avg Equip Unit Cost	Avg Total Unit Cost	Avg Price Incl O&P
36" x 36" x 72" H, space saver											
Stock color	Inst	Ea	Lg	SB	8.00	2.00	877.00	356.00	---	1233.00	**1590.00**
	Inst	Ea	Sm	SB	10.7	1.50	963.00	476.00	---	1439.00	**1870.00**
38" x 38" x 72" H, space saver, neo-angle											
Stock color	Inst	Ea	Lg	SB	8.00	2.00	826.00	356.00	---	1182.00	**1520.00**
	Inst	Ea	Sm	SB	10.7	1.50	907.00	476.00	---	1383.00	**1800.00**
38" x 38" x 80" H, space saver, neo-angle											
Stock color	Inst	Ea	Lg	SB	8.00	2.00	889.00	356.00	---	1245.00	**1600.00**
	Inst	Ea	Sm	SB	10.7	1.50	977.00	476.00	---	1453.00	**1890.00**
36" x 36" x 77" H, space saver, neo-angle											
Stock color	Inst	Ea	Lg	SB	8.00	2.00	1190.00	356.00	---	1546.00	**1960.00**
	Inst	Ea	Sm	SB	10.7	1.50	1310.00	476.00	---	1786.00	**2280.00**
38" x 38" x 72" H, space saver, neo-angle											
Stock color	Inst	Ea	Lg	SB	8.00	2.00	941.00	356.00	---	1297.00	**1660.00**
	Inst	Ea	Sm	SB	10.7	1.50	1030.00	476.00	---	1506.00	**1950.00**

Multi-piece, nonintegral, nonassembled units with drain

Description	Oper	Unit	Vol	Crew Size	Man-hours per Unit	Crew Output per Day	Avg Mat'l Unit Cost	Avg Labor Unit Cost	Avg Equip Unit Cost	Avg Total Unit Cost	Avg Price Incl O&P
32" x 32" x 72-3/4" H, 2-piece											
Stock color	Inst	Ea	Lg	SB	8.00	2.00	815.00	356.00	---	1171.00	**1510.00**
	Inst	Ea	Sm	SB	10.7	1.50	895.00	476.00	---	1371.00	**1790.00**
36" x 36" x 72-3/4" H, 3-piece											
Stock color	Inst	Ea	Lg	SB	8.00	2.00	923.00	356.00	---	1279.00	**1640.00**
	Inst	Ea	Sm	SB	10.7	1.50	1010.00	476.00	---	1486.00	**1930.00**
48" x 34" x 72" H, 2-piece											
Stock color	Inst	Ea	Lg	SB	8.89	1.80	956.00	395.00	---	1351.00	**1740.00**
	Inst	Ea	Sm	SB	11.9	1.35	1050.00	529.00	---	1579.00	**2050.00**
48" x 34" x 72-3/4" H, 3-piece											
Stock color	Inst	Ea	Lg	SB	8.89	1.80	896.00	395.00	---	1291.00	**1670.00**
	Inst	Ea	Sm	SB	11.9	1.35	983.00	529.00	---	1512.00	**1970.00**
36" x 36" x 72" H, 2-piece											
Stock color	Inst	Ea	Lg	SB	8.00	2.00	902.00	356.00	---	1258.00	**1620.00**
	Inst	Ea	Sm	SB	10.7	1.50	990.00	476.00	---	1466.00	**1900.00**

Description	Oper	Unit	Vol	Crew Size	Man-hours per Unit	Crew Output per Day	Avg Mat'l Unit Cost	Avg Labor Unit Cost	Avg Equip Unit Cost	Avg Total Unit Cost	Avg Price Incl O&P

Shower tub units

Shower tub three-wall stall combinations are fiberglass reinforced plastic with integral bath/shower and wall surrounds; includes good quality fittings, single control faucets, and shower head sprayer

Detach & reset operations

Description	Oper	Unit	Vol	Crew Size	MH/Unit	Output/Day	Mat'l	Labor	Equip	Total	Price O&P
Single integral piece	Reset	Ea	Lg	SB	5.33	3.00	19.40	237.00	---	256.40	**379.00**
	Reset	Ea	Sm	SB	7.11	2.25	21.40	316.00	---	337.40	**500.00**
Multi-piece, non-integral	Reset	Ea	Lg	SB	4.00	4.00	19.40	178.00	---	197.40	**290.00**
	Reset	Ea	Sm	SB	5.33	3.00	21.40	237.00	---	258.40	**381.00**

Remove operations

Description	Oper	Unit	Vol	Crew Size	MH/Unit	Output/Day	Mat'l	Labor	Equip	Total	Price O&P
Single integral piece	Demo	Ea	Lg	SB	2.67	6.00	19.40	119.00	---	138.40	**201.00**
	Demo	Ea	Sm	SB	3.56	4.50	21.40	158.00	---	179.40	**263.00**
Multi-piece, non-integral	Demo	Ea	Lg	SB	2.00	8.00	19.40	88.90	---	108.30	**157.00**
	Demo	Ea	Sm	SB	2.67	6.00	21.40	119.00	---	140.40	**204.00**

Install rough-in

Description	Oper	Unit	Vol	Crew Size	MH/Unit	Output/Day	Mat'l	Labor	Equip	Total	Price O&P
Shower tub	Inst	Ea	Lg	SB	11.4	1.40	159.00	507.00	---	666.00	**950.00**
	Inst	Ea	Sm	SB	15.2	1.05	175.00	676.00	---	851.00	**1220.00**

Replace operations

One-piece combination (unitized), no door

54-1/2" x 29" x 72" H, with grab bar

Description	Oper	Unit	Vol	Crew Size	MH/Unit	Output/Day	Mat'l	Labor	Equip	Total	Price O&P
Stock color	Inst	Ea	Lg	SB	8.00	2.00	910.00	356.00	---	1266.00	**1630.00**
	Inst	Ea	Sm	SB	10.7	1.50	1000.00	476.00	---	1476.00	**1920.00**

60" x 30" x 72" H, with grab bar

Description	Oper	Unit	Vol	Crew Size	MH/Unit	Output/Day	Mat'l	Labor	Equip	Total	Price O&P
Stock color	Inst	Ea	Lg	SB	8.00	2.00	1020.00	356.00	---	1376.00	**1750.00**
	Inst	Ea	Sm	SB	10.7	1.50	1120.00	476.00	---	1596.00	**2060.00**

60" x 32" x 74" H, with grab bar

Description	Oper	Unit	Vol	Crew Size	MH/Unit	Output/Day	Mat'l	Labor	Equip	Total	Price O&P
Stock color	Inst	Ea	Lg	SB	8.00	2.00	1240.00	356.00	---	1596.00	**2020.00**
	Inst	Ea	Sm	SB	10.7	1.50	1370.00	476.00	---	1846.00	**2360.00**

60" x 32" x 78" H, with grab bar

Description	Oper	Unit	Vol	Crew Size	MH/Unit	Output/Day	Mat'l	Labor	Equip	Total	Price O&P
Stock color	Inst	Ea	Lg	SB	8.00	2.00	2010.00	356.00	---	2366.00	**2950.00**
	Inst	Ea	Sm	SB	10.7	1.50	2220.00	476.00	---	2696.00	**3380.00**

Multi-piece combination, no door

60" x 30" x 72" H, 3-piece

Description	Oper	Unit	Vol	Crew Size	MH/Unit	Output/Day	Mat'l	Labor	Equip	Total	Price O&P
Stock color	Inst	Ea	Lg	SB	8.00	2.00	975.00	356.00	---	1331.00	**1700.00**
	Inst	Ea	Sm	SB	10.7	1.50	1070.00	476.00	---	1546.00	**2000.00**

60" x 30" x 72" H, 2-piece

Description	Oper	Unit	Vol	Crew Size	MH/Unit	Output/Day	Mat'l	Labor	Equip	Total	Price O&P
Stock color	Inst	Ea	Lg	SB	8.00	2.00	877.00	356.00	---	1233.00	**1590.00**
	Inst	Ea	Sm	SB	10.7	1.50	966.00	476.00	---	1442.00	**1870.00**

Shutters

Aluminum, louvered, 14" W

Description	Oper	Unit	Vol	Crew Size	Man-hours per Unit	Crew Output per Day	Avg Mat'l Unit Cost	Avg Labor Unit Cost	Avg Equip Unit Cost	Avg Total Unit Cost	Avg Price Incl O&P
3'-0" long	Inst	Pair	Lg	CA	1.00	8.00	211.00	45.90	---	256.90	**322.00**
	Inst	Pair	Sm	CA	1.33	6.00	233.00	61.00	---	294.00	**371.00**
6'-8" long	Inst	Pair	Lg	CA	1.00	8.00	354.00	45.90	---	399.90	**494.00**
	Inst	Pair	Sm	CA	1.33	6.00	390.00	61.00	---	451.00	**560.00**

Pine or fir, provincial raised panel, primed, in stock, 1-1/16" T

12" W

Description	Oper	Unit	Vol	Crew Size	Man-hours per Unit	Crew Output per Day	Avg Mat'l Unit Cost	Avg Labor Unit Cost	Avg Equip Unit Cost	Avg Total Unit Cost	Avg Price Incl O&P
2'-1" long	Inst	Pair	Lg	CA	1.00	8.00	116.00	45.90	---	161.90	**208.00**
	Inst	Pair	Sm	CA	1.33	6.00	128.00	61.00	---	189.00	**245.00**
3'-1" long	Inst	Pair	Lg	CA	1.00	8.00	128.00	45.90	---	173.90	**222.00**
	Inst	Pair	Sm	CA	1.33	6.00	141.00	61.00	---	202.00	**261.00**
4'-1" long	Inst	Pair	Lg	CA	1.00	8.00	173.00	45.90	---	218.90	**276.00**
	Inst	Pair	Sm	CA	1.33	6.00	190.00	61.00	---	251.00	**320.00**
5'-1" long	Inst	Pair	Lg	CA	1.00	8.00	256.00	45.90	---	301.90	**376.00**
	Inst	Pair	Sm	CA	1.33	6.00	282.00	61.00	---	343.00	**430.00**
6'-1" long	Inst	Pair	Lg	CA	1.00	8.00	308.00	45.90	---	353.90	**438.00**
	Inst	Pair	Sm	CA	1.33	6.00	339.00	61.00	---	400.00	**498.00**

18" W

Description	Oper	Unit	Vol	Crew Size	Man-hours per Unit	Crew Output per Day	Avg Mat'l Unit Cost	Avg Labor Unit Cost	Avg Equip Unit Cost	Avg Total Unit Cost	Avg Price Incl O&P
2'-1" long	Inst	Pair	Lg	CA	1.00	8.00	145.00	45.90	---	190.90	**243.00**
	Inst	Pair	Sm	CA	1.33	6.00	160.00	61.00	---	221.00	**284.00**
3'-1" long	Inst	Pair	Lg	CA	1.00	8.00	160.00	45.90	---	205.90	**261.00**
	Inst	Pair	Sm	CA	1.33	6.00	176.00	61.00	---	237.00	**303.00**
4'-1" long	Inst	Pair	Lg	CA	1.00	8.00	216.00	45.90	---	261.90	**328.00**
	Inst	Pair	Sm	CA	1.33	6.00	238.00	61.00	---	299.00	**377.00**
5'-1" long	Inst	Pair	Lg	CA	1.00	8.00	320.00	45.90	---	365.90	**453.00**
	Inst	Pair	Sm	CA	1.33	6.00	353.00	61.00	---	414.00	**515.00**
6'-1" long	Inst	Pair	Lg	CA	1.00	8.00	384.00	45.90	---	429.90	**530.00**
	Inst	Pair	Sm	CA	1.33	6.00	424.00	61.00	---	485.00	**600.00**

Door blinds, 6'-9" long

Description	Oper	Unit	Vol	Crew Size	Man-hours per Unit	Crew Output per Day	Avg Mat'l Unit Cost	Avg Labor Unit Cost	Avg Equip Unit Cost	Avg Total Unit Cost	Avg Price Incl O&P
1'-3" wide	Inst	Pair	Lg	CA	1.00	8.00	400.00	45.90	---	445.90	**549.00**
	Inst	Pair	Sm	CA	1.33	6.00	441.00	61.00	---	502.00	**620.00**
1'-6" wide	Inst	Pair	Lg	CA	1.00	8.00	500.00	45.90	---	545.90	**669.00**
	Inst	Pair	Sm	CA	1.33	6.00	551.00	61.00	---	612.00	**752.00**

Description	Oper	Unit	Vol	Crew Size	Man-hours per Unit	Crew Output per Day	Avg Mat'l Unit Cost	Avg Labor Unit Cost	Avg Equip Unit Cost	Avg Total Unit Cost	Avg Price Incl O&P
Birch, special order stationary slat blinds, 1-1/16" T											
12" W											
2'-1" long	Inst	Pair	Lg	CA	1.00	8.00	174.00	45.90	---	219.90	**278.00**
	Inst	Pair	Sm	CA	1.33	6.00	192.00	61.00	---	253.00	**322.00**
3'-1" long	Inst	Pair	Lg	CA	1.00	8.00	192.00	45.90	---	237.90	**299.00**
	Inst	Pair	Sm	CA	1.33	6.00	211.00	61.00	---	272.00	**345.00**
4'-1" long	Inst	Pair	Lg	CA	1.00	8.00	259.00	45.90	---	304.90	**380.00**
	Inst	Pair	Sm	CA	1.33	6.00	286.00	61.00	---	347.00	**434.00**
5'-1" long	Inst	Pair	Lg	CA	1.00	8.00	384.00	45.90	---	429.90	**530.00**
	Inst	Pair	Sm	CA	1.33	6.00	424.00	61.00	---	485.00	**600.00**
6'-1" long	Inst	Pair	Lg	CA	1.00	8.00	461.00	45.90	---	506.90	**622.00**
	Inst	Pair	Sm	CA	1.33	6.00	508.00	61.00	---	569.00	**702.00**
18" W											
2'-1" long	Inst	Pair	Lg	CA	1.00	8.00	218.00	45.90	---	263.90	**330.00**
	Inst	Pair	Sm	CA	1.33	6.00	240.00	61.00	---	301.00	**380.00**
3'-1" long	Inst	Pair	Lg	CA	1.00	8.00	240.00	45.90	---	285.90	**357.00**
	Inst	Pair	Sm	CA	1.33	6.00	264.00	61.00	---	325.00	**409.00**
4'-1" long	Inst	Pair	Lg	CA	1.00	8.00	324.00	45.90	---	369.90	**458.00**
	Inst	Pair	Sm	CA	1.33	6.00	357.00	61.00	---	418.00	**520.00**
5'-1" long	Inst	Pair	Lg	CA	1.00	8.00	481.00	45.90	---	526.90	**645.00**
	Inst	Pair	Sm	CA	1.33	6.00	530.00	61.00	---	591.00	**727.00**
6'-1" long	Inst	Pair	Lg	CA	1.00	8.00	577.00	45.90	---	622.90	**761.00**
	Inst	Pair	Sm	CA	1.33	6.00	636.00	61.00	---	697.00	**854.00**
Western hemlock, colonial style, primed, 1-1/8" T											
14" wide											
5'-7" long	Inst	Pair	Lg	CA	1.00	8.00	297.00	45.90	---	342.90	**425.00**
	Inst	Pair	Sm	CA	1.33	6.00	327.00	61.00	---	388.00	**484.00**
16" wide											
3'-0" long	Inst	Pair	Lg	CA	1.00	8.00	218.00	45.90	---	263.90	**331.00**
	Inst	Pair	Sm	CA	1.33	6.00	240.00	61.00	---	301.00	**380.00**
4'-3" long	Inst	Pair	Lg	CA	1.00	8.00	336.00	45.90	---	381.90	**472.00**
	Inst	Pair	Sm	CA	1.33	6.00	371.00	61.00	---	432.00	**536.00**
5'-0" long	Inst	Pair	Lg	CA	1.00	8.00	371.00	45.90	---	416.90	**514.00**
	Inst	Pair	Sm	CA	1.33	6.00	409.00	61.00	---	470.00	**582.00**
6'-0" long	Inst	Pair	Lg	CA	1.00	8.00	445.00	45.90	---	490.90	**603.00**
	Inst	Pair	Sm	CA	1.33	6.00	490.00	61.00	---	551.00	**680.00**
Door blinds, 6'-9" long											
1'-3" wide	Inst	Pair	Lg	CA	1.00	8.00	600.00	45.90	---	645.90	**789.00**
	Inst	Pair	Sm	CA	1.33	6.00	661.00	61.00	---	722.00	**885.00**
1'-6" wide	Inst	Pair	Lg	CA	1.00	8.00	750.00	45.90	---	795.90	**968.00**
	Inst	Pair	Sm	CA	1.33	6.00	826.00	61.00	---	887.00	**1080.00**

Shutters, cellwod

Description	Oper	Unit	Vol	Crew Size	Man-hours per Unit	Crew Output per Day	Avg Mat'l Unit Cost	Avg Labor Unit Cost	Avg Equip Unit Cost	Avg Total Unit Cost	Avg Price Incl O&P

Cellwood shutters, molded structural foam polystyrene

Prefinished louver, 16" wide

Description	Oper	Unit	Vol	Crew Size	Man-hours per Unit	Crew Output per Day	Avg Mat'l Unit Cost	Avg Labor Unit Cost	Avg Equip Unit Cost	Avg Total Unit Cost	Avg Price Incl O&P
3'-3" long	Inst	Pair	Lg	CA	1.00	8.00	41.90	45.90	---	87.80	**119.00**
	Inst	Pair	Sm	CA	1.33	6.00	46.20	61.00	---	107.20	**147.00**
4'-7" long	Inst	Pair	Lg	CA	1.00	8.00	65.90	45.90	---	111.80	**148.00**
	Inst	Pair	Sm	CA	1.33	6.00	72.60	61.00	---	133.60	**179.00**
5'-3" long	Inst	Pair	Lg	CA	1.00	8.00	76.20	45.90	---	122.10	**160.00**
	Inst	Pair	Sm	CA	1.33	6.00	84.00	61.00	---	145.00	**192.00**
6'-3" long	Inst	Pair	Lg	CA	1.00	8.00	91.40	45.90	---	137.30	**179.00**
	Inst	Pair	Sm	CA	1.33	6.00	101.00	61.00	---	162.00	**212.00**

Door blinds

Description	Oper	Unit	Vol	Crew Size	Man-hours per Unit	Crew Output per Day	Avg Mat'l Unit Cost	Avg Labor Unit Cost	Avg Equip Unit Cost	Avg Total Unit Cost	Avg Price Incl O&P
16" wide x 6'-9" long	Inst	Pair	Lg	CA	1.00	8.00	107.00	45.90	---	152.90	**197.00**
	Inst	Pair	Sm	CA	1.33	6.00	118.00	61.00	---	179.00	**233.00**

Prefinished panel, 16" wide

Description	Oper	Unit	Vol	Crew Size	Man-hours per Unit	Crew Output per Day	Avg Mat'l Unit Cost	Avg Labor Unit Cost	Avg Equip Unit Cost	Avg Total Unit Cost	Avg Price Incl O&P
3'-3" long	Inst	Pair	Lg	CA	1.00	8.00	46.10	45.90	---	92.00	**124.00**
	Inst	Pair	Sm	CA	1.33	6.00	50.80	61.00	---	111.80	**152.00**
4'-7" long	Inst	Pair	Lg	CA	1.00	8.00	72.50	45.90	---	118.40	**156.00**
	Inst	Pair	Sm	CA	1.33	6.00	79.90	61.00	---	140.90	**187.00**
5'-3" long	Inst	Pair	Lg	CA	1.00	8.00	83.80	45.90	---	129.70	**169.00**
	Inst	Pair	Sm	CA	1.33	6.00	92.40	61.00	---	153.40	**202.00**
6'-3" long	Inst	Pair	Lg	CA	1.00	8.00	101.00	45.90	---	146.90	**190.00**
	Inst	Pair	Sm	CA	1.33	6.00	111.00	61.00	---	172.00	**225.00**

Door blinds

Description	Oper	Unit	Vol	Crew Size	Man-hours per Unit	Crew Output per Day	Avg Mat'l Unit Cost	Avg Labor Unit Cost	Avg Equip Unit Cost	Avg Total Unit Cost	Avg Price Incl O&P
16" wide x 6'-9" long	Inst	Pair	Lg	CA	1.00	8.00	117.00	45.90	---	162.90	**210.00**
	Inst	Pair	Sm	CA	1.33	6.00	129.00	61.00	---	190.00	**247.00**

Siding

Aluminum Siding

1. **Dimensions and Descriptions**. The types of aluminum siding discussed are: (1) painted (2) available in various colors, (3) either 0.024" gauge or 0.019" gauge. The types of aluminum siding discussed in this section are:

    a. Clapboard: 12'-6" long; 8" exposure; $5/8$" butt; 0.024" gauge.

    b. Board and batten: 10'-0" long; 10" exposure; $1/2$" butt; 0.024" gauge.

    c. "Double-five-inch" clapboard: 12'-0" long; 10" exposure; $1/2$" butt; 0.024" gauge.

    d. Sculpture clapboard: 12'-6" long; 8" exposure; $1/2$" butt; 0.024" gauge.

    e. Shingle siding: 24" long; 12" exposure; $1 1/8$" butt; 0.019" gauge.

Most types of aluminum siding may be available in a smooth or rough texture.

2. **Installation**. Applied horizontally with nails. See chart below.

3. **Estimating Technique**. Determine area and deduct area of window and door openings then add for cutting and fitting waste. In the figures on aluminum siding, no waste has been included.

Wood Siding

The types of wood exterior finishes covered in this section are:

   a. Bevel siding

   b. Drop siding

   c. Vertical siding

   d. Batten siding

   e. Plywood siding with battens

   f. Wood shingle siding

Bevel Siding

1. **Dimension**. Boards are 4", 6", 8", or 12" wide with a thickness of the top edge of $3/16$". The thickness of the bottom edge is $9/16$" for 4" and 6" widths and $11/16$" for 8", 10", 12" widths.

2. **Installation**. Applied horizontally with 6d or 8d common nails. See exposure and waste table below.

3. **Estimating Technique**. Determine area and deduct area of window and door openings, then add for lap, exposure, and cutting and fitting waste. In the figures on bevel siding, waste has been included, unless otherwise noted.

Type	Exposure	Butt	Normal Range of Cut & Fit Waste*
Clapboard	8"	$5/8$"	6% - 10%
Board & Batten	10"	$1/2$"	4% - 8%
Double-Five-Inch	10"	$1/2$"	6% - 10%
Sculptured	8"	$1/2$"	6% - 10%
Shingle Siding	12"	$1 1/8$"	4% - 6%

*The amount of waste will vary with the methods of installing siding and can be affected by dimension of the area to be covered.

Board Size	Actual Width	Lap	Exposure	Milling & Lap Waste	Normal Range of Cut & Fit Waste*
$1/2$" x 4"	$3 1/4$"	$1/2$"	$2 3/4$"	31.25%	19% - 23%
$1/2$" x 6"	$5 1/4$"	$1/2$"	$4 3/4$"	21.00%	10% - 13%
$1/2$" x 8"	$7 1/4$"	$1/2$"	$6 3/4$"	15.75%	7% - 10%
$5/8$" x 4"	$3 1/4$"	$1/2$"	$2 3/4$"	31.25%	19% - 23%
$5/8$" x 6"	$5 1/4$"	$1/2$"	$4 3/4$"	21.00%	10% - 13%
$5/8$" x 8"	$7 1/4$"	$1/2$"	$6 3/4$"	15.75%	7% - 10%
$5/8$" x 10"	$9 1/4$"	$1/2$"	$8 3/4$"	12.50%	6% - 10%
$3/4$" x 6"	$5 1/4$"	$1/2$"	$4 3/4$"	21.00%	10% - 13%
$3/4$" x 8"	$7 1/4$"	$1/2$"	$6 3/4$"	15.75%	7% - 10%
$3/4$" x 10"	$9 1/4$"	$1/2$"	$8 3/4$"	12.50%	6% - 10%
$3/4$" x 12"	$11 1/4$"	$1/2$"	$10 3/4$"	10.50%	6% - 10%

*The amount of waste will vary with the methods of installing siding and can be affected by dimension of the area to be covered.

Drop Siding, Tongue-and-Groove

1. **Dimensions.** The boards are 4", 6", 8", 10", or 12" wide, and all boards are 3/4" thick at both edges.

2. **Installation.** Applied horizontally, usually with 8d common nails. See exposure and waste table below:

Board Size	Actual Width	Lap +1/16"	Exposure	Milling & Lap Waste	Normal Range of Cut & Waste*
1" x 4"	3 1/4"	3/16"	3 1/16"	23.50%	7% - 10%
1" x 6"	5 1/4"	3/16"	5 1/16"	15.75%	6% - 8%
1" x 8"	7 1/4"	3/16"	7 1/16"	11.75%	5% - 6%
1" x 10"	9 1/4"	3/16"	9 1/16"	9.50%	4% - 5%
1" x 12"	11 1/4"	3/16"	11 1/16"	8.00%	4% - 5%

*The amount of waste will vary with the methods of installing siding and can be affected by dimensions of the area to be covered.

3. **Estimating Technique.** Determine area and deduct area of window and door openings; then add for lap, exposure, butting and fitting waste. In the figures on drop siding, waste has been included, unless otherwise noted.

Vertical Siding, Tongue-and-Groove

1. **Dimensions.** Boards are 8", 10" or 12" wide, and all boards are 3/4" thick at both top and bottom edges.

2. **Installation.** Applied vertically over horizontal furring strips usually with 8d common nails. See exposure and waste table below:

Board Size	Actual Width	Lap 1/16"	Exposure	Milling & Lap Waste	Normal Range of Cut & Fit Waste
1" x 8"	7 1/4"	3/16"	7 1/16"	11.75%	5% - 7%
1" x 10"	9 1/4"	3/16"	9 1/16"	9.50%	4% - 5%
1" x 12"	11 1/4"	3/16"	11 1/16"	8.00%	4% - 5%

3. **Estimating Technique.** Determine area and deduct area of window and door openings; then add for lap, exposure, cutting and fitting waste. In the figures on vertical siding, waste has been included, unless otherwise noted.

Batten Siding

1. **Dimension.** The boards are 8", 10", or 12" wide. If the boards are rough, they are 1" thick; if the boards are dressed, then they are 25/32" thick. The battens are 1" thick and 2" wide.

2. **Installation.** The 8", 10", or 12"-wide boards are installed vertically over 1" x 3" or 1" x 4" horizontal furring strips. The battens are then installed over the seams of the vertical boards. See exposure and waste table below:

Board Size & Type	Actual Width & Exposure	Milling Waste	Normal Range of Cut & Fit Waste*
1" x 8" rough sawn	8"	—	3% - 5%
dressed	7 1/2"	6.25%	3% - 5%
1" x 10" rough sawn	10"	—	3% - 5%
dressed	9 1/2"	5.00%	3% - 5%
1" x 12" rough sawn	12"	—	3% - 5%
dressed	11 1/2"	4.25%	3% - 5%

*The amount of waste will vary with the methods of installing siding and can be affected by dimension of the area to be covered.

3. **Estimating Technique.** Determine area and deduct area of window and door openings; then add for exposure, cutting and fitting waste. In the figures on batten siding, waste has been included, unless otherwise noted.

Quantity of Battens - No Cut and Fit Waste Included	
Board Size and Type	LF per SF or BF
1" x 6" rough sawn	2.00
dressed	2.25
1" x 8" rough sawn	1.55
dressed	1.60
1" x 10" rough sawn	1.20
dressed	1.30
1" x 12" rough sawn	1.00
dressed	1.05

Plywood Siding with Battens

1. **Dimensions.** The plywood panels are 4' wide and 8', 9', or 10' long. The panels are 3/8", 1/2" or 5/8" thick. The battens are 1" thick and 2" wide.

2. **Installation.** The panels are applied directly to the studs with the 4'-0" width parallel to the plate. Nails used are 6d commons. The waste will normally range from 3% to 5%.

Quantity of Battens - No Cut and Fit Waste Included	
Spacing	LF per SF or BF
16" oc	.75
24" oc	.50

3. **Estimating Technique.** Determine area and deduct area of window and door openings; then add for cutting and fitting waste. In the figures on plywood siding with battens, waste has been included, unless otherwise noted.

Wood Shingle Siding

1. **Dimension.** The wood shingles have an average width of 4" and length of 16", 18" or 24". The thickness may vary in all cases.

2. **Installation.** On roofs with wood shingles, there should be three thicknesses of wood shingle at every point on the roof. But on exterior walls with wood shingles, only two thicknesses of wood siding shingles are needed. Nail to 1" x 3" or 1" x 4" furring strips using 3d rust-resistant nails. Use 5d rust-resistant nails when applying new shingles over old shingles. See table below:

Shingle Length	Exposure	Shingles per Square, No Waste Included	Lbs. of Nails at Two Nails per Shingle	
			3d	5d
16"	7 1/2"	480	2.3	2.7
18"	8 1/2"	424	2.0	2.4
24"	11 1/2"	313	1.5	1.8

3. **Estimating Technique.** Determine the area and deduct the area of window and door openings. Then add approximately 10% for waste. In the figures on wood shingle siding, waste has been included, unless otherwise noted. In the above table, pounds of nails per square are based on two nails per shingle. For one nail per shingle, deduct 50%.

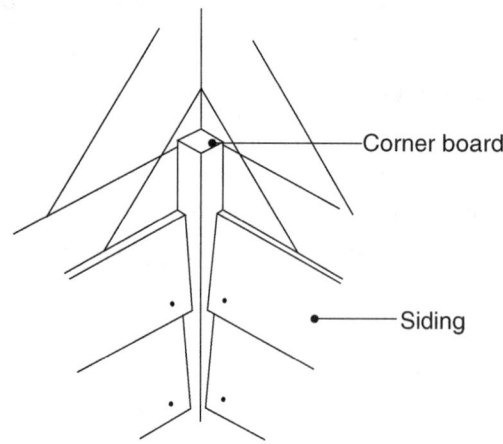

Corner board for application of horizontal siding at interior corner

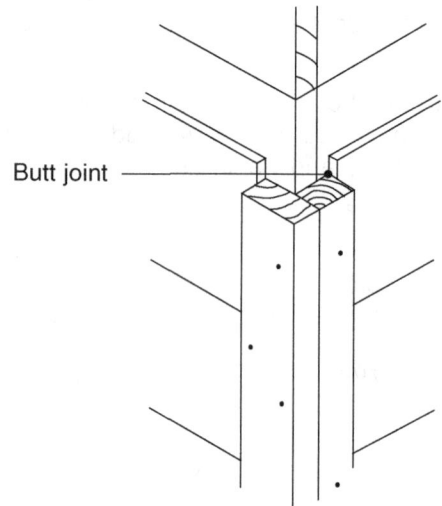

Corner boards for application of horizontal siding at exterior corner

Siding, aluminum

Description	Oper	Unit	Vol	Crew Size	Man-hours per Unit	Crew Output per Day	Avg Mat'l Unit Cost	Avg Labor Unit Cost	Avg Equip Unit Cost	Avg Total Unit Cost	Avg Price Incl O&P

Siding

House wrap

Includes fasteners and seam tape

Description	Oper	Unit	Vol	Crew Size	Man-hours per Unit	Crew Output per Day	Avg Mat'l Unit Cost	Avg Labor Unit Cost	Avg Equip Unit Cost	Avg Total Unit Cost	Avg Price Incl O&P
Air / Moisture barrier	Demo	SF	Lg	LB	.003	6000	---	.11	---	.11	**.17**
	Demo	SF	Sm	LB	.004	4200	---	.15	---	.15	**.22**
	Inst	SF	Lg	2C	.011	1500	.20	.50	---	.70	**1.00**
	Inst	SF	Sm	2C	.015	1050	.22	.69	---	.91	**1.30**

Aluminum, fastened to wood

See page 370 for Metal

Horizontal, clapboard (i.e. lap, drop)

Description	Oper	Unit	Vol	Crew Size	Man-hours per Unit	Crew Output per Day	Avg Mat'l Unit Cost	Avg Labor Unit Cost	Avg Equip Unit Cost	Avg Total Unit Cost	Avg Price Incl O&P
8" exposure	Demo	SF	Lg	LB	.023	700	---	.86	---	.86	**1.29**
	Demo	SF	Sm	LB	.033	490	---	1.23	---	1.23	**1.85**
10" exposure	Demo	SF	Lg	LB	.018	875	---	.67	---	.67	**1.01**
	Demo	SF	Sm	LB	.026	613	---	.97	---	.97	**1.46**

Horizontal, clapboard (i.e. lap, drop), butt joint

0.019" thick

Straight wall

Description	Oper	Unit	Vol	Crew Size	Man-hours per Unit	Crew Output per Day	Avg Mat'l Unit Cost	Avg Labor Unit Cost	Avg Equip Unit Cost	Avg Total Unit Cost	Avg Price Incl O&P
8" exposure	Inst	SF	Lg	2C	.036	450	3.46	1.65	---	5.11	**6.63**
	Inst	SF	Sm	2C	.051	315	3.81	2.34	---	6.15	**8.08**
10" exposure	Inst	SF	Lg	2C	.029	560	3.80	1.33	---	5.13	**6.56**
	Inst	SF	Sm	2C	.041	392	4.19	1.88	---	6.07	**7.85**

Cut-up wall

Description	Oper	Unit	Vol	Crew Size	Man-hours per Unit	Crew Output per Day	Avg Mat'l Unit Cost	Avg Labor Unit Cost	Avg Equip Unit Cost	Avg Total Unit Cost	Avg Price Incl O&P
8" exposure	Inst	SF	Lg	2C	.044	360	3.46	2.02	---	5.48	**7.18**
	Inst	SF	Sm	2C	.063	252	3.81	2.89	---	6.70	**8.91**
10" exposure	Inst	SF	Lg	2C	.036	450	3.80	1.65	---	5.45	**7.04**
	Inst	SF	Sm	2C	.051	315	4.19	2.34	---	6.53	**8.54**

0.024" thick

Straight wall

Description	Oper	Unit	Vol	Crew Size	Man-hours per Unit	Crew Output per Day	Avg Mat'l Unit Cost	Avg Labor Unit Cost	Avg Equip Unit Cost	Avg Total Unit Cost	Avg Price Incl O&P
8" exposure	Inst	SF	Lg	2C	.036	450	5.13	1.65	---	6.78	**8.63**
	Inst	SF	Sm	2C	.051	315	5.65	2.34	---	7.99	**10.30**
10" exposure	Inst	SF	Lg	2C	.029	560	5.64	1.33	---	6.97	**8.76**
	Inst	SF	Sm	2C	.041	392	6.21	1.88	---	8.09	**10.30**

Cut-up wall

Description	Oper	Unit	Vol	Crew Size	Man-hours per Unit	Crew Output per Day	Avg Mat'l Unit Cost	Avg Labor Unit Cost	Avg Equip Unit Cost	Avg Total Unit Cost	Avg Price Incl O&P
8" exposure	Inst	SF	Lg	2C	.044	360	5.13	2.02	---	7.15	**9.18**
	Inst	SF	Sm	2C	.063	252	5.65	2.89	---	8.54	**11.10**
10" exposure	Inst	SF	Lg	2C	.036	450	5.64	1.65	---	7.29	**9.25**
	Inst	SF	Sm	2C	.051	315	6.21	2.34	---	8.55	**11.00**

Fiber cement, fastened to wood

Bevel or clapboard (horizontal)

1/2" x 6" with 4-3/4" exp.

Description	Oper	Unit	Vol	Crew Size	Man-hours per Unit	Crew Output per Day	Avg Mat'l Unit Cost	Avg Labor Unit Cost	Avg Equip Unit Cost	Avg Total Unit Cost	Avg Price Incl O&P
	Demo	SF	Lg	LB	.018	910	---	.67	---	.67	**1.01**
	Demo	SF	Sm	LB	.025	637	---	.94	---	.94	**1.40**
Straight wall	Inst	SF	Lg	2C	.046	350	2.49	2.11	---	4.60	**6.15**
	Inst	SF	Sm	2C	.065	245	2.74	2.98	---	5.72	**7.76**
Cut-up wall	Inst	SF	Lg	2C	.057	280	2.49	2.62	---	5.11	**6.91**
	Inst	SF	Sm	2C	.082	196	2.74	3.76	---	6.50	**8.93**

1/2" x 8" with 6-3/4" exp.

Description	Oper	Unit	Vol	Crew Size	Man-hours per Unit	Crew Output per Day	Avg Mat'l Unit Cost	Avg Labor Unit Cost	Avg Equip Unit Cost	Avg Total Unit Cost	Avg Price Incl O&P
	Demo	SF	Lg	LB	.018	910	---	.67	---	.67	**1.01**
	Demo	SF	Sm	LB	.025	637	---	.94	---	.94	**1.40**
Straight wall	Inst	SF	Lg	2C	.037	435	2.26	1.70	---	3.96	**5.26**
	Inst	SF	Sm	2C	.053	305	2.49	2.43	---	4.92	**6.64**
Cut-up wall	Inst	SF	Lg	2C	.046	350	2.26	2.11	---	4.37	**5.88**
	Inst	SF	Sm	2C	.065	245	2.49	2.98	---	5.47	**7.46**

Drop or shiplap (horizontal)

1/2" x 6" with 4-3/4" exp.

Description	Oper	Unit	Vol	Crew Size	Man-hours per Unit	Crew Output per Day	Avg Mat'l Unit Cost	Avg Labor Unit Cost	Avg Equip Unit Cost	Avg Total Unit Cost	Avg Price Incl O&P
	Demo	SF	Lg	LB	.018	910	---	.67	---	.67	**1.01**
	Demo	SF	Sm	LB	.025	637	---	.94	---	.94	**1.40**
Straight wall	Inst	SF	Lg	2C	.046	350	2.67	2.11	---	4.78	**6.37**
	Inst	SF	Sm	2C	.065	245	2.94	2.98	---	5.92	**8.00**
Cut-up wall	Inst	SF	Lg	2C	.057	280	2.67	2.62	---	5.29	**7.13**
	Inst	SF	Sm	2C	.082	196	2.94	3.76	---	6.70	**9.17**

1/2" x 8" with 6-3/4" exp.

Description	Oper	Unit	Vol	Crew Size	Man-hours per Unit	Crew Output per Day	Avg Mat'l Unit Cost	Avg Labor Unit Cost	Avg Equip Unit Cost	Avg Total Unit Cost	Avg Price Incl O&P
	Demo	SF	Lg	LB	.018	910	---	.67	---	.67	**1.01**
	Demo	SF	Sm	LB	.025	637	---	.94	---	.94	**1.40**
Straight wall	Inst	SF	Lg	2C	.037	435	2.57	1.70	---	4.27	**5.63**
	Inst	SF	Sm	2C	.053	305	2.83	2.43	---	5.26	**7.04**
Cut-up wall	Inst	SF	Lg	2C	.046	350	2.57	2.11	---	4.68	**6.25**
	Inst	SF	Sm	2C	.065	245	2.83	2.98	---	5.81	**7.87**

1/2" x 12" with 10-3/4" exp.

Description	Oper	Unit	Vol	Crew Size	Man-hours per Unit	Crew Output per Day	Avg Mat'l Unit Cost	Avg Labor Unit Cost	Avg Equip Unit Cost	Avg Total Unit Cost	Avg Price Incl O&P
	Demo	SF	Lg	LB	.018	910	---	.67	---	.67	**1.01**
	Demo	SF	Sm	LB	.025	637	---	.94	---	.94	**1.40**
Straight wall	Inst	SF	Lg	2C	.030	525	2.27	1.38	---	3.65	**4.79**
	Inst	SF	Sm	2C	.044	368	2.51	2.02	---	4.53	**6.04**
Cut-up wall	Inst	SF	Lg	2C	.038	420	2.27	1.74	---	4.01	**5.34**
	Inst	SF	Sm	2C	.054	294	2.51	2.48	---	4.99	**6.73**

Siding, panel

Description	Oper	Unit	Vol	Crew Size	Man-hours per Unit	Crew Output per Day	Avg Mat'l Unit Cost	Avg Labor Unit Cost	Avg Equip Unit Cost	Avg Total Unit Cost	Avg Price Incl O&P
Panel with vertical battens											
4' x 8' sheet with 1" x 4" battens 16" oc											
	Demo	SF	Lg	LB	.017	928	---	.64	---	.64	**.95**
	Demo	SF	Sm	LB	.025	650	---	.94	---	.94	**1.40**
Straight wall	Inst	SF	Lg	2C	.031	512	3.74	1.42	---	5.16	**6.62**
	Inst	SF	Sm	2C	.045	358	4.13	2.06	---	6.19	**8.05**
Cut-up wall	Inst	SF	Lg	2C	.038	416	3.74	1.74	---	5.48	**7.10**
	Inst	SF	Sm	2C	.055	291	4.13	2.52	---	6.65	**8.74**
Panel with vertical groove											
4' x 8' sheet, scored 6" oc											
	Demo	SF	Lg	LB	.014	1152	---	.52	---	.52	**.79**
	Demo	SF	Sm	LB	.020	806	---	.75	---	.75	**1.12**
Straight wall	Inst	SF	Lg	2C	.025	640	2.21	1.15	---	3.36	**4.37**
	Inst	SF	Sm	2C	.036	448	2.44	1.65	---	4.09	**5.41**
Cut-up wall	Inst	SF	Lg	2C	.031	512	2.21	1.42	---	3.63	**4.79**
	Inst	SF	Sm	2C	.045	358	2.44	2.06	---	4.50	**6.02**
Panel with shingle style design											
4' x 8' sheet											
	Demo	SF	Lg	LB	.016	1024	---	.60	---	.60	**.90**
	Demo	SF	Sm	LB	.022	717	---	.82	---	.82	**1.23**
Straight wall	Inst	SF	Lg	2C	.028	576	5.22	1.28	---	6.50	**8.19**
	Inst	SF	Sm	2C	.040	403	5.76	1.84	---	7.60	**9.66**
Cut-up wall	Inst	SF	Lg	2C	.036	448	5.22	1.65	---	6.87	**8.74**
	Inst	SF	Sm	2C	.051	314	5.76	2.34	---	8.10	**10.40**
Trim / Corner Board											
1" x 4"	Inst	LF	Lg	2C	.067	240	1.69	3.07	---	4.76	**6.64**
	Inst	LF	Sm	2C	.095	168	1.86	4.36	---	6.22	**8.77**
1" x 6"	Inst	LF	Lg	2C	.070	228	2.54	3.21	---	5.75	**7.87**
	Inst	LF	Sm	2C	.100	160	2.80	4.59	---	7.39	**10.20**
1" x 8"	Inst	LF	Lg	2C	.074	215	3.64	3.40	---	7.04	**9.46**
	Inst	LF	Sm	2C	.106	151	4.01	4.86	---	8.87	**12.10**

Description	Oper	Unit	Vol	Crew Size	Man-hours per Unit	Crew Output per Day	Avg Mat'l Unit Cost	Avg Labor Unit Cost	Avg Equip Unit Cost	Avg Total Unit Cost	Avg Price Incl O&P

Hardboard, fastened to wood

Drop or lap (horizontal)

1/2" x 6" with 4-3/4" exp.

Description	Oper	Unit	Vol	Crew Size	Man-hours per Unit	Crew Output per Day	Avg Mat'l Unit Cost	Avg Labor Unit Cost	Avg Equip Unit Cost	Avg Total Unit Cost	Avg Price Incl O&P
	Demo	SF	Lg	LB	.018	910	---	.67	---	.67	**1.01**
	Demo	SF	Sm	LB	.025	637	---	.94	---	.94	**1.40**
Straight wall											
Primed	Inst	SF	Lg	2C	.046	350	2.20	2.11	---	4.31	**5.81**
	Inst	SF	Sm	2C	.065	245	2.42	2.98	---	5.40	**7.38**
Factory painted	Inst	SF	Lg	2C	.046	350	3.91	2.11	---	6.02	**7.86**
	Inst	SF	Sm	2C	.065	245	4.31	2.98	---	7.29	**9.65**
Cut-up wall											
Primed	Inst	SF	Lg	2C	.057	280	2.20	2.62	---	4.82	**6.56**
	Inst	SF	Sm	2C	.082	196	2.42	3.76	---	6.18	**8.55**
Factory painted	Inst	SF	Lg	2C	.057	280	3.91	2.62	---	6.53	**8.61**
	Inst	SF	Sm	2C	.082	196	4.31	3.76	---	8.07	**10.80**

1/2" x 8" with 6-3/4" exp.

Description	Oper	Unit	Vol	Crew Size	Man-hours per Unit	Crew Output per Day	Avg Mat'l Unit Cost	Avg Labor Unit Cost	Avg Equip Unit Cost	Avg Total Unit Cost	Avg Price Incl O&P
	Demo	SF	Lg	LB	.018	910	---	.67	---	.67	**1.01**
	Demo	SF	Sm	LB	.025	637	---	.94	---	.94	**1.40**
Straight wall											
Primed	Inst	SF	Lg	2C	.037	435	2.18	1.70	---	3.88	**5.16**
	Inst	SF	Sm	2C	.053	305	2.40	2.43	---	4.83	**6.53**
Factory painted	Inst	SF	Lg	2C	.037	435	3.75	1.70	---	5.45	**7.05**
	Inst	SF	Sm	2C	.053	305	4.14	2.43	---	6.57	**8.62**
Cut-up wall											
Primed	Inst	SF	Lg	2C	.046	350	2.18	2.11	---	4.29	**5.78**
	Inst	SF	Sm	2C	.065	245	2.40	2.98	---	5.38	**7.35**
Factory painted	Inst	SF	Lg	2C	.046	350	3.75	2.11	---	5.86	**7.67**
	Inst	SF	Sm	2C	.065	245	4.14	2.98	---	7.12	**9.44**

1/2" x 12" with 10-3/4" exp.

Description	Oper	Unit	Vol	Crew Size	Man-hours per Unit	Crew Output per Day	Avg Mat'l Unit Cost	Avg Labor Unit Cost	Avg Equip Unit Cost	Avg Total Unit Cost	Avg Price Incl O&P
	Demo	SF	Lg	LB	.018	910	---	.67	---	.67	**1.01**
	Demo	SF	Sm	LB	.025	637	---	.94	---	.94	**1.40**
Straight wall											
Primed	Inst	SF	Lg	2C	.030	525	2.18	1.38	---	3.56	**4.68**
	Inst	SF	Sm	2C	.044	368	2.40	2.02	---	4.42	**5.91**
Factory painted	Inst	SF	Lg	2C	.030	525	3.92	1.38	---	5.30	**6.77**
	Inst	SF	Sm	2C	.044	368	4.32	2.02	---	6.34	**8.21**
Cut-up wall											
Primed	Inst	SF	Lg	2C	.038	420	2.18	1.74	---	3.92	**5.23**
	Inst	SF	Sm	2C	.054	294	2.40	2.48	---	4.88	**6.60**
Factory painted	Inst	SF	Lg	2C	.038	420	3.92	1.74	---	5.66	**7.32**
	Inst	SF	Sm	2C	.054	294	4.32	2.48	---	6.80	**8.90**

Siding, hardboard, panel

Description	Oper	Unit	Vol	Crew Size	Man-hours per Unit	Crew Output per Day	Avg Mat'l Unit Cost	Avg Labor Unit Cost	Avg Equip Unit Cost	Avg Total Unit Cost	Avg Price Incl O&P
Panel with vertical groove											
4' x 8' sheet, scored 6" oc											
	Demo	SF	Lg	LB	.014	1152	---	.52	---	.52	.79
	Demo	SF	Sm	LB	.020	806	---	.75	---	.75	1.12
Straight wall											
Smooth or wood grained	Inst	SF	Lg	2C	.025	640	1.91	1.15	---	3.06	4.01
	Inst	SF	Sm	2C	.036	448	2.11	1.65	---	3.76	5.01
Simulated stucco	Inst	SF	Lg	2C	.025	640	1.70	1.15	---	2.85	3.76
	Inst	SF	Sm	2C	.036	448	1.87	1.65	---	3.52	4.72
T1-11, paint grade	Inst	SF	Lg	2C	.025	640	1.73	1.15	---	2.88	3.80
	Inst	SF	Sm	2C	.036	448	1.91	1.65	---	3.56	4.77
Cut-up wall											
Smooth or wood grained	Inst	SF	Lg	2C	.025	640	1.91	1.15	---	3.06	4.01
	Inst	SF	Sm	2C	.036	448	2.11	1.65	---	3.76	5.01
Simulated stucco	Inst	SF	Lg	2C	.025	640	1.70	1.15	---	2.85	3.76
	Inst	SF	Sm	2C	.036	448	1.87	1.65	---	3.52	4.72
T1-11, paint grade	Inst	SF	Lg	2C	.025	640	1.73	1.15	---	2.88	3.80
	Inst	SF	Sm	2C	.036	448	1.91	1.65	---	3.56	4.77
Trim / Corner Board											
1" x 4"	Inst	LF	Lg	2C	.067	240	1.68	3.07	---	4.75	6.63
	Inst	LF	Sm	2C	.095	168	1.85	4.36	---	6.21	8.76
1" x 6"	Inst	LF	Lg	2C	.070	228	2.54	3.21	---	5.75	7.87
	Inst	LF	Sm	2C	.100	160	2.80	4.59	---	7.39	10.20
1" x 8"	Inst	LF	Lg	2C	.074	215	3.34	3.40	---	6.74	9.10
	Inst	LF	Sm	2C	.106	151	3.68	4.86	---	8.54	11.70

Metal, fastened to wood or metal

See page 365 for Aluminum

Corrugated, 26" W, 2-1/2" side lap, 4" end lap

Description	Oper	Unit	Vol	Crew Size	Man-hours per Unit	Crew Output per Day	Avg Mat'l Unit Cost	Avg Labor Unit Cost	Avg Equip Unit Cost	Avg Total Unit Cost	Avg Price Incl O&P
	Demo	SF	Lg	LB	.020	800	---	.75	---	.75	**1.12**
	Demo	SF	Sm	LB	.029	560	---	1.08	---	1.08	**1.63**
29 gauge											
Galvanized	Inst	SF	Lg	UB	.033	480	1.44	1.64	---	3.08	**4.19**
	Inst	SF	Sm	UB	.048	336	1.59	2.38	---	3.97	**5.48**
Prefinished	Inst	SF	Lg	UB	.033	480	1.65	1.64	---	3.29	**4.44**
	Inst	SF	Sm	UB	.048	336	1.81	2.38	---	4.19	**5.75**
26 gauge											
Galvanized	Inst	SF	Lg	UB	.033	480	1.77	1.64	---	3.41	**4.58**
	Inst	SF	Sm	UB	.048	336	1.95	2.38	---	4.33	**5.91**
Prefinished	Inst	SF	Lg	UB	.033	480	2.19	1.64	---	3.83	**5.09**
	Inst	SF	Sm	UB	.048	336	2.41	2.38	---	4.79	**6.47**
24 gauge											
Galvanized	Inst	SF	Lg	UB	.033	480	2.52	1.64	---	4.16	**5.48**
	Inst	SF	Sm	UB	.048	336	2.78	2.38	---	5.16	**6.91**
Prefinished	Inst	SF	Lg	UB	.033	480	2.77	1.64	---	4.41	**5.78**
	Inst	SF	Sm	UB	.048	336	3.06	2.38	---	5.44	**7.25**

Ribbed / Standing Seam, 26" W, 2-1/2" side lap, 4" end lap

Description	Oper	Unit	Vol	Crew Size	Man-hours per Unit	Crew Output per Day	Avg Mat'l Unit Cost	Avg Labor Unit Cost	Avg Equip Unit Cost	Avg Total Unit Cost	Avg Price Incl O&P
	Demo	SF	Lg	LB	.020	800	---	.75	---	.75	**1.12**
	Demo	SF	Sm	LB	.029	560	---	1.08	---	1.08	**1.63**
Up to 1" rib, painted											
29 gauge	Inst	SF	Lg	UB	.033	480	2.06	1.64	---	3.70	**4.93**
	Inst	SF	Sm	UB	.048	336	2.27	2.38	---	4.65	**6.30**
26 gauge	Inst	SF	Lg	UB	.033	480	2.33	1.64	---	3.97	**5.25**
	Inst	SF	Sm	UB	.048	336	2.57	2.38	---	4.95	**6.66**
24 gauge	Inst	SF	Lg	UB	.033	480	3.49	1.64	---	5.13	**6.65**
	Inst	SF	Sm	UB	.048	336	3.84	2.38	---	6.22	**8.18**
1" to 1-1/2" rib, painted											
26 gauge	Inst	SF	Lg	UB	.033	480	2.40	1.64	---	4.04	**5.34**
	Inst	SF	Sm	UB	.048	336	2.65	2.38	---	5.03	**6.75**
24 gauge	Inst	SF	Lg	UB	.033	480	3.57	1.64	---	5.21	**6.74**
	Inst	SF	Sm	UB	.048	336	3.93	2.38	---	6.31	**8.29**

Individual components

Description	Oper	Unit	Vol	Crew Size	Man-hours per Unit	Crew Output per Day	Avg Mat'l Unit Cost	Avg Labor Unit Cost	Avg Equip Unit Cost	Avg Total Unit Cost	Avg Price Incl O&P
Inside corner	Inst	LF	Lg	UB	.053	300	.66	2.63	---	3.29	**4.74**
	Inst	LF	Sm	UB	.076	210	.73	3.77	---	4.50	**6.53**
Outside corner	Inst	LF	Lg	UB	.053	300	.66	2.63	---	3.29	**4.74**
	Inst	LF	Sm	UB	.076	210	.73	3.77	---	4.50	**6.53**

Siding, vinyl

Description	Oper	Unit	Vol	Crew Size	Man-hours per Unit	Crew Output per Day	Avg Mat'l Unit Cost	Avg Labor Unit Cost	Avg Equip Unit Cost	Avg Total Unit Cost	Avg Price Incl O&P

Vinyl
Includes siding, starter strip, under sill trim, j-channel, corner posts, fasteners

Horizontal, clapboard (i.e. lap, drop), butt joint

Description	Oper	Unit	Vol	Crew Size	Man-hours per Unit	Crew Output per Day	Avg Mat'l Unit Cost	Avg Labor Unit Cost	Avg Equip Unit Cost	Avg Total Unit Cost	Avg Price Incl O&P
	Demo	SF	Lg	LB	.020	800	---	.75	---	.75	**1.12**
	Demo	SF	Sm	LB	.029	560	---	1.08	---	1.08	**1.63**

Straight wall
Average, up to 0.044" T, stock colors and patterns
| | Inst | SF | Lg | 2C | .040 | 400 | 2.34 | 1.84 | --- | 4.18 | **5.56** |
| | Inst | SF | Sm | 2C | .057 | 280 | 2.58 | 2.62 | --- | 5.20 | **7.02** |

High, 0.045" to 0.048" T, special colors
| | Inst | SF | Lg | 2C | .040 | 400 | 2.75 | 1.84 | --- | 4.59 | **6.05** |
| | Inst | SF | Sm | 2C | .057 | 280 | 3.03 | 2.62 | --- | 5.65 | **7.56** |

Premium, 0.045" to 0.048" T, such as simulated wood-grain
| | Inst | SF | Lg | 2C | .040 | 400 | 3.45 | 1.84 | --- | 5.29 | **6.89** |
| | Inst | SF | Sm | 2C | .057 | 280 | 3.80 | 2.62 | --- | 6.42 | **8.48** |

Premium, insulated, 0.045" to 0.048" T
| | Inst | SF | Lg | 2C | .044 | 360 | 5.80 | 2.02 | --- | 7.82 | **9.99** |
| | Inst | SF | Sm | 2C | .063 | 252 | 6.39 | 2.89 | --- | 9.28 | **12.00** |

Specialty, one color, 0.045" to 0.048" T, such as shakes, shingles
| | Inst | SF | Lg | 2C | .044 | 360 | 5.95 | 2.02 | --- | 7.97 | **10.20** |
| | Inst | SF | Sm | 2C | .063 | 252 | 6.56 | 2.89 | --- | 9.45 | **12.20** |

Specialty, two color, 0.045" to 0.048" T, such as shakes, shingles
| | Inst | SF | Lg | 2C | .044 | 360 | 6.36 | 2.02 | --- | 8.38 | **10.70** |
| | Inst | SF | Sm | 2C | .063 | 252 | 7.01 | 2.89 | --- | 9.90 | **12.80** |

Cut-up wall
Average, up to 0.044" T, stock colors and patterns
| | Inst | SF | Lg | 2C | .050 | 320 | 2.34 | 2.29 | --- | 4.63 | **6.25** |
| | Inst | SF | Sm | 2C | .071 | 224 | 2.58 | 3.26 | --- | 5.84 | **7.98** |

High, 0.045" to 0.048" T, special colors
| | Inst | SF | Lg | 2C | .050 | 320 | 2.75 | 2.29 | --- | 5.04 | **6.74** |
| | Inst | SF | Sm | 2C | .071 | 224 | 3.03 | 3.26 | --- | 6.29 | **8.52** |

Premium, 0.045" to 0.048" T, special patterns (simulated wood)
| | Inst | SF | Lg | 2C | .050 | 320 | 3.45 | 2.29 | --- | 5.74 | **7.58** |
| | Inst | SF | Sm | 2C | .071 | 224 | 3.80 | 3.26 | --- | 7.06 | **9.45** |

Premium, insulated, 0.045" to 0.048" T
| | Inst | SF | Lg | 2C | .050 | 320 | 5.80 | 2.29 | --- | 8.09 | **10.40** |
| | Inst | SF | Sm | 2C | .071 | 224 | 6.39 | 3.26 | --- | 9.65 | **12.60** |

Specialty, one color, 0.045" to 0.048" T, such as shakes, shingles
| | Inst | SF | Lg | 2C | .055 | 290 | 5.95 | 2.52 | --- | 8.47 | **10.90** |
| | Inst | SF | Sm | 2C | .079 | 203 | 6.56 | 3.62 | --- | 10.18 | **13.30** |

Specialty, two color, 0.045" to 0.048" T, such as shakes, shingles
| | Inst | SF | Lg | 2C | .055 | 290 | 6.36 | 2.52 | --- | 8.88 | **11.40** |
| | Inst | SF | Sm | 2C | .079 | 203 | 7.01 | 3.62 | --- | 10.63 | **13.90** |

Description	Oper	Unit	Vol	Crew Size	Man-hours per Unit	Crew Output per Day	Avg Mat'l Unit Cost	Avg Labor Unit Cost	Avg Equip Unit Cost	Avg Total Unit Cost	Avg Price Incl O&P
Individual components											
J-channel / trim, standard	Inst	LF	Lg	2C	.044	360	.78	2.02	---	2.80	**3.96**
	Inst	LF	Sm	2C	.063	252	.86	2.89	---	3.75	**5.37**
J-channel / trim, insulated	Inst	LF	Lg	2C	.044	360	1.22	2.02	---	3.24	**4.49**
	Inst	LF	Sm	2C	.063	252	1.34	2.89	---	4.23	**5.94**
Inside corner, standard	Inst	LF	Lg	2C	.044	360	1.97	2.02	---	3.99	**5.39**
	Inst	LF	Sm	2C	.063	252	2.17	2.89	---	5.06	**6.94**
Inside corner, insulated	Inst	LF	Lg	2C	.044	360	3.15	2.02	---	5.17	**6.81**
	Inst	LF	Sm	2C	.063	252	3.47	2.89	---	6.36	**8.50**
Outside corner, standard	Inst	LF	Lg	2C	.044	360	3.14	2.02	---	5.16	**6.80**
	Inst	LF	Sm	2C	.063	252	3.46	2.89	---	6.35	**8.49**
Outside corner, insulated	Inst	LF	Lg	2C	.044	360	6.31	2.02	---	8.33	**10.60**
	Inst	LF	Sm	2C	.063	252	6.96	2.89	---	9.85	**12.70**
Fascia	Inst	LF	Lg	2C	.050	320	2.22	2.29	---	4.51	**6.11**
	Inst	LF	Sm	2C	.071	224	2.45	3.26	---	5.71	**7.83**
Soffit	Inst	LF	Lg	2C	.050	320	2.36	2.29	---	4.65	**6.27**
	Inst	LF	Sm	2C	.071	224	2.60	3.26	---	5.86	**8.01**
Trim, PVC											
1" x 4"	Inst	LF	Lg	2C	.067	240	2.94	3.07	---	6.01	**8.14**
	Inst	LF	Sm	2C	.095	168	3.24	4.36	---	7.60	**10.40**
5/4" x 4"	Inst	LF	Lg	2C	.067	240	3.42	3.07	---	6.49	**8.71**
	Inst	LF	Sm	2C	.095	168	3.77	4.36	---	8.13	**11.10**
1" x 6"	Inst	LF	Lg	2C	.070	228	4.12	3.21	---	7.33	**9.76**
	Inst	LF	Sm	2C	.100	160	4.54	4.59	---	9.13	**12.30**
5/4" x 6"	Inst	LF	Lg	2C	.070	228	5.18	3.21	---	8.39	**11.00**
	Inst	LF	Sm	2C	.100	160	5.71	4.59	---	10.30	**13.70**
1" x 8"	Inst	LF	Lg	2C	.074	215	5.05	3.40	---	8.45	**11.20**
	Inst	LF	Sm	2C	.106	151	5.56	4.86	---	10.42	**14.00**
5/4" x 8"	Inst	LF	Lg	2C	.074	215	6.70	3.40	---	10.10	**13.10**
	Inst	LF	Sm	2C	.106	151	7.39	4.86	---	12.25	**16.20**
1" x 10"	Inst	LF	Lg	2C	.078	205	6.45	3.58	---	10.03	**13.10**
	Inst	LF	Sm	2C	.111	144	7.11	5.09	---	12.20	**16.20**
5/4" x 10"	Inst	LF	Lg	2C	.078	205	7.42	3.58	---	11.00	**14.30**
	Inst	LF	Sm	2C	.111	144	8.18	5.09	---	13.27	**17.50**
1" x 12"	Inst	LF	Lg	2C	.082	195	8.06	3.76	---	11.82	**15.30**
	Inst	LF	Sm	2C	.117	137	8.88	5.37	---	14.25	**18.70**
5/4" x 12"	Inst	LF	Lg	2C	.082	195	10.40	3.76	---	14.16	**18.10**
	Inst	LF	Sm	2C	.117	137	11.40	5.37	---	16.77	**21.80**

Siding, wood

Description	Oper	Unit	Vol	Crew Size	Man-hours per Unit	Crew Output per Day	Avg Mat'l Unit Cost	Avg Labor Unit Cost	Avg Equip Unit Cost	Avg Total Unit Cost	Avg Price Incl O&P
Wood											
Bevel or clapboard (horizontal)											
1/2" x 8" with 6-3/4" exp.	Demo	SF	Lg	LB	.018	910	---	.67	---	.67	**1.01**
	Demo	SF	Sm	LB	.025	637	---	.94	---	.94	**1.40**
5/8" x 10" with 8-3/4" exp.	Demo	SF	Lg	LB	.014	1180	---	.52	---	.52	**.79**
	Demo	SF	Sm	LB	.019	826	---	.71	---	.71	**1.07**
3/4" x 12" with 10-3/4" exp.	Demo	SF	Lg	LB	.011	1450	---	.41	---	.41	**.62**
	Demo	SF	Sm	LB	.016	1015	---	.60	---	.60	**.90**
Pine or similar, #1, kiln-dried											
1/2" x 8", with 6-3/4" exp.											
Rough ends	Inst	SF	Lg	2C	.037	435	3.60	1.70	---	5.30	**6.87**
	Inst	SF	Sm	2C	.053	305	3.96	2.43	---	6.39	**8.40**
Fitted ends	Inst	SF	Lg	2C	.048	335	3.70	2.20	---	5.90	**7.74**
	Inst	SF	Sm	2C	.068	235	4.08	3.12	---	7.20	**9.58**
Mitered ends	Inst	SF	Lg	2C	.056	285	3.81	2.57	---	6.38	**8.43**
	Inst	SF	Sm	2C	.080	200	4.20	3.67	---	7.87	**10.60**
5/8" x 10", with 8-3/4" exp.											
Rough ends	Inst	SF	Lg	2C	.029	560	3.96	1.33	---	5.29	**6.75**
	Inst	SF	Sm	2C	.041	392	4.36	1.88	---	6.24	**8.05**
Fitted ends	Inst	SF	Lg	2C	.037	430	4.08	1.70	---	5.78	**7.44**
	Inst	SF	Sm	2C	.053	301	4.49	2.43	---	6.92	**9.04**
Mitered ends	Inst	SF	Lg	2C	.043	370	4.19	1.97	---	6.16	**7.99**
	Inst	SF	Sm	2C	.062	259	4.62	2.84	---	7.46	**9.81**
3/4" x 12", with 10-3/4" exp.											
Rough ends	Inst	SF	Lg	2C	.023	690	4.31	1.06	---	5.37	**6.75**
	Inst	SF	Sm	2C	.033	483	4.75	1.51	---	6.26	**7.97**
Fitted ends	Inst	SF	Lg	2C	.030	530	4.44	1.38	---	5.82	**7.39**
	Inst	SF	Sm	2C	.043	371	4.89	1.97	---	6.86	**8.83**
Mitered ends	Inst	SF	Lg	2C	.035	455	4.57	1.61	---	6.18	**7.89**
	Inst	SF	Sm	2C	.050	319	5.03	2.29	---	7.32	**9.48**
Red cedar, clear, kiln-dried											
1/2" x 8", with 6-3/4" exp.											
Rough ends	Inst	SF	Lg	2C	.037	435	5.78	1.70	---	7.48	**9.48**
	Inst	SF	Sm	2C	.053	305	6.37	2.43	---	8.80	**11.30**
Fitted ends	Inst	SF	Lg	2C	.048	335	5.96	2.20	---	8.16	**10.50**
	Inst	SF	Sm	2C	.068	235	6.57	3.12	---	9.69	**12.60**
Mitered ends	Inst	SF	Lg	2C	.056	285	6.13	2.57	---	8.70	**11.20**
	Inst	SF	Sm	2C	.080	200	6.75	3.67	---	10.42	**13.60**

Description	Oper	Unit	Vol	Crew Size	Man-hours per Unit	Crew Output per Day	Avg Mat'l Unit Cost	Avg Labor Unit Cost	Avg Equip Unit Cost	Avg Total Unit Cost	Avg Price Incl O&P
5/8" x 10", with 8-3/4" exp.											
Rough ends	Inst	SF	Lg	2C	.029	560	6.36	1.33	---	7.69	**9.63**
	Inst	SF	Sm	2C	.041	392	7.01	1.88	---	8.89	**11.20**
Fitted ends	Inst	SF	Lg	2C	.037	430	6.55	1.70	---	8.25	**10.40**
	Inst	SF	Sm	2C	.053	301	7.21	2.43	---	9.64	**12.30**
Mitered ends	Inst	SF	Lg	2C	.043	370	6.74	1.97	---	8.71	**11.10**
	Inst	SF	Sm	2C	.062	259	7.43	2.84	---	10.27	**13.20**
3/4" x 12", with 10-3/4" exp.											
Rough ends	Inst	SF	Lg	2C	.023	690	6.94	1.06	---	8.00	**9.91**
	Inst	SF	Sm	2C	.033	483	7.65	1.51	---	9.16	**11.50**
Fitted ends	Inst	SF	Lg	2C	.030	530	7.14	1.38	---	8.52	**10.60**
	Inst	SF	Sm	2C	.043	371	7.87	1.97	---	9.84	**12.40**
Mitered ends	Inst	SF	Lg	2C	.035	455	7.35	1.61	---	8.96	**11.20**
	Inst	SF	Sm	2C	.050	319	8.10	2.29	---	10.39	**13.20**

Redwood, clear, kiln-dried

Description	Oper	Unit	Vol	Crew Size	Man-hours per Unit	Crew Output per Day	Avg Mat'l Unit Cost	Avg Labor Unit Cost	Avg Equip Unit Cost	Avg Total Unit Cost	Avg Price Incl O&P
1/2" x 8", with 6-3/4" exp.											
Rough ends	Inst	SF	Lg	2C	.037	435	6.55	1.70	---	8.25	**10.40**
	Inst	SF	Sm	2C	.053	305	7.21	2.43	---	9.64	**12.30**
Fitted ends	Inst	SF	Lg	2C	.048	335	6.74	2.20	---	8.94	**11.40**
	Inst	SF	Sm	2C	.068	235	7.43	3.12	---	10.55	**13.60**
Mitered ends	Inst	SF	Lg	2C	.056	285	6.94	2.57	---	9.51	**12.20**
	Inst	SF	Sm	2C	.080	200	7.65	3.67	---	11.32	**14.70**
5/8" x 10", with 8-3/4" exp.											
Rough ends	Inst	SF	Lg	2C	.029	560	7.20	1.33	---	8.53	**10.60**
	Inst	SF	Sm	2C	.041	392	7.94	1.88	---	9.82	**12.40**
Fitted ends	Inst	SF	Lg	2C	.037	430	7.42	1.70	---	9.12	**11.50**
	Inst	SF	Sm	2C	.053	301	8.18	2.43	---	10.61	**13.50**
Mitered ends	Inst	SF	Lg	2C	.043	370	7.63	1.97	---	9.60	**12.10**
	Inst	SF	Sm	2C	.062	259	8.41	2.84	---	11.25	**14.40**
3/4" x 12", with 10-3/4" exp.											
Rough ends	Inst	SF	Lg	2C	.023	690	7.86	1.06	---	8.92	**11.00**
	Inst	SF	Sm	2C	.033	483	8.66	1.51	---	10.17	**12.70**
Fitted ends	Inst	SF	Lg	2C	.030	530	8.09	1.38	---	9.47	**11.80**
	Inst	SF	Sm	2C	.043	371	8.92	1.97	---	10.89	**13.70**
Mitered ends	Inst	SF	Lg	2C	.035	455	8.33	1.61	---	9.94	**12.40**
	Inst	SF	Sm	2C	.050	319	9.18	2.29	---	11.47	**14.50**

Siding, drop or shiplap

Description	Oper	Unit	Vol	Crew Size	Man-hours per Unit	Crew Output per Day	Avg Mat'l Unit Cost	Avg Labor Unit Cost	Avg Equip Unit Cost	Avg Total Unit Cost	Avg Price Incl O&P
Drop or shiplap (horizontal)											
1" x 8" with 7" exp.	Demo	SF	Lg	LB	.017	945	---	.64	---	.64	.95
	Demo	SF	Sm	LB	.024	662	---	.90	---	.90	1.35
1" x 10" with 9" exp.	Demo	SF	Lg	LB	.013	1215	---	.49	---	.49	.73
	Demo	SF	Sm	LB	.019	851	---	.71	---	.71	1.07
Pine or similar, select, kiln-dried											
1" x 8", with 7" exp. (milled)											
Rough ends	Inst	SF	Lg	2C	.034	465	4.13	1.56	---	5.69	7.30
	Inst	SF	Sm	2C	.049	326	4.55	2.25	---	6.80	8.83
Fitted ends	Inst	SF	Lg	2C	.044	360	4.25	2.02	---	6.27	8.13
	Inst	SF	Sm	2C	.063	252	4.69	2.89	---	7.58	9.96
Mitered ends	Inst	SF	Lg	2C	.051	315	4.37	2.34	---	6.71	8.75
	Inst	SF	Sm	2C	.073	221	4.82	3.35	---	8.17	10.80
1" x 8", with 7-3/4" exp. (rough)											
Rough ends	Inst	SF	Lg	2C	.031	515	3.71	1.42	---	5.13	6.59
	Inst	SF	Sm	2C	.044	361	4.09	2.02	---	6.11	7.94
Fitted ends	Inst	SF	Lg	2C	.040	400	3.82	1.84	---	5.66	7.34
	Inst	SF	Sm	2C	.057	280	4.21	2.62	---	6.83	8.97
Mitered ends	Inst	SF	Lg	2C	.046	350	3.94	2.11	---	6.05	7.89
	Inst	SF	Sm	2C	.065	245	4.34	2.98	---	7.32	9.68
1" x 10", with 9" exp. (milled)											
Rough ends	Inst	SF	Lg	2C	.027	600	4.54	1.24	---	5.78	7.31
	Inst	SF	Sm	2C	.038	420	5.00	1.74	---	6.74	8.62
Fitted ends	Inst	SF	Lg	2C	.034	465	4.67	1.56	---	6.23	7.94
	Inst	SF	Sm	2C	.049	326	5.15	2.25	---	7.40	9.55
Mitered ends	Inst	SF	Lg	2C	.040	405	4.81	1.84	---	6.65	8.52
	Inst	SF	Sm	2C	.056	284	5.30	2.57	---	7.87	10.20
1" x 10", with 9-3/4" exp. (rough)											
Rough ends	Inst	SF	Lg	2C	.025	650	4.09	1.15	---	5.24	6.63
	Inst	SF	Sm	2C	.035	455	4.50	1.61	---	6.11	7.81
Fitted ends	Inst	SF	Lg	2C	.032	505	4.21	1.47	---	5.68	7.25
	Inst	SF	Sm	2C	.045	354	4.64	2.06	---	6.70	8.66
Mitered ends	Inst	SF	Lg	2C	.036	440	4.33	1.65	---	5.98	7.67
	Inst	SF	Sm	2C	.052	308	4.77	2.39	---	7.16	9.30

Description	Oper	Unit	Vol	Crew Size	Man-hours per Unit	Crew Output per Day	Avg Mat'l Unit Cost	Avg Labor Unit Cost	Avg Equip Unit Cost	Avg Total Unit Cost	Avg Price Incl O&P
Red cedar, clear, kiln-dried											
1" x 8", with 7" exp. (milled)											
Rough ends	Inst	SF	Lg	2C	.034	465	6.12	1.56	---	7.68	**9.68**
	Inst	SF	Sm	2C	.049	326	6.74	2.25	---	8.99	**11.50**
Fitted ends	Inst	SF	Lg	2C	.044	360	6.30	2.02	---	8.32	**10.60**
	Inst	SF	Sm	2C	.063	252	6.94	2.89	---	9.83	**12.70**
Mitered ends	Inst	SF	Lg	2C	.051	315	6.48	2.34	---	8.82	**11.30**
	Inst	SF	Sm	2C	.073	221	7.14	3.35	---	10.49	**13.60**
1" x 10", with 9" exp. (milled)											
Rough ends	Inst	SF	Lg	2C	.027	600	6.72	1.24	---	7.96	**9.92**
	Inst	SF	Sm	2C	.038	420	7.41	1.74	---	9.15	**11.50**
Fitted ends	Inst	SF	Lg	2C	.034	465	6.93	1.56	---	8.49	**10.70**
	Inst	SF	Sm	2C	.049	326	7.64	2.25	---	9.89	**12.50**
Mitered ends	Inst	SF	Lg	2C	.040	405	7.12	1.84	---	8.96	**11.30**
	Inst	SF	Sm	2C	.056	284	7.85	2.57	---	10.42	**13.30**
Redwood, clear, kiln-dried											
1" x 8", with 7" exp. (milled)											
Rough ends	Inst	SF	Lg	2C	.034	465	6.57	1.56	---	8.13	**10.20**
	Inst	SF	Sm	2C	.049	326	7.24	2.25	---	9.49	**12.10**
Fitted ends	Inst	SF	Lg	2C	.044	360	6.76	2.02	---	8.78	**11.10**
	Inst	SF	Sm	2C	.063	252	7.45	2.89	---	10.34	**13.30**
Mitered ends	Inst	SF	Lg	2C	.051	315	6.96	2.34	---	9.30	**11.90**
	Inst	SF	Sm	2C	.073	221	7.67	3.35	---	11.02	**14.20**
1" x 8", with 7-3/4" exp. (rough)											
Rough ends	Inst	SF	Lg	2C	.031	515	5.91	1.42	---	7.33	**9.23**
	Inst	SF	Sm	2C	.044	361	6.51	2.02	---	8.53	**10.80**
Fitted ends	Inst	SF	Lg	2C	.040	400	6.09	1.84	---	7.93	**10.10**
	Inst	SF	Sm	2C	.057	280	6.71	2.62	---	9.33	**12.00**
Mitered ends	Inst	SF	Lg	2C	.046	350	6.26	2.11	---	8.37	**10.70**
	Inst	SF	Sm	2C	.065	245	6.90	2.98	---	9.88	**12.80**
1" x 10", with 9" exp. (milled)											
Rough ends	Inst	SF	Lg	2C	.027	600	7.22	1.24	---	8.46	**10.50**
	Inst	SF	Sm	2C	.038	420	7.96	1.74	---	9.70	**12.20**
Fitted ends	Inst	SF	Lg	2C	.034	465	7.44	1.56	---	9.00	**11.30**
	Inst	SF	Sm	2C	.049	326	8.20	2.25	---	10.45	**13.20**
Mitered ends	Inst	SF	Lg	2C	.040	405	7.65	1.84	---	9.49	**11.90**
	Inst	SF	Sm	2C	.056	284	8.43	2.57	---	11.00	**14.00**
1" x 10", with 9-3/4" exp. (rough)											
Rough ends	Inst	SF	Lg	2C	.025	650	6.50	1.15	---	7.65	**9.52**
	Inst	SF	Sm	2C	.035	455	7.16	1.61	---	8.77	**11.00**
Fitted ends	Inst	SF	Lg	2C	.032	505	6.69	1.47	---	8.16	**10.20**
	Inst	SF	Sm	2C	.045	354	7.38	2.06	---	9.44	**12.00**
Mitered ends	Inst	SF	Lg	2C	.036	440	6.89	1.65	---	8.54	**10.80**
	Inst	SF	Sm	2C	.052	308	7.59	2.39	---	9.98	**12.70**

Siding, board and batten

Description	Oper	Unit	Vol	Crew Size	Man-hours per Unit	Crew Output per Day	Avg Mat'l Unit Cost	Avg Labor Unit Cost	Avg Equip Unit Cost	Avg Total Unit Cost	Avg Price Incl O&P

Board (1" x 12") and batten (1" x 2", 12" oc)

Horizontal

	Oper	Unit	Vol	Crew Size	Man-hours per Unit	Crew Output per Day	Avg Mat'l Unit Cost	Avg Labor Unit Cost	Avg Equip Unit Cost	Avg Total Unit Cost	Avg Price Incl O&P
	Demo	SF	Lg	LB	.016	1000	---	.60	---	.60	**.90**
	Demo	SF	Sm	LB	.023	700	---	.86	---	.86	**1.29**
Vertical											
Standeard	Demo	SF	Lg	LB	.020	800	---	.75	---	.75	**1.12**
	Demo	SF	Sm	LB	.029	560	---	1.08	---	1.08	**1.63**
Reverse	Demo	SF	Lg	LB	.020	800	---	.75	---	.75	**1.12**
	Demo	SF	Sm	LB	.029	560	---	1.08	---	1.08	**1.63**
Horizontal application											
Pine	Inst	SF	Lg	2C	.029	560	3.07	1.33	---	4.40	**5.68**
	Inst	SF	Sm	2C	.041	392	3.38	1.88	---	5.26	**6.88**
Red cedar	Inst	SF	Lg	2C	.029	560	6.99	1.33	---	8.32	**10.40**
	Inst	SF	Sm	2C	.041	392	7.70	1.88	---	9.58	**12.10**
Redwood	Inst	SF	Lg	2C	.029	560	7.74	1.33	---	9.07	**11.30**
	Inst	SF	Sm	2C	.041	392	8.53	1.88	---	10.41	**13.10**
Vertical, standard (batten on board)											
Pine	Inst	SF	Lg	2C	.036	450	3.07	1.65	---	4.72	**6.16**
	Inst	SF	Sm	2C	.051	315	3.38	2.34	---	5.72	**7.57**
Red cedar	Inst	SF	Lg	2C	.036	450	6.99	1.65	---	8.64	**10.90**
	Inst	SF	Sm	2C	.051	315	7.70	2.34	---	10.04	**12.80**
Redwood	Inst	SF	Lg	2C	.036	450	7.74	1.65	---	9.39	**11.80**
	Inst	SF	Sm	2C	.051	315	8.53	2.34	---	10.87	**13.80**
Vertical, reverse (board on batten)											
Pine	Inst	SF	Lg	2C	.040	400	3.07	1.84	---	4.91	**6.44**
	Inst	SF	Sm	2C	.057	280	3.38	2.62	---	6.00	**7.98**
Red cedar	Inst	SF	Lg	2C	.040	400	6.99	1.84	---	8.83	**11.10**
	Inst	SF	Sm	2C	.057	280	7.70	2.62	---	10.32	**13.20**
Redwood	Inst	SF	Lg	2C	.040	400	7.74	1.84	---	9.58	**12.00**
	Inst	SF	Sm	2C	.057	280	8.53	2.62	---	11.15	**14.20**

Board on board (1" x 12" with 1-1/2" overlap), vertical

	Oper	Unit	Vol	Crew Size	Man-hours per Unit	Crew Output per Day	Avg Mat'l Unit Cost	Avg Labor Unit Cost	Avg Equip Unit Cost	Avg Total Unit Cost	Avg Price Incl O&P
	Demo	SF	Lg	LB	.020	800	---	.75	---	.75	**1.38**
	Demo	SF	Sm	LB	.029	560	---	1.08	---	1.08	**2.00**
Pine	Inst	SF	Lg	2C	.027	590	3.37	1.24	---	4.61	**5.90**
	Inst	SF	Sm	2C	.039	413	3.72	1.79	---	5.51	**7.15**
Red cedar	Inst	SF	Lg	2C	.027	590	6.92	1.24	---	8.16	**10.20**
	Inst	SF	Sm	2C	.039	413	7.62	1.79	---	9.41	**11.80**
Redwood	Inst	SF	Lg	2C	.027	590	7.47	1.24	---	8.71	**10.80**
	Inst	SF	Sm	2C	.039	413	8.23	1.79	---	10.02	**12.60**

	Oper	Unit	Vol	Crew Size	Man-hours per Unit	Crew Output per Day	Avg Mat'l Unit Cost	Avg Labor Unit Cost	Avg Equip Unit Cost	Avg Total Unit Cost	Avg Price Incl O&P
Plywood (1/2" T) with battens (1" x 2")											
16" oc battens	Demo	SF	Lg	LB	.007	2176	---	.26	---	.26	.39
	Demo	SF	Sm	LB	.011	1523	---	.41	---	.41	.62
24" oc battens	Demo	SF	Lg	LB	.007	2304	---	.26	---	.26	.39
	Demo	SF	Sm	LB	.010	1613	---	.37	---	.37	.56
16" oc battens											
Fir	Inst	SF	Lg	2C	.022	735	1.98	1.01	---	2.99	3.89
	Inst	SF	Sm	2C	.031	515	2.18	1.42	---	3.60	4.75
Red cedar	Inst	SF	Lg	2C	.022	735	2.17	1.01	---	3.18	4.12
	Inst	SF	Sm	2C	.031	515	2.39	1.42	---	3.81	5.00
Redwood	Inst	SF	Lg	2C	.022	735	2.63	1.01	---	3.64	4.67
	Inst	SF	Sm	2C	.031	515	2.89	1.42	---	4.31	5.60
24" oc battens											
Fir	Inst	SF	Lg	2C	.018	865	1.94	.83	---	2.77	3.57
	Inst	SF	Sm	2C	.026	606	2.14	1.19	---	3.33	4.36
Red cedar	Inst	SF	Lg	2C	.018	865	2.13	.83	---	2.96	3.79
	Inst	SF	Sm	2C	.026	606	2.34	1.19	---	3.53	4.60
Redwood	Inst	SF	Lg	2C	.018	865	2.58	.83	---	3.41	4.33
	Inst	SF	Sm	2C	.026	606	2.84	1.19	---	4.03	5.20
Shake, red cedar, 2 nails/shake over sheathing, no sheathing included											
24" L with 11-1/2" exposure											
1/2" to 3/4" T	Demo	SF	Lg	LB	.010	1600	---	.37	---	.37	.56
	Demo	SF	Sm	LB	.014	1120	---	.52	---	.52	.79
3/4" to 5/4" T	Demo	SF	Lg	LB	.011	1440	---	.41	---	.41	.62
	Demo	SF	Sm	LB	.016	1008	---	.60	---	.60	.90
24" L with 11-1/2" exp., @ 6" W, red cedar, sawn one side											
Straight wall											
1/2" to 3/4" T	Inst	SF	Lg	2C	.017	940	8.62	.78	---	9.40	11.50
	Inst	SF	Sm	2C	.024	658	9.50	1.10	---	10.60	13.10
3/4" to 5/4" T	Inst	SF	Lg	2C	.019	850	10.40	.87	---	11.27	13.70
	Inst	SF	Sm	2C	.027	595	11.40	1.24	---	12.64	15.50
Cut-up wall											
1/2" to 3/4" T	Inst	SF	Lg	2C	.021	750	8.62	.96	---	9.58	11.80
	Inst	SF	Sm	2C	.030	525	9.50	1.38	---	10.88	13.50
3/4" to 5/4" T	Inst	SF	Lg	2C	.024	680	10.40	1.10	---	11.50	14.10
	Inst	SF	Sm	2C	.034	476	11.40	1.56	---	12.96	16.00
Related materials and operations											
Rosin sized sheathing paper, 36" W 500 SF/roll; nailed											
Over solid sheathing	Inst	SF	Lg	2C	.001	12500	.04	.05	---	.09	.12
	Inst	SF	Sm	2C	.002	8750	.04	.09	---	.13	.19

Siding, shingles

Description	Oper	Unit	Vol	Crew Size	Man-hours per Unit	Crew Output per Day	Avg Mat'l Unit Cost	Avg Labor Unit Cost	Avg Equip Unit Cost	Avg Total Unit Cost	Avg Price Incl O&P

Shingles, red cedar, 2 nails/shingle over sheathing, no sheathing included

Description	Oper	Unit	Vol	Crew Size	Man-hours per Unit	Crew Output per Day	Avg Mat'l Unit Cost	Avg Labor Unit Cost	Avg Equip Unit Cost	Avg Total Unit Cost	Avg Price Incl O&P
16" L with 7-1/2" exposure	Demo	SF	Lg	LB	.016	1000	---	.60	---	.60	**.90**
	Demo	SF	Sm	LB	.023	700	---	.86	---	.86	**1.29**
18" L with 8-1/2" exposure	Demo	SF	Lg	LB	.014	1130	---	.52	---	.52	**.79**
	Demo	SF	Sm	LB	.020	791	---	.75	---	.75	**1.12**
24" L with 11-1/2" exposure	Demo	SF	Lg	LB	.010	1530	---	.37	---	.37	**.56**
	Demo	SF	Sm	LB	.015	1071	---	.56	---	.56	**.84**
Straight wall											
16" L with 7-1/2" exposure	Inst	SF	Lg	2C	.027	585	7.18	1.24	---	8.42	**10.50**
	Inst	SF	Sm	2C	.039	410	7.92	1.79	---	9.71	**12.20**
18" L with 8-1/2" exposure	Inst	SF	Lg	2C	.024	660	7.90	1.10	---	9.00	**11.10**
	Inst	SF	Sm	2C	.035	462	8.70	1.61	---	10.31	**12.90**
24" L with 11-1/2" exposure	Inst	SF	Lg	2C	.018	895	8.62	.83	---	9.45	**11.60**
	Inst	SF	Sm	2C	.026	627	9.50	1.19	---	10.69	**13.20**
Cut-up wall											
16" L with 7-1/2" exposure	Inst	SF	Lg	2C	.034	470	7.18	1.56	---	8.74	**11.00**
	Inst	SF	Sm	2C	.049	329	7.92	2.25	---	10.17	**12.90**
18" L with 8-1/2" exposure	Inst	SF	Lg	2C	.030	530	7.90	1.38	---	9.28	**11.50**
	Inst	SF	Sm	2C	.043	371	8.70	1.97	---	10.67	**13.40**
24" L with 11-1/2" exposure	Inst	SF	Lg	2C	.022	715	8.62	1.01	---	9.63	**11.90**
	Inst	SF	Sm	2C	.032	501	9.50	1.47	---	10.97	**13.60**

Related materials and operations

Rosin sized sheathing paper, 36" W 500 SF/roll; nailed

Description	Oper	Unit	Vol	Crew Size	Man-hours per Unit	Crew Output per Day	Avg Mat'l Unit Cost	Avg Labor Unit Cost	Avg Equip Unit Cost	Avg Total Unit Cost	Avg Price Incl O&P
Over solid sheathing	Inst	SF	Lg	2C	.001	12500	.04	.05	---	.09	**.12**
	Inst	SF	Sm	2C	.002	8750	.04	.09	---	.13	**.19**

Sinks

Description	Oper	Unit	Vol	Crew Size	Man-hours per Unit	Crew Output per Day	Avg Mat'l Unit Cost	Avg Labor Unit Cost	Avg Equip Unit Cost	Avg Total Unit Cost	Avg Price Incl O&P
Frequently encountered applications											
Bathroom / Lavatory											
To only detach and reset fixture											
Countertop	D&R	Ea	Lg	SA	4.00	2.00	12.90	206.00	---	218.90	**324.00**
	D&R	Ea	Sm	SA	5.33	1.50	14.30	274.00	---	288.30	**429.00**
Pedestal	D&R	Ea	Lg	SA	6.67	1.20	12.90	343.00	---	355.90	**531.00**
	D&R	Ea	Sm	SA	8.89	0.90	14.30	458.00	---	472.30	**704.00**
To install fixture rough-in (supply, drain, vent)											
Pipe	Inst	Ea	Lg	SB	21.33	0.75	159.00	948.00	---	1107.00	**1610.00**
	Inst	Ea	Sm	SB	28.57	0.56	175.00	1270.00	---	1445.00	**2110.00**
PEX	Inst	Ea	Lg	SB	20.00	0.80	122.00	889.00	---	1011.00	**1480.00**
	Inst	Ea	Sm	SB	26.67	0.60	135.00	1190.00	---	1325.00	**1940.00**
To install fixture (material + labor), see Sections below											
Kitchen / Bar											
To only detach and reset fixture											
Single bowl	D&R	Ea	Lg	SA	4.00	2.00	20.50	206.00	---	226.50	**334.00**
	D&R	Ea	Sm	SA	5.33	1.50	21.10	274.00	---	295.10	**437.00**
Double bowl	D&R	Ea	Lg	SA	4.44	1.80	22.70	229.00	---	251.70	**370.00**
	D&R	Ea	Sm	SA	5.93	1.35	23.10	305.00	---	328.10	**486.00**
Triple bowl	D&R	Ea	Lg	SA	4.57	1.75	25.90	235.00	---	260.90	**384.00**
	D&R	Ea	Sm	SA	6.11	1.31	26.00	315.00	---	341.00	**503.00**
To install fixture rough-in (supply, drain, vent)											
Pipe	Inst	Ea	Lg	SB	21.33	0.75	159.00	948.00	---	1107.00	**1610.00**
	Inst	Ea	Sm	SB	28.57	0.56	175.00	1270.00	---	1445.00	**2110.00**
PEX	Inst	Ea	Lg	SB	20.00	0.80	122.00	889.00	---	1011.00	**1480.00**
	Inst	Ea	Sm	SB	26.67	0.60	135.00	1190.00	---	1325.00	**1940.00**
To install fixture (material + labor), see Sections below											
Utility / Laundry											
To only detach and reset fixture											
Single bowl	D&R	Ea	Lg	SA	8.00	1.00	20.50	412.00	---	432.50	**643.00**
	D&R	Ea	Sm	SA	10.67	0.75	21.10	549.00	---	570.10	**849.00**
To install fixture rough-in (supply, drain, vent)											
Pipe	Inst	Ea	Lg	SB	21.33	0.75	159.00	948.00	---	1107.00	**1610.00**
	Inst	Ea	Sm	SB	28.57	0.56	175.00	1270.00	---	1445.00	**2110.00**
PEX	Inst	Ea	Lg	SB	20.00	0.80	122.00	889.00	---	1011.00	**1480.00**
	Inst	Ea	Sm	SB	26.67	0.60	135.00	1190.00	---	1325.00	**1940.00**
To install fixture (material + labor), see Sections below											

Sinks, bathroom

Description	Oper	Unit	Vol	Crew Size	Man-hours per Unit	Crew Output per Day	Avg Mat'l Unit Cost	Avg Labor Unit Cost	Avg Equip Unit Cost	Avg Total Unit Cost	Avg Price Incl O&P

Bathroom

Lavatories (bathroom sinks), includes commensurate quality faucet, supply, and fittings

Single bowl sink, includes P-trap, caulking, installation

Standard grade, self-rimming, vitreous china (white)

	Inst	Ea	Lg	SA	4.00	2.00	187.00	206.00	---	393.00	**534.00**
	Inst	Ea	Sm	SA	5.33	1.50	206.00	274.00	---	480.00	**659.00**

Average grade, drop-in or self-rimming, vitreous china (white) or glass (clear)

	Inst	Ea	Lg	SA	4.00	2.00	318.00	206.00	---	524.00	**691.00**
	Inst	Ea	Sm	SA	5.33	1.50	351.00	274.00	---	625.00	**833.00**

High grade, top- or under-mounted, vitreous china (standard colors) or glass (tinted)

	Inst	Ea	Lg	SA	4.00	2.00	566.00	206.00	---	772.00	**988.00**
	Inst	Ea	Sm	SA	5.33	1.50	624.00	274.00	---	898.00	**1160.00**

Premium grade, top- or under-mounted, vitreous china (custom colors), glass (custom tinted), hammered metals

	Inst	Ea	Lg	SA	4.00	2.00	1050.00	206.00	---	1256.00	**1560.00**
	Inst	Ea	Sm	SA	5.33	1.50	1150.00	274.00	---	1424.00	**1790.00**

Pedestal sink, includes P-trap, caulking, installation

Standard grade, vitreous china (white), sink wall mounted, pedestal for appearance, plain design

	Inst	Ea	Lg	SA	8.00	1.00	283.00	412.00	---	695.00	**957.00**
	Inst	Ea	Sm	SA	10.67	0.75	311.00	549.00	---	860.00	**1200.00**

Average grade, vitreous china (white), sink wall mounted, pedestal for appearance, simple design features, larger basin

	Inst	Ea	Lg	SA	8.00	1.00	452.00	412.00	---	864.00	**1160.00**
	Inst	Ea	Sm	SA	10.67	0.75	498.00	549.00	---	1047.00	**1420.00**

High grade, free-standing, 2-piece, floor mounted, vitreous china (standard colors),
simple design features, oversized basin

	Inst	Ea	Lg	SA	8.00	1.00	666.00	412.00	---	1078.00	**1420.00**
	Inst	Ea	Sm	SA	10.67	0.75	734.00	549.00	---	1283.00	**1700.00**

Premium grade, free-standing, 2-piece, floor mounted, vitreous china (custom colors),
ornamental design features, oversized basin and pedestal

	Inst	Ea	Lg	SA	8.00	1.00	1170.00	412.00	---	1582.00	**2020.00**
	Inst	Ea	Sm	SA	10.67	0.75	1290.00	549.00	---	1839.00	**2370.00**

Sink faucet only, for bathroom sink

Description	Oper	Unit	Vol	Crew Size	Man-hours per Unit	Crew Output per Day	Avg Mat'l Unit Cost	Avg Labor Unit Cost	Avg Equip Unit Cost	Avg Total Unit Cost	Avg Price Incl O&P
Economy grade	Inst	Ea	Lg	SA	2.67	3.00	62.90	137.00	---	199.90	**282.00**
	Inst	Ea	Sm	SA	3.56	2.25	69.30	183.00	---	252.30	**358.00**
Standard grade	Inst	Ea	Lg	SA	2.67	3.00	95.30	137.00	---	232.30	**321.00**
	Inst	Ea	Sm	SA	3.56	2.25	105.00	183.00	---	288.00	**401.00**
Average grade	Inst	Ea	Lg	SA	2.67	3.00	144.00	137.00	---	281.00	**379.00**
	Inst	Ea	Sm	SA	3.56	2.25	159.00	183.00	---	342.00	**466.00**
High grade	Inst	Ea	Lg	SA	2.67	3.00	208.00	137.00	---	345.00	**456.00**
	Inst	Ea	Sm	SA	3.56	2.25	229.00	183.00	---	412.00	**550.00**
Premium grade	Inst	Ea	Lg	SA	2.67	3.00	357.00	137.00	---	494.00	**635.00**
	Inst	Ea	Sm	SA	3.56	2.25	393.00	183.00	---	576.00	**747.00**
Deluxe grade	Inst	Ea	Lg	SA	2.67	3.00	556.00	137.00	---	693.00	**873.00**
	Inst	Ea	Sm	SA	3.56	2.25	613.00	183.00	---	796.00	**1010.00**
Brass	Inst	Ea	Lg	SA	2.67	3.00	412.00	137.00	---	549.00	**700.00**
	Inst	Ea	Sm	SA	3.56	2.25	454.00	183.00	---	637.00	**820.00**
Gold plate	Inst	Ea	Lg	SA	2.67	3.00	648.00	137.00	---	785.00	**984.00**
	Inst	Ea	Sm	SA	3.56	2.25	714.00	183.00	---	897.00	**1130.00**

Description	Oper	Unit	Vol	Crew Size	Man-hours per Unit	Crew Output per Day	Avg Mat'l Unit Cost	Avg Labor Unit Cost	Avg Equip Unit Cost	Avg Total Unit Cost	Avg Price Incl O&P
Fixture supply (2) only, for bathroom sink											
	Inst	Ea	Lg	SA	0.50	16.00	12.90	25.80	---	38.70	**54.20**
	Inst	Ea	Sm	SA	0.67	12.00	14.30	34.50	---	48.80	**68.90**

Kitchen, including bar sinks

Sink includes commensurate quality faucet, strainer, supply, and fittings

Single bowl sink, includes P-trap, caulking, installation

Description	Oper	Unit	Vol	Crew Size	Man-hours per Unit	Crew Output per Day	Avg Mat'l Unit Cost	Avg Labor Unit Cost	Avg Equip Unit Cost	Avg Total Unit Cost	Avg Price Incl O&P
Standard grade, self-rimming, enameled steel or stainless steel, rectangle, 8" depth or less											
	Inst	Ea	Lg	SA	4.00	2.00	319.00	206.00	---	525.00	**691.00**
	Inst	Ea	Sm	SA	5.33	1.50	289.00	274.00	---	563.00	**759.00**
Average grade, self-rimming, enameled cast iron or stainless steel, rectangle, 8" depth or greater											
	Inst	Ea	Lg	SA	4.00	2.00	494.00	206.00	---	700.00	**901.00**
	Inst	Ea	Sm	SA	5.33	1.50	448.00	274.00	---	722.00	**949.00**
High grade, top- or under-mounted, standard colors or satin stainless steel, rectangle, 8" depth or greater											
	Inst	Ea	Lg	SA	4.00	2.00	861.00	206.00	---	1067.00	**1340.00**
	Inst	Ea	Sm	SA	5.33	1.50	781.00	274.00	---	1055.00	**1350.00**
Premium grade, top- or under-mounted, designer colors or custom stainless steel, designer shape, 8" depth or greater											
	Inst	Ea	Lg	SA	4.00	2.00	1430.00	206.00	---	1636.00	**2030.00**
	Inst	Ea	Sm	SA	5.33	1.50	1300.00	274.00	---	1574.00	**1970.00**

Double bowl sink, includes P-trap, caulking, installation

Description	Oper	Unit	Vol	Crew Size	Man-hours per Unit	Crew Output per Day	Avg Mat'l Unit Cost	Avg Labor Unit Cost	Avg Equip Unit Cost	Avg Total Unit Cost	Avg Price Incl O&P
Standard grade, self-rimming, enameled steel or stainless steel, rectangle, 8" depth or less											
	Inst	Ea	Lg	SA	4.21	1.90	389.00	217.00	---	606.00	**792.00**
	Inst	Ea	Sm	SA	5.59	1.43	353.00	288.00	---	641.00	**856.00**
Average grade, self-rimming, enameled cast iron or stainless steel, rectangle, 8" depth or greater											
	Inst	Ea	Lg	SA	4.21	1.90	566.00	217.00	---	783.00	**1000.00**
	Inst	Ea	Sm	SA	5.59	1.43	514.00	288.00	---	802.00	**1050.00**
High grade, top- or under-mounted, standard colors or satin stainless steel, rectangle, 8" depth or greater											
	Inst	Ea	Lg	SA	4.21	1.90	983.00	217.00	---	1200.00	**1500.00**
	Inst	Ea	Sm	SA	5.59	1.43	892.00	288.00	---	1180.00	**1500.00**
Premium grade, top- or under-mounted, designer colors or custom stainless steel, designer shape, 8" depth or greater											
	Inst	Ea	Lg	SA	4.21	1.90	1460.00	217.00	---	1677.00	**2080.00**
	Inst	Ea	Sm	SA	5.59	1.43	1330.00	288.00	---	1618.00	**2020.00**

Sinks, kitchen

Description	Oper	Unit	Vol	Crew Size	Man-hours per Unit	Crew Output per Day	Avg Mat'l Unit Cost	Avg Labor Unit Cost	Avg Equip Unit Cost	Avg Total Unit Cost	Avg Price Incl O&P
Triple bowl sink, includes P-trap, caulking, installation											
Standard grade, self-rimming, enameled steel or stainless steel, rectangle, 8" depth or less											
	Inst	Ea	Lg	SA	4.44	1.80	431.00	229.00	---	660.00	**860.00**
	Inst	Ea	Sm	SA	5.93	1.35	391.00	305.00	---	696.00	**927.00**
Average grade, self-rimming, enameled cast iron or stainless steel, rectangle, 8" depth or greater											
	Inst	Ea	Lg	SA	4.44	1.80	631.00	229.00	---	860.00	**1100.00**
	Inst	Ea	Sm	SA	5.93	1.35	572.00	305.00	---	877.00	**1140.00**
High grade, top- or under-mounted, standard colors or satin stainless steel, rectangle, 8" depth or greater											
	Inst	Ea	Lg	SA	4.44	1.80	1100.00	229.00	---	1329.00	**1660.00**
	Inst	Ea	Sm	SA	5.93	1.35	994.00	305.00	---	1299.00	**1650.00**
Premium grade, top- or under-mounted, designer colors or custom stainless steel, designer shape, 8" depth or greater											
	Inst	Ea	Lg	SA	4.44	1.80	1640.00	229.00	---	1869.00	**2320.00**
	Inst	Ea	Sm	SA	5.93	1.35	1490.00	305.00	---	1795.00	**2250.00**
Sink faucet only, for kitchen / bar sink											
Economy grade	Inst	Ea	Lg	SA	2.67	3.00	72.70	137.00	---	209.70	**293.00**
	Inst	Ea	Sm	SA	3.56	2.25	80.10	183.00	---	263.10	**371.00**
Standard grade	Inst	Ea	Lg	SA	2.67	3.00	132.00	137.00	---	269.00	**364.00**
	Inst	Ea	Sm	SA	3.56	2.25	145.00	183.00	---	328.00	**449.00**
Average grade	Inst	Ea	Lg	SA	2.67	3.00	189.00	137.00	---	326.00	**433.00**
	Inst	Ea	Sm	SA	3.56	2.25	209.00	183.00	---	392.00	**525.00**
High grade	Inst	Ea	Lg	SA	2.67	3.00	315.00	137.00	---	452.00	**584.00**
	Inst	Ea	Sm	SA	3.56	2.25	347.00	183.00	---	530.00	**691.00**
Premium grade	Inst	Ea	Lg	SA	2.67	3.00	431.00	137.00	---	568.00	**724.00**
	Inst	Ea	Sm	SA	3.56	2.25	475.00	183.00	---	658.00	**845.00**
Deluxe grade	Inst	Ea	Lg	SA	2.67	3.00	668.00	137.00	---	805.00	**1010.00**
	Inst	Ea	Sm	SA	3.56	2.25	736.00	183.00	---	919.00	**1160.00**
Sink sprayer attachment only, for kitchen / bar sink											
Average grade, side pull	Inst	Ea	Lg	SA	1.00	8.00	17.70	51.50	---	69.20	**98.50**
	Inst	Ea	Sm	SA	1.33	6.00	19.50	68.50	---	88.00	**126.00**
High grade, side pull	Inst	Ea	Lg	SA	1.00	8.00	92.00	51.50	---	143.50	**188.00**
	Inst	Ea	Sm	SA	1.33	6.00	101.00	68.50	---	169.50	**224.00**
Average grade, center pull	Inst	Ea	Lg	SA	1.00	8.00	43.90	51.50	---	95.40	**130.00**
	Inst	Ea	Sm	SA	1.33	6.00	48.40	68.50	---	116.90	**161.00**
High grade, center pull	Inst	Ea	Lg	SA	1.00	8.00	164.00	51.50	---	215.50	**274.00**
	Inst	Ea	Sm	SA	1.33	6.00	180.00	68.50	---	248.50	**319.00**
Sink strainer and drain assembly only, for kitchen / bar sink											
Average grade	Inst	Ea	Lg	SA	1.00	8.00	19.30	51.50	---	70.80	**100.00**
	Inst	Ea	Sm	SA	1.33	6.00	21.30	68.50	---	89.80	**128.00**
High grade	Inst	Ea	Lg	SA	1.00	8.00	54.90	51.50	---	106.40	**143.00**
	Inst	Ea	Sm	SA	1.33	6.00	60.50	68.50	---	129.00	**175.00**

Description	Oper	Unit	Vol	Crew Size	Man-hours per Unit	Crew Output per Day	Avg Mat'l Unit Cost	Avg Labor Unit Cost	Avg Equip Unit Cost	Avg Total Unit Cost	Avg Price Incl O&P

Pot filler faucet only, for kitchen / bar sink

Description	Oper	Unit	Vol	Crew Size	Man-hours per Unit	Crew Output per Day	Avg Mat'l Unit Cost	Avg Labor Unit Cost	Avg Equip Unit Cost	Avg Total Unit Cost	Avg Price Incl O&P
Standard grade	Inst	Ea	Lg	SA	3.20	2.50	242.00	165.00	---	407.00	**538.00**
	Inst	Ea	Sm	SA	4.26	1.88	267.00	219.00	---	486.00	**649.00**
Average grade	Inst	Ea	Lg	SA	3.20	2.50	344.00	165.00	---	509.00	**660.00**
	Inst	Ea	Sm	SA	4.26	1.88	379.00	219.00	---	598.00	**784.00**
High grade	Inst	Ea	Lg	SA	3.20	2.50	464.00	165.00	---	629.00	**803.00**
	Inst	Ea	Sm	SA	4.26	1.88	511.00	219.00	---	730.00	**942.00**
Premium grade	Inst	Ea	Lg	SA	3.20	2.50	707.00	165.00	---	872.00	**1100.00**
	Inst	Ea	Sm	SA	4.26	1.88	779.00	219.00	---	998.00	**1260.00**
Detach & Reset, any grade	D&R	Ea	Lg	SA	4.00	2.00	---	206.00	---	206.00	**309.00**
	D&R	Ea	Sm	SA	5.33	1.50	---	274.00	---	274.00	**412.00**

Insta-Hot water dispenser only, for kitchen / bar sink

Description	Oper	Unit	Vol	Crew Size	Man-hours per Unit	Crew Output per Day	Avg Mat'l Unit Cost	Avg Labor Unit Cost	Avg Equip Unit Cost	Avg Total Unit Cost	Avg Price Incl O&P
Standard grade	Inst	Ea	Lg	SA	5.33	1.50	180.00	274.00	---	454.00	**628.00**
	Inst	Ea	Sm	SA	7.08	1.13	198.00	365.00	---	563.00	**785.00**
Average grade	Inst	Ea	Lg	SA	5.33	1.50	266.00	274.00	---	540.00	**731.00**
	Inst	Ea	Sm	SA	7.08	1.13	293.00	365.00	---	658.00	**898.00**
High grade	Inst	Ea	Lg	SA	5.33	1.50	356.00	274.00	---	630.00	**839.00**
	Inst	Ea	Sm	SA	7.08	1.13	392.00	365.00	---	757.00	**1020.00**
Premium grade	Inst	Ea	Lg	SA	5.33	1.50	554.00	274.00	---	828.00	**1080.00**
	Inst	Ea	Sm	SA	7.08	1.13	611.00	365.00	---	976.00	**1280.00**

Water filtration system, under sink mount, for kitchen / bar sink

Description	Oper	Unit	Vol	Crew Size	Man-hours per Unit	Crew Output per Day	Avg Mat'l Unit Cost	Avg Labor Unit Cost	Avg Equip Unit Cost	Avg Total Unit Cost	Avg Price Incl O&P
	Inst	Ea	Lg	SA	2.67	3.00	176.00	137.00	---	313.00	**418.00**
	Inst	Ea	Sm	SA	3.56	2.25	194.00	183.00	---	377.00	**508.00**

Fixture supply (2) only, for kitchen / bar sink

Description	Oper	Unit	Vol	Crew Size	Man-hours per Unit	Crew Output per Day	Avg Mat'l Unit Cost	Avg Labor Unit Cost	Avg Equip Unit Cost	Avg Total Unit Cost	Avg Price Incl O&P
	Inst	Ea	Lg	SA	0.50	16.00	12.90	25.80	---	38.70	**54.20**
	Inst	Ea	Sm	SA	0.67	12.00	14.30	34.50	---	48.80	**68.90**

Utility / Laundry

Sink includes commensurate quality faucet, strainer, supply, and fittings

Single bowl sink, includes P-trap, caulking, installation

Standard grade, polypropylene, built-in strainer

Description	Oper	Unit	Vol	Crew Size	Man-hours per Unit	Crew Output per Day	Avg Mat'l Unit Cost	Avg Labor Unit Cost	Avg Equip Unit Cost	Avg Total Unit Cost	Avg Price Incl O&P
	Inst	Ea	Lg	SA	5.33	1.50	241.00	274.00	---	515.00	**700.00**
	Inst	Ea	Sm	SA	7.08	1.13	218.00	365.00	---	583.00	**809.00**

Average grade, polypropylene or fiberglass, built-in strainer

Description	Oper	Unit	Vol	Crew Size	Man-hours per Unit	Crew Output per Day	Avg Mat'l Unit Cost	Avg Labor Unit Cost	Avg Equip Unit Cost	Avg Total Unit Cost	Avg Price Incl O&P
	Inst	Ea	Lg	SA	5.33	1.50	373.00	274.00	---	647.00	**859.00**
	Inst	Ea	Sm	SA	7.08	1.13	339.00	365.00	---	704.00	**953.00**

Double bowl sink, includes P-trap, caulking, installation

High grade, fiberglass or engineered stone, built-in strainer

Description	Oper	Unit	Vol	Crew Size	Man-hours per Unit	Crew Output per Day	Avg Mat'l Unit Cost	Avg Labor Unit Cost	Avg Equip Unit Cost	Avg Total Unit Cost	Avg Price Incl O&P
	Inst	Ea	Lg	SA	5.33	1.50	595.00	274.00	---	869.00	**1130.00**
	Inst	Ea	Sm	SA	7.08	1.13	540.00	365.00	---	905.00	**1190.00**

Premium grade, engineered stone or enameled cast iron

Description	Oper	Unit	Vol	Crew Size	Man-hours per Unit	Crew Output per Day	Avg Mat'l Unit Cost	Avg Labor Unit Cost	Avg Equip Unit Cost	Avg Total Unit Cost	Avg Price Incl O&P
	Inst	Ea	Lg	SA	5.33	1.50	893.00	274.00	---	1167.00	**1480.00**
	Inst	Ea	Sm	SA	7.08	1.13	810.00	365.00	---	1175.00	**1520.00**

Sinks, utility/laundry

Description	Oper	Unit	Vol	Crew Size	Man-hours per Unit	Crew Output per Day	Avg Mat'l Unit Cost	Avg Labor Unit Cost	Avg Equip Unit Cost	Avg Total Unit Cost	Avg Price Incl O&P
Sink faucet only, for utility / laundry sink											
Economy grade	Inst	Ea	Lg	SA	2.67	3.00	72.70	137.00	---	209.70	**293.00**
	Inst	Ea	Sm	SA	3.56	2.25	80.10	183.00	---	263.10	**371.00**
Standard grade	Inst	Ea	Lg	SA	2.67	3.00	132.00	137.00	---	269.00	**364.00**
	Inst	Ea	Sm	SA	3.56	2.25	145.00	183.00	---	328.00	**449.00**
Average grade	Inst	Ea	Lg	SA	2.67	3.00	189.00	137.00	---	326.00	**433.00**
	Inst	Ea	Sm	SA	3.56	2.25	209.00	183.00	---	392.00	**525.00**
High grade	Inst	Ea	Lg	SA	2.67	3.00	315.00	137.00	---	452.00	**584.00**
	Inst	Ea	Sm	SA	3.56	2.25	347.00	183.00	---	530.00	**691.00**
Premium grade	Inst	Ea	Lg	SA	2.67	3.00	431.00	137.00	---	568.00	**724.00**
	Inst	Ea	Sm	SA	3.56	2.25	475.00	183.00	---	658.00	**845.00**
Deluxe grade	Inst	Ea	Lg	SA	2.67	3.00	668.00	137.00	---	805.00	**1010.00**
	Inst	Ea	Sm	SA	3.56	2.25	736.00	183.00	---	919.00	**1160.00**
Fixture supply (2) only, for utility / laundry sink											
	Inst	Ea	Lg	SA	0.50	16.00	12.90	25.80	---	38.70	**54.20**
	Inst	Ea	Sm	SA	0.67	12.00	14.30	34.50	---	48.80	**68.90**

Skylights, skywindows, roof windows

Labor costs are for installation of skylight, flashing and roller shade only
No rough-in carpentry or roofing included

Polycarbonate dome, clear transparent or tinted, with flashing

Description	Oper	Unit	Vol	Crew Size	Man-hours per Unit	Crew Output per Day	Avg Mat'l Unit Cost	Avg Labor Unit Cost	Avg Equip Unit Cost	Avg Total Unit Cost	Avg Price Incl O&P
Fixed, single dome											
22" x 22"	Inst	Ea	Lg	CA	1.90	4.20	211.00	87.20	---	298.20	**384.00**
	Inst	Ea	Sm	CA	2.93	2.73	233.00	134.00	---	367.00	**481.00**
22" x 46"	Inst	Ea	Lg	CA	2.58	3.10	240.00	118.00	---	358.00	**465.00**
	Inst	Ea	Sm	CA	3.96	2.02	264.00	182.00	---	446.00	**590.00**
30" x 30"	Inst	Ea	Lg	CA	2.58	3.10	317.00	118.00	---	435.00	**558.00**
	Inst	Ea	Sm	CA	3.96	2.02	349.00	182.00	---	531.00	**691.00**
30" x 46"	Inst	Ea	Lg	CA	2.96	2.70	457.00	136.00	---	593.00	**752.00**
	Inst	Ea	Sm	CA	4.55	1.76	503.00	209.00	---	712.00	**917.00**
46" x 46"	Inst	Ea	Lg	CA	3.48	2.30	515.00	160.00	---	675.00	**858.00**
	Inst	Ea	Sm	CA	5.33	1.50	568.00	245.00	---	813.00	**1050.00**
Fixed, double dome											
22" x 22"	Inst	Ea	Lg	CA	1.90	4.20	276.00	87.20	---	363.20	**462.00**
	Inst	Ea	Sm	CA	2.93	2.73	304.00	134.00	---	438.00	**567.00**
22" x 46"	Inst	Ea	Lg	CA	2.58	3.10	314.00	118.00	---	432.00	**554.00**
	Inst	Ea	Sm	CA	3.96	2.02	346.00	182.00	---	528.00	**687.00**
30" x 30"	Inst	Ea	Lg	CA	2.58	3.10	452.00	118.00	---	570.00	**720.00**
	Inst	Ea	Sm	CA	3.96	2.02	498.00	182.00	---	680.00	**870.00**
30" x 46"	Inst	Ea	Lg	CA	2.96	2.70	505.00	136.00	---	641.00	**810.00**
	Inst	Ea	Sm	CA	4.55	1.76	557.00	209.00	---	766.00	**981.00**
46" x 46"	Inst	Ea	Lg	CA	3.48	2.30	644.00	160.00	---	804.00	**1010.00**
	Inst	Ea	Sm	CA	5.33	1.50	710.00	245.00	---	955.00	**1220.00**
Fixed, triple dome											
22" x 22"	Inst	Ea	Lg	CA	1.90	4.20	373.00	87.20	---	460.20	**578.00**
	Inst	Ea	Sm	CA	2.93	2.73	411.00	134.00	---	545.00	**694.00**
22" x 46"	Inst	Ea	Lg	CA	2.58	3.10	423.00	118.00	---	541.00	**686.00**
	Inst	Ea	Sm	CA	3.96	2.02	467.00	182.00	---	649.00	**833.00**
30" x 30"	Inst	Ea	Lg	CA	2.58	3.10	610.00	118.00	---	728.00	**910.00**
	Inst	Ea	Sm	CA	3.96	2.02	672.00	182.00	---	854.00	**1080.00**
30" x 46"	Inst	Ea	Lg	CA	2.96	2.70	682.00	136.00	---	818.00	**1020.00**
	Inst	Ea	Sm	CA	4.55	1.76	752.00	209.00	---	961.00	**1220.00**
46" x 46"	Inst	Ea	Lg	CA	3.48	2.30	870.00	160.00	---	1030.00	**1280.00**
	Inst	Ea	Sm	CA	5.33	1.50	959.00	245.00	---	1204.00	**1520.00**

Skylights, skywindows, roof windows, operable

Description	Oper	Unit	Vol	Crew Size	Man-hours per Unit	Crew Output per Day	Avg Mat'l Unit Cost	Avg Labor Unit Cost	Avg Equip Unit Cost	Avg Total Unit Cost	Avg Price Incl O&P
Operable, single dome											
22" x 22"	Inst	Ea	Lg	CA	2.00	4.00	485.00	91.80	---	576.80	**720.00**
	Inst	Ea	Sm	CA	3.08	2.60	535.00	141.00	---	676.00	**854.00**
22" x 46"	Inst	Ea	Lg	CA	2.76	2.90	552.00	127.00	---	679.00	**852.00**
	Inst	Ea	Sm	CA	4.23	1.89	608.00	194.00	---	802.00	**1020.00**
30" x 30"	Inst	Ea	Lg	CA	2.76	2.90	664.00	127.00	---	791.00	**987.00**
	Inst	Ea	Sm	CA	4.23	1.89	732.00	194.00	---	926.00	**1170.00**
30" x 46"	Inst	Ea	Lg	CA	3.20	2.50	701.00	147.00	---	848.00	**1060.00**
	Inst	Ea	Sm	CA	4.91	1.63	773.00	225.00	---	998.00	**1270.00**
46" x 46"	Inst	Ea	Lg	CA	3.81	2.10	796.00	175.00	---	971.00	**1220.00**
	Inst	Ea	Sm	CA	5.84	1.37	877.00	268.00	---	1145.00	**1450.00**
Operable, double dome											
22" x 22"	Inst	Ea	Lg	CA	2.00	4.00	599.00	91.80	---	690.80	**856.00**
	Inst	Ea	Sm	CA	3.08	2.60	660.00	141.00	---	801.00	**1000.00**
22" x 46"	Inst	Ea	Lg	CA	2.76	2.90	680.00	127.00	---	807.00	**1010.00**
	Inst	Ea	Sm	CA	4.23	1.89	750.00	194.00	---	944.00	**1190.00**
30" x 30"	Inst	Ea	Lg	CA	2.76	2.90	736.00	127.00	---	863.00	**1070.00**
	Inst	Ea	Sm	CA	4.23	1.89	811.00	194.00	---	1005.00	**1260.00**
30" x 46"	Inst	Ea	Lg	CA	3.20	2.50	788.00	147.00	---	935.00	**1170.00**
	Inst	Ea	Sm	CA	4.91	1.63	868.00	225.00	---	1093.00	**1380.00**
46" x 46"	Inst	Ea	Lg	CA	3.81	2.10	867.00	175.00	---	1042.00	**1300.00**
	Inst	Ea	Sm	CA	5.84	1.37	956.00	268.00	---	1224.00	**1550.00**
Operable, triple dome											
22" x 22"	Inst	Ea	Lg	CA	2.00	4.00	808.00	91.80	---	899.80	**1110.00**
	Inst	Ea	Sm	CA	3.08	2.60	891.00	141.00	---	1032.00	**1280.00**
22" x 46"	Inst	Ea	Lg	CA	2.76	2.90	919.00	127.00	---	1046.00	**1290.00**
	Inst	Ea	Sm	CA	4.23	1.89	1010.00	194.00	---	1204.00	**1510.00**
30" x 30"	Inst	Ea	Lg	CA	2.76	2.90	994.00	127.00	---	1121.00	**1380.00**
	Inst	Ea	Sm	CA	4.23	1.89	1100.00	194.00	---	1294.00	**1610.00**
30" x 46"	Inst	Ea	Lg	CA	3.20	2.50	1060.00	147.00	---	1207.00	**1500.00**
	Inst	Ea	Sm	CA	4.91	1.63	1170.00	225.00	---	1395.00	**1740.00**
46" x 46"	Inst	Ea	Lg	CA	3.81	2.10	1170.00	175.00	---	1345.00	**1670.00**
	Inst	Ea	Sm	CA	5.84	1.37	1290.00	268.00	---	1558.00	**1950.00**

Roof window, low profile, double glazed

Pre-assembled units include flashing kit

Description	Oper	Unit	Vol	Crew Size	Man-hours per Unit	Crew Output per Day	Avg Mat'l Unit Cost	Avg Labor Unit Cost	Avg Equip Unit Cost	Avg Total Unit Cost	Avg Price Incl O&P
Fixed type											
22" x 22"	Inst	Ea	Lg	CA	2.00	4.00	608.00	91.80	---	699.80	**867.00**
	Inst	Ea	Sm	CA	3.08	2.60	670.00	141.00	---	811.00	**1020.00**
22" x 46"	Inst	Ea	Lg	CA	2.76	2.90	677.00	127.00	---	804.00	**1000.00**
	Inst	Ea	Sm	CA	4.23	1.89	746.00	194.00	---	940.00	**1190.00**
30" x 30"	Inst	Ea	Lg	CA	2.76	2.90	776.00	127.00	---	903.00	**1120.00**
	Inst	Ea	Sm	CA	4.23	1.89	855.00	194.00	---	1049.00	**1320.00**
30" x 46"	Inst	Ea	Lg	CA	3.20	2.50	818.00	147.00	---	965.00	**1200.00**
	Inst	Ea	Sm	CA	4.91	1.63	902.00	225.00	---	1127.00	**1420.00**
46" x 46"	Inst	Ea	Lg	CA	3.81	2.10	914.00	175.00	---	1089.00	**1360.00**
	Inst	Ea	Sm	CA	5.84	1.37	1010.00	268.00	---	1278.00	**1610.00**
Ventilating type											
22" x 22"	Inst	Ea	Lg	CA	2.00	4.00	925.00	91.80	---	1016.80	**1250.00**
	Inst	Ea	Sm	CA	3.08	2.60	1020.00	141.00	---	1161.00	**1430.00**
22" x 46"	Inst	Ea	Lg	CA	2.76	2.90	1030.00	127.00	---	1157.00	**1420.00**
	Inst	Ea	Sm	CA	4.23	1.89	1130.00	194.00	---	1324.00	**1650.00**
30" x 30"	Inst	Ea	Lg	CA	2.76	2.90	1100.00	127.00	---	1227.00	**1500.00**
	Inst	Ea	Sm	CA	4.23	1.89	1210.00	194.00	---	1404.00	**1740.00**
30" x 46"	Inst	Ea	Lg	CA	3.20	2.50	1150.00	147.00	---	1297.00	**1600.00**
	Inst	Ea	Sm	CA	4.91	1.63	1270.00	225.00	---	1495.00	**1860.00**
46" x 46"	Inst	Ea	Lg	CA	3.81	2.10	1310.00	175.00	---	1485.00	**1830.00**
	Inst	Ea	Sm	CA	5.84	1.37	1440.00	268.00	---	1708.00	**2140.00**
Add for motorization											
	Inst	Ea	Lg	CA	4.00	2.00	261.00	184.00	---	445.00	**588.00**
	Inst	Ea	Sm	CA	6.15	1.30	287.00	282.00	---	569.00	**768.00**

Description	Oper	Unit	Vol	Crew Size	Man-hours per Unit	Crew Output per Day	Avg Mat'l Unit Cost	Avg Labor Unit Cost	Avg Equip Unit Cost	Avg Total Unit Cost	Avg Price Incl O&P

Spas

Also see Bathtubs (includes Whirlpools and Jetted Tubs), page 44 - 49

Detach & reset operations

Description	Oper	Unit	Vol	Crew Size	Man-hours per Unit	Crew Output per Day	Avg Mat'l Unit Cost	Avg Labor Unit Cost	Avg Equip Unit Cost	Avg Total Unit Cost	Avg Price Incl O&P
Above ground, self-contained	D&R	Ea	Lg	SB	10.67	1.50	73.50	474.00	---	547.50	**800.00**
	D&R	Ea	Sm	SB	15.24	1.05	81.00	677.00	---	758.00	**1110.00**
In-ground, self-contained	D&R	Ea	Lg	SB	16.00	1.00	73.50	711.00	---	784.50	**1150.00**
	D&R	Ea	Sm	SB	22.86	0.70	81.00	1020.00	---	1101.00	**1620.00**

Remove operations

Description	Oper	Unit	Vol	Crew Size	Man-hours per Unit	Crew Output per Day	Avg Mat'l Unit Cost	Avg Labor Unit Cost	Avg Equip Unit Cost	Avg Total Unit Cost	Avg Price Incl O&P
Above ground, self-contained	Demo	Ea	Lg	SB	7.11	2.25	24.50	316.00	---	340.50	**503.00**
	Demo	Ea	Sm	SB	10.13	1.58	27.00	450.00	---	477.00	**708.00**
In-ground, self-contained	Demo	Ea	Lg	SB	9.14	1.75	24.50	406.00	---	430.50	**639.00**
	Demo	Ea	Sm	SB	13.01	1.23	27.00	578.00	---	605.00	**900.00**

Install rough-in

Description	Oper	Unit	Vol	Crew Size	Man-hours per Unit	Crew Output per Day	Avg Mat'l Unit Cost	Avg Labor Unit Cost	Avg Equip Unit Cost	Avg Total Unit Cost	Avg Price Incl O&P
Above ground, self-contained	Inst	Ea	Lg	SB	16.00	1.00	159.00	711.00	---	870.00	**1260.00**
	Inst	Ea	Sm	SB	22.86	0.70	175.00	1020.00	---	1195.00	**1730.00**
In-ground, self-contained	Inst	Ea	Lg	SB	16.00	1.00	73.50	711.00	---	784.50	**1150.00**
	Inst	Ea	Sm	SB	22.86	0.70	81.00	1020.00	---	1101.00	**1620.00**

Replace operations

Acrylic, self-contained, electric pump, heater, filtration

Above ground

2 to 3 person

Description	Oper	Unit	Vol	Crew Size	Man-hours per Unit	Crew Output per Day	Avg Mat'l Unit Cost	Avg Labor Unit Cost	Avg Equip Unit Cost	Avg Total Unit Cost	Avg Price Incl O&P
200 gallon, 9 to 12 jets	Inst	Ea	Lg	SB	8.00	2.00	5560.00	356.00	---	5916.00	**7210.00**
	Inst	Ea	Sm	SB	11.4	1.40	6130.00	507.00	---	6637.00	**8120.00**

4 to 6 person

Description	Oper	Unit	Vol	Crew Size	Man-hours per Unit	Crew Output per Day	Avg Mat'l Unit Cost	Avg Labor Unit Cost	Avg Equip Unit Cost	Avg Total Unit Cost	Avg Price Incl O&P
275 gallon, 10 to 15 jets	Inst	Ea	Lg	SB	8.00	2.00	7370.00	356.00	---	7726.00	**9380.00**
	Inst	Ea	Sm	SB	11.4	1.40	8120.00	507.00	---	8627.00	**10500.00**

7 to 9 person

Description	Oper	Unit	Vol	Crew Size	Man-hours per Unit	Crew Output per Day	Avg Mat'l Unit Cost	Avg Labor Unit Cost	Avg Equip Unit Cost	Avg Total Unit Cost	Avg Price Incl O&P
350 gallon, 20 to 30 jets	Inst	Ea	Lg	SB	8.00	2.00	11400.00	356.00	---	11756.00	**14200.00**
	Inst	Ea	Sm	SB	11.4	1.40	12600.00	507.00	---	13107.00	**15900.00**

In-ground, excludes decking

4 to 6 person

Description	Oper	Unit	Vol	Crew Size	Man-hours per Unit	Crew Output per Day	Avg Mat'l Unit Cost	Avg Labor Unit Cost	Avg Equip Unit Cost	Avg Total Unit Cost	Avg Price Incl O&P
200 gallon, 9 to 12 jets	Inst	Ea	Lg	SB	32.00	0.50	8630.00	1420.00	---	10050.00	**12500.00**
	Inst	Ea	Sm	SB	45.7	0.35	9510.00	2030.00	---	11540.00	**14500.00**

7 to 8 person

Description	Oper	Unit	Vol	Crew Size	Man-hours per Unit	Crew Output per Day	Avg Mat'l Unit Cost	Avg Labor Unit Cost	Avg Equip Unit Cost	Avg Total Unit Cost	Avg Price Incl O&P
275 gallon, 10 to 15 jets	Inst	Ea	Lg	SB	32.00	0.50	12700.00	1420.00	---	14120.00	**17300.00**
	Inst	Ea	Sm	SB	45.7	0.35	14000.00	2030.00	---	16030.00	**19800.00**

9 to 10 person

Description	Oper	Unit	Vol	Crew Size	Man-hours per Unit	Crew Output per Day	Avg Mat'l Unit Cost	Avg Labor Unit Cost	Avg Equip Unit Cost	Avg Total Unit Cost	Avg Price Incl O&P
350 gallon, 20 to 30 jets	Inst	Ea	Lg	SB	32.00	0.50	13800.00	1420.00	---	15220.00	**18700.00**
	Inst	Ea	Sm	SB	45.7	0.35	15300.00	2030.00	---	17330.00	**21400.00**

Description	Oper	Unit	Vol	Crew Size	Man-hours per Unit	Crew Output per Day	Avg Mat'l Unit Cost	Avg Labor Unit Cost	Avg Equip Unit Cost	Avg Total Unit Cost	Avg Price Incl O&P
Options for whirlpool baths and spas											
Fitted thremal spa cover	Inst	Ea	Lg	---	---	---	392.00	---	---	392.00	**470.00**
	Inst	Ea	Sm	---	---	---	432.00	---	---	432.00	**518.00**
Floating thremal spa blanket	Inst	Ea	Lg	---	---	---	98.00	---	---	98.00	**118.00**
	Inst	Ea	Sm	---	---	---	108.00	---	---	108.00	**130.00**

Stairs

Stairs, pre-manufactured complete unit

Folding / disapperaring, attic access, ladder type

Description	Oper	Unit	Vol	Crew Size	Man-hours per Unit	Crew Output per Day	Avg Mat'l Unit Cost	Avg Labor Unit Cost	Avg Equip Unit Cost	Avg Total Unit Cost	Avg Price Incl O&P
Average grade	Inst	Ea	Lg	2C	3.76	4.25	446.00	173.00	9.41	628.41	**805.00**
	Inst	Ea	Sm	2C	5.80	2.76	491.00	266.00	14.50	771.50	**1010.00**
High grade	Inst	Ea	Lg	2C	4.27	3.75	514.00	196.00	10.70	720.70	**924.00**
	Inst	Ea	Sm	2C	6.56	2.44	567.00	301.00	16.40	884.40	**1150.00**

Ladder, fabricated steel, no cage, wall mounted, straight vertical

Description	Oper	Unit	Vol	Crew Size	Man-hours per Unit	Crew Output per Day	Avg Mat'l Unit Cost	Avg Labor Unit Cost	Avg Equip Unit Cost	Avg Total Unit Cost	Avg Price Incl O&P
	Inst	LF	Lg	2C	0.32	50.00	64.50	14.70	.80	80.00	**100.00**
	Inst	LF	Sm	2C	0.49	32.50	71.10	22.50	1.23	94.83	**121.00**

Ship's / Captain's ladder type, with attached handrails

Description	Oper	Unit	Vol	Crew Size	Man-hours per Unit	Crew Output per Day	Avg Mat'l Unit Cost	Avg Labor Unit Cost	Avg Equip Unit Cost	Avg Total Unit Cost	Avg Price Incl O&P
	Inst	LF	Lg	2C	5.93	2.70	58.10	272.00	14.80	344.90	**496.00**
	Inst	LF	Sm	2C	9.09	1.76	64.10	417.00	22.70	503.80	**730.00**

Spiral, includes railing, landing, assemble and install

Description	Oper	Unit	Vol	Crew Size	Man-hours per Unit	Crew Output per Day	Avg Mat'l Unit Cost	Avg Labor Unit Cost	Avg Equip Unit Cost	Avg Total Unit Cost	Avg Price Incl O&P
Hardwood, 6' dia, 10' rise	Demo	Ea	Lg	2C	16.00	1.00	---	734.00	---	734.00	**1100.00**
	Demo	Ea	Sm	2C	24.62	0.65	---	1130.00	---	1130.00	**1690.00**
	Inst	Ea	Lg	2C	32.00	0.50	7570.00	1470.00	80.00	9120.00	**11400.00**
	Inst	Ea	Sm	2C	48.48	0.33	8340.00	2220.00	121.00	10681.00	**13500.00**
Metal, color, 5' dia, 9' rise	Demo	Ea	Lg	2C	16.00	1.00	---	734.00	---	734.00	**1100.00**
	Demo	Ea	Sm	2C	24.62	0.65	---	1130.00	---	1130.00	**1690.00**
	Inst	Ea	Lg	2C	32.00	0.50	3200.00	1470.00	80.00	4750.00	**6140.00**
	Inst	Ea	Sm	2C	48.48	0.33	3530.00	2220.00	121.00	5871.00	**7710.00**
Metal, color, 6' dia, 10' rise	Demo	Ea	Lg	2C	16.00	1.00	---	734.00	---	734.00	**1100.00**
	Demo	Ea	Sm	2C	24.62	0.65	---	1130.00	---	1130.00	**1690.00**
	Inst	Ea	Lg	2C	32.00	0.50	4740.00	1470.00	80.00	6290.00	**7980.00**
	Inst	Ea	Sm	2C	48.48	0.33	5220.00	2220.00	121.00	7561.00	**9750.00**

Stairs, field fabricated, complete, includes stringer, riser, tread, excludes handrail and mid-point landing

Unit cost per each stairway, based on an 8' rise plus joist

Metal pan, concrete, rebar, crane, per flight / floor

Description	Oper	Unit	Vol	Crew Size	Man-hours per Unit	Crew Output per Day	Avg Mat'l Unit Cost	Avg Labor Unit Cost	Avg Equip Unit Cost	Avg Total Unit Cost	Avg Price Incl O&P
4'-0" wide, straight	Demo	Ea	Lg	AD	24.00	1.00	---	1140.00	510.00	1650.00	**2330.00**
	Demo	Ea	Sm	AD	36.92	0.65	---	1760.00	784.00	2544.00	**3580.00**
	Inst	Ea	Lg	CY	140.00	0.40	2490.00	6020.00	1270	9780.00	**13500.00**
	Inst	Ea	Sm	CY	215.38	0.26	2740.00	9260.00	1960	13960.00	**19500.00**
For Landing, mid-point, cost per SF landing											
	Demo	SF	Lg	AD	0.24	100.00	---	11.40	5.10	16.50	**23.30**
	Demo	SF	Sm	AD	0.37	65.00	---	17.60	7.84	25.44	**35.80**
	Inst	SF	Lg	CY	1.40	40.00	20.20	60.20	12.70	93.10	**130.00**
	Inst	SF	Sm	CY	2.15	26.00	22.30	92.40	19.60	134.30	**189.00**

Handrail / Railing, metal
Floor mounted

Description	Oper	Unit	Vol	Crew Size	Man-hours per Unit	Crew Output per Day	Avg Mat'l Unit Cost	Avg Labor Unit Cost	Avg Equip Unit Cost	Avg Total Unit Cost	Avg Price Incl O&P
Detach & Reset	D&R	LF	Lg	CH	.480	25.0	---	20.70	1.60	22.30	**32.90**
	D&R	LF	Sm	CH	.738	16.3	---	31.80	2.45	34.25	**50.60**
Remove	Demo	LF	Lg	CH	.100	120.0	---	4.31	---	4.31	**6.46**
	Demo	LF	Sm	CH	.154	78.0	---	6.63	---	6.63	**9.95**
1-rail	Inst	LF	Lg	CH	.300	40.0	38.30	12.90	1.00	52.20	**66.50**
	Inst	LF	Sm	CH	.462	26.0	42.20	19.90	1.54	63.64	**82.30**
2-rail	Inst	LF	Lg	CH	.300	40.0	50.80	12.90	1.00	64.70	**81.60**
	Inst	LF	Sm	CH	.462	26.0	56.00	19.90	1.54	77.44	**98.90**
3-rail	Inst	LF	Lg	CH	.300	40.0	54.70	12.90	1.00	68.60	**86.20**
	Inst	LF	Sm	CH	.462	26.0	60.30	19.90	1.54	81.74	**104.00**
4-rail	Inst	LF	Lg	CH	.300	40.0	60.40	12.90	1.00	74.30	**93.00**
	Inst	LF	Sm	CH	.462	26.0	66.50	19.90	1.54	87.94	**112.00**
5-rail	Inst	LF	Lg	CH	.300	40.0	65.80	12.90	1.00	79.70	**99.60**
	Inst	LF	Sm	CH	.462	26.0	72.60	19.90	1.54	94.04	**119.00**
With vertical pickets	Inst	LF	Lg	CH	.300	40.0	99.50	12.90	1.00	113.40	**140.00**
	Inst	LF	Sm	CH	.462	26.0	110.00	19.90	1.54	131.44	**163.00**

Wall mounted

Description	Oper	Unit	Vol	Crew Size	Man-hours per Unit	Crew Output per Day	Avg Mat'l Unit Cost	Avg Labor Unit Cost	Avg Equip Unit Cost	Avg Total Unit Cost	Avg Price Incl O&P
Detach & Reset	D&R	LF	Lg	CH	.480	25.0	---	20.70	1.60	22.30	**32.90**
	D&R	LF	Sm	CH	.738	16.3	---	31.80	2.45	34.25	**50.60**
Remove	Demo	LF	Lg	CH	.100	120.0	---	4.31	---	4.31	**6.46**
	Demo	LF	Sm	CH	.154	78.0	---	6.63	---	6.63	**9.95**
Install	Inst	LF	Lg	CH	.300	40.0	27.70	12.90	1.00	41.60	**53.80**
	Inst	LF	Sm	CH	.462	26.0	30.50	19.90	1.54	51.94	**68.30**

Description	Oper	Unit	Vol	Crew Size	Man-hours per Unit	Crew Output per Day	Avg Mat'l Unit Cost	Avg Labor Unit Cost	Avg Equip Unit Cost	Avg Total Unit Cost	Avg Price Incl O&P
Wood, per floor / flight											
3'-0" wide, straight	Demo	Ea	Lg	2C	7.27	2.20	---	334.00	---	334.00	**500.00**
	Demo	Ea	Sm	2C	11.19	1.43	---	513.00	---	513.00	**770.00**
	Inst	Ea	Lg	2C	12.31	1.30	260.00	565.00	30.80	855.80	**1200.00**
	Inst	Ea	Sm	2C	18.82	0.85	286.00	863.00	47.10	1196.10	**1700.00**
3'-6" wide, straight	Demo	Ea	Lg	2C	7.62	2.10	---	350.00	---	350.00	**524.00**
	Demo	Ea	Sm	2C	11.68	1.37	---	536.00	---	536.00	**804.00**
	Inst	Ea	Lg	2C	14.55	1.10	305.00	668.00	36.40	1009.40	**1410.00**
	Inst	Ea	Sm	2C	22.22	0.72	336.00	1020.00	55.60	1411.60	**2000.00**
4'-0" wide, straight	Demo	Ea	Lg	2C	8.00	2.00	---	367.00	---	367.00	**551.00**
	Demo	Ea	Sm	2C	12.31	1.30	---	565.00	---	565.00	**847.00**
	Inst	Ea	Lg	2C	16.84	0.95	324.00	773.00	42.10	1139.10	**1600.00**
	Inst	Ea	Sm	2C	25.81	0.62	357.00	1180.00	64.50	1601.50	**2280.00**
4'-0" wide, curved	Demo	Ea	Lg	2C	32.00	0.50	---	1470.00	---	1470.00	**2200.00**
	Demo	Ea	Sm	2C	48.48	0.33	---	2220.00	---	2220.00	**3340.00**
	Inst	Ea	Lg	2C	133.33	0.12	6970.00	6120.00	333.00	13423.00	**17900.00**
	Inst	Ea	Sm	2C	200.00	0.08	7680.00	9180.00	500.00	17360.00	**23600.00**
6'-0" wide, curved	Demo	Ea	Lg	2C	32.00	0.50	---	1470.00	---	1470.00	**2200.00**
	Demo	Ea	Sm	2C	48.48	0.33	---	2220.00	---	2220.00	**3340.00**
	Inst	Ea	Lg	2C	160.00	0.10	10600.00	7340.00	400.00	18340.00	**24200.00**
	Inst	Ea	Sm	2C	228.57	0.07	11600.00	10500.00	571.00	22671.00	**30400.00**
For Landing, mid-point, cost per SF landing											
	Demo	SF	Lg	2C	0.05	300.00	---	2.29	---	2.29	**3.44**
	Demo	SF	Sm	2C	0.08	195.00	---	3.67	---	3.67	**5.51**
	Inst	SF	Lg	2C	0.22	72.00	3.96	10.10	.56	14.62	**20.60**
	Inst	SF	Sm	2C	0.34	46.80	4.36	15.60	.85	20.81	**29.70**

Unit cost per tread

Interior, 3'-6" wide stairway

Description	Oper	Unit	Vol	Crew Size	Man-hours per Unit	Crew Output per Day	Avg Mat'l Unit Cost	Avg Labor Unit Cost	Avg Equip Unit Cost	Avg Total Unit Cost	Avg Price Incl O&P
Softwood	Demo	Ea	Lg	2C	0.53	30.00	---	24.30	---	24.30	**36.50**
	Demo	Ea	Sm	2C	0.82	19.50	---	37.60	---	37.60	**56.40**
	Inst	Ea	Lg	2C	1.60	10.00	23.80	73.40	4.00	101.20	**143.00**
	Inst	Ea	Sm	2C	2.46	6.50	26.20	113.00	6.15	145.35	**208.00**
Hardwood	Demo	Ea	Lg	2C	0.67	24.00	---	30.70	---	30.70	**46.10**
	Demo	Ea	Sm	2C	1.03	15.60	---	47.30	---	47.30	**70.90**
	Inst	Ea	Lg	2C	2.00	8.00	47.50	91.80	5.00	144.30	**201.00**
	Inst	Ea	Sm	2C	3.08	5.20	52.40	141.00	7.69	201.09	**284.00**
Landing, mid-point, per SF	Demo	SF	Lg	2C	0.05	300.00	---	2.29	---	2.29	**3.44**
	Demo	SF	Sm	2C	0.08	195.00	---	3.67	---	3.67	**5.51**
	Inst	SF	Lg	2C	0.22	72.00	3.96	10.10	.56	14.62	**20.60**
	Inst	SF	Sm	2C	0.34	46.80	4.36	15.60	.85	20.81	**29.70**

Stairs, parts

Description	Oper	Unit	Vol	Crew Size	Man-hours per Unit	Crew Output per Day	Avg Mat'l Unit Cost	Avg Labor Unit Cost	Avg Equip Unit Cost	Avg Total Unit Cost	Avg Price Incl O&P
Exterior, 3'-6" wide stairway											
Treated	Demo	Ea	Lg	2C	0.53	30.00	---	24.30	---	24.30	**36.50**
	Demo	Ea	Sm	2C	0.82	19.50	---	37.60	---	37.60	**56.40**
	Inst	Ea	Lg	2C	0.67	24.00	20.00	30.70	1.67	52.37	**72.10**
	Inst	Ea	Sm	2C	1.03	15.60	22.00	47.30	2.56	71.86	**100.00**
Redwood	Demo	Ea	Lg	2C	0.67	24.00	---	30.70	---	30.70	**46.10**
	Demo	Ea	Sm	2C	1.03	15.60	---	47.30	---	47.30	**70.90**
	Inst	Ea	Lg	2C	0.89	18.00	111.00	40.80	2.22	154.02	**197.00**
	Inst	Ea	Sm	2C	1.37	11.70	122.00	62.90	3.42	188.32	**245.00**

Stair parts

Balustrade, per LF of run, includes balusters, fillets, handrail, newel post, shoe

Description	Oper	Unit	Vol	Crew Size	Man-hours per Unit	Crew Output per Day	Avg Mat'l Unit Cost	Avg Labor Unit Cost	Avg Equip Unit Cost	Avg Total Unit Cost	Avg Price Incl O&P
Detach & reset, average grade	Inst	LF	Lg	CA	2.000	4.0	---	91.80	10.00	101.80	**150.00**
	Inst	LF	Sm	CA	3.077	2.6	---	141.00	15.40	156.40	**230.00**
Detach & reset, high grade	Inst	LF	Lg	CA	4.000	2.0	---	184.00	20.00	204.00	**299.00**
	Inst	LF	Sm	CA	6.154	1.3	---	282.00	30.80	312.80	**460.00**
Remove	Inst	LF	Lg	CA	.200	40.0	---	9.18	---	9.18	**13.80**
	Inst	LF	Sm	CA	.308	26.0	---	14.10	---	14.10	**21.20**
Wood, all pieces											
Standard grade	Inst	LF	Lg	CA	2.000	4.0	40.20	91.80	10.00	142.00	**198.00**
	Inst	LF	Sm	CA	3.077	2.6	44.30	141.00	15.40	200.70	**283.00**
Average grade	Inst	LF	Lg	CA	2.000	4.0	63.40	91.80	10.00	165.20	**226.00**
	Inst	LF	Sm	CA	3.077	2.6	69.90	141.00	15.40	226.30	**314.00**
High grade	Inst	LF	Lg	CA	4.000	2.0	117.00	184.00	20.00	321.00	**440.00**
	Inst	LF	Sm	CA	6.154	1.3	129.00	282.00	30.80	441.80	**615.00**
Premium grade	Inst	LF	Lg	CA	4.000	2.0	188.00	184.00	20.00	392.00	**525.00**
	Inst	LF	Sm	CA	6.154	1.3	207.00	282.00	30.80	519.80	**709.00**
Deluxe grade	Inst	LF	Lg	CA	4.444	1.8	414.00	204.00	22.20	640.20	**830.00**
	Inst	LF	Sm	CA	6.838	1.2	457.00	314.00	33.30	804.30	**1060.00**
Wood, iron balusters											
Standard grade	Inst	LF	Lg	CA	4.000	2.0	60.10	184.00	20.00	264.10	**371.00**
	Inst	LF	Sm	CA	6.154	1.3	66.30	282.00	30.80	379.10	**540.00**
Average grade	Inst	LF	Lg	CA	4.444	1.8	110.00	204.00	22.20	336.20	**465.00**
	Inst	LF	Sm	CA	6.838	1.2	122.00	314.00	33.30	469.30	**657.00**
High grade	Inst	LF	Lg	CA	4.706	1.7	137.00	216.00	23.50	376.50	**517.00**
	Inst	LF	Sm	CA	7.207	1.1	151.00	331.00	36.40	518.40	**721.00**

Description	Oper	Unit	Vol	Crew Size	Man-hours per Unit	Crew Output per Day	Avg Mat'l Unit Cost	Avg Labor Unit Cost	Avg Equip Unit Cost	Avg Total Unit Cost	Avg Price Incl O&P

Baluster, individual

Wood

Description	Oper	Unit	Vol	Crew Size	Man-hours per Unit	Crew Output per Day	Avg Mat'l Unit Cost	Avg Labor Unit Cost	Avg Equip Unit Cost	Avg Total Unit Cost	Avg Price Incl O&P
Standard grade	Inst	Ea	Lg	CA	.571	14.0	6.68	26.20	2.86	35.74	**50.70**
	Inst	Ea	Sm	CA	.879	9.1	7.37	40.30	4.40	52.07	**74.60**
Average grade	Inst	Ea	Lg	CA	.667	12.0	9.83	30.60	3.33	43.76	**61.70**
	Inst	Ea	Sm	CA	1.026	7.8	10.80	47.10	5.13	63.03	**89.80**
High grade	Inst	Ea	Lg	CA	.800	10.0	24.50	36.70	4.00	65.20	**89.20**
	Inst	Ea	Sm	CA	1.231	6.5	27.00	56.50	6.15	89.65	**124.00**
Premium grade	Inst	Ea	Lg	CA	1.000	8.0	42.30	45.90	5.00	93.20	**126.00**
	Inst	Ea	Sm	CA	1.538	5.2	46.60	70.60	7.69	124.89	**171.00**

Iron

Description	Oper	Unit	Vol	Crew Size	Man-hours per Unit	Crew Output per Day	Avg Mat'l Unit Cost	Avg Labor Unit Cost	Avg Equip Unit Cost	Avg Total Unit Cost	Avg Price Incl O&P
Standard grade	Inst	Ea	Lg	CA	.800	10.0	6.91	36.70	4.00	47.61	**68.20**
	Inst	Ea	Sm	CA	1.231	6.5	7.61	56.50	6.15	70.26	**101.00**
Average grade	Inst	Ea	Lg	CA	.889	9.0	13.10	40.80	4.44	58.34	**82.20**
	Inst	Ea	Sm	CA	1.368	5.9	14.50	62.80	6.78	84.08	**120.00**
High grade	Inst	Ea	Lg	CA	1.000	8.0	21.60	45.90	5.00	72.50	**101.00**
	Inst	Ea	Sm	CA	1.538	5.2	23.90	70.60	7.69	102.19	**144.00**

Handrail / Railing

Post-to-Post

Softwood

Description	Oper	Unit	Vol	Crew Size	Man-hours per Unit	Crew Output per Day	Avg Mat'l Unit Cost	Avg Labor Unit Cost	Avg Equip Unit Cost	Avg Total Unit Cost	Avg Price Incl O&P
Average grade	Inst	LF	Lg	CA	.727	11.0	4.34	33.40	3.64	41.38	**59.60**
	Inst	LF	Sm	CA	1.119	7.2	4.78	51.30	5.56	61.64	**89.40**
High grade	Inst	LF	Lg	CA	.727	11.0	6.62	33.40	3.64	43.66	**62.30**
	Inst	LF	Sm	CA	1.119	7.2	7.29	51.30	5.56	64.15	**92.40**

Hardwood

Description	Oper	Unit	Vol	Crew Size	Man-hours per Unit	Crew Output per Day	Avg Mat'l Unit Cost	Avg Labor Unit Cost	Avg Equip Unit Cost	Avg Total Unit Cost	Avg Price Incl O&P
Average grade	Inst	LF	Lg	CA	.727	11.0	7.62	33.40	3.64	44.66	**63.50**
	Inst	LF	Sm	CA	1.119	7.2	8.40	51.30	5.56	65.26	**93.80**
High grade	Inst	LF	Lg	CA	.727	11.0	9.77	33.40	3.64	46.81	**66.10**
	Inst	LF	Sm	CA	1.119	7.2	10.80	51.30	5.56	67.66	**96.60**

Wall mounted

Description	Oper	Unit	Vol	Crew Size	Man-hours per Unit	Crew Output per Day	Avg Mat'l Unit Cost	Avg Labor Unit Cost	Avg Equip Unit Cost	Avg Total Unit Cost	Avg Price Incl O&P
Detach & Reset	D&R	LF	Lg	CA	.222	36.0	---	10.20	1.11	11.31	**16.60**
	D&R	LF	Sm	CA	.342	23.4	---	15.70	1.71	17.41	**25.60**

Softwood

Description	Oper	Unit	Vol	Crew Size	Man-hours per Unit	Crew Output per Day	Avg Mat'l Unit Cost	Avg Labor Unit Cost	Avg Equip Unit Cost	Avg Total Unit Cost	Avg Price Incl O&P
Average grade	Inst	LF	Lg	CA	.250	32.0	4.86	11.50	1.25	17.61	**24.50**
	Inst	LF	Sm	CA	.385	20.8	5.36	17.70	1.92	24.98	**35.20**
High grade	Inst	LF	Lg	CA	.250	32.0	7.12	11.50	1.25	19.87	**27.30**
	Inst	LF	Sm	CA	.385	20.8	7.85	17.70	1.92	27.47	**38.20**

Hardwood

Description	Oper	Unit	Vol	Crew Size	Man-hours per Unit	Crew Output per Day	Avg Mat'l Unit Cost	Avg Labor Unit Cost	Avg Equip Unit Cost	Avg Total Unit Cost	Avg Price Incl O&P
Average grade	Inst	LF	Lg	CA	.250	32.0	8.13	11.50	1.25	20.88	**28.50**
	Inst	LF	Sm	CA	.385	20.8	8.96	17.70	1.92	28.58	**39.60**
High grade	Inst	LF	Lg	CA	.250	32.0	11.50	11.50	1.25	24.25	**32.60**
	Inst	LF	Sm	CA	.385	20.8	12.70	17.70	1.92	32.32	**44.10**
Premium grade	Inst	LF	Lg	CA	.250	32.0	36.60	11.50	1.25	49.35	**62.60**
	Inst	LF	Sm	CA	.385	20.8	40.40	17.70	1.92	60.02	**77.20**

Stairs, parts, stringer

Description	Oper	Unit	Vol	Crew Size	Man-hours per Unit	Crew Output per Day	Avg Mat'l Unit Cost	Avg Labor Unit Cost	Avg Equip Unit Cost	Avg Total Unit Cost	Avg Price Incl O&P
Newel post											
Average grade	Inst	Ea	Lg	CA	2.667	3.0	107.00	122.00	13.30	242.30	**328.00**
	Inst	Ea	Sm	CA	4.103	2.0	118.00	188.00	20.00	326.00	**448.00**
High grade	Inst	Ea	Lg	CA	4.000	2.0	171.00	184.00	20.00	375.00	**504.00**
	Inst	Ea	Sm	CA	6.154	1.3	188.00	282.00	30.80	500.80	**686.00**
Premium grade	Inst	Ea	Lg	CA	8.000	1.0	234.00	367.00	40.00	641.00	**879.00**
	Inst	Ea	Sm	CA	12.308	0.7	258.00	565.00	57.10	880.10	**1220.00**
Skirt / Apron board, wall side, 1" x 12"											
Open side of stairway											
Softwood	Inst	LF	Lg	CA	2.000	4.00	3.25	91.80	10.00	105.05	**154.00**
	Inst	LF	Sm	CA	3.077	2.60	3.59	141.00	15.40	159.99	**235.00**
Hardwood	Inst	LF	Lg	CA	2.000	4.00	13.70	91.80	10.00	115.50	**166.00**
	Inst	LF	Sm	CA	3.077	2.60	15.10	141.00	15.40	171.50	**248.00**
Wall side of stairway											
Softwood	Inst	LF	Lg	CA	.500	16.00	3.25	22.90	2.50	28.65	**41.30**
	Inst	LF	Sm	CA	.769	10.40	3.59	35.30	3.85	42.74	**61.90**
Hardwood	Inst	LF	Lg	CA	.500	16.00	13.70	22.90	2.50	39.10	**53.90**
	Inst	LF	Sm	CA	.769	10.40	15.10	35.30	3.85	54.25	**75.70**
Stringer											
Straight											
Softwood	Inst	LF	Lg	2C	.167	96.00	2.04	7.66	.42	10.12	**14.40**
	Inst	LF	Sm	2C	.256	62.40	2.25	11.80	.64	14.69	**21.10**
Softwood, treated	Inst	LF	Lg	2C	.167	96.00	3.15	7.66	.42	11.23	**15.80**
	Inst	LF	Sm	2C	.256	62.40	3.47	11.80	.64	15.91	**22.60**
Engineered	Inst	LF	Lg	2C	.167	96.00	5.18	7.66	.42	13.26	**18.20**
	Inst	LF	Sm	2C	.256	62.40	5.71	11.80	.64	18.15	**25.20**
Exposed, clear grade	Inst	LF	Lg	2C	1.600	10.00	21.40	73.40	4.00	98.80	**141.00**
	Inst	LF	Sm	2C	2.462	6.50	23.60	113.00	6.15	142.75	**205.00**
Curved											
Exposed, veneer finish	Inst	LF	Lg	2C	8.000	2.00	19.00	367.00	20.00	406.00	**597.00**
	Inst	LF	Sm	2C	12.308	1.30	20.90	565.00	30.80	616.70	**909.00**

Description	Oper	Unit	Vol	Crew Size	Man-hours per Unit	Crew Output per Day	Avg Mat'l Unit Cost	Avg Labor Unit Cost	Avg Equip Unit Cost	Avg Total Unit Cost	Avg Price Incl O&P
Riser											
Up to 4'											
Softwood, paint grade	Inst	Ea	Lg	CA	.400	20.00	7.30	18.40	2.00	27.70	**38.70**
	Inst	Ea	Sm	CA	.615	13.00	8.05	28.20	3.08	39.33	**55.70**
Softwood, stain grade	Inst	Ea	Lg	CA	.571	14.00	18.90	26.20	2.86	47.96	**65.40**
	Inst	Ea	Sm	CA	.879	9.10	20.80	40.30	4.40	65.50	**90.80**
Hardwood	Inst	Ea	Lg	CA	.571	14.00	36.30	26.20	2.86	65.36	**86.30**
	Inst	Ea	Sm	CA	.879	9.10	40.10	40.30	4.40	84.80	**114.00**
Hardwood, curved	Inst	Ea	Lg	CA	8.000	1.00	38.60	367.00	40.00	445.60	**645.00**
	Inst	Ea	Sm	CA	12.308	0.65	42.50	565.00	61.50	669.00	**972.00**
4' to 8'											
Softwood, paint grade	Inst	Ea	Lg	CA	.533	15.00	14.60	24.50	2.67	41.77	**57.40**
	Inst	Ea	Sm	CA	.821	9.75	16.00	37.70	4.10	57.80	**80.70**
Softwood, stain grade	Inst	Ea	Lg	CA	.800	10.00	37.80	36.70	4.00	78.50	**105.00**
	Inst	Ea	Sm	CA	1.231	6.50	41.60	56.50	6.15	104.25	**142.00**
Hardwood	Inst	Ea	Lg	CA	.800	10.00	72.70	36.70	4.00	113.40	**147.00**
	Inst	Ea	Sm	CA	1.231	6.50	80.10	56.50	6.15	142.75	**188.00**
Hardwood, curved	Inst	Ea	Lg	CA	13.333	0.60	77.80	612.00	66.70	756.50	**1090.00**
	Inst	Ea	Sm	CA	20.513	0.39	85.70	941.00	103.00	1129.70	**1640.00**
Tread											
Up to 4'											
Softwood, paint grade	Inst	Ea	Lg	CA	.444	18.00	9.22	20.40	2.22	31.84	**44.30**
	Inst	Ea	Sm	CA	.684	11.70	10.20	31.40	3.42	45.02	**63.40**
Softwood, stain grade	Inst	Ea	Lg	CA	.800	10.00	34.30	36.70	4.00	75.00	**101.00**
	Inst	Ea	Sm	CA	1.231	6.50	37.80	56.50	6.15	100.45	**137.00**
Hardwood, average grade	Inst	Ea	Lg	CA	.800	10.00	52.70	36.70	4.00	93.40	**123.00**
	Inst	Ea	Sm	CA	1.231	6.50	58.10	56.50	6.15	120.75	**162.00**
Hardwood, high grade	Inst	Ea	Lg	CA	.800	10.00	87.50	36.70	4.00	128.20	**165.00**
	Inst	Ea	Sm	CA	1.231	6.50	96.40	56.50	6.15	159.05	**208.00**
Hardwood, curved	Inst	Ea	Lg	CA	8.000	1.00	105.00	367.00	40.00	512.00	**725.00**
	Inst	Ea	Sm	CA	12.308	0.65	116.00	565.00	61.50	742.50	**1060.00**
4' to 8'											
Softwood, paint grade	Inst	Ea	Lg	CA	.571	14.00	18.40	26.20	2.86	47.46	**64.80**
	Inst	Ea	Sm	CA	.879	9.10	20.30	40.30	4.40	65.00	**90.10**
Softwood, stain grade	Inst	Ea	Lg	CA	1.000	8.00	68.70	45.90	5.00	119.60	**157.00**
	Inst	Ea	Sm	CA	1.538	5.20	75.70	70.60	7.69	153.99	**206.00**
Hardwood, average grade	Inst	Ea	Lg	CA	1.000	8.00	112.00	45.90	5.00	162.90	**209.00**
	Inst	Ea	Sm	CA	1.538	5.20	123.00	70.60	7.69	201.29	**263.00**
Hardwood, high grade	Inst	Ea	Lg	CA	1.000	8.00	175.00	45.90	5.00	225.90	**285.00**
	Inst	Ea	Sm	CA	1.538	5.20	193.00	70.60	7.69	271.29	**346.00**
Hardwood, curved	Inst	Ea	Lg	CA	13.333	0.60	206.00	612.00	66.70	884.70	**1240.00**
	Inst	Ea	Sm	CA	20.513	0.39	227.00	941.00	103.00	1271.00	**1810.00**

Steel, reinforcing. See Concrete, page 91

Stucco. See Plaster, page 319

Studs. See Framing, page 196

Subflooring. See Framing, page 210

Suspended Ceilings

Suspended ceilings consist of a grid of small metal hangers which are hung from the ceiling framing with wire or strap, and drop-in panels sized to fit the grid system. The main advantage to this type of ceiling finish is that it can be adjusted to any height desired. It can cover a lot of flaws and obstructions (uneven plaster, pipes, wiring, and ductwork). With a high ceiling, the suspended ceiling reduces the sound transfer from the floor above and increases the ceiling's insulating value. One great advantage of suspended ceilings is that the area directly above the tiles is readily accessible for repair and maintenance work; the tiles merely have to be lifted out from the grid. This system also eliminates the need for any other ceiling finish.

1. Installation Procedure

a. Decide on ceiling height. It must clear the lowest obstacles but remain above windows and doors. Snap a chalk line around walls at the new height. Check it with a carpenter's level.

b. Install wall molding/angle at the marked line; this supports the tiles around the room's perimeter. Check with a level. Use nails (6d) or screws to fasten molding to studs (16" or 24" oc); on masonry, use concrete nails 24" oc. The molding should be flush along the chalk line with the bottom leg of the L-angle facing into the room.

c. Fit wall molding at inside corners by straight cutting (90 degrees) and overlapping; for outside corners, miter cut corner (45 degrees) and butt together. Cut the molding to required lengths with tin snips or a hacksaw.

d. Mark center line of room above the wall molding. Decide where the first main runner should be to get the desired border width. Position main runners by running taut string lines across room. Repeat for the first row of cross tees closest to one wall. Then attach hanger wires with screw eyes to the joists at 4' intervals.

e. Trim main runners at wall to line up the slot with cross tee string. Rest trimmed end on wall molding; insert wire through holes; recheck with level; twist wire several times.

f. Insert cross tee and tabs into main runner's slots; push down to lock. Check with level. Repeat.

g. Drop 2' x 4' panels into place.

2. Estimating Materials

a. Measure the ceiling and plot it on graph paper. Mark the direction of ceiling joists. On the ceiling itself, snap chalk lines along the joist lines.

b. Draw ceiling layout for grid system onto graph paper. Plan the ceiling layout, figuring full panels across the main ceiling and evenly trimmed partial panels at the edges. To calculate the width of border panels in each direction, determine the width of the gap left after full panels are placed all across the dimension; then divide by 2.

c. For purposes of ordering material, determine the room size in even number of feet. If the room length or width is not divisible by 2 feet, increase the dimension to the next larger unit divisible by 2. For example, a room that measured 11'-6" x 14'-4" would be considered a 12' x 16' room. This allows for waste and/or breakage. In this example, you would order 192 SF of material.

d. Main runners and tees must run perpendicular to ceiling joists. For a 2' x 2' grid, cross and main tees are 2' apart. For a 2' x 4' grid, main tees are 4' apart and 4' cross tees connect the main tees; then 2' cross tees can be used to connect the 4' cross tees. The long panels of the grid are set parallel to the ceiling joists, so the T-shaped main runner is attached perpendicular to joists at 4' oc.

e. Wall molding/angle is manufactured in 10' lengths. Main runners and tees are manufactured in 12' lengths. Cross tees are either 2' long or 4' long. Hanger wire is 12 gauge, and attached to joists with either screw eyes or hook-and-nail. Drop-in panels are either 8 SF (2' x 4') or 4 SF (2' x 2').

f. To find the number of drop-in panels required, divide the nominal room size in square feet (e.g., 192 SF in above example) by square feet of panel to be used.

g. The quantity of 12 gauge wire depends on the "drop" distance of the ceiling. Figure one suspension wire and screw eye for each 4' of main runner; if any main run is longer than 12' then splice plates are needed, with a wire and screw eye on each side of the splice. The length of each wire should be at least 2" longer than the "drop" distance, to allow for a twist after passing through runner or tee.

Suspended ceilings

Suspended ceiling system, grid and panels

Description	Oper	Unit	Vol	Crew Size	Man-hours per Unit	Crew Output per Day	Avg Mat'l Unit Cost	Avg Labor Unit Cost	Avg Equip Unit Cost	Avg Total Unit Cost	Avg Price Incl O&P
2' x 2' system											
Demo	Demo	SF	Lg	LB	.020	800	---	.75	---	.75	1.12
	Demo	SF	Sm	LB	.029	560	---	1.08	---	1.08	1.63
Detach and reset	D&R	SF	Lg	2C	.060	265	---	2.75	---	2.75	4.13
	D&R	SF	Sm	2C	.086	186	---	3.95	---	3.95	5.92
2' x 4' system											
Demo	Demo	SF	Lg	LB	.019	860	---	.71	---	.71	1.07
	Demo	SF	Sm	LB	.027	602	---	1.01	---	1.01	1.51
Detach and reset	D&R	SF	Lg	2C	.026	625	---	1.19	---	1.19	1.79
	D&R	SF	Sm	2C	.037	438	---	1.70	---	1.70	2.55
Reset and realign	Reset	SF	Lg	2C	.056	285	---	2.57	---	2.57	3.85
	Reset	SF	Sm	2C	.080	200	---	3.67	---	3.67	5.51

Suspended ceiling system, grid (baked enamel) and panels

Description	Oper	Unit	Vol	Crew Size	Man-hours per Unit	Crew Output per Day	Avg Mat'l Unit Cost	Avg Labor Unit Cost	Avg Equip Unit Cost	Avg Total Unit Cost	Avg Price Incl O&P
2' x 2' system, acoustic panels											
Standard grade	Inst	SF	Lg	CN	.077	260.0	1.80	3.40	---	5.20	7.26
	Inst	SF	Sm	CN	.110	182.0	1.99	4.86	---	6.85	9.68
Average grade	Inst	SF	Lg	CN	.077	260.0	2.48	3.40	---	5.88	8.08
	Inst	SF	Sm	CN	.110	182.0	2.73	4.86	---	7.59	10.60
High grade	Inst	SF	Lg	CN	.077	260.0	3.68	3.40	---	7.08	9.52
	Inst	SF	Sm	CN	.110	182.0	4.05	4.86	---	8.91	12.20
Premium grade	Inst	SF	Lg	CN	.077	260.0	6.09	3.40	---	9.49	12.40
	Inst	SF	Sm	CN	.110	182.0	6.71	4.86	---	11.57	15.30
2' x 4' system, acoustic panels											
Standard grade	Inst	SF	Lg	CN	.071	280.0	1.50	3.14	---	4.64	6.51
	Inst	SF	Sm	CN	.102	196.0	1.65	4.51	---	6.16	8.74
Average grade	Inst	SF	Lg	CN	.071	280.0	1.97	3.14	---	5.11	7.07
	Inst	SF	Sm	CN	.102	196.0	2.17	4.51	---	6.68	9.36
High grade	Inst	SF	Lg	CN	.071	280.0	3.31	3.14	---	6.45	8.68
	Inst	SF	Sm	CN	.102	196.0	3.65	4.51	---	8.16	11.10
Premium grade	Inst	SF	Lg	CN	.071	280.0	4.86	3.14	---	8.00	10.50
	Inst	SF	Sm	CN	.102	196.0	5.36	4.51	---	9.87	13.20

Suspended ceilings, components

Description	Oper	Unit	Vol	Crew Size	Man-hours per Unit	Crew Output per Day	Avg Mat'l Unit Cost	Avg Labor Unit Cost	Avg Equip Unit Cost	Avg Total Unit Cost	Avg Price Incl O&P

Suspended ceiling components

2' x 2' components

Grid only (baked enamel)

Description	Oper	Unit	Vol	Crew Size	Man-hours per Unit	Crew Output per Day	Avg Mat'l Unit Cost	Avg Labor Unit Cost	Avg Equip Unit Cost	Avg Total Unit Cost	Avg Price Incl O&P
Average grade	Inst	SF	Lg	CN	.045	440.0	.84	1.99	---	2.83	**3.99**
	Inst	SF	Sm	CN	.065	308.0	.93	2.87	---	3.80	**5.42**
High grade	Inst	SF	Lg	CN	.045	440.0	1.11	1.99	---	3.10	**4.31**
	Inst	SF	Sm	CN	.065	308.0	1.22	2.87	---	4.09	**5.77**
Premium grade	Inst	SF	Lg	CN	.045	440.0	1.41	1.99	---	3.40	**4.67**
	Inst	SF	Sm	CN	.065	308.0	1.56	2.87	---	4.43	**6.18**

Tile panels only, acoustic, laid into pre-existing grid

Description	Oper	Unit	Vol	Crew Size	Man-hours per Unit	Crew Output per Day	Avg Mat'l Unit Cost	Avg Labor Unit Cost	Avg Equip Unit Cost	Avg Total Unit Cost	Avg Price Incl O&P
Standard grade	Inst	SF	Lg	CN	.031	640.0	.96	1.37	---	2.33	**3.21**
	Inst	SF	Sm	CN	.045	448.0	1.06	1.99	---	3.05	**4.25**
Average grade	Inst	SF	Lg	CN	.031	640.0	1.64	1.37	---	3.01	**4.02**
	Inst	SF	Sm	CN	.045	448.0	1.80	1.99	---	3.79	**5.14**
High grade	Inst	SF	Lg	CN	.031	640.0	2.57	1.37	---	3.94	**5.14**
	Inst	SF	Sm	CN	.045	448.0	2.83	1.99	---	4.82	**6.38**
Premium grade	Inst	SF	Lg	CN	.031	640.0	4.67	1.37	---	6.04	**7.66**
	Inst	SF	Sm	CN	.045	448.0	5.15	1.99	---	7.14	**9.16**
Kitchen or clean room	Inst	SF	Lg	CN	.038	520.0	6.02	1.68	---	7.70	**9.74**
	Inst	SF	Sm	CN	.055	364.0	6.63	2.43	---	9.06	**11.60**

Tile panels only, tin, laid into pre-existing grid

Description	Oper	Unit	Vol	Crew Size	Man-hours per Unit	Crew Output per Day	Avg Mat'l Unit Cost	Avg Labor Unit Cost	Avg Equip Unit Cost	Avg Total Unit Cost	Avg Price Incl O&P
Unpainted	Inst	SF	Lg	CN	.035	570.0	3.76	1.55	---	5.31	**6.83**
	Inst	SF	Sm	CN	.050	399.0	4.15	2.21	---	6.36	**8.29**
Prefinished, paint	Inst	SF	Lg	CN	.035	570.0	4.40	1.55	---	5.95	**7.60**
	Inst	SF	Sm	CN	.050	399.0	4.85	2.21	---	7.06	**9.13**
Prefinished, metallic	Inst	SF	Lg	CN	.035	570.0	9.60	1.55	---	11.15	**13.80**
	Inst	SF	Sm	CN	.050	399.0	10.60	2.21	---	12.81	**16.00**

2' x 4' components

Grid only (baked enamel)

Description	Oper	Unit	Vol	Crew Size	Man-hours per Unit	Crew Output per Day	Avg Mat'l Unit Cost	Avg Labor Unit Cost	Avg Equip Unit Cost	Avg Total Unit Cost	Avg Price Incl O&P
Average grade	Inst	SF	Lg	CN	.043	460.0	.64	1.90	---	2.54	**3.62**
	Inst	SF	Sm	CN	.062	322.0	.70	2.74	---	3.44	**4.95**
High grade	Inst	SF	Lg	CN	.043	460.0	.85	1.90	---	2.75	**3.87**
	Inst	SF	Sm	CN	.062	322.0	.94	2.74	---	3.68	**5.24**
Premium grade	Inst	SF	Lg	CN	.043	460.0	1.06	1.90	---	2.96	**4.12**
	Inst	SF	Sm	CN	.062	322.0	1.17	2.74	---	3.91	**5.51**

Description	Oper	Unit	Vol	Crew Size	Man-hours per Unit	Crew Output per Day	Avg Mat'l Unit Cost	Avg Labor Unit Cost	Avg Equip Unit Cost	Avg Total Unit Cost	Avg Price Incl O&P
Tile panels only, acoustic, laid into pre-existing grid											
Standard grade	Inst	SF	Lg	CN	.030	660.0	.87	1.33	---	2.20	**3.03**
	Inst	SF	Sm	CN	.043	462.0	.96	1.90	---	2.86	**4.00**
Average grade	Inst	SF	Lg	CN	.030	660.0	1.34	1.33	---	2.67	**3.60**
	Inst	SF	Sm	CN	.043	462.0	1.48	1.90	---	3.38	**4.63**
High grade	Inst	SF	Lg	CN	.030	660.0	2.46	1.33	---	3.79	**4.94**
	Inst	SF	Sm	CN	.043	462.0	2.71	1.90	---	4.61	**6.10**
Premium grade	Inst	SF	Lg	CN	.030	660.0	3.80	1.33	---	5.13	**6.55**
	Inst	SF	Sm	CN	.043	462.0	4.19	1.90	---	6.09	**7.88**
Kitchen or clean room	Inst	SF	Lg	CN	.037	540.0	4.85	1.63	---	6.48	**8.27**
	Inst	SF	Sm	CN	.053	378.0	5.35	2.34	---	7.69	**9.93**
Tile panels only, light diffusing, laid into pre-existing grid											
Average grade	Inst	SF	Lg	CN	.036	550.0	1.91	1.59	---	3.50	**4.68**
	Inst	SF	Sm	CN	.052	385.0	2.11	2.30	---	4.41	**5.98**
High grade	Inst	SF	Lg	CN	.036	550.0	2.11	1.59	---	3.70	**4.92**
	Inst	SF	Sm	CN	.052	385.0	2.32	2.30	---	4.62	**6.23**
Premium grade	Inst	SF	Lg	CN	.036	550.0	2.43	1.59	---	4.02	**5.30**
	Inst	SF	Sm	CN	.052	385.0	2.68	2.30	---	4.98	**6.66**

Telephone prewiring. See Electrical, page 152

Television antenna. See Electrical, page 152

Thermostat. See Electrical, page 153

Tile, ceiling. See Acoustical treatment, page 22

Tile, ceramic. See Ceramic tile, page 76

Tile, quarry. See Masonry, page 286

Tile or vinyl. See Resilient flooring, page 325

Toilets, bidets, urinals

Toilets (water closets), vitreous china, 1.6 GPF, includes seat, wax ring, one supply line and shut-off valve, connectors, flanges, caulking

Description	Oper	Unit	Vol	Crew Size	Man-hours per Unit	Crew Output per Day	Avg Mat'l Unit Cost	Avg Labor Unit Cost	Avg Equip Unit Cost	Avg Total Unit Cost	Avg Price Incl O&P
Frequently encountered applications											
Detach & reset operations											
Toilet	Reset	Ea	Lg	SA	1.33	6.00	26.10	68.50	---	94.60	134.00
	Reset	Ea	Sm	SA	1.78	4.50	28.70	91.70	---	120.40	172.00
Bidet	Reset	Ea	Lg	SA	1.33	6.00	32.50	68.50	---	101.00	142.00
	Reset	Ea	Sm	SA	1.78	4.50	35.90	91.70	---	127.60	181.00
Urinal	Reset	Ea	Lg	SA	1.33	6.00	19.60	68.50	---	88.10	126.00
	Reset	Ea	Sm	SA	1.78	4.50	21.60	91.70	---	113.30	163.00
Remove operations											
Toilet	Demo	Ea	Lg	SA	0.67	12.00	---	34.50	---	34.50	51.80
	Demo	Ea	Sm	SA	0.89	9.00	---	45.80	---	45.80	68.70
Bidet	Demo	Ea	Lg	SA	0.67	12.00	---	34.50	---	34.50	51.80
	Demo	Ea	Sm	SA	0.89	9.00	---	45.80	---	45.80	68.70
Urinal	Demo	Ea	Lg	SA	0.67	12.00	---	34.50	---	34.50	51.80
	Demo	Ea	Sm	SA	0.89	9.00	---	45.80	---	45.80	68.70
Install rough-in											
Toilet	Inst	Ea	Lg	SA	8.00	1.00	377.00	412.00	---	789.00	1070.00
	Inst	Ea	Sm	SA	10.7	0.75	416.00	551.00	---	967.00	1330.00
Bidet	Inst	Ea	Lg	SA	8.00	1.00	328.00	412.00	---	740.00	1010.00
	Inst	Ea	Sm	SA	10.7	0.75	362.00	551.00	---	913.00	1260.00
Urinal	Inst	Ea	Lg	SA	8.00	1.00	304.00	412.00	---	716.00	982.00
	Inst	Ea	Sm	SA	10.7	0.75	335.00	551.00	---	886.00	1230.00
Replace operations											
Toilet/water closet, includes seat and supply											
One piece, floor mounted	Inst	Ea	Lg	SA	2.00	4.00	848.00	103.00	---	951.00	1170.00
	Inst	Ea	Sm	SA	2.67	3.00	934.00	137.00	---	1071.00	1330.00
Two piece, floor mounted	Inst	Ea	Lg	SA	2.00	4.00	352.00	103.00	---	455.00	577.00
	Inst	Ea	Sm	SA	2.67	3.00	388.00	137.00	---	525.00	671.00
Bidet, includes faucets and supply											
	Inst	Ea	Lg	SA	1.60	5.00	807.00	82.40	---	889.40	1090.00
	Inst	Ea	Sm	SA	2.13	3.75	890.00	110.00	---	1000.00	1230.00
Urinal, includes flush valve and supply											
Wall mounted	Inst	Ea	Lg	SA	2.67	3.00	1030.00	137.00	---	1167.00	1440.00
	Inst	Ea	Sm	SA	3.56	2.25	1140.00	183.00	---	1323.00	1640.00

Description	Oper	Unit	Vol	Crew Size	Man-hours per Unit	Crew Output per Day	Avg Mat'l Unit Cost	Avg Labor Unit Cost	Avg Equip Unit Cost	Avg Total Unit Cost	Avg Price Incl O&P

Toilet, floor mounted, includes seat and supply

Toilets (water closets), vitreous china, 1.6 GPF, includes seat, wax ring, one supply line and shut-off valve, connectors, flanges, caulking

Description	Oper	Unit	Vol	Crew Size	Man-hours per Unit	Crew Output per Day	Avg Mat'l Unit Cost	Avg Labor Unit Cost	Avg Equip Unit Cost	Avg Total Unit Cost	Avg Price Incl O&P
Standard, two-piece	Inst	Ea	Lg	SA	2.00	4.00	224.00	103.00	---	327.00	**423.00**
	Inst	Ea	Sm	SA	2.67	3.00	247.00	137.00	---	384.00	**502.00**
Average, two-piece	Inst	Ea	Lg	SA	2.00	4.00	352.00	103.00	---	455.00	**577.00**
	Inst	Ea	Sm	SA	2.67	3.00	388.00	137.00	---	525.00	**671.00**
High, one-piece	Inst	Ea	Lg	SA	2.00	4.00	581.00	103.00	---	684.00	**852.00**
	Inst	Ea	Sm	SA	2.67	3.00	640.00	137.00	---	777.00	**975.00**
Premium, one-piece	Inst	Ea	Lg	SA	2.00	4.00	848.00	103.00	---	951.00	**1170.00**
	Inst	Ea	Sm	SA	2.67	3.00	934.00	137.00	---	1071.00	**1330.00**
For pressure-assisted, ADD	Inst	Ea	Lg	SA	0.67	12.00	101.00	34.50	---	135.50	**173.00**
	Inst	Ea	Sm	SA	0.89	9.00	112.00	45.80	---	157.80	**203.00**

Bidet, includes faucets and supply

Bidets, vitreous china, includes faucets, wax ring, two supply lines and shut-off valves, connectors, flanges, caulking

Description	Oper	Unit	Vol	Crew Size	Man-hours per Unit	Crew Output per Day	Avg Mat'l Unit Cost	Avg Labor Unit Cost	Avg Equip Unit Cost	Avg Total Unit Cost	Avg Price Incl O&P
Average	Inst	Ea	Lg	SA	1.60	5.00	532.00	82.40	---	614.40	**762.00**
	Inst	Ea	Sm	SA	2.13	3.75	587.00	110.00	---	697.00	**868.00**
High	Inst	Ea	Lg	SA	1.60	5.00	807.00	82.40	---	889.40	**1090.00**
	Inst	Ea	Sm	SA	2.13	3.75	890.00	110.00	---	1000.00	**1230.00**

Urinal, wall mounted

Urinals, vitreous china, includes flush valve, connectors, flanges, caulking

Description	Oper	Unit	Vol	Crew Size	Man-hours per Unit	Crew Output per Day	Avg Mat'l Unit Cost	Avg Labor Unit Cost	Avg Equip Unit Cost	Avg Total Unit Cost	Avg Price Incl O&P
Average	Inst	Ea	Lg	SA	2.67	3.00	519.00	137.00	---	656.00	**829.00**
	Inst	Ea	Sm	SA	3.56	2.25	572.00	183.00	---	755.00	**961.00**
High	Inst	Ea	Lg	SA	2.67	3.00	1030.00	137.00	---	1167.00	**1440.00**
	Inst	Ea	Sm	SA	3.56	2.25	1140.00	183.00	---	1323.00	**1640.00**

Trash compactors

Description	Oper	Unit	Vol	Crew Size	Man-hours per Unit	Crew Output per Day	Avg Mat'l Unit Cost	Avg Labor Unit Cost	Avg Equip Unit Cost	Avg Total Unit Cost	Avg Price Incl O&P
Trash compactors											
Includes wiring, connection, and installation in a pre-cutout area											
Standard, 15"W, knob control	Inst	Ea	Lg	EA	2.00	4.00	483.00	96.70	---	579.70	**724.00**
	Inst	Ea	Sm	EA	2.67	3.00	532.00	129.00	---	661.00	**832.00**
High, 15"W, button control	Inst	Ea	Lg	EA	2.00	4.00	535.00	96.70	---	631.70	**787.00**
	Inst	Ea	Sm	EA	2.67	3.00	590.00	129.00	---	719.00	**901.00**
To remove and reset											
	Reset	Ea	Lg	EA	1.333	6.00	---	64.50	---	64.50	**96.70**
	Reset	Ea	Sm	EA	1.778	4.50	---	86.00	---	86.00	**129.00**
Material adjustments											
Stainless steel trim	R&R	LS	Lg	---	---	---	34.30	---	---	34.30	**41.20**
	R&R	LS	Sm	---	---	---	37.80	---	---	37.80	**45.40**
Stainless steel panel / trim	R&R	LS	Lg	---	---	---	73.50	---	---	73.50	**88.20**
	R&R	LS	Sm	---	---	---	81.00	---	---	81.00	**97.20**
"Black Glas" acrylic front panel / trim											
	R&R	LS	Lg	---	---	---	73.50	---	---	73.50	**88.20**
	R&R	LS	Sm	---	---	---	81.00	---	---	81.00	**97.20**
Hardwood top	R&R	LS	Lg	---	---	---	49.00	---	---	49.00	**58.80**
	R&R	LS	Sm	---	---	---	54.00	---	---	54.00	**64.80**

Trim. See Molding, page 287

Trusses. See Framing, page 211

Vanity units. See Cabinets, page 64

Ventilation. See Sheet metal, page 345-349

Wallpaper

Historically, wallpaper is a paper material (which may or not be coated with washable plastic). Currently, many wallpaper products are vinyl on a fabric, not a paper, backing.

Vinyl coverings with non-woven fabric, woven fabric or synthetic fiber backing can be fire, mildew and fade resistant. Vinyl coverings can often be stripped from plaster walls, whereas coverings with paper backing generally have to be steamed and/or scraped from the walls. Vinyl coverings may also be stripped from gypsum wallboard, but unless the vinyl covering has a synthetic fiber backing, it's likely to damage the wallboard paper surface.

1. **Rule of thumb:** One gallon of paste (approximately two-thirds pound of dry paste and water) should adequately cover 12 rolls with paper backing and six rolls with fabric backing. The rougher the texture of the surface to be pasted, the greater the quantity of wet paste needed.

2. **Dimensions.**
    a. Typically, a single roll is 21" wide x 16'-6" long.
    b. Typically, a double roll is 21" wide x 33'-0" long.
    c. There can be variations in these measurements depending on the manufacturer. Other roll sizes are:
        i. 24" wide x 33'-0" long.
        ii. 27" wide x 13'-6" long.
        iii. 36" wide x 12'-0" long.
    d. When being quoted a "price per roll" it's important to know whether the roll quoted is a single or a double.

3. **Two-roll sets** are a feature of larger-scale designs. This means that a design is so large that it spans across two drops/strips of wallpaper before it repeats.
    a. When you shop for a two-roll-set design and you enter the quantity of one, this means you're getting one set (or two double rolls).
    b. When you receive your wallpaper set, you'll get an A-ROLL and a B-ROLL. This will be clearly marked on the header of your wallpaper. You install the wallpaper by alternating between the two rolls. So you'll put a drop from ROLL A, then a drop from ROLL B, then a drop from ROLL A, then ROLL B and so on across the wall.

4. **Installation.** New paper may be applied over existing paper if the existing paper has butt joints, a smooth surface, and is tight to the wall. When new paper is applied direct to plaster or drywall, you should put a coat of glue size on the wall before you apply the paper.

5. **Estimating Technique.** Determine the gross area, deduct openings and other areas not to be papered, and add 20 percent to the net area for waste. To find the number of rolls needed, divide the net area plus 20 percent by the number of SF per roll.

The steps in wallpapering

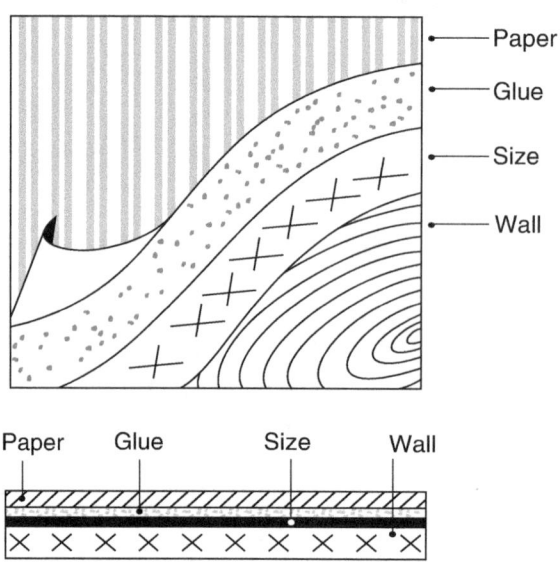

Wallpaper

Description	Oper	Unit	Vol	Crew Size	Man-hours per Unit	Crew Output per Day	Avg Mat'l Unit Cost	Avg Labor Unit Cost	Avg Equip Unit Cost	Avg Total Unit Cost	Avg Price Incl O&P

Wallpaper

Removal

Any grade

| | Inst | SF | Lg | QA | .010 | 800.00 | --- | .48 | .05 | .53 | **.77** |
| | Inst | SF | Sm | QA | .015 | 520.00 | --- | .71 | .07 | .78 | **1.16** |

Butt joint

Includes wallpaper, wall sizing, adhesive.

Standard grade, vinyl coated, simple pattern on solid background

| | Inst | SF | Lg | QA | .025 | 325.00 | .79 | 1.19 | .15 | 2.13 | **2.92** |
| | Inst | SF | Sm | QA | .038 | 211.25 | .96 | 1.81 | .24 | 3.01 | **4.16** |

Average grade, vinyl coated, average pattern throughout the background

| | Inst | SF | Lg | QA | .027 | 300.00 | 1.09 | 1.29 | .17 | 2.55 | **3.44** |
| | Inst | SF | Sm | QA | .041 | 195.00 | 1.31 | 1.95 | .26 | 3.52 | **4.81** |

High grade, vinyl coated, detailed pattern (sculpted, embossed) thoughout the background

| | Inst | SF | Lg | QA | .029 | 275.00 | 1.36 | 1.38 | .18 | 2.92 | **3.92** |
| | Inst | SF | Sm | QA | .045 | 178.75 | 1.64 | 2.14 | .28 | 4.06 | **5.52** |

Premium grade, vinyl coated or solid vinyl with paper or fabric backing, complex pattern and background

| | Inst | SF | Lg | QA | .032 | 250.00 | 1.74 | 1.52 | .20 | 3.46 | **4.62** |
| | Inst | SF | Sm | QA | .049 | 162.50 | 2.10 | 2.33 | .31 | 4.74 | **6.39** |

Labor adjustments

ADD

For ceiling 9'-0" high or more

| | Inst | % | Lg | QA | 20.0 | --- | --- | --- | --- | --- | --- |
| | Inst | % | Sm | QA | 20.0 | --- | --- | --- | --- | --- | --- |

For kitchens, baths, and other rooms where floor area is less than 50.0 SF

| | Inst | % | Lg | QA | 32.0 | --- | --- | --- | --- | --- | --- |
| | Inst | % | Sm | QA | 32.0 | --- | --- | --- | --- | --- | --- |

Water closets. See Toilets, page 401 - 402

Water filters. See Water Softener Filtration System, page 413

Description	Oper	Unit	Vol	Crew Size	Man-hours per Unit	Crew Output per Day	Avg Mat'l Unit Cost	Avg Labor Unit Cost	Avg Equip Unit Cost	Avg Total Unit Cost	Avg Price Incl O&P

Water heaters

Commercial

Tanks / cylinders

Detach & reset operations

Description	Oper	Unit	Vol	Crew Size	Man-hours per Unit	Crew Output per Day	Avg Mat'l Unit Cost	Avg Labor Unit Cost	Avg Equip Unit Cost	Avg Total Unit Cost	Avg Price Incl O&P
Disconnect, drain, reconnect	Inst	Ea	Lg	SB	5.33	3.00	---	237.00	---	237.00	**355.00**
	Inst	Ea	Sm	SB	7.11	2.25	---	316.00	---	316.00	**474.00**

Remove operations

Description	Oper	Unit	Vol	Crew Size	Man-hours per Unit	Crew Output per Day	Avg Mat'l Unit Cost	Avg Labor Unit Cost	Avg Equip Unit Cost	Avg Total Unit Cost	Avg Price Incl O&P
Disconnect, drain, remove	Demo	Ea	Lg	SB	2.67	6.00	---	119.00	---	119.00	**178.00**
	Demo	Ea	Sm	SB	3.56	4.50	---	158.00	---	158.00	**237.00**

Replace operations

Electric
Includes electric water heater, in-line ball valve, pressure relief valve, two flexible supply lines

Description	Oper	Unit	Vol	Crew Size	Man-hours per Unit	Crew Output per Day	Avg Mat'l Unit Cost	Avg Labor Unit Cost	Avg Equip Unit Cost	Avg Total Unit Cost	Avg Price Incl O&P
80 gallon	Inst	Ea	Lg	SB	13.33	1.20	2590.00	593.00	---	3183.00	**3990.00**
	Inst	Ea	Sm	SB	17.78	0.90	2850.00	790.00	---	3640.00	**4610.00**
120 gallon	Inst	Ea	Lg	SB	13.33	1.20	5150.00	593.00	---	5743.00	**7070.00**
	Inst	Ea	Sm	SB	17.78	0.90	5670.00	790.00	---	6460.00	**7990.00**

Gas
Includes gas water heater, in-line ball valve, pressure relief valve, two flexible supply lines, excludes gas flex line connection (see below)

Description	Oper	Unit	Vol	Crew Size	Man-hours per Unit	Crew Output per Day	Avg Mat'l Unit Cost	Avg Labor Unit Cost	Avg Equip Unit Cost	Avg Total Unit Cost	Avg Price Incl O&P
50 gallon	Inst	Ea	Lg	SB	13.33	1.20	2390.00	593.00	---	2983.00	**3760.00**
	Inst	Ea	Sm	SB	17.78	0.90	2630.00	790.00	---	3420.00	**4350.00**
75 gallon	Inst	Ea	Lg	SB	13.33	1.20	3180.00	593.00	---	3773.00	**4700.00**
	Inst	Ea	Sm	SB	17.78	0.90	3500.00	790.00	---	4290.00	**5380.00**
120 gallon	Inst	Ea	Lg	SB	22.86	0.70	8650.00	1020.00	---	9670.00	**11900.00**
	Inst	Ea	Sm	SB	30.19	0.53	9530.00	1340.00	---	10870.00	**13400.00**

Residential

Tankless

Detach & reset operations

Description	Oper	Unit	Vol	Crew Size	Man-hours per Unit	Crew Output per Day	Avg Mat'l Unit Cost	Avg Labor Unit Cost	Avg Equip Unit Cost	Avg Total Unit Cost	Avg Price Incl O&P
Disconnect, drain, reconnect	Inst	Ea	Lg	SB	5.33	3.00	---	237.00	---	237.00	**355.00**
	Inst	Ea	Sm	SB	7.11	2.25	---	316.00	---	316.00	**474.00**

Remove operations

Description	Oper	Unit	Vol	Crew Size	Man-hours per Unit	Crew Output per Day	Avg Mat'l Unit Cost	Avg Labor Unit Cost	Avg Equip Unit Cost	Avg Total Unit Cost	Avg Price Incl O&P
Disconnect, drain, remove	Demo	Ea	Lg	SB	2.67	6.00	---	119.00	---	119.00	**178.00**
	Demo	Ea	Sm	SB	3.56	4.50	---	158.00	---	158.00	**237.00**

Water heaters, residential, electric and gas

Description	Oper	Unit	Vol	Crew Size	Man-hours per Unit	Crew Output per Day	Avg Mat'l Unit Cost	Avg Labor Unit Cost	Avg Equip Unit Cost	Avg Total Unit Cost	Avg Price Incl O&P

Replace operations

Electric
Includes electric water heater, in-line ball valve, pressure relief valve, two flexible supply lines

Description	Oper	Unit	Vol	Crew Size	Man-hours per Unit	Crew Output per Day	Avg Mat'l Unit Cost	Avg Labor Unit Cost	Avg Equip Unit Cost	Avg Total Unit Cost	Avg Price Incl O&P
Up to 15KW	Inst	Ea	Lg	SB	13.33	1.20	400.00	593.00	---	993.00	**1370.00**
	Inst	Ea	Sm	SB	17.78	0.90	440.00	790.00	---	1230.00	**1710.00**
15KW to 20KW	Inst	Ea	Lg	SB	13.33	1.20	628.00	593.00	---	1221.00	**1640.00**
	Inst	Ea	Sm	SB	17.78	0.90	692.00	790.00	---	1482.00	**2020.00**
20KW to 36KW	Inst	Ea	Lg	SB	13.33	1.20	820.00	593.00	---	1413.00	**1870.00**
	Inst	Ea	Sm	SB	17.78	0.90	904.00	790.00	---	1694.00	**2270.00**

Gas
Includes gas water heater, in-line ball valve, pressure relief valve, two flexible supply lines, excludes gas flex line connection (see below)

3 to 4 gallon per minute

Description	Oper	Unit	Vol	Crew Size	Man-hours per Unit	Crew Output per Day	Avg Mat'l Unit Cost	Avg Labor Unit Cost	Avg Equip Unit Cost	Avg Total Unit Cost	Avg Price Incl O&P
	Inst	Ea	Lg	SB	16.00	1.00	679.00	711.00	---	1390.00	**1880.00**
	Inst	Ea	Sm	SB	21.33	0.75	748.00	948.00	---	1696.00	**2320.00**
with power vent	Inst	Ea	Lg	SB	16.00	1.00	757.00	711.00	---	1468.00	**1970.00**
	Inst	Ea	Sm	SB	21.33	0.75	834.00	948.00	---	1782.00	**2420.00**

4 to 5 gallon per minute

Description	Oper	Unit	Vol	Crew Size	Man-hours per Unit	Crew Output per Day	Avg Mat'l Unit Cost	Avg Labor Unit Cost	Avg Equip Unit Cost	Avg Total Unit Cost	Avg Price Incl O&P
	Inst	Ea	Lg	SB	16.00	1.00	698.00	711.00	---	1409.00	**1900.00**
	Inst	Ea	Sm	SB	21.33	0.75	769.00	948.00	---	1717.00	**2350.00**
with power vent	Inst	Ea	Lg	SB	16.00	1.00	889.00	711.00	---	1600.00	**2130.00**
	Inst	Ea	Sm	SB	21.33	0.75	979.00	948.00	---	1927.00	**2600.00**

5 to 6 gallon per minute

Description	Oper	Unit	Vol	Crew Size	Man-hours per Unit	Crew Output per Day	Avg Mat'l Unit Cost	Avg Labor Unit Cost	Avg Equip Unit Cost	Avg Total Unit Cost	Avg Price Incl O&P
	Inst	Ea	Lg	SB	16.00	1.00	956.00	711.00	---	1667.00	**2210.00**
	Inst	Ea	Sm	SB	21.33	0.75	1050.00	948.00	---	1998.00	**2690.00**
with power vent	Inst	Ea	Lg	SB	16.00	1.00	1370.00	711.00	---	2081.00	**2710.00**
	Inst	Ea	Sm	SB	21.33	0.75	1510.00	948.00	---	2458.00	**3230.00**

Tanks / cylinders

Detach & reset operations

Description	Oper	Unit	Vol	Crew Size	Man-hours per Unit	Crew Output per Day	Avg Mat'l Unit Cost	Avg Labor Unit Cost	Avg Equip Unit Cost	Avg Total Unit Cost	Avg Price Incl O&P
Disconnect, drain, reconnect	Inst	Ea	Lg	SB	5.33	3.00	---	237.00	---	237.00	**355.00**
	Inst	Ea	Sm	SB	7.11	2.25	---	316.00	---	316.00	**474.00**

Remove operations

Description	Oper	Unit	Vol	Crew Size	Man-hours per Unit	Crew Output per Day	Avg Mat'l Unit Cost	Avg Labor Unit Cost	Avg Equip Unit Cost	Avg Total Unit Cost	Avg Price Incl O&P
Disconnect, drain, remove	Demo	Ea	Lg	SB	2.67	6.00	---	119.00	---	119.00	**178.00**
	Demo	Ea	Sm	SB	3.56	4.50	---	158.00	---	158.00	**237.00**

Description	Oper	Unit	Vol	Crew Size	Man-hours per Unit	Crew Output per Day	Avg Mat'l Unit Cost	Avg Labor Unit Cost	Avg Equip Unit Cost	Avg Total Unit Cost	Avg Price Incl O&P

Replace operations

Electric
Includes electric water heater, in-line ball valve, pressure relief valve, two flexible supply lines

6 gallon

Description	Oper	Unit	Vol	Crew Size	Man-hours per Unit	Crew Output per Day	Avg Mat'l Unit Cost	Avg Labor Unit Cost	Avg Equip Unit Cost	Avg Total Unit Cost	Avg Price Incl O&P
	Inst	Ea	Lg	SB	5.33	3.00	420.00	237.00	---	657.00	**860.00**
	Inst	Ea	Sm	SB	7.11	2.25	463.00	316.00	---	779.00	**1030.00**
7.5 gallon, mobile home											
	Inst	Ea	Lg	SB	5.33	3.00	239.00	237.00	---	476.00	**642.00**
	Inst	Ea	Sm	SB	7.11	2.25	264.00	316.00	---	580.00	**790.00**
20 gallon											
	Inst	Ea	Lg	SB	6.40	2.50	514.00	284.00	---	798.00	**1040.00**
	Inst	Ea	Sm	SB	8.51	1.88	567.00	378.00	---	945.00	**1250.00**
30 gallon											
6-year	Inst	Ea	Lg	SB	6.40	2.50	547.00	284.00	---	831.00	**1080.00**
	Inst	Ea	Sm	SB	8.51	1.88	603.00	378.00	---	981.00	**1290.00**
9-year	Inst	Ea	Lg	SB	6.40	2.50	597.00	284.00	---	881.00	**1140.00**
	Inst	Ea	Sm	SB	8.51	1.88	658.00	378.00	---	1036.00	**1360.00**
12-year	Inst	Ea	Lg	SB	6.40	2.50	764.00	284.00	---	1048.00	**1340.00**
	Inst	Ea	Sm	SB	8.51	1.88	842.00	378.00	---	1220.00	**1580.00**
40 gallon											
6-year	Inst	Ea	Lg	SB	6.40	2.50	567.00	284.00	---	851.00	**1110.00**
	Inst	Ea	Sm	SB	8.51	1.88	624.00	378.00	---	1002.00	**1320.00**
9-year	Inst	Ea	Lg	SB	6.40	2.50	620.00	284.00	---	904.00	**1170.00**
	Inst	Ea	Sm	SB	8.51	1.88	684.00	378.00	---	1062.00	**1390.00**
12-year	Inst	Ea	Lg	SB	6.40	2.50	800.00	284.00	---	1084.00	**1390.00**
	Inst	Ea	Sm	SB	8.51	1.88	882.00	378.00	---	1260.00	**1630.00**
50 gallon											
6-year	Inst	Ea	Lg	SB	8.00	2.00	626.00	356.00	---	982.00	**1280.00**
	Inst	Ea	Sm	SB	10.67	1.50	689.00	474.00	---	1163.00	**1540.00**
9-year	Inst	Ea	Lg	SB	8.00	2.00	780.00	356.00	---	1136.00	**1470.00**
	Inst	Ea	Sm	SB	10.67	1.50	860.00	474.00	---	1334.00	**1740.00**
12-year	Inst	Ea	Lg	SB	8.00	2.00	894.00	356.00	---	1250.00	**1610.00**
	Inst	Ea	Sm	SB	10.67	1.50	986.00	474.00	---	1460.00	**1890.00**
60 gallon											
6-year	Inst	Ea	Lg	SB	8.00	2.00	727.00	356.00	---	1083.00	**1410.00**
	Inst	Ea	Sm	SB	10.67	1.50	801.00	474.00	---	1275.00	**1670.00**
9-year	Inst	Ea	Lg	SB	8.00	2.00	887.00	356.00	---	1243.00	**1600.00**
	Inst	Ea	Sm	SB	10.67	1.50	978.00	474.00	---	1452.00	**1880.00**
12-year	Inst	Ea	Lg	SB	8.00	2.00	1050.00	356.00	---	1406.00	**1790.00**
	Inst	Ea	Sm	SB	10.67	1.50	1150.00	474.00	---	1624.00	**2100.00**

Water heaters, tanks and cylinders, gas

Description	Oper	Unit	Vol	Crew Size	Man-hours per Unit	Crew Output per Day	Avg Mat'l Unit Cost	Avg Labor Unit Cost	Avg Equip Unit Cost	Avg Total Unit Cost	Avg Price Incl O&P
80 gallon											
6-year	Inst	Ea	Lg	SB	10.67	1.50	1000.00	474.00	---	1474.00	**1910.00**
	Inst	Ea	Sm	SB	14.16	1.13	1100.00	629.00	---	1729.00	**2270.00**
9-year	Inst	Ea	Lg	SB	10.67	1.50	1190.00	474.00	---	1664.00	**2140.00**
	Inst	Ea	Sm	SB	14.16	1.13	1320.00	629.00	---	1949.00	**2520.00**
12-year	Inst	Ea	Lg	SB	10.67	1.50	1390.00	474.00	---	1864.00	**2380.00**
	Inst	Ea	Sm	SB	14.16	1.13	1530.00	629.00	---	2159.00	**2780.00**
120 gallon											
	Inst	Ea	Lg	SB	10.67	1.50	1950.00	474.00	---	2424.00	**3050.00**
	Inst	Ea	Sm	SB	14.16	1.13	2140.00	629.00	---	2769.00	**3520.00**

Gas

Includes gas water heater, in-line ball valve, pressure relief valve, two flexible supply lines, excludes gas flex line connection (see below)

Description	Oper	Unit	Vol	Crew Size	Man-hours per Unit	Crew Output per Day	Avg Mat'l Unit Cost	Avg Labor Unit Cost	Avg Equip Unit Cost	Avg Total Unit Cost	Avg Price Incl O&P
30 gallon											
6-year	Inst	Ea	Lg	SB	8.00	2.00	641.00	356.00	---	997.00	**1300.00**
	Inst	Ea	Sm	SB	10.67	1.50	706.00	474.00	---	1180.00	**1560.00**
9-year	Inst	Ea	Lg	SB	8.00	2.00	799.00	356.00	---	1155.00	**1490.00**
	Inst	Ea	Sm	SB	10.67	1.50	881.00	474.00	---	1355.00	**1770.00**
12-year	Inst	Ea	Lg	SB	8.00	2.00	900.00	356.00	---	1256.00	**1610.00**
	Inst	Ea	Sm	SB	10.67	1.50	992.00	474.00	---	1466.00	**1900.00**
Mobile home, direct vent											
	Inst	Ea	Lg	SB	8.00	2.00	980.00	356.00	---	1336.00	**1710.00**
	Inst	Ea	Sm	SB	10.67	1.50	1080.00	474.00	---	1554.00	**2010.00**
40 gallon											
6-year	Inst	Ea	Lg	SB	8.00	2.00	657.00	356.00	---	1013.00	**1320.00**
	Inst	Ea	Sm	SB	10.67	1.50	724.00	474.00	---	1198.00	**1580.00**
9-year	Inst	Ea	Lg	SB	8.00	2.00	838.00	356.00	---	1194.00	**1540.00**
	Inst	Ea	Sm	SB	10.67	1.50	923.00	474.00	---	1397.00	**1820.00**
12-year	Inst	Ea	Lg	SB	8.00	2.00	925.00	356.00	---	1281.00	**1640.00**
	Inst	Ea	Sm	SB	10.67	1.50	1020.00	474.00	---	1494.00	**1930.00**
Mobile home, direct vent											
	Inst	Ea	Lg	SB	8.00	2.00	1090.00	356.00	---	1446.00	**1850.00**
	Inst	Ea	Sm	SB	10.67	1.50	1200.00	474.00	---	1674.00	**2160.00**
Mobile home, power vent											
	Inst	Ea	Lg	SB	8.00	2.00	1430.00	356.00	---	1786.00	**2250.00**
	Inst	Ea	Sm	SB	10.67	1.50	1570.00	474.00	---	2044.00	**2600.00**
50 gallon											
6-year	Inst	Ea	Lg	SB	10.67	1.50	852.00	474.00	---	1326.00	**1730.00**
	Inst	Ea	Sm	SB	14.16	1.13	939.00	629.00	---	1568.00	**2070.00**
9-year	Inst	Ea	Lg	SB	10.67	1.50	944.00	474.00	---	1418.00	**1840.00**
	Inst	Ea	Sm	SB	14.16	1.13	1040.00	629.00	---	1669.00	**2190.00**
12-year	Inst	Ea	Lg	SB	10.67	1.50	1010.00	474.00	---	1484.00	**1920.00**
	Inst	Ea	Sm	SB	14.16	1.13	1110.00	629.00	---	1739.00	**2280.00**
Mobile home, power vent											
	Inst	Ea	Lg	SB	10.67	1.50	1750.00	474.00	---	2224.00	**2810.00**
	Inst	Ea	Sm	SB	14.16	1.13	1930.00	629.00	---	2559.00	**3260.00**

Description	Oper	Unit	Vol	Crew Size	Man-hours per Unit	Crew Output per Day	Avg Mat'l Unit Cost	Avg Labor Unit Cost	Avg Equip Unit Cost	Avg Total Unit Cost	Avg Price Incl O&P
60 gallon											
	Inst	Ea	Lg	SB	10.67	1.50	1220.00	474.00	---	1694.00	**2180.00**
	Inst	Ea	Sm	SB	14.16	1.13	1350.00	629.00	---	1979.00	**2560.00**
75 gallon											
	Inst	Ea	Lg	SB	10.67	1.50	1520.00	474.00	---	1994.00	**2530.00**
	Inst	Ea	Sm	SB	14.16	1.13	1670.00	629.00	---	2299.00	**2950.00**
100 gallon											
Standard	Inst	Ea	Lg	SB	16.00	1.00	3180.00	711.00	---	3891.00	**4880.00**
	Inst	Ea	Sm	SB	21.33	0.75	3500.00	948.00	---	4448.00	**5620.00**
Premium	Inst	Ea	Lg	SB	16.00	1.00	5010.00	711.00	---	5721.00	**7080.00**
	Inst	Ea	Sm	SB	21.33	0.75	5520.00	948.00	---	6468.00	**8050.00**
140 gallon											
	Inst	Ea	Lg	SB	16.00	1.00	3860.00	711.00	---	4571.00	**5700.00**
	Inst	Ea	Sm	SB	21.33	0.75	4260.00	948.00	---	5208.00	**6530.00**
200 gallon											
	Inst	Ea	Lg	SB	16.00	1.00	3980.00	711.00	---	4691.00	**5850.00**
	Inst	Ea	Sm	SB	21.33	0.75	4390.00	948.00	---	5338.00	**6690.00**

Optional accessories

Description	Oper	Unit	Vol	Crew Size	Man-hours per Unit	Crew Output per Day	Avg Mat'l Unit Cost	Avg Labor Unit Cost	Avg Equip Unit Cost	Avg Total Unit Cost	Avg Price Incl O&P
Flexible gas supply line connector											
	Inst	Ea	Lg	SB	.40	40.00	45.30	17.80	---	63.10	**81.10**
	Inst	Ea	Sm	SB	0.53	30.00	50.00	23.60	---	73.60	**95.30**
Water heater blanket											
	Inst	Ea	Lg	SB	1.00	16.00	31.40	44.50	---	75.90	**104.00**
	Inst	Ea	Sm	SB	1.33	12.00	34.60	59.10	---	93.70	**130.00**
Water heater enclosure / cabinet											
24" x 24" x 72"											
heaters up to 50 gallon	Inst	Ea	Lg	SB	8.00	2.00	112.00	356.00	---	468.00	**667.00**
	Inst	Ea	Sm	SB	10.67	1.50	123.00	474.00	---	597.00	**859.00**
30" x 30" x 72"											
heaters up to 80 gallon	Inst	Ea	Lg	SB	8.00	2.00	130.00	356.00	---	486.00	**689.00**
	Inst	Ea	Sm	SB	10.67	1.50	143.00	474.00	---	617.00	**883.00**
36" x 36" x 84"											
heaters up to 100 gallon	Inst	Ea	Lg	SB	8.00	2.00	169.00	356.00	---	525.00	**736.00**
	Inst	Ea	Sm	SB	10.67	1.50	186.00	474.00	---	660.00	**935.00**
Water heater flood sensor shutoff											
	Inst	Ea	Lg	SB	1.60	10.00	207.00	71.10	---	278.10	**355.00**
	Inst	Ea	Sm	SB	2.13	7.50	228.00	94.70	---	322.70	**416.00**

Water heaters, solar panels

Description	Oper	Unit	Vol	Crew Size	Man-hours per Unit	Crew Output per Day	Avg Mat'l Unit Cost	Avg Labor Unit Cost	Avg Equip Unit Cost	Avg Total Unit Cost	Avg Price Incl O&P
Water heater overflow pan, by diameter											
20" pan (up to 18" unit)	Inst	Ea	Lg	SB	1.00	16.00	21.90	44.50	---	66.40	**93.00**
	Inst	Ea	Sm	SB	1.33	12.00	24.20	59.10	---	83.30	**118.00**
24" pan (up to 22" unit)	Inst	Ea	Lg	SB	1.00	16.00	27.40	44.50	---	71.90	**99.60**
	Inst	Ea	Sm	SB	1.33	12.00	30.20	59.10	---	89.30	**125.00**
26" pan (up to 24" unit)	Inst	Ea	Lg	SB	1.00	16.00	35.70	44.50	---	80.20	**109.00**
	Inst	Ea	Sm	SB	1.33	12.00	39.30	59.10	---	98.40	**136.00**
28" pan (up to 26" unit)	Inst	Ea	Lg	SB	1.00	16.00	38.40	44.50	---	82.90	**113.00**
	Inst	Ea	Sm	SB	1.33	12.00	42.30	59.10	---	101.40	**139.00**
Water heater platform, metal											
22" x 22", heaters up to 52 ga	Inst	Ea	Lg	SB	1.33	12.00	64.40	59.10	---	123.50	**166.00**
	Inst	Ea	Sm	SB	1.78	9.00	70.90	79.10	---	150.00	**204.00**
26" x 26", heaters up to 75 ga	Inst	Ea	Lg	SB	1.33	12.00	96.60	59.10	---	155.70	**205.00**
	Inst	Ea	Sm	SB	1.78	9.00	106.00	79.10	---	185.10	**246.00**
Water heater seismic strap kit											
Up to 50 gallon	Inst	Ea	Lg	SB	1.60	10.00	18.60	71.10	---	89.70	**129.00**
	Inst	Ea	Sm	SB	2.13	7.50	20.50	94.70	---	115.20	**167.00**
Up to 80 gallon	Inst	Ea	Lg	SB	1.60	10.00	26.50	71.10	---	97.60	**138.00**
	Inst	Ea	Sm	SB	2.13	7.50	29.20	94.70	---	123.90	**177.00**
Up to 140 gallon	Inst	Ea	Lg	SB	1.60	10.00	38.90	71.10	---	110.00	**153.00**
	Inst	Ea	Sm	SB	2.13	7.50	42.80	94.70	---	137.50	**193.00**
Water heater supply connector line											
	Inst	Ea	Lg	SB	1.33	12.00	15.10	59.10	---	74.20	**107.00**
	Inst	Ea	Sm	SB	1.78	9.00	16.60	79.10	---	95.70	**139.00**

Solar domestic hot water systems

Complete closed loop system, includes solar water tank with exchanger and back-up electric heating element, pump, two-zone digital controller, piping, sensor wire, venting

Description	Oper	Unit	Vol	Crew Size	Man-hours per Unit	Crew Output per Day	Avg Mat'l Unit Cost	Avg Labor Unit Cost	Avg Equip Unit Cost	Avg Total Unit Cost	Avg Price Incl O&P
50-gallon, 1 solar panel	Inst	LS	Lg	SE	64.00	0.50	10300.00	3020.00	---	13320.00	**16900.00**
	Inst	LS	Sm	SE	84.21	0.38	11300.00	3970.00	---	15270.00	**19600.00**
80-gallon, 2 solar panels	Inst	LS	Lg	SE	64.00	0.50	14900.00	3020.00	---	17920.00	**22400.00**
	Inst	LS	Sm	SE	84.21	0.38	16400.00	3970.00	---	20370.00	**25700.00**
120-gallon, 3 solar panels	Inst	LS	Lg	SE	96.97	0.33	18300.00	4580.00	---	22880.00	**28900.00**
	Inst	LS	Sm	SE	128.00	0.25	20200.00	6040.00	---	26240.00	**33300.00**
120-gallon, 4 solar panels	Inst	LS	Lg	SE	96.97	0.33	19900.00	4580.00	---	24480.00	**30700.00**
	Inst	LS	Sm	SE	128.00	0.25	21900.00	6040.00	---	27940.00	**35400.00**
120-gallon, 5 solar panels	Inst	LS	Lg	SE	96.97	0.33	21800.00	4580.00	---	26380.00	**33000.00**
	Inst	LS	Sm	SE	128.00	0.25	24000.00	6040.00	---	30040.00	**37800.00**

Description	Oper	Unit	Vol	Crew Size	Man-hours per Unit	Crew Output per Day	Avg Mat'l Unit Cost	Avg Labor Unit Cost	Avg Equip Unit Cost	Avg Total Unit Cost	Avg Price Incl O&P
Individual components											
Solar water heater panel, individual											
Remove	Demo	Ea	Lg	SE	5.33	6.00	---	251.00	---	251.00	**377.00**
	Demo	Ea	Sm	SE	7.11	4.50	---	335.00	---	335.00	**503.00**
Detach and reset	D&R	Ea	Lg	SE	8.00	4.00	---	377.00	---	377.00	**566.00**
	D&R	Ea	Sm	SE	10.67	3.00	---	503.00	---	503.00	**755.00**
24 SF or less	Inst	Ea	Lg	SE	10.67	3.00	304.00	503.00	---	807.00	**1120.00**
	Inst	Ea	Sm	SE	14.22	2.25	335.00	671.00	---	1006.00	**1410.00**
25 to 32 SF	Inst	Ea	Lg	SE	10.67	3.00	794.00	503.00	---	1297.00	**1710.00**
	Inst	Ea	Sm	SE	14.22	2.25	875.00	671.00	---	1546.00	**2060.00**
33 SF or greater	Inst	Ea	Lg	SE	10.67	3.00	990.00	503.00	---	1493.00	**1940.00**
	Inst	Ea	Sm	SE	14.22	2.25	1090.00	671.00	---	1761.00	**2320.00**

Water softener filtration system

Includes bypass valve

Description	Oper	Unit	Vol	Crew Size	Man-hours per Unit	Crew Output per Day	Avg Mat'l Unit Cost	Avg Labor Unit Cost	Avg Equip Unit Cost	Avg Total Unit Cost	Avg Price Incl O&P
Detach & reset operations											
	D&R	Ea	Lg	SB	8.00	2.00	---	356.00	---	356.00	**533.00**
	D&R	Ea	Sm	SB	11.43	1.40	---	508.00	---	508.00	**762.00**
Remove operations											
	Demo	Ea	Lg	SB	2.00	8.00	---	88.90	---	88.90	**133.00**
	Demo	Ea	Sm	SB	2.86	5.60	---	127.00	---	127.00	**191.00**
Electronically metered control valve											
24,000 grains	Inst	Ea	Lg	SB	16.00	1.00	695.00	711.00	---	1406.00	**1900.00**
	Inst	Ea	Sm	SB	22.86	0.70	766.00	1020.00	---	1786.00	**2440.00**
32,000 grains	Inst	Ea	Lg	SB	16.00	1.00	813.00	711.00	---	1524.00	**2040.00**
	Inst	Ea	Sm	SB	22.86	0.70	896.00	1020.00	---	1916.00	**2600.00**
48,000 grains	Inst	Ea	Lg	SB	16.00	1.00	1020.00	711.00	---	1731.00	**2290.00**
	Inst	Ea	Sm	SB	22.86	0.70	1120.00	1020.00	---	2140.00	**2870.00**
64,000 grains	Inst	Ea	Lg	SB	16.00	1.00	1260.00	711.00	---	1971.00	**2580.00**
	Inst	Ea	Sm	SB	22.86	0.70	1390.00	1020.00	---	2410.00	**3190.00**
Manually-set timer control valve											
24,000 grains	Inst	Ea	Lg	SA	8.00	1.00	499.00	412.00	---	911.00	**1220.00**
	Inst	Ea	Sm	SA	11.43	0.70	550.00	589.00	---	1139.00	**1540.00**
32,000 grains	Inst	Ea	Lg	SA	8.00	1.00	520.00	412.00	---	932.00	**1240.00**
	Inst	Ea	Sm	SA	11.43	0.70	573.00	589.00	---	1162.00	**1570.00**
48,000 grains	Inst	Ea	Lg	SA	8.00	1.00	655.00	412.00	---	1067.00	**1400.00**
	Inst	Ea	Sm	SA	11.43	0.70	722.00	589.00	---	1311.00	**1750.00**
64,000 grains	Inst	Ea	Lg	SA	8.00	1.00	696.00	412.00	---	1108.00	**1450.00**
	Inst	Ea	Sm	SA	11.43	0.70	767.00	589.00	---	1356.00	**1800.00**

Weathervanes. See Cupolas, page 105

Windows

Windows, with related trim and frame

Quality designation of an unit relates to both materials and installation workmanship

As viewed from the exterior, "O" is the fixed or stationary sash and "X" is the operable sash

Description	Oper	Unit	Vol	Crew Size	Man-hours per Unit	Crew Output per Day	Avg Mat'l Unit Cost	Avg Labor Unit Cost	Avg Equip Unit Cost	Avg Total Unit Cost	Avg Price Incl O&P
To 12 SF											
Aluminum	Demo	Ea	Lg	LB	1.143	14.00	---	42.80	---	42.80	**64.10**
	Demo	Ea	Sm	LB	1.63	9.80	---	61.00	---	61.00	**91.40**
Wood	Demo	Ea	Lg	LB	1.60	10.00	---	59.80	---	59.80	**89.80**
	Demo	Ea	Sm	LB	2.29	7.00	---	85.70	---	85.70	**128.00**
13 SF to 50 SF											
Aluminum	Demo	Ea	Lg	LB	1.60	10.00	---	59.80	---	59.80	**89.80**
	Demo	Ea	Sm	LB	2.29	7.00	---	85.70	---	85.70	**128.00**
Wood	Demo	Ea	Lg	LB	2.00	8.00	---	74.80	---	74.80	**112.00**
	Demo	Ea	Sm	LB	2.86	5.60	---	107.00	---	107.00	**160.00**

Aluminum

Casement, includes screen and hardware

Window sash that opens outward on side-mounted pivots

Description	Oper	Unit	Vol	Crew Size	Man-hours per Unit	Crew Output per Day	Avg Mat'l Unit Cost	Avg Labor Unit Cost	Avg Equip Unit Cost	Avg Total Unit Cost	Avg Price Incl O&P
3 to 5 SF											
Single pane, mill finish	Inst	Set	Lg	CJ	4.00	4.00	227.00	167.00	---	394.00	**522.00**
	Inst	Set	Sm	CJ	5.71	2.80	250.00	238.00	---	488.00	**657.00**
Double pane, bronze or white	Inst	Set	Lg	CJ	4.00	4.00	271.00	167.00	---	438.00	**575.00**
	Inst	Set	Sm	CJ	5.71	2.80	299.00	238.00	---	537.00	**715.00**
Double pane, thermal	Inst	Set	Lg	CJ	4.00	4.00	295.00	167.00	---	462.00	**604.00**
	Inst	Set	Sm	CJ	5.71	2.80	325.00	238.00	---	563.00	**747.00**
6 to 8 SF											
Single pane, mill finish	Inst	Set	Lg	CJ	4.00	4.00	283.00	167.00	---	450.00	**589.00**
	Inst	Set	Sm	CJ	5.71	2.80	312.00	238.00	---	550.00	**731.00**
Double pane, bronze or white	Inst	Set	Lg	CJ	4.00	4.00	298.00	167.00	---	465.00	**607.00**
	Inst	Set	Sm	CJ	5.71	2.80	328.00	238.00	---	566.00	**750.00**
Double pane, thermal	Inst	Set	Lg	CJ	4.00	4.00	380.00	167.00	---	547.00	**706.00**
	Inst	Set	Sm	CJ	5.71	2.80	419.00	238.00	---	657.00	**859.00**
9 to 13 SF											
Single pane, mill finish	Inst	Set	Lg	CJ	4.00	4.00	328.00	167.00	---	495.00	**644.00**
	Inst	Set	Sm	CJ	5.71	2.80	362.00	238.00	---	600.00	**791.00**
Double pane, bronze or white	Inst	Set	Lg	CJ	4.00	4.00	349.00	167.00	---	516.00	**668.00**
	Inst	Set	Sm	CJ	5.71	2.80	384.00	238.00	---	622.00	**818.00**
Double pane, thermal	Inst	Set	Lg	CJ	4.00	4.00	436.00	167.00	---	603.00	**773.00**
	Inst	Set	Sm	CJ	5.71	2.80	481.00	238.00	---	719.00	**934.00**

Windows, aluminum, jalousie and picture

Description	Oper	Unit	Vol	Crew Size	Man-hours per Unit	Crew Output per Day	Avg Mat'l Unit Cost	Avg Labor Unit Cost	Avg Equip Unit Cost	Avg Total Unit Cost	Avg Price Incl O&P
Jalousie, includes screen and hardware											
3 to 11 SF	Inst	Set	Lg	CJ	4.00	4.00	316.00	167.00	---	483.00	**629.00**
	Inst	Set	Sm	CJ	5.71	2.80	348.00	238.00	---	586.00	**775.00**
12 to 23 SF	Inst	Set	Lg	CJ	4.27	3.75	453.00	178.00	---	631.00	**810.00**
	Inst	Set	Sm	CJ	6.08	2.63	499.00	253.00	---	752.00	**979.00**
24 to 32 SF	Inst	Set	Lg	CJ	4.57	3.50	782.00	190.00	---	972.00	**1220.00**
	Inst	Set	Sm	CJ	6.53	2.45	862.00	272.00	---	1134.00	**1440.00**
33 to 40 SF	Inst	Set	Lg	CJ	5.33	3.00	1110.00	222.00	---	1332.00	**1670.00**
	Inst	Set	Sm	CJ	7.62	2.10	1230.00	317.00	---	1547.00	**1950.00**
Picture, fixed, non-opening pane											
Single pane, mill finish											
3 to 11 SF	Inst	Set	Lg	CJ	4.00	4.00	80.10	167.00	---	247.10	**346.00**
	Inst	Set	Sm	CJ	5.71	2.80	88.30	238.00	---	326.30	**463.00**
12 to 23 SF	Inst	Set	Lg	CJ	4.27	3.75	193.00	178.00	---	371.00	**498.00**
	Inst	Set	Sm	CJ	6.08	2.63	212.00	253.00	---	465.00	**635.00**
24 to 32 SF	Inst	Set	Lg	CJ	4.57	3.50	230.00	190.00	---	420.00	**562.00**
	Inst	Set	Sm	CJ	6.53	2.45	254.00	272.00	---	526.00	**712.00**
33 to 40 SF	Inst	Set	Lg	CJ	5.33	3.00	302.00	222.00	---	524.00	**695.00**
	Inst	Set	Sm	CJ	7.62	2.10	333.00	317.00	---	650.00	**875.00**
Double pane, bronze or white finish											
3 to 11 SF	Inst	Set	Lg	CJ	4.00	4.00	99.60	167.00	---	266.60	**369.00**
	Inst	Set	Sm	CJ	5.71	2.80	110.00	238.00	---	348.00	**488.00**
12 to 23 SF	Inst	Set	Lg	CJ	4.27	3.75	228.00	178.00	---	406.00	**541.00**
	Inst	Set	Sm	CJ	6.08	2.63	252.00	253.00	---	505.00	**682.00**
24 to 32 SF	Inst	Set	Lg	CJ	4.57	3.50	302.00	190.00	---	492.00	**648.00**
	Inst	Set	Sm	CJ	6.53	2.45	333.00	272.00	---	605.00	**807.00**
33 to 40 SF	Inst	Set	Lg	CJ	5.33	3.00	358.00	222.00	---	580.00	**763.00**
	Inst	Set	Sm	CJ	7.62	2.10	395.00	317.00	---	712.00	**950.00**
Double pane with thermal, bronze or white finish											
3 to 11 SF	Inst	Set	Lg	CJ	4.00	4.00	147.00	167.00	---	314.00	**426.00**
	Inst	Set	Sm	CJ	5.71	2.80	162.00	238.00	---	400.00	**551.00**
12 to 23 SF	Inst	Set	Lg	CJ	4.27	3.75	299.00	178.00	---	477.00	**626.00**
	Inst	Set	Sm	CJ	6.08	2.63	330.00	253.00	---	583.00	**775.00**
24 to 32 SF	Inst	Set	Lg	CJ	4.57	3.50	356.00	190.00	---	546.00	**713.00**
	Inst	Set	Sm	CJ	6.53	2.45	392.00	272.00	---	664.00	**879.00**
33 to 40 SF	Inst	Set	Lg	CJ	5.33	3.00	426.00	222.00	---	648.00	**844.00**
	Inst	Set	Sm	CJ	7.62	2.10	470.00	317.00	---	787.00	**1040.00**

Description	Oper	Unit	Vol	Crew Size	Man-hours per Unit	Crew Output per Day	Avg Mat'l Unit Cost	Avg Labor Unit Cost	Avg Equip Unit Cost	Avg Total Unit Cost	Avg Price Incl O&P

Sliding, horizontal, includes screen and hardware

1 sliding lite, 1 fixed lite (XO)

Single pane, mill finish

Description	Oper	Unit	Vol	Crew Size	Man-hrs	Output	Mat'l	Labor	Equip	Total	Price O&P
3 to 11 SF	Inst	Set	Lg	CJ	4.00	4.00	131.00	167.00	---	298.00	**408.00**
	Inst	Set	Sm	CJ	5.71	2.80	145.00	238.00	---	383.00	**530.00**
12 to 23 SF	Inst	Set	Lg	CJ	4.27	3.75	198.00	178.00	---	376.00	**504.00**
	Inst	Set	Sm	CJ	6.08	2.63	218.00	253.00	---	471.00	**642.00**
24 to 32 SF	Inst	Set	Lg	CJ	4.57	3.50	320.00	190.00	---	510.00	**669.00**
	Inst	Set	Sm	CJ	6.53	2.45	353.00	272.00	---	625.00	**831.00**
33 to 40 SF	Inst	Set	Lg	CJ	5.33	3.00	375.00	222.00	---	597.00	**782.00**
	Inst	Set	Sm	CJ	7.62	2.10	413.00	317.00	---	730.00	**971.00**

Double pane, bronze or white finish

Description	Oper	Unit	Vol	Crew Size	Man-hrs	Output	Mat'l	Labor	Equip	Total	Price O&P
3 to 11 SF	Inst	Set	Lg	CJ	4.00	4.00	171.00	167.00	---	338.00	**455.00**
	Inst	Set	Sm	CJ	5.71	2.80	188.00	238.00	---	426.00	**582.00**
12 to 23 SF	Inst	Set	Lg	CJ	4.27	3.75	287.00	178.00	---	465.00	**612.00**
	Inst	Set	Sm	CJ	6.08	2.63	317.00	253.00	---	570.00	**760.00**
24 to 32 SF	Inst	Set	Lg	CJ	4.57	3.50	364.00	190.00	---	554.00	**722.00**
	Inst	Set	Sm	CJ	6.53	2.45	401.00	272.00	---	673.00	**889.00**
33 to 40 SF	Inst	Set	Lg	CJ	5.33	3.00	521.00	222.00	---	743.00	**958.00**
	Inst	Set	Sm	CJ	7.62	2.10	574.00	317.00	---	891.00	**1160.00**

Double pane with thermal, bronze or white finish

Description	Oper	Unit	Vol	Crew Size	Man-hrs	Output	Mat'l	Labor	Equip	Total	Price O&P
3 to 11 SF	Inst	Set	Lg	CJ	4.00	4.00	253.00	167.00	---	420.00	**553.00**
	Inst	Set	Sm	CJ	5.71	2.80	279.00	238.00	---	517.00	**691.00**
12 to 23 SF	Inst	Set	Lg	CJ	4.27	3.75	355.00	178.00	---	533.00	**692.00**
	Inst	Set	Sm	CJ	6.08	2.63	391.00	253.00	---	644.00	**849.00**
24 to 32 SF	Inst	Set	Lg	CJ	4.57	3.50	486.00	190.00	---	676.00	**868.00**
	Inst	Set	Sm	CJ	6.53	2.45	535.00	272.00	---	807.00	**1050.00**
33 to 40 SF	Inst	Set	Lg	CJ	5.33	3.00	627.00	222.00	---	849.00	**1090.00**
	Inst	Set	Sm	CJ	7.62	2.10	691.00	317.00	---	1008.00	**1300.00**

2 sliding lites, 1 fixed lite (XOX)

Single pane, mill finish

Description	Oper	Unit	Vol	Crew Size	Man-hrs	Output	Mat'l	Labor	Equip	Total	Price O&P
3 to 11 SF	Inst	Set	Lg	CJ	4.00	4.00	184.00	167.00	---	351.00	**471.00**
	Inst	Set	Sm	CJ	5.71	2.80	203.00	238.00	---	441.00	**600.00**
12 to 23 SF	Inst	Set	Lg	CJ	4.27	3.75	277.00	178.00	---	455.00	**599.00**
	Inst	Set	Sm	CJ	6.08	2.63	305.00	253.00	---	558.00	**746.00**
24 to 32 SF	Inst	Set	Lg	CJ	4.57	3.50	448.00	190.00	---	638.00	**823.00**
	Inst	Set	Sm	CJ	6.53	2.45	494.00	272.00	---	766.00	**1000.00**
33 to 40 SF	Inst	Set	Lg	CJ	5.33	3.00	525.00	222.00	---	747.00	**962.00**
	Inst	Set	Sm	CJ	7.62	2.10	578.00	317.00	---	895.00	**1170.00**

Windows, aluminum, sliding, vertical

Description	Oper	Unit	Vol	Crew Size	Man-hours per Unit	Crew Output per Day	Avg Mat'l Unit Cost	Avg Labor Unit Cost	Avg Equip Unit Cost	Avg Total Unit Cost	Avg Price Incl O&P
Double pane, bronze or white finish											
3 to 11 SF	Inst	Set	Lg	CJ	4.00	4.00	239.00	167.00	---	406.00	**537.00**
	Inst	Set	Sm	CJ	5.71	2.80	263.00	238.00	---	501.00	**673.00**
12 to 23 SF	Inst	Set	Lg	CJ	4.27	3.75	402.00	178.00	---	580.00	**750.00**
	Inst	Set	Sm	CJ	6.08	2.63	444.00	253.00	---	697.00	**912.00**
24 to 32 SF	Inst	Set	Lg	CJ	4.57	3.50	509.00	190.00	---	699.00	**896.00**
	Inst	Set	Sm	CJ	6.53	2.45	561.00	272.00	---	833.00	**1080.00**
33 to 40 SF	Inst	Set	Lg	CJ	5.33	3.00	729.00	222.00	---	951.00	**1210.00**
	Inst	Set	Sm	CJ	7.62	2.10	803.00	317.00	---	1120.00	**1440.00**
Double pane with thermal, bronze or white finish											
3 to 11 SF	Inst	Set	Lg	CJ	4.00	4.00	354.00	167.00	---	521.00	**675.00**
	Inst	Set	Sm	CJ	5.71	2.80	390.00	238.00	---	628.00	**825.00**
12 to 23 SF	Inst	Set	Lg	CJ	4.27	3.75	497.00	178.00	---	675.00	**863.00**
	Inst	Set	Sm	CJ	6.08	2.63	547.00	253.00	---	800.00	**1040.00**
24 to 32 SF	Inst	Set	Lg	CJ	4.57	3.50	680.00	190.00	---	870.00	**1100.00**
	Inst	Set	Sm	CJ	6.53	2.45	750.00	272.00	---	1022.00	**1310.00**
33 to 40 SF	Inst	Set	Lg	CJ	5.33	3.00	878.00	222.00	---	1100.00	**1390.00**
	Inst	Set	Sm	CJ	7.62	2.10	967.00	317.00	---	1284.00	**1640.00**

Sliding, vertical, single hung, includes screen and hardware

Description	Oper	Unit	Vol	Crew Size	Man-hours per Unit	Crew Output per Day	Avg Mat'l Unit Cost	Avg Labor Unit Cost	Avg Equip Unit Cost	Avg Total Unit Cost	Avg Price Incl O&P
Single pane, mill finish											
4 to 8 SF	Inst	Set	Lg	CJ	4.00	4.00	101.00	167.00	---	268.00	**371.00**
	Inst	Set	Sm	CJ	5.71	2.80	112.00	238.00	---	350.00	**490.00**
9 to 12 SF	Inst	Set	Lg	CJ	4.00	4.00	128.00	167.00	---	295.00	**404.00**
	Inst	Set	Sm	CJ	5.71	2.80	141.00	238.00	---	379.00	**526.00**
13 to 19 SF	Inst	Set	Lg	CJ	4.27	3.75	202.00	178.00	---	380.00	**509.00**
	Inst	Set	Sm	CJ	6.08	2.63	222.00	253.00	---	475.00	**647.00**
20 to 28 SF	Inst	Set	Lg	CJ	4.57	3.50	259.00	190.00	---	449.00	**596.00**
	Inst	Set	Sm	CJ	6.53	2.45	285.00	272.00	---	557.00	**750.00**
Double pane, bronze or white finish											
4 to 8 SF	Inst	Set	Lg	CJ	4.00	4.00	145.00	167.00	---	312.00	**424.00**
	Inst	Set	Sm	CJ	5.71	2.80	160.00	238.00	---	398.00	**549.00**
9 to 12 SF	Inst	Set	Lg	CJ	4.00	4.00	201.00	167.00	---	368.00	**491.00**
	Inst	Set	Sm	CJ	5.71	2.80	221.00	238.00	---	459.00	**622.00**
13 to 19 SF	Inst	Set	Lg	CJ	4.27	3.75	222.00	178.00	---	400.00	**533.00**
	Inst	Set	Sm	CJ	6.08	2.63	244.00	253.00	---	497.00	**673.00**
20 to 28 SF	Inst	Set	Lg	CJ	4.57	3.50	267.00	190.00	---	457.00	**606.00**
	Inst	Set	Sm	CJ	6.53	2.45	295.00	272.00	---	567.00	**762.00**

Description	Oper	Unit	Vol	Crew Size	Man-hours per Unit	Crew Output per Day	Avg Mat'l Unit Cost	Avg Labor Unit Cost	Avg Equip Unit Cost	Avg Total Unit Cost	Avg Price Incl O&P
Double pane with thermal, bronze or white finish											
4 to 8 SF	Inst	Set	Lg	CJ	4.00	4.00	254.00	167.00	---	421.00	**555.00**
	Inst	Set	Sm	CJ	5.71	2.80	280.00	238.00	---	518.00	**693.00**
9 to 12 SF	Inst	Set	Lg	CJ	4.00	4.00	338.00	167.00	---	505.00	**656.00**
	Inst	Set	Sm	CJ	5.71	2.80	373.00	238.00	---	611.00	**804.00**
13 to 19 SF	Inst	Set	Lg	CJ	4.27	3.75	409.00	178.00	---	587.00	**757.00**
	Inst	Set	Sm	CJ	6.08	2.63	450.00	253.00	---	703.00	**920.00**
20 to 28 SF	Inst	Set	Lg	CJ	4.57	3.50	446.00	190.00	---	636.00	**821.00**
	Inst	Set	Sm	CJ	6.53	2.45	492.00	272.00	---	764.00	**998.00**
Storm, includes screen and hardware											
3 to 11 SF	Inst	Set	Lg	CJ	2.00	8.00	99.90	83.30	---	183.20	**245.00**
	Inst	Set	Sm	CJ	2.86	5.60	110.00	119.00	---	229.00	**311.00**
12 to 23 SF	Inst	Set	Lg	CJ	2.00	8.00	155.00	83.30	---	238.30	**311.00**
	Inst	Set	Sm	CJ	2.86	5.60	171.00	119.00	---	290.00	**384.00**
24 to 32 SF	Inst	Set	Lg	CJ	2.29	7.00	216.00	95.40	---	311.40	**402.00**
	Inst	Set	Sm	CJ	3.27	4.90	238.00	136.00	---	374.00	**490.00**
33 to 40 SF	Inst	Set	Lg	CJ	2.67	6.00	258.00	111.00	---	369.00	**476.00**
	Inst	Set	Sm	CJ	3.81	4.20	284.00	159.00	---	443.00	**579.00**

Vinyl

Awning windows, opens outward on top-mounted pivots. Vinyl frames, standard colors for exterior and interior finish; double glazed; includes screen and weatherstripping.

Unit is one ventilating lite wide

Description	Oper	Unit	Vol	Crew Size	Man-hours per Unit	Crew Output per Day	Avg Mat'l Unit Cost	Avg Labor Unit Cost	Avg Equip Unit Cost	Avg Total Unit Cost	Avg Price Incl O&P
3 - 6 SF											
Average quality	Inst	Set	Lg	CJ	4.00	4.00	247.00	167.00	---	414.00	**546.00**
	Inst	Set	Sm	CJ	5.71	2.80	272.00	238.00	---	510.00	**683.00**
High quality	Inst	Set	Lg	CJ	5.00	3.20	442.00	208.00	---	650.00	**842.00**
	Inst	Set	Sm	CJ	7.14	2.24	487.00	297.00	---	784.00	**1030.00**
Premium quality	Inst	Set	Lg	CJ	6.154	2.60	561.00	256.00	---	817.00	**1060.00**
	Inst	Set	Sm	CJ	8.79	1.82	618.00	366.00	---	984.00	**1290.00**
7 - 12 SF											
Average quality	Inst	Set	Lg	CJ	4.00	4.00	395.00	167.00	---	562.00	**724.00**
	Inst	Set	Sm	CJ	5.71	2.80	435.00	238.00	---	673.00	**879.00**
High quality	Inst	Set	Lg	CJ	5.00	3.20	573.00	208.00	---	781.00	**1000.00**
	Inst	Set	Sm	CJ	7.14	2.24	632.00	297.00	---	929.00	**1200.00**
Premium quality	Inst	Set	Lg	CJ	6.154	2.60	728.00	256.00	---	984.00	**1260.00**
	Inst	Set	Sm	CJ	8.79	1.82	802.00	366.00	---	1168.00	**1510.00**

Windows, vinyl, casement

Description	Oper	Unit	Vol	Crew Size	Man-hours per Unit	Crew Output per Day	Avg Mat'l Unit Cost	Avg Labor Unit Cost	Avg Equip Unit Cost	Avg Total Unit Cost	Avg Price Incl O&P

Casement windows, opens outward on bottom-mounted crank pivots. Vinyl frames, standard for exterior and interior finish; double glazed; includes screen and weatherstripping.

Description	Oper	Unit	Vol	Crew Size	Man-hours per Unit	Crew Output per Day	Avg Mat'l Unit Cost	Avg Labor Unit Cost	Avg Equip Unit Cost	Avg Total Unit Cost	Avg Price Incl O&P
3 - 11 SF, 1 ventilating lite, no fixed lites											
Average quality	Inst	Set	Lg	CJ	4.00	4.00	348.00	167.00	---	515.00	**667.00**
	Inst	Set	Sm	CJ	5.71	2.80	384.00	238.00	---	622.00	**817.00**
High quality	Inst	Set	Lg	CJ	5.00	3.20	528.00	208.00	---	736.00	**946.00**
	Inst	Set	Sm	CJ	7.14	2.24	582.00	297.00	---	879.00	**1140.00**
Premium quality	Inst	Set	Lg	CJ	6.15	2.60	666.00	256.00	---	922.00	**1180.00**
	Inst	Set	Sm	CJ	8.79	1.82	734.00	366.00	---	1100.00	**1430.00**
12 - 23 SF, 1 ventilating lite, no fixed lites											
Average quality	Inst	Set	Lg	CJ	4.27	3.75	410.00	178.00	---	588.00	**758.00**
	Inst	Set	Sm	CJ	6.08	2.63	451.00	253.00	---	704.00	**921.00**
High quality	Inst	Set	Lg	CJ	5.33	3.00	646.00	222.00	---	868.00	**1110.00**
	Inst	Set	Sm	CJ	7.62	2.10	712.00	317.00	---	1029.00	**1330.00**
Premium quality	Inst	Set	Lg	CJ	6.56	2.44	845.00	273.00	---	1118.00	**1420.00**
	Inst	Set	Sm	CJ	9.36	1.71	932.00	390.00	---	1322.00	**1700.00**
24 - 32 SF, 2 ventilating lites, no fixed lites											
Average quality	Inst	Set	Lg	CJ	4.57	3.50	491.00	190.00	---	681.00	**875.00**
	Inst	Set	Sm	CJ	6.53	2.45	542.00	272.00	---	814.00	**1060.00**
High quality	Inst	Set	Lg	CJ	5.71	2.80	775.00	238.00	---	1013.00	**1290.00**
	Inst	Set	Sm	CJ	8.16	1.96	855.00	340.00	---	1195.00	**1540.00**
Premium quality	Inst	Set	Lg	CJ	7.02	2.28	1010.00	292.00	---	1302.00	**1660.00**
	Inst	Set	Sm	CJ	10.00	1.60	1120.00	416.00	---	1536.00	**1970.00**
33 - 40 SF, 2 ventilating lites, 1 fixed lite											
Average quality	Inst	Set	Lg	CJ	5.33	3.00	590.00	222.00	---	812.00	**1040.00**
	Inst	Set	Sm	CJ	7.62	2.10	650.00	317.00	---	967.00	**1260.00**
High quality	Inst	Set	Lg	CJ	6.67	2.40	931.00	278.00	---	1209.00	**1530.00**
	Inst	Set	Sm	CJ	9.52	1.68	1030.00	396.00	---	1426.00	**1830.00**
Premium quality	Inst	Set	Lg	CJ	8.21	1.95	1220.00	342.00	---	1562.00	**1970.00**
	Inst	Set	Sm	CJ	11.68	1.37	1340.00	486.00	---	1826.00	**2340.00**

Double hung windows, two sashes / lites per unit, insulated glass, includes screens and weatherstripping

Description	Oper	Unit	Vol	Crew Size	Man-hours per Unit	Crew Output per Day	Avg Mat'l Unit Cost	Avg Labor Unit Cost	Avg Equip Unit Cost	Avg Total Unit Cost	Avg Price Incl O&P
4 - 8 SF, 1 operable unit (X)											
Average quality	Inst	Set	Lg	CJ	4.00	4.00	250.00	167.00	---	417.00	**550.00**
	Inst	Set	Sm	CJ	5.71	2.80	276.00	238.00	---	514.00	**688.00**
High quality	Inst	Set	Lg	CJ	5.00	3.20	384.00	208.00	---	592.00	**773.00**
	Inst	Set	Sm	CJ	7.14	2.24	423.00	297.00	---	720.00	**953.00**
Premium quality	Inst	Set	Lg	CJ	6.15	2.60	630.00	256.00	---	886.00	**1140.00**
	Inst	Set	Sm	CJ	8.79	1.82	694.00	366.00	---	1060.00	**1380.00**

Description	Oper	Unit	Vol	Crew Size	Man-hours per Unit	Crew Output per Day	Avg Mat'l Unit Cost	Avg Labor Unit Cost	Avg Equip Unit Cost	Avg Total Unit Cost	Avg Price Incl O&P
9 - 12 SF, 1 operable unit (X)											
Average quality	Inst	Set	Lg	CJ	4.00	4.00	316.00	167.00	---	483.00	**629.00**
	Inst	Set	Sm	CJ	5.71	2.80	348.00	238.00	---	586.00	**775.00**
High quality	Inst	Set	Lg	CJ	5.00	3.20	469.00	208.00	---	677.00	**875.00**
	Inst	Set	Sm	CJ	7.14	2.24	517.00	297.00	---	814.00	**1070.00**
Premium quality	Inst	Set	Lg	CJ	6.15	2.60	718.00	256.00	---	974.00	**1250.00**
	Inst	Set	Sm	CJ	8.79	1.82	791.00	366.00	---	1157.00	**1500.00**
13 - 19 SF, 1 operable unit (X)											
Average quality	Inst	Set	Lg	CJ	4.27	3.75	371.00	178.00	---	549.00	**712.00**
	Inst	Set	Sm	CJ	6.08	2.63	409.00	253.00	---	662.00	**870.00**
High quality	Inst	Set	Lg	CJ	5.33	3.00	581.00	222.00	---	803.00	**1030.00**
	Inst	Set	Sm	CJ	7.62	2.10	640.00	317.00	---	957.00	**1240.00**
Premium quality	Inst	Set	Lg	CJ	6.56	2.44	791.00	273.00	---	1064.00	**1360.00**
	Inst	Set	Sm	CJ	9.36	1.71	871.00	390.00	---	1261.00	**1630.00**
20 - 28 SF, 2 operable units and 1 fixed unit (XOX), or 2 operable units (XX)											
Average quality	Inst	Set	Lg	CJ	4.57	3.50	505.00	190.00	---	695.00	**891.00**
	Inst	Set	Sm	CJ	6.53	2.45	556.00	272.00	---	828.00	**1080.00**
High quality	Inst	Set	Lg	CJ	5.71	2.80	647.00	238.00	---	885.00	**1130.00**
	Inst	Set	Sm	CJ	8.16	1.96	713.00	340.00	---	1053.00	**1370.00**
Premium quality	Inst	Set	Lg	CJ	7.02	2.28	974.00	292.00	---	1266.00	**1610.00**
	Inst	Set	Sm	CJ	10.00	1.60	1070.00	416.00	---	1486.00	**1910.00**

Garden windows, 13-1/4" projection, bronze tempered glass in top panel, includes shelves

Description	Oper	Unit	Vol	Crew Size	Man-hours per Unit	Crew Output per Day	Avg Mat'l Unit Cost	Avg Labor Unit Cost	Avg Equip Unit Cost	Avg Total Unit Cost	Avg Price Incl O&P
6 to 9 SF	Inst	Set	Lg	CJ	5.33	3.00	843.00	222.00	---	1065.00	**1340.00**
	Inst	Set	Sm	CJ	7.62	2.10	929.00	317.00	---	1246.00	**1590.00**
10 to 12 SF	Inst	Set	Lg	CJ	5.33	3.00	1040.00	222.00	---	1262.00	**1580.00**
	Inst	Set	Sm	CJ	7.62	2.10	1140.00	317.00	---	1457.00	**1850.00**

Jalousie, includes screen and hardware

Description	Oper	Unit	Vol	Crew Size	Man-hours per Unit	Crew Output per Day	Avg Mat'l Unit Cost	Avg Labor Unit Cost	Avg Equip Unit Cost	Avg Total Unit Cost	Avg Price Incl O&P
3 to 11 SF	Inst	Set	Lg	CJ	4.00	4.00	341.00	167.00	---	508.00	**659.00**
	Inst	Set	Sm	CJ	5.71	2.80	375.00	238.00	---	613.00	**807.00**
12 to 24 SF	Inst	Set	Lg	CJ	4.27	3.75	510.00	178.00	---	688.00	**879.00**
	Inst	Set	Sm	CJ	6.08	2.63	562.00	253.00	---	815.00	**1050.00**
24 to 32 SF	Inst	Set	Lg	CJ	4.57	3.50	857.00	190.00	---	1047.00	**1310.00**
	Inst	Set	Sm	CJ	6.53	2.45	945.00	272.00	---	1217.00	**1540.00**
33 to 40 SF	Inst	Set	Lg	CJ	5.33	3.00	1180.00	222.00	---	1402.00	**1750.00**
	Inst	Set	Sm	CJ	7.62	2.10	1300.00	317.00	---	1617.00	**2040.00**

Windows, vinyl, picture

Description	Oper	Unit	Vol	Crew Size	Man-hours per Unit	Crew Output per Day	Avg Mat'l Unit Cost	Avg Labor Unit Cost	Avg Equip Unit Cost	Avg Total Unit Cost	Avg Price Incl O&P

Picture, fixed, non-opening sash / lite, insulated glass

3 - 11 SF, 1 fixed unit (O)

Description	Oper	Unit	Vol	Crew Size	Man-hours per Unit	Crew Output per Day	Avg Mat'l Unit Cost	Avg Labor Unit Cost	Avg Equip Unit Cost	Avg Total Unit Cost	Avg Price Incl O&P
Standard quality	Inst	Set	Lg	CJ	4.44	3.60	111.00	185.00	---	296.00	**410.00**
	Inst	Set	Sm	CJ	6.35	2.52	122.00	264.00	---	386.00	**543.00**
Average quality	Inst	Set	Lg	CJ	4.00	4.00	158.00	167.00	---	325.00	**440.00**
	Inst	Set	Sm	CJ	5.71	2.80	174.00	238.00	---	412.00	**566.00**
High quality	Inst	Set	Lg	CJ	5.00	3.20	237.00	208.00	---	445.00	**597.00**
	Inst	Set	Sm	CJ	7.14	2.24	262.00	297.00	---	559.00	**760.00**
Premium quality	Inst	Set	Lg	CJ	6.15	2.60	301.00	256.00	---	557.00	**745.00**
	Inst	Set	Sm	CJ	8.79	1.82	331.00	366.00	---	697.00	**947.00**

12 - 23 SF, 1 fixed unit (O)

Description	Oper	Unit	Vol	Crew Size	Man-hours per Unit	Crew Output per Day	Avg Mat'l Unit Cost	Avg Labor Unit Cost	Avg Equip Unit Cost	Avg Total Unit Cost	Avg Price Incl O&P
Standard quality	Inst	Set	Lg	CJ	4.73	3.38	166.00	197.00	---	363.00	**495.00**
	Inst	Set	Sm	CJ	6.75	2.37	183.00	281.00	---	464.00	**642.00**
Average quality	Inst	Set	Lg	CJ	4.27	3.75	238.00	178.00	---	416.00	**552.00**
	Inst	Set	Sm	CJ	6.08	2.63	262.00	253.00	---	515.00	**694.00**
High quality	Inst	Set	Lg	CJ	5.33	3.00	356.00	222.00	---	578.00	**761.00**
	Inst	Set	Sm	CJ	7.62	2.10	393.00	317.00	---	710.00	**947.00**
Premium quality	Inst	Set	Lg	CJ	6.56	2.44	451.00	273.00	---	724.00	**951.00**
	Inst	Set	Sm	CJ	9.36	1.71	497.00	390.00	---	887.00	**1180.00**

24 - 32 SF, 1 fixed unit (O)

Description	Oper	Unit	Vol	Crew Size	Man-hours per Unit	Crew Output per Day	Avg Mat'l Unit Cost	Avg Labor Unit Cost	Avg Equip Unit Cost	Avg Total Unit Cost	Avg Price Incl O&P
Standard quality	Inst	Set	Lg	CJ	5.08	3.15	278.00	212.00	---	490.00	**650.00**
	Inst	Set	Sm	CJ	7.24	2.21	306.00	301.00	---	607.00	**819.00**
Average quality	Inst	Set	Lg	CJ	4.57	3.50	397.00	190.00	---	587.00	**761.00**
	Inst	Set	Sm	CJ	6.53	2.45	437.00	272.00	---	709.00	**932.00**
High quality	Inst	Set	Lg	CJ	5.71	2.80	595.00	238.00	---	833.00	**1070.00**
	Inst	Set	Sm	CJ	8.16	1.96	656.00	340.00	---	996.00	**1300.00**
Premium quality	Inst	Set	Lg	CJ	7.02	2.28	753.00	292.00	---	1045.00	**1340.00**
	Inst	Set	Sm	CJ	10.00	1.60	830.00	416.00	---	1246.00	**1620.00**

33 - 44 SF, 1 fixed unit (O) or 2 fixed units (OO)

Description	Oper	Unit	Vol	Crew Size	Man-hours per Unit	Crew Output per Day	Avg Mat'l Unit Cost	Avg Labor Unit Cost	Avg Equip Unit Cost	Avg Total Unit Cost	Avg Price Incl O&P
Standard quality	Inst	Set	Lg	CJ	5.93	2.70	378.00	247.00	---	625.00	**824.00**
	Inst	Set	Sm	CJ	8.47	1.89	417.00	353.00	---	770.00	**1030.00**
Average quality	Inst	Set	Lg	CJ	5.33	3.00	540.00	222.00	---	762.00	**981.00**
	Inst	Set	Sm	CJ	7.62	2.10	595.00	317.00	---	912.00	**1190.00**
High quality	Inst	Set	Lg	CJ	6.67	2.40	810.00	278.00	---	1088.00	**1390.00**
	Inst	Set	Sm	CJ	9.52	1.68	893.00	396.00	---	1289.00	**1670.00**
Premium quality	Inst	Set	Lg	CJ	8.21	1.95	1030.00	342.00	---	1372.00	**1740.00**
	Inst	Set	Sm	CJ	11.68	1.37	1130.00	486.00	---	1616.00	**2090.00**

44 - 55 SF, 2 fixed units (OO) or 3 fixed units (OOO)

Description	Oper	Unit	Vol	Crew Size	Man-hours per Unit	Crew Output per Day	Avg Mat'l Unit Cost	Avg Labor Unit Cost	Avg Equip Unit Cost	Avg Total Unit Cost	Avg Price Incl O&P
Standard quality	Inst	Set	Lg	CJ	7.11	2.25	491.00	296.00	---	787.00	**1030.00**
	Inst	Set	Sm	CJ	10.13	1.58	542.00	422.00	---	964.00	**1280.00**
Average quality	Inst	Set	Lg	CJ	6.40	2.50	702.00	267.00	---	969.00	**1240.00**
	Inst	Set	Sm	CJ	9.14	1.75	774.00	381.00	---	1155.00	**1500.00**
High quality	Inst	Set	Lg	CJ	8.00	2.00	1050.00	333.00	---	1383.00	**1760.00**
	Inst	Set	Sm	CJ	11.43	1.40	1160.00	476.00	---	1636.00	**2110.00**
Premium quality	Inst	Set	Lg	CJ	9.82	1.63	1330.00	409.00	---	1739.00	**2210.00**
	Inst	Set	Sm	CJ	14.04	1.14	1470.00	585.00	---	2055.00	**2640.00**

Sliding, horizontal, insulated glass, includes screen and hardware

Description	Oper	Unit	Vol	Crew Size	Man-hours per Unit	Crew Output per Day	Avg Mat'l Unit Cost	Avg Labor Unit Cost	Avg Equip Unit Cost	Avg Total Unit Cost	Avg Price Incl O&P
3 - 11 SF, 1 sliding sash, 1 fixed sash (XO)											
Standard quality	Inst	Set	Lg	CJ	4.44	3.60	134.00	185.00	---	319.00	**438.00**
	Inst	Set	Sm	CJ	6.35	2.52	148.00	264.00	---	412.00	**574.00**
Average quality	Inst	Set	Lg	CJ	4.00	4.00	192.00	167.00	---	359.00	**480.00**
	Inst	Set	Sm	CJ	5.71	2.80	211.00	238.00	---	449.00	**610.00**
High quality	Inst	Set	Lg	CJ	5.00	3.20	372.00	208.00	---	580.00	**759.00**
	Inst	Set	Sm	CJ	7.14	2.24	410.00	297.00	---	707.00	**938.00**
Premium quality	Inst	Set	Lg	CJ	6.15	2.60	709.00	256.00	---	965.00	**1240.00**
	Inst	Set	Sm	CJ	8.79	1.82	782.00	366.00	---	1148.00	**1490.00**
12 - 23 SF, 1 sliding sash, 1 fixed sash (XO)											
Standard quality	Inst	Set	Lg	CJ	4.73	3.38	211.00	197.00	---	408.00	**549.00**
	Inst	Set	Sm	CJ	6.75	2.37	233.00	281.00	---	514.00	**701.00**
Average quality	Inst	Set	Lg	CJ	4.27	3.75	302.00	178.00	---	480.00	**629.00**
	Inst	Set	Sm	CJ	6.08	2.63	333.00	253.00	---	586.00	**779.00**
High quality	Inst	Set	Lg	CJ	5.33	3.00	527.00	222.00	---	749.00	**966.00**
	Inst	Set	Sm	CJ	7.62	2.10	581.00	317.00	---	898.00	**1170.00**
Premium quality	Inst	Set	Lg	CJ	6.56	2.44	830.00	273.00	---	1103.00	**1410.00**
	Inst	Set	Sm	CJ	9.36	1.71	915.00	390.00	---	1305.00	**1680.00**
24 - 32 SF, 1 sliding sash, 1 fixed sash (XO)											
Standard quality	Inst	Set	Lg	CJ	5.08	3.15	310.00	212.00	---	522.00	**690.00**
	Inst	Set	Sm	CJ	7.24	2.21	342.00	301.00	---	643.00	**863.00**
Average quality	Inst	Set	Lg	CJ	4.57	3.50	443.00	190.00	---	633.00	**817.00**
	Inst	Set	Sm	CJ	6.53	2.45	488.00	272.00	---	760.00	**994.00**
High quality	Inst	Set	Lg	CJ	5.71	2.80	681.00	238.00	---	919.00	**1170.00**
	Inst	Set	Sm	CJ	8.16	1.96	751.00	340.00	---	1091.00	**1410.00**
Premium quality	Inst	Set	Lg	CJ	7.02	2.28	1170.00	292.00	---	1462.00	**1850.00**
	Inst	Set	Sm	CJ	10.00	1.60	1290.00	416.00	---	1706.00	**2180.00**
33 - 40 SF, 2 sliding sash, 1 fixed sash (XOX)											
Standard quality	Inst	Set	Lg	CJ	5.93	2.70	436.00	247.00	---	683.00	**893.00**
	Inst	Set	Sm	CJ	8.47	1.89	480.00	353.00	---	833.00	**1110.00**
Average quality	Inst	Set	Lg	CJ	5.33	3.00	622.00	222.00	---	844.00	**1080.00**
	Inst	Set	Sm	CJ	7.62	2.10	686.00	317.00	---	1003.00	**1300.00**
High quality	Inst	Set	Lg	CJ	6.67	2.40	886.00	278.00	---	1164.00	**1480.00**
	Inst	Set	Sm	CJ	9.52	1.68	977.00	396.00	---	1373.00	**1770.00**
Premium quality	Inst	Set	Lg	CJ	8.21	1.95	1430.00	342.00	---	1772.00	**2220.00**
	Inst	Set	Sm	CJ	11.68	1.37	1570.00	486.00	---	2056.00	**2610.00**

Windows, vinyl, sliding, vertical

Description	Oper	Unit	Vol	Crew Size	Man-hours per Unit	Crew Output per Day	Avg Mat'l Unit Cost	Avg Labor Unit Cost	Avg Equip Unit Cost	Avg Total Unit Cost	Avg Price Incl O&P

Sliding, vertical, insulated glass, includes screen and hardware

Description	Oper	Unit	Vol	Crew Size	Man-hours per Unit	Crew Output per Day	Avg Mat'l Unit Cost	Avg Labor Unit Cost	Avg Equip Unit Cost	Avg Total Unit Cost	Avg Price Incl O&P
4 - 8 SF, 1 sliding sash, 1 fixed sash (XO)											
Standard quality	Inst	Set	Lg	CJ	4.44	3.60	128.00	185.00	---	313.00	**431.00**
	Inst	Set	Sm	CJ	6.35	2.52	141.00	264.00	---	405.00	**566.00**
Average quality	Inst	Set	Lg	CJ	4.00	4.00	183.00	167.00	---	350.00	**469.00**
	Inst	Set	Sm	CJ	5.71	2.80	202.00	238.00	---	440.00	**599.00**
High quality	Inst	Set	Lg	CJ	5.00	3.20	261.00	208.00	---	469.00	**625.00**
	Inst	Set	Sm	CJ	7.14	2.24	288.00	297.00	---	585.00	**791.00**
Premium quality	Inst	Set	Lg	CJ	6.15	2.60	438.00	256.00	---	694.00	**910.00**
	Inst	Set	Sm	CJ	8.79	1.82	483.00	366.00	---	849.00	**1130.00**
9 - 12, 1 sliding sash, 1 fixed sash (XO)											
Standard quality	Inst	Set	Lg	CJ	4.44	3.60	164.00	185.00	---	349.00	**475.00**
	Inst	Set	Sm	CJ	6.35	2.52	181.00	264.00	---	445.00	**614.00**
Average quality	Inst	Set	Lg	CJ	4.00	4.00	235.00	167.00	---	402.00	**532.00**
	Inst	Set	Sm	CJ	5.71	2.80	259.00	238.00	---	497.00	**667.00**
High quality	Inst	Set	Lg	CJ	5.00	3.20	345.00	208.00	---	553.00	**727.00**
	Inst	Set	Sm	CJ	7.14	2.24	380.00	297.00	---	677.00	**903.00**
Premium quality	Inst	Set	Lg	CJ	6.15	2.60	520.00	256.00	---	776.00	**1010.00**
	Inst	Set	Sm	CJ	8.79	1.82	573.00	366.00	---	939.00	**1240.00**
13 - 19 SF, 1 sliding sash, 1 fixed sash (XO)											
Standard quality	Inst	Set	Lg	CJ	4.73	3.38	210.00	197.00	---	407.00	**548.00**
	Inst	Set	Sm	CJ	6.75	2.37	232.00	281.00	---	513.00	**700.00**
Average quality	Inst	Set	Lg	CJ	4.27	3.75	301.00	178.00	---	479.00	**627.00**
	Inst	Set	Sm	CJ	6.08	2.63	331.00	253.00	---	584.00	**777.00**
High quality	Inst	Set	Lg	CJ	5.33	3.00	404.00	222.00	---	626.00	**817.00**
	Inst	Set	Sm	CJ	7.62	2.10	445.00	317.00	---	762.00	**1010.00**
Premium quality	Inst	Set	Lg	CJ	6.56	2.44	608.00	273.00	---	881.00	**1140.00**
	Inst	Set	Sm	CJ	9.36	1.71	670.00	390.00	---	1060.00	**1390.00**
20 - 28 SF, 1 sliding sash, 1 fixed sash (XO)											
Standard quality	Inst	Set	Lg	CJ	5.08	3.15	279.00	212.00	---	491.00	**652.00**
	Inst	Set	Sm	CJ	7.24	2.21	308.00	301.00	---	609.00	**821.00**
Average quality	Inst	Set	Lg	CJ	4.57	3.50	399.00	190.00	---	589.00	**764.00**
	Inst	Set	Sm	CJ	6.53	2.45	439.00	272.00	---	711.00	**935.00**
High quality	Inst	Set	Lg	CJ	5.71	2.80	572.00	238.00	---	810.00	**1040.00**
	Inst	Set	Sm	CJ	8.16	1.96	630.00	340.00	---	970.00	**1270.00**
Premium quality	Inst	Set	Lg	CJ	7.02	2.28	744.00	292.00	---	1036.00	**1330.00**
	Inst	Set	Sm	CJ	10.00	1.60	820.00	416.00	---	1236.00	**1610.00**

Description	Oper	Unit	Vol	Crew Size	Man-hours per Unit	Crew Output per Day	Avg Mat'l Unit Cost	Avg Labor Unit Cost	Avg Equip Unit Cost	Avg Total Unit Cost	Avg Price Incl O&P
Storm, includes screen and hardware											
3 to 11 SF	Inst	Set	Lg	CJ	2.00	8.00	34.40	83.30	---	117.70	**166.00**
	Inst	Set	Sm	CJ	2.86	5.60	37.90	119.00	---	156.90	**224.00**
12 to 24 SF	Inst	Set	Lg	CJ	2.00	8.00	41.90	83.30	---	125.20	**175.00**
	Inst	Set	Sm	CJ	2.86	5.60	46.20	119.00	---	165.20	**234.00**
24 to 32 SF	Inst	Set	Lg	CJ	2.29	7.00	79.40	95.40	---	174.80	**238.00**
	Inst	Set	Sm	CJ	3.27	4.90	87.50	136.00	---	223.50	**309.00**
33 to 40 SF	Inst	Set	Lg	CJ	2.67	6.00	124.00	111.00	---	235.00	**316.00**
	Inst	Set	Sm	CJ	3.81	4.20	137.00	159.00	---	296.00	**403.00**

Wood

Awning windows, opens outward on top-mounted pivots.

Pine frames, exterior treated and primed, interior natural finish; double glazed; includes screen and weatherstripping.

Unit is one ventilating lite wide

Description	Oper	Unit	Vol	Crew Size	Man-hours per Unit	Crew Output per Day	Avg Mat'l Unit Cost	Avg Labor Unit Cost	Avg Equip Unit Cost	Avg Total Unit Cost	Avg Price Incl O&P
3 - 6 SF											
Average quality	Inst	Set	Lg	CJ	4.00	4.00	395.00	167.00	---	562.00	**724.00**
	Inst	Set	Sm	CJ	5.71	2.80	435.00	238.00	---	673.00	**879.00**
High quality	Inst	Set	Lg	CJ	5.00	3.20	543.00	208.00	---	751.00	**964.00**
	Inst	Set	Sm	CJ	7.14	2.24	598.00	297.00	---	895.00	**1160.00**
Premium quality	Inst	Set	Lg	CJ	6.154	2.60	690.00	256.00	---	946.00	**1210.00**
	Inst	Set	Sm	CJ	8.79	1.82	761.00	366.00	---	1127.00	**1460.00**
7 - 12 SF											
Average quality	Inst	Set	Lg	CJ	4.00	4.00	514.00	167.00	---	681.00	**866.00**
	Inst	Set	Sm	CJ	5.71	2.80	566.00	238.00	---	804.00	**1040.00**
High quality	Inst	Set	Lg	CJ	5.00	3.20	692.00	208.00	---	900.00	**1140.00**
	Inst	Set	Sm	CJ	7.14	2.24	763.00	297.00	---	1060.00	**1360.00**
Premium quality	Inst	Set	Lg	CJ	6.154	2.60	800.00	256.00	---	1056.00	**1340.00**
	Inst	Set	Sm	CJ	8.79	1.82	882.00	366.00	---	1248.00	**1610.00**
For aluminum clad (baked white enamel exterior)											
ADD	Inst	%	Lg	---	---	---	20.0	---	---	---	**---**
	Inst	%	Sm	---	---	---	20.0	---	---	---	**---**

Windows, wood, casement

Description	Oper	Unit	Vol	Crew Size	Man-hours per Unit	Crew Output per Day	Avg Mat'l Unit Cost	Avg Labor Unit Cost	Avg Equip Unit Cost	Avg Total Unit Cost	Avg Price Incl O&P
Casement windows, opens outward on bottom-mounted crank pivots.											
Pine frames, exterior treated and primed, interior natural finish;											
double glazed; includes screen and weatherstripping.											
3 - 11 SF, 1 ventilating lite, no fixed lites (X)											
Average quality	Inst	Set	Lg	CJ	4.00	4.00	417.00	167.00	---	584.00	**750.00**
	Inst	Set	Sm	CJ	5.71	2.80	459.00	238.00	---	697.00	**908.00**
High quality	Inst	Set	Lg	CJ	5.00	3.20	580.00	208.00	---	788.00	**1010.00**
	Inst	Set	Sm	CJ	7.14	2.24	639.00	297.00	---	936.00	**1210.00**
Premium quality	Inst	Set	Lg	CJ	6.15	2.60	723.00	256.00	---	979.00	**1250.00**
	Inst	Set	Sm	CJ	8.79	1.82	797.00	366.00	---	1163.00	**1510.00**
12 - 23 SF, 1 ventilating lite, no fixed lites (X)											
Average quality	Inst	Set	Lg	CJ	4.27	3.75	595.00	178.00	---	773.00	**981.00**
	Inst	Set	Sm	CJ	6.08	2.63	656.00	253.00	---	909.00	**1170.00**
High quality	Inst	Set	Lg	CJ	5.33	3.00	935.00	222.00	---	1157.00	**1460.00**
	Inst	Set	Sm	CJ	7.62	2.10	1030.00	317.00	---	1347.00	**1710.00**
Premium quality	Inst	Set	Lg	CJ	6.56	2.44	1240.00	273.00	---	1513.00	**1900.00**
	Inst	Set	Sm	CJ	9.36	1.71	1370.00	390.00	---	1760.00	**2230.00**
24 - 32 SF, 2 ventilating lites, no fixed lites (XX)											
Average quality	Inst	Set	Lg	CJ	4.57	3.50	1050.00	190.00	---	1240.00	**1540.00**
	Inst	Set	Sm	CJ	6.53	2.45	1150.00	272.00	---	1422.00	**1790.00**
High quality	Inst	Set	Lg	CJ	5.71	2.80	1340.00	238.00	---	1578.00	**1960.00**
	Inst	Set	Sm	CJ	8.16	1.96	1470.00	340.00	---	1810.00	**2280.00**
Premium quality	Inst	Set	Lg	CJ	7.02	2.28	1930.00	292.00	---	2222.00	**2760.00**
	Inst	Set	Sm	CJ	10.00	1.60	2130.00	416.00	---	2546.00	**3180.00**
33 - 40 SF, 2 ventilating lites, 1 fixed lite (XOX)											
Average quality	Inst	Set	Lg	CJ	5.33	3.00	1360.00	222.00	---	1582.00	**1970.00**
	Inst	Set	Sm	CJ	7.62	2.10	1500.00	317.00	---	1817.00	**2280.00**
High quality	Inst	Set	Lg	CJ	6.67	2.40	1710.00	278.00	---	1988.00	**2470.00**
	Inst	Set	Sm	CJ	9.52	1.68	1890.00	396.00	---	2286.00	**2860.00**
Premium quality	Inst	Set	Lg	CJ	8.21	1.95	2450.00	342.00	---	2792.00	**3450.00**
	Inst	Set	Sm	CJ	11.68	1.37	2700.00	486.00	---	3186.00	**3970.00**
For aluminum clad (baked white enamel) exterior											
ADD	Inst	%	Lg	---	---	---	20.0	---	---	---	**---**
	Inst	%	Sm	---	---	---	20.0	---	---	---	**---**

Description	Oper	Unit	Vol	Crew Size	Man-hours per Unit	Crew Output per Day	Avg Mat'l Unit Cost	Avg Labor Unit Cost	Avg Equip Unit Cost	Avg Total Unit Cost	Avg Price Incl O&P

Double hung windows, two sashes / lites per unit, insulated glass,
Includes screens and weatherstripping

4 - 8 SF, 1 operable unit (X)

Description	Oper	Unit	Vol	Crew Size	Man-hours per Unit	Crew Output per Day	Avg Mat'l Unit Cost	Avg Labor Unit Cost	Avg Equip Unit Cost	Avg Total Unit Cost	Avg Price Incl O&P
Average quality	Inst	Set	Lg	CJ	4.00	4.00	408.00	167.00	---	575.00	**740.00**
	Inst	Set	Sm	CJ	5.71	2.80	450.00	238.00	---	688.00	**897.00**
High quality	Inst	Set	Lg	CJ	5.00	3.20	650.00	208.00	---	858.00	**1090.00**
	Inst	Set	Sm	CJ	7.14	2.24	716.00	297.00	---	1013.00	**1310.00**
Premium quality	Inst	Set	Lg	CJ	6.15	2.60	1000.00	256.00	---	1256.00	**1590.00**
	Inst	Set	Sm	CJ	8.79	1.82	1100.00	366.00	---	1466.00	**1870.00**

9 - 12 SF, 1 operable unit (X)

Description	Oper	Unit	Vol	Crew Size	Man-hours per Unit	Crew Output per Day	Avg Mat'l Unit Cost	Avg Labor Unit Cost	Avg Equip Unit Cost	Avg Total Unit Cost	Avg Price Incl O&P
Average quality	Inst	Set	Lg	CJ	4.00	4.00	576.00	167.00	---	743.00	**941.00**
	Inst	Set	Sm	CJ	5.71	2.80	635.00	238.00	---	873.00	**1120.00**
High quality	Inst	Set	Lg	CJ	5.00	3.20	828.00	208.00	---	1036.00	**1310.00**
	Inst	Set	Sm	CJ	7.14	2.24	913.00	297.00	---	1210.00	**1540.00**
Premium quality	Inst	Set	Lg	CJ	6.15	2.60	1090.00	256.00	---	1346.00	**1690.00**
	Inst	Set	Sm	CJ	8.79	1.82	1200.00	366.00	---	1566.00	**1990.00**

13 - 19 SF, 1 operable unit (X)

Description	Oper	Unit	Vol	Crew Size	Man-hours per Unit	Crew Output per Day	Avg Mat'l Unit Cost	Avg Labor Unit Cost	Avg Equip Unit Cost	Avg Total Unit Cost	Avg Price Incl O&P
Average quality	Inst	Set	Lg	CJ	4.27	3.75	713.00	178.00	---	891.00	**1120.00**
	Inst	Set	Sm	CJ	6.08	2.63	786.00	253.00	---	1039.00	**1320.00**
High quality	Inst	Set	Lg	CJ	5.33	3.00	911.00	222.00	---	1133.00	**1430.00**
	Inst	Set	Sm	CJ	7.62	2.10	1000.00	317.00	---	1317.00	**1680.00**
Premium quality	Inst	Set	Lg	CJ	6.56	2.44	1480.00	273.00	---	1753.00	**2190.00**
	Inst	Set	Sm	CJ	9.36	1.71	1630.00	390.00	---	2020.00	**2540.00**

20 - 28 SF, 2 operable units and 1 fixed unit (XOX), or 2 operable units (XX)

Description	Oper	Unit	Vol	Crew Size	Man-hours per Unit	Crew Output per Day	Avg Mat'l Unit Cost	Avg Labor Unit Cost	Avg Equip Unit Cost	Avg Total Unit Cost	Avg Price Incl O&P
Average quality	Inst	Set	Lg	CJ	4.57	3.50	869.00	190.00	---	1059.00	**1330.00**
	Inst	Set	Sm	CJ	6.53	2.45	958.00	272.00	---	1230.00	**1560.00**
High quality	Inst	Set	Lg	CJ	5.71	2.80	1170.00	238.00	---	1408.00	**1760.00**
	Inst	Set	Sm	CJ	8.16	1.96	1290.00	340.00	---	1630.00	**2050.00**
Premium quality	Inst	Set	Lg	CJ	7.02	2.28	1880.00	292.00	---	2172.00	**2690.00**
	Inst	Set	Sm	CJ	10.00	1.60	2070.00	416.00	---	2486.00	**3110.00**

For aluminum clad (baked white enamel) exterior

Description	Oper	Unit	Vol	Crew Size	Man-hours per Unit	Crew Output per Day	Avg Mat'l Unit Cost	Avg Labor Unit Cost	Avg Equip Unit Cost	Avg Total Unit Cost	Avg Price Incl O&P
ADD	Inst	%	Lg	---	---	---	20.0	---	---	---	---
	Inst	%	Sm	---	---	---	20.0	---	---	---	---

Windows, wood, picture, fixed

Description	Oper	Unit	Vol	Crew Size	Man-hours per Unit	Crew Output per Day	Avg Mat'l Unit Cost	Avg Labor Unit Cost	Avg Equip Unit Cost	Avg Total Unit Cost	Avg Price Incl O&P

Picture, fixed, non-opening sash / lite, insulated glass

3 - 11 SF, 1 fixed unit (O)

Description	Oper	Unit	Vol	Crew Size	Man-hours per Unit	Crew Output per Day	Avg Mat'l Unit Cost	Avg Labor Unit Cost	Avg Equip Unit Cost	Avg Total Unit Cost	Avg Price Incl O&P
Standard quality	Inst	Set	Lg	CJ	4.44	3.60	361.00	185.00	---	546.00	**710.00**
	Inst	Set	Sm	CJ	6.35	2.52	398.00	264.00	---	662.00	**874.00**
Average quality	Inst	Set	Lg	CJ	4.00	4.00	476.00	167.00	---	643.00	**821.00**
	Inst	Set	Sm	CJ	5.71	2.80	525.00	238.00	---	763.00	**986.00**
High quality	Inst	Set	Lg	CJ	5.00	3.20	750.00	208.00	---	958.00	**1210.00**
	Inst	Set	Sm	CJ	7.14	2.24	826.00	297.00	---	1123.00	**1440.00**
Premium quality	Inst	Set	Lg	CJ	6.15	2.60	979.00	256.00	---	1235.00	**1560.00**
	Inst	Set	Sm	CJ	8.79	1.82	1080.00	366.00	---	1446.00	**1840.00**

12 - 23 SF, 1 fixed unit (O)

Description	Oper	Unit	Vol	Crew Size	Man-hours per Unit	Crew Output per Day	Avg Mat'l Unit Cost	Avg Labor Unit Cost	Avg Equip Unit Cost	Avg Total Unit Cost	Avg Price Incl O&P
Standard quality	Inst	Set	Lg	CJ	4.73	3.38	447.00	197.00	---	644.00	**831.00**
	Inst	Set	Sm	CJ	6.75	2.37	492.00	281.00	---	773.00	**1010.00**
Average quality	Inst	Set	Lg	CJ	4.27	3.75	597.00	178.00	---	775.00	**983.00**
	Inst	Set	Sm	CJ	6.08	2.63	658.00	253.00	---	911.00	**1170.00**
High quality	Inst	Set	Lg	CJ	5.33	3.00	860.00	222.00	---	1082.00	**1370.00**
	Inst	Set	Sm	CJ	7.62	2.10	948.00	317.00	---	1265.00	**1610.00**
Premium quality	Inst	Set	Lg	CJ	6.56	2.44	1190.00	273.00	---	1463.00	**1840.00**
	Inst	Set	Sm	CJ	9.36	1.71	1310.00	390.00	---	1700.00	**2160.00**

24 - 32 SF, 1 fixed unit (O)

Description	Oper	Unit	Vol	Crew Size	Man-hours per Unit	Crew Output per Day	Avg Mat'l Unit Cost	Avg Labor Unit Cost	Avg Equip Unit Cost	Avg Total Unit Cost	Avg Price Incl O&P
Standard quality	Inst	Set	Lg	CJ	5.08	3.15	637.00	212.00	---	849.00	**1080.00**
	Inst	Set	Sm	CJ	7.24	2.21	702.00	301.00	---	1003.00	**1290.00**
Average quality	Inst	Set	Lg	CJ	4.57	3.50	970.00	190.00	---	1160.00	**1450.00**
	Inst	Set	Sm	CJ	6.53	2.45	1070.00	272.00	---	1342.00	**1690.00**
High quality	Inst	Set	Lg	CJ	5.71	2.80	1300.00	238.00	---	1538.00	**1920.00**
	Inst	Set	Sm	CJ	8.16	1.96	1440.00	340.00	---	1780.00	**2230.00**
Premium quality	Inst	Set	Lg	CJ	7.02	2.28	1760.00	292.00	---	2052.00	**2550.00**
	Inst	Set	Sm	CJ	10.00	1.60	1940.00	416.00	---	2356.00	**2960.00**

33 - 44 SF, 1 fixed unit (O) or 2 fixed units (OO)

Description	Oper	Unit	Vol	Crew Size	Man-hours per Unit	Crew Output per Day	Avg Mat'l Unit Cost	Avg Labor Unit Cost	Avg Equip Unit Cost	Avg Total Unit Cost	Avg Price Incl O&P
Standard quality	Inst	Set	Lg	CJ	5.93	2.70	764.00	247.00	---	1011.00	**1290.00**
	Inst	Set	Sm	CJ	8.47	1.89	842.00	353.00	---	1195.00	**1540.00**
Average quality	Inst	Set	Lg	CJ	5.33	3.00	1100.00	222.00	---	1322.00	**1650.00**
	Inst	Set	Sm	CJ	7.62	2.10	1210.00	317.00	---	1527.00	**1930.00**
High quality	Inst	Set	Lg	CJ	6.67	2.40	1680.00	278.00	---	1958.00	**2430.00**
	Inst	Set	Sm	CJ	9.52	1.68	1850.00	396.00	---	2246.00	**2820.00**
Premium quality	Inst	Set	Lg	CJ	8.21	1.95	2090.00	342.00	---	2432.00	**3020.00**
	Inst	Set	Sm	CJ	11.68	1.37	2300.00	486.00	---	2786.00	**3500.00**

44 - 55 SF, 2 fixed units (OO) or 3 fixed units (OOO)

Description	Oper	Unit	Vol	Crew Size	Man-hours per Unit	Crew Output per Day	Avg Mat'l Unit Cost	Avg Labor Unit Cost	Avg Equip Unit Cost	Avg Total Unit Cost	Avg Price Incl O&P
Standard quality	Inst	Set	Lg	CJ	7.11	2.25	1080.00	296.00	---	1376.00	**1740.00**
	Inst	Set	Sm	CJ	10.13	1.58	1190.00	422.00	---	1612.00	**2060.00**
Average quality	Inst	Set	Lg	CJ	6.40	2.50	1470.00	267.00	---	1737.00	**2160.00**
	Inst	Set	Sm	CJ	9.14	1.75	1620.00	381.00	---	2001.00	**2510.00**
High quality	Inst	Set	Lg	CJ	8.00	2.00	2560.00	333.00	---	2893.00	**3580.00**
	Inst	Set	Sm	CJ	11.43	1.40	2830.00	476.00	---	3306.00	**4110.00**
Premium quality	Inst	Set	Lg	CJ	9.82	1.63	3250.00	409.00	---	3659.00	**4510.00**
	Inst	Set	Sm	CJ	14.04	1.14	3580.00	585.00	---	4165.00	**5180.00**

Description	Oper	Unit	Vol	Crew Size	Man-hours per Unit	Crew Output per Day	Avg Mat'l Unit Cost	Avg Labor Unit Cost	Avg Equip Unit Cost	Avg Total Unit Cost	Avg Price Incl O&P

Sliding, horizontal, insulated glass, includes screen and hardware

3 - 11 SF, 1 sliding sash, 1 fixed sash (XO)

Description	Oper	Unit	Vol	Crew Size	Man-hours per Unit	Crew Output per Day	Avg Mat'l Unit Cost	Avg Labor Unit Cost	Avg Equip Unit Cost	Avg Total Unit Cost	Avg Price Incl O&P
Standard quality	Inst	Set	Lg	CJ	4.44	3.60	368.00	185.00	---	553.00	**719.00**
	Inst	Set	Sm	CJ	6.35	2.52	406.00	264.00	---	670.00	**884.00**
Average quality	Inst	Set	Lg	CJ	4.00	4.00	563.00	167.00	---	730.00	**925.00**
	Inst	Set	Sm	CJ	5.71	2.80	620.00	238.00	---	858.00	**1100.00**
High quality	Inst	Set	Lg	CJ	5.00	3.20	926.00	208.00	---	1134.00	**1420.00**
	Inst	Set	Sm	CJ	7.14	2.24	1020.00	297.00	---	1317.00	**1670.00**
Premium quality	Inst	Set	Lg	CJ	6.15	2.60	1230.00	256.00	---	1486.00	**1860.00**
	Inst	Set	Sm	CJ	8.79	1.82	1360.00	366.00	---	1726.00	**2180.00**

12 - 23 SF, 1 sliding sash, 1 fixed sash (XO)

Description	Oper	Unit	Vol	Crew Size	Man-hours per Unit	Crew Output per Day	Avg Mat'l Unit Cost	Avg Labor Unit Cost	Avg Equip Unit Cost	Avg Total Unit Cost	Avg Price Incl O&P
Standard quality	Inst	Set	Lg	CJ	4.73	3.38	472.00	197.00	---	669.00	**862.00**
	Inst	Set	Sm	CJ	6.75	2.37	520.00	281.00	---	801.00	**1050.00**
Average quality	Inst	Set	Lg	CJ	4.27	3.75	735.00	178.00	---	913.00	**1150.00**
	Inst	Set	Sm	CJ	6.08	2.63	810.00	253.00	---	1063.00	**1350.00**
High quality	Inst	Set	Lg	CJ	5.33	3.00	1170.00	222.00	---	1392.00	**1730.00**
	Inst	Set	Sm	CJ	7.62	2.10	1290.00	317.00	---	1607.00	**2020.00**
Premium quality	Inst	Set	Lg	CJ	6.56	2.44	1760.00	273.00	---	2033.00	**2520.00**
	Inst	Set	Sm	CJ	9.36	1.71	1940.00	390.00	---	2330.00	**2910.00**

24 - 32 SF, 1 sliding sash, 1 fixed sash (XO)

Description	Oper	Unit	Vol	Crew Size	Man-hours per Unit	Crew Output per Day	Avg Mat'l Unit Cost	Avg Labor Unit Cost	Avg Equip Unit Cost	Avg Total Unit Cost	Avg Price Incl O&P
Standard quality	Inst	Set	Lg	CJ	5.08	3.15	723.00	212.00	---	935.00	**1180.00**
	Inst	Set	Sm	CJ	7.24	2.21	797.00	301.00	---	1098.00	**1410.00**
Average quality	Inst	Set	Lg	CJ	4.57	3.50	1040.00	190.00	---	1230.00	**1530.00**
	Inst	Set	Sm	CJ	6.53	2.45	1140.00	272.00	---	1412.00	**1780.00**
High quality	Inst	Set	Lg	CJ	5.71	2.80	1380.00	238.00	---	1618.00	**2020.00**
	Inst	Set	Sm	CJ	8.16	1.96	1530.00	340.00	---	1870.00	**2340.00**
Premium quality	Inst	Set	Lg	CJ	7.02	2.28	2130.00	292.00	---	2422.00	**3000.00**
	Inst	Set	Sm	CJ	10.00	1.60	2350.00	416.00	---	2766.00	**3450.00**

33 - 40 SF, 2 sliding sash, 1 fixed sash (XOX)

Description	Oper	Unit	Vol	Crew Size	Man-hours per Unit	Crew Output per Day	Avg Mat'l Unit Cost	Avg Labor Unit Cost	Avg Equip Unit Cost	Avg Total Unit Cost	Avg Price Incl O&P
Standard quality	Inst	Set	Lg	CJ	5.93	2.70	1100.00	247.00	---	1347.00	**1690.00**
	Inst	Set	Sm	CJ	8.47	1.89	1220.00	353.00	---	1573.00	**1990.00**
Average quality	Inst	Set	Lg	CJ	5.33	3.00	1310.00	222.00	---	1532.00	**1910.00**
	Inst	Set	Sm	CJ	7.62	2.10	1440.00	317.00	---	1757.00	**2210.00**
High quality	Inst	Set	Lg	CJ	6.67	2.40	1800.00	278.00	---	2078.00	**2580.00**
	Inst	Set	Sm	CJ	9.52	1.68	1990.00	396.00	---	2386.00	**2980.00**
Premium quality	Inst	Set	Lg	CJ	8.21	1.95	2630.00	342.00	---	2972.00	**3670.00**
	Inst	Set	Sm	CJ	11.68	1.37	2900.00	486.00	---	3386.00	**4210.00**

Windows, wood, sliding, vertical

Description	Oper	Unit	Vol	Crew Size	Man-hours per Unit	Crew Output per Day	Avg Mat'l Unit Cost	Avg Labor Unit Cost	Avg Equip Unit Cost	Avg Total Unit Cost	Avg Price Incl O&P
Sliding, vertical, insulated glass, includes screen and hardware											
4 - 8 SF, 1 sliding sash, 1 fixed sash (XO)											
Standard quality	Inst	Set	Lg	CJ	4.44	3.60	306.00	185.00	---	491.00	**645.00**
	Inst	Set	Sm	CJ	6.35	2.52	337.00	264.00	---	601.00	**802.00**
Average quality	Inst	Set	Lg	CJ	4.00	4.00	399.00	167.00	---	566.00	**729.00**
	Inst	Set	Sm	CJ	5.71	2.80	440.00	238.00	---	678.00	**885.00**
High quality	Inst	Set	Lg	CJ	5.00	3.20	588.00	208.00	---	796.00	**1020.00**
	Inst	Set	Sm	CJ	7.14	2.24	648.00	297.00	---	945.00	**1220.00**
Premium quality	Inst	Set	Lg	CJ	6.15	2.60	888.00	256.00	---	1144.00	**1450.00**
	Inst	Set	Sm	CJ	8.79	1.82	979.00	366.00	---	1345.00	**1720.00**
9 - 12, 1 sliding sash, 1 fixed sash (XO)											
Standard quality	Inst	Set	Lg	CJ	4.44	3.60	362.00	185.00	---	547.00	**711.00**
	Inst	Set	Sm	CJ	6.35	2.52	398.00	264.00	---	662.00	**875.00**
Average quality	Inst	Set	Lg	CJ	4.00	4.00	503.00	167.00	---	670.00	**854.00**
	Inst	Set	Sm	CJ	5.71	2.80	555.00	238.00	---	793.00	**1020.00**
High quality	Inst	Set	Lg	CJ	5.00	3.20	745.00	208.00	---	953.00	**1210.00**
	Inst	Set	Sm	CJ	7.14	2.24	821.00	297.00	---	1118.00	**1430.00**
Premium quality	Inst	Set	Lg	CJ	6.15	2.60	1070.00	256.00	---	1326.00	**1670.00**
	Inst	Set	Sm	CJ	8.79	1.82	1180.00	366.00	---	1546.00	**1960.00**
13 - 19 SF, 1 sliding sash, 1 fixed sash (XO)											
Standard quality	Inst	Set	Lg	CJ	4.73	3.38	486.00	197.00	---	683.00	**879.00**
	Inst	Set	Sm	CJ	6.75	2.37	536.00	281.00	---	817.00	**1060.00**
Average quality	Inst	Set	Lg	CJ	4.27	3.75	680.00	178.00	---	858.00	**1080.00**
	Inst	Set	Sm	CJ	6.08	2.63	750.00	253.00	---	1003.00	**1280.00**
High quality	Inst	Set	Lg	CJ	5.33	3.00	859.00	222.00	---	1081.00	**1360.00**
	Inst	Set	Sm	CJ	7.62	2.10	947.00	317.00	---	1264.00	**1610.00**
Premium quality	Inst	Set	Lg	CJ	6.56	2.44	1430.00	273.00	---	1703.00	**2130.00**
	Inst	Set	Sm	CJ	9.36	1.71	1580.00	390.00	---	1970.00	**2480.00**
20 - 28 SF, 1 sliding sash, 1 fixed sash (XO)											
Standard quality	Inst	Set	Lg	CJ	5.08	3.15	645.00	212.00	---	857.00	**1090.00**
	Inst	Set	Sm	CJ	7.24	2.21	710.00	301.00	---	1011.00	**1300.00**
Average quality	Inst	Set	Lg	CJ	4.57	3.50	803.00	190.00	---	993.00	**1250.00**
	Inst	Set	Sm	CJ	6.53	2.45	885.00	272.00	---	1157.00	**1470.00**
High quality	Inst	Set	Lg	CJ	5.71	2.80	1060.00	238.00	---	1298.00	**1620.00**
	Inst	Set	Sm	CJ	8.16	1.96	1160.00	340.00	---	1500.00	**1910.00**
Premium quality	Inst	Set	Lg	CJ	7.02	2.28	1680.00	292.00	---	1972.00	**2450.00**
	Inst	Set	Sm	CJ	10.00	1.60	1850.00	416.00	---	2266.00	**2840.00**

Description	Oper	Unit	Vol	Crew Size	Man-hours per Unit	Crew Output per Day	Avg Mat'l Unit Cost	Avg Labor Unit Cost	Avg Equip Unit Cost	Avg Total Unit Cost	Avg Price Incl O&P

Storm, includes screen and hardware

Description	Oper	Unit	Vol	Crew Size	Man-hours per Unit	Crew Output per Day	Avg Mat'l Unit Cost	Avg Labor Unit Cost	Avg Equip Unit Cost	Avg Total Unit Cost	Avg Price Incl O&P
3 to 11 SF	Inst	Set	Lg	CJ	2.00	8.00	79.80	83.30	---	163.10	**221.00**
	Inst	Set	Sm	CJ	2.86	5.60	87.90	119.00	---	206.90	**284.00**
12 to 24 SF	Inst	Set	Lg	CJ	2.00	8.00	96.10	83.30	---	179.40	**240.00**
	Inst	Set	Sm	CJ	2.86	5.60	106.00	119.00	---	225.00	**306.00**
24 to 32 SF	Inst	Set	Lg	CJ	2.29	7.00	126.00	95.40	---	221.40	**294.00**
	Inst	Set	Sm	CJ	3.27	4.90	139.00	136.00	---	275.00	**371.00**
33 to 40 SF	Inst	Set	Lg	CJ	2.67	6.00	180.00	111.00	---	291.00	**382.00**
	Inst	Set	Sm	CJ	3.81	4.20	198.00	159.00	---	357.00	**476.00**

Wiring. See Electrical, page 148

Index

A

Abbreviations used 20
Accessibility
    site 6
    workplace 5
Access panel
    sheet metal 345
Accessories
    bath 37-40
    boiler 255
    fiberglass panels 162
    fireplaces 164
Accordion doors 86
Accurate estimating methods 5
Acoustical tile/panels
    adhesive cost 21
    adhesive set 22
    ceiling tile 22-23
    demolition 120
    dimensions 21
    estimating technique 21
    furring strips 23-24
    installation 21
    painting 305
    patterns 23
    stapled/no grid 23
    suspended ceiling systems 397-400
    wall tile 22-23
Acrylic
    bathtubs 45, 47-49
    dome skylights 386-387
    flooring, wood parquet blocks 253
Adhesives
    ceiling panels 22
    ceramic tile 98
    drywall panels 26-27
    floor panels 23
    gypsum drywall panels 27
    hardboard wall panels 27-28
    plastic wall panels 27-28
    polystyrene wall panels 25-26
    polyurethane foam wall panels 25-26
    subfloor 24
    wall panels 25-28
Adjuster, insurance 5
Adobe, brick 279
Aggregate, ready mix concrete 95-96
Air conditioning systems
    diffusers/grilles 30
    ductwork 31-32
    fans and ventilators 33-34
    system components 28-32
    system units, complete 35
Air conditioning units
    fan coil 35
    heat pumps 36
    PTAC wall/window 36
    window 36
Air return, cold 31
Air supply registers 31
Aluminum
    carport, freestanding 67
    casement windows 414
    columns 87-88
    ductwork, A/C 31
    ductwork, flexible 32
    exterior shutters 359
    garage doors 214
    gutters and downspouts 248
    jalousie windows 415
    kickplates 124
    patio cover 67
    picture windows 415
    roofing 332
    roofing, demolition 114
    sash, window glass 222
    sliding glass door, demolition 119
    sliding, horizontal windows 416-417
    sliding, vertical windows 416-417
    storm windows 418
    thresholds 125
    weathervanes 105
    windows 414-418
    windows, demolition 117-118
Aluminum siding
    clapboard 365
    corrugated 114
    demolition 365
    dimensions 362
    estimating 362
    installation 362
    panels 114
Angle bar, bathroom 38
Anti-algae caulking 74
Apron, flashing 346
Aqua Glass shower surround 356
Arch roof, calculating paint coverage 301
Architectural, cement, white 97
Archway, entrance 154
Area modification factors
    calculating 12
    Canada 14
    U.S. 12
Ash, V-grooved, paneling 315
Ash-sen, paneling 315
Ashlar pattern, tile installation 23
Asphalt shingles 332-336
    demolition 115, 332
Assembled package door units 127
Attic vent, sheet metal 345
Average costs 4
Average manhours per unit 4
Awning windows
    vinyl 418
    wood 424
Awnings
    canopies 68-69
    canvas 69
    patio 67-68
    sunroom/garden room 69
    window 68-69
    wood, patio 185

B

Backer board, cement 77
Backfilling 155
Backsplash
    butcher block 104
    ceramic tile 98
    engineered stone 103
    Formica 98, 99-100
    granite 101-102
    marble 101-102
    quartz 102
    Silestone 103
    stainless steel 104
Balusters, stair 394
Balustrade, stair 393
Bar sinks 382-384
Bars, towel 40
Base cabinets, kitchen 54-56
    installation procedure 53
Base shoe, solid pine 289
Baseboard 287-290
Bases, shower 353-355
Basketweave fence, redwood 156
Bath accessories 37-41
    demolition 113
Bath caulking
    anti-algae 74
    mildew resistant 74
Bathroom
    angle bar 38
    door locksets 124
    heaters
        electric, ceiling 253-254
        electric, wall 254
    sinks 381
    wallpaper 405
Bathtub wall, ceramic tile 75
Bathtubs
    acrylic 45, 46, 47-49
    alcove/recessed/integral apron 46-47
    cast iron 44, 47
    demolition 358
    free-standing 50
    free-standing accessories 50
    remove & reset 44, 51
    rough-in 45
    shower fixture 45, 51
    shower tub units 358
    steel 44, 47, 49-50
    whirlpool 44-45, 46-47
Batt insulation 258-263
    demolition 114
Batten siding 363
Batts, pine 377-378
Beams
    built-up 169-170
    demolition 109
    dimension lumber 169-172
    glu-lam 223-242
    single member 170-172
Bedroom door locksets 124
Benefits, employer paid 11
Bevel siding
    demolition 116
    dimensions 362
    wood 373-374
Bi-folding closet doors 78-81
Bidets 401-402
Birch
    blinds 360
    paneling 316
    shutters 360
Blender, kitchen 165
Blinds, exterior
    birch 360
    Cellwood 361
    door 359
    pine 359
    western hemlock 360
Block flooring, hardwood 252
Block, concrete
    demolition 279
    dimensions 272
    exterior walls 281
    fences 283-284
    foundations 279-280
    heavyweight 280
    lightweight 280
    partitions 282-283
    retaining walls 279-280
    slump 284-285
    walls 279-280
    walls, insulating 265
Block, glass 286
Blocking, demolition 172-173

Board and batten siding
    aluminum 362
    wood 377-378
Board fence systems 156-158
Board sheathing
    demolition 208-209
    subfloor 210
    wall 208
Board siding 377
    demolition 116
Boilers
    accessories 255
    check valve 255
    electric fired 255
    circulator pump 255
    gas fired 254
    oil fired 255
Bolted ledgers 184
Bottom plates 185
Box-type rain gutter 248-249
Bracing 173
    demolition 109
Brass kickplates 124
Brick
    adobe 279
    chimneys 273-274
    columns 274-277
    concrete slump 285
    demolition 107
    dimensions 272
    paint, one coat 309
    running bond 273-274
    standard 273-278
    veneer 277-278
    walls 277-278
Bricklayer
    crew rates 15, 17
    wages 11
Bricktender
    crew rates 15, 17
    wages 11
Bridging
    demolition 109
    solid, between joists 174-175
Bronze kickplates 124
Bronze, boilers, circulator pump 255
Building Repair Estimate 10
Building Repair Estimate form
    checklist 6
    example 8
    explanation 6, 9
Built-in dishwashers 121
Built-in food center 165
Built-up roofing
    demolition 115
    dimensions 330
    over concrete deck 338
    over existing roof 336-338
    over wood deck 337
Burglary detection systems 151-152
Butcher block countertops 104
Button, doorbell 150
Butyl caulk 72
BX cable 148
Bypassing closet doors 82-85

C

Cabinetry 54-66
Cabinets, kitchen
    demolition 113
    description 52
    installation procedure 52
    natural finish 306
    painting 306
    quality of 52
Cabinets, medicine 41-43

Cabinets, vanity 64-66
Cable, service entrance 147
Calculating
    area modification factors 12
    overhead expenses 301
    paint coverage 6
    total hourly cost 11
Canada
    adjusting factors 12
    area modification factors 14
Canopies
    aluminum 67-69
    canvas 69
    carport 67
    door 68-69
    window 68-69
Canvas awnings 69
Carpenter
    crew rates 15-17
    wages 11
Carpet pad 70-71
Carport, freestanding 67
Casement windows
    aluminum 414
    vinyl 419
    wood 425
Cast iron
    bathtubs 47, 49
    boilers, circulator pump 255
    kitchen sinks 382-384
    utility 384
Cast-in-place concrete
    footings 91-92
    forming 93
    foundations 92-93
    interior floor finishing 95
    reinforcing steel rods 94
    retaining walls 92
    slabs 94
Caulking
    anti-algae 74
    bath/kitchen 73-74
    butyl flex 72
    elastomeric 74
    gun 74
    latex 72
    mildew resistant 74
    multi-purpose 72
    oil base 73
    silicone 73
Cavity walls, insulating 264-265
CDX plywood sheathing 208-209
Cedar
    fencing 156-158
    roofing 340-344
    siding 373
Cedar molding, trim board 298-299
Ceiling
    joists 178
    panels 22-23
    tiles 22-23
Ceiling applications
    drywall 145
    drywall adhesive 26
    paint 304-306
    plaster lath 319
    wallpaper 405
Ceiling hung space heaters 256
Ceiling light fixtures
    indoor 268-270
    outdoor 270
Ceiling systems, suspended
    demolition 398
    grid 398-400
    tile/panels, acoustical 22-23
Ceiling/wall tile
    demolition 22
    stapled 23

Cellwood shutters 361
Cement
    architectural 97
    painting 311
Cement masons
    crew rates 16
    wages 11
Ceramic tile
    adhesive 98
    bathtub wall installation 75
    cement backer board 77
    countertops 76, 98
    cove/base 76
    demolition 76-77
    dimensions 75
    estimating techniques 75
    floors 76
    installation methods 75
    mortar 98
    wainscot cap 77
    walls 77
Chain link fence 158-159
    fabric 159-160
    galvanized steel 158-159
    vinyl coat 158-159
Chain-drive garage door opener 217
Change orders 7
Channel molding, Marlite 271
Checklist, estimating 6
Chemical additives, concrete 97
Chemical feed pumps,
    soft water systems 413
Chimes, doorbell 150
Chimneys
    brick 273-274
    demolition 273-274
    factory built 164
    flashing 346
    flue piping 349
Circline lighting fixtures (LED capable) 269
Circular area, paint coverage 301
Clapboard siding
    aluminum 365
    demolition 114
Clay tile roofing 332-336
    demolition 115
Clean-up center, kitchen 52
Cleaning 302-303
Cleaning, paint preparation
    exteriors 308-309
    interiors 302-303
Clients
    communication with 7
    evaluating 7
Closet door systems
    accordion 86
    bi-folding 78-81
    bypassing 82-85
    demolition, with track 117
    hardware 87
    mirrored 80-81, 84-85
    prefinished 81
    sliding 82-85
    track and hardware 87
    unfinished 78-80
Closets
    kitchen utility 56
    mirrored 80-81, 84-85
Clothes dryer vent 345
Cold air return 31
    enameled metal 34-35
Colonial style
    entrances 154
    shutters 360
Colonnades, columns 87-88
Coloring, concrete 97

Column headings, book, explained 4
Columns
   aluminum.. 87
   brick 274-277
   brick, demolition 17
   demolition.. 109
   entrance 87-88
   extruded aluminum 87
   framing 176
   framing, demolition 176
   wood 88
Common rafters
   cut-up roofs 189-191, 193-194
   gable or hip 186
Communication with clients 7
Compactors, trash 403
Composition shingle roofing 332-336
Compressors, air conditioning 29
Concrete
   architectural... 97
   cast-in-place 94
   chemical additives 97
   coloring 97
   demolition... 106-107
   finish grading 89
   interior floor finishes................................. 89
   labor 89
   painting 309, 311
   pour and finish slabs 94
   ready mix 95-96
   reinforcing 89
   screeds 95
Concrete block
   demolition 108
   dimensions 272
   exterior walls 281
   fences 283-284
   foundations 279-280
   heavyweight 280
   lightweight 280
   partitions 282-283
   retaining walls 279-280
   slump 284-285
Concrete countertops 98
Concrete footings
   cast-in-place 91-92
   demolition 106
   dimensions 89
   estimating techniques 89
   installation techniques 89
   labor 89
Concrete foundations
   demolition 106-107
   dimensions 89
   estimating techniques 89
   installation techniques 89
   interior floor finishes................................ 89
   labor 89
   pour and finish slabs 94
Concrete steps, painting 311
Concrete, cast-in-place
   footings 91-92
   forming 94
   foundations 92-93
   interior floor finishes................................ 89
   retaining walls 92-93
   slabs 94
Condenser pad 29
Condensing units, A/C 29
Cone, surface area,
   calculating paint coverage 301
Cooking center, kitchen 52
Coping, flashing 346
Copper roofs, cupola 105
Corinthian cap, column 87-88
Corner boards, siding 364

Corner cabinets
   kitchen 55
   vanity 66
Corner posts, chain link fence 160
Corner studs, applications 168
Corrugated aluminum
   demolition, roofing/siding 114
   downspouts 248
   roofing 332
Corrugated fiberglass panels 162
Cosmetic box 41
Cost basis, using to estimate 4
Cost data, accuracy 2
Cost difference
   new construction.. 5
   repair and remodeling 5
Counterflashing 346
Counterspace, rule of thumb 52
Countertop bathroom sinks
   vitreous china 381
Countertops
   butcher block 104
   ceramic tile 98
   concrete 98
   engineered stone 103
   Formica 98-101
   granite 101-102
   imitation granite/marble 103
   marble 101-102
   quartz 102
   Silestone 103
   stainless steel 104
   terrazzo 104
Country style Dutch doors 131
Cove, ceramic tile 76
Cover, patio 67-68
Coverage calculations, painting 301
Crew compositions 4, 15-19
Crew rates
   bricklayer 15, 17
   bricktender 15, 17
   carpenter 15, 16, 17
   cement mason 16
   electrician 16, 18
   equipment operator 19
   fence erector 16
   floorlayer 16
   glazier 16
   lather 17
   painter 17
   paperhanger 18
   plasterer 17
   plumber 18, 19
   pneumatic tool operator 15
   roofer 18
   sheet metal worker 19
   tile setter 19
Crown molding 294-296
Cup holder 37
Cupolas 104-105
Curtain rod, shower 38
Curved stairway 396
Cylinder, surface area,
   calculating paint coverage 301

D

Daily production, average 4
Dampers, air conditioning,
   variable volume 29
Dampers, motorized 29
Dead locks 124
Deck insulation 265-266
Decking
   demolition 185
   roof 196
   wood patio 185

Demolition
   acoustical ceiling tile 120
   adobe brick 279
   aluminum roofing 114
   aluminum siding 365
   asphalt shingles 115, 332
   awning, wood 185
   bath accessories 113
   bathtub 358
   beams 109, 223-242
   bevel siding 116
   block, concrete 279
   blocking 172-173
   board and batten 377-378
   board sheathing 208-209
   board siding 116
   bottom plates 185
   bracing 109, 173
   brick 107
   brick chimneys 273-274
   brick columns 274-276
   bridging 109, 174-175
   built-up hot roofing 115
   cabinets, kitchen 113
   ceiling furring strips 176
   ceiling joists 110
   ceiling tile 120
   chimneys 273-274
   clapboard 114
   clay tile roofing 115
   closet doors, with track 117
   columns 109, 176
   concrete block 108
   concrete block fences 283
   concrete block partitions 282-283
   concrete footings 106
   concrete foundations 92
   concrete retaining walls 92
   concrete slabs 107
   corrugated roofing 332
   deck, roof 112
   deck, wood 185
   decking 112, 196
   diagonal bracing 109, 173
   diagonal let-ins 109, 173
   dimensional lumber 109-112, 169
   doors 117
   downspouts 114
   drop siding 116
   drywall 119, 146
   dumpsters 105
   entry doors 117
   excavation 155
   exterior walls 108
   fascia 109, 176
   fences, concrete block 283
   fences, masonry 108
   fiberboard sheathing 208
   finish carpentry 113
   finishes 119-120
   fire doors 117
   firestops 110
   floor joists 110
   floors, ceramic tile 76
   floors, quarry tile 109
   folding closet doors 117
   footings 91
   framing 109-117
   furring strips 110
   furring strips on ceilings 176
   gable ends 197-198
   garage doors 117
   glass 220-222
   glass sliding doors 119
   glazed block 286
   glazing 118

glu-lam beams 223-242
glu-lam ledgers 246-247
glu-lam products 110, 223-247
glu-lam purlins 242-244
glu-lam sub-purlins 244-245
gutters 114
gypsum board 119
gypsum panels 119
hardboard siding 115
hardwood flooring 113
headers 110, 177-178
insulating ceiling tile 120
insulating glass 118
insulation 114
joists 110, 178-184
kitchen cabinets 113
lath 110
ledgers 111
lintels 177-178
loose fill 114
lumber 109-113, 169
Marlite panels 113
Masonite siding 115
masonry 107
medicine cabinets 113
molding 113
paneling 113
particleboard 210
partitions, block 282-283
patio framing 185
plaster 119, 319
plastic tile 119
plates 111, 185
plywood 208-210
plywood sheathing 112
plywood siding 116
posts 109, 176
quarry tile 286
rafters 111, 186-195
receptors 353
resilient flooring 120, 325
retaining walls 106-107
rigid insulation 114
roof decking 112, 196
roof sheathing 209
roofing 112, 114-115, 338
rough carpentry 109-113
screen block 285
screen doors 117
shake roof 340
shakes, wood 116
sheathing 112, 208-210
sheathing, subfloor 210
sheet flooring 120, 325
sheet metal 114
sheetrock 146
shingles 332
shingles, wood 116, 341
shower bases 353
shower stalls 356
shower tub units 358
siding 114-115
slabs 94
sliding closet doors 117
slump block 284
slump brick 285
solid bridging 109
spa 389
steel garage doors 117
stiffeners 110
storm combination doors 117
stucco 119, 319
studs 196-208
subfloor 113
suspended ceilings 120
tile, clay or concrete 338
toilets, bidets, urinals 401
top plates 185
trim 287
trusses 113
underlayment 210
vanity cabinets 64
veneer, brick 107
wall furring strips 177
wall sheathing 208
wallboard 119
wallpaper 120
walls 112
walls, ceramic tile 77
walls, masonry 107, 279
water softener 413
weather protection 114
windows 117-118, 414
wood deck 185
wood roofing 115
wood shakes/shingles 340-341
wood siding 114-115
Demolition, with pneumatic tools 106-107
Description column, book 4
Detailed estimate 5
importance of 7
Detectors
carbon monoxide 149
detach & reset 149
fire 151
motion 152
smoke 149
Diagonal let-ins 173
Diamond lath 317
metal 319
Diffusers, air conditioning 30
Digging 155
Dimension lumber
beams 169-172
blocking 172-173
bracing 173
bridging 174-175
columns 176
demolition 109-113
diagonal let-ins 173
fascia 176
girders 169-172
headers 177-178
joists 178-184
ledgers 184
lintels 177-178
patio decking 185
plates 185
posts 176
rafters 186-195
sheathing 208-210
solid roof decking 196
studs 196-208
Disconnect switch, entrance 147
Dish, soap 38
Dishwashers
built-in 121
installation 121
Disposers, garbage 218-219
Domes, skylight 386-387
Door
blinds, exterior 359
canopies 68-69
chimes 150
jamb assemblies 127
sill assembly 127
sills, exterior 122
Door frames
assembly 126
exterior, metal 122
exterior, wood 122
Door openers, garage 217
Door swing, kitchen cabinet 52
Doorbell systems 150
Doors
accordion 86
bi-folding 78-81
bypassing 82-85
closet 78-87
Colonial 126
demolition 117
Dutch 131
entrance 128-131
exterior, metal 130
exterior, wood 128-129
fire doors 131
frames, interior 123
French, exterior 131
French, interior 132
garden 132
glass, sliding 133-138
interior systems 126
interior, wood, passage 138-142
louver 79, 142
mirrored 80-81, 84-85
package door units 127
pocket 143
screen 143
shower 351-352
sliding 82-85
steel 144
storm 143
tub 351-352
with sidelights 130
Doors, finishing
exterior, paint 310
interior, paint 305-306
natural finish 306
Double door entrances 154
Double hung windows
vinyl 419-420
wood 426
Double roll top countertop, Formica 99
Double top plate 185
Douglas fir, fencing 156-158
Downspouts
aluminum 248
copper 248
demolition 114
painting 310, 312
Drainage, gutters and downspouts 248-249
Drawer base, kitchen 56
Drip edge flashing 346
Drop siding
demolition 116
dimensions 363
installation 363
wood 375-376
Drywall
adhesive 26-27
ceiling application 145
ceiling panels 146-147
demolition 146
dimensions 145
estimating techniques 145
fire resistant 147
installation techniques 145
painting 303-304
repair, paint preparation 303
tape joints 146
wall application 145
wall panels 146
water resistant 147
Dual glazed windows 424-425
Ductwork
air conditioning 31-32
insulated 32
Dumpsters, rental 105
Duolux
paneling 314
pegboard 315

E

Eave
closure 346
painting 301
trim 347
Economy hardboard, paneling 314
Elastomeric caulking 74
Electric fired
bathroom ceiling heaters 253-254
boilers 255
bathroom, wall heater 254
furnaces 256
Electric water heaters, solar 411-412
Electrical work
burglary detection systems 152
carbon monoxide detector 149
doorbell systems 150
EMT 148
fire alarm systems 151
ground cable 148
ground rod with clamp 148
intercom systems 151
meter socket 147
panelboard 148
phone jack wiring 152
service entrance cable 147
signal bell 151
smoke detector 149
television antenna wiring 152
thermostat 153
weathercap 147
wiring 148
Electrician
crew rates 16, 18
wages 11
EMT 148
Enameled cast iron sinks
bar 382-384
kitchen 382-384
utility 384
End posts, chain link fence 161
Engineered stone countertops 103
Entrance columns 87-88
Entrance disconnect switch 147
Entrance doors 128-132
demolition 117
Entrances 154
Equipment operator
crew rates 19
wages 11
Equipment unit cost, average 4
Estimate
adjusting for area 12-14
blank form 10
charging for 7
checklist 6
form 8-10
starting 7
Estimating methods 5
Estimating techniques 5, 6
acoustical tile 21
aluminum siding 362
batten siding 363
brick 272
built-up roofing 330
ceramic tile 75
concrete block 272
concrete footings 89
drop siding 363
drywall 145
fiberglass shingles 329
finish grading 89
forms, screeds and rods 89, 94-95
insulating tile 21
mortar 317
painting 300
plywood siding 364
quarry tile 272
roll roofing 329
suspended ceilings 397
vertical siding 363
wallpaper 404
wood shingle siding 364
wood shingles 329
Evaluating clients 7
Excavation 155
Exterior
concrete block walls 281
corner framing 168
door frames 122
finishes, demolition 119-120
french doors 131
masonry walls demolition 108
metal doors 130
painting 300
shutters 359-361
sills, doors 122
wood doors 128-129
Exterior key switch, garage door opener 217
Extruded aluminum columns 87
Extruded polystyrene foam insulation 267

F

Fabric awning 69
Fabricated ductwork, A/C 31-32
Factors, area modification 12
Fan coil, A/C system 35
Fans and ventilators, roof type 33
Fascia 176
demolition 109
Federal unemployment insurance 11
Felt underlayment, sheet flooring 324
Fence erector
crew rates 16
wages 11
Fence estimate, complete 161
Fence posts
chain link 158-159, 160
redwood 156-158
split rail 161
Fences
chain link 158-159
lateral reinforcing 284
lightweight block 284
masonry 284
masonry, demolition 108
split rail 161
Fiber cement 366-367
Fiberboard sheathing 208
Fiberglass
bathtubs, acrylic 45, 47-49
garage doors 215
insulation, Johns-Manville 258-264
molding 162
panels 162
screening, door 143
shingles 329
shower tub units 358
shower units 358
Filler strips, chain link 160
Filter, water 413
Filters, water, soft water systems 416
Finger joint pine moldings
base 287-289
casing 291
chair rail 292
crown molding 294-295
Finish carpentry, demolition 113
Finish grading 91
Finishes
concrete floor 89
demolition 119-120
natural 306-307
paint 302-313
wood floor 307
Finishing, concrete floor 95
Fir, wood
decking 185
flooring 251
shutters 359
Fire alarm systems 151
Fire damage 6
Fire doors 131
Fire-resistant drywall 145-147
Fireplaces 163-164
accessories 164
mantels 271
trim kit 164
Firestops, demolition 110
Fixed louver
vents 345
Fixed type skylights 386
Fixtures, lighting 268-270
Flashing 346-348
Flexible coated ductwork, A/C 32
Flexible moldings, resin 297
Floor finishes, concrete 89
Floor framing
applications 168
joists 178-184
joists, demolition 110
Floor mounted space heaters 257
Flooring
ceramic tile 75
demolition 76, 109
hardwood 250-253
installation, wood 250-253
mastic 250
oak 251-252
panel adhesive 24
parquet 252-253
quarry tile 286
resilient 324-328
Floorlayer
crew rates 16
wages 11
Floors, shower 353-355
Floors, wood
cleaning 302-303
finishing 307
natural finish 307
painting, wood 307
sealing 305
stainwax 307
waxing 307
Flue piping 349
Fluorescent lighting 268
Flush face paneling, birch 316
Foam insulation 267
Foil-faced insulation 262-263
Folding closet doors 78-81
demolition 117
Food centers, small appliance 165
Footings
cast in place 91-92
concrete 89-90
excavation for 155
Forced warm air systems 256
Formica countertops 98-101
cost adjustments 100
Forming, concrete
footings 91
foundation 95
retaining wall 93
slabs 95
Foundation vent 349

Foundations
concrete block 279-280
demolition 92
poured from truck 95-96
Framing
applications 166
beams 166
blocking 172-173
bracing 173
bridging 174-175
columns 176
demolition 109-117
diagonal let-ins 173
dimension lumber 166
fascia 176
headers 177-178
joists 178-184
ledgers 184
lintels 177-178
patio decking 185
plates 185
posts 176
rafters 186-195
rough carpentry 166-213
sheathing 208-210
solid roof decking 196
studs 196-208
Free-standing bathtubs 50
Free-standing carport 67
French doors 131-132
Fringe benefits 11
Front end loader, excavation 155
Fruit juicer 165
Furnaces
electric fired 256
gas 256
oil fired 256
Furring strips
demolition 110
over plaster 24
over wood 24

G

Gable
ends 197-198, 198-205
rafters 186-188, 192-193
shakes 340
shingles 341-343
trim 347
Galvanized netting 321
Galvanized steel
ductwork, A/C 31
fence posts 158-159, 160
Gambrel roof,
calculating paint coverage 301
Garage door openers 217
Garage doors 214-217
demolition 117
wood 216-217
Garbage compactors 403
Garbage disposers
Badger 218
In-Sink-Erator 218
parts/accessories 219
remove/reset 218-219
Garden doors 132
Garden windows, vinyl 420
Gas fired
boilers 254
furnaces 256
space heaters 256-257
Gas valve, fireplace 164
Gate posts, chain link fence 161
Gates
chain link fence 159-160
split-rail 161
Girders 169-172
Glass and glazing 220-222
Glass block 286
Glass doors
demolition 117, 119
shower 351-352
sliding 133-138
tub 352
Glass shelf, bathroom 37
Glazed block 286
Glazed tile 286
Glazier
crew rates 16
wages 11
Glazing 220-222
demolition 118-119
Glu-lam beams
3-1/8 223-226
5-1/8 226-231
6-3/4 232-234
8-3/4 235-238
10-3/4 239-242
Glu-lam products
beams 223-242
ledgers 246-247
purlins 242-244
sub-purlins 244-245
Grab bars 37-38
Grading
cast in place concrete 94
footings 91
slabs 94
Granite countertops 101-102
Gravel stop 347
Grid system, suspended ceiling 412-414
Grid, ceiling 398-400
Ground cable 148
Ground rod 148
Grout mix 95
Guide, how to use book 4
Gun applied adhesives 24-28
Gun, caulking 74
Gusset, framing 166
Gutter accessories 249
aluminum 248
cleaning 308
copper 248
demolition 114
painting 301
painting, 2 coats 312
steel 249
vinyl 249
Gutters and downspouts 248-249
Gypsum
adhesive 26-27
lath 319
panels, demolition 119
plaster 320
plasterboard 146-147

H

Hand excavation 155
Handlesets, door 124-125
Hanger applications 166
Hanging island cabinets 58
Hardboard
adhesive 27
demolition 115
installation 314
paneling 314
plywood paneling 314
siding 368-369
underlayment 210, 327
Hardware
door 124-125
sliding door 82-85
Hardwood flooring
applications 250-253
block 252
demolition 113
fir 251
machine sand 251, 253
maple 251
oak 251-252
parquet 252-253
penetrating stainwax 221
strip 251
teak 252
walnut 252
waxing 307
yellow pine 251
Hardwood molding 287-299
base cap 290
base shoe 289
baseboard 287-289
block, baseboard 290
block, corner 290
block, plinth 290
brick mold 291
casing 291-292
chair rail 292-293
coffered ceiling 293
corner trim 293
cove 293
crown 294-296
panel cap 296
quarter round 296
trim board 298-299
window seat 299
window sill 299
window trim set 299
Headers 177-178
demolition 110
Heat pumps 36
Heaters
electric, bath 253-254
floor mounted 257
space heater 256-257
wall 257
Heating systems
boilers 254-255
forced air 256
furnace 256
Heavyweight blocks, concrete 280
Hiders, identifying 6
Hip
metal roofing 347
rafters 186-188, 192-193
shakes 340
shingles 341-343
Historical price data 5
collecting 6
Hoods, range 322-323
Hook, robe 38
Horizontal blocking 172-173
Horizontal slide
aluminum windows 416-417
vinyl windows 422
wood windows 428
Hot air heating 256
Hot tub, whirlpool 390
Hot water boilers 254-255
Hourly cost, total 11
House wrap, siding 258, 365
How to use book 4

I

Imitation stone countertops 103
In-Sink-Erator garbage disposer 218
Incandescent lighting fixtures 269-270
Indoor lighting 268-270
Inspection, visual 7

Installation techniques
acoustical tile ... 21
aluminum siding ... 362
batten siding ... 363
bevel siding ... 362
brick ... 272
built-up roofing ... 330-331
ceramic tile ... 75
concrete block ... 272
concrete footings ... 89
drop siding ... 363
drywall ... 145
fiberglass shingles ... 329
inside/outside siding corners ... 364
insulating tile ... 21
lath ... 317
mortar ... 317
painting ... 300
paneling ... 364
plaster ... 317
plywood siding ... 364
quarry tile ... 272
roll roofing ... 329
sheet flooring products ... 324
stucco ... 317
suspended ceilings ... 397
tile products ... 324, 363
wallpaper ... 404, 405
wood shingle ... 329
wood shingle siding ... 364
Insulated ductwork ... 32
Insulating
block walls ... 265
cavity walls ... 264-265
glass ... 221-222
roofs ... 265-266
walls ... 265-266
Insulating tile, acoustical
ceiling ... 22-23
demolition ... 120
dimensions ... 21
wall ... 22-23
Insulation
batt or roll ... 258-263
demolition ... 114
extruded polystyrene rigid foam ... 267
foil-faced ... 260, 262-263
Kraft-faced ... 259-261
loose fill ... 264-265
perlite ... 265
rafters ... 260-262
rigid ... 265-266
studs ... 262-263
unfaced ... 258-263
Vermiculite ... 265
Insurance claims adjuster ... 5
Insurance, liability ... 11
Intercom systems ... 151
Interior
doors ... 138-143
French doors ... 132
painting ... 300
Interior doors
frames, wood ... 123
types ... 126
Interior finishes
concrete floor ... 89
demolition ... 119-120
painting ... 300
painting, estimating ... 300
Interlocking tile shingles ... 332-336, 338
Invoices, cataloguing ... 6
Ironworker, reinforcing, wages ... 11
Island cabinets, kitchen ... 57

J

Jacuzzi spa ... 389-390
Jalousie windows
aluminum ... 415
vinyl ... 420
Jamb assembly, door ... 127
Jamb-type garage doors
aluminum ... 214
fiberglass ... 215
steel ... 216
wood ... 216
Job summary file, variance report ... 6
Jobs, estimating ... 5
Johns-Manville fiberglass insulation ... 258-264
Joists
bridging ... 174-175
ceiling/floor ... 178-184
demolition ... 110, 178-184
framing hanger ... 166
insulation ... 258-264
LF of stick ... 178-181
SF of area ... 181-184

K

Key switch, exterior,
garage door opener ... 217
Kickplates ... 124
Kitchen
counters, rule of thumb ... 52
food center ... 165
sinks ... 382-384
wallpaper ... 405
work triangle ... 52
Kitchen cabinets
base with drawers ... 54-55
corner base ... 55-56
demolition ... 113
description ... 52
drawer base ... 56
installation procedure ... 52
island base ... 57
island corner base ... 57
island hanging ... 58-59
oven ... 59
range ... 59-60, 61-62
refrigerator ... 61
sink ... 59-60
utility closet ... 56
wall ... 62-64
with lazy Susan ... 56
Kitchen caulking
anti-algae ... 74
mildew resistant ... 74
Kitchen sink
faucet only ... 383
hot water dispenser ... 384
pot filler faucet ... 384
sprayer only ... 383
strainer and drain only ... 383
water filtration ... 384
Kraft-faced insulation ... 259-261

L

L bar flashing ... 348
Labor
concrete installation ... 89
masonry installations ... 272
unit cost ... 4
Labor costs
local ... 4, 12
tile patterns ... 23
Laborer
crew rates ... 17
wages ... 11
Lacquer ... 306-307
Lantern post ... 270
Lateral reinforcing
concrete block ... 280, 281
concrete block partitions ... 284
Latex
caulking ... 72
paint, application ... 304-305
Lath and plaster ... 319-320
caulking ... 72
demolition ... 119-120
installation ... 317
Lather
crew rates ... 17
wages ... 11
Lattice, molding ... 296
Lauan, doors ... 140-141
Laundry sinks ... 384-385
Lavatories ... 381
Lay-down type ventilators, entire structure ... 34
Layout, kitchen ... 52
Lazy Susan cabinet ... 56
Leaf guard ... 249
LED-capable lighting fixtures ... 268-270
Ledger, demolition ... 111
Ledgers ... 184
glu-lam ... 246-247
Let-ins, diagonal bracing ... 173
Liability insurance ... 11
Light, medicine cabinet ... 42
Lighting
fixtures ... 268-270
fluorescent ... 268
incandescent ... 269-270
indoor ... 268-270
outdoor ... 270
porch ceiling ... 270
porch wall ... 270
post lantern fixture ... 270
track lighting ... 270
wall fixtures ... 270
with motion sensor ... 270
Lightweight blocks, concrete ... 280
Line posts, chain link fence ... 158-159
Linoleum
cove ... 328
installation ... 324
Lintels ... 177-178
Loaded wage, total ... 11
Local labor rates ... 4, 12
Locksets ... 124
Log lighter, fireplace ... 164
Loose fill insulation, demolition ... 114, 264-265
Louver
closet doors ... 79
doors, prehung ... 142
Louvers, painting
natural finish ... 306
paint ... 305
Low profile
skylights ... 399-401
Lumber
beams ... 169-172
blocking ... 172-173
bracing ... 173
bridging ... 174-175
columns ... 176
demolition ... 109-113, 169
diagonal let-ins ... 173
dimension ... 169
fascia ... 176
girders ... 169-172
headers ... 177-178
joists ... 178-184
ledgers ... 184
lintels ... 177-178
patio decking ... 185
plates ... 185

posts 176
rafters 186-195
sheathing 208-210
solid roof decking 196
studs 196-208
Lumber list 7

M

Machine sand
   hardwood flooring 251, 253
   parquetry 252-253
Manhours per unit, average 4
Mantels, fireplace 271
Maple flooring 251
Marble countertops 101-102
Marble setter, wages 11
Marble tops, vanity cabinets 65
Marlite paneling 271
   demolition 113
Mason, cement, crew rates 16
Masonite
   paneling, installation 315
Masonite panels, Marlite 271
Masonry
   adobe brick walls 279
   block dimensions 272
   brick 279
   brick veneers 277-278
   chimneys, brick 273-274
   columns, brick 274-277
   concrete block 279-284
   concrete screen block 285
   concrete slump brick 285
   demolition 107
   exterior walls, block 281
   fences, concrete block 284
   fences, lightweight block 284
   floors, quarry tile 286
   foundations, concrete block 279-280
   glass block 286
   glazed block 286
   painting 309
   partitions, concrete block 282-283
   quarry tile 286
   retaining walls, block 279-280
   textured screen block 285
   tile 286
   walls 279
Material pricing, acoustical tile 21
Material storage 6
Material takeoff 7
Material unit cost, average 4
MDF molding
   baseboard 287-288
   block, corner 290
   block, plinth 290
   brick mold 291
   casing 291-292
   chair rail 292
   corner trim 293
   crown 294-296
   quarter round 296
   window seat 299
Meat grinder 165
Medicare tax 11
Medicine cabinets 41-43
   3-way mirror 41-42
   demolition 113
   light fixtures 42
   recessed 42-43
   sliding door 41
   surface mounted 41-42
   swing door 42
Membrane roofing
   demolition 337
   over concrete deck 338

over existing roof 336
over wood deck 337
Metal ductwork, flexible 32
Metal joist hanger, application 166
Metal lath 319
Metal siding 370
Meter socket 147
Methods, estimating 5
Mildew resistant caulking 74
Milled fence boards, dog-eared 156
Millwork and trim, paint 305, 308
Mineral fiber ceiling panels 23
Mineral surfaced roll roofing 339
   demolition 115
   dimensions 329
Mirror, medicine cabinet 41-42
Mirrored closet door systems 80-81
Mirrors 43
   3-way 41-42
   tri-view 41-42
Mixer, kitchen 165
Modification factors, area 12
Molding and trim 287-299
   base cap 290
   base shoe 289
   baseboard 287-290
   baseboard with shoe 289
   bookcase, build-in 290
   brick mold 291
   casing 291-292
   chair rail 292-293
   coffered ceiling 293
   corner trim 293
   cove 293
   crown 294-296
   demolition 113
   hardwood 287-296
   lattice 296
   Marlite 271
   MDF 287-288, 290, 292, 294-296
   natural finishes 306
   painting 308
   panel cap 296
   particleboard shelving 297
   pine 287-297
   quarter round 296
   trim board 298-299
   window seat 299
   window sill 299
   window stool and apron 299
   window trim set 299
Moldings, block
   baseboard, corner 290
   corner, rosette 290
   plinth 290
Moldings, flexible resin 297
Mortar
   ceramic tile 98
   installation 317
Mosaic tile, installation 75
Motion detectors 152
   lighting fixtures 270
Motorized dampers, A/C duct 29
Multi-purpose caulk 72

N

Nailed ledgers 184
National Estimator Cloud 7
Natural finishes 306
   stain 311
Natural gas fired, boiler 254
Netting, galvanized 321
Newels, stair 395
Non-taxable benefits 11
Notes section 4
Nylon carpet 71

O

Oak
   doors 141-142
   flooring 251-252
   paneling 316
   paneling, flush face 316
Oil base caulking 73
Oil fired
   boilers 255
   furnaces 256
One coat paint applications
   cement base paint 311
   exterior painting 309-311
   interior painting 303-306
   latex 304-305
   latex enamel 304-305
   natural finishes 306-307
   sealer 304
   sizing 303
   stain 311
One-flue chimneys 273-274
Openers, garage door 217
Operation column 4
OSB, underlayment, installation 327
OSB strand board sheathing 209
Outdoor lighting 270
Oven cabinets, kitchen 59
Overhead and profit 4, 6-7
Overhead expenses 6

P

Package door units 127
Pad, carpet 70-71
Paint
   characteristics 300
   coverage, estimating 300
   preparation 302-303
   removal 303
Painter
   crew rates 17
   wages 11
Painting and cleaning
   exterior 308-309
   interior 300
Panel
   adhesives 24-25
   shutters, exterior 359
Panel siding
   hardboard 368, 373
   masonite 315
   metal 370
   vinyl 371
Panelboard 148
Paneling
   demolition 113, 314
   hardboard 314
   Marlite 271
   plywood 314
Panels
   acoustic 22-23, 398-400
   adhesive set 22-23
   drywall 146-147
   fiberglass 162
   mineral fiber 23
   painting 305
Paper, wallcovering 404
Paperhanger
   crew rates 18
   wages 11
Parquetry, hardwood flooring 252-253
Particleboard
   demolition 210
   subfloor 210
   underlayment, installation 314, 327

Partition walls
  concrete block 282-283
  demolition 112
  framing, stud/plates 196
  studs 198-201
Passage doors, interior, latches 124
Paste
  flooring installations 324
  wallpaper 404
Patio
  awnings 67-68
  cover 67-68
  framing 185
Patterns, acoustical tile, labor 23
Pedestal sinks 381
Pediments 154
Peel-off caulk 74
Pegboard, installation 315
Per measure estimating 5
Perlite, loose fill insulation 265
Philippine mahogany paneling 317
Phone jack, wiring 152
Photographs, before and after 6
Picture windows
  aluminum 415
  vinyl 421
  wood 427
Pilasters 154
Pine moldings 287-299
  base 289
  base & shoe 289
  base cap 290
  base shoe 289
  baseboard 287-289
  baseboard with shoe 289
  block, baseboard 290
  block, corner 290
  block, plinth 290
  bookcase, build-in 290
  brick mold 291
  casing 291
  chair rail 292-293
  coffered ceiling 293
  corner trim 293
  cove 293
  crown 294-296
  panel cap 296
  quarter round 296
  shelving 297
  trim board 298-299
  window sill 299
  window stool and apron 299
  window trim set 299
Pine shutters 359
Pine siding 373-375
Pits, digging 155
Plain siding, painting 309
Plane and specification sheet 7
Plank and beam construction,
  roof decking 196
Plaster
  ceilings 320
  demolition 119, 319
  installation 317
  painting 304-305
  sealer application 304
  sizing, paint preparation 303
  walls 320
Plasterboard, gypsum 146-147
Plasterer
  crew rates 17
  wages 11
Plastic
  laminated countertops 98-101
  panel adhesives 27
  shower stalls 356-357

Plates 185
  gable ends 197-198
  LF of stick 196-197
  LF of wall 205-208
  per SF of wall area 198-205
  walls/partitions 205-208
Plumber
  crew rates 18, 19
  wages 11
Plumbing work, open/close slab 353
Plywood, underlayment, installation ...327
Plywood paneling 314
  demolition 314
  installation 314
Plywood sheathing 208-209
  demolition 112
Plywood siding
  board and batten 377-378
  board on board 377
  demolition 115
  dimensions 364
  installation 364
Pneumatic tool operator
  crew rates 15
  wages 11
Pneumatic tools, demolition 106-107
Pocket doors 143
Polish, hardwood flooring 251-253
Polycarbonate dome skylights ...386-387
Polystyrene
  foam insulation 267
  molded foam shutters 361
  panels, adhesive 25-26
Polyurethane foam panels, adhesive ...25-26
Ponderosa pine fireplace mantels ...271
Porch columns 87-88
Porch floors, painting
  cement 311
  concrete 313
  preparation, cleaning 308
  wood 310
Portland cement, ceramic tile installation 75
Post light fixture, LED capable 270
Post-formed countertops, Formica ...98-99
Posts 176
  chain link fence 158-159, 160
  demolition 109, 176
  redwood fence 156
  split rail fence 161
Prefabricated fireplaces 163
Prefinished
  closet doors 81
  panel shutters 361
Prehung doors
  exterior 128-132
  interior 138-143
  metal 144
Preparation, painting 302-303
Presdwood
  paneling 314
  pegboard 315
Price data 5-6
Productivity, your company 7
Profit allowance 4
Project schedule 7
Propane fired boiler 254
Property damage appraiser 5
Provincial shutters 359
PTAC wall/window unit A/C 36
Pumps, heat 36
Purlins, glu-lam 242-244
PVC, downspouts 249

Q
Quarry tile 286
  demolition 109, 286
  dimensions 272
  floors 286
Quartz countertops 102

R
Radio controlled garage door opener ...217
Rafters 186-195
  common 186-191
  cut-up roofs 189-191, 193-194
  demolition 111, 186-195
  gable or hip 186-188, 192-193
  insulation 260-262
  LF of stick 186-191
  SF of area 192-195
Railings, stair 394
Rails, split rail fence 161
Rain gutters 248-249
Raised panel louver doors 126
Range cabinets 59-60, 61-62
Range hoods 322-323
  designer models 323
Rates, wage 11
Ready mix concrete 95-96
Receptors, shower 353-355
  demolition 353
Recessed, medicine cabinets 42-43
Rectangular ductwork, A/C 31
Rectangular surface area,
  calculating paint coverage 301
Red cedar fence, split rail 161
Red cedar roofing
  shakes 340
  shingles 341-343
Red cedar siding
  bevel 369
  board and batten 377-378
  board on board 377
  drop 376
  shakes 378
  shingles 379
Redwood
  cupolas 104
  decking 185
  fence posts 156-158
  fencing 156-158
  lath 319
  siding 374
Redwood frame members 157-158
Redwood molding, trim board ...298-299
Refrigerator cabinets 61
Registers, air supply 31
Reinforced concrete
  cast in place 91
  demolition 106-107
  footing 91
  foundations 92-93
  slabs 94-95
Reinforcing
  cast in place concrete 94-95
  concrete 89
  concrete block 280-284
  masonry 280-284
Reinforcing ironworker, wages 11
Reinforcing steel rods 95
Remodeling jobs, estimating 5
Repair estimate 5
  example 8-9
Residential electrical work 147-148
Residential jobs, estimating 5
Resilient flooring
  cove/top-set base 328
  demolition 120

installed over concrete 325-327
installed over wood subfloor............326-327
linoleum cove..328
metal transition strip..............................328
preparation..325
related material and operations..............327
sheet products...324
tile products...324
underlayment, installation........................327
vinyl cove...328
Resin flexible molding..............................297
Retaining walls..................................279-280
concrete...92-93
demolition..92-93
Riblath, metal...319
Ridge cap, metal roofing..........................347
Ridge or hip application, roofing........335-336
Rigid conduit...148
Rigid foam insulation.................................267
Rigid insulating board........................265-266
Risers, stair..396
Robe hook...38
Rod, shower curtain.....................................38
Roll insulation.....................................258-263
Roll roofing..338
demolition..115
Roll valley...341-343
Romex cable, wiring..................................148
Roof
decking...196
decking, demolition..................................112
edge flashing..347
edging...347
insulation...265-266
sheathing..209
strength...6
ventilators..33
vents..347, 350
Roof windows..388
fixed..388
low profile...388
ventilating...388
Roof-type, ventilators...................................33
Roofer
crew rates..18
wages...11
Roofing..329
aluminum..332
asphalt composition shingles...........332-336
built-up...336-338
clay tile..338
composition shingles................................332
demolition...114-115
drip edge...346
gravel stop..347
membrane..336-338
mineral surfaced roll.................................338
nails, estimating need...............................329
parapet walls...330
roll roofing...338
sheathing paper...344
shingles..332-336
tar usage...330
tile...338
top coat...330
wood shakes..340
wood shingles.....................................341-343
Roofs, wood shingle............................341-343
staining..311
Rough carpentry, framing....................166-213
beams..169-172
blocking..172-173
bracing..173
bridging..174-175
columns...176
demolition..109-117
diagonal let-ins..173
dimension..169
fascia..176
girders...169-172
headers...177-178
joists...178-184
ledgers..184
lintels..177-178
patio decking...185
plates...185
posts...176
rafters...186-195
sheathing..208-210
solid roof decking.......................................196
studs...196-208
Rough fence board, squared ends.....156-158
Rough-in, bathtub...45
Running bond
adobe brick..279
concrete slump brick..................................285
standard brick......................................274-277
textured screen block.................................285

S

Sample Building Repair Estimate form..........8
Sanding
hardwood flooring...........................251, 253
paint preparation..............................302-303
Schedule, project...7
Sconce, wall lighting...................................269
Screeds, concrete...95
Screen doors..143
demolition...117
Screens, painting..310
Screw-worm garage door opener.............217
Sealer, application
acoustical tile or panels...........................304
sheetrock or plaster.................................304
Sectional-type garage doors
aluminum...215
fiberglass..215
wood...217
Security, job site..6
Self-edge countertop, Formica...................100
Selvage roll, mineral surfaced roll roofing...338
Service entrance cable................................147
Shake roof..340
demolition..340
Shake siding...378
demolition..116
Shear panel, adhesives..................................25
Sheathing
applications, framing.................................167
demolition..112
paper...344
roof..209
subfloor...210
wall..208
Sheet flooring products, installation...........324
Sheet metal
access panel..345
clothes dryer vent set.................................345
demolition..114
drip edge...346
eave closure...346
flashing...346-348
gravel stop...347
roof flashing...345
vents..345
Sheet metal worker
crew rates...19
wages...11
Sheet vinyl flooring.......................................324
demolition...120
Sheetrock..145-147
ceilings..146-147
demolition...146
repair, paint preparation.............................303
sealer application.......................................304
sizing..303
tape joints...146
walls..146-147
Shelf
glass, bathroom..37
towel supply...40
Shellac..306-307
Shelving, molding..297
Shingle roofs, wood.............................341-343
stain..311
Shingle siding
stain..311
wood...379
Shingles
asphalt/fiberglass.................................332-336
demolition...332
nailed...116, 332-336
roofing..332-336
tile...338
wood, roofing.......................................341-343
Shoe mold trim..289
Shower
bases/pans/receptors...........................353-355
curtain rod...38
demolition..353
fixtures..45, 51
install..353
replace operations...............................353-355
Shower doors
sliding..351-352
Shower floors, slip resistant.................356-357
Shower modules, space saver.............356-357
Shower stalls
demolition..356
nonintegral...357
two-wall models...357
Shower tub units...358
Shutters, exterior
aluminum, louvered.....................................359
birch..360
Cellwood...361
fir..359
pine...359
western hemlock...360
Shutters, painting..312
Sidelites...130
Siding...362-379
aluminum...365
battens..364
bevel...373
board and batten...................................377-378
board on board..378
clapboard..362
demolition..114-115
drop...375-376
fiber cement...366-367
furring strips..364
hardboard..368-369
house wrap..365
metal..370
painting...311
pine...373, 375
plywood...378
shake...378
shingles...379
wood...373-379
Silestone countertops..................................103
Silicone caulking..73
Sill assembly, door..127
Sill plates..185
Single top plate...185

Sink cabinets
kitchen base 59-60
vanity 64-66
Sink faucet
bathroom 381
kitchen 383
laundry 385
utility 385
Sink sprayer
kitchen 383
Sink strainer and drain
kitchen 383
Sinks
bar 382-384
bathroom 381
kitchen 382-384
laundry 384-385
pedestal 381
utility 384-385
Site accessibility 6
Sizing application, paint preparation 303
Skirt board, stair 395
Skylights
low profile 399-401
operable 387
polycarbonate dome 386-387
ventilating 388
Slabs
concrete 94-95
demolition 94, 107
plumbing work 353
Sliding doors
closet 82-85
hardware 82-85
shower 351-352
tub 352
Slip-resistant shower floors 356-357
Slump block, concrete walls 284-285
Slump brick, concrete walls 285
Smoke detectors 149
Soap dish 38
Soap holder 37-38
Social Security 11
Socket, meter 147
Softeners, water 413
Soil type 6
Solar water heating systems 411-412
Solid bridging 174-175
Solid roof decking 196
Soundness of structure 6
Space heaters 256-257
Spas, Jacuzzi 389-390
Special systems, electrical 149-153
Splash guard 249
Split rail fence 161
Spotlight, indoor 269
Spring steel ductwork, A/C 32
Square surface area, paint coverage 301
Stain 306
Stainless steel countertops 104
Stainless steel sinks
kitchen 382-384
Stainwax, penetrating, hardwood floors 305
Stair parts
balustrade 396
handrail 394
newels 394
skirt, apron 394
stringer 394
riser 396
tread 396
Stairs 390-396
balusters 394
carpeting 71
field fabricated 391
folding 390
ladder 390
newels 395
pre-manufactured 390
railings 394
risers 396
ships, captain 390
skirt board 395
spiral 390
treads 396
Stairs, field fabricated
metal pan 391
wood 392
Stalls, shower 356-357
Standard brick 273-278
Standard drywall 145
Stapled ceiling/wall tile 23
Stationary slat blinds 360
Steel
bathtubs 44, 47, 49-50
carport, freestanding 67
gutters and downspouts 249
Steel doors 144
garage doors 216
Steel posts, chain link fence 158-159
Steel reinforcing
concrete 93
masonry 280-284
Steel sash, window glass 220-221
Step flashing 347
Steps, painting
cement 311
concrete 313
wood 310
Stick by stick estimating 5
Stiffeners 173
demolition 110
Stone mason, wages 11
Storm doors 143
Storm windows
aluminum 418
vinyl 424
wood 430
Storm windows, painting 310
Strip flooring, installation 250-251
Strip lighting 269
Structural soundness 6
Stucco 318-321
demolition 119
exterior walls 321
installation 317
painting 309, 312
Stud arrangement, framing 168
Studs
bracing 173
demolition 112, 196-208
gable ends 198-205
horizontal blocking 172-173
insulating 262-263
LF of stick 196-197
LF of wall 205-208
SF of wall area 198-205
Sub-purlins, glu-lam 244-245
Subfloor
adhesive 24
demolition 113
sheathing 210
Sunken/built-in bathtubs 44-45
remove 44, 51
Supply shelf, towel 40
Surface repair, paint preparation 302-303
Surface-mounted light fixtures 268-270
Suspended ceilings
demolition 120
estimating materials 397
installation procedures 397
Swing door
cabinets 42-43
Symbols used in book 20
System components, A/C 28-32
System units, A/C 35

T

Tape joints, drywall 146
Taping compounds, drywall 145
Taxable fringe benefits 11
Taxes, employer 11
Teak flooring 252
Techniques, estimating 5, 6
Telephone, wiring 152
Television antenna wiring 152
Tempered glass 222
doors 133-138
Terrazzo countertops 104
Terrazzo setter, wages 11
Thermostat wiring 153
Thresholds
aluminum 123, 125
rubber 123
wood 123, 125
Tile
acoustical treatment 22-23
ceramic 75-77, 98
clay, roofing 338
demolition 338
glazed block 286
installation 324
insulating 21
mineral fiber 23
painting 309, 312
quarry 286
resilient flooring 325-327
resilient flooring, demolition 120
shingles 338
Vinyl composition tile(VCT) 325-327
vinyl flooring 325-327
vinyl plank 326-327
Tile setter
crew rates 19
wages 11
Tile setter helper, wages 11
Toilet roll holder 39-40
Toilets 401-402
Tongue & groove roof decking 196
Toothbrush holder 37
Top plates 185
Total hourly cost, calculating 11
Towel
bars 40
ladders 40
rings 40
shelves 40
Track lighting 270
Track, sliding door 87
Track-type garage doors
aluminum 215
fiberglass 215
steel 216
wood 217
Tractor backhoe, excavation 155
Transmitters, garage door opener 217
Trash compactors 403
Treads, stair 396
Trenching 155
Tri-view mirror, medicine cabinet 42
Triangular surface area,
calculating paint coverage 301
Trim, painting 305, 307
Trim and molding 287-299
Truck driver, wages 11

Truss
construction, W-type 166
demolition 113
shop fabricated, wood 211-213
Tub caulking
anti-algae 74
mildew resistant 74
Tub doors
sliding 352
Tub, bath
acrylic 47-49
cast iron 44-45, 47, 49
combination tub/shower 358
demolition 358
drop-in/built-in/sunken 47-50
enameled steel 44
fiberglass, acrylic 45, 47-49
free-standing 44, 50, 51
free-standing accessories 50
recessed 46-47
remove and reset 44
rough-in 45
steel 44, 47, 49-50
sunken/built-in 44-45
whirlpool 44-45, 46-47
Two coat paint applications ... 307-309, 311-313
cement base paint 313
enamel 311-313
exterior painting 311-313
interior painting 307-308
latex 307-308
stain 313
Two flue chimneys 273-274

U

Underlayment, particleboard 314
Unemployment insurance 11
Unfaced insulation 258-263
Unfinished closet doors 78-80
Unfinished hardwood plywood 315-317
Urinals 401-402
Utility closets, kitchen 56
Utility sinks 384-385

V

V-grooved paneling 315-317
Valley metal 348
Valley roll 336-338
Vanity cabinets 64-66
2 door 65-66
marble top 65
remove and reset 66
Variable volume dampers, A/C duct 29
Varnish 306-307
Veneer, brick 277-278
demolition 107
Ventilating skylights 388
Ventilating systems 28-34
Ventilation 345-346
Ventilators
attic 33-34
exhaust 34
lay-down type 34
roof 33
wall type 33-34
Ventilators and fans, roof type 33
Vents 345
clothes dryer 345
flue piping 349
foundation 349
louver 345
roof 350
Vermiculite loose fill insulation 265
Vertical
reinforcing, concrete block 281
siding, dimensions 363
Vertical crown molding, fiberglass 162
Vertical slide
aluminum windows 416-417
vinyl windows 423
wood windows 429
Vibrating plate compaction 155
Vinyl
awning windows 418
casement windows 419
composition tile(VCT) 325-326
cove 328
double hung windows 419-420
garden windows 420
gutters and downspouts 249
jalousie windows 420
picture windows 421
plank flooring 326-327
sheet flooring 326-327
siding 371-373
sliding, horizontal windows 422
sliding, vertical windows 423
storm windows 424
tile flooring 325-327
wallpaper 404, 405
wallpaper, demolition 120
windows 418-424
Vinyl coated mineral fiber tile 22-23
Visual inspection 7
Vitreous china sinks
bathroom 381
Volume control dampers, A/C duct 29

W

W-truss
construction methods 166
shop fabricated, wood 211-213
Wage rates 11
all trades 11
craft compositions 15-19
Wainscot, ceramic tile 77
installation 75
Wall cabinets, kitchen 61-64
installation procedure 52
Wall furnace, self-contained thermostat 257
Wall insulation 265-267
demolition 114
Wall lighting fixtures 269-270
Wall outlets, wiring 148
Wall sheathing 208
adhesives 25-28
Wall-type ventilators 33-34
Wallboard
demolition 119
drywall application 145
Wallpaper 404-405
demolition 120
Walls
acoustical tile 22-23
adobe brick 279
brick veneer 277-278
cavity, insulating 264-265
cement, painting 313
ceramic tile 77
ceramic tile demolition 77
concrete block 279-280
framing 198-201
furring strips 177
insulating 265-267
masonry, demolition 107
partition 198-201
plaster 320
retaining 279-280
screen block 285
shower 356-357
slump block 285
slump brick 285
stucco 321
studs 173
studs/plates 198-201
Wash cloth towel ring 41
Walnut flooring 252
Water filters 413
soft water systems 413
Water heaters 406-412
accessories 410-411
cabinets/stands 410
commercial 406
electric 406-407
gas 406-407
residential 406-407
solar 411-412
tanks/cylinders 407-410
Water softeners 413
chemical feed pumps 413
remove 413
water filters 413
Water-resistant drywall 145-147
Wax, flooring 251-253
Weather protection, demolition 114
Weathercap 147
Weathervanes 105
Western hemlock, shutters 360
Whirlpool bath 44-45, 46-47
spa 390
White cement 97
Window
molding, seat 299
molding, sill 299
molding, stool and apron 299
molding, trim set 299
painting 312
painting, finishing 306-307
repair/reputty 309
Window units, air conditioners 36
Windows 414-430
aluminum 414-418
aluminum sliding, horizontal 416-417
aluminum sliding, vertical 416-417
awning, vinyl 418
awning, wood 424
casement, aluminum 414
casement, vinyl 419
casement, wood 425
demolition 117-118, 414
double glazed, casement 419
double hung, vinyl 419-420
double hung, wood 426
double pane 414-418
garden, vinyl 420
jalousie, aluminum 415
jalousie, vinyl 420
picture, aluminum 415
picture, vinyl 421
picture, wood 427
roof 388
storm, aluminum 418
storm, vinyl 424
storm, wood 430
vinyl 418-424
vinyl sliding, horizontal 422
vinyl sliding, vertical 423
wood 424-430
wood sliding, horizontal 428
wood sliding, vertical 429
Wire lath 321
Wiring
burglary detection systems 152
doorbell systems 150
electrical service 148
fire alarm systems 151
food centers 165
intercom systems 151

outlets 148
range hoods 322-323
switches 148
telephone jacks 152
television antennas 152
thermostat 153
Wood
   awning windows 424
   casement windows 425
   columns 87, 176
   countertops, butcher block 104
   cupolas 104
   decks 185
   double hung windows 426
   fences 156-158
   lath 319
   patios 185
   picture windows 427
   sash, window glass 220-221
   shutters 359-360
   sliding, horizontal windows 428
   sliding, vertical windows 432
   storm windows 430
   thresholds 125
   windows 424-430
Wood doors 128-143
   Dutch 131
   exterior 128-138
   fire 131
   frames, exterior 122
   French 131-132
   garage doors 216-217
   garden 132
   interior 138-143
   louver 142
   metal, insulated 130
   paneled 128-129
   pocket 143
   sidelites 130
   threshold 123
Wood flooring
   applications 250-253
   block 250
   cleaning 302-303
   finishing 307
   fir 251
   maple 251
   natural finish 307
   oak 251-252
   painting, wood 308
   parquet 252-253
   sealing 305
   stainwax 305
   strip 250
   teak 252
   walnut 252
   waxing 307
   yellow pine 251
Wood framing
   beams 169-172
   blocking 172-173
   bracing 173
   bridging 174-175
   columns 176
   demolition 169
   diagonal let ins 173
   dimension 109-117
   fascia 176
   girders 169-172
   hanger, joist 166
   headers 177-178
   joists 178-184
   ledgers 184
   lintels 177-178
   patio decking 185
   plates 185
   posts 176
   rafters 186-195
   sheathing 208-210
   solid roof decking 196
   studs 196-208
Wood lath 317
Wood molding 287-289
Wood paneling
   demolition 113, 314
   hardboard 314-317
   particleboard 314
   plywood 315-317
Wood roofing
   accessories 344
   demolition 112, 115
   dimensions 329
   shakes 341-343
   shingles 341-343
Wood sheathing
   applications 167
   board 208-209
   fiberboard 208
   hardboard 210
   particleboard 210
   plywood 208-209
   roof 209
   subfloor 210
   underlayment 210
   wall 208
Wood siding
   bevel 362
   board and batten 377-378
   board on board 378
   demolition 116
   dimensions 364
   drop 375-376
   estimating 362
   installation 362
   plywood 378
   shakes 378
   shingle siding 364, 379
   vertical 377-378
Wood steps, painting 310
Woodburning fireplaces 163
Work triangle, kitchen 52
Workers compensation 11
Workplace accessibility 5

X, Y, Z

X-type bridging 174
XPS rigid foam insulation 267
Yellow pine flooring 251
Z bar flashing 348

Practical References for Builders

National Estimator Cloud

Generate professional construction estimates for all residential and commercial construction from your internet browser. Includes 10 Craftsman construction cost databases, over 40,000 labor and material costs for construction, in an easy-to-use format. Cost estimates are well-organized and thoroughly indexed to speed and simplify writing estimates for nearly any residential or light commercial construction project – new construction, improvement or repair. Convert the bid to an invoice – in either QuickBooks Desktop or QuickBooks Online. Access your estimates from anywhere and on any device with a Web browser. Monthly and one-time billing options available. Visit https://craftsman-book.com/national-estimator-cloud for more details.

Renovating & Restyling Older Homes

Any builder can turn a run-down old house into a showcase of perfection — if the customer has unlimited funds to spend. Unfortunately, most cus-tomers are on a tight budget. They usually want more improvements than they can afford — and they expect you to deliver. This book shows how to add economical improvements that can increase the property value by two, five or even ten times the cost of the remodel. Sound impossible? Here you'll find the secrets of a builder who has been putting these techniques to work on Victorian and Craftsman-style houses for twenty years. You'll see what to repair, what to replace and what to leave, so you can remodel or restyle older homes for the least amount of money and the greatest increase in value.

416 pages, 8½ x 11, $33.50

National Renovation & Insurance Repair Estimator

Current prices in dollars and cents for hard-to-find items needed on most insurance, repair, remodeling, and renovation jobs. All price items include labor, material, and equipment breakouts, plus special charts that tell you exactly how these costs are calculated.

488 pages, 8½ x 11, $119.50. Revised annually
Also available as an eBook (PDF), $59.75 at https://craftsman-book.com

National Appraisal Estimator

An Online Appraisal Estimating Service. Produce credible single-family residence appraisals – in as little as five minutes. A smart resource for appraisers using the cost approach. Reports consider all significant cost variables and both physical and functional depreciation. For more information, visit https://craftsman-book.com/national-appraisal-estimator-online-software

Markup & Profit: A Contractor's Guide, Revisited

In order to succeed in a construction business, you have to be able to price your jobs to cover all labor, material and overhead expenses, and make a decent profit. But calculating markup is only part of the picture. If you're going to beat the odds and stay in business – profitably, you also need to know how to write good contracts, manage your crews, work with subcontractors and collect on your work. This book covers the business basics of running a construction company, whether you're a general or specialty contractor working in remodeling, new construction or commercial work. The principles outlined here apply to all construction-related businesses. You'll find tried and tested formulas to guarantee profits, with step-by-step instructions and easy-to-follow examples to help you learn how to operate your business successfully. Includes a link to free downloads of blank forms and checklists used in this book.

336 pages, 8½ x 11, $59.50
Also available as an eBook (ePub, mobi for Kindle), $39.95 at https://craftsman-book.com

Construction Forms for Contractors

This practical guide contains 78 practical forms, letters and checklists, guaranteed to help you streamline your office, organize your jobsites, gather and organize records and documents, keep a handle on your subs, reduce estimating errors, administer change orders and lien issues, moni-tor crew productivity, track your equipment use, and more. Includes accounting forms, change order forms, forms for customers, estimating forms, field work forms, HR forms, lien forms, office forms, bids and proposals, subcontracts, and more. All are also on the CD-ROM included, in Excel spreadsheets, as formatted Rich Text that you can fill out on your computer, and as PDFs.

360 pages, 8½ x 11, $48.50
eBook (PDF) also available; $24.25 at https://craftsman-book.com

Paper Contracting: The How-To of Construction Management Contracting

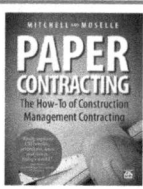

Risk, and the headaches that go with it, have always been a major part of any construction project — risk of loss, negative cash flow, construction claims, regulations, excessive changes, disputes, slow pay — sometimes you'll make money, and often you won't. But many contractors today are avoiding almost all of that risk by working under a construction management contract, where they are simply a paid consultant to the owner, running the job, but leaving him the risk. This manual is the how-to of construction management contracting. You'll learn how the process works, how to get started as a CM contractor, what the job entails, how to deal with the issues that come up, when to step back, and how to get the job completed on time and on budget. Includes a link to free downloads of CM contracts legal in each state.

272 pages, 8½ x 11, $55.50
eBook (PDF) also available; $27.75 at https://craftsman-book.com

National Home Improvement Estimator

Current labor and material prices for home improvement projects. Provides manhours for each job, recommended crew size, and the labor cost for removal and installation work. Material prices are current. Gives step-by-step instructions for the work, with helpful diagrams, and home improvement shortcuts and tips from experts.

548 pages, 8½ x 11, $118.75. Revised annually
Also available as an eBook (PDF), $59.38 at https://craftsman-book.com

Construction Contract Writer

Relying on a "one-size-fits-all" construction contract to fit your jobs can be dangerous — almost as dangerous as a handshake agreement. *Construction Contract Writer* lets you draft a con-tract in minutes that precisely fits your needs and the particular job, and meets state and fed-eral requirements. You answer a series of questions — like an interview – to construct a legal contract for each project you take on. Anticipate where disputes could arise and settle them in the contract before they happen. Include the warranty protection you intend, the payment schedule, and create subcontracts from the prime contract by just clicking a box. Includes a feedback button to an attorney on the Craftsman staff to help should you need it — *No extra charge.*

$199.95. Download *Construction Contract Writer* at https://www.constructioncontractwriter.com

Profits in Buying & Renovating Homes

Step-by-step instructions for selecting, repairing, improving, and selling highly profitable "fixer-uppers." Shows which price ranges offer the highest profit-to-investment ratios, which neighborhoods offer the best return, practical directions for repairs, and tips on dealing with buyers, sellers, and real estate agents. Shows you how to determine your profit before you buy, what "bargains" to avoid, and how to make simple, profitable, inexpensive upgrades.

304 pages, 8½ x 11, $24.75

Insurance Restoration Contracting: Startup to Success

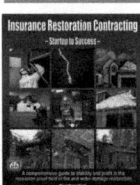
Insurance restoration — the repair of buildings damaged by water, fire, smoke, storms, vandalism and other disasters — is an exciting field of construction that provides lucrative work that's immune to economic downturns. And, with insurance companies funding the repairs, your payment is virtually guaranteed. But this type of work requires special knowledge and equipment, and that's what you'll learn about in this book. It covers fire repairs and smoke damage, water losses and specialized drying methods, mold remediation, content restoration, even damage to mobile and manufactured homes. You'll also find information on equipment needs, training classes, estimating books and software, and how restoration leads to lucrative remodeling jobs. It covers all you need to know to start and succeed as the restoration contractor that both homeowners and insurance companies call on first for the best jobs.

640 pages, 8½ x 11, $69.00

eBook (PDF) also available; $34.50 at https://craftsman-book.com

Home Building Mistakes & Fixes

This is an encyclopedia of practical fixes for real-world home building and repair problems. There's never an end to "surprises" when you're in the business of building and fixing homes, yet there's little published on how to deal with construction that went wrong — where out-of-square or non-standard or jerry-rigged turns what should be a simple job into a nightmare. This manual describes jaw-dropping building mistakes that actually occurred, from disastrous misunderstandings over property lines, through basement floors leveled with an out-of-level instrument, to a house collapse when a siding crew removed the old siding. You'll learn the pitfalls the painless way, and real-world working solutions for the problems every contractor finds in a home building or repair jobsite. Includes dozens of those "surprises" and the author's step-by-step, clearly illustrated tips, tricks and workarounds for dealing with them.

384 pages, 8½ x 11, $52.50

eBook (PDF) also available; $26.25 at https://craftsman-book.com

Home Inspection Handbook

Every area you need to check in a home inspection – especially in older homes. Twenty complete inspection checklists: building site, foundation and basement, structural, bathrooms, chimneys and flues, ceilings, interior & exterior finishes, electrical, plumbing, HVAC, insects, vermin and decay, and more. Also includes information on starting and running your own home inspection business.

324 pages, 5½ x 8½, $39.95

eBook (PDF) also available; $19.98 at https://craftsman-book.com

Contractor's Survival Manual Revised

The "real skinny" on the down-and-dirty survival skills that no one likes to talk about — unique, unconventional ways to get through a debt crisis: what to do when the bills can't be paid, finding money and buying time, conserving income, transferring debt, setting payment priorities, cash float techniques, dealing with judgments and liens, and laying the foundation for recovery. Here you'll find out how to survive a downturn and the key things you can do to pave the road to success. Have this book as your insurance policy; when hard times come to your business it will be your guide.

336 pages, 8½ x 11, $38.00

eBook (PDF) also available; $19.00 at https://craftsman-book.com

National Construction Estimator

Current building costs for residential, commercial, and industrial construction. Estimated prices for every common building material. Provides manhours, recommended crew, and gives the labor cost for installation.

672 pages, 8½ x 11, $117.50. Revised annually

Also available as an eBook (PDF), $58.75 at https://craftsman-book.com

Building Code Compliance for Contractors & Inspectors

An answer book for both contractors and building inspectors, this manual explains what it takes to pass inspections under the 2009 *International Residential Code*. It includes a code checklist for every trade, covering some of the most common reasons why inspectors reject residential work – footings, foundations, slabs, framing, sheathing, plumbing, electrical, HVAC, energy conservation and  final inspection. The requirement for each item on the checklist is explained, and the code section cited so you can look it up or show it to the inspector. Knowing in advance what the inspector wants to see gives you an (almost unfair) advantage. To pass inspection, do your own pre-inspection before the inspector arrives. If your work requires getting permits and passing inspections, put this manual to work on your next job. If you're considering a career in code enforcement, this can be your guidebook.

8½ x 11, 232 pages, $32.50

eBook (PDF) also available; $16.25 at https://craftsman-book.com

Estimating Home Building Costs, Revised

Estimate every phase of residential construction from site costs to the profit margin you include in your bid. Shows how to keep track of manhours and make accurate labor cost estimates for site clearing and excavation, footings, foundations, framing and sheathing finishes, electrical, plumbing, and more. Provides and explains sample cost estimate worksheets with complete instruc-  tions for each job phase. This practical guide to estimating home construction costs has been updated with digital *Excel* estimating forms and worksheets that ensure accurate and complete estimates for your residential projects. Enter your project information on the worksheets and *Excel* automatically totals each material and labor cost from every stage of construction to a final cost estimate worksheet. Load the enclosed CD-ROM into your computer and create your own estimate as you follow along with the step-by-step techniques in this book.

336 pages, 8½ x 11, $38.00

eBook (PDF) also available; $19.00 at https://craftsman-book.com

Drafting House Plans eBook

Here you'll find step-by-step instructions for drawing a complete set of house plans for a one-story house, an addition to an existing house, or a remodeling project. This book shows how to visualize spatial relationships, use architectural scales and symbols, sketch preliminary drawings, develop detailed floor plans and exterior elevations, and prepare a final plot plan. It even includes code-approved joist and rafter spans and how to make sure that drawings meet code requirements.

Only available as an eBook (PDF), $17.48 at https://craftsman-book.com

Fences & Retaining Walls Revised

Everything you need to know to run a profitable business in fence and retaining wall contracting. Takes you through layout and design, construction techniques for wood, masonry, and chain link fences, gates and entries, including finishing and electrical details. How to build retaining and rock walls. How to get your business off to the right start, keep the books, and estimate accurately. The book even includes a chapter on contractor's math.

416 pages, 8½ x 11, $98.75

eBook (PDF) also available $49.38 at https://craftsman-book.com

How to Succeed With Your Own Construction Business

Everything you need to start your own construction business: setting up the paperwork, finding the jobs, advertising, using contracts, dealing with lenders, estimating, scheduling, finding and keeping good employees, keeping the books, and coping with success. If you're considering starting your own construction business, all the knowledge, tips, and blank forms you need are here.

336 pages, 8½ x 11, $28.50

eBook (PDF) also available, **$14.25** at https://craftsman-book.com

Rough Framing Carpentry

If you'd like to make good money working outdoors as a framer, this is the book for you. Here you'll find shortcuts to laying out studs; speed cutting blocks, trimmers and plates by eye; quickly building and blocking rake walls; installing ceiling backing, ceiling joists, and truss joists; cutting and assembling hip trusses and California fills; arches and drop ceilings — all with production line procedures that save you time and help you make more money. Over 100 on-the-job photos of how to do it right and what can go wrong.

304 pages, 8½ x 11, $26.50

Contractor's Plain-English Legal Guide

For today's contractors, legal problems are like snakes in the swamp – you might not see them, but you know they're there. This book tells you where the snakes are hiding and directs you to the safe path. With the directions in this easy-to-read handbook you're less likely to need a $250-an-hour lawyer. Includes simple directions for starting your business, writing contracts that cover just about any eventuality, collecting what's owed you, filing liens, protecting yourself from unethical subcontractors, and more. For about the price of 15 minutes in a lawyer's office, you'll have a guide that will make many of those visits unnecessary. Includes a CD-ROM with blank copies of all the forms and contracts in the book.

272 pages, 8½ x 11, $49.50

National Building Cost Manual

Square-foot costs for residential, commercial, industrial, military, schools, greenhouses, churches and farm buildings. Includes important variables that can make any building unique from a cost standpoint. Quickly work up a reliable budget estimate based on actual materials and design features, area, shape, wall height, number of floors, and support requirements. Includes free download of Craftsman's easy-to-use software that calculates total in-place cost estimates or appraisals. Use the regional cost adjustment factors provided to tailor the estimate to any jobsite in the U.S. Then view, print, email or save the detailed PDF report as needed.

280 pages, 8½ x 11, $98.00. Revised annually

eBook (PDF) also available, **$49.00** at https://craftsman-book.com

National Electrical Estimator

This year's prices for installation of all common electrical work: conduit, wire, boxes, fixtures, switches, outlets, loadcenters, panelboards, raceway, duct, signal systems, and more. Provides material costs, manhours per unit, and total installed cost. Explains what you should know to estimate each part of an electrical system.

552 pages, 8½ x 11, $117.75. Revised annually

eBook (PDF) also available, **$58.88** at https://craftsman-book.com

National Painting Cost Estimator

A complete guide to estimating painting costs for just about any type of residential, commercial, or industrial painting, whether by brush, spray, or roller. Shows typical costs and bid prices for fast, medium, and slow work, including material costs per gallon, square feet covered per gallon, square feet covered per manhour, labor, material, overhead, and taxes per 100 square feet, and how much to add for profit.

448 pages, 8½ x 11, $118.00. Revised annually

eBook (PDF) also available, **$59.00** at https://craftsman-book.com

National Plumbing & HVAC Estimator

Manhours, labor and material costs for all common plumbing and HVAC work in residential, commercial, and industrial buildings. You can quickly work up a reliable estimate based on the pipe, fittings and equipment required. Every plumbing and HVAC estimator can use the cost estimates in this practical manual. Sample estimating and bidding forms and contracts also included. Explains how to handle change orders, letters of intent, and warranties. Describes the right way to process submittals, deal with suppliers and subcontract specialty work.

480 pages, 8½ x 11, $118.25. Revised annually

eBook (PDF) also available, **$59.13** at https://craftsman-book.com

Craftsman's Construction Installation Encyclopedia

Step-by-step installation instructions for just about any residential construction, remodeling or repair task, arranged alphabetically, from Acoustic tile to Wood flooring. Includes hundreds of illustrations that show how to build, install, or remodel each part of the job, as well as manhour tables for each work item so you can estimate and bid with confidence. Also includes a CD-ROM with all the material in the book, handy look-up features, and the ability to capture and print out for your crew the instructions and diagrams for any job.

792 pages, 8½ x 11, $65.00

Also available as an eBook (PDF), **$32.50** at https://craftsman-book.com

Basic Engineering for Builders

This book is for you if you've ever been stumped by an engineering problem on the job, yet wanted to avoid the expense of hiring a qualified engineer. Here you'll find engineering principles explained in non-technical language and practical methods for applying them on the job. With the help of this book you'll be able to understand engineering functions in the plans and how to meet the requirements, how to get permits issued without the help of an engineer, and anticipate requirements for concrete, steel, wood and masonry. See why you sometimes have to hire an engineer and what you can undertake yourself: surveying, concrete, lumber loads and stresses, steel, masonry, plumbing, and HVAC systems. This book is designed to help you, the builder, save money by understanding engineering principles that you can incorporate into the jobs you bid.

400 pages, 8½ x 11, $39.50

eBook (PDF) also available; **$19.75** at https://craftsman-book.com

Paint Contractor's Manual

How to start and run a profitable paint contracting company: getting set up and organized to handle volume work, avoiding mistakes, getting maximum production from your crews and the most value from your advertising dollar. Shows how to estimate all prep and painting. Loaded with manhour estimates, sample forms, contracts, charts, tables and examples you can use.

224 pages, 8½ x 11, $46.50

Also available as an eBook (PDF), **$23.25** at https://craftsman-book.com

Roofing Construction & Estimating, Revised

Detailed, step-by-step instructions, with photographs and diagrams, for installing, repairing and estimating nearly every type of roof covering available today for residential and commercial structures: asphalt shingles, roll roofing, wood shingles and shakes, clay tile, slate, metal, built-up, elastomeric, TPO and more. Provides guidance on sheathing, synthetic and felt underlayment, as well as tips and tricks from an experienced pro for dealing with those difficult points on a roof that are prone to leaks, such as valleys and roof penetrations. For each roofing type, instructions are provided for estimating material quantities and labor costs, with formulas, easy-to-follow examples and sample estimates for you to test your skill. Use these methods to create reliable estimates that will help insure a profit on every job you take.

448 pages, 8½ x 11, $62.50

eBook (PDF) also available, $31.25 at https://craftsman-book.com

Finish Carpenter's Manual

Everything you need to know to be a finish carpenter: assessing a job before you begin, and tricks of the trade from a master finish carpenter. Easy-to-follow instructions for installing doors and windows, ceiling treatments (including fancy beams, corbels, cornices and moldings), wall treatments (including wainscoting and sheet paneling), and the finishing touches of chair, picture, and plate rails. Specialized interior work includes cabinetry and built-ins, stair finish work, and closets. Also covers exterior trims and porches. Includes manhour tables for finish work, and hundreds of illustrations and photos.

208 pages, 8½ x 11, $32.50

Plumber's Handbook Revised, 6th Edition

This new edition explains simply and clearly, in non-technical, everyday language, how to install all components of a plumbing system to comply not only with recent changes in the 2021 *International Plumbing Code* and the 2021 *Uniform Plumbing Code*, but with the requirements of the Americans with Disabilities Act. Originally written for working plumbers to assure safe, reliable, code-compliant plumbing installations that pass inspection the first time, Plumber's Handbook, because of its readability, accuracy and clear, simple diagrams, has become the textbook of choice for numerous schools preparing plumbing students for the plumber's exams. Now, with a set of questions for each chapter, full explanations for the answers, and with a 200-question sample exam in the back, this handbook is one of the best tools available for preparing for almost any plumbing journeyman, master or state-required plumbing contracting exam.

384 pages, 8½ x 11, $67.00

eBook (PDF) also available; $33.50 at https://craftsman-book.com

Builder's Guide to Accounting Revised

Step-by-step, easy-to-follow guidelines for setting up and maintaining records for your building business. This practical guide to all accounting methods shows how to meet state and federal accounting requirements, explains the new depreciation rules, and describes how the Tax Reform Act can affect the way you keep records. Full of charts, diagrams, simple directions and examples to help you keep track of where your money is going. Recommended reading for many state contractor's exams. Each chapter ends with a set of test questions, and a CD-ROM included FREE has all the questions in interactive self-test software. Use the Study Mode to make studying for the exam much easier, and Exam Mode to practice your skills.

60 pages, 8½ x 11, $61.50

Also available as an eBook (PDF), $30.75 at https://craftsman-book.com

Estimating Electrical Construction Revised

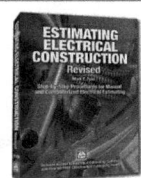

Estimating the cost of electrical work can be a very detailed and exacting discipline. It takes specialized skills and knowledge to create reliable estimates for electrical work. See how an expert estimates materials and labor for residential and commercial electrical construction. Learn how to use labor units, the plan take-off, and the bid summary to make an accurate estimate, how to deal with suppliers, use pricing sheets, and modify labor units. This book provides extensive labor unit tables and blank forms on a CD for estimating your next electrical job.

272 pages, 8½ x 11, $59.00

Also available as an eBook (PDF), $29.50 at https://craftsman-book.com

Concrete Construction

Just when you think you know all there is about concrete, many new innovations create faster, more efficient ways to do the work. This comprehensive concrete manual has both the tried-and-tested methods and materials, and more recent innovations. It covers everything you need to know about concrete, along with Styrofoam forming systems, fiber reinforcing adjuncts, and some architectural innovations, like architectural foam elements, that can help you offer more in the jobs you bid on. Every chapter provides detailed, step-by-step instructions for each task, with hundreds of photographs and drawings that show exactly how the work is done. To keep your jobs organized, there are checklists for each stage of the concrete work, from planning, to finishing and protecting your pours. Whether you're doing residential or commercial work, this manual has the instructions, illustrations, charts, estimating data, rules of thumb and examples every contractor can apply on their concrete jobs.

288 pages, 8½ x 11, $28.75

Also available as an eBook (PDF), $14.38 at https://craftsman-book.com

Commercial Metal Stud Framing

Master the transition from wood to metal stud framing with this comprehensive guide. Written by industry expert Ray Clark, this book offers step-by-step instructions, essential tools, and proven techniques to excel in commercial metal stud framing. Ideal for experienced wood framers, it includes hundreds of job site photos and valuable tips to help you work quickly, accurately, and safely on commercial projects.

208 pages, 8½ x 11, $65.50

Also available as eBook PDF, $32.75 at https://craftsman-book.com

Painter's Handbook eBook

Loaded with "how-to" information you'll use every day to get professional results on any job: the best way to prepare a surface for painting or repainting; selecting and using the right materials and tools (including airless spray); tips for repainting kitchens, bathrooms, cabinets, eaves and porches; how to match and blend colors; why coatings fail and what to do about it. Lists 30 profitable specialties in the painting business.

Available only as an eBook (PDF); $16.50 at https://craftsman-book.com

Craftsman eLibrary

Craftsman's eLibrary license gives you immediate access to 60+ PDF eBooks in our bookstore for 12 full months!
You pay only one low price. $149.99.

Visit https://craftsman-book.com **for more details.**

Now you can generate professional estimates from your internet browser with *National Estimator Cloud*.
https://craftsman-book.com/national-estimator-cloud

Craftsman Book Company
6058 Corte del Cedro
Carlsbad, CA 92011

☎ **Call me.**
1-800-829-8123
Fax (760) 438-0398

Name _____
e-mail address (for order tracking and special offers) _____
Company _____
Address _____
City/State/Zip _____ ○ This is a residence
Total enclosed _____ (In California add 7.5% tax)

*Free Media Mail shipping, within the US
when your check covers your order in full.*

In A Hurry?
We accept phone orders charged to your
○ Visa, ○ MasterCard, ○ Discover or ○ American Express

Card _____
Exp. date _____ CVV# _____ Initials _____

Order online https://craftsman-book.com

Tax Deductible: Treasury regulations make these references tax deductible when used in your work. Save the canceled check or charge card statement as your receipt.

10-Day Money Back Guarantee

- ○ 39.50 Basic Engineering for Builders
- ○ 61.50 Builder's Guide to Accounting Revised
- ○ 32.50 Building Code Compliance for Contractors & Inspectors
- ○ 65.50 Commercial Metal Stud Framing
- ○ 28.75 Concrete Construction
- ○ 48.50 Construction Forms for Contractors
- ○ 49.50 Contractor's Plain-English Legal Guide
- ○ 38.00 Contractor's Survival Manual Revised
- ○ 65.00 Craftsman's Construction Installation Encyclopedia
- ○ 59.00 Estimating Electrical Construction Revised
- ○ 38.00 Estimating Home Building Costs, Revised
- ○ 98.75 Fences & Retaining Walls, Revised
- ○ 32.50 Finish Carpenter's Manual
- ○ 52.50 Home Building Mistakes & Fixes
- ○ 39.95 Home Inspection Handbook
- ○ 28.50 How to Succeed With Your Own Construction Business
- ○ 69.00 Insurance Restoration Contracting: Startup to Success
- ○ 59.50 Markup & Profit: A Contractor's Guide, Revisited
- ○ 98.00 National Building Cost Manual
- ○ 117.50 National Construction Estimator
- ○ 117.75 National Electrical Estimator
- ○ 118.75 National Home Improvement Estimator
- ○ 118.00 National Painting Cost Estimator
- ○ 118.25 National Plumbing & HVAC Estimator
- ○ 119.50 National Renovation & Ins. Repair Estimator
- ○ 55.50 Paper Contracting: The How-To of Constr Mgmt Contracting
- ○ 46.50 Paint Contractor's Manual
- ○ 67.00 Plumber's Handbook Revised, 6th Edition
- ○ 24.75 Profits in Buying & Renovating Homes
- ○ 33.50 Renovating & Restyling Older Homes
- ○ 62.50 Roofing Construction & Estimating, Revised
- ○ 26.50 Rough Framing Carpentry
- ○ 118.50 National Repair & Remodeling Estimator

Prices subject to change without notice